BIOTECNOLOGIA APLICADA À SAÚDE

Coleção **Biotecnologia Aplicada à Saúde**

Volume 1
**Biotecnologia
Aplicada à Saúde**
Fundamentos e Aplicações

ISBN: 978-85-212-0896-9
623 páginas

Volume 2
**Biotecnologia
Aplicada à Saúde**
Fundamentos e Aplicações

ISBN: 978-85-212-0921-8
1192 páginas

Volume 3
**Biotecnologia
Aplicada à Saúde**
Fundamentos e Aplicações

ISBN: 978-85-212-0967-6
1094 páginas

Volume 4
**Biotecnologia
Aplicada à
Agro&Indústria**
Fundamentos e Aplicações

Pré-lançamento

Blucher

MATERIAL DE APOIO
www.blucher.com.br

BIOTECNOLOGIA APLICADA À SAÚDE
FUNDAMENTOS E APLICAÇÕES
VOLUME 3

RODRIGO RIBEIRO RESENDE

ORGANIZADOR

MARCUS VINICIUS GOMEZ

SILVIA GUATIMOSIM

CARLOS RICARDO SOCCOL

COLABORADORES

Biotecnologia aplicada à saúde: fundamentos e aplicações – vol. 3
(coleção Biotecnologia Aplicada à Saúde, vol. 3)

© 2016 Rodrigo Ribeiro Resende (organizador)
Editora Edgard Blücher Ltda.

Blucher

Rua Pedroso Alvarenga, 1245, 4º andar
04531-934, São Paulo – SP – Brasil
Tel.: 55 11 3078-5366
contato@blucher.com.br
www.blucher.com.br

Segundo o Novo Acordo Ortográfico, conforme 5ª ed.
do *Vocabulário Ortográfico da Língua Portuguesa*,
Academia Brasileira de Letras, março de 2009.

FICHA CATALOGRÁFICA

Biotecnologia aplicada à saúde: fundamentos e aplicações,
volume 3 / organizado por Rodrigo Ribeiro Resende;
colaboração de Marcus Vinicius Gomez, Silvia Guatimosim e
Carlos Ricardo Soccol. – São Paulo: Blucher, 2015.

ISBN 978-85-212-0967-6

1. Biotecnologia 2. RNA 3. DNA I. Resende, Rodrigo Ribeiro II.
Gomez, Marcus Vinícius III. Guatimosim, Silvia IV. Soccol, Carlos R.

15-1024   CDD 620.8

Índices para catálogo sistemático:
1. Biotecnologia

AGRADECIMENTOS

Esta obra não poderia ter iniciado sem a dedicação de cada um que participou em sua elaboração, desde os professores, alunos, editores, revisores, diagramadores, financiadores, amigos, esposa, irmão, pais, leitores até o desejo de tornar o conhecimento acessível para todos. Obrigado!

Prof. Rodrigo R. Resende

APOIO

Agradecemos pelo apoio financeiro aos projetos científicos da Fapemig, CNPq, Capes, Instituto Nacional de Ciência e Tecnologia em Nanomateriais de Carbono, Rede Mineira de Toxinas com Ação Terapêutica e Instituto Nanocell.

CARTA AO LEITOR

Aqui apresentarei seis pontos para que os governos saiam da crise. Não quero ter a soberba de dizer que os pontos apresentados aqui são os únicos que devemos seguir para sair do patamar de país que, embora seja rico em recursos naturais e considerado a oitava economia mundial, ainda possui grande parte da população em situação de miséria. No último Relatório do Desenvolvimento Humano, divulgado em março de 2014, o IDH do Brasil foi 0,7440. Vale lembrar que, quanto mais perto de 1, melhor é o desenvolvimento de um país. Na comparação com os 187 países medidos, o Brasil ficou na 79ª posição. O IBGE declarou que, entre os brasileiros que vivem em condições de extrema pobreza, 4,8 milhões têm renda nominal mensal domiciliar igual a zero, e 11,43 milhões, de R$ 1 a R$ 70. Mas as questões tratadas a seguir são consideradas centrais por vários especialistas dos quais compilei as informações.

No contexto mundial atual, o Brasil, considerado um dos cinco países com potencial de crescimento (entre Rússia, Índia, China e África do Sul), recentemente deixou, para muitos, de ser exemplo e passou a apresentar os piores desempenhos esperados para uma nação emergente. Seu crescimento nos últimos quatro governos foi de apenas 3,4%. Para que um país alcance índices de uma nação desenvolvida não existem grandes fórmulas, mas caminhos percorridos por outras nações são lições preciosas ao Brasil.

Nestes seis pontos sugeridos, o problema será apenas apresentado. Soluções serão apresentadas no volume 4 desta coleção: revisei brevemente o histórico de algumas nações que alcançaram o topo do desenvolvimento de produtos tecnológicos e de inovação e as estratégias adotadas por elas que deveriam ser seguidas pelo Brasil, tendo como foco a alavanca natural para seu crescimento, a ciência.

1) **ABERTURA COMERCIAL** – O potencial de crescimento do Brasil é reduzido pelo fato de ser um dos países mais fechados para o comércio internacional.
2) **INFRAESTRUTURA TECNOLÓGICA** – Os serviços de telecomunicações do Brasil são de péssima qualidade e têm valores abusivos, o que afeta o fluxo da transmissão de dados entre pessoas e empresas.
3) **INOVAÇÃO E EMPREENDEDORISMO** – O país ocupa o 61º lugar no Índice Global de Inovação em uma lista com 143 países, segundo estudo da Organização Mundial de Propriedade Intelectual (OMPI) com a Universidade de Cornell (nos Estados Unidos) e o Instituto de Administração

e Negócios (INSEAD, da França), de 2014. Com as reduções desastrosas no investimento em ciência e tecnologia em 2015, é previsto que cairá cerca de cinco colocações nos próximos anos.

4) **ENSINO SUPERIOR** – O Brasil forma profissionais de áreas de infraestrutura, como engenheiros, profissionais das áreas humanas, como administradores e economistas, e profissionais da área de saúde com muito pouca qualidade, tanto para sustentar o avanço da economia quanto para promover o bem necessário à população. Bilhões de reais em investimentos no ensino superior foram cortados em 2015.

5) **INSTITUIÇÕES SÓLIDAS** – Um problema de base que dá sustentação à economia do país está em suas instituições, que carecem de credibilidade.

6) **INCENTIVO NAS UNIVERSIDADES – DAS IDEIAS AOS NEGÓCIOS** – Muitas universidades brasileiras ainda não possuem estrutura para criar *start-ups*, e, entre as que tentam construir essa estrutura, muitas ainda não investem em ideias que gerem negócios. Além disso, diversos professores que produzem novas tecnologias e querem aplicá-las no desenvolvimento social encontram dificuldades de aceitação pelas universidades.

Neste terceiro volume, apresentamos tecnologias de ponta utilizadas hoje para a identificação de novos biomarcadores para diversas patologias e o desenvolvimento de novos fármacos utilizando bibliotecas combinatórias, métodos cromatográficos e de espectrometria de massas para a marcação, seleção e dosagem de RNAs não codificantes, drogas de abuso e sequenciamento de proteínas, além de sequenciamento das diversas estruturas moleculares dos organismos vivos. Um salto de qualidade e informação das indústrias montadoras dos equipamentos e dos melhores pesquisadores de cada área diretamente para você, leitor.

Prof. Rodrigo R. Resende
Presidente da Sociedade Brasileira de Sinalização Celular
Presidente Fundador do Instituto Nanocell

CONTEÚDO

PREFÁCIO

Escrever ou editar um livro é sempre uma árdua e complexa tarefa, que naturalmente requer bastante tempo e agudeza intelectual. No entanto, os professores Rodrigo R. Resende, da Universidade Federal de Minas Gerais (UFMG), e Carlos Ricardo Soccol, da Universidade Federal do Paraná (UFPR), foram muito além desse empreendimento e, num trabalho quase hercúleo, aceitaram o enorme desafio de serem respectivamente editor e coeditor da presente série de quatro livros que compõem o tópico de biotecnologias voltadas para a saúde e agroindústria. Os fundamentos e aplicações das biotecnologias são as molas mestras desta obra não somente importante como moderna e necessária para o momento atual da pesquisa biotecnológica e de inovação no Brasil. Assim, este compêndio paradoxalmente enciclopédico, cuja real dimensão é difícil de se vislumbrar numa primeira leitura, envolveu várias centenas de autores brasileiros e do exterior que são referências em suas respectivas áreas de atuação, os quais, elegantemente, desfilaram por quase uma centena de capítulos objetivos, sucintos e didáticos, sem, no entanto, deixarem de se constituir numa clássica e valiosa fonte de referência para o dia a dia da bancada. Dessa forma, neste *tour de force*, que somente cientistas audaciosos e idealistas têm a bravura de levar adiante, uma ampla fonte de consulta e saber foi disponibilizada na língua portuguesa, constituindo um grande presente para a comunidade científica brasileira em biociências e biotecnologia, presente este que inclui inúmeros tópicos que vão desde modelos e técnicas básicas fundamentais a temas aplicados às várias vertentes do conhecimento desse profícuo campo do saber. Portanto, neste virtuoso cenário, convido os alunos de graduação e de pós-graduação, bem como aqueles profissionais que procuram se introduzir ou expandir seus conhecimentos na área biotecnológica, a adentrarem nesta obra ímpar com a típica sagacidade dos desbravadores. Pois, certamente, seus olhares e percepções não mais serão os mesmos após regressarem desta instigante viagem pela busca do conhecimento.

Luiz Renato França
Presidente do Instituto Nacional de Pesquisas da Amazônia (INPA)

BIBLIOTECAS COMBINATÓRIAS

SELEX: CONCEITOS BÁSICOS E METODOLOGIA PARA O DESENVOLVIMENTO DE APTÂMEROS DE RNA COMO LIGANTES DE RECEPTORES DE SUPERFÍCIE CELULAR

Katia das Neves Gomes
Arquimedes Cheffer
Rodrigo R. Resende
Henning Ulrich

1.1 INTRODUÇÃO

A utilização de microarranjos de DNA e RNA (pequenos *chips* com sequências sintéticas de DNA ou RNA utilizados para isolar genes e analisar sua expressão) levantou a possibilidade de que anticorpos pudessem também ser utilizados de maneira similar para a triagem de outras macromoléculas, como proteínas e carboidratos. Tentativas foram feitas para o desenvolvimento de *microchips* de anticorpos. Entretanto, seu sucesso foi limitado pela falta de anticorpos puros e pela sua sensibilidade à degradação. Isso fez com que sequências sintéticas de DNA e RNA passassem a ser consideradas para a triagem de um determinado ligante[1]. Os ácidos nucleicos são compostos atrativos como ferramentas de triagem por se dobrarem em estruturas secundárias e terciárias bem definidas, serem de fácil síntese química ou enzimática e carecerem de imunogenicidade[2]. De fato, é a conformação tridimensional do oligonucleotídeo que explica sua capacidade de se ligar a um determinado alvo, diferente dos microarranjos de DNA ou RNA que funcionam com base na complementariedade entre as bases nitrogenadas.

Esses ligantes de DNA ou RNA, conhecidos como aptâmeros, podem ser definidos como oligonucleotídeos sintéticos capazes de interagir com aminoácidos, proteínas e outras moléculas; são obtidos a partir de uma biblioteca combinatória de ácidos nucleicos por meio de um processo interativo que envolve os passos de ligação ao alvo, separação das sequências ligantes e amplificação das mesmas[3].

Muito embora a capacidade de moléculas de DNA e RNA de interagir com proteínas ou mesmo com outras moléculas de DNA e RNA fosse já conhecida antes do advento dos aptâmeros, o potencial dos mesmos só se tornou evidente quando se observou que tais moléculas de ácido nucleico também eram capazes de interagir com compostos que normalmente não interagem com DNA ou RNA. Isso só foi capaz graças ao surgimento da técnica denominada *Systematic Evolution of Ligands by Exponential Enrichment* (SELEX), a qual será discutida nesse capítulo.

1.2 HISTÓRICO

A técnica de SELEX permite isolar moléculas de ácido nucleico a partir de uma biblioteca combinatória de mais de 10^{15} sequências individuais e foi desenvolvida apenas na década de 1990, por dois grupos de pesquisa separadamente. Na época, Craig Tuerk estava terminando sua tese de doutorado, sob orientação do professor Larry Gold, na Universidade do Colorado. Ambos estavam interessados em elucidar o funcionamento do operador traducional do RNA mensageiro que codifica para a DNA polimerase do bacteriófago T4. Esse operador consiste de um grampo e da sequência de Shine e Dalgarno, aos quais a polimerase se liga para reprimir a sua síntese quando os níveis de replicação estão apropriados. Para tanto, o grampo foi substituído por sequências aleatórias em seus oito resíduos de nucleotídeos. O primeiro experimento de SELEX forneceu duas sequências com afinidade à DNA polimerase do bacteriófago T4 – a selvagem e uma contendo quatro mutações. Foram esses experimentos que definiram a técnica de SELEX[4].

No mesmo ano, Andy Ellington e Jack Szostak, trabalhando no Departamento de Biologia Molecular do Hospital Geral de Massachusetts, utilizaram a mesma estratégia geral para selecionar sequências de RNA que interagem especificamente com os corantes orgânicos Cibacron Blue e Reactive Blue. Tais ligantes foram chamados aptâmeros (do latim *aptus*, que significa "ligar/encaixar")[5]. Desde então, aptâmeros de DNA e RNA com afinidade e especificidade equiparáveis às de anticorpos monoclonais têm sido selecionados contra uma ampla variedade de alvos, desde íons e pequenas moléculas a complexos alvos, como receptores de membrana[6,7]. Por exemplo, já foram identificados aptâmeros que se ligam a proteínas de adesão na superfície de *Trypanosoma cruzi* e inibem a invasão de células do hospedeiro pelo parasita[8].

A partir do seu trabalho inicial, Tuerk e Gold imaginaram que trabalhar com regiões randômicas maiores que oito nucleotídeos poderia dar origem a sequências capazes de assumir estruturas secundárias e terciárias mais diversas, tal como ocorre, por exemplo, com os RNAs transportadores. Um número maior de aptâmeros com estruturas tridimensionais distintas, por sua vez, permitiria a seleção de ligantes contra praticamente qualquer alvo. Foi pensando assim que a região randômica foi expandida de oito nucleotídeos para trinta a quarenta. A possibilidade de explorar os aptâmeros como agentes terapêuticos foi prontamente observada e levou à criação, em 1992, da empresa NeXagen (mais tarde, NeXstar). Desde então, muitos aptâmeros foram identificados, sendo que alguns destes estão em testes clínicos. O primeiro aptâmero a ser lançado no mercado é um medicamento denominado Macugen, o qual é empregado no tratamento de pacientes que sofrem de degeneração macular associada à idade. Embora esse aptâmero de RNA contra o fator de crescimento endotelial vascular (*vascular endotelial growth fator* – VEGF) tenha sido liberado pela agência norte-americana FDA (Food and Drug Administration) para uso clínico apenas em janeiro de 2005, seu desenvolvimento remonta à NeXstar, quando o aptâmero ainda estava em triagem e era denominado NX1838 (sua designação mudou quando seus direitos terapêuticos foram licenciados para a Eyetech)[9].

Atualmente, vários outros aptâmeros estão em desenvolvimento clínico como agentes terapêuticos para as mais diversas doenças e condições para as quais ainda não existe nenhum tratamento eficaz ou cujo tratamento apresenta alguma limitação (por exemplo, são imunogênicos, apresentam baixa biodisponibilidade e/ou efeitos colaterais indesejáveis). Aptâmeros selecionados contra uma gama de proteínas diferentes, incluindo citocinas, proteases, quinases, receptores de superfície e proteínas de adesão, representam uma importante alternativa terapêutica para o tratamento desde infecções virais e bacterianas até de doenças como câncer e mal de Alzheimer[10]. Por exemplo, já foram identificados aptâmeros de RNA que se ligam à transcriptase reversa do vírus da imunodeficiência humana (*human immunodeficiency vírus*, HIV) e a inibem, além de suprimirem a replicação viral quando expressos em células humanas. Esses aptâmeros poderiam, portanto, ser utilizados no tratamento de infeções pelo HIV[11]. Também é notável o desenvolvimento de um aptâmero contra nucleolina, uma proteína cuja expressão é alta em células tumorais. Tal aptâmero já entrou em estudos de fase clínica I e II e parece ser promissor no tratamento de leucemia e carcinoma renal[12]. Esses dois exemplos apenas ilustram como sequências de DNA e RNA, ligando-se de forma altamente específica aos seus alvos, podem ser utilizadas como agentes terapêuticos (para mais exemplos, ver Tuerk e Gold[4]).

Embora a técnica SELEX não tenha sido concebida para ser um método para a triagem de oligonucleotídeos com novas funções, ela rapidamente foi visualizada e adaptada para este fim. O método básico da SELEX foi desenvolvido para alcançar uma série de objetivos específicos[13,14]. Em geral, parece ser um progresso que, depois de a área ter sido estabelecida, as bibliotecas de seleção tenham começado a ser modificadas, a fim de melhorar sua resistência *in vitro*. Posteriormente, quando se confirmou a suficiência da funcionalidade e da resistência, foram testados os aptâmeros no interior de células. Nesses experimentos, os aptâmeros demonstraram ser adequados para as condições celulares e a maior preocupação era a forma de regular e detectá-los no interior da célula. Finalmente, após treze anos, os aptâmeros estavam prontos para serem usados como ferramentas biotecnológicas, e a visão foi focada em melhorar o método para torná-lo mais eficiente, incorporando novas tecnologias. Na Tabela 1.1, fornecemos um panorama histórico da maior parte das variantes da SELEX usando os primeiros artigos publicados como referências (Tabela 1.1). É importante mencionar que algumas destas variantes da SELEX foram desenvolvidas para a obtenção de aptâmeros de DNA, mas o mesmo método pode ser aplicado para as bibliotecas de RNA não codificantes e foram descritas como parte da evolução da SELEX.

Tabela 1.1 Linha do tempo das modificações emergentes da SELEX

ANO	TIPO DE SELEX	REFERÊNCIAS*
1990-1993	Clássica, Negativa Envolve a alternância entre ciclos de seleção positiva e negativa para descartar sequências inespecíficas. Por exemplo, aquelas que se ligam às colunas ou filtros usadas para separar as sequências ligantes das não ligantes	4, 5, 15
1994	Contadora ou Substrativa Empregado para selecionar aptâmeros capazes de diferenciar entre alvos muito similares. Nesse caso, imobiliza-se o alvo em uma coluna e, após um certo número de ciclos de seleção, elui as sequências ligantes com uma molécula muito similar ao alvo, descartando as sequências que interagem com a mesma	16, 17
1995	Ligação covalente (Foto-SELEX, ligação cruzada, cDNA-SELEX Na Foto-SELEX, a biblioteca contém um cromóforo fotorreativo capaz de estabelecer ligação covalente com o alvo quando o complexo é irradiado com UV	18-20
1996	Spiegelmer	21
1997	In vivo	22
1998	Quimérica, proteínas de membrana Aptâmeros contra alvos diferentes são fusionados de modo a obter sequências capazes de se ligar a alvos diferentes	23, 24
1999	SELEX célula-específica (CS-SELEX), multiestágio	25
2000	Aptâmeros Beacon, Indireta Funcionam como biossensores para DNA e fluorescem apenas quando se anelam às sequências-alvo	26-28
2001	Alternada Ciclos alternados de seleção contra um alvo primário (peptídeo correspondente a parte de uma proteína) e contra o alvo final (proteína inteira) são realizados de modo a garantir a obtenção de aptâmeros de elevada especificidade	29, 30
2002	Cassete de expressão O aptâmero é obtido fusionado a algum cassete de expressão.	31
2003	SELEX adaptada ou tailored-SELEX Permite a obtenção de aptâmeros de sequências curtas, o que facilita sua manipulação e modificações pós-seleção	32
2004	CE-SELEX	33
2005	FluMAG O alvo é imobilizado em beads magnéticas e, após o primeiro ciclo de seleção, a biblioteca é marcada com um fluoróforo, permitindo a quantificação das sequências selecionadas ao longo do processo	34
2006	TECS-SELEX, NON-SELEX (NCCEM) A primeira se destina à seleção de aptâmeros contra proteínas de membrana e a segunda tem como característica não empregar ciclos de amplificação por PCR, o que otimiza o protocolo	35, 36

ANO	TIPO DE SELEX	REFERÊNCIAS*
2007	*Nano-Selection* (nM-AFM SELEX), MonoLEX A primeira utiliza microscopia de força atômica para identificar os complexos aptâmero-alvo e capturar as sequências ligantes devido à sua fluorescência. MonoLEX utilizada apenas como um passo de seleção para obtenção de aptâmeros	37, 38
2008	CS-SELEX	39, 40
2009	*Next-generation* SELEX	41
2010	SELEX Microfluídica, análises de bioinformática	42-45
2011	SELEX de múltiplos alvos e alto rendimento	46-49

* Nota: As referências correspondem ao primeiro artigo publicado de cada tipo de SELEX. Cada cor ou tonalidade de cinza representa o estabelecimento de um conjunto de métodos relacionados: Definindo a técnica (1990-1994); Melhoria das bibliotecas (1995-1996); Entrando no ambiente celular (1997-1999); Regulação e detecção (2000-2003); atualizando a SELEX com tecnologias modernas (2004-2011).

1.3 PROCEDIMENTO DE SELEX

O ponto de partida para a técnica de SELEX é a síntese de uma biblioteca de DNA simples fita (*single-stranded DNA*, ssDNA) contendo cerca de 10^{12} a 10^{15} sequências diferentes. Cada sequência possui uma região randômica de 16 a 75 posições, flanqueada por duas regiões constantes, as quais servem para o anelamento de *primers*, digestão com enzimas de restrição e, no caso de aptâmeros de RNA, para a transcrição *in vitro* com a RNA polimerase do bacteriófago T7 (T7 RNA polimerase). Essa biblioteca pode ser utilizada diretamente para a seleção de aptâmeros de DNA, ou, alternativamente, as moléculas de DNA dupla fita (*double-stranded DNA*, dsDNA) são obtidas por síntese enzimática com a DNA polimerase de *Thermus aquaticus* (*Taq* DNA polimerase) e a biblioteca de RNA é gerada por transcrição *in vitro* para a seleção de aptâmeros de RNA[50]. A seguir, a biblioteca é incubada com o alvo por um determinado tempo e os complexos ligante-alvo são separados das sequências livres, ou que se ligaram fracamente, por um dos vários métodos disponíveis, como adsorção em filtro de nitrocelulose, separação em ensaios de *gel shift*, cromatografia de afinidade ou eletroforese capilar[51]. Os oligonucleotídeos ligados são eluídos e amplificados pela PCR (*polymerase chain reaction*), quando ocorre a seleção de aptâmeros de DNA ou pela RT-PCR (*reverse transcription* – PCR) quando ocorre a seleção de aptâmeros de RNA. Um novo *pool* de sequências enriquecidas é gerado por meio de desnaturação do dsDNA e purificação do ssDNA (seleção de

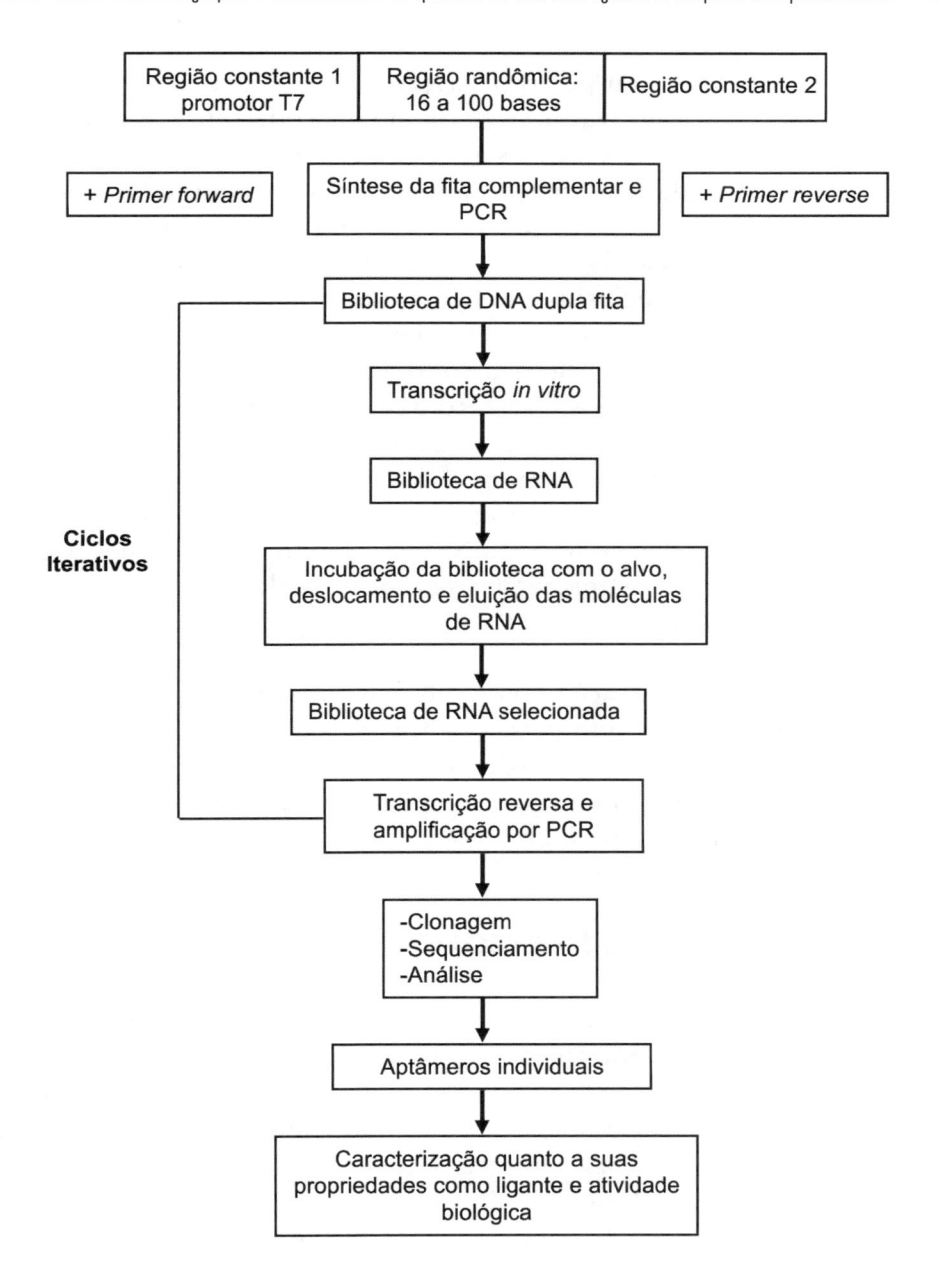

Figura 1.1 Esquema representativo da técnica de SELEX para o desenvolvimento de aptâmeros de RNA. Este procedimento é caracteriza-do pela repetição de passos sucessivos: incubação da biblioteca com a molécula-alvo, separação das sequências ligadas das não ligadas, eluição dos oligonucleotídeos complexados, transcrição reversa, amplificação e transcrição das sequências recuperadas, para a criação de uma nova biblioteca que será usada no próximo ciclo de SELEX. Geralmente, de cinco a quinze ciclos são necessários para a geração de aptâmeros com afinidade e especificidade pelo seu alvo[2].

aptâmeros de DNA), ou por transcrição *in vitro* (seleção de aptâmeros de RNA). Esse *pool* é utilizado no próximo ciclo de seleção e amplificação. Em geral, são necessários de seis a vinte ciclos para a seleção de aptâmeros com elevada afinidade e especificidade (Figura 1.1). Em termos práticos, ciclos são realizados até que a afinidade da biblioteca pelo alvo se estabilize. Passos de seleção negativa devem ser adicionados para minimizar o enriquecimento de sequências que se ligam inespecificamente. Por exemplo, na seleção de aptâmeros contra proteínas recombinantes expressas na superfície celular, ciclos de seleção negativa contra células que não expressam o alvo são recomendados para a eliminação das sequências que se ligam de forma inespecífica aos demais constituintes da membrana. Neste passo, as moléculas que se associam à membrana são eliminadas, enquanto as demais são coletadas e usadas para dar continuidade ao procedimento[52].

Depois do último ciclo de SELEX, o *pool* é clonado e sequenciado. Aptâmeros com sequências conservadas são selecionados e utilizados em ensaios de ligação para determinar sua afinidade e especificidade pelo alvo. Ademais, podem ser feitas mutações para definir a sequência mínima e motivos necessários para a interação com o alvo. Finalmente, os aptâmeros obtidos podem sofrer algumas modificações a fim de otimizar suas propriedades físico-químicas, como a incorporação de nucleotídeos modificados para aumentar a estabilidade ou a conjugação com determinados grupos para aplicações analíticas ou purificação do alvo[14].

1.4 A QUÍMICA DOS NUCLEOTÍDEOS

A natureza química dos resíduos de nucleotídeos que formam os aptâmeros é de particular importância, pois determinará a faixa de possíveis estruturas tridimensionais que os aptâmeros poderão assumir e também a sua estabilidade frente à degradação. Por exemplo, moléculas de RNA são muito mais suscetíveis à hidrólise em meio básico devido à presença de um grupo hidroxila na posição 2' do anel da ribose que, quando desprotonado, ataca e quebra as ligações fosfodiéster. O DNA, por outro lado, por ser formado por resíduos de desoxirribonucleotídeos, é quimicamente mais estável. A fim de aumentar a estabilidade dos aptâmeros e, dessa forma, sua biodisponibilidade em fluidos biológicos, três abordagens têm sido utilizadas:

- Uso de nucleotídeos modificados, por exemplo, pirimidinas modificadas na posição 2' com $-NH_2$, $-F$ e grupos $-OCH_3$. Tais modificações aumentam a meia-vida das moléculas de RNA em fluidos biológicos (Figura 1.2)[53,54].

- Modificação da ligação fosfodiéster. Isso é conseguido por meio do uso, por exemplo, de α-tio-desoxinucleosídeo trifosfatos e α-borano-nucleosídeo trifosfatos, que dão origem a aptâmeros mais resistentes à ação de nucleases[55,56] (Figura 1.2).

- Uso de aptâmeros enantioméricos conhecidos como *spiegelmers* (do alemão *Spiegel*, que significa "espelho"). Essa técnica representa uma solução muito elegante para o problema de estabilidade dos aptâmeros. O processo envolve inicialmente criar uma imagem especular do alvo, então selecionar aptâmeros para essa imagem especular e, finalmente criar a imagem especular do aptâmero selecionado (Figura 1.3). Usando esta abordagem, já foram selecionados *spiegelmers* contra D-adenosina, L-vasopressina e L-arginina[21,57,58].

Em resumo, a técnica de SELEX permite a seleção de aptâmeros com alta seletividade e especificidade contra uma variedade de alvos. Entretanto, não existe um protocolo de seleção comum a todos os alvos. O desenho do procedimento de SELEX depende do alvo, da biblioteca de oligonucleotídeos e da aplicação e características desejadas para os aptâmeros que serão selecionados[50].

1.5 APTÂMEROS *VERSUS* ANTICORPOS

Conforme já mencionado, os aptâmeros representam uma promissora nova classe de agentes terapêuticos e para diagnóstico que se ligam aos seus alvos com alta afinidade e com potência similar àquela observada com os anticorpos; podem ser descobertos via seleção *in vitro* por meio da técnica de SELEX e sintetizados quimicamente. Portanto, os aptâmeros combinam vantagens de pequenas moléculas e de anticorpos: rápida síntese e otimização, fácil síntese química e carência de imunogenicidade. Não é por acaso que temos aptâmeros sendo desenvolvidos contra os mais diversos alvos e para os mais diversos fins (analítico, diagnóstico, terapêutico), alguns já em testes pré-clínicos e clínicos[59]. Podemos ainda mencionar como vantagens apresentadas pelos aptâmeros em relação aos anticorpos:

- Tamanho: enquanto os anticorpos possuem de 150 KDa a 160 KDa, os aptâmeros são formados por poucas dezenas de nucleotídeos.

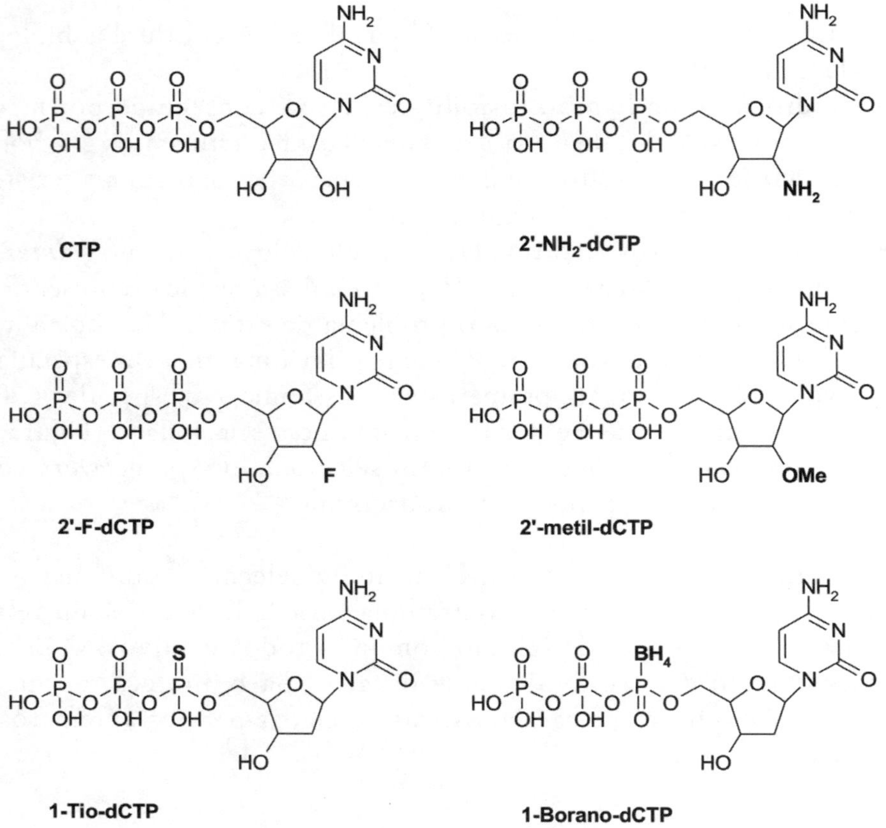

Figura 1.2 Estrutura química dos nucleotídeos modificados. O potencial terapêutico e diagnóstico dos aptâmeros é aperfeiçoado pela incorporação de nucleotídeos, com substituições no grupo 2'-OH da ribose e com modificações na cadeia fosfodiéster, à sequência das moléculas de RNA. Modificada de Ulrich e Trujillo[2].

- Produção: os anticorpos requerem animais para sua produção ou são obtidos como proteínas recombinantes; os aptâmeros são obtidos por fácil síntese química.
- Modificações pós-seleção: os aptâmeros permitem muito mais modificações que os anticorpos, e estas podem ser feitas facilmente.
- Estabilidade: os aptâmeros são mais estáveis (DNA, anos em temperatura ambiente; RNA, meses a -80 °C) que os anticorpos (várias semanas a 4 °C).
- Moléculas-alvo: aptâmeros são selecionados contra uma faixa bem maior de alvos, desde moléculas de baixa massa molecular, passando

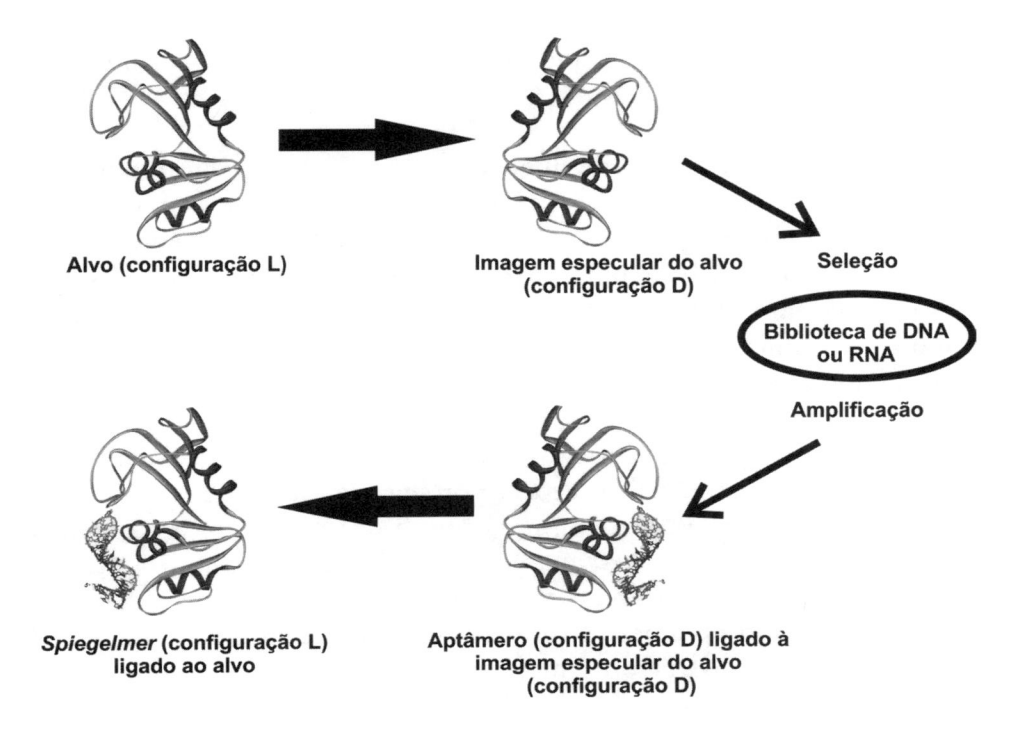

Figura 1.3 Representação esquemática para a seleção de *spiegelmers*. O primeiro passo para a identificação de um *spiegelmer* é a produção do enantiômero do alvo. Por meio de ciclos de seleção e amplificação, a partir de uma biblioteca combinatória de D-DNA ou D-RNA, são selecionadas sequências contra a imagem especular do alvo. Após a identificação das sequências, estas são sintetizadas na configuração L e serão capazes de se ligarem ao alvo natural.

por macromoléculas, até células inteiras. Os alvos dos anticorpos incluem principalmente macromoléculas imunogênicas.

- Condições de aplicação: os anticorpos só podem ser aplicados em condições fisiológicas, enquanto os aptâmeros podem ser usados, até certa extensão, com solventes orgânicos[60].

1.6 APLICAÇÕES

Conforme já mencionado e exemplificado, tão logo a técnica de SELEX foi desenvolvida, os aptâmeros começaram a ser explorados como ferramentas terapêuticas. Pesquisas têm revelado a versatilidade dos oligonucleotídeos, e novas aplicações da técnica de SELEX têm emergido. A seguir, relacionamos outras áreas em que os aptâmeros têm sido utilizados com grande potencial:

Prognóstico e diagnóstico de doenças: sabe-se muito bem que diversas doenças são acompanhadas pela expressão de marcadores específicos, cujos níveis fornecem informações quanto ao desenvolvimento da doença, ou seja, se ela pode ou não evoluir para casos mais graves. Nesse caso, os aptâmeros representam poderosas ferramentas para o prognóstico e diagnóstico molecular. Uma vez que existe a possibilidade de selecionar aptâmeros com afinidade e especificidade elevadas contra um determinado alvo, o uso de aptâmeros como biossensores possui aplicações no diagnóstico precoce, quando a expressão de um biomarcador da doença é ainda consideravelmente baixa. Um diagnóstico precoce, por sua vez, aumenta as chances de sucesso do tratamento. Por exemplo, já foram desenvolvidos aptâmeros de DNA que são capazes de detectar o VEGF-165, um marcador da angiogênese, cujos níveis de expressão acompanham o desenvolvimento de tumores. O teste empregando aptâmeros apresentou uma eficiência equiparável ao teste de ELISA[61]. Como outro exemplo, foi identificado um aptâmero capaz de se ligar especificamente a células de carcinoma hepático, um dos tumores mais malignos conhecidos. Tal oligonucleotídeo deve ser útil não só na identificação de novos marcadores tumorais, mas também no diagnóstico e tratamento desse câncer[62]. De fato, aptâmeros contra marcadores específicos para vários outros tipos de tumores têm sido desenvolvidos[63].

O diagnóstico de doenças infecciosas pode ser feito mediante a detecção de moléculas derivadas do agente infeccioso, seja ele, por exemplo, um protozoário, um vírus ou uma bactéria. Os aptâmeros contra transcriptase reversa já mencionados poderiam também ser empregados como biossensores e prontamente utilizados no diagnóstico de infecções por HIV[11]. Os testes com aptâmeros também podem vir a substituir ensaios enzimáticos utilizados no diagnóstico de infecções bacterianas. Isso pode se dar, por exemplo, com a infecção por *Clostridium difficile*, cujo imunoensaio enzimático para a detecção de toxinas derivadas da bactéria carece de adequada sensibilidade. Já foram encontrados aptâmeros capazes de detectar as toxinas A e B de *Clostridium difficile* na faixa de picomolar[64]. Também no campo das doenças parasitárias, foram encontradas aplicações para os aptâmeros. Um exemplo seria a detecção de tripomastigotas de *Trypanosoma cruzi*, o agente etiológico da doença de Chagas, no sangue de indivíduos infectados. Em geral, tal detecção é feita por métodos baseados em PCR, mas é dificultada em alguns estágios da doença, quando o número de parasitas no sangue é muito baixo. Uma alternativa seria concentrar o parasita. Isso foi feito por meio do uso de aptâmeros específicos contra tripomastigotas. A conjugação do aptâmero a partículas magnéticas permitiram a separação e concentração do parasita por meio do uso de magnetos[65]. Esses exemplos apenas ilustram o modo como os aptâmeros podem ser empregados como ferramenta para o diagnóstico de doenças de diversas naturezas, comprovando mais uma vez o poder e versatilidade da técnica de SELEX.

Sistemas de entrega de drogas: dada a especificidade em relação ao alvo obtida com o uso de aptâmeros a conjugação dos mesmos com agentes terapêuticos poderia dirigir a droga contra o alvo ou local de ação específicos. Isso conferiria uma maior especificidade ao tratamento, o que poderia ser observado por meio de redução nos efeitos colaterais. Embora exista a possibilidade de conjugar o aptâmero diretamente com a droga de interesse, o que mais se observa, contudo, é a sua conjugação à nanopartículas ou micelas que, por sua vez contêm a droga a ser transportada. Isso significa que, enquanto a nanopartícula ou micela funciona como o veículo para a droga, cabe ao aptâmero o papel de garantir especificidade quanto ao alvo ou local de ação. Algo que exemplifica bem isso é o emprego de nanopartículas contendo cisplatina para o tratamento de câncer de próstata. A conjugação dessas nanopartículas a um aptâmero de RNA, que se liga especificamente a um marcador de superfície celular superexpresso em câncer de próstata, permitiu que a droga fosse direcionada ao alvo desejado. Os resultados mostraram que as nanopartículas conjugadas com o aptâmero foram mais eficazes contra as células tumorais quando comparadas com nanopartículas não conjugadas[66]. Direcionar a cisplatina contra seu alvo por meio do uso de aptâmeros permitiria que as doses do medicamento fossem melhor ajustadas ou até reduzidas, o que, por sua vez, diminuiria a incidência de efeitos colaterais e resistência observados com doses elevadas do medicamento. Outro exemplo é o emprego de lipossomas contendo doxorubicina (um agente antitumoral) funcionalizadas com o aptâmero de DNA AS1411, que apresenta elevada afinidade pela proteína nucleolina, cuja expressão é elevada em células tumorais. Estudos *in vitro* e *in vivo* com células de câncer de mama mostram que tais lipossomas levam a uma maior captação de doxorubicina e, consequentemente, a uma maior eficácia antitumoral quando comparados com lipossomas não funcionalizados com o aptâmero. Ao mesmo tempo, o aptâmero por si só interage com a proteína nucleolina, impedindo-a de se ligar, por exemplo, ao RNA mensageiro que codifica para Bcl-2 (*B cell lymphoma* 2), um importante regulador da morte celular. Consequentemente, o mensageiro fica livre para a degradação por RNases. Tal mecanismo poderia explicar como o aptâmero AS1411 induz a morte celular no tumor[67,68]. É interessante que, aqui, o aptâmero atua não somente direcionando a doxorubicina contra o seu alvo, mas também como um agente terapêutico.

O uso de quimeras contendo a sequência de um aptâmero e de *siRNAs* (*small-interfering RNAs*) também representa uma estratégia para direcionar de forma segura e eficiente esses RNAs contra células e tecidos específicos. Enquanto ao aptâmero cabe o papel de direcionar o *siRNA*, a esse último cabe o papel de agente terapêutico, na medida em que silencia a expressão de um determinado gene. De fato, já existe um trabalho reportando, por exemplo, o uso de quimeras contendo o aptâmero contra gp120 (essa glico-proteína faz parte do envelope do HIV-1 e é também expressa por células infectadas) e o *siRNA* contra o RNA mensageiro que codifica para Tat e Rev (Tat e Rev são proteínas fundamentais para o processo de replicação viral). Os resultados desse trabalho mostraram que a interação entre a quimera e as células infectadas por HIV-1 leva à internalização da quimera (lembrando que tal interação se dá, de fato, entre o aptâmero e gp120 expressa pela célula infectada). Uma vez dentro da célula, o *siRNA* conjugado ao aptâmero é processado, levando à degradação do RNA mensageiro para Tat e Rev, o que, por sua vez, inibe a replicação viral. Esse trabalho também mostrou que a quimera impede a interação entre gp120 expressa pelo vírus e o marcador CD4 e, dessa forma, a invasão celular[69].

Uma estratégia similar poderia ser utilizada para direcionar *siRNAs* contra células tumorais. Um aptâmero que se liga especificamente a um marcador de células de câncer de próstata foi conjugado a *siRNAs* para supressão da expressão de gliceraldeído-3-fosfato desidrogenase e laminina. Verificou-se que os conjugados que se ligam a células que expressam o marcador, são endocitados e inibem a expressão gênica, conforme avaliado pela PCR em tempo real[70]. Evidentemente, isso levanta a possibilidade de se conjugar aptâmeros a sequências de *siRNA* que tenham como alvo terapêutico pro-teínas ou outras moléculas que sejam fundamentais para o desenvolvimento do tumor e/ou metástase. De fato, já foram geradas quimeras contendo um aptâmero selecionado contra o antígeno de membrana específico da próstata (PSMA, ou *prostate specific membrane antigen*) humano e *siRNAs* contra PLK1 (*polo-like kinase 1*) e Bcl2. A porção correspondente ao aptâmero é responsável por mediar a ligação ao PSMA, uma proteína superexpressa em células de câncer de próstata. Por outro lado, a porção correspondente aos *siRNAs* é responsável por silenciar a expressão dos genes plk1 e bcl2, que codificam para proteínas importantes no processo de sobrevivência celular. Conforme demonstrado, tais quimeras foram capazes de inibir o crescimento de tumores de próstata e mediar sua regressão, quando estes foram transplantados em camundongos. Deve-se enfatizar que esse efeito foi observado apenas em tumores derivados de células que expressavam PSMA, o que evidencia a importância do aptâmero em direcionar o agente terapêutico contra seu alvo, contribuindo, assim, para maior segurança e eficácia do tratamento[71].

1.7 PLANEJAMENTO ESTRATÉGICO

Neste capítulo trazemos também um conjunto de protocolos que permite ao leitor um entendimento mais apurado do funcionamento da tecnologia SELEX (Systematic Evolution of Ligands by Exponential Enrichment), tornando-se, até mesmo, uma fonte de consulta para os pesquisadores que desejam se aventurar por esta técnica. Aqui apresentamos os passos primordiais para o desenvolvimento de aptâmeros (ligantes de alta afinidade) de RNA contra proteínas de membrana (Figura 1.4). Vale ressaltar que o nosso protocolo é baseado nos trabalhos publicados[8,24,52,72] e nos projetos desenvolvidos no laboratório do Prof. Henning Ulrich e que esta é apenas uma das variadas metodologias que podem ser utilizadas para identificação de aptâmeros que se ligam a epítopos de superfície celular. Usando o protocolo descrito, foram selecionados aptâmeros como ligantes específicos e/ou inibidores de receptores de neurotranmissores, incluindo receptores gabaérgicos, glutamatérgicos, bem como receptores nicotínicos de acetilcolina dos subtipos muscular e neuronal[24,74-75]. Os aptâmeros desenvolvidos se ligam aos seus alvos com constantes de dissociação na faixa de nanomolar. Além de serem altamente específicos, os aptâmeros interagem com conformações determinadas do receptor, competindo com o agonista pelo sítio de ligação do mesmo ou afetando a atividade do receptor por mecanismos alostéricos[76].

1.8 PREPARAÇÃO DA BIBLIOTECA COMBINATÓRIA DE RNA

1.8.1 Biblioteca de sequências aleatórias de ssDNA

O passo básico da técnica SELEX é o desenho e síntese química de uma biblioteca combinatória de ssDNA. Como exemplo, apresentamos a sequência

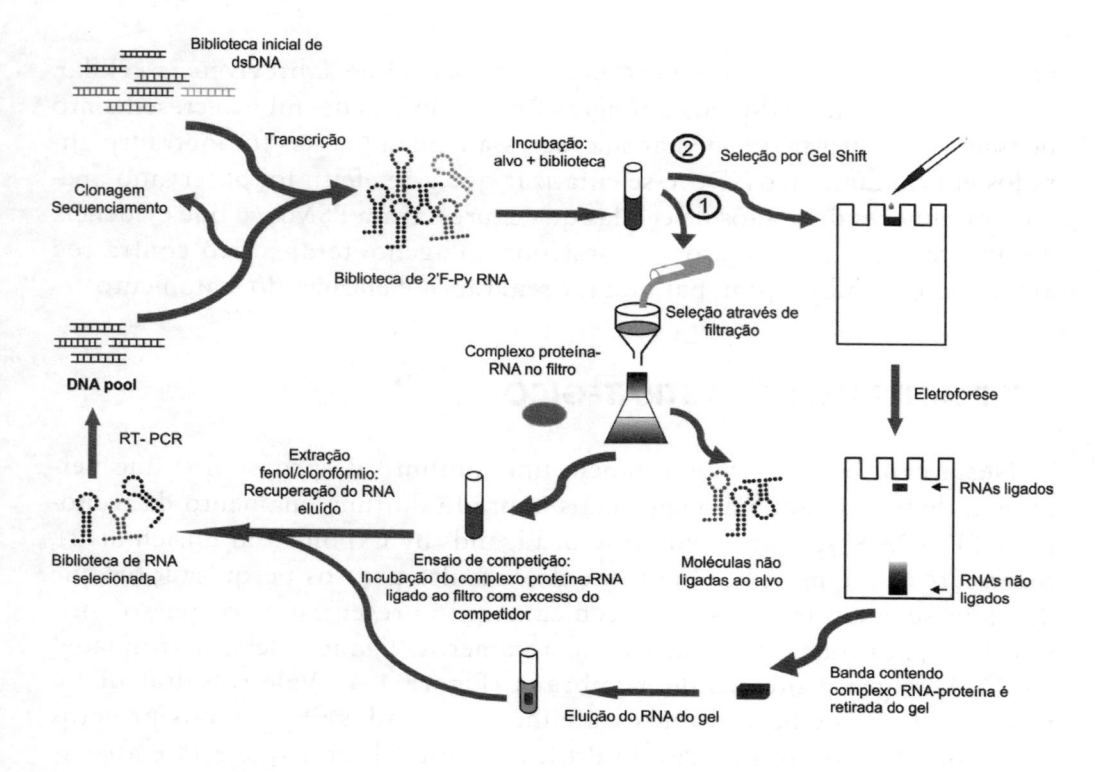

Figura 1.4 Esquema de seleção *in vitro* de aptâmeros de RNA resistentes a ação de nucleases contra um receptor de membrana. A biblioteca de DNA, flanqueada por sítios de ligação aos *primers* e pelo promotor da RNA polimerase T7, é transcrita em RNA. Após a reação de ligação proteína-RNA, os oligonucleotídeos com afinidade pela proteína são selecionados via filtração ou, após alguns ciclos de SELEX, por *gel shift*. Por filtração 1: as moléculas de RNA ligadas às proteínas são retidas no filtro de nitrocelulose, enquanto as demais são eliminadas por lavagem e filtração. Para a seleção das moléculas que se ligam especificamente ao alvo, o filtro é incubado com uma solução contendo uma alta concentração de um ligante com afinidade pelo receptor de interesse. Os RNAs eluídos são recuperados por extração com fenol-clorofórmio, reversamente transcritos e amplificados via PCR. Por *gel shift* 2: a mistura de RNA e proteína é separada em um gel de poliacrilamida vertical, o complexo RNA-proteína é retido no topo do gel, enquanto os oligonucleotídeos não ligados migram até a base. As bandas são visualizadas e identificadas por *phosphor imaging* ou autorradiografia, sendo que a de interesse é retirada do gel com a ajuda de um bisturi. O RNA é eluído do gel, recuperado por extração com fenol, reversamente transcrito a cDNA e amplificado pela PCR. O *pool* resultante de qualquer um dos processos de separação é utilizado em um novo ciclo, ou então clonado, sequenciado e caracterizado. Por uma questão prática excluímos do esquema os ciclos de seleção negativa (2'F-Py: 2'F-pirimidina).

usada nos trabalhos de Ulrich, Magdesian e colegas[8] e de Ulrich e Ippolito[24]. A presente biblioteca é composta por duas regiões constantes de 25 e 43 nucleo-tídeos (nt), necessárias para a transcrição, amplificação e clonagem das sequências, e uma região interna randômica de 40 nt (Figura 1.5). O tamanho da porção randomizada comumente varia de 25 a 75, sendo que bibliotecas com 30 a 40 posições aleatórias foram empregadas com sucesso para a seleção de aptâmeros contra antígenos da superfície celular e receptores proteicos, como receptores nicotínicos de acetilcolina, receptores de AMPA-glutamato, receptores de adesão do *Trypanosoma cruzi* e tenascin-C[8,24,77].

Para a extensão da segunda fita e amplificação das sequências pela PCR, é necessária a síntese dos *primers forward* e *reverse* que, para esta biblioteca, devem conter, respectivamente, 22 nt e 40 nt, sendo denominados, neste texto, de P22 e P40. Tanto os *primers* como a biblioteca podem ser obtidos de fontes comerciais. Comumente requisitamos a síntese química da biblioteca da empresa Eurofins MWG Operon, de Ebersberg, na Alemanha, na escala de 1 μmol.

1.8.2 *Primer extension*

Caso a biblioteca não tenha sido purificada pela empresa responsável por sua síntese química, é necessário fazê-lo antes de qualquer novo passo. Para este propósito utilizamos eletroforese em gel desnaturante de poliacrilamida. Não descreveremos este método porque é mais conveniente requisitá-lo da empresa encarregada pela síntese. Outro procedimento que se faz necessário é a determinação de sua funcionalidade (capacidade de síntese da fita complementar) por *primer extension,* usando o *primer reverse* (P40) marcado na extremidade 5' com ^{32}P. Esta análise é importante porque oligonucleotídeos com deleções, danos na cadeia ou incompleta desproteção de resíduos acumulam-se durante a síntese química e diminuem a fração das sequências que podem ser prontamente amplificadas para 10% a 40%, reduzindo, dessa forma, a diversidade da biblioteca. Com esse ensaio, o pesquisador consegue calcular qual é essa porcentagem para a sua biblioteca.

1.8.3 Amplificação das sequências pela PCR sujeita a erro

Após análise da funcionalidade da biblioteca, a mistura de DNA simples fita deve ser convertida em dupla fita e, posteriormente, amplificada pela PCR sujeito a erro. A PCR sujeita a erro consiste em uma PCR padrão em que algumas condições são alteradas: adiciona-se $MnCl_2$ e aumentam-se as concentrações de $MgCl_2$, da Taq polimerase e dos desoxinucleotídeos de pirimidina. O intuito é aumentar a frequência de erros da PCR e diminuir o viés no tipo de mutação gerada, reduzindo, dessa forma, a chance de que a amplificação da biblioteca resulte na diminuição de sua diversidade[52,78].

1.8.4 Análise da região randômica da biblioteca

Para a análise da randomicidade, uma alíquota da PCR sujeita a erro é clonada em vetor bacteriano e, aproximadamente, quarenta clones são isolados e sequenciados. É importante que a região aleatória contenha aproximadamente 25% de cada nucleotídeo (A, T, C, G) e que motivos estruturais (tais como AA, AC, AG e AT) estejam igualmente distribuídos entre os clones. Se a população apresenta um ou mais nucleotídeos com uma frequência superior a 30%, ou se os motivos estruturais não estão homogeneamente distribuídos, a ressíntese da biblioteca deve ser considerada[52].

1.8.5 Transcrição *in vitro* para gerar a biblioteca de RNA

Após a confirmação da funcionalidade da biblioteca, é realizada a reação de transcrição *in vitro* na presença dos nucleotídeos 2'-OH purinas e 2'-F pirimidinas, a fim de obter uma população de moléculas de RNA resistente à ação de nucleases. Para verificar a eficiência da reação, uma pequena alíquota da transcrição é analisada por eletroforese em gel de poliacrilamida desnaturante. O ideal é observarmos uma única banda de 90 bases (note que a porção do promotor T7 de 18 pb da biblioteca de DNA com 108 pb não será transcrito). A população de RNA gerada é então purificada dos nucleotídeos livres e proteínas por extração com fenol-clorofórmio e precipitação com etanol. O precipitado é ressuspenso em tampão de seleção e sua concentração e pureza são determinadas por espectrofotometria. A massa do transcrito que será utilizada no primeiro ciclo de seleção é desnaturada a 85 °C e então transferida para a temperatura ambiente para renaturação, a fim de induzir o enovelamento apropriado das moléculas de RNA.

1.8.6 Preparação do alvo

Sempre que possível, o alvo deve ser apresentado purificado à população de RNAs durante os ciclos de seleção *in vitro*. Se o alvo pode ser purificado, ele pode ser imobilizado, em seguida, covalentemente em uma matriz, o que facilita a lavagem e eluição das moléculas de RNA ligadas a ele. Contudo, muitas moléculas com potencial terapêutico e para diagnóstico são constituintes naturais da membrana, e quando o alvo exige a presença da membrana (como receptores acoplados à proteína G e canais iônicos) ou de coreceptores para assumir sua conformação estável é difícil ou impossível planejar um experimento de SELEX com a proteína solúvel e purificada na presença de detergentes[7]. Nas situações em que um receptor proteico é o alvo, os autores recomendam a utilização de preparações de membrana de células transfectadas superexpressando o receptor recombinante. Vale lembrar que há descrições na literatura em que os pesquisadores utilizaram com sucesso células inteiras para esse propósito[79].

Os ciclos de seleção negativa são feitos utilizando preparações de membrana de células que não expressam o receptor. Caso tais células não estejam disponíveis, as preparações de membrana podem ser tratadas com tripsina antes da seleção negativa a fim de destruir a estrutura das proteínas da superfície celular[52].

Antes de iniciar o procedimento de SELEX, é importante definir a concentração dos sítios de ligação do receptor-alvo na preparação de membrana. Este dado permitirá o cálculo da quantidade de proteína da preparação de membrana que será usada nos ciclos de seleção; de acordo com a proporção RNA : sítios de ligação do receptor definida para cada experimento.

O ensaio mais usado para esse propósito é a determinação de curva de saturação da ligação de um radioligante específico ao alvo. Neste, várias concentração do radioligante são incubadas com quantidades constantes da preparação de membrana contendo o receptor (tecidos ou células também são usados), a uma dada temperatura e pH, produzindo concentrações crescentes do complexo ligante-receptor. A equação para a hipérbole resultante é

$$Y = B_{max} \cdot X/(K_d + X),$$

onde Y é o valor da ligação específica do radioligante ao receptor e se refere à ligação total do radioligante menos a ligação não específica deste. A ligação não específica representa a radioatividade medida na presença de altas concentrações de um competidor, uma droga não radiomarcada. X é a concentração do radioligante livre e, portanto, capaz de interagir com o receptor. O K_d é a concentração em que 50% dos receptores são ocupados pelo ligante radioativo, e o B_{max} é o número máximo de sítios de ligação do receptor na preparação de membrana[80,81].

Neste capítulo não descreveremos um protocolo do ensaio de saturação, por considerarmos que cada ensaio exige adaptações particulares e, também, porque há uma vasta literatura sobre o assunto.

1.9 CICLOS DE SELEÇÃO *IN VITRO* PARA O ENRIQUECIMENTO DE MOLÉCULAS DE RNA COM ALTA AFINIDADE PELO ALVO PROTEICO

1.9.1 Separação por filtração em membrana de nitrocelulose

A população de RNA de sequências aleatórias ($\sim$ 3,5 nmol) é incubada com a proteína-alvo, presente na preparação de membrana, na proporção de 1:1 (uma molécula de RNA para cada sítio de ligação do receptor estimada, a proporção máxima deve ser até 10:1). As sequências com baixa ou nenhuma afinidade tendem a permanecer livres na solução, enquanto as demais se associam ao alvo. O complexo RNA-alvo é separado das moléculas livres por filtração em membrana de nitrocelulose ou *gel shift*. No caso da filtração, o complexo permanece ligado à membrana e as moléculas de RNA são eluídas do alvo pela incubação com altas concentrações de um ligante (geralmente antagonista) específico para o receptor. Este procedimento diminui a chance da seleção de sequências com afinidade a alvos inespecíficos (estratégia usada por Ulrich, Magdesian e colegas[8] e de Ulrich, Ippolito e colegas[24]). A solução de oligonucleotídeos obtida é purificada por extração com fenol, concentrada por precipitação com etanol, reversamente transcrita a DNA, amplificada pela PCR, novamente transcrita a RNA e então utilizada para o próximo ciclo da SELEX (Figura 1.4).

No decorrer do procedimento da SELEX alguns parâmetros podem ser alterados para aumentar a estringência durante os ciclos de seleção, por exemplo: aumento do número de lavagem do filtro de nitrocelulose contendo o complexo e aumento da proporção RNA:alvo [geralmente 1:1 a 1:10 nos primeiros ciclos, chegando a 100:1 a 1000:1 nos últimos ciclos, como também a inclusão de competidores (tRNA) para minimizar a ligação inespecífica][52].

1.9.2 Separação por *gel shift*

Além da seleção por filtração em membrana de nitrocelulose, o ensaio de *gel shift* também pode ser empregado para o enriquecimento de oligonucleotídeos com alta afinidade pela proteína-alvo (Figura 1.4).

Neste procedimento, a população de moléculas de [^{32}P] RNA é incubada com a preparação de membrana para permitir a ligação das sequências ao alvo. A mistura da reação é separada em um gel de poliacrilamida vertical. O complexo RNA-proteína é retido no topo do gel, enquanto os oligonucleotídeos não ligados migram até a base. As bandas são visualizadas e identificadas por *phosphor imaging* ou autorradiografia, sendo que a de interesse é retirada do gel com a ajuda de um bisturi. O RNA é eluído do gel, recuperado por extração com fenol, precipitado com etanol, reversamente transcrito a cDNA, amplificado pela PCR e transcrito para a geração de uma nova biblioteca enriquecida de RNAs com afinidade pelo alvo. Recomendamos que esse ensaio seja empregado apenas depois de alguns ciclos da SELEX em que a separação por filtração foi usada, quando uma população de RNAs com afinidade pela proteína-alvo já esteja bem estabelecida dentro da biblioteca, o que pode ser determinado pelo ensaio de ligação radioligante-receptor. Além disso, pode ser difícil localizar o complexo proteína-RNA no início dos ciclos de seleção, quando ainda bem poucas moléculas de RNA se ligam ao alvo[52].

1.9.3 Seleção negativa para eliminar as moléculas de RNA que se ligam inespecificamente à membrana de nitrocelulose

Para garantir o enriquecimento apenas das moléculas de RNA que possuem afinidade pelo alvo, ciclos de seleção negativa são realizados para eliminar as sequências com ligação a outros sítios abundantes no ensaio de seleção *in vitro*.

Após o primeiro ciclo, é necessário fazer um ciclo de seleção negativa contra o filtro de nitrocelulose usado para a separação e imobilização do complexo RNA-proteína. Caso isso não seja feito, espécies com afinidade pelo filtro poderão ser enriquecidas durante os ciclos da SELEX[52].

1.9.4 Seleção negativa para eliminar as sequências de RNA que se ligam inespecificamente a outras moléculas da preparação de membrana que não o alvo

Se a proteína-alvo recombinante é expressa em uma linhagem celular que não a produz naturalmente, preparações de membrana da célula não transfectada podem ser usadas para os ciclos de seleção negativa. Se a célula empregada expressa o alvo constitutivamente, é necessário escolher uma linhagem que não o faça ou tratar a preparação de membrana com tripsina para destruir a estrutura das proteínas.

Após três ciclos da SELEX, um ciclo de seleção negativa é feito para remover os RNAs que possuem afinidade por outros sítios que não o alvo. As sequências que se ligam à preparação de membrana sem o alvo são descartadas, enquanto as que não se ligam são recuperadas e usadas para o próximo ciclo[52].

1.9.5 Ensaio de ligação radioligante-receptor para monitorar o enriquecimento das sequências de RNA durante o procedimento da SELEX

O avanço no enriquecimento de moléculas de RNA com afinidade pelo alvo durante os ciclos da SELEX é monitorado por ensaios de ligação radioligante-receptor. Após três a cinco ciclos iniciais da SELEX, observa-se um aumento exponencial na afinidade de ligação da biblioteca de RNA pelo alvo. Afinidades máximas são atingidas após 8 a 25 ciclos, dependendo da abundância do alvo na preparação de membrana apresentada à biblioteca de RNA, bem como pela optimização dos protocolos de ligação e seleção.

Para esta análise usaremos um ensaio de *gel shift*, medindo a mobilidade de complexos RNA-proteína-alvo e RNAs em gel de poliacrilamida[24]. Para isso, populações de RNA obtidas de diferentes ciclos da SELEX são radiomarcadas. Subsequentemente os [^{32}P] RNAs são incubados com preparações de membrana contendo o alvo por quarenta minutos. As misturas são aplicadas em um gel de poliacrilamida nativo e submetidas à eletroforese. O gel é exposto a um filme para autorradiografia ou analisado por *phosphor imaging*. A intensidade das bandas correspondentes aos complexos RNA--proteína é quantificada por densitometria.

1.10 CARACTERIZAÇÃO DOS APTÂMEROS

1.10.1 Clonagem e análise das sequências

Para a identificação das sequências de RNA presentes na biblioteca enriquecida, uma alíquota do produto da PCR do último ciclo de seleção é clonada usando um dos kits comerciais: *PGEM T Easy Vector* ou *TOPO TA cloning* (não descreveremos o protocolo de clonagem por ser uma técnica padrão dos laboratórios de Biologia Molecular). Aproximadamente quarenta clones devem ser sequenciados. As regiões randômicas das sequências individuais obtidas são alinhadas e comparadas, a fim de identificar regiões, de 4 a 10 nts, conservadas. O alinhamento das sequências pode ser feito usando programas específicos, como ClustalX1.83, disponível gratuitamente na internet. No entanto, esses programas podem não ser adequados para determinar a similaridade entre as sequências quando as regiões conservadas são muito curtas ou ainda bastante heterogêneas. Assim, é necessário compará-las visualmente e, nesse caso, o uso da função "localizar" de programas de processamento de texto, como MS Word para Windows, pode ser muito útil. Alternativamente, o programa MEME[*] pode ser utilizado. Os grupos de aptâmeros que compartilham sequências conservadas são agrupados em famílias[52].

A estrutura secundária dos aptâmeros é predita usando um algoritmo com base na minimização da energia livre das estruturas formadas, o programa *M-fold*[**] pode ser utilizado para isso[82,83]. A análise comparativa das estruturas secundárias dos aptâmeros que compartilham sequências conservadas comuns é baseada na suposição de que estes aptâmeros são capazes de adotar estruturas semelhantes, nas quais as sequências consensos estão localizadas em motivos bem definidos.

1.10.2 Amplificação das sequências dos aptâmeros clonados em vetor bacteriano pela PCR

Neste ponto é importante selecionar sequências representativas das diferentes famílias para dar continuidade ao trabalho. As sequências de RNA escolhidas podem ser sintetizadas quimicamente por uma das empresas

---

[*]   Disponível em: <http://meme.nbcr.net/meme/cgi-bin/meme.cgi>.
[**] Disponível em: <http://mfold.bioinfo.rpi.edu/cgi-bin/rna-form1.cgi>.

presentes no mercado, o que requer uma elevada soma de recursos, ou as sequências de DNA clonadas em vetor bacteriano podem ser amplificadas e posteriormente transcritas *in vitro*, gerando os aptâmeros desejados. Nesse caso, a amplificação dos oligonucleotídeos inseridos no vetor é feita usando os *primers*, denominados P40 e P22, e deve render, como nos ciclos de seleção, um produto de 108 pb.

1.10.3 Avaliação da afinidade de ligação dos aptâmeros pelo receptor alvo pelo ensaio de competição radioligante-receptor

O próximo passo é definir a afinidade de ligação de cada aptâmero escolhido pelo receptor-alvo usando o ensaio de competição radioligante-receptor. Além disso, o pesquisador deve examinar a capacidade desses aptâmeros em intervir em um processo celular envolvendo o receptor-alvo. O tipo de ensaio a ser realizado neste ponto depende das características do receptor.

O tradicional ensaio de ligação aptâmero-receptor baseado na saturação da ligação, permitindo a obtenção de V_{max} e K_d utilizando o modelo de Michaelis-Menten, enfrenta o problema de que altas concentrações de aptâmeros radiomarcados (ou marcados por fluoróforos) serão necessárias para a determinação da ligação máxima.

Portanto, procuramos abordagens alternativas. De acordo com o ensaio de competição radioligante receptor, a afinidade de ligantes pelo receptor pode ser determinada indiretamente por sua habilidade de competir, e assim inibir, a ligação de uma droga radiomarcada ao seu receptor. Para o nosso ensaio, o radioligante é o aptâmero radiomarcado internamente com alfa--32P-ATP e o competidor é o ligante (geralmente um antagonista) usado para a eluição dos aptâmeros durante os ciclos da SELEX. O mesmo aptâmero não marcado também pode ser usado como competidor, contudo, neste caso, os dados devem ser analisados como um ensaio de competição homóloga.

Nos experimentos de competição, várias concentrações de um ligante não radiomarcado são utilizadas para competir com uma concentração fixa de um radioligante por seus sítios de ligação ao receptor. Como as concentrações da droga não marcada aumentam, a quantidade de ligação do radioligante diminui. O parâmetro obtido com este ensaio é a concentração de um ligante não marcado que inibe 50% da ligação de um radioligante ao seu receptor; esta é a constante de inibição (IC_{50})[81,84].

Então, a equação desenvolvida por Cheng-Pusoff[85] é usada para determinar a constante de dissociação (K_d) do [^{32}P] aptâmero ao seu alvo. É essencial ter em mente que, para usar esta abordagem, é necessário conhecer a constante de dissociação, frequentemente referida como K_i, do competidor (ligante usado na eluição dos aptâmeros).

Considerando a equação de Cheng-Prusoff[85],

$$K_i = IC_{50}/1 + L/K_d,$$

onde K_i é a constante de dissociação do competidor, IC_{50} é a concentração do competidor que inibe 50% da ligação do [^{32}P] aptâmero (radioligante) ao seu receptor, L é a concentração do [^{32}P] aptâmero usada no experimento e K_d é a constante de dissociação do [^{32}P] aptâmero (variável que queremos determinar).

O ensaio de competição radioligante-receptor pode ser feito com a preparação de membrana usada nos ciclos de seleção ou com as células íntegras. Aqui, descreveremos um protocolo usando a preparação de membrana.

1.10.4 Testes para avaliação da atividade dos aptâmeros

Após selecionados, os aptâmeros podem ser ensaiados e caracterizados quanto à sua atividade. A seguir, descrevemos resumidamente duas técnicas que são utilizadas pelo grupo de pesquisa do Prof. dr. Henning Ulrich para determinar a atividade de aptâmeros selecionados contra receptores de neurotransmissores.

A técnica de escolha para avaliar a atividade de aptâmeros contra receptores ionotrópicos é a técnica de *patch-clamp* (do inglês *patch*, que significa "pedaço"), que, como o próprio nome sugere, permite, a partir de uma minúscula área da membrana, fazer registros de correntes quando estas fluem por meio de canais iônicos. Utilizando uma pipeta de vidro preenchida com uma solução tampão adequada, uma pequena área da membrana é isolada. Posteriormente, essa área é rompida por meio de sucção com a pipeta ainda presa à célula, fornecendo acesso ao interior desta. Assim, quando canais iônicos se abrem, todos os íons fluem para dentro da pipeta, e a corrente gerada, embora de baixa amplitude, pode ser medida com um amplificador conectado à pipeta[86]. A corrente medida nessas condições deve-se à abertura de uma grande população de canais expressos pela célula e, por isso, é denominada de corrente macroscópica. Por outro lado, a ativação dos canais deve-se à aplicação de uma solução contendo algum ligante capaz de interagir com o receptor e induzir a abertura do canal iônico. Uma vez que se pretende avaliar o efeito do aptâmero sobre a atividade do receptor, é importante que sejam feitos registros na presença do aptâmero. A comparação entre os registros de correntes feitos na ausência e na presença do aptâmero fornecerá indícios de como tal aptâmero afeta a atividade do receptor. A corrente obtida na presença do aptâmero tem a mesma amplitude que aquela obtida na ausência? Se for menor, como geralmente é o caso, como o aptâmero está modificando a resposta do receptor? Ou seja, trata-se de um mecanismo competitivo ou alostérico? Perguntas como essas podem ser respondidas por meio de experimentos com a técnica de *patch-clamp*. Empregando essa abordagem, a atividade de aptâmeros contra o receptor nicotínico de acetilcolina do tipo muscular foi avaliada, permitindo-se chegar à conclusão de que enquanto alguns aptâmeros, de fato, inibem o receptor, outros são capazes de competir com a cocaína pelo seu sítio de ligação, sem inibir o receptor. Em outras palavras, tais aptâmeros protegem o receptor contra a inibição pela cocaína e poderiam ser úteis no desenvolvimento de ligantes para o tratamento do vício[8].

Para avaliar o efeito de aptâmeros selecionados contra receptores metabotrópicos, pode-se recorrer a medidas da variação da concentração de cálcio intracelular. Isso é feito tratando as células com um agente (em geral, ésteres de ácidos policarboxílicos, como por exemplo, Fluo3-AM), cuja fluorescência aumenta consideravelmente quando este quela íons cálcio. O tratamento é feito na presença de detergente, permitindo que o fluoróforo tenha acesso ao interior da célula. Uma vez dentro da célula, o fluorórofo sofre a ação de esterases, dando origem ao íon policarboxilato que, além de ser menos lipossolúvel (o que dificulta sua passagem através da membrana celular), é capaz de complexar-se com íons cálcio. Como já mencionado, tal complexação aumenta a fluorescência do quelante. O aumento na concentração intracelular de cálcio, por sua vez, é resultante da ativação do receptor por algum agonista específico. Um protocolo detalhado de como se pode recorrer ao imageamento de cálcio para estudar a atividade de receptores de membrana pode ser encontrado em Negraes e colegas[87]. A técnica de imageamento de concentração intracelular de cálcio também pode ser utilizada para analisar a atividade de canais iônicos, desde que esses também sejam capazes de induzir aumentos na concentração intracelular de cálcio. Aqui, também, são feitas comparações entre as medidas da variação da concentração intracelular de cálcio obtidas na ausência e na presença do aptâmero.

1.11 PROTOCOLOS

1.11.1 Protocolo 1: Preparação de membrana das culturas de células

Materiais

- Cultura de células expressando o receptor-alvo crescida em garrafas de cultura de 175 cm² (pelo menos 5 garrafas).
- Cultura de células que não expressam o receptor-alvo crescida em garrafas de cultura de 175 cm² (pelo menos 5 garrafas).
- Tampão fosfato salino (PBS) estéril.
- PBS contendo 2 mM de EDTA estéril.
- Tampão A gelado (ver Modo de preparo das soluções)
- Solução de NaCl 1 M
- Solução de $MgSO_4$ 1 mg/mL
- Tampão B gelado (ver Modo de preparo das soluções)
- Kit para dosagem de proteínas (Bio-Rad)
- Raspador de células
- Disruptor de células ultrassônico
- Centrífuga refrigerada
- Ultracentrífuga
- Espectrofotômetro
- Microscópio

Procedimento

1) Lavar cada garrafa de células com 5 mL de PBS estéril. Descartar o PBS e repetir este procedimento mais duas vezes. Observação: o mesmo procedimento é realizado tanto para as células que expressam o receptor-alvo quanto para as que não expressam.
2) Coletar as células das garrafas de cultura adicionando 5 mL de PBS contendo 2 mM de EDTA e incubando por 10 minutos. Observação: alternativamente as células podem ser removidas mecanicamente usando raspador de células. Não usar tripsina, pois isso pode levar à destruição de proteínas da superfície celular.
3) Coletar as suspensões e transferir para um tubo de centrifugação de fundo cônico de 50 mL. Centrifugar por 5 minutos, 200 x g, à temperatura

ambiente. Aspirar o sobrenadante usando pipeta Pasteur acoplada à bomba de vácuo.

4) Adicionar 5 mL de PBS. Centrifugar as células como no passo 3. Remover e descartar o sobrenadante. Repetir uma segunda lavagem, deixando uma pequena quantidade do sobrenadante residual. Este passo é necessário para remover proteínas residuais do meio de cultura.

5) Ressuspender gentilmente as células no sobrenadante residual e adicionar 1 mL do tampão A gelado. Realizar todos os passos subsequentes em gelo.

6) Usando um disruptor de células ultrassônico (sonicador), sonicar a suspensão de células por três vezes durante 1 minuto cada, com intervalos de 1 minuto e aplicando pulsos de 30% de intensidade.

7) Verificar o rompimento das células examinando uma alíquota de 10 μL do lisado em microscópio óptico.

8) Centrifugar o lisado por 10 minutos, 600 x g, a 4 °C. Transferir o sobrenadante para outro tubo limpo gelado e manter no gelo.

9) Ressuspender o precipitado em 1 mL do tampão A. Sonicar novamente como descrito no passo 6 e, então, centrifugar como especificado no passo 8. Juntar este sobrenadante ao do passo 8 e descartar o precipitado.

10) Adicionar NaCl ao sobrenadante para uma concentração final de 100 mM e $MgSO_4$ para uma concentração final de 50 μg/mL.

11) Ultracentrifugar a mistura por 1 hora, 100.000 x g, a 4 °C. Descartar o sobrenadante. Ressuspender o precipitado em 5 mL do tampão B gelado e ultracentrifugar novamente. Descartar o sobrenadante e repetir o procedimento anterior.

12) Ressuspender o precipitado em 1 mL do tampão B gelado. Fazer alíquotas de 50 μL. Usar uma alíquota para determinar a concentração das proteínas e outra para determinar a densidade dos sítios de ligação do receptor-alvo na amostra, o que é obtido por ensaio de saturação radioligante-receptor ou por ensaio de ELISA. Estocar as demais alíquotas a -80 °C até o uso.

1.11.2 Preparação da biblioteca combinatória de RNA – Protocolo 2: *Primer extension*

Materiais

- *Primer* P40
  (5'GTAATACGACTCACTATAGGGAGAATTCAACTGCCATCTA3')

- Biblioteca de ssDNA purificada
- T4 polinucleotídeo quinase (Eurofins MWG Operon)
- [gama-^{32}P] ATP (3000 Ci/mmol; PerkinElmer)
- Gel de poliacrilamida desnaturante a 16% (88)
- Gel de poliacrilamida nativo a 8% [ver modo de preparo; (89)]
- Solução estoque contendo 10 mM de cada dNTP (Ambion)
- Solução de $MgCl_2$ 50 mM
- *Taq* DNA polimerase (Invitrogen)
- Coluna de Sephadex G-25 com limite de exclusão de 8 bases (Roche, cat. no. 11814397001) ou coluna de Sephadex G-50 com limite de exclusão de 20 pb (Roche, cat. no. 11814419001).
- Termociclador
- Material para autoradiografia ou *phosphor imaging* (90)
- Nota: os reagente e materiais usados devem ter grau para biologia molecular.

Procedimento

1) A marcação do *primer* P40 com ^{32}P é realizada de acordo com a seguinte reação:

- 10 pmol do *primer* P40
- 10 U de T4 Kinase
- 50 µCi de [gama-^{32}P] ATP
- 1 X do *Forward labeling* Tampão (fornecido junto com a T4 quinase como Tampão 5X)
- Água milli-Q qsp 20 µL
- Incubar a reação por 60 minutos a 37 °C, então inativar a enzima por aquecimento a 65 °C por 10 minutos.
2) Correr 1 µL da reação em gel de poliacrilamida desnaturante a 16% (88) e analisar por autoradiografia com filme ou *phosphor imaging (90)*. O [gama-^{32}P] ATP não incorporado ao *primer* P40 pode ser visualizado como uma mancha na parte inferior do gel.
3) Purificar a reação por cromatografia de exclusão molecular de acordo com as instruções do fabricante.
4) A reação de síntese da fita complementar com o *primer* [^{32}P] P40 (*primer extension*) é preparada da seguinte forma:
- 1 X do tampão da *Taq* DNA polimerase
- 3 mM de $MgCl_2$

- 0,6 mM de cada um dos dNTPs
- 50 pmol da biblioteca
- 9 pmol do *primer* P40 radiomarcado (obtido no final do passo 3)
- 2,5 U da *Taq* DNA polimerase
- Água milli-Q qsp 25 µL

5) Transferir a reação para um termociclador e executar o seguinte programa:

1 ciclo:	1 min.	94 °C
	5 min.	50 °C
	1 hora	72 °C

6) Correr 12 µL do produto da reação em gel de poliacrilamida nativo a 8%[89] e então analisar por autorradiografia ou *phosphor imaging*[90]. Observação: o *primer* [^{32}P]P40 deve se alinhar quantitativamente à população de ssDNA e a extensão deve resultar num produto de cadeia dupla de 108pb. Se o alinhamento do *primer* falhar ou a extensão resultar em produtos menores, a ressíntese da biblioteca de ssDNA pode ser necessária.

1.11.3 Protocolo 3: Síntese da fita complementar e amplificação da biblioteca de dsDNA pela PCR sujeita a erro

Materiais

- Biblioteca de ssDNA purificada
- *Primer* P40 (5'GTAATACGACTCACTATAGGGAGAATTCAACTGCCATCTA3')
- *Primer* P22 (5'ACCGAGTCCAGAAGCTTGTAGT3')
- *Taq* DNA polimerase (Invitrogen)
- Solução de MgCl$_2$ 50 mM
- Solução de MnCl$_2$ 1 M
- Soluções de cada um dos dNTP a 100 mM (Ambion)
- Fenol tamponado, pH > 7,4 (Invitrogen)
- Clorofórmio
- Acetato de sódio 3 M, pH 7,4
- 5 mg/mL de acrilamida linear (Ambion)
- Etanol absoluto e etanol a 80%
- Centrífuga refrigerada

- Espectrofotômetro
- Termociclador
- Placa para PCR de 96 poços ou tubos para PCR 0,5 mL
- Gel de poliacrilamida nativo a 8% [ver modo de preparo; (89)]
- Kit para clonagem *PGem T Easy Vector System* (Promega)
- Nota: os reagente e materiais usados devem ter grau para biologia molecular.

Procedimento

Os procedimentos abaixo devem ser repetidos por três vezes para a amplificação de 1.080 pmol da biblioteca.

1) Preparar a reação de síntese da fita complementar para um volume final de 3,2 mL:

- 360 pmol de ssDNA
- 330 µM de dATP
- 330 µM de dGTP
- 830 µM de dTTP
- 830 µM de dCTP
- 0,5 mM de $MnCl_2$
- 7 mM de $MgCl_2$
- 4.000 pmol do *primer* P40
- 135 U da *Taq* DNA polimerase
- 1 X do tampão da *Taq* DNA polimerase

Distribuir 100 µL em 32 tubos de PCR 0,5 mL. Alternativamente, 96 reações podem ser montadas em uma placa de 96 poços de uma única vez. Neste caso, após a síntese da segunda fita, o *primer* P22 é adicionado aos poços usando um pipetador multicanal.

2) Executar o seguinte programa:

1 ciclo:	3 min.	94 °C
	2 min.	42 °C
	8 min.	72 °C

Pausar a reação. Observação: aconselhamos que antes do passo seguinte (amplificação das sequências) o pesquisador use uma alíquota da reação acima para padronizar a temperatura de anelamento dos *primers* e o número de ciclos, a fim de evitar a formação de produtos fragmentados ou dímeros, o que resultaria em perda da diversidade da biblioteca.

3) Adicionar 125 pmol do *primer* P22 a cada reação e prossiga com a amplificação:

1 ciclo:	2 min.	94 °C
	1 min.	(varia de 42 °C a 55 °C)
	1 min.	72 °C
Ciclos:	2 min.	94 °C
(varia de 8 a 11 ciclos)	1 min.	(varia de 42 °C a 55 °C)
	1 min.*	72 °C

4) Juntar todas as reações e analisar 10 µL em gel de poliacrilamida nativo a 8%. Corar o DNA com 0,5 µg/mL de brometo de etídio. Caso uma única banda de 108 pb seja detectada, uma alíquota da reação deve ser separada para clonagem em vector bacteriano (*PGem T Easy Vector System*, protocolo realizado de acordo com instruções do fabricante) e o restante do material é purificado por extração com fenol e precipitação com etanol, como se segue. Se outras bandas além da de 108 pb forem visualizadas no gel, é necessário fazer a purificação de todo o produto da PCR a partir de gel de poliacrilamida nativo a 8%.

5) Adicionar à reação um volume igual de fenol. A mistura é agitada, centrifugada a 12.000 x g por 3 minutos e a fase aquosa é recolhida (fase superior). Repetir o procedimento com clorofórmio e novamente recolher a fase superior.

6) Divida o material coletado em alíquotas de 400 µL em tubos de microcentrífuga de 2 mL. Adicionar, a cada tubo, 1 µL de acrilamida linear 5 mg/mL como carreador, 40 µL de acetato de sódio 3 M, pH 7,4 e etanol absoluto gelado para uma concentração final aproximada de 80%. Manter o tubo por pelo menos 30 minutos a -20 °C.

7) Centrifugar por 30 minutos a 12.000 x g e 4 °C. Descartar o sobrenadante e adicionar ao precipitado 1 mL de etanol 80% gelado. Centrifugar 15 minutos a 12.000 x g e 4 °C. Descartar o sobrenadante e deixar o precipitado secar por alguns minutos.

8) Ressuspender o material em 100 µL de água milli-Q autoclavada. Usar uma alíquota de 1 µL para quantificar e verificar a pureza da amostra

---

* O tempo de extensão deve ser aumentado em 0,5 minuto a cada ciclo.

através da leitura em espectrofotômetro a 260 nm (quantificação do DNA), 230 nm (detecção de contaminação com fenol) e 280 nm (detecção de contaminação com proteína). Observação: recomendamos que, a cada ciclo de seleção, pelo menos 10% da biblioteca de dsDNA sejam reservados antes da reação de transcrição (Protocolo 4). Esse material será usado, caso necessário, na repetição do ciclo de seleção *in vitro*. Além disso, essas alíquotas serão importantes no monitoramento da especificidade e afinidade de ligação das sequências de RNA ao alvo durante o curso do experimento da SELEX.

1.11.4 Protocolo 4: Transcrição e purificação das populações de RNA

Materiais

- Água tratada com DEPC (91); (DEPC-Sigma-Aldrich)
- Biblioteca de dsDNA (Ver Protocolo 3)
- 200 U/µL de T7 RNA polimerase (Ambion)
- 10 mM de ATP (Ambion)
- 10 mM de GTP (Ambion)
- 10 mM de 2'-fluor-2'-deoxicitidina-5'-trifosfato (2'-F-dCTP; Trilink Technologies cat no N-1008)
- 10 mM de 2'-fluor-2'-deoxiuridina-5'-trifosfato (2'-F-dUTP; Trilink Technologies cat no N-1010)
- 10 mCi/mL [α-^{32}P] ATP (3000 Ci/mmol; PerkinElmer)
- Dnase I (Rnase-free) (Ambion)
- Gel de poliacrilamida 8% desnaturante (ver Modo de preparo das soluções; ver também Ellington e Pollard[88]) montado com espaçadores de 2 mm.
- Tampão de corrida 2X com formamida (Ver Modo de preparo das soluções)
- Padrão de massa molecular de RNA (RNA Century™ Markers, Ambion)
- Acetato de sódio 3 M, pH 5,5
- Fenol:clorofórmio, pH 4.5 (Ambion)
- Clorofórmio
- Termociclador
- UV transiluminador

- Lâmina para bisturi nova
- Agitador orbital
- Espectrofotômetro
- Contador de radiação por cintilação
- Líquido de cintilação
- Reagentes e equipamentos adicionais para eletroforese em gel de poliacrilamida desnaturante podem ser encontrados em Ellington e Pollard[88].

Procedimento

Transcrição *in vitro*
1) Prepare a reação abaixo:

- 3,5 nmol de dsDNA
- 1X do tampão da T7 RNA polimerase (pré-aquecido a temperatura ambiente)
- 0,2 mM de ATP
- 0,2 mM de GTP
- 0,6 mM de 2'-F-dCTP
- 0,6 mM de 2'-F-dUTP
- 50 µCi de [α-^{32}P] ATP
- 900 U de T7 RNA polimerase
- Água/DEPC qsp 360 µL

Observação: a adição de [α-^{32}P] ATP à reação de transcrição *in vitro* é opcional. Como a concentração de ATP não é limitante, a reação produzirá uma grande quantidade de RNA radiomarcado com baixa atividade específica. Recomendamos o uso de RNA radiomarcado durante os ciclos de seleção a fim de quantificar a porcentagem de RNA eluído e monitorar a porcentagem de ligações inespecíficas ao filtro.

O tampão da T7 RNA polimerase contém espermidina, que pode precipitar o DNA a baixas temperaturas. Portanto, deve-se aquecer o tampão à temperatura ambiente antes de adicioná-lo à reação. Incubar a reação de transcrição durante a noite aumenta ligeiramente o rendimento do RNA sintetizado. Alternativamente, ela pode ser mantida apenas por 2 horas. Se a transcrição está rendendo uma considerável quantidade de produtos com comprimento menor que o esperado, a síntese pode ser melhorada por meio da incubação a 4 °C durante a noite.

Nucleotídeos modificados, como 2'-F-dCTP e 2'-F-dUTP, têm baixa afinidade pela T7 RNA polimerase e são menos eficientemente incorporados ao transcrito do que 2'-OH-purinas e 2'-OH-pirimidinas. Portanto, as reações de transcrição devem conter três vezes mais 2'-F-pirimidinas do que 2'-OH-purinas.

2) Incubar a reação a 37 °C durante a noite.

Verificação da qualidade do RNA

3) Separar 20 µL da reação de transcrição. Tratar esse material com 2 U da Dnase I (15 minutos a 37 °C) e então submeter à eletroforese em gel de poliacrilamida desnaturante a 8% (o marcador de massa molecular deve ser usado para analisar o tamanho do transcrito). Corar o RNA com 0,5 µg/mL de brometo de etídio. Adicionalmente, caso a reação tenha sido conduzida na presença de [α-^{32}P]ATP, o gel pode ser analisado por autorradiografia ou *phosphor imaging*[90]. Se a transcrição estiver funcionando, produzindo moléculas de RNA com 90 bases, o restante da reação é tratado com Dnase I. Observação: a análise de uma alíquota do transcrito em gel de poliacrilamida desnaturante é importante para verificar se a reação ocorreu. Se a transcrição funcionou, o restante da reação pode ser tratado com Dnase I. Se a reação não foi satisfatória, o DNA molde pode ser recuperado da reação de transcrição por extração com fenol e precipitação com etanol e a reação de transcrição pode ser repetida usando reagentes novos.

Purificação do RNA

Se outras bandas além da de 90 nucleotídeos forem visualizadas no gel, é necessário proceder à purificação a partir de gel de poliacrilamida desnaturante 8%[88]. Se uma única banda de 90 nucleotídeos for produzida, seguir com a extração com fenol e precipitação com etanol.

4) Extrair o produto de eluição do gel ou da reação com um volume igual de fenol:clorofómio, pH 4,5. Recolher a fase aquosa (superior). Repetir o procedimento com clorofórmio e novamente coletar a fase superior.

5) Pipetar alíquotas de 400 µL em tubos de microcentrífuga de 2 mL. Adicionar, a cada tubo, 1 µL de acrilamida linear 5 mg/mL como carreador, 10% de acetato de sódio 3 M, pH 5,5 (concentração final de 0,3 M) e etanol absoluto gelado para uma concentração final aproximadamente 80%. Misturar e manter o tubo por, pelo menos, 30 minutos a -20 °C.

6) Centrifugar 30 minutos a 12.000 x g e 4 °C. Descartar o sobrenadante e adicionar ao precipitado 1 mL de etanol 80% gelado. Centrifugar 15

minutos a 12.000 x g e 4 °C. Descartar o sobrenadante e deixar o precipitado secar por alguns minutos.

7) Ressuspender o material em 50 μL de água/DEPC.

8) Estimar a quantidade de RNA da amostra por espectrofotometria medindo a absorbância de 1 μL a 260 nm.

9) Determinar a atividade específica medindo a radioatividade incorporada em um contador de cintilação líquida. Esta informação será necessária posteriormente para determinar a porcentagem de RNA eluído após cada ciclo de seleção e para monitorar a porcentagem de ligações inespecíficas ao filtro de nitrocelulose.

10) Estocar o RNA por até 6 meses a -80 °C.

1.11.5 Protocolo 5: Ciclos de seleção reiterativos

1.11.5.1 Separação por filtração em membrana de nitrocelulose

Materiais

- Biblioteca de RNA (3,5 nmol; a quantidade exata depende do número de sítios de ligação da proteína-alvo na amostra e do progresso da seleção)
- Tampão de seleção (ver Modo de preparo das soluções)
- Preparação de membrana contendo a proteína-alvo (quantidade usada dependerá do número de sítios de ligação da proteína-alvo determinado anteriormente)
- tRNA de levedura
- Composto ligante da proteína-alvo capaz de deslocar as moléculas de RNA que interagem com o seu domínio de ligação ao alvo (geralmente um antagonista é usado).
- Água tratada com DEPC
- Sistema de filtração a vácuo
- Bomba de vácuo
- Membrana de nitrocelulose (Schleicher & Schuell BA-85)
- Espectrofotômetro UV/VIS
- Termobloco

- Reagentes usados na extração de RNA com fenol e precipitação com etanol podem ser encontrados no Protocolo 4.
- Nota: os reagente e materiais usados devem ter grau para biologia molecular. Os materiais de plástico e vidro reutilizáveis devem estar estéreis.

Procedimento

1) Em um tubo de microcentrífuga, diluir 3,5 nmol da biblioteca de RNA em 300 μL do tampão de seleção.
2) Aquecer o RNA por 10 minutos a 85 °C e então transferir a amostra para a temperatura ambiente por, pelo menos, 20 minutos, para que as moléculas adquiram suas conformações estáveis.
3) Adicionar a preparação de membrana contendo a proteína-alvo à amostra de RNA, incluir 0,3 μg/μL de tRNA de levedura e incubar a mistura por 40 minutos à temperatura ambiente, sob agitação. Observação: recomendamos que, durante os ciclos iniciais de SELEX, a proporção de RNA para os sítios de ligação da proteína-alvo seja de 1:1 a no máximo 1:10. Nos ciclos finais a pressão de seleção deve ser aumentada e a proporção alcançará os valores de 100:1 a 1000:1.
4) Nesse intervalo de tempo, mergulhar a membrana de nitrocelulose (a membrana deve ser cortada de acordo com o tamanho da unidade de filtração) no tampão de seleção. Montar o sistema de filtração com a membrana de nitrocelulose. Evitar a formação de bolhas que impeçam o fluxo do líquido através da membrana. Não permitir o secamento da membrana.
5) Pipetar a reação do passo 3 diretamente na membrana de nitrocelulose (tentar pipetar em um ou mais pontos específicos da membrana) e aplicar a sucção usando uma bomba de vácuo.
6) Lavar a membrana de nitrocelulose com 3 a 5 volumes do tampão de seleção. Evitar o secamento da membrana a fim de prevenir a desnaturação proteica. Ajustar as condições da lavagem de modo que a ligação inespecífica da biblioteca de RNA à membrana de nitrocelulose não exceda 10%. Essas condições devem ser estabelecidas antes do processo de seleção.
7) Cortar e eliminar pedaços da membrana de nitrocelulose que não receberam o complexo proteína-RNA. Transferir o restante para um tubo de microcentrífuga. Cobrir a membrana com o tampão de seleção (o volume será proporcional ao tamanho da membrana e o menor possível) contendo 100 μM a 1 mM do ligante usado para a eluição do RNA ao seu

sítio de ligação ao alvo. Incubar, sob agitação, por 20 minutos. Observação: a concentração do ligante usado para a eluição do RNA depende de sua afinidade de ligação ao receptor. Para ligantes com baixa afinidade, concentrações mais elevadas são necessárias para deslocar as moléculas mais fortemente ligadas ao receptor. Um problema associado aos ligantes de baixa afinidade é o risco destes se ligarem a outros sítios além da proteína-alvo, o que resultaria na seleção e amplificação de moléculas de RNA inespecíficas.

8) Coletar o sobrenadante, contendo as moléculas de RNA deslocadas, em um tubo de microcentrífuga de 2 mL. Colocar o tubo no gelo e proceder com a extração com fenol:clorofórmio e precipitação com etanol (descrito no Protocolo 4) e ressuspender o RNA em 20 µL de água tratada com DEPC. Prosseguir com o Protocolo 8.

1.11.5.2 Separação por gel shift

Materiais

- Biblioteca de RNA marcada com ^{32}P-ATP (500 pmol; a quantidade exata depende do número de sítios de ligação da proteína-alvo na amostra; recomendamos a proporção de 100 de RNA : 1 de sítios de ligação da proteína-alvo na preparação de membrana)
- Preparação de membrana contendo a proteína-alvo
- Tampão de seleção (veja modo de preparo)
- Tampão TBE 10 X, pH 7,4.
- Tampão de corrida não desnaturante 4 X, pH 7,4.
- Acetato de sódio 0,3 M, pH 5,5
- Tampão de seleção
- Reagentes usados na extração de RNA com fenol e precipitação com etanol podem ser encontrados no Protocolo 4.
- Materiais para gel de poliacrilamida nativo[89]
- Filtro para seringa de Nylon 0,2 µm (Whatman)

Procedimento

1) Preparar um gel de poliacrilamida nativo a 3% usando tampão TBE, pH 7,4[89].

2) Diluir 500 pmol da biblioteca de RNA marcada com ^{32}P em 40 µL do tampão de seleção.

3) Aquecer a amostra de RNA a 85 °C por 10 minutos e a transferir para a temperatura ambiente por, pelo menos, 20 minutos.

4) Adicionar a proteína-alvo (0,1 mg/mL) em um volume de 10 µL de tampão de seleção; incluir 0,3 µg/mL de tRNA de levedura para reduzir a ligação não-específica. Então, incubar a mistura por 40 minutos à temperatura ambiente, sob agitação para que o equilíbrio de formação de complexos [32P] RNA-proteína-alvo se estabeleça.

5) Adicionar uma parte do tampão de corrida não desnaturante 4 X, pH ajustado para 7,4. Aplicar a amostra no gel e submeter à eletroforese por 3 horas, a 10 V.cm^{-1}, em tampão TBE pH 7,4. Analisar o gel por autorradiografia com filme ou *phosphor imaging*[90]. Recuperar a banda correspondente ao complexo DNA-[32P] RNA do gel com a ajuda de uma lâmina. Observação: as proteínas da preparação de membrana migram uma pequena distância no gel, sendo retidas logo abaixo do poço onde foram aplicadas. Se houver apenas uma pequena quantidade de [32P] RNA ligada, isso pode não ser detectável por *phosphor imaging*. Neste caso, faça a coloração do gel com Coomassie. Desta forma, a banda correspondente às proteínas pode ser visualizada e posteriormente recuperada do gel. Em geral, os autores não recomendam a utilização desta técnica nos primeiros ciclos de SELEX devido a limitações na quantidade de RNA e proteínas que podem ser usadas para a seleção. Além disso, se sequências de RNA com afinidade pelo alvo não tiverem sido enriquecidas nos primeiros ciclos de seleção, fica praticamente impossível detectar poucas moléculas de RNA ligadas ao seu alvo proteico no topo do gel.

6) Eluir o RNA ligado às proteínas imergindo os pedaços de gel em 400 µL de acetato de sódio, pH 5,5. Manter sob agitação durante a noite. Centrifugar 2 minutos a 12.000 x g à temperatura ambiente. Recuperar e passar o sobrenadante em um filtro para seringa de 0,2 µm. Proceder à extração com fenol:clorofórmio e precipitação com etanol (descrito no Protocolo 4). Ressuspender o RNA em 20 µL de água tratada com DEPC. Prosseguir com o Protocolo 8.

1.11.6 Protocolo 6: Seleção negativa para eliminar as moléculas de RNA que se ligam inespecificamente à membrana de nitrocelulose

Materiais

- Biblioteca de RNA marcada com ^{32}P
- Tampão de seleção
- Termobloco
- Membrana de nitrocelulose (Schleicher & Schuell BA-85)
- Suporte para imobilizar o filtro de nitrocelulose
- Seringa de 3 mL
- Os reagentes para a precipitação com etanol podem ser encontrados no Protocolo 4.

Procedimento

1) Combine a biblioteca de [^{32}P] RNA com 300 µL do tampão de seleção. Aquecer por 10 minutos a 85 °C. Transferir a solução para a temperatura ambiente por, no mínimo, 20 minutos.

2) Cortar um pedaço da membrana de nitrocelulose, mergulhá-lo no tampão de seleção e imobilizar em um suporte para filtro. Adicionar, lentamente, 3 mL do tampão de seleção à membrana, como um passo de pré-lavagem. Colocar o RNA em uma seringa de 3 mL. Conectar a seringa ao suporte para filtro (contendo a membrana de nitrocelulose). Aplicar uma pressão suave sobre o êmbolo para forçar a passagem da solução de RNA pela membrana para um tubo coletor. Adicionar um volume igual do tampão de seleção (300 µL) para recolher quaisquer moléculas de RNA que tenham permanecido no filtro e que não tenham afinidade pela membrana de nitrocelulose.

3) Descartar a membrana contendo as sequências de RNA retidas.

4) Precipitar o RNA coletado com etanol e ressuspender o precipitado em 20 µL de água tratada com DEPC.

5) Usar o RNA pré-selecionado no próximo ciclo de seleção contra a proteína-alvo (Protocolo 5). Observação: a quantidade de RNA que se liga ao filtro deve ser determinada a cada três ciclos. Se a porcentagem estiver crescendo, pode ser necessário repetir o ciclo de seleção negativa.

1.11.7 Protocolo 7: Seleção negativa para eliminar as sequências de RNA que se ligam inespecificamente a outras moléculas da preparação de membrana que não o alvo

Materiais

- Biblioteca de RNA marcada com α [^{32}P] ATP
- Tampão de seleção
- Preparação de membrana de células que não expressam o alvo.
- Termobloco
- Membrana de nitrocelulose (Schleicher & Schuell BA-85)
- Suporte para imobilizar o filtro de nitrocelulose
- Seringa de 3 mL
- Os reagentes e equipamento para extração com fenol:clorofórmio e precipitação com etanol podem ser encontrados no Protocolo 4.

Procedimento

1) Diluir o [^{32}P] RNA (100 pmol) selecionado contra receptor em 300 µL do tampão de seleção. Aquecer por 10 minutos a 85 °C. Transferir a solução para a temperatura ambiente por, no mínimo, 20 minutos.

2) Adicionar 40 µg da preparação de membrana de células que não expressam o alvo à solução de RNA. Para remoção quantitativa de RNAs que se ligam a sítios que não representam o receptor, um excesso dessa preparação deverá ser utilizada. Incubar durante 40 minutos à temperatura ambiente.

3) Cortar um pedaço da membrana de nitrocelulose, mergulhá-lo em tampão de seleção e a imobilizar em um suporte para filtro. Adicionar 3 mL do tampão de seleção à membrana, como um passo de pré-lavagem. Colocar a mistura RNA/proteína em uma seringa de 3 mL. Conectar a seringa ao suporte para filtro (contendo a membrana de nitrocelulose). Aplicar uma pressão suave sobre o êmbolo para forçar a passagem do tampão, contendo as moléculas de RNA não ligadas, pelo filtro para um tubo coletor. Lavar a membrana com o dobro do volume do tampão de seleção para recuperar as sequências de RNA que permaneceram na seringa e que não têm afinidade pelas moléculas da preparação de membrana.

4) Descartar a membrana contendo as sequências de RNA retidas.

5) Purificar o RNA coletado por extração com fenol:clorofórmio. Precipitar com etanol e ressuspender o precipitado em 20 µL de água tratada com DEPC. Determinar a concentração da amostra.
6) Determinar a radioatividade de uma alíquota de 1 µL a fim de calcular a fração de RNA eluído em relação à concentração inicial.
7) Usar o RNA obtido para um novo ciclo de seleção contra o alvo (Protocolo 5). Se menos que 50% do RNA usado para o ciclo de seleção negativa for recuperado, é aconselhável amplificar a população de RNA pela RT-PCR e fazer uma nova transcrição *in vitro* antes de seguir para o ciclo de seleção contra o alvo.

1.11.8 Protocolo 8: Transcrição reversa e amplificação pela PCR

Após cada ciclo de seleção, as sequências de RNA obtidas são reversamente transcritas a cDNA, amplificadas pela PCR para gerar uma população de dsDNA, a qual é usada como molde para a transcrição de uma biblioteca de RNA que, por sua vez, é usada no próximo ciclo da SELEX.

Materiais

- População de RNA obtida de um ciclo da SELEX (Protocolo 5)
- *Primer* P22
- *Primer* P40
- Solução estoque contendo 10 mM de cada dNTP (Ambion)
- AMV Transcriptase reversa (Promega ou Life Sciences)
- Tampão da AMV 5X
- Solução de $MgCl_2$ 50 mM
- *Taq* DNA polimerase
- Fenol tamponado, pH > 7,4
- Clorofórmio
- Acetato de sódio 3 M, pH 7,4
- 5 mg/mL de acrilamida linear (Ambion)
- Etanol absoluto e 80%
- Centrífuga refrigerada
- Espectrofotômetro
- Termociclador

Procedimento

Para a reação de transcrição reversa, misture em um tubo para PCR:

- 100 pmol do *primer* P22
- 200 µM (concentração final) de dNTP
- 10 µL do total de RNA recuperado do ciclo de seleção (volume total foi 20 µL)

1) Incubar a reação em um termociclador a 70 °C por 10 minutos seguido de 5 minutos a 30 °C. Pausar a reação e, então, adicionar uma mistura contendo 1X do tampão da AMV, 50 U da AMV transcriptase reversa e água/DEPC para um volume final de 50 µL. Incubar a reação a 46 °C por 50 minutos. Inativar a enzima por aquecimento a 85 °C por 5 minutos.

É importante montar um controle negativo da transcrição reversa (ausência de RNA) para verificar possíveis contaminações. O pesquisador deve escolher entre fazer duas reações da RT-PCR paralelas com todo o RNA eluído do ciclo de seleção (volume total de 20µL) ou verificar o resultado da transcrição reversa e da PCR para a primeira amostra de RNA (10 µL) antes de trabalhar com o volume remanescente (10 µL).

2) Realizar a PCR de acordo com a reação abaixo:

- 25 µL da reação de transcrição reversa
- 200 µM (concentração final) de dNTP
- 1,5 mM de $MgCl_2$
- 1X do tampão da PCR
- 100 pmol do *primer* P40
- 5 U da *Taq* DNA polimerase
- Água para um volume final de 50 µL

3) Transferir a reação para um termociclador e proceder com o seguinte programa para a síntese da segunda-fita:

1 ciclo:	5 min.	94 °C
	5 min.	60 °C
	10 min.	72 °C

4) Pausar a reação e adicionar 100 pmol do *primer* P22. Continuar o programa da PCR:

Ciclos:	1 min.	94 °C
(o número de ciclos varia)	1 min.	60 °C
	1 min.	72 °C
Ciclo final:	1 min.	94 °C
	1 min.	60 °C
	10 min.	72 °C

Aconselhamos a padronização do número de ciclos para evitar o aparecimento de bandas inespecíficas. Isso pode ser feito usando pequenas alíquotas do passo 4.

É importante ressaltar que, quanto menor a estringência da seleção e maior o número de sítios de ligação, maior será a quantidade de RNA recuperada e, subsequentemente, um menor número de ciclos da PCR serão necessários.

A porcentagem de $[^{32}P]$ RNA eluído, em comparação ao total de RNA usado no ciclo de seleção, permite estimar o número de ciclos da PCR necessários para amplificar o cDNA obtido pela transcrição reversa. A equação básica a seguir descreve a amplificação de cadeias de DNA pela PCR:

$$N_c = N_0 \, (E+1)^C,$$

Onde C é o número de ciclos da PCR, E é a eficiência de amplificação (teoricamente 1), N_c é o número de amplicons e N_0 é o número de moléculas iniciais de DNA.

5) Analisar uma alíquota da PCR por eletroforese em gel de poliacrilamida nativo a 8%. Na presença de bandas inespecíficas é necessária a purificação a partir de gel de poliacrilamida. Verificada a presença de uma única banda de 108 pb, seguir com a purificação com fenol e precipitação com etanol. Ao final o DNA é ressuspendido em 20 µL de água.

Com a confirmação da eficiência da amplificação, o restante da transcrição reversa é submetido à PCR nas mesmas condições anteriores.

Se nenhuma banda aparecer no gel, o produto dessa PCR deve ser usado como molde para a execução de uma nova PCR.

Uma alíquota correspondente a 10% da PCR é sempre usada para padronizar e analisar a síntese e a concentração do dsDNA. Outros 10% são reservados para a análise da afinidade e, caso necessário, para a repetição do ciclo. Os 80% restantes são utilizadas como molde para a transcrição *in vitro*, a fim de gerar a população de RNA para o próximo ciclo de SELEX.

1.11.9 Protocolo 9: Ensaio de competição radioligante-receptor

Materiais

- dsDNA (populações de dsDNA obtidas de diferentes ciclos de seleção – Protocolo 5 – ou dsDNA dos aptâmeros identificados por SELEX –Protocolo 11)
- Água tratada com DEPC
- 200 U/µL de T7 RNA polimerase (Ambion cat. No AM2085)
- 0,5 mM de ATP (Ambion), preparado com água/DEPC
- 10 mM de GTP (Ambion)
- 10 mM de 2'-fluor-2'-deoxicitidina-5'-trifosfato (2'-F-dCTP; Trilink Technologies cat no N-1008)
- 10 mM de 2'-fluor-2'-deoxiuridina-5'-trifosfato (2'-F-dUTP; Trilink Technologies cat no N-1010)
- 10 mCi/mL [α-^{32}P] ATP (3000 Ci/mmol; PerkinElmer)
- Dnase I (Rnase-free) (Ambion)
- 50 mM EDTA
- Coluna de Sephadex G-50 com limite de exclusão de 72 pb (Roche, cat. no. 11274015001)
- Gel de poliacrilamida 8% desnaturante (ver Modo de preparo das soluções; ver também Ellington e Pollard[88]) montado com espaçadores de 2 mm.
- Tampão de corrida 2X com formamida (ver Modo de preparo das soluções)
- Contador de radiação por cintilação
- Líquido de cintilação

Procedimento

1) Realizar uma pequena reação de transcrição *in vitro* para produzir moléculas de RNA marcadas com ^{32}P. Fazer uma reação para cada população de dsDNA, obtida do ciclo de seleção, que se deseja analisar.

- 10 pmol de dsDNA
- 1,5 mM de 2'-F-dCTP
- 1,5 mM de 2'-F-dUTP
- 0,5 mM de GTP

- 25 µM de ATP
- 50 µCi de [α-^{32}P] ATP
- 1X do tampão da T7 RNA polimerase
- 20 U da T7 RNA polimerase
- Água/DEPC qsp 20 µL

2) Incubar durante 1 hora a 37 °C. Acrescentar mais 20 U da T7 RNA polimerase. Incubar durante 1 hora a 37 °C.

3) Tratar a transcrição com 2 U de Dnase I por 15 minutos a 37 °C. Parar a reação com 0,4 µL de EDTA 0,5 M e por incubação de 20 minutos a 65 °C.

4) Separar uma alíquota de 1 µL para posterior determinação da radioatividade e análise em gel de poliacrilamida desnaturante. Purificar o [^{32}P] RNA do [α-^{32}P]-ATP e dos demais nucleotídeos não incorporados por cromatografia de exclusão molecular (*Quick Spin Columns Sephadex G50*) de acordo com as instruções do fabricante.

5) Diluir 1 µL da transcrição (não purificada e após purificação) em 10 µL de água/DEPC. Aplicar 1 µL de cada uma das diluições em gel de poliacrilamida desnaturante a 8%. Após eletroforese, expor o gel ao cassete *phosphor imaging*, digitalizar e analisar.

6) Determinar a atividade específica. Usar 1 µL das diluições para medir a radioatividade em um contador de cintilação líquida. Com base nas contagens obtidas, estimar a quantidade de RNA sintetizado considerando que, de cada quatro nucleotídeos incorporados, um corresponda ao ATP. Observação: o mesmo procedimento de transcrição *in vitro* é realizado para os aptâmeros selecionados. Neste caso, o molde é o ds DNA de cada um deles.

7) Aquecer a população de [^{32}P] RNA (200.000 cpm; ~150 pM) representante de cada ciclo de seleção a 85 °C por 10 minutos e transferir para a temperatura ambiente por, pelo menos, 20 minutos.

8) Acrescentar a cada uma delas 2,5 µg/µL de t-RNA e a proteína-alvo (0,2 µg/µL; ~ 60 nM de sítios de ligação do receptor). Para cada reação de ligação uma amostra foi preparada sem o receptor para medir a radiação de fundo do gel.

9) Incubar a mistura por 40 minutos à temperatura ambiente, sob agitação.

10) Adicionar uma parte do tampão de corrida não desnaturante 4X, pH ajustado para 7,4. Aplicar as amostras no gel e submeter a eletroforese por 3 horas, a 10 V.cm^{-1}, em tampão TBE pH 7,4. Expor o gel ao cassete

phosphor imaging, digitalizar, quantificar a intensidade das bandas correspondentes aos complexos RNA-proteína e analisar.

1.11.10 Protocolo 10: Amplificação das sequências dos aptâmeros clonadas no vetor pGEM T *easy* por PCR

Materiais

- Kit para purificação de DNA de gel (QIAquick Gel Extraction Kit, Qiagen)
- Demais reagentes e equipamentos, ver lista de materiais do Protocolo 8

Procedimento

1) Para a amplificação de cada aptâmero, preparar a seguinte reação:

- 50 ng do plasmídeo purificado
- 0,2 µM do *primer* P22
- 0,2 µM do *primer* P40
- 5% de DMSO
- 2,5 µM de $MgCl_2$
- 1 X do tampão da *Taq* DNA polimerase
- 5 U da *Taq* DNA polimerase
- Água qsp 50 µL

2) Realizar a PCR utilizando as seguintes condições:

13 ciclos:	1 min.	94 °C
	30 seg.	63 °C
	1 min.	72 °C

O mesmo protocolo de amplificação é válido quando o molde já é a sequência de dsDNA do aptâmero previamente amplificado e purificado.

3) Purificar o produto da reação em gel de agarose 1% usando o kit comercial específico para tal finalidade.
4) Determinar a concentração da amostra por leitura em espectrofotômetro a 260 nm.

1.11.11 Protocolo 11: Ensaio para a determinação da constante de dissociação (Kd) dos aptâmeros

Materiais

- Todos os reagentes e equipamentos necessários para a preparação dos [^{32}P] aptâmeros de RNA (transcrição *in vitro* e purificação) podem ser encontrados na lista de materiais do Protocolo 9.
- Preparação de membranas das células que expressam o receptor-alvo.
- Competidor: droga usada na eluição dos aptâmeros durante os ciclos de seleção.
- Termobloco
- Membrana de nitrocelulose (Schleicher & Schuell BA-85)
- *96-well minifold filtration Apparatus* (Schleicher & Schuell)
- Bomba de vácuo
- Filtro de papel GB002, 102 X 133 mm (Schleicher & Schuell)
- Programa GraphPad Prism

Procedimento

5) Os aptâmeros foram marcados com ^{32}P de acordo com os passos 1 a 6 do Protocolo 9, usando como molde a sequência de cada aptâmero obtida no Protocolo 10.

6) Mergulhar a membrana de nitrocelulose no tampão de seleção por 1 hora. Alternativamente, filtros de fibra de vidro (GF/F 1,3 cm de diâmetro; Whatman) podem ser usados. Nesse caso, os filtros são incubados por 1 hora em tampão de seleção na presença de 1% de Sigmacote.

7) Aquecer o [^{32}P] RNA a 85 °C por 10 minutos e, então, transferir para a temperatura ambiente por, pelo menos, 20 minutos.

8) Para cada ensaio de competição, montar dez reações. Cada uma delas deve conter 20 µg de proteínas da preparação de membrana contendo o alvo, 0,3 µg/µL de tRNA de levedura, 200.000 cpm de [^{32}P] RNA (~ 1 nM), concentrações crescentes do competidor (0 a 100 x K_i) para uma volume final de 100 µL com o tampão de seleção. Incubar durante 40 minutos à temperatura ambiente. Observação: este protocolo não é definitivo. O pesquisador precisará adequar as concentrações dos reagentes para o seu ensaio.

9) Montar o sistema de filtração a vácuo da *96-well minifold filtration Apparatus* com a membrana de nitrocelulose de acordo com as instruções do fabricante.

10) Para a determinação em duplicata, aplicar duas amostras de 45 µL de cada uma das reações do passo 4 em filtros separados. Submeter a uma leve sucção. Lavar os filtros duas vezes com 200 µL de tampão de seleção. Remover os filtros e transferir para 5 mL de líquido de cintilação. Determinar a radioatividade.

11) Determinar o IC50 do competidor usando o programa GraphPad Prism (equação *one site competition*). Usar a equação de Cheng-Prusoff para calcular o K_d do aptâmero em questão[85].

1.11.12 Modo de preparo das soluções

Tampão A: 250 mM de sacarose; 20 mM de HEPES, pH 7,4; 1 mM de EDTA; 1 mM de fenilmetilsulfonil fluoreto (PMSF); Nα-p-tosil-L-lisina clorometil cetona (TLCK); 2,8 µg/mL de aprotinina. Adicionar os inibidores de proteases (PMSF, TLCK e aprotinina) imediatamente antes de usar.

Tampão B: 20 mM de HEPES, pH 7,4; 1 mM de EDTA.

Tampão de seleção: 25 mM de HEPES, pH 7,4; 145 mM de cloreto de sódio; 5,3 mM de cloreto de potássio, 1,8 mM de cloreto de cálcio dihidratado; 1,7 mM de cloreto de magnésio hexahidratado. Preparar com água tratada com DEPC.

Tampão de corrida desnaturante (formamida) 2X: 2X de tampão TBE; 0,2% (w/v) de azul de bromofenol; 0,2% (w/v) de xileno-cianol. Preparar em formamida deionizada. Estocar por até um ano a -20 °C.

Tampão de corrida não desnaturante 4X: 20% (w/v) de glicerol; 0,2% (w/v) de azul de bromofenol; 0,2% (w/v) de xileno cianol. Preparar em tampão TBE 1X. Estocar por até 6 meses a -20 °C.

Gel de poliacrilamida desnaturante 8%: 8% (w/v) de acrilamida; 0,5% (w/v) de bisacrilamida; 7 M de ureia. Preparar em tampão TBE 1X (ver também Ellington e Pollard[88]).

Gel de poliacrilamida nativo 8%: 8% (w/v) de acrilamida; 0,5% (w/v) de bisacrilamida. Preparar em tampão TBE 1X (ver também Chory e Pollard[89]).

1.12 CONCLUSÕES E PERSPECTIVAS FUTURAS

Neste capítulo, apresentamos as vantagens e diversas aplicações dos aptâmeros. Como mencionamos, os aptâmeros representam uma excelente alternativa ao uso de anticorpos monoclonais, dadas sua estabilidade e carência de imunogenicidade. Por se tratar de ácidos nucleicos, os aptâmeros podem ser facilmente sintetizados em grandes quantidades e com pureza significativa; podem também ser facilmente modificados. Portanto, os aptâmeros apresentam grande potencial em uma ampla faixa de aplicações biológicas. Aqui, demos ênfase ao uso de aptâmeros como ferramentas de diagnóstico, terapêutica e sistema de entrega de drogas. Como bem exemplificamos, diversas pesquisas têm sido conduzidas no sentido de desenvolver aptâmeros contra marcadores que são superexpressos ou aparecem apenas em condições patológicas. Assim sendo, já temos aptâmeros contra marcadores tumorais, (macro)moléculas de origem bacteriana, viral ou mesmo de parasitas, o que permite que esses oligonucleotídeos sejam empregados para diagnóstico e avaliação de prognóstico de doenças das mais diversas naturezas. A técnica de SELEX também permite o desenvolvimento de aptâmeros que atuam como inibidores de proteínas fundamentais para o desenvolvimento de uma determinada patologia, desde infecções até doenças tão complexas quanto o câncer. A fácil conjugação dos aptâmeros a drogas ou sistemas de entrega (nanopartículas e lipossomas, por exemplo) permite que os mesmos sejam empregados para direcionar o fármaco contra um alvo específico. Isso, por sua vez, acarreta maior segurança, eficácia e potência para o tratamento de uma determinada enfermidade. Por fim, apresentamos em detalhes um protocolo de SELEX. Em conclusão, a despeito das dificuldades que ainda temos que contornar quanto às aplicações *in vivo* (por exemplo, aptâmeros não modificados são facilmente degradados por nucleases; por serem moléculas pequenas, são facilmente eliminados pelo sistema renal), os aptâmeros ainda são uma poderosa e versátil alternativa ao uso de anticorpos. Entretanto, mais pesquisas devem ser feitas para refinar e ampliar o leque de aplicações dos aptâmeros.

Dada toda a versatilidade dos aptâmeros e as vantagens que apresentam em relação aos seus principais concorrentes de mercado, os anticorpos, é de se esperar que cada vez mais pesquisas sejam feitas nessa área. Embora

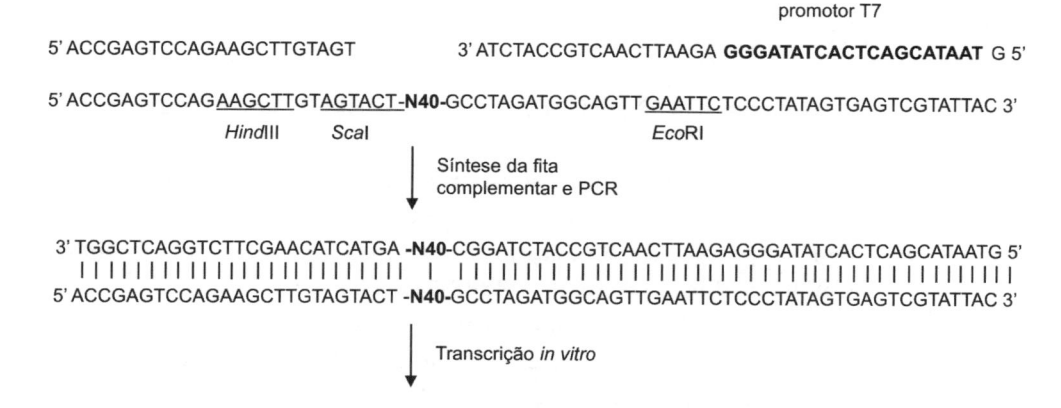

Figura 1.5 Biblioteca de DNA e *primers* utilizados na identificação de aptâmeros de RNA pela SELEX. As sequências dos *primers forward* e *reverse* estão mostradas acima e, respectivamente, à direita e à esquerda da sequência da biblioteca parcialmente randômica. A posição do sítio da RNA polimerase T7 está em negrito e os sítios das enzimas de restrição estão sublinhados. N40: posições aleatórias em que os quatro desoxinucleotídeos (A: desoxiadenosina trifosfato, C: desoxicitidina trifosfato, T: desoxitimidina trifosfato, G: desoxiguanosina trifosfato) são incorporados com igual probabilidade. Após a síntese da fita complementar e da PCR, as fitas codificantes são transcritas *in vitro* gerando a população de RNAs utilizada no procedimento de SELEX[52].

ainda seja relativamente baixo o número de empresas trabalhando com aptâmeros (menos de sessenta companhias em todo o mundo), o número de pesquisadores envolvidos com aplicações de aptâmeros é considerável, e o número de artigos e citações envolvendo a técnica de SELEX tem aumentado consideravelmente ao longo dos anos, desde o seu desenvolvimento na década de 1990[92]. Atualmente o mercado de aptâmeros é avaliado em cerca de 290 milhões de dólares e espera-se que atinja a casa dos 2 bilhões em 2018[93]. Espera-se que os aptâmeros também substituam os anticorpos em técnicas de imageamento celular e de química analítica (cromatografia, por exemplo)[94].

Em conclusão, os aptâmeros representam uma tecnologia única e bastante promissora, não só no diagnóstico e tratamento de doenças, mas também como ferramenta analítica para a separação de analitos. O rápido desenvolvimento da técnica de SELEX nos últimos anos é notável, e acreditamos que ela se tornará uma ferramenta padrão para o desenvolvimento de ligantes no futuro próximo.

REFERÊNCIAS

1. Figliozzi GM, Goldsmith R, Ng SC, Banville SC, Zuckermann RN. Synthesis of N-substituted glycine peptoid libraries. Methods Enzymol. 1996;267:437-47.

2. Ulrich H, Trujillo CA. Aptâmeros: uma nova ferramenta biotecnológica. Bases Moleculares da Biotecnologia. 1a ed. São Paulo: Editora Roca; 2008.

3. James W. Aptamers. In: Mayers RA, editor. Encyclopedia of Analytical Chemistry. Chichester: John Wiley & Sons Ltd; 2000. p. 4848-71.

4. Tuerk C, Gold L. Systematic evolution of ligands by exponential enrichment: RNA ligands to bacteriophage T4 DNA polymerase. Science. 1990 Aug 3;249(4968):505-10.

5. Ellington AD, Szostak JW. In vitro selection of RNA molecules that bind specific ligands. Nature. 1990 Aug 30;346(6287):818-22.

6. Gold L, Janjic N, Jarvis T, Schneider D, Walker JJ, Wilcox SK, et al. Aptamers and the RNA world, past and present. Cold Spring Harb Perspect Biol. 2012 Mar;4(3).

7. Shamah SM, Healy JM, Cload ST. Complex target SELEX. Acc Chem Res. 2008 Jan;41(1):130-8.

8. Ulrich H, Magdesian MH, Alves MJ, Colli W. In vitro selection of RNA aptamers that bind to cell adhesion receptors of Trypanosoma cruzi and inhibit cell invasion. The Journal of Biological Chemistry. 2002 Jun 7;277(23):20756-62.

9. Doggrell SA. Pegaptanib: the first antiangiogenic agent approved for neovascular macular degeneration. Expert Opin Pharmacother. 2005 Jul;6(8):1421-3.

10. Keefe AD, Pai S, Ellington A. Aptamers as therapeutics. Nat Rev Drug Discov. 2010 Jul;9(7):537-50.

11. Whatley AS, Ditzler MA, Lange MJ, Biondi E, Sawyer AW, Chang JL, et al. Potent Inhibition of HIV-1 Reverse Transcriptase and Replication by Nonpseudoknot, "UCAA--motif" RNA Aptamers. Molecular therapy Nucleic acids. 2013;2:e71.

12. Mongelard F, Bouvet P. AS-1411, a guanosine-rich oligonucleotide aptamer targeting nucleolin for the potential treatment of cancer, including acute myeloid leukemia. Curr Opin Mol Ther. 2010 Feb;12(1):107-14.

13. Kulbachinskiy AV. Methods for selection of aptamers to protein targets. Biochemistry (Mosc). 2007 Dec;72(13):1505-18.

14. Stoltenburg R, Reinemann C, Strehlitz B. SELEX--a (r)evolutionary method to generate high-affinity nucleic acid ligands. Biomolecular engineering. 2007 Oct;24(4):381-403.

15. Ellington AD, Szostak JW. Selection in vitro of single-stranded DNA molecules that fold into specific ligand-binding structures. Nature. 1992 Feb 27;355(6363):850-2.

16. Jenison RD, Gill SC, Pardi A, Polisky B. High-resolution molecular discrimination by RNA. Science. 1994 Mar 11;263(5152):1425-9.

17. Geiger A, Burgstaller P, von der Eltz H, Roeder A, Famulok M. RNA aptamers that bind L-arginine with sub-micromolar dissociation constants and high enantioselectivity. Nucleic Acids Res. 1996 Mar 15;24(6):1029-36.

18. Smith D, Kirschenheuter GP, Charlton J, Guidot DM, Repine JE. In vitro selection of RNA-based irreversible inhibitors of human neutrophil elastase. Chem Biol. 1995 Nov;2(11):741-50.

19. Jensen KB, Atkinson BL, Willis MC, Koch TH, Gold L. Using in vitro selection to direct the covalent attachment of human immunodeficiency virus type 1 Rev protein to high-affinity RNA ligands. Proc Natl Acad Sci USA. 1995 Dec 19;92(26):12220-4.

20. Dobbelstein M, Shenk T. In vitro selection of RNA ligands for the ribosomal L22 protein associated with Epstein-Barr virus-expressed RNA by using randomized and cDNA-derived RNA libraries. J Virol. 1995 Dec;69(12):8027-34.

21. Klussmann S, Nolte A, Bald R, Erdmann VA, Furste JP. Mirror-image RNA that binds D-adenosine. Nat Biotechnol. 1996 Sep;14(9):1112-5.

22. Coulter LR, Landree MA, Cooper TA. Identification of a new class of exonic splicing enhancers by in vivo selection. Mol Cell Biol. 1997 Apr;17(4):2143-50. PubMed PMID: 9121463.

23. Burke DH, Willis JH. Recombination, RNA evolution, and bifunctional RNA molecules isolated through chimeric SELEX. Rna. 1998 Sep;4(9):1165-75.

24. Ulrich H, Ippolito JE, Pagan OR, Eterovic VA, Hann RM, Shi H, et al. In vitro selection of RNA molecules that displace cocaine from the membrane-bound nicotinic acetylcholine receptor. Proc Natl Acad Sci USA. 1998 Nov 24;95(24):14051-6.

25. Wu L, Curran JF. An allosteric synthetic DNA. Nucleic Acids Res. 1999 Mar 15;27(6):1512-6.

26. Jhaveri S, Rajendran M, Ellington AD. In vitro selection of signaling aptamers. Nat Biotechnol. 2000 Dec;18(12):1293-7.

27. Rajendran M, Ellington AD. In vitro selection of molecular beacons. Nucleic Acids Res. 2003 Oct 1;31(19):5700-13.

28. Kawakami J, Imanaka H, Yokota Y, Sugimoto N. In vitro selection of aptamers that act with Zn2+. Journal of inorganic biochemistry. 2000 Nov;82(1-4):197-206.

29. Bianchini M, Radrizzani M, Brocardo MG, Reyes GB, Gonzalez Solveyra C, Santa-Coloma TA. Specific oligobodies against ERK-2 that recognize both the native and the denatured state of the protein. J Immunol Methods. 2001 Jun 1;252(1-2):191-7.

30. White R, Rusconi C, Scardino E, Wolberg A, Lawson J, Hoffman M, et al. Generation of species cross-reactive aptamers using "toggle" SELEX. Mol Ther. 2001 Dec;4(6):567-73.

31. Martell RE, Nevins JR, Sullenger BA. Optimizing aptamer activity for gene therapy applications using expression cassette SELEX. Mol Ther. 2002 Jul;6(1):30-4.

32. Vater A, Jarosch F, Buchner K, Klussmann S. Short bioactive Spiegelmers to migraine-associated calcitonin gene-related peptide rapidly identified by a novel approach: tailored-SELEX. Nucleic Acids Res. 2003 Nov 1;31(21):e130.

33. Mendonsa SD, Bowser MT. In vitro selection of high-affinity DNA ligands for human IgE using capillary electrophoresis. Anal Chem. 2004 Sep 15;76(18):5387-92.

34. Stoltenburg R, Reinemann C, Strehlitz B. FluMag-SELEX as an advantageous method for DNA aptamer selection. Anal Bioanal Chem. 2005 Sep;383(1):83-91.

35. Ohuchi SP, Ohtsu T, Nakamura Y. Selection of RNA aptamers against recombinant transforming growth factor-beta type III receptor displayed on cell surface. Biochimie. 2006 Jul;88(7):897-904.

36. Berezovski M, Musheev M, Drabovich A, Krylov SN. Non-SELEX selection of aptamers. J Am Chem Soc. 2006 Feb 8;128(5):1410-1.

37. Peng L, Stephens BJ, Bonin K, Cubicciotti R, Guthold M. A combined atomic force/fluorescence microscopy technique to select aptamers in a single cycle from a small pool of random oligonucleotides. Microsc Res Tech. 2007 Apr;70(4):372-81.

38. Nitsche A, Kurth A, Dunkhorst A, Panke O, Sielaff H, Junge W, et al. One-step selection of Vaccinia virus-binding DNA aptamers by MonoLEX. BMC biotechnology. 2007;7:48.

39. Homann M, Goringer HU. Combinatorial selection of high affinity RNA ligands to live African trypanosomes. Nucleic Acids Res. 1999 May 1;27(9):2006-14.

40. Shangguan D, Cao Z, Meng L, Mallikaratchy P, Sefah K, Wang H, et al. Cell-specific aptamer probes for membrane protein elucidation in cancer cells. J Proteome Res. 2008 May;7(5):2133-9.

41. Reid DC, Chang BL, Gunderson SI, Alpert L, Thompson WA, Fairbrother WG. Next-generation SELEX identifies sequence and structural determinants of splicing factor binding in human pre-mRNA sequence. Rna. 2009 Dec;15(12):2385-97.

42. Cho M, Xiao Y, Nie J, Stewart R, Csordas AT, Oh SS, et al. Quantitative selection of DNA aptamers through microfluidic selection and high-throughput sequencing. P Natl Acad Sci USA. 2010 Aug 31;107(35):15373-8.

43. Huang CJ, Lin HI, Shiesh SC, Lee GB. Integrated microfluidic system for rapid screening of CRP aptamers utilizing systematic evolution of ligands by exponential enrichment (SELEX). Biosens Bioelectron. 2010 Mar 15;25(7):1761-6.

44. Zimmermann B, Gesell T, Chen D, Lorenz C, Schroeder R. Monitoring Genomic Sequences during SELEX Using High-Throughput Sequencing: Neutral SELEX. PLoS One. 2010 Feb 11;5(2).

45. Schutze T, Arndt PF, Menger M, Wochner A, Vingron M, Erdmann VA, et al. A calibrated diversity assay for nucleic acid libraries using DiStRO-a Diversity Standard of Random Oligonucleotides. Nucleic Acids Research. 2010 Mar;38(4).

46. Dausse E, Taouji S, Evade L, Di Primo C, Chevet E, Toulme JJ. HAPIscreen, a method for high-throughput aptamer identification. Journal of nanobiotechnology. 2011;9:25.

47. Shao K, Ding W, Wang F, Li H, Ma D, Wang H. Emulsion PCR: a high efficient way of PCR amplification of random DNA libraries in aptamer selection. PLoS One. 2011;6(9):e24910.

48. Lai YT, DeStefano JJ. A primer-free method that selects high-affinity single-stranded DNA aptamers using thermostable RNA ligase. Anal Biochem. 2011 Jul 15;414(2):246-53.

49. Girardot M, Li HY, Descroix S, Varenne A. Determination of binding parameters between lysozyme and its aptamer by frontal analysis continuous microchip electrophoresis (FACMCE). J Chromatogr A. 2011 Jul 1;1218(26):4052-8.

50. Gopinath SC. Methods developed for SELEX. Anal Bioanal Chem. 2007 Jan;387(1):171-82.

51. Ulrich H, Trujillo CA, Nery AA, Alves JM, Majumder P, Resende RR, et al. DNA and RNA aptamers: From tools for basic research towards therapeutic applications. Combinatorial chemistry & high throughput screening. 2006 Sep;9(8):619-32.

52. Ulrich H, Martins AH, Pesquero JB. RNA and DNA aptamers in cytomics analysis. Current Protocols in Cytometry. 2005 Aug;Chapter 7:Unit 7 28.

53. Pieken W, Tasset D, Janjic N, Gold L, Kirschenheuter GP, inventors. High affinity nucleic acid ligands containing modified nucleotides. United States patent US005660985A. 1997.

54. Keefe AD, Cload ST. SELEX with modified nucleotides. Curr Opin Chem Biol. 2008 Aug;12(4):448-56.

55. King DJ, Ventura DA, Brasier AR, Gorenstein DG. Novel combinatorial selection of phosphorothioate oligonucleotide aptamers. Biochemistry. 1998 Nov 24;37(47):16489-93.

56. Porter KW, Briley JD, Shaw BR. Direct PCR sequencing with boronated nucleotides. Nucleic Acids Res. 1997 Apr 15;25(8):1611-7.

57. Williams KP, Liu XH, Schumacher TN, Lin HY, Ausiello DA, Kim PS, et al. Bioactive and nuclease-resistant L-DNA ligand of vasopressin. Proc Natl Acad Sci USA. 1997 Oct 14;94(21):11285-90.

58. Nolte A, Klussmann S, Bald R, Erdmann VA, Furste JP. Mirror-design of L-oligonucleotide ligands binding to L-arginine. Nat Biotechnol. 1996 Sep;14(9):1116-9.

59. Burnett JC, Rossi JJ. RNA-based therapeutics: current progress and future prospects. Chem Biol. 2012 Jan 27;19(1):60-71.

60. Ruigrok VJ, Levisson M, Eppink MH, Smidt H, van der Oost J. Alternative affinity tools: more attractive than antibodies? Biochem J. 2011 May 15;436(1):1-13.

61. Cho H, Yeh EC, Sinha R, Laurence TA, Bearinger JP, Lee LP. Single-step nano-plasmonic VEGF165 aptasensor for early cancer diagnosis. ACS Nano. 2012 Sep 25;6(9):7607-14.

62. Lu B, Wang J, Zhang J, Zhang X, Yang D, Wu L, et al. Screening and verification of ssDNA aptamers targeting human hepatocellular carcinoma. Acta Biochimica et Biophysica Sinica. 2013 Dec 2.

63. Hu M, Zhang K. The application of aptamers in cancer research: an up-to-date review. Future Oncol. 2013 Mar;9(3):369-76.

64. Ochsner UA, Katilius E, Janjic N. Detection of Clostridium difficile toxins A, B and binary toxin with slow off-rate modified aptamers. Diagnostic microbiology and infectious disease. 2013 Jul;76(3):278-85.

65. Nagarkatti R, Bist V, Sun S, Fortes de Araujo F, Nakhasi HL, Debrabant A. Development of an aptamer-based concentration method for the detection of Trypanosoma cruzi in blood. PLoS One. 2012;7(8):e43533.

66. Dhar S, Gu FX, Langer R, Farokhzad OC, Lippard SJ. Targeted delivery of cisplatin to prostate cancer cells by aptamer functionalized Pt(IV) prodrug-PLGA-PEG nanoparticles. Proc Natl Acad Sci USA. 2008 Nov 11;105(45):17356-61.

67. Xing H, Tang L, Yang X, Hwang K, Wang W, Yin Q, et al. Selective Delivery of an Anticancer Drug with Aptamer-Functionalized Liposomes to Breast Cancer Cells and. Journal of materials chemistry B, Materials for biology and medicine. 2013 Oct 21;1(39):5288-97.

68. Soundararajan S, Chen W, Spicer EK, Courtenay-Luck N, Fernandes DJ. The nucleolin targeting aptamer AS1411 destabilizes Bcl-2 messenger RNA in human breast cancer cells. Cancer Res. 2008 Apr 1;68(7):2358-65.

69. Zhou J, Li H, Li S, Zaia J, Rossi JJ. Novel dual inhibitory function aptamer-siRNA delivery system for HIV-1 therapy. Mol Ther. 2008 Aug;16(8):1481-9.

70. Chu TC, Twu KY, Ellington AD, Levy M. Aptamer mediated siRNA delivery. Nucleic Acids Res. 2006;34(10):e73.

71. McNamara JO, 2nd, Andrechek ER, Wang Y, Viles KD, Rempel RE, Gilboa E, et al. Cell type-specific delivery of siRNAs with aptamer-siRNA chimeras. Nat Biotechnol. 2006 Aug;24(8):1005-15.

72. Ulrich H, Wrenger C. Identification of aptamers as specific binders and modulators of cell-surface receptor activity. Methods in Molecular Biology. 2013;986:17-39.

73. Cui Y, Ulrich H, Hess GP. Selection of 2'-fluoro-modified RNA aptamers for alleviation of cocaine and MK-801 inhibition of the nicotinic acetylcholine receptor. J Membr Biol. 2004 Dec;202(3):137-49.

74. Du M, Ulrich H, Zhao X, Aronowski J, Jayaraman V. Water soluble RNA based antagonist of AMPA receptors. Neuropharmacology. 2007 Aug;53(2):242-51.

75. Krivoshein AV, Hess GP. Mechanism-based approach to the successful prevention of cocaine inhibition of the neuronal (alpha 3 beta 4) nicotinic acetylcholine receptor. Biochemistry. 2004 Jan 20;43(2):481-9.

76. Hess GP, Ulrich H, Breitinger HG, Niu L, Gameiro AM, Grewer C, et al. Mechanism--based discovery of ligands that counteract inhibition of the nicotinic acetylcholine receptor by cocaine and MK-801. Proc Natl Acad Sci U S A. 2000 Dec 5;97(25):13895-900.

77. Hicke BJ, Marion C, Chang YF, Gould T, Lynott CK, Parma D, et al. Tenascin-C aptamers are generated using tumor cells and purified protein. The Journal of biological chemistry. 2001 Dec 28;276(52):48644-54.

78. Cadwell RC, Joyce GF. Mutagenic PCR. PCR methods and applications. 1994 Jun;3(6):S136-40.

79. Cerchia L, Ducongé F, Pestourie C, Boulay J, Aissouni Y, Gombert K, et al. Neutralizing aptamers from whole-cell SELEX inhibit the RET receptor tyrosine kinase. PLoS Biol. 2005 Apr;3(4):e123.

80. Hulme EC. Centrifugation binding assays, in Receptor Ligand Interactions. In: Hulme EC, editor. A Practical Approach. New York: Oxford University Press 1992. p. 235.

81. Deupree JD, Bylund DB. Basic principles and techniques for receptor binding. Tocris Reviews. 2002;18:43.

82. Mathews DH, Sabina J, Zuker M, Turner DH. Expanded sequence dependence of thermodynamic parameters improves prediction of RNA secondary structure. J Mol Biol. 1999 May 21;288(5):911-40.

83. Zuker M, Mathews DH, Turner DH. Algorithms and Thermodynamics for RNA Secondary Structure Prediction: A Practical Guide. In: Barciszewski J, Clark BC, editors. RNA Biochemistry and Biotechnology. NATO Science Series. 70: Springer Netherlands; 1999. p. 11-43.

84. Motulsky H. The GraphPad Guide to Analyzing Radioligand Binding Data. In: GraphPad Software Inc [Internet]. San Diego; 1995-1996 [1-19]. Available from: http://www.graphpad.com/www/radiolig/radiolig.pdf.

85. Cheng Y, Prusoff WH. Relationship between the inhibition constant (K1) and the concentration of inhibitor which causes 50 per cent inhibition (I50) of an enzymatic reaction. Biochem Pharmacol. 1973 Dec 1;22(23):3099-108.

86. Hamill OP, Marty A, Neher E, Sakmann B, Sigworth FJ. Improved patch-clamp techniques for high-resolution current recording from cells and cell-free membrane patches. Pflugers Arch. 1981 Aug;391(2):85-100.

87. Negraes PD, Schwindt TT, Trujillo CA, Ulrich H. Neural differentiation of P19 carcinoma cells and primary neurospheres: cell morphology, proliferation, viability, and functionality. Current Protocols in Stem Cell Biology. 2012 Mar;Chapter 2:Unit 2D 9.

88. Ellington A, Pollard JD. Purification of oligonucleotides using denaturing polyacrylamide gel electrophoresis. In: Ausubel FM, Brent R, Kingston RE, Moore DD, Seidman JG, Smith JA, et al., editors. Current Protocols in Molecular Biology. New York: John Wiley & Sons; 1998. p. 2.12.1-2.7.

89. Chory J, Pollard JD, Jr. Separation of small DNA fragments by conventional gel electrophoresis. 1999. In: Curr Protoc Mol Biol [Internet]. Hoboken, N. J: John Wiley & Sons; [2.7.1-2.7.8].

90. Voytas D, Ke N. Detection and quantitation of radiolabeled proteins in gels and blots. Current Protocols in Cell Biology. 2001 May;Chapter 6:Unit 6 3.

91. Sambrook J, Russell DW. Extraction, Purification, and Analysis of mRNA from Eukaryotic Cells. Molecular Cloning: a Laboratory Manual 1. Third ed. Cold Spring Harbor: Cold Spring Harbor Laboratory Press; 2001. p. 7.84.

92. Mayer G. The chemical biology of aptamers. Angew Chem Int Ed Engl. 2009;48(15):2672-89.

93. ReportLinker. Aptamers Market - Technology Trend Analysis By Applications - Therapeutics, Diagnostics, Biosensors, Drug Discovery, Biomarker Discovery, Research Applications with Market Landscape Analysis - Global Forecasts to 2018. 2013. Available from: http://www.reportlinker.com/p01544548-summary/Aptamers-Market-Technology-Trend-Analysis-By-Applications-Therapeutics-Diagnostics-Biosensors--Drug-Discovery-Biomarker-Discovery-Research-Applications-with-Market-Landscape--Analysis-Global-Forecasts-to.html.

94. Tan W, Donovan MJ, Jiang J. Aptamers from cell-based selection for bioanalytical applications. Chem Rev. 2013 Apr 10;113(4):2842-62.

PHAGE DISPLAY: FUNDAMENTOS E APLICAÇÕES

Luiz Ricardo Goulart
Thaise Gonçalves Araújo
Carolina Fernandes Reis
Patrícia Terra Alves
Patrícia Tiemi Fujimura
Mayara Ingrid Sousa Lima
Yara Cristina de Paiva Maia

2.1 INTRODUÇÃO

Os principais biomarcadores diagnósticos e imunógenos vacinais atuais são em sua maioria baseados em antígenos inteiros purificados, ou na forma recombinante por engenharia genética, e em anticorpos monoclonais produzidos via tecnologia de hibridomas.

Hibridoma: para a produção de anticorpos monoclonais, os linfócitos B de algum animal previamente inoculado com um patógeno ou antígeno específico são removidos do baço e fundidos com células de mieloma da mesma espécie ou de espécies diferentes (tumores de linfócitos B), que possuem a capacidade de se multiplicarem em cultura indefinidamente[1]. Os hibridomas precisam ser triados para a especificidade adequada e, então, o clone escolhido é multiplicado ou cultivado em tumor ascítico, sendo posteriormente purificado e dialisado para uso. Contudo, vários fatores podem influenciar a produção de hibridomas, o que é sempre um grande desafio laboratorial e industrial.

A seleção desses marcadores se dá usualmente por uma série de testes proteômicos, genômicos ou por bioinformática, na forma de ausência e presença de um alvo, ou de sua expressão diferencial. Após identificar potenciais marcadores, inicia-se então uma série de purificações desses antígenos para uso direto em testes sorológicos, ou ainda por engenharia genética para a obtenção de seus produtos recombinantes *in vitro*. Tais antígenos podem ser utilizados como imunógenos para obtenção de anticorpos policlonais específicos ou monoclonais via hibridoma. É importante enfatizar que as doenças possuem necessidades específicas de detecção conforme a natureza de sua etiologia (de antígeno circulante ou tecidual, ou de anticorpos circulantes).

Os ensaios preliminares desses potenciais marcadores contra amostras controles (positivas e negativas) são de tentativa-erro-ou-acerto, ou seja, requerem uma grande variedade de análises até chegar à validação clínica com parâmetros diagnósticos bem definidos, incluindo aqui vários controles de outras doenças ou reagentes que possam demonstrar reação cruzada ou inespecífica.

Diante desse esquema extenuante de escolhas dos alvos e testes, novas estratégias tecnológicas de microarranjos gênicos e proteicos foram desenvolvidas. Dentre elas, citamos a síntese de pequenas sequências de ácidos nucleicos ou de clonagem gênica, criada em 1995 por Schena e colaboradores[2]; a impressão em superfícies sólidas de anticorpos, criada em 1983 por T.W. Chang[3]; proteínas inteiras em *microchips*, criada em 2000 por MacBeath e Schreiber[4]; e peptídeos sintéticos em sobreposição[5], para suprir a necessidade de rápida seleção de novos alvos e de mapeamento de epítopos. Porém, tais tecnologias ainda se mostram extremamente complexas, caras, e seus produtos ainda devem seguir o mesmo esquema de tentativas, erros e acertos conjugado às estratégias convencionais. Todas as estratégias até então eram limitadas às sínteses ou impressões em fase sólida de peptídeos, oligômeros sintéticos não peptídicos, pequenas moléculas e oligossacarídeos. Adicionalmente, proteínas inteiras ainda possuem a desvantagem de apresentação de múltiplos epítopos, o que pode causar reações cruzadas devido às regiões e motivos comuns entre proteínas. Contudo, em 1997, Kit Lam e colaboradores desenvolveram uma poderosa ferramenta combinatorial, a tecnologia de uma-micropartícula-um--composto (do inglês *One-Bead-One-Compound* – OBOC) que utilizava a síntese combinada de compostos e peptídeos diretamente em micropartículas, e cada uma possuía uma molécula específica. Após a seleção por mudança de cor das micropartículas contra alvos específicos, as micropartículas eram então isoladas e submetidas à espectrometria de massas para definição de seus compostos ligantes. Uma vez caracterizadas, eram novamente sintetizadas para validação[6]. Mesmo com esses avanços tecnológicos, os métodos ainda são laboriosos, exigem uma enorme quantidade de recursos tecnológicos acessórios e dependem de sínteses externas para comprovação.

Contudo, uma importante alternativa aos processos anteriores descritos já havia sido descrita em meados da década de 1980: as chamadas bibliotecas combinatóriais biológicas produzidas em fagos filamentosos, que, unidas aos métodos de seleção, se transformaram em uma tecnologia proteômica subtrativa de regiões proteicas funcionais altamente eficaz, chamada de *phage display*. Embora desenvolvida por George Smith em 1985[7], somente veio a ser apreciada e realmente aplicada a partir de 1995, culminando com a oferta de bibliotecas de peptídeos randômicos por empresas especializadas em 1999 e disseminando esta importante ferramenta biotecnológica, modificando significativamente os rumos e o cenário da seleção e produção em larga escala de antígenos, imunógenos e anticorpos monoclonais. Este capítulo se propõe a conceituar a tecnologia, mostrar historicamente sua evolução, descrever protocolos, suas múltiplas variações e aplicações e, por fim, apresentar perspectivas no diagnóstico, terapêutica e biotecnologia médica.

2.2 HISTÓRICO

Bacteriófagos são vírus que infectam bactérias e são geralmente usados como vetores de DNA em técnicas de engenharia genética por meio da infecção da bactéria padrão hospedeira, *Escherichia coli*. A característica chave desses vetores é acomodar pequenos fragmentos de DNA exógeno no DNA viral de fita simples carreando-os para a bactéria hospedeira. Esses fagos são considerados vetores na tecnologia de *phage display*, os quais ainda possuem a habilidade de expressar o DNA exógeno como proteínas em sua superfície.

Bacteriófagos e seu processo de infecção: vírus que infectam uma variedade de bactérias gram-negativas utilizando o pilus sexual como receptores. As partículas de fagos filamentosos (Ff-cepas M13, f1 e fd) infectam *E. coli* via pilus F e possuem apenas uma fita simples de DNA envolto em uma cápsula proteica. A classe Ff de bacteriófagos filamentosos (f1, fd, e M13) tem sido amplamente estudada. O envoltório desses fagos é constituído por cinco proteínas: pIII, pVI, pVII, pVIII e pIX (Figura 2.1). Das cinco proteínas presentes no capsídeo viral, a pVIII é a mais abundante, com aproximadamente

2.800 cópias de cinquenta aminoácidos dispostas em α-hélice, exceto cinco resíduos da extremidade aminoterminal que são apresentados fora da partícula. Resíduos da extremidade carboxiterminal (entre dez e treze) formam a parede interna do cilindro. Esta região contém três resíduos de lisina carregadas positivamente que se localizam em uma face de uma hélice anfifílica. As extremidades carboxi e aminoterminal de uma molécula de pVIII tem seus resíduos conectados com a mesma região de outra molécula pVIII estabilizando o cilindro proteico. Em uma das extremidades da partícula viral existem cinco cópias, (33 resíduos de aminoácidos da pVII e 32 da pIX) de cada uma das proteínas hidrofóbicas. A outra extremidade contém aproximadamente cinco moléculas de 112 resíduos de aminoácidos na pVI e 406 resíduos na pIII. A pIII está relacionada com a infectividade do fago pela ligação ao pilus F da célula bacteriana. Ela apresenta três domínios ricos em glicina (D1, D2 e D3). O domínio D1 contém 68 resíduos de aminoácidos da extremidade aminoterminal, sendo necessário durante a infecção por translocação do DNA e inserção de proteínas do capsídeo na membrana. O domínio D2 estende-se do resíduo 87 ao 217 e é responsável pela ligação do pilus F. Ambos os domínios possuem moléculas de cisteína que formam pontes dissulfeto dentro de cada domínio. A extremidade carboxi-terminal é constituída de 150 resíduos de aminoácidos formando o domínio D3 que dá estabilidade à proteína e interage com a pVI formando uma das extremidades da partícula.

O *phage display* é baseado em clonagem de fragmentos de DNA codificantes de milhares de ligantes (ex: peptídeos, proteínas ou fragmentos de anticorpos) no genoma viral, fusionando o gene codificante a uma das proteínas do capsídeo viral (geralmente a pIII, podendo ser ainda a pIV, pVI ou pVIII). A fusão com a proteína do capsídeo é incorporada às novas partículas do fago que são montadas no espaço periplasmático da bactéria. A expressão do produto gênico fusionado e sua subsequente incorporação à

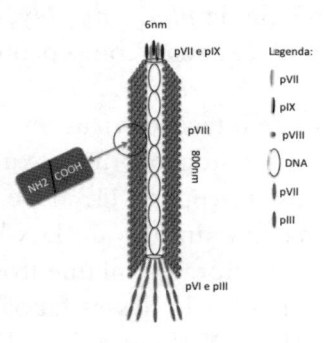

Figura 2.1 Representação esquemática da partícula viral.

proteína do capsídeo já madura resultam na exposição do ligante na superfície do fago, enquanto o DNA está encapsulado em seu interior.

Uma das vantagens do uso de fagos filamentosos é que não geram uma infecção lítica em *E. coli* e, preferencialmente, induzem a um estado no qual a bactéria infectada produz e secreta partículas de fago sem sofrer lise. Somente o DNA de fita simples e circular do fago penetra na bactéria, onde é convertido pela maquinaria de replicação do DNA bacteriano em uma forma replicativa de plasmídeo de fita dupla. Essa forma replicativa sofre constantes replicações do DNA circular para gerar DNA de fita simples e ainda servir como molde para expressão das proteínas de fago pIII e pVIII. As progênies do fago são montadas por empacotamento do DNA de fita simples em capsídeos proteicos e expulsos da bactéria via membrana[8].

A tecnologia de *phage display* se baseia na expressão de peptídeos (sequências de aminoácidos) exógenos na superfície do fago codificados pelo DNA exógeno inserido em fusão com o gene do capsídeo viral. O gene III do fago filamentoso codifica uma proteína pequena do capsídeo viral, pIII, localizada numa das extremidades do vírus. A metade da região aminoterminal da pIII se liga ao pilus F durante a infecção, enquanto que a outra metade da região terminal carboxílica se encontra na parte interna do vírus participando de sua morfogênese. A sequência do DNA exógeno inserida entre dois domínios proteicos da pIII não perturba sua função e permite a exibição da sequência peptídica de forma imunologicamente acessível na partícula infecciosa. A purificação por afinidade desses fagos com a fusão peptídica pode proporcionar a identificação de alvos em uma biblioteca de inserções aleatórias, quando um anticorpo específico reconhece e se associa ao peptídeo exógeno na fusão[7].

Phage display (**PD**): é um processo de seleção por afinidade de proteínas ou peptídeos expressos em fusão com proteínas virais presentes no capsídeo de bacteriófagos contra alvos específicos.

A tecnologia de PD é baseada no uso do fago filamentoso M13, formado por uma fita simples de DNA envolta por uma capa proteica constituída por cinco proteínas: pIII, pVI, pVII, pVIII e pIX. Os fagos recombinantes expressando peptídeos randômicos em fusão são selecionados por afinidade e expandidos em ciclos que consistem de associação, lavagem, eluição, transfecção e amplificação em cepas apropriadas de *E. Coli*[9] (Figura 2.2). Especificamente, a conexão entre o genótipo e o fenótipo permite o enriquecimento de fagos específicos contra um alvo imobilizado. Tais fagos exibem uma relevante ligação com o alvo, enquanto os fagos não aderentes são lavados. Os

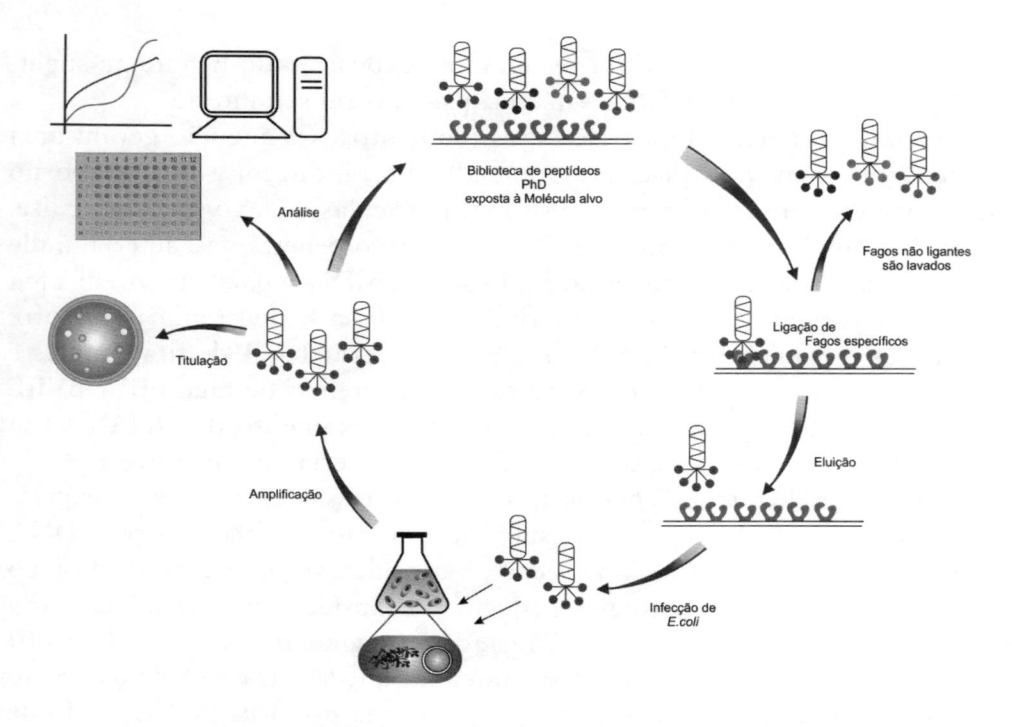

Figura 2.2 Ciclo de seleção por *phage display*. O biopanning se inicia com a exposição da biblioteca de peptídeos a moléculas-alvo de modo que aqueles que apresentam especificidade são capturados e os fagos não ligantes eliminados por sucessivas lavagens. Posteriormente, os fagos ligantes são eluídos em condições que desfazem as interações entre os peptídeos apresentados e o alvo. Os fagos eluídos infectam bactérias hospedeiras e são, dessa forma, amplificados e titulados. Análises posteriores são necessárias para validar a especificidade dos peptídeos selecionados e para obter a sequencia de aminoácidos.

fagos ligados são recuperados por eluição e são reinfectados nas bactérias para o enriquecimento adicional continuando a seleção ou para a análise de ligação. O gene *lacZ* no bacteriófago recombinante *M13* facilita a distinção entre colônias bacterianas infectadas com fagos que carregam sequências exógenas (colônias azuis) e colônias não infectadas por partículas virais ou mesmo infectadas com fagos selvagens (colônias brancas)[10].

Os fagos ligantes são amplificados, purificados e então sequenciados para que seus peptídeos em fusão sejam caracterizados. Sua utilização compreende tanto a seleção de bibliotecas combinatoriais de peptídeos para identificar ligantes de receptores celulares, mapear epítopos de anticorpos monoclonais e selecionar substratos enzimáticos[11] quanto a seleção do repertório de fragmentos de anticorpos para identificar antígenos proteicos ou não proteicos[12,13] sem a necessidade de imunização e produção de hibridomas.

Phage display é de longe a principal ferramenta para o isolamento e a engenharia de proteínas e anticorpos recombinantes combinatórios, e tem sido a principal ferramenta de engenharia de anticorpos nesta última década. Atualmente, terapias baseadas na utilização de anticorpos monoclonais (mAbs) representam uma das mais promissoras áreas na indústria farmacêutica. Os anticorpos têm se mostrado um excelente paradigma na busca de moléculas altamente específicas a seus alvos desempenhando um papel central nas pesquisas pós-genômicas.

Os primeiros anticorpos expostos em fagos vetores foram realizados no genoma de fd-tet em fusão com o gene III em 1980[14]. Os anticorpos na forma de fragmentos de anticorpos recombinantes foram as primeiras proteínas a serem expressas com êxito na superfície de fagos[15]. Isto foi obtido por meio da fusão da sequência das regiões variáveis de anticorpos (V), que codificam para um fragmento de cadeia única Fv (scFv) na porção aminoterminal do gene III do fago. Tentativas para expressar fragmentos Fab em fusão com pVIII, a principal proteína do capsídeo viral, foram também bem-sucedidas[16]. No entanto, o sítio da pVIII, embora muito usado para a apresentação de peptídeos nos fagos, não é adequado para a expressão eficiente de grandes proteínas, tais como anticorpos. Por esta razão, a maioria dos sistemas de expressão de anticorpos em fagos utilizam a proteína pIII.

Inicialmente aplicou-se o isolamento de anticorpos contra diversas moléculas-alvo. A técnica de DNA recombinante foi usada para gerar uma biblioteca composta por milhões de anticorpos diferentes e submetida à seleção cíclica dos fagos por afinidade à antígenos específicos. Esta tecnologia evoluiu para uma ferramenta eficiente de manipulação *in vitro* da afinidade, especificidade e estabilidade do anticorpo. As bibliotecas imunes são geradas por clonagem dos genes de anticorpos a partir de células B (geralmente a partir de baços) de doadores imunizados. Esta abordagem tem como vantagem o direcionamento de anticorpos contra o imunógeno que são enriquecidos em doadores, e eles são submetidos à maturação de afinidade *in vivo* pelo sistema imunológico do hospedeiro[17,18]. Uma vantagem adicional dessas bibliotecas imunes é a capacidade de isolar muitos anticorpos que são imunógenos específicos a partir de uma única biblioteca. Várias dessas bibliotecas representantes do sistema imune de diversas espécies têm sido produzidas, as quais incluem ratos[17], humanos[19], coelhos[20], camelídeos[21], ovinos[22] e galinhas[23].

A imunização, no entanto, nem sempre é possível, devido a considerações de ordem ética, possível toxicidade ou falta de imunogenicidade do antígeno. Assim, várias bibliotecas não imunes foram desenvolvidas e foram divididas em anticorpos *naive* e sintéticos. Bibliotecas *naive* foram construídas utilizando a mesma metodologia aplicada na construção de bibliotecas imunes, com a diferença de que as células B usadas como fontes dos genes de anticorpos dos dadores não foram imunizadas. Muitas dessas bibliotecas *naives* foram construídas sem estímulos específicos de antígenos, o que permite o isolamento de múltiplos anticorpos contra vários antígenos[16,24].

2.3 BIBLIOTECAS DE PEPTÍDEOS

A biblioteca de *phage display* de peptídeos consiste na clonagem de diversas sequências de DNA exógeno no genoma de fagos filamentosos (como, por exemplo, M13) e a consequente expressão de diferentes aminoácidos em fusão às proteínas do capsídeo viral. Os peptídeos podem ser expressos fusionados tanto à pIII como à pVIII em um formato mono ou multivalente. No modo monovalente, apenas uma das proteínas da pIII ou pVIII apresenta a sequência de aminoácidos e, no formato multivalente, todas as proteínas da pIII (cinco proteínas) ou da pVIII (cerca de 2.800 proteínas) apresentam a sequência de peptídeos. Didaticamente, Smith denominou que as apresentações multivalentes dos peptídeos eram do tipo 3 (pIII) e tipo 8 (pVIII), e as apresentações monovalentes eram do tipo 33 ou tipo 88, e do tipo 3+3 ou do tipo 8+8. A diferença entre os sistemas tipo 3+3 ou tipo 8+8, quando comparados com os sistemas tipo 33 ou tipo 88 é que nos primeiros (tipo 3+3 ou tipo 8+8) há a necessidade da infecção adicional da bactéria por um fago auxiliar, enquanto nos segundos sistemas (tipo 33 ou 88) o genoma viral apresenta duas cópias de cada um dos genes (três ou oito) sendo uma dessas cópias manipulada com sequências de interesse[8].

A importância da análise de mono ou multivalência configura-se no processo de seleção, de modo que em sistemas monovalentes os peptídeos são selecionados predominantemente por afinidade e, em sistemas multivalentes, os peptídeos podem ser selecionados por avidez, ou seja, podem interagir com um ou mais alvos simultaneamente.

2.3.1 Geração de biblioteca combinatória de peptídeos

Para produzir uma biblioteca randômica de peptídeos, inicialmente é necessário fazer o desenho e a síntese de oligonucleotídeos degenerados que irão codificar as sequências randômicas apresentadas pelo fago.

Sequências randômicas de peptídeos: sequências aleatórias de aminoácidos geradas a partir de oligonucleotídeos degenerados.

Cada resíduo variável na sequência recombinante da biblioteca de *phage display* é normalmente codificado pelo códon degenerado do tipo NNK ou NNS. A letra N representa qualquer nucleotídeo A, T, C ou G, ao passo que K representa o nucleotídeo G ou T, e a letra S representa G ou C. Em ambos os casos, NNK e NNS codificam todos os vinte aminoácidos e um *stop* códon. Embora NNK e NNS codifiquem os diferentes tipos de códons, eles também configuram a mesma distribuição de aminoácidos (três códons de Arg, Leu, Ser, dois códons de Pro, Val, Gli, Ala, Thr), e um códon para os restantes dos doze aminoácidos.

2.3.2 Identificação de peptídeos ligantes à proteína-alvo

O objetivo principal da metodologia de seleção de peptídeos é encontrar o ligante a uma molécula estudada. Entretanto, a estratégia pode variar dependendo da finalidade do estudo. Por exemplo, se o intuito é analisar as várias sequências de aminoácidos que se ligam a um anticorpo policlonal, ou seja, objetiva-se mapear uma região antigênica, a seleção deverá ser realizada com menor estringência, uma vez que gerará maior diversidade para a análise ao final do processo. Contudo, se a pesquisa busca selecionar um peptídeo ligante de alta afinidade para a construção de uma plataforma diagnóstica, a seleção deverá ser mais rigorosa, uma vez que há populações de fagos que interagem de maneira fraca com o alvo, além de interações inespecíficas com a placa de poliestireno. Muitos laboratórios têm experimentado dificuldades práticas no processo de obtenção de clones de interesse. A correta escolha do bloqueio, o número de lavagens e a utilização do detergente Tween-20 são imprescindíveis para a eliminação de fagos inespecíficos[25].

Outro aspecto importante é a realização de um passo inicial subtrativo durante o processo de seleção, em que os fagos capazes de reconhecer controles biológicos ou moléculas irrelevantes são eliminados, uma vez que apenas os fagos não ligantes serão posteriormente incubados com a molécula-alvo (seleção positiva). Além disso, o correto enovelamento da molécula-alvo permite uma melhor seleção ao adotar sua estrutura tridimensional correta. Assim, os pequenos peptídeos recombinantes apresentados pelo sistema de *phage display* são capazes de se ligar a regiões importantes para a interação proteína – proteína[26], tal como peptídeos ligantes a sítios ativos de enzimas.

Muitas pesquisas estão sendo feitas sobre a superfície das células cancerosas para identificar proteínas diferencialmente expressas que sirvam de biomarcadores da doença por *phage display*. Nesse sentido, o objetivo é isolar peptídeos que se ligam na superfície cancerosa, diferenciando-a das células normais. A seleção de peptídeos pode ser realizada em células tumorais de tecidos[27], de cultura de célula[28], na superfície de parasito, no endotélio, bactérias e outros. Peptídeos sintéticos construídos após a seleção têm sido usados para inibir metástase em modelo animal e bloqueio de infecções virais e parasitárias.

Existem vários desafios a serem vencidos na seleção de peptídeos ligantes a célula. Alguns deles são:

- A complexidade da membrana celular, com seus vários receptores e proteínas, a qual dificulta a interação entre o peptídeo recombinante e a proteína específica ou única das células cancerosas.
- A internalização dos fagos pela célula em estudos que objetivam identificar marcadores de membrana.
- As limitações na análise do peptídeo diante de um alvo cuja identidade é desconhecida.

Recentemente, tem sido demonstrada a capacidade de peptídeos recombinantes apresentados por *phage display* de se ligarem a outras moléculas não proteicas, tais como lipídeos ou carboidratos. Além disso, pesquisas em ciências dos materiais demonstraram que os peptídeos podem também se ligar a diversos materiais como poliestireno[29] e materiais semicondutores[30].

2.3.3 Mapeamento de proteína

O mapeamento de uma molécula-alvo inicia-se com o isolamento do anticorpo que a reconheça. O reconhecimento do anticorpo ao antígeno ocorre em regiões específicas da molécula, chamada de epítopo antigênico (Figura 2.3), de maneira que a região de reconhecimento do anticorpo à molécula possa ser contínua (linear) ou descontínua (conformacional).

Epítopo ou determinante antigênico é a menor porção de antígeno com potencial de gerar a resposta imune, definida como a área da molécula do antígeno que se liga aos receptores celulares e aos anticorpos. Trata-se do sítio de ligação específico que é reconhecido por um anticorpo ou por um receptor de superfície de um linfócito T (TCR).

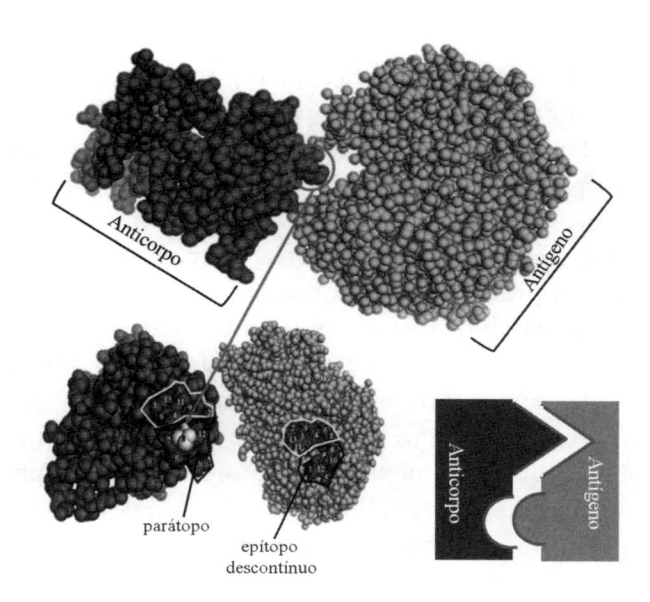

Figura 2.3 Interação de antígeno e anticorpo. Em cinza-escuro, a região hipervariável do anticorpo, e, em cinza claro, o antígeno. Em vermelho, temos a região de contato do anticorpo (parátopo) com a região antigênica (epítopo).

Epítopo contínuo é um epítopo que é reconhecido pelos anticorpos em sua sequência linear de aminoácidos ou estrutura primária. **Epítopo descontínuo** é a sequência de aminoácidos que após adotarem uma conformação entram em contato direto com o anticorpo.

Após a seleção dos peptídeos apresentados por *phage display* contra o anticorpo, as sequências dos ligantes são alinhadas por bioinformática para revelar uma região consenso, a qual pode ser comparada com a estrutura primária da molécula-alvo[31]. A definição do epítopo de interação entre antígeno e anticorpo permite uma ampla aplicação, tal como o desenvolvimento de diagnóstico, terapias e vacinas.

2.3.4 *Biopanning*

A empresa New England Biolabs oferece três diferentes tipos de bibliotecas comerciais de *phage display*. As bibliotecas comerciais são constituídas com sete aminoácidos lineares (PhD7), doze aminoácidos lineares (PhD12) e com sete aminoácidos lineares flanqueados por duas cisteínas que, ao serem oxidadas durante a montagem do fago, formam pontes dissulfídicas permitindo uma conformação constrita ou rígida ao peptídeo em forma de *loop* (PhD C7C). A ordem de complexidade das bibliotecas varia de 10^9 a 10^{15}.

A escolha do tipo de biblioteca a ser usada em cada experimento depende de diferentes fatores. Devido à falta de informação estrutural da interação entre o ligante e a molécula-alvo, é impossível prever com antecedência que tipo de biblioteca irá produzir os ligantes mais produtivos. A biblioteca PhD7 pode ser mais útil para alvos que necessitam de elementos de ligação concentrados em um pequeno segmento de aminoácidos; já na PhD12 os peptídeos são suficientemente longos para enovelar-se em pequenos elementos estruturais, o que a torna útil na seleção de alvos que requerem ligantes estruturados. Uma desvantagem é que o aumento no comprimento do segmento randomizado pode permitir que o alvo selecione sequências com várias interações fracas (avidez). Por fim, as bibliotecas PhD C7C conformacionais (constrita) são especialmente úteis para alvos cujos ligantes nativos apresentam superfície em *loop* (alça), tais como anticorpos com epítopos estruturais.

Material

Meios de cultura
- Meio LB (Luria Bertani):

Peptona de caseína	1,0% (p/v)
Extrato de levedura	0,5% (p/v)
NaCl	1,0% (p/v)

  O pH foi ajustado para 7,0.
- Meio LB ágar: meio LB adicionado de ágar bacteriológico a uma concentração final de 1,4% (p/v). Autoclavar, resfriar a 56 °C e adicionar o IPTG/X-Gal estoque (1 mL/litro), 20 µg/mL de tetraciclina. Misturar lentamente. Distribuir nas placas de Petri e estocar a 4 °C.
- LB + Top-Agar: para um litro, em água:
  10 g de bacto-triptona
  5 g de extrato de levedura
  5 g de NaCl
  1 g de $MgCl_2.H_2O$

Soluções de uso geral
- **IPTG/X-GAL:** Misturar 1,25 g de IPTG (isopropil β–D–tiogalactosídeo) e 1 g de X-Gal (5-bromo-4-cloro-3-idolil-β-D-galactosídeo) em 25 mL de dimetilformamida e estocar a -20 °C.

- **TBS 10X (Estoque):** Tris(hidroximetil)aminometano   0,5 M
  NaCl   1,5 M
  O pH foi ajustado para 7,4
- **PEG/NaCl:** 20% (p/v) polietileno glicol-8000, 2,5 M NaCl. Autoclavar, misturar as duas fases e estocar à temperatura ambiente.
- **Tampão iodeto:** 10 mM Tris-HCl (pH 8,0), 1 mM EDTA, 4 M iodeto de sódio (NaI). Estocar à temperatura ambiente no escuro.
- **Tampão bloqueio:** 0,1 M de bicarbonato de sódio $NaHCO_3$, pH 8,6 e 5 mg/mL de BSA (*bovine serum albumin*, albumina sérica bovina). Filtrar e estocar à temperatura ambiente.
- **Tampão de sensibilização:** 0,1 M de bicarbonato de sódio $NaHCO_3$, pH 8,6. Filtrar e estocar à temperatura ambiente.

Antibiótico
- **Tetraciclina estoque:** 20 mg/mL: Diluído em 1:1 de água-etanol.

Procedimento

Dia 1:
1) Diluir a molécula- alvo em 10-100 µg/mL no tampão de sensibilização.
2) Adicionar 150 µL do alvo diluído em um poço de uma placa carregada. Cobrir a placa e incube durante a noite a 4 °C por 12 horas.

Dia 2:
1) Inocular um meio com 10 mL e 20 mL de LB com a bactéria ER2738 e crescer a cultura em agitação a 37 °C. A cultura de bactéria de 10 mL deverá chegar à densidade ótica (OD) de 0,5, a qual será utilizada para o processo de titulação dos fagos eluídos. Meio de 20 mL, a OD deverá chegar à OD de 0,3, a qual será usada para amplificar os clones eluídos do ciclo de seleção.
2) Distribuir 3 mL de Top Agar em tubos de 15 mL e manter a 56 °C no banho-maria.
3) Descartar o tampão de sensibilização da placa de 96 poços carregada e remover a solução residual. Cobrir todo o poço sensibilizado com o tampão bloqueio e incubar a placa por uma hora à temperatura ambiente.
4) Descartar o tampão bloqueio conforme o passo anterior e lavar, rapidamente, o poço por 6 vezes com TBS-T (0,05%). Diluir 10 µL da biblioteca estoque em 90 µL de TBS-T e colocar no poço sensibilizado por uma hora a temperatura ambiente.

5) Descartar os fagos não ligantes e lavar o poço novamente com TBS-T por 10 vezes.

6) Eluir os fagos ligantes com 100 µL de glicina (0,1 M, pH 2, contendo 1 mg/mL) por 10 minutos e neutralizar com TRIS-HCl 1 M, pH 9,1.

7) Titular os clones que foram eluídos, diluindo 1 µL do fago em 9 µL de meio LB limpo até 10^{-4} (Figura 2.4).

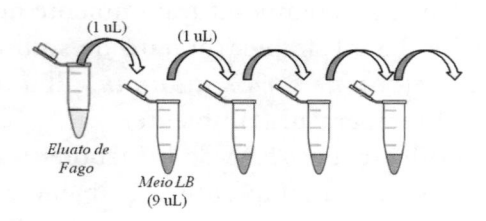

Figura 2.4 Representação esquemática da titulação.

8) Adicionar em cada um dos tubos titulados 200 µL de cultura de bactéria e plaquear com 3 mL de Top Agar nas placas de meio LB ágar com IPTG/X-GAL.

9) Incubar as placas tituladas na estufa a 37 °C por 12 horas.

10) Inocular os restantes dos clones eluídos no meio de cultura de ER2738 na OD 0,3, e amplificar os clones na ER2738 por 5 horas sob agitação a 37 °C.

11) Centrifugar a cultura por 10 minutos a 10.000 rpm a 4 °C e transferir o sobrenadante para um tubo limpo.

12) Adicione 1/6 do volume do PEG/NaCl e incube por, pelo menos 2 horas, ou preferencialmente por 12 horas a 4 °C.

Dia 3:

1) Centrifugar a solução contendo o PEG/NaCl por 15 minutos a 10.000 rpm a 4°C e descarte o sobrenadante.

2) Adicionar 1 mL de TBS e diluir o fago precipitado no tampão.

3) Transferir os fagos diluídos em um tubo de microcentrífuga e centrifugar novamente por 10 minutos a 14.000 rpm a 4 °C.

4) Transferir o sobrenadante para um novo tubo de centrífuga e adicionar 1/6 de PEG/NaCl. Incubar o tubo por 1 hora no gelo.

5) Centrifugar por 15 minutos a 14.000 rpm a 4°C, descartar o sobrenadante e diluir o fago precipitado em 200 µL de TBS.

6) Titular os fagos amplificados $10^{-8} - 10^{-11}$.

Dias 4 e 5:

1) Contar as colônias azuis e entrar no próximo ciclo de seleção com $1x10^{-11}$.
2) Sensibilizar novamente a placa e repetir o processo de seleção do dia 1-3.
3) O aumento de Tween pode ser uma alternativa para melhorar a especificidade de ligação.
4) Realizar no mínimo 3 ciclos de seleção.

Dia 6:

1) Titular o 3° ciclo de seleção não amplificado.
2) Inocular 120 mL de meio LB com ER2738 e crescer a cultura até a OD de 0,3. Distribuir 1 mL de cultura em placa de 96 de poço fundo (*deepwell*) e, com palitos de dente autoclavados, isolar as colônias azuis, colocando-as nos respectivos poços da *deepwell*. O isolamento pode ser feito encostando a ponta do palito na colônia azul ou retirando a colônia completamente da placa.
3) Selar a placa com o selo de placa e, com uma agulha, fazer dois furos em cima de cada poço, para permitir a aeração da bactéria necessária para o seu crescimento.
4) Amplificar os clones isolados por 24 horas sob agitação a 37 °C.

Dia 7:

1) Antes de qualquer procedimento, deve ser feito o *backup*. Em uma placa não carregada de 96 poços, transferir 100 µL da cultura amplificada e adicionar 100 µL de glicerol 50%. O estoque deverá ser armazenado a -20 °C.
2) Centrifugar a placa a 3.700 rpm por 15 minutos e coletar o sobrenadante para a extração de DNA dos fagos selecionados.

Extração de DNA dos fagos selecionados

1) Transferir 800 µL do sobrenadante dos clones selecionados e adicionar 320 µL de PEG/NaCl. Incubar por 10 a 20 minutos e centrifugar a 3.700 rpm por 20 minutos.
2) Descartar o sobrenadante e ressuspender em 100 µL de tampão iodeto. Agitar rigorosamente por 5 minutos no *vortex*. Adicionar 250 µL de etanol e incubar por 10 a 20 minutos à temperatura ambiente. A pequena incubação irá precipitar preferencialmente o DNA de simples fita dos clones, em vez das proteínas virais.
3) Centrifugar a placa a 3.700 rpm por 30 minutos e descartar o sobrenadante por meio da inversão da placa.

4) Adicionar 500 µL de etanol 70% e centrifugar novamente a placa a 3.700 rpm por 15 minutos.
5) Descartar novamente o sobrenadante e secar o DNA dos fagos por 10 minutos à temperatura ambiente.
6) Ressuspender em 20 µL de água miliQ autoclavada.
7) Correr o DNA plasmidial em um gel de agarose 0,8% para a análise de qualidade da extração.

Sequenciamento do DNA dos clones selecionados
1) Utilizar 500 ng de DNA molde.
2) 5 pmol do *primer* -96 gIII (5'-OH CCC TCA TAG TTA GCG TAA CG-3' – Biolabs) e Premix (DYEnamic ET Dye Terminator Cycle Kit – Amersham Biosciences).
3) Realizar 35 ciclos em um termociclador de placas nas seguintes condições:
 • Desnaturação (a 95 °C por 20 segundos)
 • Anelamento do *primer* (a 50 °C por 15 segundos)
 • Extensão (a 60 °C por um minuto)
4) Precipitar o DNA sequenciado em 1 µL de acetato de amônio e 27,5 µL etanol por poço.
5) Centrifugar a placa por 45 minutos a 3.700 rpm e descartar o sobrenadante.
6) Adicionar 150 µL de etanol 70% ao DNA precipitado e centrifugar por 15 minutos, a 3.700 rpm.
7) Descartar a solução de etanol da placa.
8) Cobrir a placa com papel alumínio e deixar a placa à temperatura ambiente durante 5 minutos para evaporar o etanol remanescente.
9) Ressuspender os precipitados resultantes em 10 µL do tampão de diluição (DYEnamic ET Dye Terminator Cycle Kit – Amersham Biosciences).
10) Realizar a leitura em um sequenciador automático.

2.3.5 Validação por imunoensaios: fago-ELISA e *imunoblotting*

A partir de uma placa com centenas de colônias de *E. coli* isoladas e infectadas com os fagos eluídos, após o último ciclo do *biopanning*, é necessário iniciar um processo de validação. De fato, dentre os inúmeros clones obtidos, apenas alguns apresentam potencial aplicação, tornando-se imprescindível a escolha dos fagos que contêm sequências mais reativas ao alvo.

A transferência de colônias para uma membrana de nitrocelulose e sua especificidade para com o anticorpo, monoclonal ou policlonal, utilizado no *biopanning*, é um método rápido e sensível de pré-validação, que visa selecionar aquelas colônias mais reativas (Figura 2.5A). Outra estratégia imunoenzimática é a realização de ensaios de fago-ELISA, em que placas são sensibilizadas com o anticorpo anti-M13, o qual é capaz de reconhecer a proteína pVIII do fago. Posteriormente, é adicionado à placa o sobrenadante de fagos, seguido do alvo (anticorpo) e, por último, o anticorpo secundário marcado com uma enzima específica (Figura 2.5B). Uma variação dessa técnica é a sensibilização direta com o fago purificado (Figura 2.5B).

Alternativamente, microesferas magnéticas (*beads*) podem ser utilizadas como plataformas do ensaio, uma vez que é possível o acoplamento de anticorpos (como o anti-M13) em *beads* epóxi. (Figura 2.5C). Nesse caso, a separação do alvo é feita com um ímã, tendo como vantagem o aumento da sensibilidade e a diminuição do tempo de incubação[32].

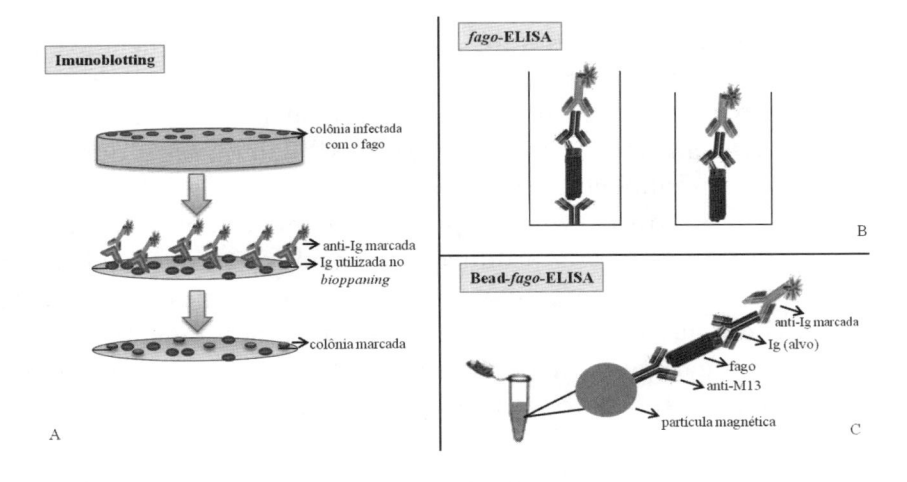

Figura 2.5 Estratégias para validação dos fagos obtidos por *phage display*.

2.3.6 Desenho de peptídeos para a síntese química

Após a escolha do peptídeo de interesse pelo processo de validação, inicia-se uma nova fase para a obtenção das suas sequências sintéticas, ou seja, sequências de peptídeos sem a presença do vetor fago. A premissa básica desse processo é a manutenção da estrutura inicialmente adquirida na presença do bacteriófago, de forma a não perder propriedades importantes que os permitem interagir com o alvo (anticorpos, células, proteínas, superfícies inorgânicas) a partir do qual foram selecionados.

Os peptídeos expressos, de forma linear ou circular, encontram estabilidade e conformação apropriada quando fusionados às proteínas do fago, pIII ou pVIII, sendo capazes de mimetizar estruturas conformacionais e epítopos contínuos ou descontínuos. Assim, a síntese química deve garantir que estas duas propriedades, estabilidade e conformação, sejam mantidas. Para isso, existem algumas estratégias importantes que devem ser seguidas.

A primeira estratégia é a inserção de alguns aminoácidos da proteína pIII, mais precisamente do domínio D1, além daqueles que compõem diretamente o peptídeo. Normalmente, são utilizados os sete ou oito aminoácidos que estão imediatamente após a sequência do peptídeo na estrutura do fago (Figura 2.6A). A proteína pIII apresenta dois arranjos repetitivos do motivo Ser-Gly-Gly-Gly ou Ser-Glu-Gly-Gly-Gly, localizados a 70 e a 215 resíduos de aminoácidos da extremidade N-terminal, que conferem aparente flexibilidade à molécula[33]. Essa característica garante uma interação com o peptídeo, de forma que possa adquirir estados conformacionais diferenciados.

A segunda estratégia é a adição na região N-terminal de uma molécula robusta como o BSA (soroalbumina bovina) ou PEG (polietilenoglicol) (Figura 2.6B). O trabalho de Santos e colegas[31] demonstrou que a adição de BSA melhora a imunogenicidade dos peptídeos em ensaios de ELISA, ao intensificar a adesão do peptídeo à placa[34]. Os peptídeos com BSA ainda podem ser importantes para a produção de vacinas, uma vez que sozinhos são muito pequenos para gerar uma resposta imunológica significativa. A adição de PEG é fundamental no caso da utilização dessas sequências como carreadoras de drogas, pois aumentam sua solubilidade e biodisponibilidade.

Outra estratégia importante seria ampliar a sequência do peptídeo duplicando-a ou triplicando-a, sendo as sequências intercaladas com a repetição de aminoácidos encontrada na pIII do fago (GGGS), aqui conceituada como espaçador (Figura 2.6A). Essa construção proporciona uma maior estabilidade e um melhor funcionamento do peptídeo ao aumentar seu tamanho e amplificar os sítios de reconhecimento do alvo. Para estabilizar o peptídeo, a região aminoterminal ($-NH_2$) deve ser acetilada e na carboxiterminal (-COOH) deve ser adicionado um grupo amida, os quais removem a carga do peptídeo que, assim, adquire sua estrutura natural.

Para bibliotecas conformacionais de sete aminoácidos, pode-se considerar a mesma estrutura encontrada no fago, ou seja, não há necessidade de se inserir nenhuma duplicação ou componentes adicionais. A conformação natural, nesse caso, é garantida pela presença das cisteínas e suas pontes dissulfeto, formando assim uma estrutura em arco (Figura 2.6C). É importante destacar que para o desenho de um único peptídeo uma ou mais das estratégias apresentadas podem ser utilizadas simultaneamente.

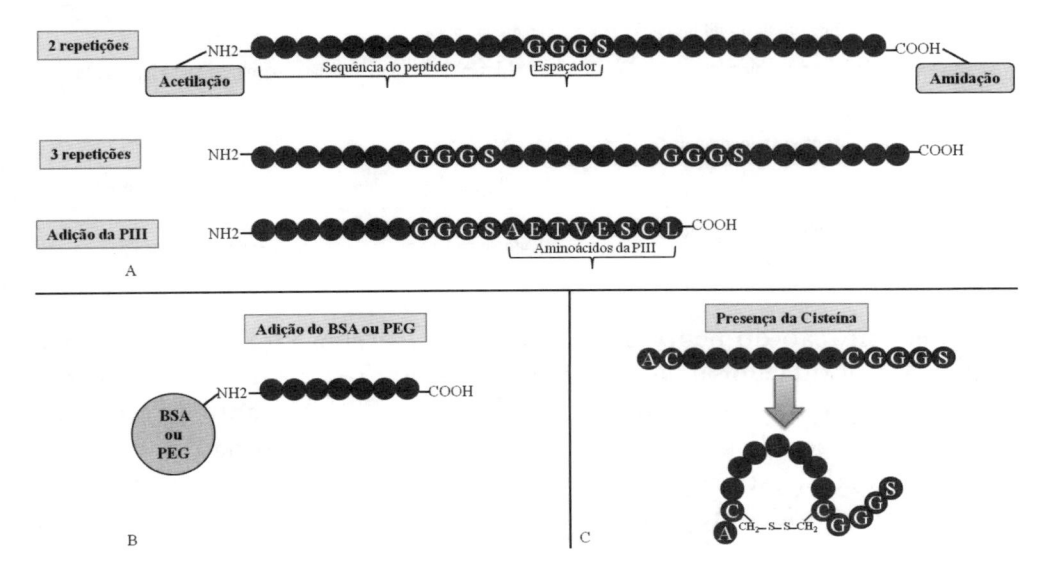

Figura 2.6 Diferentes estratégias para síntese química dos peptídeos obtidos por *phage display*. Em A demonstrando o número de repetições da sequência de aminoácidos e a inserção de parte da proteína PIII. Em a adição de BSA ou PEG. Em C a conformação adquirida pela presença de cisteína no peptídeo

2.4 BIOINFORMÁTICA

A obtenção das sequências correspondentes ao peptídeo no genoma do fago após o processo de seleção permite a sua caracterização *in silico*, possibilitando ao pesquisador predizer a homologia, estrutura e a função das biomoléculas analisadas. Possíveis programas para a caracterização *in silico* de peptídeos encontram-se citados na Tabela 2.1.

Tabela 2.1 Programas para análise *in silico* de peptídeos selecionados por *phage display*

FUNÇÃO	PROGRAMA	SITE
Tradução (DNA → Proteína)	Expasy translate	http://web.expasy.org/translate/
Alinhamento ao Banco de Dados Proteico (PDB)	BLASTp	http://blast.ncbi.nlm.nih.gov/Blast.cgi

FUNÇÃO	PROGRAMA	SITE
Alinhamento a sequência linear	Clustal Omega	http://www.ebi.ac.uk/Tools/msa/clustalo/
Identificação de proteínas cristalografadas	Protein Data Bank	http://www.rcsb.org/pdb/home/home.do
Alinhamento a estrutura 3D da proteína	Pepitope server	http://pepitope.tau.ac.il/
Modelagem molecular	I-Tasser	http://zhanglab.ccmb.med.umich.edu/I-TASSER/
Alinhamento e estrutura 3D de proteínas não cristalografadas	PyMol	http://www.pymol.org/
Predição de ligação entre duas moléculas	PatchDock server	http://bioinfo3d.cs.tau.ac.il/PatchDock/
Avaliação do grau de imunogenicidade molecular de epítopos	Epitopia server	http://epitopia.tau.ac.il/

A identificação do peptídeo fusionado à proteína viral após o sequenciamento é obtida por meio da averiguação de regiões flanqueadoras ao peptídeo no genoma do fago, disponibilizadas pelo fabricante da biblioteca utilizada. No caso de peptídeos fusionados à proteína pIII da empresa New England Biolabs, esta região é precedida pela sequência ACCTCCACC e, posterior ao peptídeo, tem-se AGAGTGAGA, sequências estas encontradas nas bibliotecas de sete (PhDC7C) e doze (PhD12) aminoácidos.

A biblioteca de peptídeos pode ser conformacional, quando o peptídeo apresenta em sua extremidade a sequência alanina, cisteína e cisteína, o que possibilita a formação de uma ponte dissulfeto entre as cisteínas, fornecendo uma conformação ao peptídeo. Os peptídeos da biblioteca de sete aminoácidos são compostos por trinta nucleotídeos. Quando dispostos em uma sequência conformacional, esses peptídeos correspondem aos aminoácidos presentes na sequência ACxxxxxxxC, sendo x os aminoácidos inseridos de forma aleatória. A biblioteca de doze aminoácidos com característica linear apresenta 36 nucleotídeos entre a região flanqueadora. A Figura 2.7 demonstra a análise para a identificação do DNA do peptídeo no genoma do fago.

ACCTCCACC**GCACCAAGTAGGCGAAGGAAACGGACAAGC**AGAGTGAGA

Figura 2.7 Localização do inserto no gene da pIII do fago. Em azul sequências flanqueadoras do inserto codificando o peptídeo do fago. Em cinza a alanina e em preto a cisteína presentes na biblioteca conformacional (ACX7C). Em vermelho, inserto codificante de um peptídeo com sete resíduos de aminoácidos.

As sequências de nucleotídeos correspondentes ao peptídeo são traduzidas em sequências de aminoácidos para análises posteriores de bioinformática. A tradução pode ser realizada por meio do *software* Expasy Translate* (Figura 2.8A).

Para a obtenção da sequência correta dos aminoácidos, conforme apresentado no peptídeo fusionado ao fago, seleciona-se a sequência de aminoácidos traduzida a partir da sequência de nucleotídeos complementar invertida, conforme demonstrado na opção 3' 5' *frame* 1 da Figura 2.8B. A necessidade dessa inversão se deve ao fato de o DNA do fago ser disposto em fita simples circular e pela utilização de um *primer* reverso para seu sequenciamento, resultando, assim, na fita complementar à sequência molde[8].

Modo FASTA: a análise de bioinformática utilizando sequências de aminoácidos só é possível em alguns *softwares* quando esta se encontra disposta em seu formato FASTA, no qual os aminoácidos são representados por uma única letra. Uma sequência em formato FASTA começa com a descrição de uma única linha, seguida por linhas de dados em sequência. A linha de descrição se distingue a partir da sequência de dados por um símbolo de maior que (>) na primeira linha. A palavra que segue o símbolo > é o identificador da sequência. Não pode haver nenhum espaço entre o sinal de maior que e a primeira letra do identificador. A sequência termina se em outra linha aparece o sinal de maior que, o que indica o início de outra sequência[35].

Exemplo de formato FASTA:
>gil365822576lgblAEX01244.1l major surface protein MSP1a, partial[31]
SASGHQQESSVLSHSDQVSTSSLLGSDGSTASGQQQESSVLSQSDQAST-SSQLGTDWRQEMRSKVASVEYILAARALISVGVYAAQEEIARSLGHTPLR-VAEVEAIVRDSLVRSHFHDSGLSLGSIRLVLMQVGDKLGLQGSKISEGYAT-YLAKAFADSVVVAADVQSGGARSATSLDKAIADVETSWSL

2.4.1 Identificação dos peptídeos selecionados em banco de dados

As sequências peptídicas podem ser comparadas a proteínas já identificadas e contidas em banco de dados eletrônicos. O BLAST (Basic Local Alignment Search Tool)** é um *software* que disponibiliza a ferramenta protein BLAST (BLASTp), a qual possibilita a busca de sequências de proteínas no Banco de Dados Proteico do Centro Nacional de Informação Biotecnológica (do inglês National Center for Biotechnology Information – NCBI). Essa ferramenta

---

* Ver: <http://web.expasy.org/translate/>.
** Ver: <http://BLAST.ncbi.nlm.nih.gov/BLAST.cgi>.

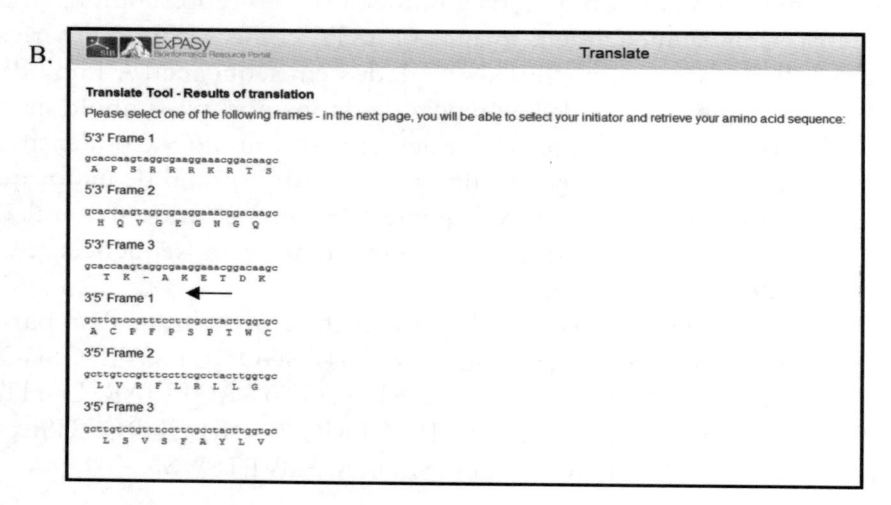

Figura 2.8 *Expasy translate.* (A) Página do *software* demonstrando a região a que se adiciona a sequência de nucleotídeos (1) e a opção para obtenção desta traduzida (2). (B) Resultado das possíveis traduções da sequência de nucleotídeos em aminoácidos. A seta representa a tradução dos aminoácidos dos nucleotídeos disposto da região 3' para a região 5' do *frame* 1, a qual é a sequência complementar invertida.

admite o alinhamento localizado de fragmentos de sequências que são mais similares, permitindo selecionar proteínas que apresentem o máximo nível de identidade. Assim, torna-se possível o acesso ao grau de similaridade, a inferência de homologias e a análise do potencial de um peptídeo de ser um epítopo de uma determinada proteína[36]. Esses resultados são visualizados após ser fornecida a sequência do peptídeo de interesse, ao se restringir a busca por espécie e ao se utilizar palavras chaves. O programa retorna o resultado em valores de *score*, os quais expressam seu nível de significância, ou seja, demonstram a ocasionalidade do alinhamento local[36].

O *BLASTp* é uma ferramenta de fácil acesso na qual as análises são realizadas utilizando a sequência do peptídeo/proteína em seu modo FASTA e delimitando o organismo de busca. O resultado é expresso em uma lista de alinhamentos significativos. Os passos a serem seguidos e a análise do resultado de alinhamento no *BLASTp* podem ser verificados na Figura 2.9.

2.4.2 Alinhamento da sequência linear da proteína

Identificada a provável proteína que o peptídeo mimetiza, para determinar qual é a localização do peptídeo na sequência linear desta faz-se um alinhamento global da sequência selecionada com a proteína de interesse. Para a realização do alinhamento, é necessário obter a sequência das moléculas-alvos. A sequência de aminoácidos da proteína identificada no BLAST pode ser obtida no Banco de Dados Proteico do NCBI* (ver Figura 2.10).

O Clustal Omega é um *software*** do Instituto Europeu de Bioinformática do Laboratório de Biologia Molecular Europeu (EMBL-EBI) que faz o alinhamento global de sequências lineares[37]. Por meio dessa ferramenta, é possível verificar em qual região da sequência linear da proteína a sua molécula de interesse se localiza. Outra análise importante é alinhar todos os peptídeos selecionados contra o mesmo alvo para averiguar a sequência consenso, isto é, a sequência de aminoácidos comum entre os peptídeos selecionados. Trata-se de uma etapa importante na determinação da estratégia de síntese dos peptídeos[38].

O *software* analisa sequências que se encontram no modo FASTA. Ao adiciona-las ao programa e executar, é realizada a busca do melhor alinhamento entre duas sequências baseando-se em qual dos alinhamentos um maior número de aminoácidos consecutivos são capazes de serem alinhados. Aminoácidos iguais; estruturalmente diferentes, mas com características (básicos, ácidos ou neutros) semelhantes ou aminoácidos parcialmente iguais são alinhados. O alinhamento dos resíduos de aminoácidos é identificado de acordo com o símbolo logo abaixo do alinhamento. Os símbolos significam: (*) resíduos de aminoácidos idênticos, (:) substituição conservada

---

* Ver: <http://www.ncbi.nlm.nih.gov/protein/>.
** Ver: <http://www.ebi.ac.uk/Tools/msa/clustalo/>.

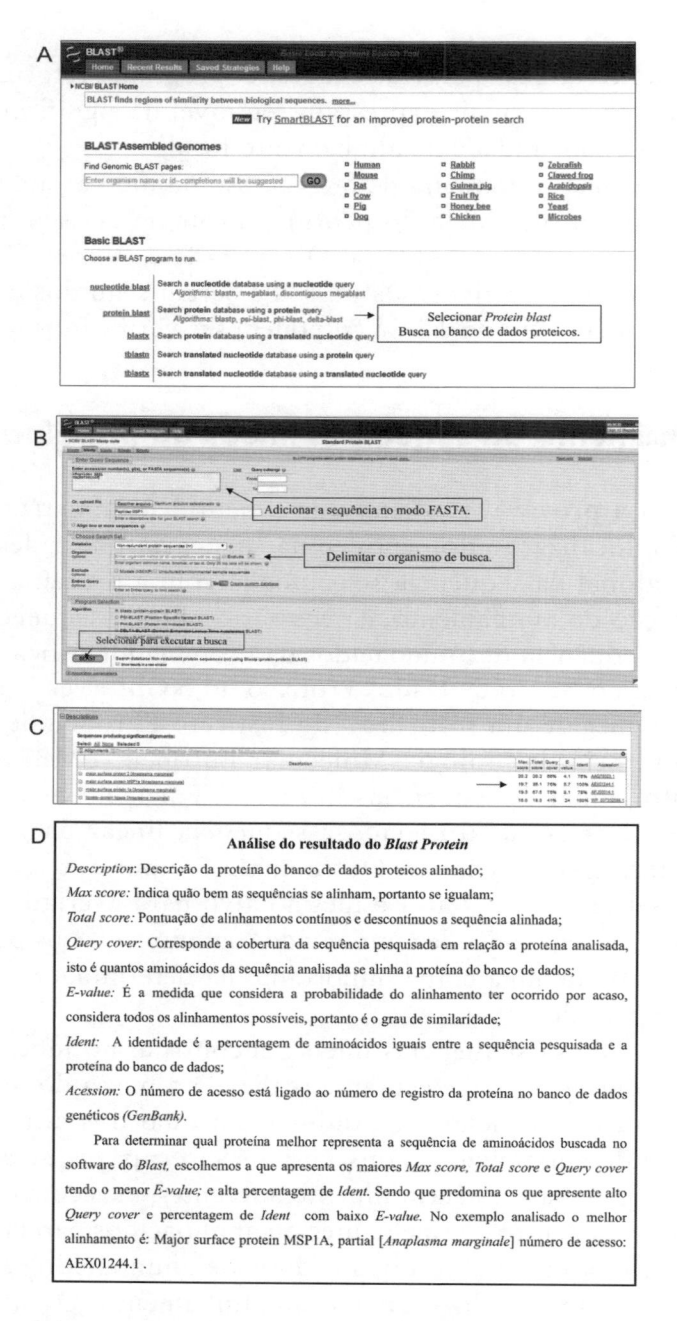

Figura 2.9 Análise Protein Blast. (A) Representação da página do *software* BLAST. (B) Página do BLASTp, enfatizando a região à qual adicionar a sequência de aminoácidos em seu modo FASTA, delimitação do organismo em que se deseja buscar a proteína do banco de dados, local para iniciar a busca. (C) Resultado obtido do alinhamento do peptídeo TMQNNTSSLLGF ao banco de dados. O organismo delimitado foi *Anaplasma marginale*. (D) Significado e interpretação do resultado do BLASTp.

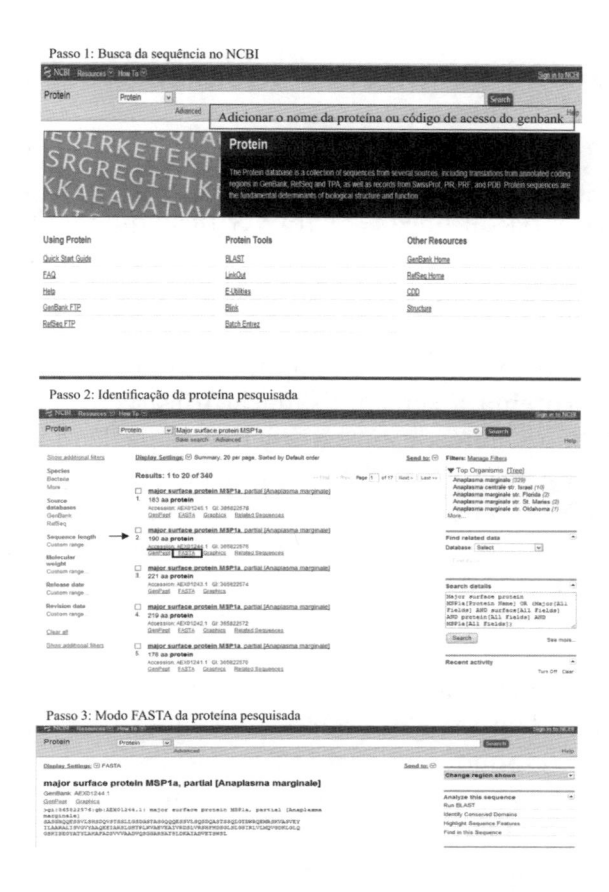

Figura 2.10 Passo a passo para a obtenção da sequência de aminoácidos de uma proteína no NCBI.

com características básicas, ácidas ou neutras conservadas, (.) substituição semiconservada. Caso não haja nenhum símbolo, não houve alinhamento[35].

Para visualizar as características dos resíduos de aminoácidos alinhados, basta selecionar a opção que confere cores aos mesmos. O realce em vermelho revela resíduos de aminoácidos que são pequenos, hidrofóbicos e/ou aromáticos, à exceção da tirosina, sendo, portanto, alanina, valina, fenilalanina, prolina, metionina, isoleucina, leucina e triptofano. Os que são identificados como azul são os que possuem características ácidas, como o ácido aspártico e o ácido glutâmico. Os que possuem a cor rosa são os resíduos básicos, arginina e lisina. Os identificados pela cor verde possuem características básicas, amina e/ou hidroxila, como a serina, treonina, tirosina, histidina, cisteína, asparagina, glicina e a glutamina; os demais aminoácidos são identificados pela cor cinza[39,40]. O alinhamento linear é demonstrado na Figura 2.11.

2.4.3 Alinhamento da estrutura tridimensional da proteína

A estrutura tridimensional de uma proteína irá influenciar a exposição de seus aminoácidos, alterando a localização entre estes se comparados à sua estrutura primária ou linear[41]. Para verificar qual epítopo da molécula é representado pelo peptídeo selecionado por *phage display,* o alinhamento do peptídeo à estrutura tridimensional da proteína torna-se imprescindível a fim de melhor localizá-lo.

O primeiro passo para realizar o alinhamento à estrutura tridimensional é verificar se a proteína a ser analisada já foi cristalografada. Este dado pode ser obtido por meio de busca no Banco de Dados Proteico (PDB) (Figura 2.12) de estrutura macromolecular biológica, disponível na internet[*]. As moléculas cristalografadas possuem um código do PDB, o qual é utilizado pelos *softwares* para realizar o alinhamento. As moléculas que não possuem estruturas cristalografadas podem ter a estrutura predita por programas de modelagem molecular como, por exemplo, o *software* I-Tasser[**] (Figura 2.13).

O alinhamento tridimensional pode ser realizado pela ferramenta PyMol[***], na qual é possível identificar os aminoácidos que se deseja alinhar e averiguar o epítopo correspondente ao peptídeo. O tutorial do programa detalha o passo a passo para a realização do alinhamento correto[****]. Proteínas que possuem o código do PDB podem ser alinhadas aos seus peptídeos miméticos pelo *software* Pepitope Server[*****] utilizando o algoritmo de mapeamento de epítopos denominado de Pepsurf, o qual permite o mapeamento de epítopos selecionados por *phage display.*

O Pepsurf realiza o alimento de peptídeos à estrutura 3D da proteína, fornecendo os melhores alinhamentos, região de *cluster* ou agrupamento dos peptídeos selecionados a partir do mesmo alvo, além de fornecer o *p-value.* São considerados não aleatórios[42] os valores de *p-value* menores que 0,001. Os mecanismos para análises no *Pepsurf* são descritos na Figura 2.14.

Todos os peptídeos selecionados por *phage display* são ligantes à molécula-alvo de seleção. A análise tridimensional é realizada apenas quando se sabe a qual molécula o peptídeo mimetiza. Caso se deseje inferir, por análises de bioinformática, a ligação entre o peptídeo e o seu alvo há

---

*   Ver: <http://www.rcsb.org/pdb/home/home.do>.
**   Ver: <http://zhanglab.ccmb.med.umich.edu/I-TASSER/>.
*** Ver: <http://www.pymol.org/>.
****   Ver: <http://pymol.sourceforge.net/newman/userman.pdf>.
*****   Ver: <http://pepitope.tau.ac.il/>.

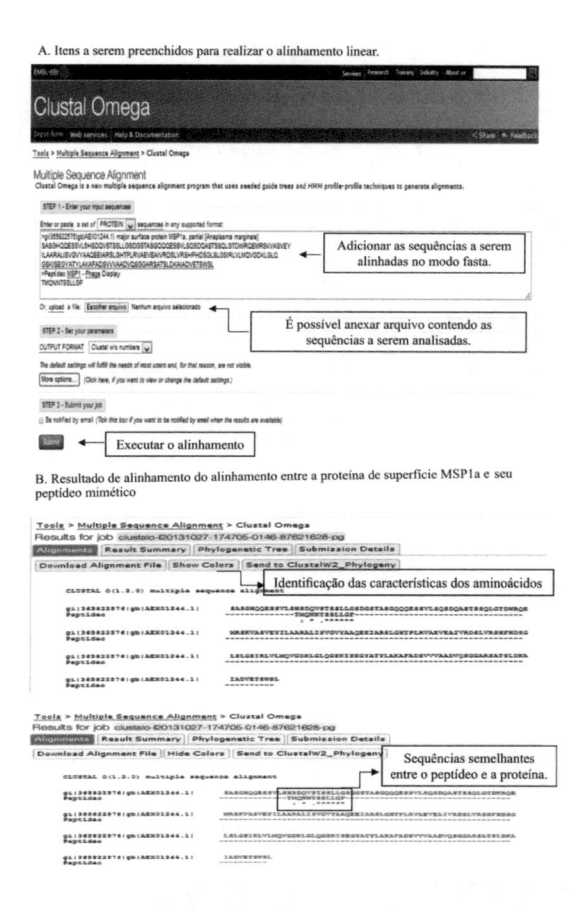

Figura 2.11 Alinhamento linear utilizando o *software* Clustal Omega. (A) Preenchimento de dados para a execução do alinhamento do *software*. (B) Resultado do alinhamento linear entre a proteína MSP1a parcial e o peptídeo TMQNNTSSLLGF.

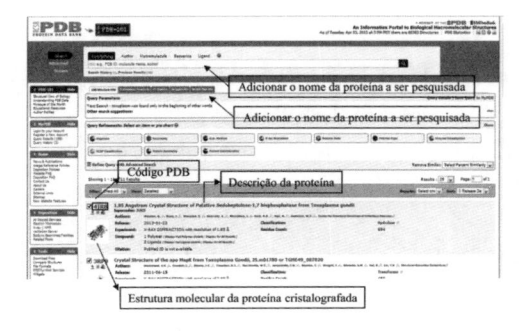

Figura 2.12 Banco de dados proteicos (PDB). Figura explicativa para obtenção do código PDB da proteína pesquisada como representação foi buscada proteínas do *Toxoplasma gondii*. A proteína com código de PDB 4IR8 foi identificada, demonstrada a região de descrição da proteína e sua estrutura molecular.

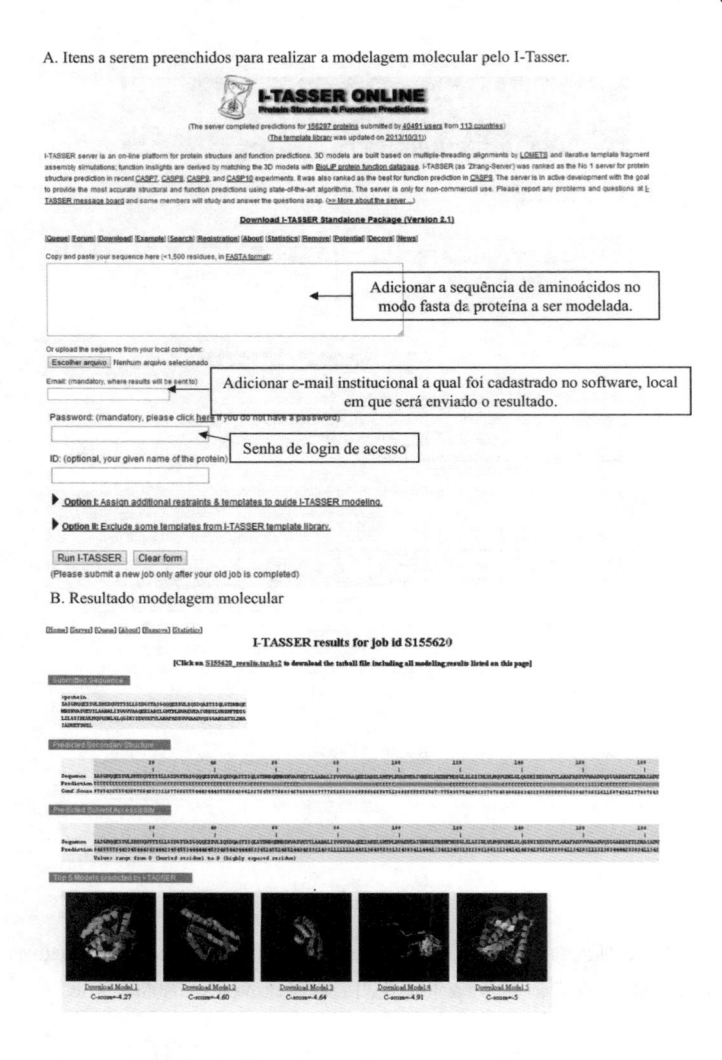

A. Itens a serem preenchidos para realizar a modelagem molecular pelo I-Tasser.

B. Resultado modelagem molecular

Figura 2.13 Predição da modelagem molecular pelo I-Tasser. (A) Preenchimento de dados para execução do alinhamento do *software*. (B) Resultado da modelagem molecular da proteína MSP1a de *Anaplasma marginale*. O *software* fornece cinco possíveis estruturas da molécula, sendo considerada a mais real a que apresenta o maior *c-score*. Neste caso o modelo 1 é a melhor predição.

a necessidade da estrutura tridimensional de ambas as moléculas para predizer, *in silico*, sua ligação. O algoritmo do *software* Patchdock* baseia-se no princípio de complementaridade entre os aminoácidos e pode ser uma ferramenta para esse tipo de análise.

---

* Ver: <http://bioinfo3d.cs.tau.ac.il/PatchDock/>.

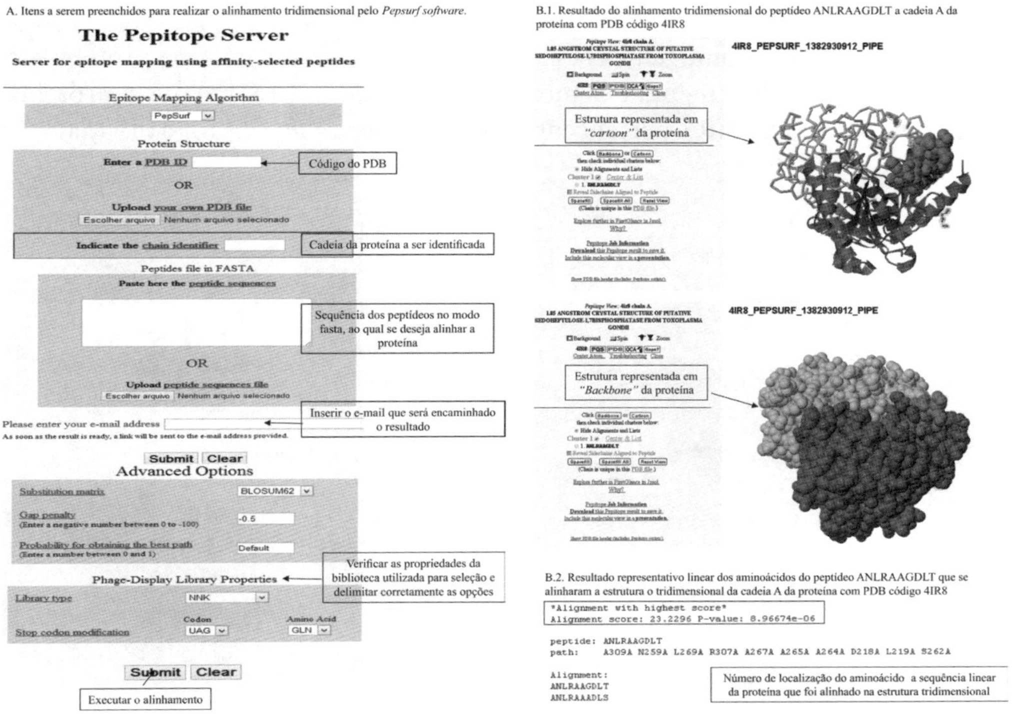

A. Itens a serem preenchidos para realizar o alinhamento tridimensional pelo *Pepsurf software*.

B.1. Resultado do alinhamento tridimensional do peptídeo ANLRAAGDLT a cadeia A da proteína com PDB código 4IR8

B.2. Resultado representativo linear dos aminoácidos do peptídeo ANLRAAGDLT que se alinharam a estrutura o tridimensional da cadeia A da proteína com PDB código 4IR8

Figura 2.14 Alinhamento à estrutura tridimensional da proteína – *Pepsurf software*. (A) Representação esquemática de como proceder para realizar o alinhamento. (B) Resultado do alinhamento da proteína Putative Sedoheptulose-1,7 bisphosphatase de *Toxoplasma gondii* com o peptídeo de sequência ANLRAAGDLT. (B1) Demonstração do alinhamento do peptídeo à cadeia A da proteína em sua forma tridimensional, representação da cadeia proteica utilizada para o alinhamento em *cartoon* ou *backbone*. Significado das cores na figura: cinza-escuro, cadeia da proteína escolhida para realizar o alinhamento; cinza-claro, cadeia da proteína não utilizada no alinhamento. Estruturas rosa, resíduos de aminoácidos da proteína utilizado no alinhamento com o peptídeo. (B2) Este alinhamento demonstrou *p-value* significativo (8.96674e-06). Quanto maior o *score* e menor o *p-value*, mais significativo é o alinhamento.

2.4.4 Predição do grau de imunogenicidade de epítopos de proteínas

Muitos peptídeos selecionados por *phage display* têm como alvo o desenvolvimento de vacinas e/ou plataformas para diagnóstico. Predizer se o peptídeo selecionado faz parte de uma região altamente imunogênica da molécula pode auxiliar na escolha do peptídeo ideal se comparado ao *pool* selecionado, auxiliando na sua validação. O *software* Epitopia Server* é capaz

---

* Ver: <http://epitopia.tau.ac.il/>.

de detectar regiões imunogênicas em estruturas e/ou sequências de proteínas[43]. A aplicação dessa ferramenta é demonstrada na Figura 2.15, em que a proteína com código do PDB 4IR8 pertencente ao *Toxoplasma gondii* foi avaliada.

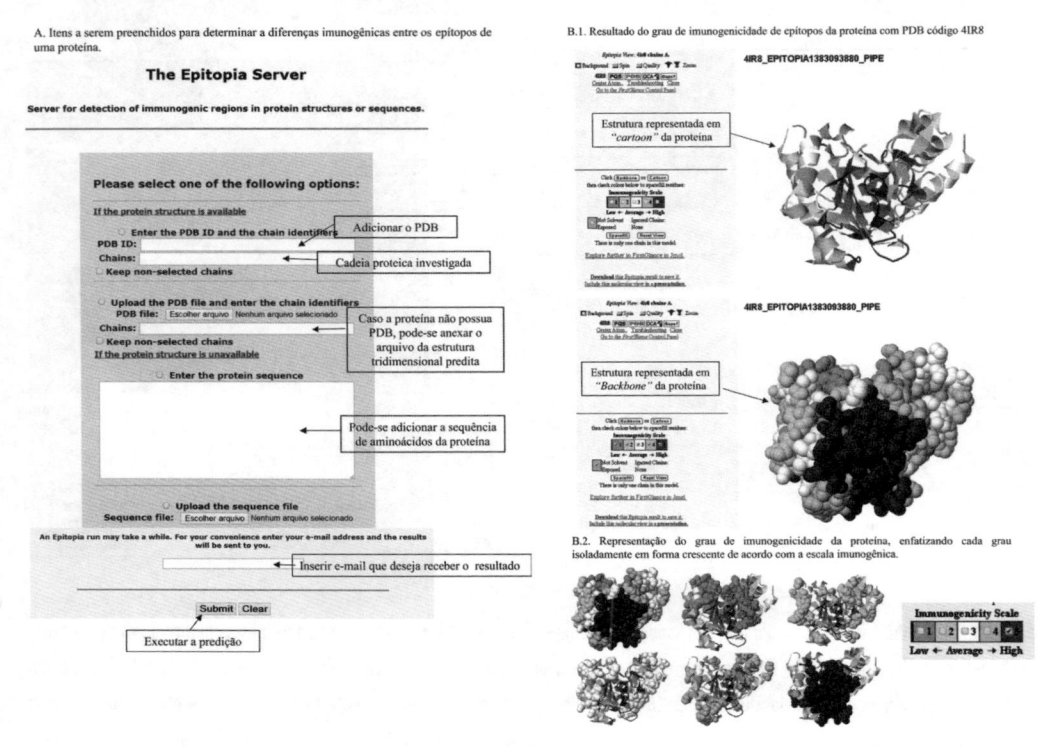

Figura 2.15 Predição do grau de imunogenicidade de diferentes epítopos da proteína – Epitopia Server. (A) Representação esquemática de como proceder para predizer a estrutura imunogênica da molécula. (B) Resultado da predição do grau de imunogenicidade proteína Putative Sedoheptulose-1,7 bisphosphatase de *Toxoplasma gondii*. (B1) Demonstração da imunogenicidade dos epítopos da proteína em sua tridimensional, representação em forma de *cartoon* ou *backbone*. (B2) Representação do grau de imunogenicidade da proteína, enfatizando cada grau isoladamente em forma crescente de acordo com a escala imunogênica.

2.5 BIBLIOTECAS COMBINATORIAIS DE ANTICORPOS

A pesquisa com fagos tem permitido um profundo avanço biotecnológico de caráter multidisciplinar, ao se apresentar como plataforma na geração de diversidade genotípica e ao oferecer mecanismos de pressão de seleção e possibilitar a amplificação de moléculas de interesse. Portanto, trata-se do método mais bem-sucedido de expressão e identificação de alvos devido ao pequeno tamanho de suas unidades de seleção (os fagos), sua resistência a determinadas condições ambientais (presente nos vetores utilizados), assim como a possibilidade de se obter sítios de ligação com promissora aplicabilidade futura. A técnica de *phage display* pode ser usada: (1) na geração de anticorpos monoclonais para imunoterapia, (2) no isolamento de anticorpos a partir de pacientes expostos a um determinado patógeno e (3) no estudo de anticorpos autoimunes[9].

Apesar de algumas limitações, sua natureza experimental apresenta um significativo impacto nos estudos moleculares, tornando-se um dos métodos *in vitro* mais amplamente utilizados na seleção de anticorpos. De fato, a seleção de anticorpos a partir de bibliotecas expressas no capsídeo viral é sua aplicação mais bem-sucedida na obtenção de ligantes específicos. Atualmente, terapias baseadas na utilização de anticorpos monoclonais (do inglês *monoclonal antibodies* – mAbs) representam uma das mais promissoras áreas na indústria farmacêutica. Os anticorpos têm se mostrado um excelente paradigma na busca de moléculas altamente específicas a seus alvos desempenhando um papel central nas pesquisas pós-genômicas.

2.5.1 Engenharia de anticorpos scFv e Fab

A engenharia de anticorpos fundamentada na tecnologia do DNA recombinante permite a clonagem de genes, os quais podem ser expressos em sistemas procariotos e eucariotos. A tecnologia de *phage display* pode, com sucesso, mimetizar o sistema imune, uma vez que são clonadas bibliotecas de fragmentos de anticorpos e selecionados aqueles que reconhecem, de maneira específica, determinado antígeno. Uma vantagem dessa estratégia é a manutenção do sítio de ligação ao antígeno, mesmo com o tamanho reduzido dos fragmentos[44].

Comparando-se com as moléculas completas de anticorpos, essas estruturas miniaturizadas apresentam uma série de vantagens na prática clínica, incluindo melhor penetração nos tecidos, clareamento sanguíneo mais rápido e menor tempo de retenção, além de permitir e garantir a análise de epítopos[45]. Além disso, fragmentos de anticorpos são mais facilmente obtidos e apresentam um menor custo, pois permitem a utilização de sistemas bacterianos para a sua produção. Contudo, essas alterações físico-químicas das moléculas de anticorpo comprometem sua estabilidade, uma vez que elas não possuem a porção Fc, o que diminui sua meia-vida e faz com que se degradem rapidamente[46].

A escolha do formato do fragmento de anticorpo a ser clonado é, em geral, determinada por considerações técnicas. A técnica de *phage display* tem sido amplamente utilizada para a geração de bibliotecas de fragmentos de anticorpos Fab (do inglês *Fragment antigen binding*, fragmento de ligação ao antígeno com região variável) ou scFv (do inglês *single-chain variable fragment*). Os fragmentos do tipo Fab consistem em segmentos VH-CH e VL-CL (V de regiões variáveis, C de regiões conservativas, H de cadeia pesada e L de cadeia leve), unidos por pontes dissulfeto e que, portanto, necessitam ser montados na região periplasmática da bactéria. O fragmento menor scFv é composto apenas pelas regiões VL e VH unidas por um peptídeo flexível (adaptador) composto por quinze aminoácidos de sequência (Gly4Ser)3 e expressas como uma cadeia polipeptídica simples[9]. Na Tabela 2.2 encontram-se resumidas as características de cada formato de fragmento de anticorpo, juntamente com os benefícios e os problemas enfrentados na utilização de cada um deles.

Tabela 2.2 Características dos fragmentos de anticorpos Fab e scFv

CARACTERÍSTICAS DE ANTICORPOS SCFV	CARACTERÍSTICAS DE ANTICORPOS FAB
Fragmentos menores (700 pb)	Fragmentos maiores (~ 1.600 pb)
Menor possibilidade de serem degradados	Maior possibilidade de serem degradados
Menos estáveis	Mais estáveis
Tendência a formar dímeros	Moléculas monoméricas

O desenvolvimento de anticorpos monoclonais apresenta um papel crucial em companhias farmacológicas e biotecnológicas. De fato, o número desses ligantes em estudos clínicos tem crescido substancialmente, chegando a mais de duzentos anticorpos em análise. Desde 2008, a engenharia de anticorpos tem conquistado cerca de 30% do campo biotecnológico. Esses dados demonstram que a construção de fragmentos de anticorpos tem apresentado, progressivamente, um importante papel na busca de biomarcadores e no tratamento do câncer, justamente por identificar antígenos tumorais[47-49]. Na Tabela 2.3 encontram-se descritos anticorpos e fragmentos de anticorpos aprovados (ou em testes) pelo FDA para uso terapêutico humano.

Esses dados demonstram que a construção de fragmentos de anticorpos tem apresentado, progressivamente, um importante papel no tratamento do câncer, ao identificar antígenos tumorais. De fato, novas tecnologias influenciam no desenvolvimento de moléculas combinatórias e ligantes péptido--miméticos, facilitando a superação de desafios com o objetivo de tratar neoplasias que afetam, sobretudo, um elevado número de indivíduos.

Tabela 2.3 Anticorpos e fragmentos de anticorpos aprovados (ou em testes) nos EUA para uso terapêutico

TIPO DE FRAGMENTO/ FONTE	NOME (GENÉRICO)	MOLÉCULA-ALVO	INDICAÇÃO
Fab/camundongo	CEA-scan (arcitumomab)	CEA	Câncer colorretal
Fab/humanizado	Lucentis (ranibizumab; Rhu-Fab)	VEGF	Degeneração macular
Fab/humanizado	Thromboview	D-dímero	Trombose venosa
Fab/humanizado	CDP791	VEGF	Antiangiogênese
Fab/humanizado	CDP870	TNF-α	Doença de Crohn
Fab/humanizado	MDX-H210	Her2/Neu e CD64 (γFcR1)	Câncer de mama
Diabody $(V_H\text{-}V_L)_2$/humano	C6.5K-A	Her2/Neu	Cânceres de mama e de ovário
Minibody quimérico	10H8	Her2	Cânceres de mama e de ovário
scFv/humano	F5 scFv-PEG	Her2	Câncer de mama
Minibody quimérico	10H8	Her2	Cânceres de mama e de ovário
Diabody $(V_H\text{-}V_L)_2$ humano	L19 L19–γIFN	EDB	Diagnóstico: antiangiogêneses e placas artereoscleróticas
Diabody $(V_L\text{-}V_H)_2$ humano	T84.66	CEA	Diagnóstico: câncer colorretal
Minibody $(\text{scFv-C}_H3)_2$/ quimérico	T84.66	CEA	Câncer colorretal
IgG2a/camundongo	Muromunab-CD3	CD3	Profilático para a rejeição de transplante de rim
Fab/quimérico	Abciximab	gpIIb-gpIIIa e αvβ3-integrin	Angioplastia coronária
IgG1/quimérico	Rituximab	CD20	Linfoma não Hodgkin e artrite reumatoide
IgG1/humanizado	Daclizumab	CD25	Profilático para a rejeição de transplante de rim
IgG1/humanizado	Trastuzumab	ERBB2	Câncer de mama metastático que superexpressa ERBB2
IgG4/humanizado	Gemtuzumab	CD33	Leucemia mieloide que expressa CD33
IgG1/humanizado	Alemtuzumab	CD52	Leucemia linfocítica de células B
IgG1/camundongo	Ibritumomab tiuxetan	CD20	Linfoma não Hodgkin
IgG1/humanizado	Omalizumab	IgE	Asma persistente
IgG1/quimérico	Erbitux	EGFR	Câncer colorretal metastático e câncer de cabeça e pescoço
IgG1/humanizado	Avastin	VEGF	Câncer colorretal metastático

Fonte: Holliger e Hudson[50]; Carter[51].

2.5.2 Construção de bibliotecas combinatoriais de anticorpos e análise de bioinformática

Tecnicamente, a construção de bibliotecas de fragmentos de anticorpos destaca-se por sua simplicidade, quando comparadas a outros métodos de obtenção de anticorpos. O vetor utilizado nesses casos é do tipo fagomídeo, o qual apresenta inúmeras características como promotor, sequência *leader*, *stop* códons e epítopos que facilitam a detecção posterior em métodos de purificação e captura. O processo de construção de bibliotecas de fragmentos de anticorpos encontra-se representado na Figura 2.16.

Fagomídeos: plasmídeos que possuem origem de replicação bacteriana (*E. coli*); origem de replicação viral (Ff); gene de fusão (*pIII* ou *pVIII*); sítio de inserção do fragmento codificante do anticorpo, ou qualquer outra proteína de interesse; e genes de resistência a antibióticos para seleção em meio apropriado. Como os fagomídeos não possuem todos os genes das proteínas necessárias para o encapsideoamento da partícula viral, fagos auxiliares (*helper*), contendo todos os genes dos bacteriófagos filamentosos, são utilizados nas culturas de células transformadas com o fagomídeo, permitindo o resgate da partícula viral. Durante a infecção viral, o DNA proveniente dos fagomídeos é preferencialmente revestido pelas proteínas estruturais, pois os fagos *helper* possuem mutações na origem de replicação, dificultando a reprodução e empacotamento de seu próprio material[8]. A utilização de fagomídeos como vetores de clonagem produz partículas virais híbridas caracterizadas por um formato monovalente, uma vez que na pIII do fago encontra-se expressa apenas uma cópia do fragmento de anticorpo.

1) Inicialmente, o RNA é extraído do tecido de interesse (linfonodos, baço, sangue periférico) e sua qualidade é observada por resolução em gel de agarose e leitura espectrofotométrica. A obtenção de RNA de qualidade é um passo crítico em qualquer análise de expressão gênica. Controles de contaminação exógena e endógena por RNAses devem ser utilizados criteriosamente, uma vez que são moléculas altamente reativas devido à presença do grupo 2'OH em sua pentose.

2) O RNA é transcrito reversamente utilizando-se *primers* específicos para cada cadeia de imunoglobulina ou mesmo *primers* que reconheçam a cauda poli-A do RNA mensageiro (oligo-dT).

3) O cDNA gerado é então utilizado em ciclos da PCR para a construção de fragmentos Fab/scFv. Em um primeiro ciclo da PCR, as regiões variáveis e constantes são amplificadas separadamente. Uma reação de sobreposição

subsequente permite a junção das regiões VH e VL, formando fragmentos do tipo scFv, ou a junção das regiões VH-CH e VL-CL. Fragmentos Fab necessitam de uma segunda reação de sobreposição, em que a biblioteca é gerada pela combinação randômica das regiões variáveis das cadeias leve e pesada.

No método de montagem por Reação em Cadeia da Polimerase (PCR) os segmentos gênicos são amplificados, criando sítios de restrição – para clonagem –, inserindo adaptadores (para scFv) e amplificando regiões de sobreposição para a formação dos fragmentos. *Primers* para a amplificação de fragmentos em diferentes organismos, como humanos, galinhas e camundongos, encontram-se descritos em Barbas[8].

Este método pode apresentar algumas dificuldades, exigindo cuidados quanto às concentrações dos fragmentos amplificados separadamente e que serão utilizados em reações de sobreposição. Além disso, não é possível estimar o percentual de recombinação existente, e fragmentos residuais de VH e VL podem ser detectados ao final do processo. Entretanto, o processo de clonagem é facilitado principalmente devido à presença de sítios de restrição específicos.

4) O fragmento completo purificado é então digerido por enzimas de restrição, como a *Sfi*I e inserido no vetor fagomídeo, como por exemplo, o vetor pcomb3XSS, transformada em bactéria *E.coli* competente que, por sua vez, é infectada por partículas virais de fagos auxiliares (*helper*). A biblioteca, então, pode ser purificada e seu DNA extraído para análise de sua qualidade e diversidade. Na Figura 2.17 encontra-se representado o fagomídeo pcomb3XSS e os fragmentos Fab e scFv clonados.

Após digestão do vetor com SfiI, é necessário que o DNA seja resolvido no gel por um longo período, de modo a separar o vetor linearizado, o vetor não cortado e o vetor com duplo corte (o que realmente interessa), evitando, assim, a contaminação com vetores sem o inserto.

5) Para a análise da diversidade da biblioteca, além da contagem do número de clones em função do volume de cultura baseia-se, também, na variabilidade gerada após digestão pela enzima BstOI e por bioinformática após sequenciamento.

Uma correlação clara tem sido verificada entre o tamanho do repertório construído e a afinidade dos anticorpos isolados a partir dele. Anticorpos com afinidade micromolar têm sido isolados de bibliotecas com cerca de 10^7 clones, ao passo que anticorpos com afinidades nanomolar têm sido obtidos de repertórios com 10^9 clones.

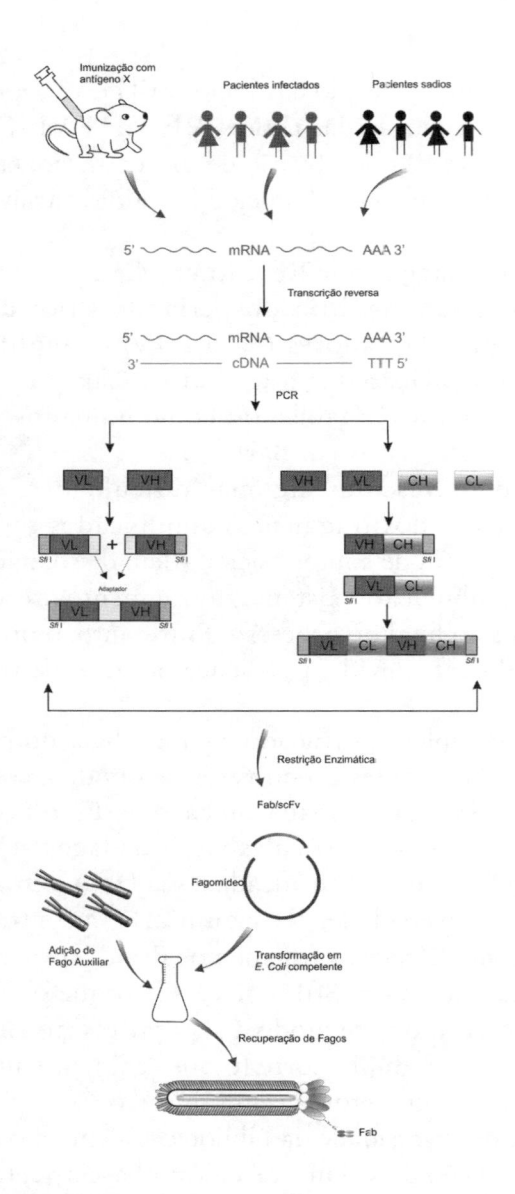

Figura 2.16 Para a construção de bibliotecas de fragmentos de anticorpos primeiramente o RNA total é extraído de tecidos de interesse proveniente de animais imunizados, sangue periférico de pacientes acometidos por doenças específicas ou por indivíduos sadios. O RNA é então transcrito reversamente para a obtenção de cDNA e as porções constantes e variáveis de IgG e IgM são amplificadas. Para a obtenção de fragmentos scFv as porções VH e VL são unidas por um ciclo adicional de amplificação por sobreposição, caracterizado pela presença de um adaptador. Na construção de bibliotecas Fab, as amplificações de VH, VL, CH e CL são fusionados em um segundo ciclo de PCR, gerando um produto de aproximadamente 800pb. O Fab humano completo é obtido em um terceiro ciclo de sobreposição a partir dos transcritos obtidos na reação anterior. Após a digestão por Sfil e a ligação do anticorpo com o fagomídeo, o sistema é introduzido em bactérias *E. coli* eletrocompetentes. A cultura bacteriana é posteriormente infectada com o fago *helper* e representada na proteína pIII do capsídeo desses vírus.

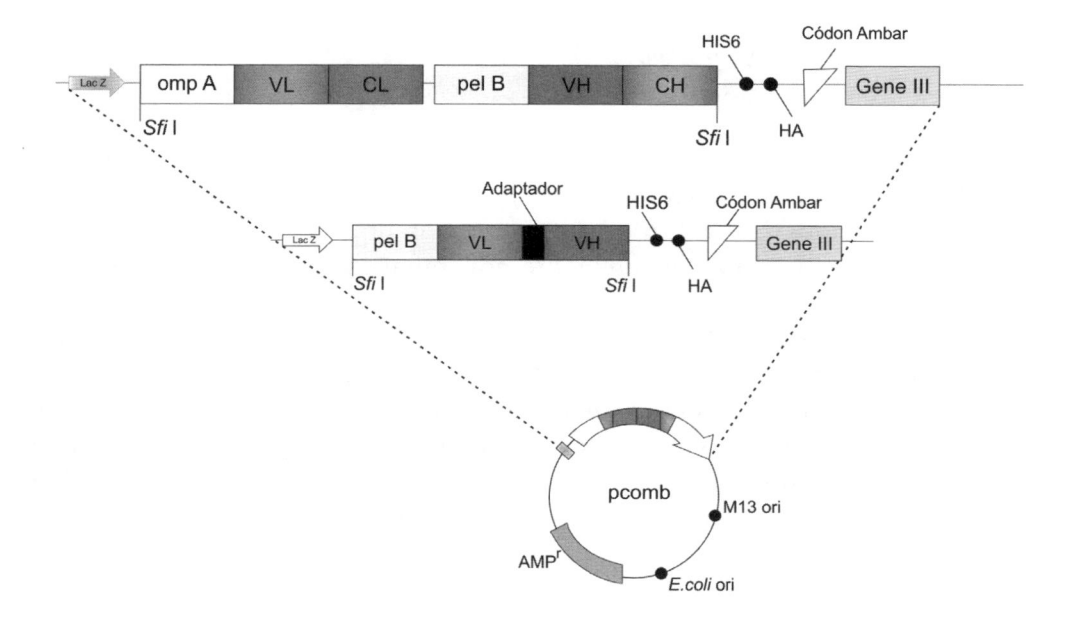

Figura 2.17 O fagomídeo pcomb3XSS é um vetor que apresenta um único promotor lac e duas sequências *leader* ompA e pelB responsáveis por direcionarem a expressão da cadeia leve e da cadeia pesada fusionada à pIII; respectivamente. O gene *III* desse vetor possui de 230 a 406 aminoácidos e a clonagem direcional é garantida pelos sítios de restrição da enzima Sfil. Essa enzima reconhece oito pares de bases da sequência GGCCNNNN^NGGCC, cliva na sua porção degenerada e, portanto, apresenta sítio de restrição assimétrico. A presença dos sítios únicos 5' (GGCCCAGG^CGGCC) e 3' (GGCCAGGC^CGGCC) permite uma correta orientação durante a ligação, facilitando a construção de bibliotecas combinatoriais complexas. Sítios dessa enzima não são encontrados em imunoglobulinas e são extremamente raros na maioria dos genes. Além dessas características, esse vetor ainda apresenta dois peptídeos na região carboxiterminal da proteína para seu isolamento e detecção: uma região de seis histidinas (His6) para a purificação em colunas de cromatografia e o epítopo Hemaglutinina (HA — YPYDVPDYAS), utilizado na imunodetecção a partir de anticorpos comerciais anti-HA. A presença de um códon âmbar TAG permite a produção solúvel da proteína clonada em linhagens não supressoras, sem a presença do gene *III*. Além disso, esse fagomídeo possui o promotor LacZ para controlar a expressão de moléculas recombinantes.

Material

Linhagens bacterianas
- **XL1-Blue** *recA1 endA1 gyrA96 thi-1 hsdR17 supE44 relA1 lac* [F' *ProAB lacIq lacIqZ M15Tn10*(Tet^R)]
  Essa linhagem é utilizada na produção de partículas virais, transformação e amplificação de Fagomídeos.
- **Top 10** F- *mcr*A Δ(*mrr-hsd*RMS-*mcr*BC) φ80*lac*ZΔM15 Δ*lac*X74 *rec*A1 *ara*D139 *gal*U *gal*K Δ(*ara-leu*)7697 *rps*L (Str^R) *end*A1 *nup*G.

Essa linhagem é empregada na expressão de scFv em solução.

Plasmídeo
pComb3XSS-f(-)-4,5 Kb, promotores p*lac*, *ori* ColE1, *ori* f1, *Amp*^R. Possui a sequência codificadora para parte da proteína III de bacteriófagos filamentosos (aminoácidos 230 a 406). Apresenta ainda um códon de parada âmbar (TAG), não reconhecido eficientemente por linhagens supressoras (Sup E49) como a XL1-Blue ou ER2537, mas reconhecido por cepas de bactérias não supressoras como a TOP 10. Isto possibilita tanto a expressão de proteínas fusionadas à proteína pIII do fago quanto proteínas de fusão livre da proteína pIII. Possui uma região com seis histidinas (H6), logo após o sítio de clonagem do gene, para purificação em coluna de níquel e uma região codificadora de resíduos que constituem o epítopo de uma hemaglutinina (HA) que possibilita a detecção do scFv com utilização de um anticorpo anti-HA .

Bacteriófago auxiliar
VCSM13 – Derivado do bacteriófago M13 com o gene II mutado: origem de duplicação plasmidial derivada do p15 e gene de resistência à canamicina.

Meios de cultura
- Meio LB (Luria Bertani):

Peptona de caseína	1,0% (p/v)
Extrato de levedura	0,5% (p/v)
NaCl	1,0% (p/v)

  O pH foi ajustado para 7,0.
- Meio LB ágar: Meio LB adicionado de ágar bacteriológico a uma concentração final de 1,4% (p/v).
- Meio SB (*Super Broth*):

Peptona de caseína	3,0% (p/v)
Extrato de levedura	2,0% (p/v)
MOPS	1,0% (p/v)

  O pH foi ajustado para 7,0.
- Meio SOB

Peptona de caseína	2,0% (p/v)
Extrato de levedura	0,5% (p/v)
NaCl	0,05% (p/v)
KCl	0,00186% (p/v)

  O pH foi ajustado para 7,0.

- Meio SOC:

Meio SOB	97 mL
Glicose 2 M (filtrada)	1 mL
MgCl$_2$ 1 M (autoclavado)	1 mL
MgSO$_4$ (autoclavado)	1 mL

Todos os meios devem ser autoclavados a 120 °C durante 20 minutos e conservados à temperatura ambiente até a utilização.

Antibióticos

- Soluções estoques: Ampicilina 100 mg/mL

Carbenicilina	100 mg/mL
Canamicina	50 mg/mL

Essas soluções são preparadas em água miliQ, esterilizadas por filtração em filtro Millipore 0,2 mm e estocadas a -20 °C.
- Solução estoque: Tetraciclina (Sigma) 20 mg/mL
Essa solução é preparada em etanol, esterilizada por filtração em filtro Millipore 0,2 mm e estocada a -20 °C.

Soluções de uso geral

- **Glicose 20%:** Glicose anidra 20% (p/v)
- **Glicerol 50%:** Glicerol 50% (v/v)
Esterilizada por autoclavagem.
- **PEG-8000 (Polietileno Glicol)**
- **Solução de MgCl$_2$** (1 M)

MgCl$_2$.6H$_2$O	101,65 g
H$_2$O q.s.p.	500 mL

Esterilizada por autoclavagem.
- **IPTG (Isopropil-b-D-Tiogalactopiranosídeo) 1 M**

IPTG (SIGMA)	0,238 g
Água miliQ	1 mL

A solução é esterilizada por filtração em filtro Millipore 0,2 mm e estocada a -20 °C.

Soluções utilizadas no procedimento de seleção da biblioteca

Todas as soluções utilizadas neste passo são esterilizadas por filtração com membranas Millipore de 0,22 μm.

TBS 10X (Estoque)

Tris(hidroximetil)aminometano   0,5 M

NaCl   1,5 M
O pH foi ajustado para 7,4

TBS/BSA 1%: TBS 1X adicionado de albumina bovina sérica a 1% (p/v).

PBS 10X (estoque) pH 7,4
Na_2HPO_4 1,2 M
KH_2PO_4 1,2 M
NaCl   1,37 M
KCl   2,7
H_2O q.s.p.   1.000 mL

PBST pH 7,4: PBS 1X adicionado de tween 20 a 0,05% (v/v).

PBS/BSA 3%: PBS 1X adicionado de albumina bovina sérica a 3% (p/v).

Procedimento: biblioteca Fab a partir do sangue periférico de pacientes

Extração de RNA total e transcrição reversa
1) O RNA total de sangue periférico de cada paciente é extraído segundo os procedimentos descritos por Chomczynski e Sacchi[52]. A qualidade do RNA total é analisada por eletroforese em gel de agarose e por leituras espectofotométricas a 260 nm e 280 nm. A eletroforese é realizada em gel de agarose 1,5%, por 1 hora a 100 volts, utilizando-se como tampão de corrida TBE 0,5 X, corado com 0,5 µg/mL de brometo de etídio e visualizado por luz ultravioleta.
2) Quatro microgramas de RNA total do *pool* de amostras são misturados a 10 pmoles de *primers* específicos (Tabela 2.4). Os oligonucleotídeos HuIgG1 e HuIgGMF são utilizados para a síntese de cDNA das cadeias pesadas (VH) de IgG e IgM, respectivamente, e HuGκF para a região Vκ. As três reações individuais são submetidas à temperatura de 70 °C por 10 minutos. Em seguida, são adicionados 10 U de Transcriptase Reversa *SuperScriptII* (Invitrogen), 5X de Tampão da Enzima, 10 U de inibidor de RNAse (Invitrogen) e 200 µM de cada dNTP. Essa solução é incubada a 42 °C por 1 hora e a reação finalizada com aquecimento a 70 °C por 15 minutos.

Tabela 2.4 Oligonucleotídeos utilizados para a construção da biblioteca de fragmentos Fab

REAÇÃO Nº	ALVO	*PRIMERS*: SEQUÊNCIA 5'→ 3'	FRAGMENTO ESPERADO (PB)
-	Síntese de cDNA da IgG	HuIgG1: GTC CAC CTT GGT GTT GCT GGG CTT	-
-	Síntese de cDNA da IgM	HuIgMF: TGG AAG AGG CAC GTT CTT TTC TTT	-
-	Síntese de cDNA da cadeia Kappa	HuGκF: AGA CTC TCC CCT GTT GAA GCT CTT	-
1	Região variável da cadeia pesada (VH)	HFabVH1-F: GCT GCC CAA CCA GCC ATG GCC CAG GTG CAG CTG GTG CAG TCT GG HFabVHJa-B: CGA TGG GCC CTT GGT GGA GGC TGA GGA GAC GGT GAC CAG GGT TCC	400
2	Região variável da cadeia pesada (VH)	HFabVH2-F: GCT GCC CAA CCA GCC ATG GCC CAG ATC ACC TTG AAG GAG TCT GG HFabVHJa-B: CGA TGG GCC CTT GGT GGA GGC TGA GGA GAC GGT GAC CAG GGT TCC	400
3	Região variável da cadeia pesada (VH)	HFabVH35-F: GCT GCC CAA CCA GCC ATG GCC GAG GTG CAG CTG GTG SAG TCT GG HFabVHJa-B: CGA TGG GCC CTT GGT GGA GGC TGA GGA GAC GGT GAC CAG GGT TCC	400
4	Região variável da cadeia pesada (VH)	HFabVH3a-F: GCT GCC CAA CCA GCC ATG GCC GAG GTG CAG CTG KTG GAG TCT G HFabVHJa-B: CGA TGG GCC CTT GGT GGA GGC TGA GGA GAC GGT GAC CAG GGT TCC	400
5	Região variável da cadeia pesada (VH)	HFabVH4-F: GCT GCC CAA CCA GCC ATG GCC CAG GTG CAG CTG CAG GAG TCG GG HFabVHJa-B: CGA TGG GCC CTT GGT GGA GGC TGA GGA GAC GGT GAC CAG GGT TCC	400
6	Região variável da cadeia pesada (VH)	HFabVH4a-F: GCT GCC CAA CCA GCC ATG GCC CAG CTG CAG CTA CAG CAG TGG GG HFabVHJa-B: CGA TGG GCC CTT GGT GGA GGC TGA GGA GAC GGT GAC CAG GGT TCC	400
7	Região variável da cadeia pesada (VH)	HFabVH1-F: GCT GCC CAA CCA GCC ATG GCC CAG GTG CAG CTG GTG CAG TCT GG HFabVHJb-B: CGA TGG GCC CTT GGT GGA GGC WGR GGA GAC GGT GAC CAG GGT BCC	400
8	Região variável da cadeia pesada (VH)	HFabVH2-F: GCT GCC CAA CCA GCC ATG GCC CAG ATC ACC TTG AAG GAG TCT GG HFabVHJb-B: CGA TGG GCC CTT GGT GGA GGC WGR GGA GAC GGT GAC CAG GGT BCC	400
9	Região variável da cadeia pesada (VH)	HFabVH35-F: GCT GCC CAA CCA GCC ATG GCC GAG GTG CAG CTG GTG SAG TCT GG HFabVHJb-B: CGA TGG GCC CTT GGT GGA GGC WGR GGA GAC GGT GAC CAG GGT BCC	400

REAÇÃO Nº	ALVO	*PRIMERS*: SEQUÊNCIA 5'→ 3'	FRAGMENTO ESPERADO (PB)
10	Região variável da cadeia pesada (VH)	HFabVH3a-F: GCT GCC CAA CCA GCC ATG GCC GAG GTG CAG CTG KTG GAG TCT G HFabVHJb-B: CGA TGG GCC CTT GGT GGA GGC WGR GGA GAC GGT GAC CAG GGT BCC	400
11	Região variável da cadeia pesada (VH)	HFabVH4-F: GCT GCC CAA CCA GCC ATG GCC CAG GTG CAG CTG CAG GAG TCG GG HFabVHJb-B: CGA TGG GCC CTT GGT GGA GGC WGR GGA GAC GGT GAC CAG GGT BCC	400
12	Região variável da cadeia pesada (VH)	HFabVH4a-F: GCT GCC CAA CCA GCC ATG GCC CAG CTG CAG CTA CAG CAG TGG GG HFabVHJb-B: CGA TGG GCC CTT GGT GGA GGC WGR GGA GAC GGT GAC CAG GGT BCC	400
13	Região variável da cadeia leve (Vκ)	HSCK1-F: GGG CCC AGG CGG CCG AGC TCC AGA TGA CCC AGT CTC C HCK5-B: GAA GAC AGA TGG TGC AGC CAC AGT	400
14	Região variável da cadeia leve (Vκ)	HSCK24-F: GGG CCC AGG CGG CCG AGC TCG TGA TGA CYC AGT CTC C HCK5-B: GAA GAC AGA TGG TGC AGC CAC AGT	400
15	Região variável da cadeia leve (Vκ)	HSCK3-F: GGG CCC AGG CGG CCG AGC TCG TGW TGA CRC AGT CTC C HCK5-B: GAA GAC AGA TGG TGC AGC CAC AGT	400
16	Região variável da cadeia leve (Vκ)	HSCK5-F: GGG CCC AGG CGG CCG AGC TCA CAC TCA CGC AGT CTC C HCK5-B: GAA GAC AGA TGG TGC AGC CAC AGT	400
17	Região constante da cadeia pesada (CH)	HIgGCH1-F: GCC TCC ACC AAG GGC CCA TCG GTC dpseq: AGA AGC GTA GTC CGG AAC GTC	400
18	Região constante da cadeia leve (Cκ)	HKC-F: CGA ACT GTG GCT GCA CCA TCT GTC Lead-B: GGC CAT GGC TGG TTG GGC AGC	400
19	Montagem final da cadeia pesada (VH-CH)	LeadVH: GCT GCC CAA CCA GCC ATG GCC dpseq: AGA AGC GTA GTC CGG AAC GTC	800
20	Montagem final da cadeia leve (Vκ- Cκ)/ (Vλ- Cλ)	RSC-F: GAG GAG GAG GAG GAG GAG GCG GGG CCC AGG CGG CCG AGC TC Lead-B: GGC CAT GGC TGG TTG GGC AGC	800
21	Montagem final do Fab	RSC-F: GAG GAG GAG GAG GAG GAG GCG GGG CCC AGG CGG CCG AGC TC dp-EX: GAG GAG GAG GAG GAG GAG AGA AGC GTA GTC CGG AAC GTC	1600

Fonte: Barbas[8].

Amplificação das cadeias VH, VL, CH e CL

1) As amplificações dos cDNAs referentes às cadeias pesadas e leves para IgG e IgM são realizadas a partir de 16 reações contendo: 2,0 mL de cDNA, 5 U de Taq DNA Polimerase Platinum (Invitrogen), 50 mM KCl; 10 mM Tris-HCl pH 8,3, 2 mM $MgCl_2$, 200 mM dNTPs e 60 pmoles de *primers* direto e reverso. O volume final da reação é de 100 mL, completado com água destilada. As condições de PCR são: 94 °C por 5 minutos e mais 38 ciclos a 94 °C por 1 minuto, 56 °C por 1 minuto, 72 °C por 90 segundos seguidos por uma extensão final a 72 °C por 10 minutos. Os fragmentos amplificados são analisados em gel de agarose 1,5%, corados com brometo de etídio.

2) As combinações de oligonucleotídeos iniciadores para amplificação da região variável da cadeia pesada (VH) de IgG e de IgM e para a obtenção da cadeia leve (*Kappa*) estão descritas nas reações de 1 a 16 da Tabela 2.3.

3) As reações devem ser reunidas, precipitadas com 2,5 volumes de etanol e 0,1 volume de acetato de sódio 3 M, pH 5,2, e eluídas em água. Os produtos são novamente resolvidos em um gel de agarose 1% para a purificação dos fragmentos de DNA correspondentes aos genes VH e VL e purificados utilizando-se kits disponíveis comercialmente.

4) As reações 17 e 18 de amplificação dos fragmentos CH e Cκ (Tabela 2.3) são realizadas utilizando 20 ng do vetor pComb3XTT como molde e nas mesmas condições anteriormente descritas. Os transcritos são precipitados e purificados de acordo com procedimentos descritos no item anterior.

Segundo ciclo de PCR: geração das cadeias pesada e leve pela PCR de sobreposição

1) Os oligonucleotídeos iniciadores das primeiras PCRs criaram sequências idênticas na extremidade 5' da porção constante e na extremidade 3' da região variável das cadeia leve e pesada. Os produtos amplificados e purificados no primeiro ciclo de reações são, então, utilizados como molde nas reações de sobreposição, para a montagem da cadeia pesada VH-CH1 (Fd) e da cadeia leve completas.

2) Reação 19: LeadVH com dpseq (para essa reação é utilizado como molde o *pool* de transcritos da região variável da cadeia pesada VH e o amplificado da região constante também da cadeia pesada CH).

3) Reação 20: RSC-F com Lead-B (para essa reação é utilizado como molde o *pool* de transcritos da região variável da cadeia leve Vκ e o amplificado da região constante também da cadeia leve Cκ).

4) A reação da PCR é realizada para um volume final de 100 mL contendo: 100 ng de cada região purificada, 5 U de *Taq* DNA Polimerase Platinum (Invitrogen), 50 mM KCl; 10 mM Tris-HCl pH 8,3, 2,0 mM MgCl$_2$, 200 mM dNTPs e 60 pmoles de *primers* direto e reverso. A reação é incubada por 56 °C por 1 minuto, 72 °C por 5 minutos e 94 °C por 5 minutos, seguidos por 11 ciclos a 94 °C por 1 minuto, 50 °C por 1 minuto, 72 °C por 50 segundos e mais 16 ciclos de 94 °C por 1 minuto, 56 °C por 2 minutos e 72 °C por 4 minutos, finalizando com uma extensão final a 72 °C por 10 minutos.

5) O produto gerado (~ 800 pb) é analisado em gel de agarose 1,5% e corado com brometo de etídio.

Terceiro ciclo da PCR: obtenção do Fab pela PCR de sobreposição

1) Dez reações de sobreposição são realizadas utilizando os *primers* descritos na Tabela 2.3 (reação número 21) e como molde, os produtos gerados no segundo ciclo da PCR contendo sequências idênticas na extremidade 3' e 5' da cadeia leve e pesada, respectivamente. O produto de construção do Fab completo esperado é de ~ 1.600 pb.

2) As reações da PCR são conduzidas em termociclador nas seguintes condições: 94 °C por 5 minutos, 6 ciclos a 94 °C por 1 minuto, 50 °C por 1 minuto, 72 °C por 4 minutos, seguidos de 11 ciclos a 94 °C por 1 minuto, 56 °C por 2 minutos, 72 °C por 4 minutos e 72 °C durante 11 minutos de extensão final.

3) Os fragmentos de DNA amplificados são visualizados em gel de agarose 1,5% e corados com brometo de etídio. As reações são reunidas e precipitadas com 2,5 volumes de etanol e 0,1 volumes de acetato de sódio 3M, pH 5,2. Os fragmentos Fab são purificados com kits disponíveis comercialmente.

Digestão dos fragmentos Fab e do vetor pComb 3X com a enzima *Sfi*I

1) Para a digestão do Fab e do vetor, são montadas duas reações contendo 16 U de enzima *Sfi* I por micrograma de DNA, 1X tampão NE *Buffer* 2 e água para o volume final de 200 μL. Quinze microgramas do produto final da PCR dos fragmentos Fab e 20 μg do vetor pCom3X são utilizados na reações individuais de restrição enzimática.

2) As reações são incubadas a 50 °C durante 16 horas e, em seguida, precipitadas com 2,5 volumes de etanol a -80 °C durante a noite. As digestões são centrifugadas, ressuspensas em 20 μL e purificadas a partir de gel de agarose 1% utilizando kits disponíveis comercialmente.

Como controles também foram purificados os fragmentos liberados pelo vetor (*stuffer*).

Ligação dos fragmentos Fab com o vetor pComb3X

1) A eficiência do processo de clonagem do vetor ao fragmento amplificado é testada por meio de ligações em pequena escala, da ligação do inserto controle (*stuffer*) e da autoligação do vetor. Todas as reações são realizadas na proporção 2:1 (vetor:inserto).

2) Para a montagem da biblioteca é realizada uma ligação 10X mais concentrada, incluindo: 1.400 ng de pComb3X digerido com *Sfi* I, 700 ng de Fab digeridos com *Sfi* I, 40 mL de tampão da enzima 5X, 10 mL de T4 DNA Ligase e água para um volume final de 200 µL. As reações são incubadas à temperatura ambiente durante 20 horas e, em seguida, precipitadas com etanol/acetato de sódio, para posterior transformação das células competentes.

3) A preparação das linhagens de *E. coli* XL1-Blue eletrocompetentes e titulação do fago *helper* foram previamente descritas[8].

Montagem da biblioteca combinatorial Fab

1) Dez mL do sistema de ligação são misturados a 200 mL de células competentes.

2) Em seguida, a mistura é transferida para uma cubeta de 0,2 cm previamente resfriada em gelo e submetida ao choque no eletroporador com os seguintes parâmetros elétricos: 2,5 KV, 25 mF e 200 Ω. O t esperado nessas condições variar entre 4,0 e 5,0 milisegundos.

3) Após a eletroporação, as células são recuperadas, imediatamente, em 3 mL de meio SOC, transferidas para um tubo tipo Falcon de 15 mL estéril e incubadas a 37 °C sob agitação de 250 rpm durante 1 hora.

4) Para a determinação da eficiência de transformação, diluições desta cultura são semeadas em placa de Petri com meio LB ágar contendo carbenicilina 100 mg/mL.

5) O DNA plasmidial é extraído a partir das colônias isoladas presentes nas placas, para análise de sequências gênicas presentes na biblioteca. Quatro sistemas de transformação são realizados nesse passo com a finalidade de se aumentar o número de transformantes obtidos no final da construção da biblioteca.

6) São adicionados 10 mL de meio SB contendo carbenicilina (50 µg/mL) e tetraciclina (10 µg/mL) aos 3 mL de cultura transformada. Após

incubação adicional de 1 hora a 37 °C sob agitação, são novamente adicionados 100 mL de SB suplementado com carbenicilina (50 µg/mL) e tetraciclina (10 µg/mL).

7) Após 1 hora de incubação, aproximadamente 10^{12} unidades formadoras de placas de lise do bacteriófago auxiliar VCSM13 são adicionadas ao meio, o qual cresceu por cerca de 2 horas sob agitação.

8) Após esse período é adicionada canamicina (70 µg/mL) e a cultura incubada durante 15 horas a 37 °C. Os fagos foram obtidos por precipitação por polietileno glicol/NaCl e ressuspensos em TBS contendo 1% de BSA.

Sequenciamento das cadeias variáveis pesadas e leves e análises das sequências

1) As reações de sequenciamento do Fab clonado no vetor pComb3X são sequenciadas utilizando-se os *primers* MMB4 (5'-GCT TCC GGC TCG TAT GTT GTG T-3') e MMB5 (5'-CGT TTG CCA TCT TTT CAT AAT C-3'), em um volume final de 10 mL.

2) Os cromatogramas gerados são processados e analisados nos programas Phred basecal. A qualidade das sequências é verificada manualmente e traduzidas com auxílio de alinhamentos realizados com o banco de dados do programa BlastX no NCBI[*].

3) As famílias das regiões variáveis são determinadas usando-se a ferramenta Ig-Blast. As regiões determinantes de complementaridade (CDRs) são definidas manualmente e, em seguida, alinhadas pelo programa ClustalW[**].

2.5.3 Seleção de Fab contra tecidos tumorais

Após a montagem e/ou obtenção das bibliotecas torna-se necessária a obtenção de clones capazes de reconhecer determinados alvos, reduzindo muitos milhares a algumas sequências com potencial interesse biotecnológico. Os fagos recombinantes devem, portanto, ser selecionados por afinidade e, a seguir expandidos em ciclos adicionais de crescimento em bactérias *E. coli* hospedeiras apropriadas.

No desenho experimental, deve-se considerar a purificação e o processo de obtenção dos alvos, de modo que o método adotado para sua imobilização e marcação também está associado ao sucesso da seleção. Dentre as estratégias empregadas destaca-se a seleção a partir de antígenos imobilizados

---

[*]   Ver: <www.ncbi.nlm.nih.gov>.
[**] Ver: <http://www.ebi.ac.uk/Tools/clustalw2/index.html>.

em suportes sólidos como colunas cromatográficas e adsorção em materiais plásticos. Contudo, mesmo amplamente utilizada, a adsorção pode ocasionar alterações conformacionais desses alvos, e os fagos selecionados acabam por não os reconhecer na forma nativa. Como alternativa, são utilizadas estratégias de marcação dessas moléculas com biotina, os ciclos são realizados em solução e os fagos selecionados são recuperados com o auxílio de nanoesferas magnéticas acopladas com estreptavidina. Além disso, fagos são também selecionados contra culturas de linhagens celulares, pedaços de tecidos ou injetados diretamente em animais, cujos tecidos de interesse são coletados e examinados[9]. O protocolo aqui apresentado baseia-se na seleção em linhagens de células, demonstrado na Figura 2.18.

1) Antes de qualquer processo de seleção, bibliotecas combinatoriais de anticorpos precisam ser amplificadas e os fagos precipitados. Nesse caso, bactérias XL1-Blue são infectadas por partículas virais da biblioteca, seguidas da infecção por fago *helper* para a amplificação dos clones existentes.

Um dos problemas encontrados em bibliotecas criadas por *phage display* é a possibilidade de apresentação de anticorpos de maneira eficientemente distinta. De fato, algumas sequências não serão apresentadas e, consequentemente, não representadas na biblioteca resultante. A utilização de fagomídeos na construção pode culminar com problemas de instabilidade tanto do vetor quanto do inserto. Portanto, a presença do promotor LacZ para controlar a expressão de moléculas recombinantes determina a necessidade de adição de glicose no meio como repressor metabólico.

A XL1-Blue utilizada no processo de seleção deve apresentar o plasmídeo F' sendo resistente à tetraciclina. A bactéria utilizada deve ser devidamente conservada e cultivada de modo a expressar de forma eficiente o pilus sexual, permitindo, portanto, a infecção viral.

O fago *helper* utilizado (VCSM13) deve ser previamente amplificado e titulado para a eficiente produção e expressão dos fragmentos de anticorpos.

2) Fagos amplificados e precipitados são, portanto, submetidos a um processo de seleção negativa contra antígenos de células normais. Nesse ponto, fagos ligantes são descartados e o sobrenadante é, então, submetido à seleção contra antígenos de interesse presentes em células infectadas.

3) Fragmentos de anticorpos expressos no capsídeo viral reconhecem, portanto, o antígeno de interesse e se ligam de maneira específica. Fagos não ligantes são lavados e os que se ligaram são eluídos com solução ácida.

4) Os fagos eluídos infectam novas XL1-Blue e são amplificados com a adição do fago *helper* ao meio e precipitados com a adição de PEG-NaCl.

Em um primeiro ciclo, uma menor estringência garante o sucesso de passos subsequentes. A viabilidade e titulação de fagos auxiliares e a porcentagem de partículas de fagomídeos que, de fato, expressam os fragmentos de anticorpos também garantem a obtenção de clones viáveis e específicos ao final do processo.

5) Teoricamente, apenas um ciclo é necessário para a obtenção de clones promissores. Contudo, na prática, a presença de fagos não específicos nos passos iniciais evidencia a repetição dos ciclos por duas a cinco vezes.

6) Após a seleção, os clones de interesse são então subclonados em cepas não supressoras de *E.coli* e, assim, podem ser expressos em sobrenadante de cultura, não mais fusionados à pIII dos bacteriófagos. O sobrenadante contendo, agora, apenas os fragmentos Fab/scFv em solução são submetidos a ensaios adicionais de ELISA para posterior validação.

Procedimento

Reamplificação da biblioteca
1) 50 µL de células XL1-Blue eletrocompetentes são inoculadas em 50 mL de meio SB contendo tetraciclina (10 µg/mL).
2) A cultura é agitada a 37 °C até atingir uma OD_{600nm} de 1,0.
3) À cultura são adicionados 50 µL de fagos seguida da incubação a 37 °C durante 1 hora.
4) Em seguida são adicionados carbenicilina (50 µg/mL) e glicose para uma concentração final de 2%. Nesta etapa, é possível titular os fagos infectantes inoculando-se 1 µL e 10 µL de diluições de 10^{-4}, 10^{-5} e 10^{-6} da cultura infectada em placas contendo LB/ágar suplementado com carbenicilina e 2% de glicose. Após incubação durante a noite a 37 °C, o número de transformantes é obtido multiplicando-se o número de colônias pelo volume semeado e a diluição.
5) Os 50 mL de cultura infectada são incubados a 37 °C durante 1 hora. Após esse período são adicionados mais 15 µL de carbenicilina (100 µg/mL) seguida de nova incubação a 37 °C por 1 hora.
6) A cultura é sedimentada por centrifugação a 3.000 xg por 10 minutos e ressuspensa em 50 mL de SB contendo os antibióticos nas proporções anteriores.
7) Em seguida, serão adicionados 2 mL do fago auxiliar VCSM13 e 150 mL de meio SB contendo carbenilicilina (50 µg/mL) e tetraciclina (10 µg/mL).

8) A cultura total é incubada a 37 °C por 2 horas com posterior adição de 280 µL de canamicina (50 µg/mL) e incubação nas mesmas condições durante a noite.
9) No dia seguinte, a cultura é submetida à centrifugação a 3.000 x*g* durante 15 minutos a 4 °C. O sedimento é estocado a -20 °C para futuras

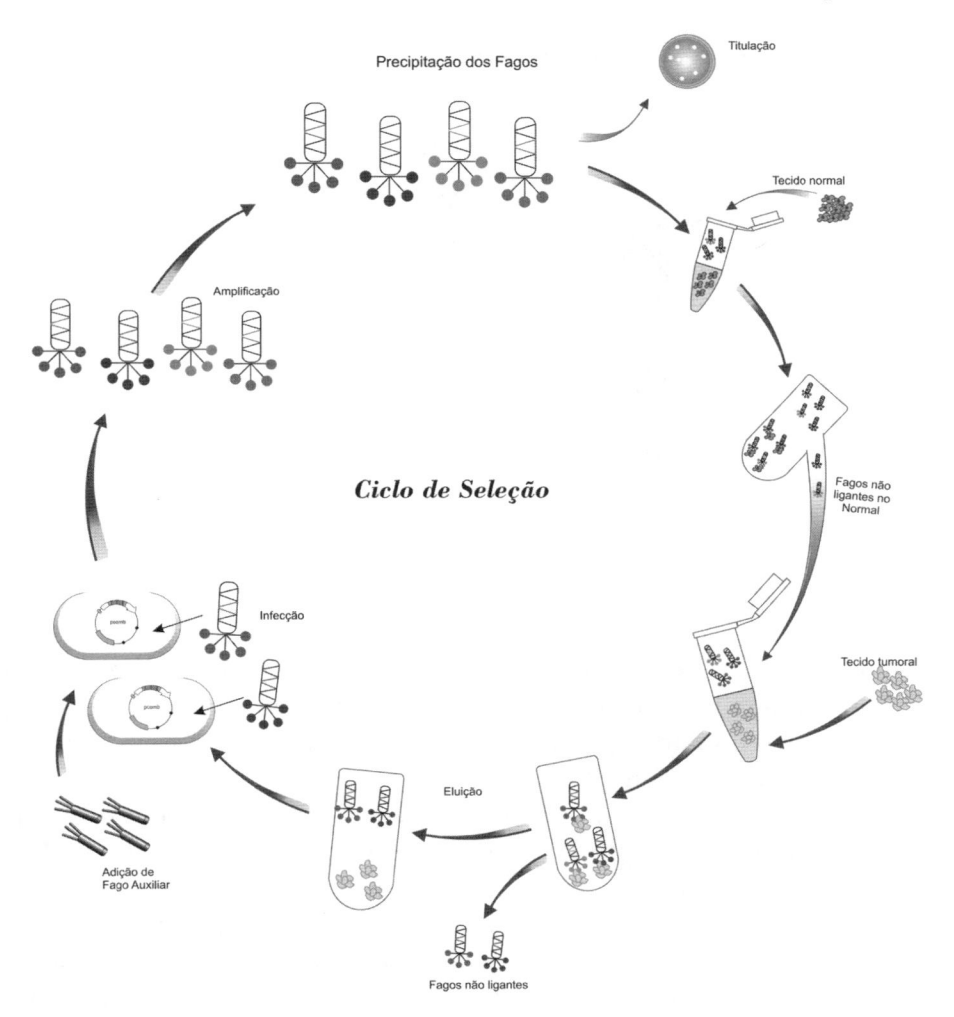

Figura 2.18 Seleção de anticorpos combinatoriais expressos na pIII de fagos filamentosos contra linhagens celulares. A biblioteca de fragmentos de anticorpos amplificada e precipitada é primeiramente submetida a uma seleção subtrativa contra linhagens normais. O sobrenadante contendo os fagos não ligantes são, por sua vez, selecionados contra linhagens de células tumorais de modo que aqueles que reconhecem os antígenos presentes nas células são eluídos e os não ligantes são excluídos por sucessivas lavagens e infectam novas bactérias.

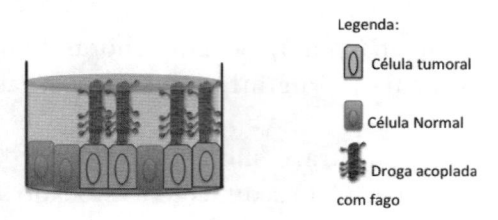

Figura 2.19 Representação de fagos carreadores de drogas contra células tumorais.

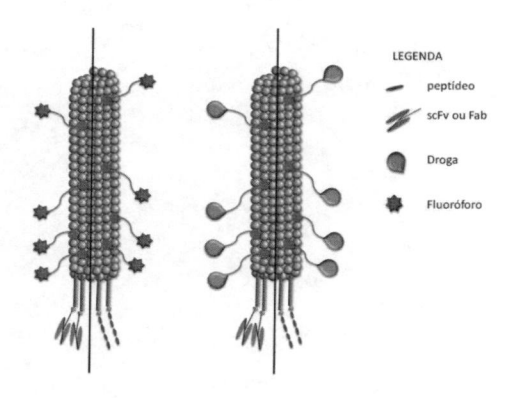

Figura 2.20 Fagos conjugados com drogas ou fluorocromos.

preparações plasmidiais. Ao sobrenadante são adicionados 8 g de PEG 8000 (polietilenoglicol) e 6 g de cloreto de sódio e agitado a 250 rpm, durante 10 minutos a 37 °C. Em seguida, o sobrenadante é incubado em banho de gelo durante 30 minutos.

10) Os fagos são coletados por centrifugação a 10.000 xg durante 30 minutos a 4 °C. O sobrenadante é descartado e a garrafa mantida invertida sobre papel toalha, por pelo menos 10 minutos. Para garantir a secagem do sedimento, as bordas da garrafa são enxugadas com papel toalha.

11) O sedimento é ressuspendido em 2 mL de TBS/BSA 1% (p/v), a suspensão é transferida para dois microtubos e centrifugada a 12.000 rpm, durante 5 minutos, a 4 °C. Em seguida, o sobrenadante, contendo as partículas virais, é transferido para um tubo novo e estocado a 4 °C.

Seleção (*Biopanning*)

1) A seleção de partículas virais (*biopanning*) é realizada diretamente nos tecidos normais e com carcinoma da mama, imediatamente após a cirurgia.

2) Para cada ciclo de seleção as partículas virais são reamplificadas e o tecido normal microdissecado é retirado e mantido em um microtubo contendo PBS 1X até o seu processamento.

3) Após a lavagem em solução de PBS 1X e 2% de BSA, o tecido é incubado a 4°C durante 1 hora em 50 µL da biblioteca amplificada adicionada de PBS 1X e 2% de BSA para um volume final de 500 µL.

4) Os fagos não ligantes presentes no sobrenadante são transferidos para o tecido tumoral fresco com o acréscimo de 0,05% de Tween 20 e incubado a 4 °C por 2 horas.

5) As partículas virais não ligantes são descartadas e o tecido tumoral é lavado 10 vezes em solução contendo 1X PBS, 2% BSA e 0,1% de Tween 20.

6) Os fagos ligantes são eluídos competitivamente transferindo-se o tecido para a cultura de bactérias XL1-Blue eletrocompetentes já na $OD_{600\eta}= 1,0$ para a infecção, amplificação e titulação dos bacteriófagos.

Produção de Fab na forma solúvel em placa *deep well*

1) Clones individuais, eluídos após o terceiro ciclo de seleção são inoculados em 1 mL de meio SB contendo 50 mg/mL de carbenicilina e 2% de glicose, em placa *deep well* e crescidos durante a noite, sob agitação a 37°C.

2) Fagomídeos sem o inserto Fab são inoculados em dois *wells*, como controles negativos.

3) No dia seguinte, 50 mL da cultura de cada clone são transferidas para uma nova placa de 96 poços, estéril, contendo 1 mL de meio SB suplementado com 50 mg de carbenicilina e 2% de glicose e crescida a 37 °C até atingir uma $OD_{600\eta m}$ próxima de 1.

4) Após esse período, a cultura é centrifugada a 3.000 x g durante 10 minutos e o sedimento ressuspenso em 2 mL de SB suplementado com carbenicilina (50 µg/mL) e IPTG a 2 mM.

5) A placa é incubada sob agitação a 30 °C durante, no máximo 18 horas, seguida de centrifugação a 3.000 x g por 20 minutos.

6) O sobrenadante de cultura é transferido para uma nova placa e armazenado a 4 °C até ser utilizado nos ensaios de *Slot Blot* e ELISA.

Rotineiramente utilizada na seleção de anticorpos contra uma ampla variedade de antígenos, as bibliotecas de anticorpos expressos na superfície de fagos filamentosos reduziram os gastos de tempo e dinheiro na produção de anticorpos monoclonais, por técnicas que incluem processos de humanização e imunização de animais, e obtenção de seus fragmentos correspondentes, sem a necessidade de imunização de animais. Além disso, um criterioso delineamento experimental associado a cuidados quanto ao preparo do antígeno podem garantir o sucesso da técnica de *phage display* e a identificação de moléculas específicas e interessantes do ponto de vista clínico.

2.5.4 *Phage display* e aplicações nanotecnológicas

Nanotecnologia é a área da ciência voltada para a manipulação de átomos ou moléculas que permite a construção de estruturas em escalas nanométricas. O desenvolvimento desta ciência na área biomédica, principalmente em busca de novos tratamentos, diagnóstico, monitoramento e controle do sistema biológico têm sido referida como nanomedicina pelo Instituto Nacional de Saúde (NIH). As inovações nanotecnológicas têm transformado as descobertas moleculares advindas da genômica e proteômica em benefícios aos pacientes. Alguns exemplos de aplicações da nanomedicina envolvem lipossomos, nanopartículas de diversas constituições, nanotubos de carbono, entre outros[53].

Bacteriófagos filamentosos, exemplificados pelo fago M13, são considerados nanopartículas por possuírem tamanho de 800 nanômetro (nm) e 6 nm de diâmetro. Os fagos são classificados pela ciência dos materiais como um nanofio que apresenta peptídeos randômicos com diferentes superfícies químicas, as quais podem ser alteradas pela inserção de um fragmento de DNA exógeno no genoma desses vírus[8,54,55]. Além disso, por apresentarem, após o ciclo de seleção, peptídeos ou anticorpos específicos, os fagos podem ser utilizados como agentes terapêuticos[56], ou conjugados com os mais diversos fluoróforos ou nanopartículas com finalidade diagnóstica[57].

2.5.5 *Phage display* como nanoveículos de medicamento

O uso de nanopartículas como veículo farmacêutico para aumentar a eficiência no direcionamento da entrega de fármacos tem sido intensamente pesquisado, tanto na área farmacêutica quanto clínica. Atualmente, preconiza-se que a seletividade do sistema de entrega de fármacos seja favorecida pelo acoplamento de peptídeos ou proteínas ligantes a receptores diferencialmente expressos nas células[58]. Dessa maneira, o desafio é desenvolver ligantes altamente seletivos, estáveis e ativos fisiologicamente, de modo que os fármacos encapsulados sejam direcionados ao sítio das doenças.

A tecnologia de *phage display* permite selecionar peptídeos ou proteínas ligantes a alvo específico, como por exemplo, proteínas ou receptores expressos na superfície tumoral. O uso de um peptídeo apresentado pelo bacteriófago ou ainda um anticorpo contra a linhagem tumoral de mama (SKBR3) foram utilizados por Hagit Bar e colaboradores para direcionar um fármaco contra a linhagem, potencializando a ação desse medicamento em mil vezes quando comparada à da droga livre, além de permitir que a droga agisse de forma mais específica, matando somente as células tumorais e não as células controles[56]. No entanto, o uso do fago como carreador possui vantagens em relação ao anticorpo carreador, pois o bacteriófago apresenta múltiplas possibilidades de ligação da droga ao capsídeo viral (pVIII), enquanto o anticorpo possui ligação limitada. Outra vantagem seria a possibilidade de manipular geneticamente o capsídeo viral (pVIII) para inserir peptídeos com clivagem específica, que permitem a criação de um mecanismo controlado da liberação do fármaco, ou seja, somente na presença de uma enzima específica na célula, como por exemplo a catepsina, a droga seria liberada. O benefício de se utilizar o sistema de liberação controlada é a manutenção de uma concentração constante do fármaco no sangue por um período prolongado, assegurando uma maior biodisponibilidade e menores dosagens, além de promover diminuição dos efeitos colaterais aos pacientes em tratamento e aumentando a eficácia terapêutica (Figuras 2.19 e 2.20).

2.5.6 Lipossomos funcionalizados com peptídeos selecionados por *phage display*

Outra alternativa para os peptídeos selecionados por *phage display* como agentes terapêuticos é a fusão destes a lipossomos, que são vesículas artificialmente formadas por fosfolipídios e lipídeos anfipáticos, os quais também podem funcionar como carreadores de fármacos. Em ambientes aquosos esses lipídeos se rearranjam de forma estável, formando uma bicamada concêntrica, com uma região interna aquosa, sendo que a bicamada lipídica é similar às encontradas nas membranas celulares[59]. Devido a sua propriedade anfipática, podem incorporar tanto substâncias lipofílicas como hidrofílicas. Muitos estudos já demonstraram a eficiência dos lipossomos na entrega de drogas ou agentes quimioterápicos[60]. No entanto, o sistema passivo de distribuição lipossomal de drogas na ausência de uma proteína direcionadora possui desvantagens, principalmente por não ser específica. Assim, a absorção de lipossomos leva ao acúmulo do fármaco encapsulado em células mononucleares fagocíticas no fígado, baço e medula óssea. Essa desvantagem da entrega passiva é facilmente contornada pela inserção de um peptídeo que interage especificamente com a superfície de uma célula-alvo[61]. Muitas pesquisas têm utilizado anticorpos específicos aos antígenos celulares para a entrega de drogas em célula tumoral. No entanto, embora os anticorpos tenham apresentado um potencial clínico como agente-alvo para tumor, eles são limitados por apresentar um grande tamanho molecular e consequente baixa penetração, além de uma imunogenecidade associada aos imunolipossomos e pela sua toxicidade em células do fígado e medula óssea. A limitação do uso de anticorpos pode ser superada pela inserção de peptídeos ligantes, os quais são menores, menos imunogênicos e de fácil produção e manipulação. Além disso, a moderada afinidade ao antígeno tem sido benéfica, quando comparada à alta afinidade do anticorpo, principalmente em relação à penetração do tumor. O uso de peptídeos ou fragmentos de anticorpos ligantes a uma superfície-alvo obtidos por *phage display* tem sido a principal técnica de identificação de novos ligantes, e vários destes estudos já produziram peptídeos integrados a lipossomos específicos de células tumorais ou a tumor vascular (Figura 2.21).

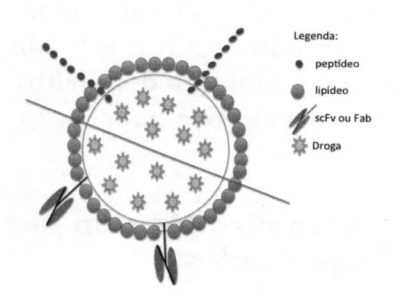

Figura 2.21 Lipossomos conjugados com peptídeos ou fragmentos de anticorpos selecionados por *phage display*.

2.5.7 Biomarcadores obtidos por *phage display* conjugados à fluóroforos ou nanopartículas fluorescentes

A tecnologia de *phage display* também tem sido utilizada na busca de biomarcadores como agentes de imagem, especialmente ao conjugá-los com fluorocromos ou nanopartículas fluorescentes (*quantum dots*).

Fluóforos (ou fluorocromos) são compostos químicos fluorescentes que emitem luz visível após serem excitados por uma fonte luminosa em determinado comprimento de onda. A Tabela 2.5 mostra alguns exemplos de fluorocromos:

Tabela 2.5 Fluorocromos e seus comprimentos de onda de excitação e emissão

FLUOROCROMO	EXCITAÇÃO (NM)	EMISSÃO (NM)
Pacific Blue	403	455
Pacific Orange	403	551
Lucifer Yellow	425	528
PerCP	490	675
Fluorescein	495	519
Cy2	489	506
Cy5.5	675	694
Cy7	743	767
TRITC	547	572
X-Rhodamine	570	576

Os *quantum dots* (pontos quânticos) são nanopartículas cristalinas (nano-cristais) feitos de material semicondutor, tais como cádmio e selênio, que possuem propriedades fotofísicas. Essas partículas absorvem luz branca e, então, em poucos nanossegundos, reemite-na em um comprimento de onda específico. Pela ampla variedade de tamanho e composição, a emissão de onda pode variar do azul a infravermelho próximo. Por exemplo, um *quantum dot* de 5 nm emite a luz no comprimeto de onda da cor verde, enquanto o de 15 nm emite luz no comprimento de onda da cor vermelha. A vantagem de se utilizar os *quantum dots* em vez de fluorocromos é a fotoestabilidade, longo tempo de vida da fluorescência, amplo espectro de absorção e estreitos espectros de emissão.

Para proporcionar às moléculas emissoras de luz um direcionamento ou capacidade de se ligar a um alvo específico, estas partículas inorgânicas são conjugadas com um dos membros do par complementar (anticorpos ou ligantes de um alvo específico selecionados de uma biblioteca randômica de peptídeos), tornando essas moléculas capazes de se ligarem especificamente a um alvo (proteínas de superfície celular ou antígenos) por meio do biorreconhecimento molecular. A especificidade de ligação da molécula ligante proporciona um diagnóstico mais preciso, bem como a imunolocalização de múltiplos alvos biológicos simultâneos com diversos *quantum dots* com espectros diferenciais.

2.5.8 Acoplamento de fago fusionado a peptídeos em nano e microesferas para diagnóstico sorológico

Uma inovação aplicada aos produtos originários da seleção por *phage display* é o acoplamento dos peptídeos miméticos a algum antígeno específico em microesferas ou nanoesferas, como por exemplo, peptídeos miméticos a proteínas tumorais, antígenos bacterianos ou virais para a detecção de anticorpos circulantes.

As micro ou nano esferas são polímeros esféricos de diferentes tamanhos compostos por diversos materiais tais como poliestireno, sílica ou ferro[62]. As micro ou nanopartículas de ferro se destacam por apresentarem propriedades superparamagnéticas, sendo magnetizadas na presença de um campo magnético. Devido a essa propriedade, a purificação ou imunoprecipitação de biomoléculas torna-se rápida e simples[63]. Outra vantagem de se utilizar essas micropartículas é a ampla variedade de moléculas (proteína A, G, estreptavidina) e grupamentos químicos (carboxil, amina, epóxi, aldeído, hidróxi e tosil) conjugados à sua superfície, a qual facilita o acoplamento ou conjugação de outras biomoléculas[63]. Além disso, são necessárias baixas concentrações de material biológico e a reação apresenta elevada especificidade.

Uma aplicação bastante interessante das micro ou nanoesferas é a técnica de *bead*-ELISA[64,65]. Anticorpos são acoplados à superfície das microesferas com o intuito de capturar um antígeno específico que é detectado por meio de um imunoensaio (ELISA) sanduíche com outro anticorpo conjugado a um fluoróforo. Esta captura híbrida de anticorpos somente ocorre na presença do antígeno[64]. No entanto, com a metodologia de *phage display* e a capacidade da técnica de mimetizar os antígenos e anticorpos, o acoplamento do peptídeo recombinante apresentado pelo bacteriófago é uma alternativa para um diagnóstico rápido, fácil e sensível. O grupo de nanobiotecnologia da Universidade Federal de Uberlândia desenvolveu um processo de acoplamento do bacteriófago nessas nanopartículas com intuito de desenvolver um diagnóstico sensível, pouco invasivo e rápido por meio de um processo de microaglutinação. Nessa técnica os peptídeos recombinantes são acoplados às nanopartículas de poliestireno colorido, e o resultado é analisado por meio de um cartão que apresenta uma coluna de gel. O processo de aglutinação ocorre devido à presença de anticorpos específicos contra o peptídeo recombinante selecionado por *phage display,* formando uma malha de aglutinados de anticorpo e peptídeos que fica retida na coluna de gel. Caso não ocorra a aglutinação, as microesferas, juntamente com os fagos-peptídeos, não reconhecem os anticorpos e, consequentemente, não se aglutinarão. (Figura 2.22).

Micro ou nanoesferas magnéticas também podem participar do processo de seleção de peptídeos ao serem acoplados alvos (por exemplo, anticorpos policlonais) e realizado o *biopanning* em fase líquida. Neste caso, utilizam-se micro ou nanoesferas contendo a proteína G conjugada para capturar os anticorpos[66]. As vantagens de se utilizar este sistema é a correta orientação

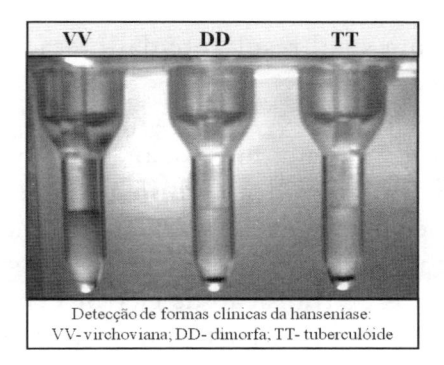

Detecção de formas clínicas da hanseníase:
VV- virchoviana; DD- dimorfa; TT- tuberculóide

Figura 2.22 Processo de aglutinação entre as nanopartículas acopladas com peptídeos apresentados em bacteriófagos selecionados contra anticorpos de pacientes com hanseníase.

da proteína-G, o que potencializa seu uso[67], a diminuição de interações inespecíficas e a baixa contaminação das micropartículas[68]. Além disso, há uma diminuição do impedimento estérico entre o anticorpo e o antígeno[69] se comparado às seleções feitas em placas de poliestireno.

2.5.9 Utilização em sensores biológicos

Os biomarcadores provenientes da tecnologia *phage display* podem ser utilizados para a construção de biossensores tanto na forma original, ou seja, em fusão com seus fagos, ou por *design* de peptídeos, ou ainda pela expressão de fragmentos de anticorpos. Estes biomarcadores com alta reatividade conjugados a sistemas mais sensíveis podem se tornar as principais ferramentas diagnósticas aplicadas à saúde em futuro próximo, as quais serão exemplificadas.

Biossensores: dispositivos analíticos que integram a especificidade de um elemento biológico a um transdutor que converte um sinal biológico em um sinal mensurável[70,71].

Os biossensores de afinidade utilizam anticorpos, antígenos, receptores, fragmentos de DNA ou oligonucleotídeos como elementos de reconhecimento biológico. O elemento de biorreconhecimento de um biossensor interage com o analito-alvo, assegurando a seletividade e especificidade do sensor[72], sendo que a sensibilidade é altamente influenciada pelo transdutor. O transdutor quantifica um sinal resultante da interação do composto biológico com o analito-alvo.

A imobilização das biomoléculas no eletrodo é uma das etapas mais importantes na construção de um biossensor. A adsorção física é o método mais simples e rápido de imobilização, pois não exige qualquer modificação química e necessita apenas de uma solução contendo a biomolécula. Baseia-se na formação de ligações de hidrogênio, forças atrativas de Van der Waals e formação de complexos de transição de elétrons entre a sonda e o analito e a superfície da matriz. As principais vantagens da adsorção são o baixo custo e a facilidade de imobilização[73,74].

Os biossensores são classificados em grupos básicos de acordo com o sinal de transdução e de acordo com os princípios do biorreconhecimento. Com base nos elementos de transdução, os biossensores podem ser categorizados como óticos, eletroquímicos, piezoelétricos ou térmicos.

Os biossensores eletroquímicos estão emergindo como os sensores mais viáveis porque eles são mais propícios para a miniaturização, além de poderem mensurar a sensibilidade, avaliar meios turvos e não sofrer interferências ambientais como a temperatura e a umidade.

Estudos têm sido conduzidos no sentido de se buscar novos polímeros, esquemas de conjugação, aplicação de novos elementos de reconhecimento tais como peptídeos curtos, no intuito de melhorar a detecção dos biossensores eletroquímicos. Considerando o princípio do biorreconhecimento, os biossensores são classificados como biossensores catalíticos se o elemento de reconhecimento é uma enzima, um vegetal ou tecido animal, ou células derivadas de micro-organismos (bactérias, fungos ou leveduras); biossensores por afinidade possuem um elemento de reconhecimento baseados na formação de complexos bioespecíficos ou de anticorpos, antígenos ou haptenos (imunossensores) (Figura 2.23).

Uma alternativa para garantir a imobilização das biomoléculas sobre a superfície dos eletrodos condutores são os filmes poliméricos eletropolimerizados[75]. Os polímeros condutores são policonjugados com propriedades eletrônicas semelhantes às dos metais que mantêm as propriedades de polímeros orgânicos convencionais e podem ser sintetizados quimicamente e eletroquimicamente[76]. A polimerização eletroquímica é mais utilizada em aplicações biológicas uma vez que o processo é realizado à temperatura ambiente, os eletrodos apresentam uma maior área de superfície, a espessura do filme pode ser controlada na escala de nanômetros para micrômetros e as propriedades do mesmo podem ser moduladas pela variação de condições de polimerização eletroquímica[77].

Polímeros: classe de materiais com propriedades elétricas, que permitem uma grande variedade de aplicações eletrônicas e biotecnológicas, tais como nas pilhas recarregáveis, *displays* eletrônicos, células solares, de troca iônica, membranas de células de combustível, capacitores, transístores, placas de circuitos impressos, sensores químicos, sistemas de liberação de drogas e biossensores.

Alguns estudos mostraram o desenvolvimento de filmes poliméricos derivados do 3-aminofenol, 4-aminofenol sobre a superfície do eletrodo de grafite utilizando as técnicas eletroquímicas de voltametria cíclica e impedância[78,79]. Além disso, um estudo apresentou o desenvolvimento de um novo filme polimérico derivado do ácido-3-hidroxifenilacético sobre a superfície do eletrodo de grafite por voltametria cíclica[80].

Os polímeros condutores apresentam condutividade elétrica, baixo potencial de ionização, transições óticas de baixa energia e alta afinidade eletrônica devido à mobilidade de carga ao longo da cadeia polimérica.

Polímeros não condutores apresentam alta resistividade, permeabilidade seletiva, e crescimento autolimitado. Estes polímeros têm propriedades que os tornam úteis para aplicações interessantes, como propriedades eletrocatalíticas para o desenvolvimento de dispositivos analíticos e matrizes de suporte para a imobilização de biomoléculas. Os métodos para a produção de polímeros podem ser químicos ou eletroquímicos. Eletrodos quimicamente modificados são excelentes materiais para o desenvolvimento de biossensores, porque são materiais com custo relativamente baixo, as técnicas para a sua produção são simples, eles podem ser depositados em vários tipos de substratos, a espessura e homogeneidade dos filmes são facilmente controladas e a escolha de uma estrutura molecular diferente permite a construção de filmes, com diferentes características.

A eletropolimerização de anéis aromáticos tem sido investigada, e estudos têm indicado que os monômeros que contêm grupos aromáticos diretamente ligados ao oxigênio são de mais fácil polimerização e apresentam alta reprodutibilidade, permitindo maior estabilidade da modificação do eletrodo. Recentemente, temos relatado na preparação *in situ* de eletrodos revestidos com filmes de realização poli -2- , poli -3- e poli -4- aminofenol, poli -4- metoxifenetilamina, poli -4- ácido hidroxifenilacético e politiramina. Estes resultados indicam que os polímeros preparados em meio ácido têm propriedades interessantes, como maior espessura e uma excelente condutividade. Foi também observado que os eletrodos de grafite revestidos com estes polímeros são muito mais eficientes para a imobilização de biomoléculas, quando comparado com superfícies de grafite não carregada. A combinação de eletrodos com polímeros institucionalizadas são uma estratégia promissora para a imobilização de marcadores no desenvolvimento de imunossensores e outros elementos de reconhecimento biológico.

A Espectroscopia de Impedância Eletroquímica (EIE) é frequentemente utilizada para investigar as transformações e processos químicos associados à variação da condutividade em um circuito eletroquímico. Essa técnica atraiu extenso interesse para o avanço da quantificação da interação entre anticorpos e antígenos[74,81,82], visto que detecções eletroquímicas diretas são complicadas, uma vez que dificilmente ambos os compostos biológicos apresentam eletroatividade.

Vários estudos foram conduzidos utilizando voltametria, espectroscopia de impedância eletroquímica, microbalança eletroquímica de cristal de quartzo, espectroscopia no infravermelho, microscopia eletrônica e microscopia de força atômica foram combinados para estudar a eletropolimerização e suas aplicações na incorporação e eletrooxidação de nucleotídeos do DNA, oligonucleotídeos e sequências genômicas conservadas do vírus da dengue, hanseníase e leishmaniose.

A imobilização de antígenos e anticorpos sobre a superfície de transdutores levou ao desenvolvimento de imunossensores para vários substratos de interesse nas áreas clínicas e industriais. Os métodos que empregam os imunossensores são muito rápidos e apresentam alta especificidade e sensibilidade. Além disso, eles têm a vantagem de exigir pequenos volumes de amostras, permitindo a incorporação de amostras adicionais para a análise, diminuindo assim os custos em comparação com métodos analíticos convencionais.

Os imunossensores utilizam as propriedades de interação entre anticorpos e antígenos específicos, para obter um sinal correspondente a essa interação. A construção de um imunossensor consiste na modificação de um transdutor com um material biológico que servirá como sonda (anticorpos ou antígenos) para detecção da reação de ligação específica da sonda com o analito-alvo (anticorpos ou antígenos). Esse processo consiste em uma transferência de sinal, para responder às mudanças eletroquímicas do receptor causadas pela ligação específica[83].

Transdutores eletroquímicos são os métodos mais comuns utilizados nos biossensores. O princípio baseia-se nas propriedades elétricas dos eletrodos que são afetados pela interação anticorpo-antígeno. Esses transdutores podem determinar o nível do analito-alvo medindo a variação de potencial, condutância, corrente ou impedância causada pela imunorreação,

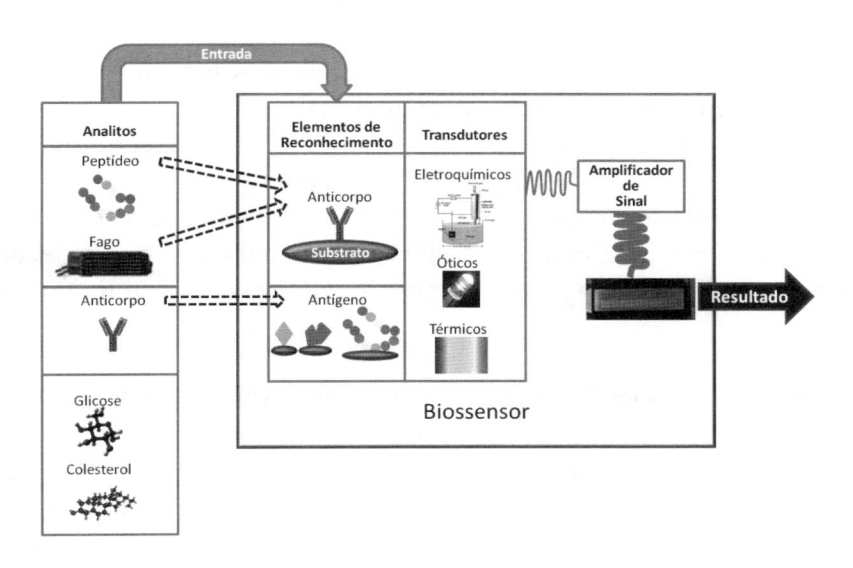

Figura 2.23 Estrutura básica e funcionamento dos biossensores.

apresentando alta especificidade e baixos limites de detecção, à semelhança dos métodos de imunoensaios tradicionais[74].

Foi desenvolvido pelo nosso grupo um sensor eletroquímico para a detecção do câncer de mama. Eletrodos de trabalho de carbono grafite foram modificados com polímero derivado do monômero ácido 3-hidroxifenilacético (3-HFA). Os eletrodos foram polidos com suspensão de alumina (0,3 µm), colocados sob sonicador para remoção de resíduos de alumina e secos com nitrogênio ultrapuro. Estudos eletroquímicos de polimerização foram realizados em potenciostato da CH Instruments modelo 420A. Espectroscopia de Impedância Eletroquímica (EIE) foi realizada em um potenciostato da Autolab PGSTAT302N com módulo Fra2 da Eco Chimie BV. Todas as soluções foram preparadas utilizando água deionizada obtida de um deionizador da Gehaka com filtro de osmose reversa. Todas as medidas foram conduzidas em uma célula eletroquímica de três compartimentos contendo grafite como eletrodo de trabalho, Ag/AgCl KCl (3M) como referência e platina como auxiliar. A polimerização foi realizada de acordo com Oliveira e colegas[80].

Nosso grupo construiu alguns sensores eletroquímicos (peptídeo:anticorpo), sendo eles para câncer de mama, dengue, leishmaniose, anaplasmose sob a matriz polimérica poliácido 3-hidroxifenilacético, utilizando peptídeos sintéticos provenientes da tecnologia *phage display*, e utilizando técnicas de EIE e VPD. Estes resultados abrem uma perspectiva de biossensor universal para uso em larga escala destes sensores, com sensibilidades similares ou superiores aos apresentados pelos ensaios ELISA.

A perspectiva é que seja possível a transferência de tecnologia para a produção em larga escala de um kit de baixo custo para diagnóstico, porque os eletrodos podem ser integrados a *chips* microfabricados. Estes testes portáteis poderiam ser incluídos na conduta clínica para prevenção secundária das doenças aqui estudadas com impacto significativo na saúde pública.

2.5.10 Ressonância Plasmônica de Superfície (SPR)

A Ressonância Plasmônica de Superfície (do inglês *surface plasmon resonance* – SPR) foi desenvolvida pela primeira vez por Liedeberg e colegas em 1983 e tem sido utilizada em aplicações para biossensores óticos[84].

O fenômeno da difração em grades devido à excitação de plásmons de superfície (SPR) foi primeiramente descrito no início do século XX por Wood. No final dos anos 1960, a excitação óptica dos plásmons de superfície foi demonstrada por Kretschmann e Otto. Desde então, os SPRs têm sido extensivamente estudados.

Ressonância Plasmônica de Superfície: oscilação de densidade de carga que pode existir na interface entre dois meios com constantes dielétricas de sinais opostos, por exemplo, um metal e um dielétrico.

A densidade de carga é associada a uma onda eletromagnética, cujo vetor de onda é máximo na interface e decai exponencialmente com a distância (campo evanescente). Dessa forma, o SPR pode ser afetado e afetar as regiões próximas à interface. Biossensores de SPR dependem de um fenômeno ótico na interface entre um metal rico em elétrons livres (ouro, prata, ou outros) e um meio dielétrico, classicamente um líquido ou ar[85].

Quando uma onda de luz apropriada ressoa em um metal com elétrons livres, ondas eletromagnéticas (conhecidas como plásmons de superfície) surgem na superfície do metal e atenuam a intensidade da luz. A condição da ressonância depende do índice de refração na vizinhança da superfície do metal e, por conseguinte, tanto o ângulo de incidência e o comprimento de onda da luz podem ser utilizados como parâmetros de medição[86].

Geralmente, utiliza-se o ouro como metal, devido à sua grande resistência à oxidação e boa condutividade elétrica. A incidência de uma fonte luminosa com um certo ângulo de incidência faz com que os elétrons livres do metal oscilem, absorvendo energia luminosa, gerando ondas evanescentes que se propagam paralelamente à interface metal dielétrico. Nesta situação, tem-se a ressonância de plásmon de superfície, detectada pela diminuição na intensidade da luz refletida (portanto, com máximo de condição ressonante). O ângulo de incidência no qual ocorre este fenômeno é denominado ângulo de SPR (θ SPR) e é utilizado para quantificar a variação no índice de refração causado pela presença de diferentes moléculas na superfície metálica. A Figura 2.24 demonstra o esquema geral do SPR.

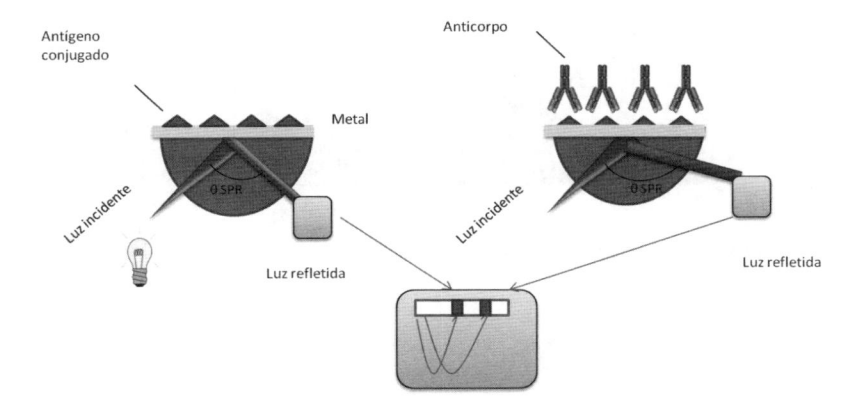

Figura 2.24 Estrutura básica da Ressonância Plasmônica de Superfície (SPR).

Como mencionado anteriormente, a intensidade da onda evanescente decai exponencialmente com a distância da superfície do ouro, sendo que a extensão do decaimento varia conforme a espécie que está sendo analisada, correspondendo a cerca de 25% a 50% do comprimento de onda da luz utilizada, que em equipamentos comerciais varia de 600 nm a 850 nm. A Figura 2.25 exemplifica o funcionamento da Ressonância Plasmônica de Superfície.

Dispositivos baseados na SPR foram desenvolvidos para ser empregados em vários campos, incluindo pesquisa clínica (diagnóstico), monitoramento ambiental e análise de alimentos. Sensores baseados em SPR já estão disponíveis comercialmente, sendo utilizados na pesquisa biomédica e bioquímica para o monitoramento de ligações na superfície de substratos, análises biomédicas e detecção de materiais e organismos que contaminam o ambiente. A Figura 2.26 refere-se a um resultado obtido pelo nosso grupo, apresentando um peptídeo que detecta anticorpos circulantes anti-PGL-1 por SPR sem marcação, incorporado no ouro por adsorção.

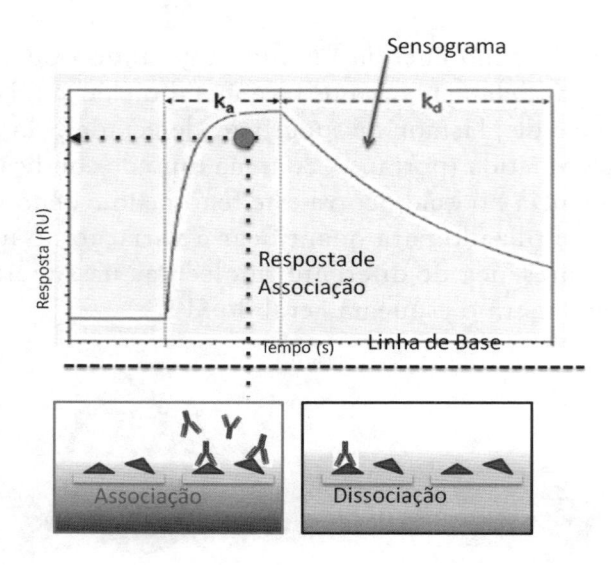

Figura 2.25 Funcionamento da Ressonância Plasmônica de Superfície.

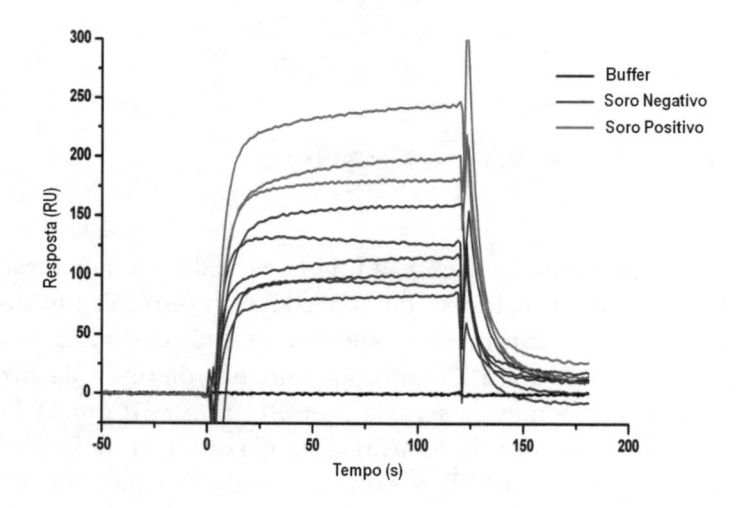

Figura 2.26 Peptídeo que detecta anticorpos circulantes anti PGL-1 por SPR sem marcação incorporado no ouro por adsorção.

O diagnóstico do câncer é uma das áreas mais pesquisadas em química bioanalítica. Uma grande variedade de métodos de detecção foi investigada. O método mais comumente utilizado em biossensores emprega a detecção de marcadores tumorais que se ligam a anticorpos imobilizados sobre a superfície do sensor. A detecção da ligação é geralmente realizada por meio de vários métodos, podendo-se utilizar moléculas marcadas com fluoróforos ou bioconjugados de nanopartículas. A estratégia mais comum é por meio do ELISA. Neste sistema, a ligação anticorpo-antígeno (AC-AG) é indicada por um anticorpo, que acoplado a uma enzima produz um sinal que é então detectado. Um grande desafio nesta área é desenvolver um método que não precise de moléculas marcadas e que, ao mesmo tempo, possibilite um alto grau de sensibilidade e baixo limite de detecção.

Os biossensores baseados em SPR são utilizados para monitorar interações biomoleculares que ocorrem próximas à superfície do metal transdutor, sem a necessidade de se marcar as biomoléculas. Por meio desta técnica, medidas em tempo real podem ser realizadas para se estudar a ligação entre uma molécula imobilizada sobre a superfície do metal com um analito específico presente em solução (anticorpo-antígeno). A resposta é obtida através de medidas da mudança do índice de refração, que é alterado devido a ligação entre as espécies imobilizadas e o analito.

A literatura descreve vários estudos onde biossensores baseados em SPR foram eficientemente aplicados na detecção de marcadores de câncer de pâncreas, mama, colo-retal, pulmão e gastrointestinal. O desenvolvimento de um circuito integrado contendo biossensores baseados em SPR com análise de diferentes analitos acoplados a um leitor contendo um controle de fluxo e equipamentos ópticos proporcionaria um sistema de detecção eficiente e de fácil manuseio.

O desenvolvimento de biossensores é uma alternativa para a obtenção de diagnósticos clínicos e laboratoriais realizando análises ultra-sensíveis, precisas, rápidas e em tempo real[73,87,88]. Assim, os biossensores representam uma alternativa rápida e de baixo custo para substituir e minimizar o tempo gasto em diagnósticos e análises laboratoriais, uma vez que podem detectar uma variedade de moléculas biológicas com alta especificidade e sensibilidade.

Frente a estes fatos, uma abordagem biotecnológica baseada em *phage display*, poderá permitir a identificação de marcadores moleculares específicos para diversas enfermidades, selecionados a partir de células, imunoglobulinas G de tecido ou soro ou saliva. A seleção dos peptídeos a partir de prováveis autoanticorpos aumenta a probabilidade de uma seleção mais específica dos antígenos tumorais. A utilização de biossensores utilizando marcadores selecionados por PD pode ser um caminho promissor na detecção precoce de diversas enfermidades. Ainda, a seleção de anticorpos monoclonais que reconheçam peptídeos obtidos por meio da tecnologia PD poderá ser utilizada no diagnóstico e tratamento de diversas doenças.

2.6 CONCLUSÕES E PERSPECTIVAS

Phage display é uma técnica proteômica subtrativa que visa à seleção de peptídeos e anticorpos combinatórios em um sistema cíclico bacteriano *in vivo*, resultando na descoberta de novos biomarcadores com função tanto diagnóstica quanto terapêutica. A capacidade de gerar marcadores a partir de pequenas sequências peptídicas se dá pela possibilidade de identificar epítopos ou regiões críticas que determinam função específica de reconhecimento do alvo biológico ou de ativação de um sistema, como um imunógeno vacinal. Sua aplicação ainda se estende ao uso de anticorpos combinatórios que lhe permite uma variação inimaginável de novos fragmentos de anticorpos com função neutralizante, terapêutica ou ainda de reconhecimento de antígenos aplicados ao diagnóstico, sem que seja necessária sua produção via hibridoma. A tecnologia de *phage display* é, sem dúvida, uma das mais importantes estratégias na atualidade da indústria biotecnológica e, embora a tecnologia possa ser facilmente implantada, existem especificidades técnicas que a fazem de difícil execução, pois requer um laboratório multidisciplinar com foco em imunologia, genômica, bioquímica, microbiologia, engenharia genética, proteômica e cultura celular. Além da multidisciplinaridade, a tecnologia ainda requer controle específico ambiental para impedir a contaminação cruzada. Por fim, para que a tecnologia seja realizada com sucesso, deve-se observar a pureza do alvo biológico ou contar com um extenuante sistema de seleção para reduzir a variabilidade de amostras biológicas quando se trata de uma doença multifocal ou multiespectral.

REFERÊNCIAS

1. Milstein C. The hybridoma revolution: an offshoot of basic research. Bioessays. 1999;21:966-973.
2. Schena M, Shalon D, Davis RW, Brown PO. Quantitative monitoring of gene expression patterns with a complementary DNA microarray. Science. 1995;270:467-470.
3. Chang TW. Binding of cells to matrixes of distinct antibodies coated on solid surface. J Immunol Methods. 1983;65:217-223.
4. MacBeath G, Schreiber SL. Printing proteins as microarrays for high-throughput function determination. Science 2000, 289:1760-1763.
5. Sospedra M, Pinilla C, Martin R. Use of combinatorial peptide libraries for T-cell epitope mapping. Methods. 2003;29:236-247.
6. Lam KS, Lebl M, Krchnak V. The "One-Bead-One-Compound" Combinatorial Library Method. Chem Rev. 1997;97:411-448.
7. Smith GP. Filamentous fusion phage: novel expression vectors that display cloned antigens on the virion surface. Science. 1985;228:1315-1317.
8. Barbas CF. Phage display: a laboratory manual. Cold Spring Harbor: Cold Spring Harbor Laboratory Press; 2001.
9. Azzazy HM, Highsmith WE, Jr. Phage display technology: clinical applications and recent innovations. Clinical Biochemistry. 2002;35:425-445.
10. Messing J: New M13 vectors for cloning. Methods Enzymol 1983, 101:20-78.
11. Kay BK, Winter J, McCaferty J. Phage display of peptides and proteins. A laboratory manual. San Diego: Academinc Press; 1996.
12. Griffiths AD, Duncan AR. Strategies for selection of antibodies by phage display. Current Opinion in Biotechnology. 1998;9:102-108.
13. Barbas CF, Kang AS, Lerner RA, Benkovic SJ. Assembly of combinatorial antibody libraries on phage surfaces: the gene III site. Proceedings of the National Academy of Sciences of the United States of America. 1991;88:7978-7982.
14. Zacher AN, 3rd, Stock CA, Golden JW, 2nd, Smith GP. A new filamentous phage cloning vector: fd-tet. Gene. 1980;9:127-140.
15. McCafferty J, Griffiths AD, Winter G, Chiswell DJ. Phage antibodies: filamentous phage displaying antibody variable domains. Nature. 1990;348:552-554.
16. Gram H, Marconi LA, Barbas CF, 3rd, Collet TA, Lerner RA, Kang AS. In vitro selection and affinity maturation of antibodies from a naive combinatorial immunoglobulin library. Proceedings of the National Academy of Sciences of the United States of America. 1992;89:3576-3580.
17. Clackson T, Hoogenboom HR, Griffiths AD, Winter G. Making antibody fragments using phage display libraries. Nature. 1991;352:624-628.

18. Burton DR, Barbas CF, 3rd, Persson MA, Koenig S, Chanock RM, Lerner RA. A large array of human monoclonal antibodies to type 1 human immunodeficiency virus from combinatorial libraries of asymptomatic seropositive individuals. Proceedings of the National Academy of Sciences of the United States of America. 1991;88:10134-10137.

19. Barbas CF, 3rd, Collet TA, Amberg W, Roben P, Binley JM, Hoekstra D, Cababa D, Jones TM, Williamson RA, Pilkington GR, et al. Molecular profile of an antibody response to HIV-1 as probed by combinatorial libraries. Journal of Molecular Biology. 1993;230:812-823.

20. Lang IM, Barbas CF, 3rd, Schleef RR. Recombinant rabbit Fab with binding activity to type-1 plasminogen activator inhibitor derived from a phage-display library against human alpha-granules. Gene. 1996;172:295-298.

21. Arbabi Ghahroudi M, Desmyter A, Wyns L, Hamers R, Muyldermans S. Selection and identification of single domain antibody fragments from camel heavy-chain antibodies. FEBS Letters. 1997;414:521-526.

22. Li Y, Kilpatrick J, Whitelam GC. Sheep monoclonal antibody fragments generated using a phage display system. J Immunol Methods. 2000;236:133-146.

23. Davies EL, Smith JS, Birkett CR, Manser JM, Anderson-Dear DV, Young JR. Selection of specific phage-display antibodies using libraries derived from chicken immunoglobulin genes. J Immunol Methods. 1995;186:125-135.

24. Marks JD, Hoogenboom HR, Bonnert TP, McCafferty J, Griffiths AD, Winter G. By-passing immunization. Human antibodies from V-gene libraries displayed on phage. Journal of Molecular Biology. 1991;222:581-597.

25. Parmley SF, Smith GP. Antibody-selectable filamentous fd phage vectors: affinity purification of target genes. Gene. 1988;73:305-318.

26. Clackson T, Wells JA. A hot spot of binding energy in a hormone-receptor interface. Science. 1995;267:383-386.

27. Araujo TG, Paiva CE, Rocha RM, Maia YC, Sena AA, Ueira-Vieira C, Carneiro AP, Almeida JF, de Faria PR, Santos DW, et al. A novel highly reactive Fab antibody for breast cancer tissue diagnostics and staging also discriminates a subset of good prognostic triple-negative breast cancers. Cancer Lett. 2013.

28. Reis CF, Carneiro AP, Vieira CU, Fujimura PT, Morari EC, Silva SJ, Goulart LR, Ward LS. An antibody-like peptide that recognizes malignancy among thyroid nodules. Cancer Lett. 2013;335:306-313.

29. Adey NB, Mataragnon AH, Rider JE, Carter JM, Kay BK. Characterization of phage that bind plastic from phage-displayed random peptide libraries. Gene. 1995;156:27-31.

30. Whaley SR, English DS, Hu EL, Barbara PF, Belcher AM. Selection of peptides with semiconductor binding specificity for directed nanocrystal assembly. Nature. 2000;405:665-668.

31. Santos PS, Sena AA, Nascimento R, Araujo TG, Mendes MM, Martins JR, Mineo TW, Mineo JR, Goulart LR. Epitope-based vaccines with the Anaplasma marginale MSP1a functional motif induce a balanced humoral and cellular immune response in mice. PLoS One. 2013;8:e60311.

32. Gehring AG, Irwin PL, Reed SA, Tu SI, Andreotti PE, Akhavan-Tafti H, Handley RS. Enzyme-linked immunomagnetic chemiluminescent detection of Escherichia coli O157:H7. J Immunol Methods. 2004;293:97-106.

33. Makowski L. Structural constraints on the display of foreign peptides on filamentous bacteriophages. Gene. 1993;128:5-11.

34. Alvarenga LM, Diniz CR, Granier C, Chavez-Olortegui C. Induction of neutralizing antibodies against Tityus serrulatus scorpion toxins by immunization with a mixture of defined synthetic epitopes. Toxicon: Official Journal of the International Society on Toxinology. 2002;40:89-95.

35. Lesk AM. Introdução a Bioinformática. Porto Alegre: Artmed; 2005.

36. Altschul SF, Gish W, Miller W, Myers EW, Lipman DJ. Basic local alignment search tool. Journal of molecular biology. 1990;215:403-410.

37. Sievers F WA, Dineen D, Gibson TJ, Karplus K, Li W, Lopez R, McWilliam H, Remmert M, Söding J, Thompson JD, Higgins DG. Fast, scalable generation of high-quality protein multiple sequence alignments using Clustal Omega. Mol Syst Biol. 2011;7:539.

38. Santos PS, Nascimento R, Rodrigues LP, Santos FA, Faria PC, Martins JR, Brito-Madurro AG, Madurro JM, Goulart LR Functional epitope core motif of the Anaplasma marginale major surface protein 1a and its incorporation onto bioelectrodes for antibody detection. PLoS One. 2012;7:e33045.

39. Larkin MA, Blackshields G, Brown NP, Chenna R, McGettigan PA, McWilliam H, Valentin F, Wallace IM, Wilm A, Lopez R, et al. Clustal W and Clustal X version 2.0. Bioinformatics. 2007;23:2947-2948.

40. Chenna R SH, Koike T, Lopez R, Gibson TJ, Higgins DG, Thompson JD. Multiple sequence alignment with the Clustal series of programs. Nucleic Acids Res. 2003;31:3497-3500.

41. Cox DLNMM: Princípios de Bioquímica de Lehninger. Artmed; 2011.

42. Mayrose I, Penn O, Erez E, Rubinstein ND, Shlomi T, Freund NT, Bublil EM, Ruppin E, Sharan R, Gershoni JM, et al. Pepitope: epitope mapping from affinity-selected peptides. Bioinformatics. 2007;23:3244-3246.

43. Rubinstein ND, Mayrose I, Martz E, Pupko T. Epitopia: a web-server for predicting B-cell epitopes. BMC Bioinformatics. 2009;10:287.

44. Willats WG. Phage display: practicalities and prospects. Plant Molecular Biology. 2002;50:837-854.

45. Ahmad ZA, Yeap SK, Ali AM, Ho WY, Alitheen NB, Hamid M. scFv antibody: principles and clinical application. Clinical & Developmental Immunology. 2012;2012:980250.

46. Nelson AL. Antibody fragments: hope and hype. mAbs 2010, 2:77-83.

47. Kim SJ, Park Y, Hong HJ. Antibody engineering for the development of therapeutic antibodies. Molecules and Cells. 2005;20:17-29.

48. Kipriyanov SM, Le Gall F. Generation and production of engineered antibodies. Molecular biotechnology. 2004;26:39-60.

49. Chapman K, Pullen N, Coney L, Dempster M, Andrews L, Bajramovic J, Baldrick P, Buckley L, Jacobs A, Hale G, et al. Preclinical development of monoclonal antibodies: considerations for the use of non-human primates. mAbs. 2009;1:505-516.

50. Holliger P, Hudson PJ: Engineered antibody fragments and the rise of single domains. Nature biotechnology 2005, 23:1126-1136.

51. Carter PJ: Potent antibody therapeutics by design. Nature Reviews Immunology. 2006;6:343-357.

52. Chomczynski P, Sacchi N. Single-step method of RNA isolation by acid guanidinium thiocyanate-phenol-chloroform extraction. Anal Biochem. 1987;162:156-159.

53. Moghimi SM, Hunter AC, Murray JC. Nanomedicine: current status and future prospects. Faseb J. 2005;19:311-330.

54. Seker UO, Demir HV. Material binding peptides for nanotechnology. Molecules. 2011;16:1426-1451.

55. Ghosh D, Lee Y, Thomas S, Kohli AG, Yun DS, Belcher AM, Kelly KA. M13-templated magnetic nanoparticles for targeted in vivo imaging of prostate cancer. Nat Nanotechnol. 2012;7:677-682.

56. Bar H, Yacoby I, Benhar I. Killing cancer cells by targeted drug-carrying phage nanomedicines. BMC Biotechnol. 2008;8:37.

57. Kelly KA, Bardeesy N, Anbazhagan R, Gurumurthy S, Berger J, Alencar H, Depinho RA, Mahmood U, Weissleder R. Targeted nanoparticles for imaging incipient pancreatic ductal adenocarcinoma. PLoS Med. 2008;5:e85.

58. Krumpe LR, Mori T. The Use of Phage-Displayed Peptide Libraries to Develop Tumor-Targeting Drugs. Int J Pept Res Ther. 2006;12:79-91.

59. Fielding RM. Liposomal drug delivery. Advantages and limitations from a clinical pharmacokinetic and therapeutic perspective. Clin Pharmacokinet. 1991;21:155-164.

60. Chang DK, Lin CT, Wu CH, Wu HC. A novel peptide enhances therapeutic efficacy of liposomal anti-cancer drugs in mice models of human lung cancer. PLoS One. 2009;4:e4171.

61. Wu HC, Chang DK. Peptide-mediated liposomal drug delivery system targeting tumor blood vessels in anticancer therapy. J Oncol. 2010;2010:723-798.

62. Kawaguchi H. Functional polymer microspheres. Prog Polym Sci. 2000;25:1171-1210.

63. Safarik I, Safarikova M. Magnetic techniques for the isolation and purification of proteins and peptides. Biomagn Res Technol. 2004;2:7.

64. Scholler N, Crawford M, Sato A, Drescher CW, O'Briant KC, Kiviat N, Anderson GL, Urban N. Bead-based ELISA for validation of ovarian cancer early detection markers. Clin Cancer Res. 2006;12:2117-2124.

65. Lei JH, Guan F, Xu H, Chen L, Su BT, Zhou Y, Wang T, Li YL, Liu WQ. Application of an immunomagnetic bead ELISA based on IgY for detection of circulating antigen in urine of mice infected with Schistosoma japonicum. Vet Parasitol. 2012;187:196-202.

66. Hanash S. Harnessing immunity for cancer marker discovery. Nature Biotechnology. 2003;21:37-38.

67. Harma H, Tarkkinen P, Soukka T, Lovgren T. Miniature single-particle immunoassay for prostate-specific antigen in serum using recombinant Fab fragments. Clin Chem. 2000;46:1755-1761.

68. Whiteaker JR, Zhao L, Zhang HY, Feng LC, Piening BD, Anderson L, Paulovich AG. Antibody-based enrichment of peptides on magnetic beads for mass-spectrometry-based quantification of serum biomarkers. Analytical Biochemistry. 2007;362:44-54.

69. Kim HJ, Ahn KC, Gonzalez-Techera A, Gonzalez-Sapienza GG, Gee SJ, Hammock BD. Magnetic bead-based phage anti-immunocomplex assay (PHAIA) for the detection of the urinary biomarker 3-phenoxybenzoic acid to assess human exposure to pyrethroid insecticides. Analytical Biochemistry. 2009;386:45-52.

70. Luppa Pb, Sokoll Lj, Chan Dw. Immunosensors- principles and applications to clinical chemistry. Clinica Chimica Acta. 2001;314.

71. Goulart LR, Vieira CU, Freschi APP, Capparelli FE, Fujimura PT, Almeida JF, Ferreira LF, Goulart IMB, Brito-Madurro AG, Madurro JM. Biomarkers for Serum Diagnosis of Infectious Diseases and Their Potential Application in Novel Sensor Platforms. Critical Reviews in Immunology. 2010;30:201-222.

72. Arya SK, Datta M, Malhotra BD. Recent advances in cholesterol biosensor. Biosensors and Bioelectronics. 2008;23:1083-1100.

73. Sharma SK, Sehgal N, Kumar A. Biomolecules for development of biosensors and their applications. Current Applied Physics. 2003;3:307-316.

74. Jiang X, Li D, Xu X, Ying Y, Li Y, Ye Z, Wang J. Immunosensors for detection of pesticide residues. Biosensors and Bioelectronics. 2008;23:1577-1587.

75. Pournaras AV, Koraki T, Prodromidis MI. Development of an impedimetric immunosensor based on electropolymerized polytyramine films for the direct detection of Salmonella typhimurium in pure cultures of type strains and inoculated real samples. Analytica Chimica Acta. 2008;624.

76. Heinze J. Electrochemistry of conductin ng polymers. Synthetic Metals. 1991;43:2805-2823.

77. Peng H, Zhang L, Soeller C, Travas-Sejdic J. Conducting polymers for electrochemical DNA sensing. Biomaterials. 2009;30:2132-2148.

78. Brito-Madurro A, Ferreira L, Vieira S, Ariza R, Filho L, Madurro J. Immobilization of purine bases on a poly-4-aminophenol matrix. Journal of Materials Science. 2007;42:3238-3243.

79. Franco DL, Afonso AS, Vieira SN, Ferreira LF, Gonçalves RA, Brito-Madurro AG, Madurro JM. Electropolymerization of 3-aminophenol on carbon graphite surface: Electric and morphologic properties. Materials Chemistry and Physics. 2008;107:404-409.

80. Oliveira RML, Vieira SN, Alves HC, França EG, Franco DL, Ferreira LF, Brito-Madurro AG, Madurro JM. Electrochemical and morphological studies of an electroactive material derived from 3 hydroxyphenylacetic acid: a new matrix for oligonucleotide hybridization. J Mater Sci. 2010;45:475-482.

81. Balkenhohl T, Lisdat F. An impedimetric immunosensor for the detection of autoantibodies directed against gliadins. The Analyst. 2007;132:314-322.

82. Ramanavicius A, Finkelsteinas A, Cesiulis H, Ramanaviciene A. Electrochemical impedance spectroscopy of polypyrrole based electrochemical immunosensor. Bioelectrochemistry. 2009;79:11-16.

83. Ruan C, Yang L, Li Y. Immunobiosensor Chips for Detection of Escherichia coli O157:H7 Using Electrochemical Impedance Spectroscopy. Analytical Chemistry. 2002;74:4814-4820.

84. Roh S, Chung T, Lee B. Overview of the characteristics of micro and nano structured surface plasmon resonance sensors. Sensors. 2011;11:1565-1588.

85. Pillet F, Sanchez A, Formosa C, Séverac M, Trévisiol E, Bouet JY, Anton Leberre V. Dendrimer functionalization of gold surface improves the measurement of protein–DNA interactions by surface plasmon resonance imaging. Biosens Bioelectron. 2013:148-154

86. Zheng R, Cameron BD. Surface plasmon resonance: Recent progress toward the development of portable real-time blood diagnostics. Expert Rev Mol Diagn. 2012:5-7.

87. Thaler M, Buhl A, Welter H, Schreiegg A, Kehrel M, Alber B, Metzger J, Luppa PB. Biosensor analyses of serum autoantibodies: application to antiphospholipid syndrome and systemic lupus erythematosus. Analytical and Bioanalytical Chemistry. 2009;393:1417-1429.

88. Nayak M, Kotian A, Marathe S, Chakravortty D. Detection of microorganisms using biosensors. A smarter way towards detection techniques. Biosensors and Bioelectronics. 2009;25:661-667.

CAPÍTULO 3

PHAGE DISPLAY: ASPECTOS BÁSICOS E PERSPECTIVAS ATUAIS

Leila da Silva Magalhães
André Azevedo Reis Teixeira
Juliana Laino do Val Carneiro
Diana Noronha Nunes
Emmanuel Dias-Neto
Ricardo José Giordano

3.1 INTRODUÇÃO AO *PHAGE DISPLAY*

Metodologias combinatoriais permitem que moléculas de interesse sejam selecionadas a partir de um universo complexo. Tais metodologias consistem em ferramentas importantes e com diversas aplicações em laboratórios da área biológica, de modo especial na biotecnologia. Entre as diferentes técnicas combinatoriais disponíveis, a utilização do genoma de fagos como arcabouço para a apresentação de peptídeos é uma das mais poderosas e versáteis abordagens para a seleção de ligantes proteína-proteína. Com esta técnica, popularmente conhecida como *phage display*, em apenas alguns poucos dias peptídeos ligantes podem ser isolados contra virtualmente qualquer alvo biológico ou não biológico (Figura 3.1). Esta é uma das poucas metodologias que permitem a varredura de um vasto conjunto de peptídeos em apenas algumas etapas – acima de 10^{10} moléculas diferentes, de acordo com a diversidade da biblioteca de fagos utilizada. Outro aspecto importante é que a seleção de peptídeos por *phage display* não requer um conhecimento prévio sobre as características moleculares do alvo biológico em estudo. Pelo contrário, a determinação de peptídeos ligantes de um alvo biológico pode auxiliar na identificação de marcadores presentes no material de estudo, tais como uma célula tumoral, ao ser usado como ferramenta para isolar e determinar a identidade deste marcador. Além disto, muitas vezes o peptídeo isolado mimetiza ligantes naturais da molécula em estudo, permitindo o desenvolvimento de inibidores competitivos de um determinado alvo. Um único fago ligado ao alvo de interesse pode ser recuperado, amplificado e submetido a sucessivos ciclos de seleção. Em teoria, é possível identificar peptídeos ligantes de um alvo de interesse, mesmo que o mesmo esteja representado por uma única molécula.

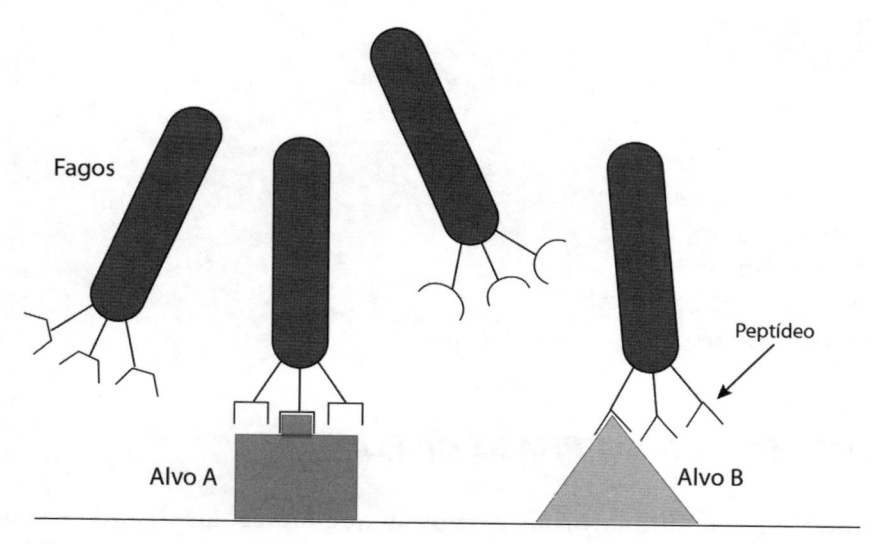

Figura 3.1 Seleção de peptídeos ligantes a alvos biológicos. Nesta imagem está representado o processo de seleção por *phage display*. Os fagos contendo os diferentes peptídeos (representados pelos vários formatos na extremidade da partícula viral) são incubados com os alvos de interesse, e os peptídeos que se "encaixam" em tais alvos são então selecionados.

A técnica do *phage display* foi descrita pela primeira vez por George Smith em 1985, quando demonstrou que a inserção de fragmentos de DNA no genoma de bacteriófagos filamentosos resultava na expressão de componentes proteicos exógenos em fusão com a proteína III (pIII) da superfície de partículas virais viáveis[1]. Ao longo de mais de duas décadas desde sua invenção, o *phage display* tem sido amplamente utilizado em diferentes áreas da ciência. Suas aplicações vão muito além da seleção em sistemas *in vitro*, como a técnica foi originalmente descrita, sendo utilizada atualmente no mapeamento da superfície de células *in vitro*, *ex vivo* e *in vivo*. Originalmente descrita para fagos filamentosos (f1), hoje a metodologia do *phage display* foi expandida para outros vetores, tais como o fago lambda (λ) e o fago T7. Porém, neste capítulo nos restringiremos ao *phage display* que utiliza fagos filamentosos derivados do f1, que é o mais utilizado.

3.1.1 Ciclo de vida e estrutura

Os bacteriófagos filamentosos pertencem a uma família de vírus de DNA simples fita capazes de infectar bactérias gram-negativas (Figura 3.2). Os fagos mais bem estudados compreendem a classe de vírus Ff, da qual fazem parte os fagos f1, Fd e M13, que utilizam o pilus bacteriano para infectar *Escherichia coli* F[+] (positivas para o plasmídeo F). Esses fagos apresentam alta similaridade entre seus genomas, além de propriedades estruturais e biológicas bastante conservadas. O genoma dos bacteriófagos contém a informação para a transcrição de RNAs mensageiros que serão traduzidos nas onze proteínas virais necessárias à duplicação do genoma viral, montagem e composição estrutural do capsídeo[2-5]. Após a infecção da célula hospedeira, o genoma simples fita é duplicado por enzimas bacterianas, passando por uma forma intermediária de DNA dupla fita (chamada de forma replicativa), composta pela fita parental viral e sua fita complementar recém-sintetizada. Isto tem uma importância técnica já que a forma replicativa – na forma de DNA circular dupla fita – é basicamente um plasmídeo, que pode ser facilmente manipulado no laboratório por técnicas rotineiras de biologia molecular. A partícula viral dos fagos Ff consiste em um cilindro proteico flexível de aproximadamente 6 nm de diâmetro e 900 nm de comprimento composto pela proteína VIII que envolve o DNA genômico simples fita do bacteriófago. Diferentemente de outros bacteriófagos como o fago λ ou o fago T4, cujos capsídeos têm tamanhos fixos e limitam fisicamente o tamanho do genoma que pode ser empacotado, os fagos filamentosos são bastante complacentes neste sentido: quanto maior o genoma do fago, mais longa será a partícula viral produzida para encapsular o novo genoma do fago (Figura 3.3). Por isso, é possível modificar e inserir grandes fragmentos de DNA no genoma de fagos filamentosos. Por exemplo, o fago AAVP, utilizado para terapias gênicas, tem aproximadamente quatro vezes o tamanho do genoma do fago M13[6]. Assim, o filamento longo e fino do capsídeo é formado por interações entre proteínas VIII e o DNA viral, e nas extremidades são encontrados dois pares distintos de proteínas: VII e IX na extremidade onde é iniciada a montagem da partícula viral, e III e VI na extremidade oposta, responsável pela interação com o pilus F e infecção da *E. coli*[2]. As demais proteínas codificadas no genoma do fago são importantes para a replicação do DNA e montagem do vírus, mas não são incorporadas ao bacteriófago (Figura 3.3). Por permanecerem no citoplasma ou na membrana da bactéria, não são utilizadas para a apresentação de peptídeos.

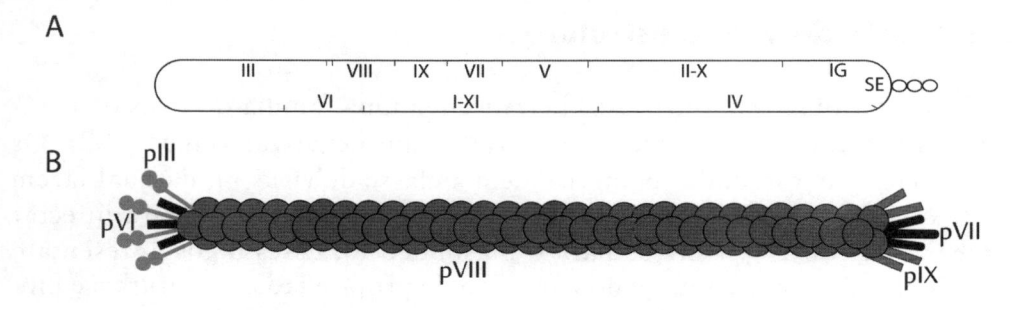

Figura 3.2 Estrutura geral dos bacteriófagos da classe Ff. (A) Representação do genoma simples fita do fago M13, indicando a posição de cada gene (I a XI). O genoma contém ainda regiões intergênicas (IG) envolvidas na replicação e uma sequência sinal de empacotamento (SE), importante para a formação da partícula viral. (B) O capsídeo é formado por interações entre proteínas VIII ao longo da sua extensão, e das proteínas VII, IX, III e VI nas extremidades.

Por isso, a apresentação de peptídeos pelo sistema de *phage display* é restrita às proteínas que compõem o capsídeo viral: III, VI, VII, VIII e IX. A proteína VIII é a mais abundante e no fago M13 encontra-se representada por aproximadamente 2.700 cópias. Nas extremidades do fago são encontradas as proteínas menos abundantes que a pVIII. De um lado são encontradas cerca de três a cinco cópias de pVII e pIX, que estabelecem interações com pVIII e com uma estrutura em grampo que contém um sinal de empacotamento do DNA. Ambas as proteínas pVII e pIX são importantes para a iniciação da montagem do capsídeo e formam a extremidade que primeiro emerge do fago em empacotamento. A outra extremidade da partícula também contém cerca de cinco moléculas de cada proteína III e VI, e estas são importantes para a terminação da montagem da partícula viral e infecção da célula hospedeira. A pIII desempenha importantes funções nesse último aspecto: formada por três domínios designados como N1, N2 e CT,

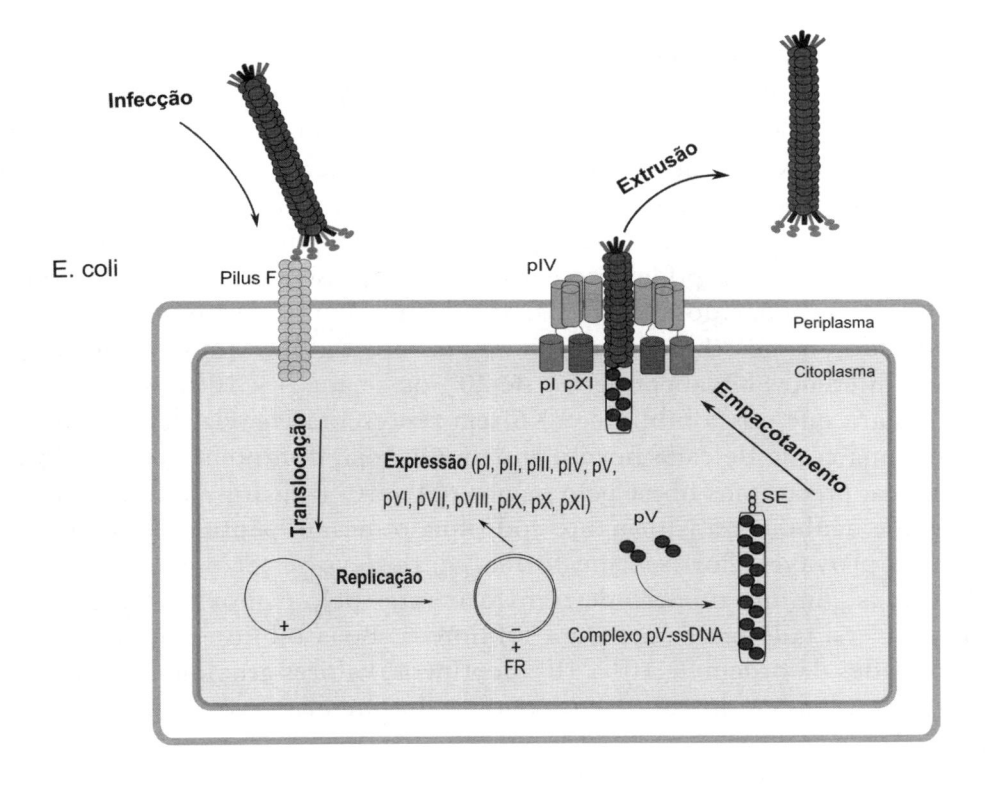

Figura 3.3 Ciclo de vida dos fagos filamentosos. A infecção de bactérias F+ é mediada pela proteína III e o pilus F. O DNA simples fita do fago (fita positiva, +) é translocado para o citoplasma e a fita complementar (negativa, -) é sintetizada por enzimas bacterianas, produzindo a forma replicativa (FR) dupla fita, que serve de molde para a replicação do genoma e para a síntese das proteínas necessárias para a replicação e montagem do capsídeo viral. O DNA simples fita recém-sintetizado interage com pV, e a estrutura em grampo do sinal de empacotamento (SE) o direciona para o complexo formado na membrana pelas proteínas I, IV e XI. A partícula viral é então montada à medida que é secretada da célula. A terminação envolve a incorporação das moléculas de pIII e pVI à extremidade do DNA e a conseguinte extrusão da partícula viral para o meio extracelular.

está essencialmente envolvida na ligação ao pilus bacteriano e na translocação de DNA para o citoplasma[7].

3.1.2 Bibliotecas de fagos, tipos de apresentação de peptídeos e vetores

Uma biblioteca de *phage display* é um conjunto de bilhões de fagos, cada um possuindo uma sequência de DNA exógeno diferente e, portanto apresentando um peptídeo ou proteína diferente na superfície de seu capsídeo. A qualidade de uma biblioteca é determinada por dois parâmetros: sua diversidade e seu título. A diversidade indica o número de sequências de peptídeos únicos presentes na biblioteca. Este número é calculado durante a construção da biblioteca e é diretamente proporcional ao número de transformantes obtidos durante a eletroporação[8]. Se imaginarmos uma biblioteca de *phage display* de peptídeos construída para apresentar peptídeos compostos por seis aminoácidos aleatórios, que denominamos de X6 (X = qualquer aminoácido), as possibilidades de combinarmos os vinte aminoácidos naturais em diferentes hexapeptídeos é de 20^6, ou seja, $6,4 \times 10^7$ possibilidades. Assim, para que nossa biblioteca X6 seja representativa, ela deve conter ao menos uma cópia de cada hexapeptídeo. Ou seja, durante a preparação da biblioteca, precisamos obter pelo menos $6,4 \times 10^7$ transformantes, assumindo-se que nenhum transformante codifique o mesmo peptídeo. Na prática, isto é improvável. Por isso, de forma geral, deve-se ter como alvo gerar bibliotecas com um número de transformantes pelo menos dez vezes superior à diversidade prevista para a biblioteca. Boas bibliotecas apresentam diversidades da ordem de 10^9 a 10^{10} peptídeos, valores atualmente limitados pela capacidade de introduzir o genoma do bacteriófago na bactéria por eletroporação.

Já o título de uma biblioteca indica o número de partículas virais totais presentes na mesma após amplificação; títulos são expressos em unidades transdutoras (TU), que também podem ser representadas como unidades formadoras de colônia (ufc) ou formadoras de placa (ufp), dependendo do sistema de *phage display* utilizado. Podemos tomar como exemplo a biblioteca anterior, composta por peptídeos do tipo X6 com uma diversidade teórica de $6,4x10^7$ peptídeos. Se a biblioteca produzida tiver uma diversidade calculada de $2x10^9$ insertos codificantes e um título de $1x10^9$ TU/µL, ela poderá ser considerada uma boa biblioteca: ao produzi-la, obtivemos ~ 31 vezes ($2 \times 10^9 / 6,4 \times 10^7$) mais clones do que o número de peptídeos possíveis, e se utilizarmos 10 µL em nosso ensaio, ou seja, 1×10^{10} TU, estaremos adicionando, teoricamente, 156 cópias ($1 \times 10^{10} / 6,4 \times 10^7$) de cada peptídeo presente na nossa biblioteca.

Como mencionamos, os sistemas desenvolvidos para *phage display* originam-se dos diferentes vetores que foram desenvolvidos para a inserção da sequência exógena fusionada a qualquer uma das proteínas do capsídeo. As cinco proteínas do capsídeo viral podem ser utilizadas para a apresentação de peptídeos e proteínas. Assim, bibliotecas construídas em vetores do tipo 3, 6, 7, 8 ou 9 indicam que os peptídeos serão expressos nas proteínas III,

VI, VII, VIII ou IX, respectivamente. A pVIII e a extremidade aminoterminal da pIII são as mais comumente utilizadas para a construção de bibliotecas de *phage display*, ou seja, os vetores mais utilizados são os dos tipos 3 e 8 (Tabela 3.1)[9].

Tabela 3.1 Tipos de vetores de *phage display* classificados quanto ao sistema de expressão e a aplicação para a apresentação de pequenos peptídeos ou proteínas

TIPO	NOME	APLICAÇÕES	SÍTIO DE CLONAGEM	REFERÊNCIAS
3	fUSE5	Peptídeos	*SfiI*	Scott e Smith (1990)[21]
	fUSE55		*BglI*	
8	f8-1	Peptídeos	*PstI/BamHI*	Petrenko et al. (1996)[68]
88	f88-4	Proteínas	*HindIII/PstI*	McLafferty et al. (1993)[69]
3+3	pComb3	Imunoglobulinas	*SacI/XbaI ou XhoI/SpeI*	Barbas et al. (1991)[67]
8+8	pG8SAET	Proteínas	*SnaBI*	Zhang et al. (1999)[70]

Nos fagos de uma biblioteca, os peptídeos são apresentados numa região exposta da proteína do capsídeo viral, e a sua inserção não deve alterar as propriedades de replicação e montagem da partícula viral, assim como sua capacidade de infectar bactérias. O vetor do tipo 3 foi o primeiro vetor desenvolvido da série de sistemas de *display* existentes[1]. A partir do genoma de f1, Smith incluiu um fragmento de DNA no meio do gene da pIII, resultando na produção de pIII que apresentava aminoácidos exógenos entre dois dos seus domínios. Embora as partículas virais resultantes fossem viáveis, o sistema desenvolvido apresentou redução na infectividade e tamanho reduzido das unidades transdutoras formadas em comparação ao fago f1 selvagem. Subsequentemente, gerações de fagos foram sendo modificadas e utilizadas na criação de vetores que pudessem apresentar sequências fusionadas às porções amino ou carboxiterminais das proteínas do capsídeo, mantendo as propriedades de replicação, montagem e infecção do fago. Um exemplo disso foi a primeira versão melhorada do vetor do tipo 3, construída no fago Fd-tet pela inserção de sequências exógenas entre o peptídeo sinal e a porção aminoterminal da pIII, que produziu proteínas III inteiras. Este vetor, denominado de fUSE5, é um dos mais utilizados atualmente, e a inserção do peptídeo na proteína III tem efeitos mínimos na biologia do fago[10].

Vetores do tipo 3 possuem uma única cópia do gene III. Isso significa que todas as partículas virais produzidas terão a proteína III recombinante contendo o peptídeo codificado pelo inserto exógeno inserido no gene III. Porém, a expressão de polipeptídeos com mais de quinze aminoácidos em fusão com a pIII não é bem tolerada nesses vetores. Esse problema pode ser aliviado utilizando-se vetores do tipo 33 que possuem dois genes III, um que codifica para a proteína original e outro para a proteína III recombinante. Dessa forma, são produzidas partículas virais do tipo mosaico, que contêm tanto a pIII com o peptídeo exógeno quanto a pIII não modificada. A proteína III não modificada mantém a infectividade dos bacteriófagos, enquanto a pIII modificada pode ser utilizada para a seleção de peptídeos.

Uma das limitações observadas com os vetores que contêm duas cópias do gene utilizado para a apresentação de peptídeos é que estes podem sofrer recombinação, levando à perda do inserto ou mesmo de uma das cópias dos genes usados para a inserção.

Por isso, outro sistema de *phage display* comumente utilizado emprega os vetores do tipo 3+3 ou 8+8, no qual os dois genes de pIII ou pVIII, respectivamente, ficam em genomas separados. A proteína recombinante é codificada em um tipo especial de plasmídeo chamado de fagemídeo, enquanto o gene codificando a proteína não modificada está localizado no fago auxiliar (*helper phage*). Fagemídeo é basicamente um plasmídeo que possui uma origem de replicação bacteriana e outra de um fago filamentoso (geralmente do fago f1). Os vetores fagemídeos utilizados em *phage display* carregam ainda uma cópia de um dos genes do bacteriófago contendo o inserto que codifica para o peptídeo ou proteína a ser apresentado no capsídeo viral. Dessa forma, os fragmentos de DNA são inseridos no gene III ou VIII contido no fagemídeo, que é, então, introduzido na bactéria *E. coli*, onde ocorre a replicação do fagemídeo e produção da simples fita de DNA a ser empacotada. Como o fagemídeo não possui os genes necessários para a produção de uma partícula viral, é necessário a coinfecção com o fago auxiliar. Os fagos auxiliares são fagos filamentosos completos (isto é, contêm todos os genes necessários para a replicação viral), porém, apresentam deficiência no empacotamento; ou seja, eles produzem todas as proteínas para replicar e empacotar um fago filamentoso, mas não conseguem empacotar o seu próprio genoma. Assim, após a coinfecção, os fagos produzidos conterão o genoma do fagemídeo (Figura 3.4). Como o fagemídeo carrega também uma cópia de um dos genes do capsídeo, este também será produzido e incorporado na particular viral. Assim, o fago produzido conterá, por exemplo, duas proteínas III: a pIII original codificada pelo *helper phage* e a modificada codificada pelo fagemídeo[11]. A vantagem de se utilizar o sistema de fagemídeo é permitir a apresentação de peptídeos ou proteínas recombinantes nas proteínas do capsídeo do fago sem limite de tamanho.

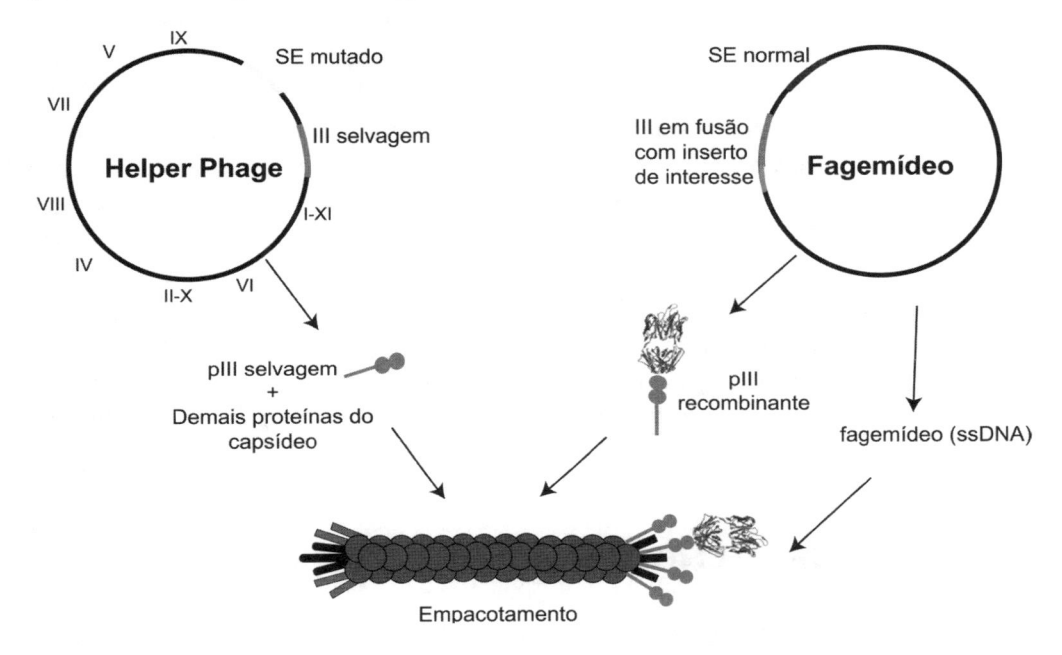

Figura 3.4 Sistema de display utilizando-se o fagemídeo. Nesta figura está ilustrada a produção de uma partícula viral pelo sistema de display 3+3. O fagemídeo é um plasmídeo que contém a origem de replicação e empacotamento (SE) de fagos filamentosos e o gene codificante para a proteína III em fusão com o inserto de interesse. Para que a partícula viral possa ser produzida, é necessária a coinfecção da bactéria com o fago auxiliar (helper phage) que complementa o sistema com os genes ausentes. Note que neste caso duas proteínas III serão produzidas e coempacotadas, formando uma partícula viral mosaico (uma pIII selvagem e outra recombinante, contendo a fusão de interesse). Outro aspecto importante é que durante o processo de formação da partícula viral, o DNA simples fita (ssDNA) do fagemídeo será empacotado preferencialmente, uma vez que o fago auxiliar contém o sinal de empacotamento defeituoso. Dessa forma, a partícula viral conterá a proteína de fusão e a informação genética para a produção da mesma.

Phage display tem sido amplamente utilizado para selecionar peptídeos ligantes de proteínas expressas por células. Porém, nesse caso, as bibliotecas de *phage display* ficam limitadas às proteínas da membrana da célula, uma vez que os fagos não conseguem atravessar a membrana celular. Ou seja, estudar os alvos intracelulares em células mantidas em cultura consistia em uma limitação desta técnica. Para superar este obstáculo, em 2012, Rangel e colaboradores incluíram uma sequência que codifica para penetratina, peptídeo internalizante derivado da antenapedia, no genoma do vetor f88-4. Partículas virais com a penetratina em fusão com a pVIII recombinante no capsídeo viral, denominado de "fago internalizante" (iPhage, do inglês *internalizing phage*), é capaz de atravessar a membrana das células de mamíferos, permitindo que bibliotecas de peptídeos apresentadas simultaneamente por pIII nesse novo vetor sejam utilizadas para a seleção intracelular[12]. A utilização do iPhage permite que as bibliotecas de *phage display* tenham acesso a uma vasta gama de proteínas intracelulares em seu ambiente natural, no citoplasma ou associadas a organelas, o que expande o universo do *phage display* para aplicações de biologia celular e de desenvolvimento de fármacos. Em resumo, desde sua idealização nos anos 1980 até o presente, a tecnologia do *phage display* tem sido aprimorada e utilizada de forma cada vez mais criativa, demonstrando a versatilidade desta plataforma biotecnológica para a identificação de peptídeos funcionais e para estudos de interação proteína-proteína, desenvolvimento de fármacos ou terapias direcionadas, como veremos a seguir.

3.2 APLICAÇÕES TECNOLÓGICAS

As aplicações do *phage display* na biotecnologia são diversas, indo desde o mapeamento de epítopos imunorrelevantes para uso em vacinas até o estudo de interações moleculares para o desenvolvimento de fármacos e outros agentes terapêuticos. Isto porque o *phage display* de peptídeos permite o isolamento e a identificação de peptídeos ligantes de virtualmente qualquer molécula biológica. Além de proteínas, tais como enzimas ou receptores de superfície, há inúmeros exemplos na literatura de peptídeos isolados por *phage display* ligantes de carboidratos[13], lipídeos, nanotubos de carbono[14] ou polímeros biocondutores[15], para citar alguns exemplos. Essa versatilidade, que permite explorar em alguns dias a diversidade de mais de 10^{10} diferentes moléculas para identificar ligantes de virtualmente qualquer alvo biológico (ou não), faz dessa metodologia uma ferramenta de grande utilidade em laboratórios de biotecnologia. Um aspecto importante da metodologia do *phage display* é que os peptídeos isolados contêm informações importantes sobre o sistema em estudo. Por exemplo, peptídeos ligantes do receptor do fator de crescimento vascular (do inglês *vascular endothelial growth factor-1* – VEGFR-1) ou do receptor de interleucina-11 (IL11Rα) apresentam similaridade de sequência significativa com os ligantes dessas moléculas, no caso o fator de crescimento vascular (VEGF) e a citocina interleucina-11, respectivamente[16,17]. Esta é uma característica única do *phage display* que o diferencia de metodologias combinatoriais que utilizam a diversidade de ácidos nucleicos (DNA ou RNA) ou bibliotecas de compostos orgânicos, nas quais as moléculas isoladas não fornecem ao pesquisador informações que auxiliem na identificação de ligantes naturais da molécula em estudo.

As interações entre biomoléculas é um tema central na biologia. Principalmente as interações proteína-proteína, que desempenham um papel fundamental em todos os processos celulares e moleculares. Assim, o estudo e caracterização de pares receptor e ligante com interação relevante em sistemas biológicos é fundamental para o pleno entendimento de qualquer fenômeno fisiológico, patológico ou farmacológico. Ou seja, peptídeos ligantes de moléculas biológicas auxiliam no entendimento dessas interações e no desenvolvimento de novas alternativas terapêuticas para as mais diversas doenças[18,19].

Assim, o *phage display* tem sido aplicado com sucesso em estudos com as mais diversas finalidades: desde o mapeamento de epítopos reconhecidos por anticorpos monoclonais[21-22] até o desenvolvimento de fármacos para o tratamento do câncer[16,23-28]. A aplicação mais direta do método se dá na seleção de ligantes por afinidade contra um alvo específico. Imobilizando a proteína de interesse e realizando vários ciclos de seleção com uma biblioteca contendo uma grande diversidade de peptídeos, teoricamente é possível selecionar ligantes muito específicos para qualquer molécula biológica. O método já foi aplicado para esse fim diversas vezes e para muitos alvos de interesse biológico, patológico e farmacológico[17].

Como mencionamos os peptídeos isolados muitas vezes se assemelham aos ligantes naturais das moléculas em estudo. Assim, podemos utilizar o *phage display* para mimetizar tais ligantes e, deste modo, mapear epítopos e sítios de ligação. Há inúmeros exemplos na literatura nos quais o *phage display* foi utilizado com sucesso para identificar sequências biologicamente relevantes em diversos contextos: identificação de sítios de ligação do VEGF no seu receptor[17], de anticorpos contra p53 (proteína supressora de tumor)[29], FGF (*fibroblast growth factor*)[30], receptor de acetilcolina[31], angiotensina II[32], entre outros. E também para mapeamento de peptídeos que se ligam especificamente à uma sequência de DNA[33]. Entender as interações de uma molécula com seu ligante natural pode levar ao desenvolvimento racional de fármacos[34-36], de vacinas[37], à criação de fatores de transcrição sintéticos[33], entre outras aplicações.

Outra característica importante dos fagos filamentosos é sua resistência às diferentes condições encontradas em modelos biológicos. Por isso, em 1996, Pasqualini e Ruoslahti introduziram um novo conceito para a utilização da técnica, o *phage display in vivo*. Ao injetarem uma biblioteca de fagos na veia caudal de camundongos, esses pesquisadores conseguiram selecionar peptídeos que se ligavam às células do endotélio. De modo relevante, observou-se que certos peptídeos tinham um modo de distribuição que parecia ser específico para certos órgãos ou tecidos[38]. Isto reforçava um conceito que já surgia na época: existe uma importante diversidade vascular nos diferentes órgãos[39]. Esse conceito, aliado à capacidade de descobrir ligantes específicos desses receptores vasculares, permitiu o posterior desenvolvimento de moléculas que poderiam ser endereçadas de modo específico (Figura 3.5). Foi então descoberto ser possível aproveitar-se da heterogeneidade vascular para desenvolver fármacos direcionados, que atuariam preferencialmente no tecido de interesse.

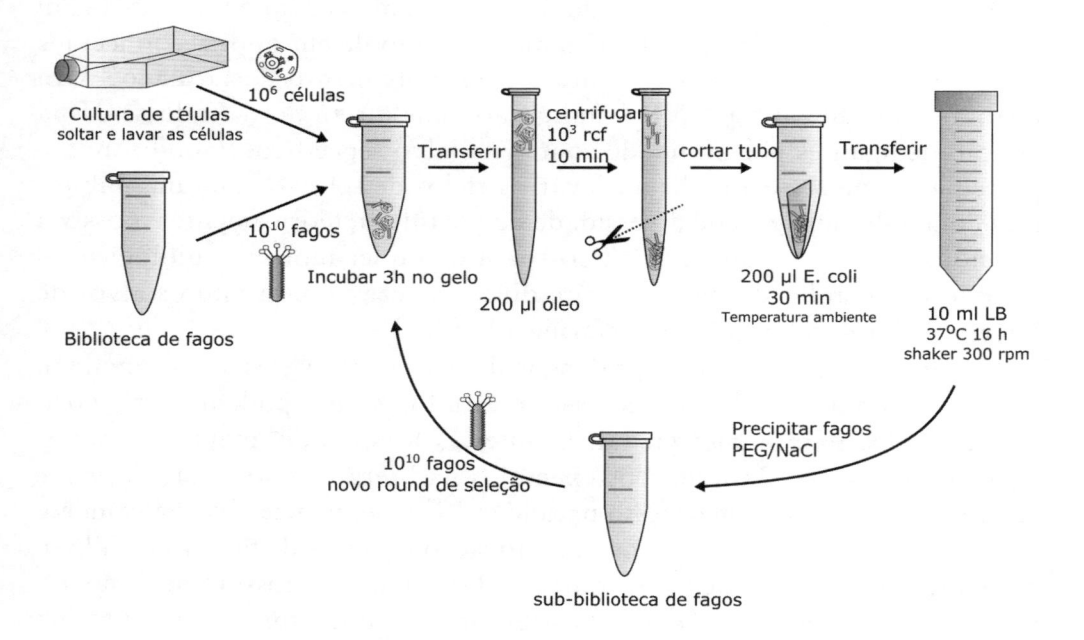

Figura 3.5 Heterogeneidade vascular explorada por *phage display*. Os endotélios vasculares dos tecidos/orgãos apresentam diferenças funcionais e moleculares (demonstradas pelas diferentes formas geométricas nas superfícies dos endoteliócitos). Em experimentos de *phage display in vivo* utilizando uma biblioteca de peptídeos aleatórios (representada pelas diferentes formas geométricas ligadas ao fago), é possível identificar moléculas que se ligam a esses marcadores moleculares dentro do organismo (endereços moleculares).

O câncer é uma das doenças que mais provocam a morte de pacientes no mundo. A assinatura molecular da vasculatura tumoral diferenciada daquela encontrada em células endoteliais de órgãos e tecidos normais é bastante útil para diagnóstico e terapia direcionada especificamente ao tecido afetado, reduzindo efeitos colaterais ao restante do organismo[40]. Assim, essa diversidade vascular presente nos órgãos[39] e mais ainda presente em tecidos tumorais pode ser explorada por *phage display in vivo* para a seleção de peptídeos "tecidos-específicos" eficientemente utilizados em *drug delivery* e diagnóstico por imagem[23-26,41-43]. Assim, em 1998, Arap e colaboradores selecionaram por *phage display* peptídeos específicos para a vasculatura tumoral que foram conjugados ao fármaco doxorrubicina, quimioterápico muito utilizado no tratamento de câncer de mama, pulmão, ovário, linfomas, leucemias e outros. Os autores observaram que os peptídeos promoviam um aumento da eficácia da doxorrubicina, ao mesmo tempo que reduziam sua toxicidade[24]. Esse estudo foi a prova de conceito que abriu o caminho para o desenvolvimento de terapias tecido-específicas. Atualmente, este conceito é bem-aceito, e os primeiros medicamentos derivados dessa abordagem encontram-se em diferentes fases de estudo clínico (Adipotide, NGR, AAVP)[23-26,41-43].

Em 1999, Ellerby e colaboradores propuseram um novo conceito de fármacos baseado nas moléculas isoladas por *phage display*[25]. Os chamados peptídeos quiméricos consistiam em duas partes: um domínio-guia que direciona o fármaco para o tecido-alvo e uma sequência biologicamente ativa, que desempenha a função biológica desejada assim que o fármaco atinge o tecido desejado. Como prova de conceito, fusionaram peptídeos pró-apoptóticos (desenvolvidos para não serem tóxicos fora das células, porém letais quando internalizados) com peptídeos tumor-específicos. Quando injetados em camundongos, observou-se grande eficácia do tratamento de tumores como sarcoma de Kaposi (um tumor maligno do endotélio linfático. A enfermidade foi descrita em 1872 em Viena pelo médico húngaro Moritz Kaposi, que lhe deu o nome de "sarcoma múltiplo pigmentado idiopático") e carcinoma de mama humano. Ainda, em animais saudáveis, não foram observados efeitos adversos devido à administração da droga, criando, assim, uma nova classe de agentes quimioterápicos altamente específicos e com baixa toxicidade[44]. Esse tipo de farmacologia foi mais tarde aplicada com sucesso para o desenvolvimento de uma nova terapia antiobesidade, um problema importante na saúde pública. Kolonin e colaboradores (2004) identificaram por *phage display in vivo* um peptídeo específico e ligante da vasculatura do tecido adiposo branco[45]. Eles criaram então um peptídeo quimérico, fusionando o peptídeo identificado com o peptídeo pró-apoptótico descrito por Ellerby e colaboradores, que levou a uma importante redução da massa adiposa em camundongos obesos. Este peptídeo quimérico, hoje denominado de adipotide, apresenta efeitos promissores em outros modelos animais e está em estágio avançado de estudos pré-clínicos[18].

Em 2001, Giordano e colaboradores desenvolveram um método eficiente para selecionar peptídeos que se ligam à superfície de células[17]. Essa técnica, denominada de *Biopanning and Rapid Analysis of Selective Interactive Ligands* (BRASIL), tem sido amplamente utilizada para identificar pares ligantes-receptores de superfície expressos nos mais diferentes tipos celulares, de células de mamíferos a fungos[17,46]. Por exemplo, utilizando-se a metodologia BRASIL, foi possível isolar um peptídeo ligante de células endoteliais da vasculatura pulmonar[47]. Quando associado ao peptídeo pró--apoptótico, foi possível determinar a importância da vasculatura pulmonar na patologia do enfisema e, ao mesmo tempo, desenvolver um modelo animal para o estudo de enfisema pulmonar com importantes semelhanças com a doença humana[47].

Outra área importante à qual que o *phage display* tem contribuído bastante é a de diagnóstico. Peptídeos tecido-específicos podem ser acoplados a diferentes marcadores radioativos, fluorescentes ou paramagnéticos e explorados em sistemas de imagem *in vivo*, entre eles ressonância magnética de imagens (do inglês *magnetic resonance imaging* – MRI), tomografia de emissão de pósitrons (do inglês *positron emission tomography* – PET), tomografia de emissão de fóton único (do inglês, *single photon emission computed tomography* – SPECT) e microendoscopia de fluorescência confocal, que implicam na caracterização e medida de processos biológicos a níveis moleculares e celulares em humanos[48]. Um dos peptídeos mais explorados nesse sentido é o RGD (Arg-Gly-Asp)[49], marcado por diferentes métodos e utilizado para estudos de imagem molecular de vários tipos de tumores[50,51]. Entre essas marcações podemos citar [^{18}F]-GalactoRGD, desenvolvido para PET para detectar a expressão de $\alpha v \beta 3$ em pacientes com câncer de células escamosas de cabeça e pescoço, abordagem promissora para a avaliação da resposta de terapiais antiangiogênicas[52]. O uso de peptídeos para investigar características estruturais e funcionais da vasculatura tumoral também inclui técnicas *ex vivo*, como imuno-histoquímica[53.]

Finalmente, vetores baseados em *phage display* podem ainda ter aplicações em terapia gênica. Desde o início da era genômica, a terapia gênica vem sendo descrita como uma forma promissora de tratamento, principalmente para doenças de origem hereditária. Porém, a falta de especificidade dos vetores utilizados nesse tipo de terapia sempre foi um fator limitante, levando a efeitos indesejáveis. Assim, direcionar os vetores para os tecidos--alvos de maneira específica resultaria em maior eficácia terapêutica e menos efeitos colaterais desencadeados pela inespecificidade tecidual de vetores. Vetores adenovirais utilizados na terapia gênica podem ser conjugados a peptídeos tecido-específicos[54], isolados previamente por *phage display*, ou ainda construídos como partículas quiméricas com fagos e eficientemente direcionados a tecidos de interesse, permitindo estudos de imagem além de direcionamento específico de terapia[6,55].

3.3 *BIOPANNING*: SELEÇÃO DE LIGANTES DE ALTA AFINIDADE

Processos de seleção de peptídeos de alta afinidade por um alvo utilizando-se o *phage display* são chamados de *biopanning*. O termo faz alusão ao método utilizado em mineração para se encontrar ouro em meio a outros minerais, e representa o desafio de se encontrar um peptídeo relevante em meio a outros 10^9 ou 10^{10} peptídeos presentes na biblioteca.

Conceitualmente o processo de seleção é simples: basta incubar a biblioteca de fagos com o alvo, lavar os fagos que não aderiram e recuperar os fagos aderidos infectando bactérias para reamplificação dos mesmos e realização de subsequentes rodadas de seleção. Basta repetir esse processo algumas vezes e, teoricamente, haverá o enriquecimento de sequências com alta afinidade pelo seu alvo. Porém, muitos fatores podem influenciar nessa seleção, e o planejamento do experimento é determinante para seu sucesso.

Dois fatores de extrema importância em um experimento de *biopanning* são: estringência e rendimento. Podemos definir o primeiro como sendo o grau em que os peptídeos com maior afinidade serão favorecidos durante a seleção, em detrimento dos peptídeos com menor afinidade[56]. Definimos rendimento como a quantidade de fagos que é recuperada em um experimento em relação à quantidade colocada inicialmente. Ambos os conceitos são inversamente proporcionais, ou seja, se desejamos uma maior estringência, teremos um menor rendimento, e vice-versa.

Experimentos realizados contra apenas uma proteína imobilizada em uma superfície têm menor complexidade relacionada à seleção devido ao pequeno número de sítios diferentes para a ligação de peptídeos, assim, podemos realizar o experimento utilizando técnicas que aumentem a estringência durante a seleção, já que mesmo recuperando poucos fagos diferentes ainda será possível selecionar clones que se liguem ao alvo com alta afinidade. Por outro lado, podemos realizar um *biopanning* contra células e até mesmo animais inteiros, como no *phage display in vivo*. Nesses experimentos temos uma infinidade de proteínas expostas que podem ser alvo de ligação dos fagos (com afinidades de ligação próprias), cada uma das quais presente em quantidades diferentes. Se aumentarmos muito a estringência em nossa seleção, poderemos perder clones importantes que se ligam às proteínas pouco expressas. Todavia, se aumentarmos muito o rendimento teremos um aumento no número de ligantes inespecíficos, dificultando, assim, a identificação de bons ligantes.

O experimento de *biopanning* pode ser visto como um processo de evolução darwiniana *in vitro*, ou seja, a "sobrevivência" dos clones depende da sua capacidade de se ligar ao alvo, para assim poder ser propagado e continuar nas próximas rodadas de seleção. Porém, o que pode ser notado é que nem sempre essa seleção é unifatorial, visto que outros fatores, além da capacidade de adesão ao alvo, também influenciam o processo. O mais importante deles é a capacidade de propagação alterada que alguns fagos podem apresentar. Algumas sequências peptídicas, mutações, deleções e recombinações podem favorecer a propagação de alguns clones que se replicam de forma mais eficiente do que outros[57-60]. Isto resulta num viés na seleção de fagos que expressam peptídeos com baixa afinidade, mas com rápido crescimento[58]. Métodos para suprimir esse tipo de ocorrência já foram propostos na literatura[59-61], porém ainda não são muito utilizados. Outros fatores que podem afetar negativamente a representação de fagos contendo peptídeos relevantes incluem a presença de códons desfavoráveis e a toxicidade dos peptídeos para as bactérias durante sua amplificação[62].

O método mais tradicional de *biopanning* consiste em imobilizar a proteína de interesse numa placa de poliestireno, ou outra superfície inerte, e incubá-la com a biblioteca de fagos. Após algum tempo, realiza-se diversas lavagens a fim de remover os fagos que não se ligaram às proteínas imobilizadas. Essa etapa pode ser realizada simplesmente adicionando e removendo o tampão repetidas vezes; pode-se também utilizar detergentes para aumentar a estringência da seleção e reduzir o número de fagos recuperados, ou ainda novas técnicas baseadas em tecnologias de microfluidos[14]. Em seguida, os fagos ligantes são eluídos. Isso pode ser feito utilizando-se uma solução com pH ácido (pH ≈ 2), ou ainda podemos simplesmente adicionar uma cultura saturada de bactérias para que sejam infectadas pelos fagos ali presentes. Os fagos são amplificados para que cada cópia transforme-se em milhares de clones e realizem-se repetidos ciclos de seleção, chamados também de *rounds*, até que haja enriquecimento para sequências com alta afinidade pela proteína de interesse. Frequentemente, realizam-se três ou quatro *rounds* de seleção.Também podemos identificar por *phage display* peptídeos específicos para linhagens celulares. Introduzida em 2001, a técnica BRASIL (protocolo descrito neste capítulo) fornece uma importante ferramenta para essa modalidade de seleção. O experimento consiste em incubar a biblioteca de fagos com as células numa suspensão. Após um tempo de interação, as células são separadas dos fagos não ligantes por centrifugação sob uma fase orgânica que consiste de um líquido não miscível em água. As células, mais densas que a fase orgânica, migram para o fundo do tubo, carregando com elas os fagos que se ligaram à sua membrana. Já os fagos não ligados, permanecem na fase aquosa na parte de cima do tubo (Figura 3.6). Após esse passo, podemos cortar o fundo do tubo e recuperar os fagos ligados às células ressuspendendo o *pellet* em uma cultura saturada de bactérias. Os fagos são então reamplificados e submetidos a novos ciclos de seleção.

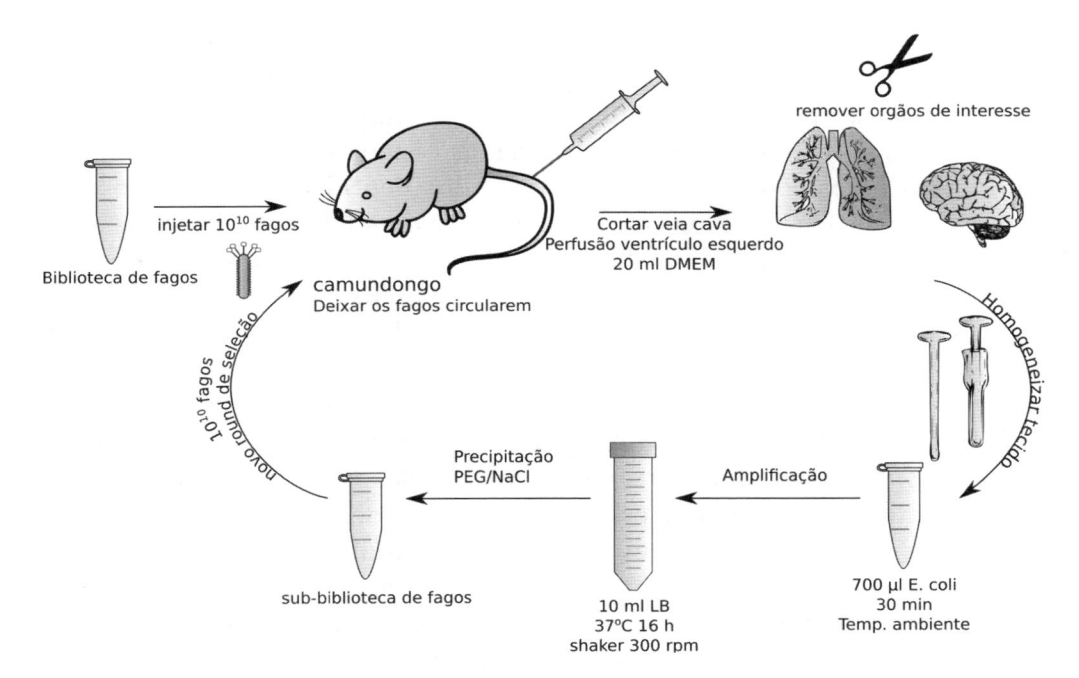

Figura 3.6 Representação do protocolo de biopanning pelo método BRASIL. Para a seleção de fagos ligados às células, estas devem ser desprendidas, lavadas e depois incubadas com a biblioteca de fagos. A suspensão de células e fagos é então transferida gentilmente para um tubo contendo o óleo BRASIL, e que será centrifugado para separar as células dos fagos livres. O fundo do tubo contendo o pellet de células é cortado e transferido para um tubo maior que será incubado com as bactéria. Os fagos ligados às células serão então amplificados e utilizados no próximo ciclo de seleção.

Muitas vezes, pesquisadores desejam não apenas encontrar uma molécula que se ligue com alta afinidade a um alvo, mas também que essa molécula seja específica para tal alvo, ou, ainda, que seja capaz de discriminar alvos diferentes. Para esse fim, é empregada uma técnica chamada de seleção negativa, ou *pre-clearing*. Por exemplo, se queremos encontrar um peptídeo que se ligue a uma isoforma específica de uma proteína, mas não a outra, primeiro podemos incubar a biblioteca de fagos com as proteínas com as quais não desejamos que haja afinidade, assim, todos os fagos apresentando peptídeos com afinidades a essas proteínas ficarão aderidos à primeira proteína e serão removidos do *pool* de fagos. Os fagos que não se ligaram a essas proteínas são então utilizados para a realização do *panning* contra o alvo de interesse. Essa técnica pode ser utilizada também com células, por exemplo, fazendo uma seleção negativa em células saudáveis e depois seleções positivas em células tumorais ou infectadas com patógenos a fim de identificar biomarcadores e moléculas que se liguem especificamente a esses tecidos.

Como mencionado anteriormente, após a realização dos protocolos de *biopanning*, com ou sem emprego do método BRASIL ou de um *pre-clearing,* a opção mais tradicional é prosseguir com o isolamento uma a uma de cada uma das colônias bacterianas contendo o genoma viral, partindo para o sequenciamento e definição dos peptídeos selecionados. Tal processo envolve a recuperação dos fagos selecionados no *biopanning* e por vezes requer o maceramento dos tecidos (no caso de protocolos *in vivo*), além da recuperação de clones de fagos individuais, o que pode ser exaustivo e consumir tempo considerável. Em 2009, Dias-Neto e colegas desenvolveram um protocolo baseado em PCR e sequenciamento em larga escala que permitiu acelerar o processo de obtenção de sequências selecionadas, reduzindo o custo e aumentando exponencialmente a informatividade da técnica de *phage display*. Ao recuperar o DNA dos fagos, sem a necessidade de obtenção de colônias bacterianas, esse protocolo permitiu gerar cópias de amplicons derivados de milhões de fagos simultaneamente. Os amplicons gerados podem então ser submetidos a protocolos de sequenciamento em larga escala, gerando uma cobertura completa da diversidade de fagos selecionados nos protocolos, conforme demonstrado por curvas de saturação e diversidade. De modo ilustrativo, empregamos esse protocolo em experimento de *biopanning* em paciente com morte cerebral, sendo que os fagos foram recuperados em autópsia, 72 horas após a injeção da biblioteca. Nesse momento já não havia fagos viáveis, o que impediu a realização do estudo utilizando os protocolos usuais. No entanto, o DNA dos fagos ainda encontrava-se viável e amplificável, o que permitiu recuperar a sequência dos peptídeos associados a diferentes tecidos com a consequente descoberta de fagos tecido-específicos para diversos órgãos humanos[63].

Ainda que seja possível identificar ligantes de alta afinidade por proteínas específicas, muitas vezes essas moléculas não repetem *in vivo* o comportamento observado *in vitro*. Até mesmo seleções feitas em células podem sofrer com esse tipo de fenômeno. Isso ocorre porque no interior de um organismo vivo temos uma enorme diversidade de moléculas e muitos processos diferentes ocorrendo simultaneamente, sendo possível que um peptídeo selecionado *in vitro* não consiga chegar até seu alvo por não ter a capacidade de atravessar membranas biológicas, ou por se ligar inespecificamente a outras moléculas como, por exemplo, albumina do soro, ou ainda por outros motivos ainda não descritos. Assim, podemos realizar seleções diretamente em animais, como camundongos[38,64,65], ou até mesmo em seres humanos[63].

O primeiro método, e ainda o mais comum, consiste em injetar a biblioteca de fagos na veia caudal de um camundongo (Figura 3.7). Desta forma, os fagos irão se distribuir pela circulação, ligando-se a marcadores moleculares expressos nos vasos sanguíneos dos diferentes tecidos e órgãos do animal em estudo. Após um período em circulação (entre dez minutos até 24 horas), o animal é perfundido pelo coração para remover os fagos que não se ligaram ao endotélio antes de amostras do tecido e órgão de interesse serem removidos e extraídos do animal. O tecido então é macerado, e os fagos, ligados aos vasos sanguíneos recuperados por infecção com cultura saturada de bactérias. Utilizando tal protocolo, já foi possível identificar peptídeos que se ligam preferencialmente a diferentes tecidos e também a tumores[36,38,45,64].

Tradicionalmente, um *biopanning* é feito apenas com um órgão por vez, porém Kolonin e colaboradores mostraram que é possível realizar os experimentos de forma síncrona em diversos tecidos. Após injetar a biblioteca, os órgãos de interesse são retirados e processados separadamente, para que depois todas as sub-bibliotecas geradas sejam reunidas e novamente administradas, em um único animal. Essa estratégia para a seleção de fagos *in vivo* é prática e eficiente, pois em um único *screening* é possível selecionar peptídeos para diversos tecidos e a seletividade dos fagos por cada órgão não é afetada pelo fato de injetarmos diversas bibliotecas nos sucessivos *rounds* de seleção. Ainda, a estratégia revelou-se particularmente relevante para os estudos de pacientes humanos, permitindo selecionar peptídeos para vários órgãos utilizando um número mínimo de indivíduos.

Neste texto demonstramos os métodos mais tradicionais, porém para a seleção de peptídeos para fins específicos talvez seja necessário que outras

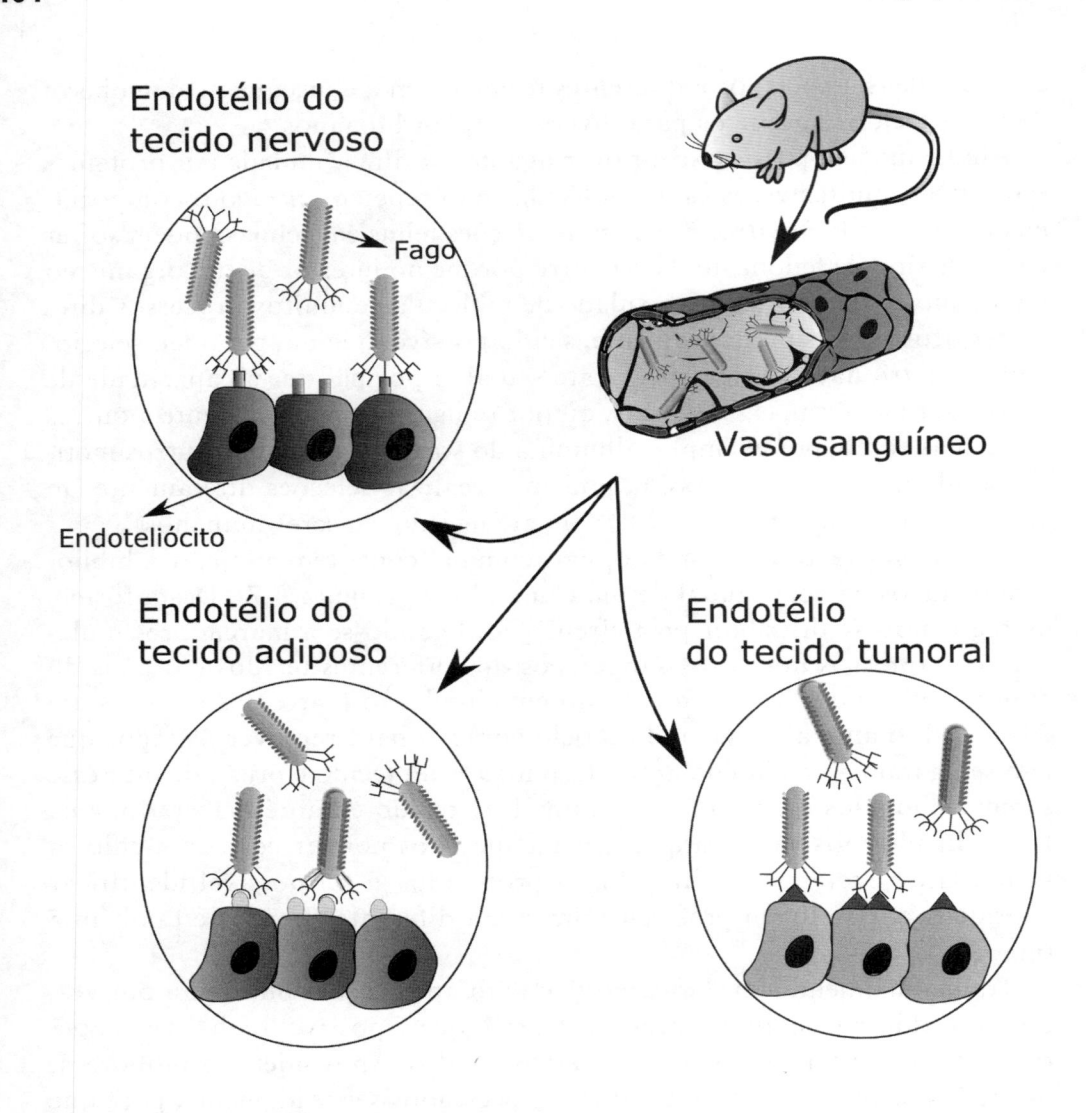

Figura 3.7 Representação do protocolo de biopanning in vivo utilizando um camundongo. A biblioteca de fagos é injetada na veia caudal do camundongo devidamente anestesiado. Os fagos irão circular de maneira sistêmica e dependendo do tempo de circulação poderão ligar-se à superfície das células (trinta minutos), ou serem internalizados (24 horas). Após o período de circulação, os fagos livres são removidos por perfusão cardíaca e os tecidos de interesse, removidos. A recuperação dos fagos é feita após maceração mecânica do tecido de interesse, que será adicionado à cultura de bactérias. Os fagos são então amplificados e utilizados em um novo ciclo de seleção.

estratégias sejam adotadas. Por exemplo, Chen e colegas (2006) aplicaram a biblioteca de fagos sobre a pele do camundongo e depois recuperaram os fagos que estavam no sangue, identificando peptídeos que mediassem o transporte do fago pelos tecidos até a corrente sanguínea[66]. Assim, demonstra-se que as possibilidades para a realização de experimentos de *biopanning* dependem apenas da engenhosidade e da estratégia adotada pelo pesquisador.

3.3.1 Protocolo: *Biopanning* em células (método BRASIL, *Biopanning and Rapid Analysis of Selective Interactive Ligands*)

Materiais

- Reagentes para cultura de células
- Itens necessários para cultura de bactérias
- Microcentrífuga
- Tubos de centrífuga de 0,4 mL (Fisher Scientific no.: 02-681-229), tubos para centrífuga de 1,5 mL e 50 mL
- PBS (do inglês *phosphate-buffered saline*) 1x (2,67 mM KCl; 1,15 mM KH_2PO_4; 8,06 mM; Na_2HPO_4; 0,14 M NaCl; pH 7,4)
- PBS 1x contendo EDTA (*ethylenediamine tetraacetic acid*) 10 mM (PBS/EDTA)
- PBS 1x contendo glicerol 1% (peso/volume) (PBS/glicerol)
- DMEM (*Dulbecco's modified Eagle's medium*) contendo 1% (peso/vol) de albumina bovina (DMEM/BSA)
- Óleo BRASIL (dibutil ftalato:ciclohexano 9:1 [vol/vol])

Procedimento

As etapas descritas neste protocolo estão ilustradas na Figura 3.6.

1. Cultura de células. Manter as células escolhidas em condições ideais de cultura por 24 a 48 horas antes de realizar o ensaio. Para cada experimento, sugere-se uma garrafa de cultura média (75 cm^2) com confluência ao redor de 80%, ou aproximadamente 10^6 células.

a) Desprendimento de células. Lavar 3 vezes a garrafa de cultura com PBS 1x. Adicionar à garrafa de célula 2 mL (garrafa de 25 cm^2) ou 6 mL (garrafa de 75 cm^2) de PBS 10 mM EDTA e incubar no gelo até que as células se soltem (de 5 a 30 minutos).

- O tempo para que as células se desprendam deve ser padronizado para cada linhagem. Alternativamente, para as linhagens que aderem muito fortemente à garrafa, pode-se utilizar tripsina e depois incubar as células por algumas horas em meio de cultura completo em tubo de 15 mL para que se recuperem.

- Se estiver trabalhando com células em suspensão, centrifugue-as por 5 minutos a 300 rcf (*relative centrifugal force*), a 4 °C, aspire o meio cuidadosamente, para não perder as células, e passe ao próximo passo.

2. Lavagem das células. Transfira as células para tubo de 15 mL, adicione meio de cultura DMEM/BSA (volume final 12 mL) e colete as células por centrifugação (300 rcf, 4 °C por 5 minutos).

- Aspire o meio cuidadosamente para não perder as células e repita o procedimento de lavagem. Após ressuspender as células e antes de realizar a centrifugação, retirar uma alíquota de 10 μL da solução, fazer a contagem em uma câmara de Neubauer e calcular a quantidade total de células presentes no tubo.

3. Ressuspender as células em uma concentração final de 10^7 células/mL. Transferir a suspensão de células para um tubo de 1,5 mL e centrifugue a 300 rcf, 4 °C, por 2 minutos. Cuidadosamente, remover o meio de cultura deixando apenas o suficiente para prevenir que as células sequem e morram. Mantenha no gelo até o uso.

4. Preparação dos fagos. Adicionar 10^{10} fagos da biblioteca em 100 μL de DMEM/BSA e centrifugar por 10 minutos a 15.000 rcf, a 4 °C.

- Esta centrifugação é um passo importante para limpar a biblioteca de fagos e o BSA de microagregados que se formam durante o processo de estocagem.

5. Incubação com a biblioteca. Transferir a biblioteca de fagos em DMEM/BSA para o tubo contendo as células (passo 3). Ressuspender as células na solução contendo os fagos e incubar por 3 a 4 horas no gelo, agitando gentilmente a cada 30 minutos. Este é um bom momento para iniciar a cultura de células K91 para a recuperação dos fagos (passo 7).

6. Separação dos fagos ligantes. Terminado o período de incubação das células com os fagos da biblioteca, transferir cuidadosamente a suspensão para um tubo de 400 μL contendo no fundo 200 mL de óleo BRASIL. Centrifugar o tubo a 10.000 rcf por 10 minutos à temperatura ambiente.

- Ao transferir a suspensão de células e fagos para o tubo contendo o óleo, deve-se tomar cuidado para não misturar as fases nem formar muitas bolhas, evitando assim possíveis contaminações.
- A temperatura da centrifugação nesta etapa é muito importante, pois a densidade do óleo muda com a temperatura, impedindo a entrada das células no óleo.

7. Infecção. Após a centrifugação é possível observar um *pellet* de célu-las no fundo do tubo, dentro da fase orgânica. Cortar o fundo do tubo e o transferir, juntamente com o *pellet* de células, para um tubo de 1,5 mL. Adicionar 200 µL de uma cultura saturada de bactérias *E. coli* cepa K91Kan (D.O. ≈ 2,0), pipetando várias vezes para desfazer o *pellet* e permitir a recu-peração dos fagos. Incubar por 30 minutos à temperatura ambiente.

- Alternativamente, o tubo com a fase orgânica pode ser congelado a -80 °C para impedir que, ao extrair o *pellet* de células, haja contami-nação com a fase aquosa. O tubo pode ainda ser mantido a -80 °C por várias semanas sem perda significativa de infecção. Por exemplo, se ao final da centrifugação a cultura de bactérias ainda não tiver atin-gido a densidade óptica (DO) necessária, conserve o tubo a -80 °C até as bactérias estarem prontas.
- É importante homogeneizar bem o *pellet* de células na cultura de bac-térias para maximizar a infecção e, consequentemente, a recuperação dos fagos.

8. Amplificação. Transferir a solução do passo 7 para um tubo de 50 mL contendo 10 mL de LB (*lysogeny broth*) com os antibióticos adequados. Homogeneizar bem e incubar por 16 a 18 horas a 37 °C sob agitação de 250 rpm a 300 rpm.

- Se estiver no 2º ou 3º ciclo de seleção dos fagos, retirar uma alíquota desta solução para semear em placas de LB/ágar contendo antibióticos para seleção. Fazer os plaqueamentos em triplicata com 100 µL, 10 µL e 1 µL. Incubar em estufa de bactérias e contar as colônias no dia seguinte para calcular o número de fagos que foram recuperados no *round* de seleção. Esta etapa não é realizada no 1º ciclo de seleção, dado o baixo número de cópias presentes dos peptídeos.
- Composição do meio LB (*lysogeny broth*): este é um método comum para a preparação de 1 litro de LB. Pesar os seguintes componentes:
  - 10 g de triptona
  - 5 g de extrato de levedura
  - 10 g de NaCl

Suspender os sólidos em ~ 800 mL de água destilada ou desionizada. Adicionar um excesso de água destilada ou água desionizada, numa proveta graduada para garantir a precisão, para perfazer um total de 1 litro. Auto-clavar a 121 °C durante 20 minutos. Após esfriamento, agitar o frasco para assegurar uma mistura adequada, e o LB estará pronto para o uso.

9. Precipitação. Após o crescimento dos fagos, precipitar utilizando PEG/NaCl ou o protocolo recomendado pelo fabricante da biblioteca.

Ressuspender os fagos em 50 µL de PBS 1x e titule a sub-biblioteca por contagem de colônias.

10. Novos rounds. Repetir o processo de *biopanning* agora utilizando a nova sub-biblioteca por mais 2 vezes.

11. Seleção de clones. Ao final dos 3 ciclos de seleção, coletar as colônias em placas de 96 poços contendo 100 µL de PBS/glicerol por poço.

- Cada colônia contém apenas um fago. Pode-se selecionar os clones para sequenciamento e posterior validação dos peptídeos.

Como discutido anteriormente, de modo alternativo, pode-se partir para a extração de DNA das células recuperadas, prosseguindo-se com a amplificação dos insertos dos fagos e seu sequenciamento, como descrito posteriormente neste capítulo.

3.3.2 Protocolo: *Biopanning in vivo*

Este protocolo deve ser executado por pessoas treinadas no trabalho com animais e seguindo as diretrizes legais e éticas de experimentação com animais.

Materiais

- Camundongo (Ex.: BALB/C, C57BL/6 etc.)
- Anestésico
- Equipamento cirúrgico (tesouras, pinças, bisturi etc.)
- Seringa de insulina, seringa de 20 mL
- DMEM/BSA
- *Douncer* para homogeneização de tecidos
- Centrífuga e tubos adequados

Procedimento

As etapas descritas neste protocolo estão ilustradas na Figura 3.7.

1. Anestesia. Conter o animal e administrar o anestésico. Aguardar até que o animal esteja inconsciente e totalmente anestesiado para continuar o procedimento.

- Frequentemente utilizamos 2,2,2-tribromoetanol a uma concentração de 20 mg/mL, administrando de 0,25 mg/g a 0,5 mg/g via injeção intraperitoneal.

2. Injeção dos fagos. Diluir 10^{10} fagos da biblioteca em 100 µL de DMEM/BSA. Centrifugar a 10.000 rcf por 10 minutos para remover agregados. Injetar a solução na veia caudal do camundongo e aguardar entre 10 e 30 minutos para os fagos circularem no corpo do animal.

- Checar frequentemente se os animais continuam anestesiados. Caso os efeitos dos anestésicos estejam desaparecendo, administrar mais uma pequena quantidade.
- Dependendo do objetivo da seleção, pode-se alterar o tempo de circulação dos fagos. Por exemplo, tempos de circulação de até 24 horas permitem isolar fagos que são internalizados *in vivo* pelas células-alvo.

3. Perfusão cardíaca. Após aguardar a circulação dos fagos, realizar, com a ajuda de uma seringa, a perfusão cardíaca pelo ventrículo esquerdo com 20 mL de DMEM/BSA.

- Este passo garante a remoção dos fagos que continuam na circulação e não aderiram à nenhum tecido.

4. Processamento dos tecidos. Remover o órgão ou tecido de interesse, pesar e adicionar 1 mL de DMEM/BSA. Homogeneizar bem utilizando um *douncer,* ou um homogeneizador automático, como o Precellysâ. Transferir para um tubo e centrifugar a 2.000 rcf, 4 °C por 5 minutos. Descartar o sobrenadante, ressuspender em 1 mL de DMEM/BSA e repetir a centrifugação.

- A recuperação dos fagos é maximizada quando o processamento dos órgãos é feito com tecido fresco.

5. Infecção. Após a centrifugação, descartar o sobrenadante e ressuspender o *pellet* com 700 µL de cultura saturada de bactérias *E. coli* cepa K91Kan (D.O. ≈ 2,0), ou então, usar a cepa recomendada pelo fabricante de sua biblioteca. Incubar por 30 minutos à temperatura ambiente.

6. Amplificação. Transferir a solução do item 5 para um tubo de 50 mL contendo 10 mL de LB (*lysogeny broth*) com antibióticos adequados. Homogeneizar bem e incubar por 16 horas a 37 °C sob agitação de 250 rpm a 300 rpm.

- Se estiver no 2º ou 3º ciclo de seleção, retirar uma alíquota desta solução para realizar a quantificação por contagem de colônias em placas de LB/ágar. Fazer os plaqueamentos em triplicata com 100 µL, 10 µL e 1 µL. Incubar em estufa de bactérias e contar as colônias no dia seguinte para calcular o número de fagos que foram recuperados no *round* de seleção. Esta etapa não é realizada no 1º ciclo uma vez que há poucas cópias de cada peptídeo recuperado.

7. Precipitação. Após o crescimento, precipitar os fagos do sobrenadante da cultura utilizando PEG/NaCl ou o protocolo recomendado pelo fabricante da biblioteca. Ressuspender os fagos em 50 µL de PBS 1x e titular a sub-biblioteca.

8. Novos *rounds*. Repetir o processo de *biopanning* agora utilizando a nova sub-biblioteca quantas vezes achar necessário. Utilizar o número de colônias recuperadas a cada ciclo para se guiar. De forma geral, após o terceiro ciclo de seleção, espera-se um aumento de 2 a 20 vezes no número de fagos recuperados.

9. Seleção de clones. Ao final dos 3 ciclos de seleção, coletar as colônias das placas em um placa de 96 poços contendo 100 µL de PBS+1% glicerol por poço.

- Cada colônia contém apenas um fago. Pode-se selecionar os clones para sequenciamento e posterior validação dos peptídeos.

3.3.3 Protocolo: Sequenciamento de fagos em larga escala utilizando a plataforma Ion Torrent PGM (Life Technologies, EUA)

3.3.3.1 Extração do DNA e geração dos amplicons a serem sequenciados

Materiais e equipamentos requeridos

- Iniciadores senso e antissenso
- Tubos da PCR de 0,2 mL ou placa de 96 poços
- Mix de DNA polimerase com atividade *proof reading*
- Água livre de nucleases

A extração de DNA dos fagos pode ser feita com kits comerciais ou protocolos caseiros. Em nossa rotina, fazemos a extração com o kit *DNeasy Blood & Tissue* (Qiagen, EUA). Se a amostra inicial for constituída por mistura de tecidos e fagos, os tecidos devem ser preferencialmente fragmentados (mecânica ou enzimaticamente) para facilitar a extração. Para uma maior representatividade dos fagos ligados aos tecidos de interesse, recomenda-se utilizar a maior quantidade possível de DNA na geração dos amplicons a serem sequenciados. Recomendamos que a quantidade máxima de DNA a ser usado seja determinada usando-se diluições sucessivas do DNA obtido (em geral, na faixa de 10 a 100x). Para a amplificação pela PCR da região do inserto contida no gene III em uma biblioteca construída no vetor fUSE5, é necessário o uso de um par de iniciadores flanqueando a região do inserto. Para este vetor, recomendamos o uso dos iniciadores fUSE5F: 5'-GAAAAAATTATTATTCGCAATTCCTTTAG-3' e fUSE5R: 5'-AATGAATTTTCTGTATGAGGTTTTGC-3', desenhados para a obtenção de amplicons compatíveis com as tecnologias de sequenciamento do PGM. Os amplicons esperados com esses iniciadores devem ter um tamanho de 153 pares de base (pb). No caso do uso de outras bibliotecas, é importante avaliar a compatibilidade destes iniciadores.

Nessa reação de amplificação, recomenda-se utilizar uma DNA polimerase de alta fidelidade para reduzir erros que possam ocorrer durante a amplificação. Em nossa rotina, utilizamos a enzima Platinum® PCR Super-Mix High Fidelity (Life Technologies, EUA). Ao mix da enzima adicionamos os iniciadores, a uma concentração final de 0,2 µM, além de 5 µL de cada uma das 3 diluições do DNA extraído, para um volume final de 50 µL de reação. Importante manter todos os reagentes no gelo durante a preparação da reação. As condições de amplificação podem variar de acordo com os iniciadores desenhados e a quantidade de DNA. O número de ciclos deve ser o menor possível, para evitarmos viés de amplificação. Para as condições determinadas acima, sugerimos a seguinte ciclagem:

ESTÁGIO	ETAPA	TEMPERATURA	TEMPO
Espera	Ativação enzima	95 ºC	3 min.
Ciclagem (25 a 40 ciclos)	Desnaturação	95 ºC	15 seg.
	Anelamento	60 ºC	15 seg.
	Extensão	72 ºC	15 seg.

3.3.3.2 Purificação dos produtos amplificados

Materiais e equipamentos requeridos

- Agencourt® AMPure® XP Reagent (Beckman Coulter, EUA)

- SPRIPlate 96R Magnet Plate (Beckman Coulter, EUA) ou Magna-Sep™ 96 Magnetic Particle Separator (Life Technologies, EUA)
- Etanol 70%, preparado no dia

A seguir, os amplicons gerados na etapa anterior devem ser purificados, para a remoção de iniciadores não usados, dímeros de iniciadores, tampão etc.

2ª. Purificação dos produtos amplificados de DNA com o *Agencourt® AMPure XPkit*.

IMPORTANTE! Se o tamanho total dos amplicons gerados for inferior a 100 bp, deve-se utilizar outro método de purificação, tal como o kit *Qiagen MinElute® PCR Purification* (Qiagen, EUA).

1) Ressuspender o reagente *Agencourt® AMPure XP*, deixando-o atingir a temperatura ambiente (~ 30 minutos).
2) Para cada amostra, adicionar 90 µL (1,8x volume da amostra) de *Agencourt® AMPure XP*, homogeneizar bem a suspensão das *beads* com o DNA e incubar a mistura por 5 minutos à temperatura ambiente.
3) Colocar cada tubo ou placa no *SPRIPlate 96R Magnet Plate* ou *Magna-Sep™ 96 Magnetic Particle Separator* por 3 minutos ou até que a solução fique clara. Remover e descartar o sobrenadante a partir de cada poço ou tubo sem perturbar o *pellet* de *beads*.
4) Sem remover a amostra da estante magnética, adicionar a cada tubo 30 µL de etanol 70%. Incubar as amostras à temperatura ambiente por 30 segundos. Após o clareamento da solução, remover e descartar o sobrenadante sem perturbar o *pellet*. A seguir, repetir esta etapa, fazendo uma segunda lavagem.
5) Para remover o etanol residual, manter a amostra na estante magnética e remover cuidadosamente com um pipetador de 20 µL qualquer resto de sobrenadante sem perturbar o *pellet*.
6) Manter a amostra na estante magnética, secar as *beads* à temperatura ambiente por 3 a 5 minutos. IMPORTANTE! Não deixar o *pellet* secar completamente, pois isto pode dificultar a sua posterior ressuspensão.
7) Ressuspender o *pellet* em 15 µL de água livre de nucleases, homogeneizando cuidadosamente.
8) Retornar as placas ou tubos para a estante magnética por pelo menos 1 minuto. Após o clareamento da solução, transferir o sobrenadante contendo o DNA eluído para uma nova placa ou tubo sem perturbar o *pellet*.

IMPORTANTE! Este sobrenadante contém o produto a ser sequenciado. Não descartar!

9) <u>Ponto de parada</u>: *(opcional)* Nesta fase, o DNA pode ser armazenado a -20 °C.

A seguir, devem ser feitas as etapas de reparo das extremidades, adição de *barcodes,* PCR em emulsão, diluição e deposição da biblioteca nos *chips* de sequenciamento. Todas essas etapas devem ser feitas com os kits fornecidos pela empresa fabricante. Tais kits vêm sendo aperfeiçoados dia a dia, o que torna inútil a apresentação e um protocolo detalhado dessas etapas neste livro.

Desse modo, a seguir daremos apenas algumas orientações gerais que devem permanecer válidas, de modo relativamente independente do avanço nos kits de sequenciamento usados.

- Lavagens: durante a preparação dos amplicons e da biblioteca, são realizadas diversas etapas de lavagem com etanol. Nessas etapas, deve-se sempre usar etanol 70% recém-preparado (no mesmo dia). Pelo fato de o etanol ser muito volátil, erros na sua concentração podem ser causados por evaporação. Uma alta porcentagem de etanol causa ineficiência de lavagem de moléculas pequenas, enquanto a baixa porcentagem de etanol pode causar perda de amostra.

- *Barcodes:* as plataformas de sequenciamento oferecem a possibilidade de ligação de seqs nucleotídicas identificadoras à extremidade dos amplicons de uma dada biblioteca. Tais sequências funcionam como *barcodes* que permitem que experimentos derivados de múltiplos *biopannings* sejam misturados antes do sequenciamento e identificados após análise bioinformática. Desse modo, os custos da reação são reduzidos, assim como o tempo necessário para a obtenção das sequências. Deve-se ter em mente que quantidades equimolares dos amplicons de diferentes *biopannings* devem ser misturadas, para que seja possível obter uma cobertura homogênea de cada um. Ainda, deve ser considerado qual o *chip* mais adequado, diante da expectativa de diversidade de cada *biopanning*. IMPORTANTE! Ao manusear adaptadores de *barcode*, deve-se ter cuidado para não ocorrer contaminação cruzada. Trocar de luvas frequentemente e abrir um tubo por vez.

3.3.3.3 Sequenciamento na plataforma Ion Torrent Personal Genome Machine™ System

A química de sequenciamento do Ion Torrent (Applied Biosystems) é diferente das demais plataformas de sequenciamento em larga escala disponíveis atualmente. Esta se baseia em semicondutores que detectam uma diferença de potencial elétrico causada pela mudança de pH quando um nucleotídeo é incorporado à fita de DNA nascente, pela ação de uma DNA polimerase e a liberação de um átomo de hidrogênio. A liberação de um único átomo de hidrogênio não é suficiente para alterar drasticamente o pH do meio, porém, como uma única fita de DNA está anelada a apenas uma *bead* e ela é amplificada mais ou menos um milhão de vezes através de uma PCR em emulsão (ePCR), há uma drástica mudança de pH no meio devido à grande quantidade de átomos de hidrogênio sendo liberados simultaneamente. Assim, uma corrente elétrica passa pelos poços onde se encontram as *beads*, e quando há uma mudança de pH gerada pela incorporação de uma base, este potencial muda, indicando a incorporação de uma base. Deste modo, cada um dos nucleotídeos é adicionado um a um, o que permite associar a mudança de potencial elétrico com a incorporação da respectiva base.

Atualmente, esta plataforma é capaz de gerar sequências de aproximadamente 400 nucleotídeos (nt). Com o *chip* 314 (o primeiro a ser lançado), é possível obter 100.000 sequências de 100 nt, ou seja, 10 MB (Mega Bases). Com o *chip* 316 é possível obter 10 vezes mais sequências que com o 314 (100 MB), enquanto o *chip* 318 gera ao redor de 600 MB de dados em uma única corrida. Essa versatilidade permite que experimentos de *phage display* sejam facilmente acomodados de modo flexível. Na rotina usamos um *chip* 316 para determinar a diversidade de uma biblioteca, ou para avaliar os resultados de *biopanning* de um experimento *in vivo*. Após a realização do sequenciamento *pipelines* de bioinformática devem ser estruturados para avaliar a ocorrência de enriquecimento de peptídeos durante o *biopanning*, o que indica a seleção positiva de ligantes de interesse.

3.4 CONCLUSÃO E PERSPECTIVAS FUTURAS

A tecnologia de *phage display* vem sendo utilizada com sucesso e provando ser um meio muito poderoso de seleção de ligantes específicos para alvos de interesse biológico. Com o advento do sequenciamento em larga escala e o estabelecimento de protocolos de *phage display* de nova geração, hoje é factível gerarmos milhões de sequências a partir de um único experimento. Tais desenvolvimentos permitem a realização de duplicatas biológicas com posterior avaliação de diversidade e reprodutibilidade no enriquecimento de certos peptídeos, ou motivos estruturais, ou de sequência primária. Do mesmo modo, controles podem ser avaliados a fundo, incluindo tecidos outros não relacionados ao alvo primário do estudo. Sendo assim, a identificação de ligantes específicos enriquecidos em um dado tecido e pouco frequentes ou inexistentes em tecidos outros sugere fortemente a sua especificidade.

Diante do potencial de *phage display* para identificar peptídeos de alta afinidade e especificidade, tais abordagens devem permitir o futuro *design* de estratégias poderosas de *phage display*, com grande relevância para permitir tratamentos mais específicos e com menos efeitos colaterais.

REFERÊNCIAS

1 Smith GP. Filamentous fusion phage: novel expression vectors that display cloned antigens on the virion surface. Science. 1985;228:1315-7.

2 Marvin DA. Filamentous phage structure, infection and assembly. Curr Opin Struct Biol. 1998;8:150-8.

3 Marvin DA, Welsh LC, Symmons MF, Scott WRP, Straus SK. Molecular Structure of fd (f1, M13) Filamentous Bacteriophage Refined with Respect to X-ray Fibre Diffraction and Solid-state NMR Data Supports Specific Models of Phage Assembly at the Bacterial Membrane. J Mol Biol. 2006;355:294-309.

4 Rakonjac J, Bennett NJ, Spagnuolo J, Gagic D, Russel M. Filamentous bacterio-phage: biology, phage display and nanotechnology applications. Curr Issues Mol Biol. 2011;13:51-76.

5 Loeb T. Isolation of a bacteriophage specific for the F plus and Hfr mating types of Escherichia coli K-12. Science. 1960;131:932-3.

6 Hajitou A, Trepel M, Lilley CE, Soghomonyan S, Alauddin MM, Marini FC, et al. A Hybrid Vector for Ligand-Directed Tumor Targeting and Molecular Imaging. Cell. 2006;125:385-98.

7 Stassen APM, Folmer RHA, Hilbers CW, Konings RNH. Single-stranded DNA binding protein encoded by the filamentous bacteriophage M13: structural and functional cha-racteristics. Mol Biol Rep. 1994;20:109-27.

8 Smith GP, Scott JK. Libraries of peptides and proteins displayed on filamentous phage. In: Ray Wu, editor. Methods Enzymol. Volume 217. San Diego: Academic Press; 1993, p. 228-57.

9 Smith GP. Surface display and peptide libraries. Gene. 1993;128:1-2.

10 Parmley SF, Smith GP. Antibody-selectable filamentous fd phage vectors: affinity purification of target genes. Gene. 1988;73:305-18.

11 Qi H, Lu H, Qiu H-J, Petrenko V, Liu A. Phagemid vectors for phage display: proper-ties, characteristics and construction. J Mol Biol. 2012;417:129-43.

12 Rangel R, Guzman-Rojas L, le Roux LG, Staquicini FI, Hosoya H, Barbu EM, et al. Combinatorial targeting and discovery of ligand-receptors in organelles of mammalian cells. Nat Commun. 2012;3:788.

13 Matsubara T. Potential of Peptides as Inhibitors and Mimotopes: Selection of Car-bohydrate-Mimetic Peptides from Phage Display Libraries. J Nucleic Acids. 2012;2012.

14 Wang J, Liu Y, Teesalu T, Sugahara KN, Kotamrajua VR, Adams JD, et al. Selection of phage-displayed peptides on live adherent cells in microfluidic channels. Proc Natl Acad Sci. 2011;108:6909-14.

15 Sanghvi AB, Miller KP-H, Belcher AM, Schmidt CE. Biomaterials functionalization using a novel peptide that selectively binds to a conducting polymer. Nat Mater. 2005;4:496-502.

16 Arap W, Haedicke W, Bernasconi M, Kain R, Rajotte D, Krajewski S, et al. Targeting the prostate for destruction through a vascular address. Proc Natl Acad Sci USA. 2002;99:1527-31.

17 Giordano RJ, Cardó-Vila M, Lahdenranta J, Pasqualini R, Arap W. Biopanning and rapid analysis of selective interactive ligands. Nat Med. 2001;7:1249-53.

18 Barnhart KF, Christianson DR, Hanley PW, Driessen WHP, Bernacky BJ, Baze WB, et al. A Peptidomimetic Targeting White Fat Causes Weight Loss and Improved Insulin Resistance in Obese Monkeys. Sci Transl Med. 2011;3:108ra112.

19 Corti A, Curnis F, Rossoni G, Marcucci F, Gregorc V. Peptide-Mediated Targeting of Cytokines to Tumor Vasculature: The NGR-hTNF Example. Biodrugs Clin Immunother Biopharm Gene Ther. 2013;27:591.603.

20 Rowley MJ, O'Connor K, Wijeyewickrema L. Phage display for epitope determination: a paradigm for identifying receptor-ligand interactions. Biotechnol Annu Rev. 2004;10:151-88.

21 Scott J, Smith G. Searching for peptide ligands with an epitope library. Science. 1990;249:386-90.

22 He B, Mao C, Ru B, Han H, Zhou P, Huang J. Epitope Mapping of Metuximab on CD147 Using Phage Display and Molecular Docking. Comput Math Methods Med. 2013;2013:983829.

23 Hong FD, Clayman GL. Isolation of a peptide for targeted drug delivery into human head and neck solid tumors. Cancer Res. 2000;60:6551-6.

24 Arap W, Pasqualini R, Ruoslahti E. Cancer treatment by targeted drug delivery to tumor vasculature in a mouse model. Science. 1998;279:377-80.

25 Ellerby HM, Arap W, Ellerby LM, Kain R, Andrusiak R, Rio GD, et al. Anti-cancer activity of targeted pro-apoptotic peptides. Nat Med. 1999;5:1032-8.

36 Marchiò S, Lahdenranta J, Schlingemann RO, Valdembri D, Wesseling P, Arap MA, et al. Aminopeptidase A is a functional target in angiogenic blood vessels. Cancer Cell. 2004;5:151-62.

37 Ronca R, Benzoni P, De Luca A, Crescini E, Dell'era P. Phage displayed peptides/ antibodies recognizing growth factors and their tyrosine kinase receptors as tools for anti-cancer therapeutics. Int J Mol Sci. 2012;13:5254-77.

38 Owen SC, Patel N, Logie J, Pan G, Persson H, Moffat J, et al. Targeting HER2+ breast cancer cells: Lysosomal accumulation of anti-HER2 antibodies is influenced by antibody binding site and conjugation to polymeric nanoparticles. J Control Release Off J Control Release Soc. 2013.

29 Stephen CW, Helminen P, Lane DP. Characterisation of Epitopes on Human p53 using Phage-displayed Peptide Libraries: Insights into Antibody-Peptide Interactions. J Mol Biol. 1995;248:58-78.

30 Xie B, Tassi E, Swift MR, McDonnell K, Bowden ET, Wang S, et al. Identification of the Fibroblast Growth Factor (FGF)-interacting Domain in a Secreted FGF-binding Protein by Phage Display. J Biol Chem. 2006;281:1137-44.

31 Graus YF, de Baets MH, van Breda Vriesman PJ, Burton DR. Anti-acetylcholine receptor Fab fragments isolated from thymus-derived phage display libraries from myasthenia gravis patients reflect predominant specificities in serum and block the action of pathogenic serum antibodies. Immunol Lett. 1997;57:59-62.

32 McConnell SJ, Kendall ML, Reilly TM, Hoess RH. Constrained peptide libraries as a tool for finding mimotopes. Gene. 1994;151:115-8.

33 Dreier B, Beerli RR, Segal DJ, Flippin JD, Barbas CF. Development of Zinc Finger Domains for Recognition of the 5'-ANN-3' Family of DNA Sequences and Their Use in the Construction of Artificial Transcription Factors. J Biol Chem. 2001;276:29466-78.

34 Cardó-Vila M, Giordano RJ, Sidman RL, Bronk LF, Fan Z, Mendelsohn J, et al. From combinatorial peptide selection to drug prototype (II): Targeting the epidermal growth factor receptor pathway. Proc Natl Acad Sci. 2010;107:5118-23.

35 Giordano RJ, Cardó-Vila M, Salameh A, Anobom CD, Zeitlin BD, Hawke DH, et al. From combinatorial peptide selection to drug prototype (I): Targeting the vascular endothelial growth factor receptor pathway. Proc Natl Acad Sci. 2010.

36 Kolonin MG, Sun J, Do K-A, Vidal CI, Ji Y, Baggerly KA, et al. Synchronous selection of homing peptides for multiple tissues by in vivo phage display. Faseb J Off Publ Fed Am Soc Exp Biol. 2006;20:979-81.

37 Gershoni JM, Roitburd-Berman A, Siman-Tov DD, Tarnovitski Freund N, Weiss Y. Epitope mapping: the first step in developing epitope-based vaccines. Biodrugs Clin Immunother Biopharm Gene Ther. 2007;21:145-56.

38 Pasqualini R, Ruoslahti E. Organ targeting in vivo using phage display peptide libraries. Nature. 1996;380:364-6.

39 Ruoslahti E. Vascular zip codes in angiogenesis and metastasis. Biochem Soc Trans. 2004;32:397-402.

40 Li ZJ, Cho CH. Peptides as targeting probes against tumor vasculature for diagnosis and drug delivery. J Transl Med. 2012;10 Suppl 1:S1.

41 Cardó-Vila M, Zurita AJ, Giordano RJ, Sun J, Rangel R, Guzman-Rojas L, et al. A ligand peptide motif selected from a cancer patient is a receptor-interacting site within human interleukin-11. Plos One. 2008;3:e3452.

42 Kolonin MG, Bover L, Sun J, Zurita AJ, Do K-A, Lahdenranta J, et al. Ligand-Directed Surface Profiling of Human Cancer Cells with Combinatorial Peptide Libraries. Cancer Res. 2006;66:34-40.

43 Pasqualini R, Koivunen E, Kain R, Lahdenranta J, Sakamoto M, Stryhn A, et al. Aminopeptidase N is a receptor for tumor-homing peptides and a target for inhibiting angiogenesis. Cancer Res. 2000;60:722-7.

44 Hajitou A, Pasqualini R, Arap W. Vascular targeting: recent advances and therapeutic perspectives. Trends Cardiovasc Med. 2006;16:80-8.

45 Kolonin MG, Saha PK, Chan L, Pasqualini R, Arap W. Reversal of obesity by targeted ablation of adipose tissue. Nat Med. 2004;10:625-32.

46 Lionakis MS, Lahdenranta J, Sun J, Liu W, Lewis RE, Albert ND, et al. Development of a Ligand-Directed Approach To Study the Pathogenesis of Invasive Aspergillosis. Infect Immun. 2005;73:7747-58.

47 Giordano RJ, Lahdenranta J, Zhen L, Chukwueke U, Petrache I, Langley RR, et al. Targeted induction of lung endothelial cell apoptosis causes emphysema-like changes in the mouse. J Biol Chem. 2008;283:29447-60.

48 Ferro-Flores G, Ramírez F de M, Meléndez-Alafort L, Santos-Cuevas CL. Peptides for in vivo target-specific cancer imaging. Mini Rev Med Chem. 2010;10:87-97.

49 D'Souza SE, Ginsberg MH, Plow EF. Arginyl-glycyl-aspartic acid (RGD): a cell adhesion motif. Trends Biochem Sci. 1991;16:246-50.

50 Liu Z, Yan Y, Liu S, Wang F, Chen X. 18F, 64Cu, and 68Ga Labeled RGD-Bombesin Heterodimeric Peptides for PET Imaging of Breast Cancer. Bioconjug Chem. 2009;20:1016-25.

51 Kenny LM, Coombes RC, Oulie I, Contractor KB, Miller M, Spinks TJ, et al. Phase I Trial of the Positron-Emitting Arg-Gly-Asp (RGD) Peptide Radioligand 18F-AH111585 in Breast Cancer Patients. J Nucl Med. 2008;49:879-86.

52 Beer AJ, Grosu A-L, Carlsen J, Kolk A, Sarbia M, Stangier I, et al. [18F]Galacto-RGD Positron Emission Tomography for Imaging of ⬚v⬚3 Expression on the Neovasculature in Patients with Squamous Cell Carcinoma of the Head and Neck. Clin Cancer Res. 2007;13:6610-6.

53 Li ZJ, Wu WKK, Ng SSM, Yu L, Li HT, Wong CCM, et al. A novel peptide specifically targeting the vasculature of orthotopic colorectal cancer for imaging detection and drug delivery. J Controlled Release. 2010;148:292-302.

54 Trepel M, Grifman M, Weitzman MD, Pasqualini R. Molecular Adaptors for Vascular-Targeted Adenoviral Gene Delivery. Hum Gene Ther. 2000;11:1971–81.

55 Hajitou A, Rangel R, Trepel M, Soghomonyan S, Gelovani JG, Alauddin MM, et al. Design and construction of targeted AAVP vectors for mammalian cell transduction. Nat Protoc. 2007;2:523.31.

56 Smith GP, Petrenko VA. Phage Display. Chem Rev. 1997;97:391–410.

57 Derda R, Tang S, Li SC, Ng S, Matochko W, Jafari M. Diversity of Phage-Displayed Libraries of Peptides during Panning and Amplification. Molecules. 2011;16:1776-803.

58 Matochko WL, Chu K, Jin B, Lee SW, Whitesides GM, Derda R. Deep sequencing analysis of phage libraries using Illumina platform. Methods. 2012;58:47-55.

59 Derda R, Tang SKY, Whitesides GM. Uniform amplification of phage with different growth characteristics in individual compartments consisting of monodisperse droplets. Angew Chem Int Ed Engl. 2010;49:5301-4.

60 Thomas WD, Golomb M, Smith GP. Corruption of phage display libraries by target-unrelated clones: Diagnosis and countermeasures. Anal Biochem 2010;407:237-40.

61 Hoen PAC, Jirka SMG, Ten Broeke BR, Schultes EA, Aguilera B, Pang KH, et al. Phage display screening without repetitious selection rounds. Anal Biochem. 2012;421:622-31.

62 Dias-Neto E, Nunes DN, Giordano RJ, Sun J, Botz GH, Yang K, et al. Next-Generation Phage Display: Integrating and Comparing Available Molecular Tools to Enable Cost-Effective High-Throughput Analysis. Plos One. 2009;4:e8338.

63 Staquicini FI, Cardo-Vila M, Kolonin MG, Trepel M, Edwards JK, Nunes DN, et al. Vascular ligand-receptor mapping by direct combinatorial selection in cancer patients. Proc Natl Acad Sci USA. 2011;108:18637-42.

64 Pasqualini R, Koivunen E, Ruoslahti E. alpha v Integrins as receptors for tumor targeting by circulating ligands. Nat Biotechnol. 1997;15:542-6.

65 Rajotte D, Arap W, Hagedorn M, Koivunen E, Pasqualini R, Ruoslahti E. Molecular heterogeneity of the vascular endothelium revealed by in vivo phage display. J Clin Invest. 1998;102:430-7.

66 Chen Y, Shen Y, Guo X, Zhang C, Yang W, Ma M, et al. Transdermal protein delivery by a coadministered peptide identified via phage display. Nat Biotechnol. 2006;24:455-60.

67 Barbas CF 3rd, Kang AS, Lerner RA, Benkovic SJ. Assembly of combinatorial antibody libraries on phage surfaces: the gene III site. Proc Natl Acad Sci USA. 1991;88:7978-82.

68 Petrenko VA, Smith GP, Gong X, Quinn T. A library of organic landscapes on filamentous phage. Protein Eng. 1996;9:797-801.

69 McLafferty MA, Kent RB, Ladner RC, Markland W. M13 bacteriophage displaying disulfide-constrained microproteins. Gene. 1993;128:29-36.

70 Zhang L, Jacobsson K, Ström K, Lindberg M, Frykberg L. Staphylococcus aureus expresses a cell surface protein that binds both IgG and β2-glycoprotein I. Microbiology. 1999;145:177-83.

BIBLIOTECAS DE PEPTÍDEOS SINTÉTICOS

Salvatore Giovanni De Simone
Andre Luis Almeida Sousa

4.1 INTRODUÇÃO

A síntese peptídica pode ser caracterizada como a formação de uma ligação peptídica entre dois aminoácidos. Embora a definição de um peptídeo não seja categórica, geralmente refere-se a cadeias flexíveis (com pouca estrutura secundária) de até 30 a 50 aminoácidos (aa).

O conhecimento da ligação peptídica data de mais de cem anos; entretanto, os primeiros peptídeos funcionais e/ou completos (incluindo a oxitocina e a insulina) foram sintetizados há menos de cinquenta a sessenta anos, fato que demonstra a complexidade e a difícil empreitada da síntese química de peptídeos[1]. Por outro lado, nos últimos cinquenta anos houve um avanço significativo na química da síntese de peptídeos, e os métodos desenvolvidos permitiram atingirmos um alto rendimento e um grau em que a síntese de peptídeos é hoje uma abordagem comum mesmo em investigação biológica e desenvolvimento de insumos biológicos, terapêuticos e fármacos.

Os benefícios do desenvolvimento das estratégias de síntese de peptídeos desenvolvidos são enormes. Hoje, além de termos a capacidade de sintetizar peptídeos em micro e macroescalas semelhantes aos encontrados em amostras biológicas, com criatividade e imaginação podemos gerar também peptídeos únicos para aperfeiçoar uma resposta biológica desejada, ou atingirmos um resultado cobiçado. As modificações podem melhorar sua estabilidade e atividade *in vivo*, sendo, dessa forma, possível administrarmos uma concentração menor com uma atividade maior ou igual. A síntese de peptídeos em escala industrial e em grau clínico de qualidade também é viável, favorecendo a sua utilização terapêutica. Por essas razões, os peptídeos bioativos, antimicrobianos e terapêuticos compõem importantes novas classes de fármacos, que têm atraído grande interesse da indústria farmacêutica. Atualmente, cerca de setenta peptídeos são utilizados mundialmente para o tratamento de diferentes enfermidades e outros tantos como insumos diagnósticos e/ou vacinais.

4.2 HISTÓRIA DA SÍNTESE DE PEPTÍDEOS

Historicamente, podemos dividir a síntese de peptídeos em três fases de desenvolvimento, com duração total de cerca de cem anos. Entretanto, antes dessas fases o conhecimento científico sobre o assunto foi precedido pela descoberta de fermentos biológicos, substâncias proteicas e identificação de alguns de seus constituintes menores, os aminoácidos.

Na primeira fase (1900-1960) os pesquisadores se preocupavam em desenvolver rotas para a síntese de peptídeos que culminaram com o desenvolvimento das primeiras metodologias de "síntese em solução". Na segunda fase (1960-1990) houve a preocupação do aperfeiçoamento metodológico, fato que gerou o desenvolvimento do método em "fase sólida" e outros métodos que permitiram que o rendimento fosse cem vezes maior (aproximadamente 60% a 70%), tornando possível, assim, a obtenção de diversos produtos com aplicação biotecnológica e industrial-farmacêutica. A terceira fase, que se estende de 1990 até nossos dias, é a da automação, que revolucionou a produção de síntese com a construção de modernos sintetizadores automatizados e controlados por computadores, que permitiram serem sintetizadas bibliotecas de peptídeos sobre diferentes suportes e em diferentes concentrações (desde nanogramas a gramas), com um rendimento ainda maior (de 80% a 99,75%).

4.2.1 A primeira era (síntese em solução)

Em 1902, Emil Fischer foi laureado com o prêmio Nobel de Química, o segundo após a inauguração da Fundação Nobel , não por sua contribuição para a química de peptídeos, mas por ter sido um dos químicos de maior sucesso na área de pesquisa em produtos naturais. Em 1880, com 28 anos, descreveu a química do ácido úrico, da xantina, da cafeína e da teobromina, até então sendo estudada por outros famosos cientistas da época (Liebing, Wohler e Strecker). Fischer introduziu o termo "purinas" e expandiu o conhecimento por meio da síntese de relevantes membros do grupo. Em 1884, voltou-se para os carboidratos e brilhantemente introduziu a terminologia de dois compostos opticamente ativos, os isômeros D e L. A ação seletiva das enzimas alfa e beta metilglicosidases levou-o a proferir a famosa metáfora "chave-fechadura" para a ligação de uma enzima com seu substrato. Em 1899, após ter terminado seus projetos com carboidratos, foi atraído para o campo fascinante da química de proteínas, um tabu naquela época devido à falta de metodologias adequadas e à ausência de grupos de pesquisadores organizados em torno do tema.

Em 1901, publicou com E. Fourneau[2] a preparação do primeiro dipeptídeo, a glicilglicina, por hidrólise parcial da dicetopiperazina-glicina por HCl. Embora outros autores tenham publicado anteriormente estudos sobre modificações de aminoácidos, esse trabalho é considerado o marco da síntese de peptídeos por ter descrito a primeira formação de uma ligação peptídica. Na verdade, Theodor Curtius (1857-1928) foi o primeiro a publicar a caracterização da benzoilglicilglicina, pela interação do cloreto de benzoila com sais de prata do ácido hipúrico (benzoilglicina). De fato Curtius descreveu um método em que a elongação da cadeia peptídica ocorria somente pela carbonila final, diferentemente da moderna química de hoje em que os blocos são acoplados via grupo amino inicial. Independente deste fato, Curtius não intencionou trilhar o campo da química de proteínas, mas estava fascinado pela descoberta de ésteres de diazoácidos graxos e a diversidade de suas reações químicas. Em 1905, abandonou o campo dos peptídeos. Entretanto, seus trabalhos repercutiram muito e indiscutivelmente contribuíram muito para o conhecimento da moderna química de peptídeos, talvez mais do que os trabalhos de Fischer. O grande mérito de Fischer foi ter chamado a atenção de todo o mundo científico para o campo das proteínas, cujo mistério somente poderia ser revelado pela aplicação e desenvolvimento de métodos químicos. Entretanto é importante ressaltar também que E. Fischer foi: (i) o primeiro a utilizar e aplicar o conceito de proteção do α-aminoácido por uretana, estratégia de proteção de aminoácidos utilizada ainda hoje, (ii) responsável pela introdução de haletos de ácidos carboxílicos na rota sintética, o que facilitou a introdução do aminoácido seguinte na síntese de peptídeos (Figura 4.1).

Figura 4.1 Emil Fischer (1852-1919) em Munique aos 28 anos e Theodor Curtis (1857-1928) em Heidelberg.

4.2.2 A segunda era (síntese em fase sólida ou a época de ouro)

O avanço da metodologia de síntese de peptídeos durante esta era deveu-se quase que exclusivamente a Merrifield e seu grupo. Bruce Merrifield foi filho único de George E. e Lorene Merrifield e nasceu em Fort Worth, Texas, em 15 de julho de 1921. Em 1923 a família se mudou para a Califórnia, onde Bruce frequentou nove diferentes escolas primárias e duas escolas de ensino médio antes de se formar em 1939 na Montebello High School. Foi lá que ele desenvolveu seu interesse tanto pela química quanto pela astronomia.

Depois de dois anos no Junior College em Pasadena, Merrifield transferiu-se para a Universidade da Califórnia em Los Angeles (UCLA) e graduou-se em química. Lá, trabalhou por um ano na Fundação de Pesquisa Philip R. Park cuidando de animais e auxiliando em experimentos de avaliação da influência de aminoácidos sintéticos nas dietas de animais em crescimento. Num desses estudos, Geiger demonstrou pela primeira vez a necessidade da ingestão de certos "aminoácidos essenciais" para que um melhor crescimento dos animais ocorresse.

Retornando ao departamento de química da UCLA foi trabalhar com o professor de bioquímica M. S. Dunn, tendo como objetivo desenvolver métodos microbiológicos de quantificação de pirimidinas. Depois de se formar, em 19 de junho de 1949, casou-se com Elizabeth Furlong e no dia seguinte partiu para Nova York para trabalhar no Instituto Rockefeller de Pesquisa Médica.

Nesse Instituto, mais tarde Universidade Rockefeller, trabalhou como assistente do dr. D. W. Woolley, avaliando dinucleotídeos e peptídicos como fatores de crescimento, substâncias que Woolley tinha descoberto anos antes. Esses estudos tinham a necessidade da utilização de metodologia da síntese de peptídeos, e como a única metodologia existente era a síntese em solução, cujo rendimento era baixo, teve a ideia de desenvolver uma metodologia que permitisse um rendimento maior e que denominou de síntese de peptídeos em fase sólida em 1959. Em 1963, ele foi o único autor de um artigo clássico, em que relatou um método que denominou de síntese de peptídeos em fase sólida (SPFS). Hoje, esse artigo é um dos mais citados na história da revista[3].

Em meados dos anos 1960, Merrifield sintetizou pela primeira vez a bradicinina, a angiotensina, a diamino-ocitocina e a insulina. Em 1969, junto com Bernd Gutte, anunciou a primeira síntese de uma enzima, a ribonuclease A. Esse trabalho foi importante porque mostrou a natureza química das enzimas, foi ainda mais significativo na medida em que demonstrou que a sequência linear de aminoácidos unidos em ligações peptídicas (estrutura primária) é responsável diretamente pela organização da estrutura terciária de um peptídeo/proteína. Ou seja, que a informação codificada geneticamente em uma dimensão podia ditar diretamente a estrutura tridimensional de uma molécula.

O método de Merrifield propiciou muito o progresso da bioquímica, farmacologia, imunologia e medicina, tornando possível a exploração sistemática das bases estruturais das atividades de proteínas como enzimas, hormônios e anticorpos. Em 1984, reconhecidamente foi agraciado com o prêmio Nobel em química pela sua grande contribuição ao avanço da síntese de peptídeos. Independente desse fato, o desenvolvimento e as aplicações da técnica continuaram a ocupar lugar de destaque em seu laboratório, onde ele permaneceu ativo até 2006. Em 1993, publicou sua autobiografia, *A vida durante a Idade de Ouro da Química de Peptídeos*. Em 1998, recebeu da Associação de Recursos Biomoleculares o prêmio de grandes contribuições às tecnologias biomoleculares (Figura 4.2).

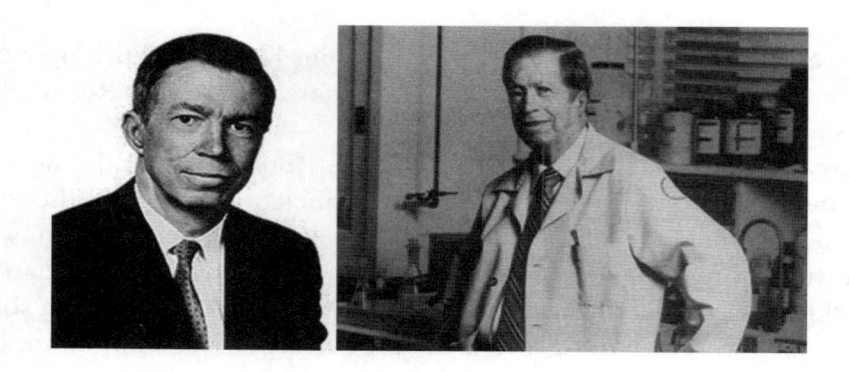

Figura 4.2 Bruce B. Merrifield (1921-2006) em diferentes fases de sua vida. Prêmio Nobel em Química de 1984, desenvolveu a metodologia de síntese de peptídeos em fase sólida e sintetizou pela primeira vez várias proteínas e enzimas, demonstrando que a sequência de aminoácidos é que determina a estrutura terciária de um peptídeo ou proteína. Nasceu em Fort Worth, no Texas, e faleceu aos 84 anos em Cresskill, em Nova Jersey.

4.2.3 A terceira era (automação, arranjos, bibliotecas)

No século XX, os computadores, servomecanismos e controladores programáveis passaram a fazer parte da tecnologia da automação industrial. Hoje, os computadores podem ser considerados a principal base da automação industrial contemporânea. Logo após a introdução destes computadores servomecanicos, tivemos a invenção da régua de cálculo e também da máquina aritmética. A partir de tal momento, podemos começar a considerar que o desenvolvimento da tecnologia da automação industrial esteve diretamente ligado com a evolução dos computadores de um modo geral.

Na época de Merrifield, a síntese de peptídeos era realizada manualmente, o que demandava um tempo muito grande para obter-se o produto. O rendimento, embora alto para a época, era relativamente muito baixo se comparado ao dos dias de hoje. Dessa forma, poucos peptídeos podiam ser sintetizados simultaneamente. Portanto, como alguns desses peptídeos possuíam interesse biotecnológico e industrial, notou-se a necessidade de fazer algo para que fosse aumentada a velocidade de síntese e a produtividade, iniciando-se, assim, o desenvolvimento de máquinas para executar as tarefas com maior precisão, rapidez e qualidade. De maneira geral, a automação industrial pretende aumentar a produtividade, a qualidade e a segurança de um processo.

Na verdade a automação existe desde a Pré-história, com a invenção da roda para transportar materiais de modo a diminuir o esforço humano, mas começou a tomar impulso no século XIX, com o início das linhas de montagem industrial idealizadas por Henry Ford. Entretanto, foi na década de 1950, também conhecida como anos dourados, que o termo automação começou a se popularizar para descrever a movimentação automática de materiais. Outro fato que revolucionou a automatização foi a criação dos Controladores Lógicos Programáveis, que começaram a surgir na década de 1960.

O termo automação provém do latim *automatus*, que significa mover-se por si. A automação é a aplicação de técnicas computadorizadas ou mecânicas para diminuir o uso de mão de obra em qualquer processo, especialmente o uso de robôs nas linhas de produção. No caso dos sintetizadores de peptídeos, as primeiras máquinas desenvolvidas eram semiautomáticas e surgiram em meados da década de 1980. Esses sintetizadores estavam associados basicamente à mecanização do processo e não à automação propriamente dita, limitando-se a executar parcialmente as principais tarefas de um ciclo de acoplamento e lavagem (ver Seção 4.5) e sintetizavam um peptídeo de cada vez.

A parte mais conhecida da automação, atualmente, está ligada à computação robótica. Entretanto, foi graças ao avanço da microeletrônica, desenvolvimento de relés, sensores e transmissores de pressão, vazão, temperatura e outras variáveis necessárias para um Sistema Digital de Controle Distribuído (SDCD) ou Controlador Lógico Programável (CLP) e outros dispositivos que hoje possuímos sintetizadores de um ou múltiplos canais capazes de produzir simultaneamente 4, 8, 16 ou 64 peptídeos em diversas escalas (microgramas a muitas gramas) e cerca de 1.500 peptídeos (em microescala) com rendimento superior a 80%.

4.2.4 Origem das técnicas de síntese sobre suportes

O conceito de síntese paralela múltipla em um suporte sólido foi introduzido no início dos anos 1980 por Ronald Frank e Mario Geysen (Figura 4.3). Em 1983, Frank e colegas descreveram a síntese paralela de cadeias oligonucleotídicas em discos de celulose empacotada numa coluna[4] e em 1984, Geysen e colegas descreveram a síntese paralela de centenas de peptídeos em pinos de plástico[5]. Em 1992, Frank estendeu a sua abordagem e estabeleceu um novo método que mais tarde tornar-se-ia um marco nesse campo: a síntese em ponto concêntrico ou SPOT-síntese. Nesse método, os peptídeos são sintetizados simultaneamente sobre um suporte sólido (no caso, membranas de celulose) simplesmente dispensando pequenas gotículas sobre a superfície plana de uma membrana porosa (entendido como um reator aberto) onde ocorre a síntese química[6].

Simultaneamente, outro método inovador de preparação de bibliotecas/ matrizes de peptídeos foi descrito: a síntese de arranjos peptídicos por foto-litografia[7]. Nessa abordagem a síntese de 1.024 peptídeos foi realizada sobre lâmina de vidro, utilizando peptídeos-6-nitroveratroiloxicarbonil (Nvoc)--protegidas (um grupo protetor clivável por luz). Vários outros métodos se seguiram, por exemplo, a síntese de peptídeo usando a química Boc (terc--butoxicarbonilo) e ácidos fotogerados[8]. Infelizmente, o progresso nessa área foi lento devido à baixa qualidade dos peptídeos sintetizados na superfície, a necessidade de sistemas de máscaras sofisticadas, e a exigência de todos os vinte aminoácidos estarem protegidos com Nvoc.

Independentemente desse fato, a nova tecnologia incentivou o desenvol-vimento de inúmeros e variados tipos de matrizes, como as de peptídeos, arranjos de proteína, bibliotecas combinatórias químicas etc. As matrizes que fizeram progresso nas últimas duas décadas foram as de arranjos de DNA/RNA (ácido desoxirribonucleico/ácido ribonucleico). As matrizes de DNA são usadas para a expressão analítica do gene, a genotipagem de indi-víduos, genotipagem de mutações pontuais, mutações pontuais, repetições curtas em tandem, e numerosas outras aplicações. No geral, as matrizes de DNA tornaram-se um instrumento de pesquisa padrão no campo da genômica. Contudo, as informações obtidas a partir das matrizes de DNA e RNA são limitadas, não fornecendo informação sobre o mecanismo de ação das proteínas.

Em contraste, as matrizes de proteínas evoluíram, pois tais moléculas são bioquimicamente diversas e as suas funcionalidades dependem da superfície exposta, dobramento, conformação correta, sensibilidade a condições exter-nas e produtos químicos. Portanto, durante as últimas décadas os pesqui-sadores tentaram superar a relativa complexidade do mundo das proteínas adotando o pensamento linear. Isto levou à evolução das matrizes de peptí-deos para explorar as interações proteína-proteína.

4.3 FUNDAMENTAÇÃO BÁSICA E APLICADA

As matrizes peptídicas assemelham-se às matrizes nucleotídicas no sen-tido de que são relativamente fáceis e baratas de preparar e pelo elevado grau de pureza. Além disso, permitem diminuir a interface e o *zoom* para uma grande interação específica local de ligação peptídica e têm várias vantagens nas investigações de interações proteína-proteína: (i) os peptídeos são fáceis de produzir por síntese química e de purificar, ao contrário das proteínas recombinantes; (ii) a síntese peptídica evita as limitações da utilização de apenas os vinte aminoácidos que ocorrem naturalmente. A síntese química permite a utilização de aminoácidos não naturais e modificados como blocos de construção para diferentes estudos; (iii) introdução de etiquetas ligantes ou grupos em qualquer posição, como biotina, fluoresceína, His-Tag, a ser utilizadas para a detecção ou a imobilização da proteína-alvo, algo muitas vezes necessário em ensaios de ligação; (iv) identificação de epitopos para finalidades diagnósticas ou terapêuticas; (v) a ligação resultante de peptídeos pode servir como base para a modelagem das interações proteína-proteína, enzima-substrato e sítios de fosforilação[9].

Tabela 4.1 Comparação dos métodos de bibliotecas combinatórias

MÉTODOS BIBLIOTECAS COMBINATÓRIAS		VANTAGENS	DESVANTAGENS	CUSTO/BENEFÍCIO	USO MÚLTIPLO
Biblioteca biológica	Phage-display	Fornece até 10^9 peptídeos; peptídeos mais longos* com possibilidade de dobra terciária; técnica de sequenciamento de DNA e biologia molecular disponível em vários laboratórios.	Bibliotecas limitadas aos aminoácidos eucarióticos; limitado a ensaios funcionais e ensaios de ligação simples.	barato; bibliotecas comercialmente disponíveis para phage-display, e disponíveis em vários laboratórios de pesquisa	Biblioteca pode ser expandida, aliquotada e armazenada congelada
Biblioteca paralela espacialmente acessível	Tecnologia Multi-pin	Determinação estrutural desnecessária; peptídeos liberáveis e podem ser ensaiados em solução	Biblioteca de peptídeos relativamente pequena; biblioteca com efeito do ligante, limitado aos ensaios funcionais e de ligação.	"Alfinetes e coroas" moderadamente caros; comercialmente disponível.	"Alfinetes" só podem ser usados poucas vezes sem perda de atividade; a solução de peptídeos pode sustentar ensaios múltiplos.
Membrana de SPOTs		Determinação estrutural desnecessária; ensaio em papel conveniente	A biblioteca de peptídeos é relativamente pequena; limitado aos ensaios funcionais e de ligação simples se os peptídeos ligados forem usados para o ensaio; liberação dos peptídeos possível mas com pequenas quantidades.	Moderadamente caro; o equipamento de Spot Síntese e a membrana customizada são comercialmente disponíveis.	A membrana do spot geralmente não é reciclável para usos subsequentes.

MÉTODOS BIBLIOTECAS COMBINATÓRIAS		VANTAGENS	DESVANTAGENS	CUSTO/BENEFÍCIO	USO MÚLTIPLO
Tecnologia Nanocan		Codificado com marcações por radiofrequência, fácil leitura; aplicável a um ensaio padrão em solução	A biblioteca de peptídeos é relativamente pequena; ineficiente a menos que um mix de síntese seja usado, o peptídeo requer clivagem da resina para varredura subsequente em solução	Equipamento muito caro e suprimentos comercialmente disponíveis.	Ensaios múltiplos com soluções dos peptídeos
Resinas em placas de 96-poços		Aplicável em ensaio padrão em solução	Síntese ineficiente a não ser que completamente automatizada		Robótica cara
Microarranjo químico		Microensaio possível, poupa ensaios com reagentes caros e preciosos	Efeito de ligante; síntese *in situ* não é disponível amplamente; técnica de *spotting* é rápida mas requer síntese individual de compostos separadamente; ligação limitada sobre o *chip* e alguns ensaios funcionais	Moderadamente caro; *Chip* peptídico não disponível comercialmente	Réplicas do *chip* de peptídeos podem ser feitas; *chip* de peptídeo geralmente não reciclável para uso subsequente
Biblioteca sintética requerente deconvolução	Procedimento iterativo	Vários peptídeos podem ser sintetizados e analisados rapidamente; podem ser aplicados ensaios padrão em solução	Mistura de peptídeos; requer síntese iterativa e separada; não tão eficiente como o método de varredura posicional	Não muito caro; biblioteca comercialmente indisponível; pode ser facilmente sintetizado por um químico experiente em peptídeos.	Biblioteca de varredura posicional, uma vez feita pode ser aliquotada e usada em ensaios múltiplos
	Varredura posicional (PS-SCL)		O mesmo para o procedimento iterativo exceto por ser mais eficiente e requer menos síntese		Mistura de peptídeos; resultado pode ser ambíguo se múltiplos pontos com diferentes motivos estão presentes na mistura.
Biblioteca um-*bead* um-composto (OBOC)	Varredura no *bead*	Síntese e varreduras altamente eficientes; cada peptídeo está separado espacialmente, por isso motivos diferentes múltiplos podem ser identificados; aplicável a ensaios de ligação ou funcionais	Efeito do ligante imprevisível até ser testado; estrutura química dos *beads* positivos têm que ser analisadas	Não muito caro; biblioteca não comercialmente disponível; pode ser facilmente sintetizada por um químico experiente	Em princípio, a biblioteca sob *bead* pode ser reciclada para varreduras subsequentes, o que geralmente não é feito.

MÉTODOS BIBLIOTECAS COMBINATÓRIAS	VANTAGENS	DESVANTAGENS	CUSTO/BENEFÍCIO	USO MÚLTIPLO
Ensaio em solução	Síntese altamente eficiente	Mais química é necessária; varredura mais importante que ensaio de ligação, mas é ainda muito mais eficiente que vários outras técnicas de biblioteca		
Biblioteca sintética usando cromatografia de afinidade	Síntese fácil	Reação de fundo alta devido à ligação não-específica; somente motivos predominantes podem ser identificados; aplicação limitada	Não muito caro; biblioteca comercialmente indisponível; pode ser facilmente sintetizada por um químico experiente.	Possível

As matrizes peptídicas apontadas acima representam apenas um tipo de biblioteca combinatória de peptídeo. Existem muitas outras variantes de bibliotecas peptídicas biológicas, como por exemplo, as bibliotecas de fagos[10] e as bibliotecas sintéticas combinatórias, como as geradas utilizando a tecnologia do pino[5]. Outro exemplo é a síntese de peptídeos com sequências aleatórias baseadas na estratégia *split-mix*[11] usando a abordagem de "um talão peptídeo"[12]. Outras estratégias conhecidas no campo de bibliotecas peptídicas combinatórias incluem a abordagem dos "saquinhos"[13] e a de aproximação de varredura posicional[14]. Cada estratégia tem suas vantagens e desvantagens[*]. A seguir, examinaremos somente o uso de bibliotecas peptídicas para estudar a interação proteína-proteína. Como o assunto é extenso e particular, apresentaremos brevemente o esquema sintético[16] e abordaremos como escolher entre o macro e microarranjo.

4.3.1 Preparação de bibliotecas peptídicas

Atualmente, existem duas estratégias para a preparação de bibliotecas peptídicas: (i) a primeira consiste em sintetizar previamente peptídeos funcionalizados e, em seguida, ligá-los covalentemente a um suporte (celulose, vidro, plástico etc.), (ii) a segunda consiste em sintetizar os peptídeos diretamente e sequencialmente, sobre um suporte sólido, usando a técnica de SPOT-síntese (Fig 4.4) ou fotolitografia.

---

[*] Para mais informações, ver Liu et al., 2003[15]. Disponível em: <http://pubs.rsc.org/en/content/articlehtml/2011/CS/C0CS00029A?page=search - cit12>.

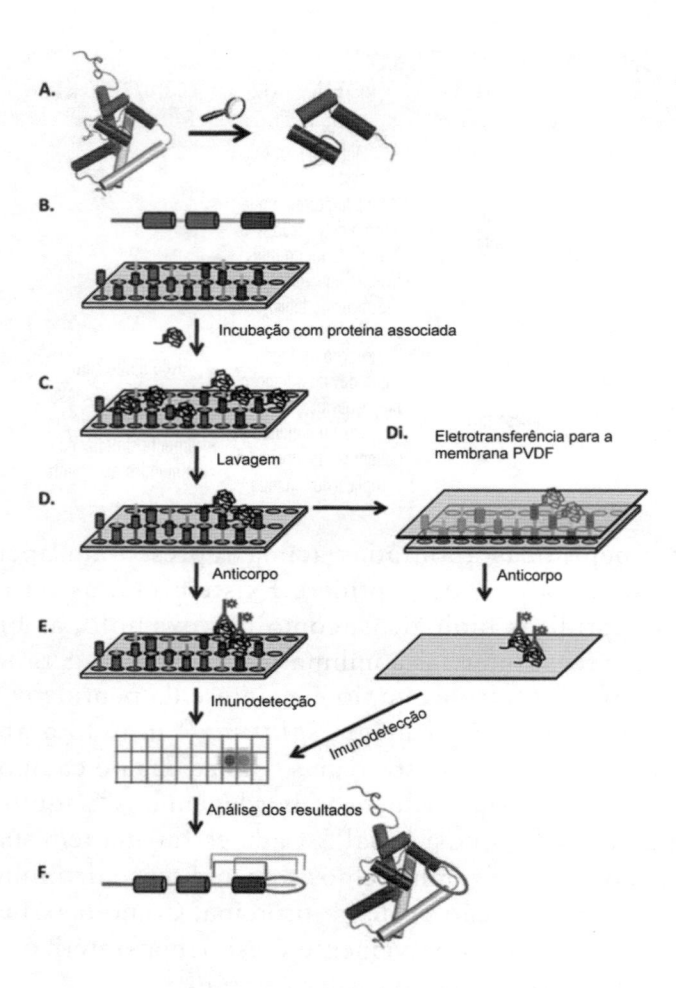

Figura 4.3 Esquema geral de síntese e triagem de peptídeo sobre matriz. (A, B) Exemplo da abordagem em cartão de matriz peptídica; *zoom* em uma pequena região estruturada de uma proteína para conceber múltiplos peptídeos parcialmente sobrepostos mantendo as estruturas secundárias (hélices e alças) intactas. No limite de comprimento (< 25 mer), cada elemento secundário deve sobrepor-se com o próximo elemento secundário, e também com o elemento anterior. Por exemplo, um peptídeo contém a primeira espiral (vermelha) juntamente com a primeira hélice (castanha), e o segundo peptídeo irá conter a mesma hélice castanha juntamente com o próximo ciclo ciano (B). (C-E) O ensaio básico de ligação inclui a incubação da proteína com a matriz de peptídeos (C), seguido de alguns passos de lavagem (D), em alguns casos (principalmente para macroarranjos) um passo adicional é realizada antes da detecção: a proteína é eletrotransferida para uma membrana secundária (principalmente de nitrocelulose ou PVDF) (Di), para permitir a reutilização da mesma matriz por várias vezes. A detecção de proteínas específicas é feita usando anticorpos, geralmente conjugados com peroxidase ou fosfatase alcalina, permitindo visualizar-se uma reação de cor. Cada mancha escura representa a ligação da proteína a um determinado peptídeo (E). (F) análise dos resultados; marcação sobre as estruturas secundárias de ligação, sendo observados todos os peptídeos (verde) e as não ligação de peptídeos (vermelho), a fim de minimizar o sítio de ligação ao elemento de ligação mais curto, comum a todos os observados parcialmente sobreponíveis peptídeos.

Na primeira estratégia, a ligação do peptídeo ao suporte sólido ocorre com o uso de superfícies funcionalizadas. Por exemplo, peptídeos contendo Cys na posição terminal e superfícies funcionalizadas com bromometilcetona ou bissulfetos[17-20]. Como desvantagens, apontamos o gasto com reagentes, à demora na preparação/execução e a necessidade de que o peptídeo esteja puro e em quantidades elevadas. No entanto, essa estratégia como vantagem a redução de resultados falsos positivos oriundos da síntese de subprodutos, além de permitir que a imobilização seja mais homogênea em termos de concentração e uniforme em termos de distribuição na superfície da matriz. Esse método é mais apropriado para bibliotecas com um número relativamente pequeno de peptídeos ou quando várias cópias da mesma biblioteca são necessárias.

A segunda estratégia emprega a síntese *in situ* sequencial de peptídeos diretamente sobre um suporte sólido funcionalizado. O método é muito mais robusto, e também mais econômico em relação aos reagentes e solventes. Esse método é mais adequado para a análise rápida e simultânea de muitas sequências peptídicas, estratégia de maior interesse e frequente para arranjos de peptídeos.

O princípio da técnica de SPOT-síntese é usar o círculo que se forma quando uma gota é distribuída sobre uma superfície plana como um vaso de reação. O círculo da gota cria fronteiras limitadas que podem ser abordadas individualmente por aplicação manual ou automática dos reagentes correspondentes. Várias manchas separadas podem ser dispostas deste modo para uma matriz organizada. A redução do volume de solvente é enorme porque as superfícies das manchas são pequenas gotículas, por natureza, e as etapas semelhantes para todos os peptídeos podem ser feitas simultaneamente, por lavagem de toda a superfície. O tamanho dos círculos é determinado, principalmente, pelo volume do solvente dispensado, a capacidade de absorção da membrana e as propriedades de tensão de superfície da membrana/solvente[21]. A desvantagem desse processo é que os peptídeos sintetizados não podem ser purificados, de modo que o grau de pureza não pode ser previsto. Uma falha de síntese ou o baixo rendimento de um dado peptídeo (devido à dificuldade de síntese) podem acarretar resultados falsos negativos ou são detectados com diferentes intensidades. A relação entre síntese/pureza tem sido bastante discutida e varia entre 50% e 92%, dependendo do suporte[22-25]. Em geral, para peptídeos curtos (cerca de 15 aminoácidos) a técnica em SPOT apresenta um rendimento e pureza semelhantes aos da síntese em fase sólida[26]. Isto está em boa concordância com a descrição da pureza de >70 % (de 6 a 15 aa) descrita pela empresa Jerini Peptide Technologies GmbH – JPT*.

Na síntese de peptídeos sobre suportes é empregada a mesma estratégia F-moc (9-fluorenilmetoxicarbonilo) de síntese em fase sólida[27]. Os grupos hidroxi dispersos sobre o suporte sólido são utilizados para o acoplamento de um grupo amino (β-Fmoc-alanina ou Fmoc-amino-PEG (polietilenoglicol)) por meio de ligação do tipo éster. Os protocolos de síntese *in situ* disponíveis variam ligeiramente: dos procedimentos de ativação de aminoácidos, dos passos de acoplamento, ou do uso de diferentes solventes[16,28,29]. Atualmente, a maior parte do processo acima é realizada com o auxílio de robôs. Esse fato conduz à formação de um halo de menor tamanho e maior concentração de peptídeo. Por exemplo, um halo de 2 mm a 3 mm de diâmetro acomoda entre 5 nmol e 10 nmol de peptídeo (6-12 mg/10-mer peptídeo).

O objetivo da triagem é determinar a ligação entre os peptídeos e as proteínas de interesse. Assim, o suporte deve ser compatível quimicamente com os reagentes de síntese, estável em condições ácido/base e também apropriado para os ensaios biológicos. O suporte também deve ser o mais liso possível, homogêneo e permitir um fácil acesso da proteína. O de escolha tem sido a celulose, pois é barata, hidrofílica, de fácil manuseio e estável sob uma grande variedade de condições de reação[30].

A fotolitografia foi outro método empregado para a síntese sequencial de peptídeos sobre suporte sólido[7]. No entanto, a superfície exposta era de vidro e a técnica necessitava de aminoácidos protegidos com blocos de construção fotolábeis à irradiação por luz através de uma fotomáscara. Consequentemente, a técnica era cara e sua eficiência, baixa. Posteriormente, muitas modificações foram introduzidas, tornando o método menos complicado e mais eficiente (revisado em Gao et al., 2004[31]). Uma das modificações foi a utilização de *t*-Boc-aminoácidos em substituição aos reagentes fotogerados (PGR). Esses compostos formam um ácido quando submetidos a irradiação por luz, criando um ambiente ácido essencial para a desproteção do grupo *t*–Boc e a subsequente formação de amida[31]. Essa tecnologia foi desenvolvida e comercializada pela empresa LC Sciences**.

---

* Ver: <http://www.jpt.com/nc/products/immuno_tools/peptrack_peptide_libraries/?sword_list%5B0%5D=purity>.
** Ver: <http://www.lcsciences.com/>.

4.4 POSSIBILIDADES TERAPÊUTICAS E INDUSTRIAIS

Os peptídeos possuem uma grande diversidade funcional, e os sintéticos empregados para fins terapêuticos movimentam mais de 13 bilhões de dólares em um mercado que cresce 10% ao ano[32]. Apesar do fato de terem sido utilizados durante um século, para tratar vários tipos de doenças, peptídeos e proteínas curtas são agora considerados a nova geração de ferramentas biologicamente ativas. As descobertas recentes sugerem uma ampla gama de novas aplicações na medicina, biotecnologia e cirurgia. A eficácia dos peptídeos nativos foi grandemente aumentada pela introdução de modificações estruturais nas sequências originais, dando origem à classe de peptideomiméticos. Essa avaliação fornece uma visão geral de ambas às aplicações clássicas e novas categorias promissoras de peptídeos e análogos biologicamente ativos. As aplicações são extensas, e, além de novas famílias de peptídeos bem conhecidas, como peptídeos antibióticos macrocíclicos, inibidores de integrinas, anticancerígenos, neuromoduladores, opioides, toxinas, antibióticos naturais, antimicrobianos, bem como imunobiológicos e peptídeos hormonais, uma série de novas aplicações têm sido descritas. Alguns exemplos incluem vacinas derivadas de peptídeos sintéticos, sistemas de distribuição de drogas, traçadores peptídicos radioativos, peptídeos de automontagem que podem servir como biomateriais peptídicos e proteínas/peptídeos imobilizados para a aplicação em engenharia de tecidos, como criação de cartilagem, vasos sanguíneos e outros tecidos, ou como substratos para crescimento de neurônios e formação de sinapse. Finalmente, biomateriais à base de peptídeos podem encontrar aplicações em bionanotecnologia para *biochips*, nanobastões peptídicos e nanotubos, biossensores, dispositivos de bioeletrônica e fios de metal-peptídeo.

Na verdade, muitos outros fazem parte do nosso dia a dia sem que percebamos: é o caso do aspartame, da insulina, da ocitocina e de diversas drogas comerciais, que consistem em antagonistas de peptídeos naturais ou em inibidores de enzimas envolvidas na sua produção e liberação no organismo.

A Tabela 4.2 fornece alguns exemplos dessa diversidade funcional e química. Todo este conhecimento começou a ser acumulado principalmente a partir da década de 1950, quando vários peptídeos ativos foram descobertos e tiveram as suas estruturas químicas determinadas. Foi o caso de diversos hormônios que controlam o metabolismo animal (glucagon e insulina, por exemplo) e de outros que desempenham papéis específicos em nosso organismo (ocitocina, vasopressina e o hormônio estimulador de melanócito, por exemplo).

Em biologia celular, a ligação ao receptor e a especificidade de substratos pode ser estudada usando conjuntos ou bibliotecas de peptídeos sintéticos homólogos como substratos. Peptídeos sintéticos podem assemelhar-se a peptídeos naturais e agem como fármacos contra alguns tipos de câncer e outras doenças graves. Por último, os peptídeos sintéticos são também utilizados como padrões e reagentes na espectrometria de massa (do inglês *mass spectrometry* – MS). Os peptídeos sintéticos desempenham um papel central na detecção baseada em MS, caracterização e quantificação de proteínas, especialmente aquelas que servem como biomarcadores precoces de doenças.

Os peptídeos são biomoléculas que contêm de dois a dezenas de resíduos de aminoácidos unidos entre si por meio de ligações peptídicas. Se comparados às proteínas, são quimicamente mais versáteis, pois podem ser amidados ou esterificados em suas carboxilas terminais, acetilados em seus grupos aminoterminais, fosforilados ou sulfatados em um ou mais resíduos (serina, treonina ou tirosina), lineares, semicíclicos (geralmente via uma ou mais ligações bissulfeto intra ou intercadeias peptídicas) ou cíclicos (via ligação entre os grupos amino e carboxila dos aminoácidos terminais). Muitos contêm um ácido piroglutâmico como resíduo N-terminal, outros apresentam D-aminoácidos e outros, ainda, possuem aminoácidos não usuais[33].

Tais descobertas geraram um enorme interesse por essa classe de compostos e por metodologias para seu isolamento, análise, purificação, identificação e quantificação, as quais passaram a ser sistematicamente estudadas e aprimoradas. Em paralelo, deparou-se com a necessidade de sintetizar essas moléculas e análogos (derivados com modificações pontuais) em escalas variadas, pois somente de posse dos sintéticos poder-se-ia realizar os estudos fisiológicos, químicos, físicos, farmacológicos, bioquímicos e clínicos de grande parte dos peptídeos conhecidos. De fato, boa parte das fontes naturais é pobre nesses compostos, o que dificulta o isolamento em quantidade suficiente à realização dos estudos. Os exemplos que se seguem ilustram tal escassez: (i) para a obtenção de 5 mg de somatostatina, hormônio envolvido no controle do metabolismo animal, são necessários 500 mil cérebros de carneiro[35]; (ii) 12 g de medula adrenal originam 90 pmol de PAMP-12, peptídeo de vinte resíduos de aminoácidos com atividade hipotensiva[36]; (iii) 3,4 g de pele seca do sapo-marrom-da-montanha, *R. ornativentris*, fornecem 37 nmol e 580 nmol dos peptídeos antimicrobianos brevinina-20a e brevinina-20b, respectivamente[37]; (iv) seis a dez caracóis marinhos *Conus ventricosus* fornecem aproximadamente 5 mg de veneno bruto contendo o nonapeptídeo contryphan-Vn[38].

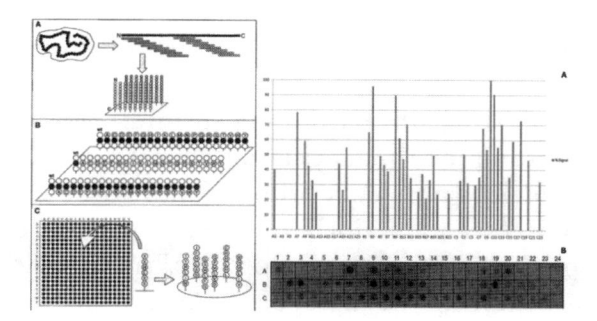

Figura 4.4 À esquerda, estratégia de construção de uma biblioteca peptídica para identificação de epítopos. À direita, um macroarranjo peptídico com detecção (*spot* escuro) da reação peptídeo-anticorpo (B) por quimioluminescência. Figura modificada de De Simone et al., 2014[34].

Além disso, os peptídeos sintéticos passaram a servir como prova inequívoca da identidade química e do papel biológico dos peptídeos naturais. Além disso, de posse deles poder-se-ia construir curvas-padrões (concentração *versus* absorção ou emissão de luz ou desenvolvimento de coloração) que permitiriam quantificar os peptídeos correspondentes contidos em extratos brutos ou em frações obtidas durante os seus isolamentos[39]. Assim, métodos eficientes de síntese foram concebidos, estabelecidos e aprimorados. Conjuntamente, técnicas envolvendo a manipulação, síntese e clonagem de genes foram sendo desenvolvidas.

- **Hormonal:** a ocitocina foi o primeiro peptídeo biologicamente ativo a ser sintetizado por método químico e comercializado, ocupando posição de destaque por ser um fármaco empregado no controle do trabalho de parto[40]. Os análogos do fator liberador do hormônio luteinizante (do inglês *luteinizing hormone releasing hormone* – LHRH) com ação agonista ou antagonista (leuprolide, goserelina e cetrorelix) têm sido usados no tratamento de determinados tipos de câncer hormônio-dependentes[41]. Até poucos anos atrás, a insulina para uso humano era obtida semissintética, com posterior etapa de transpeptidação enzimática da insulina de porco[42], e então empregada no tratamento da diabetes tipo I.
- **Inibidores enzimáticos/drogas:** os inibidores da enzima conversora de angiotensina (*angiotensin converting enzyme* – ACE, envolvida na produção do hormônio hipertensor angiotensina) enalapril e lisinopril

vêm sendo empregados na produção dos anti-hipertensivos Zestril e Prinivil[32].

- **Antimicrobianos:** na última década, o interesse por peptídeos sintéticos aumentou ainda mais pela descoberta de que estes pequenos segmentos proteicos possuíam propriedades antimicrobianas naturais e estavam presentes na maioria dos organismos vivos. Estes antimicrobianos possuem um enorme potencial no auxílio do tratamento de um grande número de infecções causadas por bactérias, fungos, parasitos, vírus, regeneração de feridas e redução de tumores. Cerca de dez destes peptídeos encontram-se já em uso clínico, e mais de uma centena encontra-se em estudos tanto de fase I, II ou III*.

- **Antibióticos:** numa pequena busca, pudemos também identificar que cerca de 10 dos 35 antibióticos em uso atualmente possuem natureza peptídica.

- **Exploração da relação entre estrutura e atividade:** os peptídeos podem ser rapidamente hidrolisados em presença das proteases presentes em nosso organismo. Por essa razão é que eles podem apresentar baixa atividade oral e plasmática. Outras características relacionadas à dificuldade de transporte, excreção rápida pelo fígado ou rins e baixa seletividade podem também dificultar sua utilização terapêutica[43].

Este conhecimento tem impulsionado a realização de estudos que através de deleção, adição e modificação racional da sequência de aminoácidos, grupos ionizáveis e/ou esqueleto peptídico visam desenvolver análogos de peptídeos biologicamente ativos com propriedades físicas e químicas capazes de agonizar ou antagonizar as suas ações, aumentar ou diminuir as suas potências e alterar as suas estabilidades frente a proteases e/ou seletividades. Este tipo de estudo é chamado de exploração da relação estrutura-atividade (REA) e depende exclusivamente da síntese de peptídeos. Muitas vezes, entretanto, o estudo de REA de um peptídeo biologicamente ativo tem como único objetivo elucidar seu modo de ação.

Em linhas gerais, os análogos sintéticos são inicialmente obtidos para determinar a contribuição individual de cada um dos aminoácidos da

---

* Testes clínicos de Fase I são realizados para determinar se um tratamento experimental é seguro e qual a dosagem recomendada. Envolvem pequeno número de pacientes e determinam: a) se o tratamento é seguro; b) qual a melhor dose a ser testada; e c) qual a melhor via de dosagem (oral ou intravenosa). Testes clínicos de Fase II avaliam a eficácia de um novo medicamento, e tipicamente envolvem maior número de pacientes. Testes clínicos de Fase III são realizados uma vez que um novo medicamento é provado como seguro (em testes de Fase I) e eficaz (em testes de Fase II) em centenas de pacientes, com o objetivo de comparar o tratamento novo com tratamentos-padrão disponíveis.

sequência natural na expressão da atividade biológica. Em etapa posterior, eles definem como as cadeias laterais, essenciais à atividade, devem estar dispostas espacialmente[44]. O ponto final é a obtenção, mediante sínteses individuais e paralelas ou pela química combinatória, de estruturas parcial ou totalmente isentas de esqueleto peptídico (peptidomiméticos), que possam ser usadas como drogas[45]. A exploração da REA, de vários hormônios peptídicos tem gerado compostos comerciais utilizados em terapêutica[46]. Recentemente, também os peptídeos antimicrobianos passaram a ser estudados usando essa abordagem[47].

- **Imunobiológicos:** nas décadas passadas, os peptídeos sintéticos foram amplamente usados como imunógenos e na preparação de kits de diagnósticos[48], mas, nos últimos anos, surgiu também o interesse em tentar controlar alergias, doenças infecciosas e crescimento de determinados tumores por meio de vacinas constituídas por essas biomoléculas. É o caso do sarampo[49], da malária[50], da infecção causada pelo vírus sincicial respiratório humano[51] e do melanoma[52].

Os peptídeos sintéticos empregados como candidatos potenciais de vacinas geralmente são sequências de peptídeos que definem epítopos (B e/ou T) presentes em certas proteínas imunogênicas, e são responsáveis por induzir uma resposta imune *in vitro* e *in vivo* efetiva. Estes peptídeos normalmente são apresentados ao sistema imune sob a forma ramificada (esqueleto de lisinas ou β-Ala-Lys, contendo grupos ε-amino ligados a peptídeos específicos (MAPs, *multiple antigenic peptide*)[53] ou sob a forma linear formando uma poliproteína quimérica obtida quimicamente ou por meio de técnicas de biologia molecular.

Tabela 4.2 Peptídeos sintéticos terapêuticos que atingiram os mercados internacionais

NOME USUAL	NOME COMERCIAL	COMPRIMENTO	SEQUÊNCIA	FABRICANTE	INDICAÇÕES
ACT E DERIVADOS					
Corticorelina ovino triflutato, ou corticorelina trifluoroacetato	AcThrel®, Stimu-ACT®[a]	41 aa	H-Ser-Gln-Glu-Pro-Pro-Ile-Ser-Leu-Asp-Leu-Thr-Phe-His-Leu-Leu-Arg-Glu-Val-Leu-Glu-Met-Thr-Lys-Ala-Asp-Gln-Leu-Ala-Gln-Gln-Ala-His-Ser-Asn-Arg-Lys-Leu-Leu-Asp-Ile-Ala-NH$_2$, (Trifluoroacetato)n (n = 4 para 8)	Ferring Pharms	Diagnóstico de síndrome dependente de ACTH (síndrome de Cushing)
Corticorelina, acetato de, ou hCRF	Xerecept®	41 aa	H-Ser-Gln-Glu-Pro-Pro-Ile-Ser-Leu-Asp-Leu-Thr-Phe-His-Leu-Leu-Arg-Glu-Val-Leu-Glu-Met-Thr-Lys-Ala-Asp-Gln-Leu-Ala-Gln-Gln-Ala-His-Ser-Asn-Arg-Lys-Leu-Leu-Asp-Ile-Ala-NH$_2$, acetato.	Celtic Pharma	Edema cerebral peritumoral (Droga órfã do FDA — Fase III)

Cosintropina, ou ACT 1-24, ou tetracosactídeo, hexacetato	CorThrosin®, CosinThropin, Sinacten®[a]	24 aa	H-Ser-Tyr-Ser-Met-Glu-His-Phe-Arg-Thrp-Gly-Lys-Pro-Val-Gly-Lys-Lys-Arg-Arg-Pro-Val-Lys-Val-Tyr-Pro-OH, hexacetato	Amphastar Pharms, Sandoz-Novartis Pharma	Diagnóstico de insuficiências adrenocorticais
Seractide (acetato), ou ACT ou corticotropina	Actar® Gel-sinteticb	39 aa	H-Ser-Tyr-Ser-Met-Glu-His-Phe-Arg-Thri-Gly-Lys-Pro-Val-Gly-Lys-Lys-Arg-Arg-Pro-Val-Lys-Val-Tyr-Pro-Asp-Ala-Gly-Glu-Asp-Gln-Ser-Ala-Glu-Ala-Phe-Pro-Leu-Glu-Phe-OH, acetato	Armour Pharm	Diagnóstico de insuficiência adrenocortical

INIBIDORES DE ACE, EXCLUINDO PSEUDO-PEPTÍDEOS E PEPTIDEOMIMÉTICOS COMO ALACEPRIL (CETAPRIL®), BENAZEPRIL (CIBACEN®, LOTENSIN®), CAPTOPRIL (CAPOTEN®, CAPOZIDE®, LOPIRIN®), CILAZAPRIL (INHIBACE®, JUSTOR®, VASCACE®), DELAPRIL (ADECUT®), FOSINOPRIL (FOZITEC®, MONOPRIL®), IMIDAPRIL (TANATHRIL®), MOEXIPRIL (MOEX®, PERDIX®, UNIVASC®), PERINDOPRIL (ACEON®, COVERSIL®), QUINAPRIL (ACCUPRIL®), RAMIPRIL (ALTACE®, RAMACE®, THRIATACE®, THRIATEC®), SPIRAPRIL (RENORMAX®), TEMOCAPRIL (ACECOL®), THRANDOLAPRIL (MAVIK®, ODRIK®), ZOFENOPRIL (ZOFENIL®)

Enalapril, maleato de (ou 2- butenodiato)	Maleato de Enalapril, Renitec®[a], Vasotec®	3 aa	Maleato de (S)-1-[N-[1-(etoxicarbonil)-3-fenilpropil]-Ala]-Pro-OH, ou (Z)-2-butenodiato	Biovail Pharms, Merck Sharp & Dohme, Apotecon, Genpharm, Ivax Pharms, KRKA DD Novo Mesto, LEK Pharms, Milan, Ranbaxi, Sandoz-Novartis Pharma, Taro, Teva, Torpharm, Watson Labs, Wockhardt	Hipertensão
Lysinopril	Lysinopril, Prinivil®[b], ZesThril®	3 aa	(S)-1-[N2-(1-carboxi-3-fenilpropil)-Lys]-Pro-OH	AsThraZeneca, Merck Sharp & Dohme, Actavis Elizabet, Apotex, Aurobindo Pharma, Ivax Pharms, LEK Pharms, Lupin, Milan, Par Pharm, Ranbaxi, Sandoz-Novartis Pharma, Teva, Vintage Pharms, Watson Labs, West Ward, Wockhardt	Hipertensão, insuficiência cardíaca congestiva

ANTAGONISTAS DO RECEPTOR DE ANGIOTENSINA II

Saralasina, Acetato de	Sarenin®[b]	8 aa	H-Sar-Arg-Val-Tyr-Val-His-Pro-Ala-OH, acetato [1-Sarcosil-8-Alanil-angiotensina II]	Norwich-Eaton Pharms, Procter & Gamble	Hipertensão

ANTIDIABETOGÊNICOS

Exenatida	Bietta®	39 aa	H-His-Gly-Glu-Gly-Thr-Phe-Thr-Ser-Asp-Leu-Ser-Lys-Gln-Met-Glu-Glu-Glu-Ala-Val-Arg-Leu-Phe-Ile-Glu-Thrp-Leu-Lys-Asn-Gly-Gly-Pro-Ser-Ser-Gly-Ala-Pro-Pro-Pro-Ser-NH_2 [mimético de incretina (GLP-1 et GIP)]	Amilin Pharms, Eli Lili	Controle glicêmico em pacientes com diabetes mellitus tipo 2
Liraglutida	Victoza®[a]	31 aa	H-His-Ala-Glu-Gly-Thr-Phe-Thr-Ser-Asp-Val-Ser-Ser-Tyr-Leu-Glu-Gly-Gln-Ala-Ala-N6-[N-(1-oxohexadecil)-L-g-Glu]-Lys-Glu-Phe-Ile-Ala-Thrp-Leu-Val-Arg-Gly-Arg-Gly-OH [GLP-1 analogue]	Novo Nordisk	Diabetes tipo 2
Pramlintida, acetato de	Simlin®	37 aa	H-Lys-c[Cys-Asn-Thr-Ala-Thr-Cys]-Ala-Thr-Gln-Arg-Leu-Ala-Asn-Phe-Leu-Val-His-Ser-Ser-Asn-Asn-Phe-Gly-Pro-Ile-Leu-Pro-Pro-Thr-Asn-Val-Gly-Ser-Asn-Thr-Tyr-NH_2, acetato	Amilin Pharms	Diabetes tipo 1 e 2

COMPOSTOS ANTI-HIV, EXCLUINDO PSEUDO-PEPTÍDEOS ANTI-PROTEASE E PEPTIDOMIMÉTICOS COMO AMPRENAVIR (AGENERASE®), SULFATO DE ATAZANAVIR (REIATAZ®), ETANOLATO DE DARUNAVIR (PREZISTA®), FOSAMPRENAVIR (LEXIVA®/TELZIR®), SULFATO DE INDINAVIR (CRIXVAN®), LOPINAVIR (ALUVIA®/KALETHRA®), MESILATO DE NELFINAVIR (VIRACEPT®), RITONAVIR (NORVIR®), MESILATO DE SAQUINAVIR (INVIRASE®/FORTOVASE®)					
Enfuvirtida	Fuzeon®	36 aa	Ac-Tyr-Thr-Ser-Leu-Ile-His-Ser-Leu-Ile-Glu-Glu-Ser-Gln-Asn-Gln-Gln-Glu-Lys-Asn-Glu-Gln-Glu-Leu-Leu-Glu-Leu-Asp-Lys-Thrp-Ala-Ser-Leu-Thrp-Asn-Thrp-Phe-NH$_2$	Roche	Infecção por AIDS/HIV-1
CALCITONINAS					
Salmon calcitonina	Acticalcin®[a], Cadens®[a], Calcimar®[b], Calcitonin®[b], Calsin®[a], Caltine®[a], Forcaltonin®[a], Miacalcic®[a], Miacalcin®[b], Salco®[a]	32 aa	H-c[Cys-Ser-Asn-Leu-Ser-Thr-Cys]-Val-Leu-Gly-Lys-Leu-Ser-Gln-Glu-Leu-His-Lys-Leu-Gln-Thr-Tyr-Pro-Arg-Thr-Asn-Thr-Gly-Ser-Gly-Thr-Pro-NH$_2$	AsThraZeneca, GNR Pharma, Lafon, Lysapharma, Pharmy II, Sandoz-Novartis Pharma, Sanofi-Aventis, TRB Pharma, Zambon France	Osteoporose pós-menopausa, doença de Paget, hipercalcêmica
Elcatonina, Acetato de	Carbocalcitonin®[a]	31 aa	c[Ser-Asn-Leu-Ser-Thr-Asu]-Val-Leu-Gly-Lys-Leu-Ser-Gln-Glu-Leu-His-Lys-Leu-Gln-Thr-Tyr-Pro-Arg-Thr-Asp-Val-Gly-Ala-Gly-Thr-Pro-NH$_2$	Gelacs Innovation	Osteoporose pós-menopausa, doença de Paget, hipercalcêmica, anti-paratiroide
Calcitonina humana	Cibacalcin®[b]	32 aa	H-c[Cys-Gly-Asn-Leu-Ser-Thr-Cys]-Met-Leu-Gly-Thr-Tyr-Thr-Gln-Asp-Phe-Asn-Lys-Phe-His-Thr-Phe-Pro-Gln-Thr-Ala-Ile-Gly-Val-Gly-Ala-Pro-NH$_2$	Novartis Pharma	Osteoporose pós-menopausa, doença de Paget, hipercalcêmica
CARDIOVASCULAR					
Bivalirudina, Hidrato Trifluoroacetato de	Angiomax®, Angiox®[a]	20 aa	H-D-Phe-Pro-Arg-Pro-Gly-Gly-Gly-Gly-Asn-Gly-Asp-Phe-Glu-Glu-Ile-Pro-Glu-Glu-Tyr-Leu-OH, hidro Trifluoroacetato	Nicomed Pharma, The Medicines Company	Anticoagulante em pacientes com angina instável sofrendo de PTCA ou PCI
Eptifibatida	Integrilin®	7 aa	c[Mpa-homoArg-Gly-Asp-Thrp-Pro-Cys]-NH$_2$	Milennium Pharms, GSK, Schering-Plough	Síndrome aguda coronariana, angina instável sofrendo de PCI
Icatibant, Acetato de	Firazir®[a]	10 aa	H-D-Arg-Arg-Pro-Hip-Gly-Ti-Ser-D-Tic-Oic-Arg-OH, acetate	Jerini AG	Angioedema hereditário
ANÁLOGOS DA COLECISTOCININA					
Ceruletida dietilamina	Takus®[a], TimThran®[b]	10 aa	Pir-Gln-Asp-Tyr(OSO3H)-Thr-Gly-Thrp-Met-Asp-Phe-NH$_2$, dietilamina	Pharmacia e Upjohn, Farmitalia Carlo Erba	Diagnóstico do estado funcional de pedras nos rins e pâncreas, e estimulante da secreção gástrica
Sincalida	Kinevac®	8 aa	H-Asp-Tyr(OSO$_3$H)-Met-Gly-Thrp-Met-Asp-Phe-NH$_2$	Bracco Diagnostics	Diagnóstico do estado funcional de pedras nos rins e pâncreas, estimulantes da secreção gástrica.
SISTEMA NERVOSO CENTRAL					
Cilengitidec EMD121974		5 aa	c[Arg-Gly-Asp-D-Phe-(N-Me)Val]	Merck-Serono	GBM (droga órfã no EMEA e FDA – Fase III)
Taltirelina Hidrato de	Ceredist®[a]	2 aa	N-[(hexahidro-1-metil-2,6-dioxo-4-pirimidinil) carbonil]-His-Pro-NH$_2$, hidrato	Tanabe Seiiaku	Degradação espinocerebelar e ataxia

Ziconotida, acetato de	Prialt®	25 aa	[Cys1-Cys16, Cys8-Cys20, Cys15-Cys25]-Triciclo H-[Cys1-Lys-Gly-Lys-Gly-Ala-Lys-Cys8-Ser-Arg-Leu-Met-Tyr-Asp-Cys15-Cys16-Thr-Gly-Ser-Cys20-Arg-Ser-Gly-Lys-Cys25]-NH2,acetato	Elan Pharms	Dor severa crônica
GHRH E ANÁLOGOS					
Sermorelina, Acetato de, ou GRF 1-29	Geref®[b], Groliberin®[a]	29 aa	H-Tyr-Ala-Asp-Ala-Ile-Phe-Thr-Asn-Ser-Tyr-Arg-Lys-Val-Leu-Gly-Gln-Leu-Ser-Ala-Arg-Lys-Leu-Leu-Gln-Asp-Ile-Met-Ser-Arg-NH_2 acetate [or GRF 1-29 NH_2, acetato]	Serono Labs, Kabi, Pharmacia	Deficiência do hormônio de crescimento, avaliação diagnóstica da função pituitária
Somatorelina, acetato de, ou GHRH, ou GHRF, ou GRF	GHRH Ferring®[a], Stimu-GH®[a], Somatrel®[a]	44 aa	H-Tyr-Ala-Asp-Ala-Ile-Phe-Thr-Asn-Ser-Tyr-Arg-Lys-Val-Leu-Gly-Gln-Leu-Ser-Ala-Arg-Lys-Leu-Leu-Gln-Asp-Ile-Met-Ser-Arg-Glu-Gln-Gly-Glu-Ser-Asn-Gln-Glu-Arg-Gly-Ala-Arg-Ala-Arg-Leu-NH_2, acetato	Ferring Pharms	Diagnóstico da função somatotrópica da glândula pituitária anterior em casos suspeitos de deficiência de hormônio de crescimento (desordens biofísica e hipotalâmica)
GNRH E ANÁLOGOS (AGONISTAS)					
Buserelina, Acetato de	Bigonist®[a], Suprefact®[a]	9 aa	Pir-His-Thrp-Ser-Tyr-D-Ser(OtBu)-Leu-Arg-Pro-NHEt (or N-etil-prolinamida), acetato	Sanofi-Aventis	Câncer de próstata avançado
Gonadorelina, Acetato de, ou GnRH, ou LHRH	Factrel®[b], Kriptocur®a, Lutrelef®a, Lutrepulse®[b], Relefact®[a], Stimu-LH®[a]	10 aa	Pyr-His-Thrp-Ser-Tyr-Gly-Leu-Arg-Pro-Gly-NH_2, acetato	Baxter Healtcare, Ferring Pharms, Sanofi-Aventis, Wiet Pharms	Estimula a secreção de gonadotrofina durante distúrbios de fertilidade, e diagnóstico da capacidade funcional e resposta do gonadotrofos da pituitária anterior
Goserelina, acetato de	Zoladex®	10 aa	Pyr-His-Thrp-Ser-Tyr-D-Ser(OtBu)-Leu-Arg-Pro-AzGly-NH_2, acetate [or [D-Ser(OtBu)$_6$, AzGly$_{10}$]GnRH, acetato]	AsthraZeneca	Câncer de próstata avançado, câncer de mama
Histrelina, acetato de	Supprelin®b, Supprelin LA®, Vantas®	9 aa	Pyr-His-Thrp-Ser-Tyr-D-His(N-benzil)-Leu-Arg-Pro-NHEt, acetato	Endo Pharms, Roberts Pharma, Shire	Câncer de próstata avançado, puberdade precoce
Acetato de leuprolida, ou leuprorelina	Eligard®, Enantone®[a], Lucrin Depot®a, Lupron®, Lupron Depot®, Prostap®[a], Viadur®	9 aa	Pyr-His-Thrp-Ser-Tyr-D-Leu-Leu-Arg-Pro-NHEt, acetato	Abbott, Alza, Astelas Pharma, Baier, Bedford Labs, Genzime, Johnson & Johnson, QLT, Sanofi-Aventis, Takeda, Teva, Wiet	Câncer de próstata avançado, câncer de mama, puberdade precoce
Nafarelina, acetato de	Sinarel®, Sinrelina®[a]	10 aa	Pir-His-Thrp-Ser-Tyr-2Nal-Leu-Arg-Pro-Gly-NH_2, acetato	Pfizer, Searle	Puberdade precoce, endometriose, fibrose uterina, estimulação ovariana na fecundação *in vitro*
Triptorelina, pamoato de	Decapeptil®[a], Diphereline®[a], Gonapeptil®[a], Pamorelin®[a], Trelstar Depot®, Trelstar LA®	10 aa	Pir-His-Thrp-Ser-Tyr-D-Thrp-Leu-Arg-Pro-Gly-NH_2, pamoato	Debiopharm, Ferring Pharms, Beaufour Ipsen Pharma, Watson Labs	Câncer de próstata avançado, câncer de mama, puberdade precoce, endometriose, fibrose uterina, estimulação ovariana na fecundação *in vitro*

ANTAGONISTA DA GNRH					
Abarelix, acetato de	Plenaxis™[b]	10 aa	Ac-D-2Nal-D-4-chloroPhe-D-3-(3-piridil) Ala-Ser-(N-Me) Tyr-D-Asn-Leu-isopropiLys-Pro-D-Ala-NH$_2$, acetate	Praecis Pharms, Specialiti European Pharma	Câncer de próstata avançada
Cetrorelix, acetato de	Cetrotide®	10 aa	Ac-D-2Nal-D-4-chloroPhe-D-3-(3-piridil) Ala-Ser-Tyr-D-Cit-Leu-Arg-Pro-D-Ala-NH2, acetato	AEterna Zentaris, Merck-Serono	Inibição da luteinização prematura pela LH em mulheres submetidas à estimulação ovárica com Throled
Degarelix, acetato de, ou FE200486	Degarelix Acetate, Firmagon®[a]	10 aa	Ac-D-2Nal-D-4-chloroPhe-D-3-(3-piridil) Ala-Ser-4-aminoPhe(L-hidroorotil)-D-4-aminoPhe(carbamoil)-Leu-isopropiLys-Pro-D-Ala-NH$_2$, acetato	Ferring Pharms, Astelas Pharma	Câncer de próstata avançado
Ganirelix, acetato	Antagon®[b], Ganirelix Acetato Injeção, Orgalutran®[a]	10 aa	Ac-D-2Nal-D-4-chloroPhe-D-3-(3-piridil) Ala-Ser-Tyr-D-(N^9,N^{10}-dietil)-homoArg-Leu-(N^9,N^{10}-dietil)-homoArg-Pro-D-Ala-NH$_2$, acetato	Organon	Inibição de LH prematuro em mulheres sofrendo de hiperestimulação ovariana controlada
OXITOCINA (ANTAGONISTAS E ANÁLOGOS)					
Atosiban, acetato	Antocin®[a], Thractocile®[a]	9 aa	c[Mpa-Tyr(Et)-Ile-Thr-Asn-Cys]-Pro-Orn-Gly-NH$_2$, acetate [or [Mpa1, d-Tyr(Et)$_2$, Thr4, Orn8]-oxitocina, acetato]	Ferring Pharms	Retardamento de nascimento em casos de ameaça de nascimento prematuro
Carbetocina, acetato de	Duratocin®[a], Lonactene®[a], Pabal®[a]	8 aa	c[Tyr(Me)-Ile-Gln-Asn-Cys((CH$_2$)$_3$CO$_2$-)]-Pro-Leu-Gly-NH$_2$, acetato	Ferring Pharms	Prevenção de atonia uterina, indução e controle de sangramento pós-parto ou hemorragia
Oxitocina	Oxitocin, Pitocin®, Sintocinon®[b]	9 aa	H-c[Cys-Tyr-Ile-Gln-Asn-Cys]-Pro-Leu-Gly-NH$_2$	Abbott, APP Pharms, Baxter Healtcare, JHP Pharms, King Pharms, Novartis Pharma, Teva	Iniciação ou indução de contrações uterinas e controle de sangramento pós-parto ou hemorragia
SECRETINA					
Secretina (humana)	ChiRhoStim®	27 aa	H-His-Ser-Asp-Gly-Thr-Phe-Thr-Ser-Glu-Leu-Ser-Arg-Leu-Arg-Glu-Gly-Ala-Arg-Leu-Gln-Arg-Leu-Leu-Gln-Gly-Leu-Val-NH$_2$	ChiRhoClin	Diagnóstico da disfunção pancreática exócrina e gastrinoma, síndrome de Zollinger-Ellison
Secretina (porcina)	SecreFlo™[b]	27 aa	H-His-Ser-Asp-Gly-Thr-Phe-Thr-Ser-Glu-Leu-Ser-Arg-Leu-Arg-Asp-Ser-Ala-Arg-Leu-Gln-Arg-Leu-Leu-Gln-Gly-Leu-Val-NH$_2$	ChiRhoClin	Diagnóstico da disfunção pancreática exócrina e gastrinoma, síndrome de Zollinger-Ellison
SOMATOSTATINA (GHIH OU SRIF) E ANÁLOGOS (AGONISTAS)					
Depreotida, trifluoroacetato de	NeoTect™ [b] NeoSpect®[a]	10 aa	Technecio (^{99m}Tc) c[homoCys-(N-Me)Phe-Tyr-D-Thrp-Lys-Val], (1®`1)-sulfeto com 2-mercaptoacetil-b-Dap-Lys-Cys-Lys-NH$_2$, Trifluoroacetato	Amersham Healt, Berlex Labs, CIS bio International, Nicomed Imaging	Diagnóstico (imagem por cintilografia) dos pulmões
Edotreotida (mais itrio-90)[c]	Onalta®	7 aa	N-[[4,7,10-Tris(carboximetil)-1,4,7,10-tetraazaciclododec-1-il] acetil]-D-Phe-c[Cys-Tyr-D-Trp-Lys-Thr-Cys]-NH-[N-[(1R,2R)-2-hidroxi-1-(hidroximetil) propil]] ou (DOTA D-Phe1,Tyr3) octreotida	Molecular Insight Pharms	Tumores neuroendócrinos gastroentero-pancreáticos (FDA droga órfã — Fase II)

Lanreotida, acetato de	Somatuline Autogel®[a], Somatuline Depot®	8 aa	H-2Nal-c[Cys-Tyr-D-Thrp-Lys-Val-Cys]-Thr-NH$_2$, acetato	Beaufour Ipsen Pharma, Globopharm, Tercica	Acromegalia, síndrome carcinoide
Octreotide, acetato de	Octreotide Acetato, Sandostatin®, Sandostatin LAR®	8 aa	H-D-Phe-c[Cys-Phe-D-Thrp-Lys-Thr-Cys]-Tol, acetato	Abraxis Pharma, Bedford Labs, Sandoz-Novartis Pharma, Sun Pharma, Teva	Acromegalia, síndrome carcinoide
Pentetreotide (mais índio-111)	OcThreoScan®	8 aa	[N-(dietilenetriamina-N,N,N',N''-tetraacetico ácido-N''-acetil)-D-Phe-c[Cys-Phe-D-Trp-Lys-Thr-Cys]-Thol [octreotida DTPA]	Malinckrodt, Bristol-Miers Squibb	Diagnóstico (imagem por cintilografia) de tumores neuroendócrinos primários
Somatostatina, acetato de	Stilamin®[a]	14 aa	H-Ala-Gly-c[Cys-Lys-Asn-Phe-Phe-Thrp-Lys-Thr-Phe-Thr-Ser-Cys]-OH, acetato	Merck-Serono	Sangramento variceal agudo
Vapreotida, acetato de	Octastatin®[a], Sanvar®[a]	8 aa	H-D-Phe-c[Cys-Tyr-D-Thrp-Lys-Val-Cys]-Thrp-NH$_2$, acetato	Debiopharm, H3 Pharma	Sangramento de varizes esofaringeanas (Bleeding Oesophageal Varices – BOV)
ANÁLOGOS DA VASOPRESSINA					
Argipressina	Pitressin®[a]	9 aa	H-c[Cys-Tyr-Phe-Gln-Asn-Cys]-Pro-Arg-Gly-NH2 [or 8-L-argininevasopressine]	Monarch/King Pharms	Diabetes insipidus e BOV
Desmopressina, acetato	DDAVP®[b], Defirin®[a], Desmopressin Acetate, Minirin®, Minirinmelt®[a], Octim®[a], Stimate®	9 aa	c[Mpa-Tyr-Phe-Gln-Asn-Cys]-Pro-D-Arg-Gly-NH2, monoacetato Trihidrato [ou 1-(3- ácido mercaptopropionico)-8-D-argininevasopressina monoacetato Trihidrato]	Apotex, Bausch & Lomb Pharms, Barr Labs, Behring, Ferring Pharms, Hospira, Pharmaceutique Noroit, Sanofi-Aventis, Teva	Diabetes insipidus, incontinência urinária, noctúria e parada de sangramento ou hemorragia em paciente com hemofilia A
Lipressina	Diapid®[b]	9 aa	H-c[Cys-Tyr-Phe-Gln-Asn-Cys]-Pro-Lys-Gly-NH2 [or 8-L-Lisinevasopressina]	Sandoz-Novartis Pharma	Diabetes insipidus, síndrome de Cushing
Fenipressina	Felipressin®[a]	9 aa	H-c[Cys-Phe-Phe-Gln-Asn-Cys]-Pro-Lys-Gly-NH2 [or 2-L-phenilalanine-8-L-Lisinevasopressina]	Globopharm	Estomatite, faringite
Terlipressina, acetato de	Glypressin®[a]	12 aa	H-Gly-Gly-Gly-c[Cys-Tyr-Phe-Gln-Asn-Cys]-Pro-Lys-Gly-NH2, acetaoe [or ThriGlycil-8-L-Lisinevasopressine]	Ferring Pharms	BOV
DIVERSOS					
ADH-1c	Exherin™	5 aa	Ac-c[Cys-His-Ala-Val-Cys]-NH$_2$	Adherex Technologies	Melanoma maligno (droga órfã FDA – Fase II)
afamelanotida[c], ou melanotan-1, ou CUV1647	/// Afamelanotide melanotan-1, CUV1647	13 aa	Ac-Ser-Tyr-Ser-Nle-Glu-His-D-Phe-Arg-Trp-Gly-Lys-Pro-Val-NH2 ou [Nle^4, D-Phe^7]-ɑ-MSH	Clinuvel Pharms	Porfirina eritropoietina (droga órfã EMEA e FDA – Fase III)
Bortezomib	Velcade®	2 aa	Piz-Phe-boroLeu-(OH)2	Janssen-Cilag, Milennium Pharms	Mieloma múltiplo e linfoma refratário de células de manto
Glatiramer, acetato de	Copaxone®, Copolimer1®[a]	mistura randomica	H-(Glu, Ala, Lys, Tyr)n-OH, acetato	Teva	Redução da frequência de esclerose múltipla reincidente
Glutation	Agifutol®[a], Glutatiol®[a], Tation®[a]	3 aa	H-g-Glu-Cys-Gly-OH	ProTera	Insuficiência hepática, inflamação astênica do trato respiratório.

IM862, ou oglufanida dissódio[c]	Timogen[a]	2 aa	H-Glu-Trp-OH, di-sódio	Altika, Citran, Implicit Bioscience	Doenças relacionadas ao sistema imunológico (droga órfã para câncer ovariano FDA – Fase II)
MALP-2Sc, ou lipopetídeo-2	// MALP-2Sc, ou lipopetídeo-2 /	13 aa	S-[2,3-bispalmitoiloxi-(2R)-propil]-Cysteinil-Gly-Asn-Asn-Asp-Glu-Ser-Asn-Ile-Ser-Phe-Lys-Glu-Lys	Mbiotec	Câncer pancreático (droga órfã EMEA – Fase II)
Pentagastrina	Pentagastrin Injection BP®[a], Peptavlon®[b]	5 aa	((1,1-dimetiletoxi)carbonil)-bAla-Trp-Met-Asp-Phe-NH$_2$	Cambridge Labs, SERB Labs, Wiet-Aierst Labs	Diagnóstico da secreção gástrica
Protirelina, ou tiroliberina, ou THRH, ou THRF	Tipinone®[b], Tyrel THRH®[b], Stimu TSH®	3 aa	Pyr-His-Pro-NH$_2$	Abbott, Ferring Pharms	Diagnóstico da função da tireoide
Sinapultida, ou KL4	Surfaxin®[a]	21 aa	H-Lys-Leu-Leu-Leu-Leu-Lys-Leu-Leu-Leu-Leu-Lys-Leu-Leu-Leu-Lys-Leu-Leu-Leu-Leu-Lys-OH	Discovery Labs	Prevenção de RDS em crianças prematuras e síndrome de aspiração do mecônio
Espaglumato magnésio (ou sódio)	Rhinaaxia®[a], Naaxia®[a]	2 aa	Ac-Asp-Glu-OH, sal de magnésio ou sódio	Laboratoire Tea	Rinite alérgica e conjuntivite
Teduglutida[c]	Gattex®	33 aa	H-His-Gly-Asp-Gly-Ser-Phe-Ser-Asp-Glu-Met-Asn-Thr-Ile-Leu-Asp-Asn-Leu-Ala-Ala-Arg-Asp-Phe-Ile-Asn-Thrp-Leu-Ile-Gln-Thr-LysIle-Thr-Asp-OH	NPS Pharms, Nicomed	Síndrome do intestino curto (droga órfã EMEA e FDA – Fase III)
Vacina Telomerase	/ Vx-001[c], ou TERT$_{572y}$ //	9 aa	Tyr-Leu-Phe-Phe-Tyr-Arg-Lys-Ser-Val	Vaxon Biotech	Anti-tumor (droga órfã EMEA e FDA – Fase II)
timalfasin, ou timosin α-1	Zadaxin®[a]	28 aa	Ac-Ser-Asp-Ala-Ala-Val-Asp-Thr-Ser-Ser-Glu-Ie-Thr-Thr-Lys-Asp-Leu-Lys-Glu-Lys-Lys-Glu-Val-Val-Glu-Glu-Ala-Glu-Asn-OH	SciClone Pharms International	Hepatite B e C crônica, neoplasias
Timopentin	Mepentil®[a], Sintomodulina®[a], Timunox®[a]	5 aa	H-Arg-Lys-Asp-Val-Tyr-OH	Recordari, Italofarmaco, Johnson & Johnson	Deficiência imune primária e secundária, autoimunidade, infecções e câncer
Gomesina			Ciclo(2-15, 6-11) p-Glu-Cys-Arg-Arg-Leu-Cys-Tyr-Lys-Gln-Arg-Cys-Val-Thr-Tyr-Cys-Arg-Gly-Arg-NH2		Antibiótico de amplo espectro de ação
Fragmento 22-52 da adrenomedulina humana			Thr-Val-Gln-Lys-Leu-Ala-His-Gln-Ile-Tyr-Gln-Phe-Thr-Asp-Lys-Asp-lys-Asp-Asn-Val-Ala-pro-Arg-ser-Lys-Ile-Ser-Pro-Gln-Gly-Tyr-NH2		Antagonista da adrenomedulina (peptídeo hipotensor)
Angiotensina II			Asp-Arg-Val-Tyr-Ile-His-Pro-Phe		Hormônio hipotensor
Somatostatina			Ciclo(3-14)Ala-Gly-Cys-Lys-Asn-Phe-Phe-Trp-Lys-Thr-Phe-Thr-Ser-Cys		Fator inibidor da liberação de somatotropina
Hormônios estimuladores de melanócitos (MSH) tipo α ou melanocortina		13aa	ACTH(1-13)NH2		Clivagem do ACTH, estimula a síntese e distribuição da melanina
Peptídeo intestinal vasoativo, acetato[c]	Aviptadil®	28 aa	H-His-Ser-Asp-Ala-Val-Phe-Thr-Asp-Asn-Tyr-Thr-Arg-Leu-Arg-Lys-Gln-Met-Ala-Val-Lys-Lys-Tyr-Leu-Asn-Ser-Ile-Leu-Asn-NH$_2$, acetato	MondoBiotech Labs, Biogen	Sarcoidose e dano agudo pulmonar (droga órfã EMEA e FDA – Fase II)

Fonte: Adaptada de Vlieghe et al., 2010[54].

Abreviações: aa, aminoácido; ACTH, hormônio adrenocorticotrópico; AIDS, Síndrome da imunodeficiência adquirida, Asu, ácido 2-amino-suberico ou ácido 2-aminooctanóico; AzGly, azaGlicina; bAla, β-alanina; boroLeu, ácido borônico análogo de leucine; BOV, sangramento de varizes esofaringeanas; c, ciclo; Cit, citrulina; Dap ou Dpr, ácido 2,3-diaminopropanóico; EMEA, Agência Europeia de Medicamentos; FDA, Food and Drug Administration (EUA); GBM, Glioblastoma multiforme; GHIH, hormônio inibidor de liberação de hormônio do crescimento; GHRF ou GRF, fator liberador de hormônio do crescimento; GHRH, hormônio liberador do hormônio do crescimento; GnRH, hormônio liberador de gonadotrofina; hCRF, fator liberador de corticotrofina humana; Hip, hidroxiprolina; INNs, nomes não-proprietários internacionais; LH, hormônio luteinizante; LHRH, hormônio liberador do hormônio luteinizante; Mpa, ácido 3-mercaptopropiônico ou ácido 3-mercaptopropanóico; MSH, hormônio estimulante α-melanócito; 2Nal, 3-(2-naftil)-alanina; Nle, norleucina; NSCLC, câncer de pulmão de células não pequenas; Oic, ácido (2S, 3aS, 7aS)-octahidroindole-2-carboxílico; PCI, intervenção coronária percutânea; PTCA, angioplastia coronária transluminal percutânea; Pyr, áido piro glutâmico; Piz, ácido 2,5-pirazinecarboxílico; RDS, síndrome respiratória aguda grave; Sar, sarcosina; SRIF, fator de inibição de liberação de somatotropina Ti, 3-(2-tienil)-alanina, Tol, Treoninol, Tic, ácido 1,2,3,4-tetrahidroisoquinolina-3-carboxílico; THRF, fator de liberação de tirotrofina; THRH, hormônio de liberação de tirotrofina; TSH, hormônio estimulante da tireoide.

Notas: [a] Produtos ou marcas comercializadas nos mercados europeu e japonês, mas não no americano; [b] Produtos ou marcas descontinuadas no mercado americano; alguns são genéricos e outros foram retirados; [c] Situação de droga órfã (drogas desenvolvidas especificamente para o tratamento de uma síndrome-específica).

4.5 A TÉCNICA PASSO A PASSO

A síntese peptídica ocorre mais frequentemente pelo acoplamento do grupo carboxilo do aminoácido de entrada para o terminal N da cadeia peptídica em crescimento. Essa síntese de C-para-N é o oposto da biossíntese de proteínas que ocorre nas células, em que o N-terminal do aminoácido de entrada está ligado ao terminal C da cadeia de proteína (N-para-C). Devido à natureza complexa da síntese de proteínas *in vitro*, a adição de aminoácidos na cadeia peptídica em crescimento ocorre de um modo preciso, passo a passo, e cíclico. Apesar dos métodos comuns de síntese de peptídeos apresentarem algumas diferenças importantes, todas seguem o mesmo princípio passo a passo, adicionando aminoácidos individualmente e consecutivamente levando ao crescimento da cadeia peptídica.

4.5.1 Desproteção

Como os aminoácidos apresentam múltiplos grupos reativos, a síntese de peptídeos deve ser realizada com cuidado, para evitar reações secundárias que podem reduzir o comprimento ou gerar ramificação da cadeia peptídica. Para facilitar a formação de peptidos com reações secundárias mínimas, grupos químicos têm sido desenvolvidos, e estão ligados aos grupos reativos de aminoácidos e de bloco, ou protegem o grupo funcional de reação inespecífica.

Portanto, durante a síntese estes grupos protetores específicos são removidos, do aminoácido recentemente adicionado (um passo chamado de desprotecção), apenas após o acoplamento para permitir que o aminoácido seguinte de entrada possa ligar-se a cadeia peptídica em crescimento na orientação correta. Uma vez que a síntese de peptidos esteja completa, todos os grupos protetores remanescentes são removidos dos péptidos nascentes. Três tipos de grupos protetores geralmente são usados, dependendo do método de síntese, e estão descritos a seguir.

Os aminoácidos N-terminais são protegidos por grupos protetores "temporários", que são facilmente removidos permitindo a formação da ligação peptídica. Os dois grupos protetores N-terminais mais comuns são terc--butoxicarbonilo (Boc) e 9-fluorenilmetoxicarbonilo (Fmoc), e cada grupo tem características distintas, que determinam a sua utilização. O grupo Boc requer um ácido moderadamente forte, como o ácido trifluoroacético (TFA), até ser removido a partir do aminoácido recentemente adicionado, enquanto o Fmoc representa um grupo protetor de base lábil, que é removido com uma base fraca como **piperidina**.

A química Boc foi descrita em 1950, e a F-moc, vinte anos depois. A primeira requer condições ácidas para a desproteção, enquanto a segunda é clivada sob condições básicas leves[55-58]. Devido às condições de desproteção suaves, a química Fmoc é mais comumente usada em ambientes comerciais, devido à maior qualidade e maior rendimento, enquanto a Boc é a preferida para a síntese de péptidos complexos, ou quando os péptidos são não naturais ou análogos.

O tipo de grupo protetor do aminoácido C-terminal depende do tipo de síntese a ser utilizada. Na síntese de peptídeos em fase líquida a proteção do primeiro aminoácido C-terminal (aminoácido C-terminal) é necessária; entretanto, na síntese em fase sólida, não, porque o suporte sólido (resina) atua como grupo protetor para o aminoácido do C-terminal.

As cadeias laterais dos aminoácidos representam uma variedade grande de grupamentos funcionais e, portanto, é um sítio de considerável reatividade durante a síntese de peptídeos. Devido a isso, muitos grupos protetores diferentes são necessários, apesar de serem baseados em **benzil (Bzl)** ou **terc-butil (tBu)**. Os grupos de proteção específicos utilizados durante a síntese de um dado peptídeo variam dependendo da sequência peptídica e do tipo de proteção N-terminal. Os grupos protetores da cadeia lateral são conhecidos como grupos protetores permanentes, porque podem suportar os múltiplos ciclos de tratamento químico que ocorrem durante a síntese (Figura 4.6). Apenas são removidos pelo tratamento com ácidos fortes ou quando a síntese estiver completa.

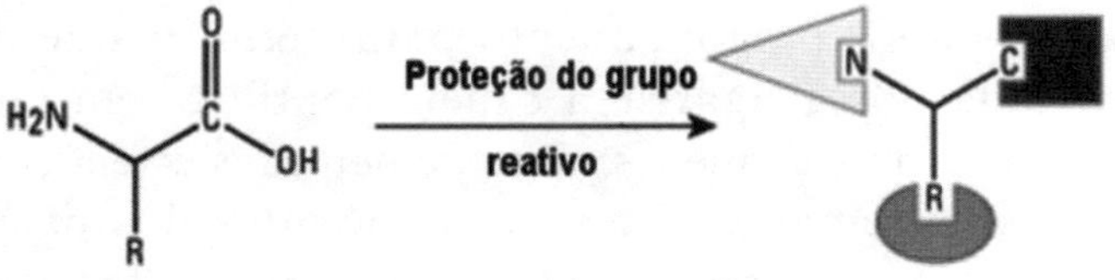

Figura 4.5 Grupos protetores (◄, ■). O N-terminal e a cadeia lateral dos aminoácidos a serem utilizados na síntese peptídica são "protegidos" com grupamentos químicos ou protetores, para impedir ou minimizar uma eventual reação inespecífica, que pode ocorrer durante a síntese. O C-terminal do aminoácido em posição C-terminal do peptídeo é também protegido para facilitar a orientação correta do peptídeo.

Uma vez que vários grupos de proteção são normalmente utilizados na síntese de peptídeos, é evidente que estes grupos têm de ser compatíveis para permitir a desproteção dos grupos protetores distintos sem afetar outros grupos protetores. Sistemas de proteção são, portanto, estabelecidos para combinar grupos de proteção para que a desproteção de um grupo de proteção não afeta a ligação dos outros grupos. Como a desproteção do N-terminal ocorre continuamente durante a síntese peptídica, regimes protetores foram estabelecidos para que os diferentes tipos de grupos protetores de cadeia lateral (Bzl ou tBu) possam ser combinados a qualquer Boc ou Fmoc, respectivamente, optimizando a desproteção. Esses esquemas de proteção também incorporam cada uma das etapas de síntese e decotes, conforme descrito na Tabela 4.3. e em seções posteriores desta página.

Tabela 4.3 Estratégias de proteção-desproteção (solvente específico).

Estratégias de proteção-desproteção (solvente específico)				
Grupo Protetor	Desproteção	Acoplamento	Clivagem	Lavagem
Boc/Bzl	TFA	Acoplamento em DMF	HF, HBr, TFMSA	DMF
Fmoc/tBut	Piperidina		TFA	

A remoção dos grupos protetores, especialmente em condições ácidas, resulta na produção de espécies catiônicas que podem alquilar os grupos funcionais da cadeia lateral peptídica. Portanto, os "eliminadores de água" anisol ou derivados de tiol devem ser adicionados em excesso durante a etapa de desproteção para reagir com qualquer uma das espécies reativas livres.

4.5.2 Acoplamento dos aminoácidos

O acoplamento de peptídeos sintéticos pode ser realizado usando as carbodiimidas **diciclohexilcarbodiimida (DCC)** e **diisopropilcarbodiimida (DIC)**, e requer a ativação do ácido carboxílico do C-terminal do aminoácido de entrada. Esses reagentes de acoplamento reagem com o grupo carboxila, formando um intermediário altamente reativo, O-acilisoureia, que é rapidamente deslocada por ataque nucleofílico entre o grupo amino primário desprotegido no N-terminal da cadeia peptídica em crescimento, de modo a formar a ligação peptídica nascente.

As carbodiimidas podem formar um intermediário reativo que leva à racemização do aminoácido. Por isso, frequentemente são adicionados reagentes que reagem com o intermediário O-acilisoureia, incluindo **1-hidroxibenzotriazol (HOBt)**, que constitui um intermediário menos reativo, que reduz o risco de racemização. Adicionalmente, as reações secundárias causadas pelas carbodiimidas conduziram à análise de outros agentes de acoplamento, incluindo o benzotriazol-1-il-oxi-tris (dimetilamino) fosfônico (BOP) e 2-(1H-benzotriazol-1-il)-1, hexafluorofosfato de 1,3,3-tetrametilurônio (HBTU), os quais requerem a ativação das bases para mediar o acoplamento de aminoácidos.

4.5.3 Clivagem do peptídeo

Depois de sucessivos ciclos de desproteção e acoplamento de aminoácidos, todos os restantes grupos protetores devem ser removidos a partir do péptido nascente. Esses grupos são clivados por acidólise, e o produto químico utilizado para a clivagem depende do esquema de proteção utilizado. Outros ácidos fortes, tais como fluoreto de hidrogênio (HF), brometo de hidrogênio (HBr) e ácido trifluorometano-sulfônico (TFMSA), são utilizados para clivar os grupos Boc e Bzl, enquanto um ácido relativamente mais suave, tal como TFA, é utilizado para clivar os grupos Fmoc e TBUT.

Quando devidamente executada, a clivagem resulta na remoção do N-terminal do grupo protetor, o último aminoácido adicionado, o grupo protetor de C-terminal (ou química ou resina) a partir do primeiro aminoácido e quaisquer grupos protetores de cadeia lateral. Tal como acontece com a desproteção, eliminadores estão também incluídos neste passo de reagir com grupos protetores livres. Devido à importância da clivagem na síntese de péptidos adequados, este passo deve ser otimizado para evitar reações colaterais catalisadas pelo ácido (Figura 4.6).

4.5.4 Estratégias de síntese de péptidos

A síntese de peptídeos em fase líquida é o método clássico, e apesar de seu baixo rendimento é ainda utilizada para a síntese em larga escala de peptídeos curtos a médios. Trata-se de um método lento e trabalhoso, e o produto tem que ser removido manualmente a partir da solução de reação após cada etapa. Além disso, essa abordagem requer outro grupo químico para proteger a extremidade C-terminal do primeiro aminoácido. Contudo, como o produto de cada passo necessita ser purificado, podemos entender esta etapa como uma vantagem da síntese em fase líquida, porque, as reações secundárias podem ser facilmente detectadas. Além disso, este passo permite que possamos executar a síntese convergente em fase sólida (SCFS), em que os peptídeos são sintetizados separadamente e depois combinados para criar peptídeos maiores ou quiméricos. Esta metodologia permite que sejam obtidos quimicamente peptídeos com mais de cinquenta aminoácidos e se baseia na condensação entre fragmentos peptídicos Nα-acilados protegidos em suas cadeias laterais (doadores de acila) a fragmentos protegidos ligados a um suporte polimérico (receptor de acila).

No entanto, a síntese de peptídeos em fase sólida é o método mais comum de síntese de peptídeos hoje. Em vez da proteção do C-terminal com um grupo químico, o C-terminal do primeiro aminoácido é acoplado a um suporte sólido ativado (como por exemplo poliestireno, poliacrilamida, celulose, acrilato etc.). Este tipo de abordagem tem uma dupla função: a resina atua como o grupo protetor do C-terminal e proporciona um método rápido para separar o produto do peptídeo em crescimento a partir de diferentes misturas de reação durante a síntese. Os sintetizadores de peptídeos existentes hoje, devido à sua automação, permitem o desenvolvimento de peptídeos em larga escala e alto rendimento.

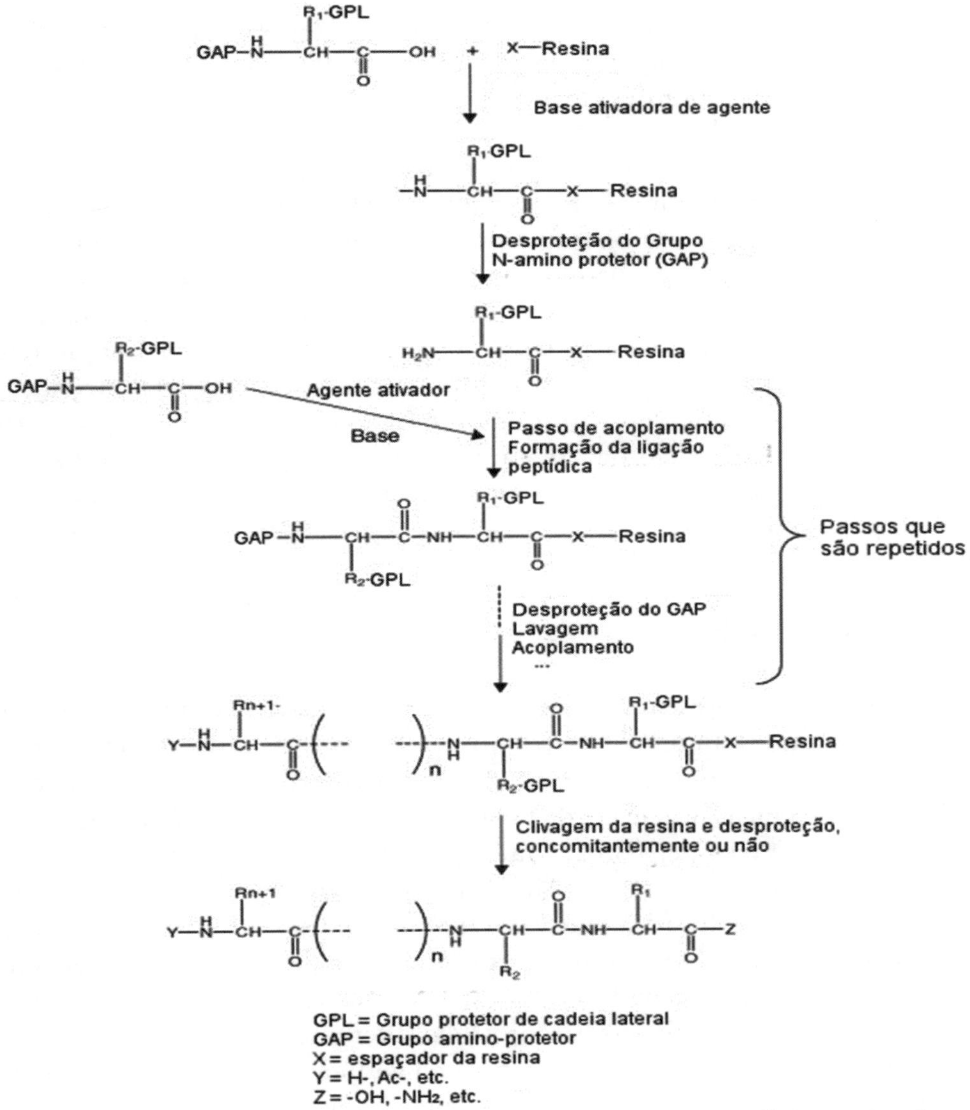

Figura 4.6 Representação esquemática da metodologia de síntese de peptídeos em fase sólida. O grupamento protetor do N-terminal do aminoácido localizado na posição C-terminal da cadeia peptídica é que será primeiro desprotegido. Após a remoção do grupo protetor desacoplado, o próximo aminoácido é ativado na extremidade C-terminal por um agente de acoplamento (por exemplo, DCC), que facilita a formação da ligação peptídica entre o N-terminal desprotegido do primeiro aminoácido e o C-terminal ativado do aminoácido de entrada. O novo N-terminal do peptídeo crescente é então desprotegido e acoplado ao aminoácido seguinte. Esses ciclos de desproteção e acoplamento são repetidos até que o péptido de comprimento desejável seja formado.

Por outro lado, embora as estratégias de síntese de peptídeos tenham sido aperfeiçoadas, o processo de geração de peptídeos em massa ainda não é perfeito. Eventos como desproteção incompleta ou reação com grupos protetores livres podem causar deleções, sequências truncadas, isômeros e outros produtos secundários. Esses acontecimentos podem ocorrer em qualquer passo durante a síntese de peptídeos e, portanto, quanto maior for a sequência do peptídeo, maior será a probabilidade de que algo possa afetar negativamente a síntese do peptídeo-alvo. Assim, o rendimento de peptídeo é inversamente proporcional ao tamanho do peptídeo, isto é, quanto maior o tamanho, menor o rendimento, e vice-versa. Felizmente, os modernos sintetizadores produzidos nos últimos anos já foram aperfeiçoados pela introdução de um sistema ótico de detecção que permite evidenciar se a desproteção/acoplamento de cada ciclo ocorreu a contento. Este passo importantíssimo acelera o processo e aumenta a chance de obter-se um maior rendimento final do peptídeo.

4.6 CONCLUSÕES

Neste capítulo, apresentamos uma breve revisão sobre a importância dos peptídeos sintéticos, bibliotecas/arranjos peptídicas e as dificuldades e caminhos trilhados por muitos pesquisadores para chegar ao estado da arte de hoje sobre as técnicas de síntese de peptídeos. Descrevemos também as várias estratégias de síntese peptídica, sua importância farmacológica e médica, sem, entretanto esgotar o tema. Ainda que a matéria tenha um pouco mais de um século de evolução, e não obstante a grande evolução das técnicas genômicas e da proteômica, os diferentes processos de síntese vêm recebendo cada vez mais atenção devido à evolução técnica e possibilidade de síntese única ou múltipla (bibliotecas/arranjos) em diferentes escalas.

Esse interesse também está intimamente ligado à associação de peptídeos em importantes processos biológicos e biotecnológicos, como insumos imunológicos para diagnóstico, vacinas, fármacos e tratamento de várias doenças tanto em medicina veterinária quanto humana. Os métodos de síntese de peptídeos em solução, fase sólida, por enzimas ou DNA recombinante não são mutuamente excludentes, e sim processos que se completam, e a escolha do método depende do tamanho, composição e estrutura do peptídeo, além da escala de síntese e da avaliação do custo financeiro de sua produção.

Hoje, a síntese química é indiscutivelmente uma ferramenta essencial na obtenção de peptídeos, em detrimento, por exemplo, da síntese enzimática e da síntese por biologia molecular. A síntese química, bem estabelecida e mais geral, embora suscetível à racemização, é controlada. A enzimática, ainda pouco explorada e mais específica, é enantiosseletiva. E a realizada por biologia molecular é mais útil na obtenção de peptídeos longos. Todas as três apresentam vantagens e problemas a serem enfrentados e solucionados. Entretanto, devido à evolução e aperfeiçoamento dos equipamentos e metodologias, a síntese química está hoje definitivamente integrada na maioria dos laboratórios químicos-farmacêuticos. Este fato pode ser ilustrado pelo grande número de produtos sinteticamente produzidos que se encontram enquadrados em nosso cotidiano e arsenal terapêutico.

4.7 PERSPECTIVAS FUTURAS

As metodologias de síntese e a automação dos sistemas atingiram um grau bastante elevado de confiabilidade, retorno e sofisticação tanto qualitativa quanto quantitativa, com retorno inimaginável alguns anos atrás. Muitas etapas foram superadas desde o início. Contudo, sempre surgem novos desafios à medida que encaramos novas sequências a serem sintetizadas e necessidades de desenvolvimento de estratégias inovadoras de aplicações e uso dos peptídeos. Encaramos o futuro com otimismo, uma vez que cada vez mais, como mostrado neste capítulo, novos produtos sintéticos são assimilados e chegam para ajudar as populações mundiais a enfrentarem as diversas patologias, e/ou auxiliando no desenvolvimento de novas abordagens terapêuticas, profiláticas e imunológicas contra novas e velhas doenças e agentes infecciosos emergentes e re-emergentes.

REFERÊNCIAS

1. Fischer E. Ber. Dstch. Chem. Ges. 1906;39:530-610.

2. Fischer E, Forneau E. Ber. Dtsch. Chem. Ges. 1901;34:2868-79.

3. Merrifield R. B. J. Am. Chem. Soc. 1963;85:2149-54.

4. Frank R, Heikens W, Heisterberg-Moutsis G, Blocker H. Nucleic Acids Res. 1983;11:4365-4377.

5. Geysen HM, Meloen RH, Barteling SJ. Proc. Natl. Acad. Sci. USA. 1984;81:3998-4002.

6. Frank R. Tetrahedron 1992;48:9217-32.

7. Fodor SP, Read JL, Pirrung MC, Stryer L, Lu AT, Solas D. Science. 1991;251:767-73.

8. Gao X, Zhou X, Gulari E. Proteomics. 2003;3:2135-41.

9. Katz C, Benyamini H, Rotem S, et al. Proc. Natl. Acad. Sci. USA. 2008;105:12277-12282.

10. Scott JK, Smitt GP. Science. 1990; 249:386-90.

11. Furka A, Sebestyen F, Asgedom M, Dildo G. Int Pep Prot Res 1991; 37: 487-493.

12. Lam KS, Salmon SE, Hersh EM. Hruby VJ, Kazmierski WM, Knapp RJ. Nature 1991; 354, 82-84.

13. Houghten RA. Proc. Natl. Acad. Sci. USA. 1985;82:5131-5135.

14. Dooley CT, Houghten RA. Life Sci. 1993;52:1509-17.

15. Liu R, Enstrom AM, Lam KS, Exp. Hematol. 2003;31:11-30.

16. Hilpert K, Winkler DF, Hancock RE, Nat. Protocol. 2007;2:1333-1349.

17. Falsey JR, Renil M, Park S, Li S, Lam KS. Bioconjugate Chem. 2001;12:346-353.

18. Wegner GJ, Lee HJ. Anal. Chem. 2002;74:5161-5168.

19. Takahashi M, Nokihara K, Mihara H. Chem. Biol. 2003;10:53-60.

20. Kohn M. J. Pept. Sci., 2009;15:393-7.

21. Frank R. J. Immunol. Meth. 2002;267:13-26.

22. Molina F, Laune D, Gougat C, Pau B, Granier C. Pept. Res. 1996;9:151-5.

23. Kramer A, Reineke U, Dong L, et al. J. Pept. Res. 1999;54:319-27.

24. Streitz M. Tesfa L, Yildirim V, Yahyazadeh A, Ulrichs T et al., 2007. Plos One 2, e735..

25. Takahashi M, Ueno-Mihara AH. Chemistry. 2000;6:3196-03.

26. Wenschuh H, Volkmer-Engert R, Schmidt M, et al. Biopolymers. 2000;55:188-206.

27. Campos GB, Noble RL. Int. J. Pept. Res. 1990;35:161-214.

28. Beutling U, Stading K, Stradal T, Frank R. Adv. Bioquímica. Eng/ Biotechnol. 2008;110:115-52.

29. Volkmer R, Chem Bio Chem. 2009;10:1431-42.

30. Bowman MD, Jeske RC, Blackwell HE. Org. Lett. 2004;6:2019-22.

31. Gao X, Pellois JP, Na Y, Kim Y, Gulari E, Zhou X. Mol Divers. 2004;8:177-87.

32. Verlander, M. Chim. Oggi. 2002;7-8:62.

33. Gutte B, Peptides. Synthesis, Structure and Applications. Academic Press, New York, 1995:1.

34. De Simone SG, Napoleão-Pêgo P, Teixeira-Pinto LAL, Melgarejo AR, Aguiar AS, Provance Jr. DW. Toxicon. 2014;78:83-93.

35. Francino ACS. Engenharia. 1986;456:18.

36. Kuwasako K, Kitamura K, Ishiyama Y, Washimire H, Kato J, Kangawa K, Eto T. FEBS Lett. 1997;414:105-08.

37. Kim JB, Iwamuro S, Knoop FC, Conlon JM. J. Pept. Res. 2001;58:349-56.

38. Massilia GR, Schinina ME, Ascenzi P, Polticelli F, Biochem. Biophys. Res. Commun. 2001;288:908-13.

39. Glada MLR, Miranda, MTM, Marquez UM. Food Chem.1998;61:177.

40. Boissonnas RA, Guttmann St, Jaquenoud PA, Waller JP. Helv. Chim. Acta. 1955; 38: 1491

41. Schally AV. Peptides 1999; 20: 1247-62

42. Morihara K, Oka T, Tsuzuki H. Nature 1979; 280: 412-3.

43. Veber DF, Freidinger RM. Trends Neurosci. 1985: 8: p392.

44.Gante J. Angew Chem Int Ed Engl.1994; 33:1699-1720

45. Günther J, Beck-Sickinger AG. Angel Chem Int Ed, 1992: 104: 375-400.

46. Adang AEP, Hermkens PHH, Linders JTM, Ottenheijm HCJ, Vanstaveren CJ; Recl. Trav. Chim. Pays Bas 1994; 113: p63. In Biorganic Chemistry of Biological Transduction, Ed H Waldman, Spring Verlag, 2011; 211: 450p.

47. Katz C,Levy-Beladev L, Rotem-Bamberger S, Rito T, Rudigger SGD, Friedler A Chem. Soc. Rev., 2011, 40, 2131–2145

48. Yang YP, Liu CB, Jin DY, Zhan MY, Tang Q, Xia NS, Cao JY, Li JY. Sci. China Ser. B 1994; 37: 190-202.

49. Pütz MM, Hoebeke J, Ammerlaan W, Schneider S, Muller CP. Eur J Biochem 2003; 270:1515–27.

50. Cubillos M, Alba MP, Bermudez A, Trujillo M, Patarroyo ME. Biochimie 2003; 85: 651-7.

51. Klinguer-Hamour C, Bussat MC, Plotnicky H, Velin D, Corvaïa N, Nguyen T, Beck A. J Pept Res.2003; 62:27-36.

52. Bellone M, Iezzi G, Imro MA, Protti MP. Immunol. Today 1999; 20: 457.

53. Wang CY, Walfield AM, Fang X, Hammerberg B, Ye J, Li ML, Shen F, Shen M, Vaccine 2003; 21: 1580-90.

54. Vlieghe P, Lisowski V, Martinez J, Khrestchatisky M. Drug Discovery Today. 2010;15:40-56.

55. Arakama M, Nakatani A, Minohara A, Nakamura M. Biochem. J. 1967;104:900-6.

56. Brazeau P, Vale W, Burgus R, Ling N, Butcher M, Rivier J, Guillemin R. Science 1973;179:77-9.

57. Luscher TF, Barton M. Circulation 2000;102:2434-40.

58. Ko L, Maitland A, Fedak PW, Dumont AS, Badiwala M, Lovren F, Triggle CR, Anderson TJ, Rao V, Verma S. Ann. Thorac. Surg. 2002;73:1185-8.

RNAS NÃO CODIFICADORES

RNAS NÃO CODIFICADORES LONGOS: GENÔMICA, BIOGÊNESE, MECANISMOS E FUNÇÃO

Ana Carolina Ayupe
Eduardo Moraes Rego Reis

5.1 INTRODUÇÃO

As células dos organismos unicelulares e multicelulares dependem de uma organização estrutural e funcional complexa para realizar as funções necessárias à sua sobrevivência e perpetuação. Uma teoria amplamente aceita para a origem da vida é a de que, na Terra pré-biótica existiam condições físico-químicas que propiciaram o surgimento de moléculas de ácido ribonucleico (RNA) com atividades catalíticas, capazes de copiar outras moléculas de RNA, possibilitando assim a transmissão de informação[1-4]. A compartimentalização de RNAs catalíticos autorreplicantes (RNA replicases) em lipossomos teria dado origem a protocélulas dotadas de um metabolismo rudimentar, que adquiriram a capacidade de se duplicar e transmitir o material genético para as células-filhas. Ao longo de milhões de anos, protocélulas desenvolveram a capacidade de sintetizar polipeptídeos a partir de aminoácidos, que progressivamente aumentaram de variedade e complexidade e adquiriram novas atividades catalíticas características das células modernas. A extensiva caracterização bioquímica de proteínas durante os séculos XIX e XX desvendou inúmeras funções estruturais e enzimáticas exercidas por essas versáteis biomoléculas. Atuando como enzimas, receptores de superfície, componentes de canais ou transportadores transmembranares, organizadores do citoesqueleto, entre diversas outras funções, está bem estabelecido que as proteínas ocupam papeis centrais no controle e execução das funções metabólicas e reprodutivas das células modernas.

Também, ao longo da evolução, o RNA foi eventualmente substituído pelo ácido desoxirribonucleico (DNA) como molécula de armazenamento da informação genética, em função de sua maior estabilidade química[3]. As instruções necessárias para a síntese de proteínas e a montagem e funcionamento das células estão armazenadas no DNA que compõe o seu genoma. A informação no genoma está organizada em unidades discretas – os genes – codificadas na sequência de nucleotídeos que compõem o DNA. A mobilização da informação genética é um processo altamente controlado, no qual o DNA serve como molde para a síntese de moléculas de RNAs, em reações catalisadas por enzimas RNA polimerases (transcrição). A transcrição do DNA nas regiões de genes ativos produz diferentes classes de RNAs, onde historicamente se destacam os RNAs mensageiros (mRNAs) que codificam a informação necessária para a síntese das proteínas celulares, e RNAs envolvidos no processo de tradução proteica: os RNAs ribossomais (rRNAs) componentes dos ribossomos, a máquina molecular responsável pela síntese de proteínas, os RNAs transportadores de aminoácidos (tRNAs), que fazem a leitura do código genético presente nos mRNAs, além de pequenos RNAs nucleares (*small nuclear* RNA – snRNAs) e nucleolares (*small nucleolar* RNA – snoRNAs) envolvidos no processamento e modificação química de mRNAs, rRNAs e tRNAs.

A multiplicidade de funções moleculares exercidas pelas proteínas nos processos biológicos aliada à observação de que as principais classes de RNAs participam no processo de tradução dos mRNAs em proteínas, sedimentaram a noção de que, nas células modernas, os RNAs desempenham, principalmente, papéis acessórios no fluxo da informação genética armazenada no DNA. Este conceito está expresso no Dogma Central da Biologia Molecular, elaborado originalmente por Francis Crick em 1958[5]. Contudo, nas últimas duas décadas têm sido descritas e caracterizadas novas classes de RNAs que não codificam proteínas ou participam diretamente da síntese proteica, mas que desempenham funções regulatórias importantes no controle da expressão gênica em organismos procariotos e eucariotos. Uma descrição da estrutura, localização genômica e função dos principais tipos de RNAs não codificadores é apresentada na Tabela 5.1. Existe um grande número de bancos de dados que disponibilizam informações genômicas sobre os diferentes tipos de RNAs de organismos eucarióticos[6,7].

Tabela 5.1 Principais tipos de RNAs não codificadores em eucariotos

TIPOS DE RNAS NÃO CODIFICADORES	TAMANHO	FUNÇÕES CONHECIDAS	LOCALIZAÇÃO NO GENOMA HUMANO	REFERÊNCIAS
RNAs ribossomais (rRNAs)	Aprox. 100 nucleotídeos (nt) (5S rRNA) a aprox. 5.000 nt (28S rRNA)	Organização dos ribossomos. Catálise de formação da ligação peptídica.	Múltiplas cópias (300 a 400) agrupadas nos cromossomos 13, 14, 15, 21 e 22	http://www.ensembl.org/biomart
RNAs transportadores (tRNAs)	Aprox. 100 nt	Leitura do código genético e transporte de aminoácidos durante a síntese protéica	> 500 *loci* espalhados em todos os cromossomos	http://www.ensembl.org/biomart
Pequenos RNAs nucleares (snRNAs)	Aprox. 150 nt	Componentes do spliceossoma e do complexo de reparo do telômero	Cerca de 10 snRNAs representados por 50 *loci* variantes e 1.300 pseudogenes (cópias não funcionais)	http://www.ensembl.org/biomart, 8
Pequenos RNAs nucleolares (snoRNAs)	40 a 300 nt	Modificação pós-transcricional de rRNAs, tRNAs e snRNAs	> 400 *loci* espalhados em todos os cromossomos	http://www.ensembl.org/biomart, 9
microRNAs (miRNAs)	16 a 24 nt (maioria entre 21 e 23 nt)	Silenciamento pós-transcricional da expressão gênica (inibição da tradução, degradação/desestabilização de mRNAs no citoplasma)	> 2.500 *loci* espalhados em todos os cromossomos	http://www.mirbase.org/, 10

TIPOS DE RNAS NÃO CODIFICADORES	TAMANHO	FUNÇÕES CONHECIDAS	LOCALIZAÇÃO NO GENOMA HUMANO	REFERÊNCIAS
Piwi-Associated RNAs (piRNAs)	24 a 30 nt	Silenciamento de elementos genômicos móveis (transposons, retrotransposons) em células germinativas por meio do recrutamento de proteínas modificadoras da cromatina	> 23.000 *loci* espalhados em todos os cromossomos	http://pirnabank. ibab.ac.in/, 11
RNAs associados a regiões promotoras de genes (paRNAs)	Compreende diferentes famílias de ncRNAs com tamanho entre 20 e 200 nt	Envolvidas no silenciamento ou na ativação da transcrição por meio do recrutamento para a região promotora de proteínas modificadoras da cromatina	Número não determinado. Espalhados em todos os cromossomos	12
RNAs não codificadores longos (lncRNAs)	Compreende diferentes famílias de ncRNAs com tamanho > 200 nt	Pequeno número caracterizado funcionalmente. Participa no controle de dose gênica, recrutamento de proteínas modificadoras da cromatina, localização subcelular de proteínas, organização de complexos ribonucleoproteicos, entre outros	Número não determinado. Espalhados em todos os cromossomos, em regiões intergênicas ou intrônicas do genoma	http://lncrnadb. org/, 13, 14, 15, 16, 17

Os diferentes tipos de ncRNAs podem ser agrupados em função do tamanho das moléculas de RNA. Pequenos RNAs possuem até duzentos nucleotídeos e incluem algumas classes de RNAs regulatórios já bem caracterizadas estrutural e funcionalmente. Entre estas, se destacam os microRNAs, envolvidos na regulação pós-transcricional da expressão gênica[10], e pequenos RNAs interferentes, ou siRNAs (*small interfering* RNAs), que participam de sistemas de defesa do genoma contra vírus ou elementos móveis[18]. Em comum, pequenos RNAs exercem sua função por meio do pareamento específico com regiões complementares presentes em RNAs-alvo, promovendo a sua degradação. Nas células de mamíferos, os microRNAs atuam na regulação pós-transcricional da expressão gênica, inibindo a tradução de mRNAs que contêm sítios de ligação complementares à sequência do microRNA[19].

RNAs não codificadores longos (*long noncoding* RNAs – lncRNAs) possuem mais do que duzentos nucleotídeos e compreendem classes de moléculas com funções e mecanismos de ação diversos. Uma fração significativa do total de moléculas de RNA produzidas nas células eucarióticas (transcriptoma) é composta por lncRNAs, que podem ser transcritos em regiões intergênicas do genoma (lncRNA intergênico) ou em regiões intragênicas (lncRNA intrônico), se sobrepondo a trechos correspondentes a éxons ou íntrons de genes codificadores de proteína, com a mesma direção (lncRNA intrônico senso) ou com orientação oposta ao mRNA (lncRNA intrônico antissenso)[14] (Figura 5.1).

A transcrição e processamento da maioria dos lncRNAs já detectados em eucariotos parecem ser similares à dos genes codificadores de proteínas. Experimentos de imunoprecipitação da cromatina seguidos por *tiling arrays* ou sequenciamento de última geração (ver Tabela 5.2) demonstraram que a RNA polimerase II (uma enzima que transcreve todos os genes codificadores de proteínas, para os quais o transcrito final é o mRNA, e também transcreve alguns snRNA, snoRNA e a maioria dos miRNAs) e muitos sítios de ligação de seus fatores de transcrição, e ainda, modificações de histonas relacionadas à iniciação da transcrição (como por exemplo, a modificação trimetilação da lisina 4 da histona 3 – H3K4me3), estão localizados em regiões genômicas distantes de promotores de genes codificadores de proteínas[20-23]. A partir destes e outros estudos, aceita-se hoje que a maioria dos lncRNAs é transcrita pela RNA polimerase II, e que muitos desses transcritos compartilham características estruturais com mRNAs, como a poliadenilação na extremidade 3' (cauda poliA), processamento por *splicing* e presença[13,24-27] da estrutura cap na extremidade 5'. Interessantemente, foi observado que lncRNAs transcritos pela RNA polimerase II e poliadenilados podem ser processados por um mecanismo alternativo: nesses casos, a sequência rica em adenosinas é codificada no genoma, e a cauda poliA resulta da clivagem do transcrito primário por uma RNAse P (que também realiza o processamento da extremidade 5' dos tRNAs)[28,29]. Apesar das semelhanças na biogênese com RNAs mensageiros, existem evidências de que uma fração considerável dos lncRNAs já detectados (ao menos 24%) não apresenta cauda poliA, sugerindo que outras RNA polimerases possam ser responsáveis pela sua transcrição[30-33].

Até o momento, apenas um pequeno conjunto de lncRNAs foi caracterizado detalhadamente, tendo revelado funções inéditas exercidas por moléculas de RNA no controle da expressão gênica em processos normais do desenvolvimento. Não surpreendentemente, diversos lncRNAs têm sido implicados em processos patológicos, como o câncer. A imensa maioria dos lncRNAs já detectados ainda não foram caracterizados, e não se conhecem suas funções biológicas. Ao longo deste capítulo, apresentaremos um histórico das principais descobertas acerca de lncRNAs e as principais

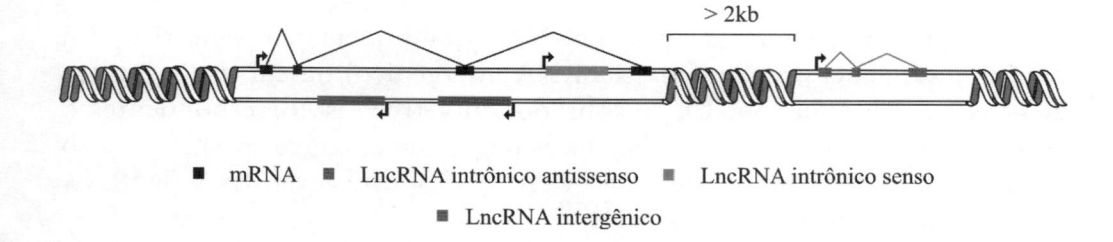

■ mRNA   ■ LncRNA intrônico antissenso   ■ LncRNA intrônico senso

■ LncRNA intergênico

Figura 5.1 Esquema com a organização genômica de lncRNAs intrônicos e intergênicos. Os retângulos pretos correspondem aos éxons de um gene codificador de proteínas; os retângulos verdes correspondem a dois exemplos de lncRNAs intrônicos sem *splicing* e com orientação antissenso ao gene codificador de proteínas; o retângulo na cor laranja exemplifica um lncRNA intrônico com orientação senso ao gene codificador de proteínas e os retângulos azuis exemplificam um lncRNA intergênico com *splicing*. A figura em cores está disponível na versão online.

metodologias que permitiram esses estudos. Iremos também expor funções e mecanismos de regulação da expressão gênica que têm sido revelados pelo estudo de lncRNAs, e como o conhecimento acerca de lncRNAs pode contribuir para o diagnóstico molecular e o tratamento de doenças humanas.

5.2 HISTÓRICO DA DESCOBERTA DOS lncRNAS

5.2.1 A complexidade do genoma eucariótico

Embora o interesse no estudo dos lncRNAs ainda seja muito recente, já existe, há muitas décadas, um grande empenho em se desvendar a relação entre o tamanho do genoma dos organismos e sua complexidade biológica. A "complexidade biológica" de um dado organismo pode ser definida em função do número e variedade de tipos celulares, assim como do grau de organização e a complexidade do metabolismo celular[34]. Em 1950, foi introduzido o termo C-value, que se refere à quantidade de DNA presente no genoma haploide (ou a quantidade de DNA por célula) e, um pouco mais tarde, em 1971, iniciou-se um questionamento, que foi denominado de enigma ou paradoxo do C-value, que se refere à observação da inexistência de associação entre a quantidade de DNA celular e a complexidade de desenvolvimento dos organismos eucarióticos[35,36]. Por exemplo, a salamandra, que é um anfíbio, apresenta um genoma cerca de quinze vezes maior do que o de humanos[37].

Pouco depois, argumentou-se que diferenças no número de genes poderiam explicar as diferenças de especialização entre organismos mais ou menos complexos[38], o que foi denominado posteriormente de paradoxo do G-value[39]. Predições do número de genes codificadores de proteínas presentes no genoma humano, anteriores ao seu sequenciamento completo, estimavam a existência de 50 mil a 140 mil genes[40]. Surpreendentemente, quando o genoma humano foi determinado, verificou-se a existência de apenas 20 mil a 25 mil genes codificadores de proteínas, número que representa menos que 2% do genoma humano total[41]. A fração não codificadora remanescente foi inicialmente denominada de "DNA lixo", pelo fato de não codificar para proteínas, que seriam os elementos conhecidos responsáveis por exercer a maior parte das funções estruturais, catalíticas e regulatórias das células.

O número de genes codificadores de proteínas encontrado no genoma humano é comparável ao encontrado em organismos muito mais simples, como *Drosophila melanogaster* (~ 13.500 genes)[42] ou *Caenorhabditis elegans* (~ 19.300)[43]. Este aparente paradoxo pode ser explicado, ao menos em parte, pela maior prevalência em organismos mais complexos de mecanismos de regulação transcricional e pós-transcricional, como *splicing* alternativo, uso alternativo de promotores e sítios de terminação da transcrição e eventos de edição de RNAs, que resultam na expressão de um conjunto maior de isoformas proteicas a partir do mesmo número de genes[34,44,45]. Interessantemente, foi notado que o aumento da complexidade biológica está positivamente associado ao aumento da proporção de "DNA-lixo", sem potencial de codificar proteínas, presente no genoma dos organismos, que pode variar de 0,3% do total no genoma de procariotos até mais que 98% no genoma humano. Esta observação permitiu levantar a hipótese de que a transcrição do chamado "DNA-lixo" permitiria a geração de um repertório de moléculas de RNA sem potencial de codificar proteínas, mas com funções regulatórias que contribuiriam para o desenvolvimento de eucariotos superiores[34,46-48]. O advento de tecnologias de análise da expressão gênica em larga escala tem permitido explorar essa hipótese, como discutimos a seguir.

5.2.2 Transcrição pervasiva do genoma

Na década de 1970 surgiram as primeiras evidências de que uma fração maior do genoma humano era transcrita, além daquela contendo genes codificadores de proteínas e genes de RNAs não codificadores já conhecidos, como os RNAs ribossomais e transportadores. Naquela época, estimou-se que ao menos 50% do RNA presente em células eucarióticas não continha sequências codificadoras e apresentava localização restrita ao núcleo, sendo por isso denominado RNA nuclear heterogêneo (hnRNA, do inglês *heterogeneous nuclear RNA*)[49,50]. Após a descoberta do *splicing* de RNAs, ponderou-se que ao menos uma fração do *pool* de hnRNAs consistiria em transcritos primários que após processamento dariam origem a mRNAs codificadores de proteínas. Somente com a consolidação e popularização de abordagens para o estudo de transcriptomas em larga escala, no final da década de 1990 e início dos anos 2000, é que a dimensão da transcrição generalizada do genoma eucariótico e a existência de transcritos que acumulam na célula e mapeiam em regiões intrônicas e intergênicas do genoma pôde ser quantificada. Esses estudos incluíram a clonagem e sequenciamento de bibliotecas de DNAs complementares (cDNAs)[51-55], técnicas de sequenciamento massivo de etiquetas derivadas de cDNAs como SAGE (*Serial Analysis o.f Gene Expression*), CAGE (*Cap Analysis of Gene Expression*) e MPSS (*Massively Parallel Signature Sequencing*)[56-60], hibridização de RNAs com *tiling arrays* genômicos[30,52,61-67] e, mais recentemente, o sequenciamento com alta resolução de bibliotecas de cDNA[68-71] (ver Tabela 5.2).

Concomitantemente à finalização do sequenciamento do genoma humano, em 2003, iniciou-se um esforço colaborativo entre pesquisadores de diversos países com o objetivo de mapear todos os elementos regulatórios e regiões transcritas no genoma humano, incluindo regiões sem potencial codificador consideradas até então "DNA lixo". Tinha início o ENCODE (*Encyclopedia of DNA Elements Consortium*), que foi lançado como um projeto piloto para desenvolver métodos e estratégias necessárias para identificar todos os elementos funcionais do genoma humano, concentrando-se inicialmente em apenas 1% do genoma humano[21]. A partir desse estudo, que investigou um painel de células humanas de diferentes tecidos, foi revelado que ao menos 90% do genoma humano é transcrito em RNA, sendo que desta fração apenas 1,2% é capaz de codificar para proteínas[21,72]. Contudo, ainda restava a dúvida se o restante do genoma comportava-se de maneira similar à fração de 1% estudada inicialmente pelo ENCODE. Após essa primeira etapa, as tecnologias desenvolvidas durante o projeto piloto foram aplicadas para a caracterização dos 99% restantes do genoma humano. As tecnologias utilizadas incluíram métodos para a detecção de regiões transcricionalmente ativas (*tiling arrays*, RNA-seq, CAGE, *RNA-Paired-End Tags* – RNA-PET), determinação de regiões codificadoras de proteínas (espectometria de massa), detecção de sítios de ligação de fatores de transcrição (*Chromatin Immunoprecipitation followed by sequencing*

– ChIP-seq, DNase-seq), determinação da estrutura da cromatina (DNase--seq, *Formaldehyde Assisted Isolation of Regulatory Elements* – FAIRE-seq, *histone* ChIP-seq e MNase-seq) e detecção de sítios de metilação do DNA (*Reduced Representation Bisulfite Sequencing* – RRBS) (ver Tabela 5.2). Em 2012, o projeto ENCODE foi concluído, com a confirmação de que a vasta maioria do genoma humano (ao menos 80%) é transcrito e participa de pelo menos um evento bioquímico associado ao RNA e/ou cromatina em ao menos um tipo celular[73].

A transcrição pervasiva do genoma está presente em outros organismos eucarióticos. Com o foco em determinar todas as regiões transcritas no genoma murino, o projeto FANTOM (*Functional Annotation of Mouse*) clonou e sequenciou mais de 100 mil sequências de cDNA provenientes de RNAs isolados de diversos tecidos e estágios de desenvolvimento. Esse projeto estabeleceu que mais de 70% do genoma de camundongo é transcrito, tendo descrito mais de 30 mil novos lncRNAs, incluindo transcritos intrônicos, intergênicos e antissenso[60,74]. A análise do transcriptoma de outros organismos eucarióticos usando *tiling arrays* genômicos mostrou que a transcrição generalizada do genoma não é restrita aos mamíferos, mas estende-se às moscas (> 85% do genoma de *D. melanogaster* é transcrito nas primeiras 24 horas do desenvolvimento embrionário), nematoides (> 70% do genoma é transcrito em *C. elegans* quando analisadas populações em diferentes estágios de desenvolvimento) e eucariotos unicelulares como leveduras (> 85% do genoma é expresso em células mantidas em meio rico em nutrientes)[75].

As descobertas mencionadas acima têm alterado e expandido a compreensão da organização dos genomas eucarióticos. A observação do aumento da proporção de DNA não codificador ao longo da escala evolutiva e de que nos organismos eucariotos a maior parte desse DNA é transcrito em RNAs não codificadores tem sido utilizada como argumento para apoiar a ideia de que os ncRNAs contribuam com funções regulatórias que cooperam para o ganho de complexidade biológica, em adição aos mecanismos já bem descritos de *splicing* alternativo, utilização de promotores e sítios de terminação alternativos e modificações pós-transcricionais[34].

5.2.3 Os primeiros lncRNAs identificados

O estudo dos primeiros lncRNAs ocorreu há mais de duas décadas por grupos interessados em desvendar os mecanismos moleculares de *imprinting* genômico, que é o processo pelo qual um gene é expresso monoalelicamente, e de inativação do cromossomo X (XCI, do inglês *X-chromosome inactivation*). Em 1990, a descoberta do lncRNA H19 marcou o início das primeiras descobertas de lncRNAs com funções regulatórias[76,77]. O lncRNA H19 é um transcrito intergênico com 2,5 Kb, expresso apenas no cromossomo 11 maternal devido ao *imprinting* genômico; o lócus H19 no cromossomo paterno é silenciado por hipermetilação do DNA. O padrão de expressão do lncRNA H19, por sua vez, afeta o *imprinting* de genes na sua vizinhança, Ins-2 (*insulin 2*) e Igf2 (*insulin-like growth factor 2*)[78].

No ano seguinte, em 1991, foi descrito um lncRNA intergênico com 17 Kb que está envolvido no silenciamento de um dos cromossomos X em fêmeas de mamíferos, propiciando a compensação de dose entre os sexos (fêmeas possuem duas cópias do cromossomo X, enquanto machos possuem um cromossomo X e um Y)[79-83]. Este RNA foi denominado Xist, do inglês *X-inactive specific transcript*. A indução de Xist em uma das cópias do cromossomo X é acompanhada pelo recrutamento de um complexo proteico denominado *Polycomb Repressive Complex 2* (PRC2), que promove modificações repressivas na cromatina, especificamente a trimetilação da lisina 27 da histona H3 (H3K27), levando ao silenciamento da transcrição e inativação do cromossomo[84,85]. Em 1999, a identificação do Tsix, um transcrito não codificador de 40 Kb que é expresso no mesmo lócus gênico de Xist, mas em orientação oposta, reforçou a percepção de que os lncRNAs estariam intimamente envolvidos na regulação da inativação[86] do cromossomo X. Hoje, já se sabe que existem pelo menos cinco lncRNAs envolvidos no processo[87] de XCI.

Mais recentemente, em 2007, como resultado do trabalho de um grupo que empregou a tecnologia de *tiling arrays* (ver Tabela 5.2) foram identificados mais de duzentos lncRNAs sem função aparente, que eram transcritos em trechos genômicos onde estão localizados genes *homeobox* (HOX), que codificam proteínas essenciais para o controle do desenvolvimento do corpo durante a embriogênese[88]. O estudo funcional desses lncRNAs levou à identificação de HOTAIR (*Hox Transcript Antisense RNA*), um lncRNA intergênico de 2,2 Kb, que reside no lócus *homeobox* C (HOXC) e que também interage com o PRC2, reprimindo a transcrição de genes[88] HOX. A partir desse trabalho, foram descobertos outros ncRNAs expressos em tipos celulares distintos e que também se associam ao complexo[89-92] PRC2, fortalecendo a observação de que muitos lncRNAs atuam no controle da expressão gênica por meio do recrutamento de proteínas modificadoras da cromatina.

5.2.4 Identificação em larga-escala de lncRNAs intergênicos

Em 2009, Guttman e colaboradores propuseram um método para a identificação de possíveis lncRNAs intergênicos expressos em genomas eucarióticos a partir da análise da estrutura da cromatina. Este método baseou-se na identificação de marcas características de cromatina transcricionalmente ativa. Para isto foram interrogadas modificações covalentes de proteínas histonas típicas de regiões promotoras ativas transcritas pela RNA polimerase II (trimetilação da lisina 4 da histona 3 – H3K4me3) ou encontradas ao longo da extensão da região transcrita (trimetilação da lisina 36 da histona 3 – H3K36me3). Uma vantagem desta abordagem sobre métodos baseados na análise direta do transcriptoma, em que moléculas de RNA são convertidas em cDNA e sequenciadas para identificação, é que facilita a detecção de RNAs pouco abundantes ou que não se acumulam de forma estável nas células. Usando a técnica de imunoprecipitação da cromatina seguida de sequenciamento de alta profundidade do DNA, foram identificados em células de camundongo, cerca de 1.600 possíveis lncRNAs intergênicos denominados de *large intergenic noncoding RNAs* (lincRNAs)[22]. Observou-se que os lincRNAs identificados por este método apresentam evidência de conservação evolutiva, o que reforça a possibilidade de participarem em processos biológicos relevantes. Logo surgiram outros trabalhos que foram expandindo o catálogo de lincRNAs, em células e tecidos de camundongo e humano, e aumentando o conhecimento sobre esta classe de lncRNAs[71,90,93]. Hoje, já se sabe que os lincRNAs possuem um tamanho médio de 1.000 nt, têm expressão tecido ou célula-específica, podem ter sua transcrição regulada por fatores de transcrição envolvidos no controle do ciclo celular, resposta imune inata, na pluripotência e alguns têm sido descritos como responsáveis por recrutar e conferir especificidade de alvo a complexos remodeladores da cromatina, como por exemplo[22,71,90,93] o PRC2.

5.2.5 LncRNAs intragênicos

Embora diversos estudos tenham detectado RNAs provenientes de regiões intragênicas[65,94-96], a maioria dos grupos de pesquisa desconsiderou inicialmente a possibilidade destas moléculas possuírem relevância biológica e funcionalidade. Considerava-se que os transcritos originados em regiões intrônicas do genoma, em sua maioria sem evidência de *splicing* (*unspliced*), seriam resquícios do processamento de moléculas de RNAs mensageiros primários. Apenas eram considerados possivelmente funcionais, lncRNAs intrônicos que apresentassem mais de um éxon[95], que fossem transcritos com orientação antissenso ao mRNA no mesmo lócus[96] ou ainda que apresentassem evidência de poliadenilação[97].

Em 2004, iniciou-se um esforço para a caracterização de lncRNAs intrônicos *unspliced*, tendo sido observada uma associação entre a expressão de subconjuntos de lncRNAs e diferentes graus de malignidade de tumor de próstata[98]. Mais tarde, uma análise utilizando bancos de dados públicos de ESTs (*Expressed Sequence Tags*) e mRNAs revelou a existência de cerca de 70 mil transcritos provenientes de regiões intrônicas do genoma, com tamanho médio de 600 nt, indicando que ao menos 74% dos genes humanos anotados possuem regiões intrônicas transcricionalmente ativas[13]. Uma análise de potencial codificador indicou que a quase totalidade desses transcritos não possui potencial para codificar proteínas, excluindo a possibilidade de serem éxons alternativos de mRNAs e reforçando a noção de que se tratem de novos[13] lncRNAs. Utilizando um oligoarranjo contendo 44 mil sondas capazes de interrogar mRNAs e lncRNAs intragênicos, foram identificadas assinaturas de transcrição intrônica tecido-específicas[13]. Um subconjunto de lncRNAs intragênicos apresentou um padrão de expressão correlacionado ao gene codificador de proteína expresso no mesmo lócus, indicando que podem ter um papel na regulação do padrão de *splicing* alternativo, ou, ainda, na abundância dos mRNAs do gene[13]. De maneira interessante, observou-se que os lncRNAs intrônicos mais abundantes nos tecidos avaliados (fígado, próstata e rim humano) foram transcritos a partir de íntrons de genes codificadores de proteínas envolvidas na regulação da transcrição[13]. Outro trabalho demonstrou que um subconjunto de lncRNAs intrônicos tem sua transcrição diretamente regulada por andrógeno, por meio da ligação do hormônio a elementos regulatórios no DNA (*Androgen Response Elements*), de modo semelhante ao que ocorre[99] com mRNAs.

Estudos adicionais têm apontado também para o possível papel dos lncRNAs intrônicos no controle da expressão gênica em doenças como o câncer[99-101]. Um dos primeiros lncRNAs intrônicos envolvidos em câncer a ser descrito em maior detalhe, chamado Saf, exerce um efeito oncogênico antiapoptótico por meio da regulação do *splicing* alternativo do gene[102] Fas. Alguns poucos trabalhos já têm mostrado que lncRNAs intrônicos, de maneira semelhante aos lincRNAs, podem exercer regulação por meio do complexo PRC2, como por exemplo o lncRNA intrônico antissenso Kcnq1ot1, que recruta o PRC2 para o lócus Kcnq1 para regular a expressão em trans (isto é, em *loci* distantes) de dez genes por meio do mecanismo de *imprinting*[91]. O lncRNA intrônico ANRASSF1 também recruta o PRC2, contudo, diferente do Kcn-q1ot1, exerce uma repressão transcricional em cis (isto é, no mesmo lócus) sobre o gene supressor[92] tumoral RASSF1A. Além desses, é provável que muitos outros lncRNAs intrônicos ainda não caracterizados exerçam mecanismos regulatórios na célula via recrutamento de complexos proteicos.

5.3 FUNÇÕES BIOLÓGICAS E MECANISMOS DE REGULAÇÃO POR lncRNAS

Atualmente, está bem estabelecido que a maior parte do genoma eucariótico é transcrito em algum estágio do desenvolvimento ou tipo de tecido, dando origem a um grande número de RNAs sem potencial de codificar proteínas. Contudo, ainda existe controvérsia na literatura em relação a sua relevância biológica, motivado pelo fato de que a maioria dos lncRNAs é expressa em baixos níveis, e a maior parte ainda não possui função definida[103,104]. Classicamente, a prova definitiva de funcionalidade de um gene, ou lncRNA, envolve a observação de alterações de características fisiológicas ou moleculares da célula ou organismo após a perda ou exacerbação de sua função. Para isto, são empregadas técnicas de genética reversa, em que a sequência do gene investigado é alterada por meio de mutações/deleções, ou sua expressão é silenciada ou exacerbada de forma transiente ou permanente. Se forem observadas alterações fenotípicas após a manipulação da sequência ou da expressão do gene, pode-se concluir que esses efeitos se devem à perda (no caso de deleção ou silenciamento) ou ganho (no caso de superexpressão) de função do gene em questão. Os experimentos de perda ou ganho de função são laboriosos e, até o momento, apenas uma pequena fração dos lncRNAs já detectados foi estudada funcionalmente[14,16].

Para priorizar lncRNAs candidatos para caracterização funcional e investigar genes e vias moleculares-alvos de regulação por lncRNAs, têm sido empregadas abordagens computacionais que utilizam dados de expressão gênica globais medidos em diferentes contextos celulares. Em uma dessas abordagens, denominada *guilt by association*, busca-se inferir a função de um dado lncRNA a partir da identificação de genes codificadores de proteínas e vias moleculares que são coexpressos de forma significativamente correlacionada em diferentes contextos celulares e fisiológicos. A partir dessa análise, podem ser geradas hipóteses sobre as funções e possíveis reguladores/alvos de regulação de lncRNAs selecionados para confirmação experimental. Essa abordagem foi bem-sucedida para selecionar lncRNAs regulatórios que desempenham papéis em processos biológicos relevantes, como manutenção de pluripotência, controle do ciclo celular e câncer[22,105,106].

Embora apenas uma pequena parte da fração não codificadora do transcriptoma eucariótico tenha sido caracterizada funcionalmente, já existem diversos estudos que ilustram exemplos de lncRNAs com relevância biológica, por apresentarem regulação durante o desenvolvimento[88,107], exibirem padrão de expressão tecido-específico[13,108], localizarem seletivamente em compartimentos subcelulares[29,109] ou estarem associados a doenças humanas[110,111]. A partir desses estudos, têm emergido mecanismos por meio dos quais lncRNAs podem atuar ao nível molecular (Figura 5.2) (revisado em Rinn e Chang[14] e em Wilusz et al.[17]).

LncRNAs podem atuar como competidores (*decoys*), se ligando com alta afinidade a proteínas regulatórias que se ligam ao DNA, afetando assim o processo de transcrição gênica. Por exemplo, o lncRNA PANDA é ativado após dano no DNA e se liga ao fator de transcrição NF-YA para restringir a ativação da transcrição de genes pró-apoptóticos, como forma de manter a homeostase celular[105]. Outro exemplo é o lncRNA Gas5, que se liga ao sítio de ligação e ao DNA de receptores nucleares de glicocorticoides, impedindo o contato destes com elementos de DNA localizados na vizinhança de genes induzidos por esses hormônios[112]. LncRNAs podem ainda se ligar e interferir diretamente na atividade da RNA polimerase[113].

LncRNAs também podem guiar a interação de proteínas ou complexos proteicos com o DNA (*guides*) diretamente por meio de ligações RNA:DNA, ou da ligação com proteínas ligadoras de DNA. As interações entre lncR-NAs e o DNA podem ocorrer no mesmo trecho do genoma onde o RNA é transcrito e afetar a expressão de genes vizinhos (interação em *cis*) ou em locais distantes do genoma (interação em *trans*). Tem sido recorrente a identificação de lncRNAs que recrutam fatores proteicos para regular estados de ativação da cromatina. Esses lncRNAs interagem com complexos de proteínas remodeladoras de cromatina que, pela adição, remoção ou modificação de grupos químicos em proteínas histonas modulam o estado de ativação/repressão da expressão gênica[90,114]. Os lncRNAs são transcritos a partir de locais únicos no genoma, estando intimamente associados à cromatina durante a transcrição por meio do pareamento RNA nascente/fita molde de DNA. Essas características, aliadas à capacidade de interagirem com proteínas através de outras regiões da molécula, permitem que lncRNAs recrutem complexos envolvidos na regulação epigenética para ação local em *cis*. Diversos estudos têm mostrado que lncRNAs participam de mecanismos epigenéticos de regulação da expressão gênica em *trans*[88,89]. Embora os mecanismos exatos ainda não sejam conhecidos, acredita-se que a associação com lncRNAs seja responsável pelo direcionamento específico de complexos remodeladores de cromatina para determinados *loci* gênicos nas células de mamíferos[16]. Outro mecanismo de regulação epigenética em que foi descrita a participação de lncRNAs envolve a modulação da metilação do DNA em dinucleotídeos CpG. A metilação de citosinas CpGs localizados na região promotora é um importante mecanismo epigenético de repressão estável da expressão de genes eucarióticos[115].

Recentemente foi descrita uma nova classe de lncRNAs, transcritos em regiões ativadoras da transcrição (*enhancers*) localizadas à distância de seus genes-alvos[116]. Estes lncRNAs (denominados *enhancers* ncRNAs ou eRNAs) se ligam a regiões ativadoras da transcrição e auxiliam no recrutamento da RNA polimerase para a região promotora dos genes-alvos através da formação de dobras no DNA (*looping*), promovendo a sua ativação[116]. LncRNAs podem ainda afetar a localização subcelular de proteínas e, deste modo, modular sua função: o lncRNA NRON, por exemplo, se liga ao receptor NFAT ativado no citoplasma e impede que este migre para o núcleo para ativar a transcrição de genes envolvidos na resposta imune e no desenvolvimento dos sistemas cardíaco, muscular e nervoso[117].

Há também evidências de que RNAs não codificadores longos desempenham papéis na organização da estrutura e função de organelas nucleares. O núcleo é uma estrutura intracelular altamente compartimentalizada e extremamente dinâmica. Além do nucléolo, envolvido no processamento do pré-RNA ribossômico, têm sido identificadas no núcleo subestruturas com componentes e organizações distintas, que têm a participação de lncRNAs na sua biogênese e função. Neste contexto, lncRNAs podem interagir com diferentes proteínas e atuar como plataformas de ancoragem (*scaffolds*) para a formação de complexos supramoleculares. O lncRNA NEAT1 é essencial para a biogênese e manutenção de *paraspeckles* nucleares, estruturas ribonucleoproteicas que participam na retenção nuclear de mRNAs hipereditados pela conversão de adenosinas a inosinas[29]. Na ausência de NEAT1, as proteínas componentes são incapazes de formar os *paraspeckles*. LncRNAs localizados em organelas nucleares podem também atuar na regulação pós-transcricional da expressão gênica. O lncRNA MALAT-1 (~ 6,5 Kb) se localiza em *speckles* nucleares onde modula a fosforilação dos fatores de *splicing*[118] SR. MALAT-1 está envolvido na realocação desses fatores para sítios de transcrição, onde ocorre o *splicing* de RNAs e, portanto podem estar envolvidos na regulação do *splicing* alternativo[118] de mRNAs. Outro lncRNA, Gomafu/MIAT, é expresso exclusivamente em células neuronais onde se associa ao fator de *splicing*[119] SF1, possivelmente desempenhando um papel semelhante a MALAT-1.

Análises de transcriptomas detectaram milhares de pares senso/antissenso formados entre mRNAs e lncRNAs transcritos em fitas opostas do genoma que se sobrepõem parcialmente[95,96]. Já foi observado que variações na expressão de transcritos antissenso podem afetar a abundância relativa de diferentes isoformas de *splicing* de mRNAs, sugerindo que a formação pares senso/antissenso envolvendo mRNAs e lncRNAs antissenso seja um mecanismo frequente de regulação pós-transcricional da expressão gênica. De fato, análises computacionais recentes observaram uma maior frequência de *splicing* alternativo em mRNAs que formam pares com transcritos antissenso, incluindo lncRNAs[119].

LncRNAs podem ainda interferir nos mecanismos de regulação pós-transcricional mediados por microRNAs. Pseudogenes (originados a partir de duplicação de genes ou evento de retrotransposição e que perderam a função de codificar proteínas) e outros lncRNAs que possuem sítios de ligação de microRNAs em suas regiões 3' *mRNA untranslated region* (UTR) podem atuar como "esponjas", sequestrando microRNAs e impedindo que se liguem aos mRNAs-alvo[120,121]. Esta observação resultou na geração da hipótese da existência de uma rede regulatória de ajuste fino da expressão gênica formada por RNAs atuando como competidores endógenos (do inglês *competing endogenous RNAs* – ceRNAs), que incluiriam lncRNAs. De acordo com esta hipótese, mudanças na expressão de um ceRNA afetariam a disponibilidade de microRNAs que se ligam a este elemento, por sua vez afetando a abundância de outros RNAs modulados pelos mesmos microRNAs[122]. Adicionalmente, lncRNAs podem ser precursores de pequenos RNAs regulatórios como microRNAs[123], snoRNAs[124] ou siRNAs endógenos resultantes do processamento de duplexes de RNA formados a partir de pareamento senso/antissenso com mRNAs[125].

As múltiplas funções biológicas desempenhadas por lncRNAs se manifestam por meio de diferentes mecanismos de interação. LncRNAs podem reconhecer sítios de ligação por meio de pareamento específico com sequências complementares de RNA ou DNA, formando híbridos de RNA:RNA, RNA:DNA duplex, ou ainda RNA:DNA:DNA triplex. A habilidade de moléculas de RNAs assumirem estruturas secundárias e terciárias aumenta as possibilidades de interação de lncRNAs com moléculas-alvos. A formação de interações intramoleculares por meio de pareamento e dobramento pode conectar regiões distantes da molécula e criar domínios de interação específicos com proteínas ligadoras de DNA ou RNA, que não são observáveis a

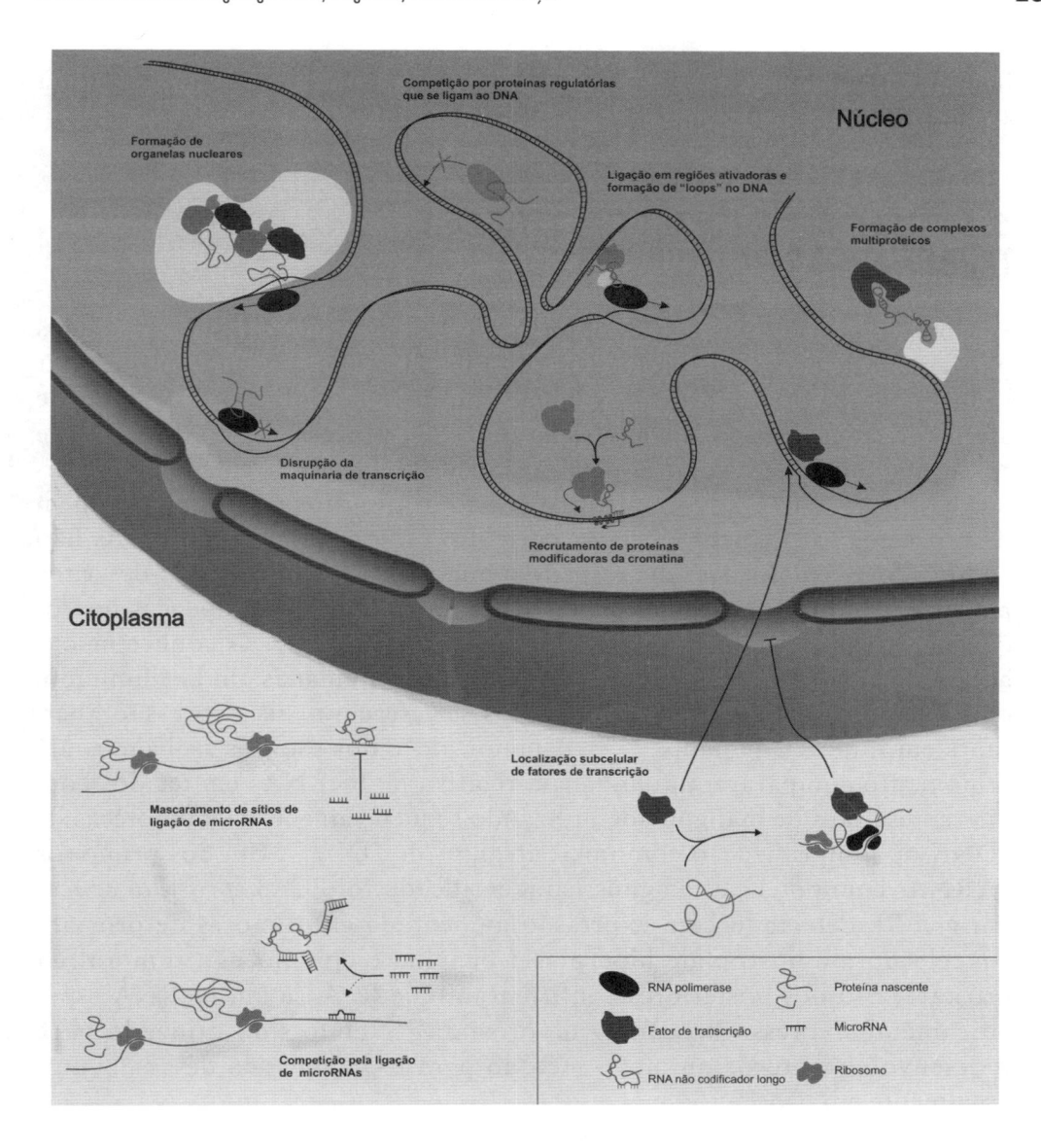

Figura 5.2 Esquema dos mecanismos moleculares envolvidos em algumas das funções desempenhadas por lncRNAs. Adaptado de Kung e colaboradores[16].

partir da análise da sequência primária. A interação de lncRNAs com proteínas é altamente dependente de estruturas secundárias e terciárias presentes na molécula de RNA. Esse aspecto é evidenciado pela observação de que lncRNAs sem homologia de sequência, mas que assumem a mesma estrutura secundária, podem desempenhar a mesma função[126].

5.4 POSSIBILIDADES DIAGNÓSTICAS E TERAPÊUTICAS DE LNCRNAS

Como discutido nas seções anteriores, RNAs não codificadores longos participam de processos biológicos centrais da célula, podendo influenciar todas as etapas da expressão gênica – desde a modulação do estado de atividade da cromatina, a transcrição do DNA, processamento do mRNA e tradução – além de regular a localização subcelular e a atividade de proteínas. Portanto, não é surpreendente que estes transcritos também participem de processos patológicos. A maior parte dos estudos implicando RNAs não codificadores em doenças diz respeito a microRNAs, tendo já sido descritos papéis exercidos por esses pequenos RNAs regulatórios em doenças neuro-degenerativas e cardiovasculares, inflamação e câncer[111]. O conhecimento acerca do envolvimento de lncRNAs em doenças humanas ainda é limitado, e os exemplos mais bem documentados se referem à sua expressão aberrante em tumores humanos[127,128]. A maior parte dos estudos realizados até o momento comparara a abundância relativa de lncRNAs em tecidos com diferentes graus de malignidade utilizando sequenciamento de bibliotecas de cDNA ou a hibridização com microarranjos de DNA[127]. Um dos primeiros lncRNAs com potencial diagnóstico identificado foi PCA3 (*prostate cancer antigen 3*), detectado com expressão aumentada em tumores de próstata em relação a amostras de hiperplasia benigna e epitélio não tumoral da próstata. Estudos posteriores confirmaram que PCA3 é um lncRNA especificamente expresso no câncer de próstata[129], tendo sido utilizado para o desenvolvimento de um novo método para o diagnóstico dessa doença, atualmente em uso[130].

A comparação de perfis de expressão de lncRNAs em amostras de pacientes tem revelado um grande número de marcadores tumorais com potencial para o diagnóstico e prognóstico molecular do câncer. Utilizando microarranjos de DNA focados na análise de lncRNAs intrônicos e intergênicos, foram identificados conjuntos de lncRNAs correlacionados com a agressividade de tumores de próstata[98], pâncreas[101] e rim[131]. Um estudo recente do transcriptoma de pacientes com câncer de próstata por meio de RNA-seq identificou PCAT-1, um lncRNA intergênico que promove a proliferação celular possivelmente interagindo com o complexo remodelador de cromatina PRC2[132]. O lncRNA ANRIL (*antisense non-coding RNA in the INK4 locus*), que também se encontra superexpresso no câncer de pâncreas, é responsável pelo recrutamento de PRC1 e PRC2 e o silenciamento dos genes supressores de tumor INK4a/p16 e INK4b/p15[133,134]. Ainda, a superexpressão do lncRNA HOTAIR foi observada em diversos tumores[16], e no câncer de mama está envolvida no recrutamento do complexo PRC2 e seu redirecionamento para sítios no genoma onde promovem o silenciamento de genes supressores de metástase[106]. Os três exemplos envolvem lncRNAs cuja expressão exacerbada promove alterações na cromatina por meio do complexo PRC2, silenciando genes supressores de modo a facilitar a iniciação, progressão e disseminação do tumor.

MALAT-1 é outro lncRNA com expressão aberrante em diferentes tipos de câncer[135] e que foi recentemente caracterizado como um elemento crítico na regulação da expressão de genes envolvidos no desenvolvimento de metástases[136]. Embora a sua função não seja totalmente conhecida, estudos indicam que a análise do nível de expressão de MALAT-1 em amostras de tumores pode ser utilizada para determinar a agressividade do tumor em pacientes com câncer de pulmão[137], útero[138] e fígado[139].

Embora as consequências funcionais da desregulação de lncRNA no desenvolvimento do câncer ainda não sejam totalmente compreendidas, os estudos discutidos acima demonstraram que a quantificação de lncRNAs permite distinguir tecidos saudáveis de tecidos neoplásicos, identificar subtipos tumorais, ou ainda estratificar pacientes afetados por câncer em função do risco de recidiva da doença[127].

LncRNAs apresentam uma maior especificidade de expressão tecidual em comparação a mRNAs codificadores de proteína[21]. Esse aspecto faz dessa classe de moléculas atraentes como alvos para diagnóstico molecular de tumores específicos em amostras de fluidos corporais. De fato, o marcador tumoral lncRNA PCA3 pode ser detectado em amostras de urina e é utilizado na rotina clínica para o diagnóstico do câncer de próstata[130].

O lncRNA BACE1-AS ilustra um exemplo de RNA não codificador longo implicado em uma doença neurológica. BACE1-AS é um transcrito com cerca de 2 Kb que possui orientação antissenso em relação ao mRNA codificador da enzima β-secretase 1 (BACE-1)[140]. BACE-1 participa na biossíntese dos fragmentos de proteína amiloide Aβ 1–42 e Aβ 1–40, cuja oligomerização nas células neuronais é central na patofisiologia da doença de Alzheimer. Foi demonstrado que BACE1-AS regula positivamente a estabilidade do mRNA BACE-1 e, consequentemente, a expressão proteica da β-secretase 1 por meio da formação de pareamento senso/antissenso. A expressão de BACE1-AS é induzida pela presença de diferentes tipos de estresse celular, incluindo concentrações elevadas dos fragmentos amiloides, e foram detectados altos níveis do lncRNA no cérebro de indivíduos afetados pela doença de Alzheimer[140], sugerindo que o lncRNA exerça um papel no estabelecimento e/ou progressão da doença. A partir dessas observações, fica evidente o potencial do lncRNA BACE1-AS como alvo terapêutico para a redução dos níveis celulares de BACE-1 e a formação dos fragmentos amiloides. Nessa direção, foram realizados testes de silenciamento controlado do lncRNA BACE1-AS utilizando moléculas de RNA de interferência em modelos animais, com resultados promissores[140].

5.5 TÉCNICA PASSO A PASSO: METODOLOGIAS PARA O ESTUDO DE RNAS NÃO CODIFICADORES LONGOS

5.5.1 Métodos para a distinção entre lncRNAs e mRNAs codificadores de proteínas

A incapacidade de codificar para proteínas é um requisito essencial para um transcrito ser considerado um lncRNA. Utilizando-se técnicas computacionais é possível predizer esta capacidade baseado no tamanho e na conservação de fases abertas de leitura (*open reading frame* – ORF) presentes na sequência do RNA[141,142]. Como ORFs curtas podem ser encontradas ao acaso dentro de sequências longas, emprega-se um critério de tamanho mínimo para se considerar um transcrito como mRNA codificador de proteína. Em geral, as ORFs de transcritos codificadores de proteínas são maiores que trezentos nucleotídeos ou cem códons (cem aminoácidos), o que é embasado na observação de que 95% das proteínas nos bancos de dados públicos como *Swiss-Prot* e *International Protein Index* possuem tamanho maior que cem aminoácidos[141,142]. Apesar do limiar de trezentos nucleotídeos ser utilizado, ainda tem sido um pouco controverso definir qual o melhor limiar de tamanho pra a distinção entre um lncRNA e um mRNA; transcritos bem conhecidos como Xist, H19 e Kcnq1ot1 têm predições de possíveis ORFs maiores que cem códons, apesar de serem caracterizados funcionalmente como lncRNAs[110]. Por outro lado, mRNAs que codificam para proteínas menores que cem aminoácidos podem ser incorretamente classificados como RNAs não codificadores de proteínas (ncRNAs).

Considerando as controvérsias geradas ao avaliar somente o tamanho da ORF, um método alternativo para distinguir entre lncRNAs e mRNAs é realizar a busca por homologia com proteínas ou domínios proteicos conhecidos. A lógica é que a maioria das possíveis ORFs sem similaridade com proteínas presentes em outras espécies são, provavelmente, ocorrências resultantes do arranjo aleatório de nucleotídeos. Inclusive, muitos estudos individuais de lncRNAs utilizam a falta de conservação como um argumento contra a possibilidade de que esses transcritos sejam codificadores de proteínas[141].

Entre as várias ferramentas disponíveis para a realização desse tipo de análise, a mais conhecida é a BLASTX[*][143], na qual cada transcrito é traduzido nas seis fases de leitura e comparado a um banco de proteínas conhecido. Caso seja observada alguma similaridade estatisticamente significativa, propõe-se que a sequência codifique para uma proteína ou um pseudogene evolutivamente relacionado. Além do BLASTX, existem outros métodos para predição do potencial codificador, como, por exemplo, rsCDS[144], Pfam[145] e SUPERFAMILY[146][**]. Programas como CSTminer[147,148] e CRITICA[149][***] permitem distinguir entre RNAs com ou sem potencial codificador em estudos em larga escala de transcriptomas. Esses programas são baseados na tendência de sequências codificadoras de proteínas favorecerem mudanças de bases sinônimas, ou seja, que não resultam em substituição de aminoácidos, em vez de mudanças não sinônimas.

Dois métodos que vêm sendo bastante empregados para predições de lncRNAs em humanos[93,150] e camundongos[22,71] são o CSF e o phyloCSF [151,152][****]. Ambos avaliam a frequência de substituição de códon para determinar se uma ORF é conservada entre as espécies. Devido ao grande número de sequências genômicas disponíveis na atualidade, esses métodos têm sido utilizados para determinar o potencial codificador com acurácia em regiões curtas, como cinco aminoácidos[22], sendo, portanto, extremamente sensíveis para a avaliação de peptídeos pequenos. Apesar de sua grande sensibilidade, esses métodos podem falhar na detecção de proteínas que evoluíram recentemente, porque estas não contêm uma ORF conservada[151,152]. Como muitos lncRNAs mostram evidências de seleção evolutiva[22,71,153], mas não apresentam uma ORF conservada, isso indica que a sua seleção evolutiva não se deve a uma proteína com evolução recente[154].

---

* Ver: <http://blast.ncbi.nlm.nih.gov>.
** Pfam, ver: <http://pfam.sanger.ac.uk/; SUPERFAMILY>, ver: <http://supfam.org/>.
*** CSTminer, ver: <http://www.caspur.it/CSTminer/>; CRITICA, ver: <http://rdpwww.life.uiuc.edu>.
**** Ver: <http://compbio.mit.edu/PhyloCSF>.

Outros métodos utilizados para a distinção entre lncRNAs e mRNAs são baseados na análise de conservação de estrutura secundária, como o QRNA[155], RNAz[156], e EvoFOLD[157]*. Todavia, é preciso ter cautela para a interpretação dos resultados obtidos a partir do uso desses programas, visto que estruturas secundárias conservadas também são encontradas em mRNAs (especialmente na extremidade 3' UTR), e, por outro lado, lncR-NAs não precisam necessariamente ter uma estrutura secundária conservada para serem funcionais, como vários estudos consideram, especialmente se sua função está associada com a interação de sua estrutura primária com outros RNAs[141,142].

Alguns algoritmos computacionais combinam a avaliação de múltiplas características para fazer a distinção entre transcritos com ou sem potencial codificador. O Coding Potential Calculator[158]**, por exemplo, avalia não somente a extensão e a qualidade da ORF, mas também a existência de conservação de sequência empregando o BLASTX[143] e a estrutura secundária.

Além dos métodos computacionais, existem também métodos experimentais para avaliar a capacidade de um transcrito codificar para proteínas. Podemos citar o ensaio de tradução *in vitro*[159,160], no qual resultados positivos dão uma indicação de que o transcrito é um mRNA, enquanto resultados negativos são inconclusivos. Outro método que vem sendo muito utilizado e permite uma avaliação em larga escala é o *ribosome profiling* acoplado com sequenciamento de alta profundidade do RNA[161]. Esse ensaio permite o sequenciamento de RNAs que estão fisicamente associados a ribossomos, fornecendo um panorama da acessibilidade de um determinado transcrito à maquinaria de tradução. Apesar de já terem sido identificados lncRNAs associados com ribossomos, ainda não foi demonstrado o produto proteico que esses transcritos podem originar[161,162]. É importante considerar que a associação isolada de um RNA com um ribossomo não pode ser tomada como evidência definitiva de potencial codificador[154,163]. Uma possibilidade é que lncRNAs se associem com ribossomos para regular o processo de tradução. Portanto, para se considerar a identificação de um transcrito como codificador de proteínas é requerido não apenas mostrar sua associação com ribossomos, mas a demonstração da existência e, se possível, a função da proteína supostamente codificada[159,164].

---

*   QRNA, ver: <http://selab.janelia.org/software.html>; RNAz, ver: <http://rna.tbi.univie.ac.at/cgi-
     -bin/RNAz.cgi>; EvoFOLD, ver: <http://users.soe.ucsc.edu/~jsp/EvoFold/>.
**   Ver: <http://cpc.cbi.pku.edu.cn/>.

5.5.2 Métodos para o estudo de interações lncRNA-proteínas usando imunoprecipitação

Já se sabe que lncRNAs estão envolvidos no controle da diferenciação celular, do desenvolvimento, da progressão de doenças, do metabolismo celular, entre outras funções. Até o momento, apenas cerca de cem lncRNAs foram caracterizados funcionalmente[165], mas a cada dia tem crescido o interesse na descoberta das potenciais funções e eventos biológicos dos quais esses transcritos participam. Embora os mecanismos moleculares de ação sejam variados, os lncRNAs já caracterizados têm em comum o fato de participarem de complexos ribonucleoproteicos que afetam a regulação da expressão gênica.

A análise de RNAs associados às proteínas imunoprecipitadas com anticorpos específicos permite detectar interações entre um lncRNA e uma proteína ou complexo proteico[166], ou, ainda, entre um lncRNA e a cromatina (RNA-ChIP; RNA-*chromatin immunoprecipitation*)[167] (ver breve definição na Tabela 5.2). A imunoprecipitação tem sido amplamente utilizada para fornecer pistas que têm ajudado a desvendar o papel de muitos lncRNAs e os mecanismos e vias celulares envolvidos em sua função. Essa técnica pode, ainda, ser combinada com experimentos de microarranjos (RIP-*chip*) ou sequenciamento em larga escala (RIP-seq) para a identificação de lncRNAs que interagem com o complexo proteico alvo em estudo.

O primeiro desafio no estudo de lncRNAs por meio de imunoprecipitação é coletar frações subcelulares enriquecidas nos lncRNAs de interesse. Por exemplo, se a proteína a ser imunoprecipitada é sabidamente localizada no núcleo, é recomendável preparar um extrato nuclear para que haja um enriquecimento de lncRNAs associados à proteína de interesse na amostra em preparação para, posteriormente, dar prosseguimento a imunoprecipitação.

Para o estudo de interações entre lncRNAs e proteínas têm-se três modalidades de imunoprecipitação, nRIP (*native RNA-immunoprecipitation*)[84], *chemical cross-linked-RIP*[168] e CLIP (*UV-cross-linked immunoprecipitation*)[169]. Todas essas técnicas utilizam anticorpos para imunoprecipitar complexos ribonucleoproteicos nos quais os RNAs associados são isolados para a análise. No *Native RIP* a imunoprecipitação é realizada sem a realização de um passo prévio de *cross-linking* dos componentes celulares, o que limita o método a identificação de complexos ribonucleoproteicos que tenham certa estabilidade, mas ao mesmo tempo evita possíveis artefatos provenientes do *cross-linking*. Zhao e colaboradores[84], por exemplo, imunoprecipitaram os lncRNAs Xist, Tsix e RepA, que são importantes reguladores do silenciamento epigenético do cromossomo X, a partir de nRIP da proteína PRC2.

Alguns passos experimentais permitem controlar o tipo de interação existente entre o RNA e a proteína imunoprecipitada. Para detectar apenas RNAs que interagem diretamente com a proteína-alvo, pode ser feito um pré-tratamento com RNAse H (digere RNA em híbridos RNA-DNA) e DNAse I (digere DNA), eliminando assim RNAs associados indiretamente à proteína por meio da interação com DNA.

O pré-tratamento com as enzimas RNAse A ou RNAse I, (ambas digerem RNA simples fita) e RNAse V1 (digere RNA dupla fita) pode ser usado como um controle para confirmar a identificação de interações diretas entre o lncRNA e a proteína-alvo por meio de interfaces de RNA fita simples ou dupla com a proteína-alvo. Nesse caso, o pré-tratamento com RNAse digere o lncRNA que não é mais recuperado na imunoprecipitação[84].

Como citado anteriormente, a técnica de RIP também pode ser realizada com *cross-linking* químico[168], por meio do uso de reagentes bifuncionais como formaldeído ou glutaraldeído, ou *cross-linking* mediado por UV (*cross-linking and immunoprecipitation* – CLIP)[169]. Em ambos os casos, o *cross-linking* promove o estabelecimento de ligações covalentes entre moléculas de RNA e proteínas que estão próximas. No caso do *cross-linking* químico, além da estabilização das interações RNA-proteínas, interações RNA-DNA e proteína-proteína também são estabilizadas, podendo levar à copurificação de moléculas de RNA que não interagem diretamente com a proteína-alvo. A vantagem do *cross-linking* com UV é que este estabelece especificamente interações RNA-proteínas, favorecendo a recuperação de lncRNAs que interagem diretamente com a proteína imunoprecipitada. Por exemplo, a técnica de CLIP foi utilizada com sucesso para imunoprecipitar cinco lncRNAs intrônicos que se associam diretamente[170] ao PRC2.

O *cross-linking* com UV promove uma ligação bastante específica, possibilitando a identificação de sítios de interação entre RNA-proteína, depois de usar lavagens estringentes para reduzir interações não específicas[169]. Em um experimento típico de CLIP, os extratos celulares são inicialmente irradiados com UV em 254 nm, e depois tratados com nucleases que digerem RNA simples fita (RNAses A ou T1) , para reter somente as regiões dos RNAs que se encontram protegidas pela interação com a proteína. Posteriormente, realiza-se a imunoprecipitação do complexo ribonucleoproteico de interesse com um anticorpo específico. As extremidades 3' dos RNAs parcialmente digeridos são defosforiladas, ligadas a um adaptador, e as extremidades 5' são marcadas radioativamente por meio da polinucleotídeo quinase. Em seguida, faz-se a separação do complexo imunoprecipitado por eletroforese em gel SDS-PAGE, seguido de transferência para membrana de nitrocelulose e exposição desta a um filme de raio-X. A região da membrana correspondente ao complexo RNA-proteína é excisada, e as proteínas imunoprecipitadas são digeridas com proteinase K. As extremidades 5' dos RNAs são ligadas a um segundo adaptador, o RNA é convertido em cDNA por transcrição reversa e amplificado por reação em cadeia da polimerase (PCR) utilizando iniciadores com sequências complementares aos adaptadores nas extremidades 3' e 5'. No protocolo original, os clones individuais provenientes dos cDNAs eram sequenciados por meio do método de Sanger. As sequências resultantes eram mapeadas contra o genoma de referência para revelar os sítios de ligação às proteínas dentro das sequências dos transcritos correspondentes. Com a popularização do sequenciamento em larga escala, o CLIP passou a ser combinado com essa técnica, sendo denominado de CLIP-Seq ou HITS-CLIP (*high-throughput sequencing of CLIP cDNA library*)[171]. Alternativamente, se o objetivo é avaliar apenas a interação de um lncRNA específico com uma determinada proteína, após a imunoprecipitação do RNA, realiza-se o tratamento com proteinase K, seguido de extração do RNA e reação em cadeia da polimerase com transcrição reversa (RT-PCR) com iniciadores específicos para o lncRNA de interesse, sem a necessidade de ligação à adaptores e marcação radioativa[89]. Nesse caso, também se exclui o tratamento com RNAses para a digestão parcial dos RNAs, visto que é importante manter o transcrito completo para posterior RT-PCR com os iniciadores específicos.

Existem ainda duas variações da técnica de CLIP: PAR-CLIP (*photoactivatable ribonucleoside-enhanced CLIP*)[172] e iCLIP (*individual nucleotide resolution CLIP*)[173]. A técnica de PAR-CLIP é uma modificação de CLIP por incorporar os análogos de nucleosídeos fotoreativos, 4-tiouridina (4-SU) e 6-tioguanosina (6-SG), em moléculas de RNA durante a transcrição celular. Em seguida, a irradiação com UV em 365 nm é usada para induzir um *cross-linking* muito eficiente entre os RNAs celulares recém-sintetizados e as proteínas que interagem com eles. A vantagem dessa modificação é a possibilidade de mapear precisamente a posição do *cross-linking*, visto que a incidência do UV sobre o análogo 4-SU induz uma transição da base timidina a citidina, enquanto o *cross-linking* do 6-SG promove a transição de guanosina à adenosina. Por meio da detecção dessas alterações de base é possível distinguir RNAs que de fato interagem com a proteína de interesse de outros RNAs celulares mais abundantes, que eventualmente foram carreados durante a imunoprecipitação. Durante o protocolo padrão de preparação de bibliotecas de CLIP, muitas vezes ocorre uma truncagem prematura dos cDNAs no nucleotídeo que sofreu o *cross-linking*, de modo que tais cDNAs truncados são perdidos. O iCLIP tem a vantagem de capturar os cDNAs truncados por meio da substituição de um passo ineficiente de ligação intermolecular do RNA por uma etapa de circularização intramolecular eficiente do cDNA. Essa modificação permite que os cDNAs truncados, que eram perdidos no CLIP, possam ser sequenciados, permitindo assim a determinação da posição exata do sítio de *cross-linking* em resolução de um nucleotídeo.

5.6 CONCLUSÕES

Os avanços biotecnológicos combinados aos avanços na bioinformática, desde o final da década de 1990, proporcionaram a aceleração do estudo dos lncRNAs em escala genômica. Graças a esses avanços, já se sabe que a maior parte do genoma de mamíferos é transcrito em lncRNAs e que apenas uma minoria da fração transcrita representa genes codificadores de proteínas. Embora o número de lncRNAs com função caracterizada em maior detalhe esteja em crescente expansão, ainda existe um debate ativo sobre o significado biológico da transcrição generalizada do genoma eucariótico. A partir da caracterização de um pequeno número de lncRNAs, já se conhece alguns papéis desempenhados por essas moléculas no controle da expressão gênica, incluindo os processos de transcrição, processamento e regulação pós-transcricional. LncRNAs podem exercer suas funções por meio de interação com fatores de transcrição ou outras proteínas, impedindo o contato dessas moléculas com a cromatina (*decoys*). LncRNAs podem guiar a interação de proteínas ou complexos proteicos com o genoma (*guides*), podem funcionar como plataformas de ancoragem para complexos proteicos (*scaffolds*), podem atuar ativando a transcrição de genes codificadores de proteínas (*enhancers*), ou podem ainda, por meio de sua transcrição, favorecer a abertura da cromatina e facilitar a expressão de genes na sua vizinhança.

Os avanços nas metodologias experimentais e computacionais têm permitido a descoberta de muitos lncRNAs em diversos tipos de células, além de fornecer pistas sobre sua função na célula. Apenas uma pequena fração já foi estudada em detalhe, mas o conhecimento acumulado até o momento já indica que os lncRNAs contribuem com mecanismos fundamentais de regulação da expressão gênica no desenvolvimento dos organismos eucarióticos, e que a sua desregulação pode contribuir para o desencadeamento ou a progressão de processos patológicos.

Contudo, o entendimento da real contribuição dos lncRNAs para o metabolismo celular só poderá ser alcançado por completo quando for realizada a identificação das funções dos lncRNAs expressos nos diversos tipos celulares, bem como a identificação dos mecanismos e interações moleculares, RNA:RNA, RNA:DNA ou RNA:proteína, envolvidos nesses processos.

5.7 PERSPECTIVAS FUTURAS

A descrição detalhada da estrutura primária e secundária e a caracterização funcional da totalidade de lncRNAs expressos em cada um dos tipos celulares é um objetivo ambicioso, mas necessário para permitir uma descrição completa dos mecanismos regulatórios que participam em processos do desenvolvimento e no estabelecimento de estados patológicos. As novas tecnologias de sequenciamento de DNA, com alta capacidade e custo reduzido, já oferecem as condições necessárias para o mapeamento com alta resolução dos lncRNAs expressos em diferentes tecidos e compartimentos subcelulares. A partir desses estudos, será possível gerar catálogos completos de lncRNAs com expressão restrita a tipos celulares específicos e que se encontram desregulados em situações patológicas, fornecendo a oportunidade de desenvolvimento de novos métodos diagnósticos e prognósticos.

Os principais desafios consistem na popularização de metodologias robustas que facilitem a determinação das proteínas que interagem com lncRNAs para formar complexos ribonucleoproteicos funcionais, e o desenvolvimento de ensaios que permitam avaliar em larga escala as funções de lncRNAs *in vitro* e *in vivo*. Esses aspectos são fundamentais para ampliar o conhecimento acerca dos mecanismos de ação de lncRNAs relevantes em doenças e permitir a elaboração de estratégias racionais para a utilização dessas moléculas como possíveis alvos terapêuticos.

Com o advento da capacidade de sequenciamento genômico de indivíduos afetados por doenças, têm sido também identificadas alterações na sequência de DNA. Até recentemente, mutações localizadas fora dos trechos codificadores de proteínas eram consideradas como não relevantes biologicamente. Como a maior parte do genoma é transcrito, as mutações em regiões não codificadoras podem ser transmitidas para o transcriptoma, potencialmente afetando a função de lncRNAs. A estrutura primária e secundária de lncRNAs determina a possibilidade de associação específica com outros RNAs, DNA ou proteínas. Estudos recentes têm apontado mutações de pequena escala (alterações de bases únicas) ou grande escala (rearranjos cromossômicos, alterações no número de cópia, expansão de nucleotídeos) na sequência de lncRNAs que estão altamente correlacionadas a estados patológicos[111]. Tais mutações afetam a estrutura dos lncRNAs, podendo também afetar sua função. O conhecimento sobre os mecanismos por meio dos quais mutações em lncRNAs afetam os domínios estruturais/regulatórios da molécula e como estas alterações comprometem a sua habilidade de interagir sobre outras moléculas, contribuindo para a patogênese de doenças, ainda é extremamente limitado. Nesse contexto, estudos focados na estrutura e função de lncRNAs são essenciais para o desenvolvimento de novos alvos para prevenção e tratamento de doenças humanas a partir dessa classe de moléculas.

Tabela 5.2 Glossário de técnicas utilizadas para análise da expressão gênica[73,174]

TÉCNICA	DESCRIÇÃO
RNA-seq	Sequenciamento em larga escala de frações de RNA.
CAGE	*Cap Analysis of Gene Expression.* Captura de moléculas de RNA que possuem a modificação 7-metilguanilato na extremidade 5' do RNA (cap), seguido do sequenciamento de trechos curtos da sequência adjacente ao cap.
SAGE	*Serial Analysis of Gene Expression.* Estratégia de sequenciamento de etiquetas curtas (14 a 20 nucleotídeos) localizadas na extremidade 3' dos transcritos para medir os níveis de expressão gênica.
MPSS	*Massively Parallel Signature Sequencing.* É um método de quantificação da expressão gênica que determina "assinaturas" de 17 a 20 pares de base nas extremidades de uma molécula de cDNA usando múltiplos ciclos de clivagem enzimática e ligação. Semelhante ao SAGE, mas com maior capacidade.
Tiling array	Um microarranjo de DNA que emprega um conjunto de sondas de oligonucleotídeos que se sobrepõem entre si, representando uma porção do genoma ou o genoma completo em alta resolução.
RNA-PET	*RNA-Paired-End Tags.* Captura simultânea de RNAs com cap 5' e cauda poli-A, o que é um indicativo de um transcrito completo. Após a captura, realiza-se sequenciamento de uma etiqueta curta em cada uma das extremidades, 5' e 3'.
DNAse I-seq	A enzima DNAse I irá digerir seletivamente preparações de cromatina em regiões de DNA depletadas de nucleossomos. O DNA remanescente é sequenciado revelando sítios "hipersensíveis" a DNAse I, que correspondem a regiões de cromatina aberta.
FAIRE-seq	*Formaldehyde Assisted Isolation of Regulatory Elements.* Esta técnica permite o isolamento de regiões genômicas depletadas de nucleossomos utilizando a diferença de eficiência do *cross-linking* entre nucleossomos (alta) e fatores regulatórios sequência-específicos (baixa). FAIRE consiste no *cross-linking* de cromatina, extração com fenol e sequenciamento do DNA enriquecido em cromatina aberta que permanece na fase aquosa.

TÉCNICA	DESCRIÇÃO
ChIP-seq	*Chromatin Immunoprecipitation followed by sequencing*. Regiões específicas de cromatina que sofreram *cross-linking*, que são regiões nas quais o DNA genômico foi complexado com suas proteínas de ligação, são selecionadas usando um anticorpo para um epítopo específico. O DNA associado ao complexo imunoprecipitado é submetido a sequenciamento em larga escala para determinar as regiões do genoma onde é mais prevalente a ligação da proteína-alvo. Em geral, são utilizados anticorpos que reconhecem proteínas associadas à cromatina, incluindo fatores de transcrição, proteínas de ligação à cromatina e proteínas histonas com modificações químicas específicas.
RRBS	*Reduced Representation Bisulfite Sequencing*. Tratamento do DNA com bissulfito promove a conversão de citosinas metiladas para uracila. São utilizadas enzimas de restrição que cortam ao redor de dinucleotídeos CpG, reduzindo o genoma a uma porção especificamente enriquecida em CpGs. Esta amostra enriquecida é sequenciada para determinar quantitativamente o *status* de metilação de citosinas individuais.
MNase	*Micrococcal Nuclease digestion followed by sequencing*. Esta técnica emprega uma enzima de restrição que degrada o DNA genômico que não se encontra associado à proteínas histonas no nucleossomo. O DNA remanescente representa o DNA nucleossomal, que pode ser sequenciado, permitindo a determinação das posições dos nucleossomos ao longo do genoma.

REFERÊNCIAS

1. Crick FH. The origin of the genetic code. J Mol Biol. 1968;38:367-79.

2. Orgel LE. Evolution of the genetic apparatus. J Mol Biol. 1968;38:381-93.

3. Gilbert W. Origin of Life - the Rna World. Nature. 1986;319:618.

4. Woese CR. The Genetic Code. The Molecular Basis for Genetic Expression. New York: Harper & Row; 1967.

5. Crick F. Central dogma of molecular biology. Nature. 1970;227:561-3.

6. Bateman A, Agrawal S, Birney E, Bruford EA, Bujnicki JM, Cochrane G, et al. RNA-central: A vision for an international database of RNA sequences. RNA. 2011;17:1941-6.

7. Paschoal AR, Maracaja-Coutinho V, Setubal JC, Simoes ZL, Verjovski-Almeida S, Durham AM. Non-coding transcription characterization and annotation: a guide and web resource for non-coding RNA databases. RNA Biol. 2012;9:274-82.

8. Matera AG, Terns RM, Terns MP. Non-coding RNAs: lessons from the small nuclear and small nucleolar RNAs. Nat Rev Mol Cell Biol. 2007;8:209-20.

9. Ni J, Tien AL, Fournier MJ. Small nucleolar RNAs direct site-specific synthesis of pseudouridine in ribosomal RNA. Cell. 1997;89:565-73.

10. Bartel DP. MicroRNAs: genomics, biogenesis, mechanism, and function. Cell. 2004;116:281-97.

11. Brennecke J, Aravin AA, Stark A, Dus M, Kellis M, Sachidanandam R, et al. Discrete small RNA-generating loci as master regulators of transposon activity in Drosophila. Cell. 2007;128:1089-103.

12. Yan BX, Ma JX. Promoter-associated RNAs and promoter-targeted RNAs. Cell Mol Life Sci. 2012;69:2833-42.

13. Nakaya HI, Amaral PP, Louro R, Lopes A, Fachel AA, Moreira YB, et al. Genome mapping and expression analyses of human intronic noncoding RNAs reveal tissue-specific patterns and enrichment in genes related to regulation of transcription. Genome Biol. 2007;8:R43.

14. Rinn JL, Chang HY. Genome regulation by long noncoding RNAs. Annu Rev Biochem. 2012;81:145-66.

15. Amaral PP, Dinger ME, Mercer TR, Mattick JS. The eukaryotic genome as an RNA machine. Science. 2008;319:1787-9.

16. Kung JT, Colognori D, Lee JT. Long noncoding RNAs: past, present, and future. Genetics. 2013;193:651-69.

17. Wilusz JE, Sunwoo H, Spector DL. Long noncoding RNAs: functional surprises from the RNA world. Genes & development. 2009;23:1494-504.

18. Castel SE, Martienssen RA. RNA interference in the nucleus: roles for small RNAs in transcription, epigenetics and beyond. Nature reviews Genetics. 2013;14:100-12.

19. Guo H, Ingolia NT, Weissman JS, Bartel DP. Mammalian microRNAs predominantly act to decrease target mRNA levels. Nature. 2010;466:835-40.

20. Cawley S, Bekiranov S, Ng HH, Kapranov P, Sekinger EA, Kampa D, et al. Unbiased mapping of transcription factor binding sites along human chromosomes 21 and 22 points to widespread regulation of noncoding RNAs. Cell. 2004;116:499-509.

21. Birney E, Stamatoyannopoulos JA, Dutta A, Guigo R, Gingeras TR, Margulies EH, et al. Identification and analysis of functional elements in 1% of the human genome by the ENCODE pilot project. Nature. 2007;447:799-816.

22. Guttman M, Amit I, Garber M, French C, Lin MF, Feldser D, et al. Chromatin signature reveals over a thousand highly conserved large non-coding RNAs in mammals. Nature. 2009;458:223-7.

23. Rozowsky J, Euskirchen G, Auerbach RK, Zhang ZD, Gibson T, Bjornson R, et al. PeakSeq enables systematic scoring of ChIP-seq experiments relative to controls. Nat Biotechnol. 2009;27:66-75.

24. Erdmann VA, Barciszewska MZ, Hochberg A, de Groot N, Barciszewski J. Regulatory RNAs. Cell Mol Life Sci. 2001;58:960-77.

25. Numata K, Kanai A, Saito R, Kondo S, Adachi J, Wilming LG, et al. Identification of putative noncoding RNAs among the RIKEN mouse full-length cDNA collection. Genome Res. 2003;13:1301-6.

26. Qureshi IA, Mattick JS, Mehler MF. Long non-coding RNAs in nervous system function and disease. Brain Res. 2010;1338:20-35.

27. Willingham AT, Gingeras TR. TUF love for "junk" DNA. Cell. 2006;125:1215-20.

28. Wilusz JE, Freier SM, Spector DL. 3' end processing of a long nuclear-retained non-coding RNA yields a tRNA-like cytoplasmic RNA. Cell. 2008;135:919-32.

29. Sunwoo H, Dinger ME, Wilusz JE, Amaral PP, Mattick JS, Spector DL. MEN epsilon/beta nuclear-retained non-coding RNAs are up-regulated upon muscle differentiation and are essential components of paraspeckles. Genome Res. 2009;19:347-59.

30. Cheng J, Kapranov P, Drenkow J, Dike S, Brubaker S, Patel S, et al. Transcriptional maps of 10 human chromosomes at 5-nucleotide resolution. Science. 2005;308:1149-54.

31. Wu Q, Kim YC, Lu J, Xuan Z, Chen J, Zheng Y, et al. Poly A- transcripts expressed in HeLa cells. PLoS One. 2008;3:e2803.

32. Cui P, Lin Q, Ding F, Xin C, Gong W, Zhang L, et al. A comparison between ribo-minus RNA-sequencing and polyA-selected RNA-sequencing. Genomics. 2010;96:259-65.

33. Yang L, Duff MO, Graveley BR, Carmichael GG, Chen LL. Genomewide characterization of non-polyadenylated RNAs. Genome Biol. 2011;12:R16.

34. Taft RJ, Pheasant M, Mattick JS. The relationship between non-protein-coding DNA and eukaryotic complexity. Bioessays. 2007;29:288-99.

35. Swift H. The constancy of desoxyribose nucleic acid in plant nuclei. Proc Natl Acad Sci USA. 1950, 36:643-54.

36. Thomas CA, Jr. The genetic organization of chromosomes. Annu Rev Genet. 1971;5:237-56.

37. Gall JG. Chromosome structure and the C-value paradox. J Cell Biol. 1981;91:3s-14s.

38. Comings DE. The genetic organization of chromosomes. Adv Hum Genet. 1972;3: 237-431.

39. Hahn MW, Wray GA. The g-value paradox. Evol Dev. 2002;4:73-5.

40. Roest Crollius H, Jaillon O, Bernot A, Dasilva C, Bouneau L, Fischer C, et al. Estimate of human gene number provided by genome-wide analysis using Tetraodon nigroviridis DNA sequence. Nat Genet. 2000;25:235-8.

41. Collins FS, Lander ES, Rogers J, Waterston RH, Conso IHGS. Finishing the euchromatic sequence of the human genome. Nature. 2004;431:931-45.

42. Misra S, Crosby MA, Mungall CJ, Matthews BB, Campbell KS, Hradecky P, et al. Annotation of the Drosophila melanogaster euchromatic genome: a systematic review. Genome Biol. 2002;3:RESEARCH0083.

43. Stein LD, Bao Z, Blasiar D, Blumenthal T, Brent MR, Chen N, et al. The genome sequence of Caenorhabditis briggsae: a platform for comparative genomics. PLoS Biol. 2003;1:E45.

44. Nagasaki H, Arita M, Nishizawa T, Suwa M, Gotoh O. Species-specific variation of alternative splicing and transcriptional initiation in six eukaryotes. Gene. 2005;364:53-62.

45. Farajollahi S, Maas S. Molecular diversity through RNA editing: a balancing act. Trends Genet. 2010;26:221-30.

46. Thomas JW, Touchman JW, Blakesley RW, Bouffard GG, Beckstrom-Sternberg SM, Margulies EH, et al. Comparative analyses of multi-species sequences from targeted genomic regions. Nature. 2003;424:788-93.

47. Mattick JS. Challenging the dogma: the hidden layer of non-protein-coding RNAs in complex organisms. Bioessays. 2003;25:930-9.

48. Mattick JS. Non-coding RNAs: the architects of eukaryotic complexity. EMBO Rep. 2001;2:986-91.

49. Holmes DS, Mayfield JE, Sander G, Bonner J. Chromosomal RNA: its properties. Science. 1972;177:72-4.

50. Pierpont ME, Yunis JJ. Localization of chromosomal RNA in human G-banded metaphase chromosomes. Exp Cell Res. 1977;106:303-8.

51. Okazaki Y, Furuno M, Kasukawa T, Adachi J, Bono H, Kondo S, et al. Analysis of the mouse transcriptome based on functional annotation of 60,770 full-length cDNAs. Nature. 2002;420:563-73.

52. Yamada K, Lim J, Dale JM, Chen H, Shinn P, Palm CJ, et al. Empirical analysis of transcriptional activity in the Arabidopsis genome. Science. 2003;302:842-6.

53. Seki M, Satou M, Sakurai T, Akiyama K, Iida K, Ishida J, et al. RIKEN Arabidopsis full-length (RAFL) cDNA and its applications for expression profiling under abiotic stress conditions. J Exp Bot. 2004;55:213-23.

54. Ota T, Suzuki Y, Nishikawa T, Otsuki T, Sugiyama T, Irie R, et al. Complete sequencing and characterization of 21,243 full-length human cDNAs. Nat Genet. 2004;36:40-5.

55. Imanishi T, Itoh T, Suzuki Y, O'Donovan C, Fukuchi S, Koyanagi KO, et al. Integrative annotation of 21,037 human genes validated by full-length cDNA clones. PLoS Biol. 2004;2:e162.

56. Chen J, Sun M, Lee S, Zhou G, Rowley JD, Wang SM. Identifying novel transcripts and novel genes in the human genome by using novel SAGE tags. Proc Natl Acad Sci USA. 2002;99:12257-62.

57. Jongeneel CV, Delorenzi M, Iseli C, Zhou D, Haudenschild CD, Khrebtukova I, et al. An atlas of human gene expression from massively parallel signature sequencing (MPSS). Genome Res. 2005;15:1007-14.

58. Meyers BC, Vu TH, Tej SS, Ghazal H, Matvienko M, Agrawal V, et al. Analysis of the transcriptional complexity of Arabidopsis thaliana by massively parallel signature sequencing. Nat Biotechnol. 2004;22:1006-11.

59. Saha S, Sparks AB, Rago C, Akmaev V, Wang CJ, Vogelstein B, et al. Using the transcriptome to annotate the genome. Nat Biotechnol. 2002;20:508-12.

60. Carninci P, Kasukawa T, Katayama S, Gough J, Frith MC, Maeda N, et al. The transcriptional landscape of the mammalian genome. Science. 2005;309:1559-63.

61. Bertone P, Stolc V, Royce TE, Rozowsky JS, Urban AE, Zhu X, et al. Global identification of human transcribed sequences with genome tiling arrays. Science. 2004;306:2242-6.

62. David L, Huber W, Granovskaia M, Toedling J, Palm CJ, Bofkin L, et al. A high--resolution map of transcription in the yeast genome. Proc Natl Acad Sci USA. 2006;103:5320-5.

63. He H, Wang J, Liu T, Liu XS, Li T, Wang Y, et al. Mapping the C. elegans noncoding transcriptome with a whole-genome tiling microarray. Genome Res. 2007;17:1471-7.

64. Kapranov P, Cawley SE, Drenkow J, Bekiranov S, Strausberg RL, Fodor SP, et al. Large-scale transcriptional activity in chromosomes 21 and 22. Science. 2002;296:916-9.

65. Rinn JL, Euskirchen G, Bertone P, Martone R, Luscombe NM, Hartman S, et al. The transcriptional activity of human Chromosome 22. Genes Dev. 2003;17:529-40.

66. Schadt EE, Edwards SW, GuhaThakurta D, Holder D, Ying L, Svetnik V, et al. A comprehensive transcript index of the human genome generated using microarrays and computational approaches. Genome Biol. 2004;5:R73.

67. Stolc V, Gauhar Z, Mason C, Halasz G, van Batenburg MF, Rifkin SA, et al. A gene expression map for the euchromatic genome of Drosophila melanogaster. Science. 2004;306:655-60.

68. Kapranov P, St Laurent G, Raz T, Ozsolak F, Reynolds CP, Sorensen PH, et al. The majority of total nuclear-encoded non-ribosomal RNA in a human cell is 'dark matter' un-annotated RNA. BMC Biol. 2010;8:149.

69. Mercer TR, Gerhardt DJ, Dinger ME, Crawford J, Trapnell C, Jeddeloh JA, et al. Targeted RNA sequencing reveals the deep complexity of the human transcriptome. Nat Biotechnol. 2011;30:99-104.

70. Almeida GT, Amaral MS, Beckedorff FC, Kitajima JP, Demarco R, Verjovski-Almeida S. Exploring the Schistosoma mansoni adult male transcriptome using RNA-seq. Exp Parasitol. 2011.

71. Guttman M, Garber M, Levin JZ, Donaghey J, Robinson J, Adiconis X, et al. Ab initio reconstruction of cell type-specific transcriptomes in mouse reveals the conserved multi-exonic structure of lincRNAs. Nat Biotechnol. 2010;28:503-10.

72. Kapranov P, Willingham AT, Gingeras TR. Genome-wide transcription and the implications for genomic organization. Nat Rev Genet. 2007;8:413-23.

73. Bernstein BE, Birney E, Dunham I, Green ED, Gunter C, Snyder M. An integrated encyclopedia of DNA elements in the human genome. Nature. 2012;489:57-74.

74. Maeda N, Kasukawa T, Oyama R, Gough J, Frith M, Engstrom PG, et al. Transcript annotation in FANTOM3: mouse gene catalog based on physical cDNAs. PLoS Genet. 2006;2:e62.

75. Amaral PP, Mattick JS. Noncoding RNA in development. Mamm Genome. 2008;19:454-92.

76. Brannan CI, Dees EC, Ingram RS, Tilghman SM. The product of the H19 gene may function as an RNA. Mol Cell Biol. 1990;10:28-36.

77. Bartolomei MS, Zemel S, Tilghman SM. Parental imprinting of the mouse H19 gene. Nature. 1991;351:153-5.

78. Leighton PA, Ingram RS, Eggenschwiler J, Efstratiadis A, Tilghman SM. Disruption of imprinting caused by deletion of the H19 gene region in mice. Nature. 1995;375:34-9.

79. Borsani G, Tonlorenzi R, Simmler MC, Dandolo L, Arnaud D, Capra V, et al. Characterization of a murine gene expressed from the inactive X chromosome. Nature. 1991;351:325-9.

80. Brown CJ, Ballabio A, Rupert JL, Lafreniere RG, Grompe M, Tonlorenzi R, et al. A gene from the region of the human X inactivation centre is expressed exclusively from the inactive X chromosome. Nature. 1991;349:38-44.

81. Brown CJ, Hendrich BD, Rupert JL, Lafreniere RG, Xing Y, Lawrence J, et al. The human XIST gene: analysis of a 17 kb inactive X-specific RNA that contains conserved repeats and is highly localized within the nucleus. Cell. 1992;71:527-42.

82. Brockdorff N, Ashworth A, Kay GF, McCabe VM, Norris DP, Cooper PJ, et al. The product of the mouse Xist gene is a 15 kb inactive X-specific transcript containing no conserved ORF and located in the nucleus. Cell. 1992;71:515-26.

83. Kay GF, Penny GD, Patel D, Ashworth A, Brockdorff N, Rastan S. Expression of Xist during mouse development suggests a role in the initiation of X chromosome inactivation. Cell. 1993;72:171-82.

84. Zhao J, Sun BK, Erwin JA, Song JJ, Lee JT. Polycomb proteins targeted by a short repeat RNA to the mouse X chromosome. Science. 2008;322:750-6.

85. Sun BK, Deaton AM, Lee JT. A transient heterochromatic state in Xist preempts X inactivation choice without RNA stabilization. Mol Cell. 2006;21:617-28.

86. Lee JT, Davidow LS, Warshawsky D. Tsix, a gene antisense to Xist at the X-inactivation centre. Nat Genet. 1999;21:400-4.

87. Froberg JE, Yang L, Lee JT. Guided by RNAs: X-inactivation as a model for lncRNA function. J Mol Biol. 2013;425:3698-706.

88. Rinn JL, Kertesz M, Wang JK, Squazzo SL, Xu X, Brugmann SA, et al. Functional demarcation of active and silent chromatin domains in human HOX loci by noncoding RNAs. Cell. 2007;129:1311-23.

89. Zhao J, Ohsumi TK, Kung JT, Ogawa Y, Grau DJ, Sarma K, et al. Genome-wide identification of polycomb-associated RNAs by RIP-seq. Mol Cell. 2010;40:939-53.

90. Khalil AM, Guttman M, Huarte M, Garber M, Raj A, Rivea Morales D, et al. Many human large intergenic noncoding RNAs associate with chromatin-modifying complexes and affect gene expression. Proc Natl Acad Sci USA. 2009;106:11667-72.

91. Pandey RR, Mondal T, Mohammad F, Enroth S, Redrup L, Komorowski J, et al. Kcnq1ot1 antisense noncoding RNA mediates lineage-specific transcriptional silencing through chromatin-level regulation. Mol Cell. 2008;32:232-46.

92. Beckedorff FC, Ayupe AC, Crocci-Souza R, Amaral MS, Nakaya HI, Soltys DT, et al. The intronic long noncoding RNA ANRASSF1 recruits PRC2 to the RASSF1A promoter, reducing the expression of RASSF1A and increasing cell proliferation. PLoS Genet. 2013;9:e1003705.

93. Cabili MN, Trapnell C, Goff L, Koziol M, Tazon-Vega B, Regev A, et al. Integrative annotation of human large intergenic noncoding RNAs reveals global properties and specific subclasses. Genes Dev. 2011;25:1915-27.

94. Kampa D, Cheng J, Kapranov P, Yamanaka M, Brubaker S, Cawley S, et al. Novel RNAs identified from an in-depth analysis of the transcriptome of human chromosomes 21 and 22. Genome Res. 2004;14:331-42.

95. Shendure J, Church GM. Computational discovery of sense-antisense transcription in the human and mouse genomes. Genome Biol. 2002;3:RESEARCH0044.

96. Yelin R, Dahary D, Sorek R, Levanon EY, Goldstein O, Shoshan A, et al. Widespread occurrence of antisense transcription in the human genome. Nat Biotechnol. 2003;21:379-86.

97. Chen J, Sun M, Kent WJ, Huang X, Xie H, Wang W, et al. Over 20% of human transcripts might form sense-antisense pairs. Nucleic Acids Res. 2004;32:4812-20.

98. Reis EM, Nakaya HI, Louro R, Canavez FC, Flatschart AV, Almeida GT, et al. Antisense intronic non-coding RNA levels correlate to the degree of tumor differentiation in prostate cancer. Oncogene. 2004;23:6684-92.

99. Louro R, Nakaya HI, Amaral PP, Festa F, Sogayar MC, da Silva AM, et al. Androgen responsive intronic non-coding RNAs. BMC Biol. 2007;5:4.

100. Brito GC, Fachel AA, Vettore AL, Vignal GM, Gimba ER, Campos FS, et al. Identification of protein-coding and intronic noncoding RNAs down-regulated in clear cell renal carcinoma. Mol Carcinog. 2008;47:757-67.

101. Tahira AC, Kubrusly MS, Faria MF, Dazzani B, Fonseca RS, Maracaja-Coutinho V, et al. Long noncoding intronic RNAs are differentially expressed in primary and metastatic pancreatic cancer. Mol Cancer. 2011;10:141.

102. Yan MD, Hong CC, Lai GM, Cheng AL, Lin YW, Chuang SE. Identification and characterization of a novel gene Saf transcribed from the opposite strand of Fas. Hum Mol Genet. 2005;14:1465-74.

103. van Bakel H, Nislow C, Blencowe BJ, Hughes TR. Most "dark matter" transcripts are associated with known genes. PLoS Biol. 2010;8:e1000371.

104. Clark MB, Amaral PP, Schlesinger FJ, Dinger ME, Taft RJ, Rinn JL, et al. The reality of pervasive transcription. PLoS Biol. 2011;9:e1000625; discussion e1102.

105. Hung T, Wang Y, Lin MF, Koegel AK, Kotake Y, Grant GD, et al. Extensive and coordinated transcription of noncoding RNAs within cell-cycle promoters. Nat Genet. 2011;43:621-9.

106. Gupta RA, Shah N, Wang KC, Kim J, Horlings HM, Wong DJ, et al. Long non-coding RNA HOTAIR reprograms chromatin state to promote cancer metastasis. Nature. 2010;464:1071-6.

107. Dinger ME, Amaral PP, Mercer TR, Pang KC, Bruce SJ, Gardiner BB, et al. Long noncoding RNAs in mouse embryonic stem cell pluripotency and differentiation. Genome Res. 2008;18:1433-45.

108. Ravasi T, Suzuki H, Pang KC, Katayama S, Furuno M, Okunishi R, et al. Experimental validation of the regulated expression of large numbers of non-coding RNAs from the mouse genome. Genome Res. 2006;16:11-9.

109. Hutchinson JN, Ensminger AW, Clemson CM, Lynch CR, Lawrence JB, Chess A. A screen for nuclear transcripts identifies two linked noncoding RNAs associated with SC35 splicing domains. BMC Genomics. 2007;8:39.

110. Prasanth KV, Spector DL. Eukaryotic regulatory RNAs: an answer to the 'genome complexity' conundrum. Genes Dev. 2007;21:11-42.

111. Esteller M. Non-coding RNAs in human disease. Nature reviews Genetics. 2011;12:861-74.

112. Kino T, Hurt DE, Ichijo T, Nader N, Chrousos GP. Noncoding RNA gas5 is a growth arrest- and starvation-associated repressor of the glucocorticoid receptor. Sci Signal. 2010;3:ra8.

113. Martianov I, Ramadass A, Serra Barros A, Chow N, Akoulitchev A. Repression of the human dihydrofolate reductase gene by a non-coding interfering transcript. Nature. 2007;445:666-70.

114. Bertani S, Sauer S, Bolotin E, Sauer F. The noncoding RNA Mistral activates Hoxa6 and Hoxa7 expression and stem cell differentiation by recruiting MLL1 to chromatin. Molecular cell. 2011;43:1040-6.

115. Law JA, Jacobsen SE. Establishing, maintaining and modifying DNA methylation patterns in plants and animals. Nature reviews Genetics. 2010;11:204-20.

116. Kim TK, Hemberg M, Gray JM, Costa AM, Bear DM, Wu J, et al. Widespread transcription at neuronal activity-regulated enhancers. Nature. 2010;465:182-7.

117. Willingham AT, Orth AP, Batalov S, Peters EC, Wen BG, Aza-Blanc P, et al. A strategy for probing the function of noncoding RNAs finds a repressor of NFAT. Science. 2005;309:1570-3.

118. Tripathi V, Ellis JD, Shen Z, Song DY, Pan Q, Watt AT, et al. The nuclear-retained noncoding RNA MALAT1 regulates alternative splicing by modulating SR splicing factor phosphorylation. Molecular Cell. 2010;39:925-38.

119. Tsuiji H, Yoshimoto R, Hasegawa Y, Furuno M, Yoshida M, Nakagawa S. Competition between a noncoding exon and introns: Gomafu contains tandem UACUAAC repeats and associates with splicing factor-1. Genes Cells. 2011;16:479-90.

120. Cesana M, Cacchiarelli D, Legnini I, Santini T, Sthandier O, Chinappi M, et al. A long noncoding RNA controls muscle differentiation by functioning as a competing endogenous RNA. Cell. 2011;147:358-69.

121. Poliseno L, Salmena L, Zhang J, Carver B, Haveman WJ, Pandolfi PP. A coding-independent function of gene and pseudogene mRNAs regulates tumour biology. Nature. 2010;465:1033-8.

122. Salmena L, Poliseno L, Tay Y, Kats L, Pandolfi PP. A ceRNA hypothesis: the Rosetta Stone of a hidden RNA language? Cell. 2011;146:353-8.

123. Keniry A, Oxley D, Monnier P, Kyba M, Dandolo L, Smits G, et al. The H19 lincRNA is a developmental reservoir of miR-675 that suppresses growth and Igf1r. Nat Cell Biol. 2012;14:659-65.

124. da Rocha ST, Edwards CA, Ito M, Ogata T, Ferguson-Smith AC. Genomic imprinting at the mammalian Dlk1-Dio3 domain. Trends in Genetics: TIG. 2008;24:306-16.

125. Tam OH, Aravin AA, Stein P, Girard A, Murchison EP, Cheloufi S, et al. Pseudogene-derived small interfering RNAs regulate gene expression in mouse oocytes. Nature. 2008;453:534-8.

126. Hung T, Chang HY. Long noncoding RNA in genome regulation: prospects and mechanisms. RNA Biology. 2010;7:582-5.

127. Reis EM, Verjovski-Almeida S. Perspectives of Long Non-Coding RNAs in Cancer Diagnostics. Front Genet. 2012;3:32.

128. Amaral PP, Dinger ME, Mattick JS. Non-coding RNAs in homeostasis, disease and stress responses: an evolutionary perspective. Brief Funct Genomics. 2013;12:254-78.

129. Marks LS, Bostwick DG. Prostate Cancer Specificity of PCA3 Gene Testing: Examples from Clinical Practice. Rev Urol. 2008;10:175-81.

130. Lee GL, Dobi A, Srivastava S. Prostate cancer: diagnostic performance of the PCA3 urine test. Nat Rev Urol. 2011;8:123-4.

131. Fachel AA, Tahira AC, Vilella-Arias SA, Maracaja-Coutinho V, Gimba ER, Vignal GM, et al. Expression analysis and in silico characterization of intronic long noncoding RNAs in renal cell carcinoma: emerging functional associations. Molecular Cancer. 2013;12:140.

132. Prensner JR, Iyer MK, Balbin OA, Dhanasekaran SM, Cao Q, Brenner JC, et al. Transcriptome sequencing across a prostate cancer cohort identifies PCAT-1, an unannotated lincRNA implicated in disease progression. Nature Biotechnology. 2011;29:742-9.

133. Yap KL, Li S, Munoz-Cabello AM, Raguz S, Zeng L, Mujtaba S, et al. Molecular interplay of the noncoding RNA ANRIL and methylated histone H3 lysine 27 by polycomb CBX7 in transcriptional silencing of INK4a. Molecular Cell. 2010;38:662-74.

134. Kotake Y, Nakagawa T, Kitagawa K, Suzuki S, Liu N, Kitagawa M, et al. Long non-coding RNA ANRIL is required for the PRC2 recruitment to and silencing of p15(INK4B) tumor suppressor gene. Oncogene. 2011;30:1956-62.

135. Lin R, Maeda S, Liu C, Karin M, Edgington TS. A large noncoding RNA is a marker for murine hepatocellular carcinomas and a spectrum of human carcinomas. Oncogene. 2007;26:851-8.

136. Gutschner T, Hammerle M, Eissmann M, Hsu J, Kim Y, Hung G, et al. The noncoding RNA MALAT1 is a critical regulator of the metastasis phenotype of lung cancer cells. Cancer Res. 2013;73:1180-9.

137. Ji P, Diederichs S, Wang W, Boing S, Metzger R, Schneider PM, et al. MALAT-1, a novel noncoding RNA, and thymosin beta4 predict metastasis and survival in early-stage non-small cell lung cancer. Oncogene. 2003;22:8031-41.

138. Yamada K, Kano J, Tsunoda H, Yoshikawa H, Okubo C, Ishiyama T, et al. Phenotypic characterization of endometrial stromal sarcoma of the uterus. Cancer Sci. 2006;97:106-12.

139. Lai MC, Yang Z, Zhou L, Zhu QQ, Xie HY, Zhang F, et al. Long non-coding RNA MALAT-1 overexpression predicts tumor recurrence of hepatocellular carcinoma after liver transplantation. Med Oncol. 2012;29:1810-6.

140. Faghihi MA, Modarresi F, Khalil AM, Wood DE, Sahagan BG, Morgan TE, et al. Expression of a noncoding RNA is elevated in Alzheimer's disease and drives rapid feed-forward regulation of beta-secretase. Nat Med. 2008;14:723-30.

141. Dinger ME, Pang KC, Mercer TR, Mattick JS. Differentiating protein-coding and noncoding RNA: challenges and ambiguities. PLoS Comput Biol. 2008;4:e1000176.

142. Frith MC, Bailey TL, Kasukawa T, Mignone F, Kummerfeld SK, Madera M, et al. Discrimination of non-protein-coding transcripts from protein-coding mRNA. RNA Biol. 2006;3:40-8.

143. Gish W, States DJ. Identification of protein coding regions by database similarity search. Nat Genet. 1993;3:266-72.

144. Furuno M, Kasukawa T, Saito R, Adachi J, Suzuki H, Baldarelli R, et al. CDS annotation in full-length cDNA sequence. Genome Res. 2003;13:1478-87.

145. Finn RD, Tate J, Mistry J, Coggill PC, Sammut SJ, Hotz HR, et al. The Pfam protein families database. Nucleic Acids Res. 2008;36:D281-8.

146. Gough J, Karplus K, Hughey R, Chothia C. Assignment of homology to genome sequences using a library of hidden Markov models that represent all proteins of known structure. J Mol Biol. 2001;313:903-19.

147. Mignone F, Grillo G, Liuni S, Pesole G. Computational identification of protein coding potential of conserved sequence tags through cross-species evolutionary analysis. Nucleic Acids Res. 2003;31:4639-45.

148. Castrignano T, Canali A, Grillo G, Liuni S, Mignone F, Pesole G. CSTminer: a web tool for the identification of coding and noncoding conserved sequence tags through cross-species genome comparison. Nucleic Acids Res. 2004;32:W624-7.

149. Badger JH, Olsen GJ. CRITICA: coding region identification tool invoking comparative analysis. Mol Biol Evol. 1999;16:512-24.

150. Harrow J, Frankish A, Gonzalez JM, Tapanari E, Diekhans M, Kokocinski F, et al. GENCODE: the reference human genome annotation for The ENCODE Project. Genome Res. 2012;22:1760-74.

151. Lin MF, Deoras AN, Rasmussen MD, Kellis M. Performance and scalability of discriminative metrics for comparative gene identification in 12 Drosophila genomes. PLoS Comput Biol. 2008;4:e1000067.

152. Lin MF, Jungreis I, Kellis M. PhyloCSF: a comparative genomics method to distinguish protein coding and non-coding regions. Bioinformatics. 2011;27:i275-82.

153. Ponjavic J, Ponting CP, Lunter G. Functionality or transcriptional noise? Evidence for selection within long noncoding RNAs. Genome Res. 2007;17:556-65.

154. Guttman M, Rinn JL. Modular regulatory principles of large non-coding RNAs. Nature. 2012;482:339-46.

155. Rivas E, Eddy SR. Noncoding RNA gene detection using comparative sequence analysis. BMC Bioinformatics. 2001;2:8.

156. Washietl S, Hofacker IL, Stadler PF. Fast and reliable prediction of noncoding RNAs. Proc Natl Acad Sci USA. 2005;102:2454-9.

157. Pedersen JS, Bejerano G, Siepel A, Rosenbloom K, Lindblad-Toh K, Lander ES, et al. Identification and classification of conserved RNA secondary structures in the human genome. PLoS Comput Biol. 2006;2:e33.

158. Kong L, Zhang Y, Ye ZQ, Liu XQ, Zhao SQ, Wei L, et al. CPC: assess the protein-coding potential of transcripts using sequence features and support vector machine. Nucleic Acids Res. 2007;35:W345-9.

159. Galindo MI, Pueyo JI, Fouix S, Bishop SA, Couso JP. Peptides encoded by short ORFs control development and define a new eukaryotic gene family. PLoS Biol. 2007;5:e106.

160. Kohtz JD, Fishell G. Developmental regulation of EVF-1, a novel non-coding RNA transcribed upstream of the mouse Dlx6 gene. Gene Expr Patterns. 2004;4:407-12.

161. Ingolia NT, Lareau LF, Weissman JS. Ribosome profiling of mouse embryonic stem cells reveals the complexity and dynamics of mammalian proteomes. Cell. 2011;147:789-802.

162. Jiao Y, Meyerowitz EM. Cell-type specific analysis of translating RNAs in developing flowers reveals new levels of control. Mol Syst Biol. 2010;6:419.

163. Guttman M, Russell P, Ingolia NT, Weissman JS, Lander ES. Ribosome profiling provides evidence that large noncoding RNAs do not encode proteins. Cell. 2013;154:240-51.

164. Kondo T, Plaza S, Zanet J, Benrabah E, Valenti P, Hashimoto Y, et al. Small peptides switch the transcriptional activity of Shavenbaby during Drosophila embryogenesis. Science. 2010;329:336-9.

165. Banfai B, Jia H, Khatun J, Wood E, Risk B, Gundling WE, Jr., et al. Long noncoding RNAs are rarely translated in two human cell lines. Genome Res. 2012;22:1646-57.

166. Konig J, Zarnack K, Luscombe NM, Ule J. Protein-RNA interactions: new genomic technologies and perspectives. Nat Rev Genet. 2011;13:77-83.

167. Carey MF, Peterson CL, Smale ST. Chromatin immunoprecipitation (ChIP). Cold Spring Harb Protoc. 2009;2009:pdb prot5279.

168. Selth LA, Gilbert C, Svejstrup JQ. RNA immunoprecipitation to determine RNA-protein associations in vivo. Cold Spring Harb Protoc. 2009;2009:pdb prot5234.

169. Ule J, Jensen K, Mele A, Darnell RB. CLIP: a method for identifying protein-RNA interaction sites in living cells. Methods. 2005;37:376-86.

170. Guil S, Soler M, Portela A, Carrere J, Fonalleras E, Gomez A, et al. Intronic RNAs mediate EZH2 regulation of epigenetic targets. Nat Struct Mol Biol. 2012;19:664-70.

171. Licatalosi DD, Mele A, Fak JJ, Ule J, Kayikci M, Chi SW, et al. HITS-CLIP yields genome-wide insights into brain alternative RNA processing. Nature. 2008;456:464-9.

172. Hafner M, Landthaler M, Burger L, Khorshid M, Hausser J, Berninger P, et al. Transcriptome-wide identification of RNA-binding protein and microRNA target sites by PAR-CLIP. Cell. 2010;141:129-41.

173. Konig J, Zarnack K, Rot G, Curk T, Kayikci M, Zupan B, et al. iCLIP--transcriptome-wide mapping of protein-RNA interactions with individual nucleotide resolution. J Vis Exp. 2011.

174. Wang Z, Gerstein M, Snyder M. RNA-Seq: a revolutionary tool for transcriptomics. Nat Rev Genet. 2009;10:57-63.

CAPÍTULO

6

RNAS CURTOS NÃO CODIFICADORES: GENÔMICA, BIOGÊNESE, MECANISMOS E FUNÇÃO

Vânia Goulart
Ricardo Cambraia Parreira
Rebecca Vasconcellos
André Luiz Gomes Vieira
Alexandre Hiroaki Kihara
Rodrigo R. Resende

6.1 INTRODUÇÃO

MicroRNAs (miRNA) são pequenas moléculas fita simples geradas a partir de transcritos endógenos[1] formados de aproximadamente 22 nucleotídeos, provenientes do genoma de plantas, vermes e animais[2]. Apesar de não codificar nenhuma proteína, essas moléculas são altamente conservadas entre as espécies, visto que alguns componentes da maquinaria de síntese de miRNAs são ainda encontrados em *archaea* e eubactérias, e participam de vias regulatórias importantes das células, tais como apoptose, proliferação celular, diferenciação de células hematopoiéticas e controle do desenvolvimento de órgãos[3]. São responsáveis pela regulação da expressão gênica ao nível pós-transcricional, pois são capazes de se ligar a áreas complementares do RNA mensageiro (RNAm)[4], degradando-o ou silenciando o seu mensageiro sem degradá-lo, impedindo que sejam lidos e produzam proteínas; o mesmo miRNA pode regular a expressão gênica de diferentes RNAs mensageiros (mRNA). Estão entre as moléculas reguladoras de genes mais abundantes, consistindo em aproximadamente 1% dos genes previstos em células animais, e estima-se que mais de 30% de todos os RNAm são regulados por miRNAs. Neste capítulo, abordamos como foi descoberta essa tecnologia, a regulação da biogênese de miRNA, seus mecanismos e suas funções. Alterações na expressão ou nos níveis de miRNAs dentro das células foram descritos em um grande número de doenças. Os fatores que caracterizam a biogênese de miRNA é fundamental para nossa compreensão sobre os mecanismos que permitem que as células respondam às constantes mudanças nas condições ambientais, além de proporcionar oportunidades terapêuticas para tratar ou prevenir várias doenças.

6.2 GENÔMICA

Há duas décadas, tanto a existência quanto a importância de miRNAs eram completamente desconhecidas. Até então, a comunidade científica focava sua atenção nos genes que codificavam para proteínas. O dogma clássico de que o DNA é transcrito em RNA, que é então traduzido em proteína, deixou de lado o estudo de todas as sequências que não codificavam para proteínas. Só em 1993 a importância de miRNAs começava a ser revelada (Figura 6.1)[5,6].

Em uma busca inspirada tanto por sua perseverança e sua visão científica, Victor Ambros e seus colegas, Rosalind Lee e Rhonda Feinbaum, descobriram que *lin-4*, um gene conhecido por controlar o tempo de desenvolvimento larval de *Caenorhabditis elegans*, não codificava para uma proteína, mas, em vez disso, produzia um par de pequenos RNAs[5]. Um RNA tinha cerca de 22 bases de comprimento, e o outro, aproximadamente 61 bases; o mais longo foi previsto dobrar sobre si formando uma alça e proposto ser o precursor do mais curto. Os laboratórios de Ambros e Ruvkun então observaram que esses RNAs *lin-4* tinham complementaridade antissenso para vários sítios na região 3' UTR (do inglês *untranslated region*) do gene[5,6] *lin-14*. Essa complementaridade caiu em uma região da extremidade 3' UTR, que anteriormente se pensava mediar a repressão do *lin-14* pelo produto gênico[7] do *lin-4*.

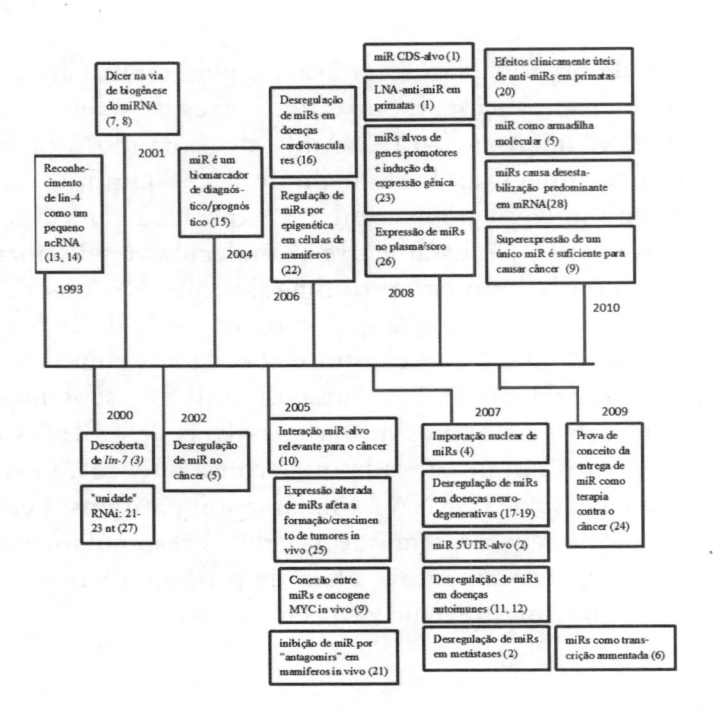

Figura 6.1 Perspectiva histórica sobre a evolução do conhecimento sobre miRNAs. Siglas: miR, microRNA; UTR, regiões não traduzidas (*untranslated regions*); CDS, sequências codificantes (*coding sequences*); LNA, ácido nucleico fechado (*locked nucleic acid*).

O laboratório de Ruvkun passou a demonstrar a importância de tais sítios complementares para a regulação do *lin-14* pelo *lin-4*, mostrando que essa regulação também reduz substancialmente a quantidade da proteína LIN-14, sem alteração perceptível nos níveis do mRNA de *lin-14*. Em conjunto, essas descobertas suportaram um modelo em que os RNAs de *lin-4* emparelham com as regiões 3' UTR do *lin-14*, especificando a repressão da tradução do RNA mensageiro de *lin-14* como parte da via regulatória que provoca a transição de divisões celulares da primeira fase larval para aquelas da segunda[5,6].

O menor RNA *lin-4* é agora reconhecido como o membro fundador de uma classe abundante de pequenos RNAs regulatórios chamados microR-NAs ou miRNAs[8-10]. A amplitude e a importância da regulação de genes dirigida por miRNA estão entrando em foco a medida que são descobertos os alvos de regulação e funções desses miRNAs. Inicialmente, dentre as funções de miRNA que foram descobertas estão o controle da proliferação celular, a morte celular e o metabolismo de gordura em moscas[11], o padrão neuronal em nematodos[12], modulação da diferenciação da linhagem hematopoiética em mamíferos[13] e controle do desenvolvimento de folha e flor em plantas[14-17]. Abordagens computacionais para encontrar mecanismos controlados por miRNAs indicam que esses exemplos representam uma fração muito pequena do total[18-20].

6.2.1 Os genes de miRNA

Durante sete anos após a descoberta do RNA *lin-4*, a genômica desse tipo de pequeno RNA regulatório pareceu simples: não havia nenhuma evidência de RNAs semelhantes ao *lin-4* além dos nematódeos e nenhum sinal de quaisquer RNAs não codificantes semelhantes dentro dos nematódeos. Tudo isso mudou com a descoberta de que *let-7*, outro gene da via heterocrônica de *C. elegans*, codificava um segundo RNA regulatório de ~ 22 bases. O RNA *let-7* age para promover a transição do estágio larval tardio para fenótipos de células adultas da mesma forma que o RNA *lin-4* age no desenvolvimento inicial para promover a progressão do primeiro estágio larval para o segundo[21,22]. Além disso, homólogos do gene *let-7* foram rapidamente identificados no genoma humano e em moscas, e o RNA *let-7* em si foi encontrado em humanos, *Drosophila*, e outros onze animais bilaterais[23].

Devido às suas funções comuns no controle do tempo de transições do desenvolvimento, os RNAs *lin-4* e *let-7* foram denominados como pequenos RNAs temporais (do inglês *small temporal* RNAs – stRNAs), com a expectativa de que RNAs regulatórios adicionais desse tipo seriam descobertos[23]. Na verdade, menos de um ano depois, três laboratórios clonaram pequenos RNAs de moscas, vermes e células humanas e relataram um total de mais de cem genes adicionais para pequenos RNAs não codificantes, cerca de vinte novos genes na *Drosophila*, cerca de trinta em humanos e cerca de sessenta em vermes[8-10]. Os produtos de RNA desses genes se assemelhavam aos stRNAs *lin-4* e *let-7* pelo fato de possuir ~ 22 bases de RNAs endogenamente expressos, potencialmente processados a partir de um braço de um precursor de haste em alça (Figura 6.2), e que eram geralmente conservados na evolução – alguns de forma bastante ampla, outros apenas em espécies estreitamente mais relacionadas como as *C. elegans* e *C. briggsae*. Mas, ao contrário dos RNAs *lin-4* e *let-7*, muitos dos recém-identificados RNAs de ~ 22 bases não eram expressos em fases distintas do desenvolvimento; em vez disso, são mais suscetíveis de serem expressos em tipos particulares de células. Assim, o termo microRNA foi utilizado para se referir aos stRNAs e a todos os outros pequenos RNAs com características semelhantes, mas com funções desconhecidas[8-10]. Esforços intensificados em clonagem revelaram numerosos genes adicionais de miRNA em mamíferos, peixes, vermes e moscas[24,25]. Um registro foi criado para catalogar os miRNAs e facilitar a nomeação de novos genes identificados[26].

Hoje, sabe-se que os membros da família *let-7* são altamente conservados e codificam miRNAs em várias espécies animais, incluindo vertebrados, ascídias, hemicordados, moluscos, anelídeos e artrópodes. Esse miRNA é regulado temporariamente, sendo expresso, por exemplo, na fase adulta de duas espécies de moluscos e de um anelídeo. Em humanos, possuem alta expressão durante a senescência celular e, por esse motivo, são considerados supressores de tumores[23,27]. Cerca de 80% dos miRNAs de *C. elegans* são conservados em um nematódeo relacionado, *Caenorhabditis briggsae*, e cerca de 30% têm homólogos aparentes em insetos e/ou vertebrados, o que demonstra a alta conservação desses genes entre os vertebrados[28]. A descoberta de novos miRNAs com funções ainda desconhecidas levaram à criação de um banco de dados, para o depósito de suas sequências, denominado miRBase, no qual são nomeados com base na similaridade da sequência de 22 nucleotídeos do miRNA previamente identificado[26,29].

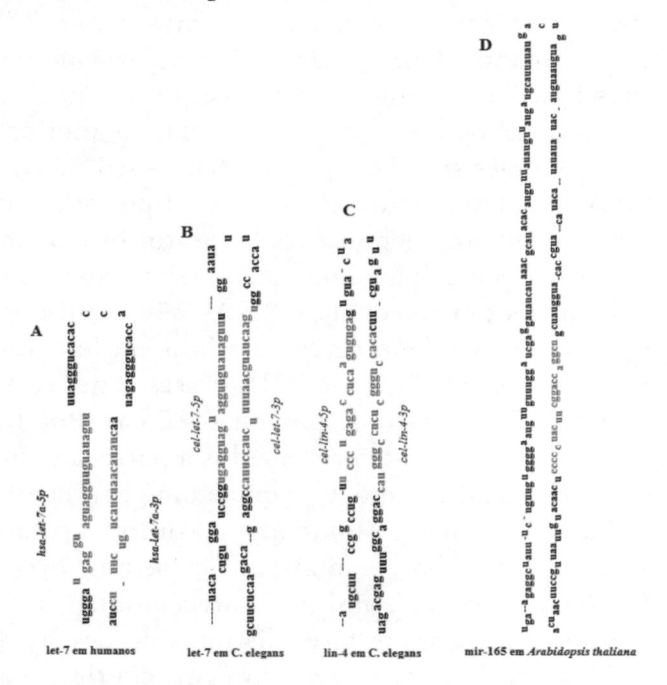

Figura 6.2 Exemplo de microRNA em metazoários. Em cinza podemos observar os miRNAs maduros. (A) MiRNA *let-7* em Homo sapiens; (B) MiRNA *let-7* em *Caenorhabditis elegans*; (C) MiRNA *lin-4* em *Caenorhabditis elegans*; (D) MiRNA mir-165 em *Arabidopsis thaliana*.

Assim como os genes *lin-4* e *let-7* de *C. elegans*, a maioria dos genes de miRNA são provenientes de regiões do genoma muito distantes dos genes previamente anotados, o que implica que derivam de unidades de transcrição independentes[8-10]. No entanto, uma minoria considerável (por exemplo, cerca de um quarto dos genes miRNA de humanos) está nos íntrons de pré-mRNAs (precursores de RNAs mensageiros). Estes estão, preferencialmente, na mesma orientação que os mRNAs previstos, sugerindo que a maior parte destes miRNAs não são transcritos a partir de seus próprios promotores, mas em vez disso são processados a partir dos íntrons, conforme verificado para muitos snoRNAs (do inglês *small nucleolar* RNAs)[30-32]. Esse arranjo proporciona um mecanismo conveniente para a expressão coordenada de um miRNA e uma proteína. Cenários regulatórios são fáceis de imaginar em que tal expressão coordenada poderia ser útil, o que explicaria as relações conservadas entre miRNAs e mRNAs hospedeiros. Um exemplo notável dessa conservação envolve o *mir-7*, encontrado no íntron de *hnRNP K* (do inglês *heteronuclear Ribonucleoprotein K*) tanto de insetos quanto de mamíferos[31].

Outros genes de miRNA estão agrupados no genoma com um arranjo e padrão de expressão implicando a transcrição como um transcrito primário multicistrônico[8,9]. Embora a maioria dos genes de miRNA de vermes e humano sejam isolados e não agrupados[33,34], mais da metade dos miRNAs conhecidos de *Drosophila* estão agrupados[31]. Os miRNAs dentro de agrupamentos ou *clusters* genômicos são, frequentemente, embora nem sempre, relacionados uns com os outros, e miRNAs relacionados são, por vezes, mas não sempre, agrupados[8,9]. Ortólogos de *lin-4* e *let-7* de *C. elegans* estão agrupados em genomas da mosca e de humanos e são coexpressos, por vezes, a partir do mesmo transcrito primário, levando à ideia de que a separação genômica de *lin-4* do *let-7* em nematódeos pode ser exclusiva para a linhagem de verme[31,35,36]. Esse exemplo ilustra a possibilidade de que mesmo nos casos em que os genes agrupados não têm homologia aparente, podem ainda compartilhar relações funcionais.

Alguns dos locais genômicos mais interessantes de genes de miRNA incluem aqueles nos agrupamentos Hox. O gene *mir-10* encontra-se no complexo de Antennapedia de insetos e em localizações ortólogas em dois agrupamentos Hox de mamíferos, enquanto o gene *mir-iab-4* está dentro do agrupamento bithorax de inseto[30,31]. À luz dos papéis de outros genes dos agrupamentos Hox, os miRNAs Hox são especialmente bons candidatos a funções interessantes no desenvolvimento animal. Outros *loci* interessantes incluem o *cluster mir-15a-mir-16*, que cai em uma região do cromossomo humano 13 que se acreditava abrigar um gene supressor de tumor, pois é o local das aberrações estruturais mais comuns tanto em linfoma de células do manto quanto de leucemia linfocítica crônica de células B[8,37].

Quase todos os miRNAs clonados são conservados em animais estreitamente relacionados, tais como humano e camundongo, ou *C. elegans* e *C. briggsae*[30,33,34]. Esta afirmação se mantém fiel mesmo quando se ignora a conservação evolutiva como critério para a classificação de clones de miRNAs. Muitos também são conservados de forma mais ampla entre as linhagens de animais[28,30,31,33]. Por exemplo, mais de um terço dos miRNAs de *C. elegans* têm homólogos facilmente reconhecidos entre os miRNAs humanos[33]. Ao comparar linhagens distantes, considerável expansão ou contração de famílias de genes é aparente, o exemplo mais notável é o da família *let-7*, que tem quatro membros identificados em *C. elegans* e pelo menos quinze em humanos, mas apenas um em *Drosophila*[23,28,30,31,33].

Uma classe de pequenos RNAs nucleares (do inglês *small nuclear* RNA – snRNA) é um exemplo de fragmentos de RNA que derivam de uma classe conhecida de RNAs maiores. Com cerca de cem a trezentos nucleotídeos de comprimento, estão associados a proteínas específicas. Esse complexo é denominado de pequenas ribonucleoproteínas (snRNP), com função importante no *splicing* de pré-mRNAs[38].

Outra classe de pequenos RNAs com sessenta a trezentos nucleotídeos de comprimento são os RNAs nucleolares (do inglês *small nucleolar* RNA – snoRNAs) que conduzem a metilação e pseudouridilação dos RNAs ribossomais (rRNAs), dos snRNAs e outros RNAs[39].

Em plantas, também foram encontrados pequenos RNAs, isolados primeiramente de *Arabidopsis sp.*, com comprimento predominante de 21 a 24 nucleotídeos. Em 2002, Llave e seus colaboradores identificaram dois pequenos RNAs em mais de um clone de *Arabidopsis sp.* A classe predominante de miRNA de *Arabidopsis sp.* deriva a partir de sequências de RNA de regiões intergênicas (do inglês RNAs *from intergenic regions*, IGRs), possuindo muitas semelhanças com os miRNAs recentemente identificados de *C. elegans*, *Drosophila* e humanos. No entanto, os miRNAs de *Arabidopsis sp.* surgem, provavelmente a partir de precursores de RNAs (pré-RNA) heterogênicos. Alguns miRNAs de plantas podem conter a estrutura em forma de grampo relativamente curta e simples, enquanto outros podem estar associados com extensos ou complexos grampos. Além do mais, vários miRNAs são provenientes de *loci* irregularmente espaçados ou sobrepostos dentro de pré-RNAs e podem ser originados em ambas as orientações[40,41].

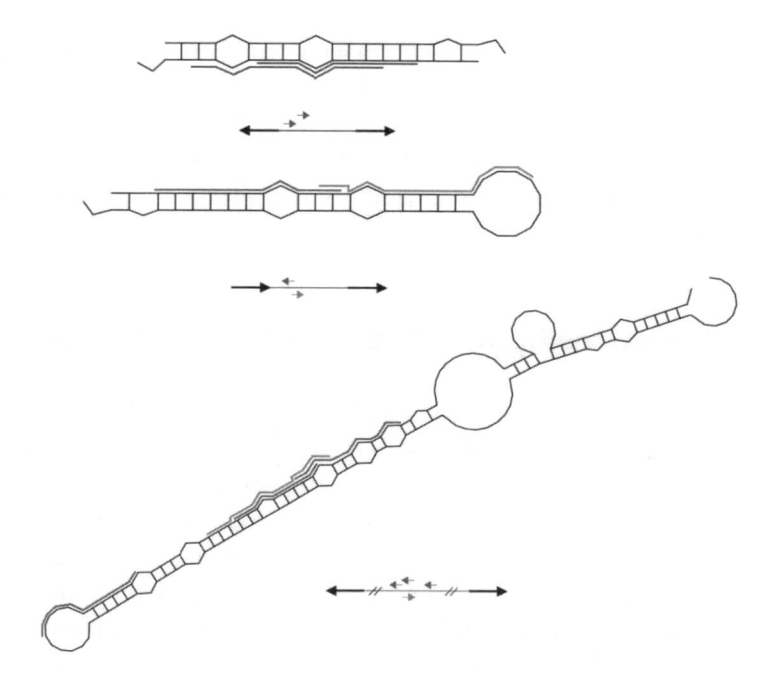

Figura 6.3 Exemplos de miRNAs em plantas. A orientação dos miRNAs em relação ao cromossoma é representado pelas setas cinza escuro (senso) e pelas setas cinza claro (antissenso).

Embora plantas e animais compartilhem algumas similaridades na biogênese, nos precursores, na regulação dos alvos e conservação evolutiva dos miRNAs, existem algumas particularidades que são exclusivas dos vegetais. Os miRNAS em plantas são produzidos a partir de suas próprias unidades de transcrição no genoma, ao contrário do que ocorre nos animais, que têm grande parte dos seus miRNAs produzidos a partir de regiões não codificantes do genoma. Em humanos, cerca de 25 % dos miRNAS são codificados dentro de íntrons, enquanto em *Arabidopsis* apenas um miRNA (miR-402) foi, até o momento, identificado dentro de um íntron[3,42].

A análise sistemática da expressão espacial dos miRNAs tem mostrado que muitos miRNAs são expressos em tecidos específicos. Algumas famílias de miRNA compartilham similaridades na região 5' da sequência do miRNA, enquanto em outras famílias de miRNA a semelhança é mais uniformemente distribuída ao longo de suas sequências, indicando que miRNAs de sequências similares poderiam reconhecer uma sequência-alvo de consenso e, portanto, agir em mRNAs-alvos comuns, permitindo um controle redundante da expressão do gene-alvo por vários miRNAs e/ou a implantação de diferentes miRNAs para a regulamentação de um alvo em contextos diferentes. A coexpressão de diferentes miRNAs visando os mesmos genes no mesmo tecido pode conferir maior eficiência e flexibilidade de ação dos miRNAs[28].

6.2.2 Abordagens computacionais e número de genes

Têm surgido especulações a respeito do motivo de os miRNAs não terem sido descobertos anteriormente, e a resposta não é que eles sejam raros. MicroRNAs e suas proteínas associadas parecem ser um dos complexos de ribonucleoproteínas mais abundantes nas células. No entanto, miRNAs cuja expressão é restrita a tipos celulares não abundantes ou a condições ambientais específicas ainda poderiam ser perdidos nos esforços de clonagem. Assim, abordagens computacionais foram desenvolvidas para complementar as abordagens experimentais para a identificação de genes de miRNA. Desde cedo, as pesquisas de homologia revelaram ortólogos e parálogos de genes de miRNA conhecidos[8,10,28]. Outra abordagem simples tem sido a busca na vizinhança de genes de miRNA conhecidos por outras alças que possam representar genes adicionais de um agrupamento ou *cluster* genômico[9,31,43]. Essa estratégia é importante porque alguns dos genes de miRNA de evolução mais rápida estão presentes como matrizes em tandem dentro de agrupamentos ou *clusters* tipo operon, e as sequências divergentes desses genes os tornam relativamente difíceis de se detectar usando as abordagens mais gerais.

Abordagens para encontrar genes, que não dependem de homologia ou da proximidade com genes conhecidos, também têm sido desenvolvidas e aplicadas para genomas inteiros[28,32,44]. Elas normalmente começam por identificar segmentos genômicos conservados que caiam fora das regiões codificantes de proteínas preditas e, potencialmente, poderiam formar alças tipo grampo e, em seguida, classificar esses candidatos de alças em grampos de miRNA para os padrões de conservação e de emparelhamento que caracterizam genes de miRNAs conhecidos. Até o momento, as duas ferramentas computacionais de pontuação mais sensíveis são o MiRscan, que tem sido aplicada de forma sistemática para os candidatos de nematódeos e vertebrados[33,34], e o miRseeker, que tem sido aplicada de forma sistemática para candidatos de insetos[32]. Ambos, MiRscan e miRseeker, identificaram dezenas de genes que foram posteriormente (ou simultaneamente) verificados experimentalmente. Atualmente, o banco de dados no qual se armazenam as informações sobre miRNAs de diversas espécies, indica a presença de, pelo menos, 1.872 sequências de miRNAs depositadas para o genoma humano*. Em cada uma das espécies, humana, *C. elegans* e *Drosophila*, MiRscan e miRseeker indicaram números de genes de miRNAs possíveis que representam cerca de 10% dos genes previstos em seus genomas, uma fração semelhante à de outras famílias grandes de genes com funções reguladoras, tais como a família do fator de transcrição homeodomínio.

Estas estimativas implicam que a maioria dos genes de miRNA foram agora encontrados nos mamíferos e linhagens de nematódeos – particularmente em *C. elegans*, na qual foram identificados aproximadamente cem genes de miRNA. (Essa contagem é conservadora na medida em que exclui alguns genes relatados que parecem ser questionáveis[45]).

Se em vez de um número desproporcional de miRNAs de difícil clonagem seja também difíceis de se identificarem computacionalmente, então, as estimativas do número de genes de miRNA no genoma também será muito baixa. Esta pode ser a situação em humanos – talvez porque os genomas de vertebrados usados na análise sejam mais amplamente divergentes. A maior parte dos primeiros 109 miRNAs clonados de mamíferos têm homólogos identificáveis no genoma de peixe Balão (*Fugu ripens*), o que permitiu a análise pelo MiRscan identificar 81 (74%) destes genes por causa de *loops* fontes conservados em humano, rato e peixe. Extrapolando esta sensibilidade e o número de candidatos adicionais com valores que correspondem aos miRNAs conhecidos, um limite superior para o número de genes de miRNA humanos foi calculado como sendo 255[33]. No entanto, os genes de miRNA em mamíferos mais recentemente identificados parecem relativamente menos prováveis de ser conservados no peixe, em particular os genes clonados a partir de células-tronco embrionárias e cérebro de mamíferos, estando 14 candidatos de miRNAs residentes num grande aglomerado, que transcreve todos de uma só vez[43,46,47]. Estes dados sugerem que os miRNAs de mamíferos mais difíceis de clonagem são menos susceptíveis de ser conservados no peixe e, portanto, menos prováveis de ter sido identificados computacionalmente, o que implica que um certo limite superior para o número de genes humanos seja difícil de se determinar usando análises que se estenderam para peixes e que 255 é um valor muito baixo para este limite superior.

---

* Disponível em: <http://www.mirbase.org/cgi-bin/mirna_summary.pl?org=hsa>. Acesso em: 23 jan. 2014.

6.3 BIOGÊNESE

6.3.1 Transcrição do miRNA

Um fragmento genômico de 693 pb resgata a deficiência de *lin-4*, o que implica que todos os elementos necessários para a regulação e iniciação da transcrição estejam localizados nesse curto fragmento[5]. No entanto, pouco se sabe sobre os processos de transcrição para o *lin-4* ou qualquer outro gene miRNA. Alguns miRNAs residentes em íntrons são propensos a compartilhar seus elementos regulatórios e transcritos primários com os genes hospedeiros do pré-mRNA. Para os genes de miRNA restantes, presumivelmente transcritos a partir de seus próprios promotores, nenhum transcrito primário foi completamente definido. No entanto, esses transcritos primários de miRNA, denominados pri-miRNAs[48], são geralmente considerados ser muito maiores do que as alças em grampos conservadas, atualmente utilizados para definir os genes de miRNA, como sugerido pelo seguinte: (1) a ideia de que as alças em grampos de miRNAs agrupados são transcritos a partir de um único transcrito primário[8,9]; (2) identidades entre miRNAs e longas ESTs nas bases de dados[14,24]; (3) experimentos de RT-PCR amplificando grandes fragmentos de pri-miRNAs[24,31].

As duas polimerases de RNA candidatas para a transcrição de pri-miRNA são pol II e pol III. Pol II produz RNAm e alguns RNAs não codificantes, incluindo os pequenos RNAs nucleolares (*small nucleolar RNAs* – snoRNAs) e quatro dos pequenos RNAs nucleares (*small nuclear RNAs* – snRNAs) do spliceossoma, enquanto pol III produz alguns dos mais curtos RNAs não codificantes, incluindo RNAt, RNA ribossomal 5S, e o snRNA U6. Os miR-NAs processados a partir dos íntrons dos genes hospedeiros codificadores de proteínas são, sem dúvida, transcritos por pol II. As seguintes observações fornecem evidências indiretas de que muitos dos outros miRNAs também são produtos de pol II, embora a maioria dos genes de miRNA dos metazoários não possuam os sinais clássicos de poliadenililação[45]: (1) os pri-miR-NAs podem ser bastante longos, mais do que um 1 Kb, o que é mais longo do que as transcrições típicas da pol III; (2) esses pri-miRNAs presumíveis têm, frequentemente, resíduos internos de uridina, o que seria esperado para terminar prematuramente a transcrição de pol III; (3) muitos miRNAs são diferencialmente expressos durante o desenvolvimento, como é observado frequentemente para os produtos da pol II, mas não da pol III; (4) fusões que colocam a estrutura de leitura aberta (*open reading frame* – ORF) de uma proteína repórter a jusante da porção 5' de genes miRNA conduzem a uma forte expressão da proteína repórter, sugerindo que os transcritos primários de miRNA são *cap*s dos transcritos de pol II. Exemplos de tais fusões incluem construções repórteres artificiais desenhadas para se estudar a regulação da expressão de miRNAs, os primeiros experimentos foram realizados por Johnson e colaboradores e Johnston e Hobert, ambos em 2003[12,49] e de uma translocação natural de cromossoma, ligada a uma agressiva leucemia de células B, na qual um gene MYC truncado é fundido com a porção 5' de *miR-142*[24,50]. Embora tais observações indiquem que muitos miRNAs são transcritos pela pol II, outros ainda podem ser transcritos pela pol III, assim como a maioria, mas não todos, os snRNAs são produtos da pol II. A expressão ectópica de *miR-142* e outros miRNAs a partir de um promotor pol III produz miRNAs processados de maneira eficiente e com precisão, que funcionam *in vivo*[13], indicando que não existe uma ligação obrigatória entre a identidade da polimerase e o processamento a jusante ou função do miRNA.

6.3.2 Maturação do miRNA

O modelo atual para a maturação dos miRNAs de mamífero é mostrada na Figura 6.4B. O primeiro passo é a clivagem nuclear do pri-miRNA, que libera um intermediário da alça em grampo de ~ 60 a 70 bases, conhecido como o precursor de miRNA, ou o pré-miRNA[48,51]. Este processamento é realizado pela endonuclease Drosha RNase III, que corta as duas cadeias da haste em sítios próximos da base da alça primária[52] (Figura 6.4B, passo 2). Drosha cliva o duplex de RNA com um corte especulado típico de endonucleases RNase III, e, assim, a base da alça em grampo do pré-miRNA tem um fosfato 5' e uma saliência 3' de ~ 2 bases[52,53]. Este pré-miRNA é transportado ativamente a partir do núcleo para o citoplasma pela Ran-GTP e o receptor de exportação Exportin-5[54,55] (Figura 6.4B, passo 3).

O corte nuclear por Drosha define uma extremidade do miRNA maduro. A outra extremidade é processada no citoplasma pela enzima Dicer[52]. Dicer, também uma endonuclease RNase III, foi reconhecida pela primeira vez por seu papel na geração de pequenos RNAs de interferência (*small interfering RNAs* – siRNAs) que medeiam a interferência de RNA (RNAi)[56] (descrita em outro capítulo deste livro) e que mais tarde demonstrou-se ter uma função na maturação de miRNA[57-59]. De acordo com o atual modelo de maturação de miRNA, Dicer realiza uma atividade de maturação de miRNA em

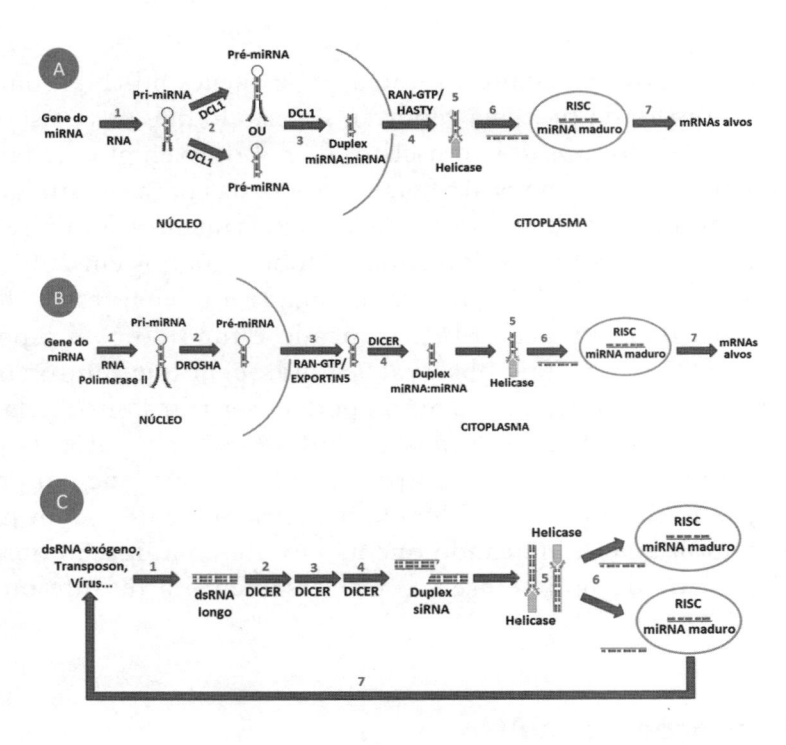

Figura 6.4 A biogênese de miRNAs e siRNAs. (A) A biogênese de um miRNA de planta (passos 1 a 6, ver texto para detalhes) e seu heterossilenciamento de *loci* não relacionados àquele a partir do qual se originou (passo 7). Os intermediários pré-miRNA (entre os passos 2 e 3), que se acredita terem uma vida muito curta, não foram isolados em plantas. Após ação da helicase, um dos miRNAs é incorporado no RISC (passo 6), enquanto o outro miRNA é degradado. Um monofosfato (P) marca o terminal 5' de cada fragmento. (B) A biogênese de um miRNA de metazoário (passos 1 a 6, ver texto para detalhes) e seu heterossilenciamento de *loci* não relacionados àquele a partir do qual se originou (passo 7). (C) A biogênese de siRNAs de animais (passos 1 a 6; ver texto para detalhes) e seu autossilenciamento dos mesmos *loci* (ou similares) a partir do qual se originaram (passo 7).

metazoários semelhante ao que ela executa quando corta-se RNA de cadeia dupla durante a RNAi: ela reconhece primeiramente a porção de cadeia dupla do pré-miRNA, talvez com especial afinidade para um fosfato 5' e uma saliência 3' na base da alça em grampo. Em seguida, a cerca de duas voltas helicoidais de distância a partir da base da alça em grampo, corta ambas as cadeias do dúplex. Essa clivagem por Dicer lança fora os pares de bases terminais e a alça do pré-miRNA, deixando o fosfato 5' e a saliência 3' de ~ 2 bases, característica de uma RNase III, e produzindo um dúplex imperfeito semelhante ao siRNA que compreende o miRNA maduro e ao fragmento de tamanho semelhante derivado do braço oposto do pré-miRNA (Figura 6.4B, passo 4).

Os fragmentos do braço oposto, chamados de sequências de miRNA*[9], são encontrados em bibliotecas de miRNAs clonados, mas normalmente em muito menor frequência do que são os miRNAs[24,31]. Por exemplo, em um esforço que identificou mais de 3.400 clones que representam 80 miRNAs de *C. elegans*, apenas 38 clones que representam 14 miRNAs* foram encontrados[33]. Essa diferença de aproximadamente cem vezes na frequência de clonagem indica que o miRNA:miRNA* dúplex é geralmente de curta duração em comparação com a cadeia única do miRNA.

De acordo com o modelo corrente, a especificidade da clivagem inicial mediada por Drosha determina o registo correto da clivagem no precursor de miRNA e, assim, define ambas as extremidades maduras do miRNA[52]. Essa ideia de que a Drosha, e não a Dicer, dá a especificidade é atraente porque os estudos têm mostrado que o RNA de cadeia dupla é refratário à clivagem pela Drosha e que a Dicer corta progressivamente um RNA de dupla fita, independentemente de sua sequência[56,60]. Os determinantes de reconhecimento da Drosha são bastante indefinidos, mas incluem a estrutura secundária na base da alça primária, bem como alguns elementos que flanqueiam a alça, mas geralmente a 125 bases do miRNA[13,52].

Este cenário gradual da maturação do miRNA é baseado, principalmente, na investigação de função da Drosha e da Dicer de mamíferos[48,52]. A noção de que é aplicável a outras espécies de metazoários é suportada pela identidade da forma longa do RNA *lin-4* de *C. elegans*, que parece ser uma excelente identidade (com a resolução do mapeamento da nuclease) àquela esperada para o pré-miRNA *lin-4*[5]. Além disso, pré-miRNAs presumíveis para vários miRNAs podem ser detectados em *Northern blots*, e quando examinados no contexto da atividade reduzida da Dicer, estes pré-miRNAs invariavelmente aumentam em abundância, como seria de se esperar se a Dicer fosse responsável pelo seu processamento[57,58]. Finalmente, a existência geral do miRNA:miRNA* dúplex é suportada pela clonagem de numerosos miRNAs* em nematodos e moscas, embora para a maioria dos genes de miRNA, um miRNA* experimentalmente identificado ainda não tenha sido descrito.

A clonagem de alguns miRNAs* nas plantas também aponta para um miRNA:miRNA* dúplex transitório[61]. No entanto, a biogênese deste dúplex parece ser diferente nas plantas (Figura 6.4A). Mais notavelmente, os pré--miRNAs não foram convincentemente detectados em plantas, nem mesmo

em plantas com DCL1 deficiente, uma proteína semelhante à Dicer conhecida em ajudar na maturação do miRNA[61]. A ausência de pré-miRNA nestas
plantas *dcl1-9* (anteriormente conhecidas como plantas *caf-1*), juntamente
com a aparente localização nuclear da proteína DCL1[62], sugere que a DCL1
fornece a funcionalidade da Drosha em plantas, fazendo com que o primeiro
corte defina o registro para a maturação do miRNA (Figura 6.4A, passo 2).
DCL1 (ou outra enzima ainda não identificada), em seguida faz o segundo
corte, que corresponde à clivagem pela Dicer nos metazoários, antes que o
miRNA deixe o núcleo (Figura 6.4A, passo 3). Um segundo corte acoplado
ao núcleo explicaria por que RNAs semelhantes ao pré-miRNA não acumulam em níveis detectáveis nas plantas. Isso poderia explicar por que a
expressão ectópica nuclear, mas não citoplasmática, de P19, uma proteína
viral de planta que inibe o silenciamento sequestrando o dúplex de siRNA,
previne a acumulação de miRNA[62]. Talvez HASTY, o ortólogo em planta de
Exportin-5, seja responsável pela exportação do miRNA:miRNA* dúplex a
partir do núcleo, o que explicaria os fenótipos pleiotrópicos de desenvolvimento de mutantes *hasty*[54,55,63] (Figura 6.4A, passo 4).

6.3.3 Via da biogênese do miRNA e função dos miRNAs

Os miRNAs são codificados no genoma como transcrições primárias longas (nomeados pri-miRNAs) que contêm uma estrutura *cap* na extremidade
5' e são poliadenilados na extremidade 3'. Os pri-miRNAs são processados
pela Endonuclease Drosha RNase III, em conjunto com as proteínas DGCR8/
Pasha, numa estrutura de 60 a 110 bases, chamada precursor miRNA (pré-
-miRNA), que são posteriormente exportados a partir do núcleo para o
citoplasma por um mecanismo dependente da Exportin-5. No citoplasma,
o pré-miRNA é clivado pela enzima Dicer-1 RNase III, juntamente com
as proteínas TRBP/PACT, produzindo um miRNA dúplex de cadeia dupla
pequeno e imperfeito. Esse dúplex é então desenrolado por uma helicase em
um miRNA maduro, de aproximadamente 20 bases de comprimento, que é,
então, incorporado em um complexo de múltiplos componentes constituído
por membros da família de proteínas Argonautas conhecidas como RISC[64].
Em uma perspectiva histórica, o conhecimento adquirido a partir de
RNAi foi determinante para a compreensão do processamento e atividade
dos miRNAs. Em 2000, Zamore e colaboradores estudaram o processo de
RNAi e descobriram que os fragmentos de RNA de cadeia dupla de 21 a 23
nt clivavam o mRNA[60]. A unidade funcional de RNAi era, por conseguinte,

do mesmo tamanho que os miRNAs. Em 2001, dois artigos foram cruciais para a elucidação do mecanismo de biogênese do miRNA, pois ambos sugeriram um envolvimento de componentes da via de RNAi na maturação de miRNAs[57,58]. Grishok e colegas mostraram que um homólogo da Dicer de *Drosophila* (*dcr-1*) e dois homólogos de *rde-1* (*alg-1* e *alg-2*) eram essenciais para a atividade de *lin-4* e *let-7*. A inativação desses genes causou fenótipos semelhantes a mutações[7] em *lin-4* e *let-7*. Simultaneamente, Hutvágner *et al.* constataram que o pré-miRNA de *let-7* é clivado pela Dicer. Na verdade, quando as células eram transfectadas com o siRNA dúplex correspondente à enzima Dicer humana, *pré-let-7* acumulava-se nas células[1,58]. Tomados em conjunto, esses dois estudos corroboram a intersecção entre as vias de RNAi e miRNA e abriram a porta para a compreensão da formação de miRNAs maduros.

Na via de biogênese do miRNA, Drosha e Dicer estão espacialmente separadas, sendo localizadas no núcleo e no citoplasma, respectivamente. Em 2004, Lund e colegas relataram que Exportin-5 era a principal mediadora da exportação nuclear eficiente dos precursores de miRNA curtos[55]. No entanto, alguns miRNAs como *miR-29b* estão predominantemente localizados no núcleo[65]. Em 2007, Hwang e colegas descobriram que alguns miRNAs contêm elementos adicionais em suas sequências que controlam sua localização subcelular. Na verdade, o *miR-29b* possui um motivo terminal de hexanucleotídeo que dirige sua importação para o núcleo. Esses autores demonstraram que os miRNAs que compartilham sequências 5´ comuns, que são considerados em grande parte redundantes, podem ter funções distintas por causa da influência de motivos regulatórios de ação cis[65].

A principal função dos miRNAs é inibir a síntese de proteínas de genes codificadores de proteínas, quer por inibição da tradução ou pela degradação do mRNA. No entanto, a contribuição relativa de cada mecanismo de repressão ainda era desconhecida. Em um elegante estudo, Guo e colaboradores usaram o perfil ribossomal para medir os efeitos globais sobre a produção de proteína e, simultaneamente, mediram os efeitos sobre os níveis de mRNA. Eles concluíram que a inibição da tradução (nenhuma alteração nos níveis de mRNA-alvos dos miRNAs) teve uma influência modesta nos níveis de repressão de proteínas, ao passo que a desestabilização do mRNA foi o mecanismo predominante de ação dos miRNAs para reduzir os níveis de seus alvos[66].

Além da repressão aos mRNAs, também tem sido descrito que os miRNAs ativam a tradução de mRNAs alvos[67,68]. Vasudevan e colegas foram os primeiros a demonstrar claramente que, em alguns casos, os miRNAs podem funcionar como ativadores da tradução. TNF-alpha rico em elementos AU recrutam *miR-369-3* para mediar a sobrerregulação da tradução, exclusivamente em condições de ausência de soro em cultura celular. Além disso, na parada do ciclo celular, *let-7* e o miRNA-cxcr4 sintético induziam a tradução, enquanto reprimiam a tradução nas células em proliferação. Portanto, miRNAs podem alternar entre a repressão e a ativação da tradução em coordenação com o ciclo celular[67]. Em 2008, Place e colegas forneceram novas evidências de que os miRNAs podem induzir a expressão gênica e foram os primeiros a demonstrar que os miRNAs podem ter como alvo os promotores de genes. Esses autores demonstraram que o miR-373 tem como alvo o promotor de E-caderina e CSDC2 e induziam suas expressões[69].

Durante muito tempo, estudos sobre a interação miRNA-alvo estiveram confinados à região 3' UTR do mRNA, provavelmente porque os primeiros estudos sobre miRNAs concentraram-se nesta região. Em 2007, Lytle et al. foram os primeiros a sugerir que os miRNAs poderiam se associar em qualquer posição dos mRNAs-alvos e demonstraram que os mRNAs-alvos foram eficientemente reprimidos pela ligação dos miRNAs sobre suas regiões 5' UTR[70]. Em 2008, Tay e colegas relataram que os sítios de ligação em sequências codificantes são abundantes e demonstraram experimentalmente que os genes de camundongos *Nanog, Oct4, Sox2* têm sítios de ligação ao miRNA em suas sequências codificantes. MiRNAs dirigidos a esses genes modulam diferenciação de células-tronco embrionárias[71].

Em 2010, Eiring e colaboradores relataram uma descoberta notável para nossa compreensão de como os miRNAs funcionam. Esses autores descobriram que, além da atividade de silenciamento gênico dos miRNAs por meio de emparelhamento de base com os mRNAs-alvos, os miRNAs também têm atividade chamariz que interfere na função de proteínas reguladoras[72]. Em particular, o miR-328 liga-se à hnRNP E2 independentemente da região *seed* do miRNA e previne sua interação com o mRNA *CEBPA*[72]. Em conclusão, os autores introduziram o novo conceito de que os miRNAs podem trabalhar como chamarizes moleculares para as proteínas ligantes de RNA[72].

6.4 O COMPLEXO RISC

Após a clivagem e exportação núcleo-citoplasmática, as vias de miRNA em plantas e animais parecem ser bioquimicamente indistinguíveis das etapas centrais das vias de silenciamento de RNA, conhecidas como silenciamento pós-transcricional de genes (*posttranscriptional gene silencing* – PTGS) em plantas, repressão em fungos, e de RNAi em animais. De fato, a compreensão da biogênese e função de miRNA foi muito facilitada por analogia e contraste com a siRNA da RNAi, e vice-versa. À luz dessas conexões bioquímicas, a descoberta de *lin-4* e a sua regulação de *lin-14* podem ser consideradas como em retrospectiva à primeira caracterização de um fenômeno de RNAi em animais.

Para ilustrar a semelhança entre miRNAs e siRNAs, a via de RNAi é brevemente descrita aqui (e na Figura 6.4C. Em outro capítulo deste livro esse fenômeno está melhor detalhado). A via inicia-se com o RNA longo de cadeia dupla, ou um dúplex bimolecular ou um grampo alongado, que podem ser artificialmente introduzidos na célula ou animal durante um experimento de *knockdown* gênico[73] ou é gerado naturalmente – a partir de transcritos genômicos senso ou antissenso, ou, talvez, a partir da atividade de uma polimerase de RNA dependente de RNA celular (que é encontrada em plantas, fungos e nematodas, mas não em moscas ou mamíferos) ou como um intermediário da replicação viral[74,75]. O RNA de cadeia dupla é processado pela Dicer em muitos siRNAs de ~ 22 bases (Figura 6.4C, passos 2 a 4). Embora esses siRNAs sejam inicialmente uma espécie de dupla cadeias curtas com fosfatos 5' e saliências 3' de duas bases característica de produtos de clivagem da RNase III, eles finalmente tornam-se incorporados como RNAs de cadeia simples em um complexo ribonucleoproteico, conhecido como complexo de silenciamento induzido por RNA (do inglês *RNA-induced silencing complex* – RISC)[76-78] (Figura 6.4C, passo 6). O RISC identifica mensageiros-alvos baseados em perfeita (ou quase perfeita) complementaridade entre o siRNA e o mRNA, e, em seguida, a endonuclease de RISC cliva o mRNA em um sítio próximo ao meio da complementaridade de siRNA, medido a partir da extremidade 5' do siRNA e cortando entre os nucleotídeos pareados aos resíduos 10 e 11 do siRNA[76,77]. Vias similares têm sido propostas para o silenciamento de genes em plantas e fungos[79,80].

O RISC foi purificado a partir de células de moscas e de humanos e em ambos os casos contém um membro da família de proteínas Argonautas, que se acredita ser um componente central do complexo[81]. Isso se encaixa muito bem com os dados genéticos anteriores, mostrando que as proteínas Argonautas RDE-1, QDE2 e AGO1 são cruciais para processos de RNAi e análogos em vermes, fungos e plantas, respectivamente[82-84]. Argonauta e seus homólogos são proteínas com cerca de 100 KDa, que às vezes são chamadas de proteínas PPD porque todas elas compartilham os domínios PAZ e PIWI[85]. O domínio PAZ (primeiramente reconhecido em Piwi, Argonauta, e proteínas Zwille/Pinhead) tem um dobramento estável quando isolado do resto da proteína, que tem um núcleo de β-barril com um apêndice lateral que parece ligar-se fracamente a RNAs de cadeia simples de pelo menos cinco bases em comprimento e também a RNA de cadeia dupla[86,87]. Esta dupla capacidade de ligação sugere que a proteína Argonauta pode estar diretamente associada com o siRNA antes e depois de ele reconhecer o mRNA-alvo.

Outras proteínas associadas ao RISC incluem as proteínas suspeitas de ligação ao RNA, VIG e proteína frágil relacionada com o X e a nuclease Tudor-SN, nenhuma das quais tem seu papel definido no RISC[88,89]. Essas proteínas não são copurificadas com RISC em todos os sistemas de purificação, e suas estequiometrias no RISC ainda não foram estabelecidas. Talvez elas também sejam componentes centrais do RISC que não permanecem associadas durante alguns métodos de purificação. Alternativamente, elas podem ser fatores acessórios que modificam a especificidade ou a função do complexo central. A noção de que RISC existe em diferentes subtipos já é suportada pelo número de membros da família Argonauta encontrado em diferentes espécies, que vão até 24 em *C. elegans*, e a associação bioquímica ou genética preferencial de diferentes membros da família, com diferentes tipos de RNAs de silenciamento[57,90]. A endonuclease RISC, conhecida como Slicer, ainda não foi identificada, sugerindo que pode estar presente em quantidades sub-estequiométricas e apenas recrutada após os outros componentes do RISC terem encontrado uma ligação apropriada com o siRNA. Outra possibilidade é que um dos componentes identificados do RISC proporcione a atividade Slicer por meio de um domínio de nuclease não reconhecido.

A princípio, descreveu-se que os microRNAs residiam no complexo ribonucleoproteico miRNA (miRNP), que em humanos inclui as proteínas eIF2C2, a helicase Gemin3 e Gemin4[91]. eIF2C2 é um homólogo Argonauta em humanos e, posteriormente, verificou-se ser um constituinte do RISC siRNA programado humano[92]. Além disso, o miRNA *let-7* humano está associado a eIF2C2 e é capaz de especificar a clivagem de um alvo artificial com complementaridade perfeita ao miRNA[93]. Assim, a miRNP possui as propriedades mais marcantes que definem o RISC[93], e embora depois tenha sido demonstrado que ela representa um subtipo específico de RISC, neste capítulo nos referimos a ela como um RISC. Essa perspectiva é reforçada pela demonstração de que miRNAs de plantas podem direcionar a clivagem de seus alvos naturais[94] e que os siRNAs originalmente concebidos para especificar clivagem também podem mediar a repressão da tradução[95].

Quando a cadeia de miRNA do dúplex miRNA:miRNA* é ligada ao RISC, o miRNA* parece ser retirado e degradado. Qual é então o mecanismo para escolher qual das duas cadeias entra no RISC? A resposta encontra-se em grande parte na estabilidade relativa das duas extremidades do dúplex: para ambos os dúplex de siRNA e miRNA, a cadeia que entra no RISC é quase sempre aquela cuja extremidade 5' está menos firmemente emparelhada[96]. Essa observação sugere que uma enzima tipo helicase (ainda não identificada) alinha-se com as extremidades do dúplex várias vezes, geralmente liberando a extremidade, antes de começar a desenrolar produtivamente o dúplex, mas ocasionalmente desenrolando o dúplex, resultando numa forte tendência para o desenrolamento produtivo na extremidade mais fácil[96] (Figuras 6.4A-4C, passo 5). Essa regra elegante para prever quais cadeias do dúplex entrarão no RISC foi inicialmente formulada com base em observações e experiências em sistemas animais, mas também se aplica a siRNAs e miRNAs de plantas[96]. Seu valor preditivo para a grande maioria dos miRNAs de plantas e animais implica fortemente na existência do dúplex de miRNA:miRNA* como um intermediário transitório na biogênese de todos os miRNAs, mesmo para aqueles cujos miRNAs* não tenham ainda sido clonados. Para alguns genes de vertebrados e de insetos, as duas cadeias do dúplex de miRNA acumulam-se com frequência, sugerindo que ambas entram no RISC, levantando a possibilidade de que uma ou ambas possam ser funcionais[24,97]. Esses casos raros podem ser conciliados com a ligação assimétrica ao RISC, porque as extremidades desses dúplex têm estabilidades quase equivalentes em suas extremidades; para cada RISC montado, a helicase carrega somente uma cadeia de cada dúplex mas escolhe cada cadeia com frequência similar[97].

6.4.1 Mecanismo de clivagem do mRNA

Os microRNAs podem dirigir o RISC para regular negativamente a expressão gênica por meio de dois mecanismos de pós-transcrição: clivagem de mRNA ou repressão da tradução (Figuras 6.5A e 6.5B). De acordo com o modelo estabelecido, a escolha dos mecanismos pós-transcricionais não é determinada pelo fato de o pequeno RNA de silenciamento ser originado como um siRNA ou um miRNA, mas em vez disso é determinada pela identidade do alvo: uma vez incorporado ao RISC citoplasmático, o miRNA irá especificar a clivagem se o mRNA tiver uma complementaridade suficiente ao miRNA, ou irá reprimir a tradução produtiva se o mRNA não possuir uma complementariedade suficiente para ser clivado, mas possuir uma quantidade adequada de similaridade ao miRNA[93]. Embora esse modelo seja geralmente apoiado por ensaios experimentais, siRNAs altamente funcionais e miRNAs de metazoários têm diferenças de composição de sequências centradas nas posições 12 e 13, o que pode apontar para as preferências de sequências diferenciais inerentes para os dois respectivos modos de repressão[96]. Além disso, uma observação intrigante veio do estudo de um miRNA de planta, miR172, que parece regular *APETALA2* por meio da repressão da tradução, apesar da complementaridade quase perfeita entre o miRNA e seu sítio complementar único na matriz de leitura aberta (*open reading frame* – ORF) de APETALA2[14,15].Quando um miRNA orienta a clivagem, o corte é exatamente no mesmo sítio que o observado para a clivagem guiada pelo siRNA, ou seja, entre os nucleotídeos pareados aos resíduos 10 e 11 do miRNA[76-78]. O registo de clivagem não se altera quando o miRNA não está perfeitamente emparelhado com o alvo em sua extremidade[98] 5'. Por conseguinte, o sítio de corte parece ser determinado em relação aos resíduos de miRNA, e não aos pares de bases do miRNA:alvo. Após a clivagem do mRNA, o miRNA permanece intacto e pode orientar o reconhecimento e destruição de mensageiros adicionais[93].

6.4.2 Mecanismo de repressão da tradução

Desde o início, foi proposto que o RNA *lin-4* especificasse a repressão da tradução do mRNA *lin-14* em *C. elegans*. Esta é a interpretação mais simples da observação de que a expressão do RNA *lin-4* coincide com uma queda nos níveis da proteína LIN-14 sem uma mudança nos níveis do mRNA[6] *lin-14*. A surpresa veio depois, quando foi demonstrado que o perfil polissomal do mRNA *lin-14* na primeira fase larval é indistinguível em estágios larvais posteriores, quando os níveis da proteína LIN-14 tinham caído[99]. O mesmo é verdadeiro para o mRNA *lin-28*, um outro mensageiro-alvo do RNA[100] *lin-4*. Duas possibilidades foram apresentadas para explicar esses resultados[99]. O RNA *lin-4* pode reprimir a tradução num passo após a iniciação da tradução, de maneira que não seja perceptível alterar a densidade dos ribossomas no mensageiro, por exemplo, por retardamento ou avaria de todos os ribossomas no mensageiro. Uma possibilidade alternativa é que a tradução continua com a mesma velocidade, mas não é produtiva porque o novo polipeptídeo sintetizado é especificamente degradado. Neste capítulo, essas duas possibilidades mecanicistas estão agrupadas como repressão da tradução, como é prática comum, embora na segunda possibilidade a síntese do polipeptídeo por si só não seja reprimida. Uma melhor compreensão mecanicista da repressão traducional específica para o *lin-4* aguarda o desenvolvimento de um sistema *in vitro* que recapitule fielmente a regulação de *lin-4* de seus alvos.

Estendendo a análise dos perfis polissomais além do *lin-4* de C. *elegans*, a regulação será importante para se entender se o mecanismo de pós-iniciação aplica-se de forma mais geral à repressão traducional mediada por outros miRNAs. De fato, a evidência para a repressão traducional de quaisquer alvos de miRNAs de metazoários, outros que não os do *lin-4*, é escassa porque o destino do RNA mensageiro durante a regulação mediada pelo miRNA ainda não foi monitorado para esses não alvos do *lin-4*. No entanto, diversas linhas de evidência sugerem indiretamente a noção de que outros miRNAs de metazoários, que não o RNA *lin-4*, normalmente medeiam a repressão traducional em vez da clivagem de mRNA. Em primeiro lugar, outros miR-NAs de metazoários, assim como os siRNAs, podem reprimir a expressão de transcritos repórteres heterólogos sem diminuir os níveis de mRNA, se esses mensageiros contêm tanto os sítios naturais complementares do alvo do miRNA[11] ou se têm múltiplos sítios complementares artificiais com protuberâncias ou desemparelhamento em seus centros, quando emparelhado com o miRNA, de modo que o padrão de emparelhamento de base assemelha-se àquele encontrado entre o RNA *let-7* e seus sítios complementares naturais no C. *elegans*, o 3' UTR[101,102] do *lin-41*. Em segundo lugar, o RISC endógeno programado para *let-7* em células humanas não cliva um fragmento de RNA contendo os sítios de complementaridade de *let-7* encontrados em *lin-41* de C. *elegans*[93]. Em terceiro lugar, existe uma diferença entre as plantas e os animais no que diz respeito ao grau de complementaridade entre os miRNAs e mRNAs[18]. Porque acredita-se que uma complementaridade quase perfeita é necessária para a clivagem mediada pelo RISC, mas não para a repressão traducional; o menor grau de complementaridade observado em animais sugere que a repressão traducional é mais prevalente em animais do que em plantas. No entanto, seria prematuro concluir que mais alvos regulatórios de miRNA de metazoários são traducionalmente inibidos do que são clivados. Surpreendentemente, pequena complementaridade parece ser necessária para se especificar clivagem mediada pelo RISC detectável em células de mamíferos[103], sugerindo que não deve demorar muito para que exemplos naturais de clivagem de mRNA dirigida por miRNA sejam descritos em animais.

A ação cooperativa de múltiplos RISCs parece proporcionar a inibição traducional mais eficiente[95]. Isso explica a presença de vários sítios complementares de miRNA em muitos alvos identificados geneticamente de miRNAs de metazoários[5,6,104]. Os alvos de metazoários computacionalmente identificados também têm vários sítios, mas esse padrão é pouco informativo porque a presença de vários sítios é um critério para a sua identificação[11]. Embora se conheça uma pequena fração dos pares reguladores miRNA--mRNA em qualquer animal, já existem casos em que se propôs que diferentes espécies de miRNA regulavam os mesmos alvos[21,104]. Esses exemplos, e sua analogia com outros sistemas de regulação biológica, sobretudo a regulação da transcrição, conduziram à expectativa geral de que assim que a lista de interações regulatórias entre miRNA:mRNA de metazoários conhecidas tornar-se mais ampla, o controle combinatório será visto como comum, se não como a norma.

Os sítios complementares para os alvos conhecidos de metazoários residem, em sua maioria, nas regiões 3' UTRs. Esse viés pode refletir uma preferência mecanicista, talvez permitindo que os complexos ligados possam evitar a atividade de compensação do mRNA do ribossomo. Afinal, outros numerosos exemplos de regulação traducional eucariótica são mediados por meio de elementos da região 3' UTR[105]. Alternativamente, isso pode refletir um viés na maneira com que os alvos de miRNA de metazoários e seus sítios de complementariedade são descobertos. A repressão traducional mediada por siRNA descrita de um único sítio complementar imperfeito na matriz de leitura abertura (*open reading frame* – ORF) de uma construção repórter de mamíferos[106] ilustra por que seria prematuro concluir que a maioria da regulação de miRNA de metazoários seja mediada por meio de vários sítios complementares nas 3' UTRs.

6.4.3 Mecanismo do reconhecimento do alvo

Suspeitava-se da importância da complementariedade da região 5' UTR de miRNAs de metazoários desde a observação de que a UTR de *lin-14* tem "elementos centrais" de complementaridade à região 5' do miRNA[6] *lin-4*. Observações posteriores apoiavam essa ideia: (1) resíduos 2-8 de vários miRNAs de invertebrados são perfeitamente complementares a elementos 3' UTR que, como previamente demonstrado, medeiam a repressão pós-transcricional[107]; (2) dentro dos sítios complementares de miRNA dos primeiros alvos validados de miRNAs de invertebrados, resíduos de mRNA que se pareiam (por vezes, de forma imperfeita) aos resíduos 2-8 do miRNA estão perfeitamente conservados em mensageiros ortólogos de outras espécies, e uma hélice contígua de pelo menos seis pares de bases é quase sempre vista nessa região[17]; (3) os resíduos 2-8 do miRNA são os mais conservados entre seus homólogos de metazoários[20,33]; e (4) quando prevendo os alvos de miRNAs de mamíferos, o requerimento de pareamento perfeito ao heptâmero abrangendo resíduos 2-8 do miRNA é muito mais produtivo do que o requerimento de emparelhamento a qualquer outro heptâmero do miRNA[20]. O pareamento nessa região 5' central também parece governar desproporcionalmente a especificidade de clivagem de mRNA mediada por siRNA[103], e o mesmo é verdadeiro para um miRNA de planta que medeia a clivagem do mRNA[108].

6.5 DIFERENÇAS DO FENÔMENO DO miRNA EM PLANTAS E ANIMAIS

Em plantas, o miRNA serviria como um *primer* ou iniciador no mecanismo de amplificação semelhante ao PCR, assim como o proposto para a amplificação de RNAs-alvos durante a RNAi em *C. elegans* e *Drosophila*. Os produtos da amplificação seriam então clivados por uma RNAse III para produzir miRNAs de ambas as polaridades. Esta amplificação pode ser catalisada por SDE1/SGS2, uma RNA polimerase dependente de RNA. *Arabidopsis* contém pelo menos seis genes com elevada similaridade com SDE1/SGS2, com possíveis funções na formação do miRNA[40].

Outras diferenças que ocorrem entre as duas espécies durante a biogênese dos miRNAs refere-se ao conjunto de proteínas que participam do processamento dos seus precursores no núcleo. As plantas não possuem o gene codificante da proteína *Drosha*, que é a responsável pelo processamento dos pri-miRNAs em pré-miRNAs em animais. Desse modo, nas plantas o processamento do precursor pri-miRNA em pré-miRNA e, em seguida, em miRNA, é catalisado pela proteína DCL1 juntamente com as proteínas HYL1 e SE[109]. Os miRNAs recém-formados são metilados na região terminal 3' pela proteína HEN1 e exportados para o citoplasma pela exportina HASTY. No citoplasma, uma das fitas do miRNA é incorporada à proteína Ago e ao complexo RISC, em seguida guia RISC até seu alvo transcrito, e a ligação entre o miRNA e o alvo ocorre por meio da complementaridade das sequências de bases[110]. Em animais, os miRNAs geralmente ligam-se aos seus mRNA-alvo sem a necessidade de um perfeito pareamento de bases e realizam a repressão da expressão gênica em vários sítios situados nas regiões 3' não traduzidas (UTR). Entretanto, nas plantas a maioria dos mRNAs-alvos possui apenas um único sítio de ligação ao miRNA, e a complementaridade entre o alvo e o miRNA é praticamente perfeita[111].

Os resultados de vários estudos realizados em *Drosophila, C. elegans* e células de mamíferos indicam um mecanismo de biogênese de miRNAs conservado e análogo ao das plantas, porém distinto[112]. Durante a biogênese a principal diferença em relação às plantas é a clivagem segregada dos precursores dos miRNAs por enzimas RNaseIII nucleares e citoplasmáticas[113]. Em todos os animais o processamento dos pré-miRNAs ocorrem pela ação da enzima *Drosha* (RNaseIII), conjuntamente com o domínio DGCR8 (conhecido como *Pasha* nos invertebrados). A proteína *Drosha* atua como uma subunidade catalítica clivando as regiões em forma de grampo dos pri--miRNAs, enquanto DGCR8 promove a estabilização da ligação *Drosha*/ pri-miRNA, auxiliando a ação da *Drosha*[114]. Os miRNAs em animais, ao contrário do que ocorre nas plantas, não passam pelo processo de metilação. Após serem formados, eles se ligam à proteína Ago e guiam o complexo RISC até o mRNA-alvo[115].

6.6 DIFERENÇAS ENTRE miRNAS E siRNAS

Duas classes de pequenas moléculas de RNA, os RNAs de interferência curtos (siRNA) e os microRNAs (miRNA) foram identificados como principais reguladores pós-transcricionais da expressão de milhares de genes em uma ampla gama de organismos, em condições fisiológicas e patológicas[116]. Os miRNAs são produtos endógenos transcritos do genoma, enquanto os siRNA podem ser endógenos ou de origem exógena, inseridos dentro das células por infecção viral ou transfecção[112]. Embora os miRNAs e siRNA endógenos (endossiRNA) compartilhem uma via de processamento durante a biogênese e possuam mecanismos efetores semelhantes (isso inclui siRNA exógenos), existem algumas particularidades que permitem diferenciar essas moléculas[112].

Uma das diferenças entre as duas moléculas ocorre durante a biogênese e diz respeito aos RNAs dupla fita (dsRNA) precursores de cada uma: os precursores de siRNA são de cadeia longa, podem ser lineares ou em forma de grampo e são processados de tal forma que geram inúmeros siRNA de ambas as cadeias do dsRNA; já os precursores de miRNA apresentam uma haste dupla fita e uma região de alça circular onde há incompatibilidade de pareamento de bases, formando estruturas em grampo, e é processado de modo que uma única molécula de miRNA é originada de uma dessas estruturas[1,117].

No citoplasma, ambos os precursores em dupla fita são clivados por uma enzima multidomínios pertencente a família da RNaseIII denominada Dicer.

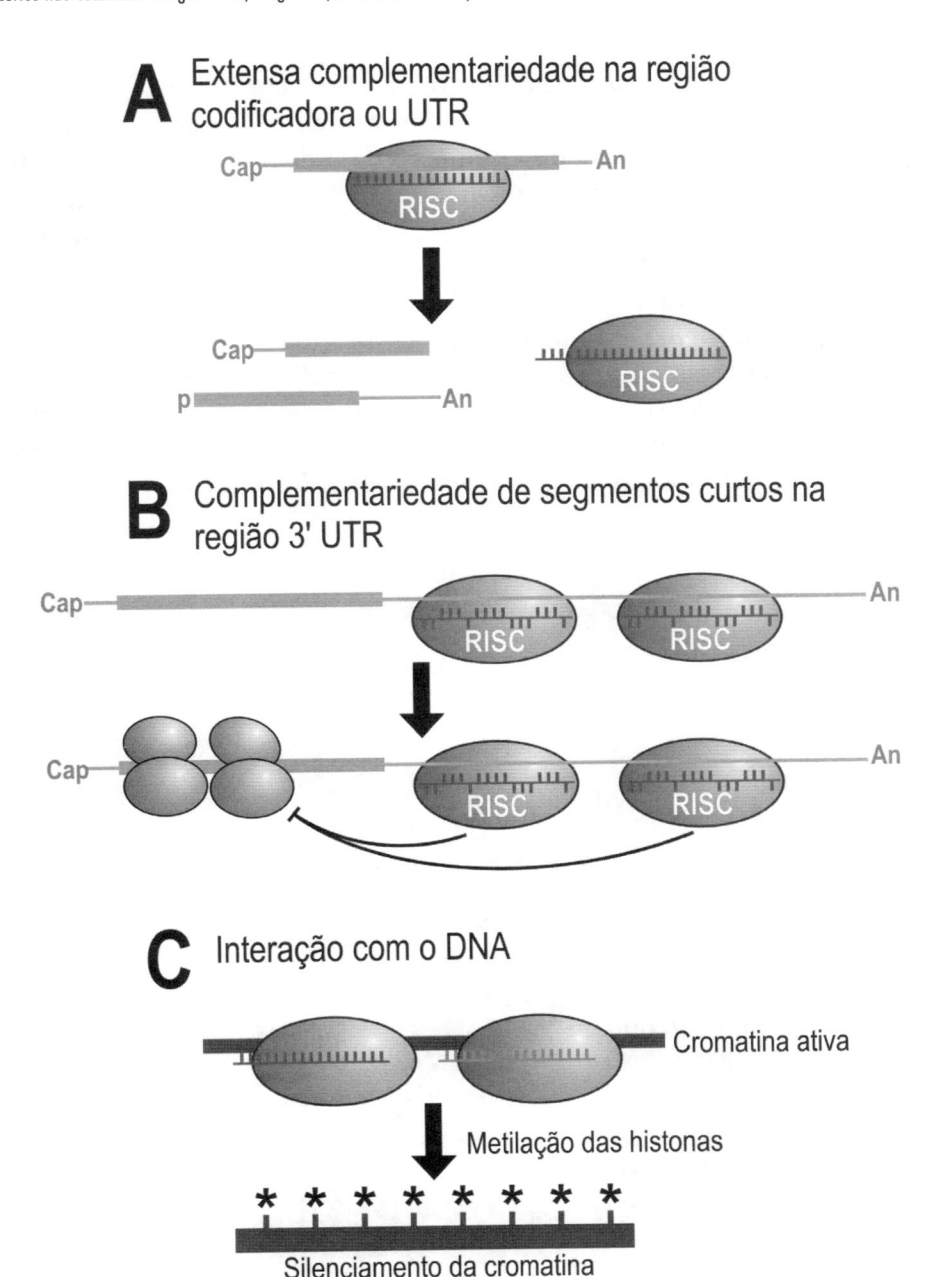

Figura 6.5 As ações de pequenos RNAs de silenciamento. (A) A clivagem do RNA mensageiro especificada por um miRNA ou siRNA. A cabeça de flecha preta indica o local de clivagem. (B) A repressão da tradução especificada por miRNAs ou siRNAs. (C) Silenciamento transcricional, que se acredita ser especificado por siRNAs heterocromáticos.

Esta enzima atua no processamento dos dsRNA, cortando-os em molécu-las de tamanho apropriado, com aproximadamente 22 pares de base, para ligação com outras proteínas do complexo de indução do silenciamento de RNA (RISC)[118]. Alguns organismos, incluindo mamíferos e *C. elegans* (ver-mes nematódeos) possuem apenas um único tipo de Dicer que atua na bio-gênese tanto dos miRNA quanto dos siRNA, enquanto outros organismos dividem o trabalho entre várias proteínas Dicer (Figura 6.6). Por exemplo, *Drosophila melanogaster* (vulgarmente conhecida como mosca da fruta) expressa duas Dicers distintas, e *Arabidopsis thaliana* (vulgarmente conhe-cida como erva-estrela) produz quatro. Como regra geral, os organismos com múltiplas Dicers exibem especialização funcional entre elas, conforme exemplificado pela mosca da fruta: em *Drosophila*, Dicer-1 é necessária

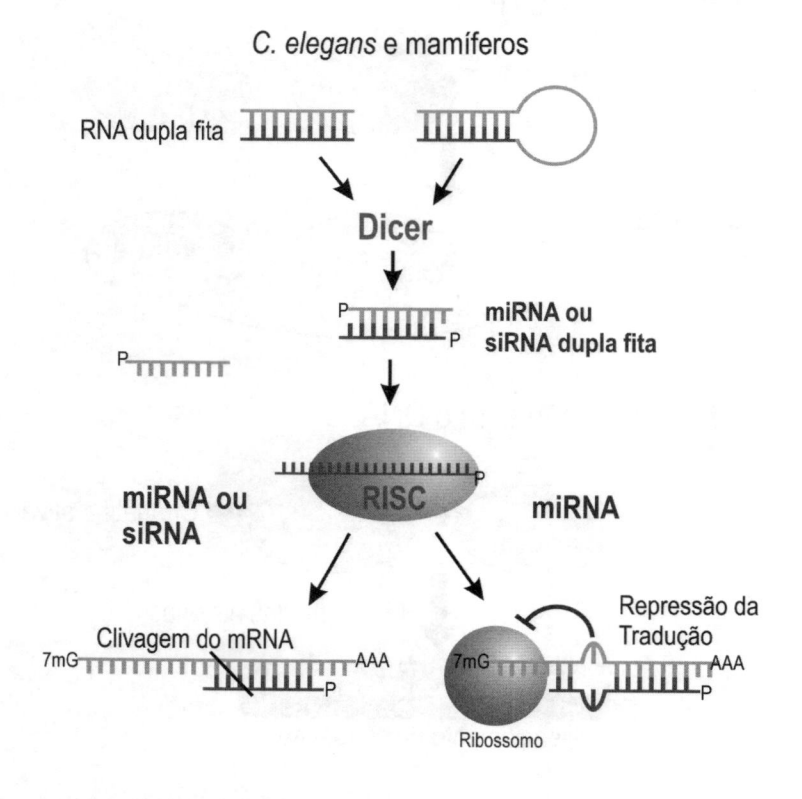

Figura 6.6 Mecanismo de ação dos miRNAs e siRNAs em animais. No citoplasma, Dicer processa as moléculas de RNA dupla fita em siRNA ou miRNA. Apenas uma das fitas do miRNA ou siRNA dupla fita é incorporada ao complexo RISC. Os miRNAs ou siRNAs dirigem o complexo RISC até seus alvos, onde irão atuar na degradação ou repressão da síntese proteica, dependendo do grau de complementari-dade com o mRNA-alvo. RISC: complexo de indução do silenciamento de RNA.

para a biogênese dos miRNA; já Dicer-2 é dedicada principalmente à via dos siRNA[112].

Os miRNA e siRNA clivados pela Dicer possuem duas características que permitem que eles sejam eficientemente incorporados no complexo RISC: o tamanho de suas fitas dúplex e as propriedades de suas extremidades, sendo que a extremidade 5' apresenta um grupo monofosfato e a extremidade 3' possui uma saliência dinucleotídica. A Dicer possui um domínio denominado PAZ, que é compartilhado com as proteínas Argonautas (Ago), que são especializadas em se ligar às extremidades de dsRNA que possuam saliências de aproximadamente 2 nucleotídeos na extremidade 3'. Em humanos, assim como em outros mamíferos, são produzidas quatro subfamílias de proteínas Argonautas (hAgo1-4), enquanto em *Drosophila* cinco subfamílias estão naturalmente presentes[119]. Em *Drosophila*, siRNA e miRNA são seletivamente ligados em Ago1 ou Ago2, gerando complexos de silenciamento distintos[120]. Neste contexto, é possível verificar mais uma diferença entre siRNAs e miRNAs: eles se ligam preferencialmente a proteínas específicas em organismos diferentes.

Além disso, siRNA e miRNA dirigem o complexo RISC para promover distintas funções nas células. Os mi-RNA acoplados à RISC são geneticamente programados para atuar na regulação da expressão gênica e, assim, são importantes para o crescimento e desenvolvimento de um organismo[121]. Em contraste, siRNAs têm como precursores dsRNAs que são frequentemente sintetizados *in vitro* ou *in vivo* a partir de vírus ou de sequências repetitivas introduzidas nas células por engenharia genética, podendo ainda, serem produzidos a partir de *transposons* endogenamente ativados. Dessa forma, os siRNAs apresentam como principais funções a defesa antiviral, silenciamento de mRNAs que são produzidos em excesso ou transcricionalmente abortados e proteger o genoma de disrupções por *transposons*[122].

6.7 PAPEL REGULATÓRIO DOS miRNAS

Muitos miRNAs são altamente conservados entre as espécies, e alguns componentes da maquinaria de síntese de miRNAs são ainda encontrados em *archaea* e eubactérias, revelando sua ascendência muito antiga[1]. Isto indica que há uma grande importância dessas moléculas para a manutenção das espécies. Atualmente já se sabe que os miRNAs estão envolvidos na regulação de diversos processos biológicos cruciais, tais como no desenvolvimento, na diferenciação, na apoptose e na proliferação celular, bem como em vários processos patológicos[123].

Embora centenas de miRNA já tenham sido identificados em humanos, apenas uma pequena parte deles possui funções conhecidas. Um dos desafios encontrados pelos pesquisadores para designar a função dessas moléculas é que um único miRNA pode ter vários alvos, ou seja, ele é capaz de regular vários genes, atuando em várias vias de repressão[124]. Outro aspecto que dificulta a busca de alvos de miRNA está relacionado com sua capacidade de pareamento. Em plantas, a predição de alvos é relativamente simples devido ao alinhamento quase perfeito entre um miRNA e sua sequência-alvo. Por outro lado, a previsão de alvos em animais é complicada, pois o emparelhamento entre o miRNA e o alvo é apenas parcial. Por tais razões, somente um número limitado de alvos previstos foram validados experimentalmente[124]. Alguns exemplos de miRNAs cuja função e alvos já estão bem descritos na literatura estão apresentados na Tabela 6.1.

Na ausência de técnicas experimentais de alto rendimento para determinar os alvos de miRNAs, as técnicas computacionais têm se destacado como uma importante ferramenta para desvendar seus efeitos regulatórios e suas implicações nas doenças, terapias e diagnóstico[125]. A eficácia de abordagens computacionais para localizar e classificar os potenciais sítios de ligação dos miRNAs normalmente precisam ser comprovadas e validadas experimentalmente[126].

Tabela 6.1 Exemplos do papel regulatório dos miRNAs em diferentes espécies

MIRNA HUMANOS	FUNÇÃO REGULATÓRIA	GENES-ALVO	REFERÊNCIAS
mir-155	Regula a atividade da enzima óxido nítrico sintase no endotélio (eNOS)	eNOS	Sun, Zeng[127]
mir-107	Suprime a expressão do fator induzido por hipóxia- 1β (HIF-1β) em câncer de cólon	HIF-1β	Yamakuchi, Lotterman[128]
CAMUNDONGO			
mir-1	Controle da diferenciação e proliferação de cardiomiócitos durante a embriogênese	Hand2	Zhao,Ransom[129]
mir-34b/c	Inibe a diferenciação terminal dos osteoblastos durante a embriogênese	SATB-2	Zhao, Samal[130]

MIRNA HUMANOS	FUNÇÃO REGULATÓRIA	GENES-ALVO	REFERÊNCIAS
DROSOPHILA MELANOGASTER			
mir-34	Modulação do envelhecimento e neurodegeneração	Eip74EF	Liu, Landreh[131]
mir-8	Controle da proliferação celular e consequentemente do tamanho corporal	USH	Jin, Kim[132]
PLANTAS (*ARABIDOPSIS THALIANA*)			
mir-159	Hipersensibilidade ao ácido abscísico (hormônio responsável pela tolerância ao estresse)	MYB33	Shukla, Chinnusamy[133]
mir-172	Regulação do período de floração	TOE1 e TOE2	Voinnet[135]

6.8 miRNAS EM PLANTAS

Os miRNAs em plantas foram identificados inicialmente como resultado de seus papéis na manutenção do desenvolvimento. Plantas que apresentam miRNAs mutantes apresentam defeitos graves de desenvolvimento, de modo que suas células não conseguem adquirir uma identidade apropriada durante o crescimento embrionário e pós-embrionário[134]. Uma análise funcional de miRNAs conservados em plantas revelou seu importante envolvimento em vários processos metabólicos. Eles regulam vários aspectos das vias de desenvolvimento, incluindo a sinalização de auxina, formação de meristema, limite e separação de órgãos, desenvolvimento foliar e polaridade, formação de raízes laterais, a transição de fase vegetativa juvenil-adulto, fase de floração, a identidade do órgão floral e a reprodução[135]. Além do seu importante papel no desenvolvimento, já é bem conhecido que os miRNAs também atuam em diversos outros processos biológicos, tais como controle hormonal, resposta imune e adaptação aos diversos fatores bióticos e abióticos causadores de estresse[111,136].

Uma função recentemente atribuída aos miRNAs é a capacidade de promover a comunicação celular por meio de sua migração entre as células. Nas raízes das plantas, a organização do tecido radial é altamente conservada e consiste em um cilindro vascular central em que dois tipos celulares condutores de água, protoxilema e metaxilema estão modelados centripetamente[138]. Foi observado que esta modelação ocorre por meio das interações entre o cilindro vascular e a endoderme circundante, mediada pelo movimento célula a célula de fatores de transcrição em uma direção e miRNAs em outra. O fator de transcrição *Short Root* (SHR), produzido no cilindro vascular, move-se para dentro da endoderme para ativar *Scarecrow* (SCR). Juntos, tais fatores de transcrição ativam os miRNA-165a e miRNA-166b. Esses miRNAs, produzidos na endoderme, migram para o cilindro vascular onde irão atuar na degradação do mRNA-alvo, regulando a expressão do gene HD-ZIPIII e, consequentemente o desenvolvimento vascular radial[138,139].

6.9 miRNAS EM ANIMAIS

Durante o desenvolvimento, o papel funcional global dos miRNAs pode ser inferido a partir de animais que não possuam a proteína Dicer ou o cofator DGCR8 (necessário para a função da proteína Drosha). A supressão da Dicer ou DGCR8 resulta na inibição precoce do desenvolvimento em ratos, acompanhada por defeitos na proliferação de células-tronco pluripotentes[140,141]. Em *zebrafish* mutantes, com ausência de Dicer, ocorre a formação dos eixos embrionários e a diferenciação celular, porém eles exibem morfogênese anormal durante os processos de gastrulação, formação do cérebro, somitogênese e no desenvolvimento do coração[142].

Em adultos, uma adequada autorrenovação, proliferação e diferenciação das células-tronco são importantes para diversos aspectos da fisiologia, de modo que as atividades anormais destas células estão diretamente relacionadas às várias doenças, inclusive o câncer[143]. Bloqueando a biogênese dos miRNAs em camundongos adultos por meio do nocaute gênico da proteína Dicer, foram observadas deficiências em vários tecidos. Houve uma rápida deterioração intestinal, com defeitos adicionais na medula óssea, baço e timo, de modo que os animais sucumbiram em dez dias. Esse fenótipo comprova as exigências contínuas da regulação por meio dos miRNAs em vários tecidos que dependem de renovação por células-tronco[144].

6.10 ABORDAGENS COMPUTACIONAIS E ESPECIFICIDADE DOS miRNAS

O pareamento de bases impreciso entre os miRNAs e os mRNAs-alvos, típico dos animais, sugere que qualquer molécula de miRNA possa se ligar a um amplo espectro de diferentes mRNAs-alvos, regulando, assim, vários genes. Neste contexto, a abordagem computacional para a identificação de alvos de miRNA em animais tem sido constantemente questionada no meio científico. Fica a dúvida se as interações entre os alvos previstos e seus respectivos miRNA, por meio dessa abordagem, realmente ocorrem *in vivo*. O desenvolvimento de métodos precisos para a previsão computacional de miRNAs em animais envolve necessariamente um interativo processo de desenho de algoritmos e refinamento, guiado por testes experimentais das previsões realizadas *in silico* (simulação computacional)[145].

O desafio da previsão de alvos para miRNAs resultou no desenvolvimento de vários métodos que se enquadram em diversas categorias. Grande parte dos bancos de dados disponíveis que analisam a interação entre mRNAs e miRNAs levam em consideração as propriedades de pareamento entre essas moléculas para predizer computacionalmente a existência da relação entre elas[146]. Alguns desses bancos também avaliam propriedades estruturais da região 3' UTR do mRNA, a conservação evolutiva dos sítios-alvos, a estabilidade termodinâmica da ligação miRNA:mRNA, o conteúdo de nucleotídeos da região *seed* (que compreende os nucleotídeos 2 a 7 localizados na extremidade 5' da sequência dos miRNAs maduros, responsável por determinar a qual mRNA o miRNA irá se ligar) e a presença de sítios múltiplos na região 3' UTR[147]. Os critérios de anotação geral de miRNAs têm sido utilizados como referência para diversos programas de predição de miR-NAs que se baseiam na utilização de filtros (características específicas dos miRNAs), no aprendizado de máquinas, na homologia ou *ab initio* (método baseado em química quântica)[1,145].

Muitos programas computacionais utilizam as características termodinâmicas e estruturais dos miRNAs para a predição de alvo. Algumas dessas características são: o conteúdo de GC na sequência do pré-miRNA, energia livre mínima da estrutura secundária do precursor de miRNA e a localização da molécula precursora no genoma etc. Dentre os programas computacionais que utilizam esta abordagem podemos citar o MiRscan, MiRscanII e o miRseeker[32,33]. A abordagem de treinamento de máquina também é bastante empregada para a identificação de alvos. Essa abordagem baseia-se no uso de informações de sequências provindas de miRNAs reais e de grupos de sequências genômicas randômicas, não compostas por miRNAs, para o treinamento das máquinas (computadores) no reconhecimento dessas classes distintas. Os candidatos a miRNAs selecionados são comparados aos grupos de sequências, e uma análise de probabilidade é aplicada classificando-os entre miRNAs reais ou miRNAs não reais. Alguns programas que utilizam essa abordagem são: MiRFinder, MiPred e mirCoS[148-150].

Nas duas últimas décadas, muitos bancos de dados de genômica e transcriptoma foram construídos a partir de informações obtidas por meio de centenas de experimentos utilizando a tecnologia de microarranjo (técnica da biologia molecular que permite analisar a expressão de transcritos em larga escala, apresentado em outro capítulo de outro volume desta coleção), como por exemplo, o ArrayExpress[141,151]. Dentre os genes identificados por microarranjo, muitos codificam para miRNAs e possuem alvos desconhecidos. Em plantas, dentre vários, podemos citar o banco de dados PTMED para a análise de alvos. Ele foi projetado para recuperar e analisar os perfis de miRNAs representados na infinidade de dados obtidos por microarranjos existentes. Oferece informações em vários níveis, tais como previsão de alvos, ontologia gênica e perfis de expressão diferencial[152].

O banco de dados miRBase é muito utilizado e disponibiliza a sequência do miRNA e informações sobre seus alvos genômicos. Nesse banco de dados, os miRNAs são identificados por um prefixo de três ou quatro letras para designar a espécie a que pertencem. Por exemplo, *hsa* refere-se a *Homo sapiens*. As sequências maduras são identificadas como "miR", enquanto as sequências alça em grampo (*stem-loop*) são identificadas como "mir". MiRNAs ortólogos recebem a mesma identificação numérica: mmu-miR-101, em camundongos e hsa-miR-101 em humanos. Já as sequências parálogas cujos miRNAs maduros diferem em apenas uma ou duas posições recebem uma letra como sufixo, por exemplo mmu-miR-10a e mmu-miR-10b. Se a sequência precursora estiver localizada em *loci* distintos, mas der origem a miRNAs maduros idênticos, recebe um algarismo como sufixo (dme-mir-281-1 e dme-mir-281-2 em *Drosophila melanogaster*). Sequências de miRNA maduras podem sofrer *splicing* de braços opostos do mesmo precursor. Essas sequências recebem uma identificação a mais, 5p (braço 50) ou 3p (braço 30), como, por exemplo, miR-17-5p ou miR-17-3p[29].

6.11 EndossiRNAS

Os primeiros endossiRNAs foram descobertos em plantas e *C. elegans*[28,90,153], e a recente descoberta de endossiRNAs em moscas e animais sugere que esses endossiRNAs são onipresentes entre os eucariotos superiores.

6.11.1 EndossiRNAs de plantas

Em plantas, siRNA de ação cis (*cis-acting siRNAs* – casiRNAs) são originados de transposons, elementos repetitivos e repetições em tandem, como os genes de RNA ribossomal 5S, e compreendem a maior parte dos endos-siRNAs[154] (Figura 6.7). casiRNAs são predominantemente formados por 24 nucleotídeos e metilados por HEN1. A sua acumulação requer DCL3 e as RNAs polimerases RDR2 e POL IV, e também AGO6 (preferencialmente) ou AGO4, que atuam de formas redundantes[90,154-166]. CasiRNAs promovem a formação de heterocromatina pelo direcionamento da metilação do DNA e modificações de histonas nos *loci* de onde se originam[40,90,153-155,164,165].

Outra classe de endossiRNA de planta ilustra como distintas vias de pequenos RNAs interagem entre si e com siRNAs. siRNAs de ação trans (*Trans-acting siRNAs,* tasiRNA) são endoRNAs gerados pela convergência das vias de miRNA e siRNA em plantas[166-170] (Figura 6.7). A clivagem direcionada pelo miRNA de certos transcritos recruta a enzima RdRP, RDR6. RDR6 copia em seguida o transcrito clivado em dsRNA, que DCL4 corta em tasiRNAs que estão em fase. Essas fases sugerem que a DCL4 começa a cortar precisamente no sítio de clivagem do miRNA, marcando sempre um tasiRNA de 21 nucleotídeos. O sítio de clivagem do miRNA é crucial, porque a determinação do ponto de entrada da Dicer estabelece o alvo específico do tasiRNA produzido. Um dos determinantes que parecem predispor um transcrito para a produção de tasiRNAs após a sua clivagem por um miRNA é a presença de um segundo sítio de miRNA ou siRNA complementares ao transcrito. De particular interesse é o lócus TAS3, do qual o RNA transcrito tem dois sítios de ligação para o miR-390. Apenas um desses sítios é eficientemente clivado pelo miR-390, mas a ligação do miRNA a ambos os sítios parece ser necessária para iniciar a conversão do transcrito do TAS3 para dsRNA pela RDR6[171,172].

Transcritos derivados de *natural-antisense* siRNA (natsiRNAs) são produzidos em resposta ao estresse em plantas[173,174] (Figura 6.7). Eles são gerados a partir de um par de RNAs transcritos de forma convergente: tipicamente, um transcrito é constitutivamente expresso, enquanto seus complementares são transcritos apenas quando a planta é submetida a estresse ambiental, como altos níveis de sal. A produção de siRNAs de 21 e 24 nucleotídeos de regiões de sobreposição de dois transcritos requer a DCL2 e/ou DCL1, RDR6, SGS3 (supressor de silenciamento de gene 3, provavelmente uma proteína de ligação ao RNA)[175] e POLIV[173,174]. O natsiRNA em seguida direciona a clivagem de um mRNA do par e, em tal caso, desencadeia a produção dependente de DCL1 de siRNAs secundários de 21 nucleotídeos[174]. Em adição ao natsiR-NAs, siRNAs "longos" (lsiRNAs) em espécies de *Arabidopsis* também se originam de pares de transcritos *natural-antisense* e são induzidos pelo estresse.

Contrário ao natsiRNAs, os lsiRNAs possuem de 30 a 40 nucleotídeos e necessitam da DCL1, DCL4, AGO7, RDR6 e POLIV para sua produção[173].

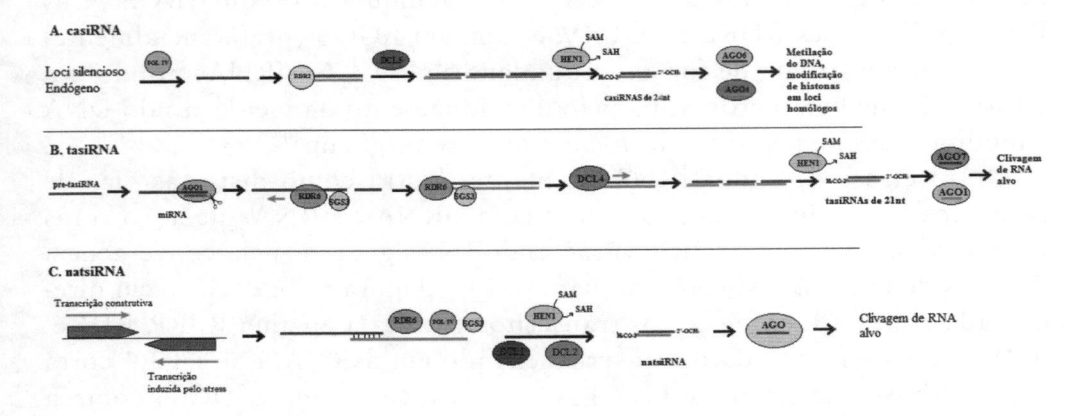

Figura 6.7 Biogênese de pequenos RNAs de interferência endógenos (endossiRNAs) em plantas. siRNAs de ação cis (casiRNAs), siRNAs de ação trans (tasiRNAs) e siRNAs derivados de transcrição *natural-antisense* são derivados de *loci* distintos. Várias das proteínas envolvidas na sua biogênese são geneticamente redundantes, enquanto outras possuem funções especializadas. (A) casiRNAs são os mais abundantes siRNAs endógenos produzidos em plantas. As RNAs polimerase POLIV e RDR2 são propostas como as geradoras de precursores de dsRNA, que são em seguida cortadas por Dicer 3 (DCL3) para gerar o casiRNAs com 24 nucleotídeos. A metiltransferase HEN1 adiciona uma modificação 2'-O-metil na terminação 3'. Esses pequenos RNAs carregam-se na Argonauta 4 (AGO4) e possivelmente AGO6, e promovem a montagem da heterocromatina visando a metilação do DNA e a modificação das histonas nos *loci* correspondentes. (B) Biogênese de tasiRNA requer microRNAs (miRNA) mediante a clivagem de transcritos dos *loci* TAS (pré-tasiRNA), que desencadeia a produção de dsRNA pela RDR6. O dsRNA é cortado em tasiRNA de 21 nucleotídeos pela DCL4 e atua por meio tanto da AGO1 como da AGO7. (C) natsiRNAs são derivados de regiões sobrepostas de transcrições convergentes e requerem DCL1 ou DCL2, POLIV, RDR6 e supressor de silenciamento do gene 3 (*Suppressor of Gene Silencing 3* – SGS3) para sua biogênese.

6.11.2 EndossiRNAs de animais

EndossiRNAs de plantas e vermes são tipicamente produzidos por meio da ação de RdRPs (*RNA-dependent RNA polymerases*). O genoma de moscas e animais não parece codificar essa proteína RdRP, de modo que a recente descoberta de endosiRNAs em moscas e camundongos foi inesperada.

O primeiro endossiRNA de mamíferos a ser reportado corresponde a longos elementos nucleares intercalados (L1), retrotransposons, e são detectados em cultura de células humanas[176]. Toda extensão de L1 contém tantos promotores senso e antissenso em sua 5' UTR que poderiam, em princípio, direcionar a transcrição bidirecional de L1, produzindo sobreposição de transcritos complementares a serem processados em siRNAs pela Dicer. No entanto, o mecanismo preciso pelo qual os transposons desencadeiam a produção de siRNA em animais permanece desconhecido.

Mais recentemente, endossiRNAs foram detectados em células somáticas e germinativas de espécies de *Drosophilas* e oócitos de camundongos. A alta capacidade de sequenciamento de pequenos RNAs de tecidos somáticos e germinativos de *Drosophila* e imunoprecipitados de AGO2 revelaram uma população de pequenos RNAs que podem ser facilmente distinguidos de miRNAs e piRNAs[177-182]. Esses pequenos RNAs são quase sempre formados por exatamente 21 nucleotídeos, estão presentes em orientações senso e antissenso, são modificados na extremidade 3' e, ao contrário de miRNAs e piRNAs, não possuem a tendência de iniciar com uma uracila. A produção dos 21 nucleotídeos necessita da DCR-2, embora na ausência de DCR-2 persista, inexplicavelmente, uma população remanescente de endossiRNAs.

EndossiRNAs em moscas derivam de transposons, sequências heterocromáticas, regiões intergênicas, transcritos longos de RNA com estrutura extensiva e, o mais interessante, a partir de mRNAs (Figura 6.8). A expressão de transposons de mRNA aumenta em ambos os mutantes *dcr-2 e ago-2*, implicando uma via RNAi endógena no silenciamento de transposons em moscas, como reportado previamente em *C. elegans*[74,82]. siRNAs derivados de mRNAs são mais de dez vezes mais prováveis de serem derivados de regiões que estão previstas para produzir transcritos sobrepostos convergentes do que o esperado pela conversão[177], sugerindo que endossiRNAs são originados de dsRNA endógenos que são formados quando há uma complementaridade ao par transcrito.

Em um subconjunto de endossiRNA de moscas derivados dos "*loci* estruturados", são exemplos em que seus transcritos de RNA podem se dobrar em longo *hairpin* ou grampo intramolecular pareado[178-180]. A acumulação desse siRNA requer a DCR-2 e a proteína *Loquacious* ligante de dsRNA (*dsRNA-binding protein Loquacious* – LOQS) – que é tipicamente considerada a parceira da DCR-1, a Dicer que produz o miRNA – em vez de R2D2[183], a parceira usual da DCR-1. Embora surpreendente, um papel da LOQS na biogênese dos endossiRNAs derivados dos *loci* estruturados foi antecipado pela constatação de que LOQS tem um papel na produção de siRNAs derivados de transgenes, que são designados na produção de longas transcrições intramoleculares de repetição invertida pareadas que acionam RNAi em moscas[184].

EndossiRNAs também foram identificados em oócitos de camundongos[185,186]. Assim como em moscas, endossiRNAs possuem 21 nucleotídeos,

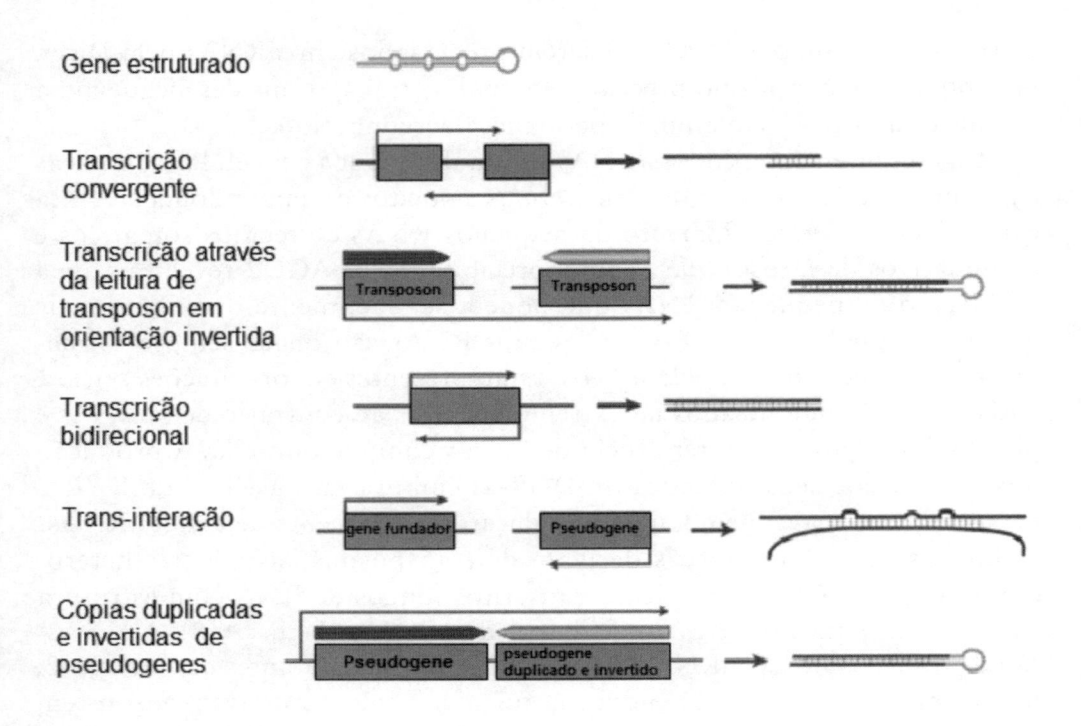

Figura 6.8 siRNAs são derivados de precursores de dsRNA. EndossiRNAs podem surgir a partir de *loci* estruturados que podem emparelhar de modo intramolecular para produzir longos dsRNA, transcrições complementares sobrepostas e transcrição bidirecional dos *loci*. EndossiRNAs também podem originar-se de genes codificadores de proteínas que podem emparelhar com os pseudogenes cognatos e originar-se de regiões de pseudogenes que podem formar estruturas de repetição invertida. Setas cinza sólidas indicam orientação, enquanto setas pretas indicam transcrição.

dependentes de Dicer, e são derivados de variadas fontes genômicas (Figura 6.8). Os endossiRNAs de camundongos são sujeitos a AGO2, a única proteína Argonauta animal que se cogita mediar a clivagem do alvo, embora não se saiba se eles se associam a uma das outras três proteínas Argonauta de camundongo. AGO2 de mamíferos não é, entretanto, o ortólogo da AGO2 em moscas, sendo que sua sequência é consideravelmente divergente das outras proteínas Argonauta.

Um subconjunto de endossiRNAs de oócitos de camundongos mapeia a região dos genes codificadores de proteínas que são capazes de parear com os pseudogenes cognatos, e regiões do pseudogenes são capazes de formar estruturas de repetição invertida (Figura 6.8). Pseudogenes podem não mais codificar proteínas, mas derivam de uma sequência ancestral mais lentamente do que seria esperado se fossem simplesmente partes ancestrais sem valor do DNA. Talvez algumas sequências de pseudogenes estejam sob seleção evolutiva para manter a capacidade de produzir transcritos antissensos que podem emparelhar com os seus genes cognatos para produzir endossiRNAs[187].

Um dos principais desafios para o futuro será entender a função biológica de endossiRNAs, especialmente aqueles que podem emparelhar com mRNAs codificadores de proteínas. Será que regulam a expressão de mRNA? E podem endosiRNAs atuar como miRNAs, refinando a expressão de um grande número de genes?

6.12 piRNAS: OS MAIS LONGOS PEQUENOS RNAS

6.12.1 Função dos piRNAs na linha germinativa

piRNAs são a classe de pequenos RNAs mais recentemente descoberta e, como seu nome sugere, interagem com um subconjunto de proteínas Argonautas relacionadas com Piwi (proteínas Argonautas animais podem ser subdivididas pelas sequências relacionadas em subfamílias Argonauta e Piwi). O subtipo Piwi compreende Piwi, Aubergina (AUB) e AGO3 em moscas, MILI, MIWI e MIWI2 em camundongos (também chamadas PIWIL1, PIWIL2 e PIWIL4, respectivamente), e HILI, HIWI1, HIWI2 e HIWI3 em seres humanos (também chamadas PIWIL2, PWIL, PIWIL4 e PIWIL3, respectivamente).

Inicialmente, propôs-se que piRNAs asseguravam a estabilidade da linhagem germinativa, reprimindo transposons. Foi então que Aravin e colegas descobriram em moscas uma classe de longos pequenos RNAs (25 a 30 nucleotídeos) associada ao silenciamento de elementos repetitivos[75]. Mais tarde, esses "pequenos RNAs de interferência associados a repetição" – subsequentemente renomeados como piRNAs – mostraram-se distintos dos siRNAs: eles se ligam às proteínas Piwi e não requerem DCR-1 ou DCR-2 para a sua produção, ao contrário de miRNAs e siRNAs[188,189]. Além disso, eles são 2'-O-metilados na sua extremidade 3', ao contrário dos miRNAs, mas semelhante aos siRNAs em moscas[190,191].

Sequenciamento de alto rendimento de piRNAs em vertebrados revelaram uma classe de piRNAs não relacionados com sequências repetitivas[192-194]. piRNAs em mamíferos podem ser divididos em piRNAs pré-paquíteno e piRNAs paquíteno, de acordo com a fase da meiose em que são expressos nos espermatócitos em desenvolvimento. Em moscas, os piRNAs pré-paquítenos predominantemente correspondem a sequências repetitivas e estão implicados no silenciamento de transposons, como L1 e a partícula A intracisternal (*intracisternal A-particle* – IAP)[194]. Em camundongos machos, padrões de metilação gamética são estabelecidos quando as células germinativas paralisam seu ciclo celular 14,5 dias pós-coito, retomando a divisão celular dois a três dias após o nascimento dos filhotes[195]. Tanto MILI e MIWI2 são expressos durante este período, e camundongos deficientes em MILI e MIWI2 perdem os pontos de metilação do DNA em transposons[196]. Os piRNAs pré-paquítenos, que se ligam a subfamília de proteínas MIWI2 e MILI, poderão servir como guias para direcionar a metilação do DNA em transposons. Em contraste com os piRNAs pré-paquítenos, os piRNAs paquítenos decorrem principalmente de regiões não anotadas do genoma, sem elementos de transposição, e sua função permanece desconhecida[194].

Três estudos de 2008 relatam que os RNAs '21U' de linhagem germinativa anteriormente descobertos em *C. elegans* são piRNAs[197-199]. Esses pequenos RNAs foram inicialmente identificados por sequenciamento de alto rendimento. São precisamente de 21 nucleotídeos, começando com uma uridina 5'-monofosfato e são modificados na extremidade 3'. Ligam-se a genes relacionados a Piwi (*Piwi-related gene* – PRG-1), uma proteína Piwi de *C. elegans*. Cada RNA '21U' deve ser transcrito separadamente. Como piRNAs em espécies de *Drosophila*, os RNAs '21U' são necessários para a manutenção da linhagem germinativa e da fertilidade, e, assim como AUB em *Drosophila* e outros componentes da via do piRNA, PRG-1 encontram-se em "grânulos P" especializados, que estão associados com a função da linhagem germinativa, em uma alça perinuclear chamada *nuage*. piRNAs em vermes assemelham-se aos piRNAs paquítenos em mamíferos: suas metas e funções são em grande parte desconhecidos.

6.12.2 Biogênese dos piRNAs

Sequências de piRNAs são incrivelmente diversificadas, com mais de 1,5 milhão de piRNAs distintos identificados até agora em moscas, mas coletivamente são mapeados em algumas centenas de *clusters* genômicos[200]. O *cluster* mais bem estudado é o lócus *flamenco*. *Flamenco* foi geneticamente identificado como um repressor dos transposons *gypsy*, *ZAM* e *Idefix*[200-202]. Ao contrário de siRNAs, piRNAs flamenco são principalmente antissensos, sugerindo originarem-se de longos RNAs precursores de fita simples. Na verdade, a quebra do *Flamenco* pela inserção de elementos P próximos da extremidade 5' do lócus bloqueia a produção de piRNAs distais até 168 Kb de distância. Assim, um enorme transcrito longo de ssRNA parece ser a fonte dos piRNAs que derivam do lócus *flamenco*[203].

O modelo atual para a biogênese de piRNA foi inferido a partir das sequências de piRNAs que se ligam a Piwi, AUB e AGO3[203]. piRNAs ligados a Piwi e AUB são tipicamente antissensos para mRNAs de transposons, enquanto AGO3 é carregado com piRNAs correspondentes aos próprios mRNAs de transposons. Além disso, os primeiros 10 nucleotídeos de piRNAs antissensos são frequentemente complementares aos piRNAs sensos encontrados em AGO3. Propôs-se que essa inesperada complementaridade de sequência refletia um mecanismo de amplificação de retroalimentação – piRNA *ping-pong* –, que é ativado apenas após a transcrição de mRNA de transposons[203,204] (Figura 6.9). Um ciclo de amplificação semelhante foi inferido a partir do sequenciamento de alto rendimento de piRNA em vertebrados, o que implica que tem sido conservado durante a evolução[205]. Muitos aspectos do modelo de ping-pong permanecem especulativos. O porquê de AGO3 parecer ligar-se apenas a piRNAs sensos derivados de mRNAs de transposons é desconhecido. Uma ideia que ainda não foi testada é que as diferentes formas da RNA Polimerase II transcrevem os transcritos primários de piRNA e mRNAs de transposons, e que uma RNA polimerase II especializada que transcreve o precursor primário de piRNA que recruta Piwi e AUB, mas não a AGO3. Tampouco se sabe como são feitas as extremidades 3' de piRNAs.

6.12.3 Função e regulação de piRNA

Proteínas da família Piwi são indispensáveis para o desenvolvimento de células germinativas em muitos, talvez todos, os animais; mas, até agora, foi mais extensivamente estudada em espécies de *Drosophila*. Piwi é restrita a nucleoplasma de células germinativas de *Drosophila* e suas células somáticas adjacentes. Piwi é necessária para manter as células-tronco germinativas e promover suas divisões; a proteína é necessária em ambos os nichos de células, somáticas, que suportam as células-tronco germinativas, e as próprias células-tronco[206]. Na linha germinativa masculina, AUB é necessária para o silenciamento do lócus repetitivo *Stellate*, que de outra forma provocaria a esterilidade masculina. A expressão de *Stellate* é controlada pelo supressor

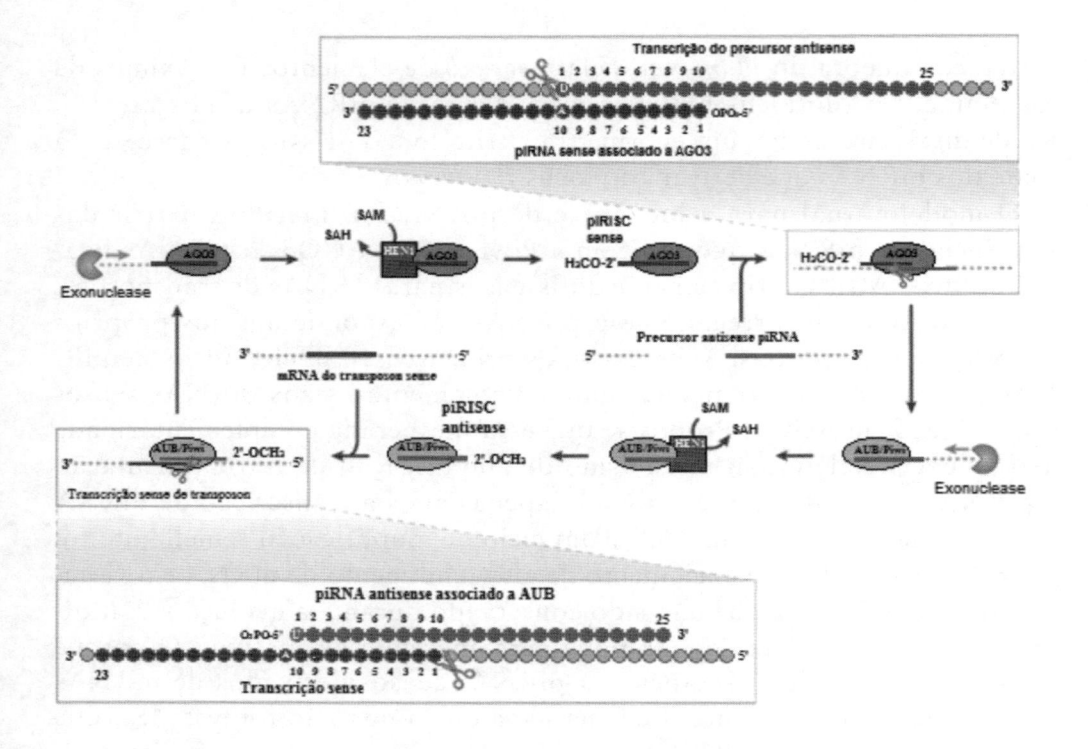

Figura 6.9 Modelo de retroalimentação, ou *ping-pong*, para a amplificação de RNA que interage com Piwi (*Piwi-interacting RNA* – piR-NA). De acordo com esse modelo, piRNAs antissenso em Piwi ou Aubergine (AUB) primeiro ligam-se a mRNAs transposons e depois os cortam na posição 10 do guia piRNA *antisense*. Acredita-se que a extremidade 5' do produto de clivagem é, em seguida, carregada na AGO3, gerando um piRNA senso ligado a AGO3. O piRNA senso pode, por sua vez, guiar a clivagem de um transcrito precursor *antisense* piRNA, alimentando o ciclo de amplificação de retroalimentação. Um postulado central do modelo é que as concentrações intracelulares de Piwi e AUB piRNA-carregados são muito maiores do que de AGO3 piRNA-carregado. O circuito de amplificação é proposto para facilitar a vigilância do piRNA da transcrição de transposons na linha germinativa. A metiltransferase HEN1 adiciona a modificação 2'-O-metil na extremidade 3'. SAH, S-adenosil homocisteína; SAM, S-adenosil metionina.

repetitivo do lócus *Stellate*, a fonte de piRNAs antissenso que atuam por meio de AUB para reprimir *Stellate*[207].

Aubergina foi originalmente identificada porque é necessária para a especificação dos eixos embrionários[208]. A perda da padronização dos eixos ânteroposterior e dorsoventral em embriões de mães que não expressam AUB é uma consequência indireta das quebras de dsDNA que ocorrem no oócito na ausência de AUB. As quebras parecem ativar um *checkpoint* ou ponto de checagem de danos ao DNA que perturbam a padronização do ovócito e, consequentemente, do embrião. Os defeitos de padronização, mas não no silenciamento de elementos repetitivos, são resgatados por mutações que ignoram a via de sinalização de danos ao DNA, sugerindo que as quebras são causadas pela transposição. O fato da ativação de *checkpoint* de danos ao DNA reorganizar inadequadamente a polaridade embrionária foi inesperado, mas ressalta ainda mais a parte vital que os piRNAs desempenham no desenvolvimento da linhagem germinativa.

6.12.4 piRNAs fora da linhagem germinativa?

O papel dos piRNAs nas células somáticas de moscas é muito debatido. Piwi e AUB são necessárias no silenciamento de arranjos em *tandem* de *white*, um gene necessário para produzir pigmento vermelho nos olhos das moscas[209]. Não se sabe ainda se piRNAs são produzidos em células somáticas, bem como em linhagem germinativa, ou se piRNAs que estão presentes durante o desenvolvimento da linhagem germinativa depositam marcas de longa duração na cromatina, que exercem os seus efeitos posteriormente.

Tanto piRNAs quanto endossiRNAs são responsáveis por reprimir transposons na linhagem germinativa, onde as mutações causadas pela transposição seriam propagadas para a próxima geração. siRNAs, que são produzidos pela via de RNAi, provavelmente proporcionam uma resposta rápida na introdução de um novo transposon na linhagem germinativa, semelhante a uma infecção viral. Em contraste, o sistema piRNA parece proporcionar uma solução mais robusta, permanente para a aquisição de um transposon. Nas células somáticas, no entanto, endossiRNAs são uma classe de pequenos RNAs predominantemente derivados de transposons, e suas perdas em mutantes *dcr-2* e *ago2* aumentam a expressão de transposons[177,178]. Pequenos RNAs semelhantes aos piRNAs somáticos têm sido observados em moscas mutantes para *ago2*[177]. Talvez, na ausência de endossiRNAs, os piRNAs sejam produzidos somaticamente e retomem a vigilância dos transposons. Tal modelo implica uma conversa cruzada significativa entre as maquinarias geradoras de piRNA e endossiRNA.

6.13 CAMINHOS ENTRELAÇADOS

Acreditava-se inicialmente que as vias de RNAi, miRNA e piRNA eram independentes e distintas. No entanto, as linhas que as distinguem continuam a desaparecer. Essas vias interagem e dependem uma da outra em vários níveis, competindo por e compartilhando substratos e proteínas efetoras. Apresentam regulação cruzada entre si.

6.13.1 A competição por substratos durante o processamento

Ambas as vias de siRNA e miRNA carregam um dúplex de dsRNA contendo aproximadamente 19 bp de dupla fita flanqueado pelas saliências 3' de dois nucleotídeos. Um siRNA dúplex contém filamento guia e passageiro que são complementares no centro de sua sequência; um miRNA-miRNA* dúplex contém inadequações, protuberâncias e pares GU oscilantes. Em espécies de *Drosophila*, a biogênese de pequenos RNAs dúplex é desacoplada do seu processamento em AGO1 ou AGO2[210]. Em vez disso, o processamento é governado pela estrutura do dúplex: dúplex com protuberâncias e desemparelhamentos são classificados na via de miRNA e, portanto, carregado em AGO1; dúplex com maior caráter de dupla fita são levado para AGO2, a proteína Argonauta que está associada com o RNAi.

O particionamento de pequenos RNAs entre AGO1 e AGO2 também tem implicações para a regulação do alvo. AGO1 reprime principalmente a tradução, enquanto AGO2 reprime por clivagem do alvo, refletindo a taxa mais rápida de clivagem do alvo por AGO2 comparado com AGO1[120]. Essa separação cria uma competição entre os dois caminhos para o substrato[120]. Em *Drosophila*, o processamento de um pequeno dúplex de RNA em uma via diminui a sua associação com a outra via.

Diferentes precursores dsRNA requerem combinações distintas de proteínas para produzir pequenos RNAs de silenciamento. Por exemplo, endossiRNAs de *Drosophila* derivados de *loci* estruturados necessitam de LOQS em vez de R2D2[178]. Presumiu-se que em algumas circunstâncias as vias de endossiRNA e miRNA podem, portanto, concorrer para LOQs. As vias endossiRNA e RNAi, provavelmente, também concorrem por componentes compartilhados.

Em contraste com *Drosophila*, plantas processam pequenos RNAs em Argonautas de acordo com a identidade do nucleotídeo na extremidade 5' do pequeno RNA[211]. AGO1 é o principal Argonauta efetor para miRNAs, e a maioria desses pequenos RNAs começam com uridina; AGO4 é o principal efetor da via heterocromática e é predominantemente processado com pequenos RNAs que começam com uma adenosina[212]. AGO2 e AGO5, no entanto, não têm nenhuma função caracterizada em plantas[212]. Alterando o nucleotídeo da extremidade 5' de adenosina para uracila muda-se o processamento de pequenos RNAs em plantas de AGO2 para AGO1, e vice-versa. Da mesma forma, a *Arabidopsis* AGO4 liga-se a pequenos RNAs que começam com a adenosina, enquanto AGO5 prefere citidina.

piRNAs ligados a AUB e Piwi tipicamente começam com uracila, enquanto aqueles vinculados a AGO3 mostram nenhuma tendência de nucleotídeo na extremidade 5'.

6.13.2 Conversas cruzadas

Vias de pequenos RNAs são frequentemente enredadas. A biogênese de tasiRNA em *Arabidopsis* é um exemplo clássico de tal conversa cruzada entre as vias. A clivagem dirigida por miRNA de transcritos geradores de tasiRNA inicia a produção de tasiRNA e posteriormente regula os alvos de tasiRNA[166,168]. Em *C. elegans*, pelo menos um piRNA tem sido implicado na iniciação da produção de endossiRNA[197], e em moscas a via endossiRNA pode reprimir a expressão de piRNAs nas células somáticas[177]. Além disso, níveis de pequenos RNAs podem ser tamponados por retroalimentação negativa em que pequenos RNAs de uma via alteram os níveis de expressão de proteínas silenciadoras de RNAs que atuam na mesma ou em outras vias de silenciamento de RNAs[213,214].

Tabela 6.2 Tipos de pequenos RNAs silenciadores (*small silencing RNAs*)

NOME	ORGANISMO	EXTENSÃO (NT)	PROTEÍNAS	FONTE INICIADORA	FUNÇÃO	REF.
miRNA	Plantas, algas, animais, vírus, protistas	20-25	Drosha (exclusivo dos animais) e Dicer	Transcição da poli II (pri-miRNAs)	Regulação da estabilidade do mRNA, tradução	8-10, 215-218
casiRNA	Plantas	24	DCL3	Transposição, repetição	Modificação da cromatina	40, 90, 153-155, 164,165
tasiRNA	Plantas	21	DCL4	miRNA clivado de RNA de *loci* TAS	Regulação pós-transcricional	166-169
natsiRNA	Plantas	22 24 21	DCL1 DCL2 DCL1 E DCL2	Transcrição bidirecional induzida por estresse	Regulação de genes em resposta ao estresse	173, 174

NOME	ORGANISMO	EXTENSÃO (NT)	PROTEÍNAS	FONTE INICIADORA	FUNÇÃO	REF.
exossiRNA	Animais, fungos, protistas e plantas	~21 21 e 24	Dicer	Transgênico, viral ou outro exógeno dsRNA	Regulação pós-transcricional, defesa viral	60, 76, 219, 220
endossiRNA	Plantas, algas, animais, fungos e protistas	~21	Dicer (exceto siRNAs secundárias em *C. elegans*, que são produtos de transcrição de RdRP e portanto tecnicamente não são siRNAs)	*Loci* estruturados, convergentes e transcrição bidirecional, emparelhamento de mRNA para transcrição *antisense* do pseudogene	Regulação pós-transcricional de transcrições e transposons; silenciamento gênico transcricional	74, 82, 176-180, 185, 186, 215, 216, 221
piRNA	Metazoários excluindo *Trichoplax adhaerens*	24 - 30	Dicer independente	Anelar, transcrição primária	Regulação dos transposons, função desconhecida	75, 192-194, 203, 205, 217, 222-224
Semelhante piRNA (somático)	*Drosophila melanogaster*	24-30	Dicer independente	Nos mutantes ago2 in *Drosophila*	Desconhecida	177
piRNA 21U-RNA	*Caenorhabditis elegans*	21	Dicer independente	Transcrição individual de cada piRNA	Regulação de transposons, funções desconhecidas	197-199, 225
RNA 26G	*Caenorhabditis elegans*	26	RdRP	Enriquecido no esperma	Desconhecida	225

Siglas: AGO2, Argonauta2; casiRNA, *cis-acting siRNA*; DCL, *Dicer-like*; endossiRNA, *endogenous small interfering* RNA; exo-siRNA, *exogenous small interfering* RNA; miRNA, microRNA; natsiRNA, *natural antisense transcript-derived* siRNA; piRNA, *Piwi-interacting* RNA; Pol II, *RNA polymerase II*; pri-miRNA, *primary* microRNA; RdRP, *RNA-dependent RNA polymerase*; tasiRNA, *trans-acting* siRNA.

6.14 TÉCNICA PASSO A PASSO

Os métodos utilizados para quantificar os miRNAs eram baseados na clonagem, *northern blotting* ou na extensão de *primers*. Era muito utilizada a técnica de microarranjos (do inglês *microarrays*), porém é um método relativamente limitado em termos de sensibilidade e especificidade, embora microarranjos nos proporcionem uma taxa maior de miRNAs.

Atualmente a técnica mais sensível para se detectar os miRNAs é um método de quantificação em tempo real (do inglês *reverse-transcription polimerase chain reaction* – RT-PCR). Essa técnica baseia-se em um sistema inovador de ensaios de PCR, conhecido como TaqMan, que utiliza sondas de hibridação fluorescente e um detector de sequências, que quantifica especificamente os níveis de expressão de miRNA com um desempenho superior aos métodos convencionais de detecção que existiam até então. A alta sensibilidade proporcionada pela técnica facilita a quantificação dos miRNAs, diminuindo a possibilidade de os resultados indicarem um falso sinal positivo[226].

O ensaio TaqMan (em homenagem a Taq DNA polimerase) explora a atividade 5' da endonuclease Taq polimerase para clivar uma sonda de oligonucleotídeo durante o PCR, gerando assim um sinal detectável, e em tempo real. A especificidade da técnica é conferida por meio de uma sonda e dois *primers* (*forward* e *reverse*), responsáveis pela transcrição reversa, e a sensibilidade de detecção é aumentada pela reação pulsada. As sondas são direcionadas à região interna que se deseja amplificar e possuem dois fluorocromos, um em cada uma das extremidades da sonda. O fluorocromo localizado na extremidade 5' (R) fluoresce apenas se estiver fisicamente distante do fluorocromo localizado na extremidade 3'(Q) (Figura 6.10), que por sua vez funciona como supressor de energia (*quencher*), devido uma modificação química, e não deixa que a energia luminosa usada para excitar a sonda chegue em quantidade suficiente para excitar o primeiro fluorocromo. Quando o *primer* hibridiza na região 5', a sonda também o faz no meio da sequência específica. À medida que a Taq polimerase avança sintetizando a nova fita de DNA, ela vai degradando a sonda à sua frente, liberando o fluorocromo localizado na extremidade 5' da sonda e permitindo que absorva energia e emita luz. A energia que atravessa a amostra para a excitação dos fluorocromos é oriunda do equipamento que faz a análise do RT-PCR, que é denominado termociclador em tempo real[227,228].

A técnica oferece vantagens sobre os outros métodos pelo fato de não requerer contato com a amostra pós-PCR durante a sua análise, visto que a reação ocorre em um sistema de tubos fechados, com até 96 poços, evitando assim qualquer tipo de contaminação. É necessária a utilização de um gene de normalização, como por exemplo, a β-actina, para o controle da RT-PCR quantitativa.

A análise é realizada em tempo real durante a fase logarítmica de acumulação do produto da reação (Figura 6.11), permitindo a análise de diversos genes diferentes ao mesmo tempo, sem a preocupação de que a reação alcance um platô em ciclos diferentes[229].

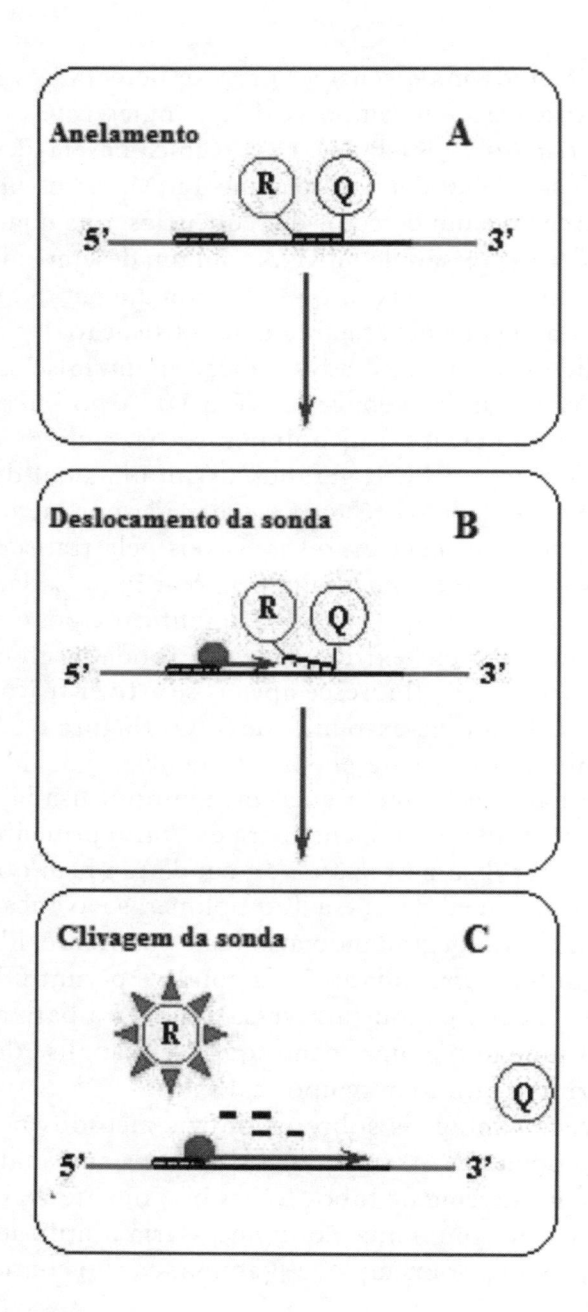

Figura 6.10 Método de quantificação em tempo real (RT-PCR) ou TaqMan. (A) Anelamento da sonda e dos *primers* à fita de RNA, para amplificação da fita de DNA. R é o fluoróforo localizado na extremidade 5', que emite um comprimento de onda absorvido pelo fluoróforo localizado na extremidade 3' *quencher* (Q). (B) Deslocamento da sonda e dos *primers foward* e *reverse* com a consequente transcrição reversa. (C) Degradação da sonda, com liberação do R, que agora, longe fisicamente do Q, começa a emitir fluorescência.

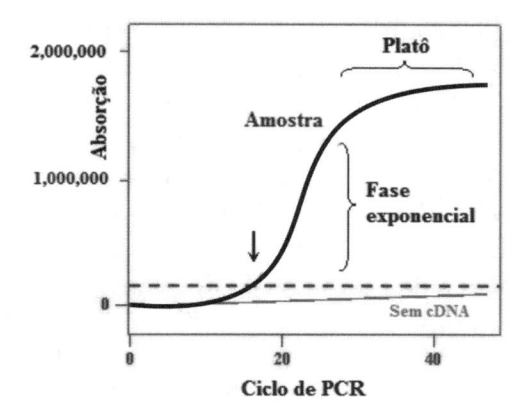

Figura 6.11 Gráfico obtido com o Taqman. A seta indica o ciclo em que a reação ultrapassa o limite da reação negativa. A reação ocorre, em geral, apenas em duas temperaturas (94 °C para desnaturação e 60 °C, para hibridização e extensão). A seta é o número de ciclos de PCR em que a fluorescência emitida por R é maior do que o limiar.

6.15 POSSIBILIDADES TERAPÊUTICAS E/OU INDUSTRIAIS

Os miRNAs se destacam como uma das mais promissoras modalidades terapêuticas antineoplásicas. Porém, para uma nova droga ser bem-sucedida, ela deve atender às necessidades médicas do assistido, deve demostrar um claro benefício na segurança e eficácia em relação ao padrão atual de tratamento, possuir propriedades farmacocinéticas atraentes e ser financeiramente viável. Como já vimos, um determinado miRNA pode ter mais de um mRNA-alvo, e portanto miRNAs que são tecido-específicos serão mais visados, visto que a segurança é um fator determinante no desenvolvimento de um medicamento[230].

Uma maneira de imitar ou terapeuticamente expressar um miRNA é usando dúplices de RNA sintético, concebidos para imitar as funções endógenas do miRNA de interesse, com algumas modificações para a estabilidade e a absorção celular. O "filamento guia" é idêntico ao do miRNA de interesse, enquanto que o "filamento complementar" é modificado e tipicamente ligado a uma molécula, tal como o colesterol, para aumentar a captação celular. Cumpre lembrar que, apesar desse método ser capaz de substituir os níveis de miRNA perdidos durante a progressão da doença, ele também poderá causar o aumento de tal miRNA em um tecido que normalmente não o expressa[230].

A expressão do gene produz não apenas transcritos para a síntese de proteínas, mas também miRNAs capazes de interferir na expressão de outros genes. A maioria dos genes humanos transcritos contem íntrons filogeneticamente conservados em maior ou menor grau. Mudanças nessas sequências não codificadoras de proteínas podem causar doenças. Alguns miRNAs, incluindo os das famílias *let-7*, miR-29, miR-21 e miR-34, surgiram como potenciais alvos clínicos para o diagnóstico e tratamento de vários tipos de câncer, dentre os quais os de pulmão, ovário, pâncreas, mama e próstata[251].

Porém, é essencial a descoberta de mecanismos eficientes de entrega dos miRNAs dentro das células, de modo a prevenir os efeitos colaterais. Uma forma utilizada para fazer essa entrega de miRNA é por meio da utilização de um vetor viral (adenovírus). Existe uma série de diferentes sorotipos de adenovírus que permite certa especificidade tecidual devido ao seu tropismo natural e presença de diferentes receptores celulares que interagem com esses vetores virais. No entanto, o método mais amplamente utilizado para regular os níveis de miRNA *in vivo* é usando antimiR. AntimiR são oligonucleotídeos modificados que possuem a sequência complementar completa ou parcial de um miRNA maduro, que pode reduzir os níveis endógenos de um miRNA. Atualmente, a administração do antimiR é dependente da administração parentérica, e as duas vias utilizadas são injeções intravenosas e subcutâneas. Essas abordagens e os recentes avanços sugerem que a regulação dos miRNAs pode ser a próxima inovação em pesquisa farmacêutica utilizada para conceber e desenvolver novas terapias[230,231].

As pesquisas utilizando miRNAs não estão voltadas apenas para o tratamento contra o câncer, e sim visam a variadas patologias. A obesidade, por exemplo, tem sido considerada a mais importante desordem nutricional devido ao aumento de sua incidência tanto nos países desenvolvidos quanto naqueles em desenvolvimento. Nos últimos anos, apesar dos avanços na compreensão da base molecular da obesidade, as drogas antiobesidade não têm especificidade fisiológica e têm efeitos colaterais. Estudos em camundongos com obesidade induzida por dieta demonstraram potenciais efeitos terapêuticos da inibição do microRNA miR-122, no fígado, utilizando oligonucleotídeos modificados, resultou em diminuição dos níveis plasmáticos de colesterol, em uma melhora significativa na esteatose hepática e na supressão de vários genes lipogênicos[232].

6.16 PERSPECTIVAS

Há uma riqueza de evidências sobre o papel diversificado de miRNAs em muitos processos biológicos, incluindo a proliferação, diferenciação, apoptose, desenvolvimento, além de outros papéis no metabolismo e homeostase em diferentes organismos[253]. A lista de doenças em que a desregulação dos miRNAs tem fundamental importância está em constante crescimento. Já é bem documentada a existência de centenas de miRNAs que participam da regulação da tumorigênese, da progressão de lesões na diabetes, osteoporose, doenças neurodegenerativas e psiquiátricas, doenças metabólicas, dentre muitas outras[222,234-256].

Aqui, discutiremos brevemente e de modo geral sobre o câncer, pois é uma doença com um grande número de miRNA e alvos conhecidos. O câncer surge quando as mutações, deleções ou alterações epigenéticas ocorrem nos genes conhecidos como supressores de tumor ou oncogenes. Os miRNAs têm sido implicados na regulação de diversas vias celulares, sendo que muitos deles podem funcionar como supressores de tumor[237]. Os miRNAs têm papel fundamental na regulação do crescimento e proliferação celular, de modo que a perda ou a superexpressão de genes que codificam miRNAs tem sido relatada em uma grande variedade de cânceres[236]. Muitos miRNAs estão desregulados em tumores humanos primários e muitos miRNAs humanos estão localizados em regiões genômicas associadas ao câncer. Há evidências de miRNAs específicos envolvidos em um grande número de patologias hematológicas, incluindo as leucemias e os linfomas[238].

No que diz respeito ao papel dos miRNAs no prognóstico do câncer, têm sido estudados muitos miRNAs, isoladamente ou em conjunto, como potenciais biomarcadores[239]. Quanto à terapia, o desenvolvimento de métodos para reposição de miRNAs ou seu silenciamento requer os mesmos critérios usados para a utilização de outras drogas: são necessárias análises de farmacocinética, especificidade do alvo, perfil de distribuição e de toxicidade[240]. Como estratégia de tratamento do câncer, é essencial a descoberta de mecanismos eficientes de entrega dos miRNAs dentro das células. Vários estudos têm testado vetores virais e nanopartículas como moléculas carreadoras de miRNAs, tanto *in vitro* como *in vivo*[123]. A entrega por nanopartículas tem a vantagem de ser um método mais econômico, menos imunogênico, menos tóxico e menos oncogênico do que o uso de vetores virais[241]. Antes de os miRNAs serem disponibilizados para uso na prática clínica, seja para qualquer tipo de doença, são necessários ainda muitos estudos para a obtenção de maior sensibilidade e especificidade, para a melhor escolha do tecido ou fluido a ser analisado e para avaliar se apenas um miRNA ou um conjunto deles é necessário para um melhor resultado[242].

Com relação às plantas, as tecnologias de modificação genética baseadas no uso de miRNAs pode ser uma das mais promissoras abordagens para o aumento e melhoramento da produtividade agrícola, por meio do desenvolvimento de cultivares superiores com maior tolerância ao estresse biótico e abiótico e com maior produção de biomassa[243]. Como exemplo, podemos citar o papel regulatório dos miRNAs na produção de arroz.

O arroz (*Oryza sativa*), por exemplo, é uma das mais importantes culturas alimentares do mundo, uma vez que alimenta mais de 2 bilhões de pessoas. O aumento da produção de arroz pode desempenhar um papel significativo na melhoria da situação econômica de países como a Índia e a China[244]. Um estudo desenvolvido por Zhang e colaboradores em 2013 relata que a superexpressão do miRNA denominado OsmiR397, que é naturalmente expresso em panículas (inflorescências) jovens e grãos, aumenta o tamanho dos grãos e promove uma maior ramificação das panículas, levando a um aumento de rendimento global de grãos de até 25%[245].

Nesse contexto, fica clara a importância dos processos regulados pelos miRNAs tanto para a saúde quanto para a economia mundial. O uso de metodologias integradas é importante para a rápida superação dos desafios que ainda existem com relação ao uso dos miRNAs para o tratamento e diagnóstico das doenças. No que se refere à economia, as estratégias de melhoramento genético, incluindo o uso de miRNAs, têm contribuído para um aumento da produção de alimentos e, consequentemente, para a diminuição dos custos de distribuição, gerando impactos econômicos positivos.

REFERÊNCIAS

1. Ambros V, Bartel B, Bartel DP, Burge CB, Carrington JC, Chen X, et al. A uniform system for microRNA annotation. RNA. 2003 Mar;9(3):277-9.

2. Murchison EP, Hannon GJ. miRNAs on the move: miRNA biogenesis and the RNAi machinery. Curr Opin Cell Biol. 2004 Jun;16(3):223-9.

3. Bartel DP. MicroRNAs: genomics, biogenesis, mechanism, and function. Cell. 2004 Jan 23;116(2):281-97.

4. Blackshaw S, Harpavat S, Trimarchi J, Cai L, Huang H, Kuo WP, et al. Genomic analysis of mouse retinal development. PLoS Biol. 2004 Sep;2(9):E247.

5. Lee RC, Feinbaum RL, Ambros V. The *C. elegans* heterochronic gene lin-4 encodes small RNAs with antisense complementarity to lin-14. Cell. 1993 Dec 3;75(5):843-54.

6. Wightman B, Ha I, Ruvkun G. Posttranscriptional regulation of the heterochronic gene lin-14 by lin-4 mediates temporal pattern formation in *C. elegans*. Cell. 1993 Dec 3;75(5):855-62.

7. Wightman B, Burglin TR, Gatto J, Arasu P, Ruvkun G. Negative regulatory sequences in the lin-14 3'-untranslated region are necessary to generate a temporal switch during *Caenorhabditis elegans* development. Genes Dev. 1991 Oct;5(10):1813-24.

8. Lagos-Quintana M, Rauhut R, Lendeckel W, Tuschl T. Identification of novel genes coding for small expressed RNAs. Science. 2001 Oct 26;294(5543):853-8.

9. Lau NC, Lim LP, Weinstein EG, Bartel DP. An abundant class of tiny RNAs with probable regulatory roles in *Caenorhabditis elegans*. Science. 2001 Oct 26;294(5543):858-62.

10. Lee RC, Ambros V. An extensive class of small RNAs in *Caenorhabditis elegans*. Science. 2001 Oct 26;294(5543):862-4.

11. Brennecke J, Hipfner DR, Stark A, Russell RB, Cohen SM. bantam encodes a developmentally regulated microRNA that controls cell proliferation and regulates the proapoptotic gene hid in *Drosophila*. Cell. 2003 Apr 4;113(1):25-36.

12. Johnston RJ, Hobert O. A microRNA controlling left/right neuronal asymmetry in *Caenorhabditis elegans*. Nature. 2003 Dec 18;426(6968):845-9.

13. Chen CZ, Li L, Lodish HF, Bartel DP. MicroRNAs modulate hematopoietic lineage differentiation. Science. 2004 Jan 2;303(5654):83-6.

14. Aukerman MJ, Sakai H. Regulation of flowering time and floral organ identity by a MicroRNA and its APETALA2-like target genes. Plant Cell. 2003 Nov;15(11):2730-41.

15. Chen XM. A microRNA as a translational repressor of APETALA2 in *Arabidopsis* flower development. Science. 2004 Mar 26;303(5666):2022-5.

16. Emery JF, Floyd SK, Alvarez J, Eshed Y, Hawker NP, Izhaki A, et al. Radial patterning of *Arabidopsis* shoots by class III HD-ZIP and KANADI genes. Curr Biol. 2003 Oct14;13(20):1768-74.

17. Stark A, Brennecke J, Russell RB, Cohen SM. Identification of *Drosophila* MicroRNA targets. PLoS Biol. 2003 Dec;1(3):E60.

18. Rhoades MW, Reinhart BJ, Lim LP, Burge CB, Bartel B, Bartel DP. Prediction of plant microRNA targets. Cell. 2002 Aug 23;110(4):513-20.

19. Enright AJ, John B, Gaul U, Tuschl T, Sander C, Marks DS. MicroRNA targets in *Drosophila*. Genome Biol. 2003;5(1):R1.

20. Lewis BP, Shih IH, Jones-Rhoades MW, Bartel DP, Burge CB. Prediction of mammalian microRNA targets. Cell. 2003 Dec 26;115(7):787-98.

21. Reinhart BJ, Slack FJ, Basson M, Pasquinelli AE, Bettinger JC, Rougvie AE, et al. The 21-nucleotide let-7 RNA regulates developmental timing in *Caenorhabditis elegans*. Nature. 2000 Feb 24;403(6772):901-6.

22. Slack FJ, Basson M, Liu ZC, Ambros V, Horvitz HR, Ruvkun G. The lin-41 RBCC gene acts in the *C-elegans* heterochronic pathway between the let-7 regulatory RNA and the LIN-29 transcription factor. Molecular Cell. 2000 Apr;5(4):659-69.

23. Pasquinelli AE, Reinhart BJ, Slack F, Martindale MQ, Kuroda MI, Maller B, et al. Conservation of the sequence and temporal expression of let-7 heterochronic regulatory RNA. Nature. 2000 Nov 2;408(6808):86-9.

24. Lagos-Quintana M, Rauhut R, Yalcin A, Meyer J, Lendeckel W, Tuschl T. Identification of tissue-specific microRNAs from mouse. Curr Biol. 2002 Apr 30;12(9):735-9.

25. Dostie J, Mourelatos Z, Yang M, Sharma A, Dreyfuss G. Numerous microRNPs in neuronal cells containing novel microRNAs. RNA (a Publication of the Rna Society). 2003 May;9(5):631-2.

26. Griffiths-Jones S. The microRNA Registry. Nucleic Acids Research. 2004 Jan 1;32:D109-D11.

27. Dhahbi JM, Atamna H, Boffelli D, Magis W, Spindler SR, Martin DI. Deep sequencing reveals novel microRNAs and regulation of microRNA expression during cell senescence. PLoS One. 2011;6(5):e20509.

28. Ambros V, Lee RC, Lavanway A, Williams PT, Jewell D. MicroRNAs and other tiny endogenous RNAs in *C-elegans*. Current Biology. 2003 May 13;13(10):807-18.

29. Griffiths-Jones S, Grocock RJ, van Dongen S, Bateman A, Enright AJ. miRBase: microRNA sequences, targets and gene nomenclature. Nucleic Acids Res. 2006 Jan1;34(- Database issue):D140-4.

30. Lagos-Quintana M, Rauhut R, Meyer J, Borkhardt A, Tuschl T. New microRNAs from mouse and human. Rna. 2003 Feb;9(2):175-9.

31. Aravin AA, Lagos-Quintana M, Yalcin A, Zavolan M, Marks D, Snyder B, et al. The small RNA profile during *Drosophila melanogaster* development. Dev Cell. 2003 Aug;5(2):337-50.

32. Lai EC, Tomancak P, Williams RW, Rubin GM. Computational identification of *Drosophila* microRNA genes. Genome Biol. 2003;4(7):R42.

33. Lim LP, Lau NC, Weinstein EG, Abdelhakim A, Yekta S, Rhoades MW, et al. The microRNAs of *Caenorhabditis elegans*. Genes Dev. 2003 Apr 15;17(8):991-1008.

34. Lim LP, Glasner ME, Yekta S, Burge CB, Bartel DP. Vertebrate microRNA genes. Science. 2003 Mar 7;299(5612):1540.

35. Bashirullah A, Pasquinelli AE, Kiger AA, Perrimon N, Ruvkun G, Thummel CS. Coordinate regulation of small temporal RNAs at the onset of *Drosophila* metamorphosis. Dev Biol. 2003 Jul 1;259(1):1-8.

36. Sempere LF, Sokol NS, Dubrovsky EB, Berger EM, Ambros V. Temporal regulation of microRNA expression in *Drosophila melanogaster* mediated by hormonal signals and broad-Complex gene activity. Dev Biol. 2003 Jul 1;259(1):9-18.

37. Calin GA, Dumitru CD, Shimizu M, Bichi R, Zupo S, Noch E, et al. Frequent deletions and down-regulation of micro- RNA genes miR15 and miR16 at 13q14 in chronic lymphocytic leukemia. Proc Natl Acad Sci USA. 2002 Nov 26;99(24):15524-9.

38. Karijolich J, Yu YT. Spliceosomal snRNA modifications and their function. RNA Biol. 2010 Mar-Apr;7(2):192-204.

39. Kiss T. Small nucleolar RNAs: an abundant group of noncoding RNAs with diverse cellular functions. Cell. 2002 Apr 19;109(2):145-8.

40. Llave C, Kasschau KD, Rector MA, Carrington JC. Endogenous and silencing-associated small RNAs in plants. Plant Cell. 2002 Jul;14(7):1605-19.

41. Bielewicz D, Kalak M, Kalyna M, Windels D, Barta A, Vazquez F, et al. Introns of plant pri-miRNAs enhance miRNA biogenesis. EMBO Rep. 2013 Jul;14(7):622-8.

42. Sunkar R, Zhu JK. Novel and stress-regulated microRNAs and other small RNAs from *Arabidopsis*. Plant Cell. 2004 Aug;16(8):2001-19.

43. Seitz H, Youngson N, Lin SP, Dalbert S, Paulsen M, Bachellerie JP, et al. Imprinted microRNA genes transcribed antisense to a reciprocally imprinted retrotransposon-like gene. Nat Genet. 2003 Jul;34(3):261-2.

44. Grad Y, Aach J, Hayes GD, Reinhart BJ, Church GM, Ruvkun G, et al. Computational and experimental identification of *C. elegans* microRNAs. Mol Cell. 2003 May;11(5):1253-63.

45. Ohler U, Yekta S, Lim LP, Bartel DP, Burge CB. Patterns of flanking sequence conservation and a characteristic upstream motif for microRNA gene identification. Rna.2004 Sep;10(9):1309-22.

46. Houbaviy HB, Murray MF, Sharp PA. Embryonic stem cell-specific microRNAs. Dev Cell. 2003 Aug;5(2):351-8.

47. Kim J, Krichevsky A, Grad Y, Hayes GD, Kosik KS, Church GM, Ruvkun G. Identification of many microRNAs that copurify with polyribosomes in mammalian neurons. Proc Natl Acad Sci U S A. 2004 Jan 6;101(1):360-5.

48. Lee Y, Jeon K, Lee JT, Kim S, Kim VN. MicroRNA maturation: stepwise processing and subcellular localization. EMBO J. 2002 Sep 2;21(17):4663-70.

49. Johnson SM, Lin SY, Slack FJ. The time of appearance of the C-elegans let-7 microRNA is transcriptionally controlled utilizing a temporal regulatory element in its promoter. Developmental Biology. 2003 Jul 15;259(2):364-79.

50. Gauwerky CE, Huebner K, Isobe M, Nowell PC, Croce CM. Activation of MYC in a masked t(8;17) translocation results in an aggressive B-cell leukemia. Proc Natl Acad Sci USA. 1989 Nov;86(22):8867-71.

51. Zeng Y, Cullen BR. Sequence requirements for micro RNA processing and function in human cells. RNA. 2003 Jan;9(1):112-23.

52. Lee Y, Ahn C, Han J, Choi H, Kim J, Yim J, et al. The nuclear RNase III Drosha initiates microRNA processing. Nature. 2003 Sep 25;425(6956):415-9.

53. Basyuk E, Suavet F, Doglio A, Bordonne R, Bertrand E. Human let-7 stem-loop precursors harbor features of RNase III cleavage products. Nucleic Acids Res. 2003 Nov 15;31(22):6593-7.

54. Yi R, Qin Y, Macara IG, Cullen BR. Exportin-5 mediates the nuclear export of pre-microRNAs and short hairpin RNAs. Genes Dev. 2003 Dec 15;17(24):3011-6.

55. Lund E, Guttinger S, Calado A, Dahlberg JE, Kutay U. Nuclear export of microRNA precursors. Science. 2004 Jan 2;303(5654):95-8.

56. Bernstein E, Caudy AA, Hammond SM, Hannon GJ. Role for a bidentate ribonuclease in the initiation step of RNA interference. Nature. 2001 Jan 18;409(6818):363-6.

57. Grishok A, Pasquinelli AE, Conte D, Li N, Parrish S, Ha I, et al. Genes and mechanisms related to RNA interference regulate expression of the small temporal RNAs that control C. elegans developmental timing. Cell. 2001 Jul 13;106(1):23-34.

58. Hutvagner G, McLachlan J, Pasquinelli AE, Balint E, Tuschl T, Zamore PD. A cellular function for the RNA-interference enzyme Dicer in the maturation of the let-7 small temporal RNA. Science. 2001 Aug 3;293(5531):834-8.

59. Ketting RF, Fischer SE, Bernstein E, Sijen T, Hannon GJ, Plasterk RH. Dicer functions in RNA interference and in synthesis of small RNA involved in developmental timing in *C. elegans*. Genes Dev. 2001 Oct 15;15(20):2654-9.

60. Zamore PD, Tuschl T, Sharp PA, Bartel DP. RNAi: double-stranded RNA directs the ATP-dependent cleavage of mRNA at 21 to 23 nucleotide intervals. Cell. 2000 Mar 31;101(1):25-33.

61. Reinhart BJ, Weinstein EG, Rhoades MW, Bartel B, Bartel DP. MicroRNAs in plants. Genes Dev. 2002 Jul 1;16(13):1616-26.

62. Papp I, Mette MF, Aufsatz W, Daxinger L, Schauer SE, Ray A, et al. Evidence for nuclear processing of plant micro RNA and short interfering RNA precursors. Plant Physiol. 2003 Jul;132(3):1382-90.

63. Bollman KM, Aukerman MJ, Park MY, Hunter C, Berardini TZ, Poethig RS. HASTY, the *Arabidopsis* ortholog of exportin 5/MSN5, regulates phase change and morphogenesis. Development. 2003 Apr;130(8):1493-504.

64. Siomi H, Siomi MC. Posttranscriptional regulation of microRNA biogenesis in animals. Mol Cell. 2010 May 14;38(3):323-32.

65 Hwang HW, Wentzel EA, Mendell JT. A hexanucleotide element directs microRNA nuclear import. Science. 2007 Jan 5;315(5808):97-100.

66. Guo H, Ingolia NT, Weissman JS, Bartel DP. Mammalian microRNAs predominantly act to decrease target mRNA levels. Nature. 2010 Aug 12;466(7308):835-40.

67. Vasudevan S, Tong Y, Steitz JA. Switching from repression to activation: microRNAs can up-regulate translation. Science. 2007 Dec 21;318(5858):1931-4.

68. Fabian MR, Sonenberg N, Filipowicz W. Regulation of mRNA translation and stability by microRNAs. Annu Rev Biochem. 2010;79:351-79.

69. Place RF, Li LC, Pookot D, Noonan EJ, Dahiya R. MicroRNA-373 induces expression of genes with complementary promoter sequences. Proc Natl Acad Sci USA. 2008 Feb 5;105(5):1608-13.

70. Lytle JR, Yario TA, Steitz JA. Target mRNAs are repressed as efficiently by microRNA-binding sites in the 5' UTR as in the 3' UTR. P Natl Acad Sci USA. 2007 Jun 5;104(23):9667-72.

71. Tay Y, Zhang J, Thomson AM, Lim B, Rigoutsos I. MicroRNAs to Nanog, Oct4 and Sox2 coding regions modulate embryonic stem cell differentiation. Nature. 2008 Oct 23;455(7216):1124-8.

72. Eiring AM, Harb JG, Neviani P, Garton C, Oaks JJ, Spizzo R, et al. miR-328 Functions as an RNA Decoy to Modulate hnRNP E2 Regulation of mRNA Translation in Leukemic Blasts. Cell. 2010 Mar 5;140(5):652-65.

73. Fire A, Xu S, Montgomery MK, Kostas SA, Driver SE, Mello CC. Potent and specific genetic interference by double-stranded RNA in *Caenorhabditis elegans*. Nature. 1998 Feb 19;391(6669):806-11.

74. Ketting RF, Haverkamp TH, van Luenen HG, Plasterk RH. Mut-7 of *C. elegans*, required for transposon silencing and RNA interference, is a homolog of Werner syndrome helicase and RNaseD. Cell. 1999 Oct 15;99(2):133-41.

75. Aravin AA, Naumova NM, Tulin AV, Vagin VV, Rozovsky YM, Gvozdev VA. Double-stranded RNA-mediated silencing of genomic tandem repeats and transposable elements in the *D. melanogaster* germline. Curr Biol. 2001 Jul 10;11(13):1017-27.

76. Elbashir SM, Lendeckel W, Tuschl T. RNA interference is mediated by 21- and 22-nucleotide RNAs. Genes Dev. 2001 Jan 15;15(2):188-200.

77. Elbashir SM, Martinez J, Patkaniowska A, Lendeckel W, Tuschl T. Functional anatomy of siRNAs for mediating efficient RNAi in *Drosophila melanogaster* embryo lysate. EMBO J. 2001 Dec 3;20(23):6877-88.

78. Nykanen A, Haley B, Zamore PD. ATP requirements and small interfering RNA structure in the RNA interference pathway. Cell. 2001 Nov 2;107(3):309-21.

79. Pickford AS, Catalanotto C, Cogoni C, Macino G. Quelling in *Neurospora crassa*. Advances in genetics. 2002;46:277-303.

80. Vance V, Vaucheret H. RNA silencing in plants-defense and counter defense. Science. 2001 Jun 22;292(5525):2277-80.

81. Hammond SM, Boettcher S, Caudy AA, Kobayashi R, Hannon GJ. Argonaute2, a link between genetic and biochemical analyses of RNAi. Science. 2001 Aug 10;293(5532):1146-50.

82. Tabara H, Sarkissian M, Kelly WG, Fleenor J, Grishok A, Timmons L, et al. The RDE-1 gene, RNA interference, and transposon silencing in *C. elegans*. Cell. 1999 Oct 15;99(2):123-32.

83. Catalanotto C, Azzalin G, Macino G, Cogoni C. Gene silencing in worms and fungi. Nature. 2000 Mar 16;404(6775):245.

84. Fagard M, Boutet S, Morel JB, Bellini C, Vaucheret H. AGO1, QDE-2, and RDE-1 are related proteins required for post-transcriptional gene silencing in plants, quelling in fungi, and RNA interference in animals. Proc Natl Acad Sci USA. 2000 Oct 10;97(21):11650-4.

85. Cerutti L, Mian N, Bateman A. Domains in gene silencing and cell differentiation proteins: the novel PAZ domain and redefinition of the Piwi domain. Trends Biochem Sci. 2000 Oct;25(10):481-2.

86. Lingel A, Simon B, Izaurralde E, Sattler M. Structure and nucleic-acid binding of the *Drosophila* Argonaute 2 PAZ domain. Nature. 2003 Nov 27;426(6965):465-9.

87. Song JJ, Liu J, Tolia NH, Schneiderman J, Smith SK, Martienssen RA, et al. The crystal structure of the Argonaute2 PAZ domain reveals an RNA binding motif in RNAi effector complexes. Nat Struct Biol. 2003 Dec;10(12):1026-32.

88. Caudy AA, Myers M, Hannon GJ, Hammond SM. Fragile X-related protein and VIG associate with the RNA interference machinery. Genes Dev. 2002 Oct 1;16(19):2491-6.

89. Caudy AA, Ketting RF, Hammond SM, Denli AM, Bathoorn AM, Tops BB, et al. A micrococcal nuclease homologue in RNAi effector complexes. Nature. 2003 Sep25;425(6956):411-4.

90. Zilberman D, Cao X, Jacobsen SE. ARGONAUTE4 control of locus-specific siRNA accumulation and DNA and histone methylation. Science. 2003 Jan 31;299(5607):716-9.

91. Mourelatos Z, Dostie J, Paushkin S, Sharma A, Charroux B, Abel L, et al. miRNPs: a novel class of ribonucleoproteins containing numerous microRNAs. Genes Dev. 2002 Mar 15;16(6):720-8.

92. Martinez J, Patkaniowska A, Urlaub H, Luhrmann R, Tuschl T. Single-stranded antisense siRNAs guide target RNA cleavage in RNAi. Cell. 2002 Sep 6;110(5):563-74.

93. Hutvagner G, Zamore PD. A microRNA in a multiple-turnover RNAi enzyme complex. Science. 2002 Sep 20;297(5589):2056-60.

94. Llave C, Xie Z, Kasschau KD, Carrington JC. Cleavage of Scarecrow-like mRNA targets directed by a class of *Arabidopsis* miRNA. Science. 2002 Sep 20;297(5589):2053-6.

95. Doench JG, Petersen CP, Sharp PA. siRNAs can function as miRNAs. Genes Dev. 2003 Feb 15;17(4):438-42.

96. Khvorova A, Reynolds A, Jayasena SD. Functional siRNAs and miRNAs exhibit strand bias. Cell. 2003 Oct 17;115(2):209-16.

97. Schwarz DS, Hutvagner G, Du T, Xu Z, Aronin N, Zamore PD. Asymmetry in the assembly of the RNAi enzyme complex. Cell. 2003 Oct 17;115(2):199-208.

98. Kasschau KD, Xie Z, Allen E, Llave C, Chapman EJ, Krizan KA, et al. P1/HC-Pro, a viral suppressor of RNA silencing, interferes with *Arabidopsis* development and miRNA function. Dev Cell. 2003 Feb;4(2):205-17.

99. Olsen PH, Ambros V. The lin-4 regulatory RNA controls developmental timing in *Caenorhabditis elegans* by blocking LIN-14 protein synthesis after the initiation of translation. Dev Biol. 1999 Dec 15;216(2):671-80.

100. Seggerson K, Tang L, Moss EG. Two genetic circuits repress the *Caenorhabditis elegans* heterochronic gene lin-28 after translation initiation. Dev Biol. 2002 Mar 15;243(2):215-25.

101. Zeng Y, Wagner EJ, Cullen BR. Both natural and designed micro RNAs can inhibit the expression of cognate mRNAs when expressed in human cells. Mol Cell. 2002 Jun;9(6):1327-33.

102. Zeng Y, Yi R, Cullen BR. MicroRNAs and small interfering RNAs can inhibit mRNA expression by similar mechanisms. Proc Natl Acad Sci USA. 2003 Aug 19;100(17):9779-84.

103. Jackson AL, Bartz SR, Schelter J, Kobayashi SV, Burchard J, Mao M, et al. Expression profiling reveals off-target gene regulation by RNAi. Nat Biotechnol. 2003 Jun;21(6):635-7.

104. Lin SY, Johnson SM, Abraham M, Vella MC, Pasquinelli A, Gamberi C, et al. The *C elegans* hunchback homolog, HBL-1, controls temporal patterning and is a probable microRNA target. Dev Cell. 2003 May;4(5):639-50.

105. Kuersten S, Goodwin EB. The power of the 3' UTR: translational control and development. Nature Gen. 2003 Aug;4(8):626-37.

106. Saxena S, Jonsson ZO, Dutta A. Small RNAs with imperfect match to endogenous mRNA repress translation. Implications for off-target activity of small inhibitory RNA in mammalian cells. J Biol Chem. 2003 Nov 7;278(45):44312-9.

107. Lai EC. Micro RNAs are complementary to 3' UTR sequence motifs that mediate negative post-transcriptional regulation. Nat Genet. 2002 Apr;30(4):363-4.

108. Mallorẏ AC, Reinhart BJ, Jones-Rhoades MW, Tang G, Zamore PD, Barton MK, et al. MicroRNA control of PHABULOSA in leaf development: importance of pairing to the microRNA 5' region. EMBO J. 2004 Aug 18;23(16):3356-64.

109. Millar AA, Waterhouse PM. Plant and animal microRNAs: similarities and differences. Functional & integrative genomics. 2005 Jul;5(3):129-35.

110. Brodersen P, Voinnet O. The diversity of RNA silencing pathways in plants. Trends in Genetics. 2006 May;22(5):268-80.

111. Lu XY, Huang XL. Plant miRNAs and abiotic stress responses. Biochem Biophys Res Commun. 2008 Apr 11;368(3):458-62.

112. Carthew RW, Sontheimer EJ. Origins and Mechanisms of miRNAs and siRNAs. Cell. 2009 Feb 20;136(4):642-55.

113. Axtell MJ, Westholm JO, Lai EC. Vive la difference: biogenesis and evolution of microRNAs in plants and animals. Genome Biol. 2011;12(4):221.

114. Han J, Pedersen JS, Kwon SC, Belair CD, Kim YK, Yeom KH, et al. Posttranscriptional crossregulation between Drosha and DGCR8. Cell. 2009 Jan 9;136(1):75-84.

115. Tang G, Tang X, Mendu V, Tang X, Jia X, Chen QJ, et al. The art of microRNA: various strategies leading to gene silencing via an ancient pathway. Biochimica et Biophysica Acta. 2008 Nov;1779(11):655-62.

116. Pritchard CC, Cheng HH, Tewari M. MicroRNA profiling: approaches and considerations. Nature reviews Genetics. 2012 May;13(5):358-69.

117. Zhang X, Zeng Y. The terminal loop region controls microRNA processing by Drosha and Dicer. Nucleic Acids Res. 2010 November 1, 2010;38(21):7689-97.

118. Wilson RC, Doudna JA. Molecular mechanisms of RNA interference. Annual review of biophysics. 2013;42:217-39.

119. Hock J, Meister G. The Argonaute protein family. Genome Biol. 2008;9(2):210.

120. Forstemann K, Horwich MD, Wee L, Tomari Y, Zamore PD. *Drosophila* microRNAs are sorted into functionally distinct Argonaute complexes after production by Dicer- 1. Cell. 2007 Jul 27;130(2):287-97.

121. van den Berg A, Mols J, Han J. RISC-target interaction: cleavage and translational suppression. Biochimica et Biophysica Acta. 2008 Nov;1779(11):668-77.

122. Tang G. siRNA and miRNA: an insight into RISCs. Trends Biochem Sci. 2005 Feb;30(2):106-14.

123. Li C, Feng Y, Coukos G, Zhang L. Therapeutic microRNA strategies in human cancer. The AAPS journal. 2009 Dec;11(4):747-57.

124. He J, Zhang J-f, Yi C, Lv Q, Xie W-d, Li J-n, et al. miRNA-Mediated Functional Changes through Co-Regulating Function Related Genes. PLoS One. 2010;5(10):e13558.

125. Wang X, Wang X. Systematic identification of microRNA functions by combining target prediction and expression profiling. Nucleic Acids Res. 2006;34(5):1646-52.

126. Hsu SD, Lin FM, Wu WY, Liang C, Huang WC, Chan WL, et al. miRTarBase: a database curates experimentally validated microRNA-target interactions. Nucleic Acids Res. 2011 Jan;39(Database issue):D163-9.

127. Sun HX, Zeng DY, Li RT, Pang RP, Yang H, Hu YL, et al. Essential role of microRNA-155 in regulating endothelium-dependent vasorelaxation by targeting endothelial nitric oxide synthase. Hypertension. 2012 Dec;60(6):1407-14.

128. Yamakuchi M, Lotterman CD, Bao C, Hruban RH, Karim B, Mendell JT, et al. P53-induced microRNA-107 inhibits HIF-1 and tumor angiogenesis. Proc Natl Acad Sci USA. 2010 Apr 6;107(14):6334-9.

129. Zhao Y, Ransom JF, Li A, Vedantham V, von Drehle M, Muth AN, Tsuchihashi T, McManus MT, Schwartz RJ, Srivastava D. Dysregulation of cardiogenesis, cardiac conduction, and cell cycle in mice lacking miRNA-1-2.Cell. 2007 Apr 20;129(2):303-17.

130. Zhao Y, Samal E, Srivastava D. Serum response factor regulates a muscle-specific microRNA that targets Hand2 during cardiogenesis. Nature. 2005 Jul 14;436(7048):214-20.

131. Liu N, Landreh M, Cao K, Abe M, Hendriks GJ, Kennerdell JR, Zhu Y, Wang LS, Bonini NM. The microRNA miR-34 modulates ageing and neurodegeneration in *Drosophila*. Nature. 2012 Feb 15; 482 (7386): 519-23.

132. Jin H, Kim VN, Hyun S. Conserved microRNA miR-8 controls body size in response to steroid signaling in *Drosophila*. Genes Dev. 2012 Jul 1; 26(13): 1427-32

133. Shukla LI, Chinnusamy V, Sunkar R. The role of microRNAs and other endogenous small RNAs in plant stress responses. Biochimica et Biophysica Acta (BBA) - Gene Regulatory Mechanisms. 2008 Nov;1779(11):743-8.

134. Voinnet O. Origin, Biogenesis, and Activity of Plant MicroRNAs. Cell. 2009 Feb 20;136(4):669-87.

135. Khraiwesh B, Zhu JK, Zhu J. Role of miRNAs and siRNAs in biotic and abiotic stress responses of plants. Biochimica et biophysica acta. 2012 Feb;1819(2):137-48.

136. Jones-Rhoades MW, Bartel DP, Bartel B. MicroRNAS and their regulatory roles in plants. Annu Rev Plant Biol. 2006;57:19-53.

137. Ye ZH. Vascular tissue differentiation and pattern formation in plants. Annu Rev Plant Biol. 2002;53:183-202.

138. Carlsbecker A, Lee JY, Roberts CJ, Dettmer J, Lehesranta S, Zhou J, et al. Cell signalling by microRNA165/6 directs gene dose-dependent root cell fate. Nature. 2010 May 20;465(7296):316-21.

139. Van Norman JM, Breakfield NW, Benfey PN. Intercellular communication during plant development. Plant Cell. 2011 Mar;23(3):855-64.

140. Kanellopoulou C, Muljo SA, Kung AL, Ganesan S, Drapkin R, Jenuwein T, et al. Dicer-deficient mouse embryonic stem cells are defective in differentiation and centromeric silencing. Genes Dev. 2005 Feb 15;19(4):489-501.

141. Wang Y, Medvid R, Melton C, Jaenisch R, Blelloch R. DGCR8 is essential for microRNA biogenesis and silencing of embryonic stem cell self-renewal. Nat Genet. 2007 Mar;39(3):380-5.

142. Giraldez AJ, Cinalli RM, Glasner ME, Enright AJ, Thomson JM, Baskerville S, et al. MicroRNAs regulate brain morphogenesis in zebrafish. Science. 2005 May 6;308(5723):833-8.

143. Sun K, Lai EC. Adult-specific functions of animal microRNAs. Nature reviews Genetics. 2013 Aug;14(8):535-48.

144. Huang TC, Sahasrabuddhe NA, Kim MS, Getnet D, Yang Y, Peterson JM, et al. Regulation of lipid metabolism by Dicer revealed through SILAC mice. J Proteome Res. 2012 Apr 6;11(4):2193-205.

145. Ambros V. The functions of animal microRNAs. Nature. 2004 Sep16;431(7006):350-5.

146. Maziere P, Enright AJ. Prediction of microRNA targets. Drug discovery today. 2007 Jun;12(11-12):452-8.

147. Rajewsky N. microRNA target predictions in animals. Nat Genet. 2006 Jun;38 Suppl:S8-13.

148. Jiang P, Wu H, Wang W, Ma W, Sun X, Lu Z. MiPred: classification of real and pseudo microRNA precursors using random forest prediction model with combined features. Nucleic Acids Res. 2007 Jul;35(Web Server issue):W339-44.

149. Huang Y, Zou Q, Wang SP, Tang SM, Zhang GZ, Shen XJ. The discovery approaches and detection methods of microRNAs. Molecular biology reports. 2011 Aug;38(6):4125-35.

150. Sheng Y, Engstrom PG, Lenhard B. Mammalian microRNA prediction through a support vector machine model of sequence and structure. PLoS One. 2007;2(9):e946.

151. Karakach TK, Flight RM, Douglas SE, Wentzell PD. An introduction to DNA microarrays for gene expression analysis. Chemometrics and Intelligent Laboratory Systems. 2010 Nov 15;104(1):28-52.

152. Sun X, Dong B, Yin L, Zhang R, Du W, Liu D, et al. PMTED: a plant microRNA target expression database. BMC Bioinformatics. 2013;14(1):174.

153. Hamilton A, Voinnet O, Chappell L, Baulcombe D. Two classes of short interfering RNA in RNA silencing. EMBO J. 2002 Sep 2;21(17):4671-9.

154. Xie Z, Johansen LK, Gustafson AM, Kasschau KD, Lellis AD, Zilberman D, et al. Genetic and functional diversification of small RNA pathways in plants. PLoS Biol. 2004 May;2(5):E104.

155. Chan SW, Zilberman D, Xie Z, Johansen LK, Carrington JC, Jacobsen SE. RNA silencing genes control de novo DNA methylation. Science. 2004 Feb 27;303(5662):1336.

156. Zheng X, Zhu J, Kapoor A, Zhu JK. Role of *Arabidopsis* AGO6 in siRNA accumulation, DNA methylation and transcriptional gene silencing. EMBO J. 2007 Mar 21;26(6):1691-701.

157. Boutet S, Vazquez F, Liu J, Beclin C, Fagard M, Gratias A, et al. *Arabidopsis* HEN1: a genetic link between endogenous miRNA controlling development and

siRNA controlling transgene silencing and virus resistance. Curr Biol. 2003 May 13;13(10):843-8.

158. El-Shami M, Pontier D, Lahmy S, Braun L, Picart C, Vega D, et al. Reiterated WG/GW motifs form functionally and evolutionarily conserved ARGONAUTE-binding platforms in RNAi-related components. Genes Dev. 2007 Oct 15;21(20):2539-44.

159. Herr AJ, Jensen MB, Dalmay T, Baulcombe DC. RNA polymerase IV directs silencing of endogenous DNA. Science. 2005 Apr 1;308(5718):118-20.

160. Kanoh J, Sadaie M, Urano T, Ishikawa F. Telomere binding protein Taz1 establishes Swi6 heterochromatin independently of RNAi at telomeres. Curr Biol. 2005 Oct 25;15(20):1808-19.

161. Lee SK, Dykxhoorn DM, Kumar P, Ranjbar S, Song E, Maliszewski LE, et al. Lentiviral delivery of short hairpin RNAs protects CD4 T cells from multiple clades and primary isolates of HIV. Blood. 2005 Aug 1;106(3):818-26.

162. Onodera Y, Haag JR, Ream T, Costa Nunes P, Pontes O, Pikaard CS. Plant nuclear RNA polymerase IV mediates siRNA and DNA methylation-dependent heterochromatin formation. Cell. 2005 Mar 11;120(5):613-22.

163. Pontier D, Yahubyan G, Vega D, Bulski A, Saez-Vasquez J, Hakimi MA, et al. Reinforcement of silencing at transposons and highly repeated sequences requires the concerted action of two distinct RNA polymerases IV in *Arabidopsis*. Genes Dev. 2005 Sep 1;19(17):2030-40.

164. Tran RK, Henikoff JG, Zilberman D, Ditt RF, Jacobsen SE, Henikoff S. DNA methylation profiling identifies CG methylation clusters in *Arabidopsis* genes. Curr Biol. 2005 Jan 26;15(2):154-9.

165. Mette MF, Aufsatz W, van der Winden J, Matzke MA, Matzke AJ. Transcriptional silencing and promoter methylation triggered by double-stranded RNA. EMBO J. 2000 Oct 2;19(19):5194-201.

166. Vazquez F, Vaucheret H, Rajagopalan R, Lepers C, Gasciolli V, Mallory AC, et al. Endogenous trans-acting siRNAs regulate the accumulation of *Arabidopsis* mRNAs. Molecular cell. 2004 Oct 8;16(1):69-79.

167. Peragine A, Yoshikawa M, Wu G, Albrecht HL, Poethig RS. SGS3 and SGS2/SDE1/RDR6 are required for juvenile development and the production of trans-acting siRNAs in *Arabidopsis*. Genes Dev. 2004 Oct 1;18(19):2368-79.

168. Yoshikawa M, Peragine A, Park MY, Poethig RS. A pathway for the biogenesis of trans-acting siRNAs in *Arabidopsis*. Genes Dev. 2005 Sep 15;19(18):2164-75.

169. Allen E, Xie Z, Gustafson AM, Carrington JC. microRNA-directed phasing during trans-acting siRNA biogenesis in plants. Cell. 2005 Apr 22;121(2):207-21.

170. Williams L, Carles CC, Osmont KS, Fletcher JC. A database analysis method identifies an endogenous trans-acting short-interfering RNA that targets the *Arabidopsis* ARF2, ARF3, and ARF4 genes. Proc Natl Acad Sci USA. 2005 Jul 5;102(27):9703-8.

171. Montgomery TA, Howell MD, Cuperus JT, Li D, Hansen JE, Alexander AL, et al. Specificity of ARGONAUTE7-miR390 interaction and dual functionality in TAS3 trans--acting siRNA formation. Cell. 2008 Apr 4;133(1):128-41.

172. Axtell MJ, Jan C, Rajagopalan R, Bartel DP. A two-hit trigger for siRNA biogenesis in plants. Cell. 2006 Nov 3;127(3):565-77.

173. Katiyar-Agarwal S, Morgan R, Dahlbeck D, Borsani O, Villegas A, Jr., Zhu JK, et al. A pathogen-inducible endogenous siRNA in plant immunity. Proc Natl Acad Sci USA. 2006 Nov 21;103(47):18002-7.

174. Borsani O, Zhu J, Verslues PE, Sunkar R, Zhu JK. Endogenous siRNAs derived from a pair of natural cis-antisense transcripts regulate salt tolerance in *Arabidopsis*. Cell. 2005 Dec 29;123(7):1279-91.

175. Zhang D, Trudeau VL. The XS domain of a plant specific SGS3 protein adopts a unique RNA recognition motif (RRM) fold. Cell Cycle. 2008 Jul 15;7(14):2268-70.

176. Yang N, Kazazian HH, Jr. L1 retrotransposition is suppressed by endogenously encoded small interfering RNAs in human cultured cells. Nat Struct Mol Biol. 2006 Sep;13(9):763-71.

177. Ghildiyal M, Seitz H, Horwich MD, Li C, Du T, Lee S, et al. Endogenous siRNAs derived from transposons and mRNAs in *Drosophila* somatic cells. Science. 2008 May 23;320(5879):1077-81.

178. Czech B, Malone CD, Zhou R, Stark A, Schlingeheyde C, Dus M, et al. An endogenous small interfering RNA pathway in *Drosophila*. Nature. 2008 Jun 5;453(7196):798-802.

179. Okamura K, Chung WJ, Ruby JG, Guo H, Bartel DP, Lai EC. The *Drosophila* hairpin RNA pathway generates endogenous short interfering RNAs. Nature. 2008 Jun 5;453(7196):803-6.

180. Kawamura Y, Saito K, Kin T, Ono Y, Asai K, Sunohara T, et al. *Drosophila* endogenous small RNAs bind to Argonaute 2 in somatic cells. Nature. 2008 Jun 5;453(7196):793-7.

181. Okamura K, Balla S, Martin R, Liu N, Lai EC. Two distinct mechanisms generate endogenous siRNAs from bidirectional transcription in *Drosophila melanogaster*. Nat Struct Mol Biol. 2008 Jun;15(6):581-90.

182. Chung WJ, Okamura K, Martin R, Lai EC. Endogenous RNA interference provides a somatic defense against *Drosophila* transposons. Curr Biol. 2008 Jun 3;18(11):795-802.

183. Zhou R, Hotta I, Denli AM, Hong P, Perrimon N, Hannon GJ. Comparative analysis of argonaute-dependent small RNA pathways in *Drosophila*. Mol Cell. 2008 Nov 21;32(4):592-9.

184. Forstemann K, Tomari Y, Du T, Vagin VV, Denli AM, Bratu DP, et al. Normal microRNA maturation and germ-line stem cell maintenance requires Loquacious, a double-stranded RNA-binding domain protein. PLoS Biol. 2005 Jul;3(7):e236.

185. Tam OH, Aravin AA, Stein P, Girard A, Murchison EP, Cheloufi S, et al. Pseudogene- derived small interfering RNAs regulate gene expression in mouse oocytes. Nature. 2008 May 22;453(7194):534-8.

186. Watanabe T, Totoki Y, Toyoda A, Kaneda M, Kuramochi-Miyagawa S, Obata Y, et al. Endogenous siRNAs from naturally formed dsRNAs regulate transcripts in mouse oocytes. Nature. 2008 May 22;453(7194):539-43.

187. Sasidharan R, Gerstein M. Genomics: protein fossils live on as RNA. Nature. 2008 Jun 5;453(7196):729-31.

188. Vagin VV, Sigova A, Li C, Seitz H, Gvozdev V, Zamore PD. A distinct small RNA pathway silences selfish genetic elements in the germline. Science. 2006 Jul 21;313(5785):320-4.

189. Saito K, Nishida KM, Mori T, Kawamura Y, Miyoshi K, Nagami T, et al. Specific association of Piwi with rasiRNAs derived from retrotransposon and heterochromatic regions in the *Drosophila* genome. Genes Dev. 2006 Aug 15;20(16):2214-22.

190. Saito K, Sakaguchi Y, Suzuki T, Siomi H, Siomi MC. Pimet, the *Drosophila* homolog of HEN1, mediates 2'-O-methylation of Piwi- interacting RNAs at their 3' ends. Genes Dev. 2007 Jul 1;21(13):1603-8.

191. Ohara T, Sakaguchi Y, Suzuki T, Ueda H, Miyauchi K. The 3' termini of mouse Piwi-interacting RNAs are 2'-O-methylated. Nat Struct Mol Biol. 2007 Apr;14(4):349-50.

192. Aravin A, Gaidatzis D, Pfeffer S, Lagos-Quintana M, Landgraf P, Iovino N, et al. A novel class of small RNAs bind to MILI protein in mouse testes. Nature. 2006 Jul 13;442(7099):203-7.

193. Lau NC, Seto AG, Kim J, Kuramochi-Miyagawa S, Nakano T, Bartel DP, et al. Characterization of the piRNA complex from rat testes. Science. 2006 Jul 21;313(5785):363-7.

194. Aravin AA, Sachidanandam R, Girard A, Fejes-Toth K, Hannon GJ. Developmentally regulated piRNA clusters implicate MILI in transposon control. Science. 2007 May 4;316(5825):744-7.

195. Kato Y, Kaneda M, Hata K, Kumaki K, Hisano M, Kohara Y, et al. Role of the Dnmt3 family in de novo methylation of imprinted and repetitive sequences during male germ cell development in the mouse. Hum Mol Genet. 2007 Oct 1;16(19):2272-80.

196. Aravin AA, Sachidanandam R, Bourc'his D, Schaefer C, Pezic D, Toth KF, et al. A piRNA pathway primed by individual transposons is linked to de novo DNA methylation in mice. Molecular Cell. 2008 Sep 26;31(6):785-99.

197. Batista PJ, Ruby JG, Claycomb JM, Chiang R, Fahlgren N, Kasschau KD, et al. PRG-1 and 21U-RNAs interact to form the piRNA complex required for fertility in *C. elegans*. Mol Cell. 2008 Jul 11;31(1):67-78.

198. Das PP, Bagijn MP, Goldstein LD, Woolford JR, Lehrbach NJ, Sapetschnig A, et al. Piwi and piRNAs act upstream of an endogenous siRNA pathway to suppress

Tc3 transposon mobility in the *Caenorhabditis elegans* germline. Mol Cell. 2008 Jul11;31(1):79-90.

199. Wang G, Reinke V. A *C. elegans* Piwi, PRG-1, regulates 21U-RNAs during spermatogenesis. Curr Biol. 2008 Jun 24;18(12):861-7.

200. Ruby JG, Stark A, Johnston WK, Kellis M, Bartel DP, Lai EC. Evolution, biogenesis, expression, and target predictions of a substantially expanded set of *Drosophila* microRNAs. Genome Res. 2007 Dec;17(12):1850-64.

201. Prud'homme N, Gans M, Masson M, Terzian C, Bucheton A. Flamenco, a gene controlling the gypsy retrovirus of *Drosophila melanogaster*. Genetics. 1995 Feb;139(2):697-711.

202. Mevel-Ninio M, Pelisson A, Kinder J, Campos AR, Bucheton A. The flamenco locus controls the gypsy and ZAM retroviruses and is required for *Drosophila* oogenesis. Genetics. 2007 Apr;175(4):1615-24.

203. Brennecke J, Aravin AA, Stark A, Dus M, Kellis M, Sachidanandam R, et al. Discrete small RNA-generating loci as master regulators of transposon activity in *Drosophila*. Cell. 2007 Mar 23;128(6):1089-103.

204. Gunawardane LS, Saito K, Nishida KM, Miyoshi K, Kawamura Y, Nagami T, et al. A slicer-mediated mechanism for repeat-associated siRNA 5' end formation in *Drosophila*. Science. 2007 Mar 16;315(5818):1587-90.

205. Houwing S, Kamminga LM, Berezikov E, Cronembold D, Girard A, van den Elst H, et al. A role for Piwi and piRNAs in germ cell maintenance and transposon silencing in Zebrafish. Cell. 2007 Apr 6;129(1):69-82.

206. Cox DN, Chao A, Baker J, Chang L, Qiao D, Lin H. A novel class of evolutionarily conserved genes defined by piwi are essential for stem cell self-renewal. Genes Dev. 1998 Dec 1;12(23):3715-27.

207. Aravin AA, Klenov MS, Vagin VV, Bantignies F, Cavalli G, Gvozdev VA. Dissection of a natural RNA silencing process in the *Drosophila melanogaster* germ line. Mol Cell Biol. 2004 Aug;24(15):6742-50.

208. Schupbach T, Wieschaus E. Female sterile mutations on the second chromosome of *Drosophila melanogaster*. II. Mutations blocking oogenesis or altering egg morphology. Genetics. 1991 Dec;129(4):1119-36.

209. Pal-Bhadra M, Leibovitch BA, Gandhi SG, Chikka MR, Bhadra U, Birchler JA, et al. Heterochromatic silencing and HP1 localization in *Drosophila* are dependent on the RNAi machinery. Science. 2004 Jan 30;303(5658):669-72.

210. Tomari Y, Du T, Zamore PD. Sorting of *Drosophila* small silencing RNAs. Cell. 2007 Jul 27;130(2):299-308.

211. Mi SJ, Cai T, Hu YG, Chen Y, Hodges E, Ni FR, et al. Sorting of small RNAs into *Arabidopsis* argonaute complexes is directed by the 5 ' terminal nucleotide. Cell. 2008 Apr 4;133(1):116-27.

212. Vaucheret H. Plant ARGONAUTES. Trends in plant science. 2008 Jul;13(7):350-8.

213. Tokumaru S, Suzuki M, Yamada H, Nagino M, Takahashi T. let-7 regulates Dicer expression and constitutes a negative feedback loop. Carcinogenesis. 2008 Nov;29(11):2073-7.

214. Forman JJ, Legesse-Miller A, Coller HA. A search for conserved sequences in coding regions reveals that the let-7 microRNA targets Dicer within its coding sequence. Proc Natl Acad Sci USA. 2008 Sep 30;105(39):14879-84.

215. Zhao T, Li G, Mi S, Li S, Hannon GJ, Wang XJ, et al. A complex system of small RNAs in the unicellular green alga *Chlamydomonas reinhardtii*. Genes Dev. 2007 May 15;21(10):1190-203.

216. Molnar A, Schwach F, Studholme DJ, Thuenemann EC, Baulcombe DC. miRNAs control gene expression in the single-cell alga *Chlamydomonas reinhardtii*. Nature. 2007 Jun 28;447(7148):1126-9.

217. Grimson A, Srivastava M, Fahey B, Woodcroft BJ, Chiang HR, King N, et al. Early origins and evolution of microRNAs and Piwi-interacting RNAs in animals. Nature. 2008 Oct 30;455(7217):1193-7.

218. Jones-Rhoades MW, Bartel DP. Computational identification of plant microRNAs and their targets, including a stress-induced miRNA. Mol Cell. 2004 Jun 18;14(6):787-99.

219. Hamilton AJ, Baulcombe DC. A species of small antisense RNA in posttranscriptional gene silencing in plants. Science. 1999 Oct 29;286(5441):950-2.

220. Elbashir SM, Harborth J, Lendeckel W, Yalcin A, Weber K, Tuschl T. Duplexes of 21-nucleotide RNAs mediate RNA interference in cultured mammalian cells. Nature. 2001 May 24;411(6836):494-8.

221. Sijen T, Plasterk RH. Transposon silencing in the *Caenorhabditis elegans* germ line by natural RNAi. Nature. 2003 Nov 20;426(6964):310-4.

222. Girard A, Sachidanandam R, Hannon GJ, Carmell MA. A germline-specific class of small RNAs binds mammalian Piwi proteins. Nature. 2006 Jul 13;442(7099):199-202.

223. Grivna ST, Beyret E, Wang Z, Lin H. A novel class of small RNAs in mouse spermatogenic cells. Genes Dev. 2006 Jul 1;20(13):1709-14.

224. Grivna ST, Pyhtila B, Lin H. MIWI associates with translational machinery and PIWI-interacting RNAs (piRNAs) in regulating spermatogenesis. Proc Natl Acad Sci USA. 2006 Sep 5;103(36):13415-20.

225. Ruby JG, Jan C, Player C, Axtell MJ, Lee W, Nusbaum C, et al. Large-scale sequencing reveals 21U-RNAs and additional microRNAs and endogenous siRNAs in *C. elegans*. Cell. 2006 Dec 15;127(6):1193-207.

226. Chen C, Ridzon DA, Broomer AJ, Zhou Z, Lee DH, Nguyen JT, et al. Real-time quantification of microRNAs by stem-loop RT-PCR. Nucleic Acids Res. 2005;33(20):e179.

227. Gibson UE, Heid CA, Williams PM. A novel method for real time quantitative RT-PCR. Genome Res. 1996 Oct;6(10):995-1001.

228. Varkonyi-Gasic E, Wu R, Wood M, Walton EF, Hellens RP. Protocol: a highly sensitive RT-PCR method for detection and quantification of microRNAs. Plant Methods. 2007;3:12.

229. Heid CA, Stevens J, Livak KJ, Williams PM. Real time quantitative PCR. Genome Res. 1996 Oct;6(10):986-94.

230. van Rooij E, Purcell AL, Levin AA. Developing microRNA therapeutics. Circ Res. 2012 Feb 3;110(3):496-507.

231. Lin SL, Miller JD, Ying SY. Intronic microRNA (miRNA). J Biomed Biotechnol. 2006;2006(4):26818.

232. Williams MD, Mitchell GM. MicroRNAs in insulin resistance and obesity. Exp Diabetes Res. 2012;2012:484696.

233. Schoniger C, Arenz C. Perspectives in targeting miRNA function. Bioorg Med Chem. 2013 Oct 15;21(20):6115-8.

244. Kantharidis P, Wang B, Carew RM, Lan HY. Diabetes Complications: The MicroRNA Perspective. Diabetes. 2011 July 1, 2011;60(7):1832-7.

235. Wijnen A, Peppel J, Leeuwen J, Lian J, Stein G, Westendorf J, et al. MicroRNA Functions in Osteogenesis and Dysfunctions in Osteoporosis. Curr Osteoporos Rep. 2013 2013/06/01;11(2):72-82.

236. Sayed D, Abdellatif M. MicroRNAs in development and disease. Physiol Rev. 2011 Jul;91(3):827-87.

237. Nana-Sinkam SP, Croce CM. Clinical applications for microRNAs in cancer. Clin Pharmacol Ther. 2013 Jan;93(1):98-104.

238. Barbarotto E, Calin GA. Potential Therapeutic Applications of miRNA-Based Technology in Hematological Malignancies. Curr Pharm Design. 2008;14(21):2040-50.

239. Allegra A, Alonci A, Campo S, Penna G, Petrungaro A, Gerace D, et al. Circulating microRNAs: new biomarkers in diagnosis, prognosis and treatment of cancer (review). International journal of oncology. 2012 Dec;41(6):1897-912.

240. Aagaard L, Rossi JJ. RNAi therapeutics: principles, prospects and challenges. Adv Drug Deliv Rev. 2007 Mar 30;59(2-3):75-86.

241. Chen Y, Zhu X, Zhang X, Liu B, Huang L. Nanoparticles modified with tumor-targeting scFv deliver siRNA and miRNA for cancer therapy. Mol Ther. 2010 Sep;18(9):1650-6.

242. Bonfrate L, Altomare DF, Di Lena M, Travaglio E, Rotelli MT, De Luca A, et al. MicroRNA in colorectal cancer: new perspectives for diagnosis, prognosis and treatment. Journal of Gastrointestinal and Liver Diseases: JGLD. 2013 Sep;22(3):311-20.

243. Zhou M, Luo H. MicroRNA-mediated gene regulation: potential applications for plant genetic engineering. Plant Molecular Biology. 2013 2013/09/01;83(1-2):59-75.

244. Macovei A, Gill SS, Tuteja N. microRNAs as promising tools for improving stress tolerance in rice. Plant signaling & behavior. 2012 Oct 1;7(10):1296-301.

245. Zhang YC, Yu Y, Wang CY, Li ZY, Liu Q, Xu J, et al. Overexpression of microRNA OsmiR397 improves rice yield by increasing grain size and promoting panicle branching. Nat Biotechnol. 2013 Sep;31(9):848-52.

Parte deste capítulo foi uma tradução do artigo publicado MicroRNAs: genomics, biogenesis, mechanism, and function. Bartel DP. Cell. 2004 Jan 23;116(2):281-97. Review. Sob a licença número 3696490566183.

INTERFERÊNCIA POR RNA

Vinícius D'Ávila Bitencourt Pascoal
Alexandre Hilário Berenguer de Matos
Iscia Lopes-Cendes

7.1 INTRODUÇÃO

A interferência por RNA (RNAi) foi descrita pela primeira vez em 19 de fevereiro de 1998 na prestigiada revista de publicação científica *Nature*. Os autores Andrew Fire, SiQun Xu, Mary K. Montgomery, Steven A. Kostas, Samuel E. Driver e Craig C. Mello relataram que moléculas de dupla fita de RNA poderiam promover o silenciamento gênico potente e específico de genes com sequência complementar a essa dupla fita de RNA[1]. Esses dados iniciais impressionaram a comunidade científica mundial, uma vez que demonstravam resultados bem mais robustos que a técnica de RNA *antisense*, já utilizada corriqueiramente na época em experimentos de silenciamento gênico. Além disso, a técnica proposta era extremamente simples quando comparada com as técnicas disponíveis até o momento para gerar animais *knockout*, podendo gerar animais *knockdown*, por não necessitar de equipamentos e instalações sofisticadas, e nem mesmo de grande conhecimento técnico como o necessário para a geração de animais manipulados geneticamente pelas técnicas clássicas. Isso abria a possibilidade de acesso aos experimentos de silenciamento por RNAi a uma gama muito maior de pesquisadores ao redor do mundo.

A RNAi mudou de forma tão marcante a pesquisa científica da época que apenas oito anos após o primeiro artigo os autores Andrew Fire e Graig

Mello foram laureados com o Nobel de Medicina e Fisiologia, no ano de 2006. No entanto, é importante ressaltar que os primeiros indícios da RNAi já haviam sido detectados na década de 1990 por pesquisadores que, infelizmente, não conseguiram concluir quais eram as causas dos efeitos observados. Napoli e colaboradores[2], ao executar um experimento com petúnias no qual tentavam produzir plantas transgênicas superexpressando a enzima calcona sintase (enzima capaz de gerar um maior acúmulo de antocianina, pigmento responsável pela coloração das petúnias), introduziram cópias adicionais do gene-alvo. Os resultados observados foram surpreendentes, uma vez que ao invés de plantas com maior abundância de antocianina e, consequentemente coloração violeta mais intensa, foram geradas plantas com bloqueio total ou parcial da via de síntese de antocianina, gerando plantas com fenótipos de flores totalmente brancas ou variegadas (Figura 7.1). Apenas estudos posteriores demonstraram que os fenótipos gerados em petúnias estavam relacionados à ativação da via de RNAi. Inicialmente, foi detectado que ocorria uma diminuição de até cinquenta vezes no acúmulo do transcrito do transgene e do gene endógeno, evento este nomeado inicialmente de cossupressão, uma vez que era detectada uma supressão de ambos os transcritos. Apenas estudos posteriores demonstraram que a taxa de produção dos transcritos no núcleo era normal e que a redução do acúmulo do transcrito era exclusivamente citoplasmática[3]. Esse evento recebeu o nome de silenciamento gênico pós-transcricional (do inglês *post-transcriptional gene silencing* – PTGS), para diferenciá-lo do silenciamento gênico nuclear convencional.

Figura 7.1 Fenótipo selvagem da petúnia que apresenta coloração bem intensa e duas flores, as quais dependendo do local de inserção do vetor de expressão apresentam fenótipos diferentes, derivados de graus variados de silenciamento gênico e assim ausência da coloração (imagens cedidas por R. JORGENSEN, UNIV. ARIZONA, TUCSON).

Ainda na década de 1990 vários experimentos que tentavam compreender a resistência gerada por patógenos em plantas (do inglês *pathogen-derived resistence* – PDR)[4], demonstraram ser possível, ao introduzir a sequência de um gene viral por transgenia em uma planta, induzir resistência ao vírus (revisado em Fitchen e Beachy)[5]. Posteriormente, foi demonstrado que essa resistência era mediada por RNA, sendo este capaz de proteger contra altos níveis do inóculo de forma altamente específica à sequência viral complementar[6]. Apesar dos indícios da existência de um mecanismo capaz de gerar degradação de RNA nesses dois experimentos observados: cossupressão observado em petúnias (PTGS) e resistência viral mediada por RNA; essa degradação só foi comprovada posteriormente utilizando vetores virais com sequências exógenas não virais[7].

Concomitantemente, outros artigos demonstraram que o mecanismo de silenciamento gênico mediado por moléculas de RNA não era exclusivo de plantas, como pode ser observado por Romano e Macino, no fungo *Neurospora crassa,* fenômeno denominado de *quelling* (repressão em inglês)[8], e no ciliado unicelular *Paramecium*[9].

Entretanto, os mecanismos moleculares mais importantes envolvidos na interferência por RNAi só passaram a ser mais bem compreendidos com os experimentos realizados em *C. elegans*. Desse modo, em um primeiro momento Guo e Kemphues, na tentativa de silenciar o gene *par-1*, utilizaram moléculas de RNA complementares (antissenso) ao RNA mensageiro do gene-alvo. Apesar do silenciamento detectado, eles perceberam que a molécula senso, assim como ambas em combinação, também era capaz de gerar o silenciamento. Nesse primeiro momento, os pesquisadores não conseguiram explicar de maneira satisfatória o fenômeno, apenas especularam que esse efeito poderia ser causado pela forma de produção da molécula de RNA[10].

Esses resultados só foram investigados mais a fundo por Fire e colaboradores em 1998[1], quando esses autores demonstraram que na utilização de uma mistura das fitas senso e antissenso (duplas fitas de RNAs, do inglês *double strands* RNA – dsRNA) ocorria uma sinergia e o silenciamento era mais eficiente do que quando apenas uma das moléculas era utilizada. Nesse mesmo trabalho também foi demonstrado que a sequência do dsRNA deveria ser complementar ao RNA mensageiro maduro do gene-alvo, pois duplas fitas de RNA complementares às regiões promotoras ou intrônicas não geravam o silenciamento[1].

O grupo de Andrew Fire e Graig Mello, ainda em 1998, demonstrou que o silenciamento nesse caso também era pós-transcricional, pois não ocorria nenhuma mudança no DNA, e a taxa de transcrição do gene era inalterada, apenas ocorria sua degradação citoplasmática[11]. Além disso, os autores sugeriram a existência da via metabólica que, utilizando moléculas de dsRNA, seria capaz de degradar moléculas de RNA homólogas à sequência do dsRNA[12].

Subsequentemente, esse mecanismo passou a ser demonstrado em vários outros organismos: plantas[13], em drosófila[14], *Trypanossoma bruce*[15], o que sugeria que fosse um mecanismo de regulação gênica existente em inúmeros organismos. Já em 1997, Metzalaff e colaboradores haviam demonstrado que o fenótipo de cossupressão, na realidade, dizia respeito a um evento de silenciamento gênico pós-transcricional gerado por dsRNA. Durante a indução da transgênese, inúmeras cópias do gene eram inseridas nas mais diversas orientações, produzindo tanto fitas senso quanto antissenso contra o gene-alvo, gerando assim *in vivo* as moléculas de dsRNA responsáveis por induzirem a degradação das moléculas de RNA mensageiro transcritos a partir dos genes-alvos[16].

Após o reconhecimento da existência dessa via endógena de PGTS, ocorreu a identificação das proteínas efetoras dessa via. Isso aconteceu, principalmente, por meio da detecção de organismos com mutações que levavam à inativação de genes específicos, gerando refratariedade à RNAi. Essas proteínas são representadas na Figura 7.2. Na mesma figura fica evidente que tanto a via endógena de RNAi como o mecanismo de regulação da expressão gênica induzido por microRNAs compartilham muitas dessas proteínas e enzimas (mais informações podem ser obtidas no Capítulo 6, sobre microRNAs).

7.2 COMPREENDENDO A TÉCNICA DE RNAI

A seguir, nos aprofundaremos nos mecanismos essenciais para a indução da RNAi, incluindo a abordagem das proteínas necessárias e moléculas efetoras, dos mecanismos de degradação das moléculas de RNA mensageiro, do mecanismo de silenciamento pós-transcricional envolvido e da amplificação do sinal. Essas são informações essenciais para um total entendimento do fenômeno de RNAi, possibilitando sua posterior utilização prática de maneira mais eficiente e racional. Como pode ser observado na Figura 7.2, para dar início ao processo de silenciamento gênico mediado por RNA faz-se necessária a mediação via moléculas de RNA, as quais irão fornecer a informação da sequência específica para que o complexo RISC (do inglês *RNA-induced silencing complex)* identifique o RNA mensageiro-alvo, aquele que será degradado por meio da complementaridade de sequência. Cabe aqui salientar que, mesmo sendo possível utilizar moléculas de dsRNA

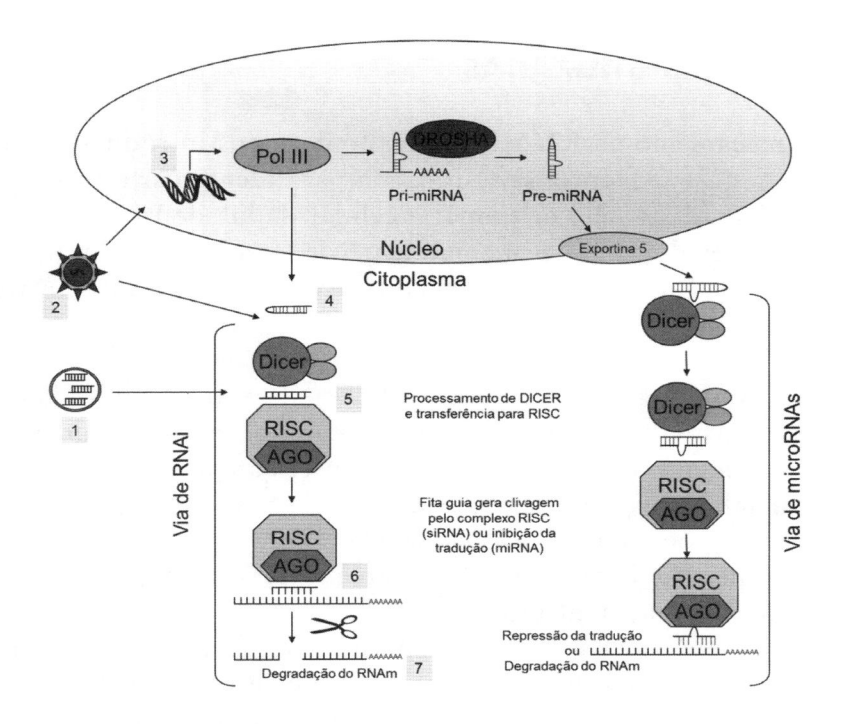

Figura 7.2 Via metabólica utilizada na interferência por RNA, onde é possível notar que moléculas efetoras podem utilizar os long hairpin RNAs (hpRNA) que serão clivados pelo complexo enzimático DICER para dar origem aos siRNA. Essa figura demonstra também a produção endógena dos microRNAs os quais utilizam grande parte da mesma maquinaria celular da via de PTGS. 1) complexo de emulsão lipídica catiônica e siRNA 2) Vetor viral para a produção de hpRNAs contra o gene-alvo; 3) utilizando vetores virais também é possível a inserção de sequência para produção do shRNA no genoma; 4) shRNA no citoplasma para ser processado pelo complexo DICER; 5) as moléculas efetoras siRNA ou shRNA são processadas e transferidas para o complexo RISC; 6) Após a entrada do siRNA no complexo RISC a dupla fita é aberta e apenas a fita guia (sequencia antisenso ao RNAm) permanece ligada ao complexo RISC sendo usada para identificar os RNAs mensageiros complementares 7) clivagem dos RNAs mensageiros e posterior degradação por RNAses endógenas.

de diferentes tamanhos, em mamíferos não é recomendado o uso de sequência de dsRNA contendo mais que 30 nucleotídeos, uma vez que tais moléculas induzem a ativação de uma proteína quinase dependente de dsRNA específica (do inglês *dsRNA-activated protein kinase* – PKR), que é parte de um mecanismo essencial de proteção contra infecções virais, culminando com a degradação celular por apoptose[17]. Assim sendo, apesar de a seguir descrevermos as quatro moléculas mais usuais na indução da RNAi, apenas as moléculas do tipo siRNA (do inglês *small interfering* RNA) e shRNA (do inglês *short hairpin* RNA) devem ser usadas em mamíferos, ou mesmo no combate a patógenos que infectem mamíferos *in vivo*.

7.3 MOLÉCULAS UTILIZADAS

Para o mecanismo da RNAi ser ativado devemos introduzir uma dupla fita de RNA, cuja sequência será utilizada para identificar o transcrito que deverá ser degradado pela maquinaria celular da via de PTGS. Essas moléculas podem ser divididas principalmente de acordo com o tamanho das sequências e sua forma de produção, como é descrito a seguir e ilustrado na Figura 7.3:

- dsRNA: é uma dupla fita de RNA. Usualmente possui de 300 a 800 nucleotídeos, os quais são complementares ao transcrito do gene-alvo. Normalmente são produzidas por transcrição *in vitro* ou sintetizadas artificialmente e, após a obtenção de cada fita, elas são misturadas em concentrações equimolares, aquecidas a 90 °C e resfriadas lentamente com o intuito de possibilitar os pareamentos destas, gerando a dupla fita de RNA (anelamento).
- hpRNA (*hairpin* RNA): semelhantes às anteriores em tamanho, porém são geradas por um vetor de expressão que produz tanto a fita senso quanto a antissenso ligadas por um adaptador que, ao final da síntese, irá gerar uma alça permitindo o pareamento da fita senso com a antissenso, gerando, assim, a dupla fita de RNA.
- siRNA: essa dupla fita de RNA, apesar de poderem ser sintetizadas *in vitro*, devido ao seu pequeno tamanho de 21 a 27 nucleotídeos, atualmente é mais comumente sintetizada quimicamente, gerando maior rapidez nos experimentos e até um melhor custo-benefício, sendo que, após serem ressuspendidas e misturadas (fita senso e antissenso) em concentrações equimolares, são então aneladas para a formação da dupla fita, como já descrito anteriormente.
- shRNA: possuem fragmentos de 21 a 27 nucleotídeos, porém sua produção ocorre *in vivo*, utilizando a maquinaria celular sob o comando de um vetor de expressão contendo um promotor específico. As cadeias senso e antissenso são unidas por um adaptador.

Em geral, os experimentos que utilizam moléculas de siRNA têm como principal vantagem a facilidade de obtenção das moléculas interferentes, que podem ser adquiridas por síntese química de vários fornecedores comerciais. Além disso, existe a facilidade na entrada dessa molécula dentro da célula, devido ao seu tamanho reduzido. Apesar dessas vantagens, algumas células são particularmente resistentes aos métodos mais convencionais de

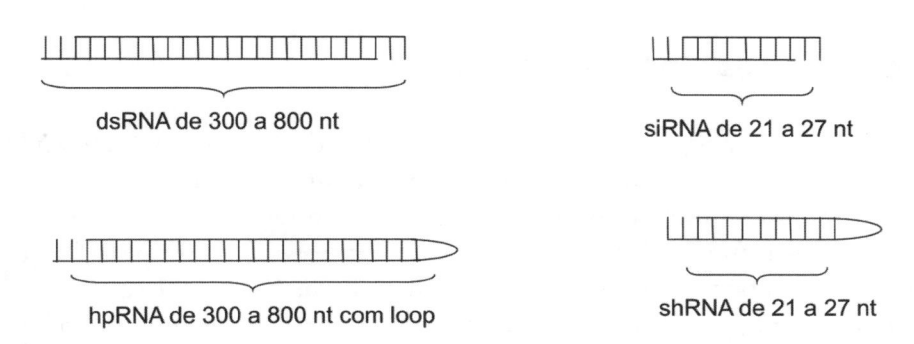

dsRNA de 300 a 800 nt

siRNA de 21 a 27 nt

hpRNA de 300 a 800 nt com loop

shRNA de 21 a 27 nt

Figura 7.3 Esquema demonstrando a estrutura e principais características das moléculas mais utilizadas nos experimentos de RNAi.

transfecção, como, por exemplo, células neuronais. Nesse caso, pode ser mais adequado o uso de vetores que irão gerar shRNA para silenciar o gene-alvo, sendo que mesmo em células de fácil transfecção essa estratégia também pode ser usada por propiciar um silenciamento mais duradouro ou até mesmo permanente.

7.4 DESENHO DAS MOLÉCULAS EFETORAS DO SILENCIAMENTO: MOLÉCULAS INTERFERENTES

Para a escolha da sequência das moléculas interferentes existem inúmeros algoritmos publicados em revistas científicas e muitos laboratórios têm seu próprio método, nós acreditamos que, para pesquisadores iniciantes na utilização da RNAi, a melhor estratégia é inicialmente verificar na literatura se já existe algum siRNA ou shRNA publicado contra o gene de interesse e, assim, utilizar essa informação. Desse modo, ao utilizar uma molécula já validada, a qual já foi comprovada como eficiente em experimentos prévios, o pesquisador poderá concentrar-se na procura do melhor método de entrega da molécula interferente em seu sistema específico. Outra alternativa é contar com o banco de siRNAs e shRNAs de vários fornecedores comerciais que já possuem essas moléculas desenhadas e, para alguns genes, até mesmo validadas experimentalmente. Finalmente, havendo a necessidade do desenho customizado de novas moléculas interferentes, sugerimos o aprofundamento desse assunto no livro *Introdução à interferência por RNA – RNAi*, (no Capítulo 6[18]), ou em revisões específicas[19-21].

7.5 ESTRATÉGIAS DE RNAi *IN VITRO*

Uma das aplicações mais simples da técnica de RNAi é o silenciamento de um gene-alvo em cultura de células permanente. Essa aplicação pode ser utilizada tanto como uma tentativa de reverter um fenótipo anormal (terapia de uma doença que apresenta um gene superexpresso) como para estudar a função gênica por meio de fenótipo gerado pela ausência da expressão deste (genética reversa). Elbashir e colaboradores[22] demonstraram um dos métodos mais simples para obter-se a entrega de siRNA em diversas culturas de células de mamíferos, utilizando como agente de transfecção uma emulsão lipídica catiônica (devido à carga positiva, estas interagem com as moléculas de ácidos nucleicos, que são negativas devido aos grupos fosfato) para entrega dos siRNA. Esse experimento resultou no silenciamento de um gene repórter e de genes de interesse com uma eficiência de 90%, como ilustrado na Figura 7.4. Esse protocolo pode ser executado em um laboratório com um mínimo de equipamentos, bastando para isso ter à disposição culturas de células permanentes. Além disso, esse mesmo procedimento pode ser realizado como um método simples e rápido para confirmar se moléculas de siRNA realmente são funcionais e qual sua taxa de silenciamento do gene--alvo, possibilitando, assim, a seleção apenas das moléculas validadas para serem utilizadas em experimentos posteriores *in vivo*. A principal limitação dessa estratégia é o silenciamento temporário, limitado a 12 a 48 horas após a transfecção. Como alternativa, em situações nas quais um silenciamento mais duradouro é desejável, existe a utilização de vetores de expressão para que a própria maquinaria celular produza os shRNAs, de forma que o silenciamento perdurará enquanto o vetor estiver dentro da célula. É posssível até obter uma linhagem celular silenciada para o gene de interesse possibilitando a observação do fenótipo por um tempo prolongado, quando genes de seleção forem utilizados.

O protocolo mais simples para gerar shRNAs contra um gene de interesse é por meio da utilização de um plasmídeo de expressão gênica no qual a sequência de interesse será clonada logo após o promotor. Desse modo, será inserida uma sequência senso de 21 nucleotídeos, um adaptador de 4 a 10 nucleotídeos (formando um *loop*) e os próximos 21 nucleotídeos, dos quais 19 serão complementares à sequência senso (Figura 7.5). Após a transfecção da célula de interesse, podendo ser utilizada a mesma emulsão lipídica catiônica já discutida anteriormente, procede-se à seleção das células que possuem o vetor utilizando antibióticos, os quais devem ser específicos para o gene de resistência de cada vetor (Figura 7.5).

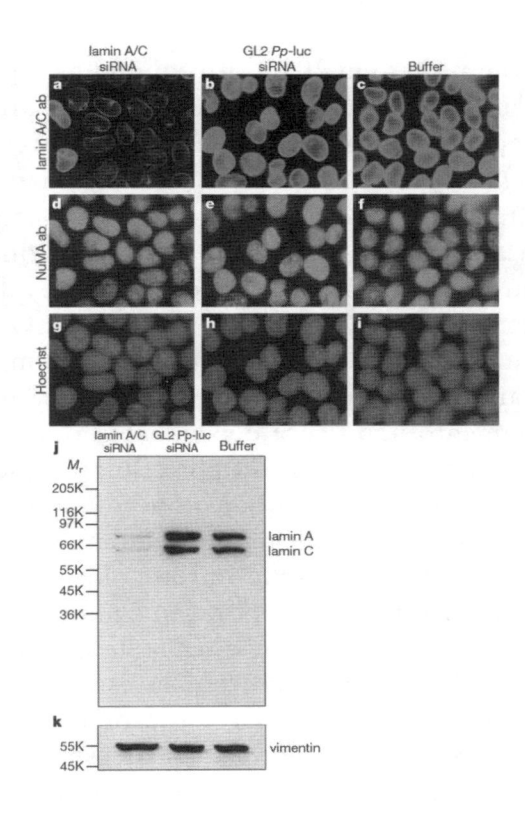

Figura 7.4 Figura do artigo de Elbashir e colaboradores na qual é possível verificar células transfectadas com siRNA contra o gene-alvo (a,d,g), células tratadas com um siRNA para Gl2 Pp-luc (controle negativo, b,e,h) e células tratadas apenas com o tampão de trasnfecção (c,f,i). Em "a" é possível verificar uma diminuição da expressão do gene-alvo em relação aos outros tratamentos. Já em "j", vemos uma análise de Western blot para o gene-alvo e em "k", um resultado de outro gene não silenciado.

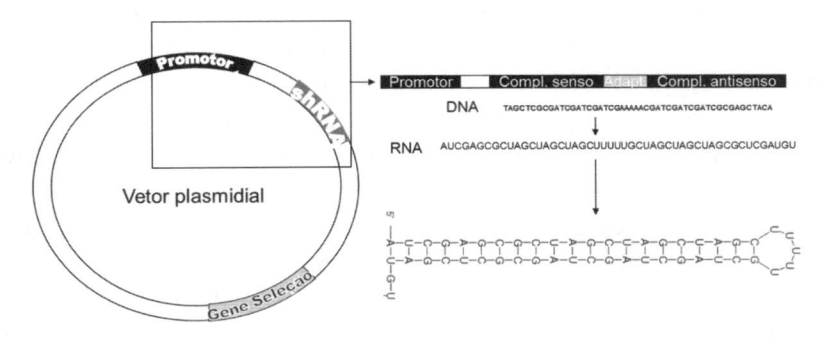

Figura 7.5 Esquema demonstrando a construção de um vetor plasmidial para produção de shRNAs. A sequencia complementar a sequencia senso do shRNA deve ser introduzida logo após o promotor e em seguida introduzida a sequencia adaptadora que irá gerar o loop (4 a 10 nucleotídeos). Em seguida será introduzida a sequencia complementar a sequencia antisenso do shRNA. Desta forma, a construção ao ser processada pela RNA polimerase dará origem a uma molécula contendo 21 nucleotídeos em dupla fita, formando assim o shRNA.

Zhang H. e colaboradores em 2012, utilizando um experimento baseado nesse protocolo, demonstraram que o gene *MDR1* é parcialmente responsável pela resistência aos múltiplos fármacos em câncer de ovário, tanto *in vitro* quanto *in vivo*[23]. Após a transfecção da linhagem celular, foram selecionadas as células que possuíam o vetor apenas pela adição do antibiótico G418 (gentamicina, concentração de 800 mg/mL). Essas células, após o silenciamento, voltaram a ser suscetíveis a três das quatro drogas mais utilizadas para o tratamento de câncer de ovário. O mesmo protocolo pode ser modificado, caso se deseje um silenciamento mais estável mesmo sem a seleção por antibiótico[24]. Nesse caso, o vetor irá produzir inúmeros shRNAs e o silenciamento não ficará dependente do número de moléculas transfectadas. Porém, não são todos os tipos celulares que são suscetíveis à transfecção com emulsão lipídica catiônica ou polímeros catiônicos disponíveis[18]. Células que não se multiplicam ou estão muito diferenciadas serão mais suscetíveis à transfecção utilizando protocolos de eletroporação ou a transfecção por vetores virais. A eletroporação é muito utilizada em virtude da sua agilidade e sucesso na transfecção em células primárias isoladas de pacientes. Nesse caso, dificilmente ocorrerá sucesso com a transfecção por emulsão lipídica catiônica. Uma limitação dos protocolos de transfecção por eletroporação é a necessidade de equipamentos específicos e uma grande quantidade de células, já que após a eletroporação é comum obter-se apenas 60% de células viáveis[25].

Nas técnicas de silenciamento utilizando vetores virais é possível atingir a integração do vetor de expressão no genoma do organismo de interesse. Com a integração no genoma dos cassetes de expressão dos shRNAs obtêm-se linhagens celulares apresentando um silenciamento permanente do gene de interesse (Figura 7.5). Atualmente, os sistemas virais já são bem seguros, processo esse obtido por muitos anos de trabalho no desenvolvimento técnico para seu uso em terapia gênica. Hoje, são inúmeras as alternativas de vetores virais para inserção de cassetes de expressão de shRNAs, sejam retrovirais, adenovirais ou lentivirais. Todos possuem vantagens e desvantagens*.

Em neurociência, devido à grande dificuldade de transfecção de neurônios adultos, o sistema lentiviral é muito utilizado[26], como pode ser visto no trabalho de Oslon e colaboradores, no qual, utilizando células-tronco mesenquimais, estas foram transformadas por lentivírus para expressar shRNAs específicos contra o alelo mutante do gene causador da doença de Huntington. Essas células conseguiram transmitir o efeito de silenciamento

---

* Recomendamos uma consulta ao capítulo "Terapia gênica" a quem desejar se aprofundar no assunto.

para neurônios em cultura[27]. Essa estratégia experimental levou a resultados muito promissores, podendo gerar, no futuro, um tratamento para os pacientes com a doença de Huntington.

7.6 ESTRATÉGIAS DE RNAi *IN VIVO*

Após obter uma molécula de siRNA ou um vetor de expressão de shRNA já validado *in vitro* é possível utilizá-los em experimentos *in vivo*. Essa mudança de estratégia pode ser dificultada pela incompatibilidade dos métodos utilizados nos experimentos em cultura celular e aqueles usados *in vivo*. Dessa forma, é importante que ocorra a procura na literatura por metodologias já validadas para os experimentos *in vivo*. A seguir, apresentamos alguns métodos já descritos para estudos em camundongos e ratos, incluindo a lista de tecidos e órgãos específicos que podem ser transfectados por essas estratégias.

A primeira estratégia proposta para a entrega de siRNAs em camundongos foi a transfecção hidrodinâmica. Essa técnica utiliza injeção endovenosa de um grande volume de solução tampão contendo siRNAs. Com o uso da tranfecção hidrodinâmica é possível transfectar de forma eficiente fígado e rins, sendo que no coração e no pulmão a transfecção ocorre com uma menor eficiência. Esse protocolo[28], porém, é adequado apenas quando um silenciamento transitório é requerido. Já os protocolos de eletroporação são adequados para a entrega de moléculas interferentes em alguns tecidos específicos e, durante o desenvolvimento, para a entrega de siRNAs ou shRNA em camundongos[29]. Além disso, outra possibilidade de uso da RNAi é utilizá-la como terapia para células *in vitro* que, posteriormente, são transplantadas *in vivo*[30,31].

Outro método alternativo de entrega dos siRNA baseia-se na formação de um complexo com peptídeos carreadores que irão levá-los até o tecido e/ou células-alvos, como foi proposto por Kumar e colaboradores em 2007[32]. Nesse trabalho, utilizando uma pequena sequência de peptídeos de uma proteína do capsídeo do vírus da raiva, foi possível fazer a entrega de siRNAs em camundongos diretamente nos macrófagos e micróglia. Em 2008, outro protocolo bem semelhante, possibilitou a entrega específica de siRNA para linfócitos T em camundongos infectados por HIV[33].

Pelo fato de alguns tipos celulares serem mais difíceis de serem transfectados *in vivo* é possível utilizar também vetores virais para essa entrega. Nesse caso, porém, um cuidado extra deve ser tomado, já que a presença de um número excessivo de partículas virais pode desencadear uma forte reação imune contra as partículas virais, levando a um impacto nos resultados do silenciamento. Para maiores informações sobre vetores virais, sugerimos o capítulo sobre terapia gênica deste livro.

Atualmente, vários protocolos utilizando nanopartículas têm sido descritos[34] e outros estão sendo estudados, possibilitando métodos de entrega dos siRNA e shRNA de forma mais específica e segura do que os protocolos existentes hoje. Essas estratégias podem, assim, facilitar o uso da RNAi como ferramenta de terapia de diversas doenças humanas no futuro.

7.7 CONTROLES UTILIZADOS E CONFIRMAÇÃO DO SILENCIAMENTO

Como controle positivo utilizam-se moléculas que permitem avaliar se o sistema de entrega das moléculas interferentes é eficiente. Nesse caso, trata-se de controle positivo de transfecção. O outro tipo de controle positivo é o de silenciamento. Ambos têm como objetivo identificar se a estratégia utilizada no experimento está adequada. Para o controle positivo de transfecção utilizam-se siRNAs marcados com algum composto fluorescente (tais como *cyanine dyes 3 – Cy3, cyanine dyes 5 – Cy5, fluorescein isothiocyanate – FITC* e os *Alexa Flúor*). Assim, utilizando microscopia de fluorescência, é possível verificar se o protocolo de tranfecção está funcionando e, até mesmo, determinar a taxa de entrega dos siRNA nas células-alvos. Esse tipo de controle, além de ser utilizado na padronização da técnica, se mantido posteriormente, pode economizar tempo e recursos ao possibilitar a identificação de erros no procedimento, antes dos passos de confirmação do silenciamento e experimentos pós-silenciamento.

O controle positivo de silenciamento nada mais é do que uma molécula interferente complementar a um gene endógeno, por apresentarem expressão gênica constitutiva e ubíqua (normalmente b-actina, do inglês *glyceraldehyde-3-phosphate dehydrogenase* – GAPDH), permitirá verificar se a maquinaria celular da via de PTGS está funcional no organismo modelo, tecido ou tipo celular usado no experimento.

Já como controle negativo existem várias opções, um dos mais utilizados é a molécula irrelevante. Esta deve apresentar o mesmo tamanho da sua molécula efetora (em número de pares de base) do silenciamento, porém não deve ser complementar a nenhum gene do organismo utilizado. Dessa forma, essa molécula tem como objetivo identificar se o fenótipo observado realmente é dependente da sequência-alvo ou simplesmente será gerado por qualquer dupla fita de RNA introduzida. Outro tipo de controle negativo é o siRNA de sequência embaralhada (*scrambled*) que tem caído em desuso. Este tem como princípio alterar a sequência de nucleotídeos do siRNA efetor obtendo, assim, uma molécula contendo os mesmos nucleotídeos, porém com sequência diferente. Por último, o controle negativo mutado também deixou de ser utilizado, já que foi identificado em vários experimentos que, com apenas um nucleotídeo de diferença na sequência, essa molécula mutada não chegava a degradar o RNAm-alvo, porém era capaz de inibir sua tradução[35].

Outros controles que podem ser também utilizados são: apenas tampão, vetor de expressão vazio, controle *sham* (cirurgia *sham*, também chamada de cirurgia placebo, é uma intervenção cirúrgica falsa, que omite o passo acreditado ser terapeuticamente necessário), no caso de ocorrência de cirurgias para entrega da molécula de RNAi, e o "controle *mock*" (o qual pode ser apenas o tampão ou nenhum procedimento). A exigência de um ou outro controle depende muito do editor e dos revisores das revistas científicas, mas é consenso que pelo menos dois controles negativos devem ser utilizados.

Para a confirmação do silenciamento o ideal é utilizar concomitantemente técnicas para análise de expressão gênica, assim como quantificação da abundância da proteína-alvo. Para análise de expressão normalmente são utilizados PCR em tempo real e *northern blot*. Esses experimentos devem ser realizados entre 12 a 96 horas após a introdução das moléculas efetoras do silenciamento, sendo que os tempos podem variar de acordo com a estratégia de silenciamento adotada e o gene-alvo, lembrando que a taxa de silenciamento dependerá, além da molécula utilizada, também da taxa de transfecção. Dessa forma, sugere-se o uso de dois ou mais genes endógenos para normalizar os resultados dos experimentos de expressão. Além disso, o ideal é que os *primers* da PCR em tempo real sejam desenhados flanqueando as regiões-alvos de silenciamento[36].

Já para quantificar a abundância da proteína-alvo podem ser utilizados os seguintes métodos: ELISA, citometria de fluxo e *western blot*. Independente do protocolo utilizado, provavelmente será possível detectar alterações na abundância da proteína de 24 a 72 horas, para proteínas de vida-média curta ou média, e silenciamentos de 96 a 120 horas, para proteínas de vida-média longa. Em algumas situações específicas também é necessário provar que as alterações na expressão gênica e/ou abundância da proteína aconteceram realmente devido ao silenciamento gênico por RNAi. Para isso podem ser utilizadas as técnicas de *Construction of Parallel Analysis of RNA Ends* (PARE)[37] ou *Rapid Amplification of cDNA Ends* (RACE-PCR)[38].

7.8 POSSIBILIDADES TERAPÊUTICAS E/OU INDUSTRIAIS

Os métodos já descritos anteriormente são adequados quando o objetivo é alterar a expressão de genes endógenos (do próprio organismo em estudo) que em condições patológicas tiveram sua expressão alterada ou alelos mutantes desses genes. No entanto, podem também ser aplicados no combate à infecções virais como HIV[39], vírus da gripe[40,41], herpes[42,43], vírus da dengue[44], entre outros, nesses casos, silenciando genes virais. Uma vez que os vírus dependem da maquinaria celular do hospedeiro para sobreviver, o uso da RNAi pode ser uma ferramenta de combate ao genoma de vírus de RNA ou então utilizada para impedir a expressão dos genes virais, impedindo, assim, sua replicação. Outra alternativa para combater infecções virais seria o silenciamento temporário de genes codificantes de receptores utilizados pelos vírus para o processo de infecção das células do hospedeiro[45].

Algumas estratégias também estão sendo desenvolvidas para o combate de protozoários e outros parasitas humanos com resultados bem promissores, como por exemplo, o combate ao *Schistosoma mansoni*, *Trypanosoma brucei* e *Trichomonas vaginalis*[46-48].

Quanto às doenças genéticas, são inúmeras as possibilidades de uso da RNAi como terapia, sendo que em algumas delas já foram obtidos resultados promissores em modelos animais, tais como: doença de Huntington[49-51], ataxias espinocerebelares[52] e esclerose lateral amiotrófica[53], além de outras[54]. Na maioria desses casos, o silenciamento de genes anormalmente expressos ou superexpressos resultou em uma reversão ou melhora significativa das alterações que ocorriam com a doença.

Uma das áreas em que a RNAi é muito utilizada é no estudo e combate a tumores. Os trabalhos são inúmeros, incluindo revisões excelentes já publicadas[55]. As estratégias mais comumente utilizadas foram: supressão ou diminuição da proliferação celular[56], redução na invasão dos tecidos[57], inibição do desenvolvimento de metástases[58], aumento da sensibilidade a drogas[59] e imunoterapia[60].

Para doenças complexas, algumas tentativas da aplicação da RNAi também têm sido realizadas com resultados interessantes, entre elas: hipertensão[61], depressão[62], diabetes e outras síndromes metabólicas[63].

7.9 CONCLUSÕES E PERSPECTIVAS

A RNAi propicia à pesquisa a possibilidade de alterar a expressão de genes de forma transitória sem causar alteração no genoma do organismo (sem necessidade de transgenia) e assim, modular a expressão de genes alterados em condições patológicas assim como combater os mais variados patógenos.

Apesar das inúmeras possibilidades geradas pela RNAi, o maior entrave ao seu uso ainda é a limitação dos métodos de entrega dos siRNA e shRNAs. Isso ocorre principalmente no uso dirigido a humanos, uma vez que grande parte das células primárias é de difícil transfecção. Os vetores disponíveis (retrovirais, adenovirais e lentivirais) não são considerados ainda seguros o suficiente e com alta eficiência para tornar a terapia, utilizando RNAi, segura e prática como uma opção terapêutica em humanos. No entanto, inúmeros progressos nessa área têm sido realizados recentemente, como pode ser verificado no capítulo sobre terapia gênica deste livro. No entanto, frente ao conhecimento atual, já é possível vislumbrar inúmeras terapias baseadas na RNAi para doenças atualmente sem tratamento.

7.10 PROTOCOLO PARA MANUTENÇÃO E TRANSFECÇÃO DE LINHAGEM CELULAR NEURO2A

Descongelamento da cultura

A linhagem celular de neuroblastoma de camundongo (Neuro2A, ATCC® CCL-131™) é mantida congelada em tubos criogênicos de 2 mL com meio de crescimento e 10% DMSO (Sigma-Aldrich®, Cat# D2650) em nitrogênio líquido.

Meio de crescimento:

DMEM/F12	Life Technologies™ – Gibco® Cat # 11320-033	500 mL
Soro fetal bovino (SFB)	Life Technologies™ – Gibco® Cat # 12657-029	50 mL
Penicilina/estreptomicina	Life Technologies™ – Gibco® Cat # 15140122	2,75 mL

1) Preparar frascos de cultura de 25 cm² (Corning® Cat # 430639), pipetas sorológicas e meio de crescimento pré-aquecido dentro do fluxo laminar e esterilizar em luz ultravioleta por 30 minutos.

2) Descongelar as alíquotas armazenadas em nitrogênio líquido em banho-
-maria a 37 °C por 2 a 3 minutos.

3) Transferir o conteúdo do tubo rapidamente para um tubo falcon de 15
mL (Corning® Cat # 430052), 2 mL do meio de crescimento e centrifugar a 3.000 g por 10 minutos. Retirar o sobrenadante que contém o
DMSO. Este passo é importante, pois o DMSO é tóxico para o crescimento celular.

4) Acrescentar 2 mL de meio de crescimento no tubo falcon e ressuspender
gentilmente o *pellet* de célula, transferir para o frasco de 25 cm² e completar o volume para 15 mL com meio de crescimento. Incubar em estufa
a 37 °C com 5% de CO_2.

Manutenção da cultura

É preciso manter o frasco sem manipulação por 24 horas, tempo necessário para as células aderirem e iniciarem o crescimento.

1) Após 24 horas, remover o meio de crescimento do frasco e adicionar 15
mL de meio de crescimento preaquecido. Incubar em estufa a 37 °C com
5% de CO_2. Realizar toda a manipulação dentro de um fluxo laminar
previamente esterilizado. A importância deste passo é remover as células
mortas e qualquer resquício de DMSO.

2) Sempre realizar troca do meio quando este apresentar alteração na coloração até atingir confluência superior a 80%.

Transfecção de moléculas de siRNA

Como as células Neuro2A são aderentes ao frasco, é necessário soltá-las
do frasco para poder semeá-las em placas de cultura de 6 poços (Corning®
Cat # Corn-3516), a fim de realizar a transfecção.

1) Remover o meio de crescimento do frasco e acrescentar 1,0 mL de
Tripsina (Life Technologies™ – Gibco®, Cat# 25200-056) com objetivo
de soltar as células do frasco.

2) Após 5 minutos, verificar em microscópio se as células soltaram e neutralizar a tripsina com 1 mL de meio de crescimento.

3) Imediatamente após a neutralização, fazer diluição 1:10 das células em
um tubo separado para realizar a **contagem das células em câmara de
Neubauer** (L. Optik® Cat # 111020). Esta câmara é composta por 4

quadrantes laterais com 16 quadrados menores cada. No quadrante central existem outros 25 quadrados menores com 16 pequenos quadrados cada. Os círculos azuis indicam os 4 quadrantes laterais.

4) Retirar com auxílio de uma micropipeta 0,5 mL, encostando a ponta da pipeta na borda da lamínula, preencher cuidadosamente a câmara de contagem.

5) Deixar as células sedimentarem por 2 minutos.

6) Focalizar a área demarcada da câmara de contagem no microscópio.

7) Contar as células nos 4 quadrantes laterais, fazer a média e executar o seguinte cálculo para estimar o número de células:

$$\text{média do n}^\circ \text{ células} \times 10.000 \times \text{fator de diluição} = \text{n}^\circ \text{ células/mL}$$

8) Semear a quantidade de $2,5 \times 10^5$ células em cada poço da placa de cultura e completar o volume para 2 mL com o meio de crescimento 24 horas antes da transfecção. Esse tempo é necessário para as células aderirem à placa.

9) Antes de executar a transfecção, deve-se preparar o **complexo siRNA-Lipofectamine.**

10) Diluir em um tubo de 1,5 mL (Axigen® Cat # MCT-150-C) estéril 9 µL de Lipofectamine® RNAiMAX (Life Technologies™ Cat # 13778-150) e 150 µL de Opti-MEM® Medium (Life Technologies™ Cat # 31985-062).

11) Diluir em um tubo de 1,5 mL estéril 3 µL do siGAPDH-FAM (Cat # AM4650) na concentração de 10 µM e 150 µL de Opti-MEM® Medium.

12) Adicionar 150 µL do siGAPDH-FAM diluído com 150 µL da Lipofectamine® RNAiMax e misturar gentilmente com a micropipeta.

13) Incubar o complexo por 5 minutos à temperatura ambiente.

14) Distribuir 250 µL do complexo por poço na placa de cultura.

15) Em paralelo a este experimento de transfecção deve-se realizar uma cultura com células sem tratamento (grupo controle), grupo tratado com 250 µL de siGAPDH-FAM diluído e outro grupo com 250 µL Lipofectamine® RNAiMax diluído. Estes dois últimos grupos têm por finalidade verificar se há toxicidade dos reagentes.

16) Incubar a placa em estufa a 37 °C com 5% de CO_2.

Confirmação da transfecção e silenciamento

Após 24 horas da transfecção, as células podem ser observadas utilizando um microscópio de fluorescência (Figura 7.6) para verificar se a transfecção foi efetiva (esta etapa é realizada quando são utilizadas moléculas marcadas com fluoróforos como descrito no protocolo). Para outros siRNAs, o protocolo de transfeção pode ser o mesmo descrito. Para outros reagentes de transfecção, consultar as recomendações do fabricante.

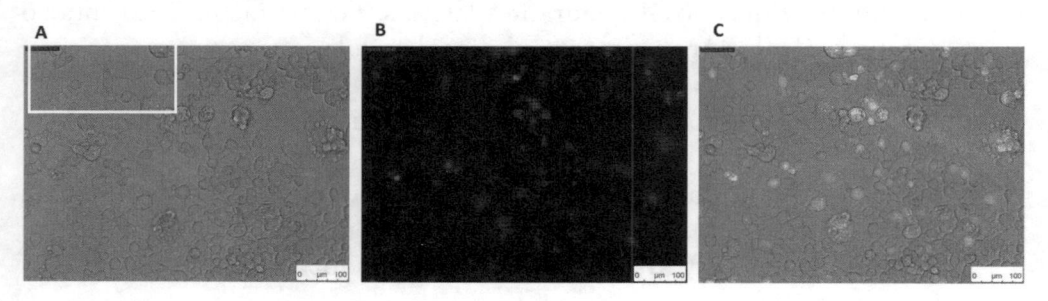

Figura 7.6 Células Neuro2a transfectadas com controle positivo siGAPDH-FAM, o qual tem o intuito de mostrar que a maquinaria da RNAi esta funcionando na célula ao silenciar o gene endógeno GAPDH, assim como possibilita verificar se o protocolo de trasfecção está correto uma vez que é marcado com FAM, células fotografadas 48h após a trasnfecção.

Para a confirmação do silenciamento deve ser realizada a análise de expressão gênica do transcrito do gene-alvo (RNAm) e a quantificação da abundância da proteína. Abaixo segue o *protocolo de extração do RNA*.

1) Retirar o meio de crescimento e acrescentar 500 ul TRIzol (Life Technologies™ # 15596018 – utilizamos metade dos reagentes por termos baixo número de células) em cada um dos poços utilizados da placa, ressuspender gentilmente pipetando para cima e para baixo poucas vezes com o auxílio da micropipeta e transferir para um tubo de 1,5 mL estéril.
2) Incubar à temperatura ambiente por 5 minutos.
3) Adicionar 100 µL de clorofórmio (1/5 do volume de TRIzol)
4) Agitar no vortex por 15 segundos.
5) Incubar à temperatura ambiente por 2 a 3 minutos.
6) Centrifugar a 12.000 g por 15 minutos a 4 °C.
7) Transferir a fase superior para um novo tubo de 1,5 mL.

8) Adicionar 250 µL de álcool isopropílico gelado e misturar (1/2 do volume de TRIzol).
9) Incubar à temperatura ambiente por 10 minutos.
10) Centrifugar a 12.000 *g* por 10 minutos a 4 °C.
11) Descartar o sobrenadante por inversão. Pode apresentar ou não um *pellet*.
12) Adicionar 500 µL de álcool 75% gelado e "vortexizar" (caso apresente *pellet*, agitar até que este se solte do tubo).
13) Centrifugar a 7.500 *g* por 10 minutos a 4 °C.
14) Descartar o sobrenadante e deixar o *pellet* secar à temperatura ambiente por aproximadamente 10 minutos.
15) Ressuspender o em 10 µL a 20 µL de água livre de nuclease.

Após a extração deve-se **quantificar a amostra de RNA**. Esta pode ser verificada por um espectrofotômetro de luz ultravioleta que determinará a concentração da amostra por meio da absorbância no comprimento de onda de 260 nm.

Exemplo de quantificação no espectrofotômetro Epoch™ (Biotek® Cat # 7201000):

1) Pipetar 2 µL da amostra de RNA em um micropoço na microplaca e no outro poço pipetar 2 µL de água livre de nuclease que será a referência.
2) A concentração é determinada por meio do seguinte cálculo:

$$\text{absorbância de } 260 \times \text{fator de RNA (40)} \times \text{fator de diluição} = \text{concentração em ng/ul.}$$

3) As razões das absorbâncias de 260/280 e 260/230 devem estar entre 1,8 e 2,0. Estes valores indicam a pureza da amostra, sendo que a primeira razão indica se há a presença de proteína na amostra e a segunda se está contaminada com sal decorrente ao processo de extração.

Sendo determinada a concentração da amostra, prosseguimos para a síntese do cDNA (DNA complementar ao RNA). A síntese é realizada por meio reação da transcriptase reversa utilizando o kit High-Capacity cDNA Reverse Transcription (Life Technologies™ Cat # 4368814).

1) Preparar o mix em um tubo de 200 µL em gelo picado (Axigen® Cat # PCR-02-C) com 2 µL de tampão (*buffer*), 2 µL de iniciadores

randômicos (*random primers*) e 0,8 µL de dNTP (desoxirribonucleó-
tidos trifosfato) e 1 µL de enzima. Todos estes reagentes fazem parte
do kit citado no item anterior.

2) Distribuir o mix em tubos de 200 µL e acrescentar o 1 µg de RNA.
   Completar o volume para 20 µL.
3) Incubar os tubos em termociclador com as seguintes especificações
   de temperatura: 25 °C por 10 minutos, 37 °C por 120 minutos e 85
   °C por 5 minutos.

Depois de realizada a síntese do cDNA, será verificada a expressão
gênica do alvo comparando com o grupo controle por meio da quantificação relativa obtida pela reação em cadeia da polimerase em tempo real
(PCR em tempo real).

PCR em tempo real

Antes de iniciar os experimentos de quantificação relativa da expressão, deve ser realizada a validação do sistema gene de interesse/controle
endógeno, a fim de se verificar se as eficiências de amplificação dos genes
são semelhantes e próximas a 100%. Esse passo é essencial para que o controle endógeno possa ser utilizado para normalizar os valores de expressão
relativa do gene de interesse. A validação consiste na amplificação, tanto
com os *primers* do gene de interesse quanto do controle endógeno e dos
cDNAs de triplicatas de sete concentrações diferentes (diluições seriadas
de cinco vezes) de uma amostra escolhida aleatoriamente. Em seguida, é
construída uma curva-padrão a partir do logaritmo da concentração das
amostras pelo Ct (*threshold cycle*, ciclo em que cada curva de amplificação
atravessa o limiar de detecção). Nessa curva são obtidos os valores da inclinação (slope) da curva e da confiabilidade das réplicas (R2). Dessa forma,
a eficiência de um sistema é calculada por meio da fórmula:

$$E = 10(-1/slope) -1$$

Após o cálculo das eficiências de amplificação do gene de interesse e do
controle endógeno foi construído um gráfico de dispersão para definir qual
é a amplitude de concentrações para as quais o sistema é eficiente. Para a
construção do gráfico, são utilizados os valores de logaritmo da concentração das amostras no eixo X e a diferença entre as médias do controle
endógeno e as médias do gene de interesse para cada concentração no eixo

Y. A seguir, obtém-se uma linha de tendência para estes valores, a qual possui uma equação de reta por meio da qual é possível verificar o valor da inclinação dessa reta. Para que um sistema seja considerado eficiente, o valor da inclinação deve ser menor que 0,1 (quanto mais próximo de zero for este valor, menor é a inclinação da curva e, portanto, mais constante é a diferença entre as médias dos Cts do gene de interesse e do controle endógeno). Os pontos no gráfico, correspondentes às concentrações, que estiverem mais próximos à linha de tendência são considerados validados (o sistema tem 100% de eficiência nessas concentrações).

Para a quantificação relativa do gene selecionado, as reações de PCR em tempo real estão sendo realizadas em triplicata a partir de: 6,25 µL de TaqMan Universal PCR Master Mix (Life Technologies™ Cat # 4304437) 2x, 0,625 µL da solução de *primers* e sonda, 1,625 µL de água e 4,0 µL de cDNA (concentração de acordo com o experimento de validação), sendo que ao controle negativo deve-se adicionar 4,0 µL de água em vez do cDNA. As condições de ciclagem utilizadas serão: 50 °C por 2 minutos, 95 °C por 10 minutos e 40 ciclos de 95 °C por 15 segundos e 60 °C por 1 minuto. Os valores da expressão gênica relativa estão sendo obtidos pela análise dos resultados no programa 7500 System SDS *Software* (Applied Biosystems).

REFERÊNCIAS

1. Fire A, Xu S, Montgomery MK, Kostas SA, Driver SE, Mello CC. Potent and specific genetic interference by double-stranded RNA in Caenorhabditis elegans. Nature. 1998;391(6669):806-11.

2. Napoli C, Lemieux C, Jorgensen R. Introduction of a Chimeric Chalcone Synthase Gene into Petunia Results in Reversible Co-Suppression of Homologous Genes in trans. Plant Cell. 1990;2(4):279-89.

3. de Carvalho F, Gheysen G, Kushnir S, Van Montagu M, Inzé D, Castresana C. Suppression of beta-1,3-glucanase transgene expression in homozygous plants. EMBO J. 1992;11(7):2595-602.

4. Prins M, Goldbach R. RNA-mediated virus resistance in transgenic plants. Arch Virol. 1996;141(12):2259-76.

5. Fitchen JH, Beachy RN. Genetically engineered protection against viruses in transgenic plants. Annu Rev Microbiol. 1993;47:739-63.

6. Lindbo JA, Dougherty WG. Untranslatable transcripts of the tobacco etch virus coat protein gene sequence can interfere with tobacco etch virus replication in transgenic plants and protoplasts. Virology. 1992;189(2):725-33.

7. English JJ, Mueller E, Baulcombe DC. Suppression of Virus Accumulation in Transgenic Plants Exhibiting Silencing of Nuclear Genes. Plant Cell. 1996;8(2):179-88.

8. Romano N, Macino G. Quelling: transient inactivation of gene expression in Neurospora crassa by transformation with homologous sequences. Mol Microbiol. 1992;6(22):3343-53.

9. Ruiz F, Vayssié L, Klotz C, Sperling L, Madeddu L. Homology-dependent gene silencing in Paramecium. Mol Biol Cell. 1998;9(4):931-43.

10. Guo S, Kemphues KJ. par-1, a gene required for establishing polarity in C. elegans embryos, encodes a putative Ser/Thr kinase that is asymmetrically distributed. Cell. 1995;81(4):611-20.

11. Montgomery MK, Fire A. Double-stranded RNA as a mediator in sequence-specific genetic silencing and co-suppression. Trends Genet. 1998;14(7):255-8.

12. Montgomery MK, Xu S, Fire A. RNA as a target of double-stranded RNA-mediated genetic interference in Caenorhabditis elegans. Proc Natl Acad Sci USA. 1998;95(26):15502-7.

13. Voinnet O, Vain P, Angell S, Baulcombe DC. Systemic spread of sequence-specific transgene RNA degradation in plants is initiated by localized introduction of ectopic promoterless DNA. Cell. 1998;95(2):177-87.

14. Kennerdell JR, Carthew RW. Use of dsRNA-mediated genetic interference to demonstrate that frizzled and frizzled 2 act in the wingless pathway. Cell. 1998;95(7):1017-26.

15. Ngô H, Tschudi C, Gull K, Ullu E. Double-stranded RNA induces mRNA degradation in Trypanosoma brucei. Proc Natl Acad Sci USA. 1998;95(25):14687-92.

16. Metzlaff M, O'Dell M, Cluster PD, Flavell RB. RNA-mediated RNA degradation and chalcone synthase A silencing in petunia. Cell. 1997;88(6):845-54.

17. Kaufman RJ. Double-stranded RNA-activated protein kinase mediates virus-induced apoptosis: a new role for an old actor. Proc Natl Acad Sci USA. 1999;96(21):11693-5.

18. Pereira TC. Introdução à Tecnica de Interferência por RNA – RNAi. 1. ed.; Ribeirão Preto: Sociedade Brasileira de Genética; 2013.

19. Mysara M, Garibaldi JM, Elhefnawi M. MysiRNA-designer: a workflow for efficient siRNA design. PLoS One. 2011;6(10):e25642.

20. Mazur S, Csucs G, Kozak K. RNAiAtlas: a database for RNAi (siRNA) libraries and their specificity. Database (Oxford). 2012;2012:bas027.

21. Sciabola S, Cao Q, Orozco M, Faustino I, Stanton RV. Improved nucleic acid descriptors for siRNA efficacy prediction. Nucleic Acids Res. 2013;41(3):1383-94.

22. Elbashir SM, Harborth J, Lendeckel W, Yalcin A, Weber K, Tuschl T. Duplexes of 21-nucleotide RNAs mediate RNA interference in cultured mammalian cells. Nature. 2001;411(6836):494-8.

23. Zhang H, Wang J, Cai K, Jiang L, Zhou D, Yang C, et al. Downregulation of gene MDR1 by shRNA to reverse multidrug-resistance of ovarian cancer A2780 cells. J Cancer Res Ther. 2012;8(2):226-31.

24. Xu B, Chelikani P, Bhullar RP. Characterization and functional analysis of the calmodulin-binding domain of Rac1 GTPase. PLoS One. 2012;7(8):e42975.

25. Yadava P, Roura D, Hughes JA. Evaluation of two cationic delivery systems for siRNA. Oligonucleotides. 2007;17(2):213-22.

26. Karra D, Dahm R. Transfection techniques for neuronal cells. J Neurosci. 2010;30(18):6171-7.

27. Olson SD, Kambal A, Pollock K, Mitchell GM, Stewart H, Kalomoiris S, et al. Examination of mesenchymal stem cell-mediated RNAi transfer to Huntington's disease affected neuronal cells for reduction of huntingtin. Mol Cell Neurosci. 2012;49(3):271-81.

28. McCaffrey AP, Meuse L, Pham TT, Conklin DS, Hannon GJ, Kay MA. RNA interference in adult mice. Nature. 2002;418(6893):38-9.

29. Calegari F, Marzesco AM, Kittler R, Buchholz F, Huttner WB. Tissue-specific RNA interference in post-implantation mouse embryos using directional electroporation and whole embryo culture. Differentiation. 2004;72(2-3):92-102.

30. Brummelkamp TR, Bernards R, Agami R. Stable suppression of tumorigenicity by virus-mediated RNA interference. Cancer Cell. 2002;2(3):243-7.

31. Wall NR, Shi Y. Small RNA: can RNA interference be exploited for therapy? Lancet. 2003;362(9393):1401-3.

32. Kumar P, Wu H, McBride JL, Jung KE, Kim MH, Davidson BL, et al. Transvascular delivery of small interfering RNA to the central nervous system. Nature. 2007;448(7149):39-43.

33. Kumar P, Ban HS, Kim SS, Wu H, Pearson T, Greiner DL, et al. T cell-specific siRNA delivery suppresses HIV-1 infection in humanized mice. Cell. 2008;134(4):577-86.

34. Lee H, Lytton-Jean AK, Chen Y, Love KT, Park AI, Karagiannis ED, et al. Molecularly self-assembled nucleic acid nanoparticles for targeted in vivo siRNA delivery. Nat Nanotechnol. 2012;7(6):389-93.

35. Saxena S, Jónsson ZO, Dutta A. Small RNAs with imperfect match to endogenous mRNA repress translation. Implications for off-target activity of small inhibitory RNA in mammalian cells. J Biol Chem. 2003;278(45):44312-9.

36. Holmes K, Williams CM, Chapman EA, Cross MJ. Detection of siRNA induced mRNA silencing by RT-qPCR: considerations for experimental design. BMC Res Notes. 2010;3:53.

37. German MA, Luo S, Schroth G, Meyers BC, Green PJ. Construction of Parallel Analysis of RNA Ends (PARE) libraries for the study of cleaved miRNA targets and the RNA degradome. Nat Protoc. 2009;4(3):356-62.

38. Davis ME, Zuckerman JE, Choi CH, Seligson D, Tolcher A, Alabi CA, et al. Evidence of RNAi in humans from systemically administered siRNA via targeted nanoparticles. Nature. 2010;464(7291):1067-70.

39. Knoepfel SA, Centlivre M, Liu YP, Boutimah F, Berkhout B. Selection of RNAi-based inhibitors for anti-HIV gene therapy. World J Virol. 2012;1(3):79-90.

40. Sui HY, Zhao GY, Huang JD, Jin DY, Yuen KY, Zheng BJ. Small interfering RNA targeting m2 gene induces effective and long term inhibition of influenza A virus replication. PLoS One. 2009;4(5):e5671.

41. Barik S. siRNA for Influenza Therapy. Viruses. 2010;2(7):1448-57.

42. Bhuyan PK, Karikò K, Capodici J, Lubinski J, Hook LM, Friedman HM, et al. Short interfering RNA-mediated inhibition of herpes simplex virus type 1 gene expression and function during infection of human keratinocytes. J Virol. 2004;78(19):10276-81.

43. Liu YY, Deng HY, Yang G, Jiang WL, Grossin L, Yang ZQ. Short hairpin RNA-mediated inhibition of HSV-1 gene expression and function during HSV-1 infection in Vero cells. Acta Pharmacol Sin. 2008;29(8):975-82.

44. Idrees S, Ashfaq UA, Khaliq S. RNAi: antiviral therapy against dengue virus. Asian Pac J Trop Biomed. 2013;3(3):232-6.

45. Hong-Geller E, Micheva-Viteva SN. Functional gene discovery using RNA interference-based genomic screens to combat pathogen infection. Curr Drug Discov Technol. 2010;7(2):86-94.

46. Pereira TC, Pascoal VD, Marchesini RB, Maia IG, Magalhães LA, Zanotti-Maga-lhães EM, et al. Schistosoma mansoni: evaluation of an RNAi-based treatment targeting HGPRTase gene. Exp Parasitol. 2008;118(4):619-23.

47. Abdulla MH, O'Brien T, Mackey ZB, Sajid M, Grab DJ, McKerrow JH. RNA inter-ference of Trypanosoma brucei cathepsin B and L affects disease progression in a mouse model. PLoS Negl Trop Dis. 2008;2(9):e298.

48. Okumura CY, Baum LG, Johnson PJ. Galectin-1 on cervical epithelial cells is a recep-tor for the sexually transmitted human parasite Trichomonas vaginalis. Cell Microbiol. 2008;10(10):2078-90.

49. Franich NR, Fitzsimons HL, Fong DM, Klugmann M, During MJ, Young D. AAV vector-mediated RNAi of mutant huntingtin expression is neuroprotective in a novel genetic rat model of Huntington's disease. Mol Ther. 2008;16(5):947-56.

50. DiFiglia M, Sena-Esteves M, Chase K, Sapp E, Pfister E, Sass M, et al. Therapeutic silencing of mutant huntingtin with siRNA attenuates striatal and cortical neuropatho-logy and behavioral deficits. Proc Natl Acad Sci USA. 2007;104(43):17204-9.

51. Harper SQ, Staber PD, He X, Eliason SL, Martins IH, Mao Q, et al. RNA interfe-rence improves motor and neuropathological abnormalities in a Huntington's disease mouse model. Proc Natl Acad Sci USA. 2005;102(16):5820-5.

52. Xia H, Mao Q, Eliason SL, Harper SQ, Martins IH, Orr HT, et al. RNAi suppres-ses polyglutamine-induced neurodegeneration in a model of spinocerebellar ataxia. Nat Med. 2004;10(8):816-20.

53. Raoul C, Abbas-Terki T, Bensadoun JC, Guillot S, Haase G, Szulc J, et al. Lentivi-ral-mediated silencing of SOD1 through RNA interference retards disease onset and progression in a mouse model of ALS. Nat Med. 2005;11(4):423-8.

54. Seyhan AA. RNAi: a potential new class of therapeutic for human genetic disease. Hum Genet. 2011;130(5):583-605.

55. Rao DD, Wang Z, Senzer N, Nemunaitis J. RNA interference and personalized cancer therapy. Discov Med. 2013;15(81):101-10.

56. Su J, Chen X, Kanekura T. A CD147-targeting siRNA inhibits the proliferation, inva-siveness, and VEGF production of human malignant melanoma cells by down-regulating glycolysis. Cancer Lett. 2009;273(1):140-7.

57. Wang YH, Wang ZX, Qiu Y, Xiong J, Chen YX, Miao DS, et al. Lentivirus-media-ted RNAi knockdown of insulin-like growth factor-1 receptor inhibits growth, reduces invasion, and enhances radiosensitivity in human osteosarcoma cells. Mol Cell Biochem. 2009;327(1-2):257-66.

58. Huang YH, Bao Y, Peng W, Goldberg M, Love K, Bumcrot DA, et al. Claudin-3 gene silencing with siRNA suppresses ovarian tumor growth and metastasis. Proc Natl Acad Sci USA. 2009;106(9):3426-30.

59. Niu J, Li XN, Qian H, Han Z. siRNA mediated the type 1 insulin-like growth factor receptor and epidermal growth factor receptor silencing induces chemosensitization of liver cancer cells. J Cancer Res Clin Oncol. 2008;134(4):503-13.

60. Ghafouri-Fard S. siRNA and cancer immunotherapy. Immunotherapy. 2012;4(9):907-17.

61. Zhou H, Bian YF, Li ML, Gao F, Xiao CS. [Effects of RNA interference targeting angiotensin 1 receptor and angiotensin-converting enzyme on blood pressure and myocardial remodeling in spontaneous hypertensive rats]. Zhonghua Xin Xue Guan Bing Za Zhi. 2010;38(1):60-6.

62. Callahan LB, Tschetter KE, Ronan PJ. Inhibition of corticotropin releasing factor expression in the central nucleus of the amygdala attenuates stress-induced behavioral and endocrine responses. Front Neurosci. 2013;7:195.

63. Aouadi M, Tencerova M, Vangala P, Yawe JC, Nicoloro SM, Amano SU, et al. Gene silencing in adipose tissue macrophages regulates whole-body metabolism in obese mice. Proc Natl Acad Sci USA. 2013;110(20):8278-83.

miRNAS: OPORTUNIDADES DE INOVAÇÃO EM BIOTECNOLOGIA

Érica de Sousa
Rodrigo R. Resende
Alexandre Hiroaki Kihara

8.1 INTRODUÇÃO

O termo **matéria escura** (em referência a um dos objetos de estudo da cosmologia, substrato que não emite nem reflete luz – sendo, portanto, invisível – mas que pode ser notado por seus efeitos gravitacionais, de aparente importância na evolução e manutenção estrutural do universo) foi muito bem aplicado na biologia molecular em meados dos anos 2000, quando se começava a compreender a magnitude do papel do RNA não codificante na fisiologia de eucariotos[1,2]. Antes mesmo do início das articulações para a execução do projeto Genoma Humano, já se sabia que os genomas de diversos vertebrados eram bastante volumosos e possuíam certa variação em tamanho. Susumo Ohno, um dos cientistas de referência em evolução molecular, propôs que diversos eventos de duplicação gênica seguidos de perda de função da cópia duplicada seriam a causa do acúmulo de DNA não codificante nos genomas. Posteriormente, essa porção do código recebeu o nome de "DNA lixo"[3]. Com a execução de novos estudos, foi observado um pequeno número de genes codificantes no genoma humano (dos 100 mil ou mais esperados após a conclusão do sequenciamento, atualmente sabe-se que existem apenas 20.687 genes[4]), mas acredita-se que 80% do genoma tem papel bioquímico para a manutenção da homeostase[3]. O RNA não codificante permaneceu "invisível" por décadas, mas constitui uma porcentagem significante do RNA total e exerce papel indispensável para a manutenção estrutural e fisiológica das células, assim como a matéria escura constitui grande parte da massa do universo e é essencial para sua existência tal como é.

Entre as diversas classes de RNA não codificante conhecidas atualmente, encontra-se a dos microRNAs (miRNAs), pequenos RNAs com cerca de 20 nucleotídeos em sua forma madura que atuam na regulação do programa genético em nível pós-transcricional. O cenário para sua descoberta foi o extensamente conhecido desenvolvimento ontogenético de *Caenorhabditis elegans* (*C. elegans*), um nemátodo transparente de vida livre que é um modelo de alta relevância para os estudos nos campos de genética, biologia celular, neurociência e biologia da senescência. Isto ocorreu no início dos anos 1990, quando dois grupos independentes relataram que mutações em dois genes, *lin-4* (não codificante, primeiro miRNA descrito) e *lin-14* (codificante, ou seja, um RNA mensageiro)[5,6], promovem alterações heterocrônicas na espécie, de modo que o animal ora alcançava tamanho adulto, mas mantinha caracteres juvenis, ora mantinha tamanho reduzido, mas apresentava alguns caracteres adultos[7,8]. Entretanto, na época o estudo não recebeu tanta atenção por não haver evidências de que essa classe fosse conservada em grupos mais derivados que nemátodos. Apenas em 2000 foi identificado o segundo miRNA em *C. elegans*, denominado *let-7*[9], seguido do relato de sua conservação filogenética desde a origem de *Bilateria*, há mais de 400 milhões de anos[10], e da descrição de mais dezenas de miRNAs[11-13], deixando evidente que esses pequenos RNAs poderiam ser parte de um antigo e ubíquo fenômeno de regulação gênica. Desde então, numerosos grupos se empenham ao recente campo de pesquisa e uma miríade de miRNAs são descritos em numerosos genomas eucarióticos, sendo que, atualmente, são conhecidos cerca de 35 mil miRNAs em 223 espécies (miRBase 21[14]).

Em seu processo de biossíntese, os genes de miRNAs são transcritos pela enzima Polimerase II, a mesma que transcreve o RNA mensageiro[15]. Assim, o transcrito inicial, conhecido como miRNA primário (*primary miRNA* – pri-miRNA), é um transcrito longo, com estruturas secundária e terciária complexas e que recebe cauda poli-A na extremidade 3' e um nucleotídeo de guanosina trifosfatado com um grupo metil no carbono 7 (m7GpppN, também conhecido como *cap*) na extremidade 5', elementos importantes para a manutenção da meia-vida do transcrito[16]. Ainda no núcleo, esse transcrito sofre sua primeira clivagem por um complexo enzimático conhecido como microprocessador, que contém a enzima Drosha (uma endonuclease) e sua auxiliar, DGCR8[17]. A proteína DGCR8 liga-se à região basal do miRNA incluído na estrutura do pri-miRNA, que é um local de transição da estrutura de fita dupla para fita simples, e fornece uma referência espacial para a enzima Drosha, que cliva um pequeno trecho do transcrito contendo a sequência do miRNA maduro. Este trecho tem o formato de um grampo (ou *hairpin*) e é denominado precursor do miRNA (*miRNA precursor* – pre-miRNA). O pre-miRNA é exportado para o citoplasma pela proteína Exportina 5 (Exp5)[18], onde sofre uma segunda clivagem, promovida pela endonuclease Dicer. Neste passo, o laço (ou *loop*) do grampo é retirado[19,20], deixando duas fitas aneladas, estrutura conhecida como dúplex. As fitas são separadas e incorporadas cada uma a um complexo proteico de silenciamento induzido por RNA (*RNA-induced silencing complex* – RISC)[21].

Uma vez parte desse complexo proteico, o miRNA está habilitado a exercer sua função. O primeiro passo é o reconhecimento do alvo e anelamento, que ocorre preferencialmente na região 3' UTR do RNAm[22]. A partir do anelamento, são desencadeados diversos eventos que culminam na regulação da tradução do transcrito, como falha na interação entre *cap* e fatores de tradução[23], inibição da reunião das duas subunidades ribossomais[24], inibição da elongação, proteólise simultânea à tradução[25], terminação prematura e remoção da cauda poli-A[26]. Além do clássico efeito de diminuição da síntese proteica, miRNAs também podem promover ativação da tradução[27], clivagem do RNAm[28] e até mesmo reorganização da cromatina[29,30]. A atuação de miRNAs é promíscua, ou seja, um mesmo miRNA pode regular dezenas de RNAm[31], ao passo que um mesmo RNAm pode ser regulado por diversos miRNAs[32,33]. Isso ocorre porque o anelamento destas espécies de RNA, que se dá por meio do pareamento de Watson-Crick, não é total, ou seja, as sequências não são necessariamente totalmente complementares (na realidade, complementaridade total entre miRNA e RNAm-alvo é um evento raro em *Metazoa*). Consequentemente, a eficiência da interação de cada par é diferencial[34], de modo que a atuação de um determinado miRNA sobre seus alvos é dependente de suas concentrações[35-37].

Os miRNAs estão envolvidos em virtualmente todos os aspectos da fisiologia e patologia em metazoários, tais como diferenciação celular[38], apoptose[39], diabetes[40] e até mesmo eventos cognitivos, como formação de memórias[41] e propensão ao suicídio[42]. Por isso, essa classe de RNA não codificante é cada vez mais valorizada como alvo terapêutico e até mesmo como agente farmacológico para tratamento de diversas doenças, como degeneração retiniana promovida por citomegalovírus, umas das consequências mais frequentes em pacientes com síndrome da imunodeficiência adquirida (Vitravene, comercializado com o nome de Fomivirsen, aprovado pela FDA* em agosto de 1998[43]), e hipercolesterolemia familiar (Mipomersen, comercializado com o nome de Kynamro, aprovado pela FDA em janeiro de 2013[44]), ambos desenvolvidos pela Isis Pharmaceuticals, sediada em Carlsbad, California.

Atualmente, sabe-se também que miRNAs transitam entre células de um mesmo indivíduo via plasmodesmos, no caso de plantas[45,46], e canais proteicos, no caso de animais[47,48], exossomos[49,50], corpos apoptóticos[51] ou via sanguínea, simplesmente acoplados à enzima Ago2[52], sendo apontados como candidatos a biomarcadores[53-56] e a novas abordagens terapêuticas[57], já que os miRNAs da corrente sanguínea mantêm-se estáveis e podem entrar numa célula, onde são funcionais[58,59]. Há relatos também da passagem de miRNAs entre indivíduos distintos, pois podem resistir aos processos químicos no trato intestinal de animais e ser funcionais nas células desses indivíduos[60]. Acredita-se que no desenvolvimento inicial de mamíferos, miRNAs provenientes do leite materno[61-63] devem ter alta relevância para a maturação dos sistemas orgânicos do filhote.

Neste capítulo, serão discutidos os impactos da pesquisa em miRNAs em biotecnologia, especialmente sua aplicação como ferramenta de estudo em biologia molecular, seu uso no diagnóstico e tratamento de doenças e interações horizontais mediadas por miRNAs, bem como suas consequências para a saúde humana.

8.2 FERRAMENTA EM PESQUISA

Por mecanismos similares aos dos miRNAs e compartilhando enzimas-chaves nesse processo (Dicer e Ago2), age o RNA de interferência (RNAi), descrito em *C. elegans* em 1998 por Fire, Mello e colaboradores[64]. Com a descoberta de que RNA de fita dupla poderia ser inserido em células eucarióticas e deflagrar silenciamento de sequências específicas, diversos laboratórios iniciaram estratégias para seu uso em pesquisa, inserindo longos RNAs de fita dupla ou plasmídeos com o objetivo de silenciar genes específicos[65], mas essas estratégias só funcionaram, a princípio, em *C. elegans* e *Drosophila*, sendo ineficientes em células de mamíferos[66]. Posteriormente, com a compreensão de que os efeitos do RNAi ocorrem por meio de uma

---

* Food and Drug Administration, departamento do governo federal dos Estados Unidos que fiscaliza alimentos, fármacos, cosméticos e produtos de uso veterinário.

sequência de cerca de 20 nucleotídeos e a demonstração de que um RNA de fita dupla dessa extensão pode ser aplicado em cultura de células, inclusive de mamíferos, a técnica ficou cada vez mais viável e procurada[67,68]. Atualmente, esta é a principal técnica de *knockdown* utilizada[69].

Existem duas formas de derrubar a expressão de um gene por RNAi: (i) introduzindo um vetor viral ou plasmídeo contendo um *short hairpin* RNA (shRNA, com estrutura em grampo, similar à do pre-miRNA) que será processado pela enzima Dicer[70] (esta forma é mais utilizada em cultura de células para derrubar a expressão de um gene em longo prazo ou para estabelecer linhagens celulares estáveis) ou (ii) entregando diretamente um *small interfering* (siRNA) no citosol[67] (utilizado em cultura de células para derrubar a expressão de um gene num intervalo de tempo curto e transitório).

O RNAi ideal deve apresentar a máxima potência, ou seja, a maior eficiência possível em derrubar a expressão de seu alvo, além de não apresentar efeitos indesejados por atuar em outras sequências que não a de seu alvo. O desenho eficiente do RNAi deve levar em conta que a complementaridade total leva à degradação do alvo, enquanto a parcial, apenas à redução da tradução. Assim, dada a curta extensão do RNAi, há alta probabilidade de este interagir com sequências não desejadas. Portanto, o princípio para evitar esses efeitos é evitar sequências complementares à região *seed* do siRNA (nucleotídeos 2 a 7 na extremidade 5'), o que faria com que ele se comportasse como um miRNA[71]. Para isso, existem diversas ferramentas disponíveis gratuitamente para averiguar a existência de alvos inespecíficos e evitar sequências com alto grau de identidade com o gene em estudo[72,73]. Uma vez que o RNAi esteja desenhado e sintetizado, ele pode ser testado em células em cultura e seus efeitos inespecíficos podem ser avaliados por *microarray*.

Existem outras práticas para ampliar a eficiência do RNAi, como (i) manter o primeiro nucleotídeo da extremidade 5' da fita guia não pareado, uma vez que o carregamento no complexo de silenciamento ocorre de maneira assimétrica[74] e (ii) utilizar ácidos nucleicos sintéticos, com alterações na ribose ou no esqueleto fosfodiéster, prática que, além de diminuir interações inespecíficas, aumenta a meia-vida do oligonucleotídeo nas células ou no organismo, aumentando, assim, sua eficiência e sua potência[75]. Essas práticas também são importantes para minimizar a quantidade de oligonucleotídeos utilizada, pois se sabe que em altas concentrações o RNAi pode promover bloqueio geral da tradução e culminar em morte celular[76]. O mecanismo usual para entrega de RNAi em cultura de células é por lipocomplexos (no caso de siRNA ou plasmídeo) ou vetores virais (especialmente no caso de células difíceis de serem transfectadas ou muito vulneráveis para serem quimicamente transfectadas), mas também podem ser utilizados oligonucleotídeos conjugados a peptídeos[77] e nanoestruturas[78].

Para utilizar o RNAi na pesquisa, é necessário realizar alguns controles positivos e negativos, dando maior confiabilidade aos resultados. Para plasmídeos e vetores virais, controles negativos convencionalmente usados são vetores vazios; ao passo que para siRNA, é usualmente utilizado um siRNA com sequência embaralhada (*scrambled* siRNA), supostamente sem alvo específico. Como controle positivo, pode ser utilizado um RNAi que já tenha funcionado previamente, comprovando que o método de *knockdown* utilizado nas células em questão de fato funciona.

Agora, estando na era pós-genômica, com a sequência dos genomas de diversas espécies em mãos, a tecnologia do RNAi é uma potente ferramenta para estudos funcionais em vias bioquímicas bem delimitadas, permitindo compreender a contribuição de um gene específico na homeostase celular (diferente dos animais *knockout*, no *knockdown* é possível evitar fenótipos provenientes de mecanismos adaptativos frente à ausência de determinado gene desde o início da ontogenia) além de realizar estudos comparativos na escala filogenética.

8.3 FÁRMACOS, BIOMARCADORES E CIÊNCIA FORENSE

Para o eficiente diagnóstico de patologias, são necessários biomarcadores (presença de moléculas, expressão gênica ou caracteres morfológicos diferenciais com o estabelecimento da doença) que sejam altamente específicos, minimamente invasivos, de rápida análise e o mais precoces (com relação à manifestação da enfermidade) possível. Pensando nessas necessidades da clínica, os miRNAs vêm de encontro à definição de "biomarcador ideal", pois prontamente refletem o *status* de diversos sistemas orgânicos através de seus níveis séricos e são de rápida análise por meio da PCR (*polymerase chain reaction*, ou reação em cadeia da polimerase) em tempo real. A elucidação de perfis de expressão de miRNAs (também denominados "miRNomas", do inglês *miRNome*) em variados contextos fisiológicos e fisiopatológicos apontam que muitos miRNAs são diferencialmente expressos frente ao estabelecimento de diversas doenças, desde as de caráter traumático, como acidentes vasculares cerebrais[79] e infarto do miocárdio[80], até as de caráter crônico e progressivo, como diabetes *mellitus*[81,82] e os mais diversos tipos de cânceres[83-85].

No caso de biomarcadores presentes no sangue, existem duas grandes fontes de RNA: o RNA extracelular e o RNA contido nas células mononucleares de sangue periférico (MSP). O ácido nucleico presente fora das células é oriundo de diversas populações celulares, sendo que a maioria é de origem provavelmente hematológica e endotelial, e o grau de contribuição de outros tecidos é difícil de ser mensurado[86]. No caso das células MSP (cujas assinaturas já foram demonstradas como diferenciais em condições neuropsicológicas, como a esquizofrenia[87]), além de responder a estímulos intrínsecos e extrínsecos, também "armazenam" informação em nível epigenético[88], informação esta que é diferencial mesmo em gêmeos monozigóticos[89]. Para doenças neurológicas, isto é possível devido ao fato de que neurônios e células mononucleares de sangue periférico são expostos a microambientes bioquímicos muito similares, montando respostas celulares concordantes frente a um estímulo bioquímico[90]. Além de padrões de metilação de DNA e acetilação de histonas, outros marcadores epigenéticos como os miRNAs são alterados nessas células de modo concordante com neurônios, como é o caso do miR-34a, superexpresso em células mononucleares de sangue periférico com o envelhecimento, assim como no plasma e em neurônios, e é simultânea ao decréscimo de expressão de SIRT1, um dos principais alvos deste miRNA[91].

Utilizar RNA como biomarcador implica diversas etapas: extração de RNA e sua purificação, enriquecimento ou amplificação anteriores à quantificação e análise, e para cada uma delas existem diversas opções de protocolos. Quanto aos métodos de isolamento, variam desde aqueles que utilizam apenas lise com tiocianato de guanidina/fenol ou apenas precipitação em coluna, até um híbrido das duas metodologias, e o método utilizado pode interferir na quantidade de pequenos RNAs acessados[92]. No caso dos RNAs encapsulados em exossomos, deve-se considerar que, diferente da membrana plasmática, a membrana exossomal é mais rígida devido a um decréscimo de fosfatidilcolina e enriquecimento de esfingomielina e colesterol[93-95]. Num estudo comparativo, sete protocolos de extração de RNA foram confrontados quanto à sua eficiência na extração de miRNAs exossomais. Todos os protocolos extraíram RNA íntegro e sem contaminações (de acordo com relações A260/280 e A260/230 e avaliação por eletroforese), mas a quantidade de RNA recuperada, o tamanho dos exossomos extraídos e o comprimento do RNA em nucleotídeos mostrou-se diferente em cada método[96]. Assim, fica demonstrado que a tecnologia para extração de ácidos nucleicos interfere nos resultados obtidos na quantificação de RNAs específicos, fato altamente relevante tanto para a pesquisa quanto para a clínica.

Os miRNAs são também importantes alvos farmacológicos. Em oncologia, sabe-se que o miRNoma pode ser alterado por diversas vias: (i) alteração do número de cópias de miRNAs no genoma, como a amplificação do *cluster* miR-17-92 em linfoma de células B[97] e a deleção de miR-15a e miR-16 em alguns tipos de leucemia[98]. Além disso, genes associados à biossíntese de miRNAs também possuem número alterado de cópias em células tumorais[99]; (ii) alterações epigenéticas, como metilação diferencial nos promotores de miRNAs, também ocorrem frequentemente em amostras e linhagens de diversos tipos de tumores[100]; (iii) regulação transcricional diferencial, como ativação do miR-34a pela proteína tumoral p53[101] e (iv) polimorfismos em miRNAs, relevantes porque a alteração sequencial afeta diretamente o *pool* de RNAm que o miRNA regula[102].

Porém, o uso de RNAi apresenta alguns riscos à viabilidade celular, pois RNAs maiores do que 30 nucleotídeos ou em altas concentrações podem ativar respostas imunes inatas[103] ou levar a um bloqueio geral da tradução e culminar com a morte celular[76,104]. Além disso, o RNAi tem o potencial de ativar receptores *Toll-Like* (TLRs), especialmente o receptor de RNA de fita dupla, TLR7, em células dendríticas, promovendo a liberação de interferons tipo I e citocinas pró-inflamatórias, culminando com a ativação de NF-κB[105]. Alguns RNAi específicos possuem alta capacidade de ativar essa via inflamatória, sendo por isso denominados RNAs imunoestimulatórios[106,107]. Nessa classe de RNA, encontram-se aqueles com sequências ricas em GU[108], devendo o seu uso, portanto, ser evitado para fins terapêuticos. Também para evitar esses efeitos colaterais, o RNA pode ser quimicamente alterado, o que promove, além de proteção às células, maior estabilidade do oligonucleotídeo. Os ácidos nucleicos naturais, devido à natureza da pentose em sua composição, podem oscilar entre duas conformações (S, *south* e N, *north*), o que confere um certo grau de liberdade às interações entre cadeias de nucleotídeos, permitindo que duas sequências não totalmente complementares hibridizem. Além disso, caso o ácido nucleico seja apresentado puramente à célula ou organismo, sofreria rapidamente clivagem por nucleases ou, na corrente sanguínea, seria prontamente capturado por proteínas que os levariam à filtração renal e excreção na urina. A fim de contornar esses efeitos, os ácidos nucleicos utilizados para fins terapêuticos sofrem alterações bioquímicas. Para aumentar a especificidade, por exemplo, é utilizado o LNA (do inglês, *locked nucleic acid*, ácido nucleico travado), cuja pentose possui uma ponte metileno que conecta os carbonos 2' e 4' e fica, assim, travada na conformação N[109]. Com os graus de liberdade restritos, sequências constituídas de LNA podem diferenciar sequências com apenas um nucleotídeo de diferença. Para subverter mecanismos de clivagem e excreção dos oligonucleotídeos, pode ser utilizado o fosforotioato (substituição de um átomo de oxigênio da ligação fosfodiéster por um átomo de enxofre), tecnologia utilizada na formulação do Vitravene[110].

Recentemente, foi observado que miRNAs podem não apenas serem, eles mesmos, alvos de regulação farmacológica, mas moduladores da eficácia de fármacos, abrindo um campo de estudos em farmacogenômica de miR-NAs[111]. A farmacogenômica lida, tradicionalmente, com variações genéticas e suas implicações no funcionamento e/ou metabolismo de drogas, sendo seu objetivo maior prever a eficiência de medicamentos baseado em características genômicas e transcricionais individuais, personalizando tratamentos medicamentosos e evitando, por exemplo, que um paciente cujo organismo seja beneficiado por um fármaco seja privado deste por possuir perfil genômico menos frequente. Além de eventos genéticos (como polimorfismos de um único nucleotídeo e alterações no número de cópias de determinados genes, alvos clássicos da farmacogenômica), o nível de expressão de "genes farmacogenômicos" (ou seja, genes essenciais para o funcionamento de fármacos) também seja relevante para a determinação do sucesso de um tratamento. Nesse sentido, os miRNAs também possuem papel relevante, pois regulam a expressão de genes farmacogenômicos e possuem perfis alterados com o estabelecimento de patologias. Estes perfis também podem ser individualizados, mesmo tratando-se da mesma doença[112]. Um exemplo disso é a regulação negativa do miR-125b sobre VDR, um receptor de vitamina D (ou seja, este miRNA promove diminuição da tradução desta proteína), cuja ligação com o calcitrol (vitamina D ativa) promove a formação de um complexo de fatores de transcrição. Com os níveis de VDR diminuídos pela atuação do miR-125b, o calcitrol perde sua eficiência, resultando em proliferação de células tumorais[113]. O banco de dados Pharmaco-miR[114] combina informações sobre alvos de miRNAs com interações gene-fármaco, formando redes de interação entre o medicamento, o gene que regula sua eficácia e o miRNA que interfere na expressão de tal gene; ou seja, são formadas relações de interação entre miRNA e função de fármacos. Este banco constitui uma importante ferramenta em estudos farmacogenômicos e no estabelecimento de relações de interdependência entre miRNAs e medicamentos.

Além da possibilidade de regular sequências específicas com a tecnologia *antisense*, é possível regular quimicamente o tônus de atuação de miRNAs por meio de pequenas moléculas capazes de interagir com enzimas-chaves no processamento e atividade de miRNAs e até mesmo miRNAs maduros específicos. Estudos utilizando bibliotecas de fármacos previamente aprovados pela FDA procuram novas aplicações de drogas já conhecidas[115]. Esta é uma prática benéfica, pois minimiza tempo e dinheiro que seriam empregados no lançamento de um novo medicamento no mercado, viabilizando mais facilmente o tratamento de diversas doenças. Um exemplo disso é a enoxacina, uma molécula capaz de aumentar a eficiência da produção de miRNAs no nível de processamento pela Dicer[116,117]. Ela pode ser empregada no tratamento do câncer[118], uma vez que uma produção debilitada de miRNAs é um cenário frequente em carcinogênese[118]. Além disso, a enoxacina pode ser aplicada junto à terapia *antisense*, pois com sua propriedade de aumentar a eficiência de processamento de RNAi, a dose de oligonucleotídeo requerida seria significativamente menor[116]. A enzima Ago2, por ser reguladora, carreadora e executora da função de miRNAs e RNAi, constitui o centro dessa cascata bioquímica, e sua regulação afeta diretamente os miRNAs em diversas camadas. Sua regulação química em cultura de fibroblastos foi demonstrada recentemente com ácido aurintricarboxílico (ATA), molécula esta que inibe o carregamento de miRNAs ao complexo proteico independente da sequência, mas não desfaz interações RNA/Ago2 previamente estabelecidas, nem inibe a atividade catalítica da proteína. Nesse mesmo estudo, além do ATA, suramina e oxidopamina desempenharam esse papel com eficiência relativamente menor[119].

Atualmente existem diversos fármacos baseados na tecnologia *antisense* em todas as fases da pesquisa clínica: **fase pré-clínica** (aplicação da molécula em animais, após identificado potencial terapêutico *in vitro*. Visa obter informações preliminares sobre atividade farmacológica e perfil de toxicidade. Mais de 90% das substâncias em estudo são eliminadas nesta fase por não demonstrarem atividade terapêutica satisfatória ou por serem demasiadamente tóxicas); **fase I** (avaliação em pequenos grupos de voluntários saudáveis – vinte a cem indivíduos – visando avaliar a maior dose tolerável, a menor dose efetiva, a relação dose/efeito, a duração do efeito e os efeitos colaterais); **fase II** (trata-se de um estudo terapêutico piloto para a demonstração do potencial do fármaco em pacientes – grupos de cem a duzentos indivíduos – visando confirmar sua eficácia e segurança e avaliar sua biodisponibilidade e bioequivalência em diferentes formulações); **fase III** (nesta fase são realizados estudos internacionais em populações distintas de pacientes – pelo menos oitocentos indivíduos – visando estabelecer o perfil terapêutico, como indicações, doses e vias de administração, contraindicações, interações medicamentosas, efeitos colaterais, medidas de precaução e principais fatores que alteram os efeitos do fármaco; demonstrar vantagem terapêutica e elaborar estratégias de publicação e comunicação por meio de congressos e *workshops*); **fase IV** (estudos realizados após a aprovação e comercialização do medicamento, visando aprimorá-lo e detectar efeitos adversos raros ou não esperados, além de fornecer suporte ao *marketing*). A seguir, um pequeno resumo sobre algumas empresas farmacêuticas já bem estabelecidas na pesquisa e desenvolvimento de kits de diagnóstico e tratamento de doenças com base em miRNAs:

- Isis Pharmaceuticals[*]: criada em 1999, localizada em Carlsbad, na Califórnia, e especializada no desenvolvimento inicial de fármacos, com alianças com companhias especializadas nos estágios finais de desenvolvimento de fármacos, *marketing* e comercialização, como Biogen Idec, Genzyme (sendo esta responsável pela comercialização de KYNAMRO, medicamento dedicado ao tratamento de hipercolesterolemia familiar, nos Estados Unidos), Sanofi, Pfizer e Roche. Atualmente, desenvolve fármacos para doenças cardiovasculares (como hipercolesterolemia e hiperlipidemia), metabólicas (como diabetes e obesidade), câncer, doenças inflamatórias (como esclerose múltipla e infecções bacterianas e virais). Compõem o quadro da empresa: nove drogas em fase pré-clínica, cinco drogas em fase I, 14 drogas em fase II, duas drogas em fase III e uma droga aprovada.
- Regulus Therapeutics[**]: criada em 2007 pela Alnylam Pharmaceuticals e Isis Pharmaceuticals, localiza-se em La Jolla, Califórnia. Sua tecnologia é baseada em oligonucleotídeos de fita simples cujos alvos são miRNAs diferencialmente expressos em patologias. Estes oligonucleotídeos são quimicamente modificados para aprimoramento de propriedades farmacológicas como potência, estabilidade e distribuição no tecido. Exemplos disso são: fosforotioato, uma alteração no esqueleto de fosfato que aumenta a estabilidade metabólica e meia-vida dos oligonucleotídeos; 2'-metoxietil, alteração da ribose que aumenta a farmacocinética e a segurança no uso da droga. Esses oligonucleotídeos são hidrossolúveis, facilitando sua entrega em soluções aquosas, como salina tamponada. Esta empresa também possui aliança com companhias especializadas nos estágios finais do desenvolvimento do fármaco, com destaque para Sanofi e AstraZeneca. Atualmente, desenvolve seis programas para tratamento de doenças hepáticas, renais e vasculares, além de câncer, todas em fase pré-clínica.
- Rosetta Genomics[***]: companhia fundada em 2010 e sediada na Philadelphia, Pennsylvania. Especializada em diagnóstico molecular baseado em miRNA. Atualmente, fornece quatro kits de diagnóstico: (i) Rosetta Cancer Origin Test, com base na expressão de 64 miRNAs, pode identificar o tipo de câncer em 42 tecidos com 85% de sensibilidade e 99% de especificidade; (ii) Rosetta Lung Cancer Test, identifica de maneira acurada os quatro subtipos de câncer de pulmão

---

[*]   Ver: <http://www.isispharm.com/index.htm>.
[**] Ver: <http://www.regulusrx.com/>.
[***] Ver: <http://www.rosettagenomics.com/>.

avaliando a expressão de oito miRNAs extraídos de amostras citológicas e biópsias; (iii) Rosetta Kidney Cancer Test, a partir de 24
miRNAs, classifica os quatro tipos mais frequentes de câncer de rim
e (iv) Rosetta Mesothelioma Test, que diferencia mesotelioma (tumor
maligno que afeta as camadas mesoteliais da pleura, pericárdio, peri-
tônio) de carcinoma no pulmão e pleura, diagnóstico cuja diferenciação é um importante problema na oncologia.

- Exosome Diagnostics[*]: fundada em 2008 e sediada em Nova York,
desenvolve kits de extração de ácidos nucleicos encapsulados em
exossomos encontrados em fluidos biológicos, como sangue, urina
e líquido cefalorraquidiano, que podem ser caracterizados para fins
diagnósticos por meio de qPCR, sequenciamento e *microarray*. O
foco da empresa é diagnóstico de câncer, que atualmente se baseia
praticamente exclusivamente em biópsias. Este mesmo conceito também pode ser útil para doenças neurológicas, musculares e metabólicas. A Exosome Diagnostics possui aliança estratégica com a Qiagen,
indústria especializada em reagentes dedicados à pesquisa em biologia
molecular, focando na viabilização do uso de biomarcadores de câncer no plasma sanguíneo.

- EpimiRNA Consortium[**]: trata-se de um esforço conjunto entre
Irlanda, Alemanha, Holanda, Reino Unido, Itália, Dinamarca, Estados Unidos e Brasil, envolvendo cientistas especialistas em epilepsia,
geneticistas, médicos e especialistas em biologia molecular, aplicados na elucidação dos mecanismos moleculares e desenvolvimento de
diagnóstico e terapia para pacientes epilépticos, focando na prevenção de crises e reversão do estado epiléptico. O projeto é coordenado
pelo professor David Henshall (Royal College of Surgeons, Irlanda),
com o Professor Felix Rosenow (Philipps University Marburg, Alemanha) como cocoordenador. Além dos acadêmicos, o projeto é acom-
panhado pelas seguintes companhias: DIXI Microtechniques, Cerbo-
med GmbH, InteRNA Technologies, Bicoll GmbH, BC Platforms e
GABO:mi. O projeto é financiado pelo Seventh Framework Program,
da União Europeia, de 2013 a 2018.

Na ciência forense, os miRNAs podem ser úteis na identificação de fluidos biológicos relevantes, como sangue, sêmen, saliva, secreções vaginais
e sangue menstrual. Métodos sorológicos são custosos e demandam certo

---

[*]   Ver: <http://www.exosomedx.com/>.
[**]   Ver: <http://www.epimirna.eu/>.

tempo, e o uso de RNA mensageiro muitas vezes é inviável, devido à qualidade da amostra. Assim, os miRNAs são excelentes candidatos para uso em investigações forenses. Em um estudo recente, descobriram-se nove miRNAs (miR-451, miR-16, miR-135b, miR-10b, miR-658, miR-205, miR-124a, miR-372 e miR-412) que são diferencialmente expressos e permitem a identificação do fluido biológico a partir de 50 pg de RNA total[120]. A identificação de fluidos biológicos é um importante problema em investigações criminais, precedendo inclusive a identificação de indivíduos numa cena de crime.

8.4 MICRORNAS E A COMUNICAÇÃO HORIZONTAL

Além de regular o próprio transcriptoma, o conjunto de miRNAs de uma célula também pode regular células distintas por diversos mecanismos de sinalização celular, como (i) pela via holócrina, através de junções comunicantes[47,121]; (ii) parácrina, por meio de exossomos[122]; e (iii) endócrina, enviando miRNAs isolados ou encapsulados em vesículas para a corrente sanguínea, permitindo que estes controlem o programa genético de células-alvos distantes da célula fonte do sinal[123].

Os miRNAs presentes no plasma são altamente resistentes a condições normalmente hostis à maior parte das espécies de RNA, como fervura, pHs extremos (tanto ácidos quanto alcalinos), armazenamento a longo prazo e repetidos ciclos de congelamento/descongelamento[124], e esta estabilidade pode ser, ao menos em parte, explicada pela existência de complexos lipoproteicos e vesículas que envolvem e protegem o material genético em trânsito[49]. Existem evidências apontando que este é um importante mecanismo de regulação endócrina, pois (i) a distribuição de miRNAs nos exossomos não se dá de maneira randômica[49] e cerca de 30 % dos miRNAs liberados não refletem o *pool* de miRNAs da célula de origem, sugerindo que as sequências são selecionadas para ocupar um microambiente celular específico[125]; e (ii) os miRNAs liberados são hábeis em exercer regulação do programa genético celular em células recipientes[126].

Para a comunicação intercelular a distância, os exossomos parecem ser a forma mais frequente para descarregamento e entrega de miRNAs. Eles estão implicados, por exemplo, na comunicação entre linfócitos T e células apresentadoras de antígenos na sinapse imune, ocorre fluxo de miRNAs via exossomos CD63+, que são funcionais nas células apresentadoras de antígeno[123]. No câncer, os miRNAs exossomais também participam de eventos importantes, como a angiogênese patológica[127].

Além da comunicação entre células de um mesmo indivíduo, miRNAs extracelulares também podem ser a via de comunicação entre indivíduos distintos. No caso de interação intraespecífica, pode-se destacar a comunicação mediada por miRNAs extracelulares seminais[128], que tem papel essencial no desenvolvimento inicial do embrião. O miR-34c, por exemplo, está presente no esperma e no zigoto, mas não no oócito, indicando que é oriundo do esperma. Sua atuação é essencial para a progressão do zigoto, uma vez que modula a expressão de Bcl-2 e, assim, a ocorrência da primeira clivagem[129]. Ainda nessa classe de comunicação intraespecífica enquadram-se os miRNAs presentes no colostro e leite materno e seu papel na maturação de sistemas orgânicos do filhote[130]. Sabe-se que o leite é um complexo nutritivo altamente especializado, selecionado durante a filogenia de mamíferos e que promove o desenvolvimento pós-natal, realizando programação metabólica diferencial, característica de cada espécie[131]. Dentre os fluidos biológicos, o leite é o que possui a maior concentração de RNA (47.240 μg/L contra 308 μg/L do plasma[132]) e os miRNAs encontrados em seus exossomos exercem importante papel para a maturação do sistema imune do neonato[133].

Também por meio da alimentação ocorre a comunicação horizontal mediada por miRNAs entre indivíduos de espécies (e reinos) distintos. Um exemplo de comunicação interespecífica é a que ocorre por miRNAs oriundos de plantas. Num estudo recente, descobriu-se que 5% dos pequenos RNAs clonados e sequenciados a partir de soro humano são provenientes de plantas[134], hipótese corroborada pelo fato de estes miRNAs possuírem uma alteração bioquímica em sua extremidade 3' (adição de um grupo metil carbono 2'), exclusividade de miRNAs vegetais, ao passo que os miRNAs endógenos possuem ambas as extremidades isentas de grupos bioquímicos (5'-fosfato e 3'-hidroxila). Posteriormente, descobriu-se que a concentração de miRNAs vegetais aumentou no soro de camundongos alimentados com arroz comparados àqueles com dieta-padrão, corroborando mais uma vez a hipótese[134]. Eles se acumularam em diversos órgãos, como fígado, intestino e pulmão, de modo que diferentes miRNAs acumularam-se em diferentes níveis e em diferentes locais. O miRNA vegetal mais abundante no soro humano foi o MIR168a, com $3,2 \times 10^{-6}$ fmol por 100 pg de RNA total, o equivalente a 850 cópias por célula (o que é comparável à média dos miRNAs humanos). Em plantas, o MIR168a está envolvido numa importante alça de *feedback* ou retroalimentação, pois regula a abundância de AGO1, o componente central no complexo de silenciamento. Assim, o MIR168a ajusta os níveis de AGO1 de acordo com os níveis de miRNAs na célula[135]. Em mamíferos, este miRNA regula a tradução da proteína receptora de lipoproteína de baixa densidade (do inglês *low-density lipoprotein receptor adaptor protein 1*, LDLRAP1) em hepatócitos, influenciando a captação de LDL do sangue[60].

Os miRNAs também podem regular a relação parasita-hospedeiro, como no caso da Malária. Foi demonstrado que o miR-451, abundante em eritrócitos humanos, acumulou-se no parasita *Plasmodium falciparum*, levando à redução significativa de seu crescimento[136]. O protozoário não possui homólogos à Dicer ou Argonauta, e a interferência por RNA, bem como a regulação por miRNAs, não é observada nesses organismos. É possível, portanto, que a regulação se dê por ligação covalente do miRNA com RNAs mensageiros do parasita e formação de RNAs quiméricos[137]. Na interação vírus-hospedeiro, também ocorre regulação por miRNAs. Sabe-se que os vírus sequestram a maquinaria do RNAi de seus hospedeiros para produzirem seus próprios miRNAs[138], que regulam genes envolvidos com proliferação celular, resposta ao estresse e vias de defesa antiviral. Assim, o vírus pode prolongar a sobrevivência da célula infectada e subverter o sistema imune, aumentando suas chances de completar seu ciclo de vida[139,140]. Reciprocamente, o transcriptoma viral pode ser controlado por miRNAs endógenos, como é o caso do miR-122 regulando a infecção pelo vírus da hepatite C[141].

A comunicação horizontal por miRNAs, seja interespecífica ou intraespecífica é um novo e promissor campo de estudos em biotecnologia, trazendo importantes oportunidades de inovar em nutrição humana e saúde pública.

8.5 METODOLOGIA DE QUANTIFICAÇÃO DE MIRNAS: RT-QPCR

A transcrição reversa associada à reação em cadeia da polimerase quantitativa (RT-qPCR), literalmente revolucionou o estudo da expressão gênica. Na reação de RT-qPCR, o RNA molde é duplicado com a geração de uma fita de DNA complementar (cDNA) por meio da enzima transcriptase reversa. A sequência de cDNA de interesse é então amplificada exponencialmente usando qPCR, que também é chamado de PCR em tempo real.

O desenvolvimento de químicas modernas e plataformas de instrumentação que habilitam descoberta de produtos da PCR em tempo real conduziu à adoção difundida desta técnica como o método de escolha para quantificar a mudança na expressão dos genes durante os últimos anos. Além disso, a PCR em tempo real tornou-se o método preferido para validar resultados obtidos de análises que avaliam expressão de gene em larga escala, como por exemplo, sequenciamentos de última geração[142]. Dessa forma, qPCR também foi eleita como uma das metodologias preferidas para identificar diferenças globais na expressão de pequenos RNAs entre diferentes amostras.

Inicialmente, o método de RT-qPCR foi aplicado para análises de miRNAs. Assim, algumas alterações na etapa de síntese do cDNA foram alteradas para superar o desafio que era transcrever uma fita complementar relativa a pequenas sequências de RNA, que além de estarem presentes como sequências maduras, ainda poderiam ser detectadas nos transcritos primários e precursores das mesmas. Neste cenário, foram desenvolvidas duas metodologias para a síntese do cDNA de miRNAs, os quais passaram a ser também utilizados nas análises de expressão de outras classes de pequenos RNAs. Como os trabalhos foram inicialmente descritos em miRNAs, o texto a seguir será mantido para miRNAs, mas vale lembrar que é aplicável a outros sRNAs.

8.5.1 Síntese de cDNA

O primeiro passo na qPCR de miRNAs é uma conversão acurada e completa do RNA em um DNA complementar (cDNA) por meio da transcrição reversa. Entretanto, este passo é complexo, devido: (i) ao tamanho limitado da fita molde (aproximadamente 22 nt), (ii) à inexistência de uma sequência comum para utilizar no enriquecimento e amplificação dos miRNAs e, (iii) ao fato de que a sequência madura do miRNA está presente nos pri-miRNAs e pré-miRNAs.

Até o momento, duas diferentes abordagens para sintetizar o transcrito reverso de miRNAs têm sido utilizada. Na primeira abordagem, miRNAs são transcritos reversamente por meio de oligonucleotídeos específicos para cada miRNA, método também conhecido por *stem-loop*[143]. Na segunda metodologia, uma cauda contendo uma sequência comum é adicionada a todos os miRNAs, e estes são transcritos reversamente por meio de um oligo reverso comum[144]. A seguir, ambas as metodologias serão discutidas.

8.5.1.1 Método stem-loop

Nesta metodologia, a amplificação de cada miRNA é realizada utilizando três oligonucleotídeos:

- Um oligonucleotídeo *stem-loop*, o qual consiste em 44 nucleotídeos fixos que formam uma haste (dois braços pareados) e um *loop* (5' GTCGTATCCAGTGCAGGGTCCGAGGTATTCGCACTGGATAC-

GACNNNNNN 3') e seis nucleotídeos adicionais complementares à região 3' da porção terminal do miRNA maduro.
- Um oligonucleotídeo direto específico, o qual é idêntico à sequência completa do miRNA maduro e que será utilizado na reação de qPCR.
- Um oligonucleotídeo universal reverso, uma sequência conservada (5' GTGCAGGGTCCGAGGT 3') e que será empregada nas reações de qPCR de distintos miRNAs. O oligo universal reverso hibridizará na região correspondente ao *loop* do transcrito reverso.

A complexidade dos oligonucleotídeos *stem-loop* aumenta a especificidade da reação, uma vez que ocorre uma diminuição do anelamento do oligo às sequências de pri-miRNAs e pré-miRNAs. Já os oligonucleotídeos lineares, não apresentam esta especificidade e podem anelar tanto nos miRNAs maduros quanto em seus precursores; consequentemente, os passos de anelamento e a transcrição reversa devem ser otimizados para prevenir a interação entre estes oligos e os pri-miRNAs e pré-miRNAs. Uma representação esquemática dos passos envolvidos na síntese de cDNA pelo método *stem-loop* pode ser observada na Figura 8.1A.

8.5.1.2 Método poliA

Uma abordagem alternativa, é a extensão da porção terminal 3' do miRNA por meio da adição de uma sequência polimérica única e comum. Neste caso são adicionados nucleotídeos de adenina ou timina via ação da terminal nucletidil transferase de *Escherichia coli*[144]. Um oligonucleotídeo consistindo em uma sequência oligo-dT contendo uma sequência a qual se ligará um oligo universal na sua posição 5' são, então, utilizados para a transcrição reversa e para amplificar as sequências-alvos durante o qPCR.

A porção de dTs entre o miRNA e a sequência universal do oligo dT é definida utilizando sequências degeneradas no terminal 5' do oligonucleotídeo, o qual ancora o oligo ao terminal 3' do miRNA.

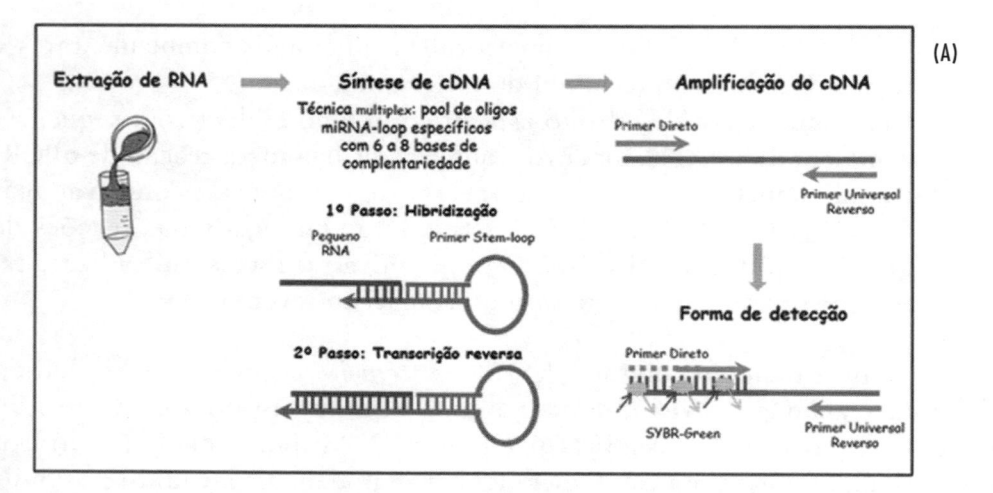

(A)

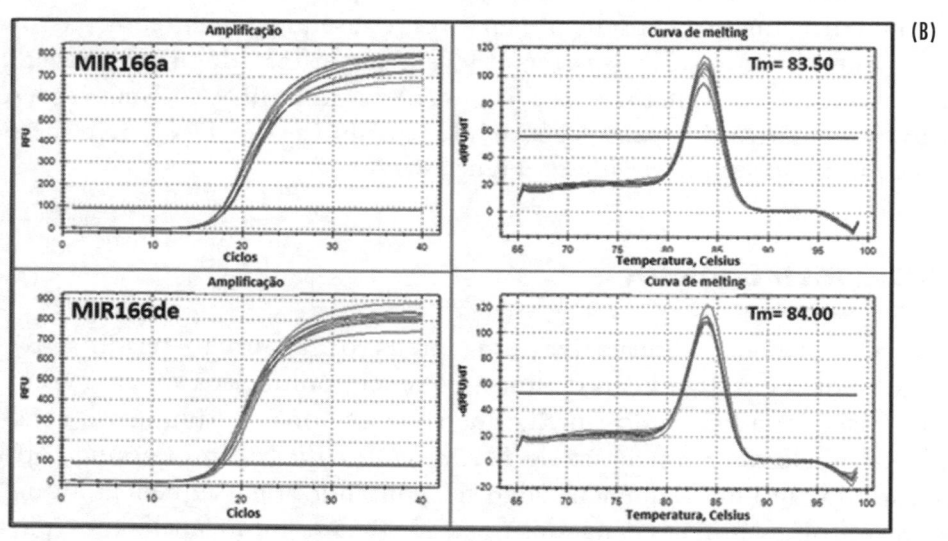

(B)

Figura 8.1 Metodologia de quantificação de pequenos RNAs através da RT-qPCR. (A) Representação esquemática da RT-qPCR utilizando oligonucleotídeos *stem-loop* e o fluoróforo SYBR Green. Após a extração do RNA total é realizada a síntese da fita complementar (cDNA) por transcrição reversa. Nesta fase é preparado um *pool* com vários oligos *stem-loop*, possibilitando a síntese de cDNAs para vários sRNAs distintos em uma única reação. Os oligos *stem-loop* se ligam à região 3' terminal da sequência de pequeno RNA maduro, o qual será transcrito reversamente por uma transcriptase reversa. Então, os transcritos reversos são quantificados utilizando um fluoróforo SYBR Green, o qual possui a capacidade de intercalar DNA de fita dupla. Para a amplificação dos transcritos reversos são utilizados oligos diretos (idênticos à sequência madura do pequeno RNA) e o oligo universal reverso (correspondente a uma região conservada entre todos os oligos *stem-loop*). (B) Exemplos de gráficos da qPCR em tempo real para dois miRNAs de soja, miR166a e miR166de, utilizando o método *stem-loop* e o fluoróforo SYBR Green. São observadas as completas amplificações, bem como as distintas curvas de *melting* para ambos os miRNAs, os quais possuem sequências quase idênticas, comprovando a capacidade de alta especificidade desta metodologia.

8.5.2 Detecção dos produtos da qPCR

O princípio da qPCR está baseado na detecção, em tempo real, de uma molécula fluorescente repórter cuja intensidade do sinal emitido é correlacionada à quantidade de DNA presente em cada ciclo de amplificação[145,146]. Existe uma gama de fluoróforos utilizados em reações de qPCR, entretanto, nas que envolvem amplificação de miRNAs, os mais amplamente utilizados são SYBR Green I e sondas TaqMan. Estão disponíveis no mercado dois tipos de SYBR Green, SYBR Green I e II. Enquanto SYBR Green I liga-se preferencialmente a DNA dupla fita (dsDNA), SYBR Green II se liga à RNA. Neste capítulo, SYBR Green refere-se a SYBR Green I.

8.5.2.1 Detecção de produtos da qPCR utilizando SYBR Green

O SYBR Green é uma molécula intercalante cuja fluorescência aumenta em aproximadamente cem vezes apenas sob associação com dsDNA. Esta propriedade é utilizada para detectar os produtos de amplificação acumulados durante os ciclos da PCR. É importante salientar que o SYBR Green não consegue discriminar entre diferentes produtos da PCR e liga-se a todos os dsDNA, incluindo dímeros de oligonucleotídeos[147]. Esta característica limita uma detecção acurada da sequência-alvo e necessita de metodologias que acessem a especificidade dos produtos gerados pela amplificação. Entretanto, o uso de SYBR Green permite realizar uma análise do ponto de *melting*, também chamada de análise de curva de dissociação, o qual é um importante passo para monitorar a homogeneidade dos produtos de qPCR[145].

Durante a curva de *melting*, a intensidade da fluorescência do SYBR Green que está intercalado nos produtos da PCR é anotada durante um período no qual a temperatura aumenta gradativamente de 65 °C a 95 °C. Este aumento gradual da temperatura desnatura o dsDNA, o que ocasiona uma consequente redução do sinal de fluorescência, que será detectada por um queda acentuada na intensidade do sinal quando ambas as fitas de DNA estiverem completamente separadas. Como a temperatura de *melting* (Tm) de um DNA fita dupla é dependente do comprimento e composição nucleotídica da sequência, o número de inflexões na curva de *melting* indica o número de produtos da PCR (incluindo dímeros de oligonucleotídeos) gerados. Uma curva de dissociação aceitável apresenta um pico único, isto é, um único produto da PCR, enquanto a ocorrência de picos múltiplos indica a presença de produtos de amplificação não específicos[145].

O emprego de SYBR Green durante RT-qPCR tem sido comprovado como um eficiente método de detecção de produtos de expressão de miRNAs por alguns autores[144,148]. Por exemplo, na Figura 8.1B estão demonstrados os gráficos de amplificação, bem como as curvas de *melting*, de dois miRNAs provenientes de plantas do soro de indivíduos que se alimentaram de soja: miR166a (5' TCGGAC-CAGGCTTCATTCCCC 3') e miR166de (5' TCGGACCAGGCTTCATTCCCG 3'). Esses miRNAs se diferenciam por apenas um nucleotídeo na extremidade 3', e, mesmo com essa ampla similaridade, durante a curva de dissociação foram observados dois picos únicos distintos entre esses miRNAs testados, demonstrando a alta especificidade da amplificação.

8.5.2.2 Detecção de produtos da qPCR utilizando TaqMan

Outra possibilidade de detecção dos produtos amplificados durante a qPCR é o emprego das sonda TaqMan. Essas sondas são marcadas em cada extremidade por um fluoróforo repórter (molécula que emite luz) e um *quencher* (molécula capaz de captar a energia do fluoróforo em forma de luz e pode dissipar esta energia tanto na forma de luz quanto calor). A proximidade do fluoróforo repórter com a sua molécula *quencher* previne a emissão de fluorescência. Entretanto, durante a PCR em tempo real a sonda TaqMan hibridiza com a fita simples de cDNA. No processo de amplificação, a sonda TaqMan é degradada devido à atividade de exonuclease 5' → 3' da enzima Taq DNA polimerase, separando o *quencher* do fluoróforo durante a extensão, resultando em um aumento da intensidade da fluorescência. Dessa forma, durante o processo de qPCR a emissão da fluorescência é aumentada de forma exponencial. Esse aumento da fluorescência ocorre apenas quando a sonda hibridiza e é degradada simultaneamente à amplificação da sequência-alvo estabelecida. Cabe salientar que, caso sejam formados produtos inespecíficos, embora os dímeros de oligonucleotídeos e os produtos inespecíficos gerados durante a amplificação não emitam qualquer sinal de fluorescência, esses produtos irão afetar negativamente tanto a eficiência quanto a sensibilidade da reação de qPCR.

8.5.2.3 Passo a passo: protocolo da RT-qPCR por stem-loop

1º passo: síntese de cDNA

Os oligonucleotídeos *stem-loop* de todos os miRNAs a serem testados são agrupados em uma mesma reação para a síntese de cDNA multiplex, que ocorre em duas etapas:

I) Hibridização dos oligonucleotídeos *stem-loop* com o RNA total, conforme a reação a seguir:

RNA total	0,1 a 2 µg
Mix de oligonucleotídeos *stem-loop* (0,5 µM cada)	1 µL
H_2O	q.s.p
Volume total	10 µL

1) Incubar a 70 °C por 5 minutos.
2) Imediatamente, transferir para banho de gelo.

II) Síntese da primeira fita de cDNA com a enzima transcriptase reversa RNAse H de M-MLV, conforme reação a seguir:

Material da etapa I Tampão 5X M-MLV RT	10 µL 6 µL
dNTP (5mM)	2 µL
Enzima M-MLV RT (200U/ µL)	1 µL
H_2O	11 µL
Volume total	30 µL

1) Incubar a reação a 40 °C por 60 minutos.
2) Ao final, diluir a reação na proporção 1:10 com H_2O (solução de estoque).
3) Para solução trabalho, utilizar uma diluição 1:30 a 1:50.
4) O cDNA deve ser armazenado a -20 °C.

2º passo: qPCR

Neste protocolo o fluoróforo de escolha para detectar o produto de amplificação será o SYBR Green I.

Para a amplificação em tubos de 200 μL ou mesmo em placas de 96 poços (dependendo da escolha pessoal) as reações podem ser realizadas em um volume total de 20 μL.

A seguir listamos todos os reagentes empregados com as respectivas concentrações finais para cada reação:

CDNA (DILUÍDO 1:30)	10 μL
Mix	10 μL
Tampão Taq DNA polimerase	1X
$MgCl_2$	3mM
dNTP	25μM
Oligonucleotídeo direto	0,2 μM
Oligonucleotídeo universal reverso	0,2 μM
SYBR Green I	0,1X
Enzima Taq DNA polimerase	0,25 U

As condições de amplificação são as seguintes:

- Ativação inicial da enzima Taq DNA polimerase por 5 minutos a 95 °C.
- Desnaturação a 95 °C por 15 segundos.
- Hibridização a 60 °C por 10 segundos.
- Elongação a 72 °C por 10 segundos.
- Repetição dos passos II a IV por 40 ciclos.

A análise de curva de *melting* ou curva de dissociação deve ser realizada no final da PCR e programada para um aumento da temperatura de 65 °C a 99 °C.

Embora a parte de análise de expressão de miRNAs não seja abordada neste capítulo, salienta-se que o método mais amplamente utilizado na análise de miRNAs é a quantificação relativa[149] ou $2^{-\Delta\Delta Ct}$.

REFERÊNCIAS

1. Freyhult, EK, Bollback JP, Gardner PP. Exploring genomic dark matter: a critical assessment of the performance of homology search methods on noncoding RNA. Genome Res. 2007;17(1):117-25.

2. Collins, LJ, Penny D. The RNA infrastructure: dark matter of the eukaryotic cell? Trends Genet. 2009;25(3):120-8.

3. Elgar, G, Vavouri T. Tuning in to the signals: noncoding sequence conservation in vertebrate genomes. Trends Genet. 2008;24(7):344-52.

4. Pennisi E. Genomics. ENCODE project writes eulogy for junk DNA. Science. 2012;337(6099):1159, 1161.

5. Lee, RC, Feinbaum RL, Ambros V. The C. elegans heterochronic gene lin-4 encodes small RNAs with antisense complementarity to lin-14. Cell. 1993;75(5):843-54.

6. Wightman B, Ha I, Ruvkun G. Posttranscriptional regulation of the heterochronic gene lin-14 by lin-4 mediates temporal pattern formation in C. elegans. Cell. 1993;75(5):855-62.

7. Lee R, Feinbaum R, Ambros V. A short history of a short RNA. Cell. 2004;116(2 Suppl):S89-92, 1 p following S96.

8. Ambros V. The evolution of our thinking about microRNAs. Nat Med. 2008;14(10):1036-40.

9. Reinhart BJ, et al. The 21-nucleotide let-7 RNA regulates developmental timing in Caenorhabditis elegans. Nature. 2000;403(6772):901-6.

10. Pasquinelli AE, et al. Conservation of the sequence and temporal expression of let-7 heterochronic regulatory RNA. Nature. 2000;408(6808):86-9.

11. Lagos-Quintana M, et al. Identification of novel genes coding for small expressed RNAs. Science. 2001;294(5543):853-8.

12. Lau NC, et al. An abundant class of tiny RNAs with probable regulatory roles in Caenorhabditis elegans. Science. 2001;294(5543):858-62.

13. Lee RC, Ambros V. An extensive class of small RNAs in Caenorhabditis elegans. Science. 2001;294(5543):862-4.

14. Kozomara A, Griffiths-Jones S. miRBase: integrating microRNA annotation and deep-sequencing data. Nucleic Acids Res. 2011;39(Database issue):D152-7.

15. Lee Y, et al. MicroRNA genes are transcribed by RNA polymerase II. Embo J. 2004;23(20):4051-60.

16. Cai X, Hagedorn CH, Cullen BR. Human microRNAs are processed from capped, polyadenylated transcripts that can also function as mRNAs. RNA. 2004;10(12):1957-66.

17. Han J, et al. The Drosha-DGCR8 complex in primary microRNA processing. Genes Dev. 2004;18(24):3016-27.

18. Yi R, et al. Exportin-5 mediates the nuclear export of pre-microRNAs and short hairpin RNAs. Genes Dev. 2003. 17(24):3011-6.

19. Ketting RF, et al. Dicer functions in RNA interference and in synthesis of small RNA involved in developmental timing in C. elegans. Genes Dev. 2001;15(20):2654-9.

20. Kim VN. MicroRNA biogenesis: coordinated cropping and dicing. Nat Rev Mol Cell Biol. 2005. 6(5):376-85.

21. Gregory RI, et al. Human RISC couples microRNA biogenesis and posttranscriptional gene silencing. Cell. 2005. 123(4):631-40.

22. Gu S, et al. Biological basis for restriction of microRNA targets to the 3' untranslated region in mammalian mRNAs. Nat Struct Mol Biol. 2009;16(2):144-50.

23. Humphreys DT, et al. MicroRNAs control translation initiation by inhibiting eukaryotic initiation factor 4E/cap and poly(A) tail function. Proc Natl Acad Sci USA. 2005. 102(47):16961-6.

24. Chendrimada TP, et al. MicroRNA silencing through RISC recruitment of eIF6. Nature. 2007;447(7146):823-8.

25. Nottrott S, Simard MJ, Richter JD. Human let-7a miRNA blocks protein production on actively translating polyribosomes. Nat Struct Mol Biol. 2006;13(12):1108-14.

26. Wu L, Fan J, Belasco JG. MicroRNAs direct rapid deadenylation of mRNA. Proc Natl Acad Sci USA. 2006;103(11):4034-9.

27. Vasudevan S, Tong Y, Steitz JA. Switching from repression to activation: microRNAs can up-regulate translation. Science. 2007;318(5858):1931-4.

28. Yekta S, Shih IH, Bartel DP., MicroRNA-directed cleavage of HOXB8 mRNA. Science. 2004;304(5670):594-6.

29. Kim DH, et al. MicroRNA-directed transcriptional gene silencing in mammalian cells. Proc Natl Acad Sci USA. 2008;105(42):16230-5.

30. Place RF, et al. MicroRNA-373 induces expression of genes with complementary promoter sequences. Proc Natl Acad Sci USA. 2008;105(5):1608-13.

31. Krek A, et al. Combinatorial microRNA target predictions. Nat Genet. 2005. 37(5):495-500.

32. Peter ME. Targeting of mRNAs by multiple miRNAs: the next step. Oncogene. 2010;29(15):2161-4.

33. Wu S, et al. Multiple microRNAs modulate p21Cip1/Waf1 expression by directly targeting its 3' untranslated region. Oncogene. 2010;29(15):2302-8.

34. Selbach M, et al. Widespread changes in protein synthesis induced by microRNAs. Nature. 2008;455(7209):58-63.

35. Mosher DS, et al. A mutation in the myostatin gene increases muscle mass and enhances racing performance in heterozygote dogs. PLoS Genet. 2007;3(5):e79.

36. Arvey A, et al. Target mRNA abundance dilutes microRNA and siRNA activity. Mol Syst Biol. 2010;6:363.

37. Ragan C, Zuker M, Ragan MA. Quantitative prediction of miRNA-mRNA interaction based on equilibrium concentrations. PLoS Comput Biol. 2011;7(2):e1001090.

38. Baumjohann D, et al. The microRNA cluster miR-17 approximately 92 promotes TFH cell differentiation and represses subset-inappropriate gene expression. Nat Immunol. 2013;14(8):840-8.

39. Li Y, et al. Connect the dots: a systems level approach for analyzing the miRNA-mediated cell death network. Autophagy. 2013;9(3):436-9.

40. Nesca V, et al. Identification of particular groups of microRNAs that positively or negatively impact on beta cell function in obese models of type 2 diabetes. Diabetologia. 2013;56(10):2203-12.

41. Griggs EM, et al. MicroRNA-182 regulates amygdala-dependent memory formation. J Neurosci. 2013;33(4):1734-40.

42. Serafini G, et al. The Involvement of MicroRNAs in Major Depression, Suicidal Behavior, and Related Disorders: A Focus on miR-185 and miR-491-3p. Cell Mol Neurobiol. 2013.

43. Perry CM, Balfour JA. Fomivirsen. Drugs. 1999. 57(3):375-80; discussion 381.

44. Dixon, DL, et al. Lomitapide and Mipomersen: Novel Lipid-Lowering Agents for the Management of Familial Hypercholesterolemia. J Cardiovasc Nurs. 2013.

45. Lough, TJ, Lucas WJ. Integrative plant biology: role of phloem long-distance macromolecular trafficking. Annu Rev Plant Biol. 2006;57:203-32.

46. Melnyk CW, Molnar A, Baulcombe DC. Intercellular and systemic movement of RNA silencing signals. EMBO J. 2011;30(17):3553-63.

47. Katakowski M, et al. Functional microRNA is transferred between glioma cells. Cancer Res. 2010;70(21):8259-63.

48. Shih JD, Hunter CP. SID-1 is a dsRNA-selective dsRNA-gated channel. RNA. 2011;17(6):1057-65.

49. Valadi H, et al. Exosome-mediated transfer of mRNAs and microRNAs is a novel mechanism of genetic exchange between cells. Nat Cell Biol. 2007;9(6):654-9.

50. Stoorvogel W. Functional transfer of microRNA by exosomes. Blood. 2012;119(3):646-8.

51. Zernecke A, et al. Delivery of microRNA-126 by apoptotic bodies induces CXCL-12-dependent vascular protection. Sci Signal. 2009;2(100):ra81.

52. Arroyo JD, et al. Argonaute2 complexes carry a population of circulating microRNAs independent of vesicles in human plasma. Proc Natl Acad Sci USA. 2011;108(12):5003-8.

53. Gupta SK, Bang C, Thum T, Circulating microRNAs as biomarkers and potential paracrine mediators of cardiovascular disease. Circ Cardiovasc Genet. 2010;3(5):484-8.

54. Nishida, N., et al. MicroRNA miR-125b is a prognostic marker in human colorectal cancer. Int J Oncol. 2011;38(5):1437-43.

55. Rizos E, et al. miR-183 as a molecular and protective biomarker for cancer in schizophrenic subjects. Oncol Rep. 2012;28(6):2200-4.

56. Russo F, et al. miRandola: extracellular circulating microRNAs database. PLoS One. 2012;7(10):e47786.

57. Lindow M, Kauppinen S. Discovering the first microRNA-targeted drug. J Cell Biol. 2012;199(3):407-12.

58. Kosaka N, et al. Secretory mechanisms and intercellular transfer of microRNAs in living cells. J Biol Chem. 2010;285(23):17442-52.

59. Shah MY, Calin GA. The mix of two worlds: non-coding RNAs and hormones. Nucleic Acid Ther. 2013;23(1):2-8.

60. Zhang L, et al. Exogenous plant MIR168a specifically targets mammalian LDLRAP1: evidence of cross-kingdom regulation by microRNA. Cell Res. 2012;22(1):107-26.

61. Kosaka N, et al. microRNA as a new immune-regulatory agent in breast milk. Silence. 2010;1(1):7.

62. Zhou Q, et al. Immune-related microRNAs are abundant in breast milk exosomes. Int J Biol Sci. 2012;8(1):118-23.

63. Gu Y, et al. Lactation-related microRNA expression profiles of porcine breast milk exosomes. PLoS One. 2012;7(8):e43691.

64. Fire A, et al. Potent and specific genetic interference by double-stranded RNA in Caenorhabditis elegans. Nature. 1998. 391(6669):806-11.

65. Tavernarakis N, et al. Heritable and inducible genetic interference by double-stranded RNA encoded by transgenes. Nat Genet. 2000;24(2):180-3.

66. Caplen NJ, et al. dsRNA-mediated gene silencing in cultured Drosophila cells: a tissue culture model for the analysis of RNA interference. Gene. 2000;252(1-2):95-105.

67. Elbashir SM, et al. Duplexes of 21-nucleotide RNAs mediate RNA interference in cultured mammalian cells. Nature. 2001;411(6836):494-8.

68. Elbashir SM, Lendeckel W, Tuschl T. RNA interference is mediated by 21- and 22-nucleotide RNAs. Genes Dev. 2001;15(2):188-200.

69. Shan G. RNA interference as a gene knockdown technique. Int J Biochem Cell Biol. 2010;42(8):1243-51.

70. Kunath T, et al. Transgenic RNA interference in ES cell-derived embryos recapitulates a genetic null phenotype. Nat Biotechnol. 2003;21(5):559-61.

71. Lai EC. Micro RNAs are complementary to 3' UTR sequence motifs that mediate negative post-transcriptional regulation. Nat Genet. 2002. 30(4):363-4.

72. Naito Y, et al. dsCheck: highly sensitive off-target search software for double-stranded RNA-mediated RNA interference. Nucleic Acids Res. 2005. 33(Web Server issue):W589-91.

73. Qiu S, Adema CM, Lane T. A computational study of off-target effects of RNA interference. Nucleic Acids Res. 2005;33(6):1834-47.

74. Schwarz DS, et al. Designing siRNA that distinguish between genes that differ by a single nucleotide. PLoS Genet. 2006;2(9):e140.

75. Jackson AL, et al. Position-specific chemical modification of siRNAs reduces "off--target" transcript silencing. RNA. 2006;12(7):1197-205.

76. Persengiev, SP, Zhu X, Green MR. Nonspecific, concentration-dependent stimulation and repression of mammalian gene expression by small interfering RNAs (siRNAs). RNA. 2004;10(1):12-8.

77. Simeoni F, et al. Insight into the mechanism of the peptide-based gene delivery system MPG: implications for delivery of siRNA into mammalian cells. Nucleic Acids Res. 2003;31(11):2717-24.

78. Ladeira MS, et al. Highly efficient siRNA delivery system into human and murine cells using single-wall carbon nanotubes. Nanotechnology. 2010;21(38):385101.

79. Zeng L, et al. Cocktail blood biomarkers: prediction of clinical outcomes in patients with acute ischemic stroke. Eur Neurol. 2013;69(2):68-75.

80. Xiao J, et al. Serum microRNA-499 and microRNA-208a as biomarkers of acute myocardial infarction. Int J Clin Exp Med. 2014;7(1):136-41.

81. Zhang T, et al. Plasma miR-126 is a potential biomarker for early prediction of type 2 diabetes mellitus in susceptible individuals. Biomed Res Int. 2013;2013:761617.

82. Peng H, et al. Urinary miR-29 Correlates with Albuminuria and Carotid Intima-Media Thickness in Type 2 Diabetes Patients. PLoS One. 2013;8(12):e82607.

83. Macha MA, et al. MicroRNAs (miRNA) as Biomarker(s) for Prognosis and Diagnosis of Gastrointestinal (GI) Cancers. Curr Pharm Des. 2014.

84. Srivastava A, et al. Circulatory miR-628-5p is downregulated in prostate cancer patients. Tumour Biol. 2014.

85. Schultz NA, et al. MicroRNA biomarkers in whole blood for detection of pancreatic cancer. JAMA. 2014;311(4):392-404.

86. Williams Z, et al. Comprehensive profiling of circulating microRNA via small RNA sequencing of cDNA libraries reveals biomarker potential and limitations. Proc Natl Acad Sci USA. 2013;110(11):4255-60.

87. Bowden NA, et al. Preliminary investigation of gene expression profiles in peripheral blood lymphocytes in schizophrenia. Schizophr Res. 2006;82(2-3):175-83.

88. Gavin DP, Sharma RP. Chromatin from peripheral blood mononuclear cells as biomarkers for epigenetic abnormalities in schizophrenia. Cardiovasc Psychiatry Neurol. 2009;2009:409562.

89. Fraga MF, et al. Epigenetic differences arise during the lifetime of monozygotic twins. Proc Natl Acad Sci USA. 2005;102(30):10604-9.

90. Tang Y, et al. Blood genomic responses differ after stroke, seizures, hypoglycemia, and hypoxia: blood genomic fingerprints of disease. Ann Neurol. 2001;50(6):699-707.

91. van Heerden JH, et al. Parallel changes in gene expression in peripheral blood mononuclear cells and the brain after maternal separation in the mouse. BMC Res Notes. 2009;2:195.

92. Menke A, et al. Peripheral blood gene expression: it all boils down to the RNA collection tubes. BMC Res Notes. 2012;5:1.

93. Laulagnier K, et al. Mast cell- and dendritic cell-derived exosomes display a specific lipid composition and an unusual membrane organization. Biochem J. 2004;380(Pt 1):161-71.

94. Trajkovic K, et al. Ceramide triggers budding of exosome vesicles into multivesicular endosomes. Science. 2008;319(5867):1244-7.

95. Mitchell PJ, et al. Can urinary exosomes act as treatment response markers in prostate cancer? J Transl Med. 2009;7:4.

96. Eldh M, et al. Importance of RNA isolation methods for analysis of exosomal RNA: evaluation of different methods. Mol Immunol. 2012;50(4):278-86.

97. Ota A, et al. Identification and characterization of a novel gene, C13orf25, as a target for 13q31-q32 amplification in malignant lymphoma. Cancer Res. 2004;64(9):3087-95.

98. Calin GA, et al. Frequent deletions and down-regulation of micro- RNA genes miR15 and miR16 at 13q14 in chronic lymphocytic leukemia. Proc Natl Acad Sci USA. 2002. 99(24):15524-9.

99. Zhang L, et al. microRNAs exhibit high frequency genomic alterations in human cancer. Proc Natl Acad Sci USA. 2006;103(24):9136-41.

100. Lujambio A, et al. Genetic unmasking of an epigenetically silenced microRNA in human cancer cells. Cancer Res. 2007;67(4):1424-9.

101. Chang TC, et al. Transactivation of miR-34a by p53 broadly influences gene expression and promotes apoptosis. Mol Cell. 2007;26(5):745-52.

102. Wu W, MicroRNA: potential targets for the development of novel drugs? Drugs R D. 2010;10(1):1-8.

103. Uematsu S, Akira S. Toll-like receptors and Type I interferons. J Biol Chem. 2007;282(21):15319-23.

104. Gitlin L, Karelsky S, Andino R., Short interfering RNA confers intracellular antiviral immunity in human cells. Nature. 2002;418(6896):430-4.

105. Sledz CA, et al. Activation of the interferon system by short-interfering RNAs. Nat Cell Biol. 2003;5(9):834-9.

106. Hornung, V., et al. Sequence-specific potent induction of IFN-alpha by short interfering RNA in plasmacytoid dendritic cells through TLR7. Nat Med. 2005;11(3):263-70.

107. Judge, AD, et al. Sequence-dependent stimulation of the mammalian innate immune response by synthetic siRNA. Nat Biotechnol. 2005;23(4):457-62.

108. Schlee M, Hornung V, Hartmann G. siRNA and isRNA: two edges of one sword. Mol Ther. 2006;14(4):463-70.

109. Veedu RN, Wengel J. Locked nucleic acids: promising nucleic acid analogs for therapeutic applications. Chem Biodivers. 2010;7(3):536-42.

110. Geary RS, Henry SP, Grillone LR. Fomivirsen: clinical pharmacology and potential drug interactions. Clin Pharmacokinet. 2002;41(4):255-60.

111. Shomron N. MicroRNAs and pharmacogenomics. Pharmacogenomics. 2010;11(5):629-32.

112. Calin GA, Croce CM. MicroRNA signatures in human cancers. Nat Rev Cancer. 2006;6(11):857-66.

113. Mohri T, et al. MicroRNA regulates human vitamin D receptor. Int J Cancer. 2009;125(6):1328-33.

114. Rukov JL, et al. Pharmaco-miR: linking microRNAs and drug effects. Brief Bioinform. 2013.

115. Chong CR, Sullivan Jr DJ. New uses for old drugs. Nature. 2007;448(7154):645-6.

116. Shan G, et al. A small molecule enhances RNA interference and promotes microRNA processing. Nat Biotechnol. 2008;26(8):933-40.

117. Zhang Q, Zhang C, Xi Z. Enhancement of RNAi by a small molecule antibiotic enoxacin. Cell Res. 2008;18(10):1077-9.

118. Melo S, et al. Small molecule enoxacin is a cancer-specific growth inhibitor that acts by enhancing TAR RNA-binding protein 2-mediated microRNA processing. Proc Natl Acad Sci USA. 2011;108(11):4394-9.

119. Tan GS, et al. Small molecule inhibition of RISC loading. ACS Chem Biol. 2012;7(2):403-10.

120. Hanson EK, Lubenow H, Ballantyne J. Identification of forensically relevant body fluids using a panel of differentially expressed microRNAs. Anal Biochem. 2009;387(2):303-14.

121. Lim PK, et al. Gap junction-mediated import of microRNA from bone marrow stromal cells can elicit cell cycle quiescence in breast cancer cells. Cancer Res. 2011;71(5):1550-60.

122. Ohshima K, et al. Let-7 microRNA family is selectively secreted into the extracellular environment via exosomes in a metastatic gastric cancer cell line. PLoS One. 2010;5(10):e13247.

123. Mittelbrunn M, et al. Unidirectional transfer of microRNA-loaded exosomes from T cells to antigen-presenting cells. Nat Commun. 2011;2:282.

124. Chen X, et al. Characterization of microRNAs in serum: a novel class of biomarkers for diagnosis of cancer and other diseases. Cell Res. 2008;18(10):997-1006.

125. Pigati, L., et al. Selective release of microRNA species from normal and malignant mammary epithelial cells. PLoS One. 2010;5(10):e13515.

126. Vickers, K.C., et al. MicroRNAs are transported in plasma and delivered to recipient cells by high-density lipoproteins. Nat Cell Biol. 2011;13(4):423-33.

127. Umezu T, et al. Leukemia cell to endothelial cell communication via exosomal miRNAs. Oncogene. 2013;32(22):2747-55.

128. Li H, et al. Cell-free seminal mRNA and microRNA exist in different forms. PLoS One. 2012;7(4):e34566.

129. Liu WM, et al. Sperm-borne microRNA-34c is required for the first cleavage division in mouse. Proc Natl Acad Sci USA. 2012;109(2):490-4.

130. Melnik BC, John SM, Schmitz G. Milk is not just food but most likely a genetic transfection system activating mTORC1 signaling for postnatal growth. Nutr J. 2013;12:103.

131. Ip S, et al. Breastfeeding and maternal and infant health outcomes in developed countries. Evid Rep Technol Assess (Full Rep). 2007;153:1-186.

132. Weber JA, et al. The microRNA spectrum in 12 body fluids. Clin Chem. 2010;56(11):1733-41.

133. Sun Q, et al. Immune modulatory function of abundant immune-related microRNAs in microvesicles from bovine colostrum. Protein Cell. 2013;4(3):197-210.

134. Zhang Y, et al. Analysis of plant-derived miRNAs in animal small RNA datasets. BMC Genomics. 2012;13:381.

135. Martinez de Alba AE, et al. The miRNA pathway limits AGO1 availability during siRNA-mediated PTGS defense against exogenous RNA. Nucleic Acids Res. 2011;39(21):9339-44.

136. LaMonte G, et al. Translocation of sickle cell erythrocyte microRNAs into Plasmodium falciparum inhibits parasite translation and contributes to malaria resistance. Cell Host Microbe. 2012;12(2):187-99.

137. Liang H, et al. New roles for microRNAs in cross-species communication. RNA Biol. 2013;10(3):367-70.

138. Pfeffer S, et al. Identification of virus-encoded microRNAs. Science. 2004;304(5671):734-6.

139. Choy EY, et al. An Epstein-Barr virus-encoded microRNA targets PUMA to promote host cell survival. J Exp Med. 2008;205(11):2551-60.

140. Nachmani D, et al. Diverse herpesvirus microRNAs target the stress-induced immune ligand MICB to escape recognition by natural killer cells. Cell Host Microbe. 2009;5(4):376-85.

141. Jopling CL, et al. Modulation of hepatitis C virus RNA abundance by a liver-specific MicroRNA. Science. 2005;309(5740):1577-81.

142. Bustin SA, Absolute quantification of mRNA using real-time reverse transcription polymerase chain reaction assays. J Mol Endocrinol. 2000;25(2):169-93.

143. Chen X. MicroRNA biogenesis and function in plants. FEBS Lett. 2005;579(26):5923-31.

144. Shi R, Chiang VL. Facile means for quantifying microRNA expression by real-time PCR. Biotechniques. 2005;39(4):519-25.

145. Benes V, Castoldi M. Expression profiling of microRNA using real-time quantitative PCR, how to use it and what is available. Methods. 2010;50(4):244-9.

146. Nolan T, Hands RE, Bustin SA. Quantification of mRNA using real-time RT-PCR. Nat Protoc. 2006;1(3):1559-82.

147. Zipper H, et al. Investigations on DNA intercalation and surface binding by SYBR Green I, its structure determination and methodological implications. Nucleic Acids Res. 2004;32(12):e103.

148. Kulcheski FR, et al. The use of microRNAs as reference genes for quantitative polymerase chain reaction in soybean. Anal Biochem. 2010;406(2):185-92.

149. Livak KJ, Schmittgen TD. Analysis of relative gene expression data using real-time quantitative PCR and the 2(-Delta Delta C(T)) Method. Methods. 2001;25(4):402-8.

BIBLIOTECAS DE OMAS

DNA *MICROARRAY*: TIPOS E APLICAÇÕES

Katia C. Oliveira
Sergio Verjovski-Almeida

9.1 INTRODUÇÃO

A quantidade de informação que foi gerada nos últimos dez anos com os projetos de sequenciamento dos genomas e transcriptomas dos diversos organismos abriu inúmeras oportunidades para explorar um novo conjunto de dados que até então não era acessível. Uma vez que as sequências contidas no genoma se tornaram conhecidas, era necessário descobrir qual a função de cada uma delas e como seus produtos trabalham conjuntamente. Diante destas necessidades nasceu a genômica funcional, que consiste num conjunto de abordagens técnicas que visa esclarecer a função dos genes. Neste contexto, emerge a tecnologia dos *DNA microarrays*, também conhecidos como microarranjos de DNA, ou *chips* de DNA.

Os microarranjos de DNA consistem em superfícies sólidas (geralmente lâmina ou *chip*) sobre as quais são depositados, ou sintetizados *in loco* ordenadamente, centenas de milhares de fragmentos de DNA (produtos da PCR* ou oligonucleotídeos) denominados sondas (ou *probes*). Por meio dessas pequenas plataformas é possível quantificar a abundância relativa, em uma amostra, de determinados trechos de DNAs ou RNAs-alvos (ou *targets*) dos genes com sequência complementar às sequências presentes no microarranjo.

---

* *Polymerase chain reaction*, ou reação em cadeia da polimerase.

Poder medir a presença/ausência ou o nível de expressão de milhares de genes num mesmo ensaio foi um passo muito importante para agregar grande quantidade de informação funcional relativa aos trechos de DNA dos genomas sequenciados. Dessa forma, correlacionar os níveis de expressão ou presença/ausência de genes, transcritos a partir de determinadas regiões do genoma, com os fenótipos observados foi o primeiro passo para a inferência da função de determinados trechos do genoma. Assim, somado ao fato de os *chips* serem cada vez mais capazes de abrigar um número maior de elementos, e ficarem cada vez mais baratos, os *microarrays* se popularizaram como uma das primeiras abordagens no estudo funcional na era pós-genômica.

Se fizermos uma busca no Pubmed[*], utilizando a palavra *microarray*, obteremos o resultado abaixo (Figura 9.1) que mostra o número de publicações anuais com o tema *microarrays*, e nos revela que esta técnica é amplamente difundida e utilizada pela comunidade científica no mundo.

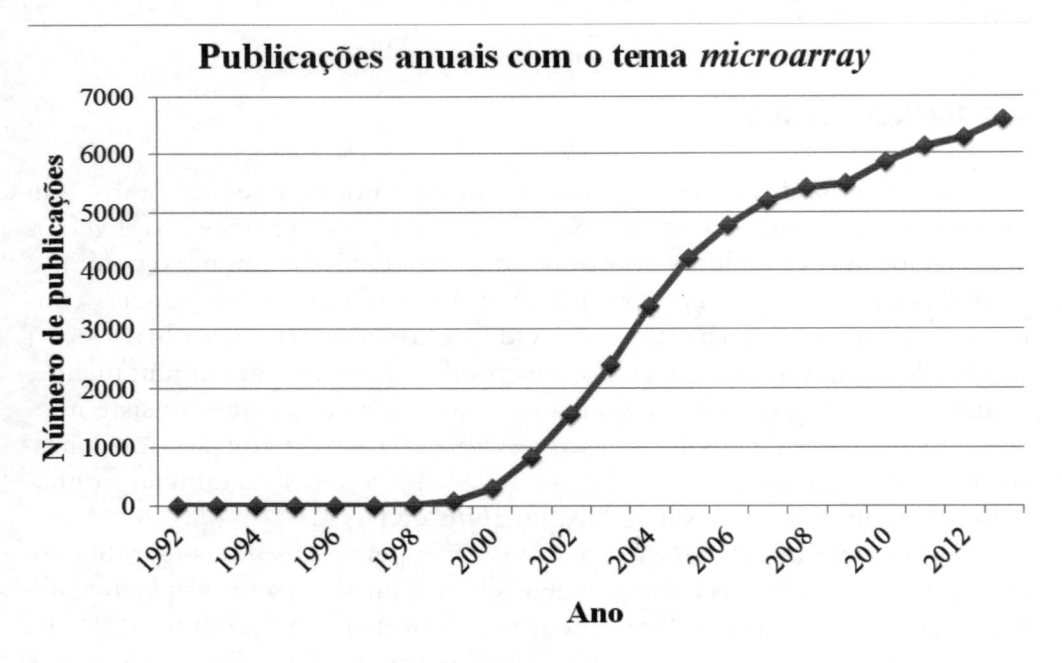

Figura 9.1 Número de publicações anuais com o tema *microarray* no Pubmed. Pesquisa atualizada em 14 jan. 2014.

---

[*] Ver: <http://www.ncbi.nlm.nih.gov/pubmed/>.

9.2 HISTÓRICO

Essencialmente, o princípio da metodologia é a hibridização de ácidos nucleicos. O princípio da hibridização foi descrito há mais de cinquenta anos por Marmur e Doty[1], em 1961, pouco tempo após a descoberta da estrutura do DNA por Watson e Crick[2], em 1953. Na ocasião, foi rapidamente estabelecido que, para que o dúplex DNA seja recomposto, partindo-se de um DNA desnaturado em solução com as duas fitas separadas, é necessário que as sequências das duas fitas tenham complementaridade de bases. No final da década de 1960, a técnica de hibridização *in situ* foi desenvolvida[3,4] e rapidamente evoluiu com a utilização de fluoróforos (*fluorescent in situ hybridization* – FISH). Os princípios desenvolvidos pelos métodos de hibridização e FISH para fixar cromossomos e nucleína sobre lâminas são adaptados agora para fixar DNAs fita simples depositados nas lâminas, formando um microarranjo. Na década de 1970, a técnica de hibridização foi adaptada para placas de colônias de bactérias[5], cujos clones estavam dispostos randomicamente; Kafatos e colegas[6], já no final da década de 1970, haviam introduzido a técnica de analisar múltiplas hibridizações em paralelo num filtro, o método *dot blot*, desenvolvendo também métodos de aquisição de imagem que permitiam a medida quantitativa do sinal.

A partir da década de 1980, vários grupos de clones começaram a ser organizados e repicados em placas de microtitulação, formando, assim, as primeiras bibliotecas. Essas bibliotecas permitiram o mapeamento físico de clones de um mesmo gene e, no final da década, Hoheisel e colegas[7] adaptaram a ideia das placas de clones organizados para utilizar múltiplas bibliotecas rearranjadas em filtros de alta densidade como uma ferramenta para correlacionar, de forma cruzada, a sequência dos clones, aumentando a densidade de deposições sobre os filtros utilizando robôs, o que aperfeiçoou o processo (Figura 9.2). Por fim, as técnicas de marcação com mais de um fluoróforo, cada um emitindo luz de comprimento de onda diferente, foram introduzidas por Ried e colaboradores e Baldini e colaboradores no início da década de 1990[8,9]. Assim, todas as habilidades técnicas essenciais para a descoberta de novos genes foram passos técnicos importantes para o desenvolvimento dos microarranjos.

Paralelamente, a química orgânica passava por uma intensa revolução técnica que permitiu o desenvolvimento de metodologias de síntese de ácidos nucleicos sobre superfície sólidas ainda na década de 1950[10] e 1960[11].

Enfim Saiki e colegas, em 1989[12], desenvolveram uma variante da técnica proposta por Kafatos e colegas e, em vez de os alvos (fragmentos de

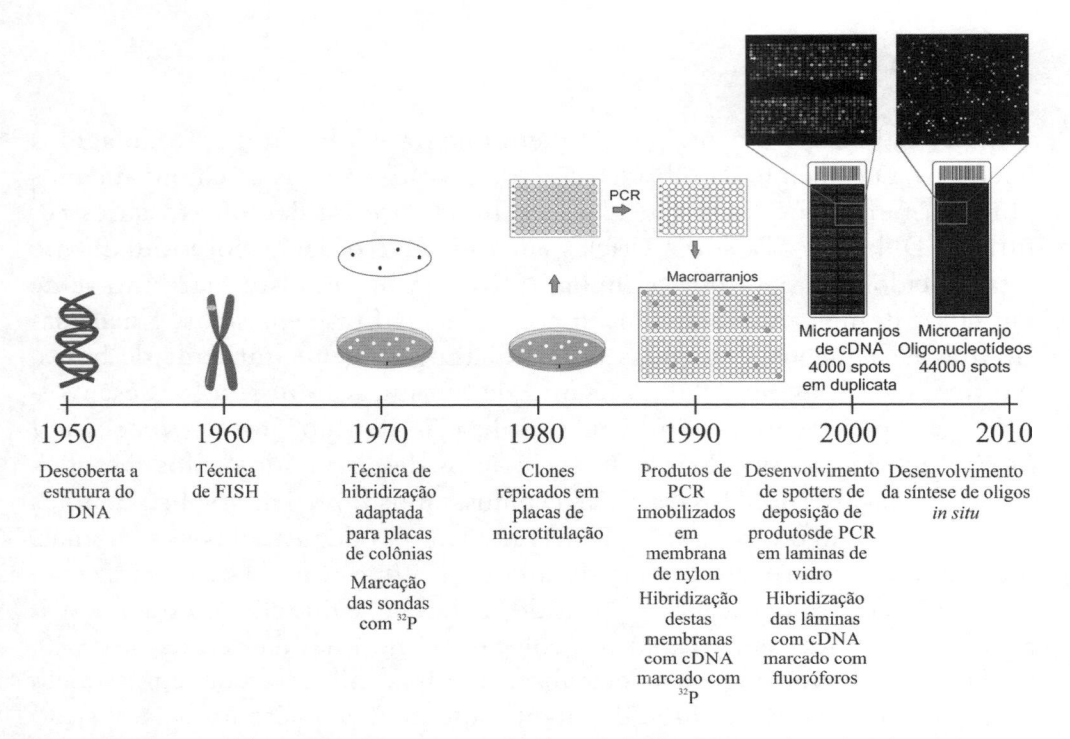

Figura 9.2 Linha temporal dos principais eventos e experimentos relacionados ao desenvolvimento da tecnologia dos microarranjos.

sequência desconhecida) estarem imobilizados na membrana e a sonda (fragmento de sequência conhecida) ser hibridizada a partir da solução, foi introduzido o *dot blot* reverso, em que se imobilizavam em locais predefinidos do suporte as sondas de sequências conhecidas e se hibridizavam os alvos das amostras de interesse marcados colocados em solução. Era o primórdio dos *macroarrays* ou macroarranjos de algumas dezenas de clones com sequências de DNA conhecidas sobre membranas de nylon, e que eram testadas com alvos marcados radioativamente com nucleotídeos que continham fósforo radioativo ^{32}P. Com esta marcação era possível observar a expressão de centenas de genes, com suas sondas radioativas marcadas simultaneamente, porém somente em uma condição experimental; como a marcação das sondas era somente de um tipo, ou seja, marcação com ^{32}P, as condições experimentais diferentes a serem comparadas deviam ser testadas em *macroarrays* separados (Figura 9.2). Os *macroarrays* não duraram muito tempo.

Simultaneamente à descrição do *dot blot,* o primeiro microarranjo desenvolvido em suporte sólido foi realizado no laboratório de Edwin M. Southern, em 1993[13],[14], que havia desenvolvido, algumas décadas antes (em

1975), o *Southern blot*[15]. Este primeiro microarranjo era composto por oligonucleotídeos de 19 bases sintetizados *in situ* e estabeleceu a base da tecnologia de microarranjos utilizada até hoje. Em 1992 Southern fundou a companhia Oxford Gene Technology, que desenvolveu e patenteou a tecnologia dos microarranjos.

Pouco tempo depois foram adaptadas as tecnologias de fabricação de *arrays* com as sondas já pré-sintetizadas (produtos da PCR ou oligonucleotídeos sintéticos) para serem depositadas sobre um suporte sólido (lâmina) carregado positivamente com polilisina, em que os fragmentos de DNA eram fixados por *cross-link* com ultravioleta (UV)[16].

Em 1995, Schena e colaboradores no laboratório de Patrick Brown[17] desenvolveram um sistema de alta capacidade para medir a expressão de 45 genes de *Arabdopsis sp* em paralelo, pela deposição de DNA complementar (*complementary DNA* – cDNA) sobre lâminas de microscópio utilizando um robô de alta velocidade.

Toda essa tecnologia associada com a marcação fluorescente de duas cores dos alvos, também desenvolvida no grupo de Brown[18] no meio da década de 1990, tornou possível analisar duas condições experimentais simultaneamente, e a técnica se tornou mais fácil de ser manipulada.

A partir de então essa técnica se desenvolveu, expandiu-se nas aplicações e se difundiu amplamente ao redor do mundo, principalmente a partir da década de 2000 (ver Figura 9.1), e permitiu que se estabelecesse no mercado até os dias atuais.

9.3 PRINCÍPIO DA METODOLOGIA

Os experimentos de microarranjos de DNA, nas mais diversas aplicações, baseiam-se todos no princípio da hibridação, ou hibridização, dos ácidos nucleicos (DNA-DNA ou DNA-RNA).

As plataformas de microarranjos consistem em uma superfície sólida que contém sobre sua superfície milhares de fragmentos de DNA (gerados a partir de clones de cDNA ou BACs[*]) ou oligonucleotídeos sintéticos, chamados de sondas. Cada um desses fragmentos possui sequência conhecida e representa um gene ou uma região do genoma que se deseja interrogar. Num mesmo microarranjo pode-se ter uma única sonda ou um conjunto de sondas

---

[*] *Bacterial artificial chromossome*, ou cromossomo artificial bacteriano.

para cada gene ou região genômica que se deseja estudar, e isto depende da plataforma utilizada e dos objetivos do usuário ao desenhar o microarranjo.

Sobre a superfície com as sondas depositam-se os alvos marcados, um conjunto de moléculas extraídas de uma célula ou tecido em estudo, que pode ser um conjunto de DNAs ou de RNAs de fita única que irá hibridar-se, ou seja, associar-se por complementaridade de bases à fita de DNA de cada sonda correspondente no microarranjo. A Figura 9.3 ilustra o princípio da medida da expressão de genes com um *microarray*, nesse caso tendo como exemplo o estudo da população de RNAs presentes em duas culturas de células em duas situações experimentais distintas, tratadas (condição A) ou não tratadas com hormônio (condição B, controle). Esta utilização, muito difundida, visa à quantificação da expressão dos produtos gênicos por meio do estudo da população de RNA mensageiros (mRNA) presentes nas células em cultura em determinadas condições (seu transcriptoma). Esta abordagem é conhecida como transcriptômica.

Uma vez que se possui uma plataforma, pode-se utilizá-la, por exemplo, para o estudo do conteúdo do genoma de uma linhagem de células de interesse (hibridação de DNA genômico alvo extraído das células e marcado) para estudo de SNP (*single nucleotide polimorfism*, ou polimofismo de base única) ou mutações, inserções e deleções (*in/del*) de regiões no genoma e variações no número de cópias de certas regiões por meio da abordagem de hibridações genômicas comparativas (*comparative genomic hybridization* – CGH). Os diversos tipos de abordagens serão discutidos a seguir.

9.4 TIPOS DE MICROARRANJOS

Os microarranjos podem ser classificados sob diferentes perspectivas e, neste capítulo, classificaremos os *chips* quanto ao tipo de material imobilizado sobre a superfície sólida. Entretanto, na literatura existem classificações referentes ao tipo de molécula que é medida pelos microarranjos. Esta classificação será discutido na seção sobre aplicações. Assim, no contexto do tipo de material imobilizado, temos: os *microarrays* de cDNA e os microarranjos de oligonucleotídeos, dos quais tratamos a seguir.

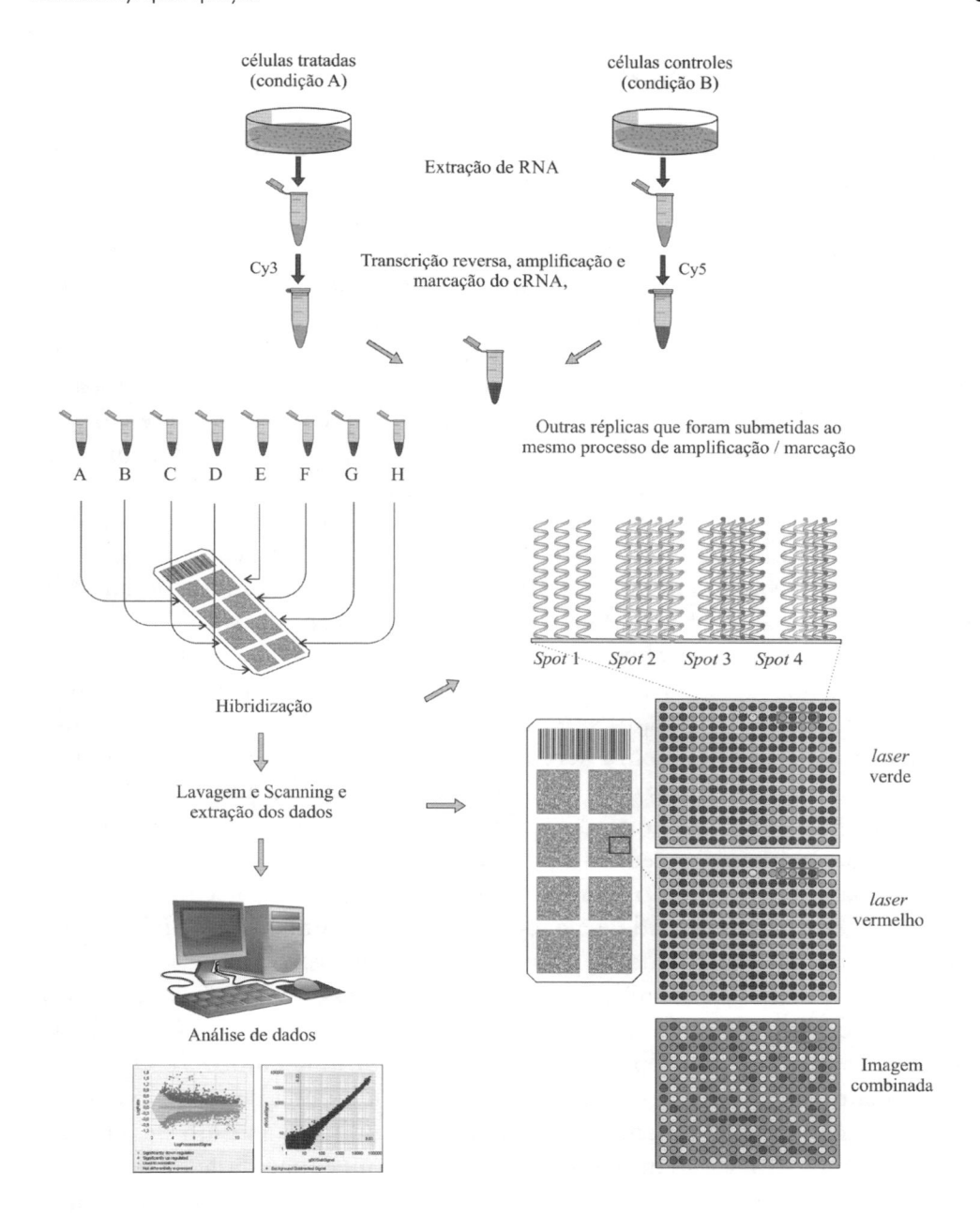

Figura 9.3 Fluxo de trabalho de um experimento de microarranjo de oligonucleotídeos para avaliação do perfil de expressão gênica de uma cultura celular submetida a duas condições (A e B, tratada e controle, respectivamente). Em destaque na lâmina os *spots* e o processo de hibridização das sondas depositadas com os alvos marcados com *Cy3* ou *Cy5*. Os *spots* amarelos resultam da detecção da hibridização de ambos os alvos contra a mesma sonda, ou seja, indicando a expressão do gene representado por aquela sonda nas duas condições testadas. Acesse a versão on line para visualizar a figura nas cores originais.

9.4.1 *Microarrays* de cDNA

Neste tipo de microarranjo, o DNA imobilizado vem do cDNA, molécula gerada pelo processo de transcrição reversa do mRNA presente na célula. Trata-se de uma das primeiras abordagens pós-era genômica de sequenciamento de ESTs (*expressed sequence tags*, ou etiquetas de sequências transcritas), uma vez que para a realização do sequenciamento desses ESTs pelos sequenciadores automáticos era necessária a transcrição reversa das moléculas de RNA, gerando cDNAs, seguida da clonagem para então realizar o sequenciamento desses cDNAs. É muito fácil amplificar pela PCR os clones estocados dos projetos de sequenciamento que contêm as sequências de interesse.

Para isso é realizada uma seleção dos clones de interesse do projeto de sequenciamento, que são rotineiramente estocados a -80 ºC em placas de 96 poços com glicerol. Depois dessa seleção, as placas dos clones são descongeladas e os clones selecionados são repicados em novas placas 96 poços que são rearranjadas manualmente ou, frequentemente, com a ajuda de um robô (*arrayer*); esta parte do processo é conhecida como *re-array*.

Após o *re-array*, esses clones são amplificados pela PCR usando-se *primers* com as sequências do plasmídeo que contém o clone. Os produtos longos da PCR (entre 300 pb e 700 pb) são purificados e quantificados e rearranjados em placas de 384 poços para serem, então, depositados sobre a superfície rígida (geralmente lâminas de vidro) com o auxílio de outro robô, um *spotter*. O *spotter* possui um conjunto de agulhas que aspirarão os produtos da PCR da placa de 384 poços e depositarão microgotículas de cDNA sobre um conjunto de lâminas formando os *spots*. Cada *spot* contém moléculas de cDNA dupla fita específicas de cada gene, com sequências conhecidas. Após a deposição, as lâminas são submetidas a um processo de *cross-link*.

Esse tipo de microarranjo, por ser produzido nas instalações das universidades e centros de pesquisas, é frequentemente chamado de *chip in house* (porque foi produzido no próprio local, e não por uma empresa). O número de elementos que podem ser depositados sobre a lâmina depende exclusivamente da capacidade do *spotter* (número de agulhas e arranjo dessas agulhas). No mercado existem opções de *spotters* com capacidade de deposição de cerca de 4 mil a 8 mil elementos diferentes lado a lado em uma lâmina de microscópio. A Figura 9.4 ilustra o processo de fabricação dos microarranjos de cDNA.

A maior vantagem desse tipo de microarranjo é o fato de ser uma das plataformas mais baratas do mercado e permitir a customização. Entretanto, a desvantagem é que se deve ter acesso aos clones físicos para serem

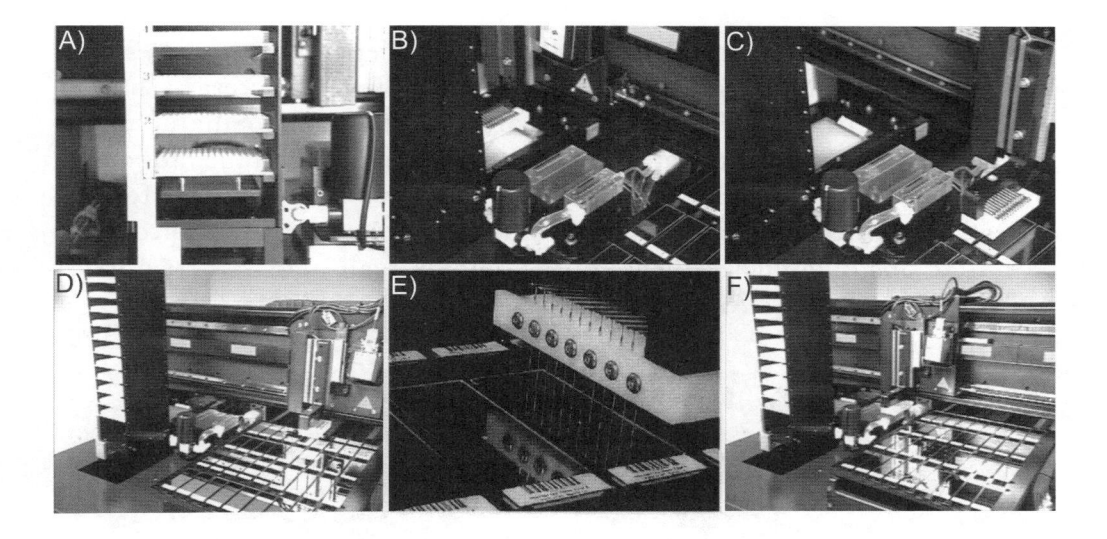

Figura 9.4 Processo de deposição de produtos da PCR sobre as lâminas de vidro utilizando um robô (*spotter*). O robô abriga 12 placas com 384 poços em um *rack* (cada um com um respectivo produto de PCR) (A). Conforme programado, o robô retira uma das placas do *rack* (B) e com um conjunto de 12 agulhas pipeta os produtos de PCR, deposita-os em duplicata em cada lâmina sucessivamente (C, D e E, esta última foto destacando o conjunto de agulhas). Após a deposição, o robô lava as agulhas (F) e repete a operação, pipetando os produtos da PCR dos demais poços da placa, sucessivamente com todas as placas. Acesse a versão on line para visualizar a figura nas cores originais.

amplificados (o que não é tão simples, pois estes derivam de estoques de culturas de bactérias congeladas, que têm uma vida média definida). Além disso, o processo de amplificação, purificação e arranjos dos clones é laborioso; por fim, variações na morfologia e conteúdo das microgotículas dos *spots* podem ocorrer em diferentes lotes de lâminas que são submetidos à deposição do DNA pelo *spotter*. O *spotter* é um equipamento caro com alto custo de manutenção. As desvantagens mencionadas acima e o custo progressivamente mais baixo das outras plataformas de microarranjos (de oligonucleotídeos sintéticos), têm causado o desaparecimento desse tipo de microarranjo e de seus equipamentos do mercado.

9.4.2 Microarranjos de oligonucleotídeos

Nesse tipo de microarranjo são depositados sobre a lâmina oligonucleotídeos pré-sintetizados *in vitro* compostos de 25 a 60 bases (conforme a plataforma e/ou o fabricante). Os oligonucleotídeos caracterizam-se por fitas simples de DNA; estes podem ser sintetizados por empresas fabricantes de oligonucleotídeos e depositados sobre a lâmina com o auxílio de um *spotter* ou, mais rotineiramente, podem ser sintetizados diretamente sobre a lâmina (estratégia utilizada por empresas como Affymetrix e Agilent Technologies). A Figura 9.5 e a Figura 9.6 ilustram esquematicamente os processos de síntese dos oligonucleotídeos sobre a lâmina realizados pelas empresas Agilent Technologies e Affymetrix, respectivamente.

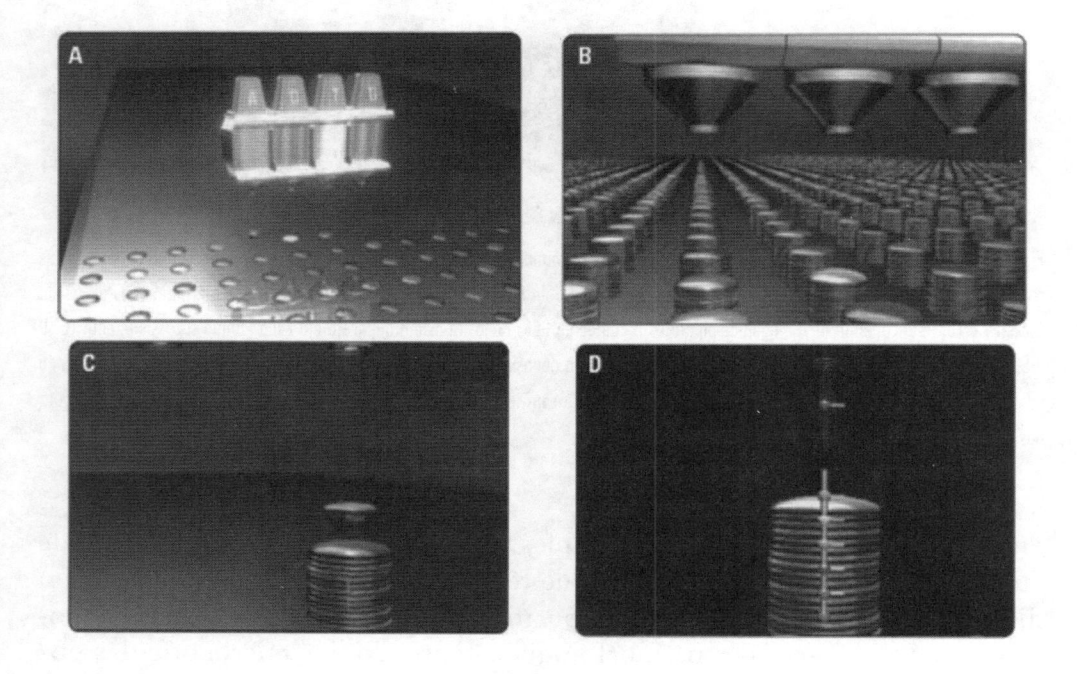

Figura 9.5 Processo de síntese de oligonucleotídeos (60-mer) em microarranjos por impressão *inkjet* (tecnologia *sure-print*, da empresa Agilent Technologies). (A) A primeira camada de nucleotídeos é depositada sobre a superfície ativada do microarranjo. (B) Observa-se o crescimento do oligonucleotídeo após a impressão precisa de múltiplas camadas de nucleotídeos. Após a deposição do nucleotídeo de cada camada é ativada a reação de acoplamento químico entre o nucleotídeo depositado e o oligonucleotídeo resultante, fixado no suporte. (C) Destaque de um oligonucleotídeo com uma nova base sendo adicionada à cadeia, que é mostrada na figura D. Esta imagem é cortesia da empresa Agilent Technologies. Acesse a versão on line para visualizar a figura nas cores originais.

A utilização desse tipo de microarranjo se expandiu muito nos últimos anos, pelo fato de permitir que o usuário tenha acesso às lâminas sem precisar possuir equipamentos complexos como *arrayers* ou *spotters*, e sem a

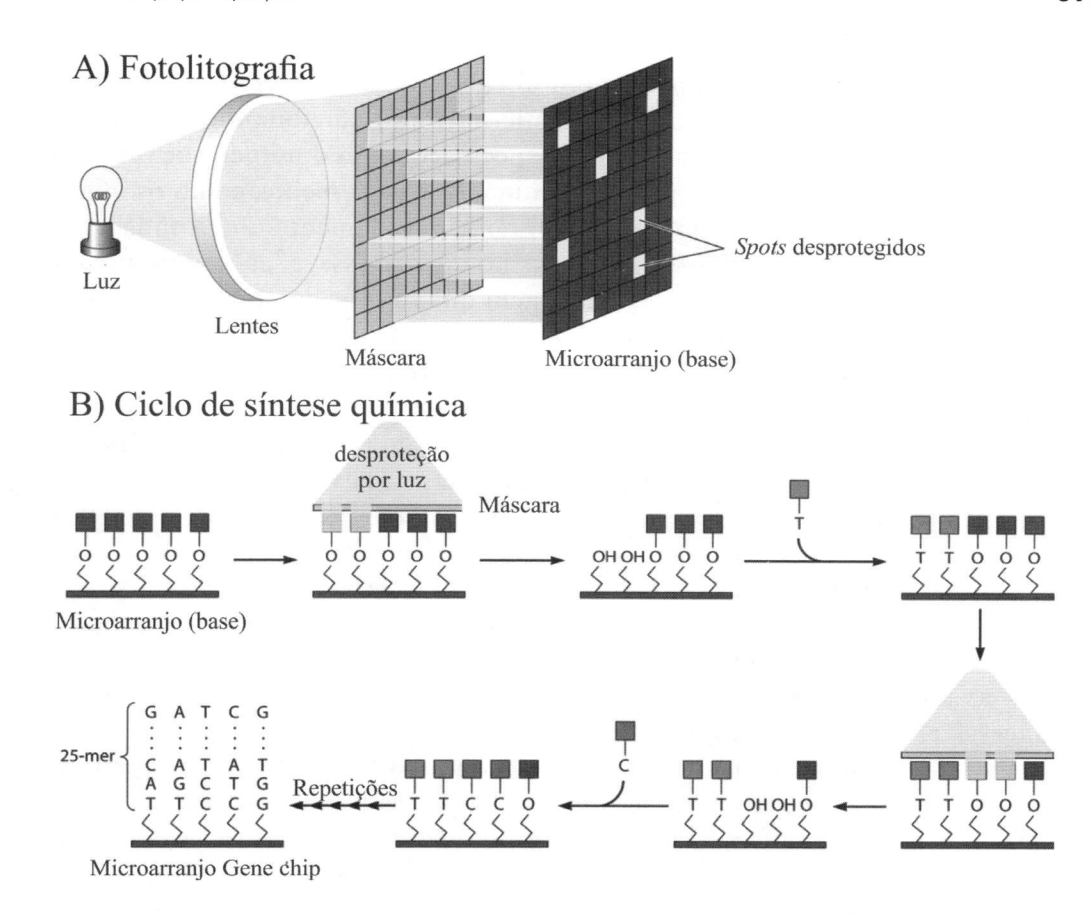

A) Fotolitografia

Luz

Lentes

Máscara

Microarranjo (base)

Spots desprotegidos

B) Ciclo de síntese química

desproteção por luz

Máscara

Microarranjo (base)

T

C

Repetições

25-mer

G A T C G
: : : : :
C A T A T
A G C T G
T T C C G

Microarranjo Gene chip

Figura 9.6 Processo de síntese de oligonucleotídeos em microarranjos por fotolitografia (empresa Affymetrix). (A) Processo de foto-litografia: a luz UV passa através de máscaras de fotolitografia que atuam como um filtro para transmitir ou bloquear a luz (em spots específicos) da superfície do microarranjo que é quimicamente protegida. A aplicação específica e sequencial das máscaras de litografia determina a ordem da síntese na superfície do microarranjo. (B) Ciclo de síntese química: a luz UV remove os grupos químicos protetores (representados por quadrados) da superfície do microarranjo, permitindo a adição de um único nucleotídeo quimicamente protegido conforme a solução contendo este nucleotídeo é aplicada sobre o microarranjo. Aplicações sequenciais de desproteção por luz, mudança nos padrões de filtragem das máscaras e adições de nucleotídeos únicos distintos formam todos os spots, cada um com sondas específicas de 25-mer (adaptado de Miller e Tang[54]).

necessidade de acesso aos clones físicos dos projetos de sequenciamento. As empresas que comercializam esse tipo de microarranjos possuem platafor-mas já desenhadas para cada tipo de organismo modelo e que podem estudar um grupo de transcritos-alvos distintos (por exemplo, o exoma, os RNAs não codificadores longos – *long noncoding RNAs*, ou lncRNAs – etc.). Além disso, muitas dessas empresas disponibilizam ferramentas *on-line* para que o usuário possa customizar o próprio microarranjo adicionando sequências do organismo de interesse em trechos específicos, com o número de réplicas técnicas desejadas dentro da própria lâmina. Adicionalmente, como os oligonucleotídeos são simples fita, é possível ter separadamente uma sonda para cada fita do DNA genômico em certo trecho de interesse, e, assim, monitorar a orientação (complementar) da mensagem que se hibrida ao respectivo oligonucleotídeo, o que permite medir a expressão de genes em certos trechos de DNA, que, por exemplo, tenham atividade transcricional nas duas fitas (senso e antissenso).

Além disso, com o avanço da nanotecnologia na última década, os microarranjos ficaram com densidade de sondas cada vez maior pelo fato de os *spots* serem cada vez menores. Isso permitiu que as empresas desenvolvessem microarranjos com um número de *spots* muito superior ao número de genes dos genomas dos organismos superiores. Paralelamente, foi possível colocar mais de um microarranjo lado a lado numa mesma lâmina, separados por câmaras de hibridação distintas, uma para cada amostra diferente. Esse avanço tecnológico está deixando a metodologia a cada dia mais barata e acessível a um maior número de laboratórios.

Outra vantagem considerável é que a qualidade dos dados e reprodutibilidade nos microarranjos de oligonucleotídeos é muito maior que a de cDNA, principalmente pela técnica de produção da plataforma ter condição muito mais controlada, não apresentando variações significativas entre cada lote de produção e não possuindo uma fonte limitada de oligonucleotídeos. Paralelamente, foram desenvolvidos métodos e protocolos de amplificação do alvo (RNA ou DNA a ser marcado) cada vez mais eficientes, que exigem uma quantidade de material biológico cada vez menor. Exemplificando, no início da década de 2000 eram necessários 5 µg de RNA total ou 1 µg de RNA mensageiro (poli A^+) para efetuar uma marcação para a medida de expressão gênica num microarranjo. Atualmente, são requisitados 10 ng de RNA total ou 5 ng de RNA mensageiro (poli A^+). Isso é possível porque existem diversos métodos para amplificação de RNA que preservam a orientação e a abundância relativa da mensagem original. Esse avanço técnico permitiu a ampliação do universo de amostras estudadas, uma vez que agora é possível estudar RNAs de amostras raras e pouco abundantes.

9.5 APLICAÇÕES DA TÉCNICA

A metodologia dos microarranjos pode ser utilizada nas mais diversas aplicações, dentre as quais destacamos quatro principais.

9.5.1 Monitoramento dos níveis de expressão gênica

Uma das aplicações mais amplamente difundidas, especialmente depois do advento dos projetos de sequenciamento, é a medida dos níveis de expressão dos diversos genes de um determinado organismo em diferentes condições. Essa abordagem nos permite agregar a informação de quando e quanto um determinado gene é expresso num organismo ao longo de seu desenvolvimento; ou podemos descrever onde este gene é expresso dentre os diversos órgãos e tecidos, ou ainda em quais situações este gene é expresso (fisiológicas *vs.* patológicas, na presença de estresse hídrico ou oxidativo, na presença de determinado hormônio ou fator de crescimento, por exemplo).

Para todas essas aplicações é necessário que se obtenha mRNA ou RNA total de boa qualidade nas diversas condições que serão comparadas no mesmo estudo, para que possa ser marcado e/ou amplificado e, assim, proceder à hibridização. Com a análise dos dados, encontrar-se-á um padrão de expressão, ou seja, um conjunto particular de genes entre todos os genes, que estavam depositados no microarranjo usado, que tenham seu nível de expressão aumentado ou diminuído em relação a outra condição de comparação (ou condição controle). É muito comum determinar esses perfis de expressão e montar um mapa de expressão segundo as diferentes condições.

A Figura 9.7 mostra dois exemplos de mapas de expressão: o primeiro (Parte A) mostra um conjunto de genes com expressão enriquecida em estágios específicos de desenvolvimento do parasita *Schistosoma mansoni*; o segundo (Parte B) mostra um painel de genes com expressão enriquecida em cada um de três diferentes tecidos humanos.

9.5.2 Detecção de *splicing* alternativo

Uma das abordagens possíveis para a tecnologia de microarranjo é o estudo de *splicing* alternativo dos genes transcritos. No início da década de 2000 estimava-se que 40% a 60% dos genes humanos possuíam isoformas[19]. Atualmente, sabe-se que 94% dos genes possuem *splicing* alternativo[20]. Por

A)

B)

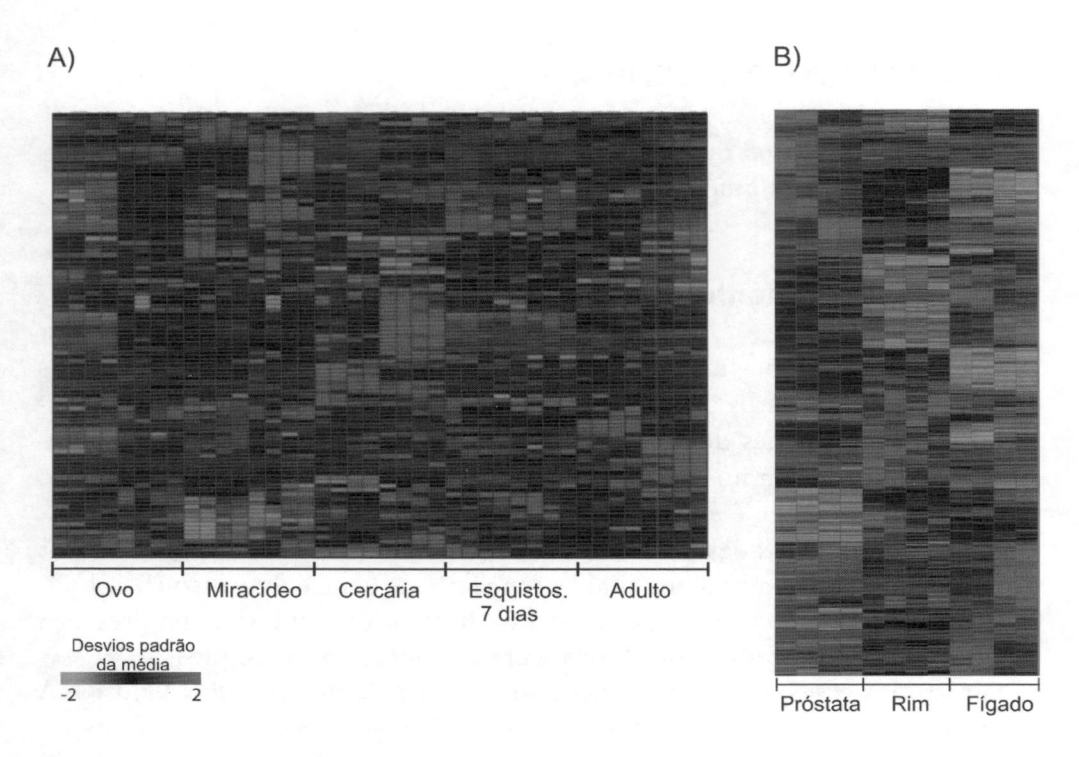

Figura 9.7 Perfis de expressão gênica detectados por experimentos de microarranjos. (A) 104 genes de *Schistosoma mansoni* com expressão enriquecida em um dos estágios de desenvolvimento (expressão temporalmente diferencial). Figura adaptada de Oliveira e colegas[55]. (B) 2.809 genes humanos com expressão enriquecida em três tecidos distintos (expressão espacialmente diferencial). Cada linha representa um gene e cada coluna representa uma réplica das amostras identificadas. Figura adaptada de Nakaya e colegas[56]. A gradação de cores de verde a vermelho diz respeito ao nível de expressão relativa do gene acima ou abaixo (conforme indicado) do valor de expressão médio entre as amostras comparadas. Acesse a versão on line para visualizar a figura nas cores originais.

esta razão, desenvolveu-se microarranjos cujas sondas são desenhadas para a junção éxon-éxon das isoformas dos genes diferentes, e combinações possíveis dos genes, para interrogar quais isoformas são expressas em determinadas condições ou em determinados tecidos[21].

9.5.3 Mapeamento físico de regiões do genoma

a) *Tiling arrays*

Os *tiling arrays* são microarranjos que não contêm somente trechos preditos de genes, mas contêm também regiões contíguas do genoma, independentemente da existência de algum gene predito naquelas regiões; as sondas nesse microarranjo cobrem regiões vizinhas que se sobrepõem. Esta abordagem é particularmente útil para o mapeamento de regiões do genoma para as quais ainda não se conhece evidência de transcrição. Neste caso, isola-se RNA, amplifica-se e marca-se, e se hibridiza sobre o microarranjo a fim de detectar sinal das regiões genômicas das quais se originaram transcritos. Isto auxilia a compreensão da função de determinadas regiões do genoma nas quais ainda não existem genes preditos[22]. Esse tipo de medida evidenciou a transcrição de regiões chamadas de intergênicas do genoma humano, onde se detectou a transcrição de milhares de RNAs longos intergênicos não codificadores de proteínas (lincRNAs)[23].

b) Detecção de regiões diferencialmente metiladas

Esta abordagem é especialmente útil no estudo da epigenética. A epigenética é o estudo das modificações químicas da cromatina que regulam o padrão de expressão dos genes. São transmitidas geneticamente e têm sido alvo de crescente investigação.

O estudo das regiões metiladas no DNA (especialmente em regiões ricas em C e G, conhecidas como ilhas CpG) tem sido um dos principais focos da epigenética. É muito comum uma abordagem de hibridização de metilação diferencial (*diferencial methylation hybridization* – DMH). Nesse procedimento realiza-se a digestão do DNA com enzimas de restrição sensíveis e insensíveis a metilação do DNA; após esse processo são ligados adaptadores nas extremidades dos fragmentos que são amplificados por PCR, marcados e hibridados. Ao se comparar o sinal do DNA digerido pelas enzimas diferentes é possível concluir quais regiões estavam metiladas na amostra. Pode-se realizar a hibridização num *tiling array*, por exemplo, um *array* que foi desenhado com sondas para regiões do genoma ricas em ilhas[24] CpG.

c) *ChIP-on-chip*

É uma aplicação dos microarranjos cujo objetivo é a delimitação de regiões do DNA que sofrem modificações químicas (como metilação) ou que interagem com outras proteínas (por exemplo, histonas, fatores de transcrição etc.). Essencialmente, a abordagem se baseia na imunoprecipitação da cromatina com anticorpos específicos para a proteína de interesse que interage com o DNA, se isola e amplifica este DNA coimunoprecipitado, e se hibridiza sobre o *tiling microrray,* por isso *chIP-on-chip* (*Chromatin Imuno-precipitation – chip*)[25].

d) CGH/CNV

Esta é uma abordagem muito utilizada para promover estudos citogenéticos, que outrora eram realizados por análise do cariótipo, e que permite detectar o número de cópias de determinados genes no genoma. Esses estudos são necessários, pois na última década têm sido descobertas variações no conteúdo do genoma em regiões submicroscópicas[26], não detectadas pelas técnicas convencionais.

As abordagens experimentais para esse estudo são conhecidas como CGH (*comparative genomic hibridization*) e/ou CNV (*copy number variation*). Nesse contexto, também são utilizados os *tiling arrays*. O DNA genômico é extraído das células em estudo, fragmentado, marcado e hibridado e então se mede o sinal das sondas, sendo possível mapear, pela intensidade do sinal obtido, as regiões mais abundantes, ou as regiões que foram perdidas, entre as condições/indivíduos de interesse[27]. Frequentemente esta abordagem é combinada com a detecção de *single nucleotide polymorphism* (SNP), como descrito abaixo. A Figura 9.8 ilustra os resultados obtidos com este tipo de abordagem.

9.5.4 Detecção de polimorfismos de única base no DNA (SNP)

Polimorfismos de DNA são variações na sequência de DNA genômico de uma única base, o tipo mais comum de variação genética entre indivíduos. É estimado que existam mais de 7 milhões de SNPs no genoma humano com frequência de alelos de pelo menos 5%[28]. Muitos SNPs estão associados a doenças genéticas, suscetibilidade a patógenos, resposta diferencial ao tratamento de drogas, e por isso tem sido um alvo constante de investigação relacionar SNPs com fenótipos patológicos.

Para esta aplicação são utilizados microarranjos com sondas de oligonucleotídeos curtos (de 15 a 25 nucleotídeos); estes *chips* possuem para cada gene ou região do genoma um conjunto de sondas desenhadas de tal maneira que, pela especificidade e estringência da hibridação, é possível distinguir entre as diferentes bases variantes que ocorrem naquele trecho do DNA,

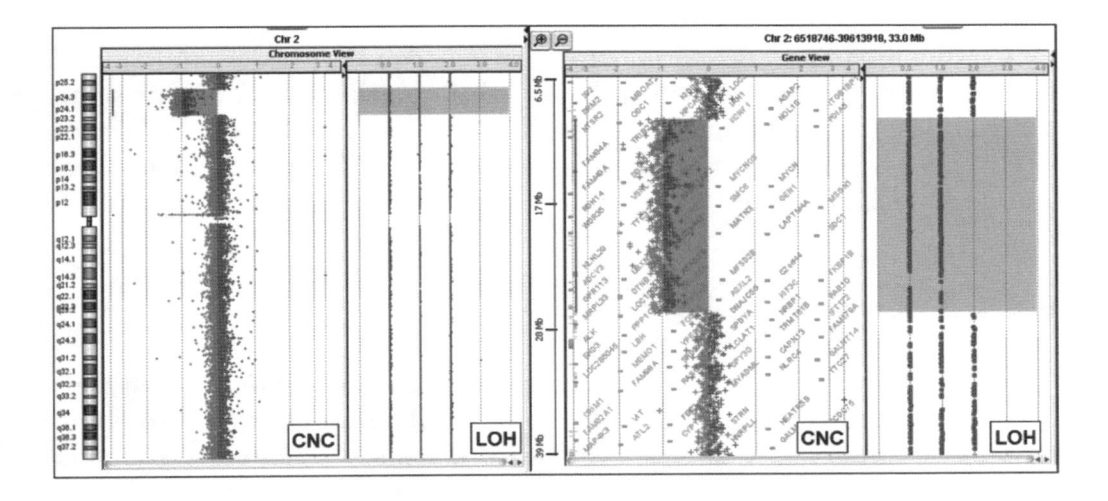

Figura 9.8 Representação dos dados obtidos com experimentos de CGH. À esquerda o cromossomo 2, representado com os dados de CGH na primeira janela (*cromossome view*) e com uma região representada em maior destaque na segunda janela (*gene view*). Os pontos em vermelho e azul representam os sinais de intensidade detectados ao longo do cromossomo de dois tipos distintos de amostras, que em geral estão em torno de 0 (eixo superior em escala log2). Nota-se que a região cromossômica compreendida entre p24,3 e p24,1 possui maior intensidade de sinal e, consequentemente, maior representação na amostra representada por vermelho (indicada por uma faixa verde), apontando uma mudança no número de cópias (*copy number changes* – CNC). Dessa forma, pode-se observar uma perda na representação desta região do genoma na amostra representada em azul destacada também pela faixa verde e pela ausência de pontos verdes na mesma região do lado direito (*loss of heterozygosity* – LOH, perda da heterozigose) de cada quadro. Esta imagem é cortesia da empresa Agilent Technologies. Acesse a versão on line para visualizar a figura nas cores originais.

assim como investigar cada polimorfismo de interesse nas regiões dos genes de interesse.

Este tipo de abordagem tem sido muito útil na associação de determinados polimorfismos a doenças genéticas. É possível determinar o polimorfismo associado a cada alelo do indivíduo. Atualmente no mercado existem microarranjos capazes de investigar SNPs humanos de 100 mil regiões distintas do genoma.

9.6 DESENHO EXPERIMENTAL

Um aspecto muito importante para ser considerado antes de iniciar quaisquer experimentos com microarranjos é o desenho experimental, e isto envolve a consideração de vários pontos: (i) qual a pergunta biológica que será respondida com o experimento de microarranjo; (ii) que tipo de plataforma de microarranjo será utilizada; (iii) que tipos de amostras serão comparadas; (iv) qual o número de réplicas técnicas e biológicas (os pontos iii e iv são essenciais para se traçar a estratégia de hibridização); e (v) qual abordagem de análise de dados será utilizada.

9.6.1 A pergunta biológica

Um experimento de microrranjo sempre é a comparação de duas ou mais condições entre si. Sempre se deve observar a diferença na expressão ou no genoma da condição "A" contra a condição "B" e/ou "C". Para que seja feita uma comparação, é necessário ter a situação "controle" ou "normal" muito bem estabelecida. No caso de experimentos que comparem mais de uma situação, é importante elencar qual seria a melhor condição para referência comum. O mais importante no desenho experimental de um experimento de *microarray* é ter definida com muita clareza qual a pergunta a que se pretende responder com esta abordagem, definindo especialmente a condição controle. Por exemplo, no teste *in vitro* de alguma droga ou hormônio, as células controle deverão ficar expostas ao veículo usado para diluir a droga ou hormônio, pelo mesmo tempo do ensaio. No teste do efeito da superexpressão de um gene em células transfectadas, o controle deverá ser uma transfecção de células com um plasmídeo que não expresse o gene em questão e/ou células não transfectadas. Em experimentos de CGH, deve-se eleger um genoma ou conjunto de indivíduos "normais" para serem o controle do experimento.

9.6.2 A plataforma a ser utilizada

É necessário estabelecer claramente que tipos e quais transcritos serão os alvos da investigação para que seja possível escolher e/ou desenhar a plataforma. De maneira geral, para os organismos modelos (*Homo sapiens*, *Arabidopsis thaliana*, *Drosophila melanogaster*, *Caenorhabditis elegans*, *Mus musculus*, *Saccharomyces cerevisiae*, *Neurospora crassa*, *Escherichia coli*) as empresas já possuem vários tipos de microarranjos, de oligonucleotídeos, disponíveis com todos os genes codificadores de proteínas conhecidos. Caso o organismo de interesse não esteja entre as opções disponibilizadas pelas companhias, é possível, na maioria delas, desenhar um microarranjo customizado. Para isto o usuário envia o conjunto de sequências de DNA para as quais ele deseja que as sondas sejam desenhadas, e a própria companhia, com o uso de programas próprios e critérios de seleção da composição de bases das sondas, desenha este conjunto de oligonucleotídeos.

Entre as companhias mais atuantes no mercado, mencionamos (em ordem alfabética):

- Affymetrix: http://www.affymetrix.com.
- Agilent Technologies: http://www.agilent.com.
- Phalanxbiotechnology: http://www.phalanxbiotech.com.
- Illumina: http://www.illumina.com.

Outra opção é construir um *chip in house* de cDNA, uma vez que se tenha acesso aos clones que contenham as sequências de interesse do organismo de estudo. Para isso, é necessária a utilização de instalações de microarranjos que possuam os equipamentos, tais como um *arrayer* (robô para fazer rearranjo dos clones de interesse em novas placas), um *spotter* para deposição dos fragmentos de DNA amplificados sobre as lâminas, um hibridizador (opcional) para a realização de hibridizações automáticas e um *scanner* para a leitura do sinal das lâminas hibridadas. Como não é trivial montar uma estrutura desse porte, e pelo fato de os microarranjos de oligonucleotídeos se tornarem cada vez mais baratos, simultaneamente fornecendo dados de melhor qualidade, este tipo de microarranjo está em desuso.

9.6.3 Os tipos de amostras que serão comparadas: experimentos de uma cor *versus* experimento de duas cores

Uma vez estabelecido o tipo de plataforma que será utilizada, é necessário organizar a hibridização das amostras da forma mais adequada para responder à pergunta biológica proposta.

Existem duas abordagens básicas com respeito ao desenho experimental de microarranjos, ambas amplamente utilizadas: *two-color* e *one-color*.

Na abordagem conhecida como *two-color* (duas cores) são utilizados na maioria dos casos os fluoróforos *Cy3* e *Cy5* para marcar separadamente as moléculas de cada condição experimental (tratado e controle, por exemplo), que serão combinadas posteriormente numa solução de hibridização e aplicadas sobre a lâmina de microarranjo. Os fluoróforos sofrem modificações químicas para serem acoplados aos nucleotídeos que serão incorporados às fitas de RNA/DNA marcados. O *Cy3* é excitado em um comprimento de onda de 550 nm e sua emissão se dá na faixa de 570 nm (verde); o *Cy5* é excitado em 649 nm e sua emissão ocorre em 670 nm (vermelho).

A abordagem *two-color* é muito utilizada, por exemplo, em situações experimentais que possuem um conjunto de células tratadas com determinada droga (cDNA marcado com *Cy3*) e outro conjunto das mesmas células não tratadas (controle), incubadas somente com o veículo no qual a droga está solubilizada (cDNA marcado com *Cy5*).

Embora semelhantes quimicamente, os fluoróforos são relativamente instáveis, apresentam taxas de incorporação no cDNA distintas e possuem eficiências quânticas de fluorescência diferentes[29]. Os efeitos desses fatores sobre as medidas de intensidade são definidos como efeitos de marcação que devem ser levados em conta na análise dos dados. Para que esse efeito não interfira na análise e interpretação dos dados é realizada uma réplica técnica com a inversão da marcação, abordagem conhecida como *dye-swap*. A amostra tratada, que fora marcada com *Cy3*, é marcada agora com *Cy5*, e a amostra controle, que fora marcada com *Cy5*, é agora marcada com *Cy3*. Isto permite avaliar o efeito da marcação nas amostras e corrigi-lo usando algoritmos computacionais que serão discutidos a seguir. É indispensável, numa abordagem *two-color*, realizar o *dye-swap* para obter-se um dado confiável.

A abordagem *one-color* é amplamente utilizada em experimentos que desejam comparar mais de duas condições, nos quais não haja um controle experimental pareado, como na comparação de amostras de diversos pacientes com tumores malignos que apresentaram e não apresentaram recidiva após o tratamento; ou tipos de tumores de origem celulares diferentes. Nesse caso, em que cada grupo de amostras tem um determinado número de pacientes e não existe uma referência comum, um "normal" para ser utilizado com todos os pacientes, hibridiza-se somente a amostra marcada com um dos fluoróforos. Outro exemplo seria a comparação de diferentes cepas de um determinado patógeno. Como não existe uma referência comum, hibridiza-se a amostra de cada cepa do patógeno, marcada apenas com um dos fluoróforos, em uma lâmina.

Nesses casos de experimentos, para os quais não existe referência comum, é possível criar uma amostra de referência, como, por exemplo, criar um *pool* de amostras. Para isto, cria-se uma mistura com quantidades iguais de todas as amostras de RNA que serão hibridadas no experimento. Assim será criada uma referência comum que contém todas as amostras, como se fosse a média. Outra opção é utilizar uma única amostra para ser hibridada contra todas as outras, o que faria desta determinada amostra uma referência comum a todas as outras (amostra de referência)[30].

Muitos autores argumentam que uma referência comum não é necessária, porque metade das medidas realizadas seria feita numa amostra de pouco interesse e, talvez, mais apropriado seria fazer realmente um experimento tipo *one-color*. Entretanto, utilizar uma referência comum é vantajoso porque permite a comparação entre qualquer amostra somente com dois passos; permite um grande número de ensaios (enquanto durar a referência) e faz com que todas as amostras sejam manuseadas da mesma forma, o que é interessante para projetos grandes. O mais importante ao se considerar um projeto com amostra de referência comum é que a amostra tem que ser homogênea e estável ao longo do tempo.

O tipo de abordagem *one-color* ou *two-color* vai influenciar o tipo de normalização e o tipo de análise estatística que será realizada com os dados. Todos esses pontos serão discutidos a seguir.

9.6.4 Número de réplicas biológicas e técnicas e fontes de variação dos dados

Além de estabelecer quais serão as condições de comparação, é importante estabelecer qual o número de réplicas técnicas e réplicas biológicas que serão realizadas. Obviamente, quanto maior o número de réplicas biológicas melhor será a qualidade dos dados, especialmente para a realização dos testes estatísticos que serão aplicados e para as inferências biológicas que serão feitas a partir dos resultados obtidos. Entretanto, é evidente que por motivos práticos, logísticos e de custo existe uma limitação na execução das hibridizações, razão pela qual é importante planejar bem o desenho experimental para que se tenha um bom experimento.

Por exemplo, para avaliar a ação *in vitro* de determinada droga em células de mamíferos é necessário utilizar uma cultura de células que será tratada com a droga e uma cultura de células (de mesma origem, cultivadas paralelamente) que será incubada somente com o veículo em que a droga está diluída. Neste caso sugerimos a execução de pelo menos três réplicas biológicas (três cultivos de células tratadas e três células controle, cada par realizado independentemente). Entretanto, vamos pensar em outra situação, por exemplo, o estudo de tumores malignos, histologicamente semelhantes, de pacientes que tiveram uma ótima resposta a um determinado quimioterápico e de pacientes que não obtiveram tal resposta. Nesse caso, é necessário um grande número de pacientes em cada condição para que tal estudo seja representativo; a análise de poucos pacientes não permite uma conclusão fidedigna, especialmente porque, nesse caso, diferentemente das situações *in vitro*, a variação individual é muito maior, o que dificulta a associação de padrões de expressão ou padrões genéticos com os fenótipos apresentados. A maneira de se calcular o número de amostras necessário para se obter um resultado de experimentos de microarranjos com suficiente sensibilidade, ou seja, no qual não se perca um número excessivo de genes verdadeiramente alterados, e ao mesmo tempo se obtenha um número o menor possível de genes falsos positivos, é largamente discutida na literatura, e um artigo muito ilustrativo e útil foi publicado por Pawitan e colegas[31].

9.6.5 Pareamento da amostra para hibridização

A forma com que as amostras são combinadas interfere grandemente na análise dos dados e as conclusões que podem ser tiradas destes. Além disso, não é factível usar todas as combinações possíveis de hibridização por causa do custo e da limitação da quantidade de cada amostra. Assim, é necessário considerar quais serão as amostras estudadas, quantas réplicas biológicas e técnicas são necessárias para planejar a hibridação.

Em geral, a melhor opção sempre é fazer a comparação das amostras de maior interesse diretamente num mesmo *array*. Os efeitos de marcação podem ser atenuados pelo *dye-swap*, pelo número de amostras e pelo número de réplicas técnicas. Sugere-se que, para cada réplica biológica se faça o mesmo número de réplicas técnicas, e que estas sejam em número par de réplicas técnicas para que sejam marcadas igualmente com *Cy3* e *Cy5*[30]. A Figura 9.9 exemplifica as possibilidades de hibridização num experimento *two-color*.

É preciso ter em mente quão diferente são as situações mostradas na Figura 9.9. Por exemplo, a Figura 9.9A ilustra duas amostras, A e B, marcadas com *Cy3* e *Cy5,* respectivamente. Na Figura 9.9B temos as mesmas amostras com réplicas técnicas e a realização do *dye-swap*, e esta situação é bem diferente da situação exemplificada na Figura 9.9C, na qual existem duas réplicas biológicas com uma única réplica técnica; embora tenham o mesmo número de medidas, a representação biológica existente nas situações B e C é bem distinta; já em D temos duas amostras biológicas com duas réplicas técnicas (*dye-swap*). Quanto maior o número de réplicas biológicas maior é a relevância biológica dos dados gerados; quanto maior o número

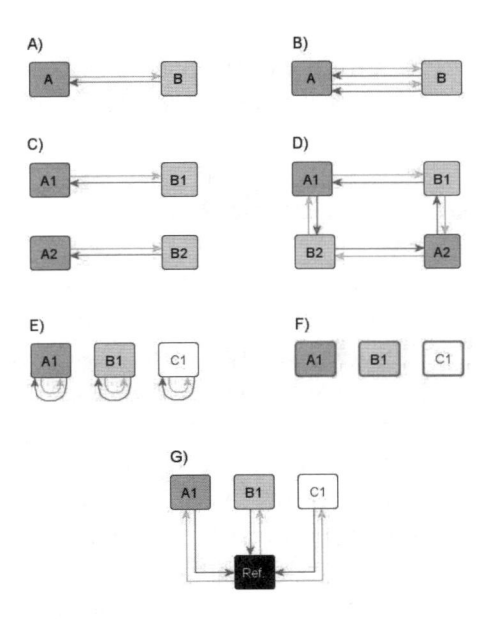

Figura 9.9 Desenhos experimentais para hibridização de amostras em experimentos de microarranjos. (A) Combinação de duas amostras A e B marcadas com fluoróforos *Cy3* (verde) e *Cy5* (vermelho). (B) Combinação de duas amostras A e B com réplica técnica realizando a inversão da marcação das amostras (*dye-swap*). (C) Combinação de duas amostras A e B com réplicas biológicas sem replicas técnicas. (D) Combinação de duas amostras A e B com duas réplicas biológicas e duas réplicas técnicas para cada amostra biológica (esquema *dye-swap*). (E) Duas amostras A e B, com duas réplicas biológicas combinadas na forma de *loop*. (F) Hibridização tipo *self-self*, em que cada amostra é marcada com os dois fluoróforos e hibridizada sobre a mesma lâmina. (G) Abordagem *two-color* utilizando uma referência comum. (H) Hibridização tipo *one-color*, em que uma amostra é marcada com um fluoróforo e hibridizada sozinha no *array*. Acesse a versão on line para visualizar a figura nas cores originais.

de réplicas técnicas, especialmente utilizando o *dye-swap*, maior é a confiabilidade das medidas realizadas em cada amostra.

Outro desenho experimental com a abordagem *two-color* muito utilizado é o *loop* (Figura 9.9E). Com um número pequeno de amostras, a abordagem de *loop* é muito vantajosa porque agrega, numa comparação direta, as variações técnicas e biológicas. Entretanto, com um grande número de amostras essa abordagem pode ser desvantajosa, principalmente se não existirem réplicas técnicas.

Por fim, exemplificamos os experimentos *two-color* com o uso de uma referência comum (Figura 9.9G), com o uso de uma mesma amostra marcada com Cy3 e Cy5 hibriizadas na mesma lâmina (hibridização *self-self*) e os experimentos *one-color* (Figura 9.9H). Essas últimas abordagens são muito utilizadas quando é difícil estabelecer uma condição controle ideal, por exemplo, comparação de perfis de expressão em diferentes tecidos.

9.6.6 Fontes de variação dos dados

Uma questão muito importante para que se tenha um experimento de qualidade é entender quais as fontes de variação dos dados nos experimentos de microarranjos; assim pode-se organizar a execução do experimento e a marcação/hibridação das amostras da melhor forma possível.

Uma das fontes mais importantes é a variação biológica entre as réplicas, *in vitro* e *in vivo*. Os experimentos *in vitro* idealmente possuem condições mais controladas; entretanto, muitas vezes observamos variações derivadas da manipulação das culturas durante o experimento e/ou variação das condições experimentais. Os experimentos *in vivo* realizados em animais tendem a apresentar maior variação biológica do que os *in vitro,* em função da individualidade de cada animal, devido à variação genética de cada indivíduo (exceto em casos de utilização de animais isogênicos). É importante compreender que em muitos casos a utilização de animais que possuem variação genética é interessante quando se busca a observação e avaliação do resultado independente do *background* genético, o que torna a situação estudada mais semelhante à situação real (como teste de drogas em animais para depois serem utilizadas em seres humanos); em outros casos é interessante, por outro lado, entender qual o efeito da droga sobre um determinado genótipo (utilizando camundongos isogênicos ou camundongos *knockout*). Tudo depende do que será avaliado no experimento.

Outra fonte de variação dos dados são as variações técnicas que ocorrem desde a coleta da amostra, o processamento, extração de RNA/DNA, amplificação, marcação, hibridização, lavagem, *scanning* das lâminas e condições ambientais (temperatura e variação nos níveis de ozônio). Cada passo do processo pode sofrer interferência do executor do experimento, dos equipamentos utilizados, da variação no tempo de incubação, dos kits de marcação (de lotes diferentes, por exemplo), dentre outras fontes. Em função disso, recomenda-se que todas as amostras do *set* experimental sejam processadas em paralelo num mesmo dia, utilizando um mesmo kit (ou kits de um mesmo lote). Caso não seja possível, é muito importante processar as amostras que serão comparadas (por exemplo, tratado e controle) paralelamente. É um problema relativamente frequente observar diferenças no padrão de expressão oriundas de lotes diferentes de execução de experimentos (realizados em laboratórios diferentes ou em momentos diferentes) e não relacionadas à pergunta biológica em questão; isto já está descrito na literatura há bastante tempo[32].

Por fim, uma última fonte de variação dos dados de microarranjos, que também não é de natureza biológica, é a variação nas medidas de intensidade, frequentemente correlacionadas com presença de bolhas ou manchas nas lâminas (revelando problemas nas etapas de hibridização e lavagem), mas podem também estar relacionadas a problemas na deposição dos produtos da PCR pelos *spotters* (em microarranjos de cDNA), especialmente em eventos diferentes de deposição dos produtos.

Embora desejemos padronizar as condições e desenhos experimentais, é preciso ter em mente que se deseja medir a variação dos níveis de expressão de amostras biológicas diferentes (tratado *vs.* controle), de modo que se deva garantir que a diferença de expressão observada é um efeito biológico, e não um efeito de variação técnica. Nesse contexto, muitas vezes é necessária a presença de variação natural das amostras e das réplicas técnicas, para nos assegurar quanto à relevância dos dados biológicos. Muitas vezes, a homogeneização extrema das amostras (como por exemplo, fazendo um *pool* de referência) pode gerar diferenças de expressão que não são relevantes biologicamente, mas que foram detectadas por uma questão técnica. É muito importante ter isso em mente no desenho do experimento.

Em conclusão, uma questão importante a ser considerada é o tipo de análise que se deseja fazer com os dados do experimento: comparações diretas exigem hibridizações diretas, comparações indiretas exigem uma referência comum ou uma normalização nos dados. Assim, investir tempo pensando no melhor desenho experimental é economizar tempo de análise no futuro.

Em suma, é muito importante ressaltar os seguintes pontos: (1) sempre fazer um experimento com um bom número de réplicas biológicas (pelo menos três), (2) sempre fazer a comparação (e hibridização) direta na abordagem mais interessante de sua pergunta biológica e (3) usar a abordagem de *dye-swap* ou *loop* para balancear as amostras e os fluoróforos, a fim de não gerar diferenças técnicas nos níveis de expressão, e sim ser capaz de encontrar diferenças biológicas entre as amostras.

9.7 PROTOCOLOS APLICADOS AOS EXPERIMENTOS DE MICROARRANJOS

Existem muitos tipos de protocolos aplicados aos experimentos de microarranjos de DNA; essencialmente, cada empresa que produz e comercializa *chips* de DNA (oligonucleotídeos) possui seu próprio kit de marcação de DNA ou RNA.

Nesta seção, disponibilizamos alguns protocolos básicos de *spotting,* marcação dos alvos e hibridização das lâminas para serem aplicados essencialmente em *chips in house* de cDNA e para serem usados na avaliação da expressão gênica (aplicação mais difundida para esses microarranjos).

9.7.1 Rearranjo dos clones

1) Fazer o rearranjo dos clones bacterianos em placas de 96 poços contendo 100 µL de meio TB (*Terrific Broth*) com ampicilina e com o auxílio de um robô (*arrayer*).
2) Incubar as placas a 37 °C *overnight.*
3) Utilizar as culturas para realizar as reações da PCR.
4) Após a reação da PCR, adicionar 100 µL de glicerol 30% em cada poço para estocar os clones a -80 °C.

Composição meio TB

Terrific Broth é um meio granulado altamente enriquecido para melhorar o rendimento de DNA plasmidial de *E. coli*. Os grânulos asseguram a dissolução rápida e uniforme na água e evitam a aglomeração no meio e a inalação do pó pelo ar. A composição do caldo *Terrific* por litro é de 12 g de triptona, 24 g de extracto de levedura, 9,4 g de fosfato de potássio dibásico e 2,2 g de fosfato de potássio monobásico. Usar 47,6 g de meio granulado por litro de água.

9.7.2 Amplificação dos clones de cDNA de interesse

1) Preparar as reações da PCR na seguinte concentração: $MgCl_2$ 1,5 mM, tampão da Taq polimerase 1X, dATP 0,2 mM, dGTP 0,2 mM, dCTP 0,2 mM, dTTP 0,2 mM, Taq DNA polimerase 1U, *primer* T7 100 pmol, *primer* SP6 100 pmol. Caso os clones não tenham as sequências dos *primers* T7 e SP6, utilizar outros *primers* universais presentes no vetor de clonagem que originou os clones.
2) Repicar a cultura de bactérias crescida em placa de 96 poços dentro da placa de 96 poços com a reação da PCR.

3) Incubar a reação em termociclador seguindo o programa: 95 °C por 5 minutos, 40 ciclos de desnaturação a 95 °C por 2 minutos, anelamento a 60 °C por 1 minuto, polimerização a 72 °C por 3 minutos. Após a ciclagem, finalizar por incubação a 72 °C por 10 minutos.

4) Purificar os produtos da PCR com a utilização de uma placa de 96 poços *MultiScreen- PCR plates Manu 030* (Millipore), conforme os passos a seguir.

5) Colocar as amostras sobre a placa e centrifugar a 4.000 rpm por 4 minutos

6) Lavar as amostras 4 vezes com 200 µL de água destilada e deionizada estéril (centrifugar 4.000 rpm por 4 minutos)

7) Adicionar às amostras 50 µL de tampão fosfato (10mM KH_2PO_4), deixar num agitador por 5 minutos e aspirar as amostras do poços.

8) Verificar os produtos da PCR em eletroforese em gel de agarose 1% e quantificar a concentração destes.

9.7.3 Deposição dos produtos da PCR sobre as lâminas de vidro

1) Rearranjar os produtos da PCR purificados das placas de 96 poços em placas 384 poços com o auxílio de uma pipeta multicanal (15 µL por poço).

2) Adicionar 15 µL de DMSO.

3) Colocar as lâminas de vidro e as placas de 384 poços no *spotter*.

4) Submeter as lâminas ao *cross-link* aplicando 50 mJ de luz UV e armazená-las em dessecador.

5) Verificar a qualidade de deposição dos produtos da PCR nas lâminas utilizando o corante *VistaGreen* (Armershan Bioscience) e escanear as lâminas.

Observação: Os *spotters* são comercializados por companhias e em geral são adquiridos por instalações de genômica ou por grandes laboratórios. É interessante procurar instalações que possam ser utilizadas. Como alternativa, protocolos de como construir um *spotter* estão disponíveis no site do laboratório do dr. Brown, da Universidade de Stanford[*].

---

* Ver: <http://cmgm.stanford.edu/pbrown/mguide/>.

9.7.4 Marcação do alvo

A marcação dos alvos que serão hibridados pode ser realizada de várias formas. Em geral existem dois tipos de abordagem: (i) sintetizar cDNA e hibridá-lo diretamente (seção 9.7.4.1), caso que exige uma quantidade maior de RNA (seja mRNA ou RNA total); ou (ii) realizar a amplificação do mRNA a partir de RNA total e depois realizar a marcação do RNA amplificado (seção 9.7.4.2). A vantagem dessa última abordagem, que tem sido a abordagem mais escolhida nos últimos anos, principalmente por parte das empresas, é que ela permite a utilização de quantidades muito inferiores de RNA total, sendo possível iniciar o processo de amplificação a partir de 50 ng de RNA. A seguir descreveremos ambos os protocolos.

9.7.4.1 Síntese, marcação e purificação do alvo de cDNA

O protocolo aqui proposto é baseado na utilização de um kit comercial de marcação. Existem muitas opções no mercado. Essencialmente, cada uma das companhias de ciências da vida oferece um kit para tal procedimento. Sugerimos o protocolo que temos experimentado em nosso grupo nos últimos anos:

1) Utilizar 1 µg de mRNA ou 5 µg de RNA total.
2) Utilizar o kit *SuperScript Indirect cDNA labeling system* (Invitrogen) conforme as recomendações do fabricante.
3) Para o uso de mRNA, utilizar os *primers* tipo oligo dT e *randon hexamers*. Para o caso de utilização de RNA total utilizar somente o oligo Dt.
4) Realizar a transcrição reversa a 42 °C por 3 horas.
5) Utilizar os fluoróforos *Cy3* (ou Alexa 555) ou *Cy5* (ou Alexa 647) para marcar amostras diferentes que serão hibridadas juntas.
6) Incubar as amostras com fluoróforos durante 2 horas conforme a recomendação do fabricante.
7) Proceder à purificação dos alvos conforme sugerido pelo protocolo do fabricante.

9.7.4.2 Amplificação e marcação de RNA

O protocolo de amplificação de RNA aqui proposto é baseado no protocolo desenvolvido por Wang e colaboradores[33]. Existem, entretanto, muitos kits de amplificação de marcação de RNA para *microarrays* vendidos pelas companhias de ciências da vida (*life sciences*) que realizam satisfatoriamente o processo de amplificação de RNA.

A. Síntese da primeira fita de cDNA

1) Aliquotar a quantidade de RNA a ser amplificada em 7 µl de água dietil-pirocarbonato (DEPC). Sugerimos iniciar com 1 µg de RNA total.
2) Pipetar 1µL do dT-T7 oligo *primer* (0,5 µg/µL).
3) Incubar a 65 °C por 5 minutos.
4) Esfriar à temperatura ambiente (T.A.).
5) Preparar o seguinte *mix*: 4 µL de tampão 5X First Strand, 2 µL de DTT, 1 µL de dNTP 10 mM, 2 µL de enzima SuperScriptIII (Invitrogen) e 1 µL de RNAsin (inibidor de RNAse) (Promega).
6) Pipetar 11 µL do mix em cada tubo.
7) Incubar a 46 °C por 1 hora e 30 minutos.
8) Colocar 1 µL de TS *Primer* (0,5 µg/µL) após os primeiros 20 minutos a 46 °C.

B. Síntese da segunda fita de cDNA

1) Preparar o seguinte *mix*: 103 µL de água tratada com DEPC, 15 µL de tampão Advantage PCR 10X (Clonetech), 3 µL de *primer* TS, 3 µL de 10 mM dNTP, 3 µL de Advantage cDNA Polymerase mix e 1 µL RNAse H (2 U/µL) (Invitrogen).
2) Pipetar 128 µL em cada tubo.
3) Incubar a 37 °C por 5 minutos para digerir o mRNA. Depois, a 94 °C por 2 minutos para desnaturar. A 65 °C por 1 minuto para *priming* específico e 75 °C por 30 minutos para extensão (programa cDNA segunda fita).
4) Coloque no gelo se for seguir o protocolo ou guarde os tubos a -20 °C.

C. Purificação do cDNA dupla fita

Essa etapa é para prevenir que dNTPs não incorporados, NTPs resultantes da degradação do RNA, *primers* e enzimas inativadas interfiram na transcrição *in vitro*. Lembre-se que os cDNAs são estáveis e não serão afetados por contaminação com RNAse, mas estes são a base para a transcrição que deve ser *RNAse free* ou livre de RNAse, enzimas que degradam o RNA. Atenção: nesta etapa, a RNAse H (que degrada o RNA no dúplex RNA:DNA) deve ficar retida na interface das fases orgânica e aquosa.

Isolamento com fenol-clorofórmio-isoamil e precipitação com etanol:

1) Adicionar 16 µL de acetato de sódio 3 M (pH 5,2) na amostra, para auxiliar na precipitação do cDNA fita dupla.
2) Centrifugar o tubo Phase Lock Gel (PLG - Eppendorf) por 1 minuto a 13.000 rpm.
3) Adicionar 160 µL de Fenol:Clorofórmio:Álcool Isoamil aos tubos PLG.
4) Transferir toda a amostra para o PLG. Pipetar até formar uma suspensão homogênea leitosa. Cuidado para não dispersar e contaminar a amostra.
5) Centrifugar por 6 minutos a 13.000 rpm à temperatura ambiente.
6) Transferir a fase superior para tubo limpo.
7) Adicionar 1,2 µL de glicogênio 20 mg/mL.
8) Adicionar 320 µL de etanol 100%. Misturar bem por inversão.
9) Incubar por 20 minutos a -20 °C.
10) Centrifugar imediatamente por 20 minutos a 14.000 rpm à temperatura ambiente, para prevenir a coprecipitação de oligos. Um pequeno *pellet* branco sugere o sucesso da precipitação.
11) Lavar o *pellet* com 500 µL de etanol 100% e centrifugar por 5 minutos a 14.000 rpm.
12) Secar o *pellet* **até que não haja mais etanol** e ressuspender o cDNA dupla fita em 20 µL de água DEPC.
13) Aplicar na coluna de purificação NUCAWAY pré-hidratada com água DEPC (ver manual).
14) Centrifugar a 735 *g* por 2 minutos.
15) Secar o eluído em *speedvac* para chegar a 8 µL.

D. Transcrição *in vitro* (*in vitro transcription* – IVT)

1) Faça a reação em temperatura ambiente, mas com a enzima no gelo. O tampão precisa estar em temperatura ambiente para que os sais não estejam precipitados. Preparar o seguinte *mix*: 2 µL de cada NTP 75 mM (A, U, G, C), 2 µL de tampão de reação (kit Ambion), 2 µL do *mix* da enzima T7 RNA polimerase (kit Ambion).

2) Colocar 12 µL do *mix* em tubo 0,2 mL contendo os 8 µL de cDNA em água DEPC.
3) Incubar por 6 horas a 37 °C.

E. Purificação do aRNA

Usar qualquer kit de purificação. Recomendamos fazer com o reagente TRIzol, que parece recuperar 50% mais do que quando usado o kit da Qiagen *RNeasy clean-up*.

1) Transferir a reação de IVT para tubo contendo 1 mL de TRIzol, misturar bem com a pipeta.
2) Adicionar 200 µL de clorofórmio. Misturar por inversão por 15 segundos.
3) Incubar por 3 minutos à temperatura ambiente.
4) Centrifugar por 15 minutos a 13.000 rpm a 4 °C.
5) Transferir a fase aquosa para um novo tubo *RNase free* contendo 500 µL de isopropanol. Misturar por inversão.
6) Incubar 10 minutos à temperatura ambiente.
7) Centrifugar por 25 minutos a 13.000 rpm a 4 °C.
8) Lavar o *pellet* com 800 µL de álcool 70% em água DEPC, centrifugando por 10 minutos a 13.000 rpm.
9) Repetir a lavagem.
10) Secar o *pellet* **até que não haja mais etanol** e ressuspender em 20 µL de água DEPC.
11) Checar a concentração e qualidade do RNA no *Nanodrop* e/ou no *Bioanalyzer* (espectrofotômetros).

F. Segunda etapa de amplificação

Síntese da primeira fita

1) Aliquotar 1 µg do aRNA em 8 µL de água DEPC. Se necessário, usar o *SpeedVac*.
2) Adicionar 1 µL de *random hexamer* (dN6 2 µg/µL).
3) Incubar por 5 minutos a 65 °C. Esfriar no gelo.
4) Incubar por 5 minutos à temperatura ambiente.
5) Adicionar 11 µL do *mix*: 4 µL de Tampão 5X First Strand (Invitrogen), 2 µL de DTT, 2 µL de dNTP 10 mM, 2 µL da enzima SuperScriptIII (Invitrogen) e 1 µL de RNAsin (Inibidor de RNAse) (Promega).

6) Incubar por 1 hora e 30 minutos a 46 °C.

Síntese da segunda fita

1) Preparar o seguinte *mix*: 106 µL de água DEPC, 15 µL de tampão Advantage PCR 10X, 3 µL de dNTP 10 mM, 4 µL dT-T7 *Primer* (0,5 µg/µL), 3 µL de Advantage cDNA Polymerase mix (Clonetech), 1 µL RNAse H (2 U/µL) (Invitrogen).
2) Pipetar 128 µL em cada tubo.
3) Incubar a 37 °C por 5 minutos para digerir o mRNA. Depois, a 94 °C por 2 minutos para desnaturar. A 45 °C por 1 minuto para *priming* específico e 68 °C por 30 minutos para extensão (modificado em relação ao primeiro ciclo ou *round*. Original: 2 minutos a 37 °C, 3 minutos a 94 °C, 3 minutos a 65 °C, 30 minutos a 75 °C).
4) Colocar no gelo se for seguir o protocolo ou guardar os tubos a -20 °C.

G. Purificação do cDNA dupla fita

Esta etapa tem como objetivo prevenir que dNTPs não incorporados, NTPs resultantes da degradação do RNA, *primers* e enzimas inativadas interfiram na transcrição *in vitro*. Lembrar que os cDNAs são estáveis e não serão afetados por contaminação com RNAse, mas estes são a base para a transcrição que deve ser livre de RNAse.

Atenção: nesta etapa, a RNAse H deve ficar retida na interface das fases orgânica e aquosa.

Isolamento com fenol-clorofórmio-isoamil e precipitação com etanol:

1) Adicionar 16 µL de acetato de sódio 3 M (pH 5,2) na amostra, para auxiliar na precipitação do cDNA fita dupla.
2) Centrifugar o tubo Phase Lock Gel (PLG) por 1 minuto a 13.000 rpm.
3) Adicionar 160 µL de Fenol:Clorofórmio:Álcool Isoamil aos tubos PLG.
4) Transferir toda a amostra para o PLG. Pipetar até formar uma suspensão homogênea leitosa. Cuidado para não dispersar e contaminar a amostra.
5) Centrifugar por 6 minutos a 13.000 rpm à temperatura ambiente.
6) Adicionar 1,2 µL de glicogênio 20 mg/mL
7) Adicionar 320 µL de etanol 100%. Misturar bem por inversão.
8) Incubar por 20 minutos a -20 °C.

9) Centrifugar imediatamente por 20 minutos a 14.000 rpm à temperatura ambiente, a fim de prevenir a coprecipitação de oligos. Um pequeno *pellet* branco sugere o sucesso da precipitação.
10) Lavar o *pellet* com 500 µL de etanol 100% e centrifugar por 5 minutos a 14.000 rpm.
11) Secar o *pellet* **até que não haja mais etanol** e ressuspender o cDNA dupla fita em 20 µL de água DEPC.
12) Aplicar na coluna de purificação NUCAWAY pré-hidratada com água DEPC (ver manual).
13) Centrifugar a 735 *g* por 2 minutos.
14) Secar o eluído em *SpeedVac* para chegar a 8 µL.

H. Transcrição *in vitro* com incorporação de amino-allil-UTP

1) Faça a reação em temperatura ambiente, mas com a enzima no gelo. O tampão precisa estar em temperatura ambiente para que os sais não estejam precipitados. Preparar o seguinte *mix*: 8 µL de água DEPC, 3 µL 5-(3-amino-allil)-UTP 50 mM (Ambion), 4 µL de cada NTP (A, G, C) 75mM, 2 µL de UTP 75 mM, 4 µL tampão da reação (10X), 4 µL de mix de enzima (T7 RNA pol, inibidor RNase, Ambion).
2) Colocar 33 µL do mix em tubo 0,2 mL contendo os 8 µL de cDNA em água DEPC.
3) Incubar por 13 horas a 37 °C (*overnight*).

I. Purificação do aRNA

1) Usar a DNAseI do kit da Ambion. Adicionar 4 µL da DNAseI à reação. Misturar bem e incubar por 15 minutos a 37 °C.
2) Para a purificação final aRNA marcado, utilizar o RNeasy mini kit (Qiagen) conforme a recomendação do fabricante, eluindo as amostras em 30 µL de água DEPC.
3) Quantificar as amostras no espectrofotômetro (*Nanodrop*, por exemplo).

J. Reação de marcação

1) Aliquotar 5 µg de aRNA para cada reação de acoplamento e seque no *SpeedVac*.
2) Ressuspender cada amostra com 4,5 µL de tampão de acoplamento (0,1 M tampão carbonato pH 8,5 a 9,0).

3) Adicionar 2,5 μL de água DEPC e 4 μL de *Cy3* ou *Cy5*.
4) Misturar bem e incubar em temperatura ambiente, protegido da luz, por 1 hora.
5) Observação: *Cy3* e *Cy5* (Armershan Bioscience) devem ser ressuspendidos em 45 μL de DMSO. Devem ser armazenados no escuro a -20 °C. Antes de abrir, mantenha em temperatura ambiente.
6) Adicionar 6 μL de hidroxilamina 4 M (para promover a reação de *quenching*). Incubar por 15 minutos no escuro à temperatura ambiente.

H. Purificação da sonda acoplada

1) Usar o kit Qiagen RNeasy. Modificações: para eluir a amostra, passar 40 μL de água na coluna (duas vezes os mesmos 40 μL).
2) Ler OD a 260/550/650 nm no nanodrop. Verificar o volume do purificado.
3) Calcular a concentração de cRNA, a quantidade de *Cy3* e *Cy5* incorporada e a taxa de atividade específica de *Cy3* e *Cy5* de nucleotídeos aplicando as seguintes fórmulas[*]:

$$\text{Concentração cRNA}(\mu g/\mu L) = \frac{OD_{260} \times 10 \times 40 \ \mu g/mL}{1.000}$$

$$\text{pmol } Cy3/\mu L = \frac{OD_{550} \times 10 \times 10^6}{150.000}$$

$$\text{pmol } Cy5/\mu L = \frac{OD_{650} \times 10 \times 10^6}{250.000}$$

$$\text{Atividade específica cRNA } Cy3 = \frac{\text{pmol } Cy3/\mu L}{\text{conc. cRNA}(\mu g/\mu L)}$$

$$\text{Atividade específica cRNA } Cy5 = \frac{\text{pmol } Cy5/\mu L}{\text{conc. cRNA}(\mu g/\mu L)}$$

Idealmente, a atividade específica de cada *Cy* deve estar acima de 8 pmoles/μg. Caso a atividade esteja abaixo desse valor, a amostra não deve ser utilizada. Deve-se marcar novamente a amostra[**].

---

[*] A reação é multiplicada por dez porque o caminho ótico é de 1 mm.
[**] As sequência dos *primers* utilizados no processo de amplificação descrito anteriormente são:
Oligo dT-T7 *primer*:

9.7.5 Hibridização manual das amostras sobre as lâminas

1) Utilizar a mesma quantidade de amostra para ser hibridizada em cada lâmina marcada com cada *Cy*.

2) Transferir as duas sondas marcadas (*Cy3* e *Cy5*) para a coluna Y-30 (Microcon) para serem concentradas.

3) Centrifugar por 3 minutos a 11.000 rpm (deve-se observar o líquido azul e rosa na superfície da coluna).

4) Inverter a coluna para um novo tubo e centrifugar por 3 minutos a 3.000 rpm.

5) Verificar o volume obtido.

6) Completar o volume das duas sondas misturadas para 13,5 µL com água DEPC. Adicionar 13,5 mL de tampão de hibridização (*Microarray Hybridization Buffer*, Amersham Biosciences) e 27 mL de formamida. Em seguida, incubar esta solução a 92 °C por 2 minutos e imediatamente resfriar em gelo.

7) Depositar os 54 mL em uma das extremidades da lâmina. Colocar cuidadosamente uma lamínula sobre a lâmina contendo a solução, evitando que se formem bolhas. Colocar a lâmina em um suporte e incubar na posição horizontal em banho ou estufa a 42 °C por 16 horas.

9.7.6 Lavagem e *scanning* das lâminas

1) Após a hibridização, lavar a lâmina sob leve agitação em soluções SSC/SDS como descrito a seguir:
   a) 1 × SSC, 0,2% SDS,   10 min., 55 °C
   b) 0,1 × SSC, 0,2% SDS,   10 min., 55 °C
   c) 0,1 × SSC, 0,2% SDS,   10 min., 55 °C
   d) 0,1 × SSC, 1 min., RT
   e) 4 mergulhos em água *milli-Q*

2) Secar a lâmina imediatamente com nitrogênio líquido, para evitar arraste de solução sobre os *spots*.

3) Ler (*scanning*) a lâmina em *scanner* próprio, nos canais verde (excitação 550 nm) e vermelho (excitação 650 nm) e salvar as imagens de cada canal.

5'AAACGACGGCCAGTGAATTGTAATACGACTCAC TATAGGCGCT(15) 3'
random hexamer: 5'NNNNNN 3'
TS *primer*: 5' AAGCAGTGGTAACAACGCAGAGTACGCGGG 3'

9.7.7 Extração de dados

Proceder à extração dos dados das imagens originadas dos canais de *Cy3* e *Cy5* utilizando *software* apropriado. Geralmente os *scanners* já vêm com *software* de extração ou indicam a utilização de algum *software*. É no processo de extração de dados que a imagem será transformada em valores numéricos. Para isso, os *softwares* de extração levam em consideração o tamanho do *spot*, a intensidade do sinal de cada pixel da imagem do *spot*, o sinal de ruído (*background*) global (lâmina toda) e local (região ao redor do *spot*), pontos de não uniformidade no *spot* (que não serão considerados) entre outros dados. Estes dados serão essenciais para que a análise seja realizada.

9.8 ANÁLISE DE DADOS

A análise dos dados gerados dos microarranjos parece muito complexa num primeiro momento. Entretanto, se entendermos bem quais são os fatores que podem induzir o usuário a gerar interpretações errôneas, e quais as ferramentas existentes para corrigir tais problemas, ela se torna muito mais simples.

Antes de promover a análise estatística dos dados é importante avaliar a qualidade dos dados gerados, e para isso se sugere fortemente que alguns critérios sejam observados. Primeiramente é importante inspecionar visualmente as lâminas e as imagens geradas e verificar se nenhuma mancha ou bolha comprometeu um grande número de *spots*; caso isso ocorra, estes dados devem ser eliminados da análise, pois não são confiáveis (são super ou subestimados).

Também é importante verificar como ficaram os controles internos das lâminas; em *chip* de cDNA fabricados *in house* é sugerido que se escolha alguns genes controles, de expressão constitutiva (*house keeping genes*) para verificar se sua expressão foi detectada. As lâminas comerciais já vêm com um conjunto de controles de hibridização e um conjunto de controles do processo de amplificação da amostra; estes são os conhecidos *spike-in samples*. Os *spike-in samples* são um conjunto de RNAs/DNAs comerciais controles, em diversas diluições, que são adicionados às amostras antes do processo de amplificação e marcação. Eles participam de todas as reações do experimento, de forma que seja possível traçar uma curva com as intensidades detectadas destes controles. Eles são importantes para verificar que todas as reações enzimáticas e o processo de hibridização ocorreram apropriadamente. Caso o nível de detecção esteja fora do esperado, este é um sinal de alerta importante que deve ser considerado e, dependendo do caso, os dados oriundos das lâminas com problemas devem ser descartados para assegurar a confiabilidade do experimento.

Também é altamente recomendável verificar o coeficiente de correlação de Pearson de todos os dados de intensidade entre as réplicas técnicas e biológicas. Isso é simples e pode ser feito utilizando a intensidade do sinal subtraída do ruído local de todas as hibridizações, e, depois, montando-se uma matriz de correlação. A premissa de um experimento de microarranjo é que a maioria dos genes não sofrem mudanças no seu nível de expressão (na maioria dos experimentos), e isso também pode ser aplicado nas outras abordagens genômicas dos experimentos de microarranjos. Assim, é esperado que exista uma alta correlação de Pearson (acima de 0,90) entre as amostras. Obviamente, a correlação entre as réplicas técnicas de uma mesma amostra (acima de 0,9) deve ser maior que a correlação entre as réplicas biológicas (entre 0,8 e 0,9), e a correlação entre as réplicas biológicas de uma situação experimental (por exemplo, células tratadas com uma droga) (entre 0,8 e 0,9) deve ser maior do que aquela que se obtém quando se compara esta situação experimental com a outra situação experimental (como por exemplo células não tratadas, controle) (entre 0,7 e 0,9).

Por fim, outro critério importante que deve ser avaliado é, utilizando os valores de intensidade de todos os *spots*, verificar como as amostras se agrupam entre si (fazendo a análise global de *clustering* dos dados). Idealmente, as medidas derivadas de uma mesma amostra (réplicas técnicas) devem ficar agrupadas juntas. É importante observar se as amostras estarão agrupadas de acordo com o sentido biológico (por exemplo, amostras tratadas agrupadas entre si, enquanto as amostras controle formam outro grupo), e não agrupadas de acordo com o lote de marcação, com o tipo de *Cy* ou com o lote de hibridização (caso os procedimentos de marcação e hibridização tenham sidos realizados em dias diferentes por questões logísticas). A ferramenta denominada Cluster 3.0 é de uso livre (*open source software*[*]) e pode ser instalada em um computador pessoal local[34]. Os resultados de *clustering* podem ser visualizados com a ferramenta Java TreeView[35]. Caso ocorra um agrupamento de amostras predominantemente em função dos lotes de hibridização, será necessário aplicar uma correção de lote. Existem vários programas disponíveis para corrigir este tipo de viés. Um deles é o Combat[36], muito utilizado na literatura.

---

[*] Ver: <http://bonsai.hgc.jp/~mdehoon/software/cluster/software.htm>.

Uma vez que esses pontos foram observados, devem-se iniciar as etapas de análise estatística de dados. Visando simplificar o entendimento do processo de análise, ilustramos na Figura 9.10 as principais etapas envolvidas.

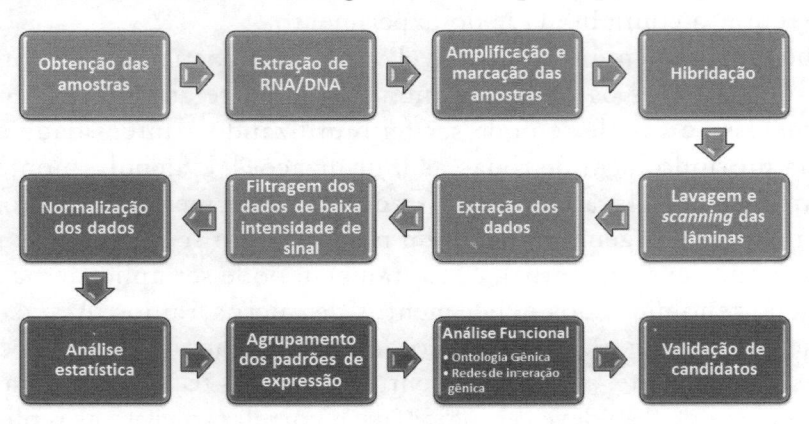

Figura 9.10 Fluxo de trabalho da execução e análise de dados de um experimento de microarranjo de DNA.

9.8.1 Filtragem dos dados

Uma das primeiras etapas da análise de dados, após a avaliação da qualidade global das lâminas, descrita no tópico anterior, é denominada filtragem. Filtrar os dados consiste em eliminar todos os *spots* que possuem valores de intensidade menores do que um limiar de intensidade definido como sinal confiável. O que é um sinal confiável para a realização da análise é um conceito relativo. Para *chips in house* é comum determinar um valor de intensidade superior a dois ou três desvios padrão acima da média de controles negativos que foram depositados na lâmina (DNA de outras espécies). Para os *chips* comerciais, os *softwares* de extração de dados sugeridos pelas empresas já calculam um ou dois parâmetros (que o usuário pode escolher qual deles utilizar) para definir se a intensidade do sinal é considerável. Um dos critérios que as empresas utilizam para definir se a intensidade é detectável é fazer um teste de Student (teste *t*) entre o sinal dos pixels do *spot* e o sinal do *background* local, em torno do *spot*. Se for significativamente maior, o *spot* é considerado "aceso", ou seja, um sinal significativamente acima do *background*.

Com a eliminação dos dados dos *spots* de baixa intensidade, é possível observar que ocorre um aumento na correlação global dos dados de intensidade, calculada no tópico anterior. Agora, o próximo passo é a normalização desses dados para que eles possam ser mais bem comparados.

9.8.2 Normalização dos dados

Normalização dos dados é o processo pelo qual se tenta eliminar ou atenuar as interferências técnicas (logo, de caráter não biológico) no conjunto de dados a ser comparado. Sabemos que a análise da expressão de milhares de genes em duas condições ou mais, simultaneamente, traz consigo milhares de problemas. As técnicas de normalização de dados permitem diminuir os efeitos mais comuns neste tipo de experimento.

a) **Normalização por LOWESS**

Se o experimento realizado foi um experimento *two-color*, no qual a amostra teste foi marcada com *Cy3* e a referência foi marcada com *Cy5*, sabemos que existe uma diferença na incorporação/emissão dos fluoróforos, o que pode alterar a interpretação dos dados conforme mencionado anteriormente. Em função disso, é muito importante a realização do *dye-swap* para atenuar e/ou contrabalançar essa diferença nos valores de intensidade de ambos os fluoróforos em ambas as amostras.

Um método clássico de correção desse efeito causado por *Cy3* e *Cy5* é a normalização por LOWESS[37,38] (*locally weighted scatterplot smoothing*, ou suavização localmente ponderada do *scatterplot*). O princípio desse algoritmo baseia-se na premissa de que a maior parte dos genes não sofre mudança de expressão ou mudança no contexto genômico sob as condições experimentais estudadas. Assim, se dividíssemos o valor de intensidade do *Cy3* pelo valor do *Cy5* ou o valor do *Cy5* pelo valor do *Cy3*, para a maioria dos genes deveríamos obter uma razão em torno de 1; se transformarmos os dados dessa razão em função logarítmica (comumente base 2) teríamos um valor em torno de 0. Transformar os dados para função logarítmica é uma prática comum e muito útil para a comparação, porque faz o dado da razão ficar simétrico (linear) em torno da razão 1, seja no intervalo do aumento da expressão (razão acima de 1) ou no intervalo da diminuição da expressão (razão entre 0 e 1).

Entretanto, na prática, se fizermos a marcação de uma mesma amostra com *Cy3* ou *Cy5* e realizarmos uma hibridação de ambas as marcações da mesma amostra na mesma lâmina (hibridização *self-self*) veremos que os valores da razão logarítmica de *Cy5/Cy3* não ficam em torno de 0 para todos os genes. Isso pode ser facilmente percebido ao plotarmos a razão das intensidades de *Cy5/Cy3* em função da média entre as intensidades de *Cy3* e *Cy5* (gráfico conhecido como MA *plot*); veremos que, para genes com menor intensidade, a razão tende sistematicamente a ser menor que zero e para genes de maior intensidade a razão tende a ser maior que zero. Em um gráfico tipo MA, M é plotado no eixo y e A no eixo x. Para essas funções, temos:

$$M = \log_2 \frac{Cy5}{Cy3}$$

$$A = \frac{1}{2} \cdot (\log_2 Cy3 + \log_2 Cy5)$$

A normalização por LOWESS ajusta uma linha de tendência da dispersão dos dados do *plot* e usa essa função ajustada para corrigir os dados, modificando os valores de intensidade de cada fluoróforo baseado no desvio entre o valor observado e o valor ajustado da linha de tendência. Diversos *softwares* livres estão disponíveis, entre eles o do pacote de ferramentas R[39], e do pacote MatLab[40]. A Figura 9.11A mostra os dados de um experimento de *microarray* antes (painel à direita) e depois (painel à esquerda) da normalização por LOWESS.

Para uma comparação direta entre amostras que foram hibridadas numa mesma lâmina, nas quais a incorporação dos fluoróforos e a intensidade total de cada amostra estejam em níveis similares, a normalização por LOWESS é o único processo de normalização necessário; entretanto, se a comparação que será feita envolver amostras hibridadas em lâminas diferentes, é necessário outra abordagem, que é discutida a seguir.

b) **Normalização da intensidade total das lâminas**

As normalizações das intensidades totais dos canais das lâminas são aplicadas quando se analisa os dados de intensidade total entre lâminas diferentes. O objetivo das normalizações que utilizam a intensidade total é corrigir a variação de intensidade existente entre cada canal e entre as lâminas. Existem várias metodologias descritas na literatura. As mais simples e utilizadas são a normalização por média aparada[37] e a normalização por quantil[41]. Na normalização por média aparada (*trimmed mean*), se divide o valor de intensidade de cada gene pelo valor da média (sendo esta média calculada descartando uma fração de cerca de 10% a 20% dos genes nos extremos mais e menos intensos, conforme o critério selecionado); assim, cada lâmina tem seus valores de intensidade ajustados dentro da intensidade total dela mesma, não dependendo do número total de lâminas com as quais serão realizadas as comparações de expressão. Em contrapartida, a normalização por quantil baseia-se no *ranking* de intensidade de cada gene em cada lâmina. Assim, assume-se que os genes mais expressos sempre estarão no topo da lista, independentemente do valor absoluto de intensidade. A fim de se tornar comparável com as demais lâminas, após o *ranking* dos genes segundo a intensidade, substitui-se o valor de intensidade de cada um dos genes em uma dada posição do *ranking* em cada lâmina pelo valor médio da intensidade dos genes que ocupam aquela dada posição no *ranking*. Para esse método de normalização, é essencial ter o conjunto total de lâminas para poder executar a normalização, e a cada vez que se acresce uma lâmina ao conjunto é necessário que a normalização seja realizada novamente. Ambos os métodos de normalização discutidos aqui são bem eficientes; entretanto, para experimentos com intensidades mais díspares a capacidade de normalização da média aparada é limitada, ao passo que o método de quantil possibilita essa correção. A Figura 9.11B mostra o *box plot* dos dados brutos de intensidade e os dados após a normalização por média aparada e por quantil. É possível observar como as medianas e terceiro e quarto quartis ficaram mais próximos entre as diversas lâminas (faixa de intensidade) após a normalização. É interessante notar que, como pela metodologia do quantil existe uma substituição dos valores originais de intensidade pelos valores da média das intensidades das posições do *ranking*, os dados ficam sistematicamente normalizados.

Existem muitos outros tipos de normalização dos dados de microarranjos que foram sendo desenvolvidos ao longo dos anos. Dentre eles, citamos a normalização por controles internos (*spike-in*), em que se gera um fator de normalização calculado a partir da intensidade medida desses controles; outro tipo de normalização é o VSN (*variance stabilizing normalization*, normalização estabilizadora da variância)[42], que se baseia numa transformação arco seno hiperbólico (*arsinh*) parametrizada (em vez de uma transformação logarítmica), que transforma os dados para ter igual variância para todas as intensidades.

Quantas normalizações, ou quais normalizações devem ser feitas nos dados de microarranjos? Discutimos brevemente as mais comumente utilizadas em comparações diretas e indiretas. Sempre devemos entender que o objetivo da normalização é remover ou diminuir a influência de qualquer viés que não seja biológico. Caso se perceba que esses vieses ainda persistem, será necessário buscar um método de normalização que procure amenizar esses efeitos. Contudo, é importante ter em mente que nem sempre é possível utilizar dados com grande viés sistemático devido às variações da técnica, porque a fidedignidade da análise e dos resultados fica comprometida.

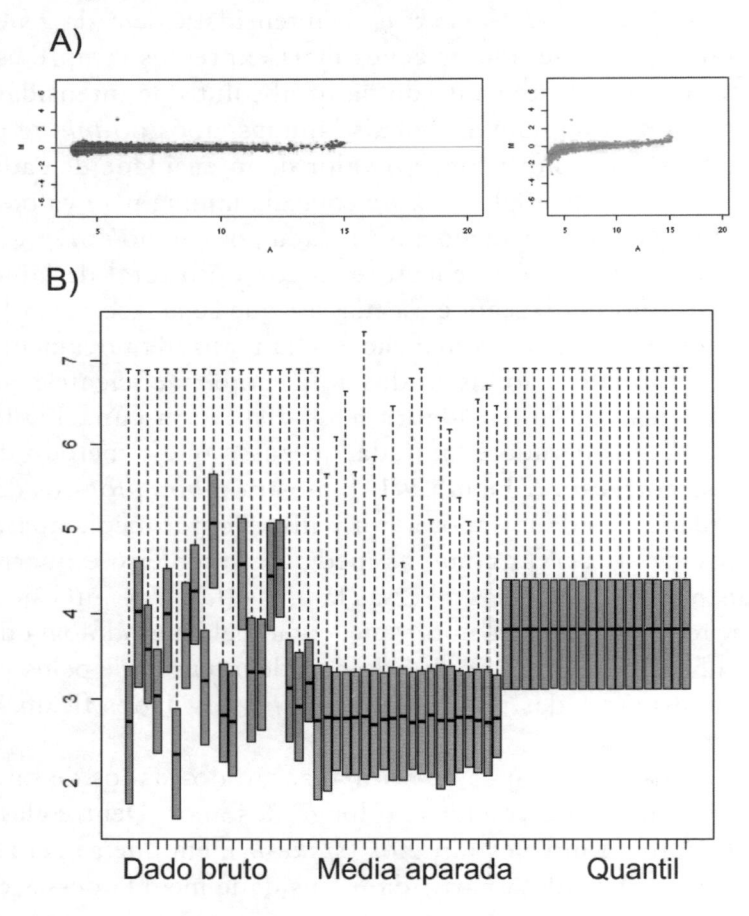

Figura 9.11 Métodos de normalização dos dados brutos de microarranjos. (A) Normalização por LOWESS. Observamos o MA *plot* da razão das intensidades antes (painel à direita) e depois (painel à esquerda) da normalização. (B) *Box plot* dos dados de intensidade brutos, após a normalização por média aparada e após a normalização por quantil, conforme indicado na figura. Acesse a versão on line para visualizar a figura nas cores originais.

9.8.3 Análise estatística

Uma vez os dados normalizados, agora é possível aplicar testes estatísticos para encontrar diferenças de expressão significativas entre as condições biológicas estudadas. Existem muitos testes desenvolvidos para análise de microarranjos. Uma abordagem de análise estatística amplamente difundida é o *significance analysis of microarrays* (SAM)[43]. Nessa abordagem, atribui--se um *score* para cada gene com base nas mudanças dos níveis de expressão em relação ao desvio-padrão das réplicas. Para genes com *scores* maiores que o valor de corte (d) ajustável, o SAM usa permutações para encontrar a porcentagem de genes que seriam encontrados ao acaso e usa essa simulação para calcular a taxa de falsos positivos (*false discovery rate* – FDR) daquele conjunto de genes selecionados. O SAM está adaptado para várias abordagens de comparação (uma classe, duas classes, duas classes pareadas, série temporal, multiclasses), e é uma ferramenta muito interessante e gratuita para fins acadêmicos.

Da mesma forma, é possível utilizar outros testes estatísticos, como o teste-*t*. Outra abordagem que pode ser utilizada quando existem mais de duas classes de comparação é a análise da variância (ANOVA)[44], especialmente para os experimentos nos quais três ou mais grupos estavam sendo considerados na análise. No teste ANOVA, avalia-se a significância entre as médias de cada grupo pela comparação das variâncias, de forma que a variância que existe dentro de cada grupo não pode ser maior do que a variância observada entre os grupos. Assim, calcula-se um *p-value* de significância. De qualquer forma, para qualquer teste estatístico que seja aplicado, é essencial aplicar uma metodologia de correção para múltiplos testes, pois se investiga a mudança de expressão simultânea de milhares de genes, e não somente de um único gene. Assim, é interessante aplicar as correções para testes múltiplos, para ajustar os *p-values* e assim diminuir a probabilidade de ocorrência de falsos positivos. Existem várias correções disponíveis, como a de Benjamini-Hockberg[45], Bonferroni[46], entre outras que diferem entre si na estringência da correção.

Existem muitos pacotes no R gratuitos que realizam normalizações e testes estatísticos em dados de microarranjos. Entre eles, citamos o Bioconductor[47], que oferece muitas ferramentas de análise de microarranjos e sequenciamento de nova geração e relativamente simples de utilizar, exigindo apenas que o usuário tenha um pouco de paciência e persistência.

9.8.4 Busca de padrões de expressão: *clustering* dos dados

Após encontrar um conjunto de genes definidos como diferencialmente expressos, é muito comum procurar os subconjuntos de padrões de expressão desse conjunto. Uma das ferramentas mais utilizadas para isso é o agrupamento (*clustering*). Em muitos casos a pergunta de interesse está voltada à descoberta de subclasses de pacientes que se agrupem pelo padrão comum de expressão de genes: por exemplo, pacientes com um mesmo tipo de câncer são identificados com subtipos clinicamente relevantes em linfomas de células-B[48] ou em câncer de próstata[49].

Existem vários métodos de se obter o agrupamento de amostras. Podemos citar o agrupamento hierárquico, o agrupamento por *k-means* e o agrupamento por SOM (*self-organizing maps*)[50,51].

O agrupamento hierárquico é o método mais popular para a análise de dados de expressão gênica. No agrupamento hierárquico, genes com padrões de expressão similares são agrupados e são conectados por uma série de ramos, o que é chamado árvore de agrupamento (ou dendograma). Diferentes amostras com perfis de expressão similares também podem ser agrupadas em conjunto, utilizando o mesmo método.

O *k-means* baseia-se na criação de um determinado número k de grupos, que a priori é determinado pelo usuário por meio de um processo iterativo para determinar o centroide para cada grupo (a versão multidimensional da média), e atribuindo cada amostra ao grupo com o centroide mais próximo. Essa abordagem minimiza a dispersão geral dentro do *cluster*, pois utiliza uma realocação iterativa de membros do cluster. A Figura 9.12 ilustra a representação gráfica do agrupamento hierárquico e agrupamento por *k-means*.

O *self-organizing maps* (SOM) é um tipo de rede neural artificial. SOM é uma ferramenta de agrupamento que utiliza uma etapa de aprendizado não supervisionado e é útil para a análise de dados multidimensionais, por exemplo, em experimentos em que se analisa a expressão de milhares de genes em vários tipos de linhagens celulares simultaneamente, ao longo do tempo, após o tratamento com drogas diferentes. Nestes casos, padrões comuns entre si e não previstos inicialmente, podem ser tornados visíveis e agrupados. Uma ferramenta, disponibilizada para uso livre, foi desenvolvida e testada para o agrupamento por SOM de dados de expressão gênica de diversas linhagens hematopoiéticas ao longo do tempo, após a indução de diferenciação por drogas[52].

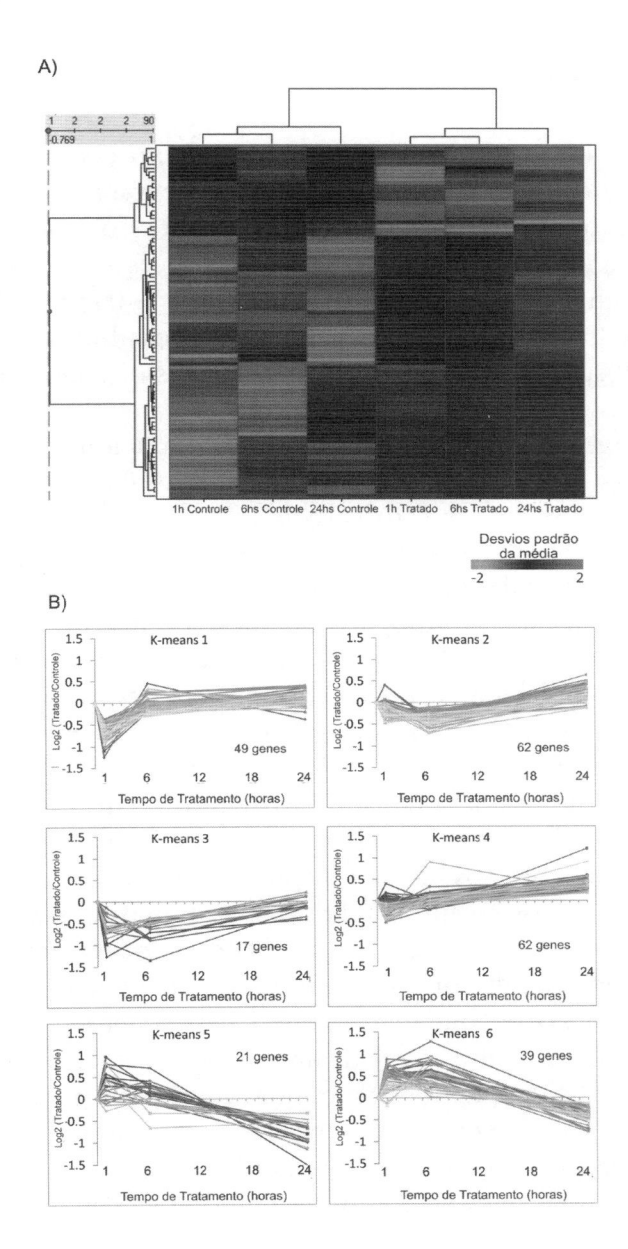

Figura 9.12 Exemplos de agrupamentos dos perfis de expressão de genes diferencialmente expressos em experimentos de microarranjos. (A) Agrupamento hierárquico de 90 genes de *Schistosoma mansoni* com mudanças sustentadas de expressão induzidas pelo tratamento *in vitro* de vermes adultos com TNF-alfa humano por 1 hora, 6 horas e 24 horas. (B) Agrupamento por *k-means* de 250 genes com mudanças transientes de expressão de *Schistosoma mansoni* induzidas pelo tratamento *in vitro* de vermes adultos com TNF-alfa humano por 1 hora, 6 horas e 24 horas. Resultados da análise de dados obtidos com um desenho experimental similar ao descrito em Oliveira e colegas[57], usando-se um microarranjo *custom-designed* descrito em DeMarco e colegas[58]. Acesse a versão on line para visualizar a figura nas cores originais.

9.8.5 Análise funcional

Obter uma lista de genes diferencialmente expressos, ou um conjunto de genes que tenham alteração em seu contexto genômico, é relativamente simples. Entretanto, muitas vezes entender o contexto biológico desses genes, ou quais funções eles controlam, seria um processo extremamente lento de curagem manual na literatura. Para auxiliar a interpretação biológica dos dados existe uma série de ferramentas que possibilitam ao usuário realizar uma análise conjunta das funções dos genes diferencialmente expressos/detectados.

Uma das primeiras abordagens na análise funcional é a análise de ontologias gênicas (*gene ontologies*) enriquecidas. *Gene Ontology* (GO) é um projeto no qual existe um esforço colaborativo para atender à necessidade de descrições consistentes entre si dos produtos de genes em diferentes bancos de dados*. Os colaboradores GO desenvolveram três vocabulários controlados estruturados (ontologias) que descrevem os produtos de genes em termos de seus processos biológicos associados, seus componentes celulares e suas funções moleculares, de uma forma espécie-independente[53].

O uso de termos GO por várias bases de dados que colaboram facilita consultas uniformes entre elas. Os vocabulários controlados são estruturados de modo que se possa consultá-los em diferentes níveis: por exemplo, pode-se usar o GO para encontrar todos os produtos de genes no genoma do rato que estão envolvidos na transdução de sinal, ou se pode buscar especificamente em todos os receptores da tirosina quinase. Essa estrutura também permite atribuir propriedades de produtos de genes em diferentes níveis, dependendo do grau de conhecimento maior ou menor sobre um produto de gene. Neste contexto, o que se avalia num experimento de microarranjos é se existe um enriquecimento estatisticamente significante de genes associados a algum termo GO, de qualquer ontologia, entre o grupo de genes detectados como diferencialmente expressos, em relação ao conjunto total de genes que está representado no *array*. Existem muitos programas e ferramentas *on-line* gratuitos para essa análise de enriquecimento GO. Dentre eles, citamos:

- AmiGO: http://amigo.geneontology.org/cgi-bin/amigo/go.cgi
- BinGO: http://www.psb.ugent.be/cbd/papers/BiNGO/Home.html
- Blast2GO: http://www.blast2go.com/b2ghome

---

* Ver: <http://www.geneontology.org/>.

- Ontologyzer: http://compbio.charite.de/contao/index.php/ontologizer2.html

Outra abordagem muito comum que vem ganhando destaque nos últimos anos é o uso de programas que identificam vias e redes de interação gênica enriquecidos, baseados em dados disponíveis da literatura para os organismos modelos e muitas outras espécies. Essa abordagem é extremamente útil, pois é uma forma lógica e simples de conseguir identificar o que já foi descrito na literatura sobre a função daquela via ou rede (*network*) de interação gênica. Esse tipo de informação facilita muito a visualização e identificação do contexto biológico e a relevância de seus resultados frente às perguntas originalmente propostas. A Figura 9.13 ilustra um exemplo de uma rede de interação gênica associada com um conjunto de genes identificados como diferencialmente expressos em um experimento usando microarranjos.

Existem muitos bancos de dados que disponibilizam essa informação, e existem programas especializados na visualização e integração dos dados coletados desses bancos de dados. Em tais bancos de dados é necessário que uma busca com o nome do(s) genes(s) de interesse seja realizada, e as informações obtidas são podem ser coletadas, exportadas e integradas para visualizar seu contexto biológico.

O site Pathguide* oferece uma lista completa com 547 bancos de dados disponíveis (metabolismo, interação proteína-proteína, sinalização etc.) com todas as informações referentes a cada um deles. Entre os bancos de dados e ferramentas de visualização, destacamos:

- APID (Agile Protein Interaction DataAnalyzer): disponível em http://bioinfow.dep.usal.es/apid/. Fornece uma estrutura de acesso, onde todos as interações proteína-proteína conhecidas experimentalmente validadas de vários bancos de dados (BIND, BioGrid, DIP, HPRD, intacta e MINT) são unificados em uma única aplicação *web* que permite a exploração da rede.
- IntAct: disponível em http://www.ebi.ac.uk/intact/. Banco de dados de interações moleculares do European Bioinformatics Institute (EBI). Manualmente curado.
- IPA (Ingenuity Pathway Analysis): disponível em http://www.ingenuity.com/products/ipa. Trata-se de um grande banco de dados curado de redes biológicas criadas a partir de milhões de interações

---

* Ver: <http://www.pathguide.org/>.

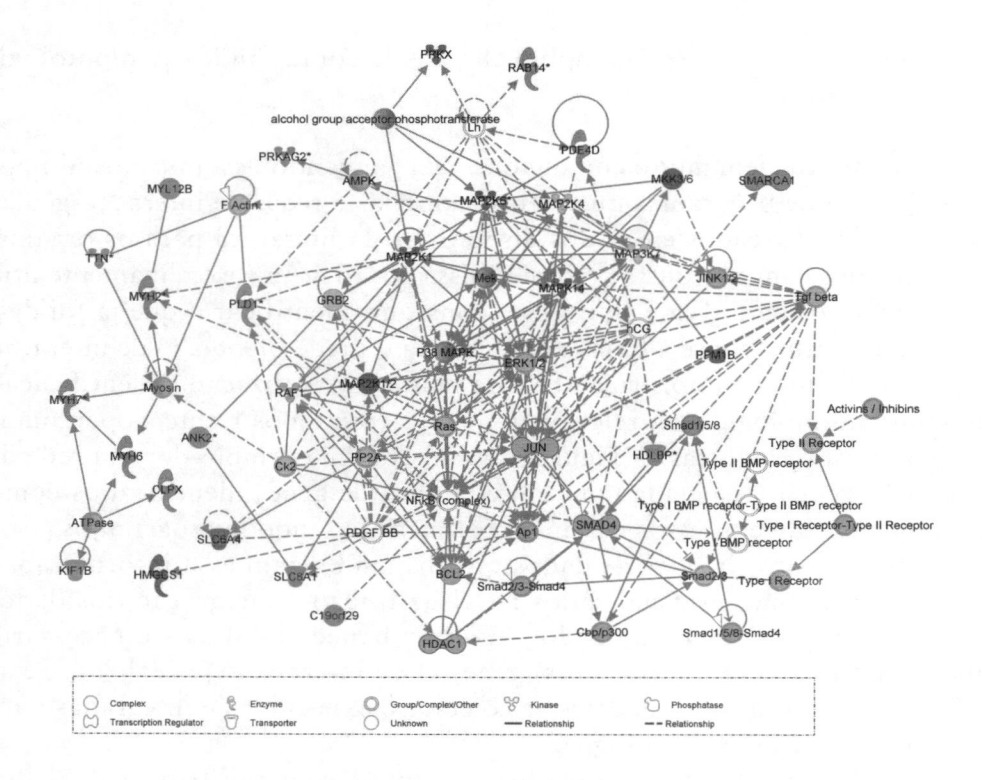

Figura 9.13 Exemplo de rede de interação gênica de genes diferencialmente expressos em experimentos de microarranjos. Esta rede está relacionada ao desenvolvimento e função de sistema muscular, morfologia de tecido, organização celular de *Schistosoma mansoni*. As formas dos elementos correspondem aos diferentes tipos de moléculas, conforme indicado no quadro. As setas representam as relações entre os elementos; as linhas tracejadas, interação indireta; linhas contínuas, interação direta. A intensidade da cor é proporcional ao valor de expressão após o tratamento com TGF-beta humano durante 18 horas, calculado como log2 (tratado/controle). Verde significa log2 (tratado/controle) negativo, ou seja, diminuição do nível de expressão nos parasitas tratados; e vermelho significa log2 (tratado/controle) positivo, aumento da expressão nos parasitas tratados. O ligante, TGF-beta humano, está destacado em laranja. Figura extraída de Oliveira e colegas[59]. Acesse a versão on line para visualizar a figura nas cores originais.

modeladas individualmente entre proteínas, genes, complexos, células, tecidos, medicamentos e doenças. É um banco de dados com acesso pago.

- KEGG (Kyoto Encyclopedia of Genes and Genomes): disponível em http://www.genome.jp/kegg/. Recurso de banco de dados para a compreensão de funções de alto nível do sistema biológico, como a célula, o organismo e o ecossistema, a partir de informações em nível molecular, especialmente conjuntos de dados moleculares em larga escala. É mais voltado para vias metabólicas.

- MINT (Molecular INTeraction Database): disponível em http://mint. bio.uniroma2.it/mint/. Este banco é um repositório público de interações proteína-proteína. Manualmente curado.
- Reactome: disponível em http://www.reactome.org/. É um banco de dados curado, revisado por pares e gratuito. Fornece ferramentas de bioinformática intuitivas para a visualização, interpretação e análise de vias conhecidas para apoiar a análise do genoma, modelagem, biologia de sistemas e educação.
- STRING (Search Tool for the Retrieval of Interacting Genes/Proteins): disponível em http://string-db.org/. Este banco de dados disponibiliza interações proteína-proteínas conhecidas e preditas.
- Cytoscape: disponível em http://www.cytoscape.org/. É um programa aberto (gratuito) para a visualização de complexas redes de interação, integrando essas redes com qualquer tipo de dados. Importa e integra a maioria dos dados exportados dos bancos de dados mencionados anteriormente. Este programa não monta a rede, apenas integra a informação para visualização.
- BioLayout: disponível em http://www.biolayout.org/. Trata-se de uma ferramenta de visualização de redes de interação com a qual é possível agregar peso a cada relação (nó) da via. É gratuita e gera imagens em 3D de altíssima resolução. Além disso, pode ser utilizada para calcular e plotar a correlação de níveis de expressão de genes e amostras.

9.9 CONCLUSÕES

A tecnologia dos microarranjos, sem dúvida alguma, proporcionou uma grande alavancagem no conhecimento funcional dos genomas. Inferir os níveis de expressão de milhares de genes ao mesmo tempo permitiu à comunidade científica correlacionar dados e identificar redes de expressão gênica e auxiliou a esclarecer o papel de vários genes ao longo dos processos biológicos.

Além disso, a contribuição dos estudos de genética de populações e de associação de novos padrões fenotípicos aos genótipos de indivíduos também foi uma contribuição muito valiosa para a genética moderna e entendimento de padrões de hereditariedade de muitas doenças.

O auge de crescimento dessa técnica foi na década passada, e, hoje, com o crescimento das empresas especializadas, é uma técnica accessível a praticamente todos os grupos, com um custo relativamente modesto. É possível desenhar microarranjos de oligonucleotídeos com relativa facilidade para todos os organismos que já foram sequenciados, o que, juntamente com a modernização e padronização dos protocolos de amplificação e marcação de amostras fabricados por empresas, faz com que os microarranjos de cDNA construídos *in house* tendam a ser abandonados, em favor do uso de plataformas fornecidas por empresas especializadas.

O grande número de ferramentas de bioinformática e abordagens de análise que foram desenvolvidas permitiu a democratização da técnica, que está ao alcance de muitos grupos; a diminuição da necessidade de desenvolvimento de ferramentas locais tornou essa técnica relativamente simples de se utilizar.

Todos os fatores expostos aqui mostram por que o uso dessa abordagem cresceu tanto nos últimos anos e mudou a perspectiva da biologia, que se tornou mais integrativa. As aplicações clínicas mostram o potencial da metodologia para o diagnóstico clínico de determinadas patologias e para a definição de genes marcadores de prognóstico.

9.10 PERSPECTIVAS FUTURAS

Com o advento dos sequenciadores de nova geração, que a cada dia ficam mais potentes, baratos e acessíveis, existe uma tendência à gradual substituição dos microarranjos utilizados para o estudo de expressão pelos experimentos de RNA-seq; contudo, ainda estão sendo desenvolvidas as ferramentas de bioinformática para análise quantitativa da expressão medida por sequenciamento de nova geração, o que cria uma enorme dependência de analistas de bioinformática, um recurso atualmente muito limitante para os grupos que utilizam esta nova técnica. Além disso, o estudo de polimorfismos no genoma também poderá ser gradualmente substituído pelo sequenciamento de nova geração, principalmente com a abordagem de prévia captura de regiões de interesse seguida de sequenciamento. Entretanto, a abordagem de microarranjos de CGH, que permite a medida direta da abundância relativa de determinadas regiões no genoma, deverá permanecer por um longo tempo como a técnica preferencial para esse tipo de estudo.

Considerando o custo-benefício das abordagens, os microarranjos devem permanecer como a técnica de escolha para uma série de grupos. O desafio das empresas é desenvolver microarranjos que atendam às necessidades de seus clientes, barateando ainda mais o custo, simplificando as ferramentas de análise de dados e o tempo de processamento. Este será um grande diferencial e definirá o futuro da técnica no meio científico, tanto na pesquisa básica quanto na clínica.

REFERÊNCIAS

1. Marmur J, Doty P. Thermal renaturation of deoxyribonucleic acids. J Mol Biol. 1961;3:585-94.

2. Watson JD, Crick FH. Molecular structure of nucleic acids; a structure for deoxyribose nucleic acid. Nature. 1953;171(4356):737-8.

3. Pardue ML, Gall JG. Molecular hybridization of radioactive DNA to the DNA of cytological preparations. Proc Natl Acad Sci USA. 1969;64(2):600-4.

4. Jones KW, Robertson FW. Localisation of reiterated nucleotide sequences in Drosophila and mouse by in situ hybridisation of complementary RNA. Chromosoma. 1970;31(3):331-45.

5. Grunstein M, Hogness DS. Colony hybridization: a method for the isolation of cloned DNAs that contain a specific gene. Proc Natl Acad Sci USA. 1975;72(10):3961-5.

6. Kafatos FC, Jones CW, Efstratiadis A. Determination of nucleic acid sequence homologies and relative concentrations by a dot hybridization procedure. Nucleic Acids Res. 1979;7(6):1541-52.

7. Hoheisel JD, Ross MT, Zehetner G, Lehrach H. Relational genome analysis using reference libraries and hybridisation fingerprinting. J Biotechnol. 1994;35(2-3):121-34.

8. Ried T, Landes G, Dackowski W, Klinger K, Ward DC. Multicolor fluorescence in situ hybridization for the simultaneous detection of probe sets for chromosomes 13, 18, 21, X and Y in uncultured amniotic fluid cells. Hum Mol Genet. 1992;1(5):307-13.

9. Baldini A, Ward DC. In situ hybridization banding of human chromosomes with Alu-PCR products: a simultaneous karyotype for gene mapping studies. Genomics. 1991;9(4):770-4.

10. Corby NS, Kenner, G. W. and Todd, A. R. Nucleotides Part XVI. Ribonucleoside-5´-phosphites. A new method for the preparation of mixed secondary phosphites. Journal of Chemical Society. 1952:6.

11. Khorana HG. Polynucleotide synthesis and the genetic code. Harvey lectures. 1966;62:79-105.

12. Saiki RK, Walsh PS, Levenson CH, Erlich HA. Genetic analysis of amplified DNA with immobilized sequence-specific oligonucleotide probes. Proc Natl Acad Sci USA. 1989;86(16):6230-4.

13. Maskos U, Southern EM. A novel method for the parallel analysis of multiple mutations in multiple samples. Nucleic Acids Res. 1993;21(9):2269-70.

14. Maskos U, Southern EM. A novel method for the analysis of multiple sequence variants by hybridisation to oligonucleotides. Nucleic Acids Res. 1993;21(9):2267-8.

15. Southern EM. Detection of specific sequences among DNA fragments separated by gel electrophoresis. J Mol Biol. 1975;98(3):503-17.

16. Guo Z, Guilfoyle RA, Thiel AJ, Wang R, Smith LM. Direct fluorescence analysis of genetic polymorphisms by hybridization with oligonucleotide arrays on glass supports. Nucleic Acids Res. 1994;22(24):5456-65.

17. Schena M, Shalon D, Davis RW, Brown PO. Quantitative monitoring of gene expression patterns with a complementary DNA microarray. Science. 1995;270(5235):467-70.

18. Shalon D, Smith SJ, Brown PO. A DNA microarray system for analyzing complex DNA samples using two-color fluorescent probe hybridization. Genome Res. 1996;6(7):639-45.

19. Modrek B, Lee C. A genomic view of alternative splicing. Nat Genet. 2002;30(1):13-9.

20. Wang ET, Sandberg R, Luo S, Khrebtukova I, Zhang L, Mayr C, et al. Alternative isoform regulation in human tissue transcriptomes. Nature. 2008;456(7221):470-6.

21. Lee C, Roy M. Analysis of alternative splicing with microarrays: successes and challenges. Genome Biol. 2004;5(7):231.

22. Yazaki J, Gregory BD, Ecker JR. Mapping the genome landscape using tiling array technology. Current opinion in plant biology. 2007;10(5):534-42.

23. Birney E, Stamatoyannopoulos JA, Dutta A, Guigo R, Gingeras TR, Margulies EH, et al. Identification and analysis of functional elements in 1% of the human genome by the ENCODE pilot project. Nature. 2007;447(7146):799-816.

24. Yan PS, Potter D, Deatherage DE, Huang TH, Lin S. Differential methylation hybridization: profiling DNA methylation with a high-density CpG island microarray. Methods Mol Biol. 2009;507:89-106.

25. Buck MJ, Lieb JD. ChIP-chip: considerations for the design, analysis, and application of genome-wide chromatin immunoprecipitation experiments. Genomics. 2004;83(3):349-60.

26. Freeman JL, Perry GH, Feuk L, Redon R, McCarroll SA, Altshuler DM, et al. Copy number variation: new insights in genome diversity. Genome Res. 2006;16(8):949-61.

27. Heidenblad M, Lindgren D, Jonson T, Liedberg F, Veerla S, Chebil G, et al. Tiling resolution array CGH and high density expression profiling of urothelial carcinomas delineate genomic amplicons and candidate target genes specific for advanced tumors. BMC medical genomics. 2008;1:3.

28. Kruglyak L, Nickerson DA. Variation is the spice of life. Nat Genet. 2001;27(3):234-6.

29. Tseng GC, Oh MK, Rohlin L, Liao JC, Wong WH. Issues in cDNA microarray analysis: quality filtering, channel normalization, models of variations and assessment of gene effects. Nucleic Acids Res. 2001;29(12):2549-57.

30. Churchill GA. Fundamentals of experimental design for cDNA microarrays. Nat Genet. 2002;32 Suppl:490-5.

31. Pawitan Y, Michiels S, Koscielny S, Gusnanto A, Ploner A. False discovery rate, sensitivity and sample size for microarray studies. Bioinformatics. 2005;21(13):3017-24.

32. Lander ES. Array of hope. Nat Genet. 1999;21(1 Suppl):3-4.

33. Wang E, Miller LD, Ohnmacht GA, Liu ET, Marincola FM. High-fidelity mRNA amplification for gene profiling. Nat Biotechnol. 2000;18(4):457-9.

34. de Hoon MJ, Imoto S, Nolan J, Miyano S. Open source clustering software. Bioinformatics. 2004;20(9):1453-4.

35. Saldanha AJ. Java Treeview--extensible visualization of microarray data. Bioinformatics. 2004;20(17):3246-8.

36. Johnson WE, Li C, Rabinovic A. Adjusting batch effects in microarray expression data using empirical Bayes methods. Biostatistics. 2007;8(1):118-27.

37. Quackenbush J. Microarray data normalization and transformation. Nat Genet. 2002;32 Suppl:496-501.

38. Yang YH, Dudoit S, Luu P, Lin DM, Peng V, Ngai J, et al. Normalization for cDNA microarray data: a robust composite method addressing single and multiple slide systematic variation. Nucleic Acids Res. 2002;30(4):e15.

39. Ihaka R, R G. R: a language for data analysis and graphics. Journal of Computational and Graphical Statistics. 1996;5:15.

40. Venet D. MatArray: a Matlab toolbox for microarray data. Bioinformatics. 2003;19(5):659-60.

41. Bolstad BM, Irizarry RA, Astrand M, Speed TP. A comparison of normalization methods for high density oligonucleotide array data based on variance and bias. Bioinformatics. 2003;19(2):185-93.

42. Huber W, von Heydebreck A, Sultmann H, Poustka A, Vingron M. Variance stabilization applied to microarray data calibration and to the quantification of differential expression. Bioinformatics. 2002;18 Suppl 1:S96-104.

43. Tusher VG, Tibshirani R, Chu G. Significance analysis of microarrays applied to the ionizing radiation response. Proc Natl Acad Sci USA. 2001;98(9):5116-21.

44. Kerr MK, Martin M, Churchill GA. Analysis of variance for gene expression microarray data. J Comput Biol. 2000;7(6):819-37.

45. Benjamini Y, Hochberg Y. Controlling the False Discovery Rate: a Practical and Powerful Approach to Multiple Testing. Journal of the Royal Statistical Society Series B. 1995;57:11.

46. Holm S. A Simple Sequentially Rejective Bonferroni Test Procedure. Scandinavian Journal of Statistics. 1979;6:5.

47. Gentleman RC, Carey VJ, Bates DM, Bolstad B, Dettling M, Dudoit S, et al. Bioconductor: open software development for computational biology and bioinformatics. Genome Biol. 2004;5(10):R80.

48. Alizadeh AA, Eisen MB, Davis RE, Ma C, Lossos IS, Rosenwald A, et al. Distinct types of diffuse large B-cell lymphoma identified by gene expression profiling. Nature. 2000;403(6769):503-11.

49. Lapointe J, Li C, Higgins JP, van de Rijn M, Bair E, Montgomery K, et al. Gene expression profiling identifies clinically relevant subtypes of prostate cancer. Proc Natl Acad Sci USA. 2004;101(3):811-6.

50. Chen G, Jaradat, S. A., Banerjee, N., Tanaka, T. S., Ko, M.S.H. and Zhang, M.Q. Evaluation and comparison of clustering algorithms in anglyzing ES cell gene expression data Statistica Sinica. 2002;12:21.

51. Belacel N, Wang Q, Cuperlovic-Culf M. Clustering methods for microarray gene expression data. Omics : a journal of integrative biology. 2006;10(4):507-31.

52. Tamayo P, Slonim D, Mesirov J, Zhu Q, Kitareewan S, Dmitrovsky E, et al. Interpreting patterns of gene expression with self-organizing maps: methods and application to hematopoietic differentiation. Proc Natl Acad Sci USA. 1999;96(6):2907-12.

53. Carbon S, Ireland A, Mungall CJ, Shu S, Marshall B, Lewis S, et al. AmiGO: online access to ontology and annotation data. Bioinformatics. 2009;25(2):288-9.

54. Miller MB, Tang YW. Basic concepts of microarrays and potential applications in clinical microbiology. Clinical microbiology reviews. 2009;22(4):611-33.

55. Oliveira KC, Carvalho ML, Maracaja-Coutinho V, Kitajima JP, Verjovski-Almeida S. Non-coding RNAs in schistosomes: an unexplored world. An Acad Bras Cienc. 2011;83(2):673-94.

56. Nakaya HI, Amaral PP, Louro R, Lopes A, Fachel AA, Moreira YB, et al. Genome mapping and expression analyses of human intronic noncoding RNAs reveal tissue-specific patterns and enrichment in genes related to regulation of transcription. Genome Biol. 2007;8(3):R43.

57. Oliveira KC, Carvalho ML, Venancio TM, Miyasato PA, Kawano T, DeMarco R, et al. Identification of the Schistosoma mansoni TNF-alpha receptor gene and the effect of human TNF-alpha on the parasite gene expression profile. PLoS neglected tropical diseases. 2009;3(12):e556.

58. DeMarco R, Oliveira KC, Venancio TM, Verjovski-Almeida S. Gender biased differential alternative splicing patterns of the transcriptional cofactor CA150 gene in Schistosoma mansoni. Mol Biochem Parasitol. 2006;150(2):123-31.

59. Oliveira KC, Carvalho ML, Verjovski-Almeida S, Loverde PT. Effect of human TGF-beta on the gene expression profile of Schistosoma mansoni adult worms. Mol Biochem Parasitol. 2012;183(2):132-9.

10

MAPEAMENTO DE GENOMAS BACTERIANOS: SEQUENCIAMENTO E ANÁLISE FUNCIONAL

Renan F. Domingos
Gabriela H. Siqueira
Luis G. Fernandes
Aline R. F. Teixeira
Lucas P. Silva
Maria R. Cosate
Monica L. Vieira
Ana L. T. O. Nascimento

10.1 INTRODUÇÃO

Doenças infecciosas representam um grande problema para a saúde pública, sobretudo em países em desenvolvimento. A prevenção dessas doenças por meio de medidas profiláticas representa a melhor estratégia de intervenção. Entre os avanços nas condições de saneamento básico, educação, higiene e o uso de antimicrobianos, o maior impacto na melhoria das condições da saúde humana deve-se à vacinação. Doenças infecciosas que não dispõem de vacinas, doenças emergentes causadas por cepas resistentes a antimicrobianos ou surgimento de novos patógenos demandam o desenvolvimento de novas estratégias vacinais de custo efetivo.

Com os avanços das técnicas de DNA recombinante e sequenciamento, o antigo Instituto de Pesquisas Genômicas, TIGR – Institute for Genomic Research, em 1995, sequenciou o primeiro genoma completo de um organismo de vida livre, *Haemophilus influenza*[1]. A este, seguiram-se outros sequenciamentos completos de genoma, como o do patógeno causador da úlcera péptica, *Helicobacter pylori*[2] e o da espiroqueta causadora da doença de Lyme, *Borrelia burgdorferi*[3]. A era genômica havia iniciado, e, com ela, o desenvolvimento de ferramentas de bioinformática necessárias para auxiliar no entendimento do grande montante de dados gerados nesses projetos. A evolução na tecnologia promoveu uma grande melhora e rapidez dos sequenciadores de DNA, diminuindo drasticamente o seu custo. Este fato propiciou o início do sequenciamento em larga escala, ou pangenômica. Atualmente, temos um total de 10.991 organismos sequenciados, com genoma completo ou não, entre procariotos, eucariotos e vírus, cujas sequências encontram-se disponíveis em bancos de dados públicos*.

A revolução genômica teve um grande impacto no campo da microbiologia. O genoma completo, com suas sequências codificadoras de proteínas anotadas, oferecido por meio de servidores públicos na *web,* representa o potencial "proteômico" do organismo, fundamental para o seu entendimento. A investigação da regulação gênica, expressão de proteína e sua função deram início à era pós-genômica, ou era *omics*, em que a genômica funcional, que inclui a transcriptômica, a proteômica e a vacinologia reversa (VR), tiveram papel fundamental (Figura 10.1).

10.2 GENOMAS, PATOGÊNESE E VACINAS

O sequenciamento completo do genoma da *Neisseria meningitidis* sorogrupo B, principal agente etiológico da septicemia bacteriana e da meningite meningocócica[4], seguido da publicação que identificava candidatos vacinais a partir das sequências genômicas do meningococo sorogrupo B[5], representou um marco da genômica funcional aplicada ao desenvolvimento de vacinas. Outros patógenos importantes, tais como *Bacillus anthracis*[6], *Streptococcus pneumoniae*[7], *Staphylococcus aureus*[8,9],

---

* Ver: <http://www.ncbi.nlm.nih.gov/genome/browse/>.

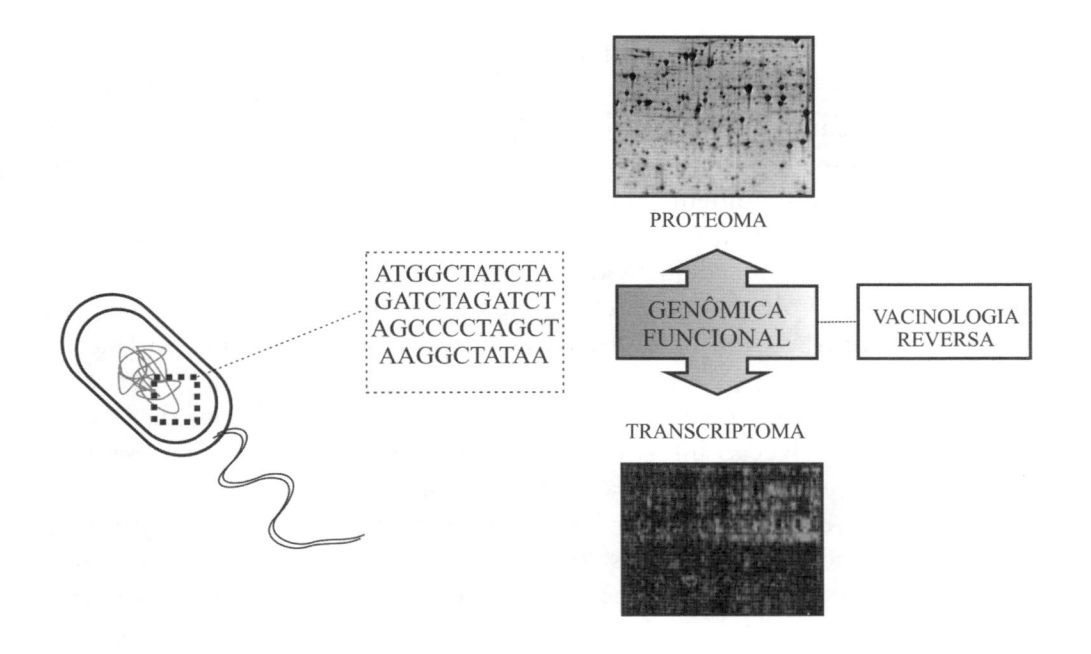

Figura 10.1 Esquema das abordagens experimentais utilizando sequências genômicas. Proteoma é o conjunto de proteínas expressas em uma célula ou tecido em determinadas situações. Transcriptoma é o conjunto completo de RNAs presente em uma célula ou tecido em determinadas situações. Vacinologia reversa é uma tecnologia moderna aplicada à produção de vacinas, cujo objetivo principal é a identificação de alvos vacinais a partir das sequências genômicas de dado organismo.

Chlamydia pneumoniae[10], *Porphyromonas gingivalis*[11], *Edwardsiella tarda*[12], *Mycobacterium tuberculosis*[13], *Leptospira interrogans*[14] e *Escherichia coli* uropatogênica[15] seguiram a abordagem de explorar sequências genômicas na busca de candidatos vacinais. Essa metodologia, denominada de "vacinologia reversa" (VR) por Rappuoli[16,17] teve grande impacto no desenvolvimento de vacinas e na identificação de proteínas envolvidas na patogênese de micro-organismos importantes. O primeiro patógeno ao qual a VR foi aplicada foi a *N. meningitidis* sorogrupo B (MenB)[5], para a qual não existe uma vacina protetora de amplo espectro. Este fato deve-se à presença de um polissacarídeo capsular muito semelhante a um antígeno de humanos (*self-antigen*) e à grande variabilidade de seus antígenos proteicos de superfície. A VR aplicada a MenB identificou três componentes proteicos empregados na formulação de uma vacina. São eles: antígeno de *Neisseria* que se liga a heparina (do inglês *neisserial heparin-binding antigen* – NHBA), uma proteína que se liga ao fator H (do inglês *factor H-binding protein* – fHbp) e a adesina A de *Neisseria* (do inglês *neisserial adhesin A* – NadA)[18]. Esses três componentes parecem ter papel importante na virulência da MenB[19-22]. Analisando as características/funções desses antígenos, fica claro que a VR associada à bioinformática, enquanto seleciona antígenos candidatos vacinais, auxilia no entendimento da patogênese do organismo.

Semelhante ao ocorrido com a *N. meningitidis,* para a qual diversos fatores de virulência foram identificados, outros organismos importantes tiveram proteínas envolvidas na patogenicidade encontradas durante a busca de alvos vacinais[18]. Com *Streptococcus* grupo A e B, formado por bactérias causadoras de sépsis e pneumonia, foram identificados antígenos com papel na adesão, colonização e formação de biofilme[23-25]. No caso da *E. coli*, responsável por infecção intestinal e extraintestinal (trato urinário, sépsis), antígenos de membrana externa, também com função na adesão e colonização, foram caracterizados[26,27]. Patógenos como *S. aureus*, causador de pneumonia e endocardite[28], *Clostridium difficile,* responsável pela diarreia nosocomial[29], e *Chlamydia trachomatis*, causador da gravidez ectópica e infertilidade[30], tiveram processo similar, com diversos antígenos/fatores de virulência envolvidos na motilidade, esporulação e interação patógeno-hospedeiro identificados.

10.3 VACINOLOGIA REVERSA VERSUS ESTRATÉGIA CONVENCIONAL NO DESENVOLVIMENTO DE VACINAS BACTERIANAS

A VR aplicada às sequências genômicas da *N. meningitidis* selecionou, por meio de ferramentas de bioinformática, novas proteínas que seriam potencialmente localizadas na superfície da bactéria ou exportadas à membrana. Seguiu-se uma clonagem em larga escala na qual os "genes candidatos" foram amplificados pela reação em cadeia da polimerase (do inglês *polymerase chain reaction* – PCR), clonados e as proteínas, expressas. As proteínas obtidas foram empregadas para imunizar animais, e os antissoros obtidos, utilizados para diversos testes, incluindo teste bactericida[5]. Essa abordagem mostrou importantes vantagens sobre a metodologia convencional clássica, que requer o cultivo do micro-organismo, obtenção do sedimento bacteriano, lise, purificação de proteínas ou inativação do organismo, testes de imunogenicidade em modelo animal e ensaios de desafio ou bactericida, antes da seleção do antígeno candidato vacinal e do início dos testes clínicos. Um esquema comparativo entre as duas abordagens está apresentado na Figura 10.2.

Na VR, a bioinformática permite a identificação de proteínas, incluindo aquelas que são expressas em baixa quantidade ou mesmo mascaradas por outro antígeno imunodominante. Essa metodologia também permite selecionar antígenos de patógenos de difícil cultivo em laboratório. O que se busca é a identificação de genes que potencialmente codificam fatores de virulência, proteínas secretadas ou associadas à membrana. Programas públicos disponíveis em servidores da *web* utilizam algoritmos específicos para a identificação de novas proteínas de superfície, que, devido à localização, são potencialmente capazes de mediar resposta imune no hospedeiro.

10.4 *MICROARRAY* OU MICROARRANJO

Microarray ou técnica de microarranjo busca medir os níveis de expressão de transcritos em larga escala. O microarranjo de DNA consiste na imobilização de moléculas de DNA, geralmente obtidas por PCR, a uma superfície sólida (*chip*). Os *chips* de DNA são utilizados para definir quais dos genes imobilizados estão transcricionalmente ativos em uma população celular em determinado momento. Para isso, o RNA dessas células é extraído e é sintetizado o cDNA (fita de DNA complementar à fita de RNA). Este último é marcado com fluoróforos e, finalmente, hibridizado com os fragmentos de DNA previamente imobilizados na superfície do *chip*. A partir de um detector de fluorescência, os sinais emitidos por cada ponto quando há excitação por *laser* são medidos para quantificar a transcrição dos genes-alvos imobilizados. A metodologia de microarranjos está esquematizada na Figura 10.3.

Chips de DNA carregando genomas bacterianos completos podem ser preparados, permitindo a análise da expressão de todo o repertório gênico. É uma ferramenta poderosa para a avaliação de genes diferencialmente expressos em resposta a estímulos e condições diversas. Grifantini e colaboradores[31], em 2002, foram os pioneiros na aplicação da transcriptômica para a identificação de candidatos vacinais, usando como modelo a *N. meningitidis*. Após a interação da bactéria com células humanas epiteliais, os RNAs isolados serviram como base para a identificação de genes bacterianos com expressão diferencial durante essa interação. Foram capazes de reconhecer 347 genes com expressão diferencial, sendo que 189 sofreram regulação positiva. Destes, 40% codificam para proteínas de membrana, sugerindo que o contato com as células epiteliais promoveu uma substancial

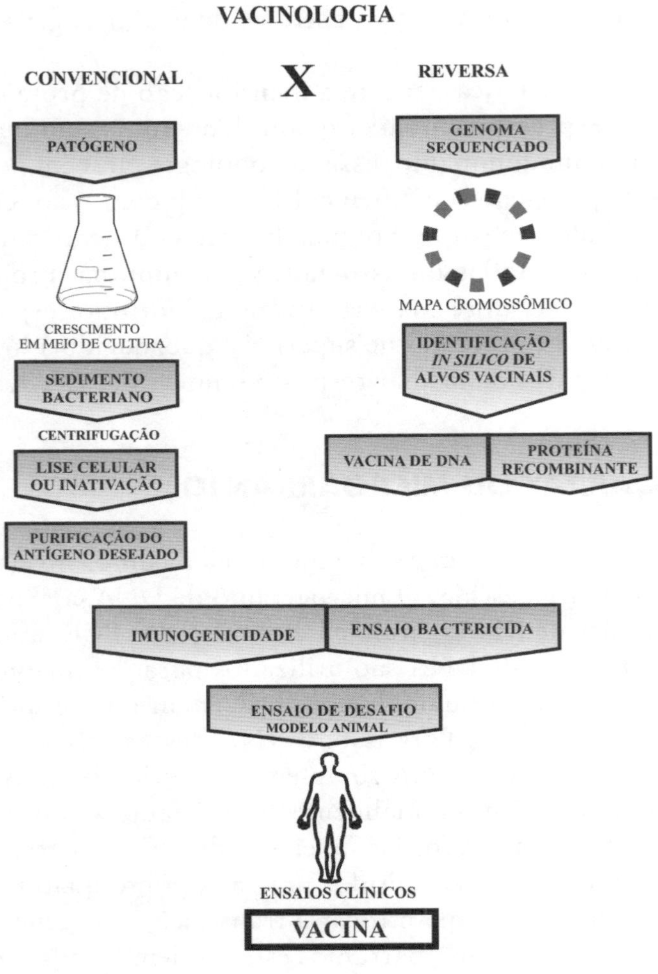

Figura 10.2 Representação esquemática comparando as metodologias convencional e vacinologia reversa (VR) para a obtenção de vacinas bacterianas. Na metodologia convencional, o patógeno de interesse é semeado em meio de cultura apropriado, e as células recuperadas via centrifugação. O sedimento celular é inativado, lisado, e o sobrenadante, no qual se encontram as proteínas, submetido a purificação por diversos processos de cromatografia para obtenção de proteínas purificadas. O processo de cromatografia selecionado vai depender das características da proteína em questão. Na vacinologia reversa o organismo é obtido de modo semelhante ao da metodologia convencional, e após a lise bacteriana o DNA genômico é extraído e submetido a técnica de sequenciamento. Na sequência de DNA os genes são identificados e selecionados de acordo com sua localização na célula por programas de bioinformática. Genes que codificam proteínas de membrana e de superfície são selecionados para clonagem e expressão da proteína. Proteínas obtidas por ambas as metodologias são analisadas quanto à imunogenicidade *in vitro* ou *in vivo*, em modelo animal. Vantagens da VR em relação ao método convencional: (i) identificação de proteínas expressas em quantidades muito pequenas, portanto, de difícil obtenção; (ii) não há necessidade de cultivar o organismo para investigação de novas proteínas.

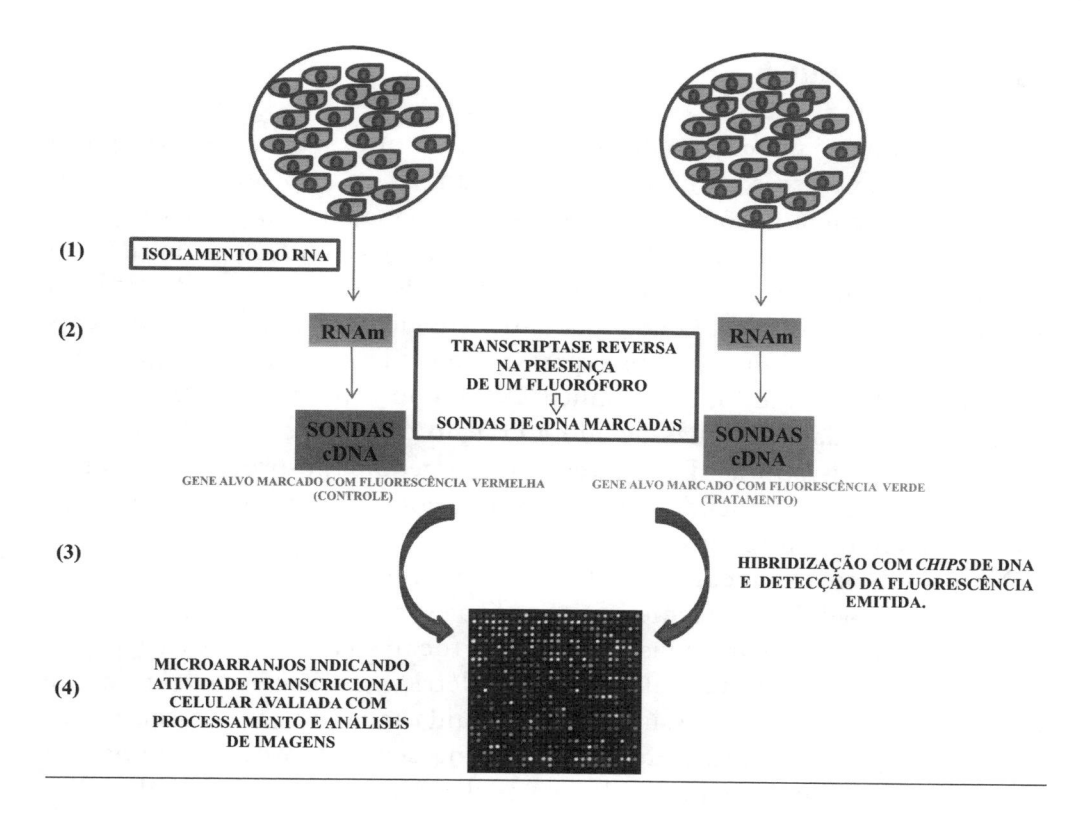

Figura 10.3 Esquema da metodologia de microarranjo com cDNA. (1) Isolamento do RNA de células-alvos do estudo; (2) a partir das amostras de RNA extraídas de diferentes tecidos é realizada a técnica de transcriptase reversa na presença de um fluoróforo produzindo as sondas de cDNA marcadas com fluorescência; (3) hibridização com *chips* de DNA e medição da fluorescência; (4) avaliação da atividade transcricional celular mediante realização de processamento e análises de imagem.

reorganização da membrana. Dentre as proteínas de membrana estimuladas por adesão, o grupo identificou cinco proteínas que foram capazes de induzir anticorpos bactericidas em camundongos, sendo promissores candidatos vacinais. O trabalho mostrou que o microarranjo é uma técnica válida para a identificação de candidatos vacinais. No entanto, a técnica tem algumas limitações, já que não há, na maioria dos casos, correlação direta entre mRNA e o nível de expressão proteica, e esta metodologia não considera eventos regulatórios pós-transcricionais.

10.5 PROTEÔMICA

A proteômica é um campo de estudo que se propõe a analisar o conjunto de proteínas expressas numa célula ou tecido, isto é, o proteoma. A elucidação da sequência genômica de um organismo é apenas o primeiro passo para entender sua biologia. A genômica prediz os quadros de leitura ou proteínas codificadas pelas sequências gênicas, denotando o estado estático de informações herdadas. O genoma não é suficiente para identificar quais proteínas estão sendo realmente expressas na célula em um dado momento e condição. Desse modo, a genômica alavancou a proteômica e facilitou a identificação das proteínas devido à criação de bancos de dados com as sequências codificadoras. Diferentemente do genoma, o proteoma é extremamente dinâmico, podendo ser afetado por condições ambientais, temporais, nutricionais, entre outras[32].

Na proteômica, a técnica de eletroforese bidimensional (2DE)[33,34] tem importante papel. Nessa técnica, as proteínas são submetidas a duas etapas de separação: a primeira consiste em uma focalização isoelétrica na qual as proteínas são separadas pela sua carga elétrica; as proteínas migram até atingirem o pH em que possuam carga líquida igual a zero – o seu ponto isoelétrico (pI). A segunda etapa consiste na separação das proteínas de acordo com suas massas moleculares em eletroforese em gel de poliacrilamida (do inglês *sodium dodecyl sulfate polyacrylamide gel electrophoresis* – SDS-PAGE). A separação 2DE atinge alto nível de resolução e permite a análise e visualização concomitante de centenas ou milhares de proteínas. A Figura 10.4A ilustra a técnica da focalização isoelétrica (primeira dimensão), seguida da separação pela massa molecular (segunda dimensão); a Figura 10.4B mostra uma eletroforese bidimensional (2D) obtida experimentalmente, após coloração das manchas (do inglês *spots*) proteicos com prata.

Associada à técnica de 2DE, várias aplicações da espectrometria de massas (do inglês *mass spectroscopy* – MS) desenvolveram-se extensivamente e emergiram como técnicas analíticas suficientemente sensíveis e compatíveis com as exigências da análise proteica em larga escala. A proteômica aplicada à microbiologia médica propiciou a caracterização de proteomas microbianos, estudo de mecanismos patogênicos de doenças infecciosas, identificação de novos alvos terapêuticos, análises de resistência a drogas, busca de novos marcadores moleculares e desenvolvimento vacinal. Em adição, a combinação da proteômica com análises sorológicas é uma técnica útil para a identificação de candidatos vacinais. O "imunoma" permite a identificação em

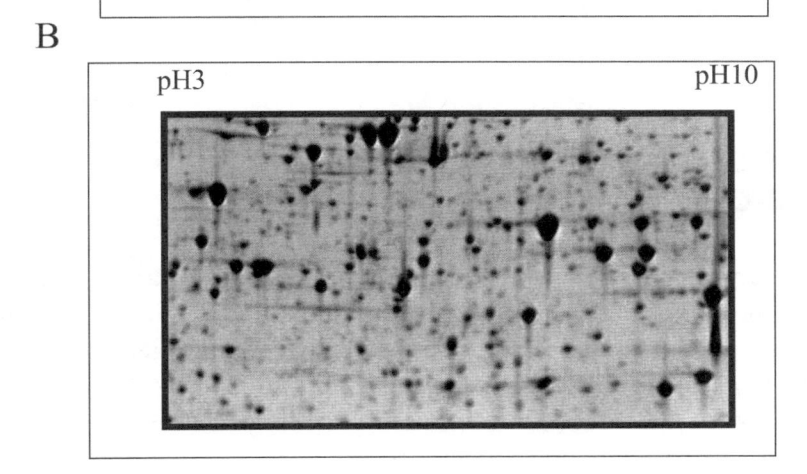

Figura 10.4 Representação esquemática da técnica de eletroforese bidimensional (2DE). Após a solubilização das proteínas expressas na célula ou tecidos, esta amostra complexa é submetida a duas etapas de separação. (A) A primeira separação consiste em uma focalização isoelétrica, onde as proteínas são separadas de acordo com seu ponto isoelétrico. A segunda etapa separa as proteínas de acordo com suas massas moleculares em SDS-PAGE. (B) Após coloração do gel com um corante adequado, um mapa de pontos (*spots*) é visualizado. A análise desses *spots* é realizada por programas de computador.

larga escala dos antígenos expostos na membrana, por exemplo, durante a infecção, que são reconhecidos por anticorpos dos hospedeiros. Essa abordagem foi utilizada para a identificação de candidatos vacinais contra *S. aureus*, quando proteínas de membrana foram resolvidas por 2DE, transferidas para membranas e incubadas com soros de pacientes infectados com a bactéria, identificando uma série de proteínas altamente imunorreativas e quinze candidatos vacinais em potencial[9]. Análises sorológicas do proteoma foram utilizadas para identificar proteínas imunorreativas de *B. Anthracis*[35], *S. pneumoniae*[36], *S. iniae*[37], *M. tuberculosis*[38], *Haemophilus parasuis*[39], *Vibrio parahaemolyticus*[40], *Rickettsia heilongjiangensis*[41], entre outros.

Na era pós-genômica, as três principais estratégias descritas foram empregadas nos estudos com diversos patógenos importantes, buscando antígenos candidatos para desenvolvimento de vacinas[42]. Estudos com a *N. meningitidis* sorogrupo B utilizaram a genômica, microarranjos e proteômica[4,5,31,43-45], enquanto para a bactéria *S. pneumoniae*, a VR comparativa, proteômica e a metodologia clássica foram empregadas[7,46-48]. Para outros organismos, como *B. anthracis*, *S. aureus*, *M. tuberculosis*, *H. pylori*, foram empregadas a VR, imunoproteômica e proteoma de proteínas de superfície, para a identificação de antígenos vacinais[6,9,13,49-58]. O desenvolvimento de vacinas com esses organismos encontra-se em diferentes fases de desenvolvimento, indo desde a fase de identificação, testes pré-clínicos e clínicos à obtenção de registro[59].

10.6 SEQUENCIAMENTO DO GENOMA COMPLETO DA BACTÉRIA *L. INTERROGANS*

A leptospirose é uma zoonose de importância global, que nos últimos dez anos vem sendo considerada uma das principais doenças infecciosas emergentes. É causada por um grupo de bactérias patogênicas pertencentes à família *Leptospiraceae*, gênero *Leptospira*.

A incidência de infecções humanas ocorre, principalmente, em países tropicais e subtropicais onde as condições para a transmissão são particularmente favoráveis. A contaminação ocorre por meio da exposição direta ou indireta via solo ou água contaminados com urina de mamíferos infectados cronicamente. Em áreas urbanas, os roedores domésticos, em particular o *Rattus norvegicus*, desempenham o papel de principal reservatório da doença, por permitirem a colonização das leptospiras nos túbulos renais proximais e as excretarem vivas através da urina. Em países desenvolvidos, é tida como doença recreacional e ocupacional, pois está associada a atividades de lazer e de profissionais que trabalham em serviços de água e esgoto, canaviais, arrozais, coleta de lixo, trato de animais, entre outras.

A leptospirose também tem grande importância econômica devido às alterações causadas em animais infectados, como gado, ovelha etc., ocasionando diminuição drástica da produção de leite, alta incidência de abortos e morte precoce[60].

Os sintomas mais frequentes associados à doença variam desde uma infecção subclínica caracterizada por febre, calafrio, dores de cabeça e muscular, podendo até evoluir para formas mais severas, como a síndrome de Weil[61] e a síndrome hemorrágica pulmonar (do inglês *severe pulmonary hemorrhagic syndrome* – SPHS)[62]. As formas severas são responsáveis por cerca de 10% a 50% dos casos de mortalidade por leptospirose, principalmente em adultos entre 30 e 40 anos.

O tratamento com antibiótico é diferenciado dependendo da severidade da doença e duração dos sintomas, tornando-se efetivo quando iniciado na primeira semana de infecção. Devido à ausência de um diagnóstico precoce da doença, grande parte dos pacientes, quando diagnosticados, já apresentam suas manifestações severas, fase em que o tratamento atua apenas na redução da carga bacteriana, não revertendo as alterações patológicas estabelecidas. Dentre os antibióticos recomendados, estão ampicilina e amoxicilina, em casos nos quais não há relato de complicações severas; penicilina G, para casos graves; e doxiciclina, tanto para profilaxia como para a doença branda, além da tetraciclina[60].

Na maioria dos casos, o diagnóstico laboratorial para leptospirose é feito por sorologia por meio do teste de microaglutinação (MAT)[60]. Embora esse método apresente inúmeras desvantagens, tais como baixa sensibilidade na detecção da fase inicial da doença, cultivo em laboratório de diferentes sorovares e difícil interpretação de resultados devido à reatividade cruzada, o teste é considerado "padrão-ouro" para a detecção de anticorpos nas amostras de soros de pacientes. É também considerado, até o presente momento, o teste mais apropriado para levantamentos epidemiológicos, além de ser o mais sensível e específico quando comparado com testes alternativos de diagnóstico sorológico[60,63].

Acredita-se que a melhor estratégia para combater a doença seja a adoção de medidas preventivas. O desenvolvimento de uma vacina é extremamente importante, dada a dificuldade de controlar roedores que são os principais disseminadores urbanos da doença. As primeiras vacinas testadas em animais e humanos, denominadas de bacterinas, são constituídas basicamente por uma suspensão de leptospiras inativadas por uma variedade de métodos, tais como aquecimento, formalina, fenol, irradiação, entre outros e, geralmente, causam efeitos adversos[60]. Na tentativa de minimizar essas reações, novas preparações, incluindo meio de cultura livre de proteínas, frações subcelulares ou preparações de membrana, demonstraram ser capazes de conferir uma resposta protetora por meio da indução de anticorpos contra lipopolissacarídeos (LPS) de leptospira[64]. Entretanto, essas vacinas apresentam algumas desvantagens, tais como: (i) proteção de curta duração, (ii) não indução de imunidade cruzada com outros sorovares não incluídos na preparação e (iii) a possível indução de autoimunidade[65].

Apesar das leptospiras terem sido identificadas há cem anos[60], pouco se sabe sobre os mecanismos de invasão, patogenicidade e infecção deste organismo. Atualmente, temos dez genomas completos de leptospiras sequenciados: duas cepas de *L. interrogans* sorovar Lai, isolados 56601 e IPAV[66,67], *L. interrogans* sorovar Copenhageni cepa Fiocruz L1-130[68,69], duas cepas de *L. borgpetersenii* sorovar Hardjo, L550 e JB197[70], *L. santarosai* sorovar Shermani cepa LT821[71], duas cepas de *L. licerasiae*, VAR010 e MMD0835[72] e duas cepas saprófitas, *L. biflexa*, Paris e Ames[73]. Dois cromossomas circulares caracterizam o genoma das leptospiras patogênicas, com tamanho variando de 3,9 a 4,6 Mb. O genoma da *L. interrogans* sorovar Copenhageni forneceu novas perspectivas sobre a fisiologia relacionada ao metabolismo energético, tolerância a oxigênio, sistemas de transdução de sinal e mecanismos de patogenicidade. Adicionalmente, mais de duzentos genes que codificam para lipoproteínas e proteínas de membrana externa foram identificados, considerados candidatos potenciais para o desenvolvimento de vacina contra a leptospirose.

A genômica comparativa entre as espécies patogênicas e saprófitas identificou genes únicos que podem ter papel na virulência. Em adição, genes hipotéticos ou hipotéticos conservados de função desconhecida parecem ser abundantes nas espécies patogênicas. O sequenciamento de genomas de leptospiras levou a um aumento significativo de publicações com diversos focos, aumentando o entendimento da biologia desta bactéria.

10.7 VACINOLOGIA REVERSA APLICADA AO GENOMA DA *L. INTERROGANS*

Com a disponibilidade das sequências genômicas de *Leptospira*, deu-se início a um projeto piloto funcional em larga escala. Este piloto empregou a estratégia da VR, selecionando as sequências codificadoras por meio do programa PSORT[*74] em proteínas expressas na membrana externa da bactéria e as não expostas. O programa PSORT identificou 2 mil sequências codificadoras como proteínas de superfície. O piloto funcional, com base em outros algoritmos, selecionou 437 proteínas, clonou 357 genes e 151 proteínas recombinantes foram expressas no sistema hospedeiro *E. coli*. Foi possível sondar cem destas proteínas com soro de pacientes positivos para leptospirose, sendo que 23 foram imunorreativas[14]. O esquema resumindo a estratégia para a seleção das proteínas de membrana da bactéria *L. interrogans* sorovar Copenhageni durante o piloto funcional está mostrado na Figura 10.5.

O piloto funcional mostrou que a estratégia da VR aplicada a *Leptospira* era viável e nos incentivou a prosseguir. Nosso grupo focou em proteínas de membrana externa conservadas nas cepas patogênicas. São estas proteínas que, provavelmente, estão envolvidas na interação das leptospiras com o ambiente externo, podendo também servir de alvo para o sistema imune do hospedeiro. Dentre tais proteínas, a classe das lipoproteínas é uma das mais importantes, sendo de grande interesse para o desenvolvimento de novas vacinas e diagnóstico[75]. Foram estabelecidos alguns critérios para a seleção das sequências genômicas: ser de membrana externa, podendo ser ou não lipoproteína, ter peptídeo sinal de exportação à membrana, possuir ou não domínios conservados em fatores de virulência de outros patógenos, ser hipotética. O esquema da Figura 10.6 mostra os critérios de seleção adotados por nosso grupo de pesquisa.

O primeiro critério de seleção é a localização celular. Programas como PSORT[74] e CELLO[**76,77] fazem a predição da localização com base na sequência de aminoácidos da proteína. Estas predições têm como base: (i) inferência com base na homologia/similaridade da sequência em banco de dados, nos quais a localização das proteínas depositadas tenha sido experimentalmente investigada; (ii) ferramentas baseadas em sequências-sinal, cuja localização celular é conhecida. Selecionamos as proteínas com predição de localização na membrana externa, incluindo as lipoproteínas. As proteínas com predição de localização no citoplasma são descartadas. Em seguida, utilizamos a ferramenta de BLAST[***78,79], que verifica a presença ou ausência das proteínas no GenBank. No caso de haver similaridade com as sequências depositadas, podemos verificar quão conservadas são estas sequências em leptospiras e

---

*   Ver: <http://psort.hgc.jp/form.html>.
** Ver: <http://cello.life.nctu.edu.tw>.
*** Ver: <http://blast.ncbi.nlm.nih.gov/Blast.cgi>.

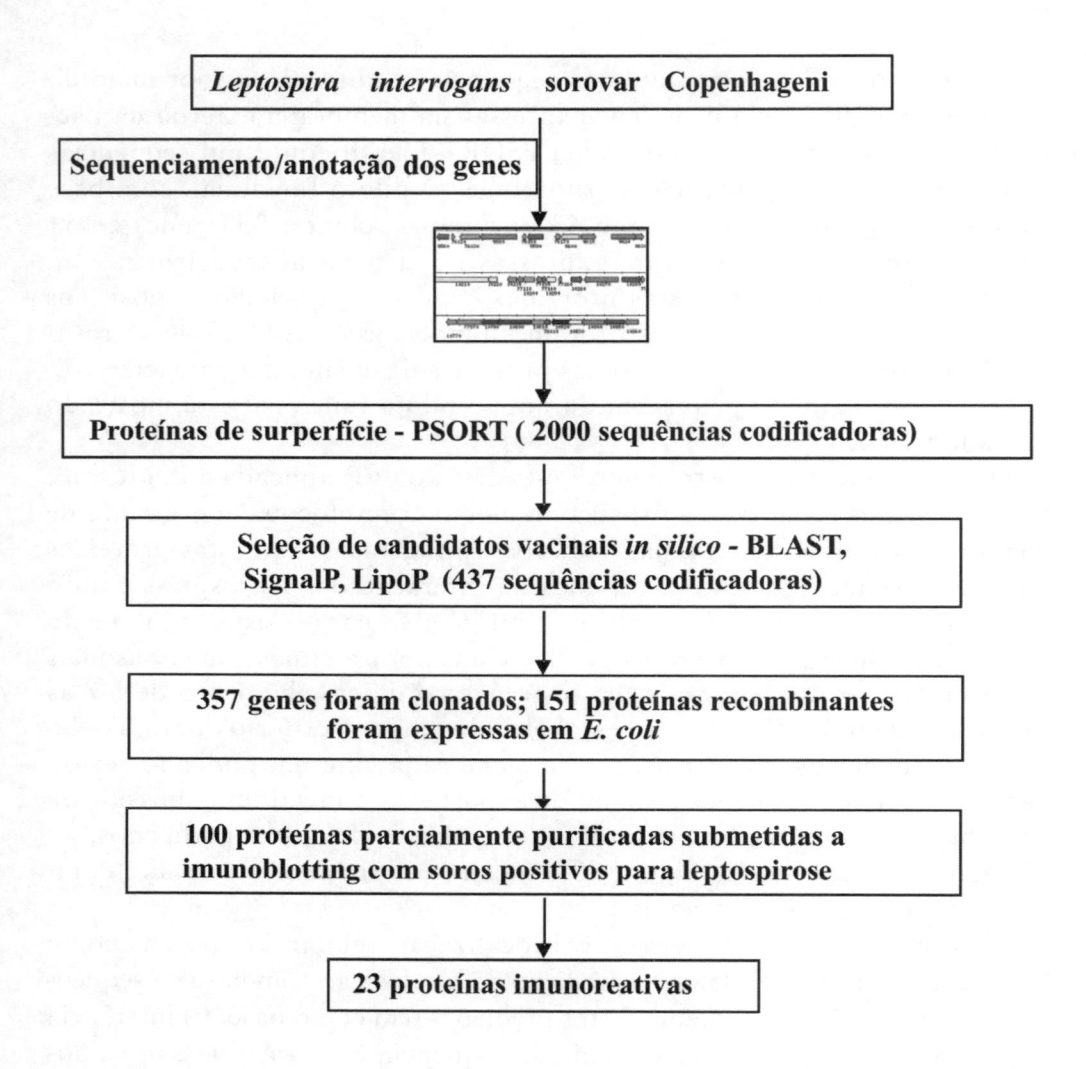

Figura 10.5 Desenho esquemático do Piloto Genoma Funcional de *L. interrogans* para a identificação de candidatos vacinais por vacinologia reversa.

em outros organismos. Caso a proteína não tenha sido identificada, ela é denominada hipotética, ou seja, é uma proteína nova. A presença de um peptídeo sinal de exportação ou exportação/lipidação, no caso de lipoproteínas, é analisada pelos programas SignalP[*80] e LipoP[**81], respectivamente. O primeiro algoritmo faz predição da presença de um peptídeo-sinal de

---

*   Ver: <http://www.cbs.dtu.dk/services/SignalP/>.
** Ver: <http://www.cbs.dtu.dk/services/LipoP/>.

clivagem e exportação SpI (peptidase sinal I), enquanto o segundo prediz, em adição ao SpI, o SpII (peptidase sinal II), que possui um sítio de clivagem e lipidação (do inglês *lipobox*). A presença de domínios conservados é analisada via programa PFAM[*82], também por similaridade de sequência; a presença de alguns domínios conservados pode sinalizar se a proteína selecionada estaria envolvida na patogênese, caso tal domínio esteja presente em proteínas caracterizadas com este papel.

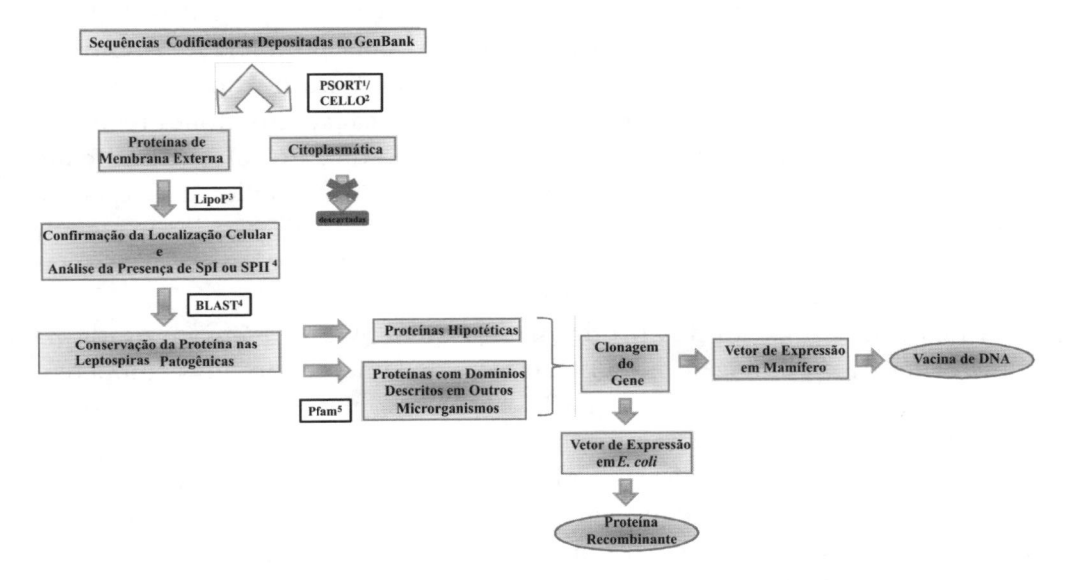

Figura 10.6 Critérios e programas de bioinformática adotados para a seleção de genes a serem clonados e proteínas recombinantes a serem caracterizadas. GenBank: http://www.ncbi.nlm.nih.gov; (1) PSORT: http://psort.hgc.jp/form.html; (2) CELLO: http://cello.life.nctu.edu.tw; (3) LipoP: http://www.cbs.dtu.dk/services/LipoP/; (4) BLAST: http://blast.ncbi.nlm.nih.gov/Blast.cgi; (5) PFAM: http://pfam.sanger.ac.uk.

10.8 CLONAGEM DOS GENES SELECIONADOS E EXPRESSÃO DAS PROTEÍNAS RECOMBINANTES EM *E. COLI*

As sequências correspondentes aos genes selecionados são amplificadas a partir do DNA genômico de *L. interrogans* sorovar Copenhageni, utilizando oligonucleotídeos sintéticos complementares às sequências e sítios de restrição na fita *forward* e outro na fita *reverse*. Os fragmentos amplificados pela

---

* Ver: <http://pfam.sanger.ac.uk>.

PCR são isolados do gel de agarose e purificados utilizando-se a metodologia de minipreparação, ou miniprep[83]. Os insertos de DNA obtidos na PCR são clonados no vetor pGEM-T *easy* (*Promega*$^{\bigcirc}$), para clonagem no sistema hospedeiro de *E. coli* e obtenção da proteína recombinante, ou em um vetor ponte (do inglês *shuttle vector*) *E. coli*-mamífero, como o pTARGET, para obtenção de vacina de DNA.

O pGEM-T *easy* é um vetor linearizado, com uma timidina 3'-terminal em ambas as extremidades, o que permite a ligação dos produtos de PCR, em que uma sequência de poli-A é adicionada pela polimerase. A entrada do inserto de DNA no vetor interrompe a região codificadora da enzima β-galactosidase. Essa inativação permite a identificação dos clones recombinantes por seleção azul/branco em placas de meio de cultura/ágar, contendo ampicilina, IPTG e X-Gal, o qual é um substrato cromogênico que, quando degradado, se torna azul. Assim sendo, as bactérias que são incapazes de degradar esse substrato ficam brancas e são, presumivelmente, positivas para a presença do inserto de interesse.

A mistura de ligação dos produtos de PCR e pGEM-T *easy* é usada na transformação da linhagem *E.coli* DH5α[83], previamente tornadas competentes pelo método do CaCl$_2$ (Figura 10.7A). As colônias recombinantes serão selecionadas em meio contendo ampicilina. Para verificar a presença de inserto, são feitas preparações dos plasmídeos a partir das colônias positivas de *E. coli*. O DNA obtido é digerido com enzimas de restrição apropriadas e analisado em gel de agarose para observar a liberação do inserto de DNA do plasmídeo. Os clones positivos, resistentes à ampicilina, são sequenciados, e os insertos contendo as sequências corretas de DNA são removidos por digestão com as enzimas de restrição específicas e subclonados no vetor de expressão pAE[84], nos mesmos sítios de restrição. O vetor pAE possui origem de replicação em *E. coli*, gene que confere resistência à ampicilina, um sítio de ligação ribossomal (do inglês *ribosome binding site* – RBS), um códon de iniciação (ATG) seguido de sequência de seis resíduos de histidinas e um sítio de múltipla clonagem. É um sistema de alta expressão, controlado pelo promotor do fago T7 e, portanto, a expressão da proteína recombinante só ocorre na presença da T7 RNA polimerase (Figura 10.7B).

O vetor pTARGET (Promega$^{\bigcirc}$) é um vetor ponte, *E. coli*-mamífero, derivado do vetor pCI (Promega$^{\bigcirc}$). Contém origem de replicação em *E. coli*, gene que confere resistência à ampicilina, gene da β-galactosidase, permitindo a seleção visual de colônias (azul e branca), promotor e sequência amplificadora (*enhancer*) de citomegalovírus (CMV) de mamífero para expressão constitutiva da proteína heteróloga, um íntron, um sítio de múltipla clonagem, seguido de sequência de poliadenilação, sequência amplificadora, promotor de SV40 e um gene que confere resistência à neomicina seguido de sequência de poli (A) (Figura 10.7C) .

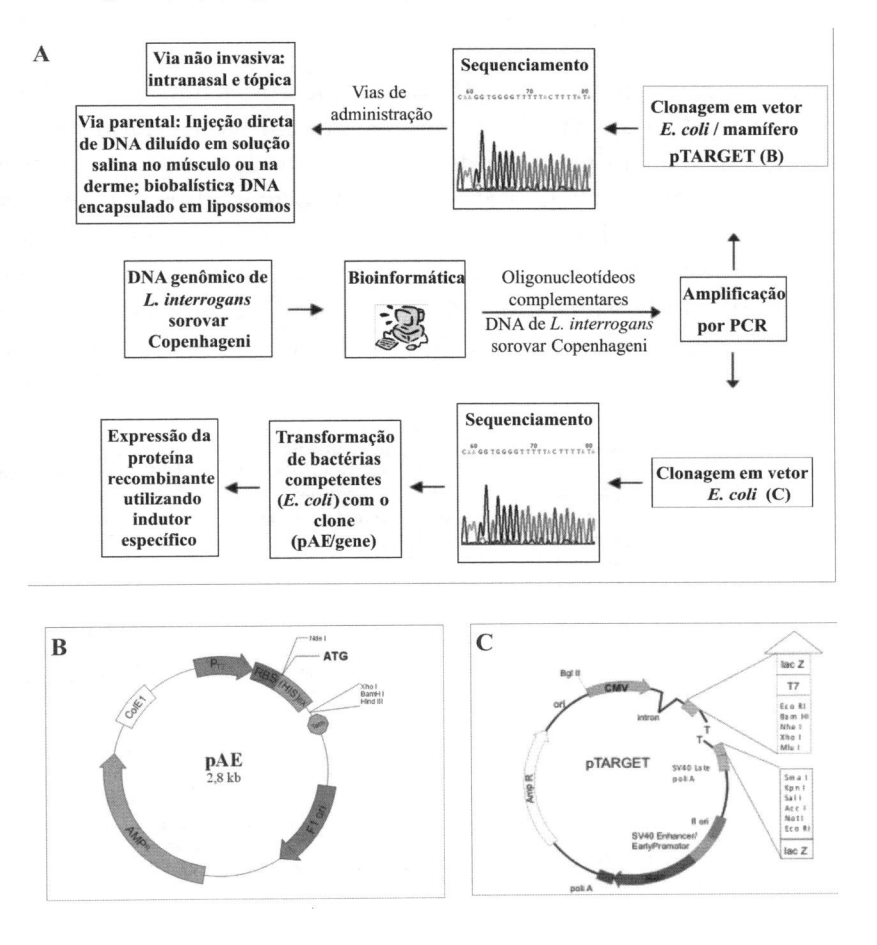

Figura 10.7 (A) Clonagem do gene selecionado por bioinformática em vetor de clonagem e expressão da proteína recombinante (pAE) (B) para desenvolvimento de vacina proteica ou em vetor ponte *E. coli*-mamífero pTARGET (C) para vacina de DNA.

10.9 EXPRESSÃO DAS PROTEÍNAS RECOMBINANTES NO HOSPEDEIRO *E. COLI*

As cepas de *E. coli* comumente empregadas para ensaios de expressão são BL21 SI (*salt induced*), que possui o gene da T7 RNA polimerase integrado ao genoma sob controle do promotor *proU* induzível por NaCl[85] e

BL21 DE3, que também possui o gene da T7 RNA polimerase, mas dirigida pelo promotor *lacUV5*, o qual é induzido por IPTG (isopropil-β-D-tio-galactopiranosídio)[86]. Após transformação com clones positivos e a indução da expressão das proteínas recombinantes, em ambas as bactérias, é realizada a análise por eletroforese em SDS-PAGE[87] na presença de proteínas de massa molecular conhecida (marcador). Os clones que apresentarem bandas com a massa molecular esperada são selecionados para cultivo e indução em volume maior de meio de cultura para estudo da solubilidade das proteínas recombinantes. Caso as proteínas sejam expressas na forma solúvel, a purificação é feita a partir do sobrenadante da cultura, após lise celular e clarificação; se as proteínas forem expressas na forma de corpúsculo de inclusão, a purificação será feita a partir dos corpúsculos solubilizados na presença de algum agente desnaturante, como ureia ou guanidina. A Figura 10.8 sumariza as etapas necessárias para a obtenção da proteína recombinante purificada.

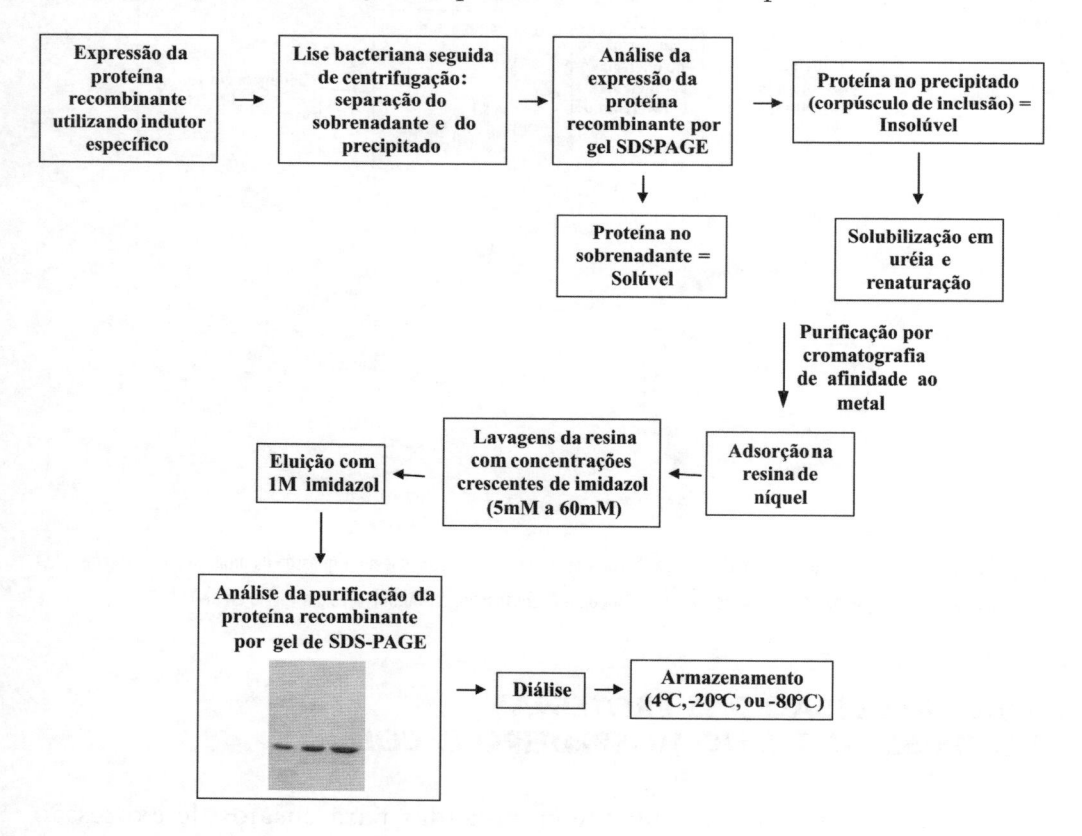

Figura 10.8 Expressão e purificação da proteína recombinante para desenvolvimento de vacina proteica.

10.10 CARACTERIZAÇÃO DAS PROTEÍNAS RECOMBINANTES

As proteínas recombinantes são avaliadas quanto à sua imunogenicidade em modelo animal, com o objetivo de avaliar a capacidade de indução de resposta imunológica, tanto humoral (produção de anticorpos) como celular (produção de citocinas). A capacidade das proteínas em reagir com soros humanos positivos para leptospirose nos dá ideia de sua expressão durante o processo de infecção por leptospiras e potencial para compor um kit diagnóstico. Nosso grupo já identificou proteínas reativas com esses soros, inclusive na fase inicial da doença, na qual outros métodos são pouco eficazes.

A ligação de proteínas bacterianas a componentes da matriz extracelular (MEC) é a primeira etapa no processo de invasão/colonização. Todas as proteínas recombinantes de *Leptospira* expressas em *E. coli* são avaliadas quanto à sua atividade de adesão. Componentes como laminina, fibronectina e colágeno são utilizados nesses ensaios. Até o momento, descrevemos dezessete novas proteínas com atividade de adesão[88-101]. A reatividade a componentes de soro, como plasminogênio e reguladores do sistema complemento (como fator H e C4BP), também é avaliada. A ligação das proteínas recombinantes ao plasminogênio, um zimógeno circulante, nos dá uma ideia da participação da proteína no sistema fibrinolítico, com a geração da plasmina. A plasmina gerada na superfície das leptospiras é capaz de degradar laminina e fibronectina, podendo facilitar a invasão da bactéria no hospedeiro (Figura 10.9)[94-99,102-104].

Identificamos uma proteína recombinante que se liga ao fator H e quatro ao C4BP[96,98,99]. Leptospiras patogênicas são capazes de evadir o sistema complemento, enquanto as não patogênicas ou saprófitas são eliminadas pelo hospedeiro[105]. Desse modo, a busca de proteínas que se ligam aos reguladores do sistema complemento é importante, pois as mesmas devem estar envolvidas na patogênese da bactéria e podem ser antígenos vacinais. Em patógenos importantes, como a *N. meningitidis*, proteínas que se ligam ao fator H do sistema complemento mostraram atividade bactericida e fazem parte da vacina contra meningite meningocócica, atualmente aguardando liberação por órgãos competentes na Europa[106,107]. O estudo da reatividade das proteínas recombinantes com componentes do soro identificou, também, seis adesinas que se ligam ao fibrinogênio e inibem a formação de coágulo catalisada pela trombina (ver Figura 10.9)[108]. A leptospirose severa é acompanhada por múltiplos focos hemorrágicos cujo mecanismo é desconhecido. Nossos dados sugerem que estas proteínas podem mediar a interação de leptospiras com o fibrinogênio e podem auxiliar no entendimento da

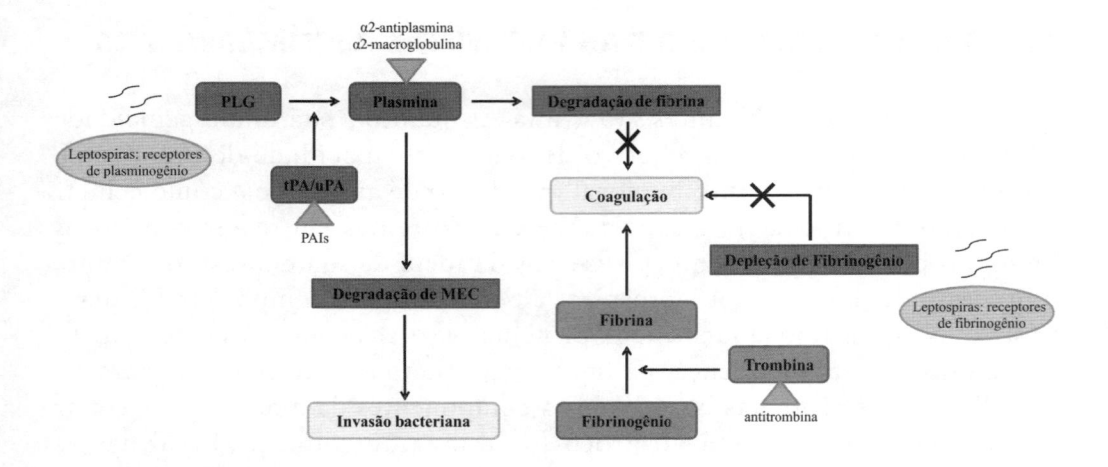

Figura 10.9 Representação esquemática básica da ativação da fibrinólise e inibição da coagulação seguido da ligação de plasminogênio (PLG) e fibrinogênio por *Leptospira*. As leptospiras capturam plasminogênio na sua superfície, que é convertido em plasmina por ativadores presentes no hospedeiro (uPA e tPA). A plasmina degrada diretamente componentes da matriz extracelular (laminina e fibronectina), facilitando a invasão bacteriana. A plasmina atua também na fibrinólise, degradando fibrina, o que por sua vez inibe a coagulação. As leptospiras capturam fibrinogênio livre por meio de seus receptores, resultando na sua depleção. Isso inibe a cascata de geração de coágulos de fibrina, catalisada pela trombina. Os triângulos verdes indicam os inibidores de enzimas e pró-enzimas: α2-antiplasmina e α2-macroglobulina atuando sobre a plasmina, inibidores de ativadores de plasminogênio (do inglês *plasminogen activators inhibitor* – PAIs) inibindo a ação de uPA e tPA e antitrombina modulando a ação da trombina.

coagulopatia que acompanha a doença. Um sumário da caraterização das proteínas recombinantes está apresentado no esquema da Figura 10.10.

10.11 AVALIAÇÃO DA ATIVIDADE IMUNOPROTETORA DAS PROTEÍNAS RECOMBINANTES: ENSAIO DE DESAFIO EM MODELO ANIMAL

A atividade imunoprotetora das proteínas recombinantes é avaliada em ensaio de desafio em modelo animal. Hamsters são roedores suscetíveis às leptospiras e empregados nestes experimentos. São imunizados por inoculação subcutânea de 50 μg de proteína recombinante purificada ou vacina de DNA, vacina comercial (*Farrow Sure B*, Pfizer) ou PBS (do inglês *phosphate buffered saline*) solução salina, estes últimos utilizados como controle positivo e negativo, respectivamente. As suspensões para inoculação contêm hidróxido de alumínio 10%, empregado como adjuvante. São realizadas

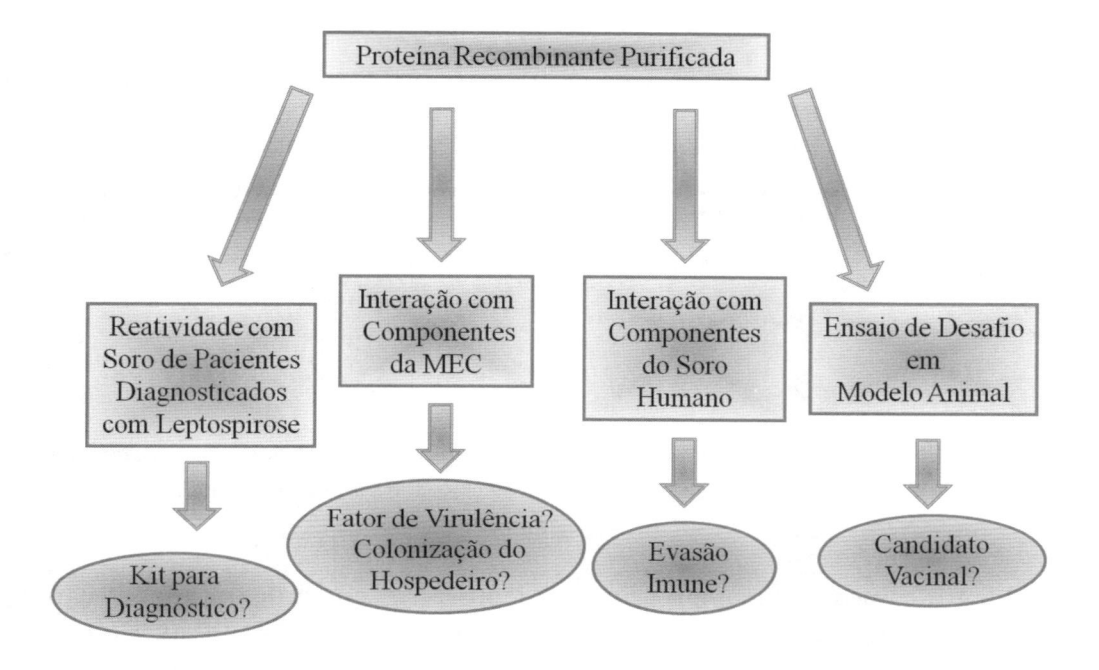

Figura 10.10 Esquema sumarizando os principais estudos feitos para a caracterização das proteínas recombinantes de *Leptospira*.

duas imunizações com intervalos de aproximadamente quinze dias. Antes de cada imunização, os animais são sangrados via plexo retro-orbital para controle do nível de anticorpos induzidos pós-inoculação das proteínas recombinantes. O título de anticorpos é analisado pela técnica de ELISA (do inglês *Enzyme-Linked Immunosorbent Assay*).

No 28° dia após a primeira imunização, os animais são infectados por inoculação intraperitoneal com 200 μg de cultura de leptospiras virulentas e um grupo controle recebe apenas meio de cultura. O esquema de imunização está apresentado na Figura 10.11. Após 21 dias de observação, contam-se os animais mortos e os sobreviventes são sangrados via plexo retro-orbital para avaliação do soro quanto à presença de anticorpos antileptospira pelo ensaio de MAT. Os rins dos animais sobreviventes são coletados, macerados, suspensos em solução salina nas diluições 10^{-1}, 10^{-2} e 10^{-3} e inoculados em meio semissólido para avaliação da presença de leptospiras, com o intuito de analisar atividade esterilizante do antígeno. Estes órgãos são também preservados para cortes e posterior análise histológica.

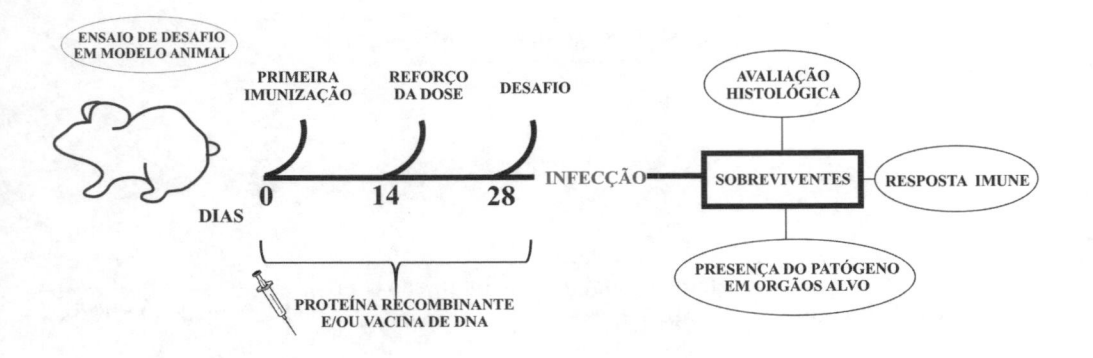

Figura 10.11 Esquema de imunização de hamsters com as proteínas recombinantes ou vacina de DNA e avaliação da resposta imunológica (anticorpos), imunoproteção (sobreviventes) e atividade esterilizante (presença de leptospiras em meio de cultura).

Identificamos algumas proteínas de leptospiras que induziram proteção parcial contra o desafio com leptospiras virulentas[109,110]. É possível que a combinação de antígenos proteicos seja necessária para a obtenção de uma maior proteção, semelhante à vacina contra *N. meningitidis,* que emprega quatro proteínas antigênicas[111].

10.12 CONCLUSÕES

O rápido desenvolvimento nas técnicas de sequenciamento de DNA propiciou o início da era genômica, com o grande acúmulo de sequências de procariotos, vírus e eucariotos. A mineração desses dados, ou *data mining*, impulsionou o desenvolvimento da bioinformática, com seus algoritmos específicos para a predição das sequências genômicas, quanto à sua localização celular e possível função no organismo. Este processo deu início à era pós-genômica, ou *"omics"*, na qual as metodologias de transcriptômica e da proteômica têm importante papel. A genômica funcional, que engloba estas duas metodologias mais a VR, permitiu a identificação de proteínas envolvidas na patogenicidade de patógenos importantes, durante a busca e caracterização de alvos vacinais. No caso da *N. meningitidis* sorogrupo B, uma vacina encontra-se em fase de licenciamento, e vários patógenos encontram-se em fase de ensaios pré-clínicos e clínicos. A VR aplicada ao genoma da *L. interrogans* permitiu a identificação de diversas proteínas com possível papel na patogênese, contribuindo para o conhecimento da leptospirose.

Embora grandes desafios permaneçam, a evolução da genômica comparativa e da genômica sintética e estrutural como novas ferramentas devem contribuir para a genômica funcional no desenvolvimento de futuras vacinas.

REFERÊNCIAS

1. Fleischmann RD, Adams MD, White O, Clayton RA, Kirkness EF, Kerlavage AR, et al. Whole-genome random sequencing and assembly of Haemophilus influenzae Rd. Science. 1995;269:496-512.

2. Tomb JF, White O, Kerlavage AR, Clayton RA, Sutton GG, Fleischmann RD, et al. The complete genome sequence of the gastric pathogen Helicobacter pylori. Nature. 1997;388:539-47.

3. Fraser CM, Casjens S, Huang WM, Sutton GG, Clayton R, Lathigra R, et al. Genomic sequence of a Lyme disease spirochaete, Borrelia burgdorferi. Nature. 1997;390:580-6.

4. Tettelin H, Saunders NJ, Heidelberg J, Jeffries AC, Nelson KE, Eisen JA, Complete genome sequence of Neisseria meningitidis serogroup B strain MC58. Science. 2000;287:1809-15.

5. Pizza M, Scarlato V, Masignani V, Giuliani MM, Arico B, Comanducci M, et al. Identification of vaccine candidates against serogroup B meningococcus by whole-genome sequencing. Science. 2000;287:1816-20.

6. Ariel N, Zvi A, Grosfeld H, Gat O, Inbar Y, Velan B, Cohen S, Shafferman A. Search for potential vaccine candidate open reading frames in the Bacillus anthracis virulence plasmid pXO1: in silico and in vitro screening. Infect Immun. 2002;70:6817-27.

7. Wizemann TM, Heinrichs JH, Adamou JE, Erwin AL, Kunsch C, Choi GH, Barash SC, et al. Use of a whole genome approach to identify vaccine molecules affording protection against Streptococcus pneumoniae infection. Infect Immun, 2001;69:1593-8.

8. Etz H, Minh DB, Henics T, Dryla A, Winkler B, Triska C, et al. Identification of in vivo expressed vaccine candidate antigens from Staphylococcus aureus. Proc Natl Acad Sci USA. 2002;99:6573-8.

9. Vytvytska O, Nagy E, Bluggel M, Meyer HE, Kurzbauer R, Huber LA, et al. Identification of vaccine candidate antigens of Staphylococcus aureus by serological proteome analysis. Proteomics. 2002;2:580-90.

10. Montigiani S, Falugi F, Scarselli M, Finco O, Petracca R, Galli G, et al. Genomic approach for analysis of surface proteins in Chlamydia pneumoniae. Infect Immun. 2002;70:368-79.

11. Ross BC, Czajkowski L, Hocking D, Margetts M, Webb E, Rothel L, et al. Identification of vaccine candidate antigens from a genomic analysis of Porphyromonas gingivalis. Vaccine. 2001;19:4135-42.

12. Srinivasa Rao PS, Lim TM, Leung KY. Functional genomics approach to the identification of virulence genes involved in Edwardsiella tarda pathogenesis. Infect Immun. 2003;71:1343-51.

13. Betts JC. Transcriptomics and proteomics: tools for the identification of novel drug targets and vaccine candidates for tuberculosis. IUBMB Life. 2002;53:239-42.

14. Gamberini M, Gomez RM, Atzingen MV, Martins EA, Vasconcellos SA, Romero EC, et al. Whole-genome analysis of Leptospira interrogans to identify potential vaccine candidates against leptospirosis. FEMS Microbiol Lett. 2005;244:305-13.

15. Alteri CJ, Hagan EC, Sivick KE, Smith SN, Mobley HL. Mucosal immunization with iron receptor antigens protects against urinary tract infection. PLoS Pathog. 2009;5:e1000586.

16. Rappuoli R. Reverse vaccinology. Curr Opin Microbiol. 2000;3:445-50.

17. Rappuoli R. Reverse vaccinology, a genome-based approach to vaccine development. Vaccine. 2001;19:2688-91.

18. Delany I, Rappuoli R, Seib KL. Vaccines, reverse vaccinology, and bacterial pathogenesis. Cold Spring Harb Perspect Med. 2013;3:a012476.

19. Capecchi B, Adu-Bobie J, Di Marcello F, Ciucchi L, Masignani V, Taddei A, et al. Neisseria meningitidis NadA is a new invasin which promotes bacterial adhesion to and penetration into human epithelial cells. Mol Microbiol. 2005;55:687-98.

20. Madico G, Welsch JA, Lewis LA, McNaughton A, Perlman DH, Costello CE, et al. The meningococcal vaccine candidate GNA1870 binds the complement regulatory protein factor H and enhances serum resistance. J Immunol. 2006;177:501-10.

21. Schneider MC, Exley RM, Chan H, Feavers I, Kang YH, Sim RB, Tang CM. Functional significance of factor H binding to Neisseria meningitidis. J Immunol. 2006;176:7566-75.

22. Serruto D, Spadafina T, Ciucchi L, Lewis LA, Ram S, Tontini M, et al. Neisseria meningitidis GNA2132, a heparin-binding protein that induces protective immunity in humans. Proc Natl Acad Sci USA. 2010;107:3770-5.

23. Manetti AG, Zingaretti C, Falugi F, Capo S, Bombaci M, Bagnoli F, et al. Streptococcus pyogenes pili promote pharyngeal cell adhesion and biofilm formation. Mol Microbiol. 2007;64:968-83.

24. Bagnoli F, Moschioni M, Donati C, Dimitrovska V, Ferlenghi I, Facciotti C, et al. A second pilus type in Streptococcus pneumoniae is prevalent in emerging serotypes and mediates adhesion to host cells. J Bacteriol. 2008;190:5480-92.

25. Kadioglu A, Weiser JN, Paton JC, Andrew PW. The role of Streptococcus pneumoniae virulence factors in host respiratory colonization and disease. Nat Rev Microbiol. 2008;6:288-301.

26. Moriel DG, Bertoldi I, Spagnuolo A, Marchi S, Rosini R, Nesta B, et al. Identification of protective and broadly conserved vaccine antigens from the genome of extraintestinal pathogenic Escherichia coli. Proc Natl Acad Sci USA. 2010;107:9072-7.

27. Nesta B, Spraggon G, Alteri C, Moriel DG, Rosini R, Veggi D, et al. FdeC, a novel broadly conserved Escherichia coli adhesin eliciting protection against urinary tract infections. MBio. 2012;3:e00010-12

28. McCarthy AJ, Lindsay JA. Genetic variation in Staphylococcus aureus surface and immune evasion genes is lineage associated: implications for vaccine design and host-pathogen interactions. BMC Microbiol. 2010;10:173.

29. Lawley TD, Croucher NJ, Yu L, Clare S, Sebaihia M, Goulding D, et al. Proteomic and genomic characterization of highly infectious Clostridium difficile 630 spores. J Bacteriol. 2009;191:5377-86.

30. Heinz E, Tischler P, Rattei T, Myers G, Wagner M, Horn M. Comprehensive in silico prediction and analysis of chlamydial outer membrane proteins reflects evolution and life style of the Chlamydiae. BMC Genomics. 2009;10:634.

31. Grifantini R, Bartolini E, Muzzi A, Draghi M, Frigimelica E, Berger J, et al. Previously unrecognized vaccine candidates against group B meningococcus identified by DNA microarrays. Nat Biotechnol. 2002;20:914-21.

32. Bradshaw RA, Burlingame AL. From proteins to proteomics. IUBMB Life. 2005;57:267-72.

33. O'Farrell PH. High resolution two-dimensional electrophoresis of proteins. J Biol Chem. 1975;250:4007-21.

34. Klose J, Spielmann H. Gel isoelectric focusing of mouse lactate dehydrogenase: heterogeneity of the isoenzymes A4 and X4. Biochem Genet. 1975;13:707-20.

35. Ariel N, Zvi A, Makarova KS, Chitlaru T, Elhanany E, Velan B, et al. Genome-based bioinformatic selection of chromosomal Bacillus anthracis putative vaccine candidates coupled with proteomic identification of surface-associated antigens. Infect Immun. 2003;71:4563-79.

36. Ling E, Feldman G, Portnoi M, Dagan R, Overweg K, Mulholland F, et al. Glycolytic enzymes associated with the cell surface of Streptococcus pneumoniae are antigenic in humans and elicit protective immune responses in the mouse. Clin Exp Immunol. 2004;138:290-8.

37. Shin GW, Palaksha KJ, Kim YR, Nho SW, Kim S, Heo GJ, et al. Application of immunoproteomics in developing a Streptococcus iniae vaccine for olive flounder (Paralichthys olivaceus). J Chromatogr B Analyt Technol Biomed Life Sci. 2007;849:315-22.

38. Malen H, Softeland T, Wiker HG. Antigen analysis of Mycobacterium tuberculosis H37Rv culture filtrate proteins. Scand J Immunol. 2008;67:245-52.

39. Zhou M, Zhang A, Guo Y, Liao Y, Chen H, Jin M. A comprehensive proteome map of the Haemophilus parasuis serovar 5. Proteomics. 2009;9:2722-39.

40. Li H, Ye MZ, Peng B, Wu HK, Xu CX, Xiong XP, et al. Immunoproteomic identification of polyvalent vaccine candidates from Vibrio parahaemolyticus outer membrane proteins. J Proteome Res. 2010;9:2573-83.

41. Qi Y, Xiong X, Wang X, Duan C, Jia Y, Jiao J, et al. Proteome analysis and serological characterization of surface-exposed proteins of Rickettsia heilongjiangensis. PLoS One. 2013;8:e70440.

42. Bambini S, Rappuoli R. The use of genomics in microbial vaccine development. Drug Discov Today. 2009;14:252-60.

43. Bernardini G, Braconi D, Lusini P, Santucci A. Post-genomics of Neisseria meningitidis: an update. Expert Rev Proteomics. 2011;8:803-11.

44. Giuliani MM, Adu-Bobie J, Comanducci M, Arico B, Savino S, Santini L, et al. A universal vaccine for serogroup B meningococcus. Proc Natl Acad Sci USA. 2006;103:10834-9.

45. Dietrich G, Kurz S, Hubner C, Aepinus C, Theiss S, Guckenberger M, et al. Transcriptome analysis of Neisseria meningitidis during infection. J Bacteriol. 2003;185:155-64.

46. Seib KL, Zhao X, Rappuoli R. Developing vaccines in the era of genomics: a decade of reverse vaccinology. Clin Microbiol Infect. 2012;18 Suppl 5:109-16.

47. Hiller NL, Janto B, Hogg JS, Boissy R, Yu S, Powell E, et al. Comparative genomic analyses of seventeen Streptococcus pneumoniae strains: insights into the pneumococcal supragenome. J Bacteriol. 2007;189:8186-95.

48. Morsczeck C, Prokhorova T, Sigh J, Pfeiffer M, Bille-Nielsen M, Petersen J, et al. Streptococcus pneumoniae: proteomics of surface proteins for vaccine development. Clin Microbiol Infect. 2008;14:74-81.

49. Jagusztyn-Krynicka EK, Godlewska R. New approaches for Helicobacter vaccine development – difficulties and progress. Pol J Microbiol. 2008;57:3-9.

50. Glowalla E, Tosetti B, Kronke M, Krut O. Proteomics-based identification of anchorless cell wall proteins as vaccine candidates against Staphylococcus aureus. Infect Immun. 2009;77:2719-29.

51. DelVecchio VG, Sabato MA, Trichilo J, Dake C, Grewal P, Alefantis T. Proteomics for the development of vaccines and therapeutics. Crit Rev Immunol. 2010;30:239-54.

52. Giri PK, Kruh NA, Dobos KM, Schorey JS. Proteomic analysis identifies highly antigenic proteins in exosomes from M. tuberculosis-infected and culture filtrate protein-treated macrophages. Proteomics. 2010;10:3190-202.

53. Read TD, Peterson SN, Tourasse N, Baillie LW, Paulsen IT, Nelson KE, et al. The genome sequence of Bacillus anthracis Ames and comparison to closely related bacteria. Nature. 2003;423:81-6.

54. Bergman NH, Anderson EC, Swenson EE, Janes BK, Fisher N, Niemeyer MM, et al. Transcriptional profiling of Bacillus anthracis during infection of host macrophages. Infect Immun. 2007;75:3434-44.

55. Chitlaru T, Gat O, Grosfeld H, Inbar I, Gozlan Y, Shafferman A. Identification of in vivo-expressed immunogenic proteins by serological proteome analysis of the Bacillus anthracis secretome. Infect Immun. 2007;75:2841-52.

56. Jaing C, Gardner S, McLoughlin K, Mulakken N, Alegria-Hartman M, Banda P, et al. A functional gene array for detection of bacterial virulence elements. PLoS One. 2008;3:e2163.

57. Chakravarti DN, Fiske MJ, Fletcher LD, Zagursky RJ. Application of genomics and proteomics for identification of bacterial gene products as potential vaccine candidates. Vaccine. 2000;19:601-12.

58. Utt M, Nilsson I, Ljungh A, Wadstrom T. Identification of novel immunogenic proteins of Helicobacter pylori by proteome technology. J Immunol Methods. 2002;259:1-10.

59. Snape MD, Philip J, John TM, Robinson H, Kelly S, Gossger N, et al. Bactericidal antibody persistence 2 years after immunization with 2 investigational serogroup B meningococcal vaccines at 6, 8 and 12 months and immunogenicity of preschool booster doses: a follow-on study to a randomized clinical trial. Pediatr Infect Dis J. 2013;32:1116-21.

60. Faine S, Adler B, Bolin C, Perolat P. Leptospira and Leptospirosis. Melbourne, Australia MediSci; 1999

61. Vinetz JM, Glass GE, Flexner CE, Mueller P, Kaslow DC. Sporadic urban leptospirosis. Ann Intern Med. 1996;125:794-8.

62. McBride AJ, Athanazio DA, Reis MG, Ko AI. Leptospirosis. Curr Opin Infect Dis. 2005;18:376-86.

63. Levett PN. Leptospirosis. Clin Microbiol Rev. 2001;14:296-326.

64. de la Pena-Moctezuma A, Bulach DM, Kalambaheti T, Adler B. Comparative analysis of the LPS biosynthetic loci of the genetic subtypes of serovar Hardjo: Leptospira interrogans subtype Hardjoprajitno and Leptospira borgpetersenii subtype Hardjobovis. FEMS Microbiol Lett. 1999;177:319-26.

65. Rathinam SR, Rathnam S, Selvaraj S, Dean D, Nozik RA, Namperumalsamy P. Uveitis associated with an epidemic outbreak of leptospirosis. Am J Ophthalmol. 1997;124:71-9.

66. Ren SX, Fu G, Jiang XG, Zeng R, Miao YG, Xu H, et al. Unique physiological and pathogenic features of Leptospira interrogans revealed by whole-genome sequencing. Nature. 2003;422:888-93.

67. Zhong Y, Chang X, Cao XJ, Zhang Y, Zheng H, Zhu Y, et al. Comparative proteogenomic analysis of the Leptospira interrogans virulence-attenuated strain IPAV against the pathogenic strain 56601. Cell Res. 2011;21:1210-29.

68. Nascimento AL, Verjovski-Almeida S, Van Sluys MA, Monteiro-Vitorello CB, Camargo LE, Digiampietri LA, et al. Genome features of Leptospira interrogans serovar Copenhageni. Braz J Med Biol Res. 2004;37:459-77.

69. Nascimento AL, Ko AI, Martins EA, Monteiro-Vitorello CB, Ho PL, Haake DA, et al. Comparative genomics of two Leptospira interrogans serovars reveals novel insights into physiology and pathogenesis. J Bacteriol. 2004;186:2164-72.

70. Bulach DM, Zuerner RL, Wilson P, Seemann T, McGrath A, Cullen PA, et al. Genome reduction in Leptospira borgpetersenii reflects limited transmission potential. Proc Natl Acad Sci USA. 2006;103:14560-5.

71. Chou LF, Chen YT, Lu CW, Ko YC, Tang CY, Pan MJ, et al. Sequence of Leptospira santarosai serovar Shermani genome and prediction of virulence-associated genes. Gene. 2012;511:364-70.

72. Ricaldi JN, Fouts DE, Selengut JD, Harkins DM, Patra KP, Moreno A, et al. Whole genome analysis of Leptospira licerasiae provides insight into leptospiral evolution and pathogenicity. PLoS Negl Trop Dis. 2012;6:e1853.

73. Picardeau M, Bulach DM, Bouchier C, Zuerner RL, Zidane N, Wilson PJ, et al. Genome sequence of the saprophyte Leptospira biflexa provides insights into the evolution of Leptospira and the pathogenesis of leptospirosis. PLoS One. 2008;3:e1607.

74. Nakai K, Horton P. PSORT: a program for detecting sorting signals in proteins and predicting their subcellular localization. Trends Biochem Sci. 1999;24:34-6.

75. Haake DA, Chao G, Zuerner RL, Barnett JK, Barnett D, Mazel M, et al. The leptospiral major outer membrane protein LipL32 is a lipoprotein expressed during mammalian infection. Infect Immun. 2000;68:2276-85.

76. Yu CS, Lin CJ, Hwang JK. Predicting subcellular localization of proteins for Gram-negative bacteria by support vector machines based on n-peptide compositions. Protein Sci. 2004;13:1402-6.

77. Yu CS, Chen YC, Lu CH, Hwang JK. Prediction of protein subcellular localization. Proteins. 2006;64:643-51.

78. Altschul SF, Gish W, Miller W, Myers EW, Lipman DJ. Basic local alignment search tool. J Mol Biol. 1990;215:403-10.

79. Altschul SF, Madden TL, Schaffer AA, Zhang J, Zhang Z, Miller W, Lipman DJ. Gapped BLAST and PSI-BLAST: a new generation of protein database search programs. Nucleic Acids Res. 1997;25:3389-402.

80. Petersen TN, Brunak S, von Heijne G, Nielsen H. SignalP 4.0: discriminating signal peptides from transmembrane regions. Nat Methods. 2011;8:785-6.

81. Juncker AS, Willenbrock H, Von Heijne G, Brunak S, Nielsen H, Krogh A. Prediction of lipoprotein signal peptides in Gram-negative bacteria. Protein Sci. 2003;12:1652-62.

82. Punta M, Coggill PC, Eberhardt RY, Mistry J, Tate J, Boursnell C, et al. The Pfam protein families database. Nucleic Acids Res. 2012;40:D290-301.

83. Sambrook J, Gething MJ. Protein structure. Chaperones, paperones. Nature. 1989;342:224-5.

84. Ramos CR, Abreu PA, Nascimento AL, Ho PL. A high-copy T7 Escherichia coli expression vector for the production of recombinant proteins with a minimal N-terminal His-tagged fusion peptide. Braz J Med Biol Res. 2004;37:1103-9.

85. Bhandari P, Gowrishankar J. An Escherichia coli host strain useful for efficient overproduction of cloned gene products with NaCl as the inducer. J Bacteriol. 1997;179:4403-6.

86. Studier FW, Rosenberg AH, Dunn JJ, Dubendorff JW. Use of T7 RNA polymerase to direct expression of cloned genes. Methods Enzymol. 1990;185:60-89.
87. Laemmli UK. Cleavage of structural proteins during the assembly of the head of bacteriophage T4. Nature. 1970;227:680-5.
88. Barbosa AS, Abreu PA, Neves FO, Atzingen MV, Watanabe MM, Vieira ML, et al. A newly identified leptospiral adhesin mediates attachment to laminin. Infect Immun. 2006;74:6356-64.
89. Atzingen MV, Barbosa AS, De Brito T, Vasconcellos SA, de Morais ZM, Lima DM, et al. Lsa21, a novel leptospiral protein binding adhesive matrix molecules and present during human infection. BMC Microbiol. 2008;8:70.
90. Atzingen MV, Gomez RM, Schattner M, Pretre G, Goncales AP, de Morais ZM, et al. Lp95, a novel leptospiral protein that binds extracellular matrix components and activates e-selectin on endothelial cells. J Infect. 2009;59:264-76.
91. Longhi MT, Oliveira TR, Romero EC, Goncales AP, de Morais ZM, Vasconcellos SA, Nascimento AL. A newly identified protein of Leptospira interrogans mediates binding to laminin. J Med Microbiol. 2009;58:1275-82.
92. Oliveira TR, Longhi MT, Goncales AP, de Morais ZM, Vasconcellos SA, Nascimento AL. LipL53, a temperature regulated protein from Leptospira interrogans that binds to extracellular matrix molecules. Microbes Infect. 2010;12:207-17.
93. Vieira ML, de Morais ZM, Goncales AP, Romero EC, Vasconcellos SA, Nascimento AL. Lsa63, a newly identified surface protein of Leptospira interrogans binds laminin and collagen IV. J Infect. 2010;60:52-64.
94. Oliveira R, de Morais ZM, Goncales AP, Romero EC, Vasconcellos SA, Nascimento AL. Characterization of novel OmpA-like protein of Leptospira interrogans that binds extracellular matrix molecules and plasminogen. PLoS One. 2011;6:e21962.
95. Mendes RS, Von Atzingen M, de Morais ZM, Goncales AP, Serrano SM, Asega AF, et al. The novel leptospiral surface adhesin Lsa20 binds laminin and human plasminogen and is probably expressed during infection. Infect Immun. 2011;79:4657-67.
96. Domingos RF, Vieira ML, Romero EC, Goncales AP, de Morais ZM, Vasconcellos SA, Nascimento AL. Features of two proteins of Leptospira interrogans with potential role in host-pathogen interactions. BMC Microbiol. 2012;12:50.
97. Fernandes LG, Vieira ML, Kirchgatter K, Alves IJ, de Morais ZM, Vasconcellos SA, et al. OmpL1 is an extracellular matrix- and plasminogen-interacting protein of Leptospira spp. Infect Immun. 2012;80:3679-92.
98. Souza NM, Vieira ML, Alves IJ, de Morais ZM, Vasconcellos SA, Nascimento AL. Lsa30, a novel adhesin of Leptospira interrogans binds human plasminogen and the complement regulator C4bp. Microb Pathog. 2012;53:125-34.
99. Siqueira GH, Atzingen MV, Alves IJ, de Morais ZM, Vasconcellos SA, Nascimento

AL. Characterization of three novel adhesins of Leptospira interrogans. Am J Trop Med Hyg. 2013 89(6):1103-16.

100. Fernandes LG, Vieira ML, Alves IJ, de Morais ZM, Vasconcellos SA, Romero EC, Nascimento AL. Functional and immunological evaluation of two novel proteins of Leptospira spp. Microbiology. 2014 160:149-64.

101. Vieira ML, Fernandes LG, Domingos RF, Oliveira R, Siqueira GH, Souza NM, Teixeira AR, Atzingen MV, Nascimento AL. Leptospiral extracellular matrix adhesins as mediators of pathogen-host interactions. FEMS Microbiol Lett. 2014 352(2):129-39.

102. Vieira ML, Vasconcellos SA, Goncales AP, de Morais ZM, Nascimento AL. Plasminogen acquisition and activation at the surface of leptospira species lead to fibronectin degradation. Infect Immun. 2009;77:4092-101.

103. Vieira ML, Atzingen MV, Oliveira TR, Oliveira R, Andrade DM, Vasconcellos SA, Nascimento AL. In vitro identification of novel plasminogen-binding receptors of the pathogen Leptospira interrogans. PLoS One. 2010;5:e11259.

104. Vieira ML, Atzingen MV, Oliveira R, Mendes RS, Domingos RF, Vasconcellos SA, Nascimento AL. Plasminogen binding proteins and plasmin generation on the surface of Leptospira spp.: the contribution to the bacteria-host interactions. J Biomed Biotechnol. 2012;2012:758513.

105. Meri T, Murgia R, Stefanel P, Meri S, Cinco M. Regulation of complement activation at the C3-level by serum resistant leptospires. Microb Pathog. 2005;39:139-47.

106. Pizza M, Donnelly J, Rappuoli R. Factor H-binding protein, a unique meningococcal vaccine antigen. Vaccine. 2008;26 Suppl 8:I46-8.

107. Seib KL, Serruto D, Oriente F, Delany I, Adu-Bobie J, Veggi D, Arico B, et al. Factor H-binding protein is important for meningococcal survival in human whole blood and serum and in the presence of the antimicrobial peptide LL-37. Infect Immun. 2009;77:292-9.

108. Oliveira R, Domingos RF, Siqueira GH, Fernandes LG, Souza NM, Vieira ML, et al: Adhesins of Leptospira interrogans mediate the interaction to fibrinogen and inhibit fibrin clot formation in vitro. PLoS Negl Trop Dis. 2013;7:e2396.

109. Atzingen MV, Goncales AP, de Morais ZM, Araujo ER, De Brito T, Vasconcellos SA, Nascimento AL. Characterization of leptospiral proteins that afford partial protection in hamsters against lethal challenge with Leptospira interrogans. J Med Microbiol. 2010;59:1005-15.

110. Atzingen MV, Vieira ML, Oliveira R, Domingos RF, Mendes RS, Barros AT, et al. Evaluation of immunoprotective activity of six leptospiral proteins in the hamster model of leptospirosis. Open Microbiol J. 2012;6:79-87.

111. Vogel U, Taha MK, Vazquez JA, Findlow J, Claus H, Stefanelli P, Caugant DA, et al. Predicted strain coverage of a meningococcal multicomponent vaccine (4CMenB) in Europe: a qualitative and quantitative assessment. Lancet Infect Dis. 2013;13:416-25.

ANÁLISE TRANSCRIPTÔMICA: FUNDAMENTOS, MÉTODOS E APLICAÇÕES

Milena Apetito Akamatsu
Enéas de Carvalho
Inácio de L. M. Junqueira de Azevedo
Paulo Lee Ho

11.1 INTRODUÇÃO

O descobrimento do ácido desoxirribonucleico (DNA) como material genético dos seres vivos foi uma descoberta fascinante que permitiu o surgimento da era genômica, que, por sua vez, busca a caracterização total da sequência ordenada de nucleotídeos no DNA dos organismos. Isso permitiu o entendimento de como as informações genéticas são codificadas no genoma, da importância dos processos de controle da expressão gênica para a síntese das moléculas efetoras da ação gênica (proteínas e microRNAs, por exemplo).

As recentes tecnologias de sequenciamento de alto rendimento têm permitido a elucidação de genomas completos, revolucionando a biologia. Entretanto, é fundamental o entendimento entre a relação da informação genética carregada no genoma e o funcionamento das células. Para compreender essa relação, os estudos se voltam para os produtos dos genes, ou seja, os RNAs expressos e as proteínas por eles codificadas.

Ao conjunto de proteínas de uma célula, tecido ou organismo dá-se o nome de proteoma, cujos estudos (análise proteômica) se voltam para a quantidade e diversidade de proteínas. A ponte entre a informação (genoma) e o conjunto dessas moléculas efetoras (proteoma) são os transcritos de RNA mensageiros (mRNAs)[1]. O estudo desse conjunto de mRNAs é denominado transcriptômica, e pode ser usado para definir os mRNAs transcritos em um particular organismo, tecido ou linhagem celular em condições definidas. Ainda, o conjunto de transcritos pode não ser diretamente extraído de micro-organismos ou organismos isolados, mas sim extraído de amostras ambientais, como por exemplo, solo utilizado para o cultivo de um determinado vegetal ou a comunidade de micro-organismos que habitam a cavidade bucal de um organismo. Dessa forma, o transcriptoma seria uma caracterização geral dos organismos de um ambiente e incluiria os transcritos de todos os organismos encontrados naquele ambiente, independentemente do seu isolamento. A esse tipo de estudo denominamos metatrasncriptômica (Figura 11.1).

O conhecimento da sequência do mRNA é mais informativo que o do genoma quando o objetivo é determinar a estrutura primária de uma proteína, pois os DNAs complementares (cDNAs) derivados dos mRNAs são as formas mais simplificadas dos genes, já que excluem as longas sequências intergências e os íntrons. Sendo assim, a análise do cDNA economiza sequenciamentos desnecessários de regiões não codificantes.

O transcriptoma é particular para a situação em que foi descrito, e, ao contrário do genoma, que é caracterizado pela estabilidade, o transcriptoma é ativo; ou seja, o transcriptoma de um determinado organismo apresenta especificidades, incluindo tipo celular, órgãos, tecidos, estágio de desenvolvimento e ainda condições ambientais. Compreender o transcriptoma é essencial para interpretar os elementos funcionais do genoma e revelar os componentes moleculares das células, tecidos e, também para a compreensão do desenvolvimento dos organismos e de doenças como o câncer.

Veremos mais adiante neste capítulo algumas abordagens para o estudo do transcriptoma.

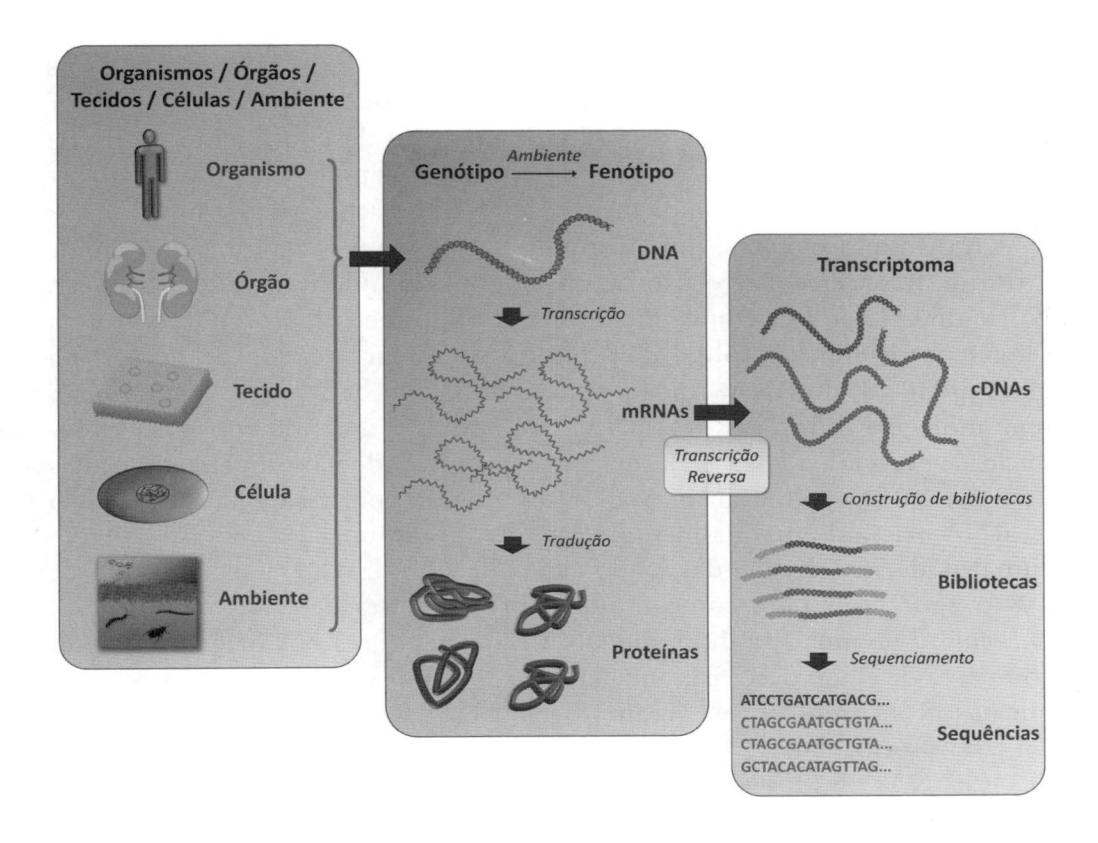

Figura 11.1 Conceito geral da análise transcriptômica. A transcrição gênica que ocorre em cada amostra (seja em um organismo, órgão, tecido, célula, ou até mesmo no meio ambiente em geral) é detectada por meio do sequenciamento das bibliotecas de cDNAs, que são obtidas a partir da população de mRNAs presente em cada amostra.

11.2 HISTÓRICO E FUNDAMENTOS DA TRANSCRIPTÔMICA

Para que a transcriptômica pudesse avançar, pesquisas foram dedicadas à descoberta da manipulação do RNA, pois, ao contrário do DNA, o RNA é muito mais suscetível à degradação por nucleases (ribonucleases) e menos versátil em termos de manipulação pelas tecnologias recombinantes, como digestão por endonucleases específicas, amplificação por bactéria, técnicas de reação em cadeia da polimerase (*polymerase chain reaction* – PCR) etc.

Uma grande descoberta que possibilitou os estudos do RNA foi descrita por Howard Temin e David Baltimore em 1970[2,3], que receberam o prêmio Nobel pela descoberta de uma DNA polimerase-dependente de RNA, ou mais comumente chamada de transcriptase reversa. Esta enzima está presente em retrovírus (vírus de RNA) e em retrotransposons e é capaz de produzir DNA a partir de um molde de RNA. A partir do descobrimento da transcriptase reversa, a informação contida nos mRNAs pôde ser estudada ao ser transformada em DNA complementar (cDNA) da sequência de mRNA.

A transcriptase reversa sintetiza uma fita de DNA tomando como molde a fita de RNA e requer o uso de um oligonucleotídeo iniciador (*primer*). Normalmente se usa como iniciador um oligonucleotídeo contendo uma sequência de timinas (oligo dT) que irá se anelar à cauda de poli A$^+$ na extremidade 3' do RNA. Após a síntese dessa fita de DNA, o que se tem é uma molécula híbrida (RNA-DNA) que pode ser digerida com uma endonuclease especial, a RNase H, que tem especificidade para digerir moléculas de RNA nessa configuração. Após o tratamento com essa enzima, a cadeia de RNA original é parcialmente destruída. Então uma polimerase convencional pode ser adicionada, sendo capaz de sintetizar uma segunda fita de DNA, agora tomando como molde a primeira fita de DNA sintetizada[4]. O resultado é uma fita dupla de DNA à imagem do RNA original. Por ser composta de ácido desoxirribonucleico, as fitas dos cDNAs são mais estáveis que os mRNAs moldes que deram origem a elas, facilitando as manipulações em laboratório.

Os cDNAs obtidos a partir de um conjunto de RNA de um tecido, órgão ou de uma determinada situação podem ter sítios de restrição adicionados em suas pontas para que possam ser ligados a vetores (plasmídeos ou fagos), gerando bibliotecas de cDNAs. Essas bibliotecas podem ser perpetuadas em bactérias (geralmente na espécie *Escherichia coli*), formando um estoque permanente daquele material. Alternativamente, as bibliotecas podem ser sequenciadas diretamente, sem que haja a clonagem em vetores e bactérias (sequenciamento de RNA – RNAseq).

Esse estoque de cDNAs de um tecido ou tipo celular, durante muito tempo, serviu para que produtos específicos pudessem ser localizados após uma busca direcionada, como, por exemplo, com uso de anticorpos específicos contra o produto a ser procurado. Outras vezes, por meio do uso de sondas específicas de DNA que hibridizem contra determinados clones das bibliotecas e que permitam a seleção de produtos de interesse.

Porém, o que distingue essas aplicações das bibliotecas de cDNA de uma investigação transcriptômica é que nesta não há seleção dos produtos a serem estudados. Ou seja, como em todas as ferramentas "ômicas", o objetivo é a caracterização global do conteúdo transcrito. Assim, todas as tecnologias transcriptômicas, tanto as baseadas na hibridação de ácidos nucleicos, como os arranjos (*arrays*), quanto aquelas baseadas no sequenciamento dos cDNAs, tais como *expressed sequence tags* (EST), *serial analysis of gene expression* (SAGE), *open reading frame expressed sequence tags* (ORESTS) e sequenciamento de RNA (RNAseq), têm esse princípio como base.

Alguns marcos importantes na análise do transcriptoma devem ser ressaltados, tais como a identificação estrutural do RNA, passando pelo descobrimento da transcriptase reversa, até as atuais tecnologias de sequenciamento que permitiram uma abrangência maior na análise de transcritos (Tabela 11.1)[5]. A identificação das sequências expressas permite identificar os genes que são expressos no genoma, e a informação obtida relaciona-se com a área de estudo conhecida como genômica funcional. Em particular, os cDNAs ajudam muito na identificação de éxons e são essenciais para a determinação de variante de éxons, devido a processamentos alternativos do precursor do mRNA (*splicing* alternativos) que ocorrem em determinados tecidos ou patologias.

Tabela 11.1 Importantes marcos na análise de transcriptomas

ANO	MARCO	REFERÊNCIA
1965	Primeira determinação da estrutura da molécula de RNA	Holley et al.[6]
1970	Descobrimento da transcriptase reversa	Temin et al.[2] e Baltmore et al.[3]
1977	Descrição de *Northern blot* e método de sequenciamento por Sanger	Alwine et al.[7] Sanger et al.[8]
1989	Experimento de transcrição reversa – reação de polimerização em cadeia (*reverse transcription-polymerase chain reaction* – RT-PCR) para a análise de transcritos	Becker-Andre et al.[9]
1991	Primeiro estudo de sequenciamento de ESTs em larga escala	Adams et al.[10]
1995	Descrição dos métodos de *microarrays* e SAGE	Schena et al.[11] Velculescu et al.[12]
2005	Primeiros NGS (*next generation sequencing*) introduzido no mercado (454/Roche)	Margulies et al.[13]
2006	Primeiro transcriptoma sequenciado utilizando NGS	Cheung et al.[14] Bainbridge et al.[15]

A seguir, discutimos algumas das abordagens usadas na análise transcriptômica, desde as ferramentas mais antigas, que foram amplamente usadas, até as mais atuais, que representam um novo paradigma na área.

11.2.1 *Expressed sequence tags* (EST)

A partir da década de 1990 houve a popularização dos sequenciamentos automáticos de DNA, baseada na metodologia descrita por Sanger em 1977[8]. Assim, se tornou factível sequenciar diretamente os clones de uma biblioteca de cDNA sem nenhuma seleção, gerando um painel de sequências derivadas de mRNA de um tipo celular, tecido ou organismo, em vez da tentativa de isolar cDNAs específicos das bibliotecas de cDNA.

Em 1991, Adams et al.[10] descreveram uma abordagem poderosa: a geração de etiqueta de sequências expressas ou *expressed sequence tags* (EST), que permite identificar, detectar e caracterizar rapidamente genes expressos de um determinado organismo. Essa técnica mostrou-se muito eficiente para a descoberta de genes de interesse biotecnológico e é um dos fundamentos da transcriptômica.

A técnica de geração de ESTs consiste em: a partir da biblioteca de cDNA construída em plasmídeos ou fagos e clonada em *E. coli*, selecionar aleatoriamente clones, isolar o DNA plasmidial de cada um, em seguida sequenciar o DNA desses clones usando *primers* que se ligam ao vetor, ou seja, um mesmo *primer* serve para sequenciar todos os clones independentemente do cDNA nele clonado. Na maioria dos casos, apenas um pequeno segmento é sequenciado, e não o cDNA todo, pois o sequenciamento se inicia a partir do vetor e adentra o cDNA por algumas centenas de bases (Figura 11.2A). Isso ocorre porque o método de sequenciamento de Sanger permite a leitura de apenas algumas centenas de bases, enquanto os cDNAs podem conter até milhares de bases.

O fato de não se descrever o gene completo não constitui um problema, já que a sequência parcial do gene serve como uma etiqueta (*tag*) exclusiva do cDNA em questão, sendo suficiente para identificá-lo quando comparado com outras sequências nos bancos de dados públicos. O ideal é que a informação genômica do próprio organismo esteja disponível, o que facilitaria a identificação do gene expresso a partir da sequência parcial obtida do clone de cDNA. Essas sequências parciais de cDNAs, derivadas de genes expressos, geradas em larga escala, são conhecidas como etiquetas de sequências expressas ou simplesmente ESTs.

Dessa forma, após a obtenção dessas sequências parciais correspondentes às extremidades 5', 3' ou ambas (dependendo do *primer* do sequenciamento), é feita a análise bioinformática dos dados gerados. Frequentemente, esta se inicia pelo agrupamento de ESTs que são semelhantes (por corresponderem a cópias de mRNAs do mesmo gene) em grupos (*clusters*) de sequências contínuas. Esse agrupamento se dá por *softwares* que alinham as sequências geradas umas com as outras, buscando longos trechos de sequências idênticas, ou quase, que possam ser sobrepostas (ver Figura 11.7).

Um detalhe importante é que a transcriptase reversa inicia a cópia do mRNA a partir de um *primer* que se anela na cauda de poli A^+ e progride ao longo do mRNA, mas, muitas vezes, a enzima não consegue copiar todo o mRNA em cDNA. Isso ocorre porque a transcriptase reversa não consegue superar regiões em que o mRNA se dobra em estruturas secundárias. A consequência prática, e positiva, dessa falha no processamento é que haverá na biblioteca cDNAs truncados que, quando sequenciados a partir das extremidades 5' ou 3', corresponderão a porções internas dos genes expressos. Assim, a sobreposição das várias ESTs de um mesmo gene, vindas de clones completos e incompletos, permite que se saiba a sequência de todo o transcrito e não apenas das extremidades do mesmo. Dessa forma, o consenso resultante do agrupamento (*cluster*) pode ser mais longo do que cada EST individual, eventualmente cobrindo todo o cDNA. Essa sequência consensual pode ser usada para comparação nos bancos de dados, permitindo uma melhor identificação do produto que ela codifica.

Além disso, o número de EST, que participa da montagem de um *cluster*, reflete a expressão relativa daquele transcrito, pois corresponde ao número relativo de moléculas daquele mRNA no tecido. Então, por exemplo, se num tecido obtém-se um total de 5 mil ESTs e cinquenta forem agrupadas em um único *cluster*, conclui-se que esse mRNA corresponde a 1% da expressão gênica total daquele tecido, na condição específica em que a biblioteca de cDNA foi gerada[1].

O resultado de um trabalho de EST é um catálogo de genes que estão ativos e a expressão relativa de cada um, em um dado tecido, tipo celular ou situação. Ao comparar com outras bibliotecas utilizando a mesma metodologia, podem-se obter informações de onde, quando e quantos determinados genes são expressos e inferir quais proteínas podem estar sendo expressas naquele tecido, tipo celular ou situação.

Cabe salientar que as ESTs, além de serem parciais, são derivadas de leitura única, e podem apresentar artefatos. Portanto, um banco de EST é diferente de um banco de cDNA completamente sequenciado, o que normalmente constitui o objetivo pós-transcriptômico. Devido a esse motivo os bancos de dados públicos possuem subdivisões (como o dbEST do Gen-Bank) para receber depósitos de sequências derivadas de sequenciamentos não confirmados.

As sequências são depositadas no banco de dados, acompanhadas de informações sobre o tecido, tipo celular, organismo ou em um determinado momento de sua vida e ficam publicamente disponíveis. Assim, permitem o uso pelos interessados em realizar uma pesquisa comparativa, por exemplo, ou por pesquisadores que estejam fazendo um estudo semelhante, assim como para confirmar ou complementar alguma informação de expressão gênica. Além do banco de dados, os clones dos quais essas sequências foram obtidas, normalmente, permanecem estocados, e os cDNAs podem ser selecionados no catálogo para serem usados para as mais diversas finalidades biotecnológicas, tais como a expressão de proteína heteróloga, estudos de expressão gênica por microarranjo de cDNA (*microarrays*), sondas para hibridização etc.

As ESTs se mostraram uma poderosa tecnologia para a identificação de polimorfismos genéticos e para a determinação de expressão gênica diferencial[16].

11.2.2 *Serial analysis of gene expression* (SAGE)

Em 1995, Velculescu et al.[12], verificaram que não seria necessário descrever as centenas de pares de base de uma EST para servir como marcadores ou etiquetas de um determinado cDNA. Apenas pouco mais de uma dezena de bases já seriam suficientes, já que *primers* específicos usados em PCR são desenhados com cerca de 20 bases. Então, os autores desenvolveram uma técnica complexa, na qual uma enzima de restrição especial, que reconhece um sítio e cliva o cDNA algumas bases a jusante (*downstream*) do sítio de reconhecimento (em torno de 20 bases) gera curtos fragmentos de cDNA. Estes fragmentos, que originalmente estavam próximos da ponta 3' do cDNA, são selecionados e unidos a outros, vindos de outros cDNAs. O resultado, uma fusão/concatâmero de diversos fragmentos vindos de diversos cDNAs distintos, é então ligado a um vetor (Figura 11.2B). Dessa forma, quando um clone dessa biblioteca é sequenciado, a sequência gerada contém não "um" cDNA, mas vários deles, na forma de fragmentos curtos (*tags*) unidos.

Em um sequenciamento típico da tecnologia de Sanger, no qual são sequenciados por volta de 600 bases, seriam encontrados cerca de trinta *tags* de cDNA de 20 bases, gerando uma economia de cerca de trinta vezes em relação ao sequenciamento de uma EST por meio do método convencional. Assim, ao sequenciar, por exemplo, 5 mil clones obtém-se informação sobre

150 mil mRNAs expressos. Todavia, esta é uma técnica limitada à análise de organismos que possuem genoma resolvido ou para os quais exista um vasto banco de cDNAs, pois a informação das *tags* só será útil se houver um banco de dados para se mapear, com precisão, a que gene ou cDNA cada *tag* corresponde. Variações dessa técnica foram desenvolvidas, incluindo o uso de *tags* maiores ou correspondentes a outras partes do cDNA.

11.2.3 *Open reading frame expressed sequence tags* (ORESTES)

O sucesso da abordagem de EST para a caracterização do transcriptoma levou ao desenvolvimento de algumas variações da técnica.

Dias Neto et al. em 2000[17] observou que, no genoma humano, milhões de ESTs foram geradas e depositadas no GenBank, sendo que, do total de genes estimados por meio dos consensos de cDNA, apenas uma pequena parcela (11%) deles tinham sequência completa. Além disso, uma limitação para a análise de genes humanos era a falta da porção central dos genes, em geral mais informativa da sequência da proteína codificada do que as extremidades dos cDNAs, em geral relativas às sequências não codificantes. Diante disso, os autores desenvolveram uma metodologia denominada ORESTES (*open reading frame expressed sequence tags*), que permite o sequenciamento preferencial da região central de um cDNA.

Nessa tecnologia, antes da clonagem e preparo da biblioteca, os cDNAs são amplificados utilizando-se iniciadores arbitrários não específicos, ou seja *primers* degenerados. Associando as sequências aleatórias não específicas desses *primers* com reações de PCR em condições de baixa estringência, tem-se como resultado a ligação dos *primers* ao acaso aos cDNAs e a amplificação preferencial da região interna de cada fragmento de cDNA (Figura 11.2C).

Por ser aleatória, cabe lembrar que muitos cDNAs podem não ser amplificados, pois pode ocorrer de apenas um ou nenhum *primer* se ligar a um fragmento específico de cDNA. Entretanto, nos casos em que um par de *primers* tenha se ligado a um cDNA em ambas as fitas complementares e voltados (orientação 3'-5') um para o outro, existe uma probabilidade maior de que a região amplificada corresponda à porção central do cDNA. Como ilustração, imaginemos um cDNA completo e o ponto central deste cDNA. A probabilidade de um *primer* se ligar à primeira metade do cDNA é de 50%, assim como a probabilidade deste *primer* de se ligar à outra metade também

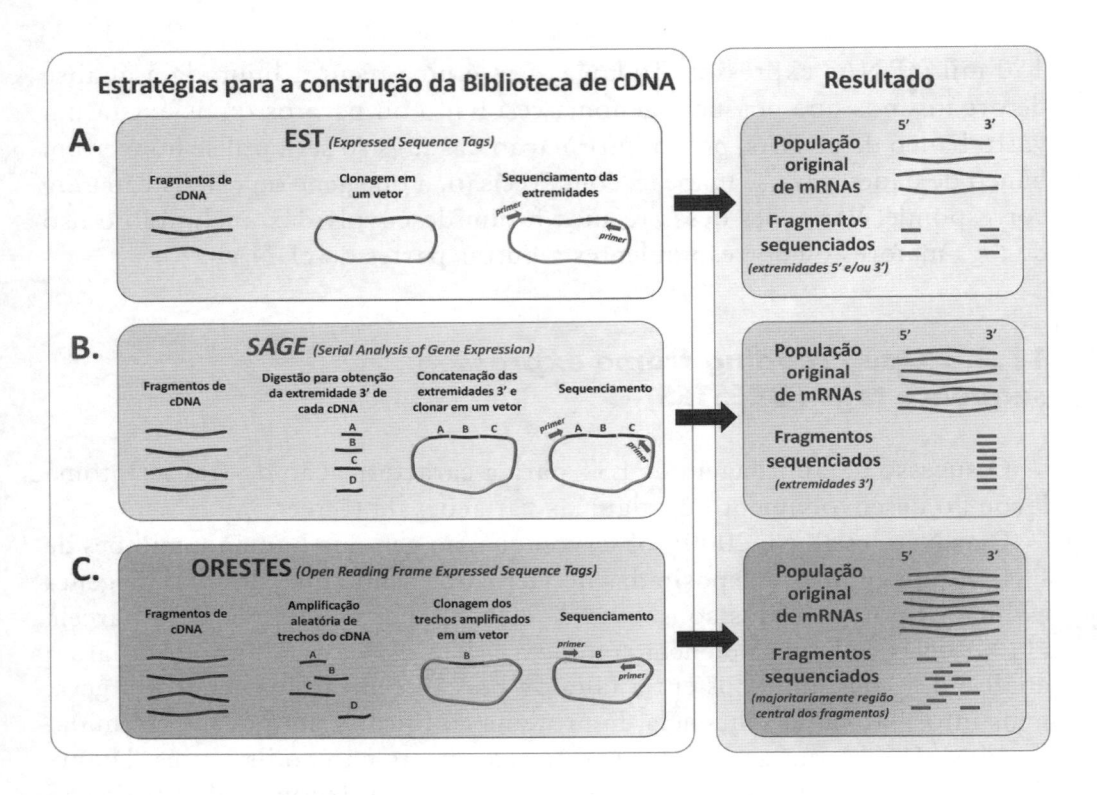

Figura 11.2 Estratégias de produção de bibliotecas de cDNA, utilizadas principalmente quando são usadas técnicas de sequenciamento de baixo rendimento. Cada uma das técnicas (2A, EST; 2B, SAGE; e 2C, ORESTES) é descrita em termos das etapas metodológicas e também dos resultados obtidos.

é de 50%. Portanto, temos que a probabilidade de amplificação de um fragmento que passe pelo ponto central do cDNA será de 25%. Imaginemos agora a mesma situação, porém, com uma divisão no cDNA em um trecho que se encontre 10% distante do início do fragmento do cDNA. A probabilidade de um *primer* se ligar à parte menor dividida pelo ponto imaginário do cDNA será de 10%, e a probabilidade de se ligar à parte maior, de 90%. Então, a probabilidade de o trecho onde se encontra o ponto imaginário de separação ser amplificado será de 9% (Figura 11.3). Assim, pode-se perceber que esse método permite a amplificação preferencial de fragmentos localizados na região central de um cDNA[1].

Consequentemente, ao se sequenciar esses clones as EST, geradas corresponderão, majoritariamente, à porção central (onde em geral está a fase aberta de leitura, ou *open reading frame* – ORF), e não às pontas dos cDNAs,

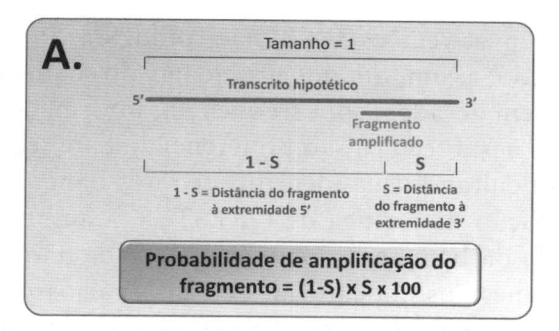

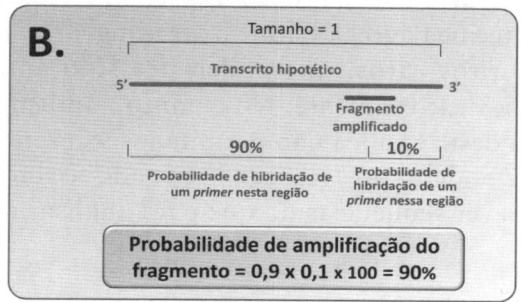

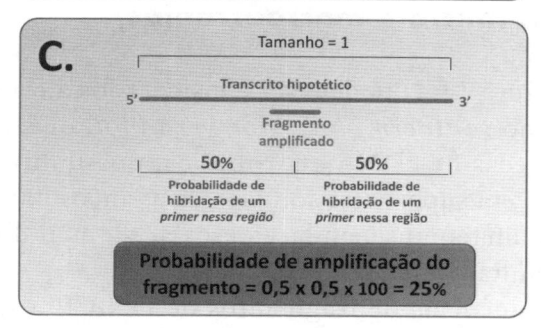

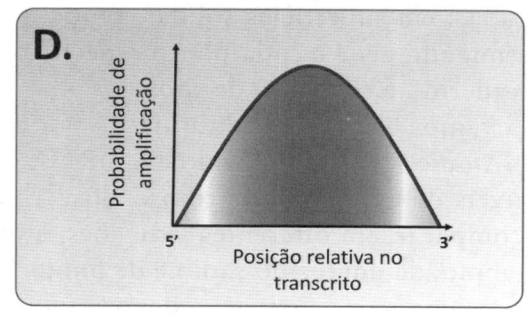

Figura 11.3 Probabilidades de amplificação de cada região de um fragmento de cDNA, quando a técnica de ORESTES é aplicada. 3A a 3C: probabilidade de amplificação para fragmentos posicionados em diferentes regiões do fragmento de cDNA. 3D: gráfico de probabilidade de amplificação para todas as posições de um fragmento de cDNA.

que, em geral, contém as regiões 5' e 3' não traduzidas (*untranslated regions* – UTR), contornando, assim, um dos problemas do sequenciamento de EST, que é o fato de serem geradas, com frequência, informações de trechos não codificantes, já que nesta técnica são preferencialmente sequenciadas as pontas dos cDNAs, dificultando sua identificação nos bancos de proteínas.

Durante a execução da técnica de ORESTES, a amplificação ou não de um cDNA depende da ligação do *primer*, que pode não ocorrer, visto que as sequências dos mesmos é aleatória. Por isto, vários *primers* são usados em reações isoladas de PCR, gerando várias sub-bibliotecas para serem sequenciadas. Essa técnica agrega também a vantagem de aumento de chance de se clonar transcritos raros, que podem ter sido amplificados por um determinado *primer* aleatoriamente. No entanto, também devido à etapa de amplificação, o uso desta técnica não permite levar inferências quantitativas precisas sobre o nível de expressão gênica. Sendo assim, ORESTES é mais indicada para descrever sequências do que para analisar níveis de expressão.

11.2.4 Arranjos (micro e macroarranjos)

Os arranjos (Figura 11.4) podem ser considerados a evolução de métodos de hibridação, como *southern blot* e *northern blot*, que, aliados à disponibilidade de bibliotecas de cDNA e à robótica, possibilitam a deposição de pequenas amostras em superfícies sólidas. Os avanços nas técnicas de hibridação permitiram uma análise em larga escala, no qual diversos transcritos são analisados simultaneamente.

Arranjos são sequências de fragmentos de DNA fita simples ou mesmo de cDNAs imobilizadas, em superfícies sólidas, sendo que cada fragmento representa um determinado gene e cada ponto específico do suporte sólido no qual o gene está aderido é chamado de *spot*.

A tecnologia de arranjos baseia-se na hibridação por complementaridade de bases entre o DNA ou cDNA imobilizado e o mRNA na forma de cDNA e busca medir os níveis de expressão de transcritos. A principal ideia dos arranjos é a de se comparar, em diferentes situações, a expressão de genes conhecidos, por exemplo, de um tecido sadio e de um tecido patológico. Ou seja, sabem-se exatamente quais genes estão depositados no suporte e vai se medir quanto da população de mRNA testada se liga em cada ponto. Dessa forma, o objetivo não é descrever a sequência dos genes, mas sim investigar seu nível de expressão.

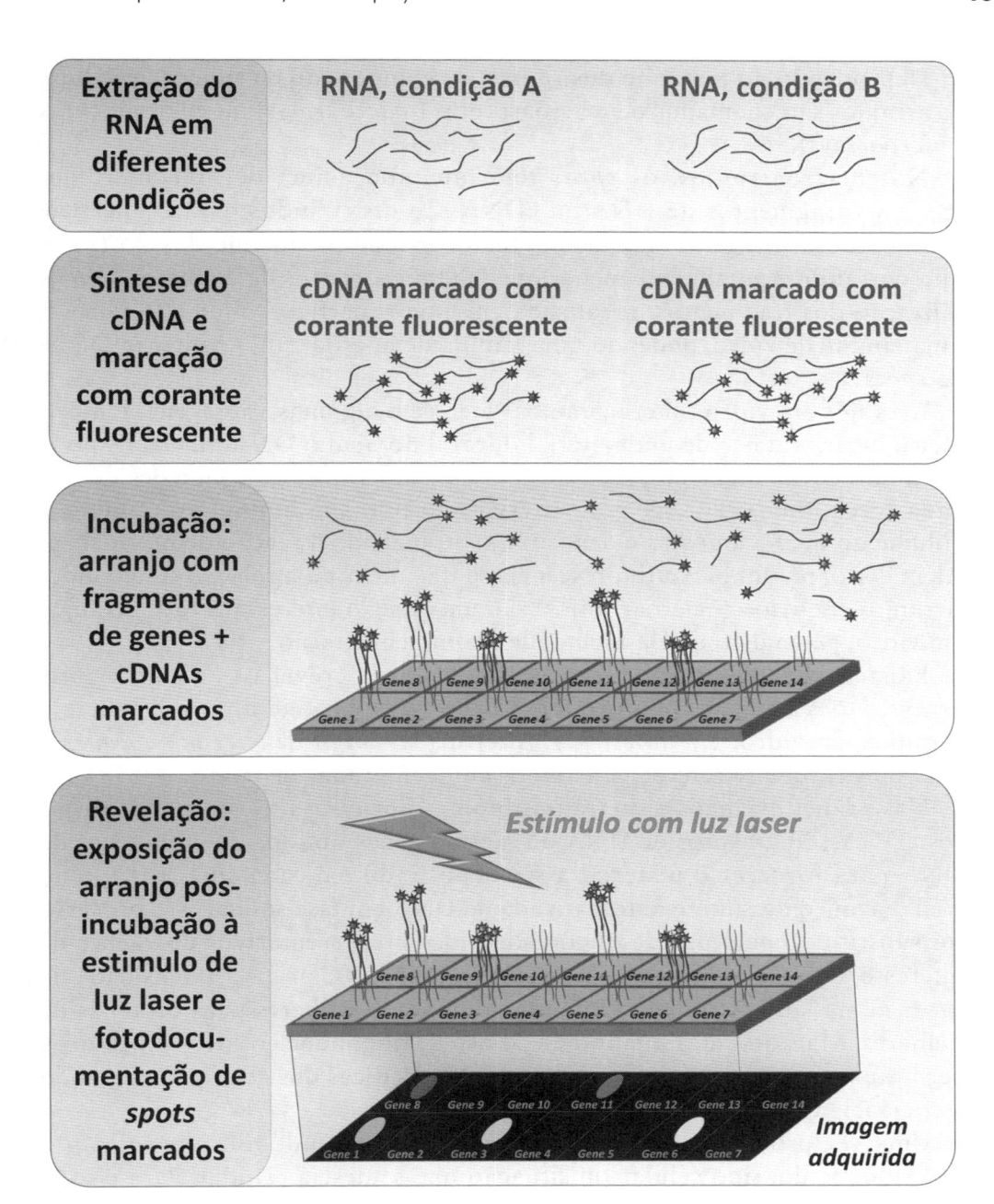

Figura 11.4 Descrição da metodologia de arranjos. A execução das etapas descritas nesta figura leva à caracterização do nível de expressão de cada gene, em condições específicas. Isso é possível porque o RNA obtido em cada condição avaliada é marcado com diferentes corantes fluorescentes, de maneira que a cor e intensidade dos *spots* (marcas luminosas) detectados na imagem permitem definir, respectivamente, a origem da amostra (nesse caso, distinguir entre condição A ou B) e taxa de transcrição de cada gene.

Dependendo do tamanho dos *spots* e da composição da superfície sólida, os arranjos são chamados de macroarranjos (*macroarrays*) ou microarranjos (*microarrays*).

Nos macroarranjos, os *spots* têm tamanho acima de 300 micrômetros e os fragmentos de DNA ou cDNA são distribuídos numa superfície sólida porosa, em geral uma membrana de *nylon*. O tamanho dos *spots* nos microarranjos é geralmente menor que 200 micrômetros de diâmetro, a imobilização dos fragmentos é realizada em uma superfície sólida não porosa, uma lâmina de vidro, podendo uma lâmina de microarranjo conter milhares de *spots*.

Arranjos em vidro (microarranjos) oferecem algumas vantagens. Em primeiro lugar, trata-se de um material durável no qual o DNA ou cDNA pode ser unido covalentemente, tolerando altas temperaturas e condições de elevada força iônica. Por ser um material não poroso, diminui ao mínimo o volume no qual a amostra é depositada, otimizando a reação de hibridação. Além disso, possui baixa fluorescência, o que melhora a relação sinal-ruído. Arranjos em *nylon* (macroarranjos) são uma opção interessante aos arranjos em vidro, pelo custo e pela facilidade de implementação.

Existem diversos termos empregados para descrever os arranjos: *glass arrays*, DNA *chips*, *biochips* e *microarray*, os quais, geralmente, refletem arranjos em vidro; e *nylon array*, *filter arrays*, *high density membranes* e *macroarray*, que se referem a arranjos em membranas de *nylon*.

Nas primeiras análises de transcriptomas por *arrays*, eram usados diversos cDNAs, fragmentos de DNA ou mesmo genes obtidos de bibliotecas de DNA para fornecer o material a ser depositado em cada suporte. Porém, com o avanço da síntese automatizada de DNA em fase sólida, esse processo foi substituído pelo uso de oligonucleotídeos representativos dos genes de interesse, que são sintetizados no próprio suporte. Com isso a densidade de *spots* numa lâmina aumentou de uma dezena de milhares para centenas de milhares. Mais do que a quantidade, o uso de oligonucleotídeos específicos permitiu a seleção de regiões otimizadas e específicas dos genes, aumentando a eficiência de hibridação com os alvos.

Uma vez pronto o suporte, é feito o experimento de hibridação com o RNA do tecido, tipo celular ou situação que se deseja estudar. Para isso, o RNA é extraído e convertido em cDNA de simples fita e marcado radioativamente ou com fluorescência. Quando colocados em contato com o suporte contendo os cDNAs ou oligos de DNA fixados (sondas), os cDNAs marcados hibridarão se forem complementares a alguns *spots*. Quanto mais um determinado gene for expresso, mais cDNAs marcados existirão, logo, mais hibridações ocorrerão, gerando um sinal mais intenso no *spot* daquele gene, o qual é captado por uma câmera de vídeo CCD (*charge couple device* ou dispositivo de carga acoplado) e convertido em uma imagem, que compreende quanto cada *spot* apresenta de sinal. Todo esse processo pode ser conduzido com algumas dezenas de genes fixados a uma membrana (macroarranjos), ou a milhares de genes fixados em uma lâmina de vidro (microarranjo), hibridados com duas populações de cDNAs marcadas com diferentes fluorescências (geralmente uma que emite cor vermelha e outra, verde) captadas por microscopia de fluorescência a *laser*, em função dos diferentes níveis de expressão de cada gene (Figura 11.4).

Utilizando diferentes marcações, é possível hibridar, no mesmo suporte, diferentes amostras. Assim, é possível acessar o impacto de um tratamento específico, de fatores ambientais, dos estágios de desenvolvimento e efeitos na expressão global de todos os genes em um transgênico, por exemplo. Também é possível realizar um comparativo entre amostras de tecidos sadios e tecidos patológicos, a fim de encontrar genes que são diferencialmente expressos, melhoramento assistido por marcadores, e buscas de genes envolvidos em processos específicos. Assim essa ferramenta, desenvolvida em 1995 por Schena et al.[11], tornou-se uma metodologia muito bem-sucedida para a análise de transcriptoma.

11.2.5 Plataformas de sequenciamento de nova geração

O desenvolvimento de novos métodos de sequenciamento de DNA de alto rendimento (Figura 11.5), também denominados de *deep sequencing*, *parallel sequencing* ou sequenciamento de nova geração (*next generation sequencing* – NGS) proporcionou um novo método para a quantificação e o mapeamento de transcriptomas[18-20].

Este método, denominado RNASeq (RNA *sequencing*) ou sequenciamento de RNA, (embora o que seja sequenciado de fato sejam cDNAs), apresenta vantagens sobre as abordagens anteriormente descritas e está revolucionando a maneira pela qual transcriptomas eucariotos estão sendo analisados.

Atualmente, existem quatro tecnologias de sequenciamento de nova geração que são as mais comercializadas e popularizadas no Brasil, comumente denominadas de acordo com o nome da tecnologia envolvida ou dos fabricantes: pirosequenciamento (Roche-454), sequenciamento por síntese (Illumina), sequenciamento por ligação (SOLiD-Life Technologies),

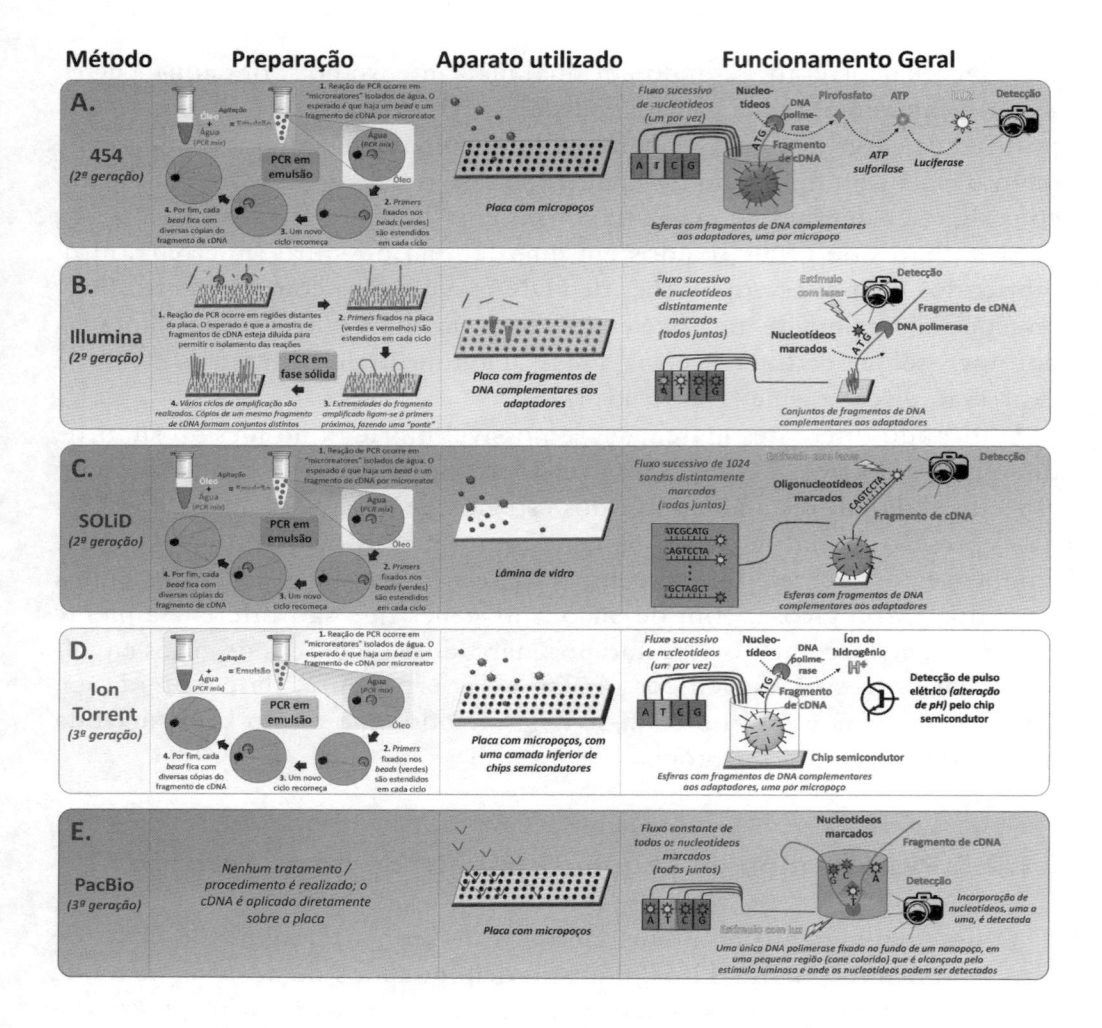

Figura 11.5 Esquema ilustrativo do funcionamento das técnicas de sequenciamento de alto rendimento (Next Generation Sequencing, NGS). As diferentes metodologias (5A, 454; 5B, Illumina; 5C, SOLiD; 5D, Ion Torrent; e 5E, PacBio) são apresentadas quanto à forma de preparação das amostras, ao aparato utilizado para o sequenciamento e ao funcionamento geral da técnica (neste último caso, é apresentado um esquema detalhado e amplificado do processo que ocorre em cada ponto/região do aparato utilizado).

sequenciamento em semicondutor (Ion Torrent-Life Technologies). Cada fabricante possui equipamentos com maior ou menor capacidade. Porém, mesmo os equipamentos menores têm uma capacidade muito maior que a tecnologia Sanger capilar possuía em termos de Mb geradas por horas. Além dessas, existem outras duas tecnologias, que podem ser chamadas de tecnologias de terceira geração, mas que ainda não estão disponíveis no Brasil:

Helicos-HeliScope e Pacific Biosciences SMRT (PacBIO), entre outras em fase experimental. Em comum, os sequenciadores de nova geração (NGS) produzem um alto número de leituras (*reads*), numa velocidade muito maior que os sequenciadores baseados no método de Sanger. As diferentes plataformas de NGS utilizam diferentes químicas para sequenciamento, cada uma com vantagens e desvantagens (Tabela 11.2), por exemplo, o pirosequenciamento do sistema Roche-454, se traduz em leituras longas (*long reads*), porém podem ocorrer erros de sequenciamento em homopolímeros (repetição da mesma base nucleotídica, em geral por mais de oito vezes); o Illumina e o SOLiD têm *reads* menores que do 454-GS-FLX, porém têm uma profundidade de dados maiores.

Os avanços das plataformas de NGS começam a partir do preparo da amostra, passando pela química e detecção, sendo que cada tecnologia utiliza diferentes metodologias.

Numa análise de sequenciamento em larga escala baseada na tecnologia de Sanger havia um grande limitante, que era a necessidade de se clonar os DNAs (ou cDNAs) em bactéria para que cada distinta molécula de DNA fosse isolada das demais na população e amplificada. Assim, cada clone da biblioteca era tratado individualmente e submetido a uma reação de sequenciamento individual. Por mais que se fizesse isso em placas com 96 ou 384 amostras, cada reação continua ocorrendo de forma individual. E isso é necessário, pois cada molécula sequenciada dá origem a fragmentos com síntese interrompida pela incorporação de nucleotídeos terminadores que têm que ser separados numa matriz de separação eletroforética (capilar).

Uma das maiores vantagens das plataformas de sequenciamento de segunda geração é a eliminação dos passos de clonagem *in vivo*, que são substituídos por amplificação baseada em PCR em larga escala[5]. Novas tecnologias, como o sequenciamento de terceira geração PacBio, podem ainda dispensar a etapa de amplificação por PCR.

A seguir, descrevemos os princípios que norteiam as principais plataformas de sequenciamento de nova geração, considerando como *input* ou entrada moléculas de DNA, mas, como veremos a seguir, as mesmas técnicas podem ser aplicadas para o estudo de RNAs convertidos em cDNAs.

Na plataforma 454/Roche, são ligados a adaptadores distintos (A e B) em suas extremidades 5'e 3', por meio do pareamento com sequências curtas complementares presentes na superfície de microesferas. Um único fragmento de DNA se liga a uma determinada microesfera, e as microesferas são capturadas individualmente em gotículas oleosas nas quais ocorre uma PCR (PCR em emulsão). Como então cada molécula encontra-se isolada das demais na gotícula oleosa, o PCR incorrerá na amplificação clonal de cada molécula de DNA individualmente, mas em paralelo no mesmo tubo, isolado na gotícula. Após alguns passos para purificação das microesferas que contêm o produto amplificado, estas são depositadas individualmente em poços no suporte de sequenciamento. O sequenciamento é realizado pela adição consecutiva de cada um dos 4 nucleotídeos, um de cada vez, sempre repetindo a mesma ordem. Se ocorrer a incorporação desse nucleotídeo na sequência complementar ao DNA molde, ocorre a liberação de um pirofosfato, esse pirofosfato é convertido para ATP pela enzima ATP sulfurilase, e o ATP produzido é utilizado pela enzima luciferase para oxidar a luciferina, produzindo um sinal de luz. Esse sinal luminoso é capturado por uma câmera CCD acoplada ao sistema, sendo que a intensidade desse sinal corresponde ao número de nucleotídeos incorporados (Figura 11.5A)[5,21-23].

A plataforma Ion Torrent, é muito semelhante às etapas descritas acima. Após a fragmentação do DNA e a PCR de emulsão, uma reação de sequenciamento por síntese é realizada, sendo que a cada ciclo são disponibilizados nucleotídeos, um de cada vez, para serem incorporados. A diferença está no método de detecção, que não se baseia em emissão de fluorescência e sim na liberação de íon H^+ após a incorporação do nucleotídeo. Como a reação ocorre sobre um semicondutor, a diferença de pH resultante da liberação desse íon é detectada e interpretada como sinal de incorporação do nucleotídeo disponibilizado no ciclo em questão (Figura 11.5D)[22,23].

O início do sequenciamento das plataformas Illumina é semelhante, com a fragmentação do material a ser sequenciado (DNA ou RNA) e a adição de adaptadores A e B em ambas as extremidades. Porém, as diferenças se iniciam na amplificação: as moléculas de DNA fitas simples são aderidas por afinidade a um suporte sólido onde estão também aderidos em alta densidade oligonucleotídeos complementares aos adaptadores A e B. Usando-se então como iniciador um desses oligos (exemplo, oligo A), a molécula de DNA é amplificada com o uso de uma polimerase. A fita recém-sintetizada irá conter em sua extremidade 3' a sequência complementar ao outro oligo (B), de forma que ela se ligará ao oligo B presente no suporte, formando uma estrutura em ponte. Após diversos ciclos, são obtidos *clusters* de moléculas idênticas ligadas ao suporte sólido. A reação de sequenciamento é realizada com a oferta de quatro nucleotídeos marcados com fluorescências diferentes. Um dos nucleotídeos marcados será incorporado e, assim, será gerado um sinal distinto específico que é captado por dispositivo de leitura. Porém, esses nucleotídeos são bloqueados quimicamente, de forma que a polimerase usada no processo adiciona apenas um nucleotídeo e, então a reação é interrompida a cada ciclo. Uma reação química desbloqueia o nucleotídeo após a detecção pelo aparato e o ciclo seguinte pode ser iniciado (Figura 11.5B)[5,21-23].

A plataforma SOLiD/Applied Biosystem é baseada numa amplificação por PCR em emulsão, tal como no 454 e no Ion Torrent, seguida da adição de oligonucleotídeos marcados com corante fluorescência de sequência aleatória, mas com duas posições conhecidas. A reação de sequenciamento é denominada "síntese por ligação" e difere das demais por ser catalisada por uma DNA ligase e não por uma polimerase; ou seja, o sequenciamento é feito por meio da incorporação sucessiva de oligonucleotídeos (que são unidos pela ligase). Um conjunto de 1.024 sondas é utilizado em cada etapa de hibridação, sendo que as sondas competem entre si para hibridar na sequência molde. Caso uma das sondas seja complementar ao cDNA, ela é ligada à cadeia crescente de DNA. O sinal de fluorescência é detectado a cada etapa e, em seguida, uma parte da sonda é clivada. Múltiplos ciclos são realizados até que o cDNA-alvo seja todo coberto. Este processo se reinicia, porém a posição inicial de hibridação do primeiro *primer* varia, para assegurar que as posições conhecidas de cada oligonucleotídeo tenham coberto todo o fragmento de cDNA que se quer sequenciar (Figura 11.5D).

A tecnologia PacBio/Pacific Bioscience, denominada *single molecule real time sequencing* (SMRT), pode ser classificada como uma terceira geração de plataforma para o sequenciamento. Nessa plataforma não existe a etapa de amplificação, o DNA molde é quebrado em fragmentos grandes (250 bp a 10 Kbp de comprimento) e em suas extremidades são ligados adaptadores. Os adaptadores unem as pontas dos fragmentos de DNA de fita dupla, gerando formas circulares que servirão como moldes no qual a polimerase que está imobilizada vai sintetizar uma nova cadeia. O sequenciamento ocorre em células SMRT (SMRT *cells*), cada uma contendo 150 mil "poços" – *zero-mode waveguides* (ZMWs). Os ZMWs são iluminados por um *laser* capaz de detectar a adição de bases marcadas com diferentes fluorescências. Assim, a DNA polimerase encontra-se imobilizada na parte inferior das ZMW, de forma que, quando os nucleotídeos são incorporados, um sinal luminoso é detectado em tempo real da síntese da nova molécula, sem interrupções (Figura 11.5E). Uma corrida contendo múltiplas passagens em torno desse molde circular pode ser condensada em uma sequência consenso de maior precisão[22-24].

Para maiores detalhes sobre as tecnologias NGS, sugerimos a leitura de Metzker, M 2010[22].

Tabela 11.2 Comparativo entre as plataformas NGS

EMPRESA	PRINCÍPIO DE SEQUENCIAMENTO	PLATAFORMA	TAMANHO DA LEITURA (READ, EM PARES DE BASE)	TEMPO DA CORRIDA	RENDIMENTO POR CORRIDA	CUSTO DO EQUIPAMENTO*	VANTAGEM	DESVANTAGEM
Roche	Pirosequenciamento	454 GS FLX+	700 pb	23 horas	0,7 GB	\$\$	Alto rendimento, leituras longas, pouco tempo de corrida, média cobertura.	Tempo de preparação em bancada longo, custo de reagentes alto, muitos erros em regiões de homopolímero.
		454 GS Junior	400 pb	10 horas	0,035 GB	\$	Leituras longas, pouco tempo de corrida.	
Illumina	Sequenciamento por síntese	Hi-Seq 2500/1500	36 pb /50 pb/100 pb	2 a 12 dias	600 GB	\$\$\$	Rendimento extremamente alto.	Tempo de corrida elevado, instrumento caro.
		Genome Analyzer IIx	36 pb/50 pb/75 pb/100 pb	2 a 14 dias	95 GB	\$\$	Alto rendimento, a plataforma mais usada.	Baixa capacidade de trabalho com múltiplas amostras.
		Mi-Seq	25 pb /36 pb/100 pb/150 pb/250 pb	4 a 27 horas	8,5 GB	\$	Bom custo benéfico, pouco tempo de corrida, pouco tempo de preparo na bancada, alta cobertura.	Leituras curtas.
Life-Tecnologies	Sequenciamento por ligação	SOLiD 5500	75 pb + 35 pb	7 dias	90 GB	\$\$	Alto rendimento, menor custo de reagentes.	Leituras muito curtas que aumentam o custo e a dificuldade de montagem.
		SOLiD 5500 xl	75 pb + 35 pb	7 dias	90 GB	\$\$\$	Rendimento extremamente alto, menor taxa de erro.	Custo e dificuldade de montagens.
	Detecção de prótons	Ion Proton	Até 200 pb	2 horas	10 GB/100 GB	\$\$	Pouco tempo de corrida	Tempo de preparo em bancada longo, alto custo em reagentes, alta taxa de erros em homopolímeros.
		Ion PGM	35 pb/200 pb/400 pb	2 horas	2 GB	\$	Menor tempo de corrida, menor custo por amostra.	

EMPRESA	PRINCÍPIO DE SEQUENCIAMENTO	PLATAFORMA	TAMANHO DA LEITURA (READ, EM PARES DE BASE)	TEMPO DA CORRIDA	RENDIMENTO POR CORRIDA	CUSTO DO EQUIPAMENTO*	VANTAGEM	DESVANTAGEM
Helicos Biosciences	Sequenciamento de molécula única – *Single molecule Sequencing*	Heliscope	25 pb a 55 pb	8 dias	37 GB	$$$	Tecnologia natural de amplificação de uma única molécula, sem viés de representação do *template* do genoma.	Instrumento caro, leituras curtas que geram custo e dificuldade de montagens, altas taxas de erros.
Pacific Biosciences	Sequenciamento de molécula única em tempo real – *Single molecule sequencing Real Time, SMRT*	PacBio RS	Média 3.000 pb	2 horas	13 GB	$$$	Tempo de corrida curto, leituras extremamente longas, baixo custo de reagente e preparo da amostra simples.	Altas taxas de erros, equipamento de custo elevado e de difícil instalação.

* $ até 200 mil dólares; $$ de 200 mil a 500 mil dólares; $$$ acima de 500 mil dólares.

11.2.6 RNAseq

Embora haja diferenças entre as plataformas, independentemente do princípio de sequenciamento os NGS reduziram tremendamente o custo e a complexidade experimental do sequenciamento de DNA em larga escala. Dessa forma, logo passaram a serem usados nas análises transcriptomas, na medida em que possuem uma melhor cobertura dos transcritos do que as tecnologias de sequenciamento anteriores.

Para elucidar um transcriptoma por RNAseq, uma população de RNA (total ou fracionada, tal como poli (A)$^+$) é convertida em uma biblioteca de fragmentos de cDNA, com adaptadores ligados a uma ou ambas as extremidades. Os métodos comumente utilizados incluem a fragmentação de RNA (hidrólise de RNA ou nebulização) e fragmentação de cDNA (tratamento com enzimas e/ou sonicação), seguido da ligação dos adaptadores. Cada molécula, com ou sem amplificação, é então sequenciada utilizando os sequenciadores de segunda geração; obtêm-se sequências curtas (*short reads*) nas plataformas Illumina e SOLiD, médias no Ion Torrent, ou sequências mais longas (*long reads*) com a plataforma Roche-454. Essas sequências podem ser de uma única extremidade (sequenciamento *single-end*) ou ambas as extremidades (sequenciamento *pair-end*) (Figura 11.6). As leituras ou *reads* são tipicamente de 35 pb (*short reads*) a 700 pb (*long reads*), dependendo da tecnologia de sequenciamento utilizada[25].

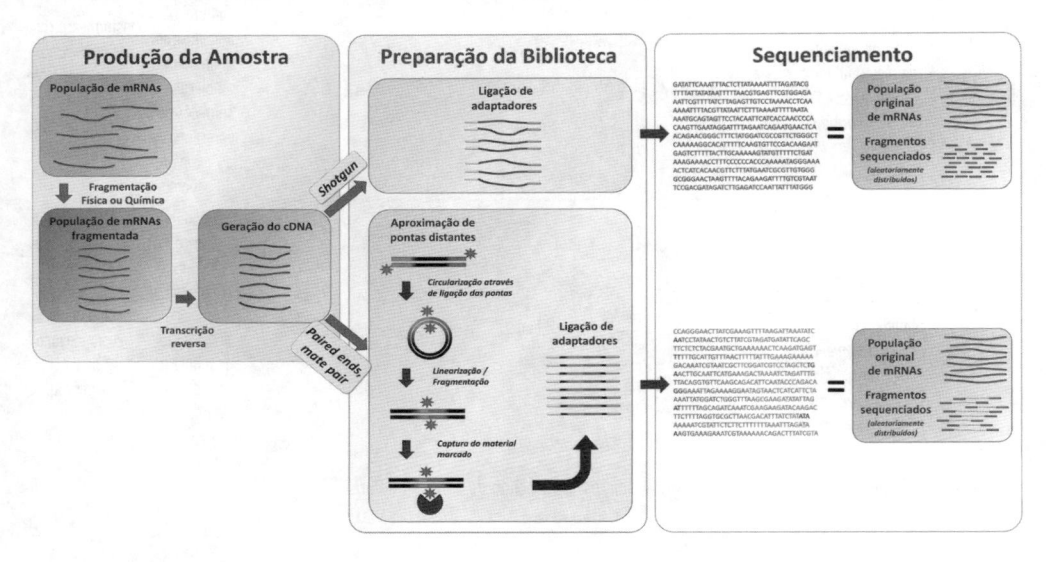

Figura 11.6 Preparação de bibliotecas para RNAseq. Os fragmentos podem ser diretamente ligados aos adaptadores (parte superior da etapa de preparação da biblioteca) ou então suas pontas podem ser previamente aproximadas e ligadas (parte inferior da etapa de preparação da biblioteca), permitindo que seja incorporada uma informação de distância entre dois fragmentos ao resultado de sequenciamento obtido.

O preparo da biblioteca para o RNAseq envolve várias fases de manipulação, as moléculas maiores de RNA têm de ser fragmentadas em segmentos pequenos (200 pb a 800 pb), para serem compatíveis com a maioria das tecnologias de sequenciamento NGS.

Algumas manipulações durante a construção da biblioteca também podem complicar a análise do RNA-seq, por exemplo, a partir de bibliotecas de cDNA podem ser obtidos muitos *short reads* idênticos que podem ser um verdadeiro reflexo de RNAs abundantes, ou podem ser artefatos da PCR utilizada no preparo da biblioteca. Uma forma de distinguir entre essas possibilidades é determinar se as mesmas sequências são observadas em diferentes réplicas biológicas[25].

Após o sequenciamento, as leituras do RNAseq com alta qualidade são selecionadas e mapeadas a um genoma referência (se existente), ou montadas em consensos *de novo* para revelar a estrutura de transcrição (Figura 11.7); para isso, existem diversos *softwares* de mapeamento, sendo que alguns *softwares* são vinculados aos equipamentos sequenciadores. Mas os maiores desafios, em se tratando de RNAseq, dizem respeito às análises computacionais, que incluem a capacidade de processamento e armazenamento da grande quantidade de dados gerados. O fluxograma básico para análise de bioinformática dos dados gerados por RNAseq encontra-se descrito na Figura 11.8.

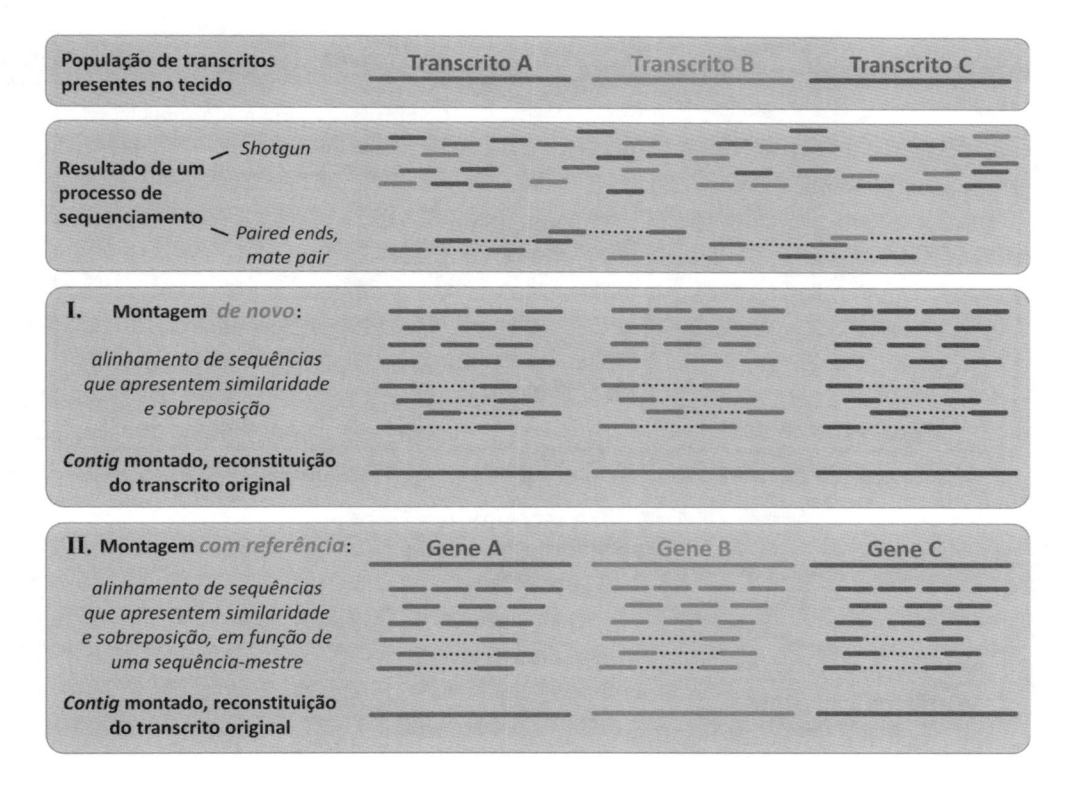

Figura 11.7 Descrição das etapas de montagem dos contigs, a partir dos fragmentos sequenciados. O alinhamento das diversas sequências produzidas (a partir de sobreposição de trechos comuns) permite que as sequências dos transcritos originais sejam deduzidas. O alinhamento e montagem podem ser feitos sem nenhuma referência ou informação prévia (neste caso, chamado "de novo") ou pode ser feito usando as informações de uma referência previamente sequenciada (neste caso, chamado "com referência").

Análise de RNAseq *de novo*

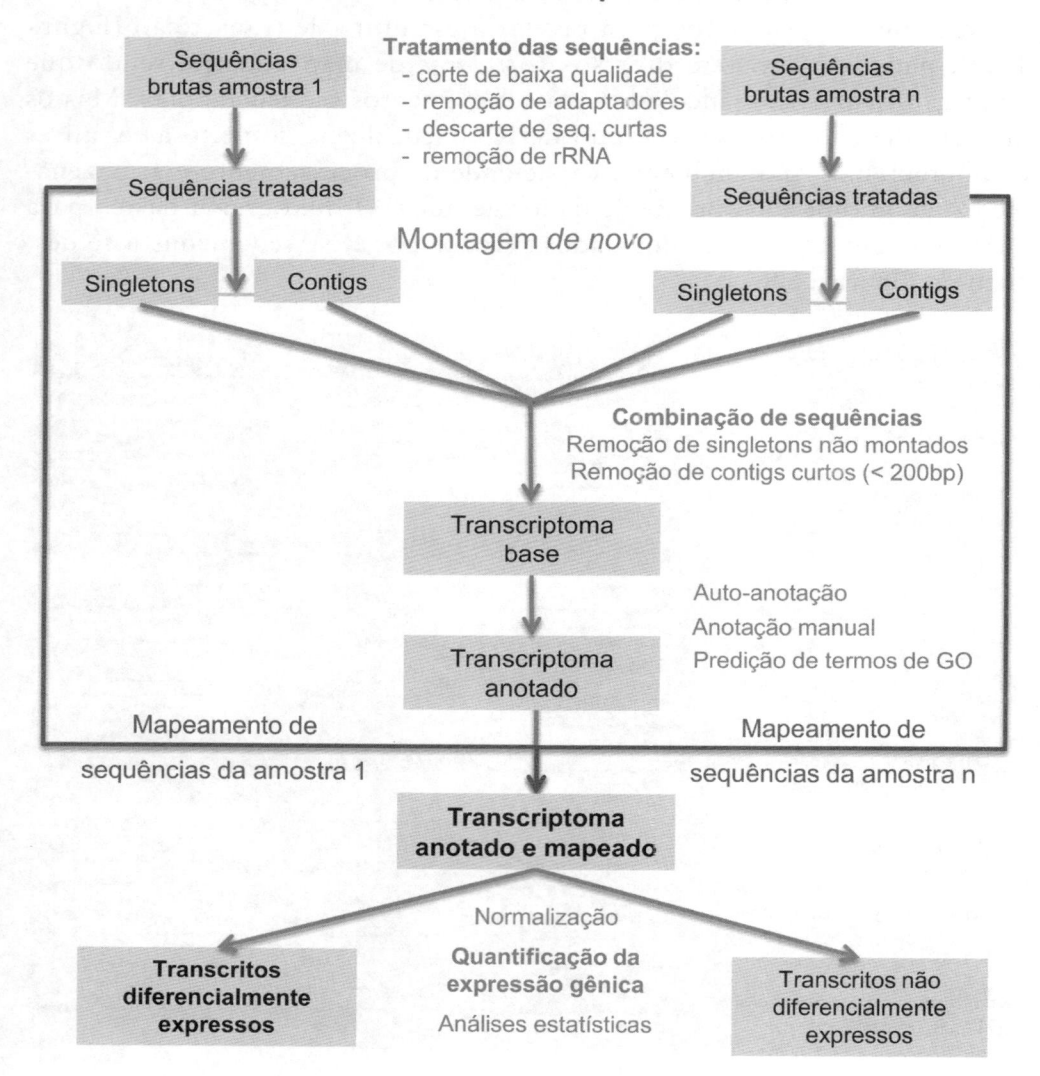

Figura 11.8 Fluxo da análise, por bioinformática, de RNAseq "de novo".

Ao contrário de abordagens baseadas em hibridação, o RNAseq não está limitado à detecção de transcritos que correspondem à sequência genômica existente. Isto faz com que o RNAseq seja particularmente atraente para organismos não modelo, com sequências genômicas que estão ainda a ser determinadas.

O RNAseq pode revelar variações na sequência com diferenças em uma única base, por exemplo SNPs. Além disso, sequências curtas *short reads* de RNAseq podem dar informações sobre como dois éxons estão conectados, enquanto *long reads* ou *short reads pair-end* podem revelar a conectividade entre vários éxons.

Esses fatores tornam RNAseq útil para estudar transcriptomas complexos. Além disso, os resultados de RNAseq tem uma boa acurácia para quantificação de expressão gênica e permitem que todo o transcriptoma seja elucidado com um alto rendimento, de maneira quantitativa e, muitas vezes, a um custo muito mais baixo do que os *arrays* ou sequenciamento de ESTs.

Em linhas gerais, o protocolo para o RNAseq passa pelas seguintes etapas:

- **Extração de RNA total** de uma determinada amostra ambiental ou conjunto de células (o produto final dessa extração contém mRNA, RNA transportador – tRNA, RNA ribossomal – rRNA e microR-NAs). Em geral utilizam-se kits para a extração, como RiboPure Bacteria Kit (Ambion) para amostras bacterianas e RNA PowerSoil Total RNA Isolation Kit (MoBio) para amostras de solo. Entre a coleta e o processamento, as amostras podem ser conservadas em solução estabilizadora, para manter a integridade do RNA (como RNAlater RNA Stabilization Reagent – Qiagen).
- **Enriquecimento de mRNA,** etapa na qual é feita a remoção de rRNAs, tRNAs e outros pequenos RNAs. Pode ser realizada por meios físicos (tamanho de fragmentos) e/ou químicos (digestão sítio-específica, poliadenilação preferencial de mRNA ou hibridação magnética). Exemplos: MICROBExpress Kit (Ambion), MEGACleas Kit (Ambion), RiboMinus Bacteria Transcriptome Isolation Kit (LifeTechnologies).
- **A síntese de cDNA** pode ser realizada por meio da sequência de poli-A na extremidade 3' presente nos mRNAs de eucariotos e uso de *primers* poli-T; ou por meio de *primers* randômicos (mais comum). Após a síntese de cDNA, adaptadores específicos são ligados às extremidades dos fragmentos, de acordo com cada fabricante.
- **Sequenciamento** utilizando as plataformas comerciais disponíveis, como 454-Roche, Illumina, Ion Torrent e SOLiD (Life Tecnologies) etc. Deve-se seguir o protocolo-padrão de cada fabricante.
- **Análise por bioinformática,** na qual são aplicados filtros de qualidade de sequências. Os adaptadores das sequências são removidos, as

leituras são alinhadas frente a uma referência ou então montadas *de novo*. O tratamento das sequências e alinhamento são feitos por meio de *softwares* e ferramentas computacionais, tais como Trinity, trasm- -abySS, Oases, Bowtie/Bowtie2, TopHat, HTseq, Cufflinks, DEseq, BaySeq e edgeR. Alguns programas que contêm essas ferramentas são adquiridos juntamente com o equipamento NGS, outros estão disponíveis comercialmente. Por fim, é realizada uma análise comparativa com transcritos e proteínas já descritos e disponíveis nos bancos de dados públicos para identificação dos transcritos.

11.3 APLICAÇÕES DO ESTUDO DE TRANSCRIPTOMAS

Os dados de um transcriptoma, obtidos por meio das mais diversas tecnologias, podem fornecer conhecimento de vias metabólicas, rotas de sinalização, interação patógeno-hospedeiros etc. Essas informações podem ser úteis na elucidação de doenças e para fins biotecnológicos, tais como alvos terapêuticos ou candidatos vacinais. Veremos a seguir alguns exemplos de estudos de transcritos no Brasil e no mundo.

11.3.1 Transcriptoma do *Schistosoma mansoni*

Uma importante análise realizada no Brasil, utilizando a abordagem transcriptômica, foi o sequenciamento do transcriptoma do verme parasita *Schistosoma mansoni*[26]. Este platelminto é responsável pela esquistossomose, uma doença incapacitante e potencialmente fatal que ocorre predominantemente em países em desenvolvimento. Esse parasita tem a capacidade de evadir o sistema imune, dificultando o desenvolvimento de uma vacina. A descoberta de novos antígenos por meio de dados de transcriptoma tem o potencial de contribuir para o desenvolvimento de uma eventual vacina, o que vem sendo o objeto de estudo de alguns grupos de pesquisadores no Brasil e no mundo.

O esquistossomo passa por diversas etapas de desenvolvimento em seu ciclo de vida e habita diferentes ambientes, incluindo dois hospedeiros, o caramujo *Biomphalaria sp* e humanos, sendo que, em humanos, é capaz de se desenvolver em diversos órgãos. Sendo assim, as características morfológicas, bioquímicas e imunogênicas variam em cada situação. Portanto, além da investigação para descobrir quais são os possíveis antígenos do

Schistosoma, é de grande interesse o conhecimento do conjunto de antígenos expressos em cada uma das fases do ciclo de vida e em cada tecido infectado.

Em 2003 o transcriptoma desse verme foi investigado por meio de geração de ESTs e ORESTES, sendo que a biblioteca de cDNA foi gerada com amostras das diversas fases: adultos (machos e fêmeas), ovos, miracídeos, esporocistos, cercárias e esquistossômulos. As sequências dessas bibliotecas foram agrupadas em 31 mil *clusters*, denominados de SmAEs (*S. mansoni assembled EST sequences*). A partir desses dados foram estimados 14 mil genes prováveis para essa espécie, sendo 7 mil genes expressos na fase adulta, dados esses confirmados por SAGE a partir da biblioteca de verme adulto[26].

Na comparação com o banco de dados disponíveis na época, observou-se que 7 mil dos SmAEs possuíam homólogos já descritos, e por volta de 24 mil SmAEs correspondiam a transcritos inéditos. A partir de suas identidades traçou-se um perfil de quais genes eram expressos em cada fase do esquistossomo, obtendo-se indicativos de vias metabólicas, rotas de sinalização, da interação célula-célula, da interação patógeno-hospedeiro etc.

Com os dados do transcriptoma do *Schistosoma*, foi possível caracterizar genes envolvidos em funções específicas deste verme, como, por exemplo, moléculas envolvidas com a adesão e interação célula a célula e genes envolvidos com a morfogênese, como na orientação anteroposterior e dorsoventral. No contexto da variação antigênica, não foram encontradas evidências de famílias de genes com alto grau de variação quando o transcriptoma de *Schistosoma* foi comparado com o de *Plasmodium*, mas foram identificados 449 novos possíveis parálogos. Esses possíveis parálogos/isoformas poderiam representar a redundância de funções e a perda de enzimas essenciais que poderiam ser alvo do sistema imune, o que pode dificultar o desenvolvimento de vacinas. De fato, alguns desses genes descobertos são parálogos de antígenos que já haviam sido investigados como candidatos vacinais. Porém, vale destacar que foram identificados outros candidatos vacinais usando a caracterização por ontologia de genes, tais como um ortólogo da proteína de *Plasmodium*, expresso em *Schistosoma* adulto, um ortólogo de uma proteína da parede celular rica em treonina de *S. cerevisae* e receptores hormonais que podem estar acessíveis ao sistema imune.

Um dos maiores benefícios do transcriptoma de *Schistosoma* foi a identificação de novos alvos terapêuticos: parálogos das subunidades do canal de cálcio (alvo do praziquantel e ciclofilina), inexinas e DNA polimerase, por exemplo.

Em resumo, o transcriptoma de *Schistosoma* identificou 28 candidatos vacinais e 46 novos alvos terapêuticos e criou um vasto campo para o estudo pós-transcriptômico, que inclui o estudo da resposta imune gerada pelos antígenos. Estes estudos, feitos experimentalmente em animais, indicam se o antígeno é capaz de ativar o sistema imune e gerar proteção contra esse verme, o que pode levar ao desenvolvimento de uma vacina contra a esquistossomose.

11.3.2 Transcriptoma da glândula de veneno da aranha *Loxosceles laeta*

O estudo do transcriptoma da glândula de veneno de aranha marrom, *Loxosceles laeta*, utilizando a abordagem de EST, foi realizado no Brasil[27] e forneceu uma primeira visão global do cenário de expressão gênica da glândula de veneno deste artrópodo.

As aranhas pertencentes ao gênero Loxosceles são responsáveis por envenenamento na América do Sul, Norte e Austrália. Podem induzir uma variedade de sintomas, incluindo dermonecrose, trombose, derrame vascular, hemólise e inflamação persistente.

No local do envenenamento, inicialmente há um desconforto e começa uma área de expansão de eritrema e edema. Após 8 a 24 horas ocorre uma úlcera necrótica, com uma extensa destruição tecidual, que leva muitos meses para curar e, em casos extremos, há necessidade de enxerto de pele. As lesões são provocadas por apenas alguns décimos de um microlitro de veneno, contendo não mais do que 30 μg de proteína. Efeitos sistêmicos leves induzidos pelo envenenamento, como febre, mal-estar e prurido, são comuns, enquanto a hemólise intravascular e a coagulação, às vezes acompanhada por trombocitopenia e insuficiência renal, ocorrem em cerca de 16% das vítimas[27]. Para um tratamento eficaz, é necessário uma vasta compreensão do mecanismo de ação do veneno, sendo assim um grupo brasileiro em 2008[27], propôs um estudo para investigar a complexidade molecular da glândula de veneno de *Loxosceles*, por meio da análise do repertório de transcritos utilizando, como estratégia, a abordagem das etiquetas de sequência expressa – ESTs.

Foram geradas 3.008 ESTs, agrupadas em 1.357 conjuntos, dos quais 16,4% do total de ESTs relacionadas a toxinas conhecidas, sendo as esfingomielinases D, os transcritos mais abundantes. Essa alta representatividade indicou que essa toxina é a responsável principal pelas reações sistêmicas e locais do veneno. Ainda, 14,5% de outros transcritos poderiam codificar para proteínas que pudessem agir como toxinas, pois apresentaram altas similaridades com sequências do GenBank, correspondentes a neurotoxinas, metaloprotases, serinoproteases, hialuronidases, lipases, lectinas tipo C, cisteína peptidases e inibidores enzimáticos. Também revelou a existência de transcritos relacionados à atividade de outros venenos, incluindo proteínas salivares, quitinases e alérgenos de venenos.

A abordagem de EST para o estudo do transcriptoma da glândula de veneno de *L. laeta* revelou pela primeira vez o repertório de transcritos da glândula de veneno de aranha, indicando as bases moleculares da composição do veneno, demonstrando uma ampla variação de moléculas estruturais e funcionais da glândula de *Loxosceles,* e abriu um vasto campo de estudos para os mecanismos de ação dessas proteínas e para o descobrimento de moléculas com potencial biotecnológico. Com este conhecimento, a toxina principal foi clonada, produzida na forma recombinante e apresentou atividade funcional. Confirmou que a esfingomielinase D é a principal toxina dermonecrótica do veneno. Com a toxina recombinante, produziu-se em cavalos soro capaz de neutralizar a atividade tóxica do veneno. Assim, abriu-se a possibilidade de produção de soro antiveneno utilizando toxinas produzidas de forma recombinante. A importância deste estudo é a oportunidade de produção deste imunobiológico para o tratamento do envenenamento por picada desta aranha. É um produto de interesse em saúde pública de difícil produção, em função da escassez do veneno. Com isto, a toxina principal pode ser produzida por tecnologia de DNA recombinante a partir de informações geradas, inicialmente por estudos transcriptômicos, e substituir o veneno na imunização dos cavalos.

11.3.3 Transcriptoma aplicado ao câncer

Após o completo sequenciamento do genoma humano em 2001, muitos pesquisadores começaram a utilizar essa informação para uma melhor compreensão da genética e dos efeitos epigenéticos que ocorrem durante a iniciação, desenvolvimento e progressão do câncer. Complementando o estudo do genoma de alguns tipos de tumores, o transcriptoma tem ajudado na elucidação dos processos biológicos que ocorrem nos diversos tipos de cânceres, contribuindo, inclusive, para os estudos que objetivam propor novas terapias.

Entre os tumores, o câncer de pulmão é a causa mais comum de mortes associadas a câncer[28]. Em 2012, Liu[29] e colaboradores utilizaram a tecnologia de NGS, combinando análises do sequenciamento genômico e RNAseq a dezenove linhagens de células de câncer de pulmão e três pares de amostras de tecidos de pulmão tumoral/normal, a fim de obter detalhes e uma visão compreensiva dos transcriptomas característicos de cada situação.

O sequenciamento foi realizado na plataforma Illumina-GAIIx, utilizando o protocolo-padrão para *paired-end*. As leituras foram alinhadas contra o genoma humano de referência. Para quantificar o nível de expressão gênica, foi calculado o número de *reads* mapeados nos éxons de cada sequência gênica de referência (RefSeq)[29].

Os dados mostram que amostras de tumores de fumantes e não fumantes apresentam padrões distintos de mutações e uma série de reguladores epigenéticos, incluindo KDM6A, ASH1L, SMARCA4 e ATAD2. Essas diferenças estão frequentemente associadas a mutações ou alterações no número de cópias dos genes. Foram ainda identificadas 106 mutações em junções de *splicing* alternativos que foram associadas ao câncer, e ainda foi encontrada uma isoforma de RAC1 GTPase, a RAC1b, que contém um éxon adicional e que tem seu nível de expressão aumentado em câncer de pulmão. A expressão da isoforma RAC1b, dado o seu potencial para influenciar a atividade da via RAS-MEK-ERK, pode influenciar a resposta de linhagens celulares a drogas que tem como alvo esta via. Essa hipótese foi testada com um painel de linhagens celulares responsivas a PD-0325901, uma pequena molécula inibidora de MAP-quinases ativadas por mitógenos (MAP2K ou MEK, incluindo MAP2K1 e MAP2K2). Interessantemente, as linhagens celulares que eram sensíveis ao PD-0325901 tinham um nível de expressão da isoforma RAC1b aumentada, embora não tenham sido observadas diferenças no padrão de expressão de RAC1. Isso sugere que a expressão da isoforma RAC1b pode ser usada como um biomarcador para a resposta de PD-0325901.

Esse estudo, além de identificar um potencial biomarcador terapêutico, também forneceu caracterizações detalhadas das linhagens celulares de câncer de pulmão. A grande quantidade de dados experimentais obtidos representam recursos muito valiosos para o conhecimento da biologia do câncer.

Ainda, em se tratando de câncer de pulmão, Govindan e colaboradores[30] publicaram em 2012 o resultado do genoma e transcriptoma de tecidos tumorais e tecidos normais adjacentes ao tumor de dezessete pacientes. O tipo de tumor analisado foi aquele detectado no câncer de pulmão de células não pequenas (*non small cell lung cancer* – NSCLC). Por meio do sequenciamento genômico e de RNAseq, realizados na plataforma HiSeq--Illumina, foram identificados 3.726 mutações pontuais e mais de noventa *indels* (inserções ou deleções) na sequência de codificação, com uma frequência de mutação média mais de dez vezes maior em fumantes do que em não fumantes. Também foram identificadas novas alterações em genes envolvidos na modificação da cromatina e vias de reparo de DNA. Ainda foi visto que vias do ciclo celular e JAK-STAT são significativamente alteradas no câncer de pulmão, além de perturbações em 54 genes que são alvos potenciais das drogas atualmente disponíveis. Alvos terapêuticos também foram propostos a partir de dados de transcriptoma para adenocarcinomas com a administração de drogas que levaram a uma estabilidade do tumor por três meses até o aparecimento de novas lesões[31].

Outro avanço na medicina, no que diz respeito à genômica e à transcriptômica do câncer, é o fato de tais tecnologias estarem se tornando ferramentas para uma medicina personalizada, com um impacto direto na clínica médica. Em 2011, Wartman, um oncologista da Universidade de Washington portador de leucemia linfoblástica aguda, teve uma recaída após receber tratamento com quimioterápicos. Elaine Mardis e Timothy Ley haviam analisado o genoma e o transcriptoma do tumor de Wartman. Os dados do sequenciamento do genoma mostraram que, das muitas das mutações encontradas, nenhuma era conhecida como alvo terapêutico. Contudo, somente o estudo do transcriptoma revelou uma quantidade aumentada no nível de expressão de um gene, o FLT3 (FMS-*like tyrosine kinase 3*), um receptor tirosina-quinase que participa do processo de crescimento, desenvolvimento e proliferação celular. O grupo de Mardis havia desenvolvido um banco de dados que cruza dados gênicos com drogas inibidoras de expressão gênica-específicas. Por meio da busca nesse banco foi possível encontrar uma droga inibidora da transcrição de FLT3. A droga já era licenciada para o tratamento de câncer de rim e foi utilizada para o tratamento da leucemia linfoblástica aguda de Wartman, o que levou à total remissão do tumor[32].

Inúmeros outros tumores estão sendo estudados por meio do transcriptoma para um melhor entendimento das bases moleculares dessa doença e para a busca de alvos moleculares que possam auxiliar no tratamento[33-37].

11.4 CONCLUSÕES E PERSPECTIVAS FUTURAS

O descobrimento da transcriptase reversa possibilitou o estudo dos mRNAs, por meio da possibilidade de obtenção de uma molécula de cDNA correspondente a cada mRNA produzido. O conjunto de cDNAs é a base dos estudos de transcriptomas, que vão desde o sequenciamento de ESTs e suas variações (nesse caso, bibliotecas de cDNAs são o alvo do sequenciamento), passando pelos arranjos/hibridizações, até a mais recente abordagem, o RNAseq, que está revolucionando as análises globais dos transcritos.

A era genômica revolucionou a biologia molecular e a biotecnologia, enquanto a transcriptômica complementou a genômica de modo a interligar a informação – os genes – com a ação – as proteínas. Cabe lembrar que os transcritos nem sempre são decodificados em proteínas, pois também podem funcionar como importantes reguladores da expressão gênica.

As recentes tecnologias de NGS têm permitido uma análise cada vez mais abrangente do transcriptoma, que está sendo associado aos dados de genoma, e juntos geram quantidades imensuráveis de dados, numa velocidade extremamente alta e com uma grande acurácia. A alta quantidade de dados gerados está demandando cada vez mais um alto desempenho computacional e formação de pessoal especializado para que as análises sejam feitas.

Além disso, outras tecnologias estão sendo paralelamente combinadas, como proteômica, entre outras, permitindo uma visão global da complexidade de um sistema biológico em todas as suas partes e no seu conjunto, de forma integrada e sistêmica, levando à elucidação de processos biológicos complexos, possibilitando o descobrimento de candidatos vacinais e alvos terapêuticos, que, por sua vez, podem levar a abordagens biotecnológicas importantes, tais como o desenvolvimento de vacinas e novas drogas.

A análise do transcriptoma por meio do RNAseq é uma importante ferramenta para o estudo de transcriptomas complexos, especialmente quando se quer identificar e traçar níveis de expressão gênica de isoformas de RNAs raros, por exemplo. Essa tecnologia vem substituindo os *microarrays* em muitas aplicações que envolvem a determinação da estrutura e dinâmica dos transcriptomas.

Em especial, o RNAseq e as novas abordagens transcriptômicas são cada vez mais importantes para a elucidação da biologia de doenças multigênicas, tais como diabetes, doenças neurológicas e cânceres que apresentam alta complexidade.

As atuais tecnologias de análise genômica e de transcriptômica estão levando ao desenvolvimento da medicina personalizada, que já está sendo aplicada em alguns países desenvolvidos e, futuramente, poderá ser difundida para toda a população mundial.

REFERÊNCIAS

1. Ho PL, Junqueira de Azevedo IdLM, Serrano SMdT. Genômica Transcriptômica e proteômica. In: Ulrich H, Colli W, Ho PL, Faria M, Trujillo CA, editors. Bases Moleculares da Biotecnologia. São Paulo: Roca; 2008. p. 125-52.

2. Temin HM, Mizutani S. RNA-dependent DNA polymerase in virions of Rous sarcoma virus. Nature. 1970;226(5252):1211-3.

3. Baltimore D. RNA-dependent DNA polymerase in virions of RNA tumour viruses. Nature. 1970;226(5252):1209-11.

4. Gubler U, Hoffman BJ. A simple and very efficient method for generating cDNA libraries. Gene. 1983;25(2-3):263-9.

5. Morozova O, Hirst M, Marra MA. Applications of new sequencing technologies for transcriptome analysis. Annu Rev Genomics Hum Genet. 2009;10:135-51.

6. Holley RW, Apgar J, Everett GA, Madison JT, Marquisee M, Merrill SH, et al. Structure of a ribonucleic acid. Science. 1965;147(3664):1462-5.

7. Alwine JC, Kemp DJ, Stark GR. Method for detection of specific RNAs in agarose gels by transfer to diazobenzyloxymethyl-paper and hybridization with DNA probes. Proc Natl Acad Sci USA. 1977;74(12):5350-4.

8. Sanger F, Nicklen S, Coulson AR. DNA sequencing with chain-terminating inhibitors. Proc Natl Acad Sci USA. 1977;74(12):5463-7.

9. Becker-André M, Hahlbrock K. Absolute mRNA quantification using the polymerase chain reaction (PCR). A novel approach by a PCR aided transcript titration assay (PATTY). Nucleic Acids Res. 1989;17(22):9437-46.

10. Adams MD, Kelley JM, Gocayne JD, Dubnick M, Polymeropoulos MH, Xiao H, et al. Complementary DNA sequencing: expressed sequence tags and human genome project. Science. 1991;252(5013):1651-6.

11. Schena M, Shalon D, Davis RW, Brown PO. Quantitative monitoring of gene expression patterns with a complementary DNA microarray. Science. 1995;270(5235):467-70.

12. Velculescu VE, Zhang L, Vogelstein B, Kinzler KW. Serial analysis of gene expression. Science. 1995;270(5235):484-7.

13. Margulies M, Egholm M, Altman WE, Attiya S, Bader JS, Bemben LA, et al. Genome sequencing in microfabricated high-density picolitre reactors. Nature. 2005;437(7057):376-80.

14. Cheung F, Haas BJ, Goldberg SM, May GD, Xiao Y, Town CD. Sequencing Medicago truncatula expressed sequenced tags using 454 Life Sciences technology. BMC Genomics. 2006;7:272.

15. Bainbridge MN, Warren RL, Hirst M, Romanuik T, Zeng T, Go A, et al. Analysis of the prostate cancer cell line LNCaP transcriptome using a sequencing-by-synthesis approach. BMC Genomics. 2006;7:246.

16. Buetow KH, Edmonson MN, Cassidy AB. Reliable identification of large numbers of candidate SNPs from public EST data. Nat Genet. 1999;21(3):323-5.

17. Dias Neto E, Correa RG, Verjovski-Almeida S, Briones MR, Nagai MA, da Silva W, et al. Shotgun sequencing of the human transcriptome with ORF expressed sequence tags. Proc Natl Acad Sci USA. 2000;97(7):3491-6.

18. Cloonan N, Forrest AR, Kolle G, Gardiner BB, Faulkner GJ, Brown MK, et al. Stem cell transcriptome profiling via massive-scale mRNA sequencing. Nat Methods. 2008;5(7):613-9.

19. Holt RA, Jones SJ. The new paradigm of flow cell sequencing. Genome Res. 2008;18(6):839-46.

20. Morin R, Bainbridge M, Fejes A, Hirst M, Krzywinski M, Pugh T, et al. Profiling the HeLa S3 transcriptome using randomly primed cDNA and massively parallel short-read sequencing. Biotechniques. 2008;45(1):81-94.

21. Carvalho MCdCGd, Silva DCGd. Sequenciamento de DNA de nova geração e suas aplicações na genômica de plantas. Ciência Rural. 2010;40(3):735-44.

22. Metzker ML. Sequencing technologies - the next generation. Nat Rev Genet. 2010;11(1):31-46.

23. Lee C-Y, Chiu Y-C, Wang L-B, Kuo Y-L, Chuang EY, Lai L-C, et al. Common applications of next-generation sequencing technologies in genomic research. Translational Cancer Research. 2013;2(1):33-45.

24. Sharon D, Tilgner H, Grubert F, Snyder M. A single-molecule long-read survey of the human transcriptome. Nat Biotechnol. 2013.

25. Wang Z, Gerstein M, Snyder M. RNA-Seq: a revolutionary tool for transcriptomics. Nat Rev Genet. 2009;10(1):57-63.

26. Verjovski-Almeida S, DeMarco R, Martins EA, Guimarães PE, Ojopi EP, Paquola AC, et al. Transcriptome analysis of the acoelomate human parasite Schistosoma mansoni. Nat Genet. 2003;35(2):148-57.

27. Fernandes-Pedrosa MeF, Junqueira-de-Azevedo IeL, Gonçalves-de-Andrade RM, Kobashi LS, Almeida DD, Ho PL, et al. Transcriptome analysis of Loxosceles laeta (Araneae, Sicariidae) spider venomous gland using expressed sequence tags. BMC Genomics. 2008;9:279.

28. Siegel R, Naishadham D, Jemal A. Cancer statistics, 2012. CA Cancer J Clin. 2012;62(1):10-29.

29. Liu J, Lee W, Jiang Z, Chen Z, Jhunjhunwala S, Haverty PM, et al. Genome and transcriptome sequencing of lung cancers reveal diverse mutational and splicing events. Genome Res. 2012;22(12):2315-27.

30. Govindan R, Ding L, Griffith M, Subramanian J, Dees ND, Kanchi KL, et al. Genomic landscape of non-small cell lung cancer in smokers and never-smokers. Cell. 2012;150(6):1121-34.

31. Jones SJ, Laskin J, Li YY, Griffith OL, An J, Bilenky M, et al. Evolution of an adenocarcinoma in response to selection by targeted kinase inhibitors. Genome Biol. 2010;11(8):R82.

32. Pennisi E. Steering cancer genomics into the fast lane. Science. 2013;339(6127):1540-2.

33. Balbin OA, Prensner JR, Sahu A, Yocum A, Shankar S, Malik R, et al. Reconstructing targetable pathways in lung cancer by integrating diverse omics data. Nat Commun. 2013;4:2617.

34. Lin KT, Shann YJ, Chau GY, Hsu CN, Huang CY. Identification of latent biomarkers in hepatocellular carcinoma by ultra-deep whole-transcriptome sequencing. Oncogene. 2013.

35. Lin L, Wang D, Cao N, Lin Y, Jin Y, Zheng C. Whole-transcriptome analysis of hepatocellular carcinoma. Med Oncol. 2013;30(4):736.

36. Nord KH, Macchia G, Tayebwa J, Nilsson J, Vult von Steyern F, Brosjö O, et al. Integrative genome and transcriptome analyses reveal two distinct types of ring chromosome in soft tissue sarcomas. Hum Mol Genet. 2013.

37. Rajan P, Sudbery IM, Villasevil ME, Mui E, Fleming J, Davis M, et al. Next-generation Sequencing of Advanced Prostate Cancer Treated with Androgen-deprivation Therapy. Eur Urol. 2013.

12

PROTEÔMICA I – ANÁLISE DE EXPRESSÃO E CARACTERIZAÇÃO DE PROTEÍNAS: FUNDAMENTOS, MÉTODOS E APLICAÇÕES

Henrique Bunselmeyer Ferreira
Charley Christian Staats

12.1 PROTEÔMICA: DEFINIÇÃO E HISTÓRICO*

O termo **proteômica** foi cunhado, ainda na década de 1990, para definir um conjunto de abordagens experimentais destinadas ao estudo em grande escala de proteínas, tendo sido inicialmente vinculado à ideia de identificar todo o repertório de proteínas codificado pelo genoma de um organismo – o seu **proteoma**[1,2]. O estudo de proteínas em grande escala é uma fonte particularmente rica de informações biológicas, pois, nos sistemas vivos, as

---

* Toda a nomenclatura de espectrometria de massas utilizada neste capítulo está de acordo com Vessecchi *et al.*[1]

proteínas estão envolvidas na formação de praticamente quaisquer estruturas e na execução de quaisquer atividades ou processos considerados. Essa representatividade estrutural e funcional das proteínas, aliada à natureza dinâmica dos processos de expressão e de modificação biológica das proteínas em sistemas biológicos, fez com que, com o passar do tempo, os conceitos de proteômica e proteoma se tornassem mais abrangentes ou flexíveis. Assim, a proteômica abrange hoje desde abordagens meramente prospectivas, destinadas à simples identificação de proteínas em grande escala, até abordagens comparativas, funcionais e/ou estruturais, que envolvem determinações quantitativas e a caracterização de interações de proteínas entre si e/ou com outras moléculas biológicas. O termo proteoma, por sua vez, pode atualmente referir-se ao conjunto de proteínas presentes em qualquer tipo de amostra biológica, seja ela constituída por organismos completos, órgãos, tecidos, tipos celulares ou frações subcelulares. Assim, pode-se falar tanto no proteoma de uma dada espécie como em proteomas de frações tegumentares ou de organelas celulares, por exemplo. Além disso, as abordagens proteômicas permitem descrições da dinâmica de variação do repertório proteico (proteoma) de uma amostra biológica em resposta a alterações fisiológicas naturais, como em diferentes estágios do ciclo vital de um organismo, por exemplo, ou induzidas por diferentes tratamentos experimentais.

Embora tenha surgido como uma tecnologia, a proteômica logo passou a ser considerada como uma ciência, assim como a genômica (que estuda genomas), a transcritômica (que estuda repertórios de RNAs) e a metabolômica (que estuda repertórios de metabólitos). Juntas, elas viabilizaram o que se convencionou chamar de "ciência de descoberta" (*discovery science*), a qual busca compreender como opera um sistema biológico a partir da observação abrangente e profunda de todos os elementos (moléculas) que o constituem, valendo-se, para isso, de estratégias experimentais prospectivas e comparativas em grande escala.

A ideia de identificar todo o conteúdo proteico (proteoma) de uma amostra biológica, seja ela um organismo completo ou parte dele (tipo celular, tecido ou órgão, por exemplo), foi uma consequência direta do sequenciamento completo dos genomas de diversos organismos, que começou na década de 1990 e hoje é quase rotineiro, e de avanços de tecnologias de fracionamento e identificação de proteínas[3]. Com a disponibilização de sequências genômicas completas, a análise estrutural do conteúdo gênico, com a predição *in silico* de seus produtos de expressão, logo levou a demandas de genômica funcional, para a identificação e a confirmação experimental de produtos de transcrição (RNA) e de tradução (proteínas) preditos. Com isso, surgiram e foram aprimoradas tecnologias de microarranjos e outras, até as tecnologias de RNA-seq atuais, para estudos transcritômicos[4], e tecnologias eletroforéticas e cromatográficas associadas à espectrometria de massas, para estudos proteômicos. Estas últimas serão objeto de discussão na Seção 12.2, a seguir.

12.2 BASES EXPERIMENTAIS DA PROTEÔMICA

Do ponto de vista metodológico, as primeiras abordagens proteômicas surgidas eram baseadas na associação da **eletrofrorese bidimensional**, para o fracionamento de proteínas presentes em amostras complexas, à **espectrometria de massas** (comumente abreviada como **MS**), uma técnica analítica extremamente sensível, para identificação das proteínas resolvidas nos geis eletroforéticos[5]. Posteriormente, outras técnicas de fracionamento de proteínas e peptídeos, livres de gel e mais práticas e eficientes, foram sendo associadas à espectrometria de massas, a qual, por sua vez, também passou por aprimoramentos tecnológicos significativos. As abordagens proteômicas mais comumente realizadas, que vão do fracionamento da amostra à digestão das proteínas e a identificação por MS, constituem a chamada proteômica *bottom-up* (Seção 12.2.5.1), esquematicamente representada na Figura 12.1. Os métodos e a tecnologia empregados neste tipo de abordagem constituem as bases experimentais da proteômica e serão discutidos a seguir, nas seções de 12.2.1 a 12.2.3.

12.2.1 Metodologias de pré-fracionamento de amostras em estudos proteômicos

Os sistemas biológicos são extremamente complexos em termos de composição, e uma simples célula humana, por exemplo, pode conter mais de 100 mil espécies proteicas, considerando o número de genes codificadores de proteínas nela expressos e mais todas as variantes proporcionadas, por exemplo, por *splicing* alternativo de pré-mRNAs e por modificações pós--traducionais[6-8]. Além disso, as quantidades das diferentes espécies proteicas presentes em uma amostra variam de acordo com o nível de expressão de seus genes e a sua taxa de degradação nas condições fisiológicas ou experimentais analisadas[9,10]. Esse grau elevado de complexidade na composição proteica impõe limitações importantes aos métodos proteômicos analíticos

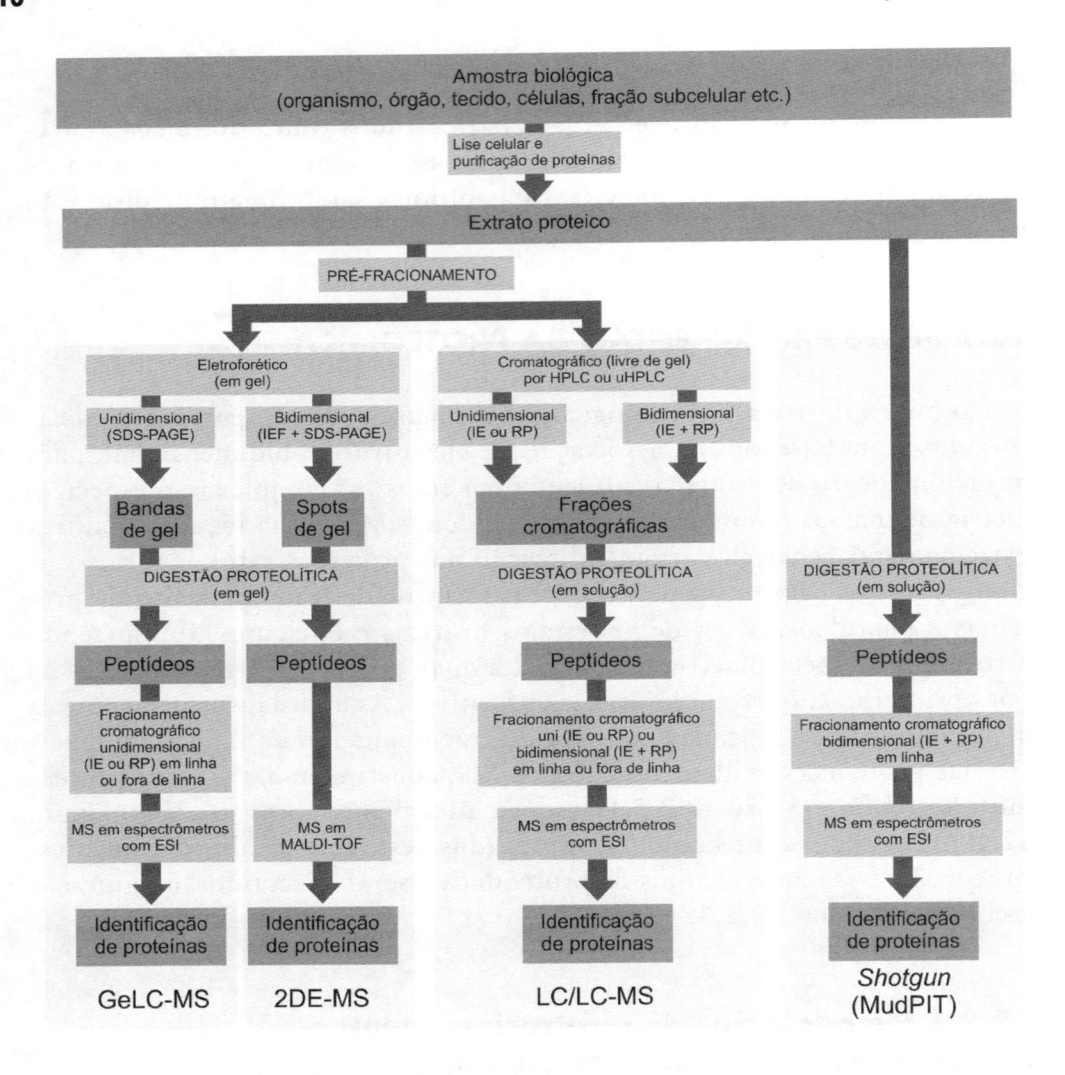

Figura 12.1 Principais métodos e tecnologias utilizados em proteômica, tendo por base abordagens *bottom-up* típicas (Seção 12.2.5.1). Os extratos proteicos de diferentes amostras biológicas podem ser pré-fracionados (eletroforética ou cromatograficamente) ou não, antes da digestão das proteínas com uma protease. As separações eletroforéticas podem ser unidimensionais ou bidimensionais. Na chamada abordagem de GeLC-MS, o pré-fracionamento eletroforético é unidimensional e as bandas resolvidas são digeridas em gel e analisadas separadamente por LC-MS. Na abordagem de 2DE-MS, a separação eletroforética é bidimensional e os *spots* proteicos, depois de digeridos em gel, são diretamente analisados por MS. Numa abordagem de LC/LC-MS, a amostra proteica é pré-fracionada por LC antes da digestão proteolítica em solução de cada fração e da análise por LC-MS dos peptídeos. Em abordagens de *shotgun*, a amostra não é pré-fracionada, sendo digerida em solução e analisada por LC-MS; no caso da separação dos peptídeos ser bidimensional e em linha com a MS, tem-se o tipo de abordagem de *shotgun* chamado de tecnologia de identificação de proteínas multidimensional (MudPIT, de *multidimensional protein identification technology*). Ver texto das Seções 12.2.1, 12.2.2 e 12.2.3 para detalhes sobre pré-fracionamento de amostras, digestão proteolítica e espectrometria de massas, respectivamente.

baseados em espectrometria de massas, tanto em termos de **resolução** (capacidade de distinguir as diferentes espécies proteicas presentes na amostra) como de **sensibilidade** (capacidade de detectar cada uma das diferentes proteínas presentes na amostra). Por isso, são então necessárias etapas prévias de fracionamento, para que frações de menor complexidade (com menor número de espécies proteicas diferentes) sejam produzidas para posterior análise e identificação. Comumente, estas estratégias, ditas de **pré-fracionamento**, envolvem métodos de separação baseados em gel, especialmente a eletroforese bidimensional, ou métodos cromatográficos, chamados genericamente de métodos livres de gel, os quais são discutidos nas seções 12.2.1.1 e 12.2.1.2, respectivamente.

12.2.1.1 Eletroforese bidimensional

A eletroforese bidimensional de proteínas (frequentemente abreviada como **2DE**) existe desde a década de 1970, quando surgiu a partir do acoplamento de uma primeira etapa de separação, por **isoeletrofocalização** (abreviada por **IEF**), baseada no ponto isoelétrico (pI), a uma segunda etapa (ou dimensão) de **eletroforese em gel de poliacrilamida-SDS** (abreviada por SDS-PAGE), para separação com base na massa molecular. Inicialmente limitada por ser pouco reprodutível e de difícil execução, a eletroforese bidimensional ganhou maior espaço na pesquisa biológica a partir do final da década de 1980 e na década 1990, graças a avanços técnicos que aumentaram a sua reprodutibilidade e a tornaram prática e aplicável a estudos proteômicos[11]. O primeiro avanço foi a introdução dos **gradientes de pH imobilizados** (**IPGs**, de *immobilized pH gradients*) na primeira dimensão (IEF), que eliminaram os problemas de falta de reprodutibilidade decorrentes dos gradientes de pH baseados em anfólitos carreadores que eram antes utilizados[12]. O segundo avanço foi a incorporação desses gradientes a tiras de gel desidratadas (**tiras de IPG**), o que tornou a IEF muito mais prática, dispensando o uso de géis em tubo ou placa, de difícil manipulação[12,13]. Assim, a eletroforese bidimensional tornou-se, em abordagens proteômicas clássicas, o principal método baseado em gel para fracionamento de proteínas previamente à identificação por espectrometria de massas[14], embora a eletroforese unidimensional (SDS-PAGE, também abreviada como **1DE**) também seja frequentemente utilizada[6]. Os métodos eletroforéticos baseados em gel permanecem sendo utilizados nos dias atuais, especialmente, no caso da 2DE, para estudos proteômicos comparativos. Entretanto, eles progressivamente perderam espaço à medida que, em abordagens mais modernas, as etapas de fracionamento passaram a ser predominantemente livres de gel.

12.2.1.2 Métodos de pré-fracionamento livres de gel

Métodos de fracionamento de amostras proteicas baseados em eletroforese em gel, como a 2DE, discutida na Seção 12.2.1.2, apesar de interessantes para algumas aplicações experimentais, também apresentam desvantagens importantes. Eles são de execução trabalhosa e relativamente demorada, têm custo relativamente elevado (associado especialmente ao preço das tiras de IPG) e apresentam limitações de cobertura (incapacidade de separar certas proteínas em função de excederem limites de pI, massa molecular ou hidrofobicidade) e sensibilidade (incapacidade de detectar proteínas pouco representadas)[15,16]. Assim, métodos ditos livres de gel, especialmente os baseados em técnicas de **cromatografia líquida** (abreviada por **LC**, de *liquid chromatography*) são hoje os mais comumente utilizados no pré-fracionamento de amostras para estudos proteômicos[17]. Normalmente, os procedimentos de LC em proteômica são realizados em equipamentos de LC de alta performance (**HPLC**, de *high peformance LC*) ou de ultraelevada performance (**uHPLC**, *de ultra high performance LC*), que são sistemas de alto desempenho em termos de velocidade e resolução e aplicáveis tanto ao fracionamento de proteínas como ao de peptídeos[18,19].

Diferentes métodos de LC podem separar as espécies proteicas presentes em uma amostra de acordo com a carga, a hidrofobicidade, o tamanho ou a especificidade das moléculas[17,20]. Dessa forma, amostras complexas em termos de composição proteica podem ser "descomplexadas" em frações com um menor número de espécies proteicas presentes em cada uma delas. Além disso, um pré-fracionamento por LC pode ser útil também para a eliminação de substâncias contaminantes, como sais, por exemplo, provenientes de etapas prévias de purificação e/ou enriquecimento da amostra com proteínas de interesse por precipitação seletiva e/ou concentração.

Dentre os métodos mais utilizados em estudos proteômicos, tanto na etapa de pré-fracionamento, como será visto aqui, como em etapas posteriores, como será visto nesta seção, estão a cromatografia de troca iônica e a cromatografia de fase reversa[17].

Na **cromatografia de troca iônica** (**IE**, de *ion exchange*)[17,21], as proteínas são separadas de acordo com a carga líquida de sua superfície, que varia em função do ponto isoelétrico (pI) de cada uma delas e do pH. Tipicamente, quando o pH da solução está acima do pI de uma proteína, ela se ligará a um trocador de ânions positivamente carregado, enquanto em um pH abaixo do seu pI ela se ligará a um trocador de cátions negativamente carregado. Assim, proteínas acídicas (com pI > 7) são geralmente fracionadas por cromatografia de troca aniônica, enquanto proteínas básicas (com pI < 7) são geralmente fracionadas por cromatografia de troca catiônica. Nas resinas cromatográficas de IE, os trocadores de cátions e ânions imobilizados podem ainda ser classificados como fortes ou fracos, de acordo com a variação de seus estados de ionização em função do pH. Em um trocador de íons forte a densidade de cargas na sua superfície e, por conseguinte, a sua seletividade, se mantém estável ao longo de uma ampla faixa de variação de pH, enquanto em um trocador de íons fraco, a densidade superficial de cargas é prontamente alterada já com pequenas variações de pH, o que faz com que sua seletividade varie correspondentemente.

Na **cromatografia de fase reversa** (**RP**, de *reverse phase*)[17,22], as proteínas são separadas de acordo com sua hidrofobicidade. Ela é chamada de reversa porque, ao contrário da cromatografia dita de fase "normal", a fase móvel é mais polar do que a fase estacionária. Neste tipo de cromatografia, são utilizadas resinas nas quais estão imobilizados grupos hidrofóbicos (apolares), geralmente na forma de radicais alquila, sendo populares colunas de octadecila (cadeias de 18 carbonos, ou C18) ligadas à matriz de sílica. As proteínas são adsorvidas na fase estacionária e seletivamente eluídas em concentrações crescentes de um solvente orgânico polar, como a acetonitrila. O tempo de retenção é maior para as proteínas de caráter mais apolar, enquanto as moléculas polares, neutras ou moderadamente apolares são eluídas mais rapidamente.

Além disso, um delineamento experimental proteômico pode incluir mais de uma etapa de pré-fracionamento cromatográfico, configurando análises de LC bidimensionais (2D-LC) ou tridimensionais (3D-LC), por exemplo, quando duas ou três etapas de LC, respectivamente, são realizadas em série[20,22]. Nestes casos, ditos de **análise multidimensional**, cada etapa cromatográfica (ou dimensão) separa as moléculas com base em propriedades físico-químicas distintas (ou ortogonais) o que configura o caráter de **ortogonalidade** da separação[23]. A ortogonalidade varia em função dos métodos cromatográficos combinados na análise e, simplificadamente, será maior (e mais eficiente na separação das proteínas) quanto maiores forem as diferenças nas bases físico-químicas da separação molecular proporcionada por cada um deles[23,24]. A combinação de tipos diferentes de LC em **análises ortogonais** proporciona, portanto, uma separação muito mais eficiente das proteínas na amostra, o que favorece as etapas posteriores de identificação por espectrometria de massas (Seção 12.2.3).

12.2.2 Digestão proteolítica e fracionamento de peptídeos

Em abordagens proteômicas típicas, amostras de proteínas brutas ou frações delas geradas por pré-fracionamento eletroforético (Seção 12.2.1.1) ou cromatográfico (Seção 12.2.1.2) são digeridas proteoliticamente e os peptídeos resultantes são fracionados cromatograficamente antes da análise por espectrometria de massas. A **digestão** das proteínas pode ser feita tanto por enzimas, como tripsina, quimotripsina ou endoproteases (Asp-N, Glu-C ou Lys-C, por exemplo), quanto por agentes químicos, como a hidroxilamina ou o brometo de cianogênio[17]. As especificidades das ligações clivadas por essas enzimas ou reagentes nas cadeias polipeptídicas permite a geração de peptídeos específicos, o que facilita, posteriormente, a interpretação dos espectros de massa correspondentes e as buscas em bancos de dados para identificação[25] (**Seção 12.2.4**).

A tripsina é o agente mais utilizado na etapa de digestão em experimentos proteômicos baseados em espectrometria de massas, pois ela apresenta uma série de vantagens em relação a outras enzimas e reagentes químicos, a começar por sua disponibilidade com alto grau de pureza e seu custo de produção relativamente baixo[18,26]. Esta enzima cliva ligações peptídicas do lado C-terminal de resíduos de Lys e Arg, exceto quando estas ligações são com uma Pro. Mesmo com esta elevada seletividade, as clivagens de proteínas com tripsina geram peptídeos com extensões médias adequadas à análise por espectrometria de massa, pois Arg e Lys são aminoácidos relativamente comuns na maioria dos proteomas (isto é, são encontrados com relativa frequência na maior parte das proteínas de praticamente qualquer amostra). Além disso, a presença de um resíduo C-terminal fortemente básico (de Arg ou Lys) nos peptídeos gerados pela clivagem com tripsina pode facilitar a interpretação dos espectros de massa correspondentes[27]. Todos os procedimentos de digestão de proteínas devem ser realizados com extremo cuidado, para evitar contaminações que possam comprometer a análise por espectrometria de massas. Os maiores riscos são de contaminação das amostras com queratinas humanas provenientes de resíduos de pele ou cabelos[17], e tais riscos são minimizados com a utilização de luvas e adequada manipulação de reagentes e materiais de laboratório por parte dos pesquisadores.

A digestão de proteínas, independentemente do reagente (enzima ou agente químico) utilizado para isso, pode ser feita basicamente de duas maneiras: em gel ou em solução. A **digestão em gel** é feita em bandas de geis unidimensionais ou *spots* de geis bidimensionais de amostras previamente fracionadas por 1DE ou 2DE, respectivamente (ver Seção 12.2.1.1). Os métodos de digestão em gel foram estabelecidos na década de 1990 e permanecem praticamente inalterados até hoje[28,29]. Eles envolvem, essencialmente, a excisão da banda ou *spot* do gel (que representa uma ou poucas proteínas da amostra original), sua descoloração, um tratamento redutor seguido por alquilação de cisteínas, a clivagem (em geral, enzimática) e a extração dos peptídeos gerados. Alguns tipos de análise espectrométrica menos tolerantes a sais, como aqueles envolvendo ionização por *electrospray* (Seção 12.2.3.1), podem exigir ainda uma etapa de dessalinização[30]. A **digestão em solução**, por sua vez, como o próprio nome indica, é feita por tratamento enzimático ou químico diretamente na solução de proteínas proveniente da amostra biológica em análise[17]. Com isso, é gerada uma mistura muito mais complexa de peptídeos do que aquela de digestões em gel, pois na solução de proteínas da amostra há, tipicamente, um número muito maior de espécies proteicas diferentes do que em uma banda ou *spot* de gel eletroforético.

Um fracionamento cromatográfico das misturas de peptídeos geradas por digestão proteolítica gera frações peptídicas de menor complexidade e, por isso, mais facilmente analisáveis por espectrometria de massas para identificação de proteínas. Este **fracionamento de peptídeos** prévio à espectrometria de massas é tipicamente feito por uma ou mais etapas (dimensões de separação) cromatográficas[31]. As separações multidimensionais (com mais de uma dimensão de separação) de peptídeos[32-34], assim como as utilizadas no pré-fracionamento livre de gel de proteínas (ver Seção 12.2.1.2), são especialmente importantes em abordagens proteômicas de *shotgun* (Seção 12.2.5.1)[35]. Nelas, é comum a utilização de estratégias de separação ortogonais envolvendo, por exemplo, uma primeira dimensão de cromatografia de IE em matriz de troca catiônica forte (SCX, de *strong cation-exchange*) combinada com uma segunda dimensão de cromatografia de RP. Na primeira dimensão, podem ser utilizados também métodos cromatográficos de troca aniônica ou exclusão por tamanho, entre outros[36]. A cromatografia de RP, contudo, é em geral a escolhida para separações unidimensionais ou como última dimensão em separações multidimensionais[31,37]. Esta preferência pela cromatografia de RP deve-se às suas elevadas resolução, eficiência e reprodutibilidade, e à compatibilidade da sua fase móvel (solventes) apolar com espectrômetros de massa que utilizam ionização por *electrospray* (Seção 12.2.3.1).

O fracionamento de peptídeos pode ser realizado tanto fora de linha como em linha com a espectrometria de massas[31,34,37]. Em **fracionamentos fora de linha** (do inglês *offline*), cada etapa cromatográfica é realizada separadamente e as frações eluídas são depois, uma a uma, aplicadas na coluna cromatográfica seguinte ou no espectrômetro de massas. Em **fracionamentos em linha** (do inglês *online*), a(s) coluna(s) cromatográficas(s) e o espectrômetro de massas estão fisicamente acoplados e as frações de uma coluna são eluídas diretamente na coluna cromatográfica seguinte ou no ionizador por *electrospray* do espectrômetro de massas, para imediata análise espectrofotométrica (Seção 12.2.3).

12.2.3 Espectrometria de massas

A **MS** é uma técnica analítica que utiliza equipamentos sofisticados, chamados **espectrômetros de massas** (Figura 12.2A), para produzir **espectros de massas** (Figura 12.2B) representativos dos compostos químicos analisados (chamados de **analitos**)[38]. Os espectros de massas produzidos são gráficos (histogramas) com um perfil de picos que representa a distribuição de íons na amostra, com cada pico tendo a sua posição no eixo das abcissas determinada pela sua razão **massa/carga** (abreviada por *m/z*) e a sua **intensidade** (medida no eixo das ordenadas) determinada pela sua representatividade (abundância relativa) na amostra. Na proteômica, a espectrometria de massas é tipicamente utilizada para, a partir da separação (com base em massa e carga) e registro das diferentes espécies de peptídeos separados, gerar espectros de massas a partir dos quais podem ser identificadas as proteínas correspondentes[31].

Um **espectrômetro de massas**[31,39,40] consiste, essencialmente, em três componentes: uma fonte de íons, um analisador de massas e um detector de íons (ver Figura 12.2B). O equipamento funciona ionizando as moléculas do analito de modo a criar uma fase gasosa iônica que, no analisador, tem seus íons componentes separados e direcionados por campos elétricos ou magnéticos ao detector. Ao atingirem o detector, os íons geram registros do número de eventos (impactos de íons no detector) e da corrente elétrica criada por cada um deles. Finalmente, estes dados são transmitidos a um computador, para que, com base neles, sejam calculadas as relações massa/carga e as intensidades cumulativas dos íons, para geração do espectro de massas do analito. As moléculas do analito podem então ser identificadas a partir de padrões de fragmentação característicos evidenciados no espectro de massas ou pela correlação entre as massas identificadas experimentalmente e massas teóricas preditas (Seção 12.2.4). A seguir, serão discutidos os aspectos mais importantes relativos às fontes de íons, analisadores de massas e detectores de íons mais comumente utilizados em abordagens proteômicas. Depois, serão também discutidos sistemas de fragmentação de íons, utilizados em espectrometria de massas em tandem.

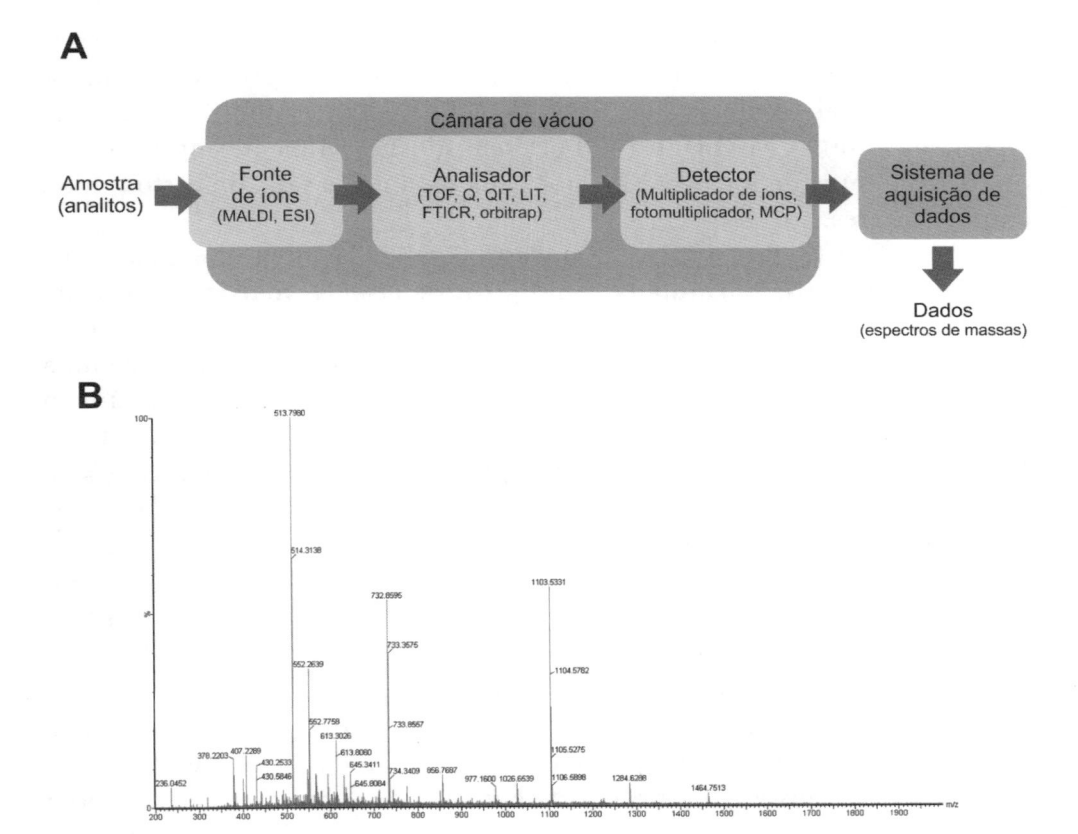

Figura 12.2 Espectrômetro de massas e espectro de massas. (A) Representação esquemática dos componentes principais de um espectrômetro de massas, com indicação dos tipos mais comuns de fontes de íons, analisadores e detectores utilizados em proteômica (ver Seções 12.2.3.1 a 12.2.3.3); o sistema de aquisição de dados (computador/programa) processa os dados provenientes do detector de íons e gera os espectros de massa para os analitos presentes na amostra. (B) Um espectro de massas típico resultante da análise de uma amostra peptídica em um espectrômetro de massas; os valores de m/z para cada pico estão indicados.

12.2.3.1 Fontes de íons

A ionização e a transferência para a fase gasosa são pré-requisitos para a análise por MS de qualquer molécula injetada em um espectrômetro de massas, e isso ocorre na **fonte de íons** do equipamento (Figura 12.3). Há várias técnicas de ionização disponíveis para MS, mas apenas duas são aplicáveis a peptídeos e proteínas: a **dessorção/ionização a** *laser* **auxiliada por matriz** (**MALDI**, de *matrix-assisted laser desorption/ionization*) e a **ionização por electrospray** (**ESI**, de *electrospray ionization*). Estas técnicas, ditas de ionização branda (do inglês *soft*), foram desenvolvidas ainda no final da década de 1980[41,42] e renderam o prêmio Nobel de Química em 2002 aos pesquisadores que estabeleceram as suas bases (Koichi Tanaka e John Bennett Fenn, respectivamente). A MALDI e a ESI diferem substancialmente entre si e, por isso, os conjuntos de íons gerados por cada uma delas são, até certo ponto, complementares.

Na MALDI[43] (Figura 12.3A), a amostra é aplicada sobre uma placa misturada a uma matriz e irradiada com pulsos de *laser*. A **matriz** consiste em moléculas cristalizadas de compostos de massa molecular suficientemente baixa para torná-los de fácil vaporização (mas não tão baixa que permita a sua evaporação durante a preparação da amostra). Além disso, eles são em geral acídicos, para funcionarem como fonte de prótons (H^+) na ionização do analito, e possuem uma forte absorção óptica na faixa do ultravioleta (UV), o que faz com que rápida e eficientemente absorvam irradiação de *laser* UV. Para a ionização de proteínas e peptídeos, são mais comumente utilizadas matrizes de ácido α-ciano-4-hidroxicinâmico (CHCA), ácido 3,5-dimetoxi--4-hidroxicinâmico (ácido sinápico) e ácido 2,5-diidroxibenzoico (DHB ou ácido gentísico), dissolvidas em uma mistura de água e um solvente orgânico (normalmente acetonitrila ou ácido trifluoroacético)[44].

A matriz, em grande excesso em relação às moléculas dos analitos, serve de alvo primário do *laser*. Com isso, ela é rapidamente quebrada e se expande na fase gasosa (no processo chamado de **dessorção**), assistindo a volatilização e a ionização dos analitos nela misturados. Na fase gasosa em expansão, os produtos protonados e com radicais livres resultantes da quebra da matriz pelo *laser* determinam a **ionização** das moléculas dos analitos, por meio de rotas químicas e físicas ainda a serem esclarecidas[44]. Na ionização, as moléculas dos analitos são protonadas (ganham um H^+) ou desprotonadas (perdem um H^+) e, portanto, os íons gerados são predominantemente monocarregados (com carga +1 ou -1)[31].

Na ESI[45] (Figura 12.3B), a solução contendo os analitos é dispersada por *electrospray* em um aerossol fino. O *electrospray* ocorre quando um campo elétrico forte é aplicado sobre um pequeno fluxo de líquido que emerge de um tubo capilar muito fino. O campo elétrico forte faz com que as gotículas emergentes do aerossol tornem-se altamente carregadas.

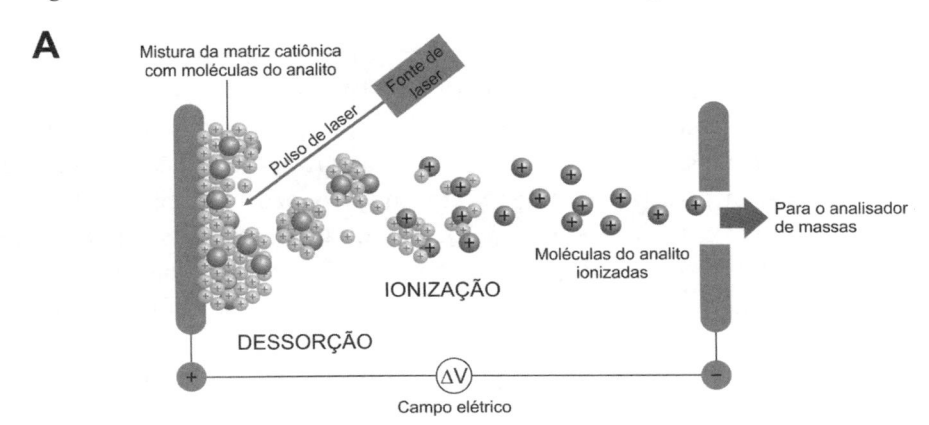

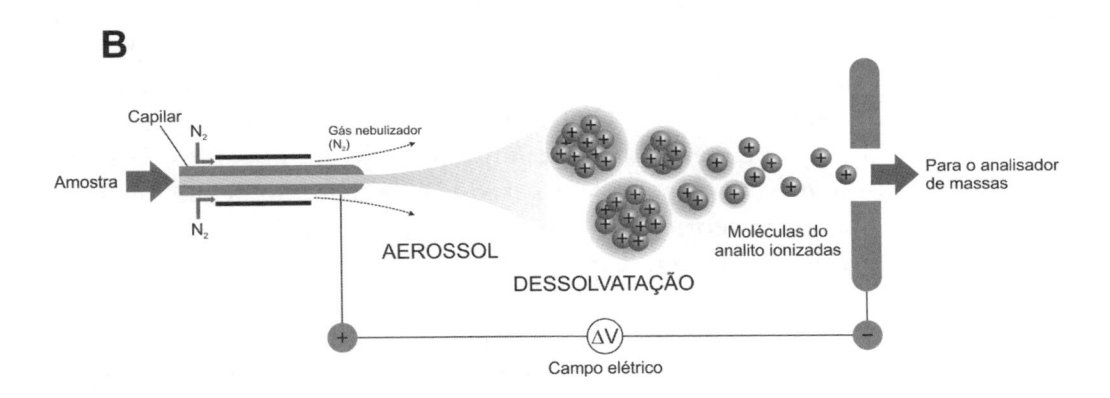

Figura 12.3 Tipos de fontes de íons comumente encontradas em espectrômetros de massas utilizados para análises proteômicas. (A) Fonte de íons de MALDI; (B) fonte de íons de ESI.

O solvente utilizado para a amostra na ESI é tipicamente uma mistura de água com compostos orgânicos voláteis, como metanol ou acetonitrila. Ácido acético pode ser adicionado para aumento da condutividade e diminuição do tamanho inicial das gotículas do aerossol e o efeito do *electrospray* pode ser acentuado por nebulização da amostra com um gás inerte, como nitrogênio ou dióxido de carbono. Em um espectrômetro de massas, o aerossol gerado ingressa depois em uma câmara de vácuo, na qual as suas gotículas carregadas e instáveis passam por sucessivos ciclos de evaporação do solvente (dessolvatação), repulsão das moléculas de cargas similares e "explosão" da gotícula para geração de muitas outras, menores e menos instáveis. Os compostos orgânicos do solvente servem de fontes de prótons e o resultado final é a **ionização** das moléculas do analito, que ficam suspensas em uma fase gasosa. Diferentemente do que ocorre na MALDI (ver acima), a ESI tipicamente produz íons com múltiplas cargas, o que proporciona o aumento da faixa de massa passível de resolução no analisador do espectrômetro de massas. Isso é vantajoso, por exemplo, em análises proteômicas *bottom-up* de amostras complexas (Seção 12.2.5.1), nas quais as massas das espécies proteicas presentes (e dos seus fragmentos peptídicos analisados) podem diferir em ordens de magnitude que vão dos milhares aos milhões de daltons (de kDa a MDa).

Outro aspecto a ser considerado quanto à ionização em análises proteômicas é a sua eficiência, estabelecida com base na probabilidade de que um peptídeo qualquer presente na amostra seja ionizado e possa ser separado e identificado na análise por MS. Idealmente, todos os diferentes peptídeos presentes em uma amostra deveriam ter a mesma probabilidade (ou eficiência) de ionização, mas, na realidade, isso não acontece. Independentemente do sistema utilizado, seja de MALDI ou ESI, a eficiência do processo de ionização também depende muito da composição de aminoácidos de cada peptídeo[46]. Assim, mesmo os peptídeos gerados pela digestão de uma mesma proteína, os quais estão teoricamente presentes em quantidades (número de moléculas) equivalentes, podem gerar sinais de intensidades diferentes. Isso tem implicações importantes, especialmente no caso de análises quantitativas, como será discutido na Seção 12.4. Além disso, diversos peptídeos de uma proteína podem nem chegar a ser ionizados em quantidade suficiente para detecção e esse efeito, dito de **supressão de íons**, faz com que as identificações de uma dada proteína na amostra tenha que ser feita apenas com base em parte de seus peptídeos, o que impõe limitações de confiança nestas identificações, especialmente em casos nos quais é necessária a discriminação entre proteínas similares, como membros de famílias de proteínas parálogas ou isoformas geradas por processamento pós-traducional.

12.2.3.2 Analisadores de massas

Nos espectrômetros de massas, os **analisadores de massas** (Figura 12.4) são a parte do equipamento responsável pela separação dos íons provenientes da fonte de íons (Seção 12.2.3.1). Há vários tipos de analisadores de massas, definidos pelos princípios físicos que utilizam para a separação de íons de diferentes razões *m/z*. Aqui, discutiremos separadamente cinco tipos de analisadores de massas comumente utilizados em análises proteômicas: os analisadores por tempo de voo, de quadrupolo, de armadilha de íons linear, de ressonância ciclotrônica de íons por transformada de Fourier e de armadilha de íons de Kingdon (comercial e comumente conhecido como orbitrap). Eles apresentam diferenças importantes em termos de desempenho e muitos espectrômetros de massas utilizados em proteômica apresentam configuração híbrida, isto é, possuem dois ou três analisadores de mesmo tipo ou de tipos diferentes, para combinação de suas capacidades analíticas. Na Tabela 12.1, estão sumarizados, para comparação, alguns dos parâmetros de desempenho[47] dos diferentes tipos de analisadores, individualmente ou em configurações híbridas disponíveis comercialmente, e, a seguir, são descritas, simplificadamente, as bases funcionais de cada tipo básico de analisador.

Tabela 12.1 Características e parâmetros típicos de desempenho de analisadores de massa em configurações individuais ou híbridas encontradas comercialmente. As definições dos parâmetros de desempenho estão de acordo com as recomendações do IUPAC[46]; as informações técnicas dos instrumentos estão de acordo com Han et al.[48] e Yates et al[31] e/ou com especificações de fabricantes

ANALISADOR(ES)	BASE DA SEPARAÇÃO DOS ÍONS[1]	RESOLUÇÃO DE MASSAS[2]	EXATIDÃO DE MASSAS (ppm)[3]	SENSIBILIDADE[4]	FAIXA DE m/z[5]	VELOCIDADE DE ANÁLISE (*SCAN RATE*)[6]	FAIXA DINÂMICA (*DYNAMIC RANGE*)[7]	CAPACIDADE PARA MS/MS[8]	FONTE(S) IÔNICA(S) ASSOCIADA(S) [9]
TOF	Tempo de voo	10.000-20.000	10-20 (com calibração externa)	Fentomol	0 a 300.000	Rápida	1e4	não	MALDI
TOF-TOF [10]	Tempo de voo	10.000-20.000	10-20 (com calibração externa)	Fentomol	0 a 200.000	Rápida	1e4	MS/MS	MALDI
Q-q-Q [11]	Estabilidade de m/z	1.000	100-1000	Atomol a fentomol	10 a 4.000	Moderada	6e6	MS/MS	ESI
QIT	Frequência de ressonância de m/z	1.000	100-1000	Picomol	50 a 2.000	Moderada	1e3	MS^n	ESI

	Base da separação	Resolução	Exatidão	Sensibilidade	Faixa de m/z	Velocidade	Faixa dinâmica	Capacidade MS/MS	Fonte iônica
LIT	Frequência de ressonância de m/z	2.000	100-500	Fentomol	50 a 2.000	Rápida	1e4	MS^n	ESI
FTICR	Frequência de ressonância ciclotrônica de m/z	50.000-750.000	<2	Fentomol	50 a 2.000	Lenta	1e3	MS^n	ESI, MALDI
LTQ-Orbitrap [12]	Frequência de ressonância de m/z	30.000-100.000	<5	Fentomol	50 a 2.000	Moderada a rápida	4e3	MS^n	ESI, MALDI

[1] Base da separação dos íons: princípio no qual se baseia a separação dos íons no analisador.

[2] Resolução de massas: é a capacidade de distinguir dois picos de razões m/z levemente diferentes em um espectro de massas. Ela é, portanto, a separação mínima entre dois picos que permite detectá-los como correspondentes a duas espécies iônicas. Pode ser expressa como a largura do pico resolvido na metade de sua altura (FWHN, de *full width at half maximum*). A largura do pico na metade de sua altura é medida em Da e a resolução de massas (FWHN) é expressa em relação a uma dada razão de m/z (usualmente 1.000); assim, FWHN = largura do pico (Da)/razão m/z.

[3] Exatidão de massas: é a diferença (erro) entre a m/z medida e a m/z teórica do íon. É usualmente expressa em partes por milhão (ppm) ou em mDa (1 mDa = 0,001 Da). No caso de expressão em ppm, ela é calculada como $R = Dm/m \times 10^6$, onde R = poder de resolução, m = m/z teórica, e Dm = m/z medida − m (resolução).

[4] Sensibilidade: limite quantitativo mínimo de detecção.

[5] Faixa de m/z (*m/z range*): é o intervalo de valores de razões de m/z capaz de ser analisado por um dado analisador.

[6] Velocidade de análise (*scan rate* ou *speed*): refere-se ao tempo de duração típico de um experimento utilizando um dado tipo de equipamento (analisador). É estimado com base no número de espectros de massa que pode ser gerado por unidade de tempo.

[7] Faixa dinâmica (*dynamic range*): é o intervalo de razões de m/z no qual o sinal gerado pelos íons detectados é linear em relação à concentração do analito correspondente na amostra. Ela é expressa pela razão entre os valores (maior e menor) de m/z que delimitam este intervalo; ela normalmente é expressa em notação científica.

[8] Capacidade para MS/MS: adequação para utilização em MS/MS em configurações combinadas com outro(s) analisador(es) ou individualmente (no caso de MS^n) (Seção 12.2.3.4).

[9] Fonte iônica associada: tipo(s) de fonte de íons mais comumente utilizada(s) em acoplamento com o analisador.

[10] Dois analisadores de tempo de voo em tandem.

[11] Quadrupolo triplo: dois analisadores de massa de quadrupolo (Q) em tandem separados por um quadruplo de RF não resolutivo (q) entre ele. O quadrupolo não resolutivo funciona como célula de colisão para fragmentação de íons em MS/MS (Seção 12.2.3.4).

[12] Analisador de armadilha de íons linear (LIT) acoplado a analisador de orbitrap. LTQ é nome comercial de um analisador de LIT.

12.2.3.2.1 Analisadores por tempo de voo

Em **analisadores por tempo de voo** (**TOF**, de *time-of-flight*)[49], a razão *m/z* de cada íon é determinada por meio de uma medida de tempo. Os íons que ingressam no analisador são acelerados uniformemente por um campo elétrico de força conhecida e viajam até o detector com diferentes velocidades (Figura 12.4A-C). A aceleração é uniforme e a energia cinética impressa às partículas é a mesma para íons de mesma carga, os quais atingem velocidades diferentes conforme suas massas. Assim, íons menores atingem velocidades maiores e chegam antes ao detector, enquanto o contrário acontece para íons maiores. O tempo que cada íon leva para atingir o detector (que está a uma distância conhecida do ponto de entrada dos íons no analisador) é medido e, a partir desta medida de tempo e dos demais parâmetros experimentais conhecidos, a razão *m/z* de cada íon pode ser determinada. Os analisadores de TOF são geralmente utilizados em espectrômetros de massas com fontes de MALDI, para realização de **análises pulsadas** (assim chamadas devido a natureza pulsada do fluxo de íons gerado pelos pulsos de laser da fonte, ver Seção 12.2.3.1).

Os analisadores de **TOF lineares** são os mais simples, sendo caracterizados pela trajetória linear (direta) do feixe de íons da fonte até o detector (como mostrado na Figura 12.4A). Entretanto, a resolução (eficiência de separação) dos íons com base em tempo de voo pode ser aumentada em equipamentos de TOF refletores ou ortogonais. Em um analisador de **TOF refletor**[50] (Figura 12.4B), um **refletor** gera um campo eletrostático constante adicional para desviar ("refletir") o feixe proveniente da fonte de íons em direção ao detector, que, neste caso, não está alinhado com a fonte. O aumento da resolução decorre do fato de que íons mais energéticos penetram mais no campo refletor e têm sua trajetória até o detector levemente aumentada em relação à de íons menos energéticos de mesma razão *m/z*. Em analisadores de **TOF ortogonais**[51] (Figura 12.4C), o feixe de íons proveniente da fonte é "extraído ortogonalmente", em intervalos de tempo regulares, por meio de aceleração ao longo de um eixo perpendicular à sua trajetória de entrada. A maior resolução é, neste caso, proporcionada principalmente pela extração de sucessivos "pulsos de íons" à medida que ingressam no analisador. Os íons de cada pulso extraído do feixe original são depois resolvidos por TOF em uma trajetória linear ou refletida até o detector. Analisadores de TOF ortogonais têm capacidade para a análise de fluxos contínuos de íons, e, por isso, podem ser utilizados também com fontes de ESI, como os analisadores de quadrupolo (Seção 12.3.2.2.2).

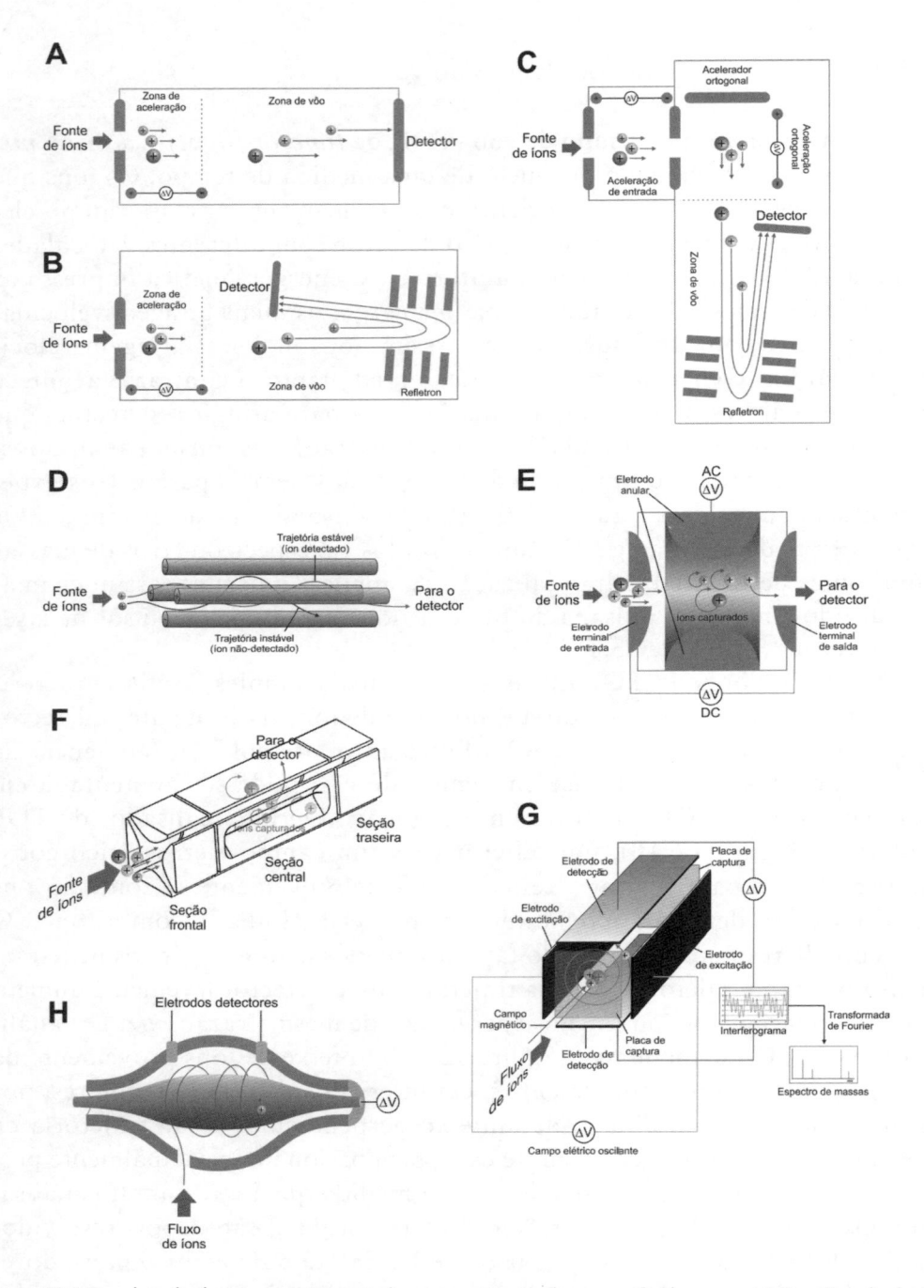

Figura 12.4 Tipos de analisadores comumente encontrados em espectrômetros de massas utilizados para proteômica. (A) analisador de TOF linear; (B) analisador de TOF refletor; (C) analisador de TOF ortogonal; (D) analisador de Q; (E) analisador de QIT; (F) analisador de LIT (conforme ref. 54); (G) analisador de FTICR; e (H) analisador de orbitrap.

O acelerador ortogonal e outros sistemas elétricos de filtragem de íons, genericamente conhecidos como **portões de íons** (*ion gates*), são frequentemente utilizados em analisadores de TOF para aumento da resolução do instrumento[49,51]. Os portões de íons podem inclusive ser seletivos, restringindo os íons a serem analisados a intervalos de razão *m/z* definidos.

12.2.3.2.2 Analisadores de quadrupolo

Um **analisador de massas de quadrupolo linear**[52], também chamado de **filtro de massas de quadrupolo** ou simplesmente de **quadrupolo (Q)**, consiste basicamente de quatro cilindros metálicos paralelos, nos quais são aplicadas uma corrente elétrica contínua e um potencial (voltagem) de radiofrequência alternado. Assim, gera-se um campo eletromagnético bidimensional modulável entre estes quatro polos (daí o nome quadrupolo) opostos. Os íons produzidos na fonte de ionização são direcionados à região entre os quatro cilindros e atravessam o quadrupolo axialmente, sendo separados com base na estabilidade de suas trajetórias aproximadamente helicoidais (Figura 12.4D).

A separação no quadrupolo tem como base o fato de que, a cada momento, apenas íons de uma determinada razão de *m/z* têm trajetórias estáveis o suficiente no campo eletromagnético gerado para atravessarem toda a extensão do sistema e chegarem até o detector. Alterando-se progressivamente as voltagens de radiofrequência aplicadas, permite-se a estabilização sequencial das trajetórias de outros íons, com diferentes razões de *m/z*, que são então, sucessivamente detectados. Assim, a sequência de íons de diferentes razões *m/z* que atravessam o quadrupolo e são detectados gera um espectro de massas. Por serem capazes de filtrar contínua e eficientemente os íons que neles ingressam, analisadores de Q são adequados para a análise dos feixes contínuos de íons gerados por ESI e são frequentemente utilizados como primeira etapa de MS em configurações híbridas com outros tipos de analisadores para análises proteômicas por MS em tandem (Seção 12.2.3.4)[40,52].

12.2.3.2.3 Analisadores de armadilha de íons

Para análises de fluxos contínuos de íons, como os produzidos por ESI, são mais frequentemente utilizados, além dos analisadores de Q lineares, descritos na Seção 12.2.3.2.2, os chamados analisadores de **armadilha de íons** (**IT**, de *ion trap*). Esta categoria de analisadores inclui equipamentos que acumulam e selecionam íons em seu interior[31], como as ITs de quadrupolo, as ITs lineares, os de ressonância ciclotrônica de íons por transformada de Fourier e os orbitraps. Todos eles podem ser encontrados com frequência em espectrômetros de massas utilizados em proteômica.

As **armadilhas de íons de quadrupolo** (**QITs**, de *quadrupole ion trap*)[53] podem ser consideradas análogos tridimensionais de um quadrupolo (Seção 12.2.3.2.2), sendo, por isso, também chamadas de **armadilhas de íons tridimensionais** (**3D-ITs**). Este tipo de analisador foi inventado por Wolfgang Paul, que, por isso, foi agraciado com o prêmio Nobel de Física em 1989. Uma QIT consiste, essencialmente, de três eletrodos de perfis hiperbólicos, sendo um eletrodo anular central e dois eletrodos terminais adjacentes (Figura 12.4E). Os íons são confinados no espaço entre os três eletrodos por um campo elétrico de radiofrequência oscilante ou não estático (alternado ou AC), gerado por potencial (voltagem) AC aplicada no eletrodo anular, e por um campo elétrico não oscilante ou estático (contínuo), gerado por potenciais DC aplicados nos eletrodos terminais. A separação dos íons aprisionados se dá no chamado **modo de instabilidade** do analisador, no qual a frequência e/ou o potencial do campo de radiofrequência são variados. Dessa forma, íons de valores consecutivos de razão *m/z* tornam-se sucessivamente instáveis e, uma vez desestabilizados, adotam trajetórias que os projetam para fora do analisador, por meio de perfurações existentes na estrutura da armadilha formada pelos eletrodos. Os íons ejetados do analisador atingem um detector e a intensidade do sinal de corrente detectado em função do tempo gera um espectro de massas.

Um analisador de **IT linear** (**LIT**, de *linear ion trap*)[54], também chamado de **armadilha de íons bidimensional** (**2D-IT**), consiste em um quadrupolo de bastões com perfil hiperbólico, dividido em três seções (Figura 12.4F). Em vez de simplesmente atravessarem o LIT axialmente, como nos analisadores de Q (Seção 12.2.3.2.2), os íons que nele ingressam ficam temporariamente aprisionados na sua seção central, por ação de potenciais elétricos estáticos aplicados nas suas seções terminais. Os íons aprisionados são excitados pelo campo de quadrupolo bidimensional e o movimento rotatório (**ressonância**) neles impresso, dependente da razão *m/z*, permite que eles sejam seletivamente desestabilizados e ejetados radialmente da armadilha, como nos analisadores de QIT (ver acima). A frequência de ressonância diferencial dos íons de distintas razões *m/z* ejetados radialmente é detectada por eletrodos detectores, e o sinal captado gera um espectro de massas. Nos espectrômetros de massas comumente utilizados em proteômica, os **analisadores de LIT** aparecem em configurações híbridas, acoplados a analisadores de outro tipo, como os de ressonância ciclotrônica de íons por transformada de Fourier e de orbitrap (ver a seguir), para realização de MS em tandem (Seção 12.2.3.4). Nestes instrumentos híbridos, eles são utilizados para acumulação e seleção inicial dos íons provenientes da fonte[31] e apresentam, como vantagens em relação aos analisadores de QIT, uma maior eficiência de aprisionamento e uma maior capacidade de armazenamento de íons. Os analisadores de LIT também podem ser utilizados em alguns espectrômetros de massas como o único elemento resolutivo do instrumento, com capacidade para a realização de múltiplos estágios de MS (MS em tandem no tempo, Seção 12.2.3.4) com rapidez e elevada sensibilidade[55].

12.2.3.2.4 Analisadores de ressonância ciclotrônica de íons por transformada de Fourier

Analisadores de **ressonância ciclotrônica de íons por transformada de Fourier** (**FTICR**, de *Fourier transform ion cyclotron resonance*)[56] permitem a determinação das razões *m/z* de íons fixados em um campo magnético com base em suas frequências ciclotrônicas. Neste tipo de analisador, os íons são armazenados em um conjunto de placas de captura, chamado de **armadilha de íons de Penning**, onde são excitados pela ação simultânea de um campo elétrico oscilante e um campo magnético perpendicular (ortogonal) a ele (Figura 12.4G). Ao serem excitados, os íons adquirem um movimento rotatório, cuja frequência rotacional (a **frequência ciclotrônica**) é proporcional à razão *m/z* de cada um deles. Os íons excitados giram em fase e em uma órbita de maior amplitude, que os aproxima de um par de eletrodos detectores, induzindo carga e corrente entre eles. Os sinais de frequência de corrente gerados são registrados ao longo do tempo e formam uma série de curvas sinusoidais sobrepostas (uma para cada íon detectado), compondo o que se chama de **interferograma** ou **decaimento de indução livre** (**FID**, de *free induction decay*). O espectro de massas pode então ser gerado com a aplicação da **transformada de Fourier**, uma transformada integral por meio da qual é possível converter o interferograma em um gráfico (histograma) de razões *m/z* (inicialmente representadas por frequências ciclotrônicas) versus intensidade de sinal (que é proporcional à quantidade de cada espécie iônica na amostra). Os campos magnéticos em analisadores de FTICR, gerados por magnetos supercondutores, são muito mais estáveis que aqueles de analisadores de LIT (ver acima), que são gerados por potencial de radiofrequência. Por isso, a MS em equipamentos de FTICR atinge níveis de resolução muito maiores que os passíveis de serem obtidos por MS em equipamentos de LIT (ver Tabela 12.1).

12.2.3.2.5 Armadilha de íons de Kingdon (orbitrap)

Um **orbitrap** (nome já consagrado para uma **armadilha de íons de Kingdon** quando utilizada em um espectrômetro de massas) é um tipo de analisador de massas que começou a ser utilizado em proteômica em meados da década de 2000[57]. Em um orbitrap, os íons são capturados e orbitam em torno de um eletrodo central em forma de fuso (Figura 12.4H). Os íons oscilam harmonicamente em torno do eixo longitudinal do eletrodo central com frequências correspondentes a suas razões de m/z e, assim como nos analisadores de FTICR, vistos anteriormente, induzem carga e corrente nos eletrodos externos, produzindo um sinal que é convertido pela transformada de Fourier em um espectro de massas. Analisadores de orbitrap são de altíssimas resolução e exatidão de massas (ver Tabela 12.1) e, comercialmente, estão disponíveis em associação a analisadores de LIT, para análises de MS em tandem (Seção 12.2.3.4)[58].

12.2.3.3 Detectores de íons

O **detector de íons** é a parte do espectrômetro de massas responsável pela detecção, amplificação e registro precisos dos íons de diferentes razões m/z carga separados em analisadores de TOF (Seção 12.2.3.2.1), Q (Seção 12.2.3.2.2) ou de armadilha de íons de Q ou lineares (Seção 12.2.3.2.3)[40]. Eles não são necessários como um componente separado em espectrômetros de massas que têm, como analisador único ou final (em casos de analisadores em tandem), uma armadilha de íons de FTICR ou de orbitrap, pois neles, como foi visto na Seção 12.2.3.2.3, os próprios analisadores já têm combinado um sistema para detecção das frequências de ressonância de m/z dos íons.

Num detector, a incidência de um íon determina a emissão de um elétron e cria uma pequena corrente. Para ser detectado e devidamente registrado, o sinal tem que ser amplificado de 10^3 a 10^6 vezes e, para tanto, podem ser utilizados diferentes sistemas. Os três tipos principais de detectores (Figura

12.5) são os multiplicadores de elétrons, os fotomultiplicadores e as placas de microcanais. A escolha de detector para um espectrômetro de massas depende do tipo de analisador utilizado. Multiplicadores de elétrons e fotomultiplicadores são utilizados com analisadores de Q e IT e viabilizam detecções em faixas dinâmicas amplas (da ordem de 10^5-10^8). As placas de multicanais são utilizadas com analisadores de TOF e são de resposta extremamente rápida e de elevada sensibilidade.

Os **multiplicadores de elétrons** são estruturas em forma de tubo que multiplicam as cargas (íons) incidentes. Nos tipos mais simples, chamados de **multiplicadores de elétrons contínuos** (Figura 12.5A), um dinodo (eletrodo) conversor antecede um tubo de vidro de formato curvo, coberto internamente por um filme de material semicondutor. O dinodo conversor recebe o impacto dos íons provenientes do analisador e os converte em elétrons, os quais, por sua vez, impactam a parede do tubo do multiplicador (que funciona como um dinodo contínuo). Cada elétron incidente causa uma emissão secundária, na forma de até três outros elétrons. Com a aplicação de um potencial elétrico na parede do tubo, os elétrons emitidos secundariamente aceleram e colidem na parede oposta, o que leva à emissão de ainda mais elétrons. Com isso, o sinal inicial vai sendo sucessivamente amplificado e a corrente (fluxo de elétrons) gerada é captada no final do tubo por um eletrodo (ânodo) separado e medida.

Os **fotomultiplicadores** consistem, essencialmente, de um dinodo conversor de alta voltagem e de um tubo fotomultiplicador (PMT, de *photomultiplier tube*) (Figura 12.5B). O PMT é um tubo de vidro selado a vácuo que contém, em seu interior, um fotocátodo, vários dinodos em sequência e um ânodo. No processo de detecção, os íons provenientes do analisador atingem o dinodo conversor e são convertidos em elétrons, os quais, ao atingirem uma tela fosforescente, são convertidos em fótons. Os fótons emitidos atingem então o PMT, onde, no fotocátodo, produzem elétrons por efeito fotoelétrico. Estes fotoelétrons são então multiplicados pelo processo de emissão secundária na série de dinodos e captados no ânodo, onde o pulso de corrente resultante pode ser medido.

As **placas de multicanais** (**MCPs**, de *multichannel plates*) são componentes planares vítreos, de alta resistividade, que, assim como os multiplicadores de elétrons, vistos mais acima, intensificam o sinal dos íons neles incidentes por meio da emissão secundária de elétrons. Numa placa de multicanais há, como seu próprio nome indica, um grande número (centenas) de canais, sendo que cada um deles funciona como um dinodo contínuo (Figura 12.5C). Os canais são paralelos entre si, mas levemente inclinados em relação à superfície da placa. Cada íon, ao atingir um canal, pode resultar na emissão de até 10^7 elétrons em apenas 4 ns a 5 ns, o que torna este tipo de detector extremamente sensível e rápido. Além disso, a presença de múltiplos canais na placa detectora proporciona ainda resolução espacial dos íons incidentes, permitindo que muitos íons possam ser detectados simultaneamente. Isso é particularmente importante para MALDI (Seção 12.2.3.1), pois nesse tipo de ionização centenas de íons podem ser gerados em apenas poucos nanossegundos.

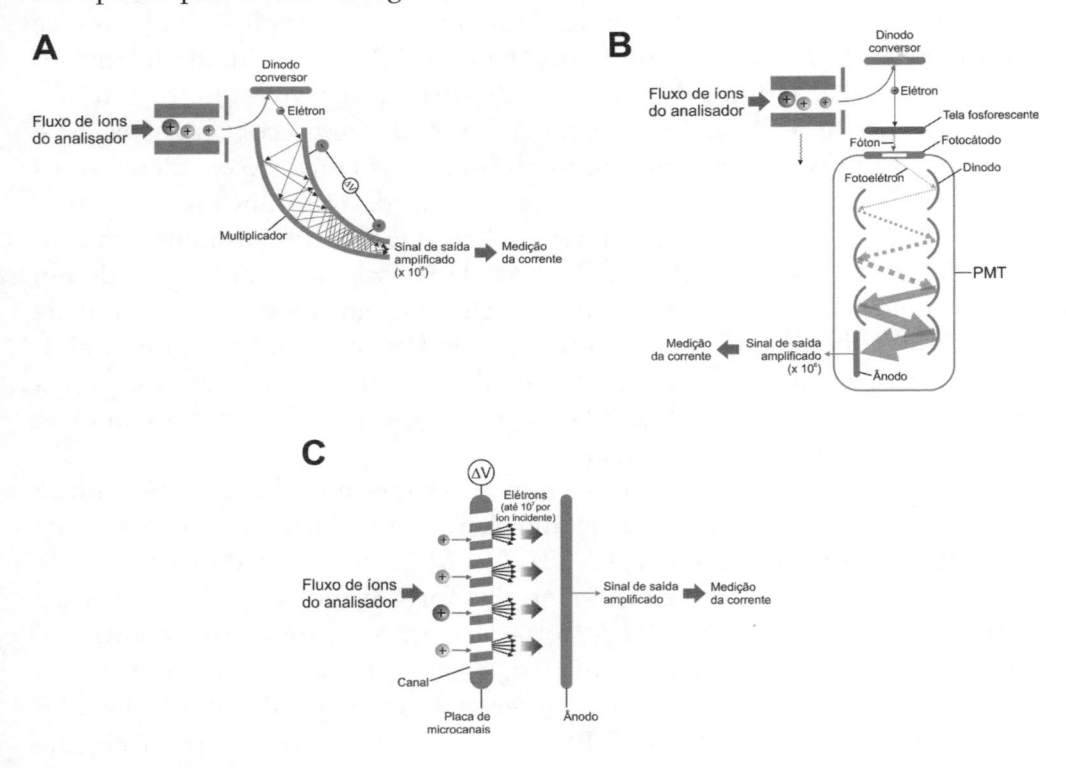

Figura 12.5 Tipos de detectores de íons comumente encontrados em espectrômetros de massas utilizados para proteômica. (A) Multiplicador de íons; (B) fotomultiplicador; e (C) MCP.

12.2.3.4 Células de colisão e espectrometria de massas em tandem

A **MS em tandem (MS/MS)**[59] envolve duas ou mais etapas de espectrometria, com alguma forma de fragmentação dos íons precursores (inicialmente separados) entre uma etapa e outra (Figura 12.6). Instrumentalmente, a MS/MS, também chamada de **MS sequencial**, começou a ser realizada por dois ou mais espectrômetros de massas conectados em sucessão, mas, hoje, ela é realizada em espectrômetros de massas híbridos, nos quais dois ou mais analisadores (Seção 12.2.3.2) estão associados em um único instrumento. A MS/MS pode ser realizada no espaço ou no tempo. Na **MS/MS no espaço**, normalmente denominada apenas de MS/MS, dois ou mais analisadores separados são utilizados, embora haja conexão física entre eles no espectrômetro de massas. Neste caso, as diferentes etapas MS são em geral identificadas pelas abreviaturas dos analisadores utilizados, como Q-TOF (para MS/MS em analisadores de Q e TOF) e LIT-FTICR (para MS/MS em analisadores de LIT e FTICR), por exemplo. Na **MS/MS no tempo**, também abreviada por **MS^n** (MS na enésima potência, onde $2 < n \leq 13$), a separação é feita em múltiplas etapas em um único analisador de armadilha de íons (Seção 12.2.3.2.3). Assim, os íons são aprisionados em um único espaço (analisador) e várias análises de MS (MS^n, com $2 < n \leq 13$) são feitas ao longo do tempo.

Em proteômica, a MS/MS é hoje a principal ferramenta experimental para o sequenciamento de peptídeos visando à identificação de proteínas[60], nas chamadas abordagens proteômicas *bottom-up* (Seção 12.2.5.1). Para isso, é necessário que os peptídeos separados na(s) primeira(s) etapa(s) de MS (íons precursores) sejam fragmentados, para que, depois, os fragmentos gerados (íons-produto) sejam analisados na segunda (ou última) etapa de MS, o que resulta em espectros de massas (espectros de MS/MS) a partir dos quais as sequências de aminoácidos dos peptídeos resolvidos podem ser determinadas (Seção 12.2.4). Na **fragmentação de peptídeos** que ocorre em análises de MS/MS, as ligações peptídicas (ligações CO-NH) entre os aminoácidos são rompidas e duas séries de íons-produto são geradas, os quais são identificados por uma nomenclatura específica[61] (Figura 12.6A). O processo de fragmentação pode se dar no interior do próprio analisador responsável por uma etapa de separação inicial dos íons ou, mais comumente, em uma **célula de colisão**, um componente do espectrômetro de massas específico para este fim, posicionado entre dois analisadores (Figura 12.6B).

Atualmente, há vários processos de fragmentação que são utilizados em espectrômetros de massas disponíveis comercialmente, como, por exemplo, a **dissociação induzida por colisão** (CID, de *collision induced dissociation*), e a **dissociação por transferência de elétrons** (ETD, de *electron transfer dissociation*). A CID[62] é comumente utilizada para MS/MS em abordagens de proteômica *bottom-up* (Seção 12.2.5.1). No processo de fragmentação por CID, os íons peptídicos, previamente selecionados em uma etapa anterior de MS, são acelerados por um potencial elétrico e ingressam na célula de colisão com elevada energia cinética (ver Figura 12.6B). Lá, eles colidem com moléculas neutras (geralmente de gases, como hélio, nitrogênio ou argônio) e parte da energia cinética é convertida em energia interna à molécula, que resulta em quebra de ligações e fragmentação dos peptídeos. A ETD[63], por sua vez, é vantajosa para a fragmentação de longos peptídeos ou mesmo de proteínas inteiras, sendo especialmente importante para proteômica *top-down* (Seção 12.2.5.2). Na ETD, a transferência de elétrons para peptídeos ou proteínas positivamente carregados cliva aleatoriamente as ligações peptídicas, sem afetar as cadeias laterais dos aminoácidos ou quaisquer modificações pós-traducionais (como fosforilações ou glicosilações) nelas existentes[64].

12.2.4 Identificação de proteínas a partir de espectros de massa

Após o desenvolvimento de ferramentas voltadas para a análise de genomas e trancriptomas, um grande esforço foi aplicado na consolidação de estratégias para o estudo de proteomas. A identificação de proteínas baseada em dados de MS tem se tornado um padrão para a avaliação, não apenas com a finalidade de caracterização do repertório de proteínas presentes em uma célula ou tecido, mas também para quantificação relativa das espécies proteicas identificadas frente a outras proteínas e/ou células. Devido ao grande número de espécies proteicas presentes em uma amostra bruta, oriunda de células ou tecidos, é virtualmente impossível a geração de dados que permita identificar e quantificar uma determinada proteína em um único passo. Dessa forma, as análises proteômicas atuais dependem de diferentes componentes individuais desenvolvidos para a separação, a identificação e a quantificação dos polipeptídeos, assim como de ferramentas para a integração e análise de todos os dados gerados[65]. Neste contexto, duas grandes áreas emergiram na proteômica: a qualitativa (Seção 12.2.5), que tem como objetivo principal a identificação de todas as espécies de proteínas presentes em uma amostra; e a quantitativa (Seção 12.3), que visa determinar a abundância relativa ou absoluta de cada espécie proteica identificada[31].

Em **análises qualitativas**, a identificação de proteínas baseada em MS é extremamente dependente da abordagem utilizada[66]. Os métodos mais utilizados para as análises proteômicas são aqueles baseados na análise de

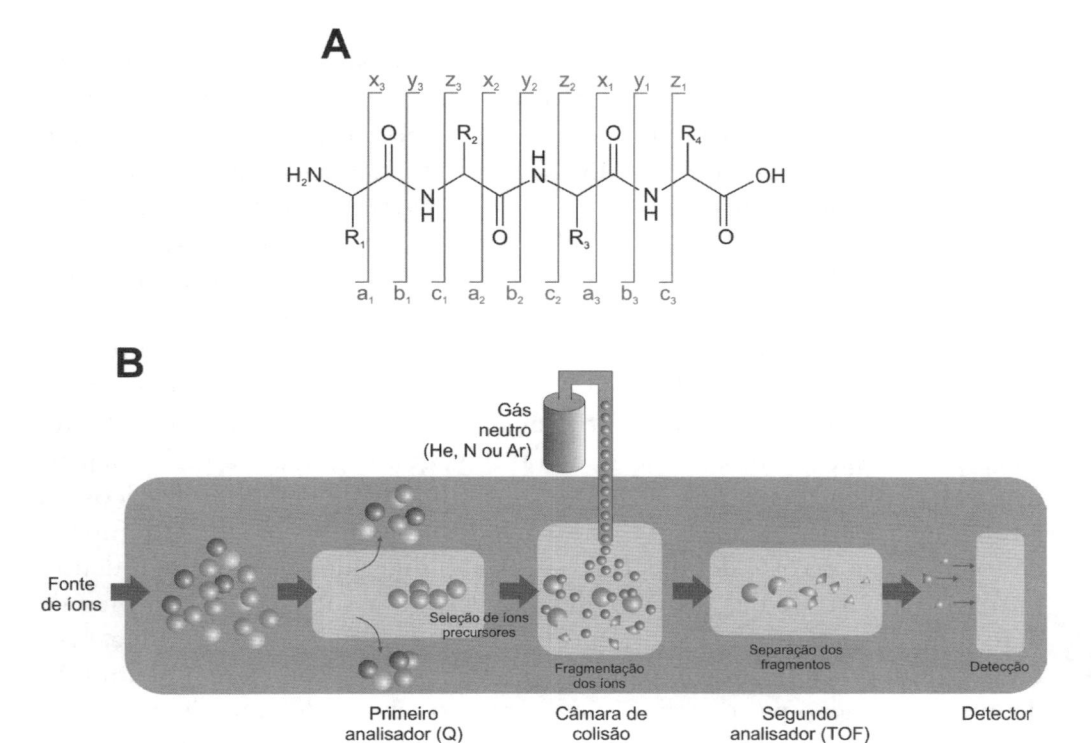

Figura 12.6 Fragmentação de peptídeos e espectrometria de massas em tandem. (A) Na fragmentação de íons peptídicos por quebra de ligações CO-NH, são geradas duas séries de íons: a série b, formada pelos íons que retiveram o grupamento amino terminal, e a série y, formada pelos íons que retiveram o grupamento carboxiterminal. Na série b, os diferentes íons possíveis são identificados pelas letras a, b e c, enquanto, na série y, eles são identificados pelas letras x, y e z. Os índices numéricos subscritos (como em a_1, b_1 e c_1, ou em x_3, y_3, z_3, por exemplo) indicam o número de resíduos de aminoácidos no fragmento. (B) Em uma configuração típica de espectrômetros de massas híbridos utilizados para MS/MS, dois analisadores são separados por uma câmara de colisão, na qual, por dissociação induzida por colisão (CID), peptídeos precursores separados e selecionados no primeiro analisador são fragmentados antes de ingressarem e serem separados em um segundo analisador.

dados de MS, mais comumente denominados *peptide mass fingerprinting*, e aqueles baseados em dados de fragmentação de peptídeos por MS/MS ou MS^n. Estes dois grupos de métodos serão discutidos a seguir.

Experimentos que utilizam MS para identificação de peptídeos baseiam-se na avaliação da razão *m/z* de peptídeos oriundos da digestão proteolítica, geralmente com tripsina (ver Seção 12.2.2), de proteínas purificadas ou isoladas de geis de 2DE. Cada proteína possui um padrão de distribuição único de sítios de clivagem para a enzima em sua sequência primária e, consequentemente, a digestão gera, para cada espécie proteica, um conjunto único e específico de fragmentos (peptídeos) trípticos. A identificação da proteína realizada pela comparação do espectro de massas (ver Seção 12.2.3) gerado pela análise por MS (os espectros, chamados de *peptide mass fingerprints*) com aquele obtido *in silico*, a partir da tradução virtual de sequências codificadoras de DNA depositadas em bancos de dados e predição de peptídeos trípticos (Figura 12.7A). Esta abordagem proteômica é denominada *peptide mass fingerprinting* (PMF) e foi originalmente descrita e aprimorada no ano de 1993 por diversos grupos independentes[67-71]. A maioria dos espectros de massas coletados não resulta em identificações satisfatórias. A correta identificação de uma proteína a partir de um *fingerprint* depende de uma série de fatores, que englobam aqueles dependentes da coleta dos dados de MS (a sensibilidade de detecção de picos ou a tolerância a erros de massa) e os associados às análises *in silico* (definição de tolerância a erros e definição de sítios não digeridos pela enzima, dentre outros). Em virtude das dificuldades inerentes à associação de um pico de determinada razão *m/z* a um peptídeo oriundo da digestão de uma proteína parental, foram desenvolvidos algoritmos que propiciam a atribuição de uma pontuação para avaliação da correção ou não de uma identificação. Dados de MS derivados da proteína a ser identificada são comparados com os dados de proteínas conhecidas obtidos *in silico*, sendo então atribuída uma pontuação de acordo com o grau de semelhança entre os dois conjuntos de dados. Qualquer pontuação acima de um limiar arbitrário de confiança é denominada um *hit*. O *hit* com maior pontuação define a identidade da proteína desconhecida. Se não houver escores acima de tal limiar, então a proteína permanece sendo considerada como não identificada. O cálculo dos escores envolve uma grande diversidade de métodos estatísticos, que levam em consideração o equilíbrio existente entre falsos positivos e falsos negativos[72]. Por exemplo, a ferramenta de identificação MASCOT é baseada no algoritmo MOWSE[69], o qual calcula a distribuição de tamanhos de peptídeos trípticos em todas as sequências do banco de dados. O programa também determina se a correspondência entre cada razão *m/z* obtida na análise por MS e uma determinada razão *m/z* obtida *in silico* é um evento puramente aleatório ou não[72]. Existem programas disponíveis gratuitamente para identificação de proteínas a partir de PMFs, como o MS-Fit[73], também baseado no algoritmo MOWSE, e o PROFOUND[74], o qual faz a identificação baseado em modelos de probabilidade bayesiana.

Já experimentos que utilizam MS/MS ou MS^n (ver Seção 12.2.3.4) para identificação de proteínas apresentam vantagens em relação aos que utilizam

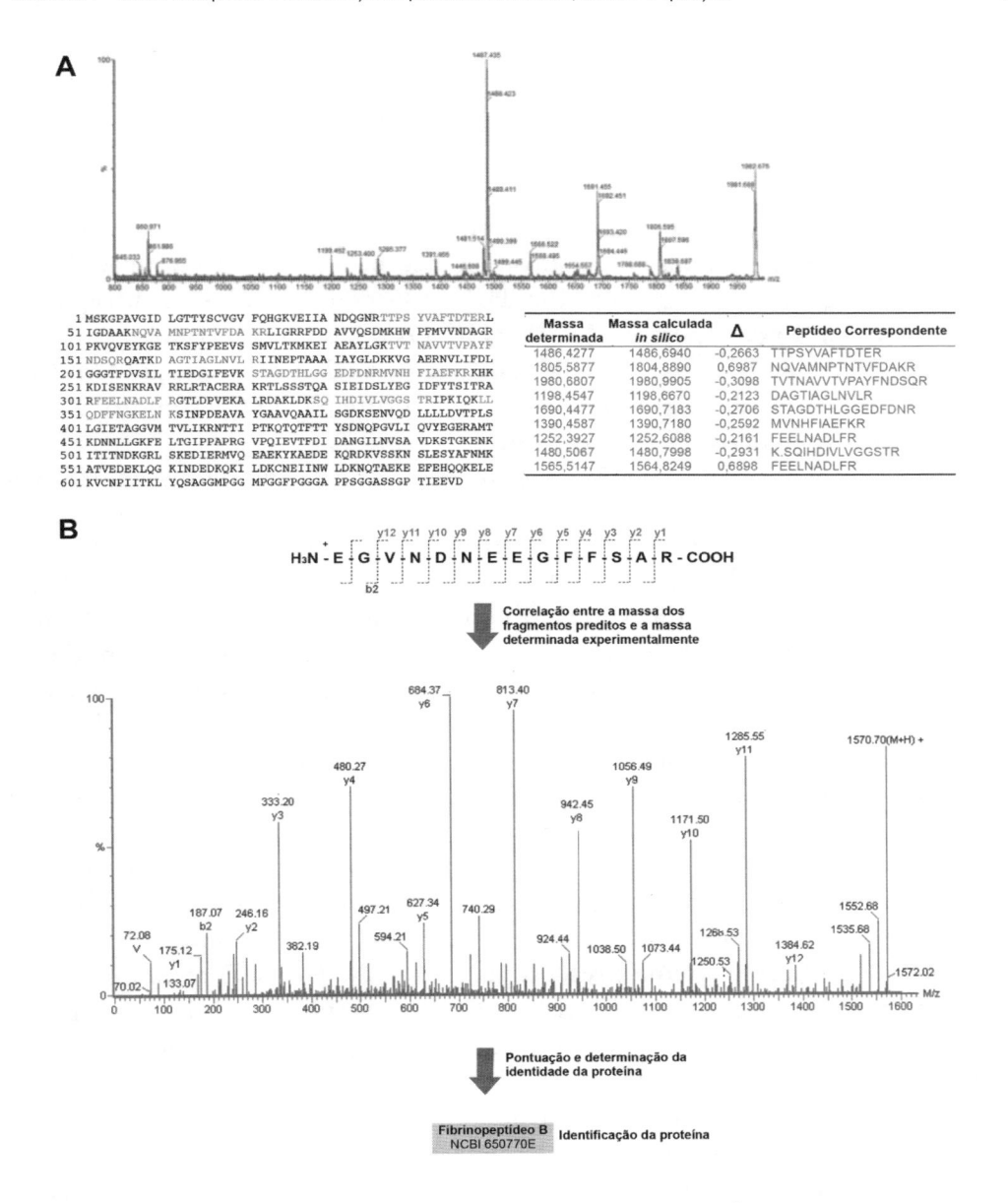

Figura 12.7 Identificação de proteínas a partir de dados de MS ou MS/MS. (A) Análise por PMF. Íons provenientes da digestão tríptica são analisados quanto à sua razão *m/z*. A análise em programas de busca em bancos de dados delimita os possíveis peptídeos trípticos da proteína (em cinza na sequência proteica), assim como o erro da análise, caracterizada pela diferença entre a massa calculada *in silico* e a massa calculada a partir dos dados de MS. Notar que cada peptídeo identificado possui em sua extremidade carbóxi-terminal uma arginina (R) ou uma lisina (K). (B) Análise de um peptídeo por MS/MS. A partir de fragmentação de peptídeos trípticos, é feita uma correlação das séries b e y geradas *in silico* com aquelas obtidas experimentalmente. Caso seja(m) identificado(s) o(s) peptídeo(s) correspondente(s), é realizada a atribuição de um escore (pontuação) para a proteína e, com base nela, é realizada a sua identificação.

somente MS, pois possibilitam a determinação da sequência primária de aminoácidos dos peptídeos analisados. A maioria dos experimentos de MS/MS é realizada em modo de **aquisição dependente de dados** (DDA, de *data dependent acquisition*), no qual a coleção de íons peptídicos que ingressam no espectrômetro é primeiro analisada por MS, em um modo parecido com o PMF. Entretanto, em uma etapa subsequente, mas quase simultânea, alguns desses íons (geralmente os mais abundantes) são selecionados para fragmentação e aquisição de espectros de MS/MS[75]. Os dados de razão *m/z* gerados a partir dos íons parentais (MS) e de seus produtos de fragmentação (MS/MS ou MS^n) são utilizados para identificação da proteína em questão utilizando programas específicos (Figura 12.7B).

Os sistemas de identificação de proteínas a partir de dados de MS/MS ou MS^n evoluíram drasticamente desde a consolidação da proteômica como uma ciência, na década de 1990. Os primeiros métodos de identificação se baseavam em um laborioso trabalho de análise de espectros de fragmentação, para identificação das séries de íons **ax** ou **by** (ver Figura 12.6A) nos espectros e o cálculo da diferença de massa entre cada um dos componentes destas séries, para que então pudessem ser identificados os aminoácidos de acordo com as diferenças calculadas. Com a grande disponibilidade de sequências oriundas de projetos de sequenciamento de genomas e transcritomas, a identificação, se dá hoje majoritariamente pela comparação das sequências de aminoácidos determinadas para os peptídeos analisados por MS/MS ou MS^n com sequências deduzidas de aminoácidos depositadas em bancos de dados. Esta identificação se dá pela comparação do conjunto de espectros de MS/MS ou MS^n com aqueles gerados *in silico*, a partir da digestão virtual de cada proteína presente no banco de dados. Esta estratégia de identificação tem sido denominada *peptide fragment fingerprinting* (**PFF**)[72]. É importante salientar que, apesar dos mecanismos de busca do PMF e do PFF serem similares, os dados iniciais utilizados em cada caso são bastante diferentes. O PFF é, atualmente, considerado o melhor método para identificação de proteínas em grande escala, devido à informação adicional adquirida com a fragmentação dos peptídeos, o que gera diretamente informação sobre a sequência de aminoácidos. Os programas MASCOT e SEQUEST são os mais comumente utilizados para identificação de proteínas a partir de dados de MS/MS ou MS^n. Os sistemas de pontuação para delimitação do melhor *hit* baseiam-se na atribuição de pontuações para cada *hit* obtido para as diferentes proteínas presentes no banco de dados e no cálculo de uma medida de confiança, de que a proteína identificada no topo do *ranking* não é um resultado positivo falso.

Diferentes métodos foram também desenvolvidos para a inferência da sequência primária de aminoácidos de uma proteína diretamente a partir de dados de MS/MS ou MS^n. Isso permite o chamado **sequenciamento** *de novo*, que é particularmente útil em casos nos quais não existem bancos de dados disponíveis para buscas por comparação (por exemplo, para organismos sem a sequência genômica determinada). Em decorrência da alta complexidade da maioria dos espectros MS/MS, abordagens de sequenciamento *de novo* geram apenas sequências curtas e ambíguas, denominadas *tags*[72]. Algumas ferramentas de identificação que empregaram sequenciamento *de novo* já foram descritas para identificação de proteínas ortólogas baseados em bancos de dados de ESTs e de genomas organismos filogeneticamente próximos[76,77].

12.2.5 Abordagens experimentais em proteômica

Em decorrência da disponibilidade de espectrômetros de massas com diferentes combinações de fontes de ionização, diferentes analisadores de massas (Seção 12.2.3.2) e diferentes detectores (ver Seção 12.2.3), diferentes estratégias experimentais proteômicas podem ser delineadas dependendo da sua finalidade, que pode ser desde a simples identificação de proteínas em uma amostra até análises mais complexas, envolvendo a quantificação de proteínas ou a identificação de modificações pós-traducionais em proteínas purificadas. Coletivamente, essas estratégias são classificadas em dois grandes grupos: as abordagens *bottom-up* e as *top-down*. Cada uma delas apresenta particularidades que definem o objetivo principal. **Abordagens** *bottom-up* estão geralmente associadas à descrição da identidade do maior número possível de proteínas presentes em uma amostra complexa a partir de fragmentos peptídicos. Já as **abordagens** *top-down* são realizadas, *a priori*, com o intuito de detectar modificações em proteínas intactas, inclusive para a identificação de isoformas[31]. A seguir, serão discutidas as características dessas abordagens, as estratégias mais comumente utilizadas, assim como as ferramentas para identificação de proteínas associadas a cada uma delas.

12.2.5.1 Abordagens bottom-up

As análises proteômicas *bottom-up* (ver Figura 12.1) referem-se à caracterização e identificação de proteínas pela análise espectrométrica dos peptídeos liberados por proteólise. Estas abordagens têm sido utilizadas tanto para proteínas isoladas quanto para misturas complexas de proteínas[31]. Neste último caso, se aplica o termo proteômica *shotgun*, cunhado por Yates e colaboradores por analogia ao sequenciamento de DNA por *shotgun*[78].

A identificação das proteínas isoladas ou presentes numa mistura complexa sempre se dá em três passos. O primeiro é a proteólise com enzimas específicas, mais comumente a tripsina, para reduzir a massa molecular do analito e gerar um conjunto de peptídeos específicos. O segundo passo consiste na mensuração da relação *m/z* de cada um destes peptídeos, assim como de seus produtos de fragmentação, em um espectrômetro de massas. Por fim, a identificação das proteínas se dá pela comparação dos espectros de massa derivados da fragmentação de peptídeos com dados teóricos obtidos *in silico* com a digestão teórica de cada proteína presente em um banco de dados[35]. Entretanto, as configurações dos espectrômetros de massas (ver Seção 12.2.3) permitem que apenas uma parcela dos íons presentes em uma mistura peptídica originada da proteólise seja analisada por período de tempo. Dessa forma, métodos de diminuição da complexidade são necessários para obtenção de maior grau de informação sobre as espécies proteicas presentes em uma amostra. Dentre as metodologias para diminuição da complexidade, figuram os métodos eletroforéticos e cromatográficos (Seção 12.2.2). A seguir, são exemplificadas algumas estratégias empregando essas metodologias para identificação de proteínas.

12.2.5.1.1 *Peptide mass fingerprinting*

A PMF, já descrita na Seção 12.2.4, foi uma das primeiras abordagens proteômicas *bottom-up* a ser desenvolvida, sendo o equipamento mais comumente utilizado para este propósito o MALDI-TOF (Seção 12.2.4)[79]. Esta estratégia possui como principal vantagem a sua grande velocidade, sendo necessários apenas alguns espectros para a determinação das razões *m/z* geradas e consequente realização de análise comparativa *in silico*. Entretanto, existem algumas limitações bastante claras na utilização de PMF para identificação de proteínas. Primeiramente, a sequência da proteína já deve estar presente em um banco de dados, o que nem sempre acontece, mesmo com o grande número de sequências genômicas depositadas em repositórios públicos e com a disponibilidade de ferramentas eficientes de busca e anotação de genes. A identificação com base em proteínas ortólogas (de outras espécies) só é possível para proteínas com grande grau de conservação evolutiva de sequência. Outros complicadores são os eventos de *splicing* alternativo e a grande diversidade de modificações pós-traducionais que podem ocorrer nas proteínas, os quais também dificultam comparações entre PMFs obtidos experimentalmente com espectros de massa preditos *in silico*. Além disso, os algoritmos utilizados na identificação de proteínas a partir de PMFs assumem que os peptídeos são provenientes de uma única proteína, o que gera complicações e identificações errôneas quando da análise de misturas proteicas mais complexas. Assim, em decorrência destas limitações, a abordagem de *bottom-up* baseada em *peptide mass fingerprinting* está caindo em desuso, dando lugar a outras, como as descritas a seguir, nas Seções 12.2.5.1.2 a 12.2.5.1.4.

12.2.5.1.2 2DE-MS/MS

Proteínas isoladas de *spots* de géis de 2DE podem ser analisadas e identificadas em espectrômetros de massas capazes de realizar análises em tandem (de MS/MS), em uma estratégia de *bottom-up* comumente referida como **2DE-MS/MS**[80,81]. Como foi visto na Seção 12.2.3.4, para MS/MS, são utilizados espectrômetros de massas dotados de células de colisão para fragmentação de peptídeos. Em um delineamento convencional, dezenas ou centenas de *spots* de 2DE são analisados primariamente por PFF (ver Seção 12.2.4) em equipamentos com fontes de ionização de MALDI e analisadores de TOF ou TOF/TOF (ver Seção 12.2.3)[82]. Podem ser também utilizados equipamentos com fonte de ESI, em associação com analisadores de melhor resolução, como os de Q ou IT.

Uma grande vantagem dos sistemas que empregam MS/MS é a maior capacidade de identificação proporcionada por eles, visto que cada peptídeo gerado, dependendo do equipamento, pode ser fragmentado e ter a sua sequência de aminoácidos determinada. Como visto na Seção 12.2.4, para MS/MS, o espectrômetro de massas opera em modo de DDA, para que os peptídeos mais abundantes dentre aqueles gerados pela digestão proteolítica sejam fragmentados e utilizados na identificação da(s) proteína(s) em questão. Normalmente, cada *spot* coletado de um gel 2DE resulta na identificação de uma proteína (Figura 12.8A), e o conjunto de *spots* com identificação constitui o que se convencionou chamar de um **mapa proteômico** (não confundir com "mapeamento proteogenômico", discutido na Seção 12.5.1). Eventualmente, duas ou mais proteínas diferentes, mas de massas

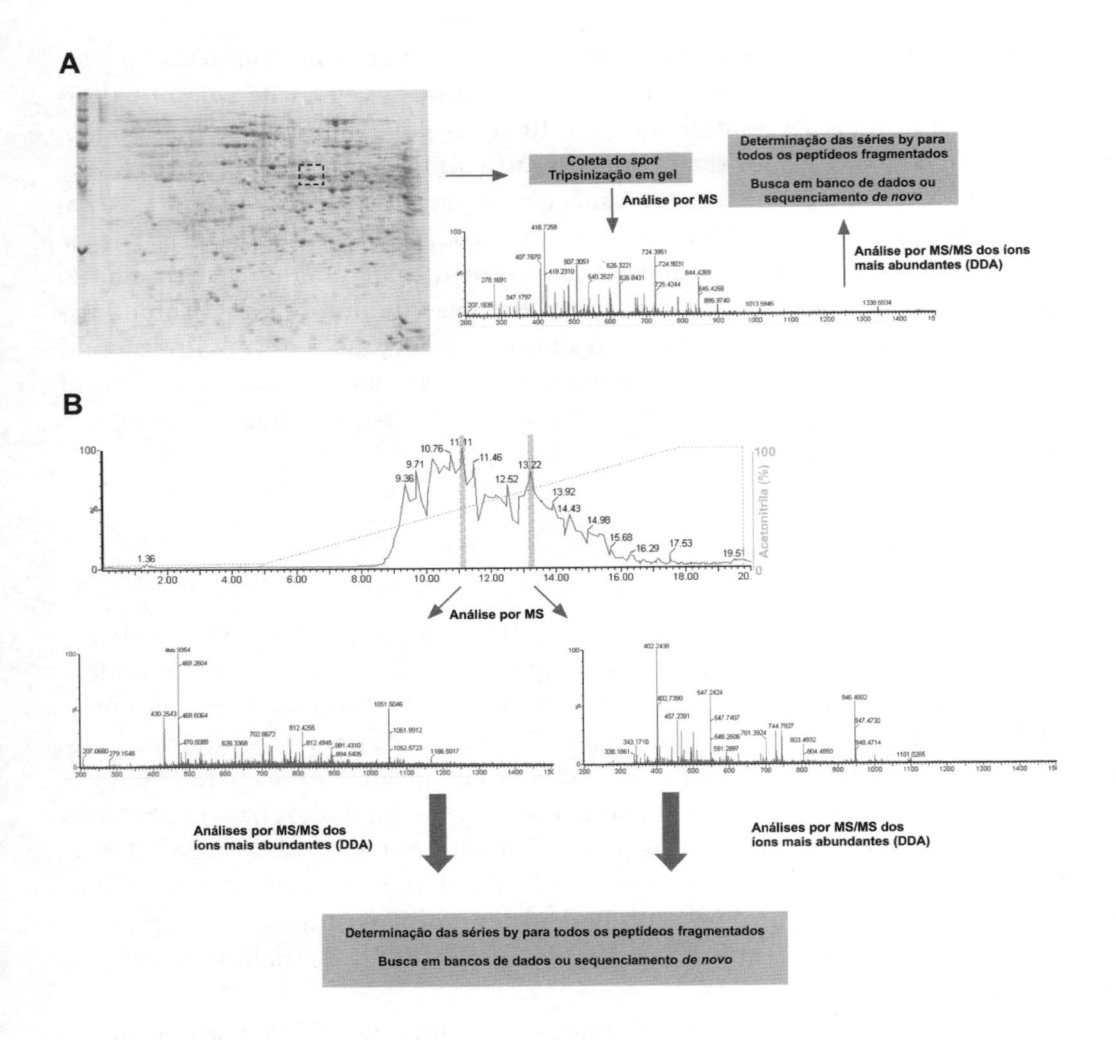

Figura 12.8 Estratégias experimentais em proteômica. (A) Esquema representativo do processo de identificação de proteínas presentes em *spots* de géis de 2DE. (B) Esquema representativo do processo de identificação de proteínas separadas por LC.

moleculares e pontos isoelétricos muito próximos, podem ser identificadas a partir de um mesmo *spot*, pois não foram resolvidas (separadas) suficiente-mente na 2DE. Por outro lado, diferentes *spots* do gel vinculados à identifi-cação de uma única proteína são indicativos de ocorrência de modificações pós-traducionais.

12.2.5.1.3 LC-MS/MS

A possibilidade de acoplamento de espectrômetros de massas a sistemas de cromatografia líquida (LC) viabilizou o desenvolvimento de métodos mais globais de análise para identificação de proteínas. Assim, a separação prévia de peptídeos por LC, associada à análise por MS/MS, na abordagem de *bottom-up* chamada de **LC-MS/MS**, constitui uma ferramenta poderosa para identificação de proteínas presentes em um extrato[83]. Enquanto métodos *bottom-up* que empregam fontes de MALDI geralmente são utilizados para a análise de proteínas isoladas, os métodos que incluem LC são mais adequados para misturas proteicas, por permitirem uma separação prévia dos peptídeos oriundos de diferentes proteínas (Figura 12.8B). Como consequência direta, um maior número de peptídeos oriundos da mesma proteína pode ser fragmentado, garantindo maior confiabilidade na identificação daquela proteína. Outra vantagem clara se refere à capacidade destes sistemas em lidar com misturas de médio grau de complexidade para identificação de proteínas distintas, como complexos proteicos isolados, frações subcelulares ou frações enriquecidas com um determinado grupo funcional, como, por exemplo, fosfoproteomas ou glicoproteomas (Seção 12.4.1)[83,84].

Experimentos que empregam LC-MS/MS geralmente utilizam cromatografia de RP (*reverse phase*) (Seção 12.2.2). A eluição geralmente é realizada em condições acídicas por um gradiente de um solvente orgânico miscível em água, como, por exemplo, a acetonitrila. A principal vantagem da LC por RP é que a capacidade de pico (número máximo de componentes que podem ser resolvidos) é relativamente elevada e completamente compatível com a ionização por ESI[84]. Por serem rápidas, seletivas, sensíveis e precisas, as abordagens de LC-MS/MS passaram a ser as mais utilizadas em proteômica desde a sua consolidação, em meados da década de 1990[85].

Os métodos de identificação de proteínas a partir de dados gerados por LC-MS/MS diferem um pouco dos empregados para identificações baseadas em PMFs. Como visto anteriormente (ver Seção 12.2.4), os algoritmos utilizados para análise de PMF partem do pressuposto de que apenas uma proteína está sendo analisada. Em casos de LC-MS/MS, peptídeos oriundos da mesma proteína ou de proteínas distintas podem ser analisados, sendo a identificação de peptídeos relatada em termos de pontuações de probabilidade (Seção 12.2.4)[86]. Esta metodologia tem se mostrado eficiente para a identificação de peptídeos tanto a partir de amostras de proteínas purificadas como a partir de amostras com médio grau de complexidade[84-86].

12.2.5.1.4 Sistemas multidimensionais acoplados a MS/MS

Abordagens proteômicas que se baseiam na diminuição da complexidade apenas em uma etapa de LC, como na LC-MS/MS, possuem como grande limitação o número relativamente baixo de peptídeos que são enviados para fragmentação por unidade de tempo. Assim, apenas uma fração dos peptídeos presentes em uma determinada fração cromatográfica são de fato identificados e, consequentemente, há uma diminuição do número de proteínas efetivamente identificadas dentre aquelas presentes em uma amostra complexa. Por exemplo, assumindo que há aproximadamente 50 mil espécies proteicas diferentes em uma célula eucariótica[87] e que cada proteína gera, em média, cerca de quarenta peptídeos ao ser digerida com tripsina, chega-se a uma complexidade extremamente elevada (da ordem de 2 milhões de peptídeos) em uma digestão tríptica de um lisado celular qualquer[84]. Isso, aliado à grande variação na quantidade absoluta de cada proteína e, consequentemente, de cada peptídeo originado por digestão proteolítica, demanda a utilização de métodos adicionais para a diminuição da complexidade das amostras, a fim de que possam ser obtidos dados de MS que levem à identificação do maior número possível de proteínas presentes na amostra. Por isso, foram desenvolvidos sistemas multidimensionais, nos quais os peptídeos oriundos da proteólise de um extrato proteico complexo são fracionados empregando diferentes métodos (ver Seção 12.2.2)[85,88].

A **proteômica** *shotgun*, que compreende métodos para identificação sistemática de proteínas a partir da proteólise de extratos complexos, se vale de separações multidimensionais para maximização do número de peptídeos analisados e, consequentemente, identificados[31,88]. Um método de proteômica *shotgun* relativamente simples para a diminuição da complexidade de uma amostra consiste na submissão do produto de digestão proteolítico à separação em sistemas de cromatografia líquida empregando resinas de SCX (*strong cation-exchange*) (Seção 12.2.3), sendo cada fração eluída da resina analisada por LC-MS/MS (Figura 12.8B). Considerando o poder de resolução que a etapa de LC (por RP) da LC-MS/MS oferece, a diminuição da complexidade peptídica proporcionada pelo acoplamento à LC por SCX (isto é, SCX + RP) aumenta exponencialmente a capacidade de identificação de proteínas em casos de análises globais de células ou tecidos.

O acoplamento das etapas de LC pode ser realizado tanto fora de linha como em linha (ver Seção 12.2.2). Uma configuração em linha amplamente empregada é denominada **tecnologia de identificação de proteínas multidimensional** (**MudPIT**, de *multidimensional protein identification* *technology*), que apresenta as resinas de SCX e RP sequencialmente em uma mesma coluna (Figura 12.9A), acoplada a uma fonte ESI. A MudPIT representou um marco na separação multidimensional associada à espectrometria de massas. Quando descrita pela primeira vez, em 2001, propiciou a identificação de aproximadamente 1.500 proteínas de um extrato proteico da levedura *Saccharomyces cerevisiae* (cujo genoma codifica para aproximadamente 6 mil proteínas) empregando LC-MS/MS multidimensional[32,85,88].

Os métodos de *shotgun* e MudPIT, acima descritos, utilizam apenas métodos cromatográficos para a separação de peptídeos, o que demanda a utilização de equipamentos adicionais onerosos, de HPLC ou uHPLC (Seção 12.2.1.2). Uma alternativa mais simples e robusta para análises de *bottom-up* é o método denominado **GeLC-MS/MS** (de *gel enhanced LC-MS/MS*) (Figura 12.9B), baseado na diminuição da complexidade da amostra proteica por 1DE. Em experimentos de GeLC-MS/MS, as proteínas são separadas inicialmente por SDS-PAGE, de acordo com suas massas moleculares. Em seguida, o gel contendo as proteínas separadas eletroforeticamente é dividido em fatias (geralmente de dez a vinte), de acordo com o perfil eletroforético. Cada uma dessas fatias é então tratada individualmente para tripsinização em gel (Seção 12.2.2). O *pool* de peptídeos liberados das diferentes proteínas presentes em uma determinada fatia é então submetido à separação por LC-MS/MS. O conjunto total de peptídeos pode ser analisado individualmente de acordo com a fatia que o gerou, ocorrendo, dessa forma, uma maximização do número de peptídeos de diferentes proteínas passíveis de serem analisados e identificados. A GeLC-MS/MS tem sido empregada em diferentes linhas de investigação como uma alternativa menos onerosa em relação ao MudPIT[89-91].

Independentemente do método multidimensional utilizado (LC-MS/MS fora de linha ou em linha, MudPIT ou GeLC-MS/MS), a identificação de proteínas se dá pela análise conjunta dos dados gerados a partir de cada fração analisada (seja ela oriunda de um pulso de sal ou de uma fatia de gel). Porém, em sistemas em linha, são gerados dados referentes a apenas uma análise de MS/MS, enquanto nos sistemas fora de linha ou de GeLC-MS/MS são gerados múltiplos conjuntos de dados, provenientes das análises de MS/MS de cada uma das frações cromatográficas ou fatias de gel. Para estes últimos casos, são necessários programas como o Scaffold[92], capazes de agrupar os múltiplos conjuntos de dados de MS/MS de forma a propiciar a identificação global das proteínas.

12.2.5.2 Abordagens top-down

As abordagens *bottom-up*, como visto acima, permitem a rápida identificação de proteínas a partir de dados de MS, inclusive em grande escala, a partir de amostras biológicas complexas. Elas apresentam, contudo, duas limitações importantes: (i) nem todos os peptídeos oriundos de digestão proteolítica podem ser utilizados para análise de MS, o que leva a perda de informação; (ii) nem sempre é possível fazer a correlação entre os peptídeos e suas proteínas precursoras[93]. Neste contexto, **abordagens *top-down*,** que têm como principal objetivo a análise de proteínas intactas e de seus produtos de fragmentação obtidos no espectrômetro de massas, podem sobrepujar os problemas inerentes às estratégias *bottom-up*. A medida da razão *m/z* das proteínas intactas provê informações sobre as isoformas proteicas, como, por exemplo, as provenientes de *splicing* alternativo ou de fosforilação, visto que elas em geral apresentam diferenças de massa. Assim, essas isoformas podem ser facilmente analisadas independentemente em um espectrômetro de massas. Uma vez que uma determinada razão *m/z*, correspondente a uma determinada isoforma, tiver sido selecionada no analisador, a sua subsequente fragmentação propiciará o seu sequenciamento[31,35].

A análise de proteínas intactas em estratégias *top-down* pode ainda propiciar a identificação das proteínas com 100% de cobertura, o que geralmente não é possível em estratégias *bottom-up*[94]. Entretanto, devido às dificuldades inerentes tanto à separação quanto à detecção de proteínas intactas, esta abordagem proteômica geralmente não é utilizada em estudos proteômicos globais. Adicionalmente as configurações dos espectrômetros de massas empregados nessas análises geralmente são bastante onerosas, pois precisam ser extremamente sensíveis, rápidos e precisos.

Um dos primeiros relatos da utilização da abordagem *top-down* para caracterização de proteínas intactas por MS data do início da década de 1990[95]. Desde então, a disponibilidade de espectrômetros de massa com analisadores de massa do tipo FTICR (Seção 12.2.3.2.3), e de sistemas de fragmentação, como o ETD (Seção 12.2.3.4), tem propiciado avanços consideráveis em estratégias *top-down*. Métodos de separação de proteínas, geralmente por massa molecular em sistemas cromatográficos ou eletroforéticos, são necessários para diminuir a complexidade e garantir maior taxa de identificação das proteínas presentes na amostra[93,96,97]. Utilizando estas combinações, centenas de proteínas de extratos celulares ou teciduais têm sido identificadas com alta cobertura, permitindo a diferenciação de isoformas[97].

Os métodos computacionais de identificação de proteínas em abordagens *top-down* se mostram mais complicados em relação àqueles utilizados em abordagens *bottom-up*. A interpretação dos dados de MS e MS/MS obtidos em proteômica *top-down* geralmente não apresenta automatização e é, frequentemente, complicada pelos diferentes modos de fragmentação proporcionados por distintos espectrômetros de massas. Os dados obtidos em proteômica *top-down* geralmente são processados por programas desenvolvidos e consolidados, como o ProSightPC, MSAlign+ e MascotTD[97]. Algoritmos para a deconvolução de espectros complexos, a interpretação de espectros de MS/MS de proteínas intactas e a combinação de dados de *top-down* com distintos bancos de dados estão ainda em desenvolvimento[98].

12.3 PROTEÔMICA QUANTITATIVA

Os métodos proteômicos baseados em MS apresentam outra grande aplicabilidade na quantificação das proteínas identificadas em células e tecidos. Para tanto, foram desenvolvidos métodos e estratégias específicos para este fim, que configuram a chamada **proteômica quantitativa**. A MS quantitativa de proteínas, contudo, apresenta limitações, especialmente em função das grandes variações em propriedades físico-químicas observadas entre peptídeos trípticos. Características como carga, tamanho, composição de aminoácidos e eventuais modificações pós-traducionais podem resultar em diferenças consideráveis na capacidade de ionização dos peptídeos e, consequentemente, na geração de íons que os representem na análise por MS. Assim, como o método principal de quantificação em proteômica baseia-se na abundância de cada tipo de íon, há a necessidade de padronização com referências, que geralmente são representadas por um ou mais peptídeos, previamente analisadas por LC-MS/MS sob as mesmas condições. Em consequência disso, todos os métodos proteômicos quantitativos baseados em MS são necessariamente comparativos[99] e a referência utilizada para comparação define dois tipos de abordagens: as de **proteômica quantitativa absoluta (PQA)** e as de **proteômica quantitativa relativa (PQR)**. Enquanto a PQA produz dados quantitativos principalmente com base em uma quantidade conhecida de um padrão, a PQR relaciona a abundância relativa de uma ou mais proteínas identificadas por MS entre duas amostras distintas[100].

Abordagens de PQA objetivam determinar a concentração absoluta de um número relativamente pequeno de proteínas em uma amostra complexa, constituindo estratégias promissoras para estudos avançados para identificação de biomarcadores (Seção 12.5.2). Métodos de PQA baseiam-se na normalização da intensidade do sinal dos íons referentes a uma proteína específica com os sinais gerados por quantidades definidas de peptídeos trípticos com sequência primária idêntica às das proteínas de interesse, denominados padrões internos[100,101]. Esses peptídeos marcados com isótopos para fins quantitativos, geralmente denominados peptídeos-q, podem ser obtidos na forma pura, empregando síntese e marcação química com isótopos pesados. Esta estratégia de quantificação foi denominada AQUA, de *absolute quantification*[102]. Alternativamente, diferentes peptídeos-q podem ser produzidos em grande escala pela estratégia QconCAT[103], na qual proteínas recombinantes contendo diferentes peptídeos-q são expressas já marcadas em bactérias.

A PQR geralmente é aplicada à comparação dos perfis proteômicos de células expostas ou não a diferentes estímulos. Uma das primeiras estratégias desenvolvidas para este fim fazia uso da análise de perfis proteômicos de 2DE, com as proteínas diferencialmente expressas detectadas por análises densitométricas comparativas dos *spots* presentes nos géis e a posterior identificação das proteínas correspondentes por MS[104]. Um dos maiores avanços nesta área veio com a introdução do sistema DIGE (de *difference in gel electrophoresis*), o qual permite evidenciar as proteínas diferencialmente expressas em cada condição experimental por meio da incorporação de diferentes fluoróforos[105]. Entretanto, devido a problemas inerentes à 2DE, como a baixa reprodutibilidade na resolução e a comigração de proteínas em um mesmo *spot*, os métodos baseados nessa técnica vêm sendo progressivamente substituídos por abordagens livres de gel[9].

As análises de PQR tiveram um grande desenvolvimento com a consolidação das estratégias proteômicas baseadas em LC-MS/MS. Diversas estratégias foram desenvolvidas para detectar alterações relativas na abundância de um grande conjunto de proteínas nas amostras a serem comparadas. Estas estratégias podem ser divididas em duas categorias: (i) baseadas em marcação isotópica e (ii) independentes de marcação ou livres de marcação[100]. Nas **análises baseadas em marcação isotópica**, as amostras a serem analisadas são diferencialmente marcadas com isótopos, sendo, então, simultaneamente submetidas à análise por LC-MS/MS. A razão entre a intensidade dos picos referentes a um par de isótopos (por exemplo, peptídeos marcados com isótopos "leve" e "pesado") gera a diferença relativa na abundância da proteína da qual esses peptídeos são derivados[106-108]. Diversos métodos foram desenvolvidos para a marcação isotópica estável do proteoma ou de peptídeos derivados do proteoma, incluindo a marcação química, proteolítica e metabólica. Dentre os mais comumente utilizados estão o SILAC

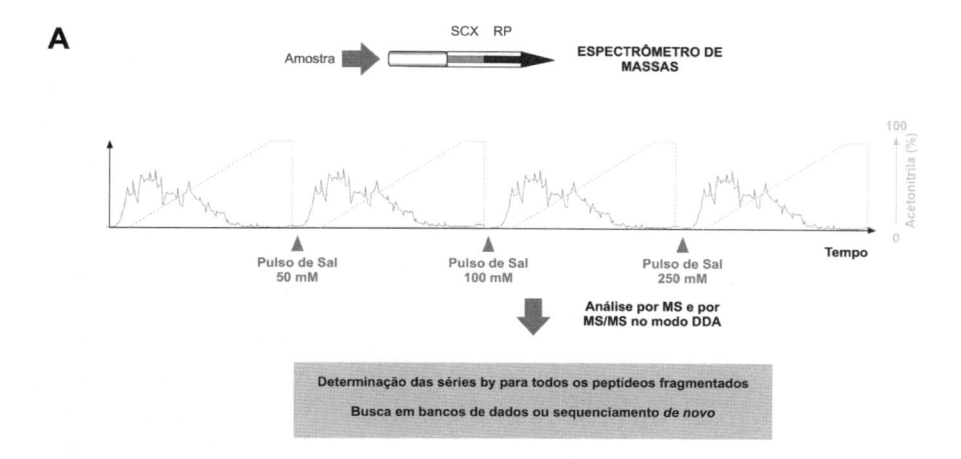

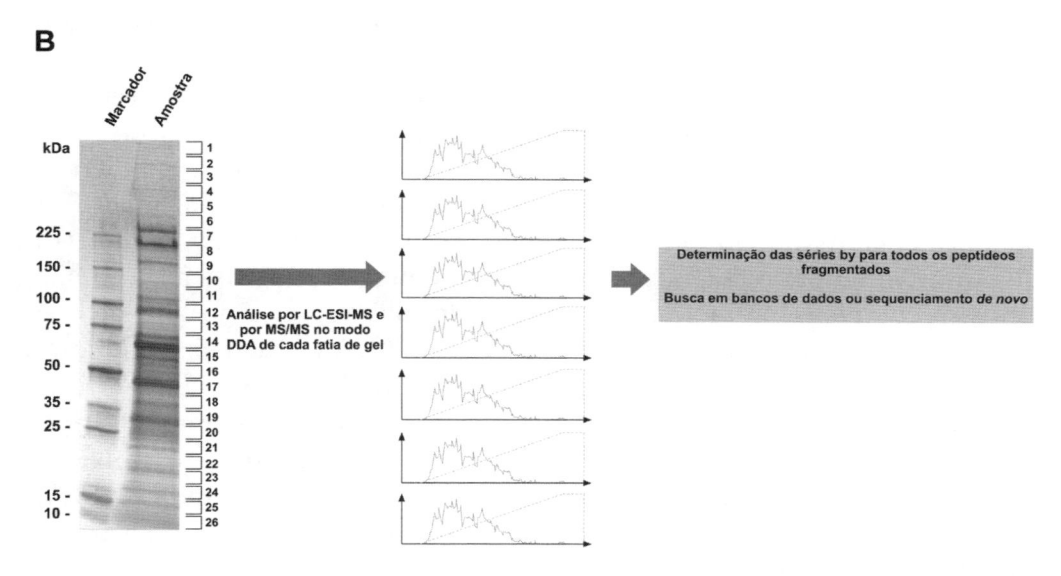

Figura 12.9 Separações multidimensionais e sua utilização em análises proteômicas globais. (A) MudPIT. Uma coluna contendo um arranjo sequencial de resinas (SCX + RP) é utilizada para separação do conjunto de peptídeos trípticos. A separação se dá por pulsos de sal, em quantidade crescente, os quais liberam peptídeos da resina de SCX, e consequente separação dos peptídeos eluídos na resina de RP. O conjunto de peptídeos eluídos e analisados por MS e MS/MS ou MS^n é então utilizado para identificar as proteínas presentes no extrato. (B) GeLC-MS. As diferentes fatias do gel (1-26) são independentemente analisadas por LC-MS/MS. O conjunto de dados de MS para cada fatia é então utilizado para identificar as proteínas presentes no extrato.

(de *stable isotopic labelling by amino acid in cell culture*)[109], o ICAT (de *isotope-coded affinity tag*)[110] e o iTRAQ (de *isobaric tags for relative and absolute quantitation*)[111].

Nos **métodos livres de marcação**, as amostras a serem comparadas são individualmente analisadas por MS, e as intensidades dos picos associados a cada peptídeo identificado em cada análise são comparadas para calcular as alterações nas abundâncias relativas das proteínas. Dessa forma, as estratégias livres de marcação são mais simples que as baseadas em marcação com isótopos. Elas podem ser aplicadas a qualquer material, sendo que uma de suas principais vantagens reside no fato de que a cobertura de proteínas quantificáveis é alta, visto que cada proteína identificada por um ou mais peptídeos é sujeita à quantificação relativa. Entretanto, essas metodologias são mais suscetíveis a erros, porque podem ocorrer variações entre análises individuais[9,104]. Informações sobre a quantificação relativa de proteínas em experimentos livres de marcação são obtidas a partir de duas abordagens principais: (i) métodos baseados em proteínas e (ii) métodos baseados em peptídeos.

Os **métodos baseados em proteínas** permitem a quantificação relativa de proteínas dentro da mesma amostra, assim como entre amostras. Tais métodos se baseiam na determinação do número de espectros, que permitem a geração de uma determinada sequência peptídica, a qual identifica uma proteína. Assim, por meio da **contagem espectral**, se tem um parâmetro quantitativo da abundância relativa de uma determinada proteína em uma amostra complexa. O racional dessa metodologia repousa no fato de que peptídeos mais abundantes são analisados mais frequentemente no modo MS do que peptídeos menos abundantes. Em decorrência disso, uma grande desvantagem desta metodologia é a sua pouca confiabilidade na quantificação de proteínas de menor abundância[112]. Dois índices foram desenvolvidos para calcular a quantidade de cada proteína na amostra. O índice **emPAI** (de *exponentially modified protein abundance index*) é calculado a partir da razão entre o número de espectros observados e o número possível de espectros observáveis[113]. O índice **APEX** (de *absolute protein expression*) é calculado de maneira semelhante[7]. Dessa forma, quanto maior o valor desses índices, maior a abundância de uma determinada proteína na amostra complexa.

Os **métodos baseados em peptídeos** utilizam como critério de quantificação a média normalizada da intensidade dos íons de cada peptídeo identificado. A altura ou volume de cada pico com uma determinada razão *m/z* é uma medida do número de íons de uma massa particular detectada em um determinado intervalo de tempo. O processo de determinação do volume de pico é denominado extração de íons e gera um cromatograma de íons extraídos. Estes cromatogramas de íons extraídos podem ser produzidos para cada *m/z* em diversas análises LC-MS/MS, sendo que para cada *m/z* os volumes extraídos do cromatograma podem ser comparados como uma medida quantitativa[104].

Análises de PQR tiveram um aumento considerável em sua qualidade com o desenvolvimento de programas robustos que permitem identificar proteínas diferencialmente expressas a partir de dados de LC-MS/MS. Esses programas utilizam etapas de processamento e de quantificação do sinal para realizar a quantificação relativa[114,115]. O resultado final é então quantificado por contagem espectral ou extração de íons. Um número considerável de programas para PQR estão disponíveis, e as vantagens e desvantagens de cada um deles já foram previamente revisadas.

12.4 PROTEÔMICA FUNCIONAL

As ferramentas proteômicas hoje disponíveis permitem avançar além dos estudos meramente descritivos ou comparativos. Com elas, pode-se também avançar no terreno da caracterização dos papeis funcionais desempenhados pelas proteínas nos sistemas biológicos. Assim, a expressão **proteômica funcional**[116] foi cunhada para descrever, genericamente, abordagens experimentais que associam diferentes métodos (de biologia molecular, bioquímicos, imunológicos etc.) à espectrometria de massas de proteínas, para o monitoramento e análise da dinâmica de interações de proteínas entre si e com outras moléculas no contexto de uma célula viva. A proteômica funcional tem como focos principais a elucidação das funções das proteínas e a definição, em nível molecular, dos mecanismos celulares nos quais elas estão envolvidas[117]. A título de exemplos, descreveremos a seguir alguns estudos funcionais para a caracterização de modificações pós-traducionais e de interações moleculares biologicamente relevantes, para os quais as abordagens proteômicas são de grande utilidade.

12.4.1 Estudo de modificações pós-traducionais

Muitas proteínas não são funcionais logo que traduzidas nos ribossomos e só adotam suas conformações finais e se tornam biologicamente ativas após sofrerem modificações estruturais, chamadas genericamente de **modificações pós-traducionais** (**PTMs**, de *post-translational modifications*). Há mais de quatrocentos tipos diferentes de PTMs de ocorrência natural descritas, e a sua detecção e descrição em diferentes contextos fisiológicos é de fundamental importância para a elucidação de praticamente qualquer função celular[118,119]. Dentre as PTMs naturais mais comuns e frequentemente estudadas por meio de abordagens proteômicas podem ser destacadas as fosforilações, as glicosilações e as clivagens proteolíticas[120]. Estes três tipos de PTMs podem ser evidenciados com relativa facilidade por 2DE-MS/MS (Seção 12.2.5.1). A **fosforilação** (adição de um grupamento fosfato PO_4^{3-}) e a **glicosilação** (adição de um carboidrato) das cadeias laterais de algum(ns) de seus aminoácidos determina que uma proteína apareça em duas ou mais **isoformas**, de aproximadamente mesma massa molecular, mas com distintos (embora relativamente próximos) pIs. Estas isoformas, com diferentes níveis de fosforilação ou tipos de glicosilação, são tipicamente resolvidas em géis de 2DE como séries de *spots* próximos alinhados horizontalmente, chamados de *trens de spots*[121], os quais são identificáveis (vinculados a uma proteína) por MS/MS. As **clivagens proteolíticas** pós-traducionais, por sua vez, fazem com que dois ou mais *spots* de diferentes massas moleculares e pIs resolvidos por 2DE sejam identificados como uma mesma proteína por MS/MS[122].

As fosforilações e as glicosilações são consideradas PTMs lábeis, pois podem ser perdidas durante a análise por MS/MS, especialmente na etapa de CID (Seção 12.2.3.4), e, no caso das últimas, podem impedir o acesso de proteases (Seção 12.2.2), o que reduz o número de peptídeos identificáveis de uma proteína por MS[60]. Isso impõe dificuldades ao estudo direto de fosfoproteínas e glicoproteínas por MS, mas, mesmo assim, devido à relevância funcional dessas PTMs, consideráveis esforços vêm sendo dedicados à identificação, catalogação e caracterização dos chamados **fosfoproteomas** e **glicoproteomas**, respectivamente, nas mais variadas amostras biológicas[119,123,124]. Atualmente, a **fosfoproteômica** (ramo da proteômica que estuda fosfoproteínas) e a **glicoproteômica** (ramo da proteômica que estuda glicoproteínas), lançam mão de procedimentos e reagentes específicos para enriquecimento seletivo de amostras e marcação seletiva das proteínas modificadas[119,125,126]. Além disso, um arsenal de instrumentação também adequado deve ser utilizado, para permitir a detecção e a correta identificação por MS de proteínas, peptídeos e até resíduos de aminoácidos fosforilados, glicosilados ou com outros tipos de PTMs[60,119].

12.4.2 Estudo de interações moleculares

Para exercerem suas funções biológicas, as proteínas devem interagir com outras moléculas, proteicas ou não, formando complexos mais ou menos estáveis, conforme as propriedades das moléculas interagentes e a natureza do complexo formado. A conformação, atividade e função biológica de muitas proteínas dependem e podem variar em função da(s) molécula(s) com a(s) qual(is) interagem. Assim, muitas abordagens de proteômica funcional são voltadas para a caracterização de interações moleculares envolvendo proteínas. Nesta seção, abordaremos, como exemplos ilustrativos, algumas estratégias experimentais voltadas à caracterização de interações proteína--proteína e entre proteínas e ácidos nucleicos.

12.4.2.1 Interações proteína-proteína

A caracterização de proteínas em complexos relativamente estáveis *in vivo* depende, essencialmente, de procedimentos baseados em imunoprecipitação ou cromatografia de afinidade e, em anos recentes, estas metodologias foram associadas de maneira bem-sucedida à proteômica, para a identificação por MS das proteínas interagentes[127-129]. Tais estratégias são muito importantes na proteômica funcional, pois a associação de qualquer proteína desconhecida a um complexo proteico específico envolvido em um mecanismo celular qualquer é sugestiva da sua função biológica.

Na imunoprecipitação, anticorpos específicos contra uma proteína de interesse são utilizados para imunoprecipitá-la a partir de extratos celulares junto a suas proteínas ligantes. Nas estratégias baseadas em cromatografia de afinidade mais comumente utilizadas, uma proteína de interesse é expressa em forma recombinante com algum tipo de marca e imobilizada para utilização como "isca" na captura de proteínas interagentes presentes em amostras biológicas. A biotina[130], a cauda de histidinas[131] ou a fusão com a glutationa-S-transferase[132] são marcas comumente utilizadas na marcação de proteínas de função desconhecida e que servem de isca em procedimentos de afinidade. Estas marcas dispensam a necessidade de um anticorpo específico (exigência para procedimentos de imunoprecipitação) e proporcionam imobilização genérica (independente da natureza da proteína imobilizada) em colunas de afinidade preparadas com matrizes contendo estreptavidina, níquel (ou cobalto) divalente e glutationa reduzida, respectivamente. Uma vez imobilizada uma proteína-isca, as proteínas interagentes podem ser capturadas durante a passagem de extratos brutos ou previamente fracionados (para enriquecimento seletivo com proteínas solúveis ou com frações subcelulares, por exemplo).

Uma vez recuperadas de um imunoprecipitado ou de uma coluna de afinidade, as proteínas interagentes podem ser identificadas por MS e as inferências funcionais decorrentes para a proteína-isca e para o complexo podem ser estabelecidas[133]. A designação funcional das proteínas ligantes identificadas depende de análise *in silico*, baseada em informações da literatura, em bancos de dados com anotações funcionais, como o Cluster of Orthologous Group (COG, http://www.ncbi.nlm.nih.gov/COG/)[134] e em modelos teóricos de redes de interações celulares[135].

12.4.2.2 Interações proteína-ácidos nucleicos

Diversas famílias de proteínas têm funções baseadas na interação com ácidos nucleicos (DNA ou RNA), e tais interações desempenham papéis extremamente importantes, atuando tanto na manutenção estrutural dos genomas como na regulação de processos como os de replicação e de regulação da expressão gênica. Assim, a identificação de proteínas que interagem com DNA ou RNA em diferentes processos celulares, controlando desde a síntese e o reparo de DNA até a síntese, processamento e tradução de RNAs, é de grande interesse. Os métodos experimentais tradicionalmente utilizados para a identificação de proteínas que interagem com ácidos nucleicos, como o ensaio de retardo em gel eletroforético (EMSA, de *electrophoretic mobility shift assay*) e os ensaios de imunoprecipitação, como os de imunoprecipitação de cromatina (ChIP, de *chromatin immunoprecipitation*), são bastante úteis, mas têm como limitação a dependência de conhecimento prévio sobre as sequências nucleotídicas, ou pelo menos uma das proteínas presentes no complexo proteína-ácido nucleico a ser estudado[136]. A proteômica funcional, por outro lado, oferece alternativas sem esta limitação, as quais são baseadas, essencialmente, na análise por MS de proteínas purificadas por cromatografia de afinidade com DNA ou RNA[137,138].

Embora conceitualmente simples, a purificação de proteínas com base em afinidade por DNA ou RNA também é complicada pela própria natureza das proteínas a serem analisadas e de suas interações com os ácidos nucleicos[137]. Muitas proteínas, como fatores de transcrição, por exemplo, podem estar presentes em quantidades muito baixas na amostra, o que pode dificultar sua purificação nas quantidades mínimas necessárias para detecção e identificação por MS. Essa detecção pode também ser prejudicada por competição com proteínas que se ligam a ácidos nucleicos sem especificidade de sequência, como as proteínas de cromatina e algumas associadas a replicação e reparo do DNA. Por outro lado, muitas das proteínas de ligação sem especificidade de sequência ligam-se aos ácidos nucleicos com afinidade relativamente baixa, o que pode dificultar sua purificação. Finalmente, há que se considerar a complexidade das amostras. Um extrato nuclear, por exemplo, contém uma mistura de muitas centenas até poucos milhares de proteínas de ligação a ácidos nucleicos, com ou sem especificidade de sequência e em concentrações que podem ser de até mais de 10 mil vezes. Por isso, são geralmente necessárias estratégias de pré-fracionamento para redução da complexidade da amostra (Seção 12.2.1), o que, em contrapartida, pode determinar perdas e diminuição da sensibilidade da análise por MS.

Mesmo com as limitações impostas pelas amostras, a proteômica baseada em MS tem sido muito utilizada para a caracterização qualitativa ou até quantitativa de repertórios de proteínas que se ligam a DNA ou RNA. Por exemplo, muitos fatores de transcrição e outras proteínas de ligação a DNA já foram purificados com sucesso a partir de extratos nucleares com a utilização de "iscas" de DNA correspondentes a promotores ou outras sequências nucleotídicas funcionais e identificados por MS[139-141]. Este mesmo tipo de abordagem pode ser associado a métodos proteômicos quantitativos (Seção 12.4), para a quantificação das proteínas de ligação a DNA identificadas[142]. A ChIP e outras metodologias de imunoprecipitação também podem ser associadas à MS de proteínas, no que se convencionou chamar de **ChIP-MS** (de *chromatin-interacting protein MS*), na qual anticorpos específicos contra uma única proteína associada ao DNA coimunoprecipitam complexos de proteínas associadas à cromatina, as quais podem ser analisadas por MS[143]. Alternativamente, sequências nucleotídicas funcionais podem ser marcadas com epítopos para a coimunoprecipitação de proteínas de ligação específicas a serem, posteriormente, identificadas por MS[144]. Finalmente, na chamada **riboproteômica**, populações naturais de RNA (como preparações de mRNA) ou oligorribonucleotídeos representativos de sequências de RNA funcionalmente relevantes são utilizadas como "iscas" para a captura por afinidade e posterior identificação e quantificação por MS de proteínas que interagem com RNA[145-147].

12.5 APLICAÇÕES DA PROTEÔMICA

À parte de sua imensa utilidade para estudos básicos, visando à elucidação de processos biológicos em nível molecular, a proteômica oferece hoje também ferramentas de grande aplicabilidade prática. Para ilustrar a gama de aplicações das abordagens proteômicas, apresentaremos, nesta seção, as bases experimentais e exemplos da utilização da MS de proteínas para a anotação funcional de genes em genomas sequenciados, para a identificação de novas proteínas-alvo para drogas e biomarcadores de potencial uso clínico e para a identificação de micro-organismos em amostras clínicas ou ambientais.

12.5.1 Mapeamento proteogenômico

Como vimos na Seção 12.2.4, a proteômica depende da disponibilidade de genomas sequenciados para melhores resultados de identificação de proteínas. Porém, em contrapartida, no que se convencionou chamar de **mapeamento proteogenômico** ou simplesmente de **proteogenômica**[148,149], ela complementa estudos genômicos de sequenciamento e análise *in silico* de maneira importante. Um mapeamento proteogenômico consiste, basicamente, na integração dos dados de uma análise abrangente de MS/MS (geralmente de *shotgun* – ver Seção 12.2.5.1) de um organismo com os dados genômicos correspondentes. Os peptídeos sequenciados por MS/MS são então identificados (ou vinculados a) sequências de aminoácidos geradas pela tradução *in silico* de todo o genoma do organismo em questão, em suas seis fases de leitura. Isso permite identificar novos genes e permite que genes preditos teoricamente como codificadores de proteínas tenham a sua funcionalidade confirmada (sejam validados), a partir da identificação experimental dos produtos proteicos correspondentes por MS. Esta confirmação funcional determina que sequências inicialmente não anotadas ou anotadas apenas como fases abertas de leitura (ORFs, de *open reading frames*) hipotéticas passem a ser consideradas como genes (ou sequências codificadoras) funcionais (independentemente de o gene ou seu produto ter sua função conhecida).

O conceito de proteogenômica foi ampliado em anos recentes e, em algumas situações, chega a ser confundido com o de proteômica funcional[150], sendo inclusive associado a abordagens como as descritas na Seção 12.4. Isso é justificável, pois, de fato, a proteogenômica também fornece informações funcionais importantes, ao evidenciar, por exemplo, isoformas geradas por *splicing* alternativo, casos de excisão de metionina N-terminal, a presença de peptídeos-sinal e PTMs[151,152].

12.5.2 Prospecção e validação de novos alvos para drogas e proteínas biomarcadoras

Abordagens de proteômica funcional, como as descritas na Seção 12.4, permitem identificar proteínas, evidenciar interações moleculares e determinar padrões de expressão associados a rotas metabólicas, de sinalização celular e de desenvolvimento. Tais abordagens podem também ser aplicadas a estudos comparativos, como, por exemplo, entre situações de saúde e de doença ou entre situações de exposição ou não a um agente infeccioso ou a uma droga. A partir daí, podem ser selecionadas proteínas com potencial aplicação biotecnológica, como biomarcadoras ou alvos para drogas. Entende-se como **biomarcador** qualquer substância passível de quantificação em um organismo e que sirva como indicadora de um processo biológico, normal ou patogênico[153]. Uma vez validada como biomarcadora, uma proteína pode ser utilizada, por exemplo, em diagnóstico, para a predição do progresso de uma doença ou no monitoramento de um tratamento. Já um **alvo para droga** é definido como uma molécula cuja atividade é modificada por uma droga de modo a gerar um efeito terapêutico desejado[154]. A maioria dos alvos de drogas são proteínas e, muitas vezes, as proteínas-alvos servem também como biomarcadoras[153]. Entretanto, apenas um número relativamente pequeno de proteínas já foi validado como alvo para drogas terapêuticas em medicina humana[155], o que, associado às frequentes restrições impostas por intolerância ou resistência (intrínseca ou adquirida) às drogas disponíveis[156], demonstra a necessidade de estudos para a prospecção de novos alvos terapêuticos.

A chamada **proteômica clínica** é um campo biomédico que surgiu a partir da aplicação de ferramentas proteômicas na medicina humana, inclusive para o desenvolvimento de novos métodos diagnósticos e terapêuticos[157]. No estudo de doenças humanas, as abordagens proteômicas visando à identificação de novos alvos para drogas ou de biomarcadores são consideradas **estratégias não dirigidas**, pois não dependem de informações prévias para identificação das moléculas (proteínas) de interesse[158]. Nesse tipo de estratégia, as potenciais **proteínas-alvos para drogas** são, em geral, descobertas graças à expressão diferencial nas amostras analisadas (de tecido sadio *versus* tecido doente, por exemplo), o que pode ser evidenciado por 2DE-MS/MS (Seção 12.2.5.1) ou outras abordagens proteômicas quantitativas (Seção 12.3)[159]. Alternativamente, em abordagens ditas de **proteômica química**, moléculas de novas drogas podem ser imobilizadas em um suporte sólido e utilizadas para a purificação por afinidade de suas proteínas-alvos em amostras biológicas[160]. As proteínas com afinidade pelas drogas (seus potenciais alvos) assim isoladas são, então, analisadas por MS/MS, para a identificação de alvos individuais. Além disso, a associação de uma droga a diversos alvos identificados como componentes de uma mesma rota metabólica ou via de sinalização celular, por exemplo, fornece informações valiosas para elucidação do **mecanismo de ação da droga** em questão[161,162]. A partir daí, proteínas identificadas como potenciais alvos podem ser utilizadas em estudos estruturais e bioquímicos para a seleção ou desenvolvimento de drogas a elas especificamente dirigidas[160,163-165].

As **proteínas biomarcadoras**, por sua vez, também podem ser identificadas por estratégias proteômicas não dirigidas como as descritas acima e, para que sejam de maior aplicabilidade na prática clínica, são preferencialmente buscadas em fluidos corpóreos de coleta mais ou menos fácil, como, por exemplo, sangue (plasma ou soro) [166-168], saliva[169], secreções de vias respiratórias[170], urina[171], fluido sinovial[172] ou fluido cerebrospinal[173]. Essas amostras, contudo, impõem dificuldades para análises proteômicas em busca de biomarcadores, pois, além de serem qualitativamente complexas e apresentarem componentes peptídicos e polipeptídicos distribuídos em uma ampla faixa de massas moleculares, podem possuir excesso de sais ou proteínas super-representadas (como a albumina sérica ou as mucinas de secreções respiratórias)[158]. Isso demanda estratégias de pré-fracionamento das amostras, o que pode também levar a perdas das proteínas biomarcadoras de interesse e à consequente diminuição da sensibilidade de detecção e da precisão da quantificação, mesmo quando feitas por MS de última geração. Apesar dessas dificuldades, já há uma extensa lista de proteínas biomarcadoras de potencial aplicação clínica para diversas enfermidades, incluindo, por exemplo, diferentes tipos de câncer[167,174-176], doenças neurodegenerativas[9,168,173] e até doenças infecciosas[177]. Espera-se agora que muitas das proteínas biomarcadoras identificadas sejam, em um futuro próximo, devidamente validadas para uso clínico, como indicadoras para diagnóstico, monitoramento de estados clínicos e/ou para avaliação da eficácia de ação ou toxicidade de drogas terapêuticas.

12.5.3 Identificação de micro-organismos em amostras clínicas e ambientais

A MS de proteínas é uma ferramenta que vem sendo bastante empregada também para a identificação de micro-organismos em amostras clínicas ou ambientais[178-180]. Neste tipo de abordagem proteômica, micro-organismos, como bactérias e fungos, entre outros, podem ser identificados com base em espectros de massas (Seção 12.2.3) gerados pela análise de células intactas ou extratos proteicos brutos por MS. Tais espectros, obtidos em faixas pre-definidas de *m/z*, constituem PMFs (Seção 12.2.4), cujos picos diagnósticos são predominantemente originados por proteínas ribossômicas, de choque térmico, de ligação a DNA e de membrana[181,182]. Estes PMFs, em vez de ser-virem para a identificação de proteínas, são utilizados para a identificação de micro-organismos em nível de espécie ou até subespecífico (para diferen-ciação de linhagens ou isolados).

Desde o início de sua utilização, em meados da década de 1990, a **MS em MALDI-TOF** (**MALDI-TOF-MS**) (ver Seções 12.2.3.1 e 12.2.3.2.1) se tornou a técnica de escolha para este tipo de abordagem proteômica, em função de sua rapidez e elevada sensibilidade, por permitir a automação e a análise a partir de células intactas, se necessário, e por ter um custo relativa-mente baixo[183]. As análises são hoje realizadas em plataformas específicas, disponíveis comercialmente, cada uma das quais inclui, além do espectrôme-tro de massas (do tipo MALDI-TOF), um programa de análise e um banco de dados de espectros de referência para diferentes espécies de micro-or-ganismos[184-186]. As identificações de amostras desconhecidas são feitas com base na comparação *in silico* dos espectros de massas gerados experimen-talmente com os espectros de referência. Os três bancos de dados hoje dis-poníveis para este tipo de análise (Biotyper, SARAMIS e Andromas) incluem espectros de referência para centenas ou milhares de espécies diferentes de micro-organismos[183]. Com isso, a MALDI-TOF MS já substitui ou comple-menta técnicas convencionais (fenotípicas ou genéticas) de identificação de micro-organismos na rotina de laboratórios de microbiologia clínica[187-189], além de constituir uma ferramenta com potencial para a rápida detecção de resistência bacteriana a antibióticos[190]. Ela também vem demonstrando aplicabilidade em outras áreas, que vão desde o monitoramento ambiental[191] até o controle de qualidade de água[192] e alimentos[193,194].

12.6 MÉTODO/PROTOCOLO DE GELC-MS/MS

12.6.1 Preparo de amostra

Virtualmente qualquer amostra proteica complexa passível de ser analisada em SDS-PAGE pode ser submetida à GeLC-MS/MS. Alguns pontos devem ser considerados no preparo da amostra:

- O trabalho deve ser realizado preferencialmente com luvas sem talco, máscara e touca. Estes procedimentos reduzem a chance de contaminação por queratina proveniente do manipulador e/ou do ambiente.
- O processo de preparo das amostras deve levar à menor quantidade possível de contaminações que possam interferir no processo de eletroforese, como excesso de sal e presença de polissacarídeos ou ácidos nucleicos.
- Os extratos devem sempre ser preparados com reagentes com o maior grau de pureza possível.
- Os reagentes e soluções devem ser preparados preferencialmente no dia do uso, sendo reservados exclusivamente para utilização em experimentos de proteômica.
- Reagentes orgânicos devem ser preparados preferencialmente em recipientes de vidro.

12.6.2 SDS-PAGE e obtenção das fatias de gel

O preparo dos géis de poliacrilamida já está bem descrito em diversos manuais técnicos[195,196]. Um delineamento experimental bem estabelecido compreende a aplicação de aproximadamente 20 µg a 100 µg de um extrato proteico complexo em uma canaleta do gel. Esta quantidade obviamente pode ser diferente, dependendo da complexidade da amostra. Por exemplo, para experimentos em que são analisados os proteomas de células de mamífero em cultivo, são utilizadas corriqueiramente quantidades de 50 µg a 100 µg de proteínas de um extrato total[197,198]. Para a análise de proteínas de interação ou de proteomas de micro-organismos, geralmente são utilizadas quantidades de 20 µg a 30 µg de proteínas de um extrato total[199,200]. Pode-se utilizar também géis de gradiente, que permitem uma melhor separação das proteínas em diferentes faixas de massa molecular. A coloração pode ser feita tanto com Comassie G como com Comassie R[195,196].

A definição do número de fatias a serem cortadas do gel é arbitrária e depende da complexidade da amostra e da análise visual do seu perfil eletroforético. De uma maneira geral, são consideradas de dez a trinta fatias, correspondentes a bandas individuais (em geral as mais proeminentes) ou conjuntos de bandas.

12.6.3 Tripsinização em gel

Procedimentos modificados de Shevchenko e colaboradores[201].

Material

- Bicarbonato de amônio 250 mM: 1,977 g de bicarbonato de amônio dissolvidos em 100 mL de água ultrapura.
- Bicarbonato de amônio 25 mM: 0,1 mL de solução de bicarbonato de amônio 250 mM + 0,9 mL de água ultrapura.
- Solução de descoloração: 50 mL de acetonitila; 10 mL de solução de bicarbonato de amônio 250 mM + 40 mL de água ultrapura.
- Acetonitrila PA
- Metanol PA
- Ácido fórmico PA
- Ditiotreitol (DTT) 10 mM: 1,5 mg de DTT em 1 mL de bicarbonato de amônio 25 mM
- Iodoacetamida (IAA) 50 mM: 10 mg de IAA em 1 mL de bicarbonato de amônio 25 mM
- Tripsina (grau de espectrometria de massas) 10 µg/mL: Dissolver os 10 µg presentes no recipiente em 50 µL de bicarbonato de amônio 25 mM. Separar em alíquotas de 5 µL e armazenar a - 80°C. No momento do uso diluir 20 vezes em bicarbonato de amônio 25 mM.
- Solução de extração 1: 5 mL de ácido fórmico diluídos em 95 mL de água ultrapura.
- Solução de extração 2: 5 mL de ácido fórmico diluídos em 55 mL de água ultrapura + 50 mL de acetonitrila.

Procedimento de digestão

Dia 1

- Tratar tubos de microcentrífuga (1,5 mL) com duas lavagens consecutivas de metanol (200 µL por lavagem) e uma de água (200 µL).
- Recortar as fatias do gel com bisturi limpo e transferi-las para tubos de microcentrífuga previamente lavados.
- Adicionar 200 µL de solução de descoloração a cada tubo. Incubar à temperatura ambiente por 15 minutos. Retirar o sobrenadante e descartar. Repetir este passo mais 3 vezes.
- Desidratar o gel com a adição de 200 µL de acetonitrila e incubação por 5 minutos.
- Retirar o sobrenadante. Remover o excesso de acetonitrila por secagem a vácuo (*Speedvac* ou similar) por 15 minutos.
- Adicionar à fatia de gel 100 µL da solução de DTT 10 mM para hidratação e redução das pontes dissulfeto. Incubar por 30 minutos à temperatura ambiente.
- Remover e descartar a solução de DTT.
- Adicionar à fatia de gel 100 µL de solução de IAA 50 mM.
- Incubar por 30 minutos à temperatura ambiente no escuro.
- Remover e descartar a solução de IAA.
- Lavar 2 vezes com solução de bicarbonato de amônio 25 mM por 10 minutos.
- Desidratar o gel com a adição de 200 µL de acetonitrila e incubação por 5 minutos.
- Retirar o sobrenadante. Remover o excesso de acetonitrila por secagem a vácuo (*Speedvac* ou similar) por 15 minutos.
- Adicionar 50 µL de solução de tripsina 10 µg/mL (ou o suficiente para cobrir o gel). Incubar por 16 horas à temperatura de 37 °C.

Dia 2

- Coletar o sobrenadante (S1), caso existente, e transferi-lo para outro tubo.
- Adicionar à fatia de gel 20 µL da solução de extração 1. Incubar por 10 minutos à temperatura ambiente e coletar o sobrenadante (S2). Reunir S1 e S2 em um tubo.

- Adicionar à fatia de gel 20 µL da solução de extração 2. Incubar por 10 minutos à temperatura ambiente e coletar o sobrenadante (S3). Reunir S3 ao tubo com S1+S2. Repetir esta etapa de extração mais uma vez.
- Secar os sobrenadantes reunidos no tubo a vácuo (*Speedvac* ou similar).
- Suspender em 10 µL de solução de extração 1.
- Armazenar a -20 °C até análise por LC-MS/MS.

12.6.4 LC-MS/MS

Cada fração, correspondente a uma fatia de gel, é individualmente analisada por LC-MS/MS. Dependendo da complexidade da amostra, diferentes programas cromatográficos podem ser aplicados para propiciar melhor separação do conjunto de peptídeos presente em cada fração. Qualquer equipamento que propicie análise de LC-MS/MS dotado de células de colisão pode ser empregado. Quando considerados, equipamentos contendo analisadores de IT, a capacidade de fragmentação e consequente identificação de peptídeos aumentam consideravelmente.

12.6.5 Análise dos dados

Os dados brutos obtidos por LC-MS/MS são, então, utilizados para gerar os arquivos processados, os quais contêm informação sobre os íons parentais e os seus produtos de fragmentação. Diferentes tipos de arquivos podem ser gerados, dependendo da ferramenta utilizada (comercial ou livre). O formato dta é oriundo do pacote de ferramentas SEQUEST. O formato pkl é oriundo do pacote de ferramentas MassLynx. Já o formato mgf é obtido por aplicativos do pacote MASCOT. O formato livre mzML, desenvolvido pela Human Proteome Organization e pelo Seattle Proteome Center/Institute for Systems Biology é atualmente considerado um formato-padrão para disponibilização e troca de dados proteômicos. Diversas ferramentas, disponíveis no site do Seattle Proteome Center* foram desenvolvidas para a interconversão dos formatos proprietários dta, mgf e pkl em mzML.

---

* Ver: <http://www.proteomecenter.org>.

Os dados processados são depois utilizados em programas para buscas em bancos de dados e identificação das proteínas. O servidor MASCOT[*] permite realizar análises gratuitas de um número limitado de espectros. A seguir, são apresentados alguns parâmetros iniciais para a utilização deste servidor.

Parâmetros sugeridos para análise no servidor MASCOT

- Banco de dados: Swissprot ou NCBInr.
- Enzima: tripsina.
- Clivagens perdidas (*missed cleavages*): 1.
- Modificações fixas: carboamidometilação da cisteína.
- Modificações variáveis: oxidação da metionina.
- Tolerância de erro: 1,2 Da, para peptídeos, e 0,6 Da, para produtos de fragmentação.
- Carga de peptídeos: +2, +3 e +4 (dependendo do equipamento utilizado).
- Massa: monoisotópica.
- Formato de dados: pkl, dta, mgf, mzML.
- Instrumento: Selecionar entre as combinações contendo ESI e o analisador (Q-TOF, Q, IT etc).

O escore de cada identificação é uma função do tamanho do banco de dados. Assim, quanto maior o número de entradas no banco de dados, maior será o escore necessário para que um determinado *hit* seja significativo. Desse modo, a busca pode ser restrita a um determinado grupo taxonômico, por exemplo. Quando dados *in silico* para um determinado organismo com genoma sequenciado não estiverem disponíveis publicamente, uma versão local do servidor com tais dados poderá ser adquirida. Tutoriais em vídeo estão disponíveis no sítio da Matrix Sciences[**] e podem ser acessados para melhor entendimento do método de busca ou para o seu refinamento.

---

[*] Ver: <http://www.matrixscience.com/search_form_select.html>.
[**] Ver: <http://www.matrixscience.com/training_webcast.html>.

REFERÊNCIAS

1. Wilkins MR, Pasquali C, Appel RD, Ou K, Golaz O, Sanchez JC, et al. From proteins to proteomes: large scale protein identification by two-dimensional electrophoresis and amino acid analysis. Biotechnology. 1996 Jan;14(1):61-5.

2. Anderson NL, Anderson NG. Proteome and proteomics: new technologies, new concepts, and new words. Electrophoresis. 1998 Aug;19(11):1853-61.

3. James P. Protein identification in the post-genome era: the rapid rise of proteomics. Q Rev Biophys. 1997 Nov;30(4):279-331. PubMed PMID: 9634650. eng.

4. McGettigan PA. Transcriptomics in the RNA-seq era. Curr Opin Chem Biol. 2013 Feb;17(1):4-11.

5. Poutanen M, Salusjärvi L, Ruohonen L, Penttilä M, Kalkkinen N. Use of matrix--assisted laser desorption/ionization time-of-flight mass mapping and nanospray liquid chromatography/electrospray ionization tandem mass spectrometry sequence tag analysis for high sensitivity identification of yeast proteins separated by two-dimensional gel electrophoresis. Rapid Commun Mass Spectrom. 2001;15(18):1685-92.

6. Stasyk T, Huber LA. Zooming in: fractionation strategies in proteomics. Proteomics. 2004 Dec;4(12):3704-16.

7. Lu P, Vogel C, Wang R, Yao X, Marcotte EM. Absolute protein expression profiling estimates the relative contributions of transcriptional and translational regulation. Nat Biotechnol. 2007 Jan;25(1):117-24.

8. Jensen ON. Modification-specific proteomics: characterization of post-translational modifications by mass spectrometry. Curr Opin Chem Biol. 2004 Feb;8(1):33-41.

9. Craft GE, Chen A, Nairn AC. Recent advances in quantitative neuroproteomics. Methods. 2013 Jun 15;61(3):186-218.

10. Kim W, Bennett EJ, Huttlin EL, Guo A, Li J, Possemato A, et al. Systematic and quantitative assessment of the ubiquitin-modified proteome. Mol Cell. 2011 Oct;44(2):325-40.

11. Rabilloud T, Chevallet M, Luche S, Lelong C. Two-dimensional gel electrophoresis in proteomics: Past, present and future. J Proteomics. 2010 Oct;73(11):2064-77.

12. Gianazza E, Righetti PG. Immobilized pH gradients. Electrophoresis. 2009 Jun;30 Suppl 1:S112-21.

13. Görg A, Postel W, Günther S, Friedrich C. Horizontal two-dimensional electrophoresis with immobilized pH gradients using PhastSystem. Electrophoresis. 1988 Jan;9(1):57-9.

14. Monteoliva L, Albar JP. Differential proteomics: an overview of gel and non-gel based approaches. Brief Funct Genomic Proteomic. 2004 Nov;3(3):220-39.

15. Gygi SP, Corthals GL, Zhang Y, Rochon Y, Aebersold R. Evaluation of two-dimensional gel electrophoresis-based proteome analysis technology. Proc Natl Acad Sci U S A. 2000 Aug;97(17):9390-5.

16. Baggerman G, Vierstraete E, De Loof A, Schoofs L. Gel-based versus gel-free proteomics: a review. Combinatorial chemistry & high throughput screening. 2005 Dec;8(8):669-77.

17. Martínez-Maqueda D, Hernández-Ledesma B, Amigo L, Miralles B, Gómez-Ruiz JÁ. Extraction/Fractionation Techniques for Proteins and Peptides and Protein Digestion. In: Toldrá F, Nollet LML, editors. *Proteomics in Foods: Principles and Applications*. Food Microbiology and Food Safety. New York: Springer Science+Business Media; 2013. p. 21-50.

18. Careri M, Mangia A. Analysis of food proteins and peptides by chromatography and mass spectrometry. J Chromatogr A. 2003 Jun;1000(1-2):609-35.

19. Howard JW, Kay RG, Pleasance S, Creaser CS. UHPLC for the separation of proteins and peptides. Bioanalysis. 2012 Dec;4(24):2971-88.

20. Zhang L, Yao L, Zhang Y, Xue T, Dai G, Chen K, et al. Protein pre-fractionation with a mixed-bed ion exchange column in 3D LC-MS/MS proteome analysis. Journal of chromatography B, Analytical technologies in the biomedical and life sciences. 2012 Sep;905:96-104. PubMed PMID: 22939632. eng.

21. Havugimana PC, Wong P, Emili A. Improved proteomic discovery by sample pre-fractionation using dual-column ion-exchange high performance liquid chromatography. Journal of chromatography B, Analytical technologies in the biomedical and life sciences. 2007 Feb;847(1):54-61.

22. Martosella J, Zolotarjova N, Liu H, Nicol G, Boyes BE. Reversed-phase high-performance liquid chromatographic prefractionation of immunodepleted human serum proteins to enhance mass spectrometry identification of lower-abundant proteins. J Proteome Res. 2005 2005 Sep-Oct;4(5):1522-37.

23. Giddings JC. Two-dimensional separations: concept and promise. Anal Chem. 1984 Oct;56(12):1258A-60A, 62A, 64A passim.

24. Berkowitz SA. Protein purification by multidimensional liquid chromatography. Adv Chromatogr. 1989;29:175-219.

25. van den Berg BH, Tholey A. Mass spectrometry-based proteomics strategies for protease cleavage site identification. Proteomics. 2012 Feb;12(4-5):516-29. PubMed PMID: 22246699. eng.

26. Vandermarliere E, Mueller M, Martens L. Getting intimate with trypsin, the leading protease in proteomics. Mass Spectrom Rev. 2013 Jun:0.

27. Couto N, Barber J, Gaskell SJ. Matrix-assisted laser desorption/ionisation mass spectrometric response factors of peptides generated using different proteolytic enzymes. J Mass Spectrom. 2011 Dec;46(12):1233-40.

28. Rosenfeld J, Capdevielle J, Guillemot JC, Ferrara P. In-gel digestion of proteins for internal sequence analysis after one- or two-dimensional gel electrophoresis. Anal Biochem. 1992 May;203(1):173-9.

29. Dycka F, Bobal P, Mazanec K, Bobalova J. Rapid and efficient protein enzymatic digestion: an experimental comparison. Electrophoresis. 2012 Jan;33(2):288-95.

30. Granvogl B, Plöscher M, Eichacker LA. Sample preparation by in-gel digestion for mass spectrometry-based proteomics. Anal Bioanal Chem. 2007 Oct;389(4):991-1002.

31. Yates JR, Ruse CI, Nakorchevsky A. Proteomics by mass spectrometry: approaches, advances, and applications. Annual review of biomedical engineering. 2009;11:49-79.

32. Fournier ML, Gilmore JM, Martin-Brown SA, Washburn MP. Multidimensional separations-based shotgun proteomics. Chem Rev. 2007 Aug;107(8):3654-86.

33. D'Attoma A, Grivel C, Heinisch S. On-line comprehensive two-dimensional separations of charged compounds using reversed-phase high performance liquid chromatography and hydrophilic interaction chromatography. Part I: orthogonality and practical peak capacity considerations. J Chromatogr A. 2012 Nov;1262:148-59.

34. D'Attoma A, Heinisch S. On-line comprehensive two dimensional separations of charged compounds using reversed-phase high performance liquid chromatography and hydrophilic interaction chromatography. Part II: Application to the separation of peptides. J Chromatogr A. 2013 Sep;1306:27-36.

35. Zhang Y, Fonslow BR, Shan B, Baek MC, Yates JR. Protein analysis by shotgun/bottom-up proteomics. Chem Rev. 2013 Apr;113(4):2343-94.

36. Dowell JA, Frost DC, Zhang J, Li L. Comparison of two-dimensional fractionation techniques for shotgun proteomics. Anal Chem. 2008 Sep;80(17):6715-23.

37. Shen Y, Smith RD. Proteomics based on high-efficiency capillary separations. Electrophoresis. 2002 Sep;23(18):3106-24.

38. Hoffman E, Stroobant V. Mass Spectrometry - Principles and Applications. 3rd ed: Wiley; 2007. 489 p.

39. Yates JR. Mass spectral analysis in proteomics. Annu Rev Biophys Biomol Struct. 2004;33:297-316.

40. Baldwin MA. Mass spectrometers for the analysis of biomolecules. Methods Enzymol. 2005;402:3-48.

41. Karas M, Hillenkamp F. Laser desorption ionization of proteins with molecular masses exceeding 10,000 daltons. Anal Chem. 1988 Oct 15;60(20):2299-301.

42. Fenn JB, Mann M, Meng CK, Wong SF, Whitehouse CM. Electrospray ionization for mass spectrometry of large biomolecules. Science. 1989 Oct;246(4926):64-71.

43. Bonk T, Humeny A. MALDI-TOF-MS analysis of protein and DNA. Neuroscientist. 2001 Feb;7(1):6-12.

44. Marvin LF, Roberts MA, Fay LB. Matrix-assisted laser desorption/ionization time-of-flight mass spectrometry in clinical chemistry. Clin Chim Acta. 2003 Nov;337(1-2):11-21.

45. Ho CS, Lam CW, Chan MH, Cheung RC, Law LK, Lit LC, et al. Electrospray ionisation mass spectrometry: principles and clinical applications. Clin Biochem Rev. 2003;24(1):3-12.

46. Gay S, Binz PA, Hochstrasser DF, Appel RD. Peptide mass fingerprinting peak intensity prediction: extracting knowledge from spectra. Proteomics. 2002 Oct;2(10):1374-91.

47. Murray KK, Boyd RK, Eberlin MN, Langley GJ, Li L, Naito Y. Definitions of terms relating to mass spectrometry (IUPAC Recommendations 2013). Pure Appl Chem. 2013;85(7):1515-609.

48. Han X, Aslanian A, Yates JR. Mass spectrometry for proteomics. Curr Opin Chem Biol. 2008 Oct;12(5):483-90.

49. Cotter RJ. Time-of-flight mass spectrometry: an increasing role in the life sciences. Biomed Environ Mass Spectrom. 1989 Aug;18(8):513-32.

50. Cotter RJ, Griffith W, Jelinek C. Tandem time-of-flight (TOF/TOF) mass spectrometry and the curved-field reflectron. Journal of chromatography B, Analytical technologies in the biomedical and life sciences. 2007 Aug;855(1):2-13.

51. Guilhaus M, Selby D, Mlynski V. Orthogonal acceleration time-of-flight mass spectrometry. Mass Spectrom Rev. 2000 2000 Mar-Apr;19(2):65-107.

52. Jonscher KR, Yates JR. Mixture analysis using a quadrupole mass filter/quadrupole ion trap mass spectrometer. Anal Chem. 1996 Feb;68(4):659-67. PubMed PMID: 8999740. eng.

53. Stafford Jr. GC, Kelley PE, Syka JEP, Reynolds WE, Todd JFJ. Internation Journal os Mass Spectrometry and Ion Processes. Elsevier; 1984. p. 85-98.

54. Douglas DJ, Frank AJ, Mao D. Linear ion traps in mass spectrometry. Mass Spectrom Rev. 2005 2005 Jan-Feb;24(1):1-29.

55. Schwartz J, Senko M, Syka J. A two-dimensional quadrupole ion trap mass spectrometer. Journal of the American Society For Mass Spectrometry. 2002 JUN 2002;13(6):659-69.

56. Scigelova M, Hornshaw M, Giannakopulos A, Makarov A. Fourier transform mass spectrometry. Mol Cell Proteomics. 2011 Jul;10(7):M111.009431. PubMed PMID: 21742802. Pubmed Central PMCID: PMC3134075. eng.

57. Hu Q, Noll RJ, Li H, Makarov A, Hardman M, Graham Cooks R. The Orbitrap: a new mass spectrometer. J Mass Spectrom. 2005 Apr;40(4):430-43.

58. Perry RH, Cooks RG, Noll RJ. Orbitrap mass spectrometry: instrumentation, ion motion and applications. Mass Spectrom Rev. 2008 2008 Nov-Dec;27(6):661-99.

59. Niessen WMA. MS–MS and MSn. In: Lindon JC, editor. Encyclopedia of Spectroscopy and Spectrometry (Second Edition). Oxford: Academic Press; 1999. p. 1675-81.

60. Soares R, Pires E, Almeida AM, Santos R, Gomes R, Koci K, et al. Tandem Mass Spectrometry of Peptides. In: Prasain J, editor. Tandem Mass Spectrometry. Rijeka: InTech; 2012. p. 35-56.

61. Vasconcelos A, Ferreira H, Bizarro C, Bonatto S, Carvalho M, Pinto P, et al. Swine and poultry pathogens: the complete genome sequences of two strains of Mycoplasma hyopneumoniae and a strain of Mycoplasma synoviae. J Bacteriol. 2005 Aug;187(16):5568-77.

62. Wells JM, McLuckey SA. Collision-induced dissociation (CID) of peptides and proteins. Methods Enzymol. 2005;402:148-85.

63. Mikesh LM, Ueberheide B, Chi A, Coon JJ, Syka JE, Shabanowitz J, et al. The utility of ETD mass spectrometry in proteomic analysis. Biochimica et biophysica acta. 2006 Dec;1764(12):1811-22.

64. Bunger MK, Cargile BJ, Ngunjiri A, Bundy JL, Stephenson JL. Automated proteomics of E. coli via top-down electron-transfer dissociation mass spectrometry. Anal Chem. 2008 Mar;80(5):1459-67.

65. Walther TC, Mann M. Mass spectrometry-based proteomics in cell biology. J Cell Biol. 2010 Aug 23;190(4):491-500.

66. Wright JC, Hubbard SJ. Recent developments in proteome informatics for mass spectrometry analysis. Combinatorial chemistry & high throughput screening. 2009 Feb;12(2):194-202.

67. Yates JR, 3rd, Speicher S, Griffin PR, Hunkapiller T. Peptide mass maps: a highly informative approach to protein identification. Anal Biochem. 1993 Nov 1;214(2):397-408.

68. James P, Quadroni M, Carafoli E, Gonnet G. Protein identification by mass profile fingerprinting. Biochem Biophys Res Commun. 1993 Aug 31;195(1):58-64.

69. Pappin DJ, Hojrup P, Bleasby AJ. Rapid identification of proteins by peptide-mass fingerprinting. Curr Biol. 1993 Jun 1;3(6):327-32.

70. Henzel WJ, Billeci TM, Stults JT, Wong SC, Grimley C, Watanabe C. Identifying proteins from two-dimensional gels by molecular mass searching of peptide fragments in protein sequence databases. Proc Natl Acad Sci U S A. 1993 Jun 1;90(11):5011-5.

71. Mann M, Hojrup P, Roepstorff P. Use of mass spectrometric molecular weight information to identify proteins in sequence databases. Biological mass spectrometry. 1993 Jun;22(6):338-45.

72. McHugh L, Arthur JW. Computational methods for protein identification from mass spectrometry data. Plos Comput Biol. 2008 Feb;4(2):e12.

73. Baker PR, Clauser KR. The Protein Prospector. Available from: http://prospector.ucsf.edu/prospector/mshome.htm.

74. Penha Filho RA, de Paiva JB, Arguello YM, da Silva MD, Gardin Y, Resende F, et al. Efficacy of several vaccination programmes in commercial layer and broiler breeder hens against experimental challenge with Salmonella enterica serovar Enteritidis. Avian Pathol. 2009 Oct;38(5):367-75.

75. Gatlin CL, Eng JK, Cross ST, Detter JC, Yates JR, 3rd. Automated identification of amino acid sequence variations in proteins by HPLC/microspray tandem mass spectrometry. Anal Chem. 2000 Feb 15;72(4):757-63.

76. Liska AJ, Sunyaev S, Shilov IN, Schaeffer DA, Shevchenko A. Error-tolerant EST database searches by tandem mass spectrometry and multiTag software. Proteomics. 2005 Nov;5(16):4118-22.

77. Wilkins MR, Williams KL. Cross-species protein identification using amino acid composition, peptide mass fingerprinting, isoelectric point and molecular mass: a theoretical evaluation. J Theor Biol. 1997 May 7;186(1):7-15.

78. Link AJ, Eng J, Schieltz DM, Carmack E, Mize GJ, Morris DR, et al. Direct analysis of protein complexes using mass spectrometry. Nat Biotechnol. 1999 Jul;17(7):676-82.

79. Henzel WJ, Watanabe C, Stults JT. Protein identification: the origins of peptide mass fingerprinting. J Am Soc Mass Spectrom. 2003 Sep;14(9):931-42.

80. Crestani J, Carvalho PC, Han X, Seixas A, Broetto L, Fischer Jde S, et al. Proteomic profiling of the influence of iron availability on Cryptococcus gattii. J Proteome Res. 2012 Jan 1;11(1):189-205.

81. Monteiro KM, de Carvalho MO, Zaha A, Ferreira HB. Proteomic analysis of the Echinococcus granulosus metacestode during infection of its intermediate host. Proteomics. 2010 May;10(10):1985-99.

82. Peng J, Gygi SP. Proteomics: the move to mixtures. J Mass Spectrom. 2001 Oct;36(10):1083-91.

83. Hunter TC, Andon NL, Koller A, Yates JR, Haynes PA. The functional proteomics toolbox: methods and applications. Journal of chromatography B, Analytical technologies in the biomedical and life sciences. 2002 Dec 25;782(1-2):165-81. PubMed PMID: 12458005. Epub 2002/11/30. eng.

84. Frohlich T, Arnold GJ. Proteome research based on modern liquid chromatography--tandem mass spectrometry: separation, identification and quantification. J Neural Transm. 2006 Aug;113(8):973-94.

85. Zhang X, Fang A, Riley CP, Wang M, Regnier FE, Buck C. Multi-dimensional liquid chromatography in proteomics--a review. Anal Chim Acta. 2010 Apr 7;664(2):101-13.

86. Steen H, Mann M. The ABC's (and XYZ's) of peptide sequencing. Nat Rev Mol Cell Biol. 2004 Sep;5(9):699-711.

87. Rabilloud T. Two-dimensional gel electrophoresis in proteomics: old, old fashioned, but it still climbs up the mountains. Proteomics. 2002 Jan;2(1):3-10.

88. Wolters DA, Washburn MP, Yates JR, 3rd. An automated multidimensional protein identification technology for shotgun proteomics. Anal Chem. 2001 Dec 1;73(23):5683-90.

89. Fratantoni SA, Piersma SR, Jimenez CR. Comparison of the performance of two affinity depletion spin filters for quantitative proteomics of CSF: Evaluation of sensitivity

and reproducibility of CSF analysis using GeLC-MS/MS and spectral counting. Proteomics Clinical applications. 2010 Jul;4(6-7):613-7.

90. Albrethsen J, Knol JC, Piersma SR, Pham TV, de Wit M, Mongera S, et al. Subnuclear proteomics in colorectal cancer: identification of proteins enriched in the nuclear matrix fraction and regulation in adenoma to carcinoma progression. Mol Cell Proteomics. 2010 May;9(5):988-1005.

91. Piersma SR, Fiedler U, Span S, Lingnau A, Pham TV, Hoffmann S, et al. Workflow comparison for label-free, quantitative secretome proteomics for cancer biomarker discovery: method evaluation, differential analysis, and verification in serum. J Proteome Res. 2010 Apr 5;9(4):1913-22.

92. Searle BC. Scaffold: a bioinformatic tool for validating MS/MS-based proteomic studies. Proteomics. 2010 Mar;10(6):1265-9.

93. Cui W, Rohrs HW, Gross ML. Top-down mass spectrometry: recent developments, applications and perspectives. Analyst. 2011 Oct 7;136(19):3854-64.

94. Meyer B, Papasotiriou DG, Karas M. 100% protein sequence coverage: a modern form of surrealism in proteomics. Amino acids. 2011 Jul;41(2):291-310.

95. Loo JA, Quinn JP, Ryu SI, Henry KD, Senko MW, McLafferty FW. High-resolution tandem mass spectrometry of large biomolecules. Proc Natl Acad Sci U S A. 1992 Jan 1;89(1):286-9.

96. McLafferty FW, Breuker K, Jin M, Han X, Infusini G, Jiang H, et al. Top-down MS, a powerful complement to the high capabilities of proteolysis proteomics. FEBS J. 2007 Dec;274(24):6256-68.

97. Ahlf DR, Thomas PM, Kelleher NL. Developing top down proteomics to maximize proteome and sequence coverage from cells and tissues. Curr Opin Chem Biol. 2013 Oct;17(5):787-94.

98. Zhou H, Ning Z, Starr AE, Abu-Farha M, Figeys D. Advancements in top-down proteomics. Anal Chem. 2012 Jan 17;84(2):720-34.

99. Schulze WX, Usadel B. Quantitation in Mass-Spectrometry-Based Proteomics. Annual Review of Plant Biology. 2010;61:26.

100. Kito K, Ito T. Mass spectrometry-based approaches toward absolute quantitative proteomics. Current genomics. 2008 Jun;9(4):263-74.

101. Eyers CE, Lawless C, Wedge DC, Lau KW, Gaskell SJ, Hubbard SJ. CONSeQuence: prediction of reference peptides for absolute quantitative proteomics using consensus machine learning approaches. Mol Cell Proteomics. 2011 Nov;10(11):M110 003384.

102. Gerber SA, Rush J, Stemman O, Kirschner MW, Gygi SP. Absolute quantification of proteins and phosphoproteins from cell lysates by tandem MS. Proc Natl Acad Sci U S A. 2003 Jun 10;100(12):6940-5.

103. Pratt JM, Simpson DM, Doherty MK, Rivers J, Gaskell SJ, Beynon RJ. Multiplexed absolute quantification for proteomics using concatenated signature peptides encoded by QconCAT genes. Nature protocols. 2006;1(2):1029-43.

104. Schulze WX, Usadel B. Quantitation in mass-spectrometry-based proteomics. Annu Rev Plant Biol. 2010;61:491-516.

105. Unlu M, Morgan ME, Minden JS. Difference gel electrophoresis: a single gel method for detecting changes in protein extracts. Electrophoresis. 1997 Oct;18(11):2071-7.

106. Treumann A, Thiede B. Isobaric protein and peptide quantification: perspectives and issues. Expert Rev Proteomics. 2010 Oct;7(5):647-53.

107. Liang S, Xu Z, Xu X, Zhao X, Huang C, Wei Y. Quantitative proteomics for cancer biomarker discovery. Combinatorial chemistry & high throughput screening. 2012 Mar;15(3):221-31.

108. Iliuk A, Galan J, Tao WA. Playing tag with quantitative proteomics. Anal Bioanal Chem. 2009 Jan;393(2):503-13.

109. Ong SE, Blagoev B, Kratchmarova I, Kristensen DB, Steen H, Pandey A, et al. Stable isotope labeling by amino acids in cell culture, SILAC, as a simple and accurate approach to expression proteomics. Mol Cell Proteomics. 2002 May;1(5):376-86.

110. Gygi SP, Rist B, Gerber SA, Turecek F, Gelb MH, Aebersold R. Quantitative analysis of complex protein mixtures using isotope-coded affinity tags. Nat Biotechnol. 1999 Oct;17(10):994-9.

111. Ross PL, Huang YLN, Marchese JN, Williamson B, Parker K, Hattan S, et al. Multiplexed protein quantitation in Saccharomyces cerevisiae using amine-reactive isobaric tagging reagents. Mol Cell Proteomics. 2004 Dec;3(12):1154-69.

112. Liu HB, Sadygov RG, Yates JR. A model for random sampling and estimation of relative protein abundance in shotgun proteomics. Anal Chem. 2004 Jul;76(14):4193-201.

113. Ishihama Y, Oda Y, Tabata T, Sato T, Nagasu T, Rappsilber J, et al. Exponentially modified protein abundance index (emPAI) for estimation of absolute protein amount in proteomics by the number of sequenced peptides per protein. Mol Cell Proteomics. 2005 Sep;4(9):1265-72.

114. Nahnsen S, Bielow C, Reinert K, Kohlbacher O. Tools for label-free peptide quantification. Mol Cell Proteomics. 2013 Mar;12(3):549-56. PubMed PMID: 23250051.

115. Matzke MM, Brown JN, Gritsenko MA, Metz TO, Pounds JG, Rodland KD, et al. A comparative analysis of computational approaches to relative protein quantification using peptide peak intensities in label-free LC-MS proteomics experiments. Proteomics. 2013 Feb;13(3-4):493-503.

116. Godovac-Zimmermann J, Brown LR. Perspectives for mass spectrometry and functional proteomics. Mass Spectrom Rev. 2001 2001 Jan-Feb;20(1):1-57.

117. Monti M, Cozzolino M, Cozzolino F, Tedesco R, Pucci P. Functional proteomics: protein-protein interactions in vivo. Ital J Biochem. 2007 Dec;56(4):310-4.

118. Creasy DM, Cottrell JS. Unimod: Protein modifications for mass spectrometry. Proteomics. 2004 Jun;4(6):1534-6.

119. Černý M, Skalák J, Cerna H, Brzobohatý B. Advances in purification and separation of posttranslationally modified proteins. J Proteomics. 2013 Oct;92:2-27.

120. Farley AR, Link AJ. Identification and quantification of protein posttranslational modifications. Methods Enzymol. 2009;463:725-63.

121. Packer NH, Pawlak A, Kett WC, Gooley AA, Redmond JW, Williams KL. Proteome analysis of glycoforms: a review of strategies for the microcharacterisation of glycoproteins separated by two-dimensional polyacrylamide gel electrophoresis. Electrophoresis. 1997 1997 Mar-Apr;18(3-4):452-60. PubMed PMID: 9150924. eng.

122. Pinto P, Chemale G, de Castro L, Costa A, Kich J, Vainstein M, et al. Proteomic survey of the pathogenic Mycoplasma hyopneumoniae strain 7448 and identification of novel post-translationally modified and antigenic proteins. Vet Microbiol. 2007 Mar;121(1-2):83-93.

123. Tissot B, North SJ, Ceroni A, Pang PC, Panico M, Rosati F, et al. Glycoproteomics: past, present and future. FEBS Lett. 2009 Jun;583(11):1728-35.

124. Paradela A, Albar JP. Advances in the analysis of protein phosphorylation. J Proteome Res. 2008 May;7(5):1809-18.

125. Zhang G, Neubert TA. Use of stable isotope labeling by amino acids in cell culture (SILAC) for phosphotyrosine protein identification and quantitation. Methods Mol Biol. 2009;527:79-92, xi.

126. Tan B, Matsuda A, Zhang Y, Kuno A, Narimatsu H. Multilectin-assisted fractionation for improved single-dot tissue glycome profiling in clinical glycoproteomics. Mol Biosyst. 2013 Dec.

127. Monti M, Orrù S, Pagnozzi D, Pucci P. Functional proteomics. Clin Chim Acta. 2005 Jul;357(2):140-50.

128. Stoevesandt O, Taussig MJ. Affinity proteomics: the role of specific binding reagents in human proteome analysis. Expert Rev Proteomics. 2012 Aug;9(4):401-14.

129. Ngounou Wetie AG, Sokolowska I, Woods AG, Roy U, Deinhardt K, Darie CC. Protein-protein interactions: switch from classical methods to proteomics and bioinformatics-based approaches. Cell Mol Life Sci. 2013 Apr.

130. Hurst GB, Lankford TK, Kennel SJ. Mass spectrometric detection of affinity purified crosslinked peptides. J Am Soc Mass Spectrom. 2004 Jun;15(6):832-9.

131. Arifuzzaman M, Maeda M, Itoh A, Nishikata K, Takita C, Saito R, et al. Large-scale identification of protein-protein interaction of Escherichia coli K-12. Genome Res. 2006 May;16(5):686-91.

132. Baig A, Bao X, Haslam RJ. Proteomic identification of pleckstrin-associated proteins in platelets: possible interactions with actin. Proteomics. 2009 Sep;9(17):4254-8. PubMed PMID: 19722192. eng.

133. Monti M, Cozzolino M, Cozzolino F, Vitiello G, Tedesco R, Flagiello A, et al. Puzzle of protein complexes in vivo: a present and future challenge for functional proteomics. Expert Rev Proteomics. 2009 Apr;6(2):159-69.

134. Tatusov RL, Koonin EV, Lipman DJ. A genomic perspective on protein families. Science. 1997 Oct;278(5338):631-7.

135. Kuzmanov U, Emili A. Protein-protein interaction networks: probing disease mechanisms using model systems. Genome Med. 2013 Apr;5(4):37.

136. Dey B, Thukral S, Krishnan S, Chakrobarty M, Gupta S, Manghani C, et al. DNA-protein interactions: methods for detection and analysis. Mol Cell Biochem. 2012 Jun;365(1-2):279-99.

137. Tacheny A, Dieu M, Arnould T, Renard P. Mass spectrometry-based identification of proteins interacting with nucleic acids. J Proteomics. 2013 Dec;94:89-109.

138. Yaneva M, Tempst P. Isolation and mass spectrometry of specific DNA binding proteins. Methods Mol Biol. 2006;338:291-303.

139. Dobretsova A, Johnson JW, Jones RC, Edmondson RD, Wight PA. Proteomic analysis of nuclear factors binding to an intronic enhancer in the myelin proteolipid protein gene. J Neurochem. 2008 Jun;105(5):1979-95.

140. Viturawong T, Meissner F, Butter F, Mann M. A DNA-centric protein interaction map of ultraconserved elements reveals contribution of transcription factor binding hubs to conservation. Cell reports. 2013 Oct;5(2):531-45.

141. Jiang D, Moxley RA, Jarrett HW. Promoter trapping of c-jun promoter-binding transcription factors. J Chromatogr A. 2006 Nov;1133(1-2):83-94.

142. Spruijt CG, Baymaz HI, Vermeulen M. Identifying specific protein-DNA interactions using SILAC-based quantitative proteomics. Methods Mol Biol. 2013;977:137-57.

143. Wang CI, Alekseyenko AA, LeRoy G, Elia AE, Gorchakov AA, Britton LM, et al. Chromatin proteins captured by ChIP-mass spectrometry are linked to dosage compensation in Drosophila. Nat Struct Mol Biol. 2013 Feb;20(2):202-9.

144. Goodier JL, Cheung LE, Kazazian HH. Mapping the LINE1 ORF1 protein interactome reveals associated inhibitors of human retrotransposition. Nucleic Acids Res. 2013 Aug;41(15):7401-19.

145. Butter F, Scheibe M, Mörl M, Mann M. Unbiased RNA-protein interaction screen by quantitative proteomics. Proc Natl Acad Sci U S A. 2009 Jun;106(26):10626-31.

146. Vashist S, Urena L, Chaudhry Y, Goodfellow I. Identification of RNA-protein interaction networks involved in the norovirus life cycle. J Virol. 2012 Nov;86(22):11977-90.

147. Klass DM, Scheibe M, Butter F, Hogan GJ, Mann M, Brown PO. Quantitative proteomic analysis reveals concurrent RNA-protein interactions and identifies new RNA-binding proteins in Saccharomyces cerevisiae. Genome Res. 2013 Jun;23(6):1028-38.

148. Ansong C, Purvine SO, Adkins JN, Lipton MS, Smith RD. Proteogenomics: needs and roles to be filled by proteomics in genome annotation. Brief Funct Genomic Proteomic. 2008 Jan;7(1):50-62.

149. Jaffe JD, Berg HC, Church GM. Proteogenomic mapping as a complementary method to perform genome annotation. Proteomics. 2004 Jan;4(1):59-77.

150. Sarwal MM, Sigdel TK, Salomon DR. Functional proteogenomics--embracing complexity. Semin Immunol. 2011 Aug;23(4):235-51.

151. Gupta N, Tanner S, Jaitly N, Adkins JN, Lipton M, Edwards R, et al. Whole proteome analysis of post-translational modifications: applications of mass-spectrometry for proteogenomic annotation. Genome Res. 2007 Sep;17(9):1362-77.

152. Renuse S, Chaerkady R, Pandey A. Proteogenomics. Proteomics. 2011 Feb;11(4):620-30.

153. Anderson DC, Kodukula K. Biomarkers in pharmacology and drug discovery. Biochem Pharmacol. 2013 Aug.

154. Landry Y, Gies JP. Drugs and their molecular targets: an updated overview. Fundam Clin Pharmacol. 2008 Feb;22(1):1-18.

155. Lundstrom K. An overview on GPCRs and drug discovery: structure-based drug design and structural biology on GPCRs. Methods Mol Biol. 2009;552:51-66.

156. Roychowdhury S, Talpaz M. Managing resistance in chronic myeloid leukemia. Blood reviews. 2011 Nov;25(6):279-90.

157. Beretta L. Proteomics from the clinical perspective: many hopes and much debate. Nat Methods. 2007 Oct;4(10):785-6.

158. Savino R, Paduano S, Preianò M, Terracciano R. The proteomics big challenge for biomarkers and new drug-targets discovery. Int J Mol Sci. 2012;13(11):13926-48.

159. Guo S, Zou J, Wang G. Advances in the proteomic discovery of novel therapeutic targets in cancer. Drug Des Devel Ther. 2013;7:1259-71.

160. Liu YZ, Guo MQ. Chemical proteomic strategies for the discovery and development of anticancer drugs. Proteomics. 2013 Dec.

161. Teng CC, Kuo HC, Sze CI. Quantitative proteomic analysis of the inhibitory effects of CIL-102 on viability and invasiveness in human glioma cells. Toxicol Appl Pharmacol. 2013 Nov;272(3):579-90.

162. Huang F, Zhang B, Zhou S, Zhao X, Bian C, Wei Y. Chemical proteomics: terra incognita for novel drug target profiling. Chin J Cancer. 2012 Nov;31(11):507-18.

163. Zheng H, Hou J, Zimmerman MD, Wlodawer A, Minor W. The future of crystallography in drug discovery. Expert Opin Drug Discov. 2013

164. Walgren JL, Thompson DC. Application of proteomic technologies in the drug development process. Toxicol Lett. 2004 Apr;149(1-3):377-85.

165. Sliwoski G, Kothiwale S, Meiler J, Lowe EW. Computational methods in drug discovery. Pharmacological reviews. 2014;66(1):334-95.

166. Zhang AH, Sun H, Yan GL, Han Y, Wang XJ. Serum proteomics in biomedical research: a systematic review. Appl Biochem Biotechnol. 2013 Jun;170(4):774-86.

167. Karpova MA, Moshkovskii SA, Toropygin IY, Archakov AI. Cancer-specific MALDI-TOF profiles of blood serum and plasma: biological meaning and perspectives. J Proteomics. 2010 Jan;73(3):537-51.

168. Lista S, Faltraco F, Prvulovic D, Hampel H. Blood and plasma-based proteomic biomarker research in Alzheimer's disease. Prog Neurobiol. 2013 2013 Feb-Mar;101-102:1-17.

169. Zhang A, Sun H, Wang P, Wang X. Salivary proteomics in biomedical research. Clin Chim Acta. 2013 Jan;415:261-5.

170. Wiktorowicz JE, Jamaluddin M. Proteomic analysis of the asthmatic airway. Adv Exp Med Biol. 2014;795:221-32.

171. Rodríguez-Suárez E, Siwy J, Zürbig P, Mischak H. Urine as a source for clinical proteome analysis: From discovery to clinical application. Biochimica et biophysica acta. 2013 Jul.

172. Cretu D, Diamandis EP, Chandran V. Delineating the synovial fluid proteome: recent advancements and ongoing challenges in biomarker research. Critical reviews in clinical laboratory sciences. 2013 2013 Feb-Apr;50(2):51-63.

173. Kroksveen AC, Opsahl JA, Aye TT, Ulvik RJ, Berven FS. Proteomics of human cerebrospinal fluid: discovery and verification of biomarker candidates in neurodegenerative diseases using quantitative proteomics. J Proteomics. 2011 Apr;74(4):371-88.

174. Frantzi M, Metzger J, Banks RE, Husi H, Klein J, Dakna M, et al. Discovery and Validation of Urinary Biomarkers for Detection of Renal Cell Carcinoma. J Proteomics. 2013 Dec.

175. Chen KT, Kim PD, Jones KA, Devarajan K, Patel BB, Hoffman JP, et al. Potential prognostic biomarkers of pancreatic cancer. Pancreas. 2014 Jan;43(1):22-7.

176. Chen S, Zhang J, Duan L, Zhang Y, Li C, Liu D, et al. Identification of HnRNP M as a Novel Biomarker for Colorectal Carcinoma by Quantitative Proteomics. Am J Physiol Gastrointest Liver Physiol. 2013 Dec.

177. Ray S, Patel SK, Kumar V, Damahe J, Srivastava S. Differential expression of serum/plasma proteins in various infectious diseases: Specific or nonspecific signatures. Proteomics Clinical applications. 2013 Nov.

178. Bille E, Dauphin B, Leto J, Bougnoux ME, Beretti JL, Lotz A, et al. MALDI-TOF MS Andromas strategy for the routine identification of bacteria, mycobacteria, yeasts, Aspergillus spp. and positive blood cultures. Clin Microbiol Infect. 2012 Nov;18(11):1117-25.

179. Malainine SM, Moussaoui W, Prévost G, Scheftel JM, Mimouni R. Rapid identification of Vibrio parahaemolyticus isolated from shellfish, sea water and sediments of the Khnifiss lagoon, Morocco, by MALDI-TOF mass spectrometry. Lett Appl Microbiol. 2013 May;56(5):379-86.

180. Posteraro B, De Carolis E, Vella A, Sanguinetti M. MALDI-TOF mass spectrometry in the clinical mycology laboratory: identification of fungi and beyond. Expert Rev Proteomics. 2013 Apr;10(2):151-64.

181. Krause E, Wenschuh H, Jungblut PR. The dominance of arginine-containing peptides in MALDI-derived tryptic mass fingerprints of proteins. Anal Chem. 1999 Oct;71(19):4160-5.

182. Ryzhov V, Fenselau C. Characterization of the protein subset desorbed by MALDI from whole bacterial cells. Anal Chem. 2001 Feb;73(4):746-50.

183. Krásný L, Hynek R, Hochel I. Identification of bacteria using mass spectrometry techniques. International Journal of Mass Spectrometry. 2013 Nov 1;353(0):67-79.

184. Cherkaoui A, Hibbs J, Emonet S, Tangomo M, Girard M, Francois P, et al. Comparison of Two Matrix-Assisted Laser Desorption Ionization-Time of Flight Mass Spectrometry Methods with Conventional Phenotypic Identification for Routine Identification of Bacteria to the Species Level. Journal of Clinical Microbiology. 2010;48(4):1169-75.

185. Justesen US, Holm A, Knudsen E, Andersen LB, Jensen TG, Kemp M, et al. Species Identification of Clinical Isolates of Anaerobic Bacteria: a Comparison of Two Matrix-Assisted Laser Desorption Ionization–Time of Flight Mass Spectrometry Systems. Journal of Clinical Microbiology. 2011;49(12):4314-8.

186. Jamal WY, Shahin M, Rotimi VO. Comparison of two matrix-assisted laser desorption/ionization-time of flight (MALDI-TOF) mass spectrometry methods and API 20AN for identification of clinically relevant anaerobic bacteria. Journal of Medical Microbiology. 2013;62(Pt 4):540-4.

187. van Veen SQ, Claas ECJ, Kuijper EJ. High-Throughput Identification of Bacteria and Yeast by Matrix-Assisted Laser Desorption Ionization-Time of Flight Mass Spectrometry in Conventional Medical Microbiology Laboratories. Journal of Clinical Microbiology. 2010;48(3):900-7.

188. Croxatto A, Prod'hom G, Greub G. Applications of MALDI-TOF mass spectrometry in clinical diagnostic microbiology. FEMS Microbiol Rev. 2012 Mar;36(2):380-407.

189. Cobo F. Application of maldi-tof mass spectrometry in clinical virology: a review. Open Virol J. 2013;7:84-90.

190. Kostrzewa M, Sparbier K, Maier T, Schubert S. MALDI-TOF MS: an upcoming tool for rapid detection of antibiotic resistance in microorganisms. Proteomics Clinical applications. 2013 Dec;7(11-12):767-78.

191. Kurzawova V, Stursa P, Uhlik O, Norkova K, Strohalm M, Lipov J, et al. Plant-microorganism interactions in bioremediation of polychlorinated biphenyl-contaminated soil. N Biotechnol. 2012 Nov;30(1):15-22.

192. Emami K, Askari V, Ullrich M, Mohinudeen K, Anil AC, Khandeparker L, et al. Characterization of bacteria in ballast water using MALDI-TOF mass spectrometry. PLoS One. 2012;7(6):e38515.

193. Barreiro JR, Braga PA, Ferreira CR, Kostrzewa M, Maier T, Wegemann B, et al. Nonculture-based identification of bacteria in milk by protein fingerprinting. Proteomics. 2012 Aug;12(17):2739-45.

194. Hochel I, Růžičková H, Krásný L, Demnerová K. Occurrence of Cronobacter spp. in retail foods. J Appl Microbiol. 2012 Jun;112(6):1257-65.

195. Green MR, Sambrook J, Sambrook J. Molecular cloning : a laboratory manual. 4th ed. Cold Spring Harbor: Cold Spring Harbor Laboratory Press; 2012.

196. Sambrook J, Russell DW, Sambrook J. The condensed protocols from Molecular cloning: a laboratory manual. Cold Spring Harbor: Cold Spring Harbor Laboratory Press; 2006. v, 800 p. p.

197. Vasilj A, Gentzel M, Ueberham E, Gebhardt R, Shevchenko A. Tissue proteomics by one-dimensional gel electrophoresis combined with label-free protein quantification. J Proteome Res. 2012 Jul 6;11(7):3680-9.

198. Piersma SR, Warmoes MO, de Wit M, de Reus I, Knol JC, Jimenez CR. Whole gel processing procedure for GeLC-MS/MS based proteomics. Proteome science. 2013;11(1):17.

199. Bayyareddy K, Zhu X, Orlando R, Adang MJ. Proteome analysis of Cry4Ba toxin--interacting Aedes aegypti lipid rafts using geLC-MS/MS. J Proteome Res. 2012 Dec 7;11(12):5843-55.

200. Tefon BE, Maass S, Ozcengiz E, Becher D, Hecker M, Ozcengiz G. A comprehensive analysis of Bordetella pertussis surface proteome and identification of new immunogenic proteins. Vaccine. 2011 Apr 27;29(19):3583-95.

201. Shevchenko A, Tomas H, Havlis J, Olsen JV, Mann M. In-gel digestion for mass spectrometric characterization of proteins and proteomes. Nature protocols. 2006;1(6):2856-60.

13

PROTEÔMICA II – ANÁLISE DE INTERAÇÃO ENTRE PROTEÍNAS: FUNDAMENTOS, MÉTODOS E APLICAÇÕES

José Roberto Aparecido dos Santos-Pinto
Mario Sergio Palma

13.1 INTRODUÇÃO

A identificação e a caracterização de proteínas tem sido um dos principais objetivos nas pesquisas proteômicas envolvendo a biologia celular, biologia molecular, bioquímica, biologia estrutural, biofísica e bioinformática, possibilitando um amplo conhecimento sobre a função e as propriedades moleculares das proteínas individualmente. No entanto, as proteínas raramente atuam sozinhas e na maioria das vezes interagem com outras proteínas para formar pequenos, ou grandes complexos proteicos funcionais.

As interações proteína-proteína (IPPs) são definidas como sendo contatos físicos específicos entre essas moléculas, ou seja, esses contatos não ocorrem de forma aleatória, ou ao acaso, entre duas ou mais proteínas que ocorrem numa mesma célula. Essas interações são processos regulados por muitos fatores como tipo de célula, fase do ciclo celular, condições externas, modificações pós-traducionais (do inglês, *post-translational modification* – PTMs) e, principalmente, a presença de proteínas que possuem alguma afinidade de se associarem[1,2], ocasionando o contato direto entre duas moléculas de proteínas e/ou a formação de grandes complexos com o envolvimento de múltiplas proteínas[3], como mostrado no esquema representativo das IPPs na Figura 13.1.

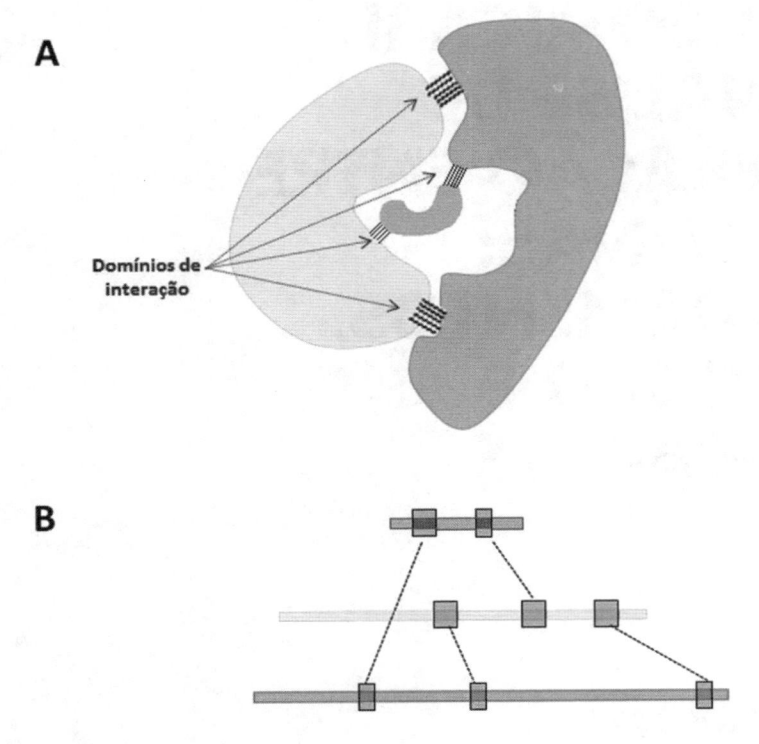

Figura 13.1 (A) Esquema representativo da formação de um complexo proteico formado por três diferentes proteínas (indicado por diferentes cores no esquema), enfatizando os domínios de contato direto entre cada proteína; (B) esquema indicando as regiões de contato direto entre as moléculas, ao longo das respectivas sequências de aminoácidos de cada proteína. Visualizar figura online.

IPPs podem ocorrer por meio de interações hidrofóbicas, forças de Van der Waals, e interações iônicas. Esse contato físico não é estático e permanente, pois durante esse evento molecular todas as proteínas interagentes podem estar envolvidas em inúmeras atividades celulares, tais como proteção contra a perda de atividade biológica, transporte, degradação, sinalização celular, entre muitas outras atividades[4].

Existem inúmeros efeitos biológicos decorrentes das IPPs; podem-se influenciar as propriedades das enzimas mudando suas interações com substratos, indução de conformações moleculares adequadas às determinadas situações fisiológicas, formação da estrutura correta do citoesqueleto, inativação de proteínas específicas ou preservação da integridade molecular de determinadas proteínas contra a degradação[5,6]. Dessa forma, as IPPs são essenciais em praticamente todos os processos regulatórios que ocorrem numa célula.

Para desvendar as complexas relações moleculares em sistemas vivos, um passo fundamental é o mapeamento das interações físicas proteína-proteína. O mapeamento completo de interações proteicas que podem ocorrer em um organismo vivo é chamado de interactoma[7]. Esse mapeamento tornou-se um dos principais objetivos da pesquisa biológica atual. Devido a isso, os pesquisadores estão agora construindo redes inteiras de IPPs. Ao contrário das vias biológicas, que representam uma sequência de interações moleculares que conduzem a um resultado final (por exemplo, uma cascata de sinalização), as redes são interligadas conforme mostrado na Figura 13.2. Representado como um conjunto de pontos interligados entre si, essas proteínas formam uma complexa interação que fornece percepções sobre os mecanismos das funções celulares. Assim, por exemplo, os pontos verdes, azuis, amarelos, e púrpura na Figura 13.2 representam proteínas que estão interagindo com outras proteínas (pontos da mesma cor, ou de cor diferente); cada ponto de mesma cor representa uma proteína diferente da mesma rota metabólica (visualizar figura online). Dessa maneira, na Figura 13.2 os pontos maiores de mesma cor estão dentro de áreas tracejadas assinaladas por **A**, **B** e **C**, que estão repesentando todas as interações individuais de componentes de uma via metabólica. Além disso, o posicionamento dessas proteínas na rede permitirá aos pesquisadores determinar possíveis marcadores de doenças e orientar tratamentos, terapias e diagnósticos adequados[8]. Assim por exemplo, as proteínas-alvos de se tornarem marcadores de doenças e/ou de interesse diagnóstico são aquelas que interagem com um grande número de outras proteínas (principalmente aquelas que conectam diferentes rotas metabólicas). Essas posições geralmente são constituídas de proteínas regulatórias alostéricas, e no esquema demonstrado na Figura 13.2 estão indicadas por asteriscos.

Complexos proteicos podem se constituir em grupos de proteínas que apresentam uma interação mais ou menos estável; ou então a combinação de ambos. Para cumprir com o seu papel nos processos celulares, as proteínas interagem entre si de forma estável ou transitória, criando uma enorme rede de interações. O interactoma, portanto, é dinâmico. Muitas interações são transitórias e outras, ocorrendo com proteínas isoladas, apenas em

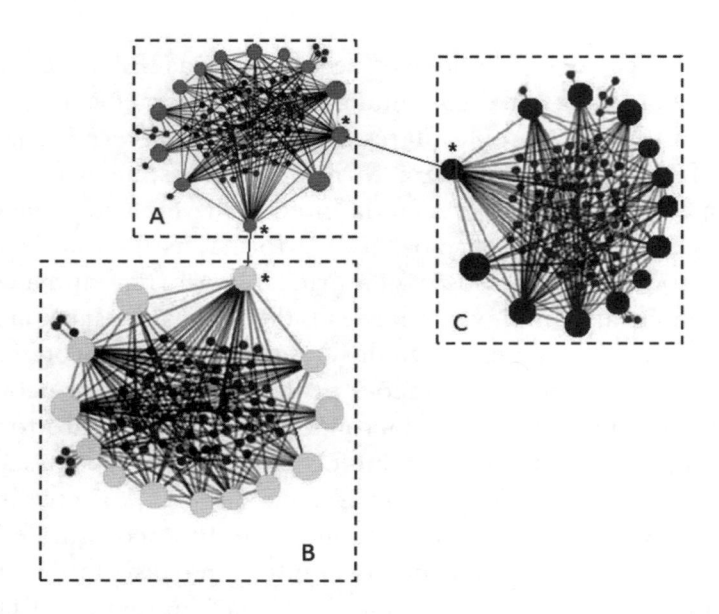

Figura 13.2 Esquema representativo de um interactoma mostrando uma rede de interações entre diferentes proteínas. Cada ponto colorido representa uma proteína diferente, e as linhas contínuas representam as interações das proteínas que apresentam alguma afinidade entre si, de maneira que tais linhas apresentam tamanho inversamente proporcional à afinidade de interação. Os pontos de mesma cor representam proteínas da mesma rota metabólica, e estão contidos dentro de regiões assinaladas por linhas tracejadas, e identificadas por letras (A, B, e C). Os pontos vermelhos ou pretos representam proteínas isoladas que interagem eventualmente, em algumas situações particulares, ou mesmo em determinados períodos de desenvolvimento, com as proteínas de uma via metabólica específica. As proteínas que estabelecem muitas interações diferentes, principalmente aquelas que conectam diferentes rotas metabólicas, geralmente constituem alvos terapêuticos (para o desenvolvimento de fármacos), e estão indicadas por asteriscos. Visualizar figura online.

determinados contextos celulares, ou ainda, em determinados períodos do desenvolvimento (representado na Figura 13.2 pelos pontos menores, de cor vermelha, ou preta). E apesar das dificuldades para se solucionar o interactoma de uma célula, qualquer percepção fornecida é fundamental para uma compreensão da biologia do organismo[9].

A maioria das proteínas é multifuncional e, portanto, apenas uma pequena fração das IPPs é conhecida atualmente. Uma característica fundamental das IPPs é a sua diversidade estrutural e conformacional que lhes permitem criar sítios de ligação com diferentes especificidades, dependendo dos diversos fatores ambientais[10,11]. Devido à sua importância nos estudos de desenvolvimento e doenças, aumentou-se o interesse por uma intensa investigação exigindo o desenvolvimento de metodologias muito eficientes para a visualização e análise subsequente dos interactomas[12].

Até recentemente, nosso conhecimento sobre as redes complexas de IPPs era muito limitada. A investigação de IPPs torna-se um desafio se for considerado que os organismos estão sob constantes mudanças. Sabe-se que as células vivas não dependem de biomoléculas que agem isoladamente, mas de suas interações biológicas[13]. Intensas pesquisas estão sendo realizadas para revelar o mapeamento do interactoma humano, bem como de organismos modelos como *Saccharomyces cerevisiae*, *Caenorhabditis elegans* e *Drosophila melanogaster*. E, apesar de todos os esforços, a ciência ainda está distante de obter o mapeamento completo do interactoma para qualquer um desses organismos[2,14-19]. Leveduras, por exemplo, são talvez um dos organismos modelos mais utilizados para os estudos de IPPs e, mesmo assim, ainda apresentam muitas interações desconhecidas, que impossibilitam o conhecimento total do seu interactoma[20,21].

Como são bem conhecidos, quase todos os processos celulares ocorrem porque as proteínas comunicam-se umas com as outras, "trocando informações regulatórias". As interações entre proteínas têm demonstrado desempenhar um papel fundamental na transcrição, no controle do ciclo celular, transdução de sinal, ou processos de regulação. Sendo assim, compreender as funções das proteínas requer uma análise da interação de complexos proteicos. Por sua vez, a compreensão das IPPs possibilitará a elucidação de fisiopatologias e a melhor compreensão sobre os mecanismos de desenvolvimento de muitas doenças[22]. A sua importância pode ser realçada por uma série de técnicas que foram desenvolvidas a fim de compreender a complexidade do interactoma celular. Além disso, a análise de interactomas contribui para a identificação de novos alvos moleculares de drogas, para a identificação de novas moléculas transportadoras e, também, na compreensão de mecanismos de ação de novos compostos terapêuticos; tais proteínas estão assinaladas por asteriscos no esquema demonstrado na Figura 13.2.

13.2 TIPOS DE INTERAÇÕES ENTRE PROTEÍNAS

As determinações experimentais de IPPs são realizadas utilizando-se duas principais tecnologias que produzem diferentes tipos de dados: técnicas que verificam as interações físicas diretas entre pares de proteínas, denominadas como "métodos binários"; e técnicas que verificam as interações físicas entre grupos de proteínas, denominadas como "métodos cocomplexos"[23]. Dentre os métodos binários e cocomplexos mais frequentemente utilizados pode-se mencionar, respectivamente, a abordagem por espectrometria de massas, acoplada à purificação por afinidade em tandem (do inglês *tandem affinity purification-mass spectrometry* – TAP-MS)[24], e a metodologia de imunoco-precipitação[25], esquematizados nas figuras 13.3 e 13.4, respectivamente.

Métodos cocomplexos são utilizados para verificar tanto as interações diretas quanto as indiretas. Na abordagem mais comum, uma proteína marcada com uma "etiqueta molecular" é utilizada como "isca", para capturar um grupo de proteínas de interesse, que posteriormente são separadas da mistura por meio de técnicas de bioquímicas de purificação, como mostrado na Figura 13.3. Sendo assim, ocorre uma copurificação de diferentes proteínas interagentes diretamente com a proteína "isca". Ainda dentro deste método, existe outra abordagem comum de detecção e isolamento, que se baseia no reconhecimento de anticorpos por proteínas específicas – trata-se da coimunoprecipitação (Co-IP)[26].

O tópico coimunoprecipitação (Co-IP) será melhor compreendido se precedido pela breve explicação sobre o conceito de imunoprecipitação (IP), que se se trata de um dos métodos mais utilizados para detecção de um antígeno, sucedido por sua precipitação. O princípio de uma IP é muito simples, como se pode observar na Figura 13.4; um anticorpo monoclonal (geralmente imunoglobulina G) contra uma proteína "isca" imobilizado em uma resina cromatográfica (p. ex.: Sepharose 4B) é adicionado a um extrato contendo essa proteína, formando-se um complexo imune com tal proteína em solução. Esse complexo é então sedimentado por centrifugação. Aquelas proteínas que não se ligaram ao anticorpo são removidas no sobrenadante da centrifugação, enquanto a proteína "isca" permanece ligada ao anticorpo sedimentado na centrifugação; a proteína "isca" é então eluída do anticorpo por lavagem do sedimento com solução de força iônica elevada. Depois, a suspensão é então centrifugada novamente, e a proteína "isca" é liberada no sobrenadante. Esse procedimento está sumarizado na Figura 13.4A. O experimento do Co-IP é semelhante à IP, no entanto, no protocolo de Co-IP a proteína "isca" (antígeno) é precipitada (sedimentada) juntamente com uma proteína ligante (interagente), que coprecipita, associada à proteína "isca" (Figura 13.4B).

As análises de IPPs requerem a utilização de pelo menos duas diferentes abordagens experimentais, tanto para a confirmação quanto para a validação dos resultados, a fim de se evitar resultados falsos positivos. Como se sabe, a maioria dos métodos de investigação de IPPs utiliza-se, principalmente, de organismos procariontes e de eucariontes simples, havendo, portanto, a necessidade do desenvolvimento de métodos adicionais para a investigação de IPPs em organismos superiores. Nos mamíferos, as IPPs podem ser investigadas e validadas com base na homologia com proteínas de IPPs estudadas

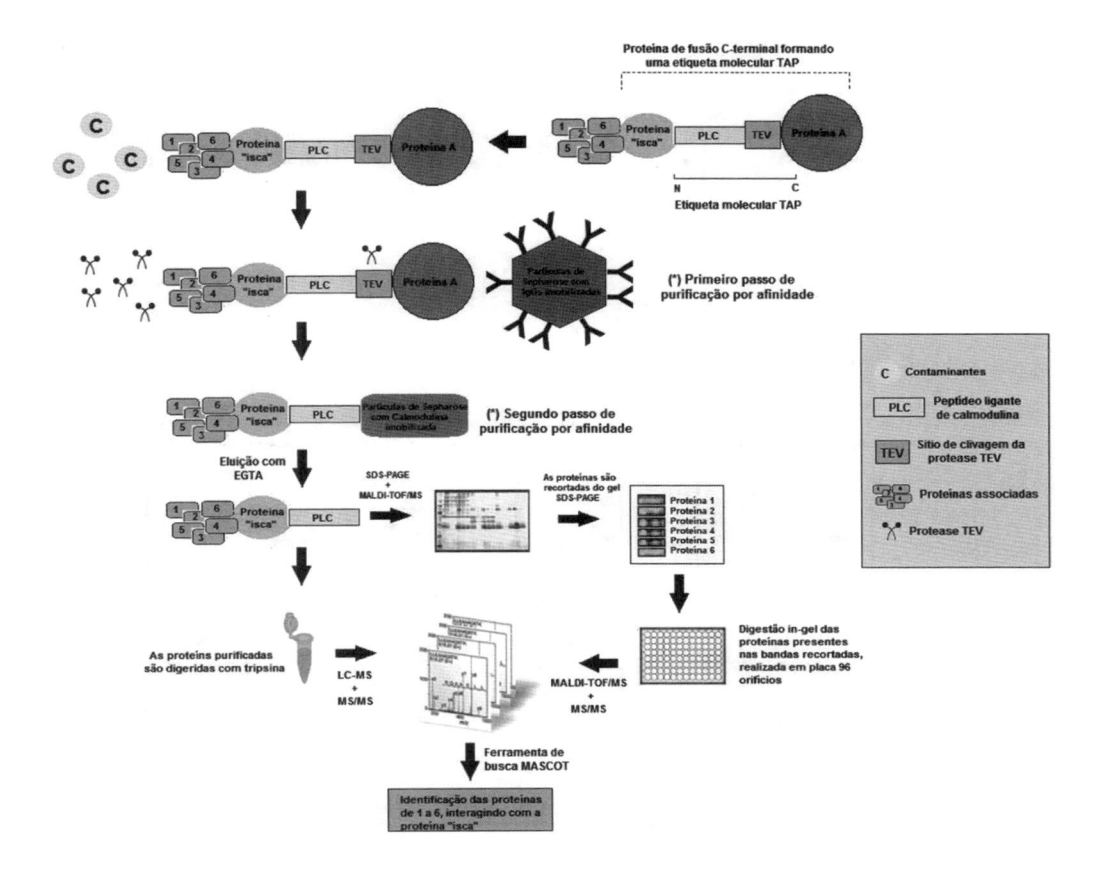

Figura 13.3 Esquema representando o método de estudo de IPPs por TAP-MS. Neste método, a proteína "isca" é clonada e expressa formando uma proteína de fusão com uma "etiqueta molecular" acoplada ao resíduo C-terminal da proteína "isca"; essa etiqueta é constituída de um peptídeo ligante de calmodulina (PLC), de uma sequência de reconhecimento e clivagem da protease TEV (TEV) e da proteína A. Quando expressa, a proteína "isca" interage com suas proteínas associadas, formando várias IPPs. Este complexo é inicialmente purificado num primeiro passo de cromatografia de afinidade, numa coluna em que a fase estacionária é constituída de partículas de Sepharose, contendo IgGs, acopladas a suas superfícies. O complexo proteico se liga à fase estacionária devido à elevada afinidade entre a proteína A e as IgGs; as proteínas não ligadas são lavadas e eluídas pela fase móvel. O desacoplamento da "etiqueta molecular" é realizado adicionando-se a protease TEV na fase móvel, que por sua vez cliva o sítio de ligação TEV e libera a proteína "isca" (ainda acoplada ao PLC), que é então eluída. O complexo proteína "isca"-PLC e as proteínas associadas são, então, submetidas a um novo passo de purificação por afinidade, em coluna contendo partículas de Sepharose, com calmodulina imobilizada em suas superfícies, como fase estacionária. O complexo se liga à fase estacionária devido à elevada afinidade do PLC pela calmodulina. A adição de EGTA à fase móvel causa a ligação deste à calmodulina, liberando a proteína "isca" e suas proteínas associadas, que por sua vez são separadas por novo passo cromatográfico convencional, e/ou por eletroforese SDS-PAGE (dodecil-sulfato de sódio – eletroforese de gel de poliacrilamida). As frações eluídas na cromatografia convencional, bem como as bandas do gel SDS-PAGE, são digeridas com tripsina e submetidas à análise proteômica para identificação de cada uma das proteínas associadas. Visualizar figura online.

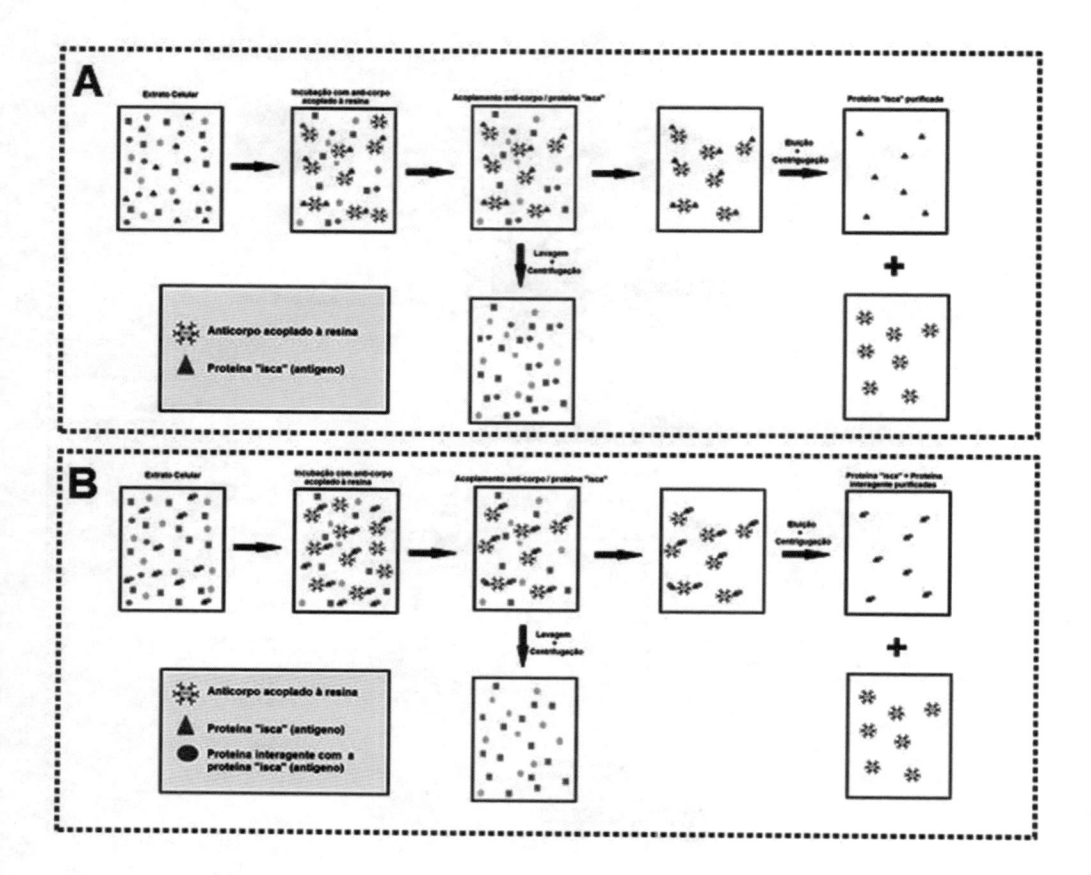

Figura 13.4 Esquema representando a imunoprecipitação (A) e a imunocoprecipitação (B). Visualizar figura online.

em organismos mais simples[13,27]. Além dos métodos experimentais, os pesquisadores também utilizam técnicas computacionais para prever possíveis IPPs, com base nas informações de sequência de aminoácidos e análise estrutural de proteínas. Sendo assim, métodos computacionais acabam sendo muito importantes, auxiliando na compreensão de IPPs, quando só o método experimental não é suficiente para investigar a interação.

13.3 TECNOLOGIA EXPERIMENTAL

Existem metodologias de diferentes naturezas desenvolvidas para a investigação de IPPs, tais como: i) métodos genéticos – metodologia dos dois híbridos; ii) métodos bioquímicos – a purificação de complexos proteicos por afinidade; iii) métodos biofísicos – a transferência de energia por ressonância de fluorescência (do inglês *fluorescence resonance energy transfer – FRET*); iv) abordagens proteômicas – que utilizam técnicas de eletroforese e espectrometria de massas, e ainda ferramentas de bioinformática. Alguns destes métodos podem ser combinados entre si, podendo produzir uma grande quantidade de dados que são utilizados para compreender as funções das proteínas em complexas redes biológicas.

13.3.1 Metodologia dos dois híbridos

O sistema dos dois híbridos em leveduras (do inglês *yeast two-hybrid system* – Y2H) tem sido utilizado como uma metodologia eficiente para os estudos de IPPs. Trata-se de um método genético baseado na observação de que os fatores de transcrição eucarióticos apresentam uma estrutura modular, que pode ser usada para fundamentar esta estratégia, exemplificada na Figura 13.5. Tomando-se parte da maquinaria molecular de regulação de expressão gênica em leveduras, pode-se montar um método de ensaio de Y2H: neste sistema o fator de transcrição Gal4, que é essencial para a transcrição do gene repórter *LacZ*, é produzido na forma de dois domínios: um de ligação ao gene promotor (*Gal4*-BD) e outro de ativação (*Gal4*-AD) para o gene repórter (Figuras 13.5A e 13.5B). Esses dois domínios atuam próximos um ao outro sem apresentar uma ligação covalente, ou seja, são fisicamente separados[28]. Diferentes combinações de proteína de fusão são preparadas: *Gla4*-BD + proteína "isca" e *Gal4* + proteína "presa"; nenhuma dessas proteínas de fusão isoladamente consegue ativar o gene repórter (*LacZ*) (Figuras 13.5A a 13.5C). Entretanto, quando a proteína "isca" e proteína "presa" apresentarem alguma afinidade uma pela outra, ambas vão interagir, permitindo que o domínio de ligação do fator de transcrição (*Gal4*-BD) se associe ao gene operador do DNA, e que o domínio de ativação dessa proteína (*Gal4*-AD) fique livre e disponível para ativar o gene repórter (*LacZ*) (Figura 13.5D). É importante esclarecer que a ativação transcricional de um gene repórter ocorre quando a proteína "isca" e a proteína "presa" interagem no núcleo da célula da levedura, levando à ativação do gene repórter, que, por sua vez, resulta na produção de luz fluorescente, que pode ser detectada e medida com instrumentos específicos[29]. Dois ou mais genes repórteres podem ser utilizados simultaneamente para reduzir os falsos positivos que se ligam inespecificamente à proteína "isca". Devido à disponibilidade de uma enorme quantidade de informações de sequências genômicas, os pesquisadores têm utilizado o sistema Y2H para o mapeamento de IPPs em larga escala de vários organismos, como *Saccharomyces cerevisiae*[16,30], *Caenorhabditis elegans*[15,31] e do vírus da vaccínia[32].

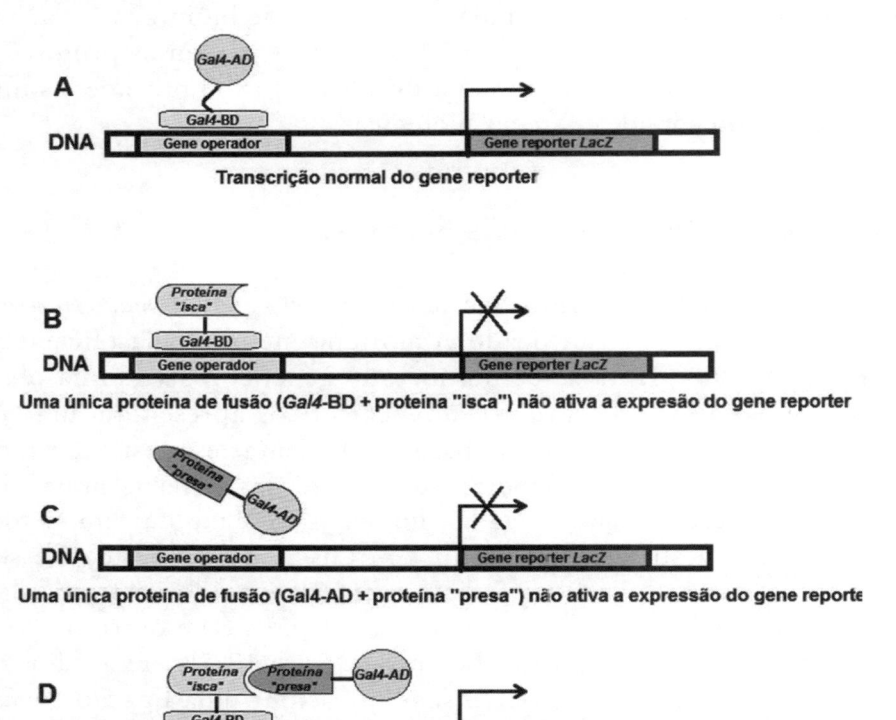

Figura 13.5 Esquema geral do método dos dois híbridos, para ensaios de IPPs: as proteínas interagentes são a "isca" (alvo da investigação) e a proteína "presa". (A) O fator de transcrição Gal4 é produzido na forma de dois domínios, sendo um de ligação ao gene operador (Gal4-BD + proteína "isca"), e outro de ativação (Gal4-AD + proteína "presa") do gene repórter LacZ, que por sua vez tem sua expressão acoplada à produção de luz fluorescente. (B) e (C) Duas proteínas de fusão são produzidas: Gla4-BD + proteína "isca" e Gla4- AD + proteína "presa". Nenhuma delas isoladamente consegue iniciar a transcrição do gene repórter. (D) Quando as proteínas "presa" e "isca" apresentarem alguma afinidade uma pela outra, as proteínas de fusão irão interagir no núcleo da célula de levedura, permitindo a transcrição de gene repórter, que por sua vez resulta na produção de luz fluorescente, que pode ser detectada e medida. Visualizar figura online.

O método apresenta vantagens por se constituir num procedimento de execução simples, rápido e de baixo custo, com uma ampla gama de aplicações na investigação de IPPs, permitindo, assim, o mapeamento de interações em larga escala. Esse método é muito utilizado em pesquisas de bibliotecas de cDNA, para a identificação de proteínas que interagem com uma proteína já conhecida. Apesar das inúmeras vantagens, o método também apresenta algumas limitações, sendo, frequentemente, associado a uma elevada taxa de falsos positivos e uma taxa de confiabilidade em torno de 50%[33]. O método não é aplicável aos estudos de IPPs em proteínas integrais completas de membranas, que representam a primeira classe de alvos terapêuticos[34]. Além disso, algumas proteínas geram reações tóxicas nas células de leveduras[35]. E, finalmente, o "sistema levedura" não compreende certas modificações pós-traducionais presentes em proteínas, dificultando a investigação das interações proteicas baseadas nessas modificações. Devido a isso, os resultados obtidos precisam ser confirmados por meio de outras abordagens de estudos de interações.

Embora o sistema Y2H tenha sido desenvolvido para a investigação de IPPs para diferentes padrões de ligação, como ácidos nucleicos-proteínas, pequenas moléculas-proteínas e proteína-proteína[36], versões recentes desse sistema têm sido utilizadas em outras aplicações, como nos estudos de peptídeos e outras moléculas que rompem as interações proteicas entre duas proteínas conhecidas[37].

13.3.2 Transferência de energia por ressonância de fluorescência (FRET)

Apesar do sistema Y2H apresentar-se como uma metodologia eficiente para a investigação de IPPs, a monitoração em tempo real e a localização de IPPs em células vivas requer uma leitura espectroscópica. Um dos principais desafios para uma caracterização espectroscópica direta de IPPs *in vivo* é anexar sondas específicas para a proteína de interesse no ambiente celular. A descoberta de proteínas autofluorescentes e a sua aplicação para caracterizar as interações proteína-proteína em células vivas tem levado ao desenvolvimento de uma nova série de tecnologias para o estudo de IPPs ao longo das últimas décadas[38]. Estas novas técnicas são baseadas na marcação genética com as proteínas fluorescentes[39,40], focando basicamente na utilização de várias técnicas de adaptações de transferência de energia de ressonância (do inglês *resonance energy transfer* – RET) e métodos de complementação de fragmentação de proteínas. Essas abordagens, dedicadas à caracterização e visualização de interações proteicas, têm favorecido a possibilidade de realização de experiências *in vivo*, bem como em tempo real, permitindo elucidar onde e quando as interações ocorrem na célula.

Descrito por Theodor Förster no final de 1940, o princípio básico do RET consiste em uma transferência não radiativa (dipolo-dipolo) de energia a partir de um cromóforo no estado animado, conhecido como "doador", para uma molécula "receptora" (Figura 13.6)[41]. Estas são moléculas fluorescentes em FRET (transferência de energia de ressonância por fluorescência), enquanto em BRET (transferência de energia de ressonância por bioluminescência) o doador é uma enzima que catalisa um substrato, o qual se torna bioluminescente nas condições do ensaio. Como resultado dessa interação e transferência de energia, há uma redução na emissão do doador e um consequente aumento de fluorescência do receptor.

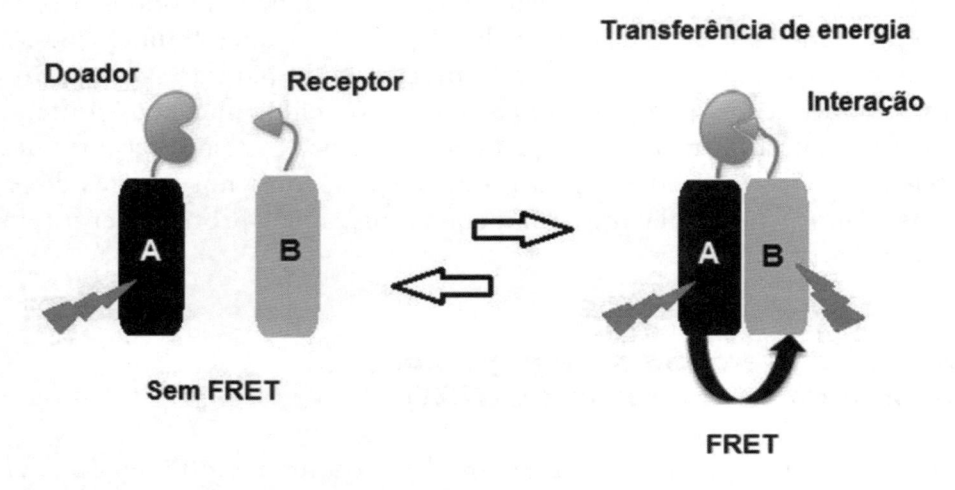

Figura 13.6 Esquema representativo do princípio básico do FRET. Devido à interação entre as duas proteínas, A e B, ocorre uma transferência de energia entre o doador e o receptor, as quais são moléculas fluorescentes em FRET. Visualizar figura online.

Atualmente, o FRET é uma das técnicas mais poderosas para uma investigação direta de espectroscopia e monitoramento das interações proteicas nas células vivas. O FRET ocorre com uma menor transição de radiação de energia entre um doador e um fluoróforo receptor, que ocorrerá com uma probabilidade limitada apenas se os fluoróforos apresentarem uma inferioridade menor do que 10 nm. Sendo assim, o FRET pode ser utilizado como uma sonda para se avaliar a proximidade das interações[42], sendo facilmente detectado pela mudança na intensidade de emissão do doador e do receptor e, também, por uma alteração no tempo de vida da fluorescência[43].

As técnicas baseadas em FRET são relativamente limitadas devido ao elevado "ruído de fundo" da autofluorescência celular, bem como pela excitação direta do receptor de fluorescência. Essas desvantagens são evitadas pela técnica chamada de transferência de energia de ressonância de bioluminescência (BRET), a qual faz uso de bioluminescência como o "doador" de energia[44]. Esta técnica tem sido muito utilizada para demonstrar a oligomerização de receptores de proteína G (GPCRs)[45] e para a monitoração do estado de ativação dos receptores de tirosina-quinases[46]. A Figura 13.7 mostra a diferença entre as técnicas FRET e BRET.

FRET e BRET são processos de transferência de energia não radioativa entre uma proteína doadora não radioativa (FRET), ou uma proteína (com atividade enzimática) doadora bioluminescente (BRET), e uma proteína aceptora (Figura 13.7). Num ensaio FRET, a proteína doadora fluorescente geralmente é de cor azul ou ciano (do inglês *enhanced blue fluorescente protein/ enhanced cyan fluorescent protein* – EBFP/ECFP), enquanto a proteína

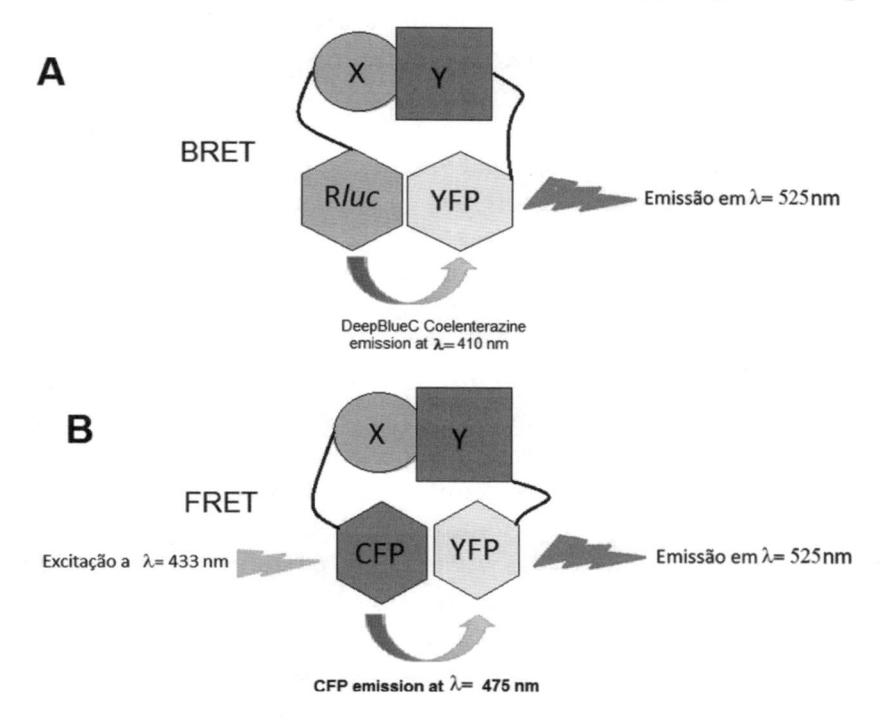

Figura 13.7 Princípios da transferência de energia bioluminescente ressonante (BRET) (A) e transferência de energia fluorescente ressonante (FRET) (B). Nos ensaios BRET, quando há interação entre as proteínas sob estudo (X e Y), com a Renilla luciferase (Rluc) e a proteína fluorescente amarela (YFP, do inglês *yellow fluorescent protein*), o resultado é a formação de fluorescência. Na presença de coelenterazina, a luz é gerada pela Rluc, que quando posicionada muito próximo de YFP, excitará a proteína fluorescente, que então emitirá luz na emissão máxima dessa proteína. Nos ensaios FRET ocorrerá a interação entre as proteínas sob estudo (X e Y) com a proteína doadora (CFP, do inglês *cyan fluorescent protein*) e a proteína aceptora (YFP). A excitação YFP (l= 525 nm).

aceptora é derivada da classe das proteínas fluorescentes verde/amarela (do inglês *enhanced green fluorescent protein/enhanced yellow fluorescent protein* – EGFP ou EYFP). A doadora bioluminescente num ensaio BRET é a enzima coelenterada luciferase, clonada de *Renilla reniformis*. Esta enzima catalisa a degradação oxidativa da coelenterazina, gerando luz azul com um l = 460 nm; assim, ela age como uma doadora de um dos derivados da proteína da classe fluorescente verde/amarelo (EGFP ou EYFP). FRET ou BRET ocorrem quando as proteínas aceptora e doadora se posicionam muito próximas uma da outra, permitindo a interação entre elas.

A detecção de interações proteicas nas células vivas por FRET pode ser realizada de forma conveniente e com elevado rendimento por meio da citometria de fluxo[47].

Os poderosos recursos do FRET em células vivas são totalmente realizados pelo uso de técnicas de microscopia de fluorescência[48]. Dessa maneira, a combinação de FRET com microscopia de fluorescência por meio da técnica FACS (do inglês *fluorescence activated cell sorting*) resultou numa estratégia interessante para estudos de interações proteína-proteína em células vivas, como representado na Figura 13.8. Nesta estratégia, são construídos dois DNAs para expressão de proteínas de fusão: i) um deles é constituído do gene de uma proteína de interesse (GDI) – proteína-alvo, e do domínio YFP; ii) o outro é constituído de genes individuais de proteínas desconhecidas "presa" (proteína X), oriundas de uma biblioteca genômica, e de um domínio CFP. Quando o produto de expressão de GDI e a proteína X apresentarem alguma afinidade de interação entre si, ambas se associam, permitindo que CFP e YFP possam ser ativados, emitindo fluorescência. As células fluorescentes podem ser isoladas, multiplicadas e a interação *in vivo* entre GDI e a proteína X pode ser confirmada. Desenvolvimentos recentes na microscopia de fluorescência têm impulsionado ainda mais a versatilidade do uso do FRET em células vivas[49]. Em particular, o tempo de vida da imagem de fluorescência[48] tem se mostrado uma técnica de microscopia poderosa para o uso do FRET-imagem, devido ao fato de que o tempo de vida da fluorescência apresenta uma intensidade de leitura muito mais forte do que a intensidade de fluorescência[50]. Dessa forma, o uso do FRET entre os mesmos tipos de fluoróforos (homo-FRET) pode ser estudado, possibilitando uma análise do estado oligomérico de complexos de proteínas *in vivo*. Interações de proteínas na membrana plasmática podem ser seletivamente controladas por microscopia de fluorescência de reflexão interna total (do inglês *total internal reflection fluorescence* – TIRF)[49].

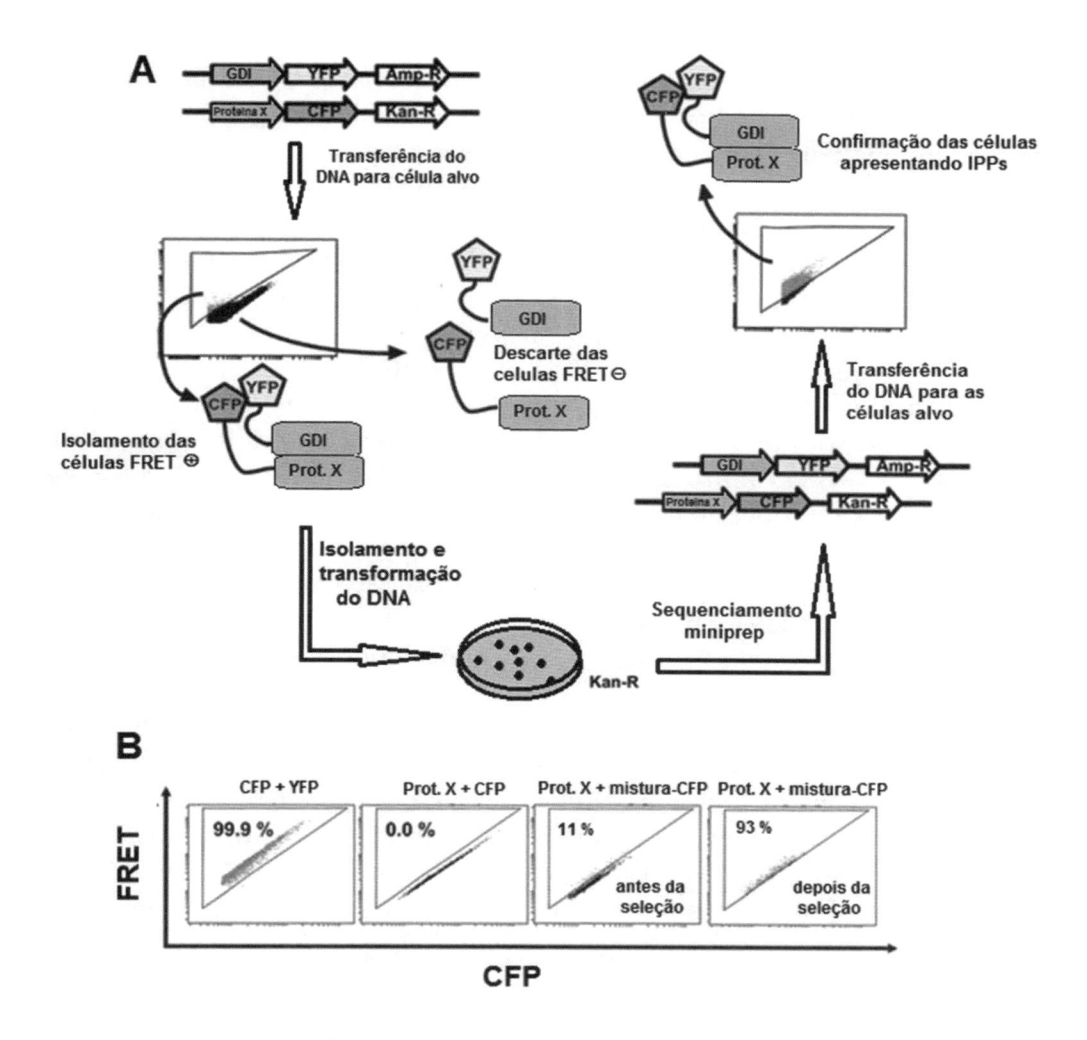

Figura 13.8 (A) Esquema de ensaio de interações proteína-proteína in vivo, utilizando-se a combinação das técnicas FRET e FACS. (B) Células são transfectadas com DNA contendo a proteína de fusão PDI-YFP com "isca" e uma mistura em quantidades iguais da proteína de fusão "Proteína X — CFP"; após algum tempo de transfecção as células FRET+ são isoladas, ressuspendidas em tampão apropriado e reanalisadas para purificações posteriores. Abreviações: GDI, gene da proteína de interesse; proteína X, proteínas desconhecidas, oriundas de uma biblioteca genômica. Visualizar figura online.

13.3.3 Métodos bioquímicos

Atualmente, existem muitas abordagens bioquímicas disponíveis para os estudos de investigação da formação de complexos proteicos. A coimunoprecipitação (Co-IP) é um dos métodos mais eficientes para identificar interações físicas entre duas ou mais proteínas *in vivo*[51,52]. O princípio desse método baseia-se em "pescar" a partir de lisados ou homogeneizados celulares o complexo de proteína por um anticorpo direcionado contra uma das proteínas de interação e, subsequentemente, isolá-lo do complexo imune utilizando a proteína imobilizada, ou mesmo uma proteína-G. Na maioria das vezes, esses ensaios de ligação são combinados com a técnica de espectrometria de massa (do inglês *mass spectrometry* – MS) para a identificação das proteínas de interação.

Outro método, semelhante à Co-IP, é a purificação por afinidade (AP, do inglês *affinity purification*), o qual consiste em marcar a proteína "isca" com uma marcação de afinidade (por exemplo, histidina – His, *glutathione S-transferase* – GST, *maltose-binding protein* – MBP, *calmodulin-binding peptide* – CBP) e purificar o complexo por afinidade ou imunoafinidade, com a possibilidade de identificação de proteínas que interagem por MS (AP-MS)[53]. As técnicas clássicas de bioquímica utilizadas para a investigação de IPPs *in vitro*, baseadas na purificação por afinidade de uma proteína "isca", foram refinadas por uma abordagem proteômica conhecida por "purificação por afinidade em tandem" (TAP)[54,55], de maneira semelhante àquela esquematizada na Figura 13.3. A técnica TAP é baseada num marcador de afinidade que é utilizado para os dois passos consecutivos de purificação por afinidade, em condições suaves e com uma eluição seletiva. A proteína "isca" marcada com o marcador TAP é expresso numa célula-alvo e, posteriormente, purificado pelo método TAP. Dessa forma, os complexos de proteínas envolvendo a proteína "isca" são purificados e, subsequentemente, analisados por meio de técnicas de eletroforese (do inglês *sodium dodecyl sulfate polyacrylamide gel electrophoresis* – SDS-PAGE) e espectrometria de massas (MS).

Utilizando-se a estratégia TAP, mais de duzentos complexos de proteínas distintas em leveduras foram identificados, caracterizados e validados[20]. Uma das principais vantagens dessa técnica é que apenas a "isca" é geneticamente modificada com o marcador de afinidade, enquanto todo o proteoma é "pescado" pela "presa". Além disso, possibilita a identificação das interações entre as proteínas individuais e dentro do complexo de proteínas. A TAP mostrou-se particularmente eficaz quando utilizada em combinação com o sistema Y2H[56,57].

13.3.4 Biacore

Com a introdução do sistema Biacore (sitemas de biosensores) no início da década de 1990, a investigação de IPPs livre de marcação em superfícies sólidas por meio de ressonância plasmônica de superfície (do inglês *surface plasmon resonance* – SPR) e outras técnicas relacionadas ganhou enorme popularidade no meio científico[58,59]. Essa técnica detecta a interação de um ligante solúvel com um receptor imobilizado sobre a superfície de um transdutor físico-químico, como esquematizado na Figura 13.9. Uma das vantagens desta técnica é que nenhum dos envolvidos na interação precisa ser marcado, porém, as interações podem ser caracterizadas em detalhes devido à versatilidade do formato do ensaio. As interações são detectadas em tempo real; sendo assim, tanto a cinética de equilíbrio quanto a de interação podem ser analisadas, proporcionando parâmetros importantes e experimentalmente fortes para caracterizar as interações proteicas. Como um dos componentes de interação precisa estar imobilizado, uma modificação adequada da superfície e uma fixação das proteínas sobre estas superfícies são questões fundamentais para o desenvolvimento de um ensaio bem-sucedido. Nos últimos anos, um progresso substancial foi realizado, e numerosas arquiteturas de superfície e técnicas de imobilização estão disponíveis atualmente[59]. Houve um progresso, em particular no domínio da reconstituição de proteínas de membrana de um modo funcional em superfícies[60]. A captura e a reconstituição funcional de GPCRs para os estudos de interação com um ligante têm sido demonstradas por SPR[61].

Uma das principais vantagens das técnicas em fase sólida deve-se ao formato heterogêneo do ensaio, que simplifica o manuseio e o consumo da amostra. Até então, essa aplicação era dominada pela ressonância plasmônica de superfície (SPR)[62]. No entanto, outros transdutores de sinal estão ganhando importância. A investigação de IPPs em fase sólida livre de marcação, por exemplo, tem progredido constantemente, o que é particularmente promissor para os estudos de interações de proteínas em matriz. Estudos têm demonstrado a interação de proteínas com uma matriz de peptídeos, monitorada por microscopia-SPR com uma impressionante resolução de tempo e relação sinal-ruído[63].

A ressonância plasmônica de superfície (SPR) é uma técnica sensível e livre de marcação que pode fornecer em tempo real dados sobre os eventos de adsorção e/ou dessorção que ocorrem em uma fina interface de metal/ dielétrico. Dessorção é um fenômeno pelo qual uma substância é liberada através de uma superfície. O processo é o oposto da sorção (isto é, adsorção e absorção ocorrendo simultaneamente). Como tal, é o efeito de gases ou líquidos a serem incorporados num material de um estado diferente e aderente à superfície de outra molécula. A absorção é a incorporação de uma substância em um estado para outro de estado diferente (por exemplo, líquidos a serem absorvidos por um sólido, ou gases a serem absorvidos por um líquido). Adsorção é a adesão física ou ligação de íons e moléculas na superfície de outra molécula. O processo inverso da sorção é a **dessorção**. SPR baseia-se no desenvolvimento de uma superfície plasmônica (*plasmon surface* – SP) a qual resulta de oscilações de elétrons livres que se propagam paralelamente à interface de metal/dielétrico. Com a finalidade de incitar a superfície plasmô-nica, uma luz polarizada é refletida através de uma geometria óptica envol-vendo um conjunto de películas dielétrica de metal nobre[64]. As SPs são ondas evanescentes que possuem uma densidade de carga máxima na interface e decaimento exponencial a partir da superfície do metal, com uma duração típica de decaimento de aproximadamente 200 nm. Dentro desta região, SPR é sensível às alterações do índice de refração provocadas por adsorção de moléculas de entrada ou dessorção de moléculas da superfície do metal[65] (figuras 13.9D a 13.9G). Os experimentos de SPR podem ser classificados como "varredura do ângulo SPR"[66,67], "varredura do comprimento de onda SPR"[68] e "imageamento SPR"[69-71]. Em todos os tipos de SPR, a refletividade da luz incidente sobre uma interface de metal/dielétrico é monitorada e cor-relacionada com as alterações no índice de refração da camada dielétrica adjacente à película de metal. O formato mais amplamente utilizado tem sido a técnica "varredura do ângulo SPR", na qual a refletividade da luz monocro-mática incidente sobre um filme de metal é monitorada como uma função do ângulo de incidência (Figura 13.9D). A popularidade dessa técnica pode ser parcialmente atribuída à existência de instrumentação disponível comercial-mente pela Biacore, tornando possível a utilização da SPR como método de detecção para várias aplicações, incluindo pesquisa científica básica, desco-berta de novas drogas e monitoramento ambiental, entre outras aplicações[71].

A versatilidade das técnicas de investigação de IPPs livre de marcação pode ser complementada pela combinação com outras técnicas analíti-cas. Tecnologias têm sido desenvolvidas para integrar SPR com a análise de espectrometria de massas (MS). Essa abordagem envolve a recuperação do analito da superfície do SPR, o qual subsequentemente é analisado por espectrometria de massas depois da realização de uma digestão enzimática da proteína[72]. A combinação de SPR com a espectrometria de massas (MS) tornou-se conhecido como SPR-MS (ou BIA/MS – Análise de Interação Biomolecular/MS)[59,73-76]. A maioria dos estudos com a abordagem SPR-MS foi realizada com biossensores produzidos pela Biacore. Utilizando-se esse método, ligantes têm sido identificados a partir de extratos de células[77] e de tecidos[78]. Dessa forma, pode ser previsto um único passo para a identifica-ção e a caracterização da interação de proteínas.

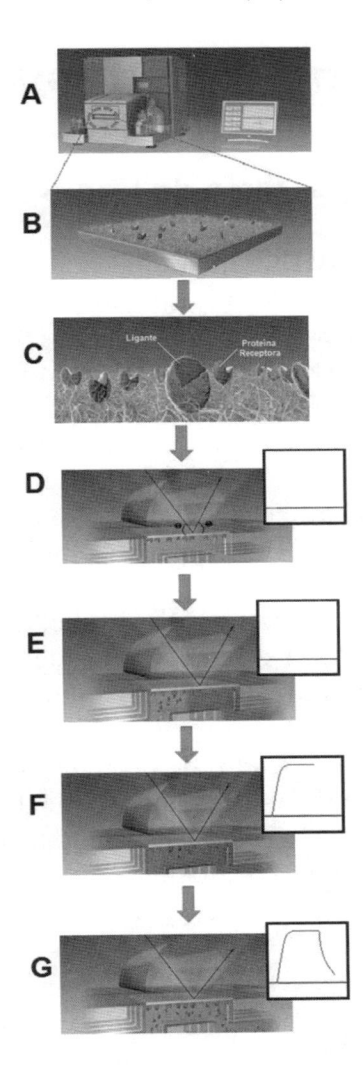

Figura 13.9 Esquema representando o funcionamento de um sistema Biacore baseado na ressonância plasmônica de superfície. O instrumento (A) possui um transdutor (geralmente de ouro) (B), com um tratamento de superfície para imobilizar uma proteína "receptora" (C). A superfície contendo a proteína "receptora" é banhada constantemente por um meio líquido, contendo o ligante na forma solúvel; alguns pontos desta superfície são atingidos por radiação *laser*, que incide com um ângulo Q, que por sua vez é refletida com o mesmo ângulo (D). Durante a incidência da radiação *laser*, forma-se na face oposta do transdutor a RPS; quando uma proteína ligante interage com a proteína "receptora", ocorre um deslocamento do ângulo de reflecção Q, o que pode ser observado através da mudança de inclinação do registro que monitora essa interação (D e F). A intensidade deste registro aumenta até que ocorra um equilíbrio entre as concentrações da proteína ligante solúvel com aquela acoplada à proteína "receptora", quando então o registro sofre um "achatamento" (F). Com a persitência do fluxo do tampão de lavagem na superfície imobilizadora do transdutor, a proteína ligante é "removida" do acoplamento com a proteína "receptora", o que provoca uma diminuição da energia RPS, e a consequente dimunuição de intensidade do respectivo registro (G). A inclinação da linha ascendente do registro de RPS é proporcional à constante de afinidade de ligação da proteína ligante pela proteína "receptora". Visualizar figura online.

13.4 IPPS UTILIZANDO UMA ABORDAGEM PROTEÔMICA

13.4.1 Estudos IPPs por meio da técnica de eletroforese

A eletroforese (SDS-PAGE) é uma das técnicas de separação e pré-fracionamento mais eficientes utilizadas na análise proteômica. A SDS-PAGE é um método que permite a separação eletroforética de proteínas com base em seu tamanho ou massa molecular. Atualmente, a 2D-SDS-PAGE (dodecil-sulfato de sódio – eletroforese bidimensional de gel de poliacrilamida) é o método mais eficiente de separação simultânea de centenas ou milhares de proteínas, que são separadas com base em duas das suas propriedades: numa primeira dimensão, de acordo com o seu ponto isoelétrico (pI) e, numa segunda dimensão, de acordo com sua massa molecular, conforme ilustrado na Figura 13.10.

A SDS-PAGE pode ser realizada sob condições redutoras e alquilantes (presença de ditiotreitol – DTT e ácido iodoacético – IAA), ou sob condições não redutoras (NR). Quando realizada a SDS-PAGE em condições não redutoras, as pontes de dissulfeto das proteínas são identificadas por espectrometria de massas. Aplicada aos estudos de proteínas de membrana e extracelulares, a SDS-PAGE (NR) baseia-se na capacidade dos resíduos de cisteína de formar pontes de dissulfeto[79] e, implicitamente, ligar-se covalentemente nas interações proteicas[80,81], particularmente em proteínas secretadas em fluidos corporais[82-84]. Sendo assim, a análise de IPPs com pontes de dissulfeto pode ser realizada por meio da SDS-PAGE (NR). Na SDS-PAGE realizada sob condições redutoras ocorrerá a separação dessas proteínas, devido à redução e alquilação das pontes dissulfeto (Figura 13.10), sendo possível visualizar o surgimento de novas bandas nos géis quando comparado com a SDS-PAGE (NR). Esta abordagem é particularmente útil quando as proteínas, como, por exemplo, IgG de cadeia pesada (52 kDa) e cadeia leve (25 kDa), não podem ser observadas em SDS-PAGE (NR), no qual é observado como um heterotetrâmero (150 kDA). No entanto, em SDS-PAGE em condições redutoras é possível constatar a presença das duas proteínas[2].

Além dos estudos de IPPs com pontes de dissulfeto que apresentam ligações covalentes reversíveis, existem também estudos de IPPs com ligações covalentes que são permanentes. Um exemplo é o estudo de IPPs prolina-glutamina, no qual as proteínas estão interligadas por meio de várias ligações covalentes entre os resíduos de prolina e glutamina. Essas proteínas contêm quase sempre uma região rica em resíduos de prolina e glutamina, como,

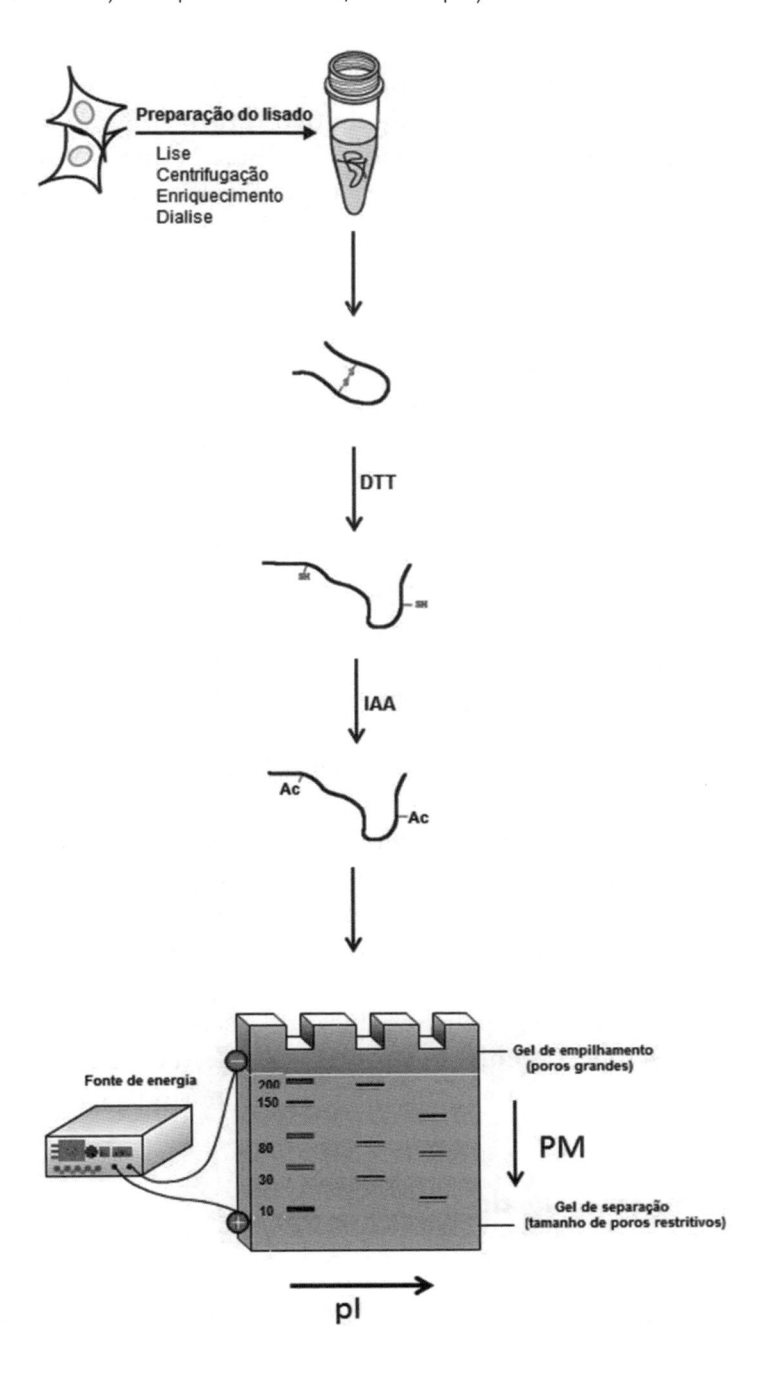

Figura 13.10 Esquema de preparação de amostra para realização de eletroforese SDS-PAGE, sob condições redutoras e alquilantes das pontes dissulfeto das proteínas. Visualizar figura online.

por exemplo, as proteínas do envelope vitelínico que são responsáveis pela interação ovo-esperma e pela proteção do ovo/futuro embrião fertilizado[85-87].

Desenvolvida por Schagger e Von Jagow[88], o Blue Native-PAGE (BN-PAGE) é outra técnica de eletroforese que utiliza as propriedades negativas do corante *Coomassie Brilliant Blue* G (CBB-G), o qual se liga às proteínas ou complexos de proteínas e, dessa forma, possibilita a separação das moléculas de acordo com a carga externa induzida pelo CBB-G e da massa molecular dos complexos de proteínas. A técnica foi inicialmente utilizada para o isolamento de complexos de proteínas membranares presentes em mitocôndrias, que possuem uma ampla faixa de pesos moleculares de 10-10,000 kDa[89]. Estudos adicionais focaram na investigação de complexos de proteínas presentes em plantas[90], roedores[91], células cultivadas[92], bem como sobre complexos de proteínas a partir de determinadas organelas, tecidos, órgãos ou organismos[93-95]. O BN-PAGE pode ser utilizado em combinação com a SDS-PAGE. Por exemplo, complexos de proteínas podem ser inicialmente separados por BN-PAGE numa primeira dimensão (1D), e corado para revelar as bandas dos complexos de proteína. Em seguida, essas bandas podem ser separadas numa segunda dimensão através de um gel SDS-PAGE (2D), que é novamente corado, possibilitando revelar a composição de subunidades que compõem o complexo (Figura 13.11).

Após a realização da BN-PAGE e/ou SDS-PAGE, as bandas podem ser eletrotransferidas para uma membrana por meio do método de *Western blotting* e analisadas com a incubação de diferentes anticorpos para investigar IPPs. Apesar de ser uma aplicação pouco conhecida, o BN-PAGE também tem sido utilizado para os estudos de investigação de IPPs durante a polimerização de proteínas em polímeros, filamentos ou complexos proteicos. Estudos indicam, por exemplo, a utilização do BN-PAGE na investigação de IPPs que conduzem à polimerização da zona pelúcida durante desenvolvimento embrionário em ratos e do envelope vitelínico em peixes. Esses estudos mostraram que os mecanismos de polimerização foram semelhantes nos dois casos[87,96].

13.4.2 Espectrometria de massas

A análise proteômica é uma área interdisciplinar da ciência que agrega, principalmente, química, biologia e informática. O sinergismo oriundo de tamanha interdisciplinaridade faz-se necessário, uma vez que determinar o conjunto de proteínas presentes numa amostra, muitas vezes, não é o suficiente, uma vez que, frequentemente, também se faz necessário caracterizar as inúmeras isoformas de proteínas comumente presentes, produtos de

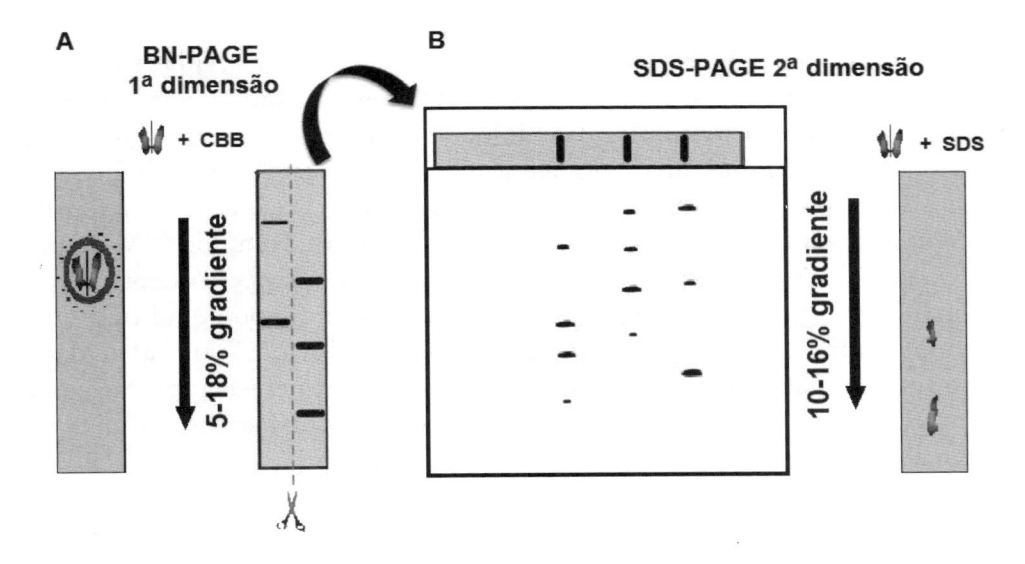

Figura 13.11 Esquema representativo do método BN/SDS-PAGE utilizado nos estudos de complexos proteicos. (A) Na primeira dimensão (BN-PAGE), os complexos de proteínas são separados de acordo com a sua massa molecular utilizando-se as propriedades negativas do corante Coomassie Brilliant Blue G (CBB-G). (B) Na segunda dimensão (SDS-PAGE), os complexos proteicos são separados em suas subunidades. Visualizar figura online.

modificações pós-traducionais sofridas pelas mesmas e, por fim, determinar como essas proteínas interagem entre si[97,98]. Devidamente dimensionada a complexidade do assunto, a espectrometria de massas (MS) emerge como uma tecnologia indispensável para a interpretação da informação codificada e expressa pelos genes, ou seja, o proteoma. Uma das forças que impulsiona a proteômica é a habilidade de usar dados de espectrometria de massas inerentes a peptídeos, para identificar proteínas em bancos de dados.

A espectrometria de massas não é uma técnica recente, ela teve seu início em 1886 com a descoberta do íon positivo por Goldstein. O primeiro espectro de massas foi obtido por Thomson, em 1912, e o primeiro espectrômetro foi desenvolvido por Dempster em 1918. A partir dessa data, vários tipos de espectrômetros foram desenvolvidos, mas o grande avanço da espectrometria de massas no campo biológico ocorreu a partir da década de 1980 com o desenvolvimento das técnicas MALDI (do inglês *matrix-assisted laser desorption ionization*, ionização por dessorção a *laser* assistida por matriz) e ESI (do inglês *electrospray ionization*, ionização por *electrospray*)[99]. Devido à grande importância desta técnica, em 2002 seu criador, o pesquisador japonês Koichi Tanaka, da Shimadzu Corporation, recebeu o prêmio Nobel de Química, que compartilhou com o professor John Bennett Fenn da Universidade de Yale (EUA) pelo desenvolvimento de um novo método para análises por espectrometria de massas de macromoléculas biológicas (um tipo de impressão digital de cada molécula, já que cada uma tem a sua identificação, como a impressão digital nos seres humanos) como proteínas, por exemplo, e com o professor Kurt Wüthrich da Universidade de Engenharia, Ciências, Tecnologia, Matemática e Negócios de Zurique, na Suíça, pelo trabalho com espectroscopia RMN (ressonância magnética nuclear). Por ser um eficiente método analítico, tem sido empregado amplamente no estudo de proteínas devido à sua capacidade de determinação precisa de massas molares, em experimentos rápidos. Essas informações possibilitam a resolução de diversos problemas na química de proteínas, como sequenciamento de proteínas e peptídeos, identificação de proteínas, determinação da fidelidade e homogenicidade de proteínas recombinantes, identificação de complexos proteicos não covalentes, detecção de doenças genéticas, identificação de modificações químicas pós-traducionais em proteínas, entre outras aplicações. Também são realizadas aplicações envolvendo análises de carboidratos, lipídios e ácidos nucleicos[100].

Geralmente, para as investigações de IPPs, as análises de MS são utilizadas em combinação com métodos de estudos de interação de proteínas como AP-MS, TAP-MS, Co-IP-MS, *cross-linking* e outros métodos. No entanto, também é possível realizar análises de MS em complexos intactos de proteína, sem a aplicação prévia de qualquer outro método de estudos de interação. Estudos realizados observaram que complexos de receptores ligados de forma não covalente permaneceram intactos durante uma análise de ESI-MS (do inglês *electrospray ionization mass spectrometry*)[101]. Neste caso, a análise de MS pode revelar as características estequiométricas das subunidades, a heterogeneidade e as alterações dinâmicas do complexo. Este tipo de análise ficou conhecido como análise de espectrometria de massas nativa ou análise de espectrometria de massas de conjuntos intactos. Por meio dessa abordagem, uma grande quantidade de complexos moleculares como o proteassoma[102], RNA polimerase III[103], vírus intactos[104] e complexos ligados às membranas[105,106] já foram estudados. Em contraste com a ESI-MS, a técnica MALDI não é adequada para a investigação de IPPs não covalentes, já que essas interações são perturbadas devido às configurações utilizadas nas análises com a técnica MALDI. Uma das limitações da análise de espectrometria de massas nativa deve-se à não determinação dos arranjos de empacotamento das subunidades dos complexos. No entanto, isto se torna possível ao se utilizar a espectrometria de massas de mobilidade iônica (do inglês *ionic mobilization mass spectrometry* – IM-MS), uma técnica na qual os íons em fase gasosa são separados com base na sua mobilidade, através de um meio específico que, por sua vez, é definido pela carga e a forma do respectivo íon[107,108], como representado na Figura 13.12.

Uma outra abordagem é a aplicação da espectrometria de massas nos estudos de IPPs usando acoplantes químicos. Ultimamente, estudos de "reação cruzada" de proteínas com ligantes químicos bifuncionais têm atraído cada vez mais o interesse científico por essa abordagem nos estudos de caracterização de proteínas. Trata-se de um método de baixa resolução que permite investigar a estrutura terciária e as interações de proteínas, possibilitando a caracterização de complexos proteicos, que não são passíveis de serem analisados por cristalografia ou ressonância magnética nuclear[109]. O método baseia-se nas restrições de distâncias intra e intermolecular entre as cadeias laterais dos resíduos de aminoácidos que reagem com os ligantes químicos bifuncionais, formando algumas ligações cruzadas que, por sua vez, são identificadas por meio de digestão enzimática de proteína quimicamente modificada e análises de espectrometria de massas dos peptídeos interligados pelas reações cruzadas[110] (Figura 13.13). Esse método tem sido aplicado de forma eficiente nos estudos de várias proteínas[111,112] e complexos proteicos[113,114]. Um dos desafios desse estudo é a identificação de peptídeos interligados, já que a interpretação dos espectros de massas MS/MS obtidos nos experimentos de reações cruzadas não é algo trivial, uma vez que novas ligações amida são formadas, possibilitando novas rotas de fragmentação, ao contrário dos peptídeos lineares.

Os peptídeos intermoleculares interligados por reações cruzadas ocorrem quando dois peptídeos diferentes são conectados entre si pelo agente de ligação, o qual fornece informações sobre a proximidade espacial de diferentes domínios (dentro da proteína) ou proteínas (dentro de um complexo). Alguns trabalhos relatam estudos detalhados de fragmentação de peptídeos interligados intermolecularmente, gerados por fontes de ionização MALDI e ESI. A concepção dos peptídeos sintéticos possibilitou a geração de verdadeiros peptídeos trípticos interligados entre si, como modelos que poderiam ser extensivamente estudados por espectrometria de massas MS/MS. Essa identificação de peptídeos com ligações cruzadas pode ser utilizada para revelar várias características estruturais da proteína, como a acessibilidade do solvente, a dinâmica da proteína e restrições de distâncias intra e intermolecular entre as cadeias laterais dos resíduos de aminoácidos, bem como padrões e domínios de interações em complexos de proteínas. Sendo baseada na análise por espectrometria de massas para a identificação dos peptídeos interligados, esta técnica apresenta todas as características

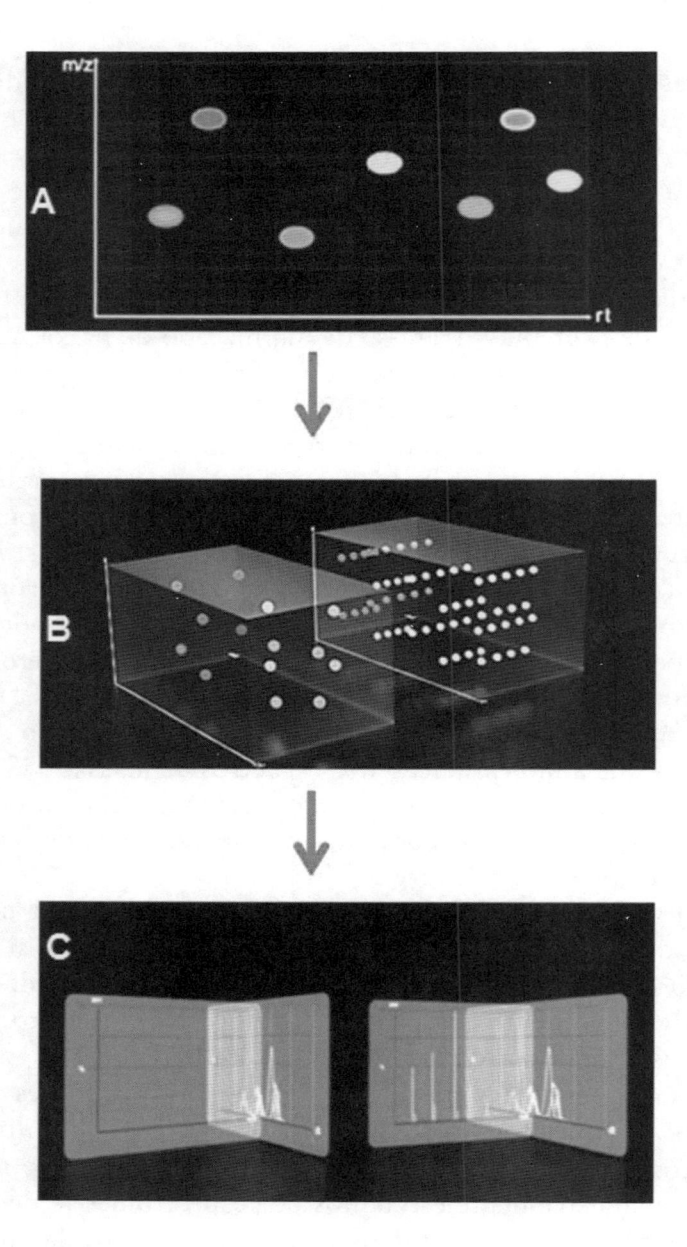

Figura 13.12 (A) Num procedimento hifenado de separação cromatográfica, seguido de detecção por espectrometria de massas, pode-se representar os íons eluídos por meio da representação da relação massa/carga (m/z) em função tempos de retenção (rt). (B) Entretanto, se nesta repesentação for incluída a separação por tempo de deslocamento iônico, por exemplo, considerando-se o efeito das conformações sobre as distribuições superficiais de carga, cada íon apresentando um determinado valor de m/z poderá se separar em duas ou mais espécies iônicas (apresentando o mesmo valor de m/z), tornando o espectro tridimensional muito mais rico em espécies iônicas, e, portanto muito mais complexo (C). Visualizar figura online.

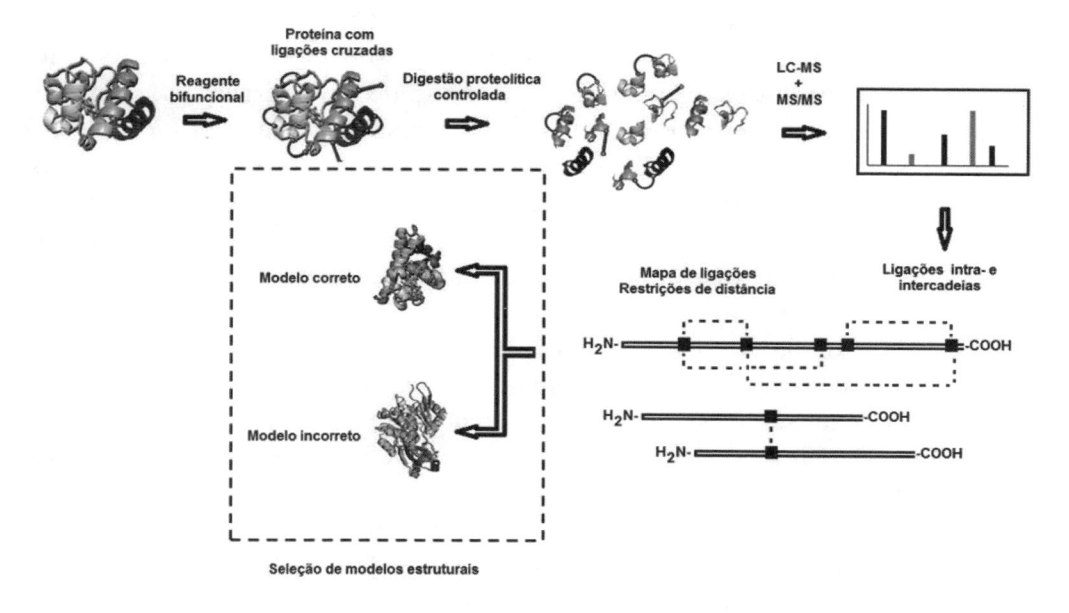

Figura 13.13 Esquema representativo da abordagem de aplicação da espectrometria de massas nos estudos de interação proteína-proteína utilizando-se ligantes químicos bifuncionais. Visualizar figura online.

atrativas da espectrometria de massas, como a elevada sensibilidade, análise rápida, interpretação dos dados e aplicabilidade nos estudos de virtualmente qualquer proteína[115-117].

13.5 BIOINFORMÁTICA APLICADA À INTERAÇÃO DE PROTEÍNAS

A bioinformática utiliza sistemas de informações para entender processos biológicos. Trata-se de um subconjunto de um campo maior da biologia computacional, com a aplicação de técnicas analíticas quantitativas à modelagem de sistemas biológicos. Uma definição mais ampla da bioinformática seria a aplicação de ferramentas de computação para análise, captura e interpretação de dados biológicos. É uma área interdisciplinar e absorve a ciência da computação, matemática, biologia, física e medicina[118]. Sendo assim, métodos de bioinformática com base em ferramentas e bases de dados estruturais atualmente disponíveis podem muitas vezes complementar os resultados experimentais, desempenhando um papel fundamental na seleção, organização e caracterização dos dados obtidos experimentalmente.

A cristalografia de raios X e a ressonância magnética nuclear (RMN) são os principais métodos experimentais utilizados para caracterizar as estruturas 3D de proteínas, as quais, por sua vez, são necessárias para identificar determinados mecanismos funcionais dos sistemas biológicos. No entanto, diversas ferramentas de caracterização de modelos biológicos estão atualmente disponíveis e podem ser eficientemente acoplados com essas técnicas experimentais, com a finalidade de análise quantitativa dos dados. Por exemplo, utilizando-se uma abordagem de modelagem por homologia é possível prever a estrutura 3D de uma proteína, mesmo que ainda não existam modelos estruturais disponíveis para serem utilizados como *template* ou modelo. Os servidores Swiss Model e Modeller são os servidores de modelagem por homologia comumente utilizados[119,120]. Uma outra ferramenta comumente utilizada são os servidores de ancoragem (*docking*), os quais desempenham um papel fundamental na investigação de IPPs, embora resultados experimentais sejam necessários para validar totalmente os resultados simulados. Existem vários servidores que podem ser utilizados em estudos de ancoragem, bem como algoritmos para prever o local de encaixe entre as proteínas. Após estudos de ancoragem, as estruturas podem ser analisadas usando simulação de dinâmica molecular[121].

Diversas ferramentas de bioinformática e bancos de dados têm sido desenvolvidos nos últimos anos para interpretar os dados de genoma e proteoma e também realizar a análise estatística desses dados. Usando o banco de dados para Anotação, Visualização e Descoberta Integrada (DAVID)*, é possível aplicar anotações funcionais para os genes. DAVID possui mais de quarenta categorias de anotações, e uma delas são as interações de IPPs[122]. A enciclopédia de genes e genomas de Kioto (KEGG)** é uma base de dados utilizada para a interpretação de grandes volumes de dados biomoleculares experimentais[123]. KEGG pode ser útil no mapeamento das vias metabólicas, processos celulares e das doenças humanas. Existem vários bancos de dados também disponíveis para os estudos das redes de IPPs. O banco de dados de interação de proteínas (DIP)*** pode ser utilizado para prever e mapear as redes de IPPs. O DIP pode ser útil na interpretação das vias de sinalização, e pode também detectar interações de proteínas em nível celular[124]. O banco de dados de interação molecular (MINT)**** relaciona as redes de IPPs com base em dados experimentais[125]. IntAct***** é uma ferramenta de estudos de interações moleculares

---

*   Ver: <http://david.abcc.ncifcrf.gov/>.
**   Ver: <http://www.genome.jp/kegg/>.
*** Ver: <http://dip.doe-mbi.ucla.edu>.
****   Ver: <http://mint.bio.uniroma2.it/mint/>.
*****   Ver: <http://www.ebi.ac.uk/intact/>.

que reúne informações úteis a partir dos resultados já publicados ou de dados enviados pelos usuários[126]. O banco de dados de interação proteína-proteína de mamíferos (MIPS)* apresenta uma coleção de dados de IPPs da literatura científica[127]. A ferramenta de busca para a recuperação de interação de genes/proteínas (STRING)** fornece uma rede interativa de proteínas funcionais que interagem entre si[128]. O banco de dados de referência de proteínas humanas (HPRD)*** incorpora diversas redes de interações, domínios estruturais, modificações pós-traducionais e doenças associadas com as proteínas humanas.[129] A Figura 13.14 resume a relação hierárquica entre as diferentes abordagens experimentais utilizadas no estudo das IPPs, e as ferramentas de bioinformáticas aplicáveis a estes estudos.

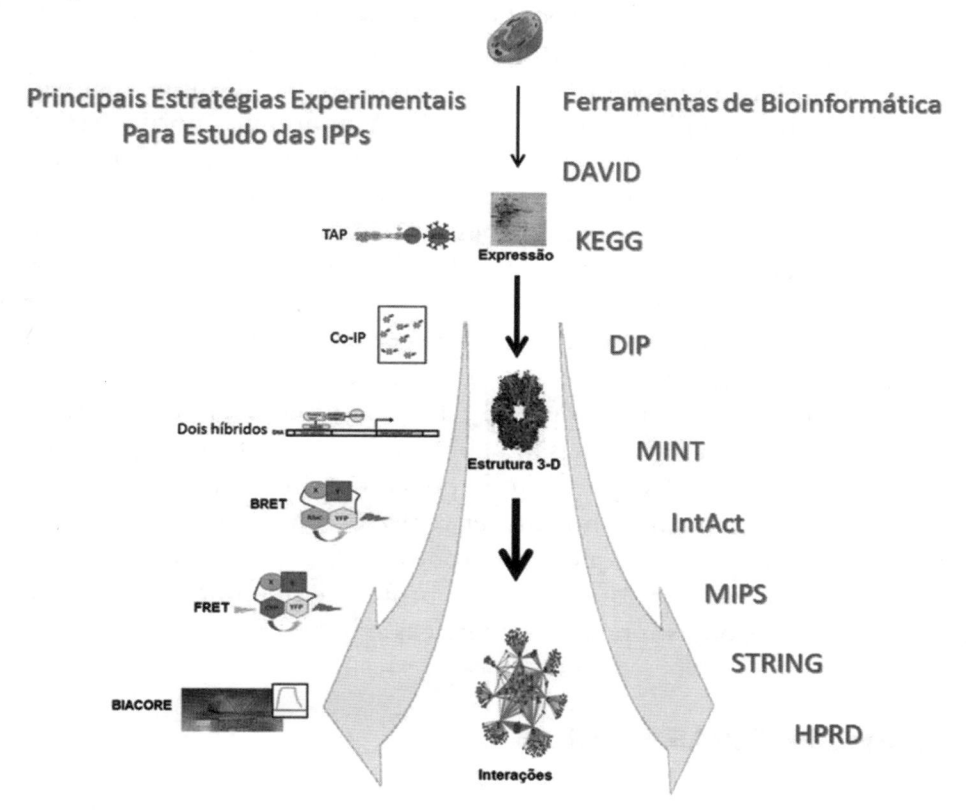

Figura 13.14 Relação hierárquica entre as diferentes abordagens experimentais utilizadas no estudo das IPPs, e as ferramentas de bioinformática aplicáveis a estes estudos.

---

* Ver: <http://mips.gsf.de/proj/ppi/>.
** Ver: <http://string-db.org/>.
*** Ver: <http://www.hprd.org/>.

A grande quantidade relativa de métodos de bioinformática existentes e as frequentes citações destas técnicas na literatura científica indicam o quanto essa abordagem pode ser útil e auxiliar nas análises de sequências e estruturas de proteínas, assim como também nas investigações de IPPs.

13.6 CONCLUSÃO

A importância da investigação das interações proteína-proteína tem aumentado cada vez mais nos estudos proteômicos. Essa importância deve--se à necessidade de um estudo funcional profundo de proteínas que atuam nos sistemas vivos, devido à interação entre essas proteínas na formação de complexos proteicos estáveis ou dinâmicos. Sendo assim, a identificação e caracterização das interações de proteínas tem se tornado um tema central na investigação atual nas pesquisas científicas, com uma enorme variedade de metodologias sendo estabelecidas para auxiliar a investigação nesta área.

Os cientistas têm desenvolvido uma diversidade de técnicas para a identificação e caracterização das interações proteicas, desde métodos bioquímicos até abordagens tecnológicas avançadas com métodos de biofísica para os estudos de moléculas de proteínas isoladas sob condições bem definidas para a realização do experimento. A total compreensão da função das proteínas e do interactoma nas células exige uma abordagem de estudo que possa aproximar diferentes metodologias a partir de diferentes perspectivas. Os cientistas precisam ampliar a visão sobre as diferentes técnicas existentes e a "fusão de diferentes disciplinas" que possam auxiliar na investigação das interações; os experimentos podem ser realizados por muitos especialistas, porém, alguém no final tem que reunir todos os dados e informações obtidos para apresentar um modelo de como as proteínas funcionam na célula, ou seja, o mapeamento das interações proteicas – o interactoma.

13.7 PERSPECTIVAS FUTURAS

Conforme se pode constatar, a investigação de IPPs e o seu mapeamento tem sido uma prioridade nas pesquisas proteômicas. Muitos interactomas já foram investigados e publicados; no entanto, apesar dos extensos estudos sobre as interações proteína-proteína, os dados disponíveis atualmente ainda são muito limitados.

Os estudos de investigação de IPPs são mais complexos do que se acreditava anteriormente. Na maioria dos estudos há a necessidade de não só demonstrar a existência da PPI, por exemplo, por meio uma abordagem proteômica, como também há a necessidade de validação dos resultados de interação. Embora esta abordagem possa ser aplicada à maioria dos estudos de IPPs, torna-se difícil utilizá-la com muitos estudos de IPPs simultaneamente. Independentemente dos métodos utilizados para demonstrar a interação, uma validação com base em outros diferentes métodos deve ser realizada para evitar resultados falsos positivos de IPPs. Uma descrição adequada das principais características de cada PPI, incluindo informações biológicas completas sobre as proteínas, é essencial para a elaboração de uma rede confiável de interação proteica. As redes de IPPs podem proporcionar uma visão complementar às rotas biológicas que incluem as proteínas correspondentes.

Dois grandes desafios permanecem para os estudos dos interactomas e para os provedores dos bancos de dados: uma melhor filtragem dos falsos positivos nos conjuntos de dados de IPPs e uma distinção adequada do contexto biológico que especifica e determina a existência ou não de uma determinada interação proteína-proteína em uma dada situação biológica. Foram revisadas as principais abordagens utilizadas nas investigações de IPPs, sendo as investigações com uma abordagem proteômica com a aplicação da espectrometria de massas um dos métodos mais utilizados atualmente. Nos útlimos anos, a maioria dos pesquisadores concentraram-se nos estudos de modificações pós-traducionais de proteínas; no entanto, recentemente, ocorreu um aumento considerável no número de publicações em que foram apresentados resultados de estudos de interação proteína-proteína. Estes resultados poderão proporcionar um melhor conhecimento não só sobre as estruturas primárias, secundárias e terciárias, mas também sobre as estruturas quaternárias das proteínas.

REFERÊNCIAS

1. De Las Rivas J, Fontanillo C. Protein-protein interactions essentials: key concepts to building and analyzing interactome networks. PLoS Comput Biol. 2010 Jun 24;6(6):e1000807.

2. Wetie AGN, Sokolowska I, Woods AG, Roy U, Deinhardt K, Darie CC. Protein-protein interactions: switch from classical methods to proteomics and bioinformatics-based approaches. Cell Mol Life Sci. 2014 Jan;71(2):205-28.

3. Paul FE, Hosp F, Selbach M. Analyzing protein-protein interactions by quantitative mass spectrometry. Methods. 2011 Aug;54(4):387-95.

4. Schreiber G, Haran G, Zhou HX. Fundamental aspects of protein-protein association kinetics. Chem Rev. 2009 Mar 11;109(3):839-60.

5. Pawson T. Protein modules and signalling networks. Nature. 1995 Feb 16;373(6515):573-80.

6. Pellegrini M, Haynor D, Johnson JM. Protein interaction networks. Expert Rev Proteomics. 2004 Aug; 1(2):239-49.

7. Cusick ME, Klitgord N, Vidal M, Hill DE. Interactome: gateway into systems biology. Hum Mol Genet. 2005 Oct 15;14 Spec No. 2:R171-R181.

8. Bonetta L. Protein-protein interactions: Interactome under construction. Nature. 2010 Dec 9;468(7325):851-54.

9. Kerrien S. The intact molecular interaction database in 2012. Nucleic Acids Res. 2012 Jan;40(Database issue):D841-D846.

10. Sugase K, Dyson HJ, Wright PE. Mechanism of coupled folding and binding of an intrinsically disordered protein. Nature. 2007 Jun 21;447(7147):1021-25.

11. Boehr DD, Wright PE. Biochemistry. How do proteins interact? Science. 2008 Jun 13;320(5882):1429-30.

12. Sardiu ME, Washburn MP. Building protein-protein interaction networks with proteomics and informatics tools. J Biol Chem. 2011 Jul 8;286(27):23645-51.

13. Terentiev AA, Moldogazieva NT, Shaitan KV. Dynamic proteomics in modeling of the living cell. Protein-protein interactions. Biochemistry (Mosc). 2009 Dec;74(13):1586-1607.

14. Walhout AJ, Boulton SJ, Vidal M. Yeast two-hybrid systems and protein interaction mapping projects for yeast and worm. Yeast. 2000 Jun 30;17(2):88-94.

15. Walhout AJ, Sordella R, Lu X, Hartley JL, Temple GF, Brasch MA, Thierry-Mieg N, Vidal M. Protein interaction mapping in C. elegans using proteins involved in vulval development. Science. 2000 Jan 7;287(5450):116-22.

16. Uetz P, Giot L, Cagney G, Mansfield TA, Judson RS, Knight JR, et al. A comprehensive analysis of protein-protein interactions in Saccharomyces cerevisiae. Nature. 2000 Feb 10;403(6770):623-27.

17. Giot L, Bader JS, Brouwer C, Chaudhuri A, Kuang B, Li Y, et al. A protein interaction map of *Drosophila melanogaster*. Science. 2003 Dec 5;302(5651):1727-36.

18. Li S, Armstrong CM, Bertin N, Ge H, Milstein S, Boxem M, et al. A map of the interactome network of the metazoan C. elegans. Science. 2004 Jan 23;303(5657):540-43.

19. Rual JF, Venkatesan K, Hao T, Hirozane-Kishikawa T, Dricot A, Li N, et al. Towards a proteome-scale map of the human protein-protein interaction network. Nature. 2005 Oct 20;437(7062):1173-78.

20. Gavin AC, Bösche M, Krause R, Grandi P, Marzioch M, Bauer A, et al. Functional organization of the yeast proteome by systematic analysis of protein complexes. Nature. 2002 Jan 10;415(6868):141-47.

21. Ho Y, Gruhler A, Heilbut A, Bader GD, Moore L, Adams SL, et al. Systematic identification of protein complexes in Saccharomyces cerevisiae by mass spectrometry. Nature. 2002 Jan 10;415(6868):180-83.

22. Von Mering C, Krause R, Snel B, Cornell M, Oliver SG, Fields S, Bork P. Comparative assessment of large-scale data sets of protein-protein interactions. Nature. 2002 May 23;417(6887):399-03.

23. Yu H, Braun P, Yildirim MA, Lemmens I, Venkatesan K, Sahalie J, et al. High-quality binary protein interaction map of the yeast interactome network. Science. 2008 Oct 3;322:104-10.

24. Suter B, Kittanakom S, Stagljar I. Two hybrid technologies in proteomics research. Curr Opin Biotechnol. 2008 Aug;19:316-23.

25. Berggard T, Linse S, James P. Methods for the detection and analysis of protein-protein interactions. Proteomics. 2007 Aug;7:2833-42.

26. Mackay JP, Sunde M, Lowry JA, Crossley M, Matthews JM. Protein interactions: is seeing believing? Trends Biochem Sci. 2007 Dec;32:530-31.

27. Mika S, Rost B. Protein-protein interactions more conserved within species than across species. PLoS Comput Biol. 2006 Jul 21;2(7):e79.

28. Cho S, Park SG, Lee DH, Park BC. Protein-protein interaction networks: from interactions to networks. Journal of Biochemistry and Molecular Biology. 2004 Jan 31;37:45-52.

29. Yang M, Wu Z, Fields S. Protein-peptides interactions analyzed with the yeast two-hybrid system. Nucleic Acids Res. 1995 Apr 11;23:1152-56.

30. Ito T, Chiba T, Ozawa R, Yoshida M, Hattori M, Sakaki Y. A comprehensive two-hybrid analysis to explore the yeast protein interactome. Proc Natl Acad Sci USA. 2001 Apr 10;98(8):4569-74.

31. Boulton SJ, Gartner A, Reboul J, Vaglio P, Dyson N, Hill DE, et al. Combined functional genomic maps of the C. elegans DNA damage response. Science. 2002 Jan 4;295:127-31.

32. McCraith S, Holtzman T, Moss B, Fields S. Genome-wide analysis of vaccinia virus protein-protein interactions. Proc Natl Acad Sci USA. 2000 Apr 25;97:4879-84.

33. Sprinzak E, Sattath S, Margalit H. How reliable are experimental protein-protein interaction data? J Mol Biol. 2003 Apr 11;327(5):919-23.

34. Overington JP, Al-Lazikani B, Hopkins AL. How many drug targets are there? Nat Rev Drug Discov. 2006 Dec;5(12):993-96.

35. Zhang Y, Gao P, Yuan JS. Plant protein-protein interaction network and interactome. Curr Genomics. 2010 Mar;11(1):40-46.

36. Fashena SJ, Serebriiskii I, Golemis EA. The continued evolution of two-hybrid screening approaches in yeast: how to outwit different preys with different baits. Gene. 2000 May 30;250:1-14.

37. Shih, HM, Goldman PS, DeMaggio AJ, Hollenberg SM, Goodman RH, Hoekstra MF. A positive genetic selection for disrupting protein-protein interactions: identification of CREB mutations that prevent association with the coactivator CBP. Proc Natl Acad Sci USA. 1996 Nov 26;93:13896-901.

38. Lippincott-Schwartz J, Patterson GH. Development and use of fluorescent protein markers in living cells. Science. 2003 Apr 4;300:87-91.

39. Wu P, Brand L. N-terminal modification of proteins for fluorescence measurements. Methods Enzymol. 1997;278:321-30.

40. Becker CF, Seidel R, Jahnz M, Bacia K, Niederhausen T, Alexandrov K, et al. C-terminal fluorescence labeling of proteins for interaction studies on the single-molecule level. Chembiochem. 2006 Jun;7:891-95.

41. Cardullo RA. Theoretical principles and practical considerations for fluorescence resonance energy transfer microscopy. Methods Cell Biol. 2007;81:479-94.

42. Stryer L. Fluorescence energy transfer as a spectroscopic ruler. Annu Rev Biochem. 1978;47:819-46.

43. Yan Y, Marriott G. Analysis of protein interactions using fluorescence technologies. Curr Opin Chem Biol. 2003 Oct;7:635-40.

44. Chan FK, Holmes KL. Flow cytometric analysis of fluorescence resonance energy transfer: a tool for high-throughput screening of molecular interactions in living cells. Methods Mol Biol. 2004;263:281-92.

45. Kenworthy AK. Imaging protein-protein interactions using fluorescence resonance energy transfer microscopy. Methods. 2001 Jul;24:289-96.

46. Jares-Erijman EA, Jovin TM. FRET imaging. Nat Biotechnol. 2003 Nov;21:1387-95.

47. Clayton AH, Hanley QS, Arndt-Jovin DJ, SubramaniamV, Jovin TM. Dynamic fluorescence anisotropy imaging microscopy in the frequency domain (rFLIM). Biophys J. 2002 Sep;83:1631-49.

48. Toomre D, Manstein DJ. Lighting up the cell surface with evanescent wave microscopy. Trends Cell Biol. 2001 Jul;11:298-03.

49. Boute N, Jockers R, Issad T. The use of resonance energy transfer in high-throughput screening: BRET versus FRET. Trends Pharmacol Sci. 2002 Aug;23:351-54.

50. Pfleger KD, Eidne KA. New technologies: bioluminescence resonance energy transfer (BRET) for the detection of real time interactions involving G-protein coupled receptors. Pituitary. 2003;6:141-51.

51. Ren L, Emery D, Kaboord B, Chang E, Qoronfleh MW. Improved immunomatrix methods to detect protein-protein interactions. J Biochem Biophys Methods. 2003 Aug 29;57(2):143-57.

52. Monti M, Orrù S, Pagnozzi D, Pucci P. Interaction proteomics. Biosci Rep. 2005 Feb-Apr;25(1-2):45-6.

53. Miernyk JA, Thelen JJ. Biochemical approaches for discovering protein-protein interactions. Plant J. 2008 Feb;53(4):597-09.

54. Rigaut G, Shevchenko A, Rutz B, Wilm M, Mann M, Seraphin B. A generic protein purification method for protein complex characterization and proteome exploration. Nat Biotechnol. 1999 Oct;17:1030-32.

55. Puig O, Caspary F, Rigaut G, Rutz B, Bouveret E, Bragado-Nilsson E, et al. The tandem affinity purification (TAP) method: a general procedure of protein complex purification. Methods. 2001 Jul;24:218-29.

56. Hazbun TR, Malmstrom L, Anderson S, Graczyk BJ, Fox B, Riffle M, et al. Assigning function to yeast proteins by integration of technologies. Mol Cell. 2003 Dec;12:1353-65.

57. Piehler J. New methodologies for measuring protein interactions in vivo and in vitro. Curr Opin Struct Biol. 2005 Feb;15(1):4-14.

58. Cooper MA. Label-free screening of bio-molecular interactions. Anal Bioanal Chem. 2003 Nov;377:834-42.

59. Karlsson R. SPR for molecular interaction analysis: a review of emerging application areas. J Mol Recognit. 2004 May-Jun;17:151-61.

60. Cooper MA. Advances in membrane receptor screening and analysis. J Mol Recognit. 2004 Jul-Aug;17:286-15.

61. Stenlund P, Babcock GJ, Sodroski J, Myszka DG. Capture and reconstitution of G protein-coupled receptors on a biosensor surface. Anal Biochem. 2003 May 15;316:243-50.

62. Baird CL, Myszka DG. Current and emerging commercial optical biosensors. J Mol Recognit. 2001 Sep-Oct;14(5):261-68.

63. Wegner GJ, Wark AW, Lee HJ, Codner E, Saeki T, Fang S, Corn RM. Real-time surface plasmon resonance imaging measurements for the multiplexed determination of protein adsorption/desorption kinetics and surface enzymatic reactions on peptide microarrays. Anal Chem. 2004 Oct 1;76:5677-84.

64. Homola J, Yee SS, Gauglitz G. Surface plasmon resonance sensors. Sens Actuators B. 1999;54:3-15.

65. Lee HJ, Yan Y, Marriot G, Corn RM. Quantitative functional analysis of protein complexes on surfaces. J. Physiol. 2005 Feb 15;563:61-71.

66. Lyon LA, Musick MD, Natan MJ. Colloidal Au-enhanced surface plasmon resonance immunosensing. Anal Chem. 1998 Dec 15;70:5177-83.

67. Smith EA, Corn RM. Surface plasmon resonance imaging as a tool to monitor biomolecular interactions in an array based format. Appl Spectrosc. 2003 Nov;57(11):320A-32A.

68. Frutos AG, Brockman JM, Corn RM. Reversible protection and reactive patterning of amine- and hydroxyl terminated self-assembled monolayers on gold surfaces for the fabrication of biopolymer arrays. Langmuir. 2000;16:2192-97.

69. Nelson BP, Grimsrud TE, Liles MR, Goodman RM, Corn RM. Surface plasmon resonance imaging measurements of DNA and RNA hybridization adsorption onto DNA microarrays. Anal Chem. 2001 Jan 1;73:1-7.

70. Brockman JM, Nelson BP, Corn RM. Surface plasmon resonance imaging measurements of ultrathin organic films. Annu Rev Phys Chem. 2000;51:41-63.

71. Hanken DG, Jordan CE, Frey BL, Corn RM. Surface plasmon resonance measurements of ultrathin organic films at electrode surfaces. In: Bard AJ, Rubinstein I, editors. Electroanalytical Chemistry. New York: Marcel Dekker; 1996. p. 141-225.

72. de Mol NJ. Surface plasmon resonance for proteomics. Methods Mol Biol. 2012;800:33-53.

73. Sonksen CP, Nordhoff E, Jansson O, Malmqvist M, Roepstorff P. Combining MALDI mass spectrometry and biomolecular interaction analysis using a biomolecular interaction analysis instrument. Anal Chem. 1998 Jul 1;70:2731-36.

74. Nedelkov D, Nelson RW. Surface plasmon resonance mass spectrometry: recent progress and outlooks. Trends Biotechnol. 2003 Jul;21:301-05.

75. Mattei B, Borch J, Roepstorff P. Screening for enzyme inhibitors by surface plasmon resonance combined with mass spectrometry. Anal Chem. 2004 Sep 15;76:5243-8.

76. Buijs J, Franklin GC. SPR-MS in functional proteomics. Brief Funct. Genomic Proteomic. 2005 May;4:39-47.

77. Lopez F, Pichereaux C, Burlet-Schiltz O, Pradayrol L, Monsarrat B, Esteve JP. Improved sensitivity of biomolecular interaction analysis mass spectrometry for the identification of interacting molecules. Proteomics. 2003 Apr;3:402-12.

78. Kikuchi J, Furukawa Y, Hayashi N. Identification of novel p53-binding proteins by biomolecular interaction analysis combined with tandem mass spectrometry. Mol Biotechnol. 2003 Mar;23:203-12.

79. Darie CC, Biniossek ML, Jovine L, Litscher ES, Wassarman PM. Structural characterization of fish egg vitelline envelope proteins by mass spectrometry. Biochemistry. 2004 Jun 15;43(23):7459-78.

80. Roy U, Sokolowska I, Woods AG, Darie CC. Structural Investigation of Tumor Differentiation Factor (TDF). Biotechnol Appl Biochem. 2012 Nov-Dec;59(6):445-50.

81. Sokolowska I, Gawinowicz MA, Ngounou Wetie AG, Darie CC. Disulfide proteomics for identification of extracellular or secreted proteins. Electrophoresis. 2012 Aug;33(16):2527-36.

82. Darie CC. Deinhardt K, Zhang G, Cardasis HS, Chao MV, Neubert TA. Identifying transient protein-protein interactions in EphB2 signaling by blue native PAGE and mass spectrometry. Proteomics. 2011 Dec;11(23):4514-28.

83. Allister L, Bachur R, Glickman J, Horwitz B. Serum markers in acute appendicitis. J Surg Res. 2011 Jun 1;168(1):70-75.

84. Huang YC, Wu YR, Tseng MY, Chen YC, Hsieh SY, Chen CMIncreased prothrombin, apolipoprotein A-IV, and haptoglobin in the cerebrospinal fluid of patients with Huntington's disease. PLoS One. 2011 Jan 31;6(1):e15809.

85. Darie CC, Biniossek ML, Gawinowicz MA, Milgrom Y, Thumfart JO, Jovine L, et al. Mass spectrometric evidence that proteolytic processing of rainbow trout egg vitelline envelope proteins takes place on the egg. J Biol Chem. 2005 Nov 11;280(45):37585-98.

86. Jovine L, Darie CC, Litscher ES, Wassarman PM. Zona pellucida domain proteins. Annu Rev Biochem. 2005;74:83-114.

87. Darie CC, Janssen WG, Litscher ES, Wassarman PM. Purified trout egg vitelline envelope proteins VEbeta and VEgamma polymerize into homomeric fibrils from dimers in vitro. Biochim Biophys Acta. 2008 Feb;1784(2):385-92.

88. Schagger H, von Jagow G. Blue native electrophoresis for isolation of membrane protein complexes in enzymatically active form. Anal Biochem. 1991 Dec;199(2):223-31.

89. Schagger H. Native electrophoresis for isolation of mitochondrial oxidative phosphorylation protein complexes. Methods Enzymol. 1995;260:190-202.

90. Winger AM, Taylor NL, Heazlewood JL, Day DA, Millar AH. The Cytotoxic lipid peroxidation product 4-hydroxy-2-nonenal covalently modifies a selective range of proteins linked to respiratory function in plant mitochondria. J Biol Chem. 2007 Dec 28;282(52):37436-447.

91. Schilling B, Bharath M M S, Row RH, Murray J, Cusack MP, Capaldi RA, et al. Rapid purification and mass spectrometric characterization of mitochondrial NADH dehydrogenase (Complex I) from rodent brain and a dopaminergic neuronal cell line. Mol Cell Proteomics. 2005 Jan;4(1):84-96.

92. Nakamura M, Morisawa H, Imajoh-Ohmi S, Takamura C, Fukuda H, Toda T. Proteomic analysis of protein complexes in human SH-SY5Y neuroblastoma cells by using bluenative gel electrophoresis: an increase in lamin A/C associated with heat shock protein 90 in response to 6-hydroxydopamineinduced oxidative stress. Exp Gerontol. 2009 Jun-Jul;44(6-7):375-82.

93. Wessels HJ, Vogel RO, van den Heuvel L, Smeitink JA, Rodenburg RJ, Nijtmans LG, Farhoud MH. LC-MS/MS as an alternative for SDSPAGE in blue native analysis of protein complexes. Proteomics. 2009 Sep;9(17):4221-28.

94. Ladig R, Sommer MS, Hahn A, Leisegang MS, Papasotiriou DG, Ibrahim M, et al. A high-definition native polyacrylamide gel electrophoresis system for the analysis of membrane complexes. Plant J. 2011 Jul;67(1):181-94.

95. Peng Y. A blue native-PAGE analysis of membrane protein complexes in Clostridium thermocellum. BMC Microbiol. 2011;11(1):22.

96. Litscher ES, Janssen WG, Darie CC, Wassarman PM. Purified mouse egg zona pellucida glycoproteins polymerize into homomeric fibrils under non-denaturing conditions. J Cell Physiol. 2008 Jan;214(1):153-57.

97. Tyers M, Mann M. From genomics to proteomics. Nature. 2003 Mar 13;422(6928):193-97.

98. Aebersold R, Mann M. Mass spectrometry-based proteomics. Nature. 2003 Mar 13;422(6928):198-07.

99. Johnstone RAW, Rose ME. Mass Spectrometry for Chemists and Biochemists. 2nd ed. New York: Cambridge University Press; 1996. 501p.

100. Hoffmann E, Charette J, Stroobant V. Mass Spectrometry: Principles And Applications. Paris: Masson Éditeur; 1996. 340p.

101. Ganem J, Li YT, Henion J. Detection of noncovalent receptor-ligand complexes by mass spectrometry. J Am Chem Soc. 1991;113:6294-96.

102. Sakata E, Stengel F, Fukunaga K, Zhou M, Saeki Y, Förster F, et al. The catalytic activity of Ubp6 enhances maturation of the proteasomal regulatory particle. Mol Cell 2011 Jun 10;42(5):637-49.

103. Lorenzen K, Vannini A, Cramer P, Heck AJ. Structural biology of RNA polymerase III: mass spectrometry elucidates subcomplex architecture. Structure. 2007 Oct;15(10):1237-45.

104. Uetrecht C, Versluis C, Watts NR, Roos WH, Wuite GJ, et al. High-resolution mass spectrometry of viral assemblies: molecular composition and stability of dimorphic hepatitis B virus capsids. Proc Natl Acad Sci USA. 2008 Jul 8;105(27):9216-20.

105. Barrera NP, Di Bartolo N, Booth PJ, Robinson CV. Micelles protect membrane complexes from solution to vacuum. Science. 2008 Jul 11;321(5886):243-46.

106. Barrera NP, Isaacson SC, Zhou M, Bavro VN, Welch A, Schaedler TA, et al. Mass spectrometry of membrane transporters reveals subunit stoichiometry and interactions. Nat Methods. 2009 Aug;6(8):585-87.

107. Uetrecht C, Rose RJ, van Duijn E, Lorenzen K, Heck AJ. Ion mobility mass spectrometry of proteins and protein assemblies. Chem Soc Rev. 2010 May;39(5):1633-55.

108. Park AY, Robinson CV. Protein-nucleic acid complexes and the role of mass spectrometry in their structure determination. Crit Rev Biochem Mol Biol 2011 Apr;46(2):152-64.

109. Sinz A. Chemical cross-linking and mass spectrometry to map three dimensional protein structures and protein-protein interactions. Mass Spec Rev. 2006 Jul-Aug;25:663-82.

110. Kalkhof S, Sinz A. Chances and pitfalls of chemical cross-linking with amine-reactive N-hydroxysuccinimide esters. Anal Bioanal Chem. 2008 Sep;392:305-12.

111. Silva RAGD, Hilliard GM, Fang J, Macha S, Davidson WS. A three-dimensional molecular model of lipid-free apolipoproteinA-I determined by cross-linking/mass spectrometry and sequence threading. Biochemistry. 2005 Mar 1;44:2759-69.

112. Jacobsen RB, Sale KL, Ayson MJ, Novak P, Hong J, Lane P, et al. Structure and dynamics of dark-state bovine rhodopsin revealed by chemical cross-linking and high-resolution mass spectrometry. Protein Sci. 2006 Jun;15:1303-17.

113. Schulz DM, Ihling C, Clore GM, Sinz A. Mapping the topology and determination of a low-resolution three-dimensional structure of the calmodulin-melittin complex by chemical cross-linking and high-resolution FTICRMS: direct demonstration of multiple binding modes. Biochemistry. 2004 Apr 27;43:4703-15.

114. Maiolica A, Cittaro D, Borsotti D, Sennels L, Ciferri C, Tarricone C, Musacchio A, Rappsilber J. Structural analysis of multiprotein complexes by cross-linking, mass spectrometry, and database searching. Mol Cell Proteomics. 2007 Dec;6:2200-11.

115. Santos LF, Iglesias AH, Gozzo FC. Fragmentation features of intermolecular cross-s-linked peptides using N-hydroxy- succinimide esters by MALDI- and ESI-MS/MS for use in structural proteomics. J Mass Spectrom. 2011 Aug;46(8):742-50.

116. Gomes AF, Gozzo FC. Chemical cross-linking with a diazirine photoactivatable cross-linker investigated by MALDI- and ESI-MS/MS. J Mass Spectrom. 2010 Aug;45(8):892-9.

117. Iglesias AH, Santos LF, Gozzo FC. Identification of cross-linked peptides by high--resolution precursor ion scan. Anal Chem. 2010 Feb 1;82(3):909-16.

118. Bayat A. Science, medicine, and the future: Bioinformatics. BMJ; 2002. 1018-1022p.

119. Arnold K, Bordoli L, Kopp J, Schwede T. The SWISS-MODEL workspace: a web-based environment for protein structure homology modelling. Bioinformatics. 2006 Jan 15;22(2):195-01.

120. Eswar N, Webb B, Marti-Renom MA, Madhusudhan MS, Eramian D, Shen MY, et al. Comparative protein structure modeling using Modeller. Curr Protoc Bioinformatics. 2006 Oct;Chapter 5:Unit 5.6.

121. Wishart DS. Bioinformatics in drug development and assessment. Drug Metab Rev. 2005;37(2):279-10.

122. da Huang W, Sherman BT, Lempicki RA. Systematic and integrative analysis of large gene lists using DAVID bioinformatics resources. Nat Protoc. 2009;4(1):44-57.

123. Kanehisa M, Kanehisa M, Goto S, Sato Y, Furumichi M, Tanabe M. KEGG for integration and interpretation of large-scale molecular data sets. Nucleic Acids Res. 2012 Jan;40(Database issue):D109-D14.

124. Xenarios I, Salwínski L, Duan XJ, Higney P, Kim SM, Eisenberg D. DIP, the database of interacting proteins: a research tool for studying cellular networks of protein interactions. Nucleic Acids Res. 2012 Jan 1;30(1):303-05.

125. Licata L, Briganti L, Peluso D, Perfetto L, Iannuccelli M, Galeota E, et al. MINT, the molecular interaction database: 2012 update. Nucleic Acids Res. 2012 Jan;40(Database issue):D857-D61.

126. Kerrien S, Alam-Faruque Y, Aranda B, Bancarz I, Bridge A, Derow C, et al. IntAct-open source resource for molecular interaction data. Nucleic Acids Res. 2007 Jan;35:D561-D65.

127. Pagel P, Kovac S, Oesterheld M, Brauner B, Dunger-Kaltenbach I, Frishman G, et al. The MIPS mammalian protein-protein interaction database. Bioinformatics. 2005 Mar;21(6):832-34.

128. Szklarczyk D, Franceschini A, Kuhn M, Simonovic M, Roth A, Minguez P, et al. The STRING database in 2011: functional interaction networks of proteins, globally integrated and scored. Nucleic Acids Res. 2011 Jan;39(Database issue):D561-D68.

129. Keshava Prasad TS, Goel R, Kandasamy K, Keerthikumar S, Kumar S, Mathivanan S, et al. Human protein reference database-2009 update. Nucleic Acids Res. 2009 Jan;37(Database Issue):D767-D72.

ESTRATÉGIAS GENÔMICAS, PROTEÔMICAS E PEPTIDÔMICAS ISENTAS DE GEL NA IDENTIFICAÇÃO DE COMPOSTOS BIOATIVOS

Nelson Gomes de Oliveira Júnior
Elizabete de Souza Cândido
Simoni Campos Dias
Octávio Luiz Franco

14.1 INTRODUÇÃO

O cenário das descobertas de novas drogas na era pós-genômica apresenta-se em ascensão. Contudo, o número de drogas aprovadas pela norte-americana Food and Drug Administration (FDA, responsável pela administração de alimentos e drogas nos Estados Unidos) não chega a ser alvo de 0,05% do genoma humano. Desde seu sequenciamento[1], já foram descritas no genoma humano doenças associadas a cerca de 4.500 genes modificados, dentre os quais aproximadamente 3 mil podem ser alvos de tratamentos por meio de pequenas moléculas, além de cerca de 10 mil genes que podem ser alvos de terapias baseadas em compostos proteicos[2].

Grandes esforços estão sendo realizados por indústrias farmacêuticas e pela comunidade acadêmica com a finalidade de identificar pequenas moléculas orgânicas que possam originar possíveis drogas. A busca por essas pequenas moléculas é realizada por meio da melhoria de propriedades inter-relacionadas como bioatividade, propriedades físico-químicas, absorção, distribuição, metabolismo, excreção e toxicidade. Para a identificação dessas moléculas, vêm sendo utilizadas tecnologias como o sequenciamento de nova geração e a prospecção em larga escala de compostos, que têm auxiliado na identificação de biomarcadores, entre outros alvos[3].

Os compostos bioativos são altamente valiosos, não apenas como potentes alvos para drogas, mas também como biossondas capazes de realizar a modulação temporal e espacial de uma função desejada[4]. Dessa forma, tem sido de interesse, principalmente clínico, que existam métodos eficazes e acurados para a identificação dos alvos moleculares e os mecanismos de ação dos compostos a serem utilizados.

Dentre as ciências "ômicas", a proteômica e a peptidômica são instrumentos amplamente utilizados em diversas áreas de pesquisa. Desde o seu surgimento, há cerca de vinte anos, alguns aspectos dessas abordagens sofreram várias modificações e melhoramentos no que diz respeito principalmente às técnicas de separação de proteínas e peptídeos. Em destaque, as técnicas *in gel* e as técnicas *shotgun* têm recebido grande impulso devido ao avanço da espectrometria de massas[5]. O recente melhoramento na sensibilidade, precisão na fragmentação e detecção de massas vem levando a uma conquista antes quase impensável, incluindo a identificação de proteomas totais e a identificação de modificações pós-traducionais[5]. Entretanto, muitos dos objetivos previstos ainda não foram atingidos, tornando necessários estudos profundos voltados para a proteômica funcional, analisando em detalhes as interações e localizações de cada proteína com o intuito de utilizar a técnica de forma terapêutica[5].

14.2 HISTÓRICO

Ambas as técnicas genômicas e proteômicas apresentam uma estreita relação com técnicas de separação clássicas desenvolvidas no século passado. A eletroforese em gel foi desenvolvida com sucesso para o sequenciamento de oligonucleotídeos no final de 1970[6,7] e a eletroforese bidimensional (2DE) de proteínas foi desenvolvida quase ao mesmo tempo[8,9]. A técnica de eletro-forese bidimensional (2DE) baseia-se na separação das proteínas de acordo com suas cargas e também por sua massa molecular, essa abordagem obteve enorme avanço desde a utilização do gradiente do pH imobilizado (do inglês *immobilized pH gradient* – IPG) e tiras (*strips*) para focalização isoelétrica (do inglês *isoelectric focusing* – IEF) (Figura 14.1), e vem sendo utilizada desde os anos 1990[10]. A diferença entre a abundância de proteínas de uma amostra biológica para outra pode ser quantitativamente medida comparando diferentes resultados de espectros de géis bidimensionais. Contudo, essa é uma técnica trabalhosa, e por si só não fornecia as informações de quais proteínas estavam ali contidas naqueles géis de eletroforese. Portanto, até meados de 1990 não era possível utilizar uma técnica rápida e confiável para a determinação da sequência de aminoácidos das moléculas proteicas[11].

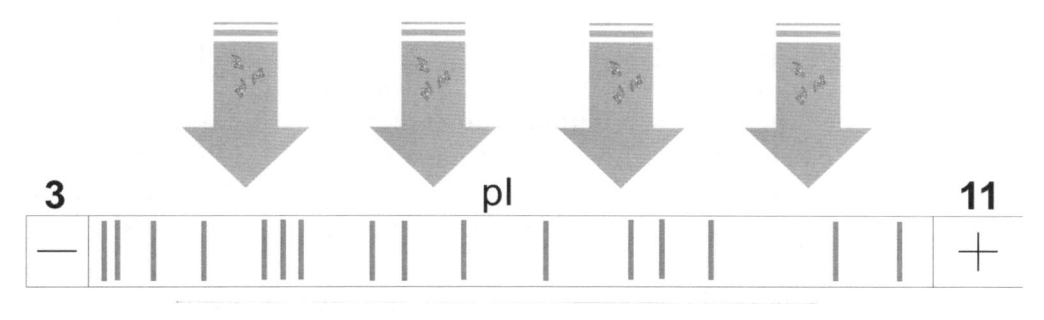

Figura 14.1 Tiras com gradiente de pH imobilizado (IPG *strips*) utilizada na focalização isoelétrica (IEF).

Em contrapartida, apenas durante a década de 1980 o Departamento de Energia e o Instituto Nacional de Saúde nos Estados Unidos iniciaram o projeto Genoma Humano, objetivando o sequenciamento total do genoma humano pela primeira vez[1]. Um dos principais alvos do sequenciamento total do genoma humano consistia em entender os genes e suas proteínas relacio-nadas, analisando de forma funcional os dados fornecidos pelas sequên-cias genômicas e proteicas. A proteômica começou a despertar uma atenção enorme após a conclusão do sequenciamento do genoma humano, assim como a genômica funcional, com foco na dinâmica da transcrição, tradução e interação proteína-proteína do gene, também se tornando tópico central da pesquisa biomédica moderna[11].

Num período de tempo relativamente curto, desde 2005, as tecnologias de sequenciamento de última geração (ou *next-generation sequencing* – NGS) têm modificado os padrões estabelecidos nos experimentos de genômica e têm permitido aos pesquisadores conduzir trabalhos anteriormente inviáveis e extremamente caros[12]. As várias tecnologias que compõem esta nova abordagem continuam a evoluir progressivamente, adicionando melhorias e robustez ao método, além de tornar o processo mais racional, possibilitando sua utilização em diagnósticos clínicos.

Como citado anteriormente, em 1977, dois trabalhos marcaram as pesquisas voltadas ao sequenciamento de DNA: Frederick Sanger e colaboradores[6] apresentaram uma abordagem na qual descreveram a utilização da cadeia terminal de análogos de didesoxinucleotídeos que são originados da síntese de DNA por meio de iniciadores; e Allan Maxam e Walter Gilbert[7] demonstraram uma abordagem alternativa em que os fragmentos de DNA marcados eram clivados quimicamente em bases específicas, sendo os produtos da reação separados por meio de eletroforese em gel. As tecnologias de sequenciamento que tiveram origem a partir desses dois trabalhos têm avançado em grande velocidade e, atualmente, é possível destacar as plataformas de NGS 454, apresentada pela Roche/Life Sciences; a Illumina, apresentada pela Solexa; *sequencing by oligo ligation detection* (SOLiD), apresentada pela Applied Biosystems/Life Technologies e a *single-molecule sequencing*, apresentada pela Helicos BioSciences. Todas as plataformas de NGS compartilham uma característica em comum: o sequenciamento massivo de sequências de DNA amplificadas ou clonadas que são separadas espacialmente em uma célula de fluxo[12].

Na abordagem de NGS, o sequenciamento é realizado por meio de ciclos repetidos de extensão dos nucleotídeos mediados por uma enzima polimerase ou, em outro formato, por meio de ciclos interativos de ligação de oligonucleotídeos. As tecnologias de NGS são capazes de gerar centenas de gigabases de sequências nucleotídicas em uma única corrida, dependendo da plataforma utilizada, sendo, portanto, de grande interesse para diagnósticos moleculares e descoberta de moléculas destinadas ao desenvolvimento de drogas[12].

Em paralelo, a proteômica também continuou se difundindo e ampliando a gama de suas técnicas. Em 1988, Tanaka e colaboradores obtiveram um grande espectro biomolecular de massas usando partículas de nanometal por adsorção assistida a *laser*, despertando o interesse de muitos pesquisadores pela busca de diferentes métodos de ionização biomolecular[13]. Hillenkamp e colaboradores desenvolveram o *laser* de dissorção/ionização por matriz assistida (do inglês *matrix-assisted laser desorption/ionization* – MALDI) acoplado à espectrometria de massas (MS) (Figura 14.2), que pode rapidamente mensurar a massa molecular de diferentes proteínas e peptídeos pelo seu tempo de voo (ou *time of flight* – TOF)[14]. Ao mesmo tempo, Fenn e colaboradores desenvolveram a ionização por *electrospray* (*electrospray ionization* – ESI) (Figura 14.3), que também garante uma leve ionização para proteínas. Assim, MALDI e ESI tornaram-se as principais ferramentas de análises de proteínas e peptídeos[15].

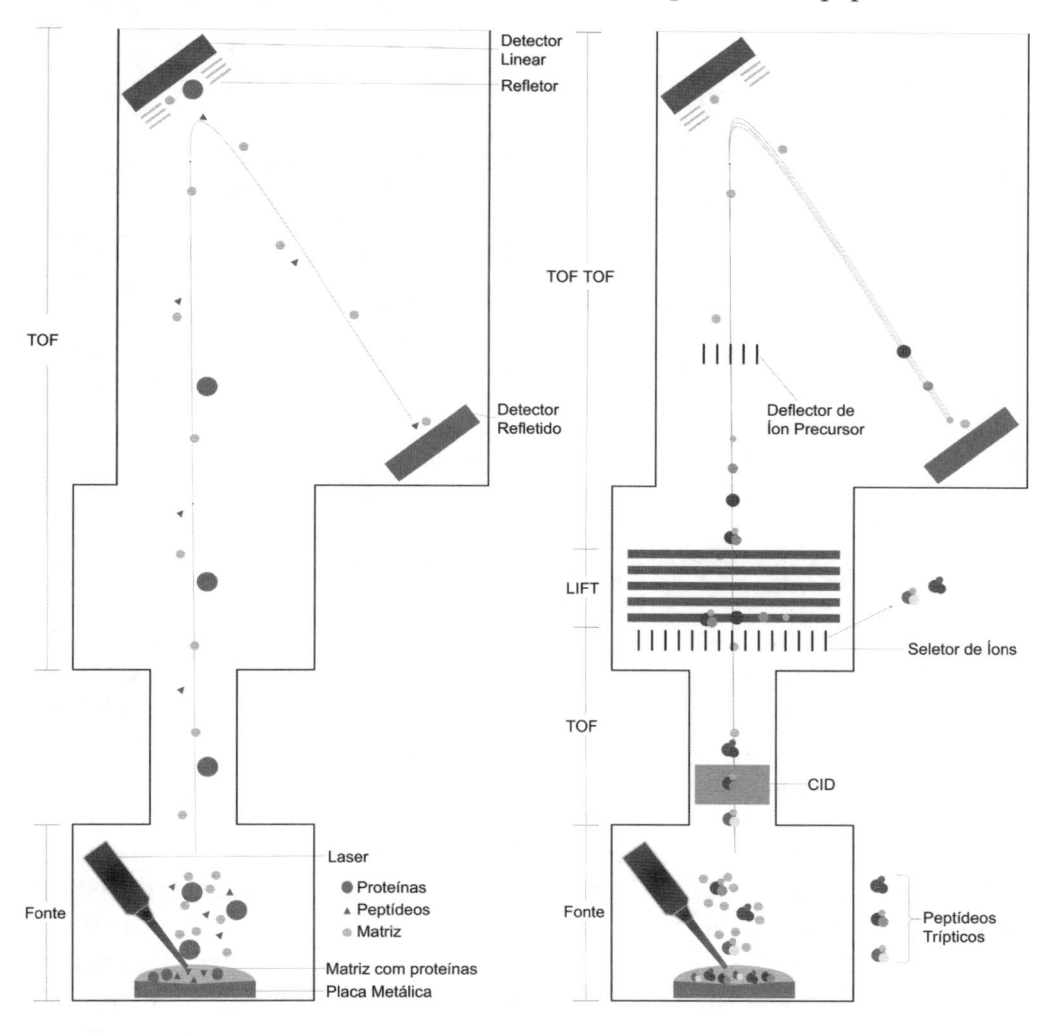

Figura 14.2 Plataforma de espectrometria de massas (MS). (A) Esquema de espectrometria de massas mostrando a ionização de proteínas e peptídeos dentro do equipamento de MALDI. (B) Esquema de análises de M^2 (LIFT ou MS/MS) e de CID.

Com estas ferramentas em mãos, Henzel et al.[16], em 1993, publicaram o primeiro trabalho feito com a técnica de 2DE para identificação de proteínas. Esse trabalho foi considerado um grande marco da proteômica aliada

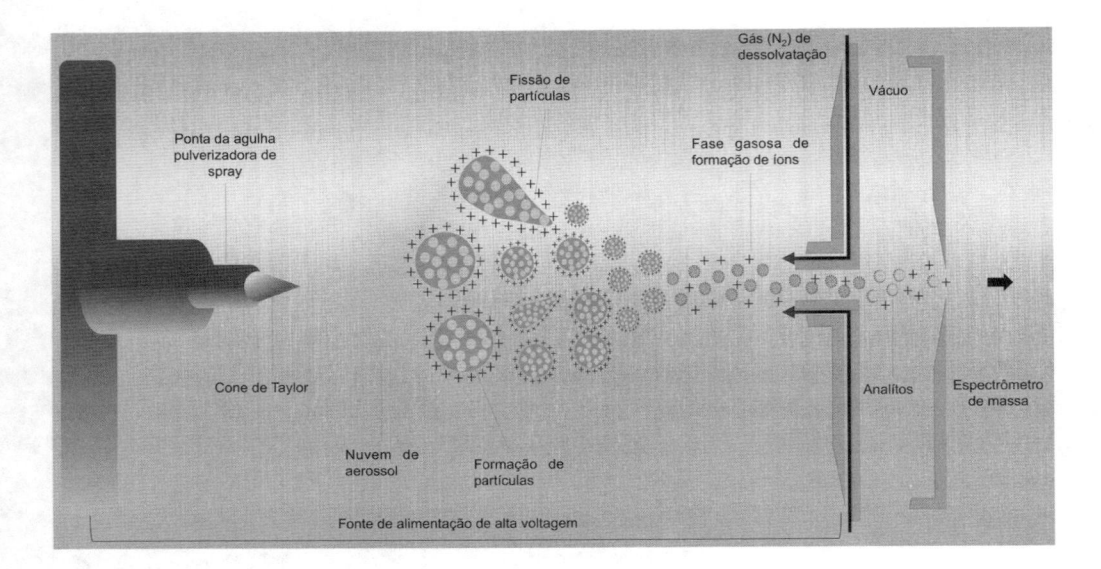

Figura 14.3 Plataforma do *electrospray* esquematizando o processo de ionização.

à espectrometria de massas. Apesar de sua enorme acurácia, a espectrometria de massas ainda apresenta dificuldades na diferenciação com confiança de situações ambíguas envolvendo alguns resíduos de aminoácidos, como, por exemplo, a leucina e isoleucina, que possuem 113.16 Daltons (Da), e a massa química entre a lisina e a glutamina, que difere em somente 0.04 Da. Portanto, técnicas mais acuradas devem ser utilizadas para diferenciar tais situações[11]. O sequenciamento apresenta, assim, enorme importância para as análises proteômicas. São dois os tipos de sequenciamento: um deles consiste no *peptide mass fingerprint* (impressão digital da massa do peptídeo), que utiliza uma fragmentação por enzimas como a tripsina, gerando uma lista de massas de peptídeos. Essas massas são comparadas com um banco de dados de proteínas derivadas de sequências genômicas como o MASCOT, gerando a provável identificação. Atualmente, a grande maioria dos estudos proteômicos encontra-se nesta categoria. A outra ferramenta é o chamado sequenciamento *de novo*, que é utilizado quando não existem informações genômicas a partir da espécie estudada[11]. Com o rápido progresso nas técnicas de espectrometria de massas e bioinformática, as utilizações da proteômica com o intuito de identificação de várias proteínas em amostras complexas proteicas já vêm sendo tratadas como uma rotina de alto rendimento[11].

Uma das maiores limitações da eletroforese bidimensional consiste no tamanho das proteínas que podem ficar ancoradas no gel. Proteínas menores de 10 kDa geralmente são esquecidas em estudos proteômicos; porém, esta é região onde se encontram os grupos de peptídeos e neuropeptídios. Para as análises concentradas nessa faixa de tamanho, foi criado o termo peptidômica[17]. Este termo, dentro do conceito das novas "ômicas", foi introduzido no meio científico no início do ano 2000[18,19]. A demora deveu-se ao fato de que as análises proteômicas/peptidômicas só se tornaram possíveis com o advento da espectrometria de massas e técnicas relacionadas, de um lado, e os projetos genoma, de outro, e acabaram por fornecer uma abrangente quantidade de dados para ambas as técnicas[20]. Os estudos peptidômicos vêm demonstrando foco na identificação de peptídeos, suas funções e relações com diferentes doenças. As sequências de peptídeos podem ser determinadas por meio de análises de massas, sem a necessidade da quebra desses peptídeos por algum tipo de enzima[11]. O procedimento mais comum em análises peptidômicas consiste na extração e purificação de peptídeos por metodologias diversas e por meio da utilização de kits comerciais, como, por exemplo, o uso de *beads* magnéticos para lise celular e amostras de plasma (Figura 14.4). Para a separação, colunas cromatográficas de exclusão molecular são frequentemente utilizadas, visando distinguir proteínas e peptídeos para análises subsequentes. Essa separação, porém, pode não ser essencial se houver a utilização de MALDI-TOF/TOF a fim de se obter a sequência de aminoácidos de determinado peptídeo, pois, uma vez aplicada a amostra no MALDI, todos o peptídeos pertencentes a ela serão ionizados e podem, assim, ser fragmentados e sequenciados. Para peptídeos grandes, pode não ser tão fácil utilizar somente MS/MS para se conseguir uma sequência completa, pois a fragmentação de peptídeos grandes por colisão com o *laser* não é exata, gerando assim, um espectro de baixa qualidade para ser analisado[11].

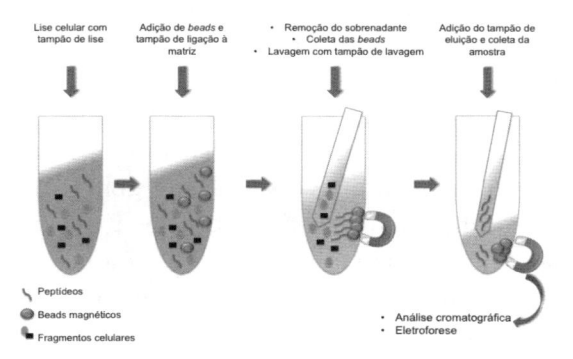

Figura 14.4 Extração de peptídeos utilizando *beads* magnéticos e tampão de lise. Após a extração, a amostra é eluída das *beads* com o auxílio do tampão de eluição e em seguida encaminhada para etapas de purificação como eletroforese ou análises cromatográficas.

Dessa forma, com a junção das ferramentas de genômica, proteômica e peptidômica, vários organismos têm sido utilizados como modelos na pesquisa de compostos bioativos devido às facilidades geradas a partir da detenção de seus genomas completos. Além do genoma humano[1], o genoma da levedura *Saccharomyces cerevisiae*[4], da planta *Arabidopsis thaliana*[21], entre outros organismos, vêm sendo utilizados na busca de novos alvos e alternativas de identificação de compostos.

As técnicas genômicas têm sido empregadas especialmente com propósitos clínicos, na descoberta de moléculas que sejam utilizáveis para o tratamento de doenças. Para a concretização deste propósito, tem sido necessário analisar o genoma do paciente e as vias nas quais cada droga pode atuar, assim como o genoma do organismo que está sendo utilizado como fonte da nova droga. A necessidade de se estudar o organismo-alvo e o organismo doador da molécula que será utilizada como droga torna o processo de busca por drogas racionais extremamente caro e dispendioso, devido à exigência de ferramentas sofisticadas[22]. Com a ideia de associar a genômica à química fina, o processo de prospecção direcionada e racional por drogas utilizando as técnicas de genômica de alto desempenho possibilitou uma redução de cerca de 50% no tempo gasto para a escolha correta da molécula a ser utilizada[22,23]. Nesse aspecto, várias metodologias de biologia molecular têm sido utilizadas na descoberta de alvos para novas drogas, como a utilização de transgenia e inativação de genes (*gene knockout*), utilizados em abordagens de sistemas abertos, ou os perfis de expressão gênica, proteômica e genética[23].

No âmbito das buscas de drogas antibacterianas, a genômica funcional tem oferecido suporte a partir do conhecimento das funções dos genes, da fisiologia e da virulência bacteriana, assim como dos efeitos que os antibióticos causarão no metabolismo da bactéria, fornecendo subsídios para o desenvolvimento de antibióticos que sejam capazes de superar as multirresistências apresentadas pelos patógenos[24]. A comparação dos genomas permitiu visualizar proteínas comuns a diversos grupos de patógenos e, por outro lado, tornou clara a alta diversidade genética apresentada pelos micro-organismos. A ampla conservação proteica observada não significa que essas moléculas sejam essenciais às funções celulares: análises genéticas têm demonstrado que uma proteína pode ser essencial para um organismo e irrelevante para outro[24].

14.3 METODOLOGIAS GENÔMICAS EMPREGADAS NA DESCOBERTA DE COMPOSTOS BIOATIVOS

14.3.1 Técnicas de sequenciamento de última geração (NGS)

Abordagens como a genômica, a proteômica e a peptidômica têm sido amplamente utilizadas no processo de desenvolvimento de drogas e diagnósticos moleculares de alto desempenho. A genômica, especialmente com o uso das técnicas NGS, tem provido grande avanço nas áreas de descoberta e desenvolvimento de novas drogas por meio de comparações de tecidos saudáveis e não saudáveis, perfis de transcrição ou expressão, farmacogenômica e identificação de biomarcadores[25]. O alto desempenho demonstrado pelas plataformas NGS impulsionou a aquisição de genomas completos desde micro-organismos até humanos[12]. Os fragmentos de leitura fornecidos pela plataforma 454 são maiores (até 1.000 bp) do que aqueles apresentados pelas plataformas Illumina e SOLiD (entre 36 bp e 150 bp), o que pode ser considerado como vantajoso na montagem dos genomas, principalmente quando não há um genoma de referência e a metodologia *de novo* se torna necessária[12]. As tecnologias NGS constituem um grande avanço também na elucidação de transcritomas, sendo neste caso denominadas como "RNA--Seq". A aplicação de NGS no estudo de transcritomas facilitou o estudo de organismos que não possuem genoma de referência, tornando as análises exploratórias e de expressão proteicas mais acuradas e rápidas, uma vez que gera informações qualitativas e quantitativas acerca do organismo[12]. Na Tabela 14.1 são apresentados mais parâmetros de comparação desses sistemas, que podem auxiliar o pesquisador no momento de escolha da melhor metodologia a ser empregada em seu trabalho, como tamanho dos fragmentos, acurácia da técnica e tempo de trabalho.

Tabela 14.1 Comparação entre as plataformas de sequenciamento mais utilizadas na prospecção de biomoléculas[26]

PLATAFORMA	454 GS FLX	HISEQ 2000	SOLID	SANGER
MECANISMO DE SEQUENCIAMENTO	Pirosequenciamento.	Sequenciamento por síntese.	Ligação e codificação de duas bases.	Terminação da cadeia didesoxinucleotídica.
TAMANHO DO FRAGMENTO	700 bp	36 bp a 100 bp	35 bp	400 bp a 900 bp

PLATAFORMA	454 GS FLX	HISEQ 2000	SOLID	SANGER
ACURÁCIA	99,9%	98%	99,94%	99,99%
VOLUME DE DADOS DE SAÍDA	0,7 Gb	600 Gb	120 Gb	1,9 Kb a 84 Kb
TEMPO DE CORRIDA	24 horas	3 a 10 dias	Até 14 dias	20 minutos a 3 horas
VANTAGENS	Fragmentos longos, rápido.	Alto desempenho.	Acurácia.	Alta qualidade, fragmentos longos.
DESVANTAGENS	Alto custo, baixo rendimento e alta taxa de erros.	Fragmentos curtos para montagem.	Fragmentos curtos para montagem.	Alto custo e baixo rendimento.

14.3.2 Sequenciamento por meio da tecnologia 454

O sistema 454, apresentado pela Roche/Life Sciences, foi a primeira plataforma NGS a ser utilizada com sucesso (Figura 14.5). Esta plataforma foi desenvolvida para sanar as lacunas presentes nos sistemas desenvolvidos na década de 1970 e possui aplicações no sequenciamento de genomas completos, ressequenciamento de regiões-alvos, sequenciamento de transcriptomas e ainda metagenomas, tornando-se uma das metodologias mais eficientes do mercado[25].

Esse sistema utiliza como tecnologia o pirosequenciamento[27]. O método de pirosequenciamento, como alternativa à utilização de dinucleotídeos (dNTPs) para amplificação da cadeia, baseia-se na detecção de um pirofosfato que é liberado durante a incorporação de nucleotídeos. As bibliotecas de DNA com adaptadores específicos da plataforma 454 são desnaturadas em uma única fita e capturadas para amplificação, e, em seguida, realiza-se o procedimento da reação em cadeia da polimerase (PCR). Posteriormente, em uma placa *picotiter*, um dos dNTPs utilizados na reação irá completar as bases da fita molde com o auxílio de ATP sulforilase, luciferase, luciferina, DNA polimerase e adenosina 5'-fosfosulfato, acontecendo então a liberação do pirofosfato (PPi), que é equivalente à quantidade de nucleotídeos adicionados. O ATP gerado a partir do PPi liberado auxilia na conversão da luciferina em oxiluciferina, gerando uma luz visível[28] (Figura 14.5). Simultaneamente, as bases não marcadas são degradadas por uma apirase e, em seguida, outro dNTP é adicionado à reação e toda a reação de pirossequenciamento é repetida[26]. O tamanho dos fragmentos oriundos do sistema 454 proporciona informações que superam centenas de pares de bases e se aplicam melhor à análise de inserções e deleções e à produção de alinhamentos em regiões repetitivas[12].

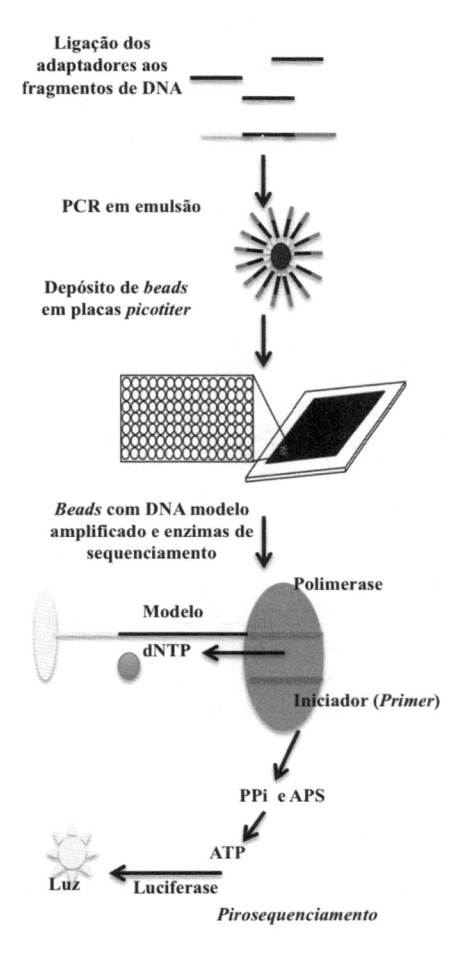

Figura 14.5 Plataforma de sequenciamento proposta pelo sistema 454, apresentado pela Roche/Life Sciences.

14.3.3 Sequenciamento por meio do sistema SOLiD

O sistema SOLiD foi apresentado pela Applied Biosystems em 2006. O sequenciador adota a tecnologia de sequenciamento baseado na leitura de duas bases ligadas. Na célula de fluxo do SOLiD, as bibliotecas podem ser sequenciadas por uma sonda de ligação de 8 bases, o qual contém um sítio de ligação, um sítio de clivagem e quatro diferentes tipos de coloração fluorescentes que se ligam à última base[29] (Figura 14.6). O sinal fluorescente é então registrado pelas sondas complementares à cadeia molde e desaparecem por meio da clivagem das últimas três bases da sonda. A sequência do fragmento pode ser deduzida após cinco rodadas de sequenciamento[26]. O sistema SOLiD produz fragmentos de leitura de até 35 bp e gera até 3 G de dados em cada corrida. O sequenciamento por SOLiD apresenta como vantagem sobre as demais tecnologias a capacidade de identificar diferenças entre modificações devido a erros de sequenciamento e modificações na sequência devido aos polimorfismos[25].

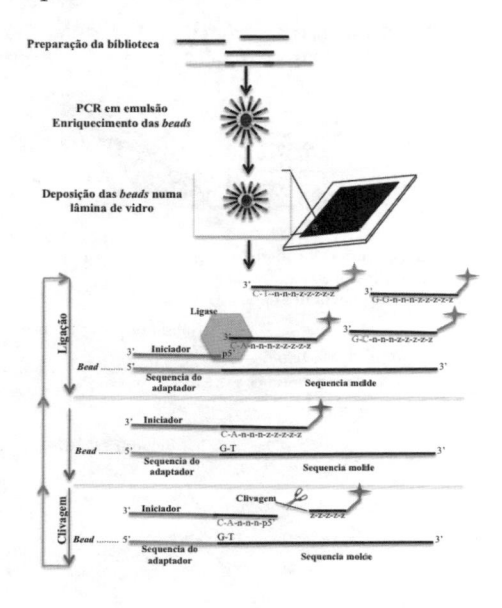

Figura 14.6 Plataforma de sequenciamento proposta pelo sistema SOLiD apresentado pela Applied Biosystems.

14.3.4 Sequenciamento por meio do sistema Illumina

Ainda em 2006, a Solexa introduziu no mercado a Genome Analyzer e, em 2007, a plataforma Illumina. Esta plataforma utiliza o sequenciamento por meio de síntese. Uma biblioteca com adaptadores fixos é desnaturada a fitas simples e transferida à célula de fluxo, seguida por uma ponte de amplificação para a formação de grupos contendo fragmentos do DNA clonal (Figura 14.7). Antes do sequenciamento, pedaços da biblioteca são linearizados com o auxílio de enzimas e, então, quatro tipos de nucleotídeos, os quais possuem diferentes colorações fluorescentes cliváveis e um grupo bloqueador removível, deverão complementar o modelo com uma base por um tempo, e o sinal pode ser capturado por um dispositivo de carga acoplada (*charged-coupled device* – CCD)[29]. No início de 2010 a Solexa lançou o sistema HiSeq 2000, que, comparado ao sistema 454 e ao SOLiD, é o sistema que apresenta o menor custo de reagentes. Por meio do sistema HiSeq 2000 é possível obter fragmentos de leitura de até 100 bp. Adicionalmente, a plataforma MiSeq, um sequenciador de bancada, foi lançado em 2011 e compartilhou a maioria das tecnologias do HiSeq 2000, sendo especialmente conveniente no sequenciamento de amostras bacterianas. É relativamente rápido, podendo gerar dados em cerca de dez horas de trabalho, incluindo a construção da biblioteca de DNA[25,26].

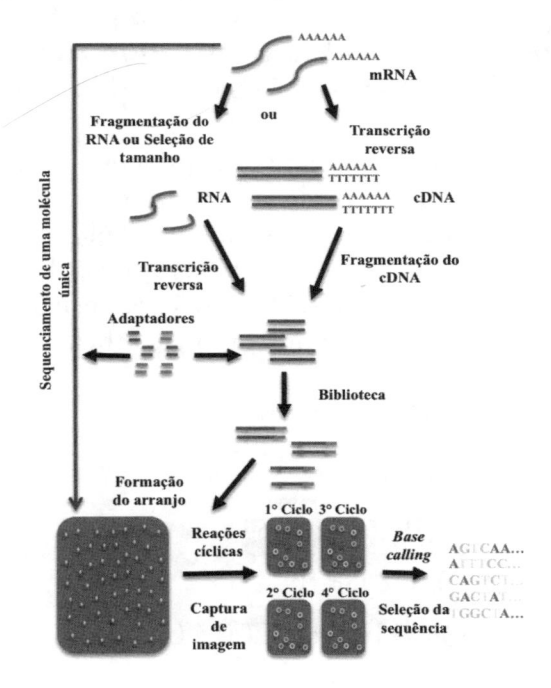

Figura 14.7 Plataforma de sequenciamento proposta pelo sistema Illumina, apresentado pela Solexa.

14.3.5 Técnicas *in silico*

As técnicas *in silico* são altamente utilizáveis neste âmbito. Os métodos *in silico* podem ser utilizados em diversas etapas do processo de descoberta de novas drogas, nas quais podem estar envolvidas a análise de dados genômicos, peptidômicos e proteômicos, incluindo o enovelamento de peptídeos e proteínas, a análise de redes interactômicas, entre outras, para fins clínicos[3]. Aliados às tecnologias NGS, os métodos *in silico* permitem realizar a prospecção de moléculas que apresentem potencial para utilização no desenvolvimento de medicamentos. Dessa forma, é possível inferir, a partir de um banco de dados – de sequências de DNA ou RNA – de um determinado organismo, quais sequências apresentam as características desejáveis para um composto antimicrobiano, anti-inflamatório, entre outras funções.

14.3.5.1 Caso prático: protocolo de prospecção in silico de peptídeos antimicrobianos a partir de banco de dados construído com sequências transcriptômicas geradas por RNA-Seq (Figura 14.8)

Para identificar transcritos referentes a peptídeos antimicrobianos, podem ser utilizados os padrões de peptídeos antimicrobianos ricos em cisteínas propostos por Silverstein e Moskal[30]. Como exemplo, temos a utilização de *scripts* na linguagem Perl para se descrever as classes de proteínas transportadoras de lipídeos (LTP)/albuminas, 2S/ECA 1, defensinas, heveínas, tioninas e snakinas/GASA/GAST, como demonstrado na Tabela 14.2.

Tabela 14.2 Padrões de busca de peptídeos antimicrobianos ricos em cisteína

PADRÕES	AMP
C.{6,15}C.{9,31}CC.{8,21}C.C.{13,35}C.{5,18}C	LTP/Albumina 2S/ECA 1
C.{5,13}C.{14,20}CC.{8,10}C.{10,32}C	LTP/Albumina 2S/ECA 1
C.{4,25}C.{2,12}C.{3,4}C.{3,17}C.{4,32}C.C.{1,6}C	Defensina
C.{2,14}C.{3,5}C.{3,16}C.{4,28}C.C	Defensina
C.{1,8}C.{4,5}CC.{5}C.{6}C.{3,5}C.{3,4}C	Heveína
C.{3, #55}C.{3,4}C.{4,32}C.{2,3}C.{3,4}C	Tionina
CC.{10,11}C.{8,10}C.{5}C.{7,10}C	Tionina
C.{3, #55}C.{3, #55}C.{7,11}C.{3, #55}C.{2}CC.{2}C.{11}C.{1,2}C	GASA/GAST/Snakina

O *script* deve ser ajustado para selecionar as sequências contendo os padrões de peptídeos antimicrobianos, restringindo-as ao tamanho máximo de 350 resíduos de aminoácidos como descrito por Porto e Souza[31]. Os transcritos que forem selecionados serão submetidos, em seguida, à análise do programa Phobius[32] para identificação de peptídeo sinal e regiões transmembranares. Subsequentemente, as sequências com ausência de peptídeo sinal e as sequências com a presença de regiões transmembranares serão descartadas. As sequências que restarem devem ser submetidas à análise do InterPro Scan[33] para identificação de domínios, e o maior domínio assinalado será escolhido como o domínio atual. Por conseguinte, sequências com caudas maiores que trinta resíduos de aminoácidos devem ser removidas. As sequências restantes devem ser submetidas ao programa CS-AMPPred[34,35] para predição de atividade antimicrobiana, e as sequências preditas positivamente em dois ou três modelos CS-AMPPred serão selecionadas. O programa CS-AMPPred é uma máquina de vetor de suporte (*support vector machine* – SVM) desenhada especificamente para a predição de peptídeos antimicrobianos estabilizados por cisteínas. Adicionalmente, deve ser construído um alinhamento múltiplo utilizando-se ClustalW[36] a fim de se comparar as sequências preditas como antimicrobianas pelo CS-AMPPred.

14.3.6 Modelagem molecular dos AMPs identificados em sequências transcriptômicas

O servidor LOMETS[37] pode ser utilizado com o propósito de se encontrar o melhor modelo para modelagem comparativa. O servidor LOMETS consiste em um *meta-threading server* que coleta a informação de nove *threading servers* e classifica a informação relacionada aos modelos. O melhor modelo deverá ser selecionado levando-se em consideração a cobertura e identidade dos alinhamentos. Dessa forma, em torno de cem modelos tridimensionais teóricos devem ser construídos por meio do Modeller 9.10[38]. Os modelos podem ser construídos utilizando os métodos padrões de classificação automática de modelos. Os modelos finais devem ser selecionados de acordo com os DOPE *scores* ou pontuação (*discrete optimized protein energy*, energia discreta e otimizada da proteína). Este *score* avalia a energia do modelo e indica a provável melhor estrutura. O modelo com o melhor DOPE *score* deverá ser avaliado com o ProSA II[39] e o PROCHECK[40]. PROCHECK verifica a qualidade estereoquímica da estrutura da proteína de acordo com o gráfico de Ramachandran. Os modelos confiáveis são esperados por apresentarem mais que 90% de seus resíduos de aminoácidos nas regiões mais favoráveis e permitidas, enquanto ProSA II indica a qualidade do enovelamento. A visualização das estruturas será realizada no programa PyMOL* (The PyMOL Molecular Graphics System, Version 1.4.1, Schrödinger, LLC).

Figura 14.8 Visão global da prospecção e modelagem *in silico* de peptídeos em banco de dados de transcritoma.

---

* Ver: <http://www.pymol.org>.

14.3.7 Alinhamento estrutural dos modelos selecionados e predição de ligantes

Os alinhamentos estruturais podem ser realizados em duas etapas: primeiramente, por meio do servidor Dali[41], que realiza a avaliação dos alinhamentos estruturais pelo *Z-score*. Um alinhamento estrutural com *Z-score* maior que 2 será considerado significante. Adicionalmente, o servidor COFACTOR[42] deve ser utilizado como segundo método. COFACTOR utilizará o programa *TM-align structure alignment*[43] para realizar uma busca no Protein Data Bank (PDB) e então examinar os sítios ligantes, realizando a predição da posição dos ligantes em uma estrutura ou modelo, e construindo os complexos proteína-ligante. Dessa maneira, esta abordagem permite a identificação da posição dos ligantes mesmo na ausência de experimentos de acoplamento normalmente conhecidos como estudo de interação molecular, ou *molecular docking*.

14.3.8 Dinâmica molecular dos complexos peptídeo-ligantes

As simulações de dinâmica molecular (DM) dos complexos proteína-ligantes deverão ser realizadas em ambiente de água, utilizando o modelo *single point charge water*[44]. As análises deverão ser realizadas utilizando-se o GROMOS96 43A1 *force field* e o pacote computacional GROMACS 4[45]. A dinâmica conduzida utilizará os modelos tridimensionais dos complexos proteína-ligantes como estruturas iniciais, imersas em moléculas de água em caixas cúbicas com uma distância mínima de 0,7 nm entre os complexos e as fronteiras das caixas. Íons de cloro deverão ser também inseridos dentro dos complexos com cargas positivas com o objetivo de neutralizar o sistema de cargas. A geometria das moléculas de água será comprimida por meio do algoritmo SETTLE[46]. Todas as ligações atômicas poderão ser realizadas com o algoritmo LINCS[47], e as correções eletrostáticas, com o algoritmo *particle mesh Ewald*[45], com um *cut off* de raio de 1,4 nm a fim de se reduzir o tempo de trabalho computacional. O mesmo *cut off* de raio poderá também ser utilizado para as interações de van der Waals. A lista de átomos vizinhos de cada um dos átomos deverá ser renovada a cada dez etapas de simulação de dois fentossegundos (fs), ou 10^{-15} segundos. O gradiente conjugado e os algoritmos de descida mais íngreme (50 mil etapas cada) deverão ser implementados para minimização de energia. Após esse passo, o sistema de temperatura deverá ser normalizado para 300 K por dois nanossegundos (ns), ou 10^{-9}

segundos, utilizando-se o termostato de Berendsen (NVT *ensamble*). Adicionalmente, o sistema de pressão deverá ser normalizado a um bar durante 2 ns, utilizando-se o barostato de Berendsen (NPT *ensamble*). Os sistemas com energia minimizada e temperatura e pressão balanceadas deverão ser simulados por 50 ns por meio do algoritmo *leap-frog*. As simulações poderão ser avaliadas pelos valores de RMSD (*root-mean-square deviation,* desvio da raiz média ao quadrado) e DSSP (*define secondary structure of proteins*, definição da estrutura secundária de proteínas).

14.4 METODOLOGIAS PROTEÔMICAS E PEPTIDÔMICAS EMPREGADAS NA DESCOBERTA DE COMPOSTOS BIOATIVOS

Amostras biológicas possuem alta complexidade, portanto é comum procurar diminuir essa complexidade para se trabalhar com espectrometria de massas. Como proteínas são difíceis de serem fragmentadas por colisão de dissociação induzida (do inglês *collision induced dissociation* – CID) (Figura 14.2), que é a fragmentação de peptídeos com o próprio *laser* do equipamento, por meio do bombardeio direto sobre o íon desejado, efetuando a quebra deste e gerando a fragmentação em aminoácidos, usualmente empregam-se proteases para fazer essa quebra antes das análises no espectrômetro de massas[48]. Em vários trabalhos as proteínas são primeiramente fracionadas por eletroforese unidimensional (1DE) ou bidimensional (2DE), ou ainda por processos cromatográficos antes de serem fragmentadas, enquanto em outros, a fragmentação é feita primeiramente e posteriormente separada por cromatografia líquida acoplada a um espectrômetro de massas (LC-MS/MS)[48].

14.4.1 Eletroforese bidimensional

A eletroforese bidimensional tem sido frequentemente usada na separação de misturas complexas de proteínas. Esses grupos de proteínas são separados com base em pontos isoelétricos de acordo com um gradiente de pH usando focalização isoelétrica (primeira dimensão) e, posteriormente, por massa molecular, utilizando gel de poliacrilamida (segunda dimensão) (Figura 14.9) com uma aplicação de um campo elétrico[49]. Após a separação e o coramento para visualização das proteínas, uma análise estatística é aplicada por meio de programas especialmente elaborados para fazer um

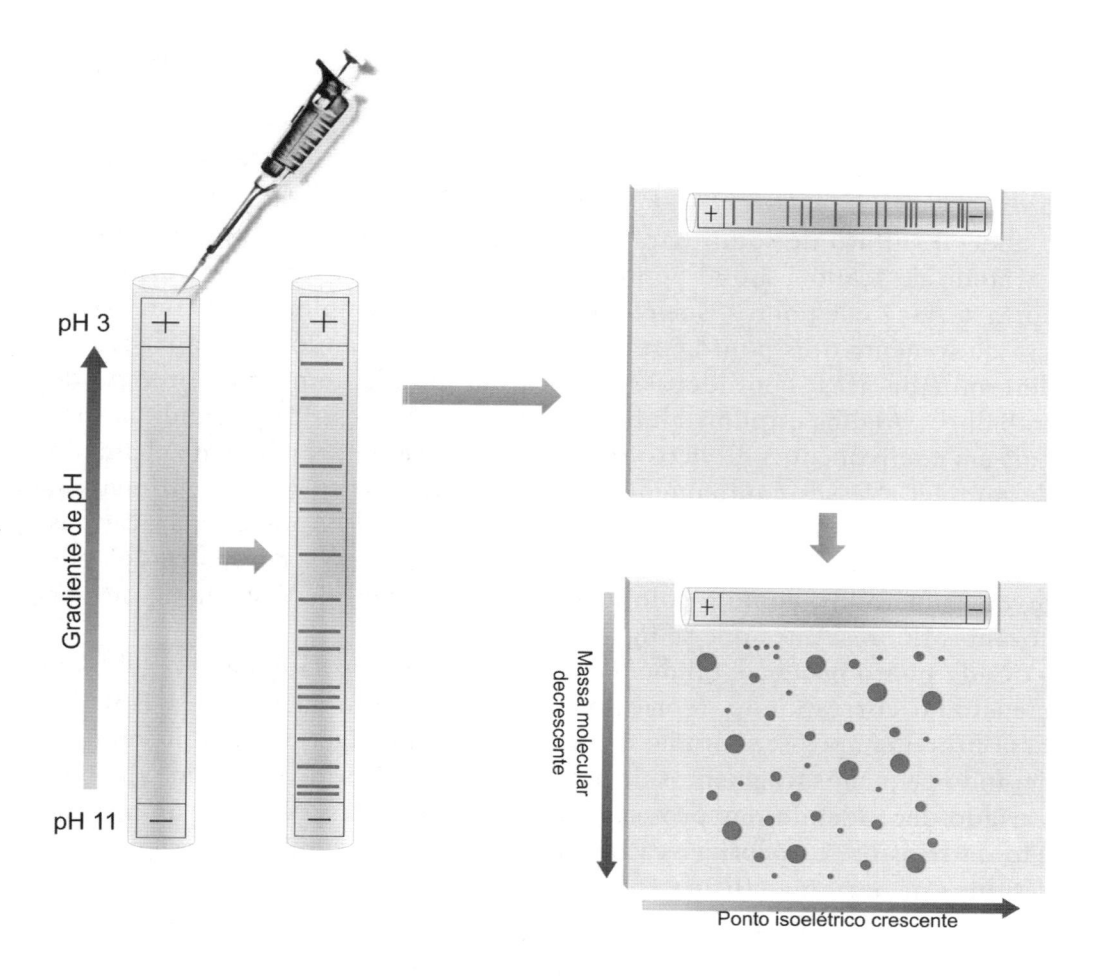

Figura 14.9 Esquema de focalização isoelétrica e gel de eletroforese bidimensional (2DE).

cruzamento entre as réplicas em diferentes condições, comparando proteínas em níveis qualitativos (ausência e presença) ou quantitativos (intensidade dos pontos proteicos)[49]. Usualmente *strips* de 13 centímetros são utilizadas quando se quer analisar uma amostra de proteoma total, que é aquele em que se deseja estudar todas as proteínas de interesse. *Strips* de 18 centímetros e de 24 centímetros também podem ser utilizadas. Essas *strips* geram uma melhor separação na focalização isoelétrica, porém requerem também uma maior quantidade de amostra biológica a ser utilizad; entretanto, para certas amostras biológicas a disponibilidade das mesmas não são abundantes e muito trabalho deve ser empregado, e sua execução pode requerer um tempo prolongado.

Na eletroforese bidimensional um gel com uma maior extensão é recomendado para a segunda dimensão (do inglês *sodium dodecyl sulfate polyacrylamide gel electrophoresis* – SDS-PAGE, gel de poliacrilamida e dodecil sulfato de sódio para eletroforese), que pode ter uma resolução variando de 1.500 a 3.000 pontos proteicos. Também se pode utilizar uma curta variação de pontos isoelétricos, como, por exemplo, *strips* com extensão de somente dois pontos isoelétricos, potencializando a visualização de determinada área, contudo, isso leva a um grande aumento de tempo de trabalho[50]. Alguns estudos também relatam a utilização de géis bidimensionais em equipamentos de eletroforese unidimensional, comumente chamado de minigel. Nesses equipamentos, são utilizadas *strips* de 7 centímetros, que proporcionam cerca de 1.000 pontos proteicos[51]. Após a separação, os pontos proteicos correspondentes às proteínas podem ser visualizados por diversos métodos, como a coloração por prata, azul de Coomassie ou por corantes fluorescentes que se ligam às proteínas[52].

Cada ponto proteico, também chamado de *spot*, isolado em um gel bidimensional corresponde, teoricamente, a somente uma proteína isolada. Essa proteína após ser corada, é excisada do gel e digerida com proteinase, gerando pequenos fragmentos de peptídeos. Cada peptídeo terá um tamanho variado dependendo das proteases a serem utilizadas. No caso da utilização da tripsina, os peptídeos variam de tamanho segundo as posições dos resíduos de arginina e lisina em sua sequência primária, e a digestão pode ser feita manualmente ou automaticamente. Os peptídeos gerados a partir desta digestão difundem em solução para fora do gel e podem, portanto, ser analisados por meio de espectrometria de massas (MS)[53]. Existe um tamanho ideal de fragmentos para as análises de MS, e a tripsina nesse caso é bastante utilizada. Além de ser altamente estável e específica, ela cliva em regiões conservadas de lisinas e argininas. Porém, existem casos em que se podem utilizar proteinases com diferentes especificidades, como a quimotripsina[54].

O MALDI TOF/TOF MS é mais utilizado para se analisar proteínas oriundas de géis 2DE, como pode ser visto na Figura 14.10, uma vez que, ao se excisar os *spots* dos géis e tratá-las com proteases, essas amostras são colocadas de uma única vez nas placas de análise do equipamento. Isso torna a análise mais rápida, porém vale ressaltar que as análises por MALDI necessitam de uma concentração maior das amostras, pois o equipamento apresenta uma menor sensibilidade. Por outro lado, utilizando a plataforma da espectrometria de massas por *electrospray* (ESI-MS/MS), a analise de géis

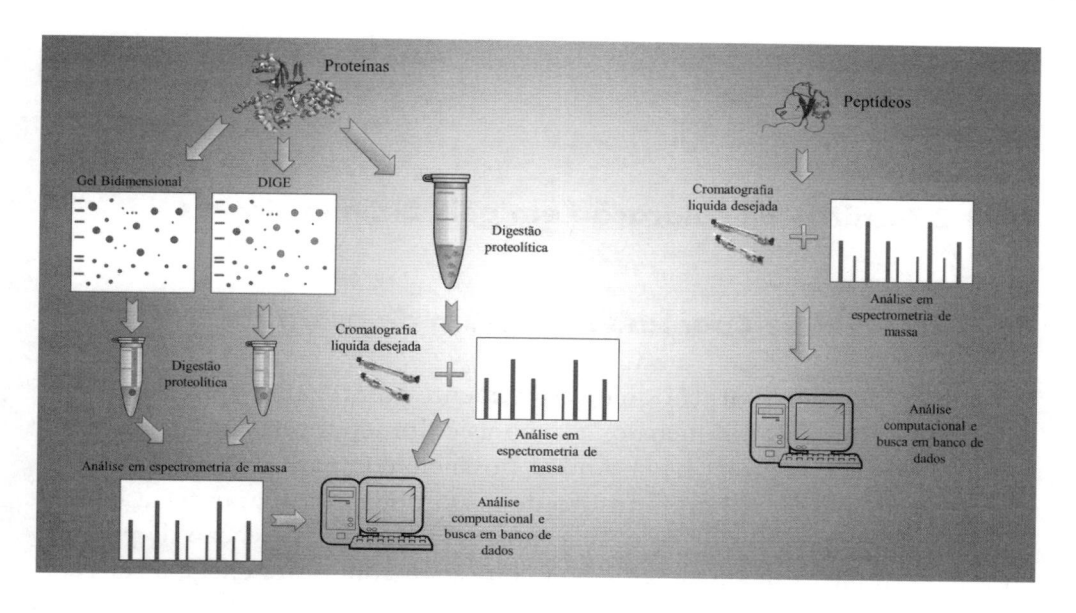

Figura 14.10 Esquema conceitual dos principais passos envolvidos na preparação de amostras biológicas envolvidas nas técnicas de proteômica e peptidômica.

2DE pode ser um pouco prolongada, pois cada solução resultante da proteólise dos *spots* é aplicada separadamente no equipamento demandando um maior tempo de análise, pois a cada ciclo de análise deve-se colocar outra amostra proteica tripsinizada, uma vez que misturar todas as soluções dos fragmentos trípticos não faria sentido, já que eles foram previamente separados. Contudo, *spots* que apresentam uma menor quantidade de proteínas que podem não ser detectadas no MALDI possuem uma maior chance de serem detectadas na plataforma ESI-MS/MS devido à sua maior sensibilidade[53]. Obviamente, existem algumas limitações na técnica de 2DE no que diz respeito à solubilização de algumas amostras biológicas e resolução dos géis. O grande problema encontrado por grande parte dos pesquisadores que trabalham com proteínas intermembranares e complexos de proteínas é que estas tendem a focalizar mal, devido à sua associação com lipídeos e carboidratos, e uma vez que a focalização é uma importante etapa na confecção de um gel bidimensional resoluto, alguns kits comerciais são vendidos para que se consiga retirar o máximo dessas "impurezas"[55]. A técnica de 2DE tem limitações quando se trata de proteínas muito básicas, de altíssima massa molecular (>150 KDa) e de baixa massa molecular (<10KDa), e também algumas regiões do gel onde se concentram grandes quantidades de proteínas que inviabilizam a análise destas, já que sua sobreposição dificulta uma separação exata[53,56].

14.4.2 Técnicas de coloração em géis bidimensionais

14.4.2.1 Azul de Coomassie e nitrato de prata

Os métodos de coloração mais comumente empregados na visualização de proteínas em géis bidimensionais são as colorações por Coomassie e por nitrato de prata (Figura 14.11). Ambas possuem compatibilidade com espectrometria de massa, porém o nitrato de prata pode apresentar certa interferência[57]. Esses métodos de coloração possuem ordem e detecção de picomolar e fentomolar respectivamente[58]. A coloração com prata chega a ser cerca de cem vezes mais sensível que a coloração com Coomassie. Entretanto, esta técnica é um pouco mais demorada e trabalhosa. Além de sofrer variações de laboratório para laboratório, a prata é menos reprodutível, uma vez que quem a utiliza controla o início da parada da reação de coloração. Além disso, existe certo limite na análise na espectrometria de massa devido à ligação cruzada de proteínas[59]. A coloração por azul de Coomassie coloidal[60] ainda é mais sensível que a técnica de coloração clássica de azul de Coomassie, como pode ser observado na Tabela 14.2. Entretanto, ainda é menos sensível que a grande maioria das colorações químicas usadas em géis 2DE[59].

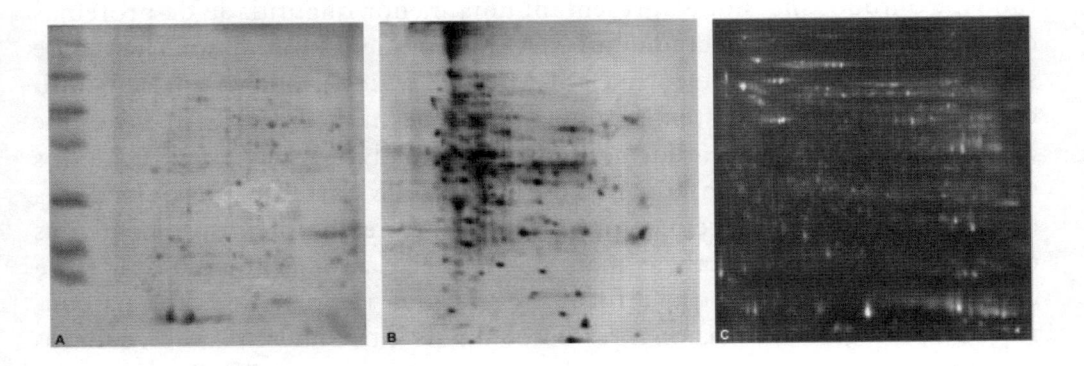

Figura 14.11 Métodos de coloração aplicados aos géis bidimensionais. (A) Azul de Coomassie; (B) coloração com nitrato de prata; (C) coloração baseada em fluorescência para análise por meio de DIGE.

14.4.2.2 Corantes fluorescentes

A coloração de proteínas por métodos fluorescentes possui mais sensibilidade comparada com a coloração por nitrato de prata, e também é compatível com a espectrometria de massa. Esses tipos de corantes provocaram um pequeno aprimoramento na análise de proteínas em géis 2DE[61]. Vários tipos de corantes fluorescentes são comercializados, dentre eles: Nile red, SYPRO Red, SYPRO Orange e SYPRO Tangerine. Porém, o mais apropriadamente usado quando se fala em proteômica bidimensional moderna é o SYPRO Ruby[62], que é sensível ao nitrato de prata, tendo seu limite de detecção em fentomol. Sua abrangência de dinâmica linear chega a três ordens de magnitude, superando, assim, a prata e o Azul de Coomassie (Tabela 14.2).

14.4.2.3 DIGE

A eletroforese em gel diferencial (do inglês *differential in gel electrophoresis* – DIGE) (Figura 14.11) permite uma separação de mais de três amostras em um único gel. Geralmente no DIGE utilizam-se duas amostras e um padrão interno que estão covalentemente marcados independentemente por três corantes diferentes (CyDye2, CyDye3 e CyDye5), cada um deles emitindo um comprimento de onda diferente. Em seguida, as amostras são combinadas e é então realizada a segunda dimensão, tal qual o método de eletroforese bidimensional tradicional[63]. O padrão interno é uma mistura de todas as amostras testes contendo uma alíquota igual de cada uma, facilitando a acurácia da sobreposição dos géis e permitindo uma melhor normalização do gel, de modo a minimizar a variedade experimental. A utilização do padrão interno permite, assim, medir pequenas mudanças na expressão das proteínas marcadas com um alto nível de confiança estatística. As marcações com os fluoróforos do DIGE são extremamente sensíveis, capazes de uma detecção de até 150 pg de uma única proteína com uma resposta linear da concentração de proteína com cinco ordens de magnitude[64]. Tem-se demostrado que ocorrem cerca de 20% de mudanças em proteínas gerais, e que 80% dessas mudanças podem ser quantificadas com um alto nível de confiança por meio do DIGE[65]. Como padrão de comparação, uma coloração feita por prata possui um limite de detecção de 1 ng de proteína com uma abrangência dinâmica com menos de duas ordens de grandeza. Além da acurácia, este método permite uma redução de cerca de metade dos géis que devem ser feitos, porém o custo do equipamento e dos reagentes é elevado (Tabela 14.2)[49].

Tabela 14.2 Vantagens e desvantagens dos principais métodos de coloração de géis de poliacrilamida

CORANTE	VANTAGENS	DESVANTAGENS
AZUL DE COOMASSIE	Fácil acesso Fácil produção Elevado rendimento	Baixa sensibilidade Não faz distinção de diferentes amostras em um único gel Necessita de uma maior quantidade de amostra
NITRATO DE PRATA	Fácil acesso Fácil produção Alta sensibilidade Elevado rendimento Utiliza pouca concentração de amostra	Não faz distinção de diferentes amostras em um único gel Pode interferir na espectrometria de MS
FLUORESCÊNCIAS (EXCETO DIGE)	Alta sensibilidade Utiliza pouca concentração de amostra	Alto custo Necessita de equipamento específico para aquisição de imagem
DIGE	Altíssima sensibilidade Cora até três amostras em um único gel Utiliza pouquíssima concentração de amostra	Altíssimo custo Necessita de equipamento específico para aquisição de imagem Necessita de *software* específico

14.4.2.4 Espectrometria de massa associada à técnica in gel

Vários esforços na proteômica *in gel* são concentrados na pré-prepararão das proteínas por métodos uni e bidimensionais. A separação de bandas proteicas em géis unidimensionais pode ser utilizada para futuras análises por MS. Contudo, uma melhor separação facilitaria, futuramente, a identificação das proteínas pertencentes àquela amostra. Para análises de misturas complexas, uma melhor separação é exigida, e essa separação aumenta o poder de identificação de proteínas drasticamente, bem como suas modificações. Ao mesmo tempo em que a eletroforese nos fornece essa separação, ela também auxilia na remoção de pequenas impurezas como detergentes e tampões, que são muitas vezes prejudiciais nas análises de MS. Outra vantagem é que a malha de poliacrilamida é um meio seguro de conservar as proteínas para futuras manipulações[66,67]. A digestão de proteínas dentro de uma matriz de poliacrilamida é controlada pela difusão da enzima dentro do gel. Para que haja uma máxima eficiência, é necessária uma cuidadosa condição para essa reação, que, à primeira vista, pode não estar em conformidade com processos convencionais de química de proteínas. Uma grande quantidade de enzima proteolítica (geralmente tripsina) é requerida para proteólise *in gel*, o que difere de um sistema livre de matriz de poliacrilamida, no qual uma grande quantidade de enzima pode vir a resultar em uma grande quantidade de autólise. Além disso, o manuseio dos pontos proteicos excisados deve ser tratado com cuidado, evitando uma contaminação com queratina humana, que pode vir a apresentar um sinal maior que a proteína isolada ou aumentar o ruído no espectro. A digestão *in gel* é compatível com vários sistemas de MS, tais como MALDI-MS, nanoES-MS/MS e LC-MS/MS[67]. Na Figura 14.10 é possível observar a organização esquemática das etapas de trabalho de espectrometria de massa associada à técnica *in gel*.

14.4.2.5 Cromatografia líquida acoplada à espectrometria de massas

Para a identificação global de proteínas em uma amostra em estudo é cada vez mais comum se utilizar técnicas que adotam a ferramenta de *peptide-centric*. Um nome que se dá a esse tipo de técnica é proteômica *gel-free* ou proteômica *shotgun*[68]. Nessa espécie de análise a amostra proteica é totalmente clivada por proteinases antes de ser separada por algum método, formando peptídeos. Esses peptídeos são aplicados diretamente nas colunas cromatográficas. Assim, os fragmentos das diferentes proteínas que sofreram proteólise separam-se e ficam prontos para as análises de MS[53]. Dependendo do instrumento utilizado, a técnica pode ser capaz de identificar centenas de peptídeos em um único experimento.

A LC-MS/MS vem sendo comumente utilizada devido à sua sensibilidade e sua alta capacidade de detecção de diferentes compostos em uma amostra biológica[69]. Particularmente, a LC-MS/MS equipada a um equipamento de ionização por *electrospray* (do inglês *electrospray ionization* – ESI), é a fonte iônica mais utilizada nessas estratégias, uma vez que a ESI tem a capacidade de ionizar diversos tipos de compostos diferentes, incluindo compostos polares e de alta massa molecular[69].

Na LC/ESI-MS/MS, os analitos devem possuir certas propriedades para que possam ser detectados com uma sensibilidade determinada. Primeiramente, esses analitos devem ser ionizáveis na fase de solução, uma vez que os íons de fase gasosa na ESI são gerados pela transferência dos íons da solução para a fase gasosa por meio de um campo elétrico (Figura 14.3).

Posteriormente, é preferível que os analitos tenham estruturas hidrofóbicas, uma vez que esses íons preferem residir na superfície das gotículas formadas na eletropulverização, já que entram mais rapidamente na fase gasosa em comparação com os que residem no interior das gotículas. Sendo assim, geram sinais mais intensos[69]. Esses compostos hidrofóbicos podem ser previamente separados de sais e de componentes interferentes por uma coluna cromatográfica de fase reversa, maximizando, assim, a detecção pela ESI e, além disso, esses compostos hidrofóbicos são eluídos na fase móvel por uma alta concentração de solventes orgânicos[69].

Peptídeos são separados por LC com base em sua hidrofobicidade relativa. Os peptídeos são eluídos das colunas cromatográficas (em sua grande maioria são utilizadas colunas C18) de acordo com o aumento da hidrofobicidade usando um gradiente de concentração de solvente orgânico (usualmente a escolha é por acetonitrila)[53]. Entretanto, fragmentos muito hidrofílicos podem não ficar retidos na coluna cromatográfica e serem eluídos imediatamente com outros, e peptídeos muito hidrofóbicos podem não ser eluídos com um gradiente "normal", necessitando, assim, de um gradiente com uma maior hidrofobicidade[54]. Os peptídeos são eluídos em um volume muito pequeno, pois a intensidade de sinal no espectro de massas é diretamente proporcional à concentração do analito. Isso é conseguido com o uso de uma coluna cromatográfica de pequeno diâmetro (o menor necessário para que não ocorra o entupimento, variando de 50 μm a 150 μm de diâmetro interno[53].

Algumas colunas podem ser utilizadas com uma baixa concentração de peptídeos totais, processando de 100 nL.min⁻¹ a 500 nL.min⁻¹ de amostra. Esses sistemas cromatográficos miniaturizados podem produzir frações cromatográficas com larguras de 10 s a 60 s idealmente, e é preciso certa perícia para se operar a máquina de modo a evitar a perda de sensibilidade ou ineficiência por aplicação automática[54]. Depois desse processo de cromatografia, a amostra é analisada por MS/MS para se identificar o máximo possível de proteínas da amostra original[70].

Uma separação prévia simples por nanoLC pode não oferecer uma resolução suficientemente acurada para amostras mais complexas. Nesses casos, é possível separar ainda mais essas amostras por meio de uma cromatografia de troca iônica, usando uma coluna catiônica forte após a separação por hidrofobicidade[71,72]. A espectrometria de massas por *electrospray* (ESI-MS) tem sido geralmente a mais utilizada em LC-MS, porém, também é possível utilizar MALDI TOF/TOF MS nessas análises, em cujos casos se utiliza o nome LC-MALDI (cromatografia líquida acoplada à MALDI) no lugar de LC-MS/MS ou LC-MS[53]. Com o uso do ESI-MS, a separação por cromatografia é diretamente pulverizada para dentro do espectro de massas, enquanto no LC-MALDI são coeluídos juntamente com a matriz na placa fora do equipamento para se adquirir os espectros[53].

14.4.2.6 Técnicas de separação

As cromatografias por deslocamento de amostra foram desenvolvidas primeiramente por Hodges e Mant, e os primeiro trabalhos foram publicados na mesma época em que foram desenvolvidas as técnicas[73]. Outro tipo de colunas cromatográficas são as colunas múltiplas de fase reversa por deslocamento de amostra. Introduzidas em 1991[74], essas colunas múltiplas foram utilizadas no isolamento de peptídeos e proteínas. A primeira coluna (pré--coluna) pode ser empacotada com um teor menos hidrofóbico e tem sido usada para uma pré-purificação de impurezas. O peptídeo de interesse atravessa a primeira coluna e se liga à segunda coluna, que apresenta um maior potencial hidrofóbico. A eluição da coluna é realizada depois da separação da segunda coluna, e cada coluna pode ser eluída com o uso de uma baixa pressão ou vácuo, aumentando a precisão de separação e eficiência[75].

14.4.2.7 Cromatografia de fase reversa (reversed-phase chromatography – RFC)

Embora vários tipos de separações cromatográficas fossem sendo desenvolvidas durante as últimas décadas, a cromatografia de fase reversa ainda é considerada a metodologia mais amplamente utilizada na preparação de amostras e separação de peptídeos[76]. O princípio da separação na fase reversa baseia-se na separação de analitos em uma fase estacionária hidrofóbica e em uma fase móvel polar hidrofílica. Os peptídeos são carregados pela coluna de fase reversa em uma condição de baixo teor de solventes orgânicos[76]. Os sais e a grande maioria dos componentes derivados de processos trípticos tendem a permanecer na solução com baixa concentração de solvente, permitindo, assim, a dessalinização e a concentração da amostra. A separação ou a eluição da amostra é realizada aumentando a concentração do solvente orgânico. Quando esse solvente torna-se suficientemente hidrofóbico, os peptídeos começam a se soltar, movendo-se juntamente com o fluxo da coluna[76]. O processo de eluição dos peptídeos da coluna vai depender de suas interações hidrofóbicas com a fase estacionária das colunas[77]. Na confecção das colunas, geralmente são utilizadas partículas de sílica como fase estacionária. Os silanóis são derivatizados com compostos aromáticos e alifáticos para gerar uma superfície hidrofóbica; contudo, um pequeno inconveniente dos grupos de sílica são suas interações dos resíduos dos grupos silanóis com as cargas positivas dos peptídeos, o que é facilmente resolvido reduzindo o pH da coluna abaixo de 4, o que faz com que os grupos de silanóis fiquem protonados[77].

Hoje em dia, para se manufaturar as fases estacionárias das colunas são utilizadas resinas C18, compostas de uma sílica derivada de modo a possuir um canal alcalino com uma sequência de 18 carbonos, que também podem receber o nome de *octadecasilyl-group* (ODS). Esforços significantes vêm sendo realizados para aumentar o poder de resolução dessas colunas[78], suas sensibilidades[79,80] e a velocidade da análise[81] em uma única dimensão de separação da cromatografia de fase reversa.

14.4.2.8 Cromatografia de troca iônica

A cromatografia de troca iônica (do inglês *ion exchange chromatography* – IEX) vem sendo utilizada em sistemas de cromatografia líquida de alta pressão (HPLC) para separação de peptídeos durante várias décadas[82]. Essa separação dá-se basicamente entre grupos dos analitos e da fase estacionária por interações Coulomb. Na eluição neste tipo de técnica, geralmente uma mistura de sais na fase móvel, os sais catiônicos ou aniônicos, competem por ligações com os peptídeos ligados à fase estacionária da coluna. Logo, uma maior molaridade de sal é necessária para se romperem as ligações mais fortes desses peptídeos. A eluição também pode se dar por meio de mudanças de pH na fase móvel, com o intuito de se inverter ou neutralizar a carga do composto em análise. Comumente tem-se duas formas básicas de trocas iônicas: troca de cátions e troca de ânions[76].

14.4.2.8.1 Cromatografia de troca catiônica

Trocas catiônicas (do inglês *strong cation exchange* – SCX) (Figura 14.12) são utilizadas para separação de peptídeos desde os anos 1980[83]. As combinações de trocas catiônicas e de fase reversa estão sendo muito utilizadas na separação de peptídeos. Na troca catiônica a fase estacionária é um grupo aniônico funcional que impede a ligação de moléculas com grupos catiônicos. Em cromatografias de troca catiônicas fortes, os grupos funcionais são ácidos fortes, geralmente ácido sulfônico e derivados; logo, usar um pH baixo de cerca de 3 é comum em uma troca catiônica de peptídeos. Contrariamente, a troca catiônica fraca é restrita ao menor pH, sendo igual a 4, o que demonstra a raridade dessa técnica em proteômica *shotgun*[76]. Em um pH de 3, os ácidos carboxílicos das cadeias laterais do ácido aspártico e do ácido glutâmico, assim como o ácido carboxílico no C terminal, são neutralizados por meio de protonação e os sítios básicos são positivamente carregados. Isso resulta na grande maioria dos peptídeos trípticos possuírem uma carga líquida positiva que permite a ligação do material aniônico[72].

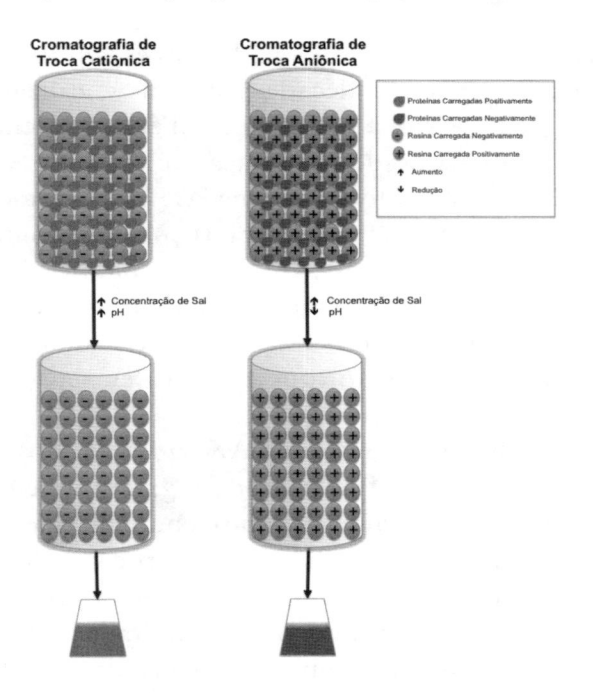

Figura 14.12 Cromatografias de troca iônica (catiônica e aniônica).

As trocas iônicas, assim como as trocas catiônicas, são predominantemente baseadas em cargas, enquanto a separação por RP-LC (do inglês *reverse phase liquid chromatography*, cromatografia líquida de fase reversa) se dá basicamente por hidrofobicidade. Essas peculiaridades fazem com que essas duas técnicas unidas formem uma boa combinação na separação de peptídeos em duas dimensões[84]. Os tamanhos das colunas de SCX podem ser escolhidos dependendo da quantidade de amostra que se tem o interesse de processar e também do fluxo a ser utilizado. Além disso, todos os sistemas comuns de tampões podem ser utilizados devido à possibilidade de se excluir componentes indesejados antes das análises por cromatografia líquida de fase reversa acoplada à espectrometria de massas (RP-LC/MS). Como usualmente sais são utilizados na eluição, uma dessalinização é feita antes da espectrometria de massa[76].

14.4.2.9 Cromatografia de troca aniônica

A cromatografia de troca aniônica (do inglês *anion exchange* – AX) (Figura 14.12) também existe há décadas[85] e ainda é utilizada e aplicada na separação de peptídeos. A troca aniônica também vem sendo utilizada em técnicas multidimensionais desde sua criação, e tem sido automatizada[86] e miniaturizada[87]. Contrariamente à SCX, na AX a fase estacionária contém resíduos de carga positiva, que faz as interações Coulomb com os sítios aniônicos dos analitos. Embora os peptídeos tenham resíduos positivos, a sua separação por troca aniônica é menos comum, o que pode se dever ao fato de que, teoricamente, 29% dos resíduos trípticos humanos terão carga neutra ou básica em um pH menor que 8,5, e esses peptídeos não deverão ser retidos na AX[88].

Assim como na SCX, os materiais da AX são divididos em trocas aniônicas fortes e trocas aniônicas fracas, onde o grupo funcional é uma base forte na troca aniônica forte (trimetilamino), enquanto nas trocas aniônicas fracas é utilizado dietilaminoetil. Em geral, a troca aniônica forte é mais utilizada que a fraca devido à utilização de altos valores de pH. Na troca aniônica fraca, isso se torna um pouco mais limitado[76]. A troca aniônica é comumente usada na separação e enriquecimento de peptídeos ácidos, tais como as proteínas ácidas do cérebro[86] e peptídeos fosforilados[89]. A eluição para essas situações se dá por meio de diferentes faixas de pH, variando de 3 a 10, e os parâmetros para cada etapa são determinados pelo pesquisador.

14.4.2.10 Análises computacionais

Os dados gerados por experimento de MS são utilizados para a determinação de qual proteína aquele peptídeo sequenciado é pertencente. Essa busca pode ser feita basicamente de três maneiras diferentes: primeiro, pode combinar os espectros teóricos adquiridos com um banco de dados de sequências de proteínas para determinado organismo ao qual aquela amostra analisada pertence (banco de dados). Outra maneira seria a combinação de espectros reais com um banco de dados de massas já medidas e descritas. E, por último, pode-se fazer o sequenciamento *de novo* do peptídeo e conferir a sequência de aminoácidos encontrada, e, assim, contrastá-la com um banco de dados[48]. PEAKS-DB, um banco de dados de proteoma, usa a união desses três métodos, enquanto ferramentas de *sequence-tagging* usam uma abordagem que depende de bancos de dados baseados em sequenciamento *de novo*[90]. Sistemas de buscas dependentes de banco de dados, como MASCOT[91], SEQUEST[92], PEAKS[90], X!TAMDEM[93], OMSSA[94], ProbID[95], Phenyx* e SONAR[96], comparam espectros obtidos com banco de dados com proteínas preditas e indicam que tais peptídeos e seus íons observados possuem uma certa sequência de aminoácidos. Esses bancos de dados já foram comparados, diferindo entre si no que diz respeito à acurácia, sensibilidade e falsos positivos (identificação incorreta de peptídeos)[97]. Todas essas ferramentas de busca apresentam suas vantagens e desvantagens. Apesar disso, todas possuem o mesmo princípio, começam suas buscas eliminando o ruído dos espectros, extraindo os valores de massa dos íons e atribuindo cargas a esses íons.

14.4.2.11 Casos práticos: protocolo para eletroforese unidimensional 1DE SDS-PAGE e 2DE SDS-PAGE

Visualização do perfil proteico em géis SDS-PAGE unidimensionais

Materiais

Soluções

- Água destilada
- Etanol 70%
- Acrilamida
- Bis-acrilamida

---

* Ver: <http://www.genebio.com/products/phenyx/>.

- Tris-base
- SDS
- Persulfato de amônio (APS)
- TEMED
- Ácido acético
- Metanol

Outros

- 1 par de placas de vidro (1 grande e 1 pequena)
- Suporte de placas
- Tubos de microcentrífuga de 1,5 mL
- Béquer de 200 mL, 400 mL e 1000 mL
- Pipetas (P5000, P1000, P100, P20)
- Provetas (500 mL e 1.000 mL)

Procedimento

1) Alinhar uma placa mais espessa e a menos espessa e encaixá-las no suporte de placas.
2) Preparar a primeira malha (separação), na porcentagem de acrilamida desejada para a separação (quanto mais acrilamida for usada, mais fechada será a malha), adicionando os reagentes na seguinte ordem:

REAGENTES	8%	12%	15%
Água destilada	2,37 mL	1,7 mL	1,20 mL
Tampão Tris-HCl 1 M, SDS 0,4%, pH 8,8	1,25 mL	1,25 mL	1,25 mL
Acrilamida/bis-acrilamida 30%	1,33 mL	2 mL	2,5 mL
Persulfato de amônio (APS) 10%	50 μL	50 μL	50 μL
TEMED	3 μL	3 μL	3 μL

3) Com auxílio de uma pipeta (P1000), aplicar a solução do gel de separação entre as placas até sobrar 2 cm sem preenchimento. Completar o espaço com etanol 70%.
4) Aguardar a polimerização por cerca de 30 minutos.
5) Preparar o gel de empilhamento adicionando os reagentes na seguinte ordem:

REAGENTES	5%
Água destilada	1,75mL
Tampão Tris-HCl 1,5 M, SDS 0,4%, pH 6,8	0,34 mL
Acrilamida/bis-acrilamida 30%	0,32 mL
Persulfato de amônio (APS) 10%	25 µL
TEMED	3 µL

6) Com auxílio de uma pipeta (P1000), aplicar a solução do gel de empilhamento até completar o espaço restante entre as placas de vidro. Após o preenchimento colocar rapidamente o pente sobre o gel para a formação dos poços de aplicação das amostras.

7) Aguardar a polimerização durante 30 minutos. Após este tempo, retirar o pente (de preferência dentro da cuba de eletroforese com tampão).

8) Retirar as placas do suporte e encaixá-las no suporte da cuba de eletroforese, com os poços voltados para o interior da cuba.

9) Encher a cuba com tampão de corrida 1X.

10) Aplicar o marcador de massa molecular e as amostras já preparadas nos poços.

11) Após a aplicação de todas as amostras no gel, fechar a cuba e programar a fonte para 200 V, 40 mA, 10 W, com miliamperagem constante. Observação: a configuração da corrida pode variar a critério do pesquisador. A porcentagem de acrilamida depende do tamanho das proteínas analisadas (quanto menor o tamanho, maior a porcentagem de acrilamida), ou até mesmo do tipo e tamanho das proteínas aplicadas.

12) Após a migração das amostras por toda a malha, a qual é acompanhada visualmente pela descida do corante presente no tampão de amostra e no marcador molecular até o fim do gel, interromper a corrida, desligar a fonte, destampar a cuba e retirar as placas contendo o gel;

13) Colocar o gel em solução descorante para processo de fixação das proteínas na malha, o qual deve ser deixado nesta solução por no mínimo 1 hora antes de ser corado;

14) Decorridos todos os passos anteriores, o gel já pode ser corado para visualização das bandas de proteínas, por meio de coloração com *Coomassie Blue G250* ou nitrato de prata.

Soluções para utilização nos géis de poliacrilamida

SOLUÇÃO ACRILAMIDA/BIS-ACRILAMIDA 30%	VOLUME
Acrilamida	29 g
Bis-acrilamida	1 g
Água destilada	400 mL

Pesar os reagentes, com atenção especial para a acrilamida (ver observação a seguir), e dissolvê-los em 70 mL. Filtrar e completar o volume para 100 mL. Observação: a acrilamida é um reagente extremamente tóxico, seu manuseio deve ocorrer mediante uso de máscara e luvas.

TAMPÃO TRIS-HCL 1 M, SDS 0,4%, PH 8,8	VOLUME
Tris	48,45 g
SDS	1,6 g
Água destilada	400 mL

Pesar os reagentes, dissolvê-los em 300 mL de água, ajustar o pH para 8,8 com HCl e completar o volume para 400 mL.

TAMPÃO TRIS-HCL 1,5 M, SDS 0,4%, PH 6,8	VOLUME
Tris-base	72,68 g
SDS	1,6 g
Água destilada	400 mL

Pesar os reagentes, dissolvê-los em 300 mL de água, ajustar o pH para 6,8 com HCl e completar o volume para 400 mL.

SOLUÇÃO PERSULFATO DE AMÔNIO (APS) 10%	VOLUME
Persulfato de amônio	0,1 g
Água destilada	400 mL

Em um tubo de microcentrífuga de 1,5 ml, dissolver o persulfato de amônio em 0,8 mL de água. Completar o volume para 1 mL e armazenar em geladeira.

TAMPÃO DE CORRIDA 5X, PH 8,3	VOLUME
Tris-base	15,1 g
Glicerol	72,1 g
SDS	5 g
Água Milli-Q	1000 mL

Misturar os reagentes em um béquer e completar o volume com água destilada para 1000 mL.

SOLUÇÃO DESCORANTE	VOLUME
Ácido Acético	10%
Metanol	40%
Água destilada	50%

Misturar os dois reagentes em um béquer e completar o volume com água destilada para 1.000 mL.

Aplicação das amostras no gel

1) Aplicar o marcador de massa molecular (10 µL) no primeiro poço e as amostras previamente preparadas (aproximadamente 20 µL) nos poços seguintes.
2) Tampar a cuba de corrida e conectá-la à fonte. É sugerida a seguinte programação: 200 V, 40 mA, 10 W.
3) Após a corrida, desligar a fonte, retirar o gel do equipamento e abrir as placas com o uso de uma espátula.
4) Colocá-lo em solução de Azul de Coomassie o processo de fixação das proteínas na malha do gel e coloração.

Eletroforese bidimensional (2DE) – IPGphor

Reidratação das amostras

1) Acrescentar 32,5 µl de DTT 1M para cada 500 µl de tampão de reidratação. Este protocolo refere-se a uma concentração de 65mM de DTT.

2) Ressuspender as amostras com 250 µl da solução de reidratação mencionada acima. Usar um pistilo para dissolver bem cada pellet, de maneira a não deixar nenhum pedaço de amostra não dissolvido.

3) Aplicar todo o conteúdo de cada amostra em um poço da "caminha de plástico" (*aligner*) evitando a formação de bolhas (o *aligner* já deve estar dentro do IPGbox).

4) Com uma pinça de ponta fina, retirar o plástico de proteção da *strip*, umedecê-la com água milli-Q, secar as costas da *strip* em papel comum e, cuidadosamente, colocá-la no poço com o gel voltado para baixo. Toda a amostra deve entrar em contato com o gel.

5) Acrescentar 2 ml de *cover fluid* (óleo mineral) em cima de cada *strip*.

6) Fechar o IPGbox e mantê-lo em temperatura ambiente (cerca de 19° C a 20° C) por 12 a 16 horas.

Focalização isoelétrica (1ª dimensão)

1) Ligar o IPGphor.

2) Ligar o computador conectado ao equipamento.

3) Ajustar o nível do IPGphor, de maneira que este fique equilibrado (ajustar nos pés frontais).

4) Posicionar o *manifold* dentro do equipamento.

5) Colocar cada *strip* em um poço do *manifold* com o gel virado para cima. ATENÇÃO! O polo positivo da *strip* deve ficar em cima do polo positivo da placa de ouro do IPGphor.

6) Cobrir as *strips* com *cover fluid*.

7) Colocar *cover fluid* também nos poços que não forem ocupados por *strips*.

8) ATENÇÃO! **NÃO** derramar óleo mineral na placa de ouro, pois pode interferir na corrida. Caso isso aconteça, limpar a placa de ouro com um papel macio e água destilada.

9) Em uma placa de petri, colocar água milli-Q e umedecer os papéis filtros próprios para condução da corrente elétrica. Não é necessário deixá-los encharcados, pois eles apenas ajudarão na passagem de corrente.

10) Em cada *strip* devem ser colocados dois papéis filtros, um em cada extremidade da *strip*. Observação: parte do papel filtro deve ficar em cima do gel da *strip* em ambas as extremidades.

11) Colocar os eletrodos sob o papel filtro (o fio metálico deve estar junto ao papel) e fixá-los ao *manifold*. Observar se os eletrodos estão bem presos.

12) Fechar o IPGphor.

13) Abrir o programa Ethan e verificar se o IPGphor está conectado a ele. Caso não esteja, selecionar o botão *Instru 1*, clicar em *Instrument* e clicar em *Instrument 1*. Uma janela será aberta. Nela, selecionar a porta Instrumento 1 e esperar aparecer o check-point no quadrinho à esquerda e a cor verde fluorescente aparecer no círculo à direita. Clicar em "OK". O equipamento é, então, é reconhecido pelo programa.

14) Escolher o modo *Advanced* no programa e estabelecer os parâmetros para a focalização isoelétrica:

PASSOS	VOLTAGEM	AMPERAGEM	TEMPO
1º Passo	500 V	50 mA	30 min
2º Passo	1000 V	50 mA	1 h
3º Passo	3500 V	50 mA	01h30min
4º Passo	5000 V	50 mA	18 h

Observações: (1) se a última coluna ficar exposta em tempo, a corrida será automaticamente parada quando o tempo total for atingido. Para que a corrida acumule a quantidade de Vh estabelecida em função dos volts e do tempo estabelecidos, é necessário alterar a última coluna para Vh. Assim, a corrida só será automaticamente finalizada quando o total de Vh programado for alcançado. (2) as modificações feitas no programa modo *Advanced* podem ser salvas no próprio programa e acessadas sempre que necessário. Para acessar o protocolo armazenado, basta clicar em *Protocol File* e abrir o método.

15) Informar, no programa, a quantidade de *strips* a serem focalizadas, o tamanho das *strips*, pH etc. em ambos os modos (*fast* ou *advanced*);

16) Para iniciar a corrida, basta clicar em *Play*. Observações: (1) para *strips* de até 13 cm, a voltagem máxima será inferior a 8.000 V. Para *strips* de 18 cm a 24 cm, a voltagem máxima pode ser igual a 10.000 V. Neste último caso, a miliamperagem também atingirá o valor máximo (50 mA). (2) sempre observar a temperatura do equipamento. Se esta for superior a 20° C, a corrida deve ser **imediatamente** interrompida. Se for observada a formação de bolhas saindo do óleo mineral nas *strips*, a corrida também deve ser **imediatamente** interrompida. (3) Durante a corrida, será observada a migração do azul de bromofenol e dos contaminantes para o papel filtro. No momento em que isso ocorrer, pode ser que a voltagem aumente

um pouco, o que é normal. (4) No decorrer da corrida, o programa apresentará dois gráficos: o azul indica o padrão de corrida esperado com base nas condições de corrida estabelecidas no programa; o vermelho será desenhado concomitantemente à corrida, representando a corrida em si, ou seja, o que está de fato ocorrendo.

17) Terminada a corrida, as *strips* devem ser guardadas em tubo apropriado e armazenadas em *freezer* -80 °C.

SDS-PAGE (2ª dimensão)

Montando o sistema de seis placas

1) Deitar a cuba de acrílico e colocar, primeiramente, uma placa de plástico grossa. Depois, colocar uma placa de vidro. Em seguida, uma placa de plástico fina e seguir intercalando uma placa de vidro com uma placa de plástico fina.
2) Fechar a cuba com a tampa de acrílico, parafusá-la à cuba e colocar os seis grampos para que a cuba fique bem vedada e não haja vazamento de gel.

Preparando o gel

REAGENTES	VOLUMES
Acrilamida 30%	250 mL
1,5 M de Tris HCl ph 8.8	150 mL
H2O Bidestilada	187 mL
SDS 10%	6 mL
APS 10%	6 mL
TEMED 10%	830 µL
Total	600 mL

1) Acrescentar o gel pela abertura da cuba de acrílico.
2) A quantidade preparada deve ser exatamente a quantidade necessária para preencher as seis placas de vidro (1,5 mm), de modo a sobrar um espaço de cerca de 2 cm para o encaixe das *strips*.
3) Após colocar o gel, selá-lo com solução de SDS 0,1%.
4) Cobrir o sistema com filme PVC e deixar polimerizar *overnight*.

2ª dimensão

1) Retirar as placas da cuba de acrílico e lavá-las em água corrente para retirar o gel existente do lado de fora das placas.
2) Retirar as *strips* do *freezer* a -80 °C e lavá-las com água milli-Q (para retirar o excesso de óleo).
3) Colocar 1,5 ml de solução de equilíbrio no poço do suporte, colocar a *strip* com o gel virado para cima e deixar sob agitação por 15 minutos.
4) Após esse tempo, passar a *strip* para outro poço do suporte (com o gel para cima), que já deve conter 1,5 ml de iodoacetamida. Deixar por mais 15 minutos sob agitação. Este procedimento serve para equilibrar a *strip*.
5) Recortar pedaços de papel filtro para aplicação do marcador molecular e colocá-los em contato com o gel (NUNCA colados ao espaçador da placa!). Observação: em placas de 1,5 mm, acrescentar 20 µL de marcador; em placas de 1 mm, ucar apenas 10 µL de marcador molecular.
6) Preparar 2 L de tampão de corrida 1x em um béquer.
7) Mergulhar cada *strip* no tampão de corrida 1x antes de colocá-las nas placas, em contato com o gel. Esse procedimento auxilia na migração das proteínas pelo gel.
8) Colocar as *strips*, com o gel voltado para cima, e ligeiramente afastados do marcador.
9) Selar os géis com solução selante de agarose 0,5% (cerca de 5 ml para cada placa), evitando a formação de bolhas, e esperar a agarose polimerizar.
10) Colocar as placas no suporte que contém os eletrodos (a placa menor sempre virada para você) e que será colocada na cuba.

Cuba para 2ª dimensão

1) Conectar as mangueiras da cuba às mangueiras do banho maria, fechando o sistema.
2) Encher a cuba com 3 L de tampão 1x e ligá-la na tomada para que o tampão seja resfriado.
3) Ligar o banho-maria e deixá-lo a 15 °C.
4) Colocar o suporte dos eletrodos com as placas dentro da cuba.
5) Encaixar nas placas o reservatório de borracha azul.
6) Preencher esse reservatório com tampão 2x até o limite indicado na cuba.
7) Completar a cuba com tampão 1x até que este atinja o mesmo nível do reservatório superior.
8) Fechar a cuba e conectá-la à fonte.

Condições de corrida

PASSOS	VOLTAGEM	AMPERAGEM	WATS	TEMPO
1º passo	600 V	90 mA	100 W	30 min
2º passo	700 V	240 mA	100 W	8 h

Após a corrida, desligar a fonte, retirar o gel e colocá-lo em 170 ml de corante azul de Coomassie, por no mínimo 1 hora, ou usar a coloração de preferência.

Protocolo para preparação de matriz pra utilização no sistema MALDI:

Preparação de matriz (α-ciano)

- 5mg de matriz α-ciano
- 250 μl de acetonitrila 100%
- 200 μl de agua bidestilada
- 50 μl TFA 3%

Misturar em um tubo de polipropileno até solubilização.

Aplicação da amostra na placa do MALDI

1) 1. Misturar 1 μl de amostra para cara 3 μl de matriz misturar com pipeta rapidamente e aplicar em triplicata no poços. Observação: deixar formar a gota na ponteira e colocar na placa. ATENÇÃO! Em hipótese alguma a ponteira deverá encostar na placa.

14.5 CONCLUSÕES E PERSPECTIVAS

Com a finalização do projeto Genoma, as "ômicas" enriqueceram de uma forma grandiosa, e hoje é possível conhecer-se todas as funções proteicas, quais os genes codificam cada proteína e como elas se formam e se modificam, como por exemplos os dados fornecidos pela peptidômica, que nos permitem conhecer todas as suas modificações pós-traducionais. Os esforços atuais nas áreas de genômica, proteômica e peptidômica, vêm crescendo com uma enorme velocidade e com uma especificidade cada vez maior, podendo ser aplicadas para amostras de vários reinos. Tais esforços levam em consideração a complexidade de cada organismo estudado. Contudo, os avanços nas tecnologias com foco em velocidade e alto rendimento podem requerer alguns sacrifícios, tais como: a precisão que pode ser diminuída, "falhas" ainda estão sendo cuidadosamente tratadas visando um avanço cada vez maior na ciência. Com a união dessas ferramentas se apoiando e se complementando, grandes avanços ainda serão feitos e lacunas serão preenchidas. Esperamos então que essas novas tecnologias que vêm surgindo possam nos dar cada vez mais respostas sobre sistemas biológicos e como eles funcionam.

REFERÊNCIAS

1. Venter JC, Adams MD, Myers EW, Li PW, Mural RJ, Sutton GG, et al. The sequence of the human genome. Science. 2001 Feb 16;291(5507):1304-51.

2. Roy A, McDonald PR, Sittampalam S, Chaguturu R. Open access high throughput drug discovery in the public domain: a Mount Everest in the making. Curr Pharm Biotechnol. 2010 Nov;11(7):764-78.

3. Taboureau O, Baell JB, Fernandez-Recio J, Villoutreix BO. Established and emerging trends in computational drug discovery in the structural genomics era. Chem Biol. 2012 Jan 27;19(1):29-41.

4. Ho CH, Piotrowski J, Dixon SJ, Baryshnikova A, Costanzo M, Boone C. Combining functional genomics and chemical biology to identify targets of bioactive compounds. Curr Opin Chem Biol. 2011 Feb;15(1):66-78.

5. Thelen JJ, Miernyk JA. The proteomic future: where mass spectrometry should be taking us. The Biochemical journal. 2012 Jun 1;444(2):169-81.

6. Sanger F, Nicklen S, Coulson AR. DNA sequencing with chain-terminating inhibitors. Proceedings of the National Academy of Sciences of the United States of America. 1977 Dec;74(12):5463-7.

7. Maxam AM, Gilbert W. A new method for sequencing DNA. Proceedings of the National Academy of Sciences of the United States of America. 1977 Feb;74(2):560-4.

8. O'Farrell PH. High resolution two-dimensional electrophoresis of proteins. The Journal of biological chemistry. 1975 May 25;250(10):4007-21.

9. Schwartz DC, Cantor CR. Separation of yeast chromosome-sized DNAs by pulsed field gradient gel electrophoresis. Cell. 1984 May;37(1):67-75.

10. Gorg A, Drews O, Luck C, Weiland F, Weiss W. 2-DE with IPGs. Electrophoresis. 2009 Jun;30 Suppl 1:S122-32.

11. Chen CH. Review of a current role of mass spectrometry for proteome research. Analytica chimica acta. 2008 Aug 22;624(1):16-36.

12. Voelkerding KV, Dames SA, Durtschi JD. Next-generation sequencing: from basic research to diagnostics. Clin Chem. 2009 Apr;55(4):641-58.

13. Tanaka K, Waki H, Ido Y, Akita S, Yoshida Y, Yoshida T, et al. Protein and polymer analyses up to m/z 100 000 by laser ionization time-of-flight mass spectrometry. Rapid Communications in Mass Spectrometry. 1988;2(8):151-3.

14. Karas M, Hillenkamp F. Laser desorption ionization of proteins with molecular masses exceeding 10,000 daltons. Analytical Chemistry. 1988 Oct 15;60(20):2299-301.

15. Wong SF, Meng CK, Fenn JB. Multiple charging in electrospray ionization of poly(ethylene glycols). The Journal of Physical Chemistry. 1988 1988/01/01;92(2):546-50.

16. Henzel WJ, Billeci TM, Stults JT, Wong SC, Grimley C, Watanabe C. Identifying proteins from two-dimensional gels by molecular mass searching of peptide fragments

in protein sequence databases. Proceedings of the National Academy of Sciences of the United States of America. 1993 Jun 1;90(11):5011-5.

17. Baggerman G, Verleyen P, Clynen E, Huybrechts J, De Loof A, Schoofs L. Peptidomics. Journal of chromatography B, Analytical technologies in the biomedical and life sciences. 2004 Apr 15;803(1):3-16.

18. Verhaert P, Uttenweiler-Joseph S, de Vries M, Loboda A, Ens W, Standing KG. Matrix-assisted laser desorption/ionization quadrupole time-of-flight mass spectrometry: an elegant tool for peptidomics. Proteomics. 2001 Jan;1(1):118-31.

19. Baggerman G, Cerstiaens A, De Loof A, Schoofs L. Peptidomics of the larval Drosophila melanogaster central nervous system. The Journal of Biological Chemistry. 2002 Oct 25;277(43):40368-74.

20. Menschaert G, Vandekerckhove TT, Baggerman G, Schoofs L, Luyten W, Van Criekinge W. Peptidomics coming of age: a review of contributions from a bioinformatics angle. Journal of Proteome Research. 2010 May 7;9(5):2051-61.

21. Initiative AG. Analysis of the genome sequence of the flowering plant Arabidopsis thaliana. Nature. 2000 Dec 14;408(6814):796-815.

22. Hacksell U, Nash N, Burstein ES, Piu F, Croston G, Brann MR. Chemical genomics: massively parallel technologies for rapid lead identification and target validation. Cytotechnology. 2002 Jan;38(1-3):3-10.

23. Plump AS, Lum PY. Genomics and cardiovascular drug development. J Am Coll Cardiol. 2009 Mar 31;53(13):1089-100.

24. Freiberg C, Brotz-Oesterhelt H. Functional genomics in antibacterial drug discovery. Drug Discovery Today. 2005 Jul 1;10(13):927-35.

25. Russell C, Rahman A, Mohammed AR. Application of genomics, proteomics and metabolomics in drug discovery, development and clinic. Therapeutic Delivery. 2013 Mar;4(3):395-413.

26. Liu L, Li Y, Li S, Hu N, He Y, Pong R, et al. Comparison of next-generation sequencing systems. J Biomed Biotechnol. 2012;2012:251364.

27. Roche Life Sciences. 454 sequencing. Workflow web page. Disponível em: <http://www.gsjunior.com/instrument-workflow.php>. Acesso em: 14 out. 2013.

28. Froehlich, T. - United States of America - U.S. Miniaturized, high-throughput nucleic acid analysis.C12P19/34. U.S. no. CA2694745 A1.24 fev. 2010; 25 ago. 2010.

29. Mardis ER. The impact of next-generation sequencing technology on genetics. Trends Genet. 2008 Mar;24(3):133-41.

30. Silverstein KA, Moskal WA, Jr., Wu HC, Underwood BA, Graham MA, Town CD, et al. Small cysteine-rich peptides resembling antimicrobial peptides have been under-predicted in plants. The Plant Journal: for Cell and Molecular Biology. 2007 Jul;51(2):262-80.

31. Porto WF, Souza VA, Nolasco DO, Franco OL. In silico identification of novel hevein-like peptide precursors. Peptides. 2012 Nov;38(1):127-36.

32. Kall L, Krogh A, Sonnhammer EL. Advantages of combined transmembrane topology and signal peptide prediction--the Phobius web server. Nucleic Acids Res. 2007 Jul;35(Web Server issue):W429-32.

33. Quevillon E, Silventoinen V, Pillai S, Harte N, Mulder N, Apweiler R, et al. InterProScan: protein domains identifier. Nucleic Acids Res. 2005 Jul 1;33(Web Server issue):W116-20.

34. Porto WF, Pires AS, Franco OL. CS-AMPPred: An Updated SVM Model for Antimicrobial Activity Prediction in Cysteine-Stabilized Peptides. PLoS One. 2012;7(12):e51444.

35. Porto WF, Fernandes FC, Franco OL. An SVM model based on physicochemical properties to predict antimicrobial activity from protein sequences with cysteine knot motifs. Lecture Notes in Computer Science. 2010;6268:59-62.

36. Thompson JD, Higgins DG, Gibson TJ. CLUSTAL W: improving the sensitivity of progressive multiple sequence alignment through sequence weighting, position-specific gap penalties and weight matrix choice. Nucleic Acids Res. 1994 Nov 11;22(22):4673-80.

37. Wu S, Zhang Y. LOMETS: a local meta-threading-server for protein structure prediction. Nucleic Acids Res. 2007;35(10):3375-82.

38. Eswar N, Webb B, Marti-Renom MA, Madhusudhan MS, Eramian D, Shen MY, et al. Comparative protein structure modeling using MODELLER. Current Protocols in Protein Science. 2007 Nov;Chapter 2:Unit 2 9.

39. Wiederstein M, Sippl MJ. ProSA-web: interactive web service for the recognition of errors in three-dimensional structures of proteins. Nucleic Acids Res. 2007 Jul;35(Web Server issue):W407-10.

40. Laskowski RA, Rullmannn JA, MacArthur MW, Kaptein R, Thornton JM. AQUA and PROCHECK-NMR: programs for checking the quality of protein structures solved by NMR. J Biomol NMR. 1996 Dec;8(4):477-86.

41. Holm L, Rosenstrom P. Dali server: conservation mapping in 3D. Nucleic Acids Res. 2010 Jul;38(Web Server issue):W545-9.

42. Roy A, Yang J, Zhang Y. COFACTOR: an accurate comparative algorithm for structure-based protein function annotation. Nucleic Acids Res. 2012 Jul;40(Web Server issue):W471-7.

43. Zhang Y, Skolnick J. TM-align: a protein structure alignment algorithm based on the TM-score. Nucleic Acids Res. 2005;33(7):2302-9.

44. Berendsen HJC, Postma JPM, van Gunsteren WF, Hermans J. Interaction models for water in relation to protein hydration. In: Pullman B, editor. Intermolecular Force. Dordrecht: Reidel; 1981. p. 331-42.

45. Darden T, York D, Pedersen L. Particle mesh Ewald: an N long (N) method for Ewald sums in large systems. The Journal of Chemical Physics. 1993;98:10089-92.

46. Miyamoto S, Kollman PA. SETTLE. An analytical version of the SHAKE and RATTLE algorithm for rigid water models. Journal of Computational Chemistry. 1992;13(8):1463-72.

47. Hess B, Bekker H, Berendsen HJC. LINCS. A linear constant solver for molecular simulations. Journal of Computational Chemistry. 1997;18(12):1463-72.

48. Bruce C, Stone K, Gulcicek E, Williams K. Proteomics and the analysis of proteomic data: 2013 overview of current protein-profiling technologies. Current Protocols in Bioinformatics. 2013 Mar;Chapter 13:Unit 13 21.

49. Rotilio D, Della Corte A, D'Imperio M, Coletta W, Marcone S, Silvestri C, et al. Proteomics: bases for protein complexity understanding. Thrombosis Research. 2012 Mar;129(3):257-62.

50. Westbrook JA, Yan JX, Wait R, Welson SY, Dunn MJ. Zooming-in on the proteome: very narrow-range immobilised pH gradients reveal more protein species and isoforms. Electrophoresis. 2001 Aug;22(14):2865-71.

51. Brennan P, Shore AM, Clement M, Hewamana S, Jones CM, Giles P, et al. Quantitative nuclear proteomics reveals new phenotypes altered in lymphoblastoid cells. Proteomics – Clinical Applications. 2009;3(3):359-69.

52. Choudhary C, Mann M. Decoding signalling networks by mass spectrometry-based proteomics. Nature reviews Molecular cell biology. 2010 Jun;11(6):427-39.

53. Brewis IA, Brennan P. Proteomics technologies for the global identification and quantification of proteins. Advances in Protein Chemistry and Structural Biology. 2010;80:1-44.

54. Steen H, Mann M. The ABC's (and XYZ's) of peptide sequencing. Nature reviews Molecular Cell Biology. 2004 Sep;5(9):699-711.

55. Rabilloud T. Membrane proteins and proteomics: love is possible, but so difficult. Electrophoresis. 2009 Jun;30 Suppl 1:S174-80.

56. Griffin TJ, Goodlett DR, Aebersold R. Advances in proteome analysis by mass spectrometry. Current Opinion in Biotechnology. 2001 Dec;12(6):607-12.

57. Shevchenko A, Wilm M, Vorm O, Mann M. Mass spectrometric sequencing of proteins silver-stained polyacrylamide gels. Analytical Chemistry. 1996 Mar 1;68(5):850-8.

58. Miller I, Crawford J, Gianazza E. Protein stains for proteomic applications: which, when, why? Proteomics. 2006 Oct;6(20):5385-408.

59. Gorg A, Weiss W, Dunn MJ. Current two-dimensional electrophoresis technology for proteomics. Proteomics. 2004 Dec;4(12):3665-85.

60. Neuhoff V, Arold N, Taube D, Ehrhardt W. Improved staining of proteins in polyacrylamide gels including isoelectric focusing gels with clear background at nanogram sensitivity using Coomassie Brilliant Blue G-250 and R-250. Electrophoresis. 1988 Jun;9(6):255-62.

61. Berggren K, Chernokalskaya E, Steinberg TH, Kemper C, Lopez MF, Diwu Z, et al. Background-free, high sensitivity staining of proteins in one- and two-dimensional sodium dodecyl sulfate-polyacrylamide gels using a luminescent ruthenium complex. Electrophoresis. 2000 Jul;21(12):2509-21.

62. Berggren KN, Schulenberg B, Lopez MF, Steinberg TH, Bogdanova A, Smejkal G, et al. An improved formulation of SYPRO Ruby protein gel stain: comparison with the original formulation and with a ruthenium II tris (bathophenanthroline disulfonate) formulation. Proteomics. 2002 May;2(5):486-98.

63. Unlu M, Morgan ME, Minden JS. Difference gel electrophoresis: a single gel method for detecting changes in protein extracts. Electrophoresis. 1997 Oct;18(11):2071-7.

64. Sapra R. The Use of Difference In-Gel Electrophoresis for Quantitation of Protein Expression. In: Lipton M, Paša-Tolic L, editors. Mass Spectrometry of Proteins and Peptides. Methods In Molecular Biology. Totowa: Humana Press; 2009. p. 93-112.

65. Tonge R, Shaw J, Middleton B, Rowlinson R, Rayner S, Young J, et al. Validation and development of fluorescence two-dimensional differential gel electrophoresis proteomics technology. Proteomics. 2001 Mar;1(3):377-96.

66. Shevchenko A, Tomas H, Havlis J, Olsen JV, Mann M. In-gel digestion for mass spectrometric characterization of proteins and proteomes. Nature Protocols. 2006;1(6):2856-60.

67. Shevchenko A, Loboda A, Ens W, Schraven B, Standing KG. Archived polyacrylamide gels as a resource for proteome characterization by mass spectrometry. Electrophoresis. 2001 Apr;22(6):1194-203.

68. Duncan MW, Aebersold R, Caprioli RM. The pros and cons of peptide-centric proteomics. Nature Biotechnology. 2010 Jul;28(7):659-64.

69. Santa T. Derivatization in liquid chromatography for mass spectrometric detection. Drug Discoveries & Therapeutics. 2013 Feb;7(1):9-17.

70. Aebersold R, Mann M. Mass spectrometry-based proteomics. Nature. 2003 Mar 13;422(6928):198-207.

71. Washburn MP, Wolters D, Yates JR, 3rd. Large-scale analysis of the yeast proteome by multidimensional protein identification technology. Nature Biotechnology. 2001 Mar;19(3):242-7.

72. Yates JR, Ruse CI, Nakorchevsky A. Proteomics by mass spectrometry: approaches, advances, and applications. Annual Review of Biomedical Engineering. 2009;11:49-79.

73. Hodges RS, Burke TW, Mant CT. Preparative purification of peptides by reversed--phase chromatography. Sample displacement mode versus gradient elution mode. Journal of Chromatography. 1988 Jul 1;444:349-62.

74. Hodges RS, Burke TW, Mant CT. Multi-column preparative reversed-phase sample displacement chromatography of peptides. Journal of Chromatography. 1991 Jul 12;548(1-2):267-80.

75. Srajer Gajdosik M, Clifton J, Josic D. Sample displacement chromatography as a method for purification of proteins and peptides from complex mixtures. Journal of Chromatography A. 2012 May 25;1239:1-9.

76. Di Palma S, Hennrich ML, Heck AJ, Mohammed S. Recent advances in peptide separation by multidimensional liquid chromatography for proteome analysis. Journal of Proteomics. 2012 Jul 16;75(13):3791-813.

77. Guo D, Mant CT, Taneja AK, Parker JMR, Rodges RS. Prediction of peptide retention times in reversed-phase high-performance liquid chromatography I. Determination of retention coefficients of amino acid residues of model synthetic peptides. Journal of Chromatography A. 1986;359(0):499-518.

78. Shen Y, Zhang R, Moore RJ, Kim J, Metz TO, Hixson KK, et al. Automated 20 kpsi RPLC-MS and MS/MS with chromatographic peak capacities of 1000-1500 and capabilities in proteomics and metabolomics. Analytical Chemistry. 2005 May 15;77(10):3090-100.

79. Wilkins JA, Xiang R, Horvath C. Selective enrichment of low-abundance peptides in complex mixtures by elution-modified displacement chromatography and their identification by electrospray ionization mass spectrometry. Analytical Chemistry. 2002 Aug 15;74(16):3933-41.

80. Ficarro SB, Zhang Y, Lu Y, Moghimi AR, Askenazi M, Hyatt E, et al. Improved electrospray ionization efficiency compensates for diminished chromatographic resolution and enables proteomics analysis of tyrosine signaling in embryonic stem cells. Analytical Chemistry. 2009 May 1;81(9):3440-7.

81. Wang X, Stoll DR, Carr PW, Schoenmakers PJ. A graphical method for understanding the kinetics of peak capacity production in gradient elution liquid chromatography. Journal of Chromatography A. 2006 Sep 1;1125(2):177-81.

82. Dizdaroglu M, Krutzsch HC. Comparison of reversed-phase and weak anion-exchange high-performance liquid chromatographic methods for peptide separations. Journal of Chromatography. 1983 Jul 15;264(2):223-9.

83. Isobe T, Takayasu T, Takai N, Okuyama T. High-performance liquid chromatography of peptides on a macroreticular cation-exchange resin: application to peptide mapping of Bence--Jones proteins. Analytical Biochemistry. 1982 May 15;122(2):417-25.

84. Gilar M, Olivova P, Daly AE, Gebler JC. Orthogonality of separation in two-dimensional liquid chromatography. Analytical Chemistry. 2005 Oct 1;77(19):6426-34.

85. Dizdaroglu M. Weak anion-exchange high-performance liquid chromatography of peptides. Journal of Chromatography A. 1985;334(0):49-69.

86. Matsuoka K, Taoka M, Isobe T, Okuyama T, Kato Y. Automated high-resolution two-dimensional liquid chromatographic system for the rapid and sensitive separation of complex peptide mixtures. Journal of Chromatography A. 1990;515(0):313-20.

87. Holland LA, Jorgenson JW. Separation of nanoliter samples of biological amines by a comprehensive two-dimensional microcolumn liquid chromatography system. Analytical Chemistry. 1995 Sep 15;67(18):3275-83.

88. Dai J, Wang LS, Wu YB, Sheng QH, Wu JR, Shieh CH, et al. Fully automatic separation and identification of phosphopeptides by continuous pH-gradient anion exchange online coupled with reversed-phase liquid chromatography mass spectrometry. Journal of Proteome Research. 2009 Jan;8(1):133-41.

89. Hennrich ML, Groenewold V, Kops GJPL, Heck AJR, Mohammed S. Improving Depth in Phosphoproteomics by Using a Strong Cation Exchange-Weak Anion Exchange-Reversed Phase Multidimensional Separation Approach. Analytical Chemistry. 2011 Sep 15;83(18):7137-43.

90. Xu C, Ma B. Software for computational peptide identification from MS-MS data. Drug Discovery Today. 2006 Jul;11(13-14):595-600.

91. Perkins DN, Pappin DJ, Creasy DM, Cottrell JS. Probability-based protein identification by searching sequence databases using mass spectrometry data. Electrophoresis. 1999 Dec;20(18):3551-67.

92. Eng JK, McCormack AL, Yates Iii JR. An approach to correlate tandem mass spectral data of peptides with amino acid sequences in a protein database. Journal of the American Society for Mass Spectrometry. 1994;5(11):976-89.

93. Craig R, Beavis RC. TANDEM: matching proteins with tandem mass spectra. Bioinformatics. 2004 June 12, 2004;20(9):1466-7.

94. Geer LY, Markey SP, Kowalak JA, Wagner L, Xu M, Maynard DM, et al. Open Mass Spectrometry Search Algorithm. Journal of Proteome Research. 2004 Oct 1;3(5):958-64.

95. Zhang N, Aebersold R, Schwikowski B. ProbID: A probabilistic algorithm to identify peptides through sequence database searching using tandem mass spectral data. Proteomics. 2002;2(10):1406-12.

96. Field HI, Fenyö D, Beavis RC. RADARS, a bioinformatics solution that automates proteome mass spectral analysis, optimises protein identification, and archives data in a relational database. Proteomics. 2002;2(1):36-47.

97. Nesvizhskii AI, Vitek O, Aebersold R. Analysis and validation of proteomic data generated by tandem mass spectrometry. Nature Methods. 2007 Oct;4(10):787-97.

METABOLÔMICA E REDES BIOQUÍMICAS GLOBAIS: FUNDAMENTOS, MÉTODOS E APLICAÇÕES

Sonia Elisabete Alves Will
Durvanei Augusto Maria

15.1 INTRODUÇÃO

A metabolômica foi introduzida por Roger Williams no final de 1940, com o conceito de que os indivíduos podem ter um "perfil metabólico" que poderia ser refletido na composição de seus fluidos biológicos. Os trabalhos iniciais reportavam o uso de espectrometria de massas com ionização branda (*soft ionization mass spectrometry* – SIMS)[1], cromatografia gasosa acoplada à espectrometria de massas (CG-EM)[2], utilizando a cromatografia em papel para demonstrar padrões metabólicos característicos na urina e saliva e a sua associação a doenças, tais como a esquizofrenia. No entanto, foi somente por meio de avanços tecnológicos nas décadas de 1960 e 1970 que se tornou possível a quantificação e medição dos perfis metabólicos, graças à espectroscopia de ressonância magnética nuclear (RMN)[3]. O termo "perfil metabólico" foi introduzido por Horning et al. (1971) depois de terem monitorado por cromatografia gasosa acoplada à espectrometria de massa (CG-EM) os metabólitos presentes na urina humana e em extratos de tecido[4,5,6]. Vários bancos de dados metabolômicos têm sido desenvolvidos, como o Metabolite Humans[*]. Em 2005, foi desenvolvido no laboratório Siuzdak no The Scripps Research Institute o primeiro banco de dados *web* do perfil metabólico, METLIN[**], e MetaCyc[***] para a caracterização de metabólitos humanos, contendo mais de 10 mil metabólitos, assim como a disposição de dados de espectrometria de massa em sequência. Esses bancos de dados fornecem grandes recursos para monitorar componentes químicos celulares dentro de um contexto biológico. No entanto, ainda falta uma plataforma experimental para o levantamento metabolômico de forma tão abrangente quanto as tecnologias de sequenciamento genômico e transcriptômico. O primeiro esboço do metaboloma humano foi concluído em 23 de janeiro de 2007: o projeto Metaboloma Humano, liderado por David Wishart, da Universidade de Alberta, no Canadá, composto de uma base de dados de cerca de 2.500 metabólitos, 1.200 medicamentos e 3.500 componentes alimentares[7,8]. No relatório de 2012, METLIN demonstrou conter mais de 60 mil metabólitos, bem como o maior repositório de dados de espectrometria de massa em tandem em metabolômica.

Metabolômica é um termo recente, introduzido nos anos 2000 por Oliver Fiehn e colaboradores, e que vem sendo muito utilizado nesta era "OMICs", de genômica, transcriptômica, proteômica, dentre outras (Figura 15.1)[9].

Diferentemente do transcriptoma e proteoma, a identificação molecular dos metabólitos não pode ser deduzida a partir da informação genômica[10]. Então, a identificação e quantificação dos metabólitos necessitam de uma instrumentação sofisticada, como a espectrometria de massas (EM), a espectroscopia de ressonância magnética nuclear (RMN) e a fluorescência induzida por *laser* (LIF). A seleção otimizada dos metabólitos depende dos objetivos do estudo e é normalmente o ajuste entre sensibilidade, seletividade e a rapidez. A RMN é altamente seletiva, não destrutiva, porém possui baixa sensibilidade[11]; já o LIF é a mais sensível das técnicas, mas não possui seletividade química, o que é essencial para a identificação estrutural. Em contraste, EM oferece uma boa combinação de seletividade e sensibilidade[10].

---

* Ver HMDB: <http://www.hmdb.ca/>.
** Ver: <http://metlin.scripps.edu>.
*** Ver: <http://www.metacyc.org>.

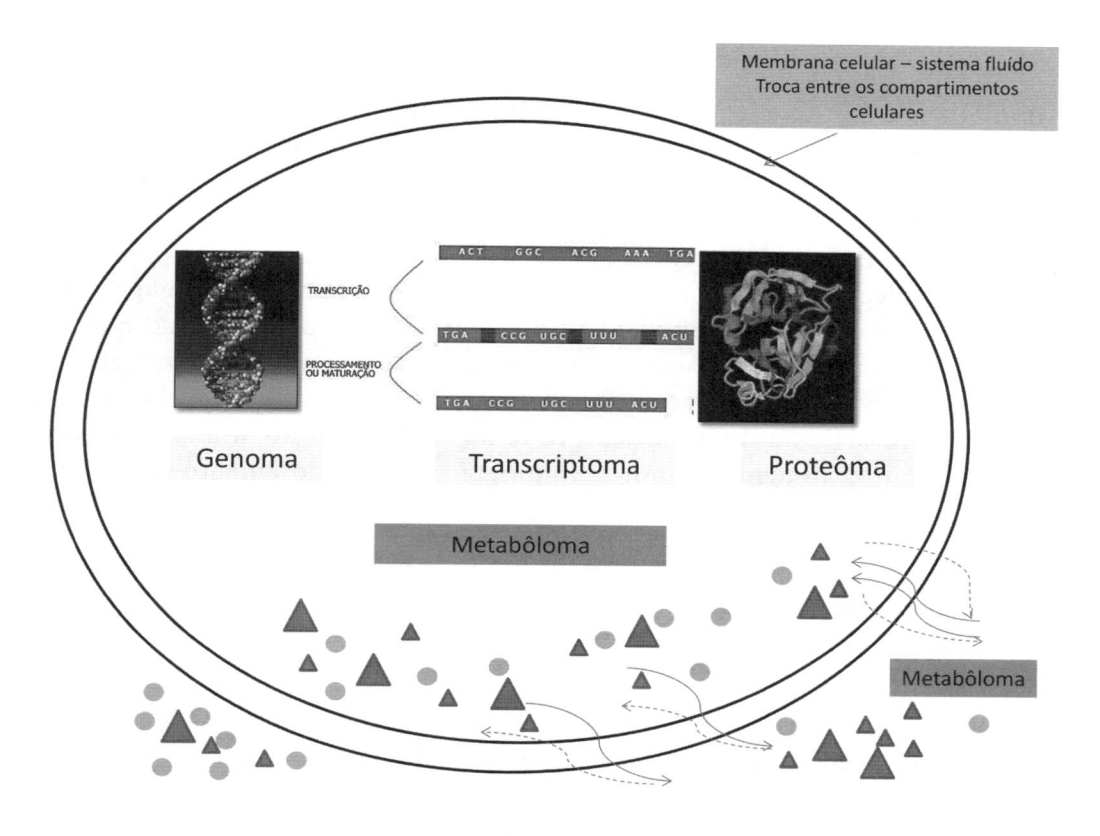

Figura 15.1 Esquema das plataformas de análises "OMICs" e suas correlações na biologia de sistemas.

É consenso que várias cópias de RNA mensageiro podem se formar a partir de um gene, várias proteínas de um único RNA e vários metabólitos podem ser formados a partir de uma enzima, porque muitas enzimas podem possuir afinidade a diversos substrato, embora as enzimas geralmente apresentem alta seletividade. Os perfis globais do genoma, dos transcritos e das proteínas estão baseados em análises químicas de sequências-alvos compostas por 4 nucleotídeos diferentes (genoma e transcriptoma) ou 22 aminoácidos (proteoma). Esses compostos são quimicamente semelhantes e facilitam a abordagem analítica de alto rendimento. Ao contrário, no perfil metabólico existe, no entanto, uma grande variação nas estruturas químicas e propriedades funcionais. Assim, o metaboloma consiste na determinação de compostos químicos iônicos extremamente diversificados, de espécies inorgânicas hidrofílicas, hidratos de carbono, álcoois voláteis e cetonas, ácidos orgânicos e aminoácidos, hidrofóbicos lipídios, e produtos naturais complexos. Essa complexidade torna praticamente impossível determinar, simultaneamente, os metabólitos e seus produtos intermediários. Portanto, o metaboloma tem sido estudado com a preparação de amostras eficientes e com extrações seletivas associadas a diferentes técnicas analíticas para atingir o máximo de informações.

A maioria das funções celulares é coordenada pelos princípios químicos em nível molecular; os compostos simples no interior da célula podem afetar profundamente a nossa biologia. Estudos recentes têm demonstrado que as alterações no metaboloma correlacionam-se com o início e progressão da doença, com o envelhecimento e com diversas condições de adversas no crescimento injúrias e na diferenciação celular[12,13]. Além disso, a manipulação dos metabólitos alimentares, por exemplo, tais como esgotamento de serina, pode ser utilizada para reduzir o crescimento de tumores[14].

15.2 METABOLOMA

O termo metaboloma refere-se a todo o conjunto de pequenas moléculas de metabólitos (hormônios, moléculas de sinalização e metabólitos secundários) que se encontram no interior de uma célula, em secreções, tecidos, órgãos ou organismo[15,16].

O tamanho do metaboloma varia muito, pois depende do organismo estudado. O *Saccharomyces cerevisiae*, por exemplo, contém aproximadamente seiscentos metabólitos identificados até o momento, enquanto as plantas têm, aproximadamente, 200 mil metabólitos primários e secundários[17].

O metaboloma é um sistema capaz de detectar qualitativamente e quantitativamente o perfil de todos os metabólitos de baixa massa molecular (massa molecular inferior a 1.000 Daltons – Da), presentes nas células e ou secreções que participam de reações metabólicas ou compostos intermediários, necessários para a manutenção, crescimento e ativação de vias de sinalização celular. Em sua maioria, os metabólitos intracelulares produzidos estão envolvidos na regulação de várias reações bioquímicas, e estes são capazes de estabelecer ligações entre as diferentes vias metabólicas, que no seu conjunto constituem a rede de sinalização metabólica celular, importante na regulação do crescimento, diferenciação e morte celular[18].

As abrangências da análise quantitativa de todos os metabólitos contribuem para o entendimento desses sistemas, uma vez que este tipo de análise revela o metaboloma do sistema biológico em estudo. O poder do método de escolha para a resolução do analito deve ser suficientemente elevado para manter a sensibilidade, a seletividade, a independência da matriz e sua universalidade. Um número de diferentes abordagens metabolômicas pode ser aplicado, algumas mais evidentes, como o aumento de fluxos de vias metabólicas obtidas por manipulação de engenharia de metabólitosou genômica, como por exemplo o melhoramento genético aplicado para o aumento do valor nutritivo dos alimentos ou a produção de fármacos em plantas. Outras aplicações do perfil metabólico seriam na equivalência de organismos geneticamente modificados, metabólitos produzidos em sistemas de culturas celulares, e, finalmente, em análises de amostras biológicas de metabólitos ativos de pequena massa molecular para a descoberta de drogas em tecidos normais e em condições patológicas[19,20].

Na análise metabolômica, métodos adequados para a preparação de amostras são de extrema importância. Os níveis de detecção de cada metabólito devem refletir a resposta final de um sistema biológico para um ambiente genético ou a sua mudança; o rápido arrefecimento de todos os processos bioquímicos é primordial nesta etapa. Esse passo é muito importante para a análise do metaboloma porque as concentrações do metabólito devem refletir rapidamente alterações induzidas por qualquer variação no ambiente da célula. Por exemplo, em *Saccharomyces cerevisiae* em crescimento em anaerobiose e meio contendo glicose, o tempo de meia-vida intracelular dessa via metabólica é da ordem de um segundo ou menos, ou seja, a glicose contida no citosol é convertida a uma taxa de cerca de 1 mM/s, para a formação do ATP que leva cerca de 1,5 mM/s. Além disso, para uma análise de metabólitos extracelulares é importante bloquear a atividade celular; no entanto, em geral, a sua meia-vida neste sistema é mais longa do que para os metabólitos intracelulares. Neste sistema, é necessário separar a fase celular a partir do meio extracelular dos metabólitos do meio intracelulare, se os metabólitos do meio intracelular os quais podem ser extraídos, em seguida, armazenados para que ocorram perdas mínimas, ou ainda não provoquem a degradação ou outras conversões bioquímicas.

15.3 METABÓLITOS

Dentro do contexto da metabolômica, um metabólito é geralmente definido como qualquer molécula menor que 1 kDa de massa molecular. O grau de diversidade é indicado pelas análises de metabólitos orgânicos com baixa massa molecular, polares e voláteis, como etanol e isopreno, até análises de metabólitos com maiores massas moleculares, polares (como os carboidratos) e não polares (como os terpenóides e os lipídios)[17]. Entretanto, há exceções dependendo da amostra e do método de detecção. Por exemplo, macromoléculas, tais como albumina e lipoproteínas são detectadas com confiabilidade em estudos de plasma sanguíneo com base em metaboloma de RMN[22]. Em análises metabolômicas de plantas, é comum referir-se a metabólitos "primários" e "secundários". Um metabólito primário está diretamente envolvido no crescimento normal, desenvolvimento e reprodução. Um metabólito secundário não está diretamente envolvido nesses processos, mas geralmente tem função ecológica importante. São exemplos os antibióticos e os pigmentos[23]. Por outro lado, em metabolômica de células de humanos é comum a descrição de metabólitos endógenos ou exógenos[24]. Os metabólitos de substâncias estranhas, tais como as drogas, são denominados de xenometabólitos[25].

Extrações de metabólitos intracelulares tornam-se acessíveis a vários métodos analíticos. No entanto, os procedimentos de extração são frequentemente os mais demorados para a análise deste perfil, e é virtualmente impossível evitar perdas por causa de diversos fatores, particularmente, devido à variabilidade química dos diferentes metabólitos. Durante a extração de metabólitos intracelulares ocorre baixa reprodutibilidade para qualquer método analítico. Além disso, em sua maioria os métodos de extração disponíveis produzem altas diluições da amostra, que resultam em concentrações ainda menores de metabólitos; assim, uma etapa de concentração é necessária.

15.3.1 Preparação das amostras

A primeira etapa de preparação das amostras é a inativação da atividade inerente à amostra biológica. As amostras de células ou tecidos de diferentes espécies devem ser imediatamente congeladas e mantidas em nitrogênio, ou inativadas por tratamentos com ácidos, como o nítrico ou o perclórico. No entanto, os tratamentos ácidos causam grandes problemas para vários métodos analíticos. De maneira geral o congelamento em *containers* com nitrogênio líquido é considerado a melhor maneira de neutralizar a atividade enzimática. Entretanto, cuidados devem ser tomados com o processo de descongelamento, para que não ocorra o descongelamento parcial do tecido antes da extração dos metabólitos. Este problema pode ser contornado utilizando-se a liofilização não aquosa fracionada (que impede a ativação funcional tanto da enzima, quanto do seu transportador), ou ainda a adição imediata de solventes orgânicos e a aplicação de calor, que inibe a recuperação da atividade enzimática.

Estratégias para a preparação das amostras devem ser adotadas e dependem do objetivo da análise: (i) a temperatura e a extração são combinadas, normalmente, quando o processo de temperatura resulta na extração parcial dos metabólitos intracelulares, decorrente da ruptura da parede ou membrana celular. Neste caso, os metabólitos intracelulares e extracelulares serão analisados em conjunto; (ii) quando a temperatura de separação da biomassa do meio extracelular é seguida pela lavagem e extração dos metabólitos intracelulares. Obviamente, a separação da biomassa a partir do meio extracelular elimina a interferência de compostos extracelulares sobre a análise dos metabólitos intracelulares; no entanto, uma obrigação estrita é uma manutenção da temperatura do método de escolha, o que evita a degradação das células por fatores extrínsecos. Culturas celulares são frequentemente utilizadas em análises metabolômicas pela adição direta de solventes orgânicos a baixa temperatura, sendo mantidas nesta condições durante o seu processamento para a analise metabolômica de todas as condições funcionais da cultura[26,27].

Para amostras de tecidos vegetais, a homogeneização pode representar problemas devido à presença de contaminantes provenientes da área de obtenção da amostragem ou mesmo devido à presença de elementos aferidos na terra, que são diretamente extraídos pelo solvente, ou, ainda, pela dureza das estruturas do vegetal, como, por exemplo, as raízes, que são facilmente trituradas que os tubérculos, que são muito moles. Na bioquímica dos vegetais, a caracterização de uma produção endógena de metabólitos primários e secundários é de interesse para a qualidade de culturas e sua melhoria, bem como para o estudo de processos fisiológicos e ecológicos relacionados ao desenvolvimento[28,29].

Outra maneira é a utilização de solventes orgânicos polares, como álcoois, que são diretamente adicionados ao homogeneizado do tecido congelado para a extração de componentes polares seguido por solventes não polares, tais como o diclorometano, para a obtenção de recuperação suficiente de metabólitos lipofílicos. Qualquer protocolo de preparação da amostra deve, necessariamente, ter uma etapa fundamental entre a recuperação completa de algumas classes de compostos químicos, prevenindo o colapso físico de metabólitos mais instáveis . Por exemplo, os compostos aromáticos necessitam de uma quantidade razoável de energia no sistema, como calor, a fim de aumentar a recuperação a partir de componentes lipofílicos de membranas ou complexos de proteínas, enquanto, para outros compostos, a degradação química pode ocorrer mesmo na extração suave em baixas temperaturas. Além disso, alguns compostos, como poliamidas, necessitam de extrações ácidas eficientes, enquanto compostos ácidos são extraídos em condições com moderada variação do pH. As vitaminas, como tocoferol, são suscetíveis à oxidação, e um grande cuidado deve ser tomado para assegurar a sua quantificação.

Existem diversas técnicas analíticas para detecção e dosagem desses metabólitos. Duas estratégias são abordadas: (i) a análise específica, e (ii) o estudo do perfil metabólico. A análise específica define-se como um estudo quantitativo de um único metabólito ou de um grupo restrito de metabólitos. O estudo do perfil metabolômico avalia um grande número de metabólitos produzidos pela célula ou contidos numa determinada amostra, incluindo aminoácidos, ácidos graxos, carboidratos, vitaminas e lipídios.

As técnicas mais promissoras atualmente utilizadas na quantificação de metabólitos podem essencialmente ser resumidas a duas técnicas analíticas: a espectrometria de massa (EM) e a ressonância magnética nuclear (RMN). A RMN é muito usada na caracterização estrutural de compostos não conhecidos e tem sido aplicada na análise de metabólitos em fluidos biológicos e extratos celulares por não ser invasiva[20]. As vantagens da espectrometria de massa são a alta sensibilidade e o alto rendimento, em combinação com a possibilidade de identificação dos compostos presentes em misturas complexas, como em amostras biológicas, bem como a detecção e, na maior parte dos casos, a identificação de compostos desconhecidos e inesperados. Além disso, a combinação de técnicas de separação por cromatografia de fase gasosa, líquida e a eletroforese capilar associada à espectrometria de massa aumentam significativamente a capacidade da análise química das amostras biológicas altamente complexas.

As informações obtidas dos espectros de massa são relativamente simples, pois demonstram a molécula ionizada e seus fragmentos, cuja resultante final é a soma das massas dos átomos. Em algumas amostras, o espectro de massa é rico em informações analíticas e estruturais. É relativamente fácil manusear os espectros de massas, e existem programas e aplicativos disponíveis que tornam a interpretação dos dados mais fáceis.

15.4 FUNDAMENTOS DA ESPECTROMETRIA DE MASSAS (EM)

A espectrometria de massas (EM) é uma técnica que detecta a razão massa sobre carga (m/z) de íons, os quais são provenientes de uma fonte de ionização. Esta fonte gera íons na fase gasosa, a partir de moléculas neutras ou de moléculas carregadas. Com o decorrer dos anos, a espectrometria de massas vem obtendo grandes avanços, nos campos instrumentais e de aplicação. A partir do desenvolvimento de novos métodos de ionização à temperatura ambiente, uma ampla faixa de compostos químicos passou a ser analisada por espectrometria de massas, desde pequenas moléculas polares até macromoléculas[30].

Existem duas estratégias baseadas em EM para metabolômica: análise direta por MS e análise por MS acoplada a técnicas de separação, como, por exemplo, cromatografia e eletroforese capilar, para análises de metaboloma quimicamente complexo.

15.4.1 GC-MS ou CG-EM, cromatografia gasosa acoplada à espectrometria de massas

GC-MS é um sistema combinado no qual os compostos voláteis e termicamente estáveis são primeiro separados por GC. Em seguida, os compostos de eluição são detectados tradicionalmente pelos espectrômetros de massa de impacto de elétrons. Para a metabolômica, a GC-MS tem sido descrita como o padrão-ouro. No entanto, a maioria dos metabólitos analisados requerem derivatização química no ambiente ou a temperaturas elevadas para proporcionar volatilidade e estabilidade térmica antes da análise. Devido à gama de funcionalidades químicas dos metabólitos, a derivatização ocorre em dois estágios[31]. Em primeiro lugar, os grupos funcionais carbonilo são convertidos em oximas com soluções de O-alquilhidroxilamina, seguidas pela formação de ésteres de trimetilsililo (TMS) com reagentes de sililação (tipicamente N-metil-N-trimetilsilil trifluoroacetamida) , para substituir o próton permutável com grupos TM.

A formação de oxima é necessária para eliminar as reações de sililação lentas e reversíveis indesejáveis com os grupos carbonilo, cujos produtos podem ser termicamente lábeis. Alguns metabólitos contêm um número de prótons permutáveis e, consequentemente, uma gama de produtos de derivatização é formada (por exemplo, aminoácidos e hidratos de carbono irão formar vários produtos de derivatização, ao passo que os ácidos orgânicos reagem frequentemente para criar um único produto detectado). A estabilidade da amostra é uma preocupação. A presença de água pode resultar na quebra dos ésteres TMS (sendo a esterificação uma reação reversível), embora a secagem extensa de amostras e na presença de excesso de reagente de sililação possa limitar este processo. Aplicações de GC-MS são amplas em metabolômica, especialmente porque se trata de uma técnica analítica madura.

As primeiras aplicações de GC-MS em metabolômica podem ser atribuídas a processos de rastreio na urina para indicar a presença de doenças relacionadas com acidemias orgânicas. Mais recentemente, as aplicações em metabolômica de plantas realizadas na Alemanha[31,32], com *Arabidopsis*, batatas[31] e tomates[33] têm sido estudadas para mensurar os efeitos de modificações e estressores genéticos ou ambientais, seja pela análise de metabólitos intracelulares ou metabólitos voláteis, incluindo perfume[34]. Outras aplicações, entre as quais a metabolômica para análises microbianas e diagnóstico clínico, estão empregando GC-MS para analisar amostras de fluidos biológicos[35].

15.4.2 LC-MS ou CL-EM, cromatografia líquida acoplada à espectrometria de massas

A CL-EM, proporciona a separação de metabólitos por cromatografia líquida seguida por ionização por eletropulverização (do inglês *electrospray ionization* – ESI), ou, geralmente inferior, ionização química à pressão atmosférica (*atmospheric pressure chemical ionization* – APCI)[36]. Essa técnica difere da CG-EM de maneiras distintas (temperaturas mais baixas, análise e volatilidade da amostra não obrigatórias), o que simplifica a preparação da amostra. Na maioria das aplicações não farmacêuticas, como microbianas e vegetais, para a descoberta de biomarcadores, as amostras são preparadas após extração intracelular e/ou a precipitação da proteína por diluição em solvente adequado. Em aplicações farmacêuticas, as operações de preparação da amostra podem ser empregadas, incluindo SPE (*solid phase extraction*, extração em fase sólida) ou LLE (*liquid-liquid extraction*, extração líquida-líquida)[36,37]. A derivatização da amostra geralmente não é necessária, embora possa ser benéfica para melhorar a sensibilidade e a resolução cromatográfica[38] ou fornecer grupos ionizáveis a metabólitos contrários indetectáveis por ESI-MS. A instrumentação da eletropulverização opera nos modos de íons positivos e negativos (quer como experiências separadas quer por comutação de polaridade durante a análise) e detecta apenas aqueles metabólitos que podem ser ionizados por adição ou remoção de um próton ou por adição de outras espécies iônicas.

Os metabólitos são geralmente detectados em um dos modos de ionização, e não em ambos. A cobertura do metaboloma de modo mais amplo pode ser obtida por uma análise em ambos os sistemas. A quantificação é feita por calibração externa ou proporção de resposta em aplicações farmacêuticas sobre áreas de pico, que são atualmente empregadas em trabalhos com animais, doenças, plantas e micro-organismos. A identificação de metabólitos é mais demorada. A ESI não resulta em fragmentação de íons moleculares como observado em espectrômetros de massa de impacto de elétrons, de modo que não permite a identificação direta do metabólito por comparação dos espectros de massa ESI, como bibliotecas de espectros de massa ESI não estão geralmente disponíveis, como é o caso para CG-EM.

No entanto, com o uso de medições de massa precisas e/ou EM em tandem (EM/EM) para proporcionar dissociação induzida por colisão (*collision induced dissociation* – CID) e espectrometria de massa associada (EM/EM), torna-se possível a identificação do metabólito[39].

Aplicações de CL-EM em metabolômica estão focadas principalmente em aplicações clínicas. A técnica tem sido utilizada na descoberta de biomarcadores para doenças ou perturbações crônicas no metabolismo tanto de ratos quanto de humanos[36].

15.4.3 DI-MS ou EMID, espectrometria de massa de injeção direta

EMID é uma ferramenta de triagem de alto rendimento, (centenas de amostras por dia, com um tempo de análise de um minuto por aplicação). As amostras de extratos brutos são injetadas ou infundidas para um espectrômetro de massas de eletropulverização, resultante de um espectro de massa por cada amostra, a qual é representativa da composição da amostra. A cobertura do metaboloma, como ocorre na CL-EM, depende da capacidade de ionização do metabólito. O espectro de massa ou a lista de massa (*m/z vs.* resposta) é utilizado para a classificação das amostras. Estudos específicos têm mostrado a presença de supressão da ionização e o seu efeito sobre a sensibilidade (os limites de detecção são medidos micromolares), o que significa que esta é uma triagem, e não uma ferramenta quantitativa.

A eletroforese capilar acoplada à espectrometria de massas (EC-EM) tem um potencial significativo. Nos últimos anos, tanto a separação cromatográfica de alta resolução e métodos de detecção sensíveis demonstraram a capacidade de detectar até 1.600 metabólitos nos modos de íons positivos e negativos.

15.5 FUNDAMENTOS DA ESPECTROSCOPIA POR RESSONÂNCIA MAGNÉTICA NUCLEAR (RMN)

O desenvolvimento da ressonância magnética nuclear (RMN) deveu-se em grande parte ao trabalho de Felix Bloch (1905-1983), da Universidade de Stanford, e de Edward Purcell (1912-1997), da Universidade de Havard, em 1946, ambos vencedores do prêmio Nobel de Física de 1952. O físico Felix Bloch desenvolveu uma técnica não destrutiva para observar e medir as propriedades magnéticas de partículas nucleares, denominada de "indução nuclear". A técnica de indução nuclear é o método de ressonância magnética nuclear, que se tornou notável quando comparada a técnica anterior desenvolvida por Isidor Isaac Rabi, também vencedor do prêmio Nobel de Física, de 1944, pelo método de detecção das propriedades de ressonância magnética de núcleos atômicos.Isidor Isaac Rabi, também participou do desenvolvimento da cavidade de magnetron, responsável pela transformação de energia elétrica em ondas eletromagnéticas, utilizada atualmente em radares e fornos de micro-ondas. Felix Bloch recebeu metade do prêmio Nobel de Física em 1952 pela RMN, dividindo o prêmio com Edward Purcell, que desenvolveu, independentemente, um método similar de análise e detecção de ressonância magnética nuclear.

Na prática, a espectroscopia por RMN é um método rápido e não destrutivo para a análise de amostras *in natura*. É uma importante ferramenta para a determinação de estruturas ao nível atômico, além de propiciar estudos sobre a dinâmica dos mecanismos celulares químicos e bioquímicos e suas interações. Desde os primeiros experimentos nos anos 1940 até os dias de hoje, a RMN tem mostrado uma enorme variabilidade e diversidade de aplicações e possui, sem dúvida, um lugar na ciência moderna, destacando-se as análises nas áreas de física, química, medicina, biologia, agricultura e, mais recentemente, na chamada informação quântica, nova área de pesquisa cujo expoente tecnológico mais popular é o computador quântico, que promete ser mais veloz que seus congêneres atuais.

Em 1924, após a constatação da existência do momento magnético do elétron, o *spin* do elétron, por Stern e Gerlach, vários grupos de pesquisa procuravam verificar se esta propriedade estendia-se para os prótons nucleares. Finalmente, em 1938, Rabi e colaboradores, em duas breves comunicações ao editor do periódico *Physical Reviews*, citavam ter desenvolvido um novo método para a determinação com precisão do momento magnético nuclear (γ) de várias espécies. Em 1939, estes mesmos autores publicaram uma descrição mais detalhada da metodologia, que consistia em medir a uma frequência (ν) proveniente de uma amostra acondicionada em um campo magnético conhecido (Bo), momento de definição da equação fundamental da RMN:

$$\nu = \gamma Bo/2\pi$$

Em núcleos de átomos nos quais o número de nêutrons é par e o número de prótons também é par, estes não possuem momento magnético nuclear. O núcleo atômico é uma partícula carregada, capaz de gerar um campo magnético, permitindo que, sem a aplicação de um campo magnético externo, seus *spins* nucleares sejam aleatórios eproduzem sinais em direções aleatórias. Entretanto, quando um campo magnético externo está presente, os núcleos, subscrevem a favor ou contra a aplicação de um campo magnético externo. O momento magnético nuclear μ é proporcional ao *spin* nuclear I. A constante γ é chamada de fator giromagnético, caraterística específica de cada núcleo. Para o próton, por exemplo, $\gamma = 42,576$ MHz/T $= 2,675 \times 10^4$ Gauss^{-1}.seg^{-1}.

A metodologia da RMN tem como princípio básico o estudo de núcleos com momento magnético não nulo, ou seja, com *spin* I $\neq$ 0. Estes núcleos, portanto, se comportam como pequenos ímãs. Quando são submetidos à aplicação de um campo magnético, alteram-se os níveis de energia do *spin*, o que permite observar, em ressonância, os espectros resultantes das transições entre estes níveis. No entanto, se o pequeno ímã está orientado precisamente em um ângulo de 180 graus na direção oposta, esta posição mais é favorável à orientação seria ao estado de baixa energia e a orientação menos favorável do estado de alta energia. Esta descrição de dois estados de orientação é apropriada para a maioria dos núcleos de interesse biológico, incluindo ^{1}H, ^{13}C, ^{15}N, ^{19}F, ^{31}P, e vale para todos aqueles que têm o número quântico de *spin* nuclear I = 1/2. O I= ao *quantum* de exigência mecânica de qualquer *spins* nucleares de um núcleo com I = l/2 que possa ter um ou dois estados energéticos (e nada entre eles) presentes no campo magnético. É importante ressaltar a importância dos isótopos mais comuns de carbono, nitrogênio e oxigênio (^{12}C, ^{14}N e ^{16}O) não apresentam uma rotação nuclear. Portanto partículas com *spins* em sentidos opostos cancelam-se em valor. O *spin* total de uma rede de núcleos depende do número de partículas que não se cancelam, sendo o seu valor sempre múltiplo de ½ (Figura 15.2).

Neste sistema, um feixe de átomos contendo núcleos magnéticos, quando submetido a um campo magnético externo aplicado em uma dada direção (z), apresenta uma absorção de energia, com frequências dentro do espectro de radiofrequências (RF). Em 1945, Purcell, Pond e Torrey, estudando os átomos de hidrogênio na parafina, desde o fornecimento de prótons de um ímã, criaram a diferença de energia entre as orientações de *spin* paralelos e antiparalelos. Descreveram a seguinte relação entre as populações dos dois estados energéticos: hv/kT, sendo (h) a constante de Planck (utilizada na determinação da energia quântica de um fóton), (n) a constante de

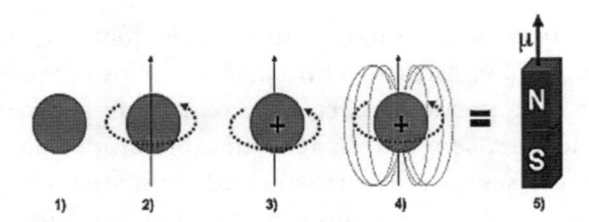

Figura 15.2 (1) Próton visto como uma esfera; (2) próton em sua rotação (*spin*); (3) próton carregado positivamente, capaz de gerar um campo magnético; (4) campo magnético e a formação de um dipolo magnético; (5) definição de um momento magnético (μ).

Boltzmann (comportamento físico da distribuição de partículas em função da temperatura e energia) e (T) a temperatura. Notaram também que, após um determinado tempo sob a ação da radiofrequência, a amostra atinge o equilíbrio entre os estados populacionais, estado conhecido como saturação. Neste ponto o sinal não era mais notado e a saturação poderia permanecer por muitas horas até que o sistema relaxasse voltando ao estado inicial[40].

Em 1946, Bloch, Hansey e Packard[41] utilizaram a radiofrequência para determinar o momento magnético de uma amostra de água e, além disso, adicionaram compostos paramagnéticos a essa amostra, o que diminuiria o tempo necessário para que esta retornasse ao equilíbrio térmico. Suas experiências definiram que um próton tem um momento angular intrínseco, ou rotação, sobre um eixo e um momento magnético associado a esta rotação (Figura 15.3). Quando é colocado num campo magnético, um componente do *spin* aponta paralelo ou antiparalelo ao campo magnético com magnitude de h/4π. Estas duas orientações de rotação formam um sistema de dois níveis, ou seja, um sistema que tem dois estados e uma diferença de energia definida, ou separação, entre eles. Aqui, a orientação antiparalela tem maior energia. A frequência de ressonância, por sua vez, depende da força do campo magnético e da região do espectro da radiofrequência (cerca de 30 MHz) em um campo magnético relativamente forte (cerca de 7.000 Gauss)[41].

Em 1947, Bloomberg Bloembergen, Pound e Purcell[42] mostraram que em um campo magnético estático, sob a ação da radiofrequência obedecendo à equação que relaciona a frequência aplicada (V1) necessária para provocar a transição entre os estados de energia e a intensidade do campo magnético (B0), assim as transições de um determinado núcleo obedecem a regra de transição: Δmi = ±1 para -I ≤ mi ≤ + I, sendo (I) o número quântico de *spin* nuclear e mi = *spin* do próton. A troca de energia entre um sistema de *spins* nucleares submetidos a um forte campo magnético, e a energia que contém o núcleo magnético,

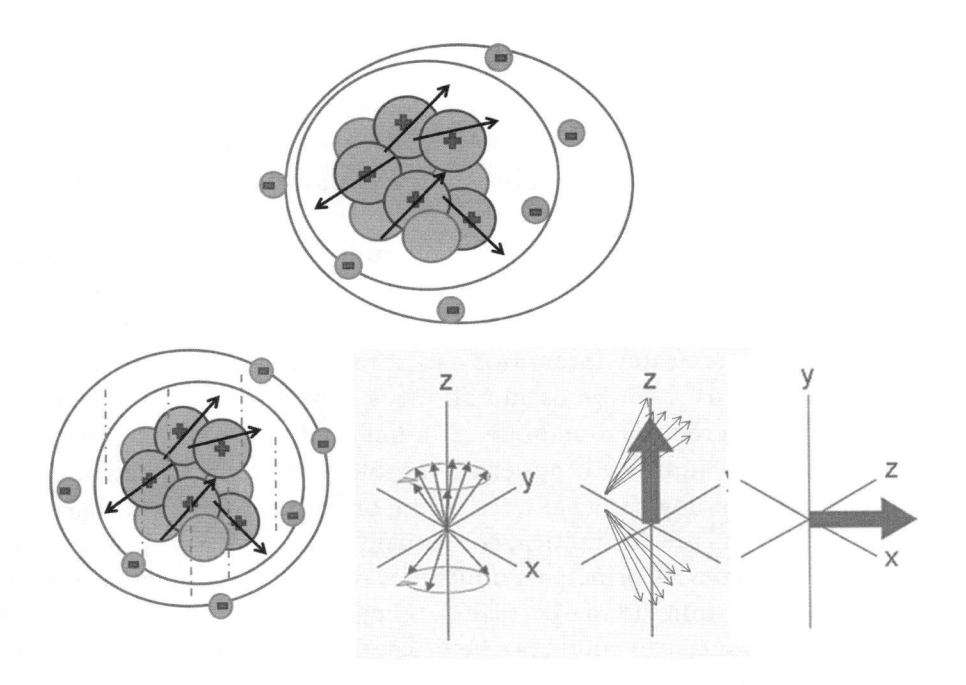

Figura 15.3 Esquema representativo orientação do momento magnético (μ), em função do *spin*.

serve para gerar um sistema de rotação em equilíbrio a uma determinada temperatura. Nesta condição, o sistema pode absorver a energia aplicada de um campo de radiofrequência. Com a absorção de energia, no entanto, a temperatura tende a aumentar a rotação e a diminuir a velocidade de absorção. Através deste efeito de "saturação" e, em alguns casos, por um método mais direto, o tempo de relaxamento da rede de *spin* (T1) pode ser medido[42].

Em circunstâncias particulares, o espectro de RMN ^{1}H é insuficiente por si só para a caracterização de um metabólito. Esta limitação é decorrente da presença de analitos que contêm grupos funcionais deficientes em prótons, ou quando há trocas com o solvente; os sinais gerados são alargados, distorcendo a qualidade do perfil. Alternativamente, outros núcleos também podem ser usados ; como ^{13}C, que apresenta sensibilidade relativamente baixa, em torno de micromolar (μmol) a milimolar (mmol). A espectroscopia de RMN é uma impressão digital (*fingerprinting*) de alto rendimento. As amostras em bruto são misturadas a um padrão de referência, por exemplo, tetrametilsilano dissolvido em agua deuterada (D_2O) e adicionadas a uma sonda de RMN (geralmente, em volume menor que 2 mL), colocadas no aparelho e posteriormente analisadas.

Embora inicialmente a determinação do perfil metabólito fosse aplicada a fins médicos e de diagnóstico[4], bem como à caracterização fenotípica, esforços recentes foram realizados para o desenvolvimento de métodos que determinem o maior número de metabólitos intracelulares e suas relações com a genômica funcional[43].

Os espectros obtidos são complexos, com milhares de sinais relativos aos metabólitos. Para o processamento de dados, o espectro é geralmente dividido em intervalos de desvios químicos com larguras de 0,02 ppm a 0,04 ppm. Todos os sinais nestes intervalos são somados, e os desvios químicos podem ser atribuídos a todos os metabólitos específicos e ao metabólito puro (padrão de referência), que pode ser adicionado para que se obtenham esclarecimentos e se aumente o poder de resolução de cada espectro.

Em preparações biológicas a caracterização, organização e as vias metabólicas, incluindo a atividade enzimática, constituem um importante problema em bioquímica e fisiologia. As principais limitações para esta abordagem resultam em grande parte da dificuldade de transferência dos resultados obtidos em experiências com células em condições heterogêneas de oxigenação, nutrientes, variações hormonais e fatores imunológicos decorrentes das interações existentes entre estes sistemas. A troca química é vital para as análises de amostras biológicas obtidas por RMN. Os parâmetros de ressonância magnética nuclear podem ser afetados por núcleos gastos, ou seja, aqueles que em decorrência do tempo ou do ambiente realizaram trocas. Um exemplo frequente é a troca fornecida por ^1H de moléculas contendo grupos hidroxil, amino ou amida, em meio aquoso. Geralmente, os prótons pertencentes a estes grupos funcionais trocam rapidamente com prótons de moléculas de H_2O, que têm apenas um único sinal de ressonância médio e que são vistos por estes prótons permutáveis. As moléculas de H_2O estão geralmente presentes em grande quantidade, as propriedades dos sinais dos espectros de ressonância são ponderadas. Deve notar-se, no entanto, que, em proteínas e ácidos nucleicos, a conformação estrutural complexa impede a troca, permitindo, assim, que os sinais destes prótons ocultos "trocáveis" sejam observados. A observação de sinais de prótons de aminas presentes em proteínas, por exemplo, é de valor inestimável para determinar as partes da molécula que podem ser expostas ao solvente. A observação de sinais de aminas presentes em ácidos nucleicos demonstra igualmente a estabilidade de formação de pares de base. Outro exemplo de permuta é a de uma molécula pequena que pode passar uma parte do seu tempo livre em solução e parte ligada a uma estrutura macromolecular transportadora.

Novas abordagens para a investigação da bioquímica em células normais e transformadas foram recentemente realizadas pelas técnicas espectroscópicas por RMN e combinadas com as técnicas de alta resolução e sensibilidade de análises *in vivo* por RMN. Abriram-se novos caminhos para investigar as alterações bioquímicas que ocorrem em diversas doenças[44].

Um grande esforço está sendo dedicado a caracterizar e quantificar, de forma sistemática, os metabólitos em sistemas biológicos e as suas interações. A espectroscopia de RMN ^{1}H é potencialmente uma técnica muito útil, uma vez que, em princípio, qualquer espécie química que contém prótons dá origem aos sinais. Por isso, pode ser usada como uma técnica de detecção metabólica rápida, capaz de detectar uma grande variedade de metabólitos de um modo não específico. O "perfil" de cada espectro de RMN compreende os picos que, para um dado solvente, aparecem nas frequências características. Nos extratos brutos biológicos, no entanto, existem diversos picos, conduzindo a sinais sobrepostos e fazendo com que os perfis sejam de alta complexidade: estes são, por vezes, chamados de "impressões digitais". A RMN bidimensional é muitas vezes necessária para atribuir os sinais, embora os perfis unidimensionais sejam de grande valor e utilizados na medicina[45].

Em geral, o exame visual é insuficiente para avaliar completamente toda uma série desses perfis. Uma abordagem possível para realizar esta análise é reunir informações (por exemplo, integrar as áreas dos picos individuais). Por exemplo, o cálculo dos coeficientes de variação ou a realização de uma análise de variância (ANOVA) devem ser aplicados. Uma segunda abordagem possível é olhar para o perfil dos metabólitos como um conjunto de variáveis , usando métodos multivariados, por exemplo, a análise de componentes principais (*principal component analysis* – PCA) adequada às análises exploratórias das impressões digitais de metabólitos. Os primeiros exemplos nos quais esta abordagem foi utilizada na medicina para análise espectral RMN ^{1}H incluem o trabalho da classificação de tumor por Howells et al., em 1992. Nesse estudo, foram analisados os espectros RMN ^{1}H de extratos de ácido perclórico de três tecidos normais (fígado, rim e baço) e cinco tumores de rato (prolactinoma GH3, hepatomas Moris-7777 e 9618a, fibrossarcoma LBDS1 e carcinossarcoma de mama de ratas Walker-256). Foram aplicados diferentes métodos quimiométricos para analisar os dados: primeiramente, a análise de componentes principais, análise de grupos ou *clusters*, e uma rede neural artificial otimizada para desenvolver uma regra de classificação a partir de um conjunto de treinamento de amostras de origem conhecida ou classe. A regra de classificação foi, em seguida, avaliada utilizando um conjunto de amostras desconhecidas. Em segundo lugar, foram utilizadas as técnicas quimiométricas de análise fatorial seguidas de teste-alvo para investigar as diferenças bioquímicas subjacentes, que são detectadas entre as classes das amostras[46].

Quando aplicadas à pesquisa de alimentos, essas técnicas foram consideradas adequadas para analisar os espectros de RMN, por exemplo, para classificar os vinhos e para caracterizar o suco de laranja[47,48].

Resumidamente, os prótons, quando submetidos a um campo magnético intenso, produzem uma magnetização líquida (M) paralela ao eixo do campo magnético, que cresce exponencialmente a partir do valor inicial de zero a um valor de equilíbrio M com uma constante de tempo T1. O relaxamento T1 é chamado de longitudinal ou relaxamento *spin*-rede. O equilíbrio à magnetização total M ocorre passando por um intervalo de tempo, em geral, de $5 \times$ T1. Se o campo magnético é desligado, a magnetização M decai exponencialmente com uma constante de tempo T1 (isto é, como e^{-t}/T1), onde (t) é o tempo. T1 é longo para moléculas pequenas como a água e em moléculas grandes tais como as proteínas, e é pequeno em gorduras e em moléculas de tamanho intermediário. Em geral, T1 aumenta com o aumento da intensidade do campo magnético.

Após um pulso de 90 graus, o vetor de magnetização gira com a frequência de Larmor (movimento de precessão nuclear) uma partícula carregada em uma órbita limitada numa região finita do espaço em que atua um campo de forças centrais, a aplicação de um novo campo magnético fraco produz um movimento de precessão sobreposto ao movimento inicial da partícula carregada (B = 0), num plano perpendicular ao campo magnético externo. O sinal do decaimento com indução livre (FID) produzido é proporcional ao vetor de magnetização, que decai exponencialmente. Portanto, em campos uniformes perfeitamente uniformes, a constante de decaimento T2 é chamada transversal ou relaxamento *spin-spin*, e o sinal induzido do FID decai como e^{-t}/T2. Em um tempo igual a T2 o sinal decaiu a 37% do seu máximo. Dessa forma, em um tempo $3 \times$ T2 o sinal decaiu a 5%, e em aproximadamente $5 \times$ T2 o sinal decaiu quase completamente. T2 aumenta com o tamanho molecular e diminui com a mobilidade molecular. Líquidos geralmente têm longos tempos T2, enquanto moléculas grandes e sólidas geralmente têm tempos T2 pequenos. O tempo T2 tem uma dependência pequena da intensidade do campo magnético. O FID é um interferograma complexo, uma vez que contém todas as frequências que são emitidas simultaneamente durante o decaimento e é um registro de intensidades em função do tempo. É, portanto, um gráfico complexo cuja interpretação direta é impossível, mas a sua transformada de Fourier corresponde à conversão da informação nele contida numa função no domínio da frequência (Figura 15.4).

Na prática, o tempo de interação entre o núcleo magnético, característico (T2) está associado e contribui para a largura da linha de absorção do

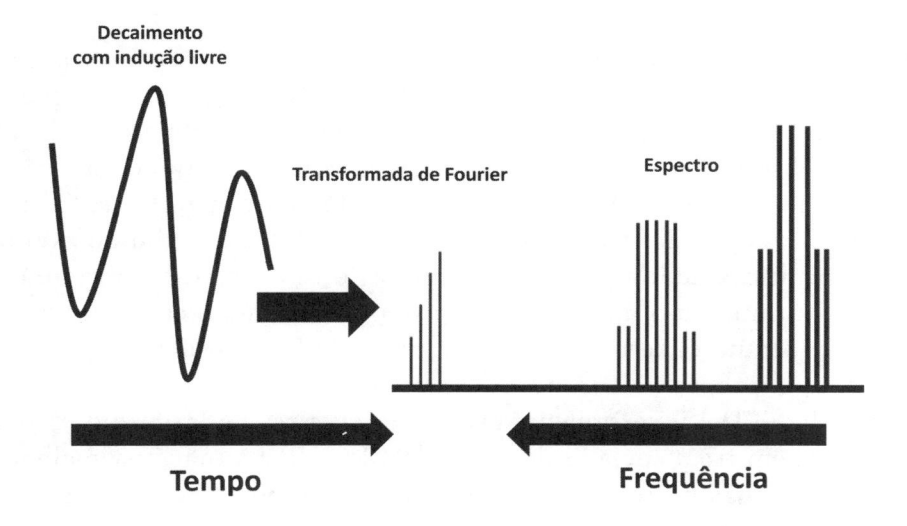

Figura 15.4 A detecção dos pulsos é medida pela variação da magnetização ao longo do tempo. A informação do sinal é incompreensível; estamos interessados no espectro de intensidade em função da frequência. Portanto, existe a necessidade de transformar do domínio do tempo para o domínio da frequência utilizando um procedimento matemático chamada transformada de Fourier. A produção do sinal decaimento com indução livre (FDI) há um componente repetitivo que é dependente da frequência. Uma transformada de Fourier revela o componente de frequência no FID, sendo os resultados obtidos nos espectros desejados revelados pela intensidade em função da frequência.

espectro. Essas interações têm sido estudadas em uma variedade de substâncias, com ênfase em líquidos que contenham hidrogênio. Absorção de ressonância magnética é observada por meio de uma fonte de radiofrequência, o campo magnético produzido sobre a amostra é modulado por uma frequência baixa. Uma análise detalhada do método pelo qual T1 é derivado a partir de experiências de saturação é determinada. Tempos de relaxação produzidas pelas flutuações do campo magnético variam entre 10^{-4} a 10^{2} segundos. Nos líquidos, T1 normalmente diminui com o aumento da viscosidade, em alguns casos atingindo um valor mínimo. A largura da linha, entretanto, aumenta uniformemente a partir de um valor extremamente pequeno para um valor determinado pela interação *spin-spin*. O efeito dos íons paramagnéticos em solução sobre o tempo de relaxamento de prótons e da largura de linha tem sido investigado. O tempo de relaxamento e a largura da linha do gelo, por exemplo, foram medidos em diferentes temperaturas. Os resultados podem ser explicados por uma teoria que tem em conta o efeito do movimento térmico do núcleo magnético sobre a interação *spin-spin*. O campo magnético local produzido pelo núcleo de um par de núcleos magnéticos vizinhos, ou mesmo por momentos magnéticos eletrônicos de íons paramagnéticos, foram espalhados num espectro que se estende para as frequências da ordem de $1\tau c$, onde τc é um tempo de correlação relacionado ao local de movimento browniano e intimamente relacionado ao tempo característico, que ocorre na teoria de Debye-Hückel das soluções eletrolíticas. O afastamento da idealidade das soluções diluídas eletrolíticas é atribuído às interações eletrostáticas de longo alcance entre os íons, ou seja, o solvente como um meio contínuo cujo único efeito é proporcionar um meio com um dado valor de constante dielétrica. Se a frequência de Larmor ω nuclear é muito menor do que $1\tau c$, as perturbações provocadas pelo campo local de intensidade média (T1) é inversamente proporcional a τc, e a largura da linha de ressonância, em frequência, é de cerca de 1T1. Uma situação semelhante é encontrada no gás hidrogênio, em que τc é o tempo entre as colisões. No caso de líquidos muito viscosos, e em alguns sólidos em que $\omega \tau c > 1$, um comportamento completamente diferente será previsto. Valores de τc para gelo, inferidos a partir de medições de relaxamento nuclear, correlacionam-se bem com os dados de dispersão dielétricas[42].

Uma vez agregada ao modelo experimental a existência de interações do tipo *spin-spin* e *spin*-rede, novos estudos de tempos de relaxação *spin*-rede (T1) foram descritos, como a descrição mais formal da energia envolvida nestes processos, através de sistemas hamiltoneanos.

O efeito Zeeman consiste no deslocamento das linhas espectrais de um sistema (átomos, moléculas, defeito, impurezas em cristais etc.) em vários componentes pela ação de um campo magnético. Esse efeito, descoberto pelo físico holandês Pieter Zeeman, em 1896, é utilizado principalmente na determinação da multiplicidade dos termos espectrais (números quânticos dos níveis de energia). Além disso, o desdobramento dos níveis de energia pela ação de um campo magnético constitui a base das técnicas de ressonância magnética. Podemos distinguir dois efeitos:

- O efeito Zeeman normal, mostrado por átomos sem *spin* (S = 0), em que cada linha espectral é desdobrada em três componentes se o espectro for observado perpendicular à direção do campo magnético e em dois componentes se ele for observado paralelamente ao campo. Estas componentes são polarizadas, mesmo que a linha original não seja polarizada. Este efeito pode ser explicado com base em um modelo semiclássico introduzindo a quantização do momento angular.
- O efeito Zeeman anômalo, mostrado por átomos com um *spin* efetivo (S[1]), em que a estrutura de linhas resultantes é mais complicada, já

que cada linha pode desdobrar-se em muitos componentes. Este efeito somente pode ser explicado utilizando o formalismo da mecânica quântica levando em conta o *spin* do elétron.

A energia do tipo Zeeman (primeiro termo) é da ordem de dezenas a centenas de megahertz (MHz) para campos entre unidades a dezenas de Teslas, e a das interações dipolo-dipolo (segundo termo) da ordem de centenas a dezenas de kilohertz (KHz). Com o auxílio da mecânica quântica, Bloch e colaboradores reescrevem o segundo termo da equação dependendo explicitamente do fator C ($3\cos2\theta-1$), sendo θ correspondente ao ângulo entre o vetor distância que liga dois pares de núcleos e o campo magnético e C uma constante que depende dos fatores giromagnéticos dos *spins* que estão interagindo e da distância entre eles. Ainda nesse mesmo estudo, os autores estabeleceram uma relação entre o tempo de relaxação da mistura água-glicerina com a viscosidade, na qual notam que: o aumento da viscosidade aumentava a taxa em que o sistema retornava ao estado inicial. Os autores obtiveram relações entre os tempos de relaxamento T1 e T2 em função do tempo de correlação (τc), mostrando ainda neste trabalho um cálculo sobre as populações para os níveis energéticos +m e -m para um núcleo de *spin* (I) = ½.

Novos conceitos em RMN foram continuamente descobertos e acompanhados pelo avanço tecnológico dos espectrômetros, por exemplo, o desenvolvimento de magnetos supercondutores e a aplicação da transformada de Fourier (TF).

Esses avanços propiciaram, a partir dos anos 1960, os estudos de RMN multinuclear, com particular ênfase na RMN do carbono 13, estudos de estruturas de proteínas e outras moléculas biológicas. Nos anos 1970 e 1980 as técnicas bidimensionais, inicialmente, propostas por Jeener e Ernst, possibilitaram análises estruturais mais apuradas e estudos detalhados da dinâmica molecular. Jean Louis Charles Jeener foi responsável por introduzir os conceitos da espectroscopia de RMN bidimensional. Em uma palestra na escola de verão AMPERE em Basko Polje, na extinta Iugoslávia, em setembro de 1971, propôs uma nova técnica, mais tarde conhecida como correlação espectroscópica (COSY), na qual a resposta dos *spins* nucleares de duas frequências de rádio pulsos é tratada por uma transformação de Fourier dupla com respeito ao atraso entre os impulsos, e o atraso após o segundo pulso. Esta técnica fornece informações detalhadas sobre as ligações moleculares entre os átomos.

Em 1970 foram realizadas as primeiras aplicações de RMN para o estudo do metabolismo em sistemas biológicos. Na mesma época foi demonstrado que o uso de gradiente e campo magnético poderiam ser utilizados na RMN para codificar sinais. A partir desse conceito nasceu a ressonância magnética por imagem (RMI). Pouco tempo depois, foram obtidas as primeiras imagens do corpo humano. Em 1980, as imagens de RMI tornaram-se clinicamente úteis. Atualmente, o avanço tecnológico de campos magnéticos e gradientes potencializou as técnicas em RMN. A espectroscopia e as imagens podem ser utilizadas na investigação de uma ampla variedade de processos biológicos em sistemas tão diversos como células, órgãos e tecidos. Outra aplicação importante da técnica é a análise de proteínas com funções desconhecidas. Na agricultura é usada para medir o teor de óleo e umidade em sementes e grãos, umidade em madeira, rações, alimentos e na determinação das estruturas dos defensivos agrícolas.

A espectroscopia do RMN 1H é uma das técnicas cujo potencial está sendo explorado no campo emergente da metabolômica. É um método não alvo, produzindo sinais para todas as espécies químicas que contêm prótons. Para as amostras brutas os espectros são sempre complexos, com muitos sinais sobrepostos. Assim, uma abordagem mais adequada para analisá-los é o "*fingerprinting* metabólito", que é destinado a destacar semelhanças composicionais e explorar a variabilidade natural em geral em uma população de amostras. O método mais comumente usado para isso é a análise de componentes principais (PCA), pois permite que todo o traçado espectral a ser analisado e que a grande quantidade de informação possa ser simplificada. Imperfeições no registro de sinais (ou seja, a inconsistência da posição de pico) são geralmente prejudiciais à análise de traços inteiros por meio de métodos multivariados. As fontes de tais problemas são ilustradas por meio de estudos de repetibilidade especialmente concebidos, utilizando amostras de componentes conhecidos ou padrões. A cuidadosa preparação da amostra pode ajudar a limitar as mudanças de pico, por exemplo, o controle do pH e a temperatura. Além disso, alguns compostos são suscetíveis a mudanças conformacionais que afetam as suas interações químicas, e o alinhamento matemático dos picos pode ser necessário. Finalmente, fatores como resolução também podem afetar as análises e devem ser cuidadosamente ajustados, por exemplo, aumentando a conscientização sobre os problemas potenciais.

15.5.1 Espectroscopia de ressonância magnética nuclear bidimensional (RMN-2D)

A RMN-2D é um método magnético nuclear que confere dados representados num espaço definido por dois eixos de frequência em vez de um. A RMN-2D obtém espectros em duas dimensões (2D), homo (^{1}H, ^{1}H) e heteronucleares (^{1}H, ^{13}C)[49,50]. As técnicas de 2D permitem correlacionar hidrogênio e/ou carbono que possuam alguma relação escalar – ^{n}J$_{HH}$ (^{1}H,^{1}H), ^{n}J$_{CH}$ (^{13}C,^{1}H), ^{n}J$_{CC}$ (^{13}C, ^{13}C) – ou espacial – ^{1}H,^{1}H ou ^{1}H, ^{13}C –, efeito nuclear de Overhauser (NOE*nuclear Overhauser effect*) entre si[51,52,53]. Este efeito ocorre quando a interação do acoplamento magnético direto entre núcleos, não tem qualquer efeito observável no espectros registrados.

As técnicas mais difundidas de RMN-2D incluem espectroscopia de correlação (COSY), J-espectroscopia, a troca de espectroscopia (EXSY) e o efeito nuclear espectroscópico de Overhauser (NOESY), que fornece informações detalhadas sobre a matriz de relaxamento dos *spin*-rede e sobre a relação espacial entre os átomos em moléculas complexas. Espectros bidimensionais da RMN fornecem informações sobre uma molécula e são especialmente úteis para determinar a estrutura de uma molécula, bem como informações sobre o ambiente físico dos *spins* que já foram usados nos campos da RMN.

A primeira demonstração experimental desta técnica foi levada a cabo por Richard R. Ernst (prêmio Nobel em 1991). Mais tarde, Jeener introduziu uma variante do RMN-2D, hoje conhecido como efeito nuclear espectroscópico de Overhauser (NOESY), RMN-2D e suas extensões multidimensionais. Entre outras aplicações, permitem a reconstrução detalhada da estrutura tridimensional de macro moléculas biológicas complexas. O efeito nuclear de Overhauser (NOESY) surge ao longo de um giro da saturação que amplia o efeito e faz com que as perturbações pelas interações dipolares produzam mais giros no núcleo, aumentando a intensidade das outras rotações. O acoplamento dipolar produzido pelos giros no núcleo interage com o espaço, tornando-se uma ferramenta útil para o estudo das conformações de moléculas[54,55,56].

15.5.2 Espectroscopia de ressonância magnética nuclear (ERMN)

A ERMN *in vitro* e a ERMI *in vivo* ou por imagem permitem detectar e quantificar, em condições controladas de temperatura e de microambiente, diversos metabólitos endógenos circulantes que são incorporadas por vários componentes celulares. Os estudos metabólicos por RMN não só caracterizam o estado do tecido estudado, a partir das características do espectro, como também avaliam a cinética das enzimas que catalisam as vias metabólicas. Trata-se de um método não invasivo e não destrutivo de investigação do metabolismo em células, tecidos e órgãos isolados. A recente aplicação da ERMN em amostras biológicas demonstrou um método para o diagnóstico e a evolução clínica[57]. A determinação dos espectros por ERMN de sistemas biológicos, a posição de cada pico ao longo da linha central horizontal, também chamada de linha química do deslocamento ou linha central da frequência, é governada pelo campo magnético principal. Assim, núcleos do ^1H, ^{13}C e ^{31}P presentes em grupos moleculares diferentes fazem com que seus picos correspondentes apareçam em posições diferentes na linha central da frequência, ou seja, cada metabólito ressona em uma frequência diferente, de acordo com o campo magnético gerado pelos agrupamentos moleculares de seus prótons.

A amplitude do pico determina a quantidade de metabólitos. A área de um sinal de RMN (pico de intensidade), mas não a altura (amplitude do pico), é diretamente proporcional ao número de núcleos que contribuem para a detecção do sinal adequado em condições experimentais. Por conseguinte, se a concentração de núcleos é conhecida por um pico específico, ele pode ser usado como um padrão. A concentração de um determinado metabólito é calculada por meio da área do pico. A área do pico é usada por não ser influenciada por alguns fatores físicos, como a homogeneidade do campo magnético, o nível de ruído e o tempo de relaxamento. O relaxamento é um processo pelo qual um sistema de *spin* nuclear retorna ao equilíbrio térmico após a absorção de energia[58].

A quantificação absoluta do espectro, isto é, a interpretação das áreas dos picos, possui em certo grau de dificuldade. A simples calibração das áreas dos picos usando soluções-padrão de concentrações conhecidas é especialmente difícil pelo fato de a sensibilidade das bobinas mudarem com a carga. Além disso, a dependência do efeito T2 nos sinais dos metabólitos influencia a quantificação metabólica absoluta[4,43,59].

Na medicina, a ERMI é uma técnica não invasiva e livre de riscos potenciais por meio da qual se podem monitorar os estágios, agudo ou crônico, de uma doença. O desenvolvimento de métodos de localização espacial de amostras, com níveis relativos de metabólitos móveis em um volume definido a partir de imagens por RM, é a base para a integração das informações obtidas por esta técnica. A associação das informações anatômicas e patológicas obtidas com as imagens por RM proporciona uma nova forma de se entender as origens e a evolução das patologias. Em muitas doenças, as alterações metabólicas podem preceder as alterações anatômicas. A espectroscopia se apresenta, pois, como um método de detecção precoce destas alterações, por ser potencialmente sensível a estas mudanças. No entanto, a ERMI é uma forma de espectroscopia inerentemente fraca. Requer que as substâncias químicas ou metabólitos estejam presentes em concentrações maiores que 1 mM e, portanto, a detecção de concentrações menores só é possível em circunstâncias especiais, o que prejudica a sua aplicação sistemática. A sensibilidade de detecção está diretamente relacionada com o valor do campo magnético aplicado. O valor do campo magnético dos magnetos utilizados em medicina não ultrapassa 3 Teslas. Assim, ainda que a ERMI seja um poderoso recurso na obtenção não invasiva de informações bioquímicas *in vivo*, existe uma limitação quanto aos metabólitos passíveis de monitoramento.

Já a ERMN utiliza campos magnéticos superiores a 10 Teslas e técnicas espectroscópicas mais complexas, mas, nos últimos anos, o desenvolvimento de uma técnica chamada de alta resolução com rotação segundo ao ângulo mágico (MAS) tornou possível a aquisição em alta resolução de dados sobre as biópsias de tecidos intactos sem qualquer tratamento prévio. A rápida rotação da amostra, normalmente em 4,6 kHz, em um ângulo de 54,7 graus em relação ao campo magnético aplicado serve para reduzir a perda das informações provocadas pelos efeitos de largura de linha, amplitude e acoplamentos alostéricos indesejados observados em amostras não líquidas. Estes efeitos são comumente causados por alargamentos de base e heterogeneidade residual anisotrópico da amostra. Na MAS-ERMN podem ser utilizadas as diversas técnicas aplicadas em ERMN, como pulsos comuns ou mais complexos, para o estudo metabólico a fim de elucidar as mudanças da dinâmica e da estrutura molecular.

15.5.3 Análise por componentes principais (ACP)

A análise de componentes principais (ACP) fornece uma maneira de resumir as informações contidas em grandes conjuntos de espectros e transforma as variáveis iniciais (ou "medidas") em um conjunto muito menor de variáveis ou pontuações dos componentes principais (CP). Estas novas variáveis são combinações das variáveis iniciais, sendo responsável por destacar a variação dentro do conjunto de dados e remover redundâncias. A diminuição das quantidades de variações dos CPs é responsável pela maior parte da informação que está contida nos primeiros CPs, daí a capacidade de reduzir a dimensionalidade dos dados. A explicação do que cada CP representa em relação às medições iniciais reside nas cargas, um conjunto de valores dados a cada uma das variáveis originais. As análises do ACP de cada espectro de RMN H[1], pode ser concebivelmente aplicado a um conjunto de valores integrados (cada um correspondente a um componente). No entanto, porque existe uma sobreposição considerável do sinal, é de grande interesse aplicar outras técnicas de exploração de dados. Cada variável corresponde então à intensidade do sinal em um dos desvios químicos, portanto, há inicialmente milhares de medições. Tal abordagem apresenta várias vantagens, como a capacidade de analisar sinais cuja integração pode apresentar dificuldades, e para revelar potencialmente compostos ocultos. Por exemplo, Le Gall et al. (2001)[60] encontraram dimetil prolina como composto marcador da laranja e de seu extrato. Uma análise de variância ANOVA revelou que pelo menos 21 dos sinais de RMN diferiam significativamente entre os sinais existentes na fruta e o lavado da polpa. Isso faz com que a RMN com quimiometria seja uma ferramenta de triagem atraente, com vantagens em termos de rapidez, simplicidade e diversidade das informações fornecidas[61].

15.5.4 Os espectros do fósforo (31P)

Fósforo (^{31}P) é o isótopo natural do fósforo e, como tal, é abuntante no músculo e em outros tecidos. Os principais metabólitos no músculo são: ATP, fosfocreatina (PCr), fosfato inorgânico (Pi), açúcares fosfatados e nicotinamida-adenina dinucleotídeo (NAD).

O músculo é rico em PCr, com um espectro de ressonância de 3,2 ppm, e as três bandas de ressonância são visíveis a partir do ATP. O açúcar fosfatado (-3,7 ppm) e o fosfato inorgânico (-1,7 ppm) apresentam-se em concentrações baixas. Por outro lado, o açúcar fosfatado e o fosfato inorgânico são aumentados significativamente. ATP e fosfocreatina ocorrem em concentrações elevadas no músculo normal em repouso, enquanto o aparecimento do fosfato inorgânico indica fadiga, e a presença de açúcares fosfatados no músculo sugerem doenças músculo-esqueléticas. Apesar da alta concentração de fosfatos musculares, verificações dos espectros 256-512 são necessárias para produzir uma boa relação sinal-ruído. Para economizar o tempo de uso do espectrômetro de RMN, os impulsos são menores quando o ângulo é de 90 graus e, por conseguinte, os espectros obtidos são qualitativos.

No entanto, a espectroscopia de pulso curto satisfaz a necessidade da fisiologia celular ou do significado clínico. A espectroscopia quantitativa para a estimativa da concentração dos metabólitos do fosfato musculares foi descritas por Bárány-Glonek (1982)[62], Venkatasubramanian et al. (1988)[63] e Canioni Quistorff (1994)[64]; fundamentais para a compreensão dos estudos cinéticos em bioquímica.

O núcleo do fósforo ^{31}P é suficientemente sensível para que seja possível detectar os sinais de muitos metabólitos fosforilados existentes em preparações biológicas existentes em concentrações na ordem dos milimolares (mM). As análises uni e bidimensionais obtidas dos espectros do ^{31}P é muito menos sensível do que a do próton do ^{1}H, e mas mais sensível do que carbono-13. ^{31}P é um núcleo de sensibilidade média que produz linhas finas e tem uma gama de desvios químicos. Geralmente é adquirido com desacoplamento do ^{1}H, o que significa que os acoplamentos *spin-spin* são raros. Isso simplifica muito o espectro e o torna menos poluído e sem ruídos. Onde houver uma ligação ^{31}P-^{1}H, esta apresenta uma potência de desacoplamento que deve ser duas vezes maior que a necessária para o carbono-13, devido à grande constante de acoplamento (Tabela 15.1).

Tabela 15.1 Propriedades do fósforo-31 (^{31}P)

Valor da propriedade do *spin*: 1/2
Abundância natural: 100%
Deslocamento químico gama de 430 ppm: -180 a 250
Relação de frequência [Ξ]: 40,480742%
Composto de referência 85% H3PO4 em H_2O = 0 ppm
Largura da linha de referência: 1 Hz
T1 de referência: 0,5 s
Receptividade relativa do ^{1}H a abundância natural: $6,63 \times 10^{-3}$
Receptividade reativa do ^{1}H quando enriquecido: $6,63 \times 10^{-3}$
Receptividade relativa do ^{13}C em abundância natural: 37,7
Receptividade relativa do ^{13}C quando enriquecido: 37,7

Em 1974, Hoult e colaboradores[65] obtiveram espectros de qualidade de amostras com atividade fisiológica, incluindo o músculo esquelético isolado e intacto, o coração em perfusão, fígado, rim e cérebro. A qualidade da resolução dos espectros, apesar da gama relativamente estreita dos desvios químicos, resulta do número relativamente pequeno de metabólitos fosforilados observáveis por RMN: ATP, ADP, fosfocreatina, nicotinamida-adenina dinucleotídeo (NAD), fosfato inorgânico (Pi), açúcares fosforilados, entre outros. A RMN de ^{31}P mede apenas as concentrações das componentes não imobilizadas. A sensibilidade na detecção de níveis de ATP e PCr, e nos casos do ADP e Pi os valores obtidos por RMN são mais baixos, já que parte do ADP pode estar imobilizado no interioe da célula. De qualquer modo, conclui-se que as concentrações de ADP e Pi livres presentes em tecidos e órgãos bem oxigenados (por exemplo, ADP ~ 20 µM, Pi ~ 1,5 mM no músculo da rã em repouso a 4 °C) são baixas. Essas concentrações, associadas ao valor do pH intracelular, permitem calcular a energia livre da hidrólise do ATP *in vivo*, a qual origina um potencial de fosforilação superior ao esperado. Além de medir simultaneamente a concentração relativa de vários metabólitos ao longo do tempo e de medir o pH intracelular, a RMN de ^{31}P permite estudar o ambiente químico dos metabólitos. Por exemplo, estudos direcionados nas ligações de íons de Mg2+ ao ATP e ADP, cujos desvios químicos são alterados, permitiram estudar a distribuição dos metabólitos dentro e fora da célula. A distinção entre metabólitos intra e extracelulares resulta de diferenças de composição do pH dos respectivos meios.

15.5.5 Os espectros do carbono (13C)

O isótopo de carbono-13 (^{13}C) é facilmente detectado por RMN. No entanto, a sua abundância natural é de apenas 1,1%. Portanto, a detecção dos espectros é demorada. Por outro lado, a largura do pico do espectro, em torno de 200 ppm, permite a fácil identificação dos metabólitos. Em geral, a espectroscopia do ^{13}C foi aplicada em diversos estudos do metabolismo intermediário do tecido muscular e outros tecidos.

Embora o estudo de compostos em abundância natural seja possível em certos casos específicos, tais como o tecido adiposo ou glicogênio do fígado, a maioria dos estudos requer o enriquecimento prévio dos átomos de carbono no isótopo ^{13}C em uma ou várias posições da molécula do substrato. Este processo permite estudar detalhadamente e de um modo não destrutivo a cinética do processo metabólico, observando ao longo do tempo os sinais resultantes da incorporação dos núcleos ^{13}C nos vários produtos formados, permitindo a obtenção de dados quantitativos assim como de informação posicional dos carbonos marcados com ^{13}C dentro das moléculas.

O cérebro é composto por vários tipos de células que podem ser divididas em neurônios e glia. Os neurônios são unidades funcionais do cérebro, especializadas no transporte e processamento do sinal nervoso. São classificados funcionalmente em três categorias: os neurônios sensoriais, os interneurônios e os neurônios motores. Em essência, eles desempenham as duas funções diferentes de um sistema de informação: de entrada, processamento e de saída. No cérebro de mamíferos adultos, a maioria do ATP sintetizado em condições normais é fornecido pela oxidação de glucose. Uma interpretação do *status* neuroenergético e a relação existente entre o impulso nervoso e a taxa de consumo de glicose pode ser fornecida por um modelo metabólico, capaz de se relacionar com o metabolismo da glucose e a atividade neuronal cortical específica, ou seja, o ciclo de liberação de neurotransmissores, por exemplo, entre o neurônio e os astrócitos. Este modelo é baseado na espectroscopia do ^{13}C RMN dos fluxos metabólicos em cérebros de ratos e astrócitos isolados. Os astrócitos são um tipo de célula da glia, o tipo mais comum de células do cérebro, e são mais abundantes do que os neurônios. São células em forma de estrelas, distribuídas no cérebro e medula espinhal, sensíveis as variações das concentrações de dióxido de carbono na circulação sanguínea e, assim, estimular os neurônios na regulação da respiração.

A glicose é transportada através da barreira hematoencefálica e, ao ser absorvida principalmente pelos astrócitos, é convertida em lactato, é então liberada para o meio extracelular levando à sua captação, seguida pela oxidação pelos neurônios. A via glicolítica em astrócitos é acompanhada pela liberação de neurotransmissores, fornecendo a energia necessária para a liberação do glutamato (glutamato é um neurotransmissores excitatório do sistema nervoso, o mais comum em mamíferos, sendo armazenado em vesículas nas sinapses). O metabolismo do glutamato em astrócitos foi estudado utilizando-se um dispositivo experimental que simula a função dos neurônios glutamato-produtores e aqueles consumidores de glutamina, pela adição da enzima glutaminase em meio de cultura. Uma vez que a captação de glutamato está acoplado ao cotransportador de sódio Na$^+$, o gradiente iônico é mantido pela bomba sódio/potássio ATPase, que bombeia para fora o sódio em função da concentração dos gradientes, um processo que requer consumo de ATP por equivalente glutamato liberado. A reação de glutamina sintetase, que converte o glutamato em glutamina, requer outro consumo de ATP pelos astrócitos. O ciclo de cada mole de glutamato consumido entre neurônios e astrócitos requer dois equivalentes de ATP pelos astrócitos.

Embora os requisitos de energia pelos astrócitos sejam decorrentes da produção glicolítica do ATP (ATP/lactato), a grande maioria de ATP produzido pela oxidação da glicose o é por meio da oxidação do lactato pelos neurônios. Outros metabólitos encontrados de significado clínico foram a taurina os produtos de degradação de fosfolipídios, como o inositol, e os glicofosfolipídios, e a creatina fosfatada e a creatinina[66,67,68,69].

15.5.6 Os espectros do hidrogênio (^{1}H)

O ^{1}H é o principal isótopo de hidrogênio, constituído por um único próton. A sua abundância isotópica é de quase 100% nos tecidos de origem animal que apresentam em sua constituição em média 80% de água. O ^{1}H possui o maior momento magnético dos núcleos biologicamente importantes. Uma vez que o campo magnético seja constante, a frequência de RMN dos núcleos depende apenas do seu momento magnético. Portanto, a frequência do hidrogênio é elevada. Por exemplo, num espectrômetro de 360 MHz para ^{1}H, a frequência para o ^{31}P é de 145,76 MHz e para o ^{13}C é de cerca de 90 MHz. O próton com o núcleo mais sensível leva apenas alguns minutos para a sua detecção em um espectro convencional de 1,5 T MR em 63,85 MHz. Além disso, um menor volume de tecido é necessário para a espectroscopia de ^{1}H do que para as espectroscopias de ^{13}C ou de ^{31}P . A supressão do sinal da água na espectroscopia do ^{1}H mascara a obtenção de sinais fracos localizados em espectros de prótons de tecidos vivos e, portanto, neste sentido se faz necessária a obtenção de espectros com o sinal da água suprimido[70].

Arús e colaboradores em 1985[71] foram os primeiros pesquisadores a identificar os espectros ressonâncias do ^{1}H em cérebro de rato utilizando o ácido trimetilsilil (TSP) como um padrão externo .Além disso, este após a supressão do sinal da água nos tecidos, realizado a 470 MHZ no músculo de sapo e cérebro de rato demostrou a maior mobilidade nos espectros de ácidos graxos, em especial do ácido linoléico [71].

Com o desenvolvimento tecnológico no século XX, os imãs verticais, com diâmetros de 12 cm a 30 cm, ou os ímãs horizontais, com um diâmetro de 12 cm, tornaram-se imprescindíveis, atualmente com frequência de 300 MHz a 500 MHz na espectroscopia ^{1}H. Schneider e colaboradores em 2004 trabalharam *in vivo* com análises cardíacas de ratos na frequência de 500 MHz. Estabilidade e reprodutibilidade foram obtidas pela perfusão do miocárdio e pelo débito respiratório. Após a supressão dos sinais da água, foram determinados os seguintes espectros metabólicos: creatina, taurina, carnitina e lipídios intramiocárdicos. Além disso, os metabólitos cardíacos foram quantificados em relação ao teor total de água.

A taurina é um aminoácido livre, abundante no meio intracelular, proveniente do metabolismo da metionina. Seus níveis plasmáticos diminuem em determinadas situações de estresse metabólico como sepse, traumas e cirurgias. Curiosamente, esse aminoácido não é incorporado a outras proteínas por não ter o RNA mensageiro específico. Suas funções principais são osmorregulação, modulação do cálcio iônico, estabilização da membrana plasmática, detoxificação dos ácidos biliares, desenvolvimento do sistema nervoso central e da retina, neurotransmissor inibitório, imunomodulação e atividade antioxidante, diminuição da formação do ácido hipocloroso (HOCl-) na fagocitose e na modulação das citocinas pró-inflamatórias[72,73,74].

A carnitina é um composto endógeno, com papéis bem estabelecidos no metabolismo intermediário, tendo fundamental importância na oxidação de ácidos graxos mitocondriais de cadeia longa. É uma fonte importante de energia e também protege a célula da acetil-CoA na formação das acilcarnitinas. Na homeostase, a concentração de carnitina é afetada pelo exercício de uma forma bem definida por causa da interação do conjunto de carnitina-acilcarnitina com as principais vias metabólicas. Por outro lado, é responsável pela elevação na oxidação de ácidos graxos, alteração da homeostasia da glicose, melhora na produção de acilcarnitina e retardo no aparecimento da fadiga muscular. A distribuição e a determinação das concentrações entre acilcarnitinas e carnitina, bem como os grupos acil específicos, provou ser uma ferramenta útil de investigação e clínica para avaliação do metabolismo[75].

Renema e colaboradores em 2003 realizam análises espectroscópicas do ¹H na frequência de 300 MHz, em tecido muscular de ratos deficientes na enzima guanidinoacetato metiltransferase. A deficiência de guanidinoacetato metiltransferase é um erro genético causado por um desarranjo raro do metabolismo que provoca atraso mental. Clinicamente, a deficiência de guanidinoacetato metiltransferase (GAMT, EC 2.1.1.2) é uma doença metabólica da síntese da creatina. A enzima guanidinoacetato metiltransferase catalisa o último passo da biossíntese da creatina, catalisando a metilação de guanidinoacetato em creatina. Várias anomalias metabólicas foram observadas no músculo destes animais, como a redução do conteúdo da creatina, dados semelhantes aos encontrados na deficiência de GAMT humano. Isso abre o caminho para o estudo da síntese e transporte da creatina e aspectos diagnósticos e terapêuticos dessa deficiência humanos. Posteriormente,

Nakae e colaboradores em 2004 encontraram redução significativa no conteúdo de creatina em pacientes com insuficiência cardíaca crônica[76,77].

Neuman-Haefelin e colaboradores (2003)[78], também trabalhando na frequência de 300 MHz, estudaram os concentrações de determinantes de lipídios intramusculares no músculo sóleo e tibial anterior de ratos. Curiosamente, eles descobriram que, para além da resistência à insulina, vários fatores influenciam os níveis de lipídios intramusculares, tais como a idade, o sexo, o tipo muscular e a linhagem do animal em estudo. Anteriormente, em 2002, Jagannathan e Wadhwa relataram a inexistência de concentrações de determinantes de lipídios diferentes em pacientes com déficit muscular após a infeção com o vírus da poliomielite[79,80].

15.5.7 Aplicações medicinais: considerações diagnósticas

Em muitas doenças, as alterações metabólicas podem preceder as alterações anatômicas. A espectroscopia se apresenta, pois, como um método de detecção precoce dessas alterações, por ser potencialmente sensível a elas. No entanto, a ERMI é uma forma de espectroscopia inerentemente fraca. Requer que as substâncias químicas ou metabólitos estejam presentes em concentrações maiores que 1 mM, e, portanto, a detecção de concentrações menores é possível somente em circunstâncias especiais, o que prejudica a sua aplicação sistemática. Além disso, a sensibilidade de detecção está diretamente relacionada com o valor do campo magnético, que, no caso dos magnetos utilizados em medicina, não ultrapassa 3 Teslas. Assim, ainda que a ERMI seja um poderoso recurso na obtenção não invasiva de informações bioquímicas *in vivo*, existe uma limitação em termos dos metabólitos que se podem monitorar.

A ERMN utiliza campos magnéticos superiores a 10 Teslas e técnicas espectroscópicas mais complexas, mas, nos últimos anos, o desenvolvimento de uma técnica de alta resolução com rotação segundo ao ângulo mágico (MAS) tornou possível a aquisição em alta resolução de dados sobre as biópsias de tecidos intactos sem qualquer tratamento prévio. A rápida rotação da amostra (normalmente em 4,6 kHz) em um ângulo de 54,7 graus em relação ao campo magnético aplicado serve para reduzir a perda das informações provocada pelos efeitos de largura de linha, amplitude e acoplamentos alostéricos indesejados observados em amostras não líquidas. Estes efeitos são comumente causados por alargamentos de base e heterogeneidade residual anisotrópica da amostra. Na MAS-ERMN podem ser utilizadas as diversas técnicas aplicadas em ERMN, como pulsos comuns ou mais complexos, para o estudo metabólico, a fim de elucidar as mudanças da dinâmica e estrutura molecular.

15.5.8 Aplicações diagnósticas da ERMN em oncologia

Como descrito originalmente por Warburg, os fenômenos das células tumorais, como a mudança da via glicolítica – glicólise aeróbia em glicólise anaeróbia –, reforçada pelos postulados de Louis Pasteur pelo efeito inverso, representam alterações bioenergéticas por meio das quais as células tumorais podem compensar deficiências de organelas, como as mitocôndrias, nas cadeias de transportes e de defeitos na capacidade respiratória. Alterações bioquímicas são identificadas principalmente no crescimento rápido de células, por exemplo em hepatocarcinomas, além de alterações na composição lipídica (diminuição de ácidos graxos poli-insaturados e/ou aumento do colesterol), cujas consequências estão relacionadas com alterações da fluidez da membrana e da atividade enzimática. Pouco se sabe sobre as alterações específicas nos tumores ao nível dos mecanismos bioquímicos e dos mecanismos de compartimentalização intracelular responsáveis pela biossíntese.

O metabolismo e a capacidade de divisão celular são fundamentais na cinética de crescimento, diferenciação e maturação celular. O ciclo celular normalmente é coordenado por meio de eventos que possibilitam que as células dupliquem o seu material genético e, posteriormente, entrem em mitose. A proliferação celular é normalmente controlada por sinais intra e extracelulares que ativam um programa de expressão gênica e regulam proteínas requeridas pela divisão celular. No início do ciclo, na fase G1, ciclinas (D1, D2 e D3) reúnem-se em um complexo de haloenzimas com uma ou duas subunidades catalíticas de quinases dependentes de ciclinas (CdK, Cdk4 e Cdk6). Nas células que se dividem ativamente, a interfase é seguida da mitose, culminando na citocinese. Sabe-se que a passagem de uma fase para outra é controlada por fatores de regulação que, de modo geral, atuam nos chamados pontos de checagem do ciclo celular. Dentre essas proteínas, se destacam as ciclinas, que controlam a passagem da fase G1 para a fase S de síntese e para o início da fase de divisão mitótica G2/M. Se em algumas dessas fases houver algum erro, por exemplo, algum dano no DNA, o ciclo é interrompido até que o defeito seja reparado e o ciclo celular possa continuar. Caso contrário, a célula é conduzida à apoptose (morte celular programada). Outro ponto de checagem é o da mitose, promovendo a distribuição correta dos cromossomos pelas células-filhas. O ciclo celular é perfeitamente regulado, está submetido ao controle de diversos genes e o resultado é a produção e diferenciação das células componentes dos diferentes tecidos do organismo. Os pontos de checagem correspondem, assim, a mecanismos que impedem a formação de células transformadas.

A origem das células tumorais está associada a anomalias na regulação do ciclo celular e à perda de controle da mitose. Alterações do funcionamento de genes controladores do ciclo celular, em decorrência de mutações, são relacionadas ao surgimento de um câncer. A conexão entre o ciclo celular e o câncer é óbvia: as maquinarias regulatórias do ciclo celular controlam a proliferação celular. Em contrapartida, o câncer é uma doença de proliferação celular inadequada. Fundamentalmente, todos os cânceres permitem a proliferação celular. No entanto, este excesso de células está ligado a um círculo vicioso, com uma redução da sensibilidade aos sinais que normalmente uma célula sadia possui para aderir, diferenciar ou morrer. Esta combinação de propriedades alteradas aumenta a dificuldade de decifrar os principais sinais da causa do câncer. Por outro lado, o metabolismo é o conjunto total de reações químicas que ocorrem em uma célula. Novas ferramentas analíticas, como a RMN, podem fornecer detalhadas informações sobre vias metabólicas, que fornecem informações sobre as atividades no interior da célula; e da diferenciação em uma pequena parte da população que não é perceptível nestes ensaios. Em contraste, os ensaios de citometria, como citometria de fluxo, poderão gerar uma correlação forte entre os marcadores celulares. Então, as correlações entre as análises espectrais e do ciclo celular poderiam sinalizar caminhos para a progressão tumoral. Como revisto por Jackowski, o acúmulo de lipídios e de precursores dos lipídios e derivados são eventos periódicos associados a fases distintas do ciclo celular. Em particular, em uma célula estimulada, o acúmulo de fosfolipídios é coordenado na fase S do ciclo celular (embora a sua síntese não seja dependente da síntese de DNA). Mais especificamente – estes estudos concentraram-se principalmente no controle da síntese e degradação dos fosfolipídios –, as análise espectrais e do ciclo celular mostraram que: (a) acúmulo de fosfolipídios ocorre na fase S como resultado do ciclo celular dependente de oscilações nas taxas de síntese e de gradação de derivados do fosfolipídio; (b) um *turnover* rápido de fosfolipídios ocorre na fase G1 e continua até o limite G1/S; (c) a limitação da taxa de biossíntese de derivados de fosfolipídios está também ativada na forma de células ciclo-dependentes, a partir do G1, aumentando constantemente em S e G2/M. A degradação de fosfolipídios da membrana também é rápida em G1 e diminui significativamente durante a fase S, acelerando novamente como células reentradas em G1. Durante a fase G1 ambos os caminhos de produção de fosfolipídios mediados por hidrólises são, portanto, a máxima atividade. Esta evidência sugere que a produção máxima de lipídios em um tumor provavelmente ocorre na fase G1 e é mantida na fase de síntese, fornecendo uma possível explicação para a correlação positiva entre os derivados de fosfolipídios e a intensidade do sinal nas células tumorais. Estes conceitos e hipóteses sugerem que seria útil investigar mais detalhadamente as mudanças que ocorrem com os derivados dos fosfolipídios nas diferentes fases do ciclo celular. Os experimentos realizados até agora sugerem que não apenas as vias de síntese, mas também as alterações observadas no ciclo celular, podem contribuir para um caminho de progressão tumoral relacionado com o metabolismo dos fosfolipídios[81,82,83].

Aa biossíntese de lipídios parece ser interrompida durante a fase G1, sendo que o maior nível de atividade durante a glicosilação ocorre na fase G2/M em tumores de pele do tipo melanoma, como foi demonstrado por análises espectrais por RMN. Mais estudos serão necessários para determinar quais metabólitos são produzidos durante a fase G2/M os quais são liberados nessa fase ou ainda podem ser degradados. Já foram descritos espectros bem distintos na presença de numerosos metabólitos de baixo peso molecular, tais como o glutamato, glutamina, colina, inositol, creatina, fosfocreatina, fosfocolina, glucose, acetato, alanina e lactato[84].

Em modelos experimentais de tumores em animais, por exemplo no melanoma B16F10, nos perfis metabólicos obtidos por RMN ^{1}H em três períodos de tempo do crescimento tumoral e comparados com as fases do ciclo celular, a fosforilação de proteínas envolvidas nas vias de apoptose e do índice de proliferação mostraram aumento na proporção de metabólitos durante o crescimento e a progressão. Foram encontrados 29 metabólitos, dos quais aqueles com expressão diferencial foram lactato, aspartato, glicerol, teor lipídico, alanina, mioinositol, fosfocolina, colina, acetato, creatina e taurina (Figuras 15.5 e 15.6). A colina e creatina estão intimamente relacionadas com a progressão do tumor e são inversamente expressas em fases tardias do crescimento deste, o que demonstra a capacidade de serem marcadores da progressão ou da monitorização da eficácia farmacológica, quando combinada com outras terapias, como a quimioterapia ou a radioterapia[85].

O estudo de processos metabólicos baseado na utilização da espectrometria de massas e do ERMN ^{1}H e as aplicações de análises estatísticas multivariadas foram também utilizadas para diferenciar mulheres portadoras de câncer de ovário epitelial das mulheres saudáveis. A análise ERMN ^{1}H foi realizada no plasma sanguíneo das pacientes portadoras do tumor, pacientes

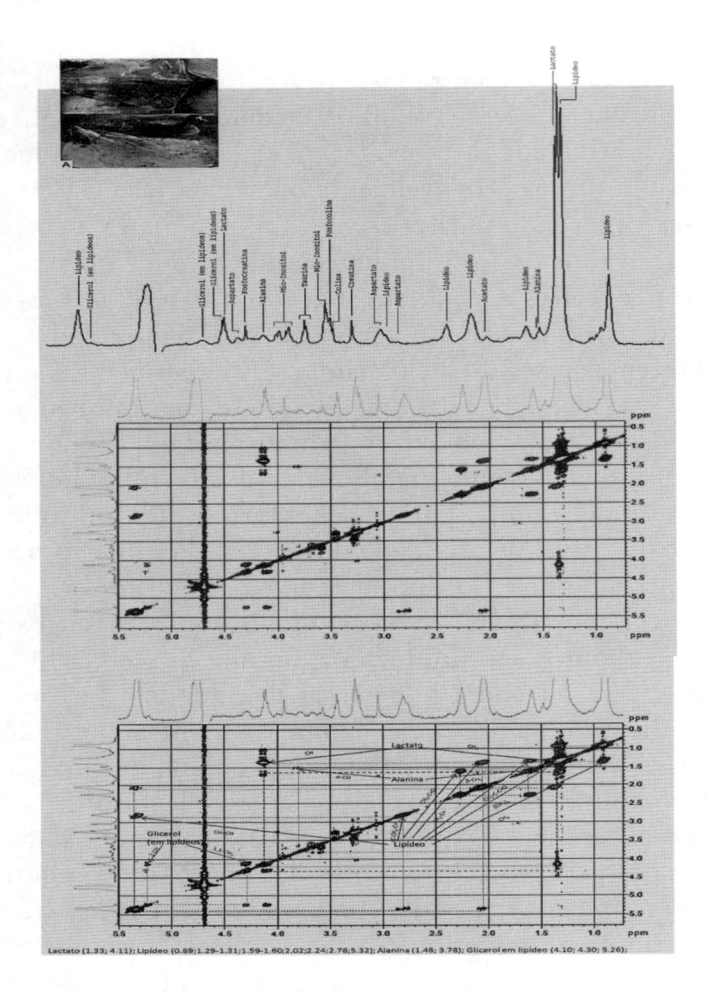

Figura 15.5 Espectros de ¹H-RMN unidimensional e bidimensional na faixa de 3 ppm a 4,5 ppm. Os pontos indicados pelas setas representam os metabólitos identificados no tumor murino melanoma B16F10. Os dados de perfis foram bem definidos e agrupados, demonstrando discriminação característica entre diferentes amostras de tumor melanoma ou de células mantidas em cultura celular. Foram utilizadas sequências 1D de saturação, filtro T2 e realizados espectros de ¹H. Após a aquisição dos espectros os dados foram processados no programa TopSpin® e LC Model e foi iniciada a identificação e caracterização dos sinais.

com cistos ovarianos benignos e mulheres saudáveis. Análises multivaria-das permitiram identificar alterações em 97,4% das pacientes portadoras de COE (câncer de ovário epitelial). As alterações dos plasmas sanguíneos de portadoras de câncer ovariano epitelial foram identificadas com 100% de sensibilidade e especificidade nas análises de MAS-RMN pelas regiões dos espectros de ¹H, 2,77 partes por milhão (ppm) e 2,04 ppm a partir da

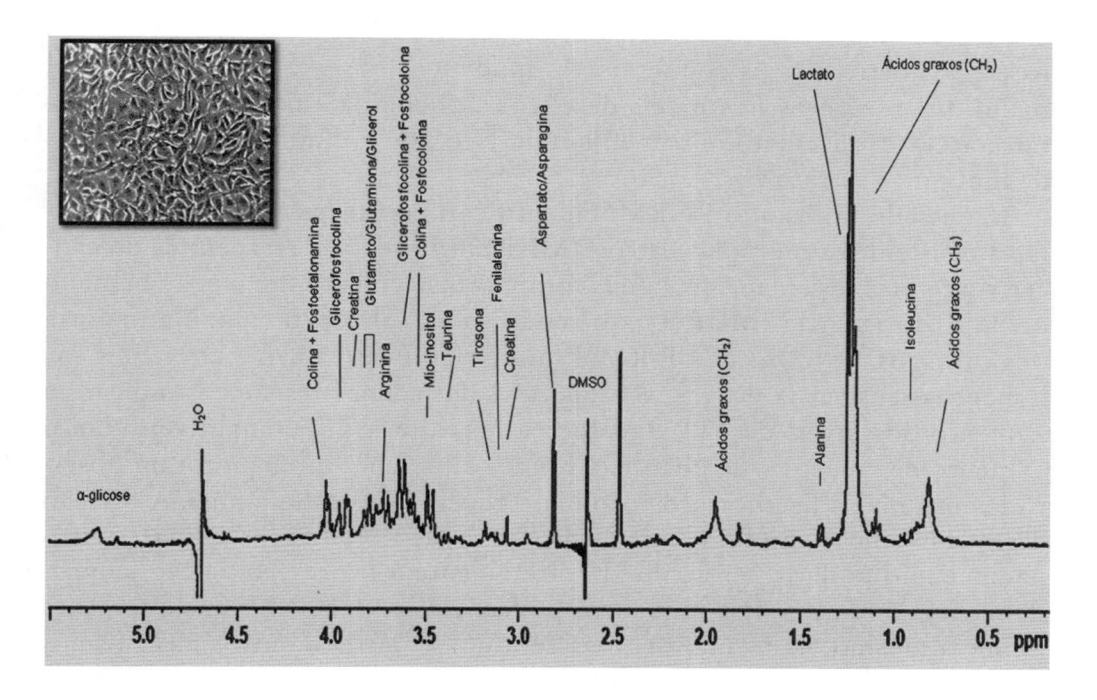

Figura 15.6 Espectro ¹H-RMN das células de melanoma murino B16F10. Após o descongelamento, as células foram centrifugadas e lavadas com água deuterada. Observa-se espectro ¹D de ¹H adquirido com a sonda HRMAS (4.000 rpm, 293K e tempo de aquisição de ± 20 minutos). O espectro das amostras de cultura celular de melanoma B16F10 demonstra o ajuste da sequência de aquisição e relaxação, iniciando por um pulso de pré-saturação da água (escala 4,7 ppm) e do DMSO (escala 2,6 ppm), seguido de pulsos de excitação e otimização para reajuste de potencial e ganho definindo os picos. Os picos em estudos são os que absorvem na escala de 1,0 a 7,0 ppm. No espectro foram detectados altos níveis de ácidos graxos (2,5 ppm) e de aspartato/asparagina (2,83 ppm).

origem. Estes achados indicam que a abordagem ERMN ¹H no metaboloma merece uma avaliação mais aprofundada como nova estratégia para a detecção precoce destes tumores. Em outro estudo utilizando os espectros unidimensionais ¹H CPMG HRMAS são caracterizados por um baixo nível de sinais de lipídios. Uma alta resolução permitiu a identificação de um total de 38 diferentes metabólitos existentes entre tecidos normais e tecido ovariano dos três diferentes tipos histológicos de tecidos de carcinoma de ovário epitelial[86,87].

Uma combinação de métodos espectroscópicos (RNM e HPLC) foi utilizada para analisar a urina de humanos e de ratos tratados com o quimioterápico ifosfamida. No estudo, foi possível detectar uma gama de metabólitos endógenos anormais na urina, submetidos à terapia, e a sua correlação entre os efeitos nefrotóxicos colaterais. As mudanças observadas por RMN ¹H incluíram aumentos nos níveis de glicose, glicina, alanina, histidina, lactato, acetato, succinato, e trimetilamina-N-óxido e diminuições dos níveis de hipurato e citrato[88].

Um estudo utilizando ³¹P-RMN identificou mudanças em linhagens celulares resistentes a múltiplas drogas (MDR) utilizadas na terapêutica do câncer. As células resistentes incluídas foram transfectadas com o gene humano de multirresistência (MDR-1), que codifica a P-glicoproteína. Na maioria dos casos, os espectros de ³¹P-RMN foram significativamente diferentes das linhagens sensíveis a drogas. Os espectros das células resistentes indicaram aumento dos níveis de ATP e fosfocreatina, alterações compatíveis com o aumento de consumo de glicose. Grandes alterações também foram observadas nos níveis de glicerofosfocolina e glicerofosfoetanolamina. A direção dessas mudanças não foi compatível para todas as linhagens celulares estudadas e não poderia ser atribuída diretamente à expressão da P-glicoproteína, sugerindo que tais mudanças podem estar relacionadas às alterações no metabolismo, na membrana e na função associada a outros mecanismos de genótipo de resistência a múltiplas drogas[89].

Outro estudo utilizando ³¹P-RMN monitorou e avaliou a resposta terapêutica de gliomas experimentais modificados geneticamente. Os espectros *in vivo* de RMN foram obtidos a partir dos gliomas subcutâneos de ratos pós-tratamento com ganciclovir. Foi observada uma significativa regressão do volume tumoral no décnimo dia após o inicio da administração da droga. No entanto, nenhuma alteração do pH ou do metabolismo energético a partir dos valores de pré-tratamento foi observada. Já os espectros *in vitro* de ³¹P-RMN de extratos dos tumores revelaram uma redução estatisticamente significante da fosfocolina e da fosfoetanolamina no sexto dia após a administração da droga[90].

Estudos de RMN utilizando a técnica de difusão de prótons determinaram os perfis bioquímicos intracelulares de seis linhagens celulares de câncer de mama perfundidos em esferas de alginato. O estudo mostrou as diferentes etapas da progressão do câncer de mama e as diferenças dos metabólitos entre os grupos de linhagens celulares, incluindo colina, lactato e treonina. A resposta para o agente antineoplásico ionidamine também foi monitorada pela função do tempo e da concentração da droga na perfusão das células tumorais. Os espectros RMN ¹H evidenciaram aumento do sinal intracelular de lactato como uma resposta de ionidamine no tratamento de câncer em diversas linhagens celulares. Estes resultados são consistentes com a hipótese de que o principal mecanismo da ionidamine em algumas células tumorais é marcado pela inibição do transporte do lactato. Esse estudo demonstra a viabilidade da utilização de acompanhamento da espectroscopia por RMN intracelular em seu metabolismo para estudar os efeitos e mecanismos das drogas antitumorais[91].

Células leucêmicas promielocíticas da linhagem HL60 foram estudadas por MAS1H-RMN após a indução de apoptose por radiação ionizante, após a adição da droga antineoplásica doxorrubicina e também por aquecimento térmico, condição de indução de morte celular por necrose. Os espectros de 1H-RMN mostraram que ambas as amostras contendo células apoptóticas foram caracterizadas pelos perfis metabólicos, especificamente um aumento dos lipídios celulares, diminuição de glutamina e glutamato, colina, taurina e glutationa. Por contrapartida, as amostras de células necrosadas apresentaram um perfil metabólico diferente, caracterizado por um aumento significativo em todos os seus metabólitos examinados, com exceção dos lipídios móveis, que apresentaram-se inalterados, e da diminuição da glutationa. Os resultados sugerem que as variações nos espectros de 1H-RMN são específicas de apoptose, independente do estado físico ou químico, isto é, a natureza do estímulo utilizado para induzir a morte celular[92].

Morvan e colaboradores[93] investigaram a correlação de técnicas espectroscópicas em RMN para determinar e identificar as alterações do metabolismo dos fosfolipídios no tratamento *in vitro* de células de melanoma B16 cultivadas com cloroetil nitrosourea. Os resultados mostraram uma alteração significativa do metabolismo dos fosfolipídios das células tratadas *in vitro*, envolvendo uma baixa regulação da fosfocolina e um dramático e irreversível aumento de fosfoetanolamina. Em outro estudo *in vitro*, Morvan e colaboradores, utilizando cistemustina em células de melanoma B16, evidenciaram a modificação do metabolismo dos fosfolipídios realizada pelas células tumorais. Esta modificação foi demonstrada durante o crescimento tumoral, indicando um acúmulo transiente de colina, glicerofosfocolina e glicerofosfoetanolamina e um aumento sustentado da fosfocolina e da fosfoetanolamina, enquanto os níveis de fosfatidilcolina mantiveram-se inalterados. Durante a recuperação do crescimento tumoral permaneceram elevados apenas a fosfocolina e a fosfoetanolamina. Portanto, os tumores de melanoma B16 tratados com cistemustina adquiriram um novo fenótipo do metabolismo dos fosfolipídios, um mecanismo que poderia participar da reprogramação e/ou da sobrevivência das células tumorais[94].

REFERÊNCIAS

1. Van Der Greef J, Mcburney R. Rescueing drug discovery and drug development: in vivo systems pathology and systems pharmacology. Nat Rev Drug Discov. 2005;19:376-86.
2. Tanaka K, Hine DG. Compilation of gas chromatographic retention indices of 163 metabolically important organic acids, and their use in detection of patients with organic acidurias. J Chromatogr. 1982;30(239):301-22.
3. Nicholson JK, Sadler PJ, Cain K, Holt DE, Webb V, Hawkes GE. Studies of native rat liver metallothioneins. Biochem J. 1983;211:251-5.
4. Horning EC, Horning MG. Metabolic profiles: gas-phase methods for analysis of metabolites, clinical chemistry. 1971;17(8):802-80.
5. Daviss B. Growing pains for metabolomics. The Scientist. 2005;19(8):25-28.
6. Gates SC, Sweeley CC. Quantitative metabolic profiling based on gas chromatography. Clin Chem. 1978;24(10):1663-73.
7. Lenz EM, Wilson ID. Analytical strategies in metabonomics. J Proteome Res. 2007;6(2):443-58.
8. Smith CA, I'Maille G, Want Ej, Qin C, Trauger SA, Brandon Tr, et al. Metlin: a metabolite mass spectral database. Ther Drug Monit. 2005;27(6):747-51.
9. Fiehn O, Kopka J, Dörmann P, Altmann T, Trethewey RN, Willmitzer L. Metabolite profiling for plant functional genomics. Nat Biotechnol. 2000;18(11):1157-61.
10. Lei Z, Huhman DV, Sumner LW. Mass spectrometry strategies in metabolomics. J Biol Chem. 2011 ;286(29):25435-42.
11. Lindon JC, Holmes E, Nicholson JK. Pattern recognition methods and applications in biological magnetic resonance. Prog NMR Spectrosc. 2001;39:1-40.
12. Chen SZ, Qiu ZG. Combined treatment with GH, insulin, and indomethacin alleviates cancer cachexia in a mouse model. J Endocrinol. 2011;208:131-136.
13. Nicholson JK. Global systems biology, personalized medicine and molecular epidemiology. Mol Syst Biol. 2006;2(1):52.
14. Maddocks ODK, et al. Serine starvation induces stress and P53-dependent metabolic remodeling in cancer cells. Nature. 2013;493:542.
15. Wishart DS, Knox C, Guo AC, Eisner R, Young N, Gautam B, et al. HMDB: a knowledgebase for the human metabolome. Nucleic Acids Research. 2009;37:D603-10.
16. Morrow JR, John K. Mass spec central to metabolomics. Genetic Engineering & Biotechnology News. 2010;30(7):1.
17. Dunn WB, Ellis DI. Metabolomics: current analytical platforms and methodologies. trends in analytical chemistry. 2005;24:285-294.
18. Nielsen TO, Hsu FD, Jensen K, et al. Immunohistochemical and clinical characterization of the basal-like subtype of invasive breast carcinoma. Clinical Cancer

Research: an Official Journal of the American Association for Cancer Research. 2004; 10(16):5367-74.

19. Giddings G, Allison G, Brooks D, Carter A. Transgenic plants as factories for bio-pharmaceuticals. Nat Biotechnol 2000;18:1151-5.

20. Villas-Bôas SG, Mas S, Akesson M, Jorn S, Nielsen J. Mass spectrometry In metabo-lome analysis. Mass Spect Rev. 2004;24:613-646.

21. Koning W, Van Dam K. A method for the determination of changes of glycolytic metabolites in yeast on a sub second time scale using extraction at neutral Ph. Anal Biochem. 1992;204(1):118-23.

22. Griffin JL, Shockcor JP. Metabolic profiles of cancer cells. Nat Rev Cancer. 2004;4(7):551-61.

23. Samuelsson LM, Larsson DG. Contributions from metabolomics to fish research. Mol Biosyst. 2008;4(10):974-9.

24. Nicholson JK, Lindon JC, Holmes E. 'Metabonomics': understanding the metabo-lic responses of living systems to pathophysiological stimuli via multivariate statistical analysis of biological NMR spectroscopic data. Xenobiotica. 1999;29(11):1181-9.

25. Bentley R. Secondary Metabolite Biosynthesis: The First Century. Crit Rev Biotech-nol. 1999;19(1):1-40.

26. Bundy JG, Paton GI, Campbell CD. Microbial communities in different soil types do not converge after diesel contamination. J Appl Microbiol. 2002;92:276-288.

27. Gonzalez B, Francois J, Renaud M. A rapid and reliable method for metabolite extraction in yeast using boiling buffered ethanol. Yeast. 1997;13:1347-56.

28. Fiehn O, Kopka J, Dormann P, Altmann T, Trethewey RN, Willmitzer L. Metabolite profiling represents a novel and powerful approach for plant functional genomics. Nat Biotechnol. 2000;8:1157-61.

29. Schmidt K, Carlsen M, Nielsen J, Villadsen J. Modeling isotopomer distributions in biochemical networks using isotopomer mapping matrices. Biotechnol Bioeng. 1997; 55(6):831-40.

30. Abdelnur PV. Metabolômica e espectrometria de massas. Emprapa, Circular Técnica, 10, 2011. ISSN 2177-4420.

31. Roessner U, Wagner C, Kopka J, Trethewey RN, Willmitzer L. Simultaneous analy-sis of metabolites in potato tuber by gas chromatography-mass spectrometry. Plant. 2000;J23:131-142.

32. Roessner U, Willmitzer L, Fernie AR. Metabolic profiling and biochemical phe-notyping of plant systems. Plant Cell Rep. 2002;21:189-196.

33. Roessner-Tunali U, Hegemann B, Lytovchenko A, Carrari F, Bruedigam C, Granot D, Fernie AR. Metabolic profiling of transgenic tomato plants overexpressing hexokinase reveals that the influence of hexose phosphorylation diminishes during fruit develop-ment. Plant Physiol. 2003;133(1):84-99.

34. Verdonk JC, De Vos CHR, Verhoeven HA, Haring MA, Van Tunen AJ, Schuurink RC. Regulation of floral scent production in petunia revealed by targeted metabolomics. Phytochemistry. 2003;62:997-1008.

35. Grote C, Pawliszyn J. Solid-phase microextraction for the analysis of human breath. Anal Chem. 1997;69(4):587-96.

36. Bakhtiar R, Ramos L, Tse FLS. Quantification of methylphenidate in rat, rabbit and dog plasma using a chiral liquid-chromatography/tandem mass spectrometry method, application to toxicokinetic studies. Analytica Chimica Acta. 2002;469:261-72.

37. Rossi Dt, Sinz Mw, Editors. Mass Spectrometry in Drug Discovery. New York: Marcel Dekker; 2002.

38. Leavens WJ, Lane SJ, Carr RM, Lockie AM, Waterhouse I. Derivatization for liquid chromatography/electrospray mass spectrometry: synthesis of tris [Trimethoxyphenyl] phosphonium compounds and their derivatives of amine and carboxylic acids. Rapid Commun Mass Spectrom. 2002;16(5):433-41.

39. Lenz EM, Bright J, Knight R, Wilson ID, Major H. Cyclosporin A-induced changes in endogenous metabolites in rat urine: a metabonomic investigation using high field 1H NMR spectroscopy, HPLC-TOF/MS and chemometrics. J Pharm Biomed Anal. 2004; 35(3):599-608.

40. Purcell EM, Torrey HC, Pound RV. Resonance absorption by nuclear magnetic moments in a solid. Phys Rev. 1946;69:37-8.

41. Bloch F, Hansen WW, Packard M. The nuclear induction experiment. Phys Rev. 1946;70:474-85.

42. Bloembergen N, Purcell EM, Pound RV. Relaxation effects in nuclear magnetic resonance absorption. Physical Review. 1948;73(7):679-712.

43. Fiehn O. Combining genomics, metabolome analysis, and biochemical modelling to understand metabolic networks. Comp Funct Genomics. 2001;2(3):155-68.

44. Lauterbur PC. Image formation by induced local interation: examples employing nuclear magnetic resonace. Nature. 1973;242:190-1.

45. Lindon JC, Holmes E, Nicholson JK. Pattern recognition methods and applications in biological magnetic resonance. Prog NMR Spectrosc. 2001;39:1-40.

46. Howells SL, Maxwell RJ, Peet AC, Griffiths JR. An investigation of tumor 1H nuclear magnetic resonance spectra by the application of chemometric techniques Magn Reson Med. 1992;28:214-36.

47. Spraul M, Schütz B, Rinke P, Koswi S, Humpfer E, Schäfer H, et al. NMR-based multi parametric quality control of fruit juices. Nutrients. 2009;1:148-55.

48. Goldman SM, Nunes TF, Melo HJF, Dalavia C, Szejnfeld D, Kater C, et al. Glutamine/glutamate metabolism studied with magnetic resonance spectroscopic imaging for the characterization of adrenal nodules and masses. Biomed Research International. 2013;1-9.

49. Croasmun WR, Carlson RMK, editors. Two-Dimensional NMR Spectroscopy. New York: VCH; 1994.

50. Silverstein RM, Bassler GC, Morrill TC. Spectrometric Identification Of Organic Compounds. New York: Wiley & Sons; 1995.

51. Sanders JKM and Hunter BK. Modern NMR Spectrometry: a guide for chemists J, Oxford University Press, Oxford, First edition 1987; Second edition 1993; Japanese edition, 1992.

52. Breitmaier E, Volelter W. Carbon-13 NMR spectroscopy. Weinhein: Verlag; 1987.

53. Sanders JKM and Mersh JD Nuclear Magnetic Double-Resonance - The use of difference spectroscopy progress. Nuclear Magnetic Resonance Spectroscopy 1982; 15: 353-400.

54. Jeener J, Broekaert P. Nuclear magnetic resonance in solids: thermodynamic effects of a pair of RF pulses. Phys Rev. 1967;157:232-40.

55. Jeener J, Meier BH, Bachmann P, Ernst RR. Investigation of exchange processes by two-dimensional NMR spectroscopy. J Chem Phys. 1979;71:4546-53.

56. Jeener J, Vlassenbroek A, Broekaert P. Unified derivation of the dipolar field and relaxation terms in the bloch-redfield equations of liquid NMR. J Chem Phys. 1995; 103:1309-32.

57. Andrey ER, Bottomley PA, Hinshaw WS, Holland GN, Moore WS, Simaroj C. NMR images by the multiples sensitive point method: aplication to large biological system. Phys Med Biol. 1977;22:971-4.

58. Hellerstein MK. New stable isotope-mass spectrometric techniques for measuring fluxes through intact metabolic pathways in mammalian systems: introduction of moving pictures into functional genomics and biochemical phenotyping. Metab Eng. 2004;6:85-100.

59. Gomez-Casati DF, Zanor MI, Busi MV. Metabolomics in plants and humans: applications in the prevention and diagnosis of diseases. Biomed Res Int. 2013;7925-27.

60. Le Gall M, Gates M, Demattei C, Giniger E. Roles of notch/AB1/Dab and Otch/Su[H] signaling pathways in drosophila axon patterning. Dev Biol. 2001;235(1): 213.

61. Le Gall G, Puaud M, Colquhoun JI. Discrimination between orange juice and pulp wash by 1H nuclear magnetic resonance spectroscopy: identification of marker compounds. J Agric Food Chem. 2001;49(2):580-8.

62. Bárány M, Glonek T. Phosphorus-31 nuclear magnetic resonance of contractile systems. In: Cunningham LW; Frederikson D, editors. Methods Enzymol. Vol. 85. New York: Academic Press; 1982. p. 624-76.

63. Venkatasubramanian PN, Mafee MF, Bárány M. Quantification of phosphate metabolites in human leg in vivo. Magn Reson Med. 1988;6:359-63.

64. Canioni P, Quistorff B. Liver physiology and metabolism. In: Gillies RJ, editor. NMR in Physiology and Biomedicine. San Diego: Academic Press; 1994. p. 373- 388.

65. Hoult DI, Busby SJW, Gadian DG, Radda GK, Richards RE, Seeley PJ. Observation of tissue metabolites using 31P nuclear magnetic resonance. Nature. 1974;252(5481):285-7.

66. Vafaee MS, Gjedde A. Model of blood-brain transfer of oxygen explains nonlinear flow-metabolism coupling during stimulation of visual cortex. J Cereb Blood Flow Metab. 2000;20:747-54.

67. Sonnewald U, Müller TB, Westergaard N, Unsgård G, Petersen SB, Schousboe A. NMR spectroscopic study of cell cultures of astrocytes and neurons exposed to hypoxia: compartmentation of astrocyte metabolism. Neurochem Int. 1994;24(5):473-83, 1994.

68. Dienel GA. Brain lactate metabolism: the discoveries and the controversies. J Cereb Blood Flow Metab. 2012;32(7):1107-38.

69. Serres S, Bouyer JJ, Bezancon E, Canioni P, Merle M. Involvement of brain lactate in neuronal metabolism. NMR Biomed. 2003;16(6-7):430-9.

70. Frahm J, Merboldt K, Haenicke W. Localized proton spectroscopy using stimulated echoes. J Magn Reson. 1987;72:502-8.

71. Arús C, Bárány M. Application of high-field 1H-NMR spectroscopy for the study of perfused amphibian and excised mammalian muscles. Biochim Biophys Acta. 1986;886:411-24.

72. Redmond HP, Stapleton PP, Neary P, Bouchier-Hayes D. Immunonutrition: the role of taurine. Nutrition. 1998;14:599-604.

73. Schaffer SW, Takahashi K, Azuma J. Role of osmoregulation in the actions of taurine. Amino Acids. 2000;19:527-46.

74. Schuller-Levis GB, Park E. Taurine: new implications for an old amino acid. Fems Microbiol Lett. 2003;226:195-202.

75. Bremer J. Carnitine metabolism and functions. Physiol Rev. 1983;63:1420-80.

76. Renema WKL, Schmidt A, Van Asten JJA, Oerlemans F, Ullrich K, Wieringa B, et al. NMR spectroscopy of muscle and brain in guanidinoacetate methyltransferase [Gamt]- -deficient mice: validation of an animal model to study creatine deficiency. Magn Reson Med. 2003;50:936-43.

77. Nakae I, Mitsunami K, Matsuo S, Matsumoto T, Morikawa S, Inubushi T, et al. Assessment of myocardial creatine concentration in dysfunctional human heart by proton magnetic resonance spectroscopy. Magn Reson Med Sci. 2004;3:19-25.

78. Neumann-Haefelin C, et al. Review: T cell response in hepatitis C virus infection. Journal of Clinical Virology. 2005;32:75-85.

79. Jagannathan NR, Wadhwa S. In Vivo proton magnetic resonance spectroscopy [Mrs] study of post polio residual paralysis [Pprp] patients. Magn Reson Imaging. 2002;20:113-7.

80. Jagannathan NR. Functional and pathophysiological study of disease processes in humans and animal systems: role of magnetic resonance imaging and in vivo MR spectroscopy. Current Science. 2004;86(1):42-61.

81. Jackowski S. Coordination of membrane phospholipid synthesis with the cell cycle. J Biol Chem. 1994;269:3858-67.

82. Jackowski S. Cell cycle regulation of membrane phospholipid metabolism. J Biol. Chem. 1996;271:20219-22.

83. Lykidis A, Jackowski S. Regulation of mammalian cell membrane biosynthesis. Prog Nucleic Acid Res Mol Biol. 2001;65:361-93.

84. Morvan D, Demidem A, Papon J, De Latour M, Madelmont JC. Melanoma tumors acquire a new phospholipid metabolism phenotype under cystemustine as revealed by high-resolution magic angle spinning proton nuclear magnetic resonance spectroscopy of intact tumor samples. Cancer Research. 2002;62:1890-7.

85. Fedele TA, Galdos-Riveros AC, Jose de Farias e Melo H, Magalhães A, Maria DA. Prognostic relationship of metabolic profile obtained of melanoma B16F10, Biomed Pharmacother. 2013 Mar;67(2):146-56.

86. Odunsi K, Wollman RM, Ambrosone CB, Hutson A, McCann SE, Tammela J, et al. Detection of epithelial ovarian cancer using 1H-NMR-based metabonomics. Int J Cancer. 2005;113(5):782-8.

87. Sellem B, Elbayed K, Neuville A, Moussallieh FM, Lang-Averous G, Piotto M, et al. Metabolomic characterization of ovarian epithelial carcinomas by HRMAs-NMR spectroscopy. Journal of Oncology. 2011;1-9.

88. Lenzl EM, Nicholson JK, Wilson ID, Timbrell, JA. A ^{1}H NMR spectroscopic study of the biochemical effects of ifosfamide in the rat: evaluation of potential biomarkers. Biomarkers. 2000;5(6):424-35.

89. Kaplan O, Jaroszewski JW, Clarke R, Fairchild CR, Schoenlein P, Goldenberg S, et al. The multidrug resistance phenotype: 31P nuclear magnetic resonance characterization and 2-deoxyglucose toxicity. Cancer Res. 1991;51:1638-44.

90. Ross BD, Higgins RJ, Boggan JE, Knittel B, Garwood M. 31P NMR spectroscopy of the in vivo metabolism of an intracerebral glioma in the rat. Magn Reson Med. 1988;6(4):403-17.

91. Beckonert O, Monnerjahn J, Bonk U, Leibfritz D. Visualizing metabolic changes in breast-cancer tissue using 1H-NMR spectroscopy and self-organizing maps. NMR Biomed. 2003;16(1):1-11.

92. Rainaldi G, Romano R, Indovina P, Ferrante A, Motta A, Indovina PL, Santini MT. Metabolomics using 1H-NMR of apoptosis and necrosis in HL60 leukemia cells: differences between the two types of cell death and independence from the stimulus of apoptosis used. Radiat Res. 2008;169(2):170-80.

93. Morvan D, Demidem A, Papon J, De Latour M, Madelmont JC. Melanoma tumors acquire a new phospholipid metabolism phenotype under cystemustine as revealed by high-resolution magic angle spinning proton nuclear magnetic resonance spectroscopy of intact tumor samples. Cancer Res. 2002;62(6):1890-7.

94. Morvan D, Demidem A, Madelmont JC. Response of melanoma tumor phospholipid metabolism to chloroethyle nitrosourea: a high resolution proton NMR spectroscopy study. Pathol Biol. 2003;51(5):256-9.

16

ANOTAÇÃO DE GENOMA: FUNDAMENTOS E APLICAÇÕES DAS ANÁLISES *IN SILICO*

Rommel Thiago Jucá Ramos
Adonney Allan de Oliveira Veras
Adriana Ribeiro Carneiro
Diego Assis das Graças
Diogo Marinho Almeida
Luciano Chaves Franco Filho
Mateus Pinto Rodrigues
Pablo Henrique Caracciolo Gomes de Sá
Rafael Azevedo Baraúna
Tiago Ferreira Leão
Artur Luiz da Costa da Silva

16.1 INTRODUÇÃO

A anotação de um genoma pode ser definida como o processo de identificação de elementos, mais frequentemente de genes, na sequência de DNA obtida após o sequenciamento. Pode ser dividida em duas etapas: anotação estrutural, na qual se busca identificar elementos como genes codificadores de proteínas e RNAs, além de regiões repetitivas; seguida pela etapa de anotação funcional, na qual estes elementos são caracterizados quanto à sua função, por meio da comparação com as sequências depositadas em bancos de dados biológicos[1,2].

A interpretação dos dados genômicos consiste em identificar e anotar genes, proteínas e vias metabólicas/regulatórias por meio de *pipelines* que integram uma variedade de programas. Em alguns casos, é necessário analisar manualmente as anotações[3]. Durante a anotação são utilizados programas para identificar características dos genes, tanto em genomas procariotos quanto eucariotos (Figura 16.1), como sequências reguladoras localizadas a montante dos genes (promotores, reforçadores e silenciadores); elementos a jusante, como as sequências de terminação; códons presentes na região codificadora dos genes; os sítios de encadeamento 5' e 3', que distinguem os **íntrons** de exons, e os sítios de poliadenilação[4].

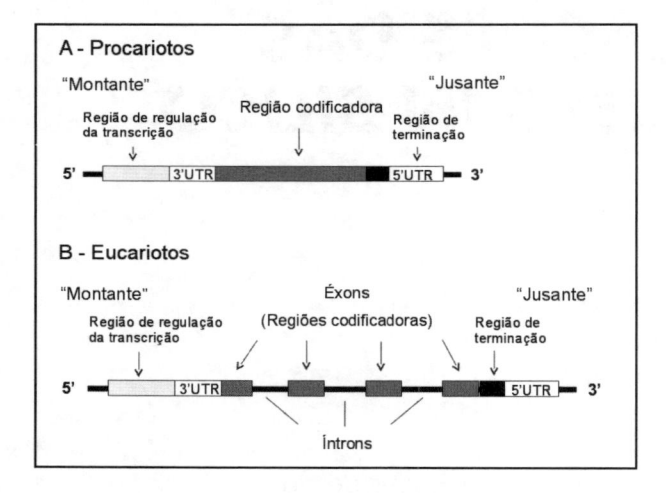

Figura 16.1 Estrutura gênica em procariotos e eucariotos. (A) Estrutura gênica em procariotos em nível de DNA. Pode-se observar a ausência de íntrons (regiões não codificadoras); (B) estrutura gênica em eucariotos em nível de DNA. Observa-se a presença de íntrons interrompendo as regiões codificadoras (éxons). 5' UTR, região 5' não traduzida; 3' UTR, região 3' não traduzida.

A acurácia do processo de anotação de genomas depende da qualidade dos dados produzidos no sequenciamento e das montagens de genomas. Assim, a partir de 2005, com o surgimento das plataformas de sequenciamento em larga escala (*high-throughput*), esperava-se a melhoria do processo de montagem de genomas eucariotos e procariotos. Contudo, surgiram desafios, como a montagem de leituras curtas, representação de regiões repetitivas e erros associados às novas tecnologias de sequenciamento, que poderiam resultar em erros de montagem e, consequentemente, em problemas na anotação[5,6].

No processo de anotação de genomas, pode-se citar como desafios a predição gênica baseada em bancos de dados biológicos e em modelos preexistentes, cuja eficiência é reduzida ao ser aplicada a genomas mais complexos ou que não possuam genomas de referências disponíveis. Na anotação funcional, as maiores dificuldades estão em processar e integrar os dados de experimentos para análise quantitativa e qualitativa da expressão do RNA, baseados na anotação de genomas novos ou na atualização de outros existentes[2,7].

Na anotação, uma questão importante a ser considerada é a densidade gênica: a fração do genoma que é ocupada por genes (geralmente expressa em Mb/gene) é maior em organismos procarióticos do que nos eucarióticos. Como resultado, genomas de eucariotos contêm grande quantidade de DNA não codificante que, geralmente, é composto por regiões repetitivas. Grande parte dessas regiões repetitivas é composta por elementos transponíveis (transposons ou retrotransposons), as quais podem compreender quase metade do genoma humano[8].

Genomas eucarióticos requerem maior esforço operacional e computacional devido a características como a complexidade dos genomas com a presença de grandes repetições, poucos projetos de genomas completos (Tabela 16.1), além do tamanho[2].

Tabela 16.1 Quantidade de projetos de genomas completos por domínio da vida

DOMÍNIO	PROJETOS DE GENOMAS COMPLETOS CONCLUÍDOS
Bacteria	23.207
Archaea	645
Eucaria	5.713

Fonte: Genomes Online Database, 2013.

Assim, foram desenvolvidas inúmeras ferramentas para auxiliar a anotação de genomas eucariotos e procariotos (Figura 16.2), em etapas como predição de genes, identificação de RNAs e curadoria manual. Algumas dessas ferramentas estão disponíveis em plataforma *web*, permitindo que grupos trabalhem simultaneamente em um projeto, o que favorece análises posteriores, como a identificação de possíveis alvos de vacinas e genes de interesse biotecnológico[7].

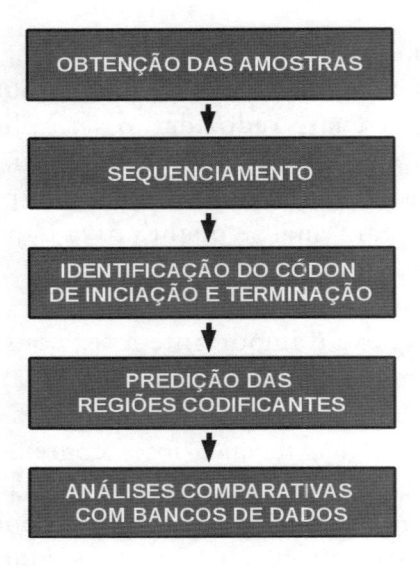

Figura 16.2 Visão geral do processo de sequenciamento, montagem e anotação de genomas com a identificação das regiões codificantes.

Os grandes desafios do processo de anotação estão relacionados à eficiência do processo de predição gênica em organismos com poucas referências em bancos de dados, ou com genomas com erros de anotações que podem ser perpetuadas. Além disso, a integração com outros bancos de dados biológicos é necessária para enriquecer o processo de análise dos dados que, muitas vezes, possibilita a reanotação do genoma[9].

16.2 HISTÓRICO

A interpretação das informações biológicas a partir da sequência de DNA é imprescindível para a identificação de genes, proteínas e vias metabólicas e/ou regulatórias[3]. Os primeiros sistemas de anotação, desenvolvidos há mais de dez anos, foram o MAGPIE (The Multipurpose Automated Genome Project Investigation Environment)[10] e o GeneQuiz[11], sendo que o primeiro permite realizar a anotação automática e a análise de sequências de DNA e proteínas, enquanto o segundo é um sistema de anotação automática apenas de proteínas. Ao longo desses anos, inúmeros programas de anotação já foram desenvolvidos, tais como o GENDB (Sistema de código aberto para anotação de genomas procariotos)[*][12] e o Manatee[**], os quais integram outras ferramentas de anotação automática e manual para analisar genes e proteínas. Outras ferramentas com novas funcionalidades continuam a ser desenvolvidas, como o Auto-FACT[13], que realiza a classificação das sequências em classes funcionais de proteínas, e o BASys (Bacterial Annotation System)[***][14], um servidor *web* de anotação automática de genomas bacterianos.

Poucas ferramentas possuem a capacidade de integrar o processo de montagem com a anotação, o que pode trazer maior agilidade para a obtenção da sequência final e melhorar a qualidade da anotação, permitindo a obtenção de uma anotação padronizada quanto à sigla de genes e nomenclatura de proteínas[15]. Um grupo de pesquisadores do laboratório de bioinformática do Laboratório Nacional de Computação Científica (LNCC) desenvolveu um sistema de anotação para genomas bacterianos, o System for Automated Bacterial Integrated Annotation – SABIA, o qual é capaz de realizar de forma automática a análise da montagem e identificação/análise da matriz aberta de leitura (*open reading frame* – ORF). Este sistema integra vários bancos de dados de domínio público e programas de análise de dados biológicos, como: Glimmer, Genemark, tRNAScan-SE, BLAST (Basic Local Alignment Search Tool), InterPro, COG (Clusters of Orthologous Groups), Kegg (Kyoto Encyclopedia of Genes and Genomes), PSORT (Programs for Subcellular Localization Prediction), GO (Gene Ontology) e RBSFinder (Algoritmo para buscar de sítios de ligação do Ribossomo)[15].

16.3 ANOTAÇÃO ESTRUTURAL

A obtenção de um genoma gera de milhares a bilhões de leituras, dependendo da plataforma de sequenciamento utilizada e também do tamanho do genoma analisado[16]. Essas leituras são fragmentos de DNA do genoma sequenciado aleatoriamente, que devem ser agrupados por homologia para realizar a montagem do genoma[17,18]. Após a montagem do genoma, a análise de sua funcionalidade requer a anotação estrutural com a predição dos genes, feita por meio da predição de matrizes abertas de leitura por aplicativos

---

*   Ver: <http://www.cebitec.uni-bielefeld.de/comics/index.php/gendb>.
**   Ver: <http://www.tigr.org>.
*** Ver: <https://www.basys.ca/>.

computacionais que podem utilizar métodos matemáticos e heurísticos[7] em busca das melhores soluções, e não as exatas, para um problema.

Para auxiliar o processo de anotação de genomas, vários programas e abordagens de bioinformática podem ser adotados para a análise estrutural e funcional. Nesta seção será discutida a importância da identificação de genes, regiões repetitivas, RNAs transportadores (tRNAs), RNAs ribossômicos (rRNAs), reguladores transcricionais, domínios e famílias proteicas, além das ferramentas computacionais aplicadas à identificação desses elementos no genoma.

16.3.1 Predição gênica

Para entender o processo de identificação de genes no genoma, primeiramente é necessário compreender o conceito de gene. Os genes são unidades básicas da herança, cujos estudos começaram com Gregor Mendel. Estes segmentos de DNA codificam informações, sejam elas traduzidas em polipeptídeos ou mesmo somente transcritas em moléculas de RNA funcionais[19]. Os genes possuem uma estrutura nucleotídica relativamente conservada para que o aparato bioquímico (fatores proteicos de transcrição, RNA polimerase, ribossomos) reconheça as regiões do DNA que devem ser transcritas e/ou traduzidas. A seguir, serão descritos os processos de identificação de regiões codificantes (do inglês *coding DNA sequence* – CDS) de bactérias, arqueias e eucariotos.

16.3.1.1 Bactérias e Archaeas

Em bactérias, os genes apresentam uma estrutura relativamente mais simples do que em eucariotos. Esses genes são constituídos por trincas de bases específicas (códons) que determinam o início, a sequência de aminoácidos e a terminação da proteína a ser sintetizada (Quadro 16.1). Cada trinca de base codifica um dado aminoácido, sendo que ao arranjar as bases (A, T, C e G) em trincas, verifica-se a existência de 64 códons diferentes. Por existirem 64 códons e apenas 20 aminoácidos, muitos aminoácidos são sintetizados por mais de um códon, atribuindo ao código a característica de ser "degenerado" ou redundante[20,21].

Quadro 16.1 Código genético considerado praticamente universal. A trinca AUG corresponde ao códon de iniciação, e as trincas UAA, UAG e UGA correspondem aos códons de parada

		Segunda base								
		U		C		A		G		
		Códon	Aminoácido	Códon	Aminoácido	Códon	Aminoácido	Códon	Aminoácido	
Primeira base	U	UUU	phe	UCU	ser	UAU	tyr	UGU	cys	U	Terceira base
		UUC		UCC		UAC		UGC		C
		UUA	leu	UCA		UAA	STOP	UGA	STOP	A
		UUG		UCG		UAG	STOP	UGG	trp	G
	C	CUU	leu	CCU	pro	CAU	his	CGU	arg	U
		CUC		CCC		CAC		CGC		C
		CUA		CCA		CAA	gln	CGA		A
		CUG		CCG		CAG		CGG		G
	A	AUU	ile	ACU	thr	AAU	asn	AGU	ser	U
		AUC		ACC		AAC		AGC		C
		AUA		ACA		AAA	lys	AGA	arg	A
		AUG	met	ACG		AAG		AGG		G
	G	GUU	val	GCU	ala	GAU	asp	GGU	gly	U
		GUA		GCC		GAC		GGC		C
		GUC		GCA		GAA	glu	GGA		A
		GUG		GCG		GAG		GGG		G

O código genético também possui códons pontuais que indicam onde a tradução deve iniciar e terminar: são os códons de iniciação e os códons de terminação. O códon de iniciação geralmente é representado pela sequência 5'-AUG-3', o qual codifica uma metionina quimicamente modificada, dando início à tradução. Em contrapartida, o último estágio da síntese do polipeptídio ocorre pela presença de um dos três códons de terminação (UAA, UGA ou UAG), no final da sequência codificante do RNA mensageiro (mRNA)[22].

É essencial que o processo de tradução inicie na base adequada. Devido ao códon ser uma trinca, existem três diferentes posições de leitura do mRNA. Por convenção, a posição de leitura em que o gene gera a proteína desejada é chamado de posição 0. Consequentemente, as posições de leitura dadas por uma base anterior ou posterior são, respectivamente, -1 e +1 (Figura 16.3). É imprescindível a identificação da posição de leitura correta para evitar que uma proteína completamente diferente seja sintetizada, ou mesmo que um códon de terminação seja inserido antes do final da proteína, gerando uma proteína "prematura" ou "truncada".

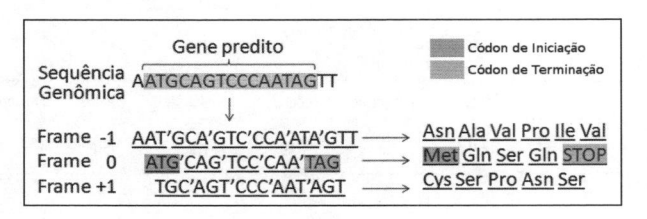

Figura 16.3 Matrizes de leitura de um gene predito no genoma de um organismo. As *frames* algumas vezes são numeradas 1, 2 ou 3.

Interações entre o mRNA e o rRNA têm a finalidade de assegurar a posição de leitura apropriada durante a tradução. A sequência Shine–Dalgarno, muito conservada e encontrada na região a montante do códon de iniciação, faz com que o RNA ribossomal reconheça a trinca da metionina, gerando um alinhamento necessário para a inserção do primeiro aminoácido, N-formilmetionina. A existência desse alinhamento específico e o efeito de oscilação de base do tRNA justifica o fato de certas bactérias também poderem utilizar as trincas 5'-GUG-3' ou 5'-UUG-3' como códon de iniciação, inserindo a mesma N-formilmetionina[20,23].

Essas sequências, aliadas ao conhecimento prévio do código genético e de algumas características como os motivos e domínios proteicos, permitiram às ferramentas de bioinformática predizer os "genes" de um organismo com base em sua similaridade e estrutura. O gene passou então a ser visualizado como uma matriz aberta de leitura em vez de um lócus específico responsável por um determinado fenótipo. Uma matriz aberta de leitura é uma região do genoma que possui um códon de iniciação (na maioria dos casos, ATG, mas existem exceções devido ao efeito *wobble,* isto é, se o tRNA possuir uma base alterada na terceira posição do anticódon, ela é capaz de parear com mais de um códon, e será adicionado o mesmo aminoácido), alguns códons intermediários e um códon de parada (TAA, TGA ou TAG) ao final. Então, a predição gênica é realizada por *softwares* baseados na busca de códons de iniciação seguidos por códons de parada.

As arqueias possuem uma maquinaria bioquímica para realizar os processos de replicação, transcrição e tradução que é muito semelhante àquelas presentes nos organismos do domínio *Eukarya.* De fato, a estrutura da RNA polimerase das arqueias é muito similar à RNA polimerase II eucariótica, assim como os fatores de transcrição envolvidos[24]. Uma vez que o aparato de transcrição das arqueias é mais semelhante ao eucariótico, esperava-se que a estrutura dos genes e a regulação da transcrição também fossem semelhantes; entretanto, os reguladores de transcrição encontrados nos genomas das arqueias são semelhantes aos bacterianos[25,26], resultantes de uma organização genômica semelhante à bacteriana. Bactérias e arqueias possuem características em comum, como cromossomos circulares, origem de replicação única, genes sem superposição e óperons.

Para a predição gênica em genomas de arqueias são usados os mesmos mecanismos de identificação de genes bacterianos, devido à semelhança entre estes dois domínios. Contudo, deve-se ter atenção aos vieses de códons de cada organismo e preferência de aminoácidos, pois isso pode levar à identificação incorreta de regiões codificantes[27].

16.3.1.2 Eucariotos

Os mecanismos de regulação transcricional e a cascata de expressão gênica em eucariotos são bem mais complexos do que nos procariotos. O projeto genoma humano[28,29] demonstrou que o fenótipo de um organismo eucariótico é resultado da interação de diversas variáveis transcricionais e traducionais e que, portanto, as ORFs ou "genes" fazem parte de um mecanismo molecular complexo, cujo resultado final, é o fenótipo observado no indivíduo. Em eucariotos, um único gene pode gerar produtos com diferentes isoformas através de *splicing* ou processamento alternativo, exemplificando a complexidade da expressão gênica neste domínio[30].

Uma das dificuldades na predição de ORFs em genomas eucarióticos é a presença de regiões não codificantes dentro das ORFs que são removidas durante a etapa de processamento do mRNA. Portanto, o sequenciamento de genomas eucarióticos é uma atividade complexa e trabalhosa, em função da quantidade de regiões intergênicas, principalmente para os pesquisadores que focam o estudo do exoma (conjunto de éxons presentes nos genes que darão origem ao RNA mensageiro maduro). Para predizer quais sequências gênicas são éxons ou íntrons, algumas ferramentas de bioinformática procuram identificar sequências como as regiões promotoras, o códon de iniciação (5'-AUG-3'), os códons de terminação (UAA, UAG e UGA) e os sítios relacionados ao evento de *splicing*[31].

16.3.1.2.1 Predição gênica

O uso de preditores gênicos é essencial para o processo de anotação, principalmente para genomas eucarióticos. Desse modo, organismos já sequenciados são utilizados como referência para a criação de modelos que serão utilizados no processo de predição.

Muitos *softwares* têm sido desenvolvidos para realizar a predição gênica. É o caso do AUGUSTUS*, que implementa a análise estatística de modelos de Markov com esse objetivo. Na matemática, os modelos de Marvok são casos particulares de processos aleatórios que dependem do tempo (estocásticos). Por definição, nesses processos os estados anteriores são irrelevantes para a predição dos estados seguintes, desde que o estado atual seja conhecido. Os mais usados são os Modelos Ocultos de Markov (do inglês *Hidden Markov Models* – HMM), em que o sistema é modelado com parâmetros desconhecidos e é necessário prever os parâmetros ocultos a partir dos parâmetros observáveis.

Quando o genoma de interesse não estiver caracterizado no AUGUSTUS, é indicada a utilização do genoma de um organismo filogeneticamente próximo. Atualmente, esse preditor possui mais de cinquenta genomas modelo disponíveis para a predição gênica. No site do programa**, é possível submeter um arquivo (fasta ou multifasta) e selecionar o organismo modelo que será usado para se realizar a predição gênica, como mostra a Figura 16.4[32].

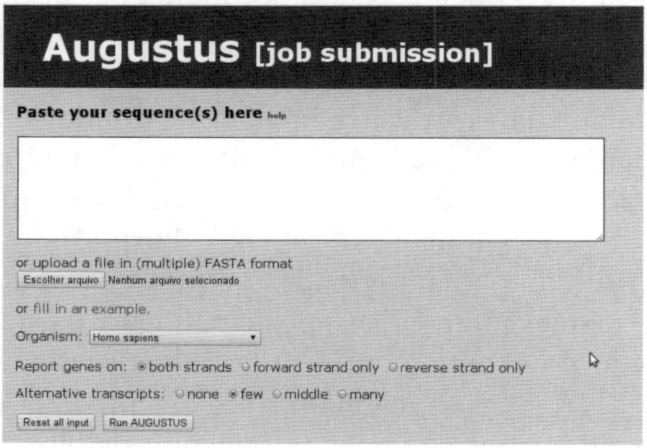

Figura 16.4 Interface *web* do programa AUGUSTUS, para predição de genes de eucariotos. Adaptado de: <http://bioinf.uni-greifswald.de/augustus/>.

---

* Ver: <http://bioinf.uni-greifswald.de/augustus/>.
** Ver: <http://bioinf.uni-greifswald.de/augustus/>.

Outro programa que realiza a predição gênica com base em modelos de Markov é o GeneMark[*][33], que gera como resultado um arquivo de texto no formato tabular com informações dos genes preditos, como localização, tamanho, *frame* e sequência de aminoácidos. Este preditor gênico foi utilizado no projeto do genoma do morango-silvestre[33,34,35].

Diferentemente dos preditores citados anteriormente, o Glimmer[36] emprega método *ab initio* também baseado nos Modelos Ocultos de Markov (HMM), utilizando um conjunto de referências para treinar um modelo que ele depois emprega na predição de regiões codificadoras no genoma de interesse[7]. Além destes, outros programas vêm sendo disponibilizados com estratégias e melhorias que aumentam a acurácia das predições gênicas de organismos eucariotos, reduzindo falhas na predição de genes pequenos e falsos positivos, tais como: Fgenes[**], GeneZilla[***][37], GlimmerHMM[****][37] e JIGSAW[*****][38].

16.3.2 Predição de regiões repetitivas

O DNA repetitivo consiste em sequências de um único tipo de nucleotídeo, chamadas de homopolímero simples (por exemplo, 5'-GGG GGG GGG-3'), ou em classes multiméricas de repetições curtas e longas. Repetições multiméricas podem ser formadas por unidades idênticas, como repetições homogêneas (por exemplo 5'- ATT ATT ATT-3'), unidades mistas ou repetições heterogêneas, como em unidades repetidas de 3 e 5 nucleotídeos (5'-ATT GCG CCA TTG CGC C-3') ou por sequências de motivos repetidos degenerados[39] (Figura 16.5).

```
Consenso   5'- AGCTTGAAA AGCTTGAAA AGCTTGAAA -3'
A          5'- ------T-- ---GA---- --------- -3'
B          5'- --------- --------- T-------- -3'
C          5'- --------- C------TT --------- -3'
```

Figura 16.5 Exemplo de uma repetição multimérica de 9 nucleotídeos, apresentando a degeneração entre as sequências A, B e C com relação à sequência consenso formada.

* Ver: <http://exon.gatech.edu/>.
** Ver: <http://www.softberry.com>.
*** Ver: <http://www.genezilla.org>.
**** Ver: <http://ccb.jhu.edu/software/glimmerhmm/>.
***** Ver: <http://www.cbcb.umd.edu/software/jigsaw/>.

O DNA repetitivo pode ser encontrado em genomas eucarióticos e procarióticos. Os estudos sobre o papel biológico dessas repetições estão relacionados com os mecanismos evolutivos em procariotos[40]. Em eucariotos, este DNA repetitivo pode ser usado como marcador genético, por meio da identificação de variações no número dos agrupamentos, o qual difere entre indivíduos e grupos populacionais. Estes polimorfismos de DNA servem de base para o perfil do DNA, que tem aplicações como testes de paternidade e identificação de restos mortais humanos ou animais[4].

Em genomas eucarióticos existem regiões amplamente repetidas, como minissatélites ou números variáveis de repetições em tandem (do inglês *variable number tandem repeats* – VNTR), as quais englobam agrupamentos repetidos de cerca de 10 a 100 nucleotídeos[4].

Em bactérias e arqueias, encontram-se regiões repetitivas como elementos transponíveis (transposons e sequências de inserção) e grupos de pequenas repetições palindrômicas interespaçadas regularmente (*clustered regularly interspaced short palindromic repeats* – CRISPR). Elementos transponíveis consistem em segmentos de DNA capazes de deslocar-se de um sítio para outro do genoma, sendo encontrados inseridos em moléculas de DNA como plasmídeo, cromossomo ou genoma viral[21]. Os elementos CRISPR são estruturas genômicas que formam uma família de repetições dispersas, e a função destes está relacionada ao sistema imune de organismos procariotos, conferindo resistência aos elementos genéticos exógenos como plasmídeos e fagos[41].

Existe uma grande quantidade de ferramentas computacionais que realizam a predição de regiões repetitivas no genoma. Estas podem ser agrupadas em duas abordagens. Na primeira, baseada em biblioteca, a busca por regiões repetitivas é realizada pela comparação das sequências de entrada contra um banco de dados de referência que contém sequências repetitivas conhecidas. Dentre os principais algoritmos utilizados para realizar a busca por similaridade entre as sequências temos o BLAST e WUBLAST. A outra abordagem é conhecida por *de novo* e não faz uso de qualquer tipo de referência para realizar o reconhecimento de regiões repetitivas. É o caso de *k*-mer, que consiste na contagem de vezes que uma subsequência de tamanho fixo (*k*) se repete ao percorrer uma dada sequência de entrada. Esta técnica considera apenas alinhamentos perfeitos, conforme demonstrado na (Figura 16.6A). Semente espaçada é considerada uma extensão da técnica de *k*-mer; no entanto, ela implementa um nível de tolerância na identidade da sequência, fazendo com que seja possível o mascaramento, conhecido por *mismatch*, de regiões onde não ocorre o pareamento (Figura 16.6B). Apesar de haver uma grande quantidade *softwares* para a identificação destas regiões, dois deles se destacam: o RepeatMasker[*] e o Repbase (Banco de dados de elementos repetitivos de eucariotos)[**][42].

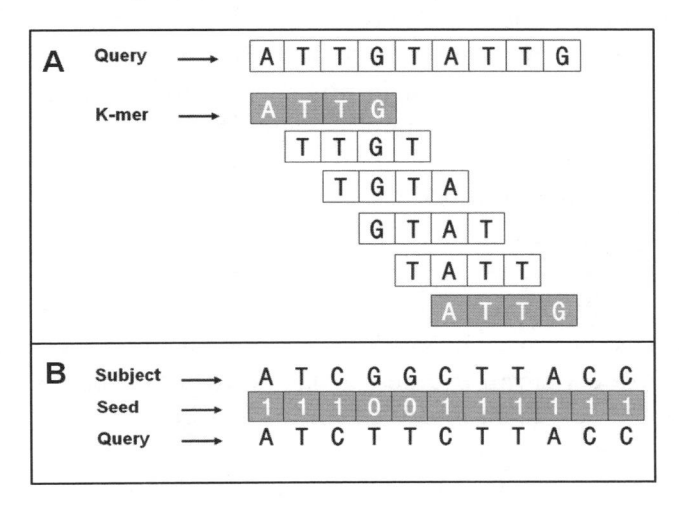

Figura 16.6 (A) Demonstra a execução da pesquisa de possíveis k-mers contra uma sequência de entrada. Podemos observar a repetição de dois k-mers com pareamento perfeito (match) selecionados na cor verde. (B) Exibe um padrão de semente espaçada no formato binário com posições definidas nas quais é permitido o surgimento de *mismatches* (1, *match*; 0, *mismatch*).

O RepeatMasker realiza uma busca por similaridade com base em bibliotecas de repetição disponibilizadas como referência. A biblioteca recomendada é o RepBase[43], devido à sua alta performance e acurácia. A versão *web* condensa todas as opções, e os parâmetros podem ser selecionados de acordo com a utilização desejada[***][44].

16.3.3 Predição de RNAs

16.3.3.1 RNA ribossomal (rRNA)

Os RNAs ribossômicos são componentes estruturais e catalíticos dos ribossomos, sendo responsáveis por traduzir as sequências de nucleotídeos

---

[*] Ver http://www.repeatmasker.org.
[**] Ver http://www.girinst.org/.
[***] Ver http://www.repeatmasker.org.

em aminoácidos de polipeptídeos. São constituídos pela associação de uma subunidade maior e uma menor[4,45]. Nos procariontes, a subunidade maior é constituída por uma molécula de rRNA de 23 S, uma de 5 S e 31 proteínas ribossômicas, enquanto a subunidade menor é formada por uma molécula de rRNA de 16 S e 21 proteínas. Já nos eucariontes, a subunidade maior é constituída por uma molécula de rRNA de 28 S, uma de 5,8 S, uma de 5 S e 49 proteínas, enquanto a subunidade menor possui um componente de rRNA de 18 S e em torno de 33 proteínas[4].

A identificação e a análise do RNA ribossomal têm sido utilizadas em investigações de diversidade, identificação taxonômica e análises de filogenia. A grande quantidade de sequências de rRNA depositadas em bancos de dados públicos, superior a 3,5 milhões de sequências, cria desafios quanto ao gerenciamento e a curadoria desses dados, tornando necessária a criação de projetos de bancos de dados de domínios específicos, abrangendo apenas uma parcela dos organismos já identificados[46].

Uma das propostas para superar essas dificuldades é o projeto SILVA (Banco de dados de RNA ribossômico): um banco de dados de rRNA curado e constantemente atualizado. Ao contrário de outros bancos de dados, o SILVA agrega informações de rRNA de todos os domínios da vida, Arqueia, Bactéria e Eucária. As sequências disponíveis possuem uma grande quantidade de informações agregadas, como taxonomia, cepa, nomenclatura, publicações e outras, gerando dados contextualizados e atualizados. No site do projeto[*], várias ferramentas de busca e análises das informações do banco de dados estão disponíveis[46,47].

Um alternativa ao projeto SILVA para a predição de rRNAs é o programa RNAmmer[**]. Possui alta eficiência na predição de rRNA para genomas conhecidos e não conhecidos. Utiliza modelos de Markov produzidos a partir dos dados de rRNA do European Ribosomal RNA Database, atualmente integrado ao SILVA[46], e do 5S Ribosomal RNA Database[***], de modo que o programa realiza buscas de padrões entre os dados de entrada (sequências fasta) e os modelos de Markov. Os padrões identificados são salvos em um arquivo de resultados com informações como o RNA predito, coordenada e pontuação do alinhamento (Figura 16.7).

---

[*]   Ver http://www.arb-silva.de/.
[**] Ver http://www.cbs.dtu.dk/services/RNAmmer/.
[***] Ver http://biobases.ibch.poznan.pl/5SData/.

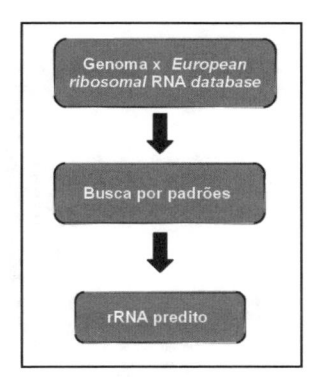

Figura 16.7 *Pipeline* de predição de rRNA. A figura demonstra as principais etapas para a predição dos rRNA presentes no genoma. Incialmente, o genoma de um organismo em estudo é alinhado contra a European Ribosomal RNA Database, com a finalidade de buscar padrões utilizando modelos Markov. Ao final deste alinhamento é gerado um arquivo com os padrões, as coordenadas dos rRNAs preditos no genoma e as pontuações de alinhamento.

16.3.3.2 RNA transportador (tRNA)

Os RNA transportadores (tRNA) consistem em pequenas moléculas de RNA que funcionam como adaptadores entre aminoácidos e códons presentes no RNA mensageiro (mRNA) durante o processo de tradução[45]. Os tRNAs possuem pouca estabilidade na célula, são constituídos por 75 a 90 nucleotídeos, apresentam estruturas quase idênticas em bactérias e eucariontes e, de acordo com o modelo bidimensional proposto por Holley, possuem uma forma de folha de trevo, sendo que na extremidade 3' da molécula o aminoácido liga-se covalentemente ao resíduo terminal adenosina e na região de alça localiza-se o anticódon (Figura 16.8)[4].

Com o advento dos estudos de genomas completos criou-se uma grande demanda de ferramentas para diversas análises dos dados gerados. Uma importante análise é a identificação de verdadeiros tRNAs, tanto para procariotos quanto para eucariotos. Para esta tarefa, vários programas utilizam algoritmos de análises estatísticas e busca por homologia. Em geral, esses programas requerem um arquivo no formato fasta ou multifasta com as sequências que devem ser identificadas (Figura 16.9)[48,49,43,50,51].

No tRNAscan-SE, o primeiro passo é selecionar a lista de possíveis tRNAs a partir do fasta de entrada, seguido pela extração de subsequências dos tRNAs identificados, para gerar o modelo de covariância. Após isto, é realizada a busca no banco de dados de tRNA consultando o alinhamento

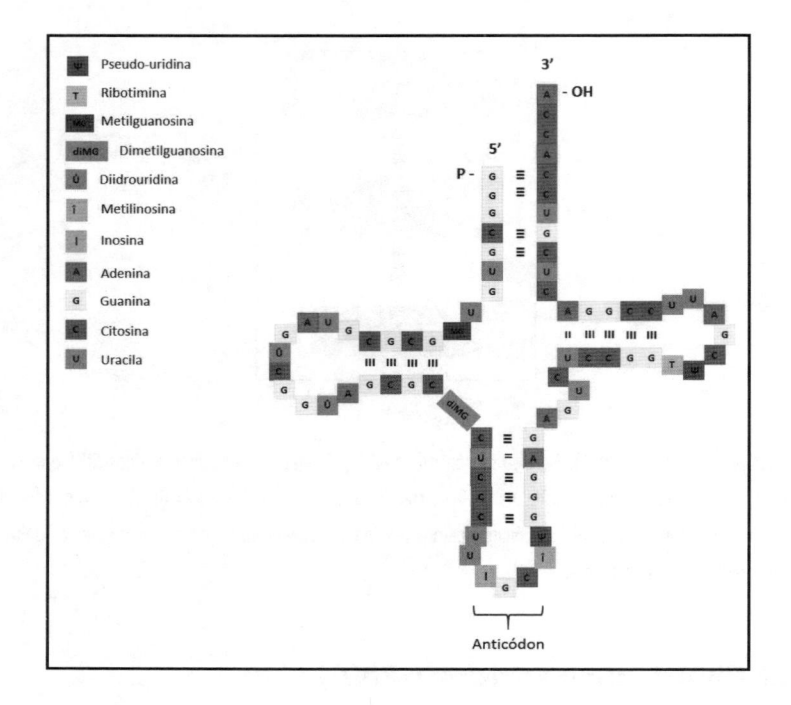

Figura 16.8 Representação da estrutura secundária do tRNA de alanina de S. cerevisiae.

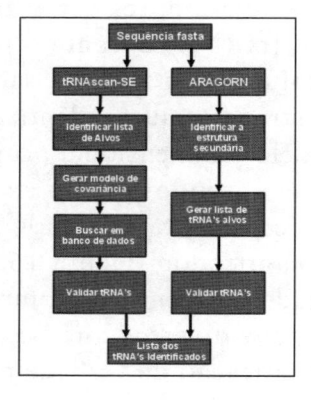

Figura 16.9 *Pipeline* para a predição de tRNA a partir dos *softwares* tRNAscan-SE e ARAGORN.

de subsequências. Na etapa final, os resultados do alinhamento são valida-dos por meio da busca de padrões. No *pipeline* do *software* ARAGORN, o primeiro passo é realizar a busca de padrões para identificar a estru-tura secundária dos tRNAs. Como resultado, é produzida uma lista dos possíveis tRNAs. Estes resultados são validados por meio do alinhamento de subsequências.

O tRNAscan-SE é um programa para detecção de tRNAs. Este aplicativo realiza um *workflow* de análises dividido em três etapas. Na primeira, é selecionada uma lista de tRNAs candidatos pelos algoritmos tRNAscan e EufindtRNA. Na segunda etapa, subsequências dos tRNAs candidatos são extraídas e utilizadas para criar um modelo de covariância. Essas subsequências são então alinhadas contra tRNAs conhecidos de banco de dados públicos. Na última etapa, os tRNAs preditos como verdadeiros são submetidos às análises de padrões para que possam ser diferenciados de pseudogenes. Atualmente, uma versão *web* do tRNAscan-SE está disponível*, permitindo que os pesquisadores realizem buscas por tRNAs sem a necessidade de instalar e configurar localmente o programa[49,43,51].

A identificação de tRNAs também pode ser realizada pelo programa BRUCE, que aplica em sequências, no formato fasta, um algoritmo de busca de padrões para predizer a estrutura secundária do tRNA. Atualmente, está incorporado ao programa ARAGORN**, que também realiza a predição de tRNAs para eucariotos e procariotos. O ARAGORN utiliza a busca de padrões pela estrutura secundária do tRNA e faz uso de alinhamentos de parte das sequências fasta do arquivo de entrada a fim de identificar os tRNAs, além de RNA de transferência-mensageiro (do inglês *transfer-messenger* RNA tmRNA). O resultado do ARAGORN apresenta a quantidade de tRNASs identificados, o nome e a posição das sequências onde eles foram localizados, além da estrutura 2D do tRNA[49,52,50].

Algumas análises requerem informações tais como organismo de origem, tRNA identificado, tamanho da sequência, estrutura do tRNA e classificação. Estas podem ser acessadas pelo tRNADB-CE, um banco de dados de tRNA curado manualmente e constantemente atualizado. Todas as informações do tRNADB-CE estão disponíveis na internet***. Atualmente, o banco possui mais de 400 mil tRNAs curados de genomas completos e incompletos de eucariotos e procariotos, vírus e metagenomas de amostras ambientais[48,49].

---

* Ver http://lowelab.ucsc.edu/tRNAscan-SE/.
** Ver http://mbio-serv2.mbioekol.lu.se/ARAGORN/.
*** Ver http://trna.nagahama-i-bio.ac.jp./cgi-bin/trnadb/index.cgi.

16.3.3.3 RNA não codificador (ncRNA)

RNAs não codificadores de proteínas (do inglês *non-coding RNA* – ncRNA) são transcritos, mas não são traduzidos em proteínas, e incluem, além dos tRNAs e rRNAs, classes de RNAs como pequenos RNAs nucleares (do inglês *small nuclear RNAs* – snRNA), pequenos RNAs nucleolares (do inglês *small nucleolar RNAs* – snoRNA) e pequenos RNAs (do inglês *microRNA* – miRNA) que possuem funções importantes nos processos celulares dos organismos[53,54,55,56,57]. Em eucariotos, inúmeros transcritos de regiões intergênicas, íntrons e RNA antissenso de genes que codificam proteínas já tiveram sua expressão identificada[58,59].

Em organismos procariotos, estudos recentes têm demonstrado que pequenos RNAs (*small RNA* – sRNA), com tamanhos de aproximadamente 50 pb a 500 pb, desempenham um importante papel em vários processos biológicos, como virulência, resposta a estresse e *quorum sensing*[60,61,62]. Para a identificação destes sRNAs pode-se utilizar métodos computacionais, como preditores de regiões promotoras e de terminação dependente de Rho, uma proteína hexamérica presente em procariotos que interage fisicamente com os transcritos de RNA, promovendo o término da transcrição[4]. Além disso, pode-se fazer uma busca por similaridade em bancos de dados específicos, como RNA *families* (Rfam)[*63]. Porém, por não se tratar de sequências conservadas, essas abordagens não são precisas[64,65]. Assim, o sequenciamento do RNA torna-se uma alternativa para a confirmação dos sRNAs identificados *in silico*, além da descrição de novos por meio da análise de expressão das regiões não codificadoras de proteínas (Figura 16.10)[62].

A análise da cobertura dos transcritos é outra importante estratégia, por permitir identificar sRNA e possibilitar definir regiões 5' e 3' dos genes que são transcritas, porém não traduzidas (*untranslated region* – UTR), incluindo *riboswitches* e sitioligantes de sRNAs regulatórios, imprescindíveis para a regulação[62,66,67,65].

Outras bases de dados (Tabela 16.2), exclusivas para organismos ou estudos mais específicos, albergam poucas classes de ncRNA, como miRBase (MicroRNA Database)[68], snoRNABase (Banco de dados de H/ACA e C/D box snoRNAs humanos)[69], ASRP (*Arabidopsis* Small RNA Project), NONCODE (Banco de dados de todos os tipo de RNAs não codificantes)[70] e fRNAdb (Banco de dados de sequências de RNAs não codificantes)[71].

---

* Ver rfam.sanger.ac.uk.

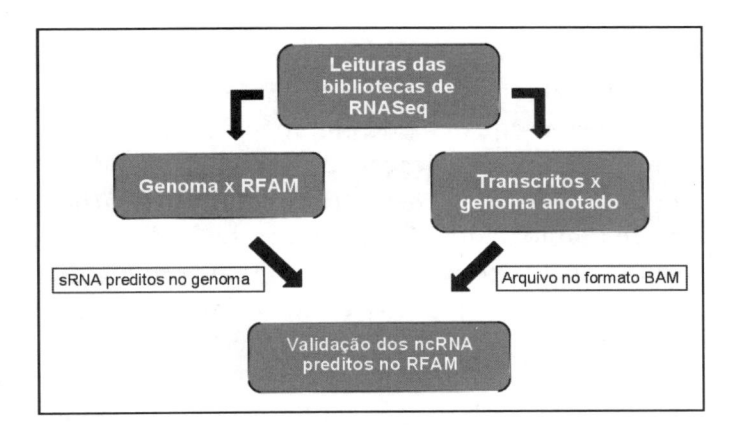

Figura 16.10 Organograma de predição de ncRNA. Por meio do alinhamento do genoma contra a base de dados RFAM podem ser obtidos os ncRNA candidatos. A validação dos ncRNAs preditos pode ser feita durante o alinhamento dos transcritos sequenciados por RNASeq contra o genoma anotado, o que irá gerar um arquivo no formato de Mapa de Alinhamento Binário (do inglês *Binary Alignment Map* – BAM), que será utilizado para a análise de expressão destes sRNAs.

Tabela 16.2 Banco de dados de sequências de ncRNAs

BANCO DE DADOS DE NCRNAS	CLASSES DE NCRNAS	SITE
miRBase	miRNAs anotados	www.mirbase.org
snoRNABase	pequenos RNAs nucleolares	www-snorna.biotoul.fr/
ASRP	Pequenos RNAs de plantas	http://asrp.danforthcenter.org/
NONCODE	Vários tipos de ncRNAs, exceto rRNAs e tRNAs	www.noncode.org/
fRNAdb	Vários tipos de ncRNAs	http://www.ncrna.org/frnadb/

16.4 ANOTAÇÃO FUNCIONAL

16.4.1 Domínios e famílias proteicas

Proteínas são moléculas essenciais para a manutenção da vida celular por possuírem funções estruturais e enzimáticas para os seres vivos. A função de uma proteína é definida pelos seus domínios e motivos proteicos, os quais, depois de traduzidos adquirem uma estrutura tridimensional característica de cada classe. O enovelamento (conformação) da proteína, portanto, está diretamente ligado à sua sequência de aminoácidos[72].

Há diversas formas de classificação de proteínas, sendo a mais comum conforme sua estrutura biomolecular: (i) **estrutura primária** corresponde à sequência linear de aminoácidos; (ii) **estrutura secundária** é a estrutura tridimensional formada pelo arranjo local dos ângulos (*phi* e *psi*) e das interações intramoleculares do tipo pontes de hidrogênio do esqueleto polipeptídico, formando estruturas periódicas (alfa-hélice, folhas-beta e *loops*); (iii) **estrutura terciária** é a estrutura tridimensional caracterizada pelo arranjo espacial das estruturas secundárias, que adquirem esta conformação devido principalmente às interações hidrofóbicas, ligações covalentes, pontes de hidrogênio e ligações eletroestáticas entre os radicais laterais dos aminoácidos da proteína; (iv) **estrutura quaternária**, formada pela interação entre as estruturas terciárias (subunidades).

As proteínas também são agrupadas em graus evolutivos, surgindo a classificação em **famílias** ou **superfamílias** de proteínas. Estas proteínas são ditas homólogas (possuem um ancestral comum) e apresentam um grau elevado de similaridade no alinhamento de suas sequências primárias e, consequentemente, podem apresentar conformações tridimensionais semelhantes. De forma hierárquica, a família pode ser definida como o conjunto de proteínas cujas sequências primárias alinhadas possuem um nível de identidade (correspondência de aminoácidos na mesma posição) igual ou superior a 30%. Superfamílias possuem grau de identidade inferior, porém as características funcionais e estruturais entre essas proteínas indicam algum grau de homologia[73]. A Figura 16.11 demonstra, de forma simplificada, a relação entre família, superfamília e domínio.

Para a anotação de genomas, é importante caracterizar uma proteína de acordo com sua função. Dessa forma, os **domínios** são "unidades" estruturais conservadas das proteínas, associadas a uma determinada **atividade biológica**. Os domínios estão associados a um determinado padrão de enovelamento de suas estruturas secundárias[74], ou seja, este é um conceito puramente topológico.

Do ponto de vista evolutivo, proteínas da mesma família ou superfamília compartilham domínios, pois possuem certo grau de identidade entre suas sequências primárias; porém, é verdade que proteínas com enovelamentos parecidos podem não corresponder a um grau de identidade entre suas sequências primárias[74], indicando funcionalidades distintas. Para exemplificar este conceito estrutural, a Figura 16.12 mostra a proteína HIV-1

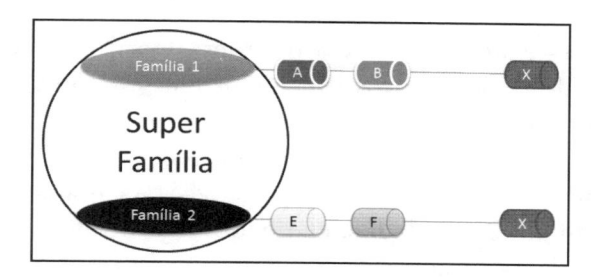

Figura 16.11 A superfamília possui um grau de homologia menor que as famílias, porém conserva alguns domínios, como o domínio X (representado pelo cilindro em azul). A família 1 possui dois domínios conservados (A e B), enquanto a família 2 possui outros dois domínios conservados (E e F). O domínio X está presente em ambas as famílias.

protease (Protein Data Bank – PDB: 1HSG), que é classificada com dois domínios, correspondentes à cadeia A (em verde) e à cadeia B (em azul). Como já mencionamos, os domínios estão associados aos padrões de enovelamento da estrutura secundária. Esses padrões, por sua vez, podem ser associados às classes que dependem do arranjo dos padrões de alfa-hélice e folhas-beta, sendo classificados como **alfa, beta, alfa+beta, alfa/beta**[74].

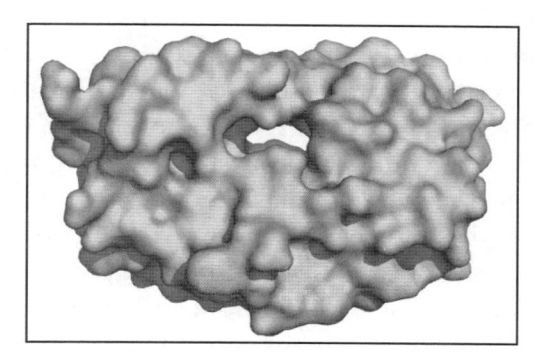

Figura 16.12 Enzima HIV-1 protease (PDB: 1HSG) com dois domínios representados pela cadeia de aminoácidos em azul e pela cadeia em verde.

A classificação de proteínas nos níveis de família e domínios é etapa de grande importância para a anotação, pois fornece informações essenciais para a identificação de alvos moleculares com potencial biotecnológico ou de importância médica. Para facilitar o processo de anotação funcional das proteínas, diversos bancos de dados estão disponíveis para consulta, como:

1) PROSITE: este sistema associa padrões e perfis de sequência primária a famílias, domínios e sítios funcionais em proteínas. Essas regiões são identificadas por assinaturas denominadas "matrizes de peso" e "expressões regulares", que representam os motivos, gerados por meio de alinhamentos múltiplos de sequências homólogas. As assinaturas são ligadas a um segundo banco de dados, chamado de ProRules, que garante maior confiabilidade na caracterização da proteína. O PROSITE foi o primeiro banco de dados de proteínas com informações estruturais disponíveis e é constantemente atualizado*[75].

2) PRINTS: este sistema funciona como um sumário das proteínas, no qual cada uma possui uma "impressão digital" (chamada de *fingerprint*), que faz referência a uma família de proteína, representada por um motivo. Os motivos são grupos de regiões conservadas obtidas por meio do alinhamento múltiplo de sequências primárias. As "impressões digitais" neste sistema foram manualmente anotadas e depositadas. Este banco de dados está na sua versão número 42 e conta com 2.156 "impressões digitais" e cerca de 12.444 motivos de proteínas[76].

3) PFAM: este banco de dados apresenta uma coleção de famílias de proteínas representadas por modelos ocultos de Markov, auxiliado pelo programa HMMER3. Utiliza uma forma alternativa para representação do padrão de uma família de proteínas (à diferença dos padrões anteriores, que utilizam motivos) por meio de um modelo probabilístico. O banco de dados é divido em PFAM-A e PFAM-B: o primeiro conta com curadoria manual e é de alta qualidade; por sua vez, o segundo é derivado pelo agrupamento *in silico* das famílias (algoritmo ADDA), seguido da subtração das regiões de sobreposição do PFAM-A**. O sistema encontra-se na sua versão 27 e possui cerca de 14.831 famílias de proteínas catalogadas.

4) SCOP (Structural Classification of Proteins): é um banco de dados estrutural que cataloga proteínas com estruturas tridimensionais conhecidas, de acordo com suas relações evolutivas. A biomolécula é descrita dentro de um nível hierárquico que inclui espécie, proteína, família, superfamília, tipo de enovelamento e classe. A organização do banco e as relações entre as proteínas são realizadas por meio da análise da sequência primária da estrutura e das similaridades funcionais que essas proteínas apresentam. As atribuições de domínios e classificação de agrupamentos de proteínas são realizadas por um protocolo que inclui validações automáticas (com programas como Blast, Position-Specific Iterated BLAST

*   Ver: <http://prosite.expasy.org/prosite.html>.
** Disponíveis em: <http://pfam.sanger.ac.uk/>.

– PSI-Blast e Reverse Position-Specific Blast – RPS-Blast) e manuais. O SCOP* está na versão 1.75, atualizada em 2009, e conta com 110.800 domínios de proteínas[77].

5) CATH (Classe, Arquitetura, Topologia e Homologia): neste programa, as proteínas possuem classificações hierárquicas de seus domínios por meio de classes, arquiteturas, topologias e de superfamílias homólogas. As atribuições são realizadas por meio de métodos automáticos seguidos de curadorias manuais. O CATH** está na versão 3.5 e conta com 16 milhões de domínios classificados em 2.626 famílias de proteínas[78].

16.4.2 Ontologia gênica

O projeto Gene Ontology (GO) é um consórcio criado em 1998 para dar suporte às anotações de genes e seus produtos, visando padronizar os termos utilizados no processo de anotação e descrever as características dos produtos gênicos disponíveis nos bancos de dados públicos***.

O GO é bastante utilizado na anotação funcional, inferindo informações biológicas de proteínas e inserindo-as em um contexto celular (funções moleculares); descrição do papel bioquímico da proteína (transportador, regulador, enzima e proteína estrutural); localização subcelular (citoplasma, periplasma e membrana); e processos de que participam (como vias metabólicas)[3]. Uma das ferramentas que fazem este tipo de anotação é o Blast2GO****, que se baseia na busca por similaridade por meio do programa Blast[79], com análises estatísticas. Os resultados de anotação funcional podem ser visualizados na forma de gráficos que mostram a classificação de acordo com os termos GO.

16.5 CURADORIA MANUAL DE ANOTAÇÃO

A curadoria manual é uma etapa importante para a finalização e validação da anotação automática realizada em uma dada sequência genômica. É nesta etapa que a avaliação humana (dos curadores) se faz necessária para averiguar e corrigir as informações genômicas preditas anteriormente. Nesta

---

* Ver: <http://scop.mrc-lmb.cam.ac.uk/>.
** Ver: <http://www.cathdb.info/>.
*** Ver: <http://www.geneontology.org/>.
**** Ver: <www.blast2go.org/>.

etapa da anotação, é possível utilizar a ferramenta Artemis[80], em conjunto com alguns *softwares* externos, como BLAST[79].

Durante a etapa de curadoria manual, utiliza-se o algoritmo BLASTP, que faz a pesquisa em bancos de dados como Genebank, Protein Data Bank, SwissProt, PIR (Protein Information Resource) e PRF (Protein Research Foundation). No entanto, dependendo do tipo de análise, podem ser utilizados outros algoritmos do Blast (Tabela 16.3). O programa FASTA é outra opção para a busca de sequências por similaridade. A sua primeira versão foi o FASTAP; entretanto, várias outras foram desenvolvidas[81]. O alinhamento com melhor pontuação, *e-value* e identidade poderá ser utilizado para caracterizar a proteína em questão.

Tabela 16.3 Algoritmos BLAST utilizados na comparação de sequências de acordo com a sequência-alvo e o banco de dados

ALGORITMO BLAST	SEQUÊNCIA-ALVO	BANCO DE DADOS
blastn	NT	NT
blastx	NT (sequência é traduzida)	AA
blastp	AA	AA
tblastn	AA	NT (sequência é traduzida)
tblastx	NT (sequência é traduzida)	NT (sequência é traduzida)

Siglas: NT, Nucleotídeos; AA, Aminoácidos.

O Artemis permite que o curador visualize diversas características das sequências genômicas, tais como produto codificado pelo gene predito; presença de tRNAs e rRNAs; busca por similaridade proteica e nucleotídica em bancos de dados biológicos, como mencionado anteriormente; visualização de prováveis domínios e famílias proteicas conservadas; visualização de conteúdo GC e desvio de uso de códon[80].

Esta ferramenta foi desenvolvida com o intuito de fornecer uma interface gráfica (Figura 16.13) para a execução de tarefas como visualização e anotação de genomas de pequeno porte, tipicamente bactérias.

Por ter sido desenvolvida na linguagem de programação Java, é uma aplicação multiplataforma, característica que torna possível a sua execução em diversos sistemas operacionais. O aplicativo é compatível com o conceito de *genome browser*, por permitir a visualização da anotação de genomas completos, com estrutura e predição gênica. A aplicação pode ser executada localmente, bastando atender aos requisitos mínimos para sua execução[80].

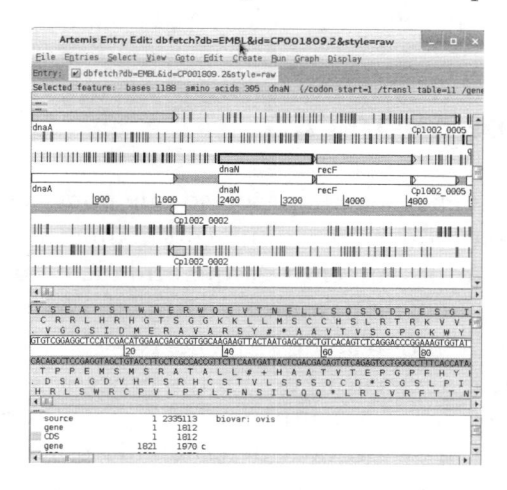

Figura 16.13 Tela do Artemis com arquivo EMBL de um organismo anotado.

Em 2008, o Artemis foi atualizado a fim de permitir a utilização de um banco de dados, tornando possível a anotação por vários pesquisadores ao mesmo tempo. Para tanto, foi implementado um esquema de banco de dados denominado de GMOD Chado Schema[82]. Além disso, o Artemis tem como extensão o programa BamView, que permite que arquivos no formato BAM e SAM (sequence alignment/map format) possam ser visualizados dentro do Artemis[83].

Novos aplicativos foram incorporados visando estender as suas funções, como o ACT (Artemis Comparison Tool), uma ferramenta que possibilita a identificação e análise da similaridade entre genomas, possibilitando ainda análises de sintenia, que consiste em regiões dos genomas, de linhagens ou espécies diferentes, que compartilham a mesma ordem gênica[82].

O Gene Builder Tool é outra extensão do Artemis que permite a manipulação da hierarquia gênica associada com a sua anotação. Dentre os seus recursos está a possibilidade de demonstrar mapas de proteínas[82].

Além do Artemis, para a visualização e análise dos dados produzidos pelos sequenciadores de alto rendimento foram desenvolvidos programas como EagleView*[84], HawkEye**[85], Tablet***[86], LookSeq****[87] e BamView*****[83].

16.6 *PIPELINES* DE ANOTAÇÃO

A anotação de sequências é um processo que pode ser realizado automaticamente, mas ainda requer uma avaliação manual para reduzir os erros. Entretanto, em função do aumento da quantidade de projetos de genomas completos, alguns grupos de pesquisa estão trabalhando para aumentar a acurácia das etapas da anotação de sequências[7].

Na bioinformática, a execução de muitos processos depende de um conjunto de etapas realizadas consecutivamente, tipicamente com o uso de programas ou *scripts*, a fim de alcançar determinado objetivo, o que é definido como *pipeline*. Na biologia, esses procedimentos são conhecidos como procedimentos operacionais padrão (POP); na computação, frequentemente são chamados de *workflow*.

Os *pipelines* podem ser distribuídos como um conjunto de *scripts* e programas que devem ser instalados e executados pelos usuários, de acordo com as instruções, mas não são populares com usuários que não possuem experiência com computação. Por esta razão, muitos *pipelines* vêm na forma de um único programa, que internamente executa os demais de forma imperceptível ao usuário, mas que ainda requerem que os outros *softwares/scripts* utilizados em alguma etapa sejam instalados[88]. Esta limitação de conhecimento quanto à computação impulsionou o desenvolvimento de *pipelines* de anotação em ambiente *web*, nos quais o usuário submete seus dados e, após o processamento, faz o *download* dos resultados. Um exemplo é o RAST (Rapid Annotation using Subsystem Technology)[89].

Na anotação de genomas, os *pipelines* representam, em sua grande maioria, as etapas essenciais da anotação de genomas: predição gênica, na qual as regiões codificantes (possíveis genes) são identificadas pela presença de um códon de iniciação e de um códon de terminação; seguida da caracterização

---

*   Ver: <http://bioinformatics.bc.edu/marthlab/wiki/index.php/EagleView>.
**   Ver: <amos.sourceforge.net/hawkeye>.
*** Ver: <bioinf.scri.ac.uk/tablet/>.
**** Ver: <www.sanger.ac.uk/resources/software/lookseq>.
***** Ver: <http://bamview.sourceforge.net>.

pela busca por homologia em bancos de dados biológicos com ferramentas como BLAST[7,79].

16.7 POSSIBILIDADES TÉCNICO-TERAPÊUTICAS E/OU INDUSTRIAIS

De acordo com o GOLD (Genomes Online Database), os dados estatísticos mostram que, para micro-organismos, as principais áreas de interesse de projetos genomas são por organismos causadores de doenças em humanos e animais, além daqueles de interesse biotecnológico. Além disso, o desenvolvimento de *pipelines* de anotação de genomas completos tem contribuído para o sucesso dessas pesquisas, proporcionando a descoberta e/ou a seleção de genes-alvos para o desenvolvimento de vacinas, com aplicações na indústria, dentre outras[90,91].

Como exemplo, pode-se citar o micro-organismo *Corynebacterium pseudotuberculosis*, patógeno intracelular facultativo e principal agente etiológico da linfadenite caseosa (LC), que acomete caprinos, ovinos, equídeos, bovinos, suínos, cervos e animais de laboratório, provocando grandes perdas econômicas. Atualmente tem quinze genomas completos de linhagens isoladas de diferentes hospedeiros já disponibilizadas no banco de dados do National Center for Biotechnology Information (NCBI). A partir desses genomas anotados, foi possível a realização de estudos pangenômicos cujo objetivo era conhecer melhor a composição genética e os eventos que alteraram o conteúdo genômico, de modo a identificar novos genes que pudessem ser alvos para o desenvolvimento de kits de diagnósticos e terapias mais eficazes[91].

Há também o estudo de Fang e colaboradores[90], que realizaram o sequenciamento, a anotação e a análise comparativa de sete linhagens da bactéria *Bacillus thuringiensis,* um micro-organismo de interesse industrial por possuir genes que codificam toxinas utilizadas como inseticida biológico. Este estudo objetivou conhecer a plasticidade genômica e verificar quais são os genes de tais toxinas nas diferentes linhagens.

16.8 TÉCNICA PASSO A PASSO

16.8.1 Anotação com RAST

Como já falado anteriormente, o processo de anotação de genomas sempre demandou grande esforço na seleção de bancos de dados e execução de programas de predição de vários elementos além das regiões codificantes, como rRNAs, tRNAs e domínios e famílias proteicas. Entretanto, em função do contínuo aumento de projetos de genomas completos, foram desenvolvidos vários *pipelines* que contemplam todos os passos necessários para a anotação de genomas. Neste capítulo, serão apresentadas as etapas de submissão do programa RAST e os demais passos necessários à anotação e preparação do arquivo de submissão de um genoma completo.

Ao acessar o programa RAST* via site, é necessário registrar um usuário, após o que será possível realizar o *login* no sistema. Será, então, apresentada a tela inicial (Figura 16.14). No menu, deve-se acessar a opção *Your jobs > Upload new job* (Figura 16.14A). O usuário deve selecionar o arquivo FASTA contendo o genoma a ser submetido ao processo de anotação (Figura 16.15A). Deve então pressionar o botão *Use this data and go to step 2* (Figura 16.15B).

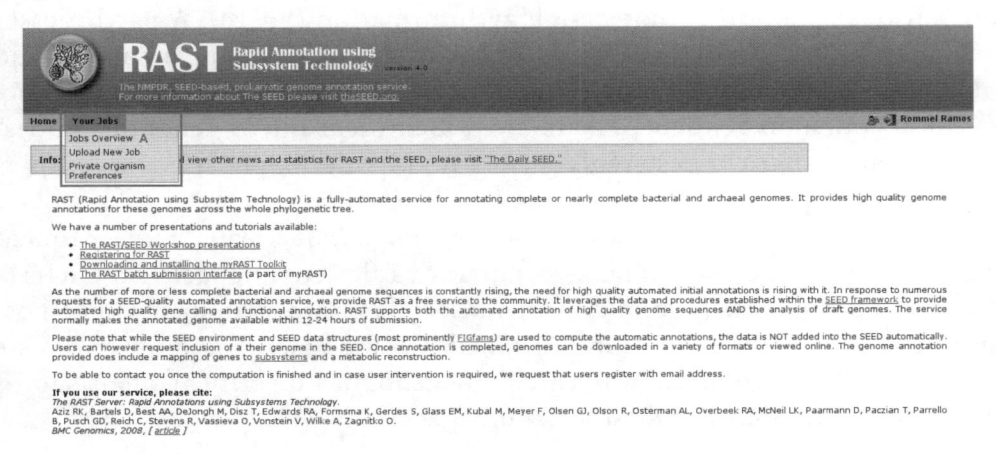

Figura 16.14 Tela inicial do programa RAST.

---

*   Ver: <http://rast.nmpdr.org/>.

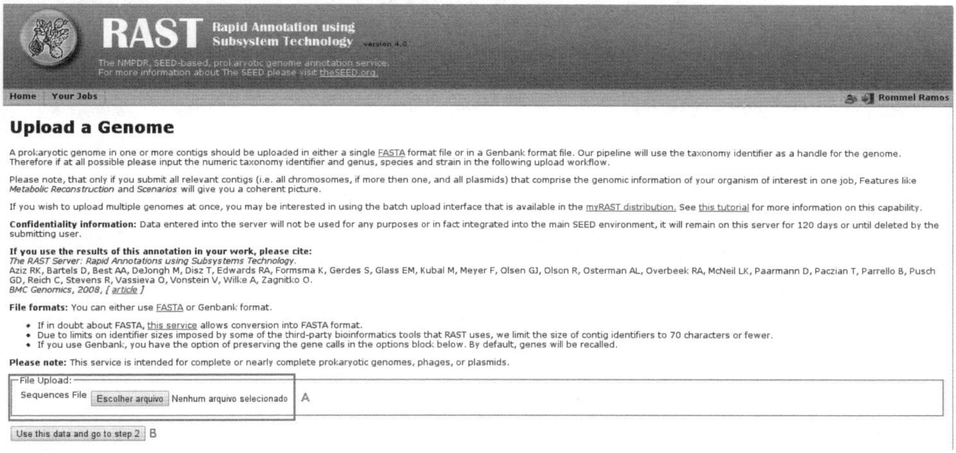

Figura 16.15 Tela inicial de submissão de sequências para anotação do programa RAST.

O arquivo submetido será avaliado na interface de "revisão dos dados genômicos", quanto ao tamanho em pares de bases (pb), conteúdo GC (%) e, em caso de sequência multifasta, ainda serão apresentadas informações como o tamanho da maior e menor sequência, média e mediana dos tamanhos das sequências (Figura 16.16A). Outras informações quanto ao organismo serão solicitadas (Figura 16.16B), mas podem ser recuperadas facilmente pelo identificador de taxonomia de um genoma de referência existente no NCBI, o que reduzirá o tempo de preenchimento do formulário. A informação mais importante nesta etapa diz respeito ao código genético selecionado para o processo de anotação, que deve estar de acordo com organismo que se está trabalhando. Após a seleção, deve-se pressionar o botão *Use this data and go to step 3* (Figura 16.16C).

Na finalização da submissão, podem-se preencher algumas informações quanto ao sequenciamento realizado para a obtenção das sequências em questão, como o método de sequenciamento, cobertura de sequenciamento alcançada, número de *contigs* produzidos e média de tamanho das leituras (Figura 16.17A). Algumas informações quanto aos parâmetros do RAST também serão solicitadas, como o preditor gênico, versão do banco de dados FIGfam a ser utilizada, a concordância de realizar os procedimento de correção de erros e da mudança de fase de leitura (*frame shift*), construção de modelo metabólico e busca de genes não representados (Figura 16.17B).

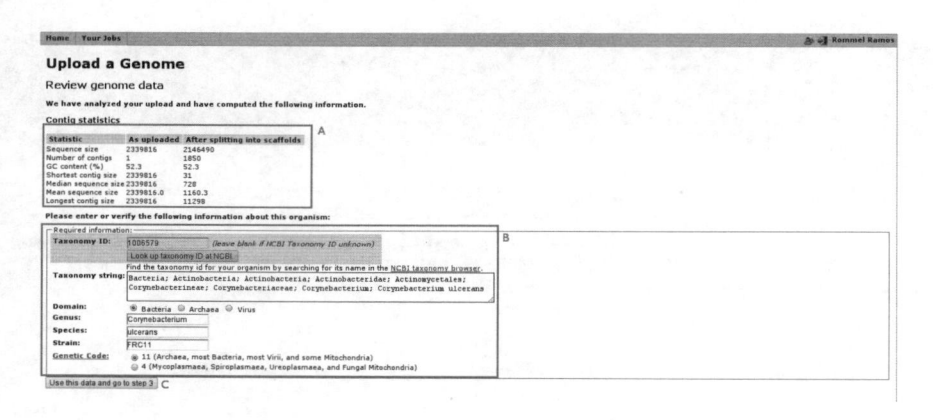

Figura 16.16 Tela de avaliação estatística dos dados submetidos ao processo de anotação.

Após a submissão (Figura 16.17C), os dados serão processados e, ao término, o usuário será notificado por e-mail, de modo a poder fazer o *download* dos dados no formato Genbank e GFF, dentre outros.

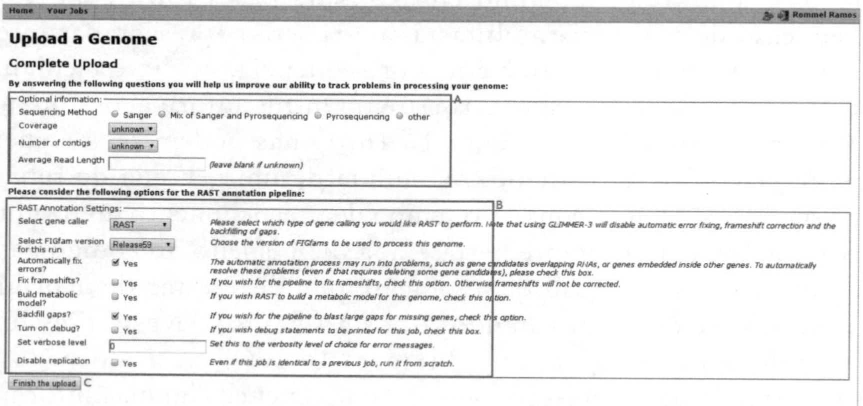

Figura 16.17 Tela de configuração dos parâmetros de execução do programa RAST.

16.8.2 Preparação do arquivo para submissão

Ao concluir a anotação com o RAST, pode-se fazer o *download* do resultado no formato Genbank e acessá-lo por meio do *software* Artemis[80]. Será então possível observar os genes anotados (Figura 16.18). Contudo, deve-se fazer modificações no arquivo para permitir a submissão das sequências ao banco de dados do NCBI, dentre as quais está a necessidade de criar a marcação "/locus_tag". Para tanto, deve-se seguir os seguintes passos:

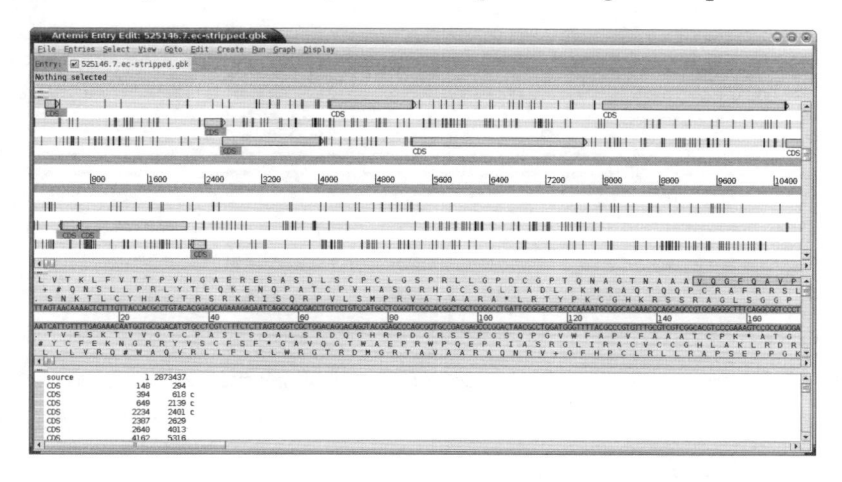

Figura 16.18 Tela do Artemis apresentando o resultado de uma anotação no RAST.

1) No menu *Select*, escolher a opção *All CDS Features*.
2) No menu *Edit*, selecionar a opção *Automatically Create Gene Names*. Será preciso informar o prefixo dos nomes a serem definidos. Exemplo: Cp1002_, Cp258_, EcoliFK. Vamos optar por Cp1002_, considerando que o organismo exemplo é o *Corynebacterium pseudotuberculosis 1002*.
3) O usuário poderá selecionar a partir de qual número começará a contagem de CDS e o intervalo desta contagem. O intervalo-padrão é definido como 1.
4) Em seguida é solicitado o nome do qualificador da anotação. Neste caso deve-se escolher "locus_tag", seguido da quantidade de casas decimais que haverá após o prefixo. Caso se escolha quatro, pode-se ter "locus_tag" como Cp1002_0001 e Cp1002_0002; contudo, caso se opte por três, serão gerados "locus_tag" como Cp1002_001, Cp1002_002.
5) O Artemis permite ao usuário acrescentar o caractere "c" ao final das CDS que estão na fita reversa; contudo, esta alternativa deve ser rejeitada a fim de se padronizar a anotação. Como resultado, será gerado um arquivo apto à submissão a bancos de dados biológicos como NCBI (Figura 16.19).

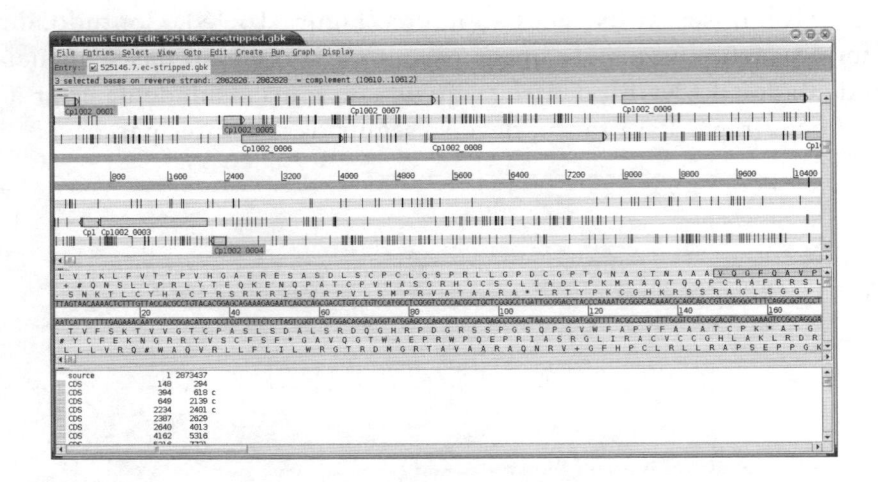

Figura 16.19   Tela do Artemis apresentando o resultado de uma anotação no RAST, após modificação da locus_tag.

16.9 CONCLUSÕES

O processo de anotação de genomas depende da qualidade das informações publicadas em diversos bancos de dados biológicos, sendo este um fator determinante do sucesso do processo de anotação de genomas. A caracterização de um organismo por meio da anotação é o passo inicial para responder questões científicas, pois possibilita o conhecimento dos elementos que compõem o genoma, como genes, rRNAs e tRNAs.

A acurácia do processo de anotação vem sendo exigida pelos bancos de dados biológicos, a fim de reduzir a quantidade de erros inseridos e perpetuados nestes bancos de dados. Este procedimento passou a ser adotado sobretudo após o surgimento dos sequenciadores de nova geração, que representaram um marco no processo de aquisição de sequências biológicas, embora tenham dificultado o processo de anotação devido ao aumento da quantidade de dados, que tornou necessário o desenvolvimento de métodos automatizados na anotação.

Obviamente, experimentos quanto à genômica funcional podem elucidar dúvidas e possibilitar a correção de erros de anotação. Contudo, estes estudos são pouco frequentes se comparados às análises estruturais. Assim, apesar de existirem vários programas de anotação automática que reduzem o esforço empregado na anotação de genomas e que utilizam métodos computacionais para aumentar sua precisão, ainda não é possível dispensar o processo de curadoria manual, realizado por pesquisadores que conhecem o organismo em questão e que certamente estão aptos a corrigir erros de anotação, de forma a não influenciar resultados de estudos posteriores.

16.10 PERSPECTIVAS

Com o aumento da rigidez quanto à aceitação de dados em bancos de dados biológicos, como o NCBI, espera-se que futuramente haja a disponibilidade de uma grande quantidade de sequências com alta confiabilidade, o que certamente permitirá o aumento da qualidade de anotações com base em referências. Para organismos mais estudados, com grande quantidade de sequências disponíveis, poderão ser desenvolvidas ferramentas computacionais que possibilitem a automação da anotação com elevada acurácia, apoiada por técnicas computacionais associadas à predição, classificação e comparação de sequências e que vêm sendo desenvolvidas ou aperfeiçoadas.

REFERÊNCIAS

1. Stein L. Genome annotation: from sequence to biology. Nat Rev Genet. 2001 Jul;2(7):493-503. Review.

2. Yandell M, Ence D. A beginner's guide to eukaryotic genome annotation. Nat Rev Genet. 2012 Apr 18;13(5):329-42.

3. Médigue C, Moszer I. Annotation, comparison and databases for hundreds of bacterial genomes. Res Microbiol. 2007 Dec;158(10):724-36.

4. Klug WS, Cummings MR, Spencer CA, Palladino MA. Conceitos de Genética. 9 ed. Porto Alegre: ARTMED; 2010. 896 p.

5. Schuster SC. Next-generation sequencing transforms today's biology. Nat Methods. 2008 Jan;5(1):16-8.

6. Scholz MB, Lo CC, Chain PS. Next generation sequencing and bioinformatic bottlenecks: the current state of metagenomic data analysis. Curr Opin Biotechnol. 2012 Feb;23(1):9-15. Review.

7. Richardson EJ, Watson M. The automatic annotation of bacterial genomes. Briefings in Bioinformatics. 2013 Jan 14(1):1-12.

8. Neto ED, Mir L. O Projeto Genoma Humano. In: Mir L., editor. Genômica. 1 ed. Rio de Janeiro: Guanabara Koogan; 2004.

9. D'Afonseca V, Soares SC, Ali A, Santos AR, Pinto AC, Magalhães AAC, et al. Reannotation of the Corynebacterium diphtheriae NCTC13129 genome as a new approach to studying gene targets connected to virulence and pathogenicity in diphtheria. Open Access Bioinformatics. 2012 Feb;4:1-13.

10. Gaasterland T, Sensen CW. Fully automated genome analysis that reflects user needs and preferences. A detailed introduction to the MAGPIE system architecture. Biochimie. 1996 May;78(5):302-10.

11. Hoersch S, Leroy C, Brown NP, Andrade MA, Sander C. The GeneQuiz web server: protein functional analysis through the Web. Trends Biochem Sci. 2000 Jan;25(1):33-5.

12. Meyer F, Goesmann A, McHardy AC, Bartels D, Bekel T, Clausen J, et al. GenDB--an open source genome annotation system for prokaryote genomes. Nucleic Acids Res. 2003 Apr 15;31(8):2187-95.

13. Koski LB, Gray MW, Lang BF, Burger G. AutoFACT: an automatic functional annotation and classification tool. BMC Bioinformatics. 2005 Jun;6:151.

14. van Domselaar GH, Stothard P, Shrivastava S, Cruz JA, Guo A, Dong X, Lu P, Szafron D, Greiner R, Wishart DS. BASys: a web server for automated bacterial genome annotation. Nucleic Acids Res. 2005 Jul 1;33:W455-9.

15. Almeida LG, Paixão R, Souza RC, Costa GC, Barrientos FJ, Santos MT, et al. A System for Automated Bacterial (genome) Integrated Annotation--SABIA. Bioinformatics. 2004 Nov 1;20(16):2832-3.

16. Tucker T, Marra M, Friedman JM. Massively parallel sequencing: the next big thing in genetic medicine. Am J Hum Genet. 2009 Aug;85(2):142-54. Review.

17. Miller JR, Koren S, Sutton G. Assembly algorithms for next-generation sequencing data. Genomics. 2010 Jun 95(6):315-27.

18. Ramos RTJ, et al. High efficiency application of a mate-paired library from next-generation sequencing to postlight sequencing: Corynebacterium pseudotuberculosis as a case study for microbial de novo genome assembly. Journal of Microbiological Methods. 2013 Dec 95(3):441-7.

19. Pearson H. Genetics: What is a gene? Nature. 2006 May 25 441(7092):398-401.

20. Brown TA, editor. Genomes. 2 ed. New York: Garland Science; 2002. 608 p.

21. Madigan M, Martinko J, Stahl DA, Clark DP. Brock Biology of Microorganisms. 13 ed. San Francisco: Pearson; 2011.

22. Nelson DL, Cox MM. Lehninger Principles of Biochemistry. 5 ed. New York: W. H. Freeman; 2008. 1100 p.

23. Alberts B, Johnson A, Lewis J, Raff M, Roberts K, Walter P. Molecular Biology of the Cell. 5 ed. New York: Garland Science; 2008. 1392 p.

24. Thomm M. Archaeal transcription factors and their role in transcription initiation. FEMS Microbiol Rev. 1996 May;18(2-3):159-71. Review.

25. Aravind L, Koonin EV. DNA-binding proteins and evolution of transcription regulation in the archaea. Nucleic Acids Res. 1999 Dec 1;27(23):4658-70.

26. Kyrpides NC, Ouzounis CA. Transcription in archaea. Proc Natl Acad Sci USA. 1999 Jul;96(15):8545-50.

27. Carbone A, Képès F, Zinovyev A. Codon bias signatures, organization of microorganisms in codon space, and lifestyle. Mol Biol Evol. 2005 Mar;22(3):547-61.

28. Lander ES, Linton LM, Birren B, Nusbaum C, Zody MC, Baldwin J, et al. Initial sequencing and analysis of the human genome. Nature. 2001 Feb;409(6822):860-921.

29. Venter JC, Adams MD, Myers EW, Li PW, Mural RJ, Sutton GG et al. The sequence of the human genome. Science. 2001 Feb 16;291(5507):1304-51. Erratum in: Science 2001 Jun 5;292(5523):1838.

30. Keren H, Lev-Maor G, Ast G. Alternative splicing and evolution: diversification, exon definition and function. Nat Rev Genet. 2010 May;11(5):345-55.

31. Zhang MQ. Computational prediction of eukaryotic protein-coding genes. Nat Rev Genet. 2002 Sep;3(9):698-709. Review.

32. Stanke M, Steinkamp R, Waack S, Morgenstern B. AUGUSTUS: a web server for gene finding in eukaryotes. Nucleic Acids Res. 2004 Jul 1;32:W309-12.

33. Besemer J, Borodovsky M. GeneMark: web software for gene finding in prokaryotes, eukaryotes and viruses. Nucleic Acids Res. 2005 Jul 1;33:W451-4.

34. Shulaev V, Sargent DJ, Crowhurst RN, Mockler TC, Folkerts O, Delcher AL, et al. The genome of woodland strawberry (Fragaria vesca). Nat Genet. 2011 Feb;43(2):109-16. doi: 10.1038/ng.740.

35. Lomsadze A, Ter-Hovhannisyan V, Chernoff YO, Borodovsky M. Gene identification in novel eukaryotic genomes by self-training algorithm. Nucleic Acids Res. 2005 Nov 28;33(20):6494-506.

36. Delcher AL, Bratke KA, Powers EC, Salzberg SL. Identifying bacterial genes and endosymbiont DNA with Glimmer. Bioinformatics. 2007 Mar; 23(6):673-9.

37. Majoros WH, Pertea M, Salzberg SL. TigrScan and GlimmerHMM: two open source ab initio eukaryotic gene-finders. Bioinformatics. 2004 Nov 1;20(16):2878-9.

38. Allen JE, Salzberg SL. JIGSAW: integration of multiple sources of evidence for gene prediction. Bioinformatics. 2005 Sep 15;21(18):3596-603.

39. van Belkum A, Scherer S, van Alphen L, Verbrugh H. Short-sequence DNA repeats in prokaryotic genomes. Microbiol Mol Biol Rev. 1998 Jun;62(2):275-93. Review.

40. Whiteford NE, Haslam NJ, Weber G, Prügel-Bennet A, Essex JW, Neylon C. Visualizing the Repeat Structure of Genomic Sequences. Complex Systems. 2008; 17:381-98.

41. Marraffini LA, Sontheimer EJ. CRISPR interference limits horizontal gene transfer in staphylococci by targeting DNA. Science. 2008 Dec 19;322(5909):1843-5.

42. Jurka J, Kapitonov VV, Pavlicek A, Klonowski P, Kohany O, Walichiewicz J. Repbase Update, a database of eukaryotic repetitive elements. Cytogenet Genome Res. 2005 Aug;110(1-4):462-7.

43. Schattner P, Brooks AN, Lowe TM. The tRNAscan-SE, snoscan and snoGPS web servers for the detection of tRNAs and snoRNAs. Nucleic Acids Res. 2005 Jul 1;33:W686-9.

44. Tempel S. Using and understanding RepeatMasker. Methods Mol Biol. 2012;859:29-51. PubMed PMID: 22367864. Epub 2012/03/01. eng.

45. Snustad, DP, Simmons, MJ. Principles of Genetics. In: Kevin Witt, editor. 6th ed. New York: John Wiley & Sons; 2012.

46. Quast C, et al. The SILVA ribosomal RNA gene database project: improved data processing and web-based tools. Nucleic Acids Research. 2013 Jan 41(Database issue):D590-6.

47. Pruesse E, Peplies J, Glockner FO. SINA: Accurate high-throughput multiple sequence alignment of ribosomal RNA genes. Bioinformatics. 2012 Jul 15;28(14):1823-9.

48. Abe T, Ikemura T, Sugahara J, Kanai A, Ohara Y, Uehara H, et al. tRNADB-CE 2011: tRNA gene database curated manually by experts. Nucleic Acids Res. 2011 Jan;39:D210-3.

49. Ardell DH. Computational analysis of tRNA identity. FEBS Lett. 2010 Jan 21;584(2):325-33.

50. Laslett D, Canback B. ARAGORN, a program to detect tRNA genes and tmRNA genes in nucleotide sequences. Nucleic Acids Res. 2004 Jan;32(1):11-6.

51. Lowe TM, Eddy SR. tRNAscan-SE: a program for improved detection of transfer RNA genes in genomic sequence. Nucleic Acids Res. 1997 Mar 1;25(5):955-64.

52. Laslett D, Canback B, Andersson S. BRUCE: a program for the detection of transfer-messenger RNA genes in nucleotide sequences. Nucleic Acids Res. 2002 Aug;30(15):3449-53.

53. Amaral PP, Dinger ME, Mercer TR, Mattick JS. The eukaryotic genome as an RNA machine. Science. 2008 Mar 28;319(5871):1787-9. PubMed PMID: 18369136. Epub 2008/03/29. eng.

54. Jacquier A. The complex eukaryotic transcriptome: unexpected pervasive transcription and novel small RNAs. Nat Rev Genet. 2009 Dec;10(12):833-44.

55. Ponting CP, Oliver PL, Reik W: Evolution and Functions of Long Noncoding RNAs. Cell. 2009 Feb 20;136(4):629-41.

56. Waters LS, Storz G. Regulatory RNAs in bacteria. Cell. 2009 Feb 20;136(4):615-28. Review.

57. Liu JM, Camilli A. A broadening world of bacterial small RNAs. Curr Opin Microbiol. 2010 Feb;13(1):18-23.

58. Carninci P, Kasukawa T, Katayama S, Gough J, Frith MC, Maeda N, et al. The transcriptional landscape of the mammalian genome. Science. 2005 Sep;311(5740):1559-63.

59. Van Bakel H, Nislow C, Blencowe BJ, Hughes TR. Most "dark matter" transcripts are associated with known genes. PLoS Biol. 2010 May 18;8(5):e1000371.

60. Bejerano-Sagie M, Xavier KB. The role of small RNAs in quorum sensing. Curr Opin Microbiol. 2007 Apr;10(2):189-98. Review.

61. Toledo-Arana A, Solano C. Deciphering the physiological blueprint of a bacterial cell: revelations of unanticipated complexity in transcriptome and proteome. Bioessays. 2010 Jun;32(6):461-7. Review.

62. Sorek R, Cossart P. Prokaryotic transcriptomics: a new view on regulation, physiology and pathogenicity. Nat Rev Genet. 2010 Jan;11(1):9-16.

63. Gardner PP, Daub J, Tate J, Moore BL, Osuch IH, Griffiths-Jones S, et al. Rfam: Wikipedia, clans and the "decimal" release. Nucleic Acids Res. 2011 Jan;39:D141-5.

64. Kumar R, Lawrence ML, Watt J, Cooksey AM, Burgess SC, Nanduri B. RNA-seq based transcriptional map of bovine respiratory disease pathogen "Histophilus somni 2336". PLoS One. 2012 Jan;7(1).

65. Reddy JS, et al. Transcriptome profile of a bovine respiratory disease pathogen: Mannheimia haemolytica PHL213. Bmc Bioinformatics. 2012 Sep 13 Suppl 15:S4.

66. van Vliet AH. Next generation sequencing of microbial transcriptomes: challenges and opportunities. FEMS Microbiol Lett. 2010 Jan;302(1):1-7. Epub 2009 Aug 21. Review. PubMed PMID: 19735299. Epub 2009/09/09. eng.

67. Pinto AC, et al. Application of RNA-seq to reveal the transcript profile in bacteria. Genetics and Molecular Research. 2011 Aug 10(3):1707-18.

68. Griffiths-Jones S, Saini HK, van Dongen S, Enright AJ. miRBase: tools for microRNA genomics. Nucleic Acids Res. 2008 Jan;36:D154-8.

69. Lestrade L, Weber MJ. snoRNA-LBME-db, a comprehensive database of human H/ACA and C/D box snoRNAs. Nucleic Acids Res. 2006 Jan 1;34:D158-62.

70. Liu C, Bai B, Skogerbø G, Cai L, Deng W, Zhang Y, et al. NONCODE: an integrated knowledge database of non-coding RNAs. Nucleic Acids Res. 2005 Jan 1;33:D112-5.

71. Kin T, Yamada K, Terai G, Okida H, Yoshinari Y, Ono Y, Kojima A, Kimura Y, Komori T, Asai K. fRNAdb: a platform for mining/annotating functional RNA candidates from non-coding RNA sequences. Nucleic Acids Res. 2007 Jan;35:D145-8. PubMed PMID: 17099231. Epub 2006/11/14. eng.

72. Anfinsen CB. Principles that govern the folding of protein chains. Science. 1973 Jul 20;181(4096):223-30.

73. Murzin AG, et al. Scop - A Structural Classification of Proteins Database for the Investigation of Sequences and Structures. Journal of Molecular Biology. 1995 Apr 7;247(4):536-40.

74. Brenner SE, Chothia C, Hubbard TJ. Population statistics of protein structures: lessons from structural classifications. Curr Opin Struct Biol. 1997 Jun;7(3):369-76.

75. Sigrist CJ, de Castro E, Cerutti L, Cuche BA, Hulo N, Bridge A, et al. New and continuing developments at PROSITE. Nucleic Acids Res. 2013 Jan;41(Database issue):D344-7.

76. Attwood TK, Coletta A, Muirhead G, Pavlopoulou A, Philippou PB, Popov I,et al. The PRINTS database: a fine-grained protein sequence annotation and analysis resource--its status in 2012. Database (Oxford). 2012 Apr 15;2012:bas019.

77. Andreeva A, Howorth D, Chandonia JM, Brenner SE, Hubbard TJ, Chothia C, et al. Data growth and its impact on the SCOP database: new developments. Nucleic Acids Res. 2008 Jan;36:D419-25.

78. Sillitoe I, Cuff AL, Dessailly BH, Dawson NL, Furnham N, Lee D, et al. New functionalfamilies (FunFams) in CATH to improve the mapping of conserved functional sites to 3D structures. Nucleic Acids Res. 2013 Jan;41(Database issue):D490-8.

79. Altschul SF, Madden TL, Schäffer AA, Zhang J, Zhang Z, Miller W, et al. Gapped BLAST and PSI-BLAST: a new generation of protein database search programs. Nucleic Acids Res. 1997 Sep 1;25(17):3389-402. Review.

80. Rutherford K, Parkhill J, Crook J, Horsnell T, Rice P, Rajandream MA, et al. Artemis: sequence visualization and annotation. Bioinformatics. 2000 Oct;16(10):944-5.

81. Pearson WR, Lipman DJ. Improved Tools for Biological Sequence Comparison. Proceedings of the National Academy of Sciences of the United States of America. 1988 Apr 85(8):2444-8.

82. Carver T, Berriman M, Tivey A, Patel C, Böhme U, Barrell BG, et al. Artemis and ACT: viewing, annotating and comparing sequences stored in a relational database. Bioinformatics. 2008 Dec;24(23):2672-6.

83. Carver T, Harris SR, Otto TD, Berriman M, Parkhill J, McQuillan JA. BamView: visualizing and interpretation of next-generation sequencing read alignments. Brief Bioinform. 2013 Mar;14(2):203-12.

84. Huang W, Marth G. EagleView: a genome assembly viewer for next-generation sequencing technologies. Genome Res. 2008 Sep;18(9):1538-43.

85. Schatz MC, Phillippy AM, Shneiderman B, Salzberg SL. Hawkeye: an interactive visual analytics tool for genome assemblies. Genome Biol. 2007;8(3):R34.

86. Milne I, et al. Tablet-next generation sequence assembly visualization. Bioinformatics. 2010 Feb 1;26(3):401-2.

87. Manske HM, Kwiatkowski DP. LookSeq: a browser-based viewer for deep sequencing data. Genome Res. 2009 Nov;19(11):2125-32.

88. Soares SC, Abreu VA, Ramos RT, Cerdeira L, Silva A, Baumbach J, et al. PIPS: pathogenicity island prediction software. PLoS One. 2012;7(2):e30848.

89. Aziz RK, Bartels D, Best AA, DeJongh M, Disz T, Edwards RA,et al. The RAST Server: rapid annotations using subsystems technology. BMC Genomics. 2008 Feb 8;9:75.

90. Fang Y, Li Z, Liu J, Shu C, Wang X, Zhang X, et al. A pangenomic study of Bacillus thuringiensis. J Genet Genomics. 2011 Dec;38(12):567-76.

91. Soares SC, Silva A, Trost E, Blom J, Ramos R, Carneiro A, et al. The pan-genome of the animal pathogen Corynebacterium pseudotuberculosis reveals differences in genome plasticity between the biovar ovis and equi strains. PLoS One. 2013;8(1):e53818.

BIOTECNOLOGIA MÉDICA

SEGMENTAÇÃO, MECANISMO E RESOLUÇÃO DE DOENÇAS INFLAMATÓRIAS

Denise Alves Perez
Alesandra Corte Reis
Juliana Priscila Vago
Rayssa Maciel Athayde
Lirlândia Pires de Sousa
Vanessa Pinho
Mauro Martins Teixeira

17.1 INTRODUÇÃO

17.1.1 Inflamação

O reconhecimento do processo inflamatório data da Antiguidade. O primeiro a definir os sintomas clínicos da inflamação foi o médico romano Cornelius Celsius, no século I d.C. Esses sintomas foram descritos como os quatro sinais cardinais da inflamação: o rubor (vermelhidão, devido à hiperemia), tumor (inchaço, causado pelo aumento da permeabilidade da microvasculatura e extravasamento de proteínas para o espaço intersticial), calor (associado ao aumento do fluxo sanguíneo) e dor (em parte, devido a alterações nas terminações nervosas, como alteração de atividade simpática, entre outros). A *functio laesa* (perda da função ou disfunção dos órgãos envolvidos devido ao edema e dor) foi descrita como a quinta característica da inflamação por Rudolf Virchow em 1858 (Figura 17.1)[1].

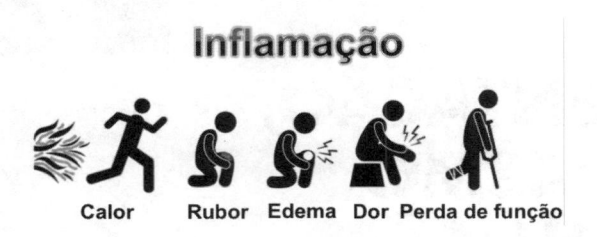

Figura 17.1 Sinais cardinais da inflamação: calor, rubor, tumor (edema), dor e perda da função.

A inflamação pode ser definida como uma reação a lesões traumáticas, danos químicos ou físicos, de natureza autoimune ou em resposta a agentes infecciosos, visando à restauração da homeostase[2]. Ela é guiada inicialmente por componentes da imunidade inata, tais como moléculas sinalizadoras, seus receptores e alguns grupos celulares e, posteriormente, pela participação de elementos da imunidade adquirida. Alterações na microcirculação, migração leucocitária através dos vasos e liberação de moléculas solúveis nos tecidos danificados são as principais características da inflamação[3].

As moléculas solúveis, também conhecidas como mediadores inflamatórios, atuam localmente na lesão ou de forma sistêmica. São originários do plasma, de células inflamatórias ou dos tecidos lesados, e apresentam redundância funcional. Sistemas compostos de proteínas plasmáticas, tais como complemento, cininas e fibrinogênio, são ativados e seus produtos serão responsáveis pelos eventos inflamatórios citados anteriormente, bem como os produtos de origem celular: mediadores lipídicos, espécies reativas de oxigênio, quimiocinas e citocinas[3,4,5].

As citocinas são proteínas secretadas com função na regulação da resposta imune, podendo regular também o tráfego e organização celulares em órgãos linfoides. Em geral, agem como fatores de crescimento na diferenciação e proliferação celular, e na maturação de células da medula óssea. Algumas são quimiotáticas (atraem células para o sítio inflamatório). Chamadas quimiocinas, possuem propriedades ativadoras e supressoras, incluindo indução da morte celular programada nos mais diversos grupos celulares que determinam a natureza da resposta imune[6].

Após uma lesão tecidual/celular, células afetadas e adjacentes à lesão liberam ATP, peptídeos formilados e proteínas sinalizadoras, entre outros[2]. Essas moléculas ativam células do tecido conjuntivo (células de vigilância) e do sistema imunológico, que por sua vez liberam mediadores inflamatórios, promovendo a vasoconstrição arteriolar transitória causada pela contração do músculo liso vascular. Em seguida, acontece a vasodilatação e aumento da permeabilidade dos vasos devido a modificações no endotélio vascular, resultando no aumento do fluxo sanguíneo local, hiperemia e na exsudação de líquido rico em proteínas plasmáticas, ou edema. Nas vênulas pós-capilares ocorre aumento de rolamento e adesão de leucócitos no endotélio, com expressão de moléculas de adesão que estimulam a adesão de leucócitos nesses vasos. Assim, acontece a migração desses leucócitos da circulação para o sítio inflamatório (Figura 17.2)[7,8].

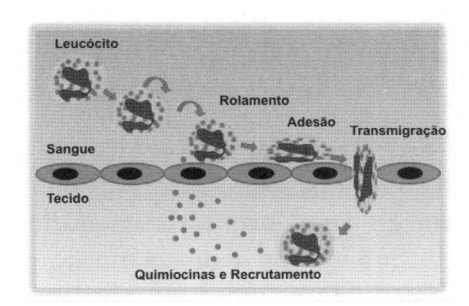

Figura 17.2 Esquema ilustrativo das etapas do processo de recrutamento e migração de leucócitos por meio do endotélio vascular.

No início do processo inflamatório, os neutrófilos são os leucócitos particularmente prevalentes, responsáveis pela resposta fagocítica imediata e por liberar seus conteúdos granulares altamente lesivos (por exemplo, peróxido de hidrogênio, ácido hipocloroso, proteinases, gelatinases, colagenases, elastase, defensinas, mieloperoxidase e espécies reativas de oxigênio). São também os neutrófilos uma das principais fontes de mediadores inflamatórios, contribuindo para a exacerbação da lesão nos tecidos[9,11]. Posteriormente, outros leucócitos, como fagócitos mononucleares, eosinófilos e linfócitos, se acumulam no sítio lesionado e, uma vez ativados, produzem moléculas inflamatórias responsáveis pelos processos inflamatórios crônicos[9,11].

No final do século XIX, Elie Metchnikoff introduziu o conceito de fagocitose, um aspecto fundamental da imunidade inata. Sua contribuição enfatizou os aspectos benéficos da inflamação e apontou o papel-chave de macrófagos e micrófagos (neutrófilos) tanto na defesa do hospedeiro quanto na manutenção da homeostase do tecido[1]. Estas descobertas contribuíram para uma nova visão do processo inflamatório baseando-se em eventos celulares e, desde então, existe um amplo interesse em entender os mecanismos envolvidos neste complexo processo fisiológico. Além disso, macrófagos exercem importante atividade fagocítica, envolvida na destruição celular e remoção de restos teciduais. Estas células, em seguida, desaparecem por apoptose ou deslocamento para os vasos linfáticos[12,14].

17.1.2 Resolução da inflamação

Durante uma resposta inflamatória, geralmente após a eliminação do agente lesivo, ocorre a resolução do processo inflamatório, com diminuição do número de leucócitos no sítio inflamatório e reversão das alterações vasculares, visando à restauração da função fisiológica natural tecidual[15]. Porém, quando falhas ocorrem nessa fase de declínio da inflamação aguda, a inflamação pode se tornar persistente e causar maior destruição do tecido. A resolução da inflamação é um processo ativo, bem coordenado e controlado por mediadores endógenos. Com o fim do estímulo inflamatório, ocorre diminuição dos mediadores pró-inflamatórios no local, por meio da diminuição da síntese e aumento do catabolismo destes. Em adição a esses eventos, ocorre a liberação de fatores pró-resolutivos que previnem a formação de edema e migração de polimorfonucleares (PMN). Esses eventos marcam o início do processo resolutivo que irá restabelecer a homeostase tecidual (Figura 17.3)[17].

Uma resolução bem-sucedida limitará a lesão tecidual, impedindo a progressão da inflamação. No entanto, se o hospedeiro não for capaz de conter o agente agressor ou ocorrerem falhas nos mecanismos pró-resolutivos, a inflamação pode perpetuar-se, resultando em diferentes graus de lesão tecidual. Se a lesão tecidual for controlada, as células serão substituídas por novas células em um processo conhecido como regeneração. No entanto, se o dano tecidual for extenso, como ocorre nas inflamações crônicas, as células lesadas serão substituídas por fibras de colágeno, ocorrendo a cicatrização, um processo que muitas vezes leva à perda da função do órgão[15].

A apoptose de leucócitos seguida pelo reconhecimento e remoção por macrófagos é um processo crucial na resolução da inflamação aguda. Como descrito anteriormente, os leucócitos polimorfonucleados são os primeiros a chegar ao sítio inflamatório, seguido pela migração de monócitos, que se diferenciam localmente em macrófagos. Os primeiros macrófagos recrutados apresentam um perfil pró-inflamatório e são chamados M1. Estes macrófagos exibem baixa capacidade fagocítica e estão envolvidos com a liberação de mediadores inflamatórios como citocinas, quimiocinas, espécies reativas de oxigênio (ROS) e óxido nítrico (NO). Após a eferocitose (fagocitose de células apoptóticas), os macrófagos podem mudar seu fenótipo para M2, que produzem moléculas anti-inflamatórias (interleucina-10 e *transforming growth factor*, fator de crescimento transformante β – TGF-β), mediadores pró-resolutivos que impedem o recrutamento de PMN adicionais e promovem o recrutamento de monócitos, amplificando a eficiência do processo de eferocitose[18,19]. Estes macrófagos estão envolvidos com a reconstituição de tecidos e têm um papel importante no retorno da homeostase tecidual. Os macrófagos M2 possuem alta capacidade fagocítica e, uma vez desempenhado seu papel de remoção de células apoptóticas, mudam seu fenótipo para macrófagos resolutivos (Mres). O Mres está envolvido com aumento da produção de mediadores anti-inflamatórios, pró-resolutivos e antifibróticos, sendo, posteriormente, drenados pelos vasos linfáticos ou sofrendo apoptose (Figura 17.3)[20,21].

Assim, durante a resolução do processo inflamatório uma série de eventos contribui para o término da resposta inflamatória. A vasodilatação e a formação de edema contribuem para a redução das concentrações efetivas do estímulo inflamatório, os leucócitos recrutados eliminam o agente efetor, os mediadores inflamatórios são desativados espontaneamente ou enzimaticamente, moléculas com função inibitória ou pró-resolutivas são produzidas e as células inflamatórias são eliminadas por apoptose seguida de eferocitose pelos macrófagos[15,17,22]. Após a eliminação do agente causador da lesão é importante que as células e mediadores presentes no local também sejam excluídos restabelecendo a integridade do tecido, conforme mostrado na Figura 17.2[23]. Dessa forma, um evento importante durante os processos inflamatórios seria a resolução adequada dos eventos efetores dessa resposta.

Com o objetivo de aumentar a qualidade da pesquisa em resolução e melhorar a identificação das células e eventos celulares envolvidos nesse processo, é utilizado com frequência, como metodologia de estudo, a técnica de citometria de fluxo, que permite a caracterização de todas as células

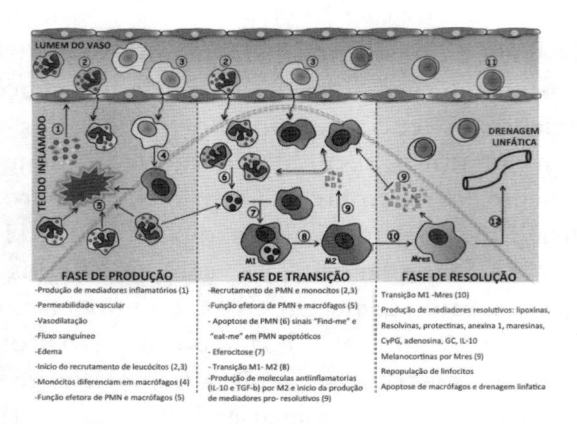

Figura 17.3 Série orquestrada de eventos que ocorrem durante um processo inflamatório agudo culminando na resolução. Adaptado de Alessandri e colaboradores, 2013[23].

envolvidas na resolução, como também o estado em que esta célula se encontra (apoptose, necrose, entre outros) e quais vias de sinalização estão mais ativas nela.

17.2 CITOMETRIA DE FLUXO

A análise por citometria de fluxo resultou das seguintes evoluções tecnológicas: (1) descrição feita por Coulter em 1953 de um aparelho que contava e media o tamanho de células que passavam através de uma corrente elétrica; (2) produção e marcação de anticorpos monoclonais com fluorocromos, na década de 1970; e (3) progressos feitos na área computacional, os quais permitem a análise e manipulação de toda a informação fornecida pela amostra.

A primeira aplicação de contagem de células em fluxo foi relatada por Moldavan em 1934, quando uma suspensão de glóbulos vermelhos, ao passar através de um tubo capilar, era contada por um aparelho fotoelétrico acoplado ao microscópio. Em 1953 foi divulgado, nos Estados Unidos, por Wallace H. Coulter, um aparelho de citometria de fluxo baseado em impedância (oposição à passagem de corrente elétrica)[24]. Este método parte do princípio de que uma partícula (por exemplo, uma célula), provoca uma pequena mudança na resistência elétrica de um líquido contendo eletrólitos. Essa impedância provocada pela partícula é proporcional ao seu tamanho.

Poucos anos depois, em 1968, Wolfgang Gohde, da Universidade de Müns-ter, desenvolveu o primeiro dispositivo de citometria de fluxo baseado em fluorescência (ICP 11), que passou a ser comercializado por um fabricante alemão[25]. Logo em seguida, outros aparelhos de citometria de fluxo foram desenvolvidos, incluindo o Cytofluorograph (1971), da Bio/Physics Systems Inc.; o PAS 8000 (1973), da Partec; o primeiro *fluorescence-activated cell sorting* (FACS), da Becton Dickinson (1974); o ICP 22 (1975), da Partec/Phywe; e o Epics, da Coulter (1977-1978). Atualmente a citometria de fluxo é amplamente comercializada e utilizada em todas as formas de pesquisa biológica e biomédica, bem como em diagnósticos clínicos.

Em citometria de fluxo, vários marcadores moleculares podem ser utiliza-dos para o estudo do processo de resolução da resposta inflamatória. Dentre eles, podemos citar proteínas envolvidas com a modulação da sobrevivên-cia celular como, por exemplo, fator nuclear kappa B (NF-kB), proteínas cinases ativadas por mitógenos (do inglês *mitogen-activated protein kinase* – MAPKs) e Akt. Ainda pode ser realizada uma análise da morte celular de células envolvidas com o processo inflamatório agudo, principalmente os leucócitos polimorfonucleares (neutrófilos e eosinófilos). Existem várias moléculas-alvos que caracterizam bioquimicamente o processo apoptótico, sendo as mais utilizadas a caspase-3 e a fosfatidilserina.

A fosfatidilserina (do inglês *phosphatidylserine* – PS) é um fosfolípide de membrana que em conduções homeostáticas está localizada internamente na membrana celular[26]. Os primeiros sinais do processo apoptótico incluem a exposição de PS à superfície celular externa, atuando assim como sinal de reconhecimento para os macrófagos, de modo a promover a eliminação das células apoptóticas[27]. Durante as análises por citometria de fluxo é utilizada a anexina V (marcada com um fluorocromo), que é um ligante natural da PS. Outro importante marcador da apoptose é a caspase-3, uma protease efetora deste processo que atua na clivagem de estruturas celulares e promove a decomposição celular.

17.3 POSSIBILIDADES TERAPÊUTICAS E/OU INDUSTRIAIS

Como já foi citado anteriormente, a resolução da inflamação é um pro-cesso ativo, bem coordenado e controlado por mediadores endógenos. Uma estratégia que visa à resolução efetiva do processo inflamatório é a modula-ção dessas vias de sinalização endógenas. As interferências farmacológicas podem se dar tanto na diminuição de vias pró-inflamatórias (por exemplo, vias de sobrevivência celular) como na indução de vias pró-resolutivas[28]. Ambas as estratégias visam à aceleração da resolução efetiva do processo inflamatório. Dentre esses mediadores pró-resolutivos, destacamos as proteínas induzidas por glicocorticoides, os mediadores lipídicos e as citocinas anti-inflamatórias.

17.4 PROTEÍNAS INDUZIDAS POR GLICOCORTICOIDES (ANEXINA A1, GILZ E MKP-1)

Os glicocorticoides (GC) são potentes drogas anti-inflamatórias e imunossupressoras, usadas terapeuticamente para o tratamento de várias doenças inflamatórias[29,30,31]. Durante a inflamação, GCs endógenos (cortisol em humanos e corticosterona em camundongos) são produzidos pelas glândulas suprarrenais e desempenham um papel importante na indução da resolução da inflamação. O amplo espectro dos efeitos anti-inflamatórios e imunossupressores dos GCs dependem da sua capacidade de indução de proteínas reguladoras anti-inflamatórias, bem como de suas ações inibitórias sobre vias de sinalização pró-inflamatórias, tais como NF-kB e AP-1 (do inglês *activator protein*, proteína ativadora-1). O conhecimento das propriedades anti-inflamatórias das proteínas induzidas por GCs pode levar ao desenvolvimento de fármacos que extrairiam as características benéficas dos GCs, excluindo seus efeitos deletérios (efeitos adversos)[29,30,32].

Há um interesse crescente em três proteínas induzidas por GCs, a saber: anexina A1 (AnxA1), proteína induzida por glicocorticoide que possui *zipper* de leucina (*glucocorticoid-induced leucine zipper* – GILZ) e fosfatase de MAPKs (MKP-1/DUSP-1).

Descrita pela primeira vez por Flower e Blackwell em 1979, anexina A1 (AnxA1), também conhecida como lipocortina 1, é uma proteína induzida por GCs, que inibe a síntese de eicosanoides por meio da inibição da enzima fosfolipase A2, mimetizando várias das ações anti-inflamatórias dos GCs (Figura 17.4)[33]. A AnxA1 é uma proteína de 37 quilodaltons (kDa) da superfamília das anexinas, que possui a capacidade de ligação a fosfolipídios de membrana, um processo que ocorre de forma dependente de Ca^{2+}. AnxA1 exerce suas atividades anti-inflamatórias por meio da ligação ao seu receptor ALX (também conhecido como receptor de formil peptídeo, *formyl peptide receptor* – FPR2, murino), um receptor comum também às LXs[29]. As propriedades anti-inflamatória da AnxA1 já são bem conhecidas no contexto da inibição de geração de mediadores inflamatórios e do recrutamento de leucócitos em vários modelos de inflamação[34,35,36,37,38]. Atualmente, tem sido demonstrado que esta proteína também participa da resolução da inflamação, principalmente por meio da indução da apoptose de neutrófilos e do aumento da capacidade eferocítica do macrófago[39].

Outra proteína induzida por GCs, GILZ, foi descrita pela primeira vez em 1997, em um estudo que identificou genes induzidos GCs. GILZ foi descrita como uma nova proteína induzida por GC encontrada em vários tipos celulares, que medeia muitos efeitos anti-inflamatórios dos GCs[40,41,42]. GILZ inibe várias vias envolvidas na inflamação, incluindo os fatores de transcrição NF-kB, AP-1 bem como as proteínas sinalizadoras MAPKs. Acredita-se que a inibição dessas vias seja fundamental para o papel anti-inflamatório de GILZ[43]. Além disso, GILZ liga-se a Ras/Raf e reduz a fosforilação de Akt, sugerindo que GILZ pode também afetar vias importantes de sobrevivência celular[43,44,45]. GILZ parece ter um papel fisiológico na modulação da inflamação; no entanto, existem poucos relatos que exploram o papel de GILZ em doenças inflamatórias.

MKP-1 (*mitogen-activated protein kinase phosphatase-1*, fosfatase da proteína cinase ativada por mitógeno) foi descrita como o primeiro membro de uma grande família das fosfatases que catalisam a remoção de grupos fosfato de serina, treonina ou tirosina e tem-se mostrado um importante regulador das respostas inflamatórias[32]. MKP-1 é também conhecida como DUSP-1, uma vez que desfosforila e inativa os membros da família de MAPK (*mitogen-activated protein kinase*, proteína cinase ativada por mitógeno), uma via de sinalização ativada por agonistas pró-inflamatórios. Já foi demonstrado que alguns efeitos anti-inflamatórios da dexametasona são parcialmente mediados por MKP-1[46,47]. Vários estudos têm demonstrado que MKP-1 pode interferir no processo inflamatório pela ação em MAPKs, tais como JNK (*c-Jun N-terminal kinase*), p38 e ERK1/2[46,48,49,50]. No entanto, ainda não foi determinado se MKP-1, de fato, contribui para a resolução da inflamação *in vivo* e se é realmente um alvo útil para o desenvolvimento de terapias pró-resolutivas.

17.5 MEDIADORES LIPÍDICOS PRÓ-RESOLUTIVOS (LIPOXINAS, RESOLVINAS, PROTECTINAS, MARESINAS)

Trabalhos recentes demonstram o papel de mediadores lipídicos derivados de ácidos graxos poli-insaturados (PUFAs) como agentes anti-inflamatórios e pró-resolutivos. Estes mediadores incluem lipoxinas, resolvinas,

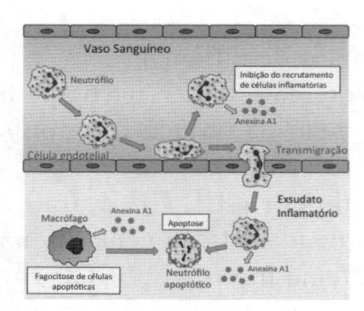

Figura 17.4 Mecanismo de ação da anexina A1.

protectinas/neuroprotectinas e maresinas[22,51,52]. Lipoxina A4 (LXA4), lipoxina B4 (LXB4) e lipoxinas induzidas pela aspirina (ATLs) foram os primeiros mediadores lipídicos biossintetizados a partir do ácido araquidônico
(AA) a serem reconhecidos como mediadores anti-inflamatórios e pró-resolutivos[53]. LXs e ATLs agem se ligando ao receptor formil-peptídeo 2/lipoxina
A4 (FPR2/ALXR), inibindo o recrutamento celular, bem como aumentando
a fagocitose de células apoptóticas[54,55]. Já foi demonstrado, utilizando modelos animais, que esses mediadores lipídicos têm um papel modulador em
várias doenças inflamatórias agudas e crônicas. Além disso, uma série de
investigações fornece fortes evidências de que LXs são relevantes para a
resolução da resposta inflamatória em modelos animais[56].

17.6 INTERLEUCINA 10 (IL-10)

A interleucina 10 (IL-10) pertence à família de citocinas α helicoidais de
classe II e está relacionada com a regulação da imunidade inata e adapta-
tiva[57]. Esta citocina é secretada por diversos tipos de células e está envolvida
com a modulação do processo inflamatório em diversas doenças, incluindo
infecção respiratória induzida por vírus, miocardite aguda, choque endo-
tóxico, colite e isquemia e reperfusão[36,58,59,60]. Além disso, alguns trabalhos
mostram que a IL-10 contribui para a resolução do processo inflamatório por prevenir a sobrevivência celular, diminuir as vias pró-inflamatórias,
aumentar a produção de citocinas anti-inflamatórias e aumentar a capacidade do macrófago em fagocitar células apoptóticas[60,61,62,63,64].

17.7 AVALIAÇÃO MORFOLÓGICA DOS TIPOS CELULARES PRESENTES NA RESOLUÇÃO DA RESPOSTA INFLAMATÓRIA – CONTAGEM TOTAL DE CÉLULAS EM CÂMARA DE NEUBAUER E CITOCENTRIFUGAÇÃO

Existem várias metodologias que permitem quantificar e classificar os tipos de leucócitos presentes na inflamação, desde técnicas avançadas, como citometria de fluxo (descrita no próximo tópico), até técnicas simples e rápidas, como a contagem total de células em câmara de Neubauer e citocentrifugação que, em conjunto, permitem quantificar e avaliar morfologicamente os tipos celulares presentes, apoptose de leucócitos e a eferocitose de corpos apoptóticos. Para realização da contagem total, uma suspensão de células deve ser diluída, corada e contada com o auxílio de uma câmara de Neubauer, no microscópio óptico (aumento de quarenta vezes). Os resultados são expressos como número de células contadas (média dos quatro quadrantes da câmera) multiplicado pelo fator de correção da câmera (10^4) e pelo inverso da diluição realizada (Figura 17.5)[65]. Após a realização da contagem total, utilizamos a técnica de citocentrifugação. A centrífuga de células (Cytospin) nos permite o preparo das suspensões celulares para análise morfológica que diferencia os tipos de leucócitos presentes na inflamação. Esta centrífuga é composta de um suporte para lâmina com um funil plástico em um cilindro com um molde de papel filtro que deposita as células em uma única área da lâmina predeterminada. Em seguida, as células recebem um corante e são examinadas em microscópio óptico por meio da objetiva de imersão em óleo (aumento de cem vezes), sendo contadas cem células por lâmina, diferenciando-se todos os tipos celulares presentes na inflamação, como neutrófilos, eosinófilos e células monucleares (macrófagos e linfócitos). A quantificação de cada tipo celular é calculada pela porcentagem dessas células contadas nas lâminas e pela quantidade de células totais obtidas na contagem total[66].

17.8 TECNOLOGIA PARA ANÁLISE DA RESOLUÇÃO EM MODELOS DE INFLAMAÇÃO – CITOMETRIA DE FLUXO

A citometria de fluxo é uma tecnologia que nos permite analisar várias partículas de maneira multiparamétrica, de acordo com propriedades específicas. Consiste em um conjunto de sistemas fluidos (introduz e organiza as células para análise) óptico (gera e coleta os sinais de luz) e eletrônico

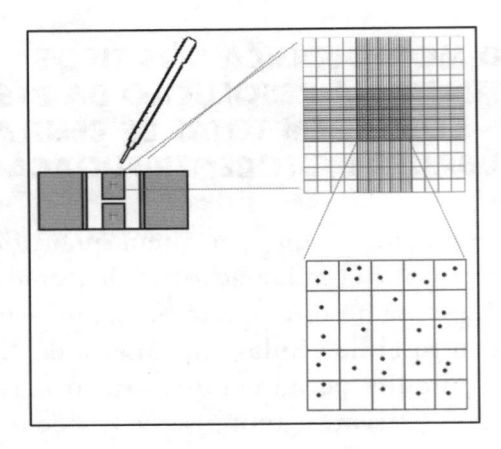

Figura 17.5 Desenho esquemático da metodologia de contagem total de células em câmara de Neubauer.

(converte os sinais ópticos em eletrônicos para posterior análise em um *software*). Os principais parâmetros avaliados pelo citômetro são:

- FSC (*Forward SCatter*), que mede o tamanho relativo da célula.
- O SSC (*Side SCatter*), que mede a granulosidade ou complexidade da célula
- FL, que mede a intensidade de fluorescência, ou seja, o comprimento de onda gerado pela excitação dos fluorocromos, após atingir a absorção máxima da luz do *laser*[67].

O citômetro pode ser amplamente aplicado na pesquisa básica e no diagnóstico de diversas doenças por meio do estudo funcional das células sadias, que coloca em evidência a natureza patológica das células analisadas. É muito utilizado na hematologia (quantificação e caracterização celular), oncologia (conteúdo anormal de DNA na célula tumoral), imunologia (detecção ou identificação de subtipos de células importantes na imunidade), embriologia, farmacologia etc. No estudo experimental da resolução de doenças inflamatórias, diversos marcadores podem ser utilizados, dentre eles vias moleculares importantes na modulação da sobrevivência e moléculas envolvidas na morte de leucócitos.

Para a análise de tecidos biológicos em citometria de fluxo é necessário preparar uma suspensão de células que varia de acordo com o anticorpo e tipo celular a ser estudado e uma coloração específica do componente celular que se quer estudar com anticorpos conjugados a fluorocromos.

Posteriormente, é realizada uma análise quantitativa e a interpretação dos dados em computador. Segue um protocolo geral para a detecção de proteínas fosforiladas importantes na sobrevida de células inflamatórias:

1) Fazer a marcação extracelular e fixar a célula com formaldeído de 2% a 4% para um volume final de até 300 μL/amostra.
2) Centrifugar a célula fixada, coletar o sobrenadante e utilizar o *pellet*. Em seguida permeabilizar a célula com metanol 90% gelado, adicionando-o vagarosamente sobre a célula pré-gelada, sob agitação no vórtex.
3) Incubar por 30 minutos no gelo.
4) Centrifugar e ressuspender as células em uma solução salina com tampão (*phosphate buffer saline* – PBS, + lavagem) em uma concentração de 0,5 a 1,0 × 10^6 células/mL.
5) Agitar vagarosamente e centrifugar a 2.000 RPM por 7 minutos a 4 °C.
6) Repetir os passos 4 e 5.
7) Acrescentar mais solução salina com tampão (PBS + lavagem) por 10 minutos à temperatura ambiente.
8) Adicionar os anticorpos de proteínas fosforiladas na concentração estabelecida.
9) Incubar por 1 hora à temperatura ambiente
10) Repetir os passos 4 e 5.
11) Se a leitura for realizada imediatamente após a marcação, ressuspender apenas em solução salina; se for realizada no dia seguinte, fixar com formaldeído 2% a 4%.
12) Levar para leitura no citômetro de fluxo.

A Figura 17.6 mostra um desenho esquemático do procedimento básico de análise quantitativa da frequência de células (%) para cada população e os parâmetros avaliados (tamanho, granulosidade e intensidade de fluorescência) após marcação com anticorpo específico. No primeiro quadrante (Q1) está a fração de células simples negativas para FITC, ou seja, são as células que se ligaram apenas aos anticorpos marcados com PE. A fração representada pelo segundo quadrante (Q2) mostra as células que se ligaram a anticorpos marcados tanto com FITC quanto com PE, sendo assim duplo-positivas para os dois marcadores. As células que não se ligaram a nenhum dos anticorpos marcados, duplo-negativas, estão representadas no terceiro quadrante (Q3). No quarto quadrante (Q4) está a fração simples positiva para FITC, mostrando células que se ligaram apenas a anticorpos marcados com FITC e não com PE.

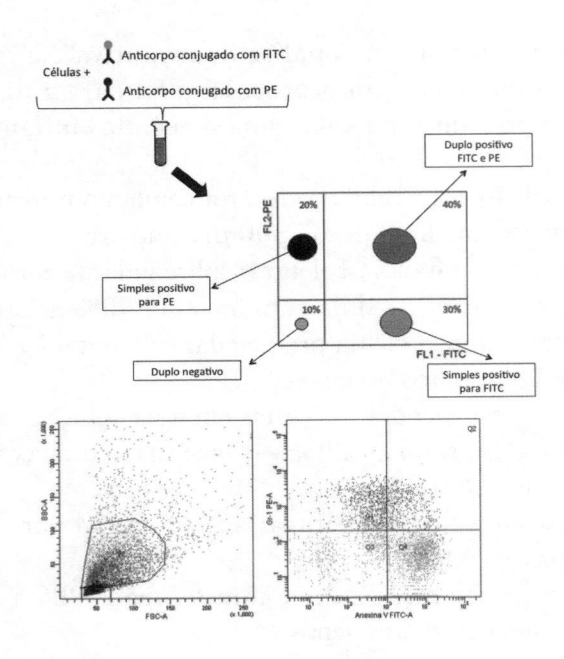

Figura 17.6 Desenho esquemático do procedimento básico de análise quantitativa da frequência de células (%) para os parâmetros: tamanho (FSC), granulosidade (SSC) e intensidade de fluorescência após marcação com anticorpos marcados com FITC e PE.

17.9 PERSPECTIVAS FUTURAS

A resolução da resposta inflamatória é um processo ativo, que envolve vários eventos, incluindo a apoptose de leucócitos, seu reconhecimento e *clearance*, juntamente com a mudança fenotípica dos macrófagos de pró--inflamatórios para pró-resolutivos. Hoje já existem inúmeros estudos *in vivo*, mostrando claramente que as estratégias baseadas na indução de resolução utilizando agonistas como LXA4, AnxA1, resolvinas, dentre outros, são tão eficazes em modelos pré-clínicos de inflamação quanto as estratégias anti-inflamatórias.

A maioria dos estudos pré-clínicos avalia mediadores e vias associadas com resolução, usando estratégias para acelerar a recuperação dos tecidos afetados em modelos que tendem a se resolver naturalmente[28]. No entanto, esses estudos utilizando modelos agudos de autorresolução da inflamação têm permitido investigar os mecanismos e fornecem pistas importantes, que devem ser mais exploradas nos modelos crônicos de inflamação[28].

Algumas técnicas empregadas na pesquisa permitem o estudo dos mecanismos de ação de um determinado agonista da resolução. Assim, o emprego da citometria de fluxo na avaliação da capacidade de um agonista induzir apoptose de neutrófilos, as contagens em preparações de *citospin* para avaliar se uma molécula é capaz de diminuir o número de neutrófilos, bem como a análise da ativação de vias de sobrevivência/apoptose por *western blot* são utilizadas nos estudos de validação dos mecanismos de ação de agonista da resolução.

Apesar da evolução em termos conceituais de que a resolução é um processo mais ativo do que passivo e do conhecimento de várias moléculas que atuam como agonistas deste processo, mais estudos são necessários para identificar claramente os indutores efetivos de resolução, definindo, assim, vias moleculares envolvidas neste processo e se estas são passíveis de desenvolvimento de medicamentos, para que, finalmente, atuais estudos científicos possam ser traduzidos em manejos de saúde pública.

REFERÊNCIAS

1. Medzhitov, R. Inflammation 2010: new adventures of an old flame. Cell. 2010;140: 771-776.

2. Katzenstein AL, Myers JL. Idiopathic pulmonary fibrosis: Clinical relevance of pathologic classification. Am J Respir Crit Care Med. 1998;157:1301-1315.

3. Nathan C. Points of control in inflammation. Nature. 2002;420:846-852.

4. Carroll, MC. The role of complement and complement receptors in induction and regulation of immunity. Annu Rev Immunol. 1998;16:545-568.

5. Margolius, HS. Theodore cooper memorial lecture. Kallikreins and kinins. Some unanswered questions about system characteristics and roles in human disease: Hypertension. 1995;26:221-229.

6. Borish LC, Steinke JW. Cytokines and chemokines. J Allergy Clin Immunol. 2003;111:S460-475.

7. Cara DC, Negrao-Correa D, Teixeira MM. Mechanisms underlying eosinophil trafficking and their relevance in vivo. Histol Histopathol. 2000;15:899-920.

8. Butcher EC. Leukocyte-endothelial cell recognition: Three (or more) steps to specificity and diversity. Cell. 1991;67:1033-1036.

9. Scapini P, Lapinet-Vera JA, Gasperini S, Calzetti F, Bazzoni F, Cassatella MA. The neutrophil as a cellular source of chemokines. Immunol Rev. 2000;177:195-203.

10. Burns AR, Smith CW, Walker DC. Unique structural features that influence neutrophil emigration into the lung. Physiol Rev. 2003;83:309-336.

11. Burg ND, Pillinger MH. The neutrophil: Function and regulation in innate and humoral immunity. Clin Immunol. 2001;99:7-17.

12. Chertov O, Yang D, Howard OM, Oppenheim JJ. Leukocyte granule proteins mobilize innate host defenses and adaptive immune responses. Immunol Rev. 2000;177:68-78.

13. D'Ambrosio D, Iellem A, Colantonio L, Clissi B, Pardi R, Sinigaglia F. Localization of th-cell subsets in inflammation: Differential thresholds for extravasation of th1 and th2 cells. Immunol Today. 2000;21:183-186.

14. Van Rooijen N, Sanders A. Elimination, blocking, and activation of macrophages: Three of a kind? J Leukoc Biol. 1997;62:702-709.

15. Gilroy DW, Lawrence T, Perretti M, Rossi AG. Inflammatory resolution: New opportunities for drug discovery. Nat Rev Drug Discov. 2004;3:401-416.

16. Lingen MW. Role of leukocytes and endothelial cells in the development of angiogenesis in inflammation and wound healing. Arch Pathol Lab Med. 2001;125:67-71.

17. Serhan CN, Savill J. Resolution of inflammation: the beginning programs the end. Nat Immunol. 2005;6(12):1191-1197.

18. Maderna P, Yona S, Perretti M, Godson C. Modulation of phagocytosis of apoptotic neutrophils by supernatant from dexamethasone-treated macrophages and annexin-derived peptide Ac(2-26). J Immunol. 2005: 174, 3727-3733.

19. Locati M, Mantovani A, Sica A. Macrophage activation and polarization as an adaptive component of innate immunity. Adv Immunol. 2013:120,163-184.

20. Ariel A, Serhan CN. New Lives Given by Cell Death: Macrophage Differentiation Following Their Encounter with Apoptotic Leukocytes during the Resolution of Inflammation. Front Immunol. 2012;3:1-6.

21. Gautier EL, Ivanov S, Lesnik P, Randolph GJ. Local apoptosis mediates clearance of macrophages from resolving inflammation in mice. Blood. 2013,122(15):2714-22.

22. Serhan CN, Brain SD, Buckley CD, Gilroy DW, Haslett C, O'Neill LA, Perretti M, Rossi AG, Wallace JL. Resolution of inflammation: state of the art, definitions and terms. FASEB J. 2007;21:325-32.

23. Alessandri AL, Sousa LP, Lucas DC, Rossi AG, Pinho V, Teixeira MM. Resolution of inflammation: Mechanisms and opportunity for drug development. Pharmacology & Therapeutics. 2013;139:189-212.

24. Robinson JP. Wallace H. Coulter: decades of invention and discovery. Cytometry A. 2013 May;83(5):424-38.

25. Galbraith D. Flow cytometry and cell sorting: the next generation. Methods. 2012, Jul;57(3):249-50.

26. Vance JE, Steenbergen R. Metabolism and functions of phosphatidylserine. Prog Lipid Res. 2005 Jul;44(4):207-34.

27. Lahorte CM, Vanderheyden JL, Steinmetz N, Van de Wiele C, Dierckx RA, Slegers G. Apoptosis-detecting radioligands: current state of the art and future perspectives. Eur J Nucl Med Mol Imaging. 2004 Jun;31(6):887-919.

28. Sousa LP, Alessandri AL, Pinho V, Teixeira MM. Pharmacological strategies to resolve acute inflammation. Current Opinion in Pharmacology. 2013;13:1-7.

29. Perretti M, D'Acquisto F. Annexin A1 and glucocorticoids as effectors of the resolution of inflammation. Nat Rev Immunol. 2009;9:62-70.

30. Beaulieu E, Morand EF. Role of GILZ in immune regulation, glucocorticoid actions and rheumatoid arthritis. Nat Rev Rheumatol. 2011;7:340-48.

31. Clark AR, Belvisi MG. Maps and legends: the quest for dissociated ligands of the glucocorticoid receptor. Pharmacol Ther. 2012:134;54-67.

32. Clark AR. Anti-inflammatory functions of glucocorticoid-induced genes. Mol Cell Endocrinol. 2007;275:79-97.

33. Flower RJ. Eleventh Gaddum memorial lecture. Lipocortin and the mechanism of action of the glucocorticoids. Br J Pharmacol. 1998;94:987-1015.

34. Getting SJ, Flower RJ, Perretti M. Inhibition of neutrophil andmonocyte recruitment by endogenous and exogenous lipocortin 1. Br J Pharmacol. 1997;120:1075-82.

35. Bandeira-Melo C, Bonavita AG, Diaz BL, E Silva PM, Carvalho VF, Jose PJ, et al. A novel effect for annexin 1-derived peptide Ac2-26: reduction of allergic inflammation in the rat. J Pharmacol Exp Ther. 2012;313:1416-22.

36. Souza DG, Fagundes CT, Amaral FA, Cisalpino D, Sousa LP, Vieira AT, et al. The required role of endogenously produced lipoxin A4 and annexin-1 for the production of IL-10 and inflammatory hyporesponsiveness in mice. J Immunol. 2007;179:8533-43.

37. Babbin BA, Laukoetter MG, Nava P, Koch S, Lee WY, Capaldo CT, et al. Annexin A1 regulates intestinal mucosal injury, inflammation, and repair. J Immunol. 2008;181:5035-44.

38. Vago JP, Nogueira CR, Tavares LP, Soriani FM, Lopes F, Russo RC, et al. Annexin A1 modulates natural and glucocorticoid-induced resolution of inflammation by enhancing neutrophil apoptosis. J Leukoc Biol. 2012;92:249-58.

39. Perretti M. Editorial: to resolve or not to resolve: annexin A1 pushes resolution on track. J Leukoc Biol. 2012;92(2):245-7.

40. D'Adamio F, Zollo O, Moraca R, Ayroldi E, Bruscoli S, Bartoli A, Cannarile L, Migliorati G, Riccardi C. A new dexamethasone-induced gene of the leucine zipper family protects T lymphocytes from TCR/CD3-activated cell death. Immunity 1997, 803–812.

41. Ayroldi E, Riccardi C. Glucocorticoid-induced leucine zipper (GILZ): a new important mediator of glucocorticoid action. FASEB J. 2009;23,3649-58.

42. Beaulieu E, Morand EF. Role of GILZ in immune regulation, glucocorticoid actions and rheumatoid arthritis. Nat Rev Rheumatol. 2011;7:340-48.

43. Ayroldi E, Migliorati G, Bruscoli S, Marchetti C, Zollo O, Cannarile L, et al. Modulation of T-cell activation by the glucocorticoid-induced leucine zipper factor via inhibition of nuclear factor B. Blood. 2001;98:743-53.

44. Ayroldi E, Zollo O, Macchiarulo A, Di MB, Marchetti C, Riccardi C. Glucocorticoid-induced leucine zipper inhibits the Raf-extracellular signalregulated kinase pathway by binding to Raf-1. Mol Cell Biol. 2002;22:7929-41.

45. Ayroldi E, Zollo O, Bastianelli A, Marchetti C, Agostini M, Di VR, Riccardi C. GILZ mediates the antiproliferative activity of glucocorticoids by negative regulation of Ras signaling. J Clin Invest. 2007;117:1605-15.

46. Abraham SM, Clark AR. Dual-specificity phosphatase 1: a critical regulator of innate immune responses. Biochem Soc Trans. 2006;34:1018-23.

47. Abraham SM, Lawrence T, Kleiman A, Warden P, Medghalchi M, Tuckermann J, et al. Antiinflammatory effects of dexamethasone are partly dependent on induction of dual specificity phosphatase 1. J Exp Med. 2006;203:1883-9.

48. Franklin CC, Kraft AS. Conditional expression of the mitogen-activated protein kinase (MAPK) phosphatase MKP-1 preferentially inhibits p38 MAPK and stress-activated protein kinase in U937 cells. J Biol Chem. 1997;272:16917-23.

49. Chen P, Li J, Barnes J, Kokkonen GC, Lee JC, Liu Y. Restraint of proinflammatory cytokine biosynthesis by mitogen-activated protein kinase phosphatase-1 in lipopolysaccharide-stimulated macrophages. J Immunol. 2002;169:6408-16.

50. Salojin KV, Owusu IB, Millerchip KA, Potter M, Platt KA, Oravecz T. Essential role of MAPK phosphatase-1 in the negative control of innate immune responses. J Immunol. 2006;176:1899-1907.

51. Serhan CN, Chiang N, Van Dyke TE. Resolving inflammation: dual anti-inflammatory and pro-resolution lipid mediators. Nat Rev Immunol. 2008;8:349-61.

52. Spite M, Serhan CN. Novel lipid mediators promote resolution of acute inflammation: impact of aspirin and statins. Circ Res. 2010;107:1170-84.

53. Chiang N, Arita M, Serhan CN. Anti-inflammatory circuitry: lipoxin, aspirin-triggered lipoxins and their receptor ALX. Prostaglandins Leukot Essent Fatty Acids. 2005;73:163-77.

54. Fierro IM, Colgan SP, Bernasconi G, Petasis NA, Clish CB, Arita M, Serhan CN. Lipoxin A4 and aspirin-triggered 15-epi-lipoxin A4 inhibit human neutrophil migration: comparisons between synthetic 15 epimers in chemotaxis and transmigration with microvessel endothelial cells and epithelial cells. J Immunol. 2003;170:2688-94.

55. Maderna P, Godson C. Taking insult from injury: lipoxins and lipoxin receptor agonists and phagocytosis of apoptotic cells. Prostaglandins Leukot Essent Fatty Acids. 2005;73:179-87.

56. Ryan A, Godson C. Lipoxins: regulators of resolution. Curr Opin Pharmacol. 2010;10:166-72

57. Moore KW, de Waal Malefyt R, Coffman RL, O'Garra A. Interleukin-10 and the interleukin-10 receptor. Annu Rev Immunol. 2001;19:683-765.

58. Fuss IJ, Boirivant M, Lacy B, Strober W. The interrelated roles of TGF-alpha and IL-10 in the regulation of experimental colitis. J Immunol. 2002;168:900-8.

59. Loebbermann J, Schnoeller C, Thornton H, Durant L, Sweeney NP, Schuijs M, et al. IL-10 regulates viral lung immunopathology during acute respiratory syncytial virus infection in mice. PLoS One. 2012;7:e32371.

60. Roffê E, Rothfuchs AG, Santiago HC, Marino AP, Ribeiro-Gomes FL, Eckhaus M, et al. IL-10 limits parasite burden and protects against fatal myocarditis in a mouse model of Trypanosoma cruzi infection. J Immunol. 2012;188:649-60.

61. Cassatella MA, Meda L, Bonora S, Ceska M, Constantin G. Interleukin 10 (IL-10) inhibits the release of proinflammatory cytokines from human polymorphonuclear leukocytes. Evidence for an autocrine role of tumor necrosis factor and IL-1 beta in mediating the production of IL-8 triggered by lipopolysaccharide. J Exp Med. 1993;178:2207-11.

62. Ward C, Murray J, Clugston A, Dransfield I, Haslett C, Rossi AG. Interleukin-10 inhibits lipopolysaccharide-induced survival and extracellular signal-regulated kinase activation in human neutrophils. Eur J Immunol. 2005;35:2728-37

63. Saraiva M, O'Garra A. The regulation of IL-10 production by immune cells. Nat Rev Immunol. 2010;10:170-81.

64. Zhang Y, Kim HJ, Yamamoto S, Kang X, Ma X. Regulation of interleukin-10 gene expression in macrophages engulfing apoptotic cells. J Interferon Cytokine Res. 2010;30:113-22.

65. Pinho V, Souza DG, Barsante MM, Hamer FP, De Freitas MS, Rossi AG, Teixeira MM. Phosphoinositide-3 kinases critically regulate the recruitment and survival of eosinophils in vivo: importance for the resolution of allergic inflammation. J Leukoc Biol. 2005;77:800-10.

66. Jorge TCA, Castro SL. Doença de chagas: manual para experimentação animal [online]. Rio de Janeiro: Editora FIOCRUZ, 2000. 368 p.

67. Laerum OD, Farsund T. Clinical application of flow cytometry: a review. Cytometry. 2005;2:1-13.

18

PESQUISAS NO TRATAMENTO DA SURDEZ: TERAPIA CELULAR E MOLECULAR

Paromita Majumder
Jeanne Oticica
Jonathan E. Gale

18.1 INTRODUÇÃO

A audição depende de um sistema complexo e altamente desenvolvido capaz de assimilar e responder aos mais diversos estímulos ambientais. Viabiliza nossa interação com o meio, sendo responsável por uma das mais importantes, únicas e complexas características da espécie humana: a comunicação. Esse sistema depende de estruturas sensoriais altamente especializadas, com características similares às dos neurônios, capazes de converter a onda sonora mecânica em estímulo elétrico, transmitindo-o aos circuitos neurais centrais e interpretando-o do ponto de vista cognitivo como estímulo auditivo específico.

Muitas das causas de surdez são resultado do mau funcionamento do órgão sensorial auditivo periférico. De acordo com dados de 2012 da Organização Mundial de Saúde (OMS), mais de 360 milhões de pessoas possuem algum grau de perda auditiva[1]. É a terceira causa mais frequente de doença crônica, com alta prevalência entre os idosos, após artrite, diabetes *mellitus* e hipertensão arterial sistêmica; além disso, está associada à demência. A perda auditiva contribui para a deterioração da interação social do indivíduo, predispondo-o ao isolamento, solidão, depressão, redução do bem-estar físico, aumentando os problemas médicos com perda da qualidade de vida.

A perda auditiva na infância pode ser resultante da combinação de fatores hereditários e/ou ambientais, incluindo doenças como meningite, sarampo, ou doenças crônicas infecciosas. No caso da surdez de origem genética, a incidência varia de 1:300 a 1:1000 nascimentos[2,3]. Mais de cem genes em vinte *loci* genéticos foram identificados e resultam em surdez pré-lingual, isto é, perda auditiva ao nascimento ou aparente até 1 ano de vida completo, antes de a criança aprender a falar. A manifestação pode ser ou não sindrômica. O padrão de herança observado é autossômico dominante em 12% a 14% dos casos; em 85% dos casos é autossômico recessivo, em 1% a 3% está ligado ao cromossomo X, e em 1% deve-se a mutações mitocondriais. Apesar do grande número de *loci* mapeados, o DFNB1 (13q11-12), que contém o gene da conexina 26 (Cx26, gene *GJB2*), é o mais importante, sendo responsável por mais de 50% dos casos de surdez não sindrômica autossômica recessiva[4,5]. Este lócus gênico contém os genes codificantes para as proteínas conexinas do tipo 26 (GJB2) e 30 (GJB6), que são expressas em todas as células que circundam as células ciliadas, conhecidas como células de suporte internas quando próximas às células ciliadas internas, e externas quando próximas às células ciliadas externas (ver Figura 18.1C para mais detalhes). Os conexons ou hemicanais (são formados por 6 subunidades de conexinas) formam as junções comunicantes (resultante do encontro e *docking* de dois conexons localizados em células vizinhas). Acredita-se que as placas de conexons formados estejam envolvidos na formação e na manutenção do potencial endolinfático de 80 mV a 90 mV, localizado na estria vascular, que quando perdido não mantém a alta concentração de potássio na endolinfa, resultando em surdez. Isso ocorre porque as células ciliadas presentes na cóclea não se despolarizam quando os esteriocílios tocam na membrana tectorial, após a vibração da membrana basilar (Figuras 18.1C e 18.1D).

A surdez pós-lingual é a mais prevalente. Mas apenas 20% dos casos de surdez pós-lingual de origem genética são originados de mutações no genoma mitocondrial, sendo 5% devido à mutação no 12S RNA ribossomal (*MTRNR1*)[6]. Vários são os fatores ambientais que resultam em surdez: exposição a agentes químicos ou medicamentos ototóxicos que levam à morte das células ciliadas (como antibióticos da classe dos aminoglicosídeos (AG) e agentes quimioterápicos, como a cisplatina e seus derivados); perda auditiva induzida por ruído (PAIR, ou, em inglês, *noise-induced hearing loss* – NIHL); e o envelhecimento ou presbiacusia (*aging-related hearing loss* – AHL). Não se sabe ao certo se espécies reativas de oxigênio (*reactive oxygen species* – ROS) são causa ou consequência no processo, mas com certeza estão presentes. Há evidências que sugerem que ROS levam à geração de novas mutações no DNA mitocondrial, devido à oxidação do DNA[7], à oxidação proteica e à peroxidação lipídica, que inativam ou resultam no mau funcionamento da molécula aceptora do elétron de ROS. O acúmulo de diversas moléculas não funcionais dentro da célula resulta na interrupção de funções básicas celulares, levando à morte celular. Diversas doenças estão associadas ao desequilíbrio no excesso de produção ou na falta de controle da neutralização de ROS no interior da célula: arteriosclerose, fibrose pulmonar, câncer, doenças neurodegenerativas resultantes do envelhecimento, incluindo Alzheimer e Parkinson[8-12].

18.2 FISIOLOGIA

A orelha externa capta as ondas sonoras mecânicas provenientes do ambiente à nossa volta. O som passa pelo meato acústico externo, ao ser captado pelo pavilhão auditivo, e faz vibrar a membrana timpânica. O tímpano constitui a fronteira entre a orelha externa e a orelha média, uma cavidade cheia de ar localizada no osso temporal que contém os ossículos: martelo, bigorna e estribo. Essa vibração é amplificada e transmitida pelos três ossículos a ela acoplados, e a base do estribo (menor osso do corpo humano) desloca, num movimento semelhante ao de um pistão, a membrana da janela oval (Figura 18.1A). Esse deslocamento contribui para o movimento do fluido na orelha interna (cavidade óssea composta anteriormente pela cóclea, e cujo arcabouço posterior abriga o vestíbulo, responsáveis, respectivamente, pela audição e pelo equilíbrio) e faz com que a membrana basilar se mova (movimento em onda) e os esteriocílios presentes nas células ciliadas toquem a membrana tectorial no órgão de Corti, resultando na abertura de canais iônicos presentes nas células ciliadas, que despolarizam e hiperpolarizam. As células ciliadas externas amplificam os movimentos da membrana basilar de forma única, por meio de movimentos de motilidade celular de retroalimentação. As células ciliadas internas liberam neurotransmissores em sua extremidade basal, que fazem sinapse com as fibras do nervo auditivo. No centro da cóclea encontra-se o modíolo, onde se concentram os corpos de neurônios auditivos, conhecidos como neurônios do gânglio espiral (*spiral ganglion neurons* – SGN). Esses neurônios bipolares têm seus dendritos em sinapse com as células ciliadas internas e seus axônios projetados ao núcleo coclear, no tronco encefálico, onde fazem sinapses com neurônios secundários, contribuindo para a aferição dos sinais auditivos ao cérebro (Figura 18.1C).

A orelha interna é circundada pelo osso vizinho à base do crânio, próximo ao tronco cerebral, denominado osso *petroso* (Figura 18.1A). A estrutura do órgão de Corti foi descrita pela primeira vez pelo anatomista italiano Alfonso Giacomo Gaspare Corti (1822-1876) que estudava o sistema auditivo em mamíferos via microscopia. A cóclea é um tubo circular em forma de caracol de 31 mm a 33 mm de comprimento e 5 mm de altura em seres humanos[13], semelhante a um caracol com sua concha. O diâmetro da membrana basilar varia ao longo de seu comprimento do ápice à base, onde se encontra o órgão de Corti, que contém células ciliadas ou mecanossensoriais. Estas convertem as vibrações sonoras em respostas sinápticas, que se propagam ao sistema nervoso auditivo central, onde serão decodificadas (a decodificação parcial do som é realizada já na cóclea, que discrimina sons de alta e baixa frequência). Essa estrutura é organizada tonotopicamente, de forma que sons de alta frequência são decodificados pelas células ciliadas presentes na base da cóclea, onde a membrana basilar é mais grossa; e sons de baixa frequência são decodificados pelas células ciliadas presentes no ápice da cóclea. As células ciliadas estão dispostas em fileiras paralelas que percorrem todo o comprimento da estrutura membranosa e são divididas em duas populações: as células ciliadas internas, que respondem às vibrações da membrana basilar e liberam neurotransmissores do tipo glutamatérgico para as vias aferentes dos neurônios auditivos; e as três linhas de células ciliares externas, cuja função é amplificar o som advindo da vibração da membrana basilar.

O órgão de Corti é embebido em sua superfície pela endolinfa. A escala timpânica e a escala vestibular são preenchidas pela perilinfa, e os três compartimentos se intercomunicam por meio do elicotrema, presente no ápice da cóclea. A perilinfa é o fluido principal da cóclea, e quase todas as estruturas estão submersas nela. Sua composição é semelhante ao líquido cerebroespinhal, mas com concentração proteica de cinco a vinte vezes maior. Seu volume total é de 70 mL em seres humanos, dos quais 40 mL estão na escala timpânica. Já a endolinfa, presente na escala média, tem volume total de 8 mL em humanos. Sua composição é muito semelhante ao líquido intracelular, com baixa concentração de íons de sódio e cálcio, mas rica em potássio. Devido ê estria vascular que bombeia potássio ativamente, a endolinfa é 80 mV a 90 mV carregada positivamente. Acredita-se que as conexinas 26 e 30 estejam envolvidas no processo de reciclagem de potássio, juntamente com diversos canais de potássio presentes nas mais diversas células da estria vascular. Vinte subunidades de conexinas foram identificadas, e recebem seu nome de acordo com sua massa proteica. Essas vinte subunidades de conexinas se agrupam em seis subunidades no retículo endoplasmático, de forma homomerica ou heteromerica, sendo glicosiladas no complexo de Golgi, e, em seguida, inseridas na membrana celular, formando, assim, os conexons. Estes podem se acoplar em células vizinhas, formando as junções comunicantes. Ambas as formas permitem a passagem de íons e de pequenas moléculas ao meio exterior ou de uma célula vizinha a outra (Figura 18.1B).

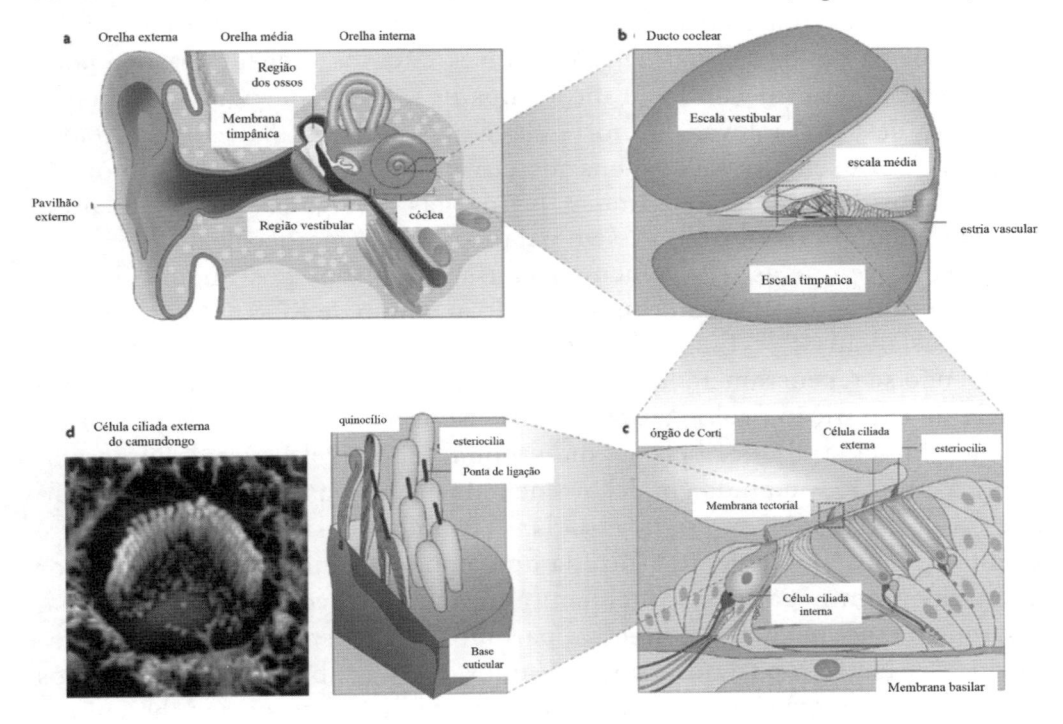

Figura 18.1 Estrutura da orelha externa, média e interna de mamíferos. (A) O som passa pelo pavilhão externo e afunila-se no canal da orelha média, chegando à membrana timpânica e aos ossículos, bigorna, martelo e estribo. Os ossículos são conectados à janela oval da cóclea. (B) Corte longitudinal da cóclea mostrando o ducto coclear dividido em três grandes compartimentos, denominados escalas vestibular, média e timpânica. O fluido da escala média, a endolinfa, banha todas as células sensoriais do órgão de Corti. As regiões entre parênteses indicam onde podem ser encontrados os hemicanais e canais comunicantes compostos pelas conexinas 26 e 30. (C) O órgão de Corti é composto de diversos tipos celulares, que incluem as células ciliadas externas e internas. (D) As células ciliadas projetam os esteriocílios na superfície, e são conectadas pela ponta de ligação e formam degraus que conectam diversos esteriocílios. Essas pontas contêm os receptores de mecanotransdução, que são ativados fisicamente. Tais estruturas da orelha média e interna são muito semelhantes entre humanos e camundongos. A micrografia eletrônica da célula ciliada externa do camundongo mostra o formato em V dos feixes de estereocílios e a organização em forma de degraus das linhas de estereocílios. Figura modificada de Brown, Hardisty-Hughes e Mburu (2008)[129].

18.2.1 Fisiopatologia

A orelha interna é um órgão de difícil acesso e protegido pela barreira hematococlear[14,15]. Devido às junções oclusivas (*tight junctions*) especializadas, diversas substâncias presentes no sistema circulatório não passam por ela. Além disso, a cóclea é fechada e é muito sensível a modificações de volume. Algumas drogas chegam ao órgão, mas isso só ocorre em altas doses, muitas vezes tóxicas em concentrações sistêmicas. O cortisol por exemplo, tem indicação clínica no tratamento da surdez súbita (SS) ou da doença autoimune da orelha interna (DAOI)[16-18]. Nesses casos, a dexametasona pode ser indicada para injeção local intratimpânica. Outras drogas são nocivas ao órgão de Corti e levam à morte as células ciliadas. As células ciliadas externas, por exemplo, são as mais suscetíveis à cisplatina e aos antibióticos aminoglicosídeos (AG). Acredita-se que drogas carregadas positivamente e que não sejam lipossolúveis passem pela barreira hematococlear.

Acredita-se que as três principais causas de surdez pós-lingual (NIHL, AHL e ototoxicidade) sejam resultantes do acúmulo de ROS e levem à morte de células ciliadas[19,20]. Em mamíferos, as células ciliadas, uma vez inviabilizadas, não se regeneram após lesão[21,22]. As células ciliadas morrem em decorrência da exposição prolongada a ruídos e sons acima do volume permitido à saúde humana, 85 decibéis, acima do qual é possível haver dano permanente à audição; ou ainda em decorrência de problemas de irrigação sanguínea ou de circulação na estria vascular[23]. Aminoglicosídeos são uma classe de antibióticos amplamente utilizada no combate às infecções causadas por bactérias gram-negativas, e incluem: amicacina, arbecacina, gentamicina, canamicina, neomicina, netilmicina, paromomicina, estreptomicina e tobramicina[19,20]. Na Europa e nos Estados Unidos, esses antibióticos são utilizados em casos de emergência e ministrados em hospitais em casos de tuberculose, infeções causadas por pseudomonas, infeções recorrentes em pacientes de fibrose cística e infeções em imunossuprimidos ou imunodeficientes. Devido ao seu baixo custo e à sua alta eficácia, ainda são amplamente empregados, principalmente em países em desenvolvimento. Quando em circulação, acredita-se que os AGs acumulem-se na endolinfa, tendo acesso direto às células ciliadas e resultando em ototoxicidade, ou seja, morte das células ciliadas, culminando em perda auditiva e zumbido (percepção auditiva na ausência de estímulo sonoro ambiental correspondente). Estudos demonstraram que a via de entrada desses antibiótico na endolinfa ocorre pelos capilares da estria vascular, região altamente vascularizada localizada na parede lateral da cóclea. Esses antibióticos passam às células marginais até alcançar a endolinfa[24,25]. Os AGs só são capazes de penetrar nas células ciliadas por meio de seus canais de mecanotransdução[24-26].

Não se sabe qual o caminho dos AGs no interior da célula ciliada, mas a identificação da mutação na região mitocondrial m.1555 A>G, que resulta em alta suscetibilidade do indivíduo à surdez quando exposto a AGs[28-30], deu alguns indícios de quais vias são usadas pelos AGs no interior da célula. Acredita-se que tal mutação torne o ribossomo mitocondrial mais semelhante ao ribossomo da bactéria gram-negativa, alvo primário dos AGs. Na bactéria, o antibiótico reage de modo irreversível na subunidade 30S ribossomal e causa erros na adição de aminoácidos durante o processo de tradução pela adição de sítios de terminação prematuros e inibição da translocação do ribossomo onde o t-RNA peptidil move-se do sítio A ao P, o que resulta em desestabilização da membrana celular[31,32]. Essa mutação é passada via herança materna (transmissão mitocondrial) e prejudica o funcionamento normal do ribossomo mitocondrial, em parte devido à metilação de *12S rRNA* pela metiltransferase mtTFB1[33]. Nas células ciliadas, acredita-se que os AGs atuem em ribossomos mitocondriais, levando à inibição da fosforilação oxidativa na mitocôndria[34-36], com parada do transporte de elétrons na organela e consequente aumento na produção de ROS nas células ciliadas. Entretanto, foi sugerido que o ROS gerado tenha origem citoplasmática[37].

O que é estabelecido e aceito na comunidade é que a mitocôndria é parte atuante na morte celular das células ciliadas, via apoptose após a entrada de AG pelos canais de mecanotransdução[27]. Ocorre durante o processo a ativação da sinalização JNK, e inibidores desta via podem prevenir a morte celular[38-40]. Não é estabelecido qual o mecanismo ototóxico desencadeado pelo AG dentro da célula ciliada, como também quais são os alvos primários de vias de sinalização ativados pelos AGs dentro da célula após sua entrada via canais de mecanotransdução. Sugere-se que há produção de ROS, pois pré-tratamentos com antioxidantes atenuam o problema. A mitocôndria sofre os efeitos primários e/ou secundários da presença de AG dentro das células ciliadas, perturbando o metabolismo da organela, que, em seguida, tem o transporte de elétrons reduzido, em decorrência do problema de síntese proteica pela organela ou do efeito em proteínas que mantêm o potencial de membrana mitocondrial. O que se sabe é que o mecanismo de ação de AGs nas células ciliadas é complexo, mas que aparece envolver a produção de ROS[41].

A primeira evidência de que AGs possam gerar ROS foi demostrada em cuveta *in vitro*, com a oxidação do ácido araquidônico pela gentamicina em presença de íons. AGs interagem com metais de transição, como o ferro e cobre, propiciando a formação de ROS, especialmente de radicais hidroxilas por meio da redução do Fe^{2+} a Fe^{3+} (reação de Fenton)[42]. Estudos prévios já demonstraram que tratamentos que utilizam antioxidantes atenuam os efeitos de perda auditiva provocada pela ingestão de AGs e/ou por NIHL, evidenciando a participação de ROS[43-47].

Uma solução para o combate à produção de ROS nas células ciliadas em eventos de ototoxicidade pode ser a utilização de AGs mais seletivos em reconhecer e ligar-se ao ribossomo bacteriano, e não ao mitocondrial. Alguns grupos de pesquisa têm direcionado seus estudos a essa área. A apramicina, dentre os AGs, é o menos ototóxico, e sua estrutura foi utilizada tendo como base o desenho de uma estrutura aminoglicosídica com maior eficiência e menor ototoxicidade[35]. A nova droga NB124 desenvolvida mostrou-se eficiente em pacientes com fibrose cística[48]. Outro aminoglicosídeo utilizado como estrutura para o desenvolvimento de novos AGs é a paromomicina[49].

Contudo, as vias intracelulares de produção de ROS não estão ainda bem definidas. Há grupos de pesquisa que sustentam a hipótese de que a única disfunção seja a mitocondrial, e que os ROS sejam originários somente das reações de Fenton[50]. Outros argumentam que o problema seja de origem citoplasmática[37], pois há inclusive evidências de que AGs se ligam a ribossomos de células eucariotas em outros locais do rRNA: a região H69 da subunidade maior 23S rRNA, local envolvido na reciclagem do ribossomo na tradução[51]. A neomicina se liga com alta afinidade ($K_d \approx 1,5$ µM) à região de grampo em hélice 69 (*helix 69 hairpin* – H69, de dezenove nucleotídeos) humana, o que corresponde aos nucleotídeos 3722–3740 da subunidade 28S rRNA[52], e a afinidade de ligação à mesma região pela gentamicina é de $K_d \approx 1,7$ µM[37].

Críticos da pesquisa de novos antibióticos aminoglicosídicos argumentam que os mecanismos de geração de ROS pelas reações de Fenton não foram demonstrados de modo direto. Novos fármacos produzidos serão mais custosos ao consumidor devido às leis de patente e, portanto, em função do preço elevado teriam pouco apelo aos mercados de países em desenvolvimento, exatamente onde são mais usados. Devemos ter em mente que tais tipos de droga poderão prevenir a morte de células ciliadas, mas não a recuperação de células ciliadas perdidas. Em casos de ototoxicidade a AGs e cisplatinas, a morte das células ciliadas inicia-se pela base da cóclea, onde são decodificados sons de alta frequência, o que resulta na mudança do limiar auditivo (*auditory threshold shift*; para revisão, ver referência Corwin, 1981[53]). Após a perda das células ciliadas, o órgão gradualmente sofre mudanças citomorfológicas e desdiferenciação das células de suporte. Algumas vezes, ainda, o túnel de Corti colapsa, resultando em uma estrutura com células irreconhecíveis. Nestes casos a regeneração do órgão é uma das únicas soluções possíveis para a recuperação de parte da audição.

Três são os alvos das pesquisas atuais para a terapia da surdez: (1) regeneração de células ciliadas funcionais por meio de células de suporte preexistentes; em casos de doenças hereditárias, (2) a inserção do gene selvagem; (3) aparelhos auditivos ou implantes cocleares combinados à adição de fatores de crescimento, para aumentar a sobrevivência de SGNs e de células ciliadas.

18.3 REGENERAÇÃO DA CÉLULA CILIADA

Os mamíferos não regeneram as células ciliadas, mas outros vertebrados o fazem. Essa afirmação é em parte verdadeira, pois mamíferos não regeneram células ciliadas de modo exuberante o suficiente, como todos os outros vertebrados o fazem, restaurando a audição. A primeira evidência da regeneração de células ciliadas foi mostrada em tubarões, que incorporam novas células ciliadas ao sistema vestibular[54], em epitélio sensorial na papila basilar de aves[55-57], em anfíbios[58] e em peixes[59-63].

Uma das primeiras contribuições foi dada por Cotanche em 1987. O pesquisador analisou a lesão acústica em cócleas de galinhas, e verificou que em 10 dias houve aparecimento de novas células ciliadas. A recuperação incluiu a regeneração de feixes de esteriocílios, e em 48 horas iniciou-se o aparecimento de novas células ciliadas[57]. Em 1988, Corwin e Cotanche, simultaneamente com Ryals e Rubel, identificaram a regeneração de células ciliadas em aves após trauma acústico, por divisões mitóticas das células de suporte ou por meio de células-tronco não identificadas em estado latente. O potencial de regeneração é mantido na ave adulta[64,65]. Em 1993 foi demonstrada a regeneração de células ciliadas, após ototoxicidade, no epitélio sensorial do sistema vestibular adulto de mamíferos, mas muito menos exuberante do que a observada em aves[21,22,66]. Nesse caso, a regeneração se origina da transdiferenciação de células de suporte adjacentes (para revisão detalhada sobre o assunto, ver Rubel et al., 2013[67]).

Postulava se a existência de uma população de células-tronco local que pudesse estar envolvida na restauração de células. Li e colaboradores[68] demonstraram a existência de uma população de células no epitélio vestibular de camundongo adulto capaz de proliferar *in vitro*. Quando em baixa densidade, e em condições de cultura não aderente, essas células-tronco vestibulares formam esferas celulares em suspensão. Tais esferas dão origem a células diferenciadas, com marcadores de células adultas (célula ciliada, neuronal ou de suporte), após serem enxertadas em embriões de galinha. Células de suporte em utrículo de aves progressivamente se expandem e se diferenciam em células ciliadas[69], confirmando dados anteriores de que as células do epitélio vestibular têm capacidade de regeneração[66,70]. A novidade do grupo foi demonstrar que as células provenientes de esferas tinham capacidade de diferenciação. Entretanto, o potencial proliferativo é perdido após a segunda ou a terceira semanas pós-nascimento.

Algumas abordagens para a geração de células ciliadas *in vitro* foram usadas ao longo desses anos, como a manipulação do fator de transcrição Atoh1 (*protein atonal homolog 1*), com a inibição da via Notch de sinalização, ou ainda com a regulação de proteínas envolvidas no ciclo celular, como discutiremos a seguir.

Atoh1, também conhecido como Math1, emergiu como candidato ao tratamento para problemas de surdez e equilíbrio[71,72] devido ao fato de que sua ausência resulta na falta de células ciliadas em ambos os tecidos, o coclear e o vestibular[73]. Kawamoto e colegas transduziram adenovírus com Atoh1-GFP (*green fluorescent protein*), mecanicamente difundido no espaço endolinfático causando lesão hidrodinâmica. Atoh1 foi identificado em células não sensoriais do órgão de Corti no dia 4 após transdução, e o marcador de células ciliadas miosina 7a foi detectado no dia 60 após transdução. Essas células também expressaram neurofilamentos semelhantes a sinapses e feixes imaturos de esteriocílios[71]. Izumikawa e colegas demonstraram atividade no tronco cerebral, realizando o mesmo experimento com porquinhos-da-índia surdos[72], mas o resultado foi limitado e muito variável entre os animais. O grupo do professor Brigande pôde estabelecer técnica de transferência gênica intraútero a fim de conduzir experimentos de ganho de função auditiva durante o desenvolvimento da orelha interna, para posterior análise pós-nascimento. Essa técnica consiste na microinjeção de plasmídeos, que continham os genes Atoh1 e GFP, em vesículas óticas embrionárias de embriões de camundongos. As células progenitoras do epitélio ótico transfectadas por eletroporação, que subsequentemente originaram o órgão de Corti, apresentaram um número excessivo de células positivas para miosina 7a e a expressão de feixes de esteriocílios em sua parte apical. Na região basolateral dessas células identificaram-se neurofilamentos, semelhantes às sinapses do núcleo auditivo, com expressão de marcador de ribossinapse proteína 2 carboxiterminal. Os dados eletrofisiológicos mostraram atividade dos canais de mecanotransdução, e a partir dos dias 28 a 35 os limiares auditivos já eram elevados. O problema dessa abordagem é que a princípio ela não poderia tratar doenças genéticas, pois os genes defeituosos estão presentes no genoma do paciente, e após ativação do processo de diferenciação, o mesmo gene defeituoso estará recrutado durante a cascata de ativação (caso tais genes sejam ativados posteriormente a Atoh1).

Uma segunda abordagem foi a de manipular a via Notch de sinalização. Seu receptor, quando ativado, leva à supressão da diferenciação da célula ciliada pela hiper-regulação dos genes *Hes* e *Hey* que inibem Atoh1. A eliminação dos ligantes de Notch resultam no aumento de células ciliadas em *zebrafish*[74]. Experimentos utilizaram os inibidores de gama-secretase, que suprime a ativação dependente de clivagem do domínio intracelular de Notch, necessária para a sinalização funcional. Dados promissores foram identificados em modelos de estudo como o de *zebrafish* e em aves, mas que não se confirmaram em porquinhos-da-índia adultos (modelo animal muito utilizado nos estudos de orelha interna)[75]. Em 2013, demonstrou-se que a geração de novas células ciliadas pode ser induzida por meio da manipulação de Notch, atenuando parte da perda auditiva devido ao ruído. Os pesquisadores demonstraram que quando a sinalização de Notch é suprimida, por meio do inibidor de γ-secretase, há diferenciação da população de células-tronco da orelha interna em células ciliadas *in vitro*. A regeneração de células ciliadas é resultado do aumento do fator de transcrição bHLH de Atoh1, em resposta à inibição de Notch[76].

A terceira abordagem utilizada pelos pesquisadores foi manipular as proteínas envolvidas no ciclo celular. Duas são as possibilidades nesse caso: a transdiferenciação e a regeneração mitótica. A ideia aqui é fazer com que as células pós-mitóticas reentrem no ciclo celular, por meio da manipulação de proteínas envolvidas no ciclo, o que pode resultar na mitose de novas células de suporte e ciliadas. Para isso, uma das abordagens utilizadas é a deleção sítio-dirigida de p27Kip1 (um inibidor de quinase dependente de ciclina, *cyclindependent kinase inhibitors* – CKI), marcador molecular expresso no estágio embrionário E12-14 e que se correlaciona com o término da divisão celular das células óticas progenitoras que originam células de suporte e ciliadas. No órgão em maturação, esse gene tem expressão restrita a todas as classes de células de suporte. A deleção dirigida desse gene resulta em um número muito grande de células de suporte e ciliadas[77,78]. White e colegas[79] usaram o promotor p27Kip1 com a proteína GFP e identificaram transdiferenciação e mitose em camundongos neonatos, mas não em animais adultos; dados similares aos das esferas de células, descritas anteriormente, que, em animais adultos, com maturação completa do epitélio sensorial, não reentraram no ciclo celular.

Uma segunda proteína testada é o produto do gene de suscetibilidade ao retinoblastoma (*product of the retinoblastoma susceptibility gene* – Rb1). Rb é hiper-regulada em células ciliadas embriônicas e pós-natais, indicando estar envolvida no processo de quiescência mitótica, e a hipótese dos pesquisadores é de que, quando manipulada, pode levar à geração de novas células ciliadas funcionais. A inativação condicional do gene Rb1 no epitélio ótico sensorial induziu a superprodução de células ciliadas no sistema coclear e vestibular[80,81]. Entretanto, Mantela e seus colegas[80] identificaram modificações patológicas no órgão de Corti, incluindo apoptose e poliploidia nas células, com depleção do gene. Animais com três meses de idade perderam todas as células ciliadas, e a medida do potencial evocado auditivo (PEA, ou, em inglês, *auditory brainstem response* – ABR) no tronco cerebral mostrou que os animais estavam com surdez profunda. Tais dados indicaram que Rb possui um papel muito mais amplo na sobrevivência das células ciliadas e de suporte. Weber e colegas utilizaram o sistema de recombinação Cre com promotor de Atoh1[82]. Quarenta por cento das células ciliadas desses animais reentraram no ciclo celular. Em animais de P4 a P15 o número de células ciliadas perdidas foi grande, e testes auditivos no tronco cerebral indicaram que os animais possuíam surdez profunda.

18.4 DESAFIOS NA TERAPIA CELULAR

Aparelhos auditivos que amplificam o som são utilizados na terapia de pacientes com perda auditiva para contrabalancear a mudança do limiar de detecção do som pela perda das células ciliadas externas. Contudo, requerem que as células ciliadas internas estejam intactas para que haja transdução do sinal ao nervo coclear. Uma opção viável para pacientes que perderam as células ciliadas internas, ou que as têm, mas não funcionais (como em mutações no gene da ortofelina), é o implante coclear. Nesse caso, um dispositivo linear em espiral, com eletrodos, é colocado via escala timpânica, e estimula diretamente os neurônios auditivos, preservando a cóclea em alguma extensão. Os resultados do implante coclear variam de acordo com o paciente quanto à frequência de discriminação e o discernimento de fala em ruído. Mesmo com o sucesso nessa terapia, aparelhos auditivos e implantes cocleares não são perfeitos e estão em constante aperfeiçoamento na busca desse objetivo. Muitas opções de tratamento combinado ao implante coclear têm sido consideradas, incluindo a associação de fatores trópicos, fatores de crescimento ou mesmo a adição de progenitores óticos. Terapias celulares podem ser promissoras; contudo, há alguns desafios a serem cuidadosamente considerados:

- Como células progenitoras ciliadas e de suporte transplantadas poderão se expandir via rampa coclear, pelo órgão de Corti, por em média 33 mm de extensão?
- Quanto essas células contribuirão na identificação e captação de sons?
- Qual deve ser a dose de células por injeção?
- As células progenitoras serão capazes de se diferenciar em um meio iônico atípico, como a endolinfa rica em K^+ (150 mM) e baixa concentração do íon cálcio (20 mM)? Poucos são os trabalhos que abordam tal problemática[83].
- Essas células se integrarão ao órgão de Corti lesado?
- Essas novas células sobreviverão no órgão de Corti danificado?
- Essas células ocuparão a posição correta na membrana basilar, responderão e funcionarão frente ao movimento basilar?
- Essas células terão a inervação adequada e necessária?
- Como gerar o número correto de células ciliadas, no local correto, para evitar que um número maior ou menor de células leve à perda auditiva[84-86]?
- Como direcionar a diferenciação da célula ciliada quanto à correta orientação e posição dos feixes de estereocílios para que sejam funcionais no órgão de Corti adulto? Deverão estar em posição correta quanto à membrana tectorial.

Se todos esses desafios forem solucionados, as células progenitoras óticas têm grande potencial em converter o órgão de Corti lesionado em um órgão funcional, mesmo que ainda com algum prejuízo quanto à identificação sonora. Devemos lembrar que essa abordagem terapêutica somente poderá funcionar para um subgrupo específico de pacientes que perderam as células ciliadas e/ou perderam os SGNs e ficaram surdos devido a isso, e não a casos de mutações genéticas, em conexina por exemplo, ou surdez devido a outros fatores.

18.5 POSSIBILIDADES TERAPÊUTICAS: UTILIZAÇÃO DE CÉLULAS-TRONCO

Um passo importante na área de diferenciação de células-tronco a células ciliadas foi dado por Oshima e colegas em 2010[87]. O grupo utilizou o animal transgênico Math1/nGFP com o potencializador de Atoh1. Nas células da orelha interna, o animal expressa GPF no núcleo. As duas abordagens usadas, de células-tronco deste animal e de células-tronco de pluripotência induzida (*induced pluripotent stem cells* – IPSC), foram transfectadas com a construção Math1/nGFP, mais os 4 fatores de transcrição para indução da pluripotência celular, Oct4, Sox2, Klf4 e cMyc[88]. Ambas as linhagens celulares foram induzidas à formação de corpos embriônicos, sob o efeito de o inibidor da via de sinalização Wnt, o Dkk1, e com isso inibiram a expressão de Smad3, que interfere na via de TGF-beta (*transforming growth factor beta*) e IGF-1 (*insulin-like growth factor 1*). Em seguida, as células foram plaqueadas para a indução ótica, adicionando-se b-FGF (*basic fibroblast growth factor*), o que culminou com a expressão de Pax2 e Pax8 (*paired box*), previamente identificados como marcadores óticos (Figura 18.2). As células foram, em seguida, cultivadas em gelatina, sem nenhum dos fatores para indução da diferenciação de células ciliadas, tendo como base as células estromais de utrículo de galinha. Observou-se a formação de ilhotas de células GFP nuclear positivas, que também expressavam miosina 7A e proteína do filamento de actina agrupado de spin, presentes nas estruturas dos estereocílios. As células vizinhas p27[Kip1] positivas foram identificadas como precursoras de células de suporte. Medições eletrofisiológicas identificaram os receptores de mecanotransdução presentes em células ciliadas, semelhantes a células ciliadas imaturas.

Um passo terapêutico promissor, já na terapia da neuropatia auditiva, foi a diferenciação de SGN *in vitro*. Como dito anteriormente, essas células são neurônios bipolares que fazem a sinapse entre as células ciliadas internas e a via auditiva central. Nessa condição clínica de neuropatia auditiva, boa parte dos neurônios do gânglio espiral estão comprometidos; contudo, as células ciliadas externas do órgão de Corti são funcionais[89]. Chen e colegas[87] estabeleceram um protocolo de diferenciação de acordo com o qual células-tronco embrionárias foram induzidas, por meio de sinais de placoide ótico, a se diferenciarem em células tipo ciliadas e neurônios auditivos[91].

Os corpos embriônicos após suspensão foram cultivados em sistema de monocamada, em frascos revestidos com laminina. Na presença de FGF3 e FGF10, as células expressaram Pax2 e Pax8. Duas subpopulações distintas

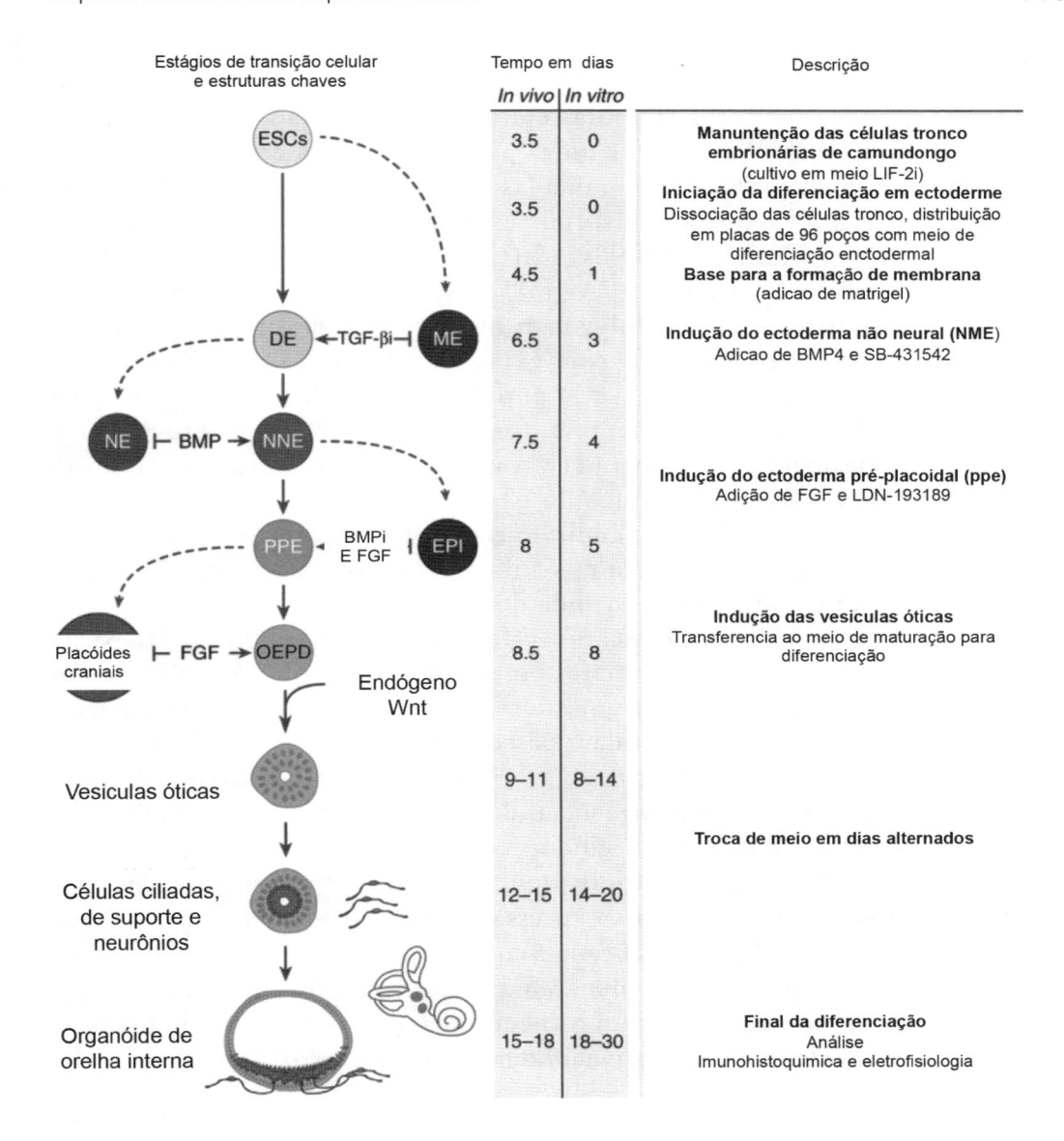

Figura 18.2 Comparação entre as etapas de diferenciação *in vitro* e *in vivo* da orelha interna. Observe que *in vivo* os dias de diferenciação equivalem aos dias de desenvolvimento do camundongo. Além disso, o modelo de diferenciação à esquerda é derivado de vários estudos em vertebrados. O padrão pré-placoidal, por exemplo, não foi definido no camundongo, mas sim em *Xenopus*, galinhas e *zebrafish*. À direita, procedimentos experimentais e o número de passos presentes nas fases de transição. Abreviações: ESCs (*embryonic stem cells*), células-tronco; DE (*definitive ectoderm*), ectoderma definitivo; NNE (*non-neural ectoderm*), indução do ectoderma não neural; NE (*neural ectoderm*), ectoderma pré-placoidal; MEPPE (*mesendoderm-preplacodal ectoderm*), mensendoderma-placoidal ectoderma; EPI (*epidermis*), epiderme; OEPD (*otic-epibranchial placode domain*), domínio placoide epibranquial ótico. Figura modificada de Koehler e Hashino (2014)[88].

foram identificadas após o tratamento, uma de células planas com o citoplasma grande, que formou ilhotas epiteliais, denominadas pelo grupo de progenitoras sensoriais óticas; e outra população com a cromatina densa e projeções citoplasmáticas, denominadas de progenitores neurais óticos. As células progenitoras óticas sensoriais expressaram Atoh1 (*protein atonal homolog 1*, ou Math1) e BRN3C (fator de transcrição da família POU, Pou4F3), ou BRN3C e miosina 7A (45% aproximadamente). A outra população neural diferenciou morfologicamente, em meio de cultura neural, em células ganglionares bipolares com expressão de BRN3A (Pou4F1), beta tubulina III e NF200. Essa segunda população foi utilizada pelo grupo na terapia celular. Para testar a terapia, foram utilizados gerbils previamente tratados com obaína, administrada via janela oval, que resultou na morte seletiva das células ou neurônios do gânglio espiral do tipo 1. As células transplantadas nos gerbils expandiram e se diferenciaram. Houve melhora considerável da função auditiva nos animais quatro semanas após o transplante, detectada por meio da medida dos limiares de PEA.

Um passo à frente em relação à diferenciação de células ciliadas, de suporte e de neurônios ganglionares bipolares foi dado por Koehler e colegas em 2013[92]. O grupo de pesquisadores demonstrou que células progenitoras em diferenciação recapitulam passos importantes quanto à expressão de marcadores *in vivo*, com grande precisão no controle temporal da sinalização celular. A estrutura sequencial do sistema perfaz-se em células não neurais, pré-placoidais e, em seguida, semelhantes ao epitélio ótico sensorial. Similarmente ao que ocorre *in vivo*, as células formaram vesículas com células pró-sensoriais, as quais expressam feixes de estereocílios. A nova célula ciliada formada expressa canais com propriedades muito semelhantes às observadas na mecanotransdução habitual, com a formação de estruturas sinápticas especializadas com os neurônios auditivos correspondentes e células de suporte que se diferenciam durante o processo.

18.6 PROTOCOLO DA DIFERENCIAÇÃO TRIDIMENSIONAL

Discutiremos o protocolo de Koehler e colegas (2013), que, utilizando diferenciação em três dimensões, conseguiram reproduzir uma estrutura semelhante à de utrículos, presente no sistema vestibular[92-94].

O desenvolvimento e diferenciação do órgão vestibular e coclear de modo apropriado requer a organização sincronizada e coordenada de uma grande população celular. Ainda hoje, não se conhece, em detalhes celulares e moleculares, todos os mecanismos de sinalização que resultam no fenótipo celular, ou que governam a diferenciação de um tipo de célula em outra. As culturas de células-tronco, como as de suspensão de células em agregados de três dimensões (3D), aparecem como um modo efetivo de geração de órgãos complexos, *in vitro* e de modo controlável, com acessibilidade para investigar e dissecar os mecanismos que permeiam a organogênese. A vantagem da cultura em 3D, quando comparada à cultura em monocamadas ou duas dimensões (2D), é que as células são livres para se diferenciarem em epitélios. Nas culturas em 2D, as células aderem aos frascos de cultura e restringem seu crescimento ao padrão plano do frasco. Já nas culturas 3D, as células se diferenciam de modo mais natural e semelhante ao que ocorre *in vivo*.

Nesse protocolo de diferenciação 3D, as células-tronco embrionárias de camundongo são derivadas de blastocistos e mantidas em condições sem células de suporte (*feed layer*), mas na presença de 2i-LIF (*leukemia inhibitory factor*). Essas células são mantidas sobre gelatina até quarenta passagens, quando não são mais utilizadas experimentalmente.

São mantidas em meio N2B27 (1:1), *advanced* DMEM/F12 e neurobasal suplementado com 1 mM de GlutaMAX e 1 mM de penicilina/estreptomicina 2i-LIF, suplementando N2B27 com 1.000 U/mL de fator de inibição de leucemia (LIF), 3 μM de CHIR99021 e 1 μM de PD 0325901. Os reagentes de cultura utilizados foram da empresa Life Technologies. Para evitar a diferenciação das células-tronco em mesoderme, o tratamento foi combinado com o inibidor de TGF-beta SB431542, no dia 3.

- Dias 0 a 3: meio de diferenciação SFEBq (agregado em suspensão sem soro semelhante a corpo embriônico com rápida reagregação, *serum-free floating culture of embryoid body-like aggregate with quick reaggregation*), as células-tronco embrionárias são dissociadas com 0,25% de tripsina-EDTA, ressuspensas em meio de diferenciação e plaqueadas em 100 μL por poço (cerca de 3.000 células), placa de 96 poços de formato U. O meio nesse caso é G-MEM suplementado com 1,5% de *knockout serum replacement*, 0,1 mM de aminoácidos não essenciais, 1 mM de piruvato de sódio, 1 mM de penicilina e estreptomicina e 1 mM de 2-mercaptoetanol. No dia 1, metade do meio é trocado, mantendo Matrixgel a 2% (v/v) de concentração final. No dia 3, BMP4 (10 ng/mL) e SB 431542 (1 μM) são adicionados a cada poço, 5X concentrados em 25 μL de meio fresco.

Durante a embriogênese há ativação de *bone morphogenetic proteins* (BMP), que induz ectoderma não neural. Os agregados são tratados com BMP4, que resulta na superexpressão de Dlx3 e subexpressão de Sox1.

- Dias 4 e 5: FGF2 (25 ng/mL) e LDN-193189 (100 nM) são adicionados em cada poço, 6X concentrados em 25 µL de meio fresco. A concentração do Matrixgel é mantida a 2% (v/v) do dia 1 ao 8.

No dia 5 é identificado AP2 (*activating enhancer binding protein 2*) em E-caderina (Ecad) no epitélio exterior; na camada intermediária, Sox1 + e N-caderina, indicando a formação da neuroectoderme; e Nanog, um marcador de pluripotência, é identificado no interior do agregado. Em seguida, é adicionado FGF2 para que o pré-placoide torne-se epidermal com a adição do inibidor de BMP (*bone morphogenetic proteins*) e LDN-193189 (LDN). Noventa e cinco por cento das células positivas para BMP/SB-FGF/LDN são, também, positivas para Gata3, Six1, e AP2 e formam vesículas ovoides. O placoide *in vivo* é demarcado pela expressão dos fatores de transcrição Pax2 e Pax8, a porcentagem de células positivas Pax8 e Ecad aumenta consideravelmente do dia 6 ao dia 8. *In vivo,* esse órgão dá origem aos sistemas auditivos e vestibulares. No dia 8 da diferenciação, os agregados são transferidos a uma cultura sem soro para prosseguirem com a diferenciação.

- Dias 8 a 30: os agregados celulares são transferidos para placas de 24 poços, de 4 a 8 agregados por poço em meio N2 contendo 1% (v/v) de Matrixgel. N2 contém o *advanced medium* DMEM/F12, 1 × N2 suplemento, 1 mM de penicilina/estreptomicina ou 50 mg/mL de normicina e 1 mM de GlutaMAX. Metade do meio é trocado todos os dias até o dia 30.

Durante os dias 9 a 12, as vesículas continuam a se invaginar, expressando Pax2/Ecad, Pax2/Pax8, Pax8/Sox2. A sinalização Wnt é necessária *in vivo* para a formação do placoide ótico. No dia 14, a expressão de miosina 7A é semelhante ao placoide *in vivo*, e em 9,5 dias verifica-se a presença de células semelhantes às células ciliadas. *In vivo* podem-se identificar células de suporte e células ciliadas pelos marcadores Brn3c (Pou4f3) e ciclina D1. Identifica-se neste estágio também a presença de junções oclusivas e feixes de estereocílios. Os esteriocílios e o quinocílio são visíveis no dia 16 (Figura 18.2). No dia 20, todas as células ciliadas expressam o marcador calbindina 2 (*calbindin* – Calb2), sugerindo a presença de células ciliadas vestibulares do tipo II.

Este protocolo gera 1.500 células ciliadas por agregado. A heterogeneidade pode ser uma vantagem, mas neste caso também pode ser uma desvantagem. Por se tratar de uma cultura 3D, cada célula dentro do agregado recebe um tipo de gradiente de sinalização único, de acordo com a localização espacial em que se encontra dentro do agregado. Isso normalmente resulta numa dessincronização no padrão de diferenciação devido à localização (ou profundidade) da célula no agregado, o que resulta em células diferenciadas já na superfície e não no interior do agregado.

18.7 MÉTODOS TERAPÊUTICOS EXPERIMENTAIS VIRAIS E DE RNA DE INTERFERÊNCIA NA CÓCLEA

18.7.1 Vetores virais

Diversos são os tipos de métodos para administração de genes e drogas na orelha interna e no órgão vestibular: (1) vetores virais, que incluem adenovírus, adenovírus associado, *Herpes simplex*, vaccínia e lentivírus; e (2) vetores não virais, como lipossomos catiônicos.

Nas terapias de surdez, diversos tipos de vírus adenoassociados são empregados com o objetivo de reintrodução de genes, como de conexinas[95], do transportador vesicular de glutamato 3 (*VGLUT3*) em células ciliadas[96] ou do gene canal tipo 1 ou 2 transmembrânicos (*transmembrane channel-like 1 – TMC1*)[97], reinserção do gene *Kncq1* em células marginais na *stria vascularis* na terapia da síndrome de Jervell e Lange-Nielsen[98].

No caso de terapias em conexinas, os pesquisadores testam a possibilidade de reintrodução do alelo normal, nas células de suporte, por meio de transdução viral utilizando adenovírus associado. O padrão de degeneração morfológica da orelha interna em modelos animais na ausência das conexinas 26 e 30 é diferente, sugerindo que não possuem o mesmo papel e/ou não possuem completa sobreposição quanto à função[99,100]. Devido à localização de ambas as conexinas 26 e 30 no mesmo lócus gênico, sua expressão é coordenada, isto é, a expressão da conexina 30 regula positivamente a expressão da conexina 26[101]. Devido à severidade da degeneração morfológica, os pesquisadores abordam terapias em modelos neonatos, por via intrauterina, na tentativa de evitar a instalação da degeneração morfológica. O adenovírus associado, além de não ativar resposta imune, transduz em células de suporte. *In vitro*, utilizando culturas organotípicas de animais neonatos, com o gene da conexina deletado, pode-se demonstrar que após a reintrodução do alelo selvagem, a sinalização de cálcio mediada pelas conexinas foi restabelecida[102]. Apesar dos dados promissores *in vitro*, os estudos *in vivo* utilizando a transdução de conexinas não se mostraram eficientes, apesar da alta transdução viral nas células de suporte[103]. Esses estudos indicam que as conexinas podem estar envolvidas em estágios embrionários de desenvolvimento do órgão.

Nesse tipo de terapia, a citotoxicidade devido à alta expressão do gene transduzido e a expressão em período curto de tempo dos genes são ainda algumas das limitações[104-106]. Ensaios pré clínicos foram iniciados com a transdução de adenovírus com Atoh1, após ensaios experimentais em porquinhos-da-índia mostrarem resultados promissores[107,108].

18.7.2 RNA de interferência em testes pré-clínicos

Outra opção terapêutica é a utilização de moléculas derivadas da técnica de RNA de interferência, como fármacos. Pequenas moléculas interferentes de RNA (*small interfering RNA* – siRNA) são fragmentos curtos de RNA, que medem aproximadamente 23 pares de nucleotídeos, produtos da clivagem de longas moléculas de RNA dupla-fita, pela ação da enzima nuclease *Dicer*, e estão envolvidos num mecanismo de controle da expressão gênica conhecido como interferência por RNA (RNAi), resultando na redução do transcrito-alvo de RNA mensageiro. A Tabela 18.1 resume algumas das novas estratégias de tratamento, incluindo novas drogas, fatores tróficos e células-tronco.

Tabela 18.1 Listagem dos diversos agentes terapêuticos em desenvolvimento para as diversas doenças da orelha interna

EMPRESA	DROGA	FINALIDADE	CATEGORIA	DESCRIÇÃO	ESTADO DA PESQUISA
Sound Pharmaceuticals	SPL-128	Regeneração das células ciliadas	siRNA	Inibe temporariamente a expressão do inibidor de quinase dependente de ciclina 1B, também conhecido como p27kip1	Pré-clínico
Kinex Pharmaceuticals	KX1-004	Ototoxicidade à cisplatina	Molécula pequena	Inibidor Src	Pré-clínico
Adherex	STS	Ototoxicidade à cisplatina	Antioxidante	Tiossulfato de sódio	Estudo clínico fase III

EMPRESA	DROGA	FINALIDADE	CATEGORIA	DESCRIÇÃO	ESTADO DA PESQUISA
Novartis & GenVec	TherAtoh	Regeneração das células ciliadas	Gene (terapia gênica)	Vetor com o gene Atoh1	Pré-clínico
Auris Medical	AM-111	Ototoxicidade a AGs	Molécula pequena	Bloqueia a apoptose, decorrente de lesão por estresse, mediada por JNK MAPK	Estudo clínico fase 3 (HEALOS) em pacientes de perda auditiva autoimune
Living Cell Technologies	NeurotrophinCell	Prevenção da degeneração celular	Célula (terapia celular)	Células de porco encapsuladas em pérolas de alginato	Patente depositada para tratamento de surdez (2009). Pré-clínico
Otonomy	OTO-104	Doença de Ménière	Esteroide	Injeção intratimpânica	Estudo clínico fase 2b (2013)
Neurosystec	NST-001	Zumbido	Agonista NMDA*	Bomba osmótica	Estudo clínico fase 2 (2009)
Lincoln (Ahmedabad, Índia)	Tinnex	Zumbido	Caroverina	Antagonista NMDA/AMPAR	Em comercialização
Laboratoires Servier (Neuilly-sur-Seine, França)	Adexor	Zumbido	Trimetazidina	Antagonista do receptor AMPA	Em comercialização
General Pharmaceuticals (Dhaka, Bangladesh)	Anginox	Zumbido	Trimetazidina	Antagonista do receptor AMPA	Em comercialização
Sotex (Moscou)	Angiozil retard	Zumbido	Trimetazidina	Antagonista do receptor AMPA	Em comercialização
Merz, Kyorin Pharmaceuticals (Tóquio)	MRZ2579	Zumbido	Neramexana	Duplo agonista dos receptores nitotínicos 9 e 10 e receptor de NMDA	Estudo clínico fase 3
Auris Medical (Basel)	AM-101	Zumbido	–	Antagonista do receptor AMPA	Estudo clínico fase 2/3
Novartis (Basel)	BGG492	Zumbido	–	Antagonista do receptor AMPA	Estudo clínico fase 2
Immune Pharmaceuticals (Tarrytown, NY, EUA)	lidoPAIN TV	Zumbido	Lidocaína	Inibidor do canal de sódio rápido *voltage gated*	Estudo clínico fase 2
NeuroSystec (Valencia, CA, EUA)	NST001	Zumbido	Gaciclidina	Antagonista do receptor AMPA	Estudo clínico fase 1
Autifony Therapeutics (Londres)	AUT00063	Zumbido	–	Modulador do canal de potássio Kv3	Estudo clínico fase 1
Flexion Therapeutics (Burlington, MA, EUA)	FX004	Zumbido	–	Antagonista do receptor AMPA	Pré-clínico

*NMDA, N-metil D-aspartato, age ativando receptores ionotrópicos conhecidos como receptores glutamatérgicos do tipo NMDA. A ativação de receptores NMDA está envolvida em mecanismos de aquisição de memórias e aprendizado. AMPA, ácido α-amino--3-hidroxi-5-metil-4-isoxazolepropiônico. Tabela modificada de Borenstein (2011)[109] e Cederroth, Canlon e Langguth (2013)[110].

O SPL128 (Tabela 18.1) também é uma droga sintética do tipo siRNA, que age inibindo transitoriamente a expressão do inibidor de quinase dependente de ciclina (*cyclin dependent kinase inhibitor* – CKI), p27kip1, o que resulta na regeneração de células de suporte e células ciliadas, previamente demonstrada em camundongos adultos e cobaias com perda auditiva induzida por exposição a ruído e drogas ototóxicas[111]. Recentemente, cientistas demonstraram que o p27kip1 encontra-se expresso na orelha interna de humanos adultos e idosos, inclusive nos órgão sensorial auditivo e vestibular[112]. O padrão de expressão encontra-se restrito ao núcleo das células de suporte do órgão de Corti, do utrículo e da crista. Esses achados foram observados em roedores adultos e neonatos. Em 2005, Sage e colaboradores identificaram a proteína do retinoblastoma (pRb), codificada pelo gene RB1, como forte candidato regulador e indutor da saída definitiva das células ciliadas do ciclo celular (quiescência mitótica/diferenciação terminal)[113]. Os autores demonstraram que células ciliadas diferenciadas e funcionais de camundongos, quando submetidas à deleção do alvo RB1, entram em mitose, se dividem, reentram no ciclo celular e ainda continuam diferenciadas e funcionais. A pRb é uma proteína supressora tumoral cuja função é prevenir o crescimento celular excessivo, por meio da inibição da progressão do ciclo celular. O *knockdown* do RB1 usando siRNA interfere temporariamente na transição da fase G1/S para G2/M do ciclo celular, na replicação e no reparo do DNA, mitose e apoptose. Estudos experimentais pré-clínicos estão em andamento para testar RB1 siRNA na prevenção da perda auditiva por apoptose.

O TherAtoh adota a estratégia de terapia gênica como forma de restaurar a audição por meio da regeneração induzida das células ciliadas sensoriais. Durante o desenvolvimento embrionário da orelha interna de mamíferos, o gene *ATOH* é o responsável pelo surgimento das células ciliadas no órgão de Corti[114]. O TherAtoh é um produto do tipo vetor viral, o veículo é um adenovírus, que contém em seu *core* o gene atonal humano (*HATH1* ou *ATOH1* ou *MATH1*). TherAtoh avança agora em direção ao primeiros ensaios clínicos[115].

Nos últimos anos, as pesquisas avançaram no conhecimento de mecanismos moleculares que permeiam o funcionamento da orelha interna, com a identificação de estratégias potenciais para a regeneração e restauração do órgão. Neste âmbito, algumas estratégias principais têm sido consideradas:

- (i) desenvolvimento de novas drogas na profilaxia e prevenção da morte celular;
- (ii) fatores tróficos;
- (iii) manipulação da expressão de genes por meio da terapia gênica, interferência por RNA;
- (iv) terapia celular com células-tronco.

Os dois últimos tópicos são devidamente tratados em capítulos à parte. Contudo, apesar dessas quatro estratégicas terapêuticas serem promissoras, inúmeros obstáculos técnicos precisam ser superados antes que elas se tornem disponíveis para uso clínico humano. Um deles é o método de administração de drogas e fármacos à orelha interna.

18.8 VIAS DE ADMINISTRAÇÃO DE FÁRMACOS

As duas principais vias de administração de vetores na cóclea são a intratimpânica e a intracoclear:

- Intratimpâtica: administração via orelha média, por difusão, por meio da membrana da janela oval se difundindo para o compartimento e fluido da orelha interna. Esse método foi introduzido há cinquenta anos[116] e é utilizado até hoje. Normalmente se injetam hidrogéis, nanopartículas e sistemas de microcateter.
- Intracoclear: as drogas chegam ao espaço perilinfático (na escala timpânica) por meio da cocleostomia do osso que envolve, ou pela janela oval[117,118]. Essa técnica permite que a droga alcance o alvo de modo mais efetivo que a via sistêmica pela utilização de sistemas de microbombas e bombas osmóticas. Pesquisas avançam para que eletrodos de próteses cocleares integrem sistemas de administração de drogas por meio do próprio dispositivo de implante coclear[119-122]. Um dos exemplos da utilização desse modelo é a inserção do transgene BDNF, encapsulado em matriz de agarose e administrado ao interior da cóclea via coleostomia, pela modificação de eletrodos[123].

Essas duas técnicas são empregadas em pesquisas na terapia. Um dos desafios principais é o fato de que a orelha interna encontra-se quase inacessível aos alvos terapêuticos, em especial pela presença da barreira hematococlear. As medicações administradas por via sistêmica em geral são bloqueadas por essa barreira, razão pela qual tem se recorrido à administração intratimpânica de drogas para o tratamento das mais diversas doenças da orelha interna. O princípio da administração de drogas por via intratimpânica depende da difusão destas pela membrana da janela redonda, estrutura com propriedades de transporte amplamente díspares e que variam de acordo com o paciente e com o estado da doença. Essa variabilidade resulta em inadequado controle da dose administrada, junto ao mecanismo de difusão passivo para transporte da droga ao longo de toda a extensão coclear, o que traz limitações à efetividade dessa via de administração. Por isso, esforços têm sido empreendidos no sentido de aprimorar as vias de administração intracoclear como um meio para disponibilizar drogas direta e controladamente a sítios cocleares específicos. Os sistemas para administração de drogas por via intracoclear compreendem "microbombas" com controle de difusão ativa ou passiva, que podem estar combinadas ao implante coclear.

A disponibilização da droga em geral ocorre via cocleostomia, à semelhança do implante coclear, já que classicamente se trata de uma forma de acesso minimamente invasiva e com maior preservação das estruturas cocleares. Inicialmente surgiram as "bombas osmóticas" para difusão passiva de drogas, dispositivos pequenos o suficiente para serem implantados no osso temporal, mas com curta vida útil e sem a possibilidade de controle adequado dos parâmetros de difusão. Para driblar essas limitações, recentemente surgiram os "sistemas microfluídicos", que permitem tanto a infusão constante quanto um controle preciso sobre a difusão de drogas, por um tempo mais longo de tratamento. Aparentemente, esse sistema se mostrou seguro, apresentando baixo risco de infecção mesmo com procedimentos cirúrgicos repetidos, sem danos às estruturas da orelha interna e com a possibilidade de controle da concentração e taxa de fluxo. Entretanto, alguns aspectos ainda precisam ser investigados, incluindo reação do tipo corpo estranho, resposta inflamatória e imunomediada. Uma forma de introdução clínica desses sistemas seria a integração dos dispositivos de difusão intracoclear associada ao IC, o que viabilizaria formas combinadas de terapia com a promessa de revolucionar o tratamento das doenças da orelha interna. Esses sistemas de administração de drogas por via intracoclear podem ser didaticamente classificados em passivos ou ativos, a depender da necessidade de bateria e controles eletrônicos acoplados ao dispositivo. A Tabela 18.2 traz os diversos dispositivos em teste nas pesquisas, com suas vantagens e desvantagens.

Tabela 18.2 Lista com as diversas formas de terapia farmacológica intracoclear e suas vantagens e desvantagens

MÉTODO DE ADMINISTRAÇÃO	VANTAGENS	DESVANTAGENS
Bomba osmótica	Flexível Pequena Não necessita de bateria	Não permite desativar ou alterar o perfil Administração por tempo limitado
Injeção direta	Simples Possui demonstração clínica prévia	Administração única Controle precário sobre a distribuição da droga
Microinjetor	Simples Possui demonstração clínica prévia Permite diferentes possibilidades de taxas de infusão	Desafiador do ponto de vista cirúrgico Problemas com a durabilidade Propenso a contaminações Cinética de distribuição da droga precária
Infusão via canalostomia	Proporciona cinética de distribuição da droga superior	Sítios cirúrgicos diversos

MÉTODO DE ADMINISTRAÇÃO	VANTAGENS	DESVANTAGENS
Sistema alternativo	Ampla gama de condições de funcionamento Pode reduzir a contaminação Possibilita a administração cronometrada	Problemas com a durabilidade Mecanismo complexo
Administração mediada via IC	Integrado a terapia bem estabelecida Tendência a aprimorar o benefício clínico do IC	Terapia limitada aos casos mais severos Pode envolver complicações devido às interações entre a cirurgia de IC e o dispositivo de liberação da droga

18.9 VIAS DE ADMINISTRAÇÃO DE FÁRMACOS

Até pouco tempo a farmacoterapia à orelha interna limitava-se à administração indireta de drogas na cóclea, baseada na infusão via orelha média, e consequente difusão para o meio intracoclear, tradicionalmente realizada por injeção via miringotomia ou por timpanostomia com colocação de tubo de ventilação. Os avanços recentes incluem novos veículos de liberação das drogas e novas tecnologias que viabilizem a difusão lenta e sustentada. Dentre os novos veículos de liberação, destacam-se as nanopartículas e os hidrogéis, que favorecem à exposição prolongada à droga. As nanopartículas apresentam como vantagem adicional a liberação mais controlada e sustentada e composição diversa (nanopartículas biodegradáveis e não degradáveis). O PLGA (*poly lactic co-glycolic acid*) já foi previamente testado, com significante aumento de concentração coclear após administração via janela redonda. Partículas de lipossomos também já foram testadas como forma de terapia gênica, injetadas diretamente ou por meio de bomba osmótica. Uma das opções em fase de teste é a OTO-104: trata-se da dexametasona formulada em hidrogel para liberação sustentada. O hidrogel prolonga o tempo de exposição da orelha interna ao corticoide. Em modelo experimental, a injeção intratimpânica única do OTO-104 na maior concentração (20%) promoveu níveis terapêuticos de dexametasona na perilinfa por até três meses após o procedimento, sem evidências de toxicidade aguda, hipersensibilidade tardia ou efeitos adversos sistêmicos[124]. Em estudo duplo-cego placebo randomizado, a segurança, a tolerabilidade e a aplicabilidade clínica de injeção intratimpânica única do OTO-104 foram avaliados em ensaio clínico multicêntrico fase 1b, em pacientes com doença de Ménière unilateral. Na dose de 12 mg a droga foi bem tolerada, sem reações adversas ou sequelas importantes, sem nenhum efeito na função auditiva, entretanto, com redução de 73% na frequência de crises de vertigem em relação a 42% do grupo placebo. Resultados similares foram observados no controle do zumbido aferido pelo THI (*tinnitus handicap inventory*)[125]. Algumas pesquisas também testaram fatores tróficos, como o BNDF (*brain-derived growth factor*) em modelo experimental e o IGF (*insulin-like growth factor*) em ensaio clínico, em matriz de hidrogel, aplicados na janela redonda, com resultados promissores. Em ensaio clínico aberto, o IGF testado em pacientes com surdez súbita, não responsivos à corticoterapia, mostrou melhora auditiva em cerca de 50% dos pacientes, sem efeitos adversos[126].

18.9.1 Bombas osmóticas

As bombas osmóticas são formas de administrar drogas direto ao tecido, sem a necessidade de bateria ou conexões externas. Operam por gradiente osmótico, que direciona o fármaco para fora do recipiente; e, no caso da via intracoclear, em direção à orelha interna, a uma taxa determinada. Permitem a administração de grandes moléculas, proteínas e peptídeos e já foram testadas em diversos modelos experimentais com resultados promissores quando o foco é a infusão crônica e repetida de fármacos.

18.9.2 Sistema de administração intracoclear ativo

O progresso no desenvolvimento de sistema de administração de drogas via intracoclear ativa tem sido estimulado pelos avanços paralelos nas abordagens cirúrgicas à orelha interna e pelo desenvolvimento de sistemas de minibombas (miniaturizados) baseados na tecnologia de microfluidos. A abordagem cirúrgica para administração intracoclear é feita por cocleostomia (tipicamente escala timpânica, apesar das outras escalas também serem usadas) ou diretamente através da membrana da janela redonda. Os desafios principais dessa via de administração incluem:

- estabelecer conexão fluídica estável com a cóclea;
- selar adequadamente de forma que não ocorram extravasamentos no local da cocleostomia;
- evitar resposta do tipo corpo estranho e rejeição da cânula.

Os sistemas podem ser de dois tipos:

- infusão constante; e
- microfluídicos recíprocos.

O espaço e o volume exíguos da cóclea contribuem para um dos principais desafios da via intracoclear: garantir uma adequada mistura e distribuição da droga administrada, de forma que esta atinja as regiões mais distantes do sítio inicial de infusão. Esta é uma das principais limitações do sistema de infusão constante: a baixa taxa de depuração do fluido coclear e, portanto, o volume limitado de droga que pode ser introduzido na cóclea em uma dada janela de tempo. As dificuldades são acentuadas pelas características anatômicas das rampas cocleares, pois trata-se de estruturas tubulares relativamente longas e estreitas, o que limita o acesso cirúrgico às regiões mais apicais responsáveis pelas frequências tonais graves. Um sistema de infusão constate interessante foi descrito em 2010. Borkholder e colaboradores propuseram a cocleostomia no giro basal associada à canalostomia do canal semicircular posterior, em abordagem conjunta, como forma de facilitar a perfusão mais ampla e completa a todas as estruturas cocleares, reduzir os gradientes de concentração dentro da cóclea e aprimorar as respostas terapêutica das frequências tonais graves[127]. Os resultados mostram que a canalostomia reduz o gradiente basoapical de concentração da droga, provavelmente por modular a resistência fluídica ao longo do percurso.

18.9.3 Sistema de administração mediado por implante coclear

Uma das vias mais lógicas de administração de drogas na cóclea seria integrar e combinar o sistema de infusão à colocação de prótese coclear. Assim, o mesmo dispositivo capaz de promover a sensação sonora a pacientes com perda auditiva profunda pelo estímulo do nervo auditivo, ao ser implantado na cóclea via cocleostomia ou janela redonda, também funcionaria como veículo para a difusão de drogas à orelha interna. Esse tipo de estratégia poderia ser viabilizado por meio de polímeros contendo drogas como parte do revestimento dos dispositivos de implante coclear, ou por meio da integração de sistema de infusão de bomba ativo ou cateteres acoplados ao implante coclear. Uma das principais aplicações diretas desse tipo de sistema de administração de drogas seria o uso combinado de fatores neurotróficos capazes de preservar os neurônios do gânglio espiral e incrementar a audição de pacientes implantados[128].

18.10 CONCLUSÕES

A prevalência de surdez tende a aumentar em função do aumento da expectativa de vida e hábitos da vida moderna, como o uso de fones de ouvido e telefones celulares. A surdez leva à exclusão dos indivíduos da interação social está associada à demência.

Para recuperar as células ciliadas perdidas, as técnicas de regeneração destas são a esperança para diversos pacientes. O primeiro obstáculo para a terapia será o tempo de surdez do indivíduo. O órgão de Corti, após a perda das células ciliadas, tem sua estrutura modificada e adaptada à nova condição sem tais células, o que modifica todo seu microambiente. Novas células progenitoras devem chegar ao local correto na cóclea, terminar sua diferenciação nesse novo microambiente e possivelmente reverter a modificação estrutural instalada para restaurar o microambiente e a citoarquitetura anterior à surdez. Um segundo desafio, após repor células numa estrutura muito complexa, é fazer com que essas novas células sejam funcionais. Deve haver integração precisa de tais células em estruturas acessórias, como a membrana tectorial e os SGNs, para então restaurar os micromecanismos funcionais do órgão de Corti.

18.11 PERSPECTIVAS FUTURAS

As pesquisas até o momento não conseguiram gerar um número suficiente de células ciliadas, mesmo com a diferenciação 3D, que resulta na diferenciação de vários tipos celulares presentes no órgão vestibular do utrículo: células ciliadas, células de suporte e neurônios do gânglio espiral. Mas pesquisas atuais nas mais diversas áreas de estudos relacionadas à biotecnologia e à fisiopatologia da surdez, comentadas neste capítulo, avançam, possibilitando que, no futuro próximo, pacientes com diferentes etiologias de surdez possam ser tratados por meio das terapias que indicarem melhor prognóstico, caso a caso.

REFERÊNCIAS

1. Stevens G, Flaxman S, Brunskill E, Mascarenhas M, Mathers CD, Finucane M. Global and regional hearing impairment prevalence: an analysis of 42 studies in 29 countries. The European Journal of Public Health. 2013;23(1):146-52.

2. Skulachev VP. Uncoupling: new approaches to an old problem of bioenergetics. Biochim Biophys Acta. 1998;1363:100-24.

3. Fleury C. Uncoupling protein-2: a novel gene linked to obesity and hyperinsulinemia. Nature Genet. 1997;15:269-72.

4. Sabag AD, Dagan O, Avraham KB. Connexins in hearing loss: a comprehensive overview. J Basic Clin Physiol Pharmacol 2005;16(2-3):101-16.

5. Kokotas H, Petersen MB, Willems PJ. Mitochondrial deafness. Clinical Genetics. 2007;71(5):379-91.

6. Boss O. Uncoupling protein-3: a new member of the mitochondrial carrier family with tissue-specific expression. FEBS Lett. 1997;408:39-42.

7. Yamada S, Isojima Y, Yamatodani A, Nagai K. Uncoupling protein 2 influences dopamine secretion in PC12h cells. J Neurochem. 2003;87:461-9.

8. Cross Ce, Halliwell B, Borish ET, Pryor AW, Ames BN, Saul RL, et al. Oxygen Radicals and Human Disease. Annals of Internal Medicine. 1987;107(4):526-45.

9. Halliwell B. Reactive oxygen species and the central nervous system. J Neurochem. 1992;59(5):1609-23.

10. Behrend L, Henderson G, Zwacka RM. Reactive oxygen species in oncogenic transformation. Biochem Soc Trans. 2003;31(Pt 6):1441-4.

11. Wu W-S, Tsai RK, Chang CH, Wang S, Wu J-R, Chang Y-X. Reactive Oxygen Species Mediated Sustained Activation of Protein Kinase C ⊠ and Extracellular Signal-Regulated Kinase for Migration of Human Hepatoma Cell Hepg2. Molecular Cancer Research. 2006;4(10):747-58.

12. Boillée S, Cleveland DW. Revisiting oxidative damage in ALS: microglia, Nox, and mutant SOD1. J Clin Invest 2008;118(2):474-8.

13. Swan EELS, Mescher MJ, Sewell WF, Tao SL, Borenstein JT. Inner ear drug delivery for auditory applications. Advanced Drug Delivery Reviews. 2008;60:1583-99.

14. Juhn SK. Barrier systems in the inner ear. Acta Otolaryngol Suppl. 1998;458:79-83.

15. Juhn SK, Rybak LP. Labyrinthine barriers and cochlear homeostasis. Acta Otolaryngol. 1981;91(5-6):529-34.

16. McCabe BF. Autoimmune inner ear disease: therapy. Am J Otol. 1989;10(3):196-7.

17. Wilson WR, Byl FM, Laird N. The efficacy of steroids in the treatment of idiopathic sudden hearing loss. A double-blind clinical study. Arch Otolaryngol. 1980;106(12):772-6.

18. Moskowitz D, Lee KJ, Smith HW. Steroid use in idiopathic sudden sensorineural hearing loss. Laryngoscope. 1984;94(5 Pt 1):664-6.

19. Durante-Mangoni E, Grammatikos A, Utili R, Falagas ME. Do we still need the aminoglycosides? International Journal of Antimicrobial Agents. 2009;33(3):201-5.

20. Rizzi MD, Hirose K. Aminoglycoside ototoxicity. Current Opinion in Otolaryngology & Head and Neck Surgery. 2007;15(5):352-7.

21. Forge A, Li L, Corwin JT, Nevil G. Ultrastructural evidence for hair cell regeneration in the mammalian inner ear. Science. 1993;259(5101):1616.

22. Walchol ME, Lambert PR, Goldstein BJ, Forge A, Corwin JT. Regenerative proliferation in inner ear sensory epithelia from adult guinea pigs and humans. Science. 1993;259(5101):1619.

23. Chardin S, Romand, R. Regeneration and mammalian auditory hair cells. Science. 1995;267(5198):707-11.

24. Dai CF, Mangiardi D, Cotanche DA, Steyger PS. Uptake of fluorescent gentamicin by vertebrate sensory cells in vivo. Hearing Research. 2006;213(1–2):64-78.

25. Wang Q, Steyger P. Trafficking of Systemic Fluorescent Gentamicin into the Cochlea and Hair Cells. JARO. 2009;10(2):205-19.

26. Gale JE, Marcotti W, Kennedy HJ, Kros CJ, Richardson GP. FM1-43 Dye Behaves as a Permeant Blocker of the Hair-Cell Mechanotransducer Channel. The Journal of Neuroscience. 2001;21(18):7013-25.

27. Marcotti W, van Netten SM, Kros CJ. The aminoglycoside antibiotic dihydrostreptomycin rapidly enters mouse outer hair cells through the mechano -electrical transducer channels. The Journal of Physiology. 2005;567(2):505-21.

28. Cortopassi G, Hutchin T. A molecular and cellular hypothesis for aminoglycoside-induced deafness. Hearing Research. 1994;78(1):27-30.

29. Xing G, Chen CZ, Cao X. Mitochondrial rRNA and tRNA and hearing function. Cell Research. 2007;17:227-39.

30. Qian Y, Guan M-X. Interaction of Aminoglycosides with Human Mitochondrial 12S rRNA Carrying the Deafness-Associated Mutation. Antimicrobial Agents and Chemotherapy. 2009;53(11):4612-8.

31. Davies J, Gorini L, Davis BD. Misreading of RNA Codewords Induced by Aminoglycoside Antibiotics. Molecular Pharmacology. 1965;1(1):93-106.

32. Moazed D, Noller, H.F. Interaction of antibiotics with functional sites in 16S ribosomal RNA. Nature. 1987;327:389.

33. Raimundo N, Song L, Shutt TE, McKay SE, Cotney J, Guan M-X, et al. Mitochondrial Stress Engages E2F1 Apoptotic Signaling to Cause Deafness. Cell. 2012;148(4):716-26.

34. Hobbie SN, Akshay S, Kalapala SK, Bruell CM, Shcherbakov D, Böttger EC. Genetic analysis of interactions with eukaryotic rRNA identify the mitoribosome as

target in aminoglycoside ototoxicity. Proceedings of the National Academy of Sciences. 2008;105(52):20888-93.

35. Matt T, Ng CL, Lang K, Sha S-H, Akbergenov R, Shcherbakov D, et al. Dissociation of antibacterial activity and aminoglycoside ototoxicity in the 4-monosubstituted 2-deoxystreptamine apramycin. Proceedings of the National Academy of Sciences. 2012;109(27):10984-9.

36. Kalghatgi S, Spina CS, Costello JC, Liesa M, Morones-Ramirez JR, Slomovic S, et al. Bactericidal Antibiotics Induce Mitochondrial Dysfunction and Oxidative Damage in Mammalian Cells. Science Translational Medicine. 2013;5(192):192ra85.

37. Francis SP, Katz J, Fanning KD, Harris KA, Nicholas BD, Lacy M, et al. A Novel Role of Cytosolic Protein Synthesis Inhibition in Aminoglycoside Ototoxicity. The Journal of Neuroscience. 2013;33(7):3079-93.

38. Pirvola U, Xing-Qun L, Virkkala J, Saarma M, Murakata C, Camoratto AM, et al. Rescue of Hearing, Auditory Hair Cells, and Neurons by CEP-1347/KT7515, an Inhibitor of c-Jun N-Terminal Kinase Activation. The Journal of Neuroscience. 2000;20(1):43-50.

39. Wang J, Van De Water TR, Bonny C, de Ribaupierre F, Puel JL, Zine A. A Peptide Inhibitor of c-Jun N-Terminal Kinase Protects against Both Aminoglycoside and Acoustic Trauma-Induced Auditory Hair Cell Death and Hearing Loss. The Journal of Neuroscience. 2003;23(24):8596-607.

40. Wang J, Ruel J, Ladrech S, Bonny C, van de Water TR, Puel J-L. Inhibition of the c-Jun N-Terminal Kinase-Mediated Mitochondrial Cell Death Pathway Restores Auditory Function in Sound-Exposed Animals. Molecular Pharmacology. 2007;71(3):654-66.

41. Böttger EC, Schacht J. The mitochondrion: A perpetrator of acquired hearing loss. Hearing Research. 2013;303(0):12-9.

42. Priuska EM, Schacht J. Formation of free radicals by gentamicin and iron and evidence for an iron/gentamicin complex. Biochemical Pharmacology. 1995;50(11):1749-52.

43. Pierson MG, Gray BH. Superoxide dismutase activity in the cochlea. Hearing Research. 1982;6(2):141-51.

44. Hoffman DW, Whitworth CA, Jones KL, Rybak LP. Nutritional status, glutathione levels, and ototoxicity of loop diuretics and aminoglycoside antibiotics. Hearing Research. 1987;31(3):217-22.

45. Dehne N, Lautermann J, ten Cate WJF, Rauen U, de Groot H. In vitro effects of hydrogen peroxide on the cochlear neurosensory epithelium of the guinea pig. Hearing Research. 2000;143(1-2):162-70.

46. Lautermann J, Crann SA, McLaren J, Schacht J. Glutathione-dependent antioxidant systems in the mammalian inner ear: effects of aging, ototoxic drugs and noise. Hearing Research. 1997;114(1-2):75-82.

47. Lautermann J, McLaren J, Schacht J. Glutathione protection against gentamicin ototoxicity depends on nutritional status. Hearing Research. 1995;86(1-2):15-24.

48. Xue X, Mutyam V, Tang L, Biswas S, Du M, Jackson LA, et al. Synthetic Aminoglycosides Efficiently Suppress CFTR Nonsense Mutations and are Enhanced by Ivacaftor. Am J Respir Cell Mol Biol. 2013.

49. Duscha S, Boukari H, Shcherbakov D, Salian S, Silva S, Kendall A, et al. Identification and evaluation of improved 4'-O-(alkyl) 4,5-disubstituted 2-deoxystreptamines as next-generation aminoglycoside antibiotics. MBio. 2014;5(5):e01827-14.

50. Shulman E, Belakhov V, Wei G, Kendall A, Meyron-Holtz EG, Ben-Shachar D, et al. Designer Aminoglycosides That Selectively Inhibit Cytoplasmic Rather than Mitochondrial Ribosomes Show Decreased Ototoxicity: a strategy for the treatment of genetic diseases. Journal of Biological Chemistry. 2014;289(4):2318-30.

51. Borovinskaya MA, Pai, R.D., Zhang, W., Schuwirth, B.S., Holton, J.M., Hirokawa, G., Kaji, H., Kaji, A., Cate, J.H. Structural basis for aminoglycoside inhibition of bacterial ribosome recycling. Nat Struct Mol Biol. 2007;14(8):727-32.

52. Scheunemann AE, Graham WD, Vendeix FA, Agris PF. Binding of aminoglycoside antibiotics to helix 69 of 23S rRNA. Nucleic Acids Res. 2010;38(9):3094-105.

53. Dallos P, Billone MC, Durrant JD, Wang C, Raynor S. Cochlear inner and outer hair cells: functional differences. Science. 1972;177(4046):356-8.

54. Corwin JT. Postembryonic production and aging in inner ear hair cells in sharks. J Comp Neurol. 1981;201(4):541-53.

55. Jørgensen JM, Mathiesen C. The avian inner ear. Continuous production of hair cells in vestibular sensory organs, but not in the auditory papilla. Naturwissenschaften. 1988;75(6):319-20.

56. Roberson DF, Weisleder P, Bohrer PS, Rubel EW. Ongoing production of sensory cells in the vestibular epithelium of the chick. Hear Res. 1992;57(2):166-74.

57. Cotanche DA. Regeneration of hair cell stereociliary bundles in the chick cochlea following severe acoustic trauma. Hearing Research. 1987;30(2-3):181-95.

58. Corwin JT. Perpetual production of hair cells and maturational changes in hair cell ultrastructure accompany postembryonic growth in an amphibian ear. Proceedings of the National Academy of Sciences. 1985;82(11):3911-5.

59. Corwin JT. Postembryonic growth of the macula neglecta auditory detector in the ray, Raja clavata: continual increases in hair cell number, neural convergence, and physiological sensitivity. J Comp Neurol. 1983;217(3):345-56.

60. Popper AN, Hoxter B. Growth of a fish ear: 1. Quantitative analysis of hair cell and ganglion cell proliferation. Hearing Research. 1984;15(2):133-42.

61. Lombarte A, Popper AN. Quantitative analyses of postembryonic hair cell addition in the otolithic endorgans of the inner ear of the European hake, Merluccius merluccius (Gadiformes, Teleostei). J Comp Neurol. 1994;345(3):419-28.

62. Lanford PJ, Presson JC, Popper AN. Cell proliferation and hair cell addition in the ear of the goldfish, Carassius auratus. Hear Res. 1996;100(1-2):1-9.

63. Williams JA, Holder N. Cell turnover in neuromasts of zebrafish larvae. Hearing Research. 2000;143(1-2):171-81.

64. Corwin JT, Cotanche DA. Regeneration of sensory hair cells after acoustic trauma. Science. 1988;240(4860):1772-4.

65. Ryals BM, Rubel EW. Hair cell regeneration after acoustic trauma in adult Coturnix quail. Science. 1988;240(4860):1774-6.

66. Raphael Y, Altschuler RA. Reorganization of cytoskeletal and junctional proteins during cochlear hair cell degeneration. Cell Motil Cytoskeleton. 1991;18(3):215-27.

67. Rubel EW, Furrer SA, Stone JS. A brief history of hair cell regeneration research and speculations on the future. Hearing Research. 2013;297(0):42-51.

68. Li H, Liu H, Heller S. Pluripotent stem cells from the adult mouse inner ear. Nat Med. 2003;9:1293-9.

69. Hu Z, Corwin JT. Inner ear hair cells produced in vitro by a mesenchymal-to epithelial transition. Proc Natl Acad Sci USA. 2007;104:16675-80.

70. Hawkins JEJ, Johnsson LG, Stebbins WC, Moody DB, Coombs SL. Hearing loss and cochlear pathology in monkeys after noise exposure. Acta Otolaryngol. 1976;81(3-4):337-43.

71. Kawamoto K, Ishimoto S-I, Minoda R, Brough DE, Raphael Y. Math1 Gene Transfer Generates New Cochlear Hair Cells in Mature Guinea Pigs In Vivo. The Journal of Neuroscience. 2003;23(11):4395-400.

72. Izumikawa M, Minoda R, Kawamoto K, Abrashkin KA, Swiderski DL, Dolan DF, et al. Auditory hair cell replacement and hearing improvement by Atoh1 gene therapy in deaf mammals. Nat Med 2005;11(3):271-6.

73. Bermingham NA, Hassan BA, Price SD, Vollrath MA, Ben-Arie N, Eatock RA, et al. Math1: An Essential Gene for the Generation of Inner Ear Hair Cells. Science. 1999;284(5421):1837-41.

74. Ma EY, Rubel EW, Raible DW. Notch signaling regulates the extent of hair cell regeneration in the zebrafish lateral line. J Neurosci. 2008;28:2261-73.

75. Hori R, Nakagawa T, Sakamoto T, Matsuoka Y, Takebayashi S, Ito J. Pharmacological inhibition of Notch signaling in the mature guinea pig cochlea. NeuroReport. 2007;18(18):1911-4.

76. Mizutari K, Fujioka M, Hosoya M, Bramhall N, Okano Hirotaka J, Okano H, et al. Notch Inhibition Induces Cochlear Hair Cell Regeneration and Recovery of Hearing after Acoustic Trauma. Neuron. 2013;77(1):58-69.

77. Chen P, Segil N. p27(Kip1) links cell proliferation to morphogenesis in the developing organ of Corti. Development. 1999;126(8):1581-90.

78. Löwenheim H, Furness DN, Kil J, Zinn C, Gültig K, Fero ML, et al. Gene disruption of p27Kip1 allows cell proliferation in the postnatal and adult organ of Corti. Proceedings of the National Academy of Sciences. 1999;96(7):4084-8.

79. White PM, Doetzlhofer A, Lee YS, Groves AK, Segil N. Mammalian cochlear supporting cells can divide and trans-differentiate into hair cells. Nature. 2006;441:984-7.

80. Mantela J, Jiang Z, Ylikoski J, Fritzsch B, Zacksenhaus E, Pirvola U. The retinoblastoma gene pathway regulates the postmitotic state of hair cells of the mouse inner ear. Development. 2005;132(10):2377-88.

81. Sage C, Huang M, Vollrath MA, Brown MC, Hinds PW, Corey DP, et al. Essential role of retinoblastoma protein in mammalian hair cell development and hearing. Proceedings of the National Academy of Sciences. 2006;103(19):7345-50.

82. Weber T, Corbett MK, Chow LML, Valentine MB, Baker SJ, Zuo J. Rapid cell-cycle reentry and cell death after acute inactivation of the retinoblastoma gene product in postnatal cochlear hair cells. Proceedings of the National Academy of Sciences. 2008;105(2):781-5.

83. Park YH, Wilson KF, Ueda Y, Tung-Wong H, Beyer LA, Swiderski DL, et al. Conditioning the Cochlea to Facilitate Survival and Integration of Exogenous Cells into the Auditory Epithelium. Mol Ther. 2014.

84. Hayashi T, Cunningham D, Bermingham-McDonogh O. Loss of Fgfr3 leads to excess hair cell development in the mouse organ of Corti. Developmental Dynamics. 2007;236(2):525-33.

85. Gubbels SP, Woessner DW, Mitchell JC, Ricci AJ, Brigande JV. Functional auditory hair cells produced in the mammalian cochlea by in utero gene transfer. Nature. 2008;455:537-41.

86. Mansour SL, Twigg SRF, Freeland RM, Wall SA, Li C, Wilkie AOM. Hearing loss in a mouse model of Muenke syndrome. Human Molecular Genetics. 2009;18(1):43-50.

87. Oshima K, Grimm C, Corrales CE, Senn P, Martinez Monedero R, Géléoc GG, et al. Differential Distribution of Stem Cells in the Auditory and Vestibular Organs of the Inner Ear. JARO. 2007;8(1):18-31.

88. Takahashi K, Yamanaka S. Induction of Pluripotent Stem Cells from Mouse Embryonic and Adult Fibroblast Cultures by Defined Factors. Cell. 2006;126(4):663-76.

89. Uus K, Bamford J. Effectiveness of Population-Based Newborn Hearing Screening in England: Ages of Interventions and Profile of Cases. Pediatrics. 2006;117(5):e887-e93.

90. Bradley J, Beale T, Graham J, Bell M. Variable long-term outcomes from cochlear implantation in children with hypoplastic auditory nerves. Cochlear Implants Int. 2008;9(1):34-60.

91. Chen W, Jongkamonwiwat N, Abbas L, Eshtan SJ, Johnson SL, Kuhn S, et al. Restoration of auditory evoked responses by human ES-cell-derived otic progenitors. Nature. 2012;490(7419):278-82.

92. Koehler KR, Mikosz AM, Molosh AI, Patel D, Hashino E. Generation of inner ear sensory epithelia from pluripotent stem cells in 3D culture. Nature. 2013;500(7461):217-21.

93. Koehler KR, Hashino E. 3D mouse embryonic stem cell culture for generating inner ear organoids. Nature Protocol. 2014;9:1229-44.

94. Longworth-Mills E, Koehler KR, Hashino E. Generating Inner Ear Organoids from Mouse Embryonic Stem Cells. Methods Mol Biol. 2015.

95. Iizuka T, Kamiya K, Gotoh S, Sugitani Y, Suzuki M, Noda T, et al. Perinatal Gjb2 gene transfer rescues hearing in a mouse model of hereditary deafness. Human Molecular Genetics. 2015;24(13):3651-61.

96. Akil O, Seal Rebecca P, Burke K, Wang C, Alemi A, During M, et al. Restoration of Hearing in the VGLUT3 Knockout Mouse Using Virally Mediated Gene Therapy. Neuron. 2012;75(2):283-93.

97. Askew C, Rochat C, Pan B, Asai Y, Ahmed H, Child E, et al. Tmc gene therapy restores auditory function in deaf mice. Sci Transl Med. 2015;7(295):295ra108.

98. Chang Q, Wang J, Li Q, Kim Y, Zhou B, Wang Y, et al. Virally mediated Kcnq1 gene replacement therapy in the immature scala media restores hearing in a mouse model of human Jervell and Lange-Nielsen deafness syndrome. EMBO Mol Med. 2015;7(8):1077-86.

99. Sun Y, Tang W, Chang Q, Wang Y, Kong W, Lin X. Connexin30 null and conditional connexin26 null mice display distinct pattern and time course of cellular degeneration in the cochlea. The Journal of Comparative Neurology. 2009;516(6):569-79.

100. Lin L, Wang YF, Wang SY, Liu SF, Yu Z, Xi L, et al. Ultrastructural pathological changes in the cochlear cells of connexin 26 conditional knockout mice. Mol Med Rep. 2013;8(4):1029-36.

101. Ortolano S, Di Pasquale G, Crispino G, Anselmi F, Mammano F, Chiorini JA. Coordinated control of connexin 26 and connexin 30 at the regulatory and functional level in the inner ear. Proceedings of the National Academy of Sciences. 2008;105(48):18776-81.

102. Crispino G, Di Pasquale G, Scimemi P, Rodriguez L, Galindo Ramirez F, De Siati RD, et al. BAAV mediated GJB2 gene transfer restores gap junction coupling in cochlear organotypic cultures from deaf Cx26Sox10Cre mice. PLoS One 2011;6(8):e23279.

103. Wang Y, Sun Y, Chang Q, Ahmad S, Zhou B, Kim Y, et al. Early postnatal virus inoculation into the scala media achieved extensive expression of exogenous green fluorescent protein in the inner ear and preserved auditory brainstem response thresholds. The Journal of Gene Medicine. 2013;15(3-4):123-33.

104. Kesser BW, Hashisaki GT, Holt JR. Gene Transfer in Human Vestibular Epithelia and the Prospects for Inner Ear Gene Therapy. The Laryngoscope. 2008;118(5):821-31.

105. Hildebrand MS, Newton SS, Gubbels SP, Sheffield AM, Kochhar A, de Silva MG, et al. Advances in molecular and cellular therapies for hearing loss. Mol Ther. 2008;16(2):224-36.

106. Staecker H, Brough DE, Praetorius M, Baker K. Drug delivery to the inner ear using gene therapy. Otolaryngologic Clinics of North America. 2004;37(5):1091-108.

107. Atkinson PJ, Wise AK, Flynn BO, Nayagam BA, Richardson RT. Hair Cell Regeneration after ATOH1 Gene Therapy in the Cochlea of Profoundly Deaf Adult Guinea Pigs. PLOS one. 2014;9(7):e102077.

108. Staecker H, Schlecker C, Kraft S, Praetorius M, Hsu C, Brough DE. Optimizing atoh1-induced vestibular hair cell regeneration. Laryngoscope. 2014.

109. Borenstein J. Intracoclear drug delivery systems. Expert Opin Deliv. 2011;8(9):1161-74.

110. Cederroth CR, Canlon B, Langguth B. Hearing loss and tinnitus—are funders and industry listening? Nature Biotechnology. 2013;31:972-4.

111. Sound Pharmaceuticals [Internet]. Available from: www.soundpharma.com.

112. Pagedar NA, Wang W, Chen DH, Davis RR, Lopez I, Wright CG, et al. Gene expression analysis of distinct populations of cells isolated from mouse and human inner ear FFPE tissue using laser capture microdissection – a technical report based on preliminary findings. Brain Res. 2006;1091(1):289-99.

113. Sage C, Huang M, Karimi K, Gutierrez G, Vollrath MA, Zhang DS, et al. Proliferation of functional hair cells in vivo in the absence of the retinoblastoma protein. Science. 2005;307(5712):1114-8.

114. Izumikawa M, Minoda R, Kawamoto K, Abrashkin KA, Swiderski DL, Dolan DF, et al. Auditory hair cell replacement and hearing improvement by Atoh1 gene therapy in deaf mammals. Nat Med. 2005;11(3):271-6.

115. Genvec [Internet]. Available from: http://www.genvec.com.

116. Schuknecht HF. Ablation therapy for the relief of Meniere's disease. Laryngoscope. 1956;66(7):859-70.

117. Salt AN, Stopp PE. The effect of cerebrospinal fluid pressure on perilymphatic flow in the opened cochlea. Acta Otolaryngol 1979;88(3-4):198-202.

118. Nuttall AL, LaRouere MJ, Lawrence M. Acute perilymphatic perfusion of the guinea pig cochlea. Hearing Research. 1982;6(2):207-21.

119. Brown JN, Miller JM, Altschuler RA, Nuttall AL. Osmotic pump implant for chronic infusion of drugs into the inner ear,. Hear Res. 1993;70(2):167-72.

120. Kingma GG, Miller JM, Myers MW. Chronic drug infusion into the scala tympani of the guinea pig cochlea. Journal of Neuroscience Methods. 1992;45(1-2):127-34.

121. Shepherd RK, Xu J. A multichannel scala tympani electrode array incorporating a drug delivery system for chronic intracochlear infusion. Hearing Research. 2002;172(1-2):92-8.

122. Chen Z, Kujawa SG, McKenna MJ, Fiering JO, Mescher MJ, Borenstein JT, et al. Inner ear drug delivery via a reciprocating perfusion system in the guinea pig. Journal of Controlled Release. 2005;110(1):1-19.

123. Rejali D, Lee VA, Abrashkin KA, Humayun N, Swiderski DL, Raphael Y. Cochlear implants and ex vivo BDNF gene therapy protect spiral ganglion neurons. Hearing Research. 2007;228(1-2):180-7.

124. Piu F WX, Fernandez R, Dellamary L, Harrop A, Ye Q, Sweet J, Tapp R, Dolan DF, Altschuler RA, Lichter J, LeBel C. OTO-104: a sustained-release dexamethasone hydrogel for the treatment of otic disorders. Otol Neurotol 2011;32(1):171-9.

125. Lambert PR, Nguyen S, Maxwell KS, Tucci DL, Lustig LR, Fletcher M, et al. A randomized, double-blind, placebo-controlled clinical study to assess safety and clinical activity of OTO-104 given as a single intratympanic injection in patients with unilateral Meniere's disease. Otol Neurotol. 2012;33(7):1257-65.

126. Nakagawa T, Sakamoto T, Hiraumi H, Kikkawa YS, Yamamoto N, Hamaguchi K, et al. Topical insulin-like growth factor 1 treatment using gelatin hydrogels for glucocorticoid-resistant sudden sensorineural hearing loss: a prospective clinical trial. BMC Med. 2010;8:76.

127. Borkholder DA, Zhu X, Hyatt BT, Archilla AS, Livingston WJ, 3rd, Frisina RD. Murine intracochlear drug delivery: reducing concentration gradients within the cochlea. Hear Res. 2010;268(1-2):2-11.

128. Leake PA, Hradek GT, Hetherington AM, Stakhovskaya O. Brain-derived neurotrophic factor promotes cochlear spiral ganglion cell survival and function in deafened, developing cats. J Comp Neurol. 2011;519(8):1526-45.

129. Brown SDM, Hardisty-Hughes RE, Mburu P. Quiet as a mouse: dissecting the molecular and genetic basis of hearing. Nat Rev Genet. 2008;9(4):277-90.

FARMACOGENÔMICA: FUNDAMENTOS, MÉTODOS E APLICAÇÕES DA GENÔMICA NA RESPOSTA AOS FÁRMACOS

Marcelo Rizzatti Luizon
Valeria Cristina Sandrim

19.1 INTRODUÇÃO

Um mesmo fármaco pode ser eficaz e/ou bem tolerado em alguns indivíduos, mas levar a reações adversas severas e/ou ser ineficaz em outros[1]. Tais discrepâncias ressaltam a importância de esforços terapêuticos no sentido de aperfeiçoar o tratamento, prevenir reações adversas e melhorar o cuidado ao paciente[2].

A variação individual na resposta aos fármacos pode ser atribuída aos efeitos recíprocos e complexos entre vários fatores, tais como ambientais, características da doença, etnia, diferenças na constituição genética, idade, sexo, uso concomitante e interações entre fármacos, entre outros (Figura

19.1). Portanto, tal resposta envolve a contribuição e a interação entre fatores extrínsecos e intrínsecos, dentre os quais múltiplos fatores genéticos[1,3].

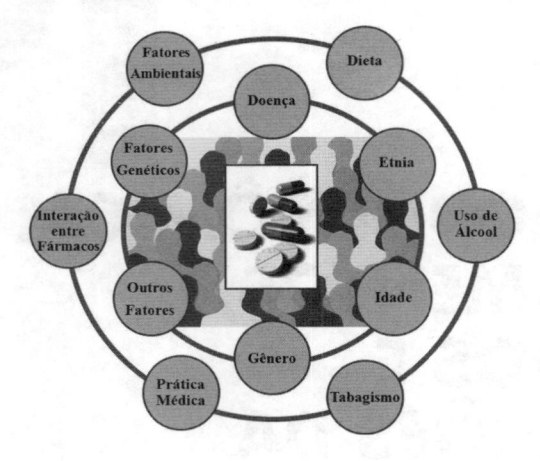

Figura 19.1 Fatores que podem afetar a variabilidade na resposta aos fármacos. Adaptada de Huang e Temple, 2008[3].

Estima-se que o componente genético seja responsável por 20% a 95% da variabilidade dessa resposta, a depender do fármaco e/ou da doença[4,5]. Farmacogenética/farmacogenômica é o estudo do papel da variação genética herdada (germinativa) e adquirida (somática; no tumor) na resposta aos fármacos[6,7]. A farmacogenética geralmente se baseia em grandes efeitos clínicos de um único ou poucos genes. Entretanto, a maior parte da variabilidade genética na resposta aos fármacos provavelmente está associada a características complexas envolvendo múltiplos genes. A farmacogenômica avalia a influência de múltiplos genes nessa resposta, incluindo vias metabólicas relevantes, até mesmo o genoma todo e variações na expressão do RNA[8].

19.2 HISTÓRICO E FUNDAMENTOS DA FARMACOGENÔMICA

A farmacogenética tornou-se estabelecida como ciência em meados do século XX, após as descobertas iniciais de Werner Kalow[9,10]. Em 1957, Arno Motulsky propôs que a herança pode explicar a razão da variabilidade na eficácia e reações adversas[11]. Em 1959, Friedrich Vogel cunhou o termo farmacogenética e o definiu como o "estudo do papel da genética na resposta à droga"[12]. O primeiro compêndio da área foi publicado em 1962: *Pharmacogenetics: Heredity and the Response to Drugs*[13].

Os primeiros relatos de características farmacogenéticas "clássicas" foram distúrbios do metabolismo de drogas nos quais variações herdadas em um único gene causavam uma resposta anormal à droga. Os estudos inaugurais que moldaram a ciência farmacogenética estão revisados em outras referências[1,7,14-16], dentre os quais podemos citar: os acetiladores "lentos" e "rápidos" para o metabolismo da isoniazida associados à variação herdada na N-acetiltransferase (NAT2)[17]; a fenotipagem de metabolizadores pobres do citocromo P4502D6 (CYP2D6) para hidroxilação da debrisoquina[18]; e a fenotipagem da tiopurina S-metiltransferase (TPMT) para descobrir os pacientes com baixa capacidade de inativar tiopurinas tóxicas[19]. Da década de 1960 aos anos 1980, Vessel e Page conduziram vários estudos clássicos em gêmeos e famílias e descreveram a contribuição de fatores genéticos e ambientais para grandes variações interindividuais no metabolismo e eliminação de drogas[20,21].

A distribuição dos fenótipos para esses primeiros exemplos fora estabelecida pela mensuração da variabilidade significativa nos parâmetros farmacocinéticos. A farmacocinética engloba mecanismos de absorção, distribuição, metabolismo (biotransformação) e excreção de drogas (absorção, distribuição, metabolismo e excreção de drogas – ADME) ao longo do tempo após sua administração, sendo a biotransformação o processo mais investigado em farmacogenética. A correlação foi então estabelecida entre a farmacocinética da droga e a sua eficácia ou toxicidade[1]. As variações genéticas associadas à atividade da enzima foram posteriormente identificadas*. Quanto aos exemplos citados, o gene *CYP2D6* foi clonado e as variações associadas com o metabolismo deficiente da debrisoquina foram caracterizadas em 1988[22], seguido pela clonagem dos genes *NAT2*[23] e *TPMT*[24]. No final da década de 1990, frente aos avanços nas tecnologias de sequenciamento, dois grupos travaram uma corrida para sequenciar o genoma humano[25], que culminou na publicação dos artigos pelos grupos público[26] e privado[27].

A partir da disponibilidade de plataformas que permitiram o sequenciamento, o governo e a indústria formaram bancos de dados para compartilhar as informações contidas no genoma humano, como o *The SNP Consortium*, criado em 1999 para fornecer um mapa de polimorfismos de nucleotídeo único (do inglês *single-nucleotide polymorphisms*[28] – SNPs). Outro banco de dados foi iniciado em 2002 com o objetivo de comparar as sequências

---

* Revisados por Weinshilboum e Wang L, 2006[7], Nebert et al, 2008[15] e Ma e Lu, 2011[16].

genéticas de indivíduos diferentes para identificar regiões cromossômicas onde as variações genéticas são compartilhadas, conhecido como *The International HapMap Project*[29]. Estes dados permitiram a seleção de SNPs específicos que representam a variação dentro dos blocos de sequências do DNA (blocos de haplótipos) e, portanto, a redução do número de SNPs necessário para capturar a variação comum no genoma humano[30]. Esta informação, por sua vez, possibilitou o desenvolvimento dos *chips* de DNA contendo milhões de sequências diferentes de DNA que capturam a variação em todo o genoma e abriram caminho para os *genome-wide association studies* (GWAS), que viabilizaram a investigação de 500 mil ou mais SNPs com doenças[31] ou resposta aos fármacos[32]. Os GWAS fornecem uma estimativa da contribuição genética para a variação nesta resposta que não era possível antes de seu advento[33] e uma oportunidade na melhoria do desenvolvimento de fármacos[34]. O *The 1000 Genomes* Project recentemente gerou o mapa mais detalhado das variações genéticas no genoma humano, com mais de 38 milhões de SNPs, 58% dos quais previamente desconhecidos, pelo sequenciamento dos genomas de indivíduos de diferentes populações mundiais[35].

Os novos métodos, como GWAS e sequenciamento de nova geração (do inglês *next-generation sequencing* – NGS), não necessariamente substituem estratégias anteriores, tais como gene candidato e vias metabólicas (*pathways*) candidatas. Todos esses métodos possuem vantagens e desvantagens[36]. Os estudos de gene candidato focam em genes únicos conhecidos por causarem impacto em vias específicas relevantes para a resposta aos fármacos, vias farmacocinéticas e farmacodinâmicas, mas a principal desvantagem é negligenciar associações com variações localizadas em genes ou vias desconhecidos. Os GWAS comparam grupos de indivíduos que diferem em relação à resposta para identificar associações com até 1 milhão de variações genéticas escolhidas sem conhecimento *a priori* de associação com a resposta ao fármaco. Associações significativas não são consideradas necessariamente causais e, portanto, estudos funcionais subsequentes são necessários para avaliar o impacto das variações associadas na modificação da expressão gênica. Além disso, os GWAS requerem correção estatística adequada, dada a probabilidade de resultados falsos positivos devido aos múltiplos testes[37].

Os avanços nos métodos de avaliação da variação genética humana estão transformando o entendimento das bases genéticas da variação interindividual na resposta aos fármacos. Nas próximas seções, abordaremos como a variação genética pode modular a expressão gênica e a atividade proteica, processos em que possui papel de relevância clínica em farmacogenômica, e como estes podem ser inseridos no desenvolvimento biotecnológico, bem como em bancos de dados e metodologias em farmacogenômica.

19.3 VARIAÇÃO GENÉTICA EM FARMACOGENÔMICA

A variação genética é um fenômeno natural do genoma humano que consiste em diferenças na sequência ou arranjo dos blocos de haplótipos entre diferentes genomas, um contribuinte principal para a variação fenotípica humana[38]. Já a variação estrutural consiste em grandes variações do número de cópias (do inglês *copy number variations* – CNVs), incluindo deleções, duplicações e inserções de elementos genéticos móveis; inversões e translocações; e aneuploidias cromossômicas. Outra classe de variação consiste em pequenas inserções ou deleções (*indels*) de poucos nucleotídeos. Variação na sequência compreende variantes de nucleotídeo único (do inglês *single nucleotide variants* – SNV) ou de multinucleotídeos. SNVs que ocorrem em frequência maior do que 1% em uma população amostrada são referidos como SNPs[38].

Os SNPs não sinônimos (*missense*) causam mudanças de aminoácidos que podem ter amplas consequências para a função proteica. Por exemplo, a alteração do nucleotídeo adenina por citosina (A > C) no DNA, promove a mudança na proteína de histidina para prolina no aminoácido 324 da enzima CYP2D6 e destrói a sua função enzimática – alelo *CYP2D6*7*, definido pela nomenclatura *CYP(superfamília)2(família)D(subfamília)6(isoforma)*7(alelo)* – , enquanto a mudança de prolina para serina no alelo *CYP2D6*10* influencia na estabilidade da proteína e leva à função reduzida *in vivo* da enzima. Portanto, indivíduos portadores destes alelos (formas alternativas de um mesmo gene na população) podem metabolizar mais lentamente as drogas biotransformadas pela enzima CYP2D6 e têm maior chance de experimentarem reações adversas (Figura 19.2). Por outro lado, SNPs sinônimos não modificam um aminoácido. Inserções e deleções de um ou dois nucleotídeos em regiões codificadoras irão deslocar o código de três letras e, consequentemente, aminoácidos incorretos serão incorporados no polipeptídeo crescente. Tais mudanças de fase de leitura (*frameshifts*) frequentemente também levam à terminação prematura da transcrição devido à geração de códons de parada. Um SNP também pode gerar diretamente um códon de parada (mudanças sem sentido, ou *nonsense*). Uma deleção ou inserção de três nucleotídeos leva à perda ou ganho de um aminoácido, o que pode causar impacto na atividade enzimática. SNPs localizados em íntrons e éxons podem alterar o processamento do RNA, que também pode causar impacto na atividade enzimática. Por exemplo, o alelo *CYP2D6*4* é caracterizado por uma alteração do nucleotídeo guanina por adenina (G > A), que causa um processamento anormal e consequente perda da função – homozigotos são metabolizadores pobres (Figura 19.2B) da CYP2D6. SNPs em sítios de ligação para fatores de transcrição ou outras regiões regulatórias do gene também podem ter uma profunda consequência na atividade enzimática pelo impacto nos níveis de transcrição do RNA. A expressão gênica e a tradução também podem ser afetadas por SNPs nas regiões 5' e 3' não traduzidas[39]. O *The Human Cytochrome P450 (CYP) Allele Nomenclature Committee* organiza e compartilha a informação para os alelos dos genes da superfamília do CYP[40]. Alguns bancos de dados de predição funcional podem auxiliar na escolha de polimorfismos genéticos para estudos farmacogenômicos (Tabela 19.2).

Grande parte da variabilidade na atividade da enzima CYP2D6 pode ser explicada pelos muitos polimorfismos no gene *CYP2D6*, para o qual mais de cem alelos foram identificados[41]. As frequências dos alelos *CYP2D6* ilustram como a variação genética varia destacadamente entre diferentes grupos étnicos e populacionais. Por exemplo, *CYP2D6*10* é o alelo de função reduzida mais comum em asiáticos, variando de 25% a 60%. Além deste, *CYP2D6*17* e *CYP2D6*29* são os alelos associados à atividade reduzida da CYP2D6 em afro-americanos. Por outro lado, o alelo não funcional *CYP2D6*4,* não detectado em algumas populações asiáticas ou da África subsaariana, mas com frequências superiores a 20% em certas populações europeias, é o alelo mais frequente entre os metabolizadores pobres europeus ou americanos de origem europeia[39]. A população brasileira apresenta níveis elevados de diversidade genômica, e os dados para genes de relevância farmacogenética estão revisados em Suarez-Kurtz et al., 2012[42].

19.4 FENÓTIPOS E APLICAÇÕES TERAPÊUTICAS EM FARMACOGENÔMICA

No contexto da farmacogenômica, o fenótipo pode referir-se ao *status* de metabolizador, ou atividade individual de uma enzima metabolizadora de um fármaco. O termo metabolizador pobre ou extensivo foi cunhado quando os primeiros estudos descreveram que parcelas de uma população eram diferentes em sua habilidade para metabolizar certas drogas. Diferentes substratos foram usados para uma dada enzima de interesse para determinar o fenótipo de um indivíduo pela mensuração dos seus metabólitos na urina, plasma e saliva. A depender do método de determinação do fenótipo e da droga/substrato utilizado, os seguintes grupos de fenótipos podem ser diferenciados: metabolizadores pobres (do inglês *poor metabolizers* – PMs), intermediários (*intermediate metabolizers* – IMs), extensivos (*extensive metabolizers* – EMs) e ultrarrápidos (*ultrarapid metabolizers* – UMs)[39].

Polimorfismos (genótipo) podem diminuir a atividade funcional ou a expressão de enzimas metabolizadoras e, portanto, podem ter grande impacto no fenótipo individual. Entretanto, fatores ambientais adicionais também podem contribuir substancialmente para a variabilidade na bio-transformação. Quando o fármaco é submetido à inativação por uma enzima metabolizadora, alelos de função reduzida podem levar à sua acumulação e toxicidade em metabolizadores pobres, enquanto outras variações podem levar a uma maior eliminação e, portanto, a uma reduzida ação do fármaco em indivíduos metabolizadores ultrarrápidos[1]. Portanto, os indivíduos podem ser divididos em subgrupos com base no genótipo e seu efeito no fenótipo. Indivíduos classificados como PMs têm dois alelos não funcionais e UMs têm alelos ou cópias adicionais do gene que geram uma atividade da enzima que ultrapassa aquela esperada pela ação de dois alelos funcionais[39] (Figura 19.2).

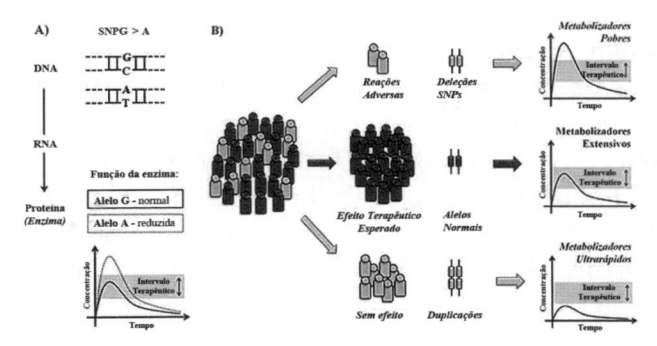

Figura 19.2 (A) Efeito do alelo de um polimorfismo de nucleotídeo único (SNP, G > A) na função reduzida de uma enzima metaboli-zadora. (B) Resposta ao mesmo fármaco em diferentes grupos de uma população e sua classificação em grupos de metabolizadores de acordo com os tipos de alelos que os indivíduos portam para genes que codificam enzimas metabolizadoras. Metabolizadores pobres possuem diminuição ou ausência da enzima, por deleções ou SNPs. Metabolizadores extensivos apresentam metabolismo comum à maioria da população, isto é, a dose plasmática do metabólito do fármaco é mantida dentro do intervalo terapêutico. Nos metaboliza-dores ultrarrápidos, o aumento na produção da enzima metabolizadora associado às duplicações do gene que a codifica está associado à ausência de efeito. Figura modificada de Luizon et al., 2010[14] e Eichelbaum et al., 2006[43].

Os diferentes tipos de variação genética podem ocorrer em genes relacionados a processos envolvidos na farmacocinética (PK) e/ou farmacodinâmica (PD) dos fármacos[7,8]. A variação genética nos processos farmacocinéticos (ADME) pode levar a mudanças nos níveis do fármaco ou de seus metabólitos e, assim, afetar a ação terapêutica e a toxicidade deste. Muitos polimorfismos genéticos funcionalmente relevantes têm sido identificados em enzimas metabolizadoras, incluindo a superfamília de monoxigenases citocromo P450 (CYP450, em especial CYP2D6, CYP2C9, CYP2C19), NAT2, TPMT, e UDP-glucoronosiltransferases (UGTs) (revisados em Charlab e Zhang, 2013[1] e Daly, 2002[44]).

Um exemplo clinicamente relevante está relacionado aos polimorfismos dos genes *CYP2D6* e/ou *CYP2C19* que afetam a eficácia e segurança de antidepressivos tricíclicos. Muitos destes fármacos são demetilados (biotransformação) pela CYP2C19 em metabólitos ativos, os quais prolongam o seu efeito. Estes fármacos e seus metabólitos são também submetidos à hidroxilação pela CYP2D6 em metabólitos menos ativos. Evidências da literatura científica para a dosagem de antidepressivos tricíclicos dirigida pelo genótipo da *CYP2D6* e *CYP2C19* foram recentemente sumariadas pelos guias do *The Clinical Pharmacogenetics Implementation Consortium* (CPIC)[45]. Vale ressaltar que este consórcio definiu e criou *guidelines* para outras drogas com potencial uso farmacogenético que podem ser livremente acessadas no site da PharmGKB* (ver Seção 19.6).

Diferenças na resposta aos fármacos podem também se dever à variação genética nos seus alvos moleculares (farmacodinâmica). Variações genéticas nas vias PK e PD podem afetar o desfecho clínico e são as mais relevantes na prática clínica. O efeito de variações genéticas sobre a eficácia e segurança terapêuticas é provavelmente melhor mensurado naquelas drogas que apresentam um índice terapêutico estreito, ou seja, pequenas diferenças na sua concentração podem levar à toxicidade[1]. Índice terapêutico é a razão entre a dose letal que leva à morte de 50% da população e a dose que é eficaz para 50% da população. Este índice pretende indicar a margem de segurança no uso de um fármaco, chamando a atenção para a relação entre a dose eficaz e a dose tóxica[46].

Um exemplo de medicamento com este perfil é a varfarina, um anticoagulante amplamente usado cuja terapia é complicada por conta do seu índice terapêutico estreito e dose-resposta altamente variável entre pacientes. Hemorragias são frequentemente associadas com *overdose* deste

---

* Ver: <http://www.pharmgkb.org/page/cpic>.

medicamento. A variabilidade na dose foi associada a fatores clínicos e variações genéticas, em especial polimorfismos no *CYP2C9* (relacionado à PK) e subunidade 1 da vitamina K epóxido redutase (*VKORC1*, relacionado à PD). Vários algoritmos de predição de dose que incorporam fatores genéticos e clínicos têm sido desenvolvidos e periodicamente atualizados[47-49]*. Apesar da aprovação da *Food and Drug Administration* (FDA, a agência regulatória de alimentos e medicamentos dos Estados Unidos), a implementação clínica da dosagem guiada pela genotipagem de *CYP2C9/VKORC1* é lenta. A terapia guiada pelo genótipo melhora a predição da dose, mas as evidências de que tal intervenção irá melhorar o controle da anticoagulação, reduzir o risco de eventos adversos e os custos com o cuidado à saúde são limitadas. Confirmações que podem ser obtidas pelos resultados dos testes clínicos estão em andamento[49].

A variação em genes não relacionados ao efeito terapêutico pode também estar associada a diferenças na resposta aos fármacos. Um exemplo é o risco de reação de hipersensibilidade (RHS) ao abacavir, um inibidor da transcriptase reversa indicado para o tratamento da infecção pelo vírus da imunodeficiência humana (do inglês *human immunodeficiency virus* – HIV) em regime politerapêutico. Apesar da sua eficácia, cerca de 5% dos indivíduos que recebem abacavir desenvolvem a RHS, o que justifica a descontinuação imediata e a mudança para um regime antirretroviral alternativo. A RHS é associada aos indivíduos portadores do alelo *HLA-B*5701*** do gene do antígeno leucocitário humano B. Existe farta evidência indicando que portadores deste alelo estão sob risco significativamente aumentado de desenvolverem RHS e não deveriam receber abacavir. A triagem farmacogenética para assegurar que os indivíduos portadores não recebam este fármaco pode reduzir a incidência de RHS e agora é considerado o padrão de cuidado antes da sua prescrição. Os testes genéticos para evitar a RHS ao abacavir são atualmente um dos melhores exemplos de integração do teste farmacogenético à prática clínica[50]. Na Tabela 19.1 estão apresentados outros exemplos de marcadores farmacogenéticos na terapia medicamentosa.

Vale ressaltar que esforços colaborativos entre pesquisadores básicos e clínicos são necessários para fornecer evidências robustas que suportem uma aplicação mais ampla da farmacogenômica na prática clínica, com foco na melhoria da eficácia e segurança dos medicamentos.

---

* Um site que pode ser usado como ferramenta de predição é o www.warfarindosing.org/.
** HLA: *human leukocyte antigen*.

Tabela 19.1 Exemplos do uso de marcadores farmacogenéticos na terapia medicamentosa.

USO CLÍNICO	MEDICAMENTO	GENES ALELO	USO POTENCIAL FARMACOGENÉTICO
REDUÇÃO DE COLESTEROL	Simvastatina	SLCO1B1	Aumento do risco de miopatias.
ANTITROMBÓTICO	Clopidogrel (pró-droga)	CYP2C19	Resposta reduzida ao medicamento devido à baixa biotransformação.
ANTINEOPLÁSICO	Irinotecan	UGT1A1	Aumento do risco de toxicidade hematológica.
ANTINEOPLÁSICO	Trastuzumab	ERBB2 (HER2)[1*]	Efetivo em pacientes expressando altas quantidades do receptor HER2 nas células tumorais.
ANTINEOPLÁSICO	Mercaptopurina	TPMT	Aumenta o risco de mielosupressão.
ANTICONVULSIVANTE	Carbamazepina	HLA-B*1502	Alto risco de desenvolvimento da Síndrome Stevens Johnson.

* HER2: *human epidermal growth factor receptor 2*.

19.5 FARMACOGENÔMICA E BIOTECNOLOGIA: POSSIBILIDADES DE DESENVOLVIMENTO TECNOLÓGICO

O avanço da medicina personalizada nos últimos anos é inquestionável, e, para seu sucesso na prática clínica, três componentes essenciais são necessários: análises robustas e confiáveis; interação entre universidade, empresas de biotecnologia e indústrias farmacêuticas, trabalhando em conjunto para o desenvolvimento de diagnósticos e tratamento; e elaboração de medidas regulatórias oriundas destes processos, principalmente aqueles relacionados à ética[51]. Nestes processos a aplicação de ferramentas da farmacogenômica é de extrema importância. A ligação entre o perfil molecular do indivíduo e sua resposta ao medicamento (eficácia e toxicidade) é um desafio que deve ser superado pela indústria farmacêutica e, num segundo momento, pelo médico. Esta nova aplicação pode auxiliar de maneira significativa na questão investimento *versus* número de medicamentos aprovados, que atualmente é alto.

Como nunca visto antes, a inserção e a ampliação do tratamento personalizado vêm levando a relação entre empresas de pequeno e médio porte com as grandes corporações farmacêuticas. Atualmente, vários biomarcadores ou testes diagnósticos complementares ao uso clínico específico de um medicamento, bem como o desenvolvimento de medicamentos para grupos particulares de pacientes, vêm sendo desenvolvidos por empresas pequenas e depois transferidas/licenciadas para uso em grandes indústrias. Este é um novo nicho de atuação das pequenas empresas de biotecnologia e de empresas incubadas em universidades. Além disso, empresas biotecnológicas podem prestar suporte pré-clínico e clínico, como disponibilizar serviços de genotipagem, principalmente em genes responsáveis pela farmacocinética do medicamento (ADME). O custo e o tempo necessários para a genotipagem são barreiras para a implementação de testes farmacogenéticos na rotina clínica. Atualmente, a genotipagem ou sequenciamento é realizado fora do hospital, o que é demorado e tem custo muito elevado. Entretanto, como o custo do teste tende a cair drasticamente ao longo do tempo, podemos assumir que este custo passará a ser negligenciável perante a melhora clínica obtida[52]. Portanto, a aplicação biotecnológica no desenvolvimento de tecnologias simples, rápidas e de baixo custo para detecção de variações genéticas é necessária. Os chamados testes de genotipagem *point-of-care* vêm sendo aplicado a um polimorfismo (alelo *2) do gene *CYP2C19* (Spartan Biosciences, Ottawa, Canadá). O teste é feito em menos de duas horas e o DNA é coletado da mucosa bucal e colocado em um microtubo que é inserido num aparelho que rapidamente indica se o paciente apresenta ou não a variação genética. Este teste identifica quais pacientes devem evitar o uso de clopidogrel (um antiplaquetário) amplamente utilizado após intervenção coronária percutânea, ou seja, este procedimento guia o clínico na escolha do melhor antiplaquetário[53]. O uso de plataformas de *arrays* ou arranjos onde vários polimorfismos são genotipados também é interessante, pois reduz o custo por SNP avaliado e permite que esses dados sejam utilizados ao longo da vida do paciente, ou seja, os resultados estariam disponíveis antes do tratamento, que, desta maneira, poderia ser melhor direcionado.

Outra possível aplicação biotecnológica se dá por meio do conhecimento do perfil genético de pacientes que apresentaram severos eventos adversos a medicamentos que já foram comercializados e que devido a problemas sérios tiveram que ser retirados do mercado. Desde 1960, aproximadamente 150 tipos de medicamentos prescritos tiveram que ser removidos do mercado por questões de segurança, sendo as principais razões para a retirada a hepatotoxicidade (27%), a toxicidade cardiovascular (17%), a toxicidade hematológica (10%), as reações de pele (7%), entre outras[54]. É importante ressaltar que muitos fatores podem estar envolvidos nas reações adversas aos medicamentos, tais como idade, insuficiência hepática, renal e cardíaca, alterações imunológicas, perfil genético, entre outros (Figura 19.1). Neste último aspecto, é possível que o perfil específico de variações genéticas esteja intrinsecamente relacionado aos eventos adversos observados com o uso de alguns medicamentos, como a presença da síndrome de QT longo (LQTS), que está associada em grande parte com a presença de variações em cinco genes. Neste sentido, um indivíduo que apresente variações nestes genes e faça o uso de medicamentos que modulem a expressão destes tem drasticamente aumentado o risco de desenvolver LQTS. Um caso de medicamento retirado do mercado em 2004 foi o anti-inflamatório não esteroidal Rofecoxib (Vioxx®), devido à toxicidade cardiovascular severa observada em alguns pacientes[55]. Algumas variações genéticas tanto em vias PK quanto em PD do fármaco foram exploradas a fim de se conhecer o perfil dos pacientes que apresentaram as reações cardiovasculares. Algumas das variações indicaram um aumento significativo de risco[56], o que poderia ser utilizado futuramente para direcionamento terapêutico, uma vez que para a grande maioria dos pacientes o Rofecoxib foi eficaz.

Neste cenário, em 2007, foi fundada a iSAEC (*The International Serious Adverse Event Consortium*), um organização de pesquisa sem fins lucrativos, formada pelas maiores empresas farmacêuticas, o *The Wellcome Trust* e instituições acadêmicas, com contribuição científica e estratégica da FDA e de outros órgãos regulatórios internacionais. A missão da iSAEC é identificar variantes de DNA na compreensão do risco de eventos adversos graves relacionados aos medicamentos. Além disso, este órgão promove a inserção de dados de respostas clínicas e genotipagem realizadas pelas empresas durante os ensaios clínicos, ou seja, promove a execução de práticas com dados abertos a pesquisadores e empresas, incentivando o domínio público entre descobertas e associações genéticas.

Durante o desenvolvimento do medicamento, é possível usar a informação farmacogenômica no sentido de criar uma subpopulação com alta taxa de respondedores, tornando o processo de desenvolvimento mais eficiente. Assim, possivelmente seria necessário um número pequeno de pacientes nos ensaios clínicos, reduzindo os custos no desenvolvimento de medicamentos. Um exemplo desta abordagem é a Herceptina (trastuzumab), indicada para pacientes com câncer de mama positivo para a molécula HER2. A empresa responsável (Genentech) demonstrou que a condução de ensaio clínico utilizando *screening* para o HER2 reduziu o custo (apenas 470 pacientes foram recrutados, comparado aos 2.200 pacientes que seriam necessários sem o pré-*screening*) e consequentemente o tempo de entrada no mercado (1,6 ano comparado aos dez anos normais)[57]. Por outro lado, o desenvolvimento de marcadores farmacogenômicos e sua validação introduzem custos adicionais durante o desenvolvimento do fármaco. Outro potencial uso da farmacogenômica é o resgate de produtos que foram abandonados durante o desenvolvimento do medicamento devido às reações adversas em um subgrupo de pacientes, como citado acima para o Rofecoxib. Neste sentido, a identificação de marcadores poderia introduzir tais medicamentos para grupos específicos de pacientes.

Apesar de o estudo em humanos ser mais relevante para identificar quais polimorfismos estão relacionados com a resposta a um medicamento, o uso de linhagens celulares na investigação farmacogenômica também vem sendo feito. A importância deste procedimento é que a expressão gênica estudada nestas linhagens é um fenótipo intermediário entre a sequência de DNA (polimorfismos) e a resposta aos fármacos (fenótipo). Neste caso, a maioria dos estudos utiliza as linhagens celulares linfoblastóides que foram imortalizadas com o vírus Epstein-Barr. Estas linhagens foram utilizadas no projeto HapMap, ou seja, há uma enorme quantidade de dados haplotípicos destas células disponível em banco de dados, permitindo que o pesquisador os utilize. Outras células, como fibroblastos e células mononucleares de sangue periférico, também já foram utilizadas em estudos de farmacogenética, porém estas não apresentam um banco de dados de genótipo disponível.

O uso de células tem custo efetivo baixo comparado aos ensaios clínicos. Além disso, as condições ambientais e de dosagem de drogas podem ser controladas. No entanto, este sistema apresenta limitações, como não avaliar a interação entre múltiplos tipos celulares e órgãos. Essas células (linfoblastoides) não expressam enzimas do citocromo P450 e, portanto, não são úteis para estudos de farmacocinética, que por sua vez podem ser realizados em cultura de hepatócitos, cujos alelos tenham sido identificados. É importante ressaltar que tanto em cultura celular quanto em estudos clínicos a ancestralidade é relevante e é necessário investigar os marcadores em outras populações miscigenadas, como a população brasileira[58-61]. Com o maior conhecimento, disponibilidade e barateamento das plataformas genômicas, vários grupos direcionam estudos avaliando o efeito de fármacos sobre a expressão gênica global ou de genes candidatos, selecionados segundo as vias farmacocinéticas e farmacodinâmicas do medicamento, em culturas celulares diversas. Com isso, é possível identificar potenciais eventos adversos de fármacos em desenvolvimento e até mesmo no uso de medicamentos já disponíveis no mercado há anos, que apresentam potencialidades para tratamento de outras doenças (*new use for old drugs*).

19.6 BANCOS DE DADOS E *SOFTWARES* EM FARMACOGENÉTICA

Recursos da internet permitem que pesquisadores, médicos e pacientes acessem uma grande variedade de dados de sequência de DNA, genótipo e fenótipo relevantes para os estudos farmacogenômicos. Embora tais recursos estejam crescendo rapidamente em número, a integração de informações relacionadas em farmacogenômica continua a ser um obstáculo (revisados em Glubb et al., 2013[62]).

Um recurso publicamente disponível que ajuda a superar essa barreira é a Pharmacogenomics Knowledgebase (PharmGKB)*, que fornece informações clinicamente relevantes sobre o impacto da variação genética na resposta aos fármacos, incluindo orientações de dosagens, rótulos de drogas detalhados, associações gene-droga e relações genótipo-fenótipo. Os níveis de evidência para associações entre uma determinada droga e uma variação genética são definidos com base na revisão criteriosa da literatura. Dessa forma, o PharmGKB representa uma fonte útil de informação de alta qualidade que apoia projetos de implementação da medicina personalizada[63,64].

Tabela 19.2 Alguns exemplos de recursos eletrônicos aplicados em farmacogenômica

RECURSO	SITE	DESCRIÇÃO
Repositórios de variação genética		
dbSNP	http://www.ncbi.nlm.nih.gov/projects/SNP/	SNPs e Indels, busca pelo Reference Sequence (#).
International HapMap	http://hapmap.ncbi.nlm.nih.gov/	Blocos de Haplótipos do Genoma Humano.
1000 Genomes	http://www.1000genomes.org/	Variação de 1000 genomas de diferentes populações.
Ferramentas para predição de função de SNPs		
UCSC Genome Browser	http://genome.ucsc.edu/	Banco de sequências de DNA referência; dados de expressão gênica.
PolyPhen	http://genetics.bwh.harvard.edu/pph2/	Predição de efeitos de SNPs não sinônimos.

---

* Ver: <http://www.pharmgkb.org/>.

RECURSO	SITE	DESCRIÇÃO
	Softwares *para inferência de haplótipos a partir de dados genotípicos*	
PHASE	http://stephenslab.uchicago.edu/software.html	Inferência por estimativa bayesiana.
Haplo.stats	http://cran.r-project.org/web/packages/haplo.stats/index.html	Método da máxima verossimilhança.
Haploview	http://www.broadinstitute.org/scientific-community/science/programs/medical-and-population-genetics/haploview/haploview	Visualização de blocos de haplótipos.

19.7 METODOLOGIAS EM FARMACOGÊNICA

A adoção da farmacogenômica na prática clínica tem sido lenta, apesar das evidências favoráveis. Existe pouca consistência metodológica entre os estudos farmacogenéticos, o que talvez se deva à heterogeneidade no desenho experimental dos estudos e populações de pacientes, bem como à falta de padronização em medidas biológicas e de fenótipo[65]. Os desenhos epidemiológicos utilizados podem ser testes clínicos controlados e aleatorizados, estudos prospectivos de coortes e estudos de caso-controle, o desenho experimental mais comum em farmacogenômica. Algumas considerações incluem a definição do fenótipo, a seleção dos polimorfismos genéticos e a estratificação populacional, que pode ocorrer quando subpopulações dentro da população estudada diferem em termos das frequências dos genótipos. Alguns problemas estatísticos incluem tamanho amostral e correção para múltiplos testes (somente nos GWAS). Os problemas metodológicos e estatísticos que podem explicar a falta de achados de replicação entre os estudos são tópicos pertinentes para pesquisa em farmacogenômica e estão revisados nas referências Ross et al., 2012[65] e Peters et al., 2010[66].

Um estudo farmacogenômico deve estabelecer os critérios para a seleção da amostra de pacientes a ser investigada, bem como para a definição do fenótipo de resposta ao medicamento. Por exemplo, a inclusão de pacientes com pré-eclampsia ou hipertensão gestacional em grupos de indivíduos responsivos e não responsivos à terapia anti-hipertensiva[67]. Bancos de dados de variação genética e ferramentas de predição da função de SNPs (Tabela 19.2) podem ser utilizados na seleção de polimorfismos funcionais ou clinicamente relevantes, ou na seleção de tagSNPs[68], em genes relacionados a PK e PD de drogas.

Com relação ao método do gene candidato em um estudo caso-controle, por exemplo, tanto a análise dos genótipos individuais quanto a análise de haplótipos (combinação de alelos de diferentes polimorfismos) são rotineiramente conduzidas, no intuito de testar a associação com o fenótipo de resposta à droga entre diferentes grupos de pacientes[67]. Alguns *softwares* de análise de inferência de haplótipos a partir de dados de genótipos estão listados na Tabela 19.2. Análises de interação gene-gene considerando genótipos de polimorfismos de diferentes genes candidatos em vias relacionadas à resposta à droga também são biologicamente plausíveis[69].

Uma vez selecionados os polimorfismos genéticos, a determinação dos genótipos de cada indivíduo pode ser realizada por meio de várias técnicas, como sequenciamento genômico incluindo método tradicional de Sanger e NGS, uso de *chips* de DNA (*microarrays*), *molecular beacons*, RFLP (*restriction fragment lenght polymorphism*) e uso de sondas como Taqman® (ver Seção 19.8) e SYBR®-Greenpor HRM (*high resolution melting*). De uma maneira geral, podemos organizar os métodos de genotipagem em três grandes grupos:

1) Métodos de hibridização. Exemplos:
  - Uso de *molecular beacons*: sondas que apresentam sequências complementares, formando uma estrutura em forma de pêndulo (*hairpin*). Quando esta molécula encontra a sequência-alvo no genoma, ela anela e hibridiza. A alteração conformacional desta ligação permite à sonda emitir fluorescência. Caso o sonda não se ligue, a fluorescência não é emitida, indicando que o variante não está presente.
  - *Microarray*: plataformas com alta densidade de oligonucletídeos contendo milhares de sondas em um mesmo *chip*, permitindo a análise simultânea de vários polimorfismos.
2) Métodos que utilizam enzimas. Exemplos:
  - RFLP: método baseado no uso de enzimas de restrição que reconhecem um alelo específico do polimorfismo pela abolição de um sítio de reconhecimento específico de uma enzima de restrição.
  - 5' Nuclease: ensaios apresentando atividade 5' nuclease e sondas específicas para cada variante. Esta técnica (Taqman®) está apresentada na Seção 19.8.
3) Métodos que utilizam testes pós-amplificação do segmento de DNA contendo a variação genética. Exemplo:
  - HRM: ensaio após a amplificação da região do DNA contendo o polimorfismo, onde são incorporadas sondas não específicas. Entretanto, após a corrida, devido a propriedades termodinâmicas do DNA, é possível verificar diferença na temperatura de *melting* da região amplificada entre os diferentes genótipos.
4) Sequenciamento gênico.

19.8 TÉCNICA PASSO A PASSO

Discriminação alélica por ensaio Taqman®

Introdução: a reação em cadeia da polimerase (PCR) em tempo real é capaz de monitorar a PCR durante sua progressão (ou seja, em tempo real). Os dados são coletados ao longo da PCR, no lugar de o serem apenas no final da reação. Alguns sistemas foram desenvolvidos para a detecção de produtos de PCR, entre os quais está o TaqMan® registrado pela empresa AppliedBiosystems, atualmente Life Technologies.

Princípios: o sistema TaqMan®, ou "ensaio para nuclease 5' fluorescente", utiliza uma sonda fluorescente que permite a detecção de um produto específico da PCR, conforme este se acumula durante os ciclos da reação.

Campo de utilização: o sistema TaqMan® pode ser utilizado para os seguintes tipos de ensaios: RT-PCR *one-step* (de uma etapa) para quantificação de RNA, RT-PCR *two-step* (de duas etapas) para quantificação de RNA, quantificação de DNA/cDNA, discriminação alélica ou genotipagem de SNP (polimorfismos de base única), presença/ausência utilizando um controle positivo interno (IPC).

Desenvolvimento do método: o aperfeiçoamento da detecção de produtos específicos na PCR em tempo real se deu com a introdução de sondas marcadas com fluorescência que utilizam atividade nuclease 5' da Taq DNA polimerase.

Resumo do processo: uma sonda (oligonucleotídeo) é construída contendo um fluoróforo "repórter", como VIC ou FAM, na extremidade 5' e uma molécula não flourescente silenciadora (*quencher*) na extremidade 3'. A inserção da molécula MGB (*minor groove binder*) na sonda torna a ligação mais estável, promovendo aumento da temperatura de *melting*, sua afinidade pelo DNA e, consequentemente, maior especificidade na definição dos variantes genéticos. Enquanto a sonda está intacta, a proximidade do *quencher* suprime drasticamente a fluorescência emitida pelo "repórter" devido ao princípio físico conhecido como transferência da energia ressonante da fluorescência (do inglês, *fluorescence resonance energy transfer* – FRET). Se a sequência-alvo estiver presente no DNA molde (alelo 1 ou alelo 2), a sonda se anela logo após um dos *primers* (oligonucleotídeo iniciador) e é clivada através da atividade 5' nuclease da Taq DNA polimerase durante a PCR. O processo se amplifica no decorrer dos ciclos da PCR de maneira diretamente proporcional às quantidades de *amplicons* produzidas. Todo o processo é decodificado de sinais de fluorescência a valores numéricos pelo sistema de detecção de sequência dos equipamentos óticos de PCR em tempo real.

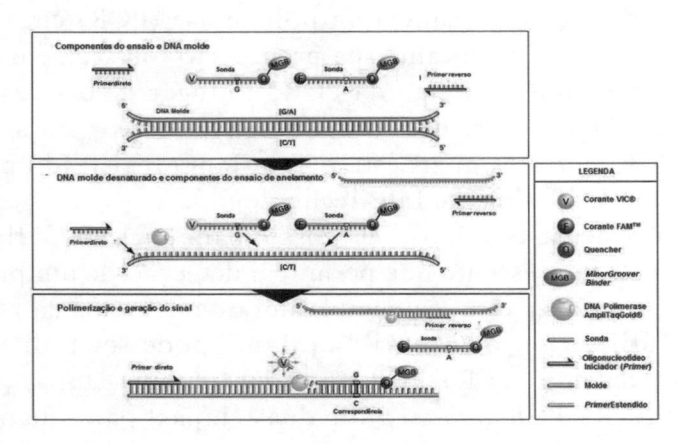

Figura 19.3 A discriminação alélica dos genótipos é obtida por meio do reconhecimento seletivo das sondas Taqman® MGB.

Como obter os ensaios TaqMan®: os ensaios de genotipagem TaqMan® são conjuntos de *primers* e sondas, validados ou não validados, para detecção de SNPs. Cada produto é entregue como uma mistura de *primers* e sondas MGB TaqMan® em uma concentração geralmente de 20X. A sequência de passos indicada pela empresa para encomenda de seu ensaio TaqMan® é a seguinte:

1) Acessar o endereço http://www.appliedbiosystems.com. Em "todos os produtos", escolher "*TaqMan real-time PCR assays*", depois "*SNP Genotyping Analysis using TaqMan Assays*", e então selecionar as opções (SNP Genotyping etc.), segundo suas necessidades, ou seguir para o campo de busca.
2) Selecionar "procurar" e entrar com seus parâmetros de procura. Podem-se inserir as ferramentas: nome do gene, ID ou rs (identificação) do SNP, ID do ensaio, tipo de ensaio, frequência alélica menos comum em populações selecionadas etc.
3) Selecione procurar.

4) Uma lista de ensaios pode ser gerada. Reconhecer seu(s) ensaio(s) segundo as informações contidas nos *links* e selecioná-lo(s) para o setor de compras ou "cesta". É preciso estar registrado e conectado ou "logado" no sistema da empresa para efetuar a compra. Nesta etapa, escolha as escalas ou tamanhos dos ensaios segundo suas necessidades.

5) Existem ensaios de escalas de 150 a 2.400 reações em placas de 96 poços e de 750 a 12.000 reações em placas de 384 poços. Os maiores são comercializados sob encomenda.

Reconstituição dos ensaios: os *primers dos ensaios* TaqMan® são normalmente enviados diluídos em TE 1X e devem ser estocados imediatamente de -15 °C a -20 °C no escuro. Os ensaios que vêm liofilizados (*primers* e/ou sondas) precisam ser diluídos em solução estoque de *primers* ou sonda em TE 1X estéril (1mM Tris, 0,1 mM EDTA, pH 8,0) ou em água estéril livre de nuclease. As unidades de uma sonda ou *primer* liofilizados são indicadas como uma massa em picomoles. Deve-se seguir as indicações do fabricante para proceder com os cálculos de diluição, obedecendo sempre à concentração de uso de seu ensaio.

Não se deve realizar mais de dez descongelamentos dos ensaios TaqMan®. Se forem previstos tais processos, proceda com aliquotagens de volumes suficientes por placa ou grupo de reações. Os ensaios médios e grandes (40X e 80X) podem ser estocados sob estabilidade por até um ano. Para maiores tempos de estocagem, recomenda-se diluir esses ensaios para concentrações de 20X em TE 1X, como descrito acima.

Os ensaios TaqMan® contêm duas sequências de *primers*, um direto (*forward*) e um reverso (*reverse*), para amplificação da sequência-alvo, além de duas sondas MGB, uma delas marcada com corante repórter do tipo VIC® que detecta o alelo 1 de sua variação genética ou SNP, e a outra marcada com corante repórter do tipo FAM®, que detecta seu alelo 2.

Materiais e equipamentos: há uma lista de materiais, reagentes, equipamentos, documentos e *softwares* que podem ser usados nos ensaios de genotipagem por TaqMan®. Os instrumentos de PCR em tempo real compatíveis são indicados nos documentos do fabricante; contudo, existe compatibilidade dos ensaios TaqMan® com equipamentos de outras empresas, como Illumina e Qiagen. As placas, tubos e películas de cobertura nos quais ocorre a reação de PCR devem ser utilizados segundo as plataformas dos equipamentos usados. Outros equipamentos indispensáveis são: centrífuga para placas, microcentrífuga, microtubos de polipropileno, pipetadores automáticos, ponteiras com filtro e luvas.

Observação: É de suma importância minimizar erros de pipetagem gerados devido à falta de perícia do operador ou a pipetas/ponteiras de baixa qualidade, que formam aerosol durante as pipetagens ou facilitam a contaminação em função do tamanho reduzido das ponteiras de baixo volume.

Os documentos oficiais ou boletins de procedimentos da empresa, assim como a lista de *softwares* utilizados para análises, estão indicados no site do fabricante.

Recomenda-se não pipetar *primers* e sondas TaqMan® (ensaios) diretamente em sua reação, mas preferivelmente pipetar os *primers* e sondas num *mix* de reagentes da PCR. Esse *mix* pode, então, ser adicionado a cada um dos poços da placa de reação. O exemplo a seguir descreve como calcular os volumes de *primers* e sondas necessários, de tal forma que os *primers* e a sonda estejam em uma concentração final desejada na reação. Esta é uma situação hipotética na qual se trabalha com concentrações em unidades de massa. Demonstramos como diluir *primers* e sondas TaqMan® em um *mix* de reagentes da PCR.

Para outros ensaios TaqMan® em que a concentração de uso já é definida em unidades de volumes (20X a 80X), consultar o protocolo específico da Life Technologies para determinar as recomendações específicas de uso de seus reagentes.

Assim, considerando o exemplo de preparação de uma mistura de reagentes de PCR com concentrações finais de reação de *primer* de 900 nM e concentrações finais de reação de sonda TaqMan® de 250 nM, determinar o número de reações de que o experimento necessitará e acrescentar 10% adicionais (exemplo, 96 reações + aproximadamente 10), já que provavelmente algum volume de mistura será perdido durante as pipetagens. As reações são preparadas com o TaqMan® Genotyping PCR Master Mix (fornecido em uma concentração de 2X), que contém os reagentes necessários para a PCR, com exceção dos *primers* e sonda TaqMan® e do *template* ou amostra de DNA. A concentração estoque de trabalho dos *primers* é de 50 µM e a concentração estoque de trabalho da sonda é de 10 µM. Será acrescentado a cada poço 1 µL de DNA. O volume final de reação é de 10 µL (segundo adaptação para economia de uso).

Calcular os volumes de todos os reagentes necessários para uma única reação. O TaqMan® Master Mix está a uma concentração de 2X e constituiria, portanto, metade da reação, ou 5 µL. Para diluir o *primer* e a sonda, deve-se utilizar o cálculo a seguir:

$$C_1 \times V_1 = C_2 \times V_2,$$

onde C1 = concentração inicial da solução; V1 = volume inicial da solução; C2 = concentração final da solução; V2 = volume final da solução. Resolver a equação a fim de determinar V_1 (volume de cada *primer* estoque necessário por reação). Assim:

$$(50 \text{ μmols} / 1.000.000 \text{ μL}) \times V_1 = (0,9 \text{ μmols} / 1.000.000 \text{ μL}) \times (10 \text{ μL}),$$

ou seja, $V_1 = 0,18$ μL. Em casos de baixos volumes de pipetagem (inferiores a 1 μL), pode-se diluir a solução estoque antes do procedimento.

Para a sonda, realiza-se cálculo semelhante. Assim, $C_1 \times V_1 = C_2 \times V_2$ seria:

$$(10 \text{ μmols} / 1.000.000 \text{ μL}) \times V_1 = (0,25 \text{ μmols} / 1.000.000\text{μL}) \times (10 \text{ μL}),$$

ou seja, $V_1 = 0,25$ μL. Novamente, para volumes de pipetagem inferiores a 1 μL pode-se diluir a solução estoque antes do procedimento.

Resolver o cálculo para determinar o volume de água estéril necessário por reação, subtraindo os volumes de todos os outros componentes da reação de 10 μL. 10 μL (volume final da reação) - 5 μL (TaqMan® PCR Master Mix) - 0,18 μL (*primer* 1) - 0,18 μL (*primer* 2) - 0,25 μL (sonda) - 1 μL (DNA *template*) = 3,39 μL de água estéril.

Multiplicar todos os componentes, excetuando a amostra de DNA, pelo número final de reações.

REAGENTE	ESTOQUE	VOL. 1 REAÇÃO	VOL. 106 REAÇÕES	FINAL
Master Mix	2X	5 μL	530 μL	1X
Primer 1	50 μM	0,18 μL	19,08 μL	900 nM
Primer 2	50 μM	0,18 μL	19,08 μL	900 nM
Sonda	10 μM	0,25 μL	26,5 μL	250 nM
Água estéril	ND	3,39 μL	360 μL	ND

Nota: em casos nos quais o ensaio TaqMan® é constituído de uma solução contendo os *primers* e a sonda em concentrações predeterminadas, como, por exemplo, 20X, procede-se:

Estoque = 20X, vol. 1 reação = 10/20 = 0,5 µL, vol. 106 reações = 0,5 × 106 = 53 µL.

Assim, são pipetados ao final para o MIX de 106 reações 53 µL do ensaio 20X.

Amostras de DNA genômico: a qualidade da molécula de DNA é determinada pela razão espectrofotométrica das absorbâncias A260/A280, que deve estar entre 1,8 e 2,0. Contudo, os ensaios de discriminação alélica que qualificam o genoma pontualmente podem ser feitos com menores restrições quanto à qualidade da molécula de DNA.

Todas as placas devem conter dois controles negativos, ou NTCs (controle que não contém DNA). Os controles dos tipos de alelos que formam os genótipos podem ser adicionados assim que identificados na população.

Amplificação: para a reação de PCR, é necessário: (1) preparar o MIX; (2) adicionar DNA-alvo às placas; e (3) realizar a reação da PCR sob as condições-padrão indicadas. Observações: o fabricante dos ensaios TaqMan® recomenda a utilização da enzima AMpliTaq Gold contida nos PCRs "Master mix" da empresa ABI. Contudo, se for usar diferentes enzimas, deve-se seguir as recomendações do fabricante quanto ao padrão térmico de atividade de extensão da polimerase. As boas práticas para evitar contaminação com falsos positivos ou moléculas de DNA são importantes desde a etapa de preparação do MIX, passando pela adição do DNA, realização da PCR no equipamento e análises posteriores de produtos amplificados. Assim, seguir as instruções contidas nos boletins dos produtos de genotipagem para evitar tais contaminações. De maneira geral, uso de luvas e jalecos individuais para áreas de trabalho classificadas por ausência ou presença de DNA são altamente recomendados, além de pipetadores automáticos e ponteiras contendo filtros.

Após o preparo da placa, seguir as instruções do manual do equipamento de PCR em tempo real para configurar a sua reação, que deverá conter os parâmetros para amplificação com ensaios do tipo TaqMan®. O padrão térmico de amplificação usando *primers*, sondas VIC® e FAM® e AmpliTaqGold são as seguintes:

ATIVAÇÃO DA POLIMERASE	PCR (40 CICLOS)	
HOLD	Desnaturação	Anelamento/extensão
10 minutos a 95ºC	15 segundos a 92 °C	1 minuto a 60 °C

Os volumes finais por reação de PCR precisam ser indicados no documento de leitura de placa gerado no programa do equipamento, isto é, este parâmetro deve indicar o valor de 10 µL, por exemplo.

Descrição resumida do procedimento

1) Calcular o número de reações a serem feitas para cada ensaio TaqMan®, preparar o MIX, adicionar pelo menos 2 NTCs e, se possível, adicionar as reações que contêm DNA de alelos conhecidos (controle positivo de discriminação alélica). Antes do preparo do MIX, homogeneizar o PCR Master Mix, ressuspender os ensaios por agitação, levar em *vortex* e centrifugar.

2) Pipetar os volumes calculados de todos os reagentes para cada ensaio (menos o DNA) a um microtubo, tampá-lo para misturar e distribuir o MIX na(s) placa(s). Se necessário, fazer um *spin* do volume do MIX.

3) Homogeneizar as amostras, adicionar o DNA a cada poço de reação segundo seu experimento, inspecionar a pipetagem de pequenos volumes para a uniformidade das quantidades em cada poço de reação.

4) Agitar levemente a placa com as mãos ou com o *vortex*. Selar as placas ou tampar os microtubos óticos. Centrifugar a placa a 1000 g por 1 minuto à temperatura ambiente para eliminar bolhas e baixar o volume em cada poço.

5) Configurar o documento de leitura de placa no *software* de seu equipamento segundo instruções do fabricante ou manual do equipamento para amplificação utilizando TaqMan®.

6) Estabelecer o padrão térmico da reação para a polimerase utilizada.

7) Colocar a placa no equipamento e dar início à PCR.

8) Ao final dos 40 ciclos, analisar a leitura de fluorescência de sua placa. O *software* utilizado deve ter sido capaz de utilizar os sinais de detecção de fluorescência de cada reação por todos os ciclos e gerar um *plot* dos valores de fluorescência, que gera um gráfico de DRn (ordenada) pelos ciclos (abscissa). Com base nos valores de detecção de fluorescência do tipo VIC® ou FAM®, há determinação dos alelos por amostra. A análise é permitida segundo a configuração da placa de discriminação alélica, em que são indicados os controles negativos e controles positivos (alelos) feitos manualmente. A discriminação alélica pode ser convertida em genótipos.

9) O aumento da fluorescência VIC® relaciona-se à homozigose do alelo 1. O aumento da fluorescência FAM® relaciona-se à homozigose do alelo 2. O aumentos de ambas as fluorescências relaciona-se a ambos os alelos ou à heterozigose.

Mais informações acerca da análise de dados podem ser obtidas nos boletins dos equipamentos de PCR em tempo real e seus respectivos programas.

19.9 PERSPECTIVAS

Testes genéticos têm sido desenvolvidos e usados na predição das respostas dos pacientes a uma terapia direcionada, mas o desafio é traduzir tais descobertas em benefícios aos pacientes. Os obstáculos a serem sobrepostos para atingir tal objetivo são tanto de ordem científica quanto regulatória[70].

Dentre os desafios científicos, a determinação de quais marcadores genéticos conduzem ao aperfeiçoamento da terapia é a maior dificuldade[70]. Neste contexto, a inclusão da epigenética permite investigar mecanismos de modificação não genéticos que contribuem para a regulação gênica e examinar o impacto dessas mudanças na saúde humana[71]. A expressão de enzimas metabolizadoras e transportadores é regulada por fatores epigenéticos, incluindo modificações de histonas, metilação do DNA e RNAs não codificantes[72]. O entendimento da regulação gênica e das interações DNA-proteína pode contribuir para a obtenção de mais explicações sobre diferenças fenotípicas interindividuais, além da variação na sequência do DNA[73].

A metabolômica permite a definição de assinaturas metabólicas de exposição aos fármacos que podem identificar vias envolvidas tanto na eficácia quanto em reações adversas. Portanto, tem o potencial de transformar o entendimento dos mecanismos de ação e das bases moleculares para a variação na sua resposta. Além disso, a aplicação da metabolômica pode capturar influências ambientais e do microbioma na resposta aos fármacos e pode contribuir nos esforços de aplicação clínica da farmacogenômica[74].

Por fim, outros desafios são regulatórios e éticos. Como o resultado farmacogenético será transferido ao paciente de maneira mais acurada possível? Como esta informação direcionará a terapia por parte do médico, do paciente, das seguradoras de saúde e dos convênios médicos? Agências de cada país deverão formular medidas regulatórias próprias, e as universidades e empresas privadas deverão validar na população de tratamento os achados de outras populações, pois a frequência dos polimorfismos genéticos pode variar nos grupos de indivíduos segundo a ancestralidade das populações.

REFERÊNCIAS

1. Charlab R, Zhang L. Pharmacogenomics: historical perspective and current status. Methods in Molecular Biology. 2013;1015:3-22.

2. Offit K. Personalized medicine: new genomics, old lessons. Human Genetics. 2011 Jul;130(1):3-14.

3. Huang SM, Temple R. Is this the drug or dose for you? Impact and consideration of ethnic factors in global drug development, regulatory review, and clinical practice. Clinical Pharmacology and Therapeutics. 2008 Sep;84(3):287-94.

4. Evans WE, McLeod HL. Pharmacogenomics--drug disposition, drug targets, and side effects. The New England Journal of Medicine. 2003 Feb 6;348(6):538-49.

5. Kalow W, Tang BK, Endrenyi L. Hypothesis: comparisons of inter- and intra-individual variations can substitute for twin studies in drug research. Pharmacogenetics. 1998 Aug;8(4):283-9.

6. Wang L, McLeod HL, Weinshilboum RM. Genomics and drug response. The New England Journal of Medicine. 2011 Mar 24;364(12):1144-53.

7. Weinshilboum RM, Wang L. Pharmacogenetics and pharmacogenomics: development, science, and translation. Annual Review of Genomics and Human Genetics. 2006;7:223-45.

8. Roden DM, Altman RB, Benowitz NL, Flockhart DA, Giacomini KM, Johnson JA, et al. Pharmacogenomics: challenges and opportunities. Annals of Internal Medicine. 2006 Nov 21;145(10):749-57.

9. Kalow W. Familial incidence of low pseudocholinesterase level. Lancet. 1956;271:576.

10. Kalow W. Human pharmacogenomics: the development of a science. Human Genomics. 2004 Aug;1(5):375-80.

11. Motulsky AG. Drug reactions, enzymes, and biochemical genetics. Journal of the American Medical Association. 1957 Oct 19;165(7):835-7.

12. Vogel F. Moderne problem der humangenetik. Ergeb Inn Med U Kinderheilk. 1959;12:52-125.

13. Kalow W. Pharmacogenetics: heredity and the response to drugs. Philadelphia: Saunders; 1962.

14. Luizon MR, Metzger IF, Sandrim VC, Tanus-Santos JE. Bases da Farmacogenética. Genética na Escola SBG: Sociedade Brasileira de Genética. 2010;05(01):39-42.

15. Nebert DW, Zhang G, Vesell ES. From human genetics and genomics to pharmacogenetics and pharmacogenomics: past lessons, future directions. Drug Metabolism Reviews. 2008;40(2):187-224.

16. Ma Q, Lu AY. Pharmacogenetics, pharmacogenomics, and individualized medicine. Pharmacological Reviews. 2011 Jun;63(2):437-59.

17. Evans DA, Manley KA, Mc KV. Genetic control of isoniazid metabolism in man. British Medical Journal. 1960 Aug 13;2(5197):485-91.

18. Mahgoub A, Idle JR, Dring LG, Lancaster R, Smith RL. Polymorphic hydroxylation of Debrisoquine in man. Lancet. 1977 Sep 17;2(8038):584-6.

19. Weinshilboum RM, Sladek SL. Mercaptopurine pharmacogenetics: monogenic inheritance of erythrocyte thiopurine methyltransferase activity. American Journal of Human Genetics. 1980 Sep;32(5):651-62.

20. Vesell ES, Page JG. Genetic control of drug levels in man: phenylbutazone. Science. 1968 Mar 29;159(3822):1479-80.

21. Vesell ES, Penno MB. Assessment of methods to identify sources of interindividual pharmacokinetic variations. Clinical Pharmacokinetics. 1983 Sep-Oct;8(5):378-409.

22. Gonzalez FJ, Skoda RC, Kimura S, Umeno M, Zanger UM, Nebert DW, et al. Characterization of the common genetic defect in humans deficient in debrisoquine metabolism. Nature. 1988 Feb 4;331(6155):442-6.

23. Blum M, Grant DM, McBride W, Heim M, Meyer UA. Human arylamine N-acetyltransferase genes: isolation, chromosomal localization, and functional expression. DNA and Cell Biology. 1990 Apr;9(3):193-203.

24. Krynetski EY, Schuetz JD, Galpin AJ, Pui CH, Relling MV, Evans WE. A single point mutation leading to loss of catalytic activity in human thiopurine S-methyltransferase. Proceedings of the National Academy of Sciences of the USA. 1995 Feb 14;92(4):949-53.

25. Abbott A. Human genome at ten: The human race. Nature. 2010 Apr 1;464(7289):668-9.

26. Lander ES, Linton LM, Birren B, Nusbaum C, Zody MC, Baldwin J, et al. Initial sequencing and analysis of the human genome. Nature. 2001 Feb 15;409(6822):860-921.

27. Venter JC, Adams MD, Myers EW, Li PW, Mural RJ, Sutton GG, et al. The sequence of the human genome. Science 2001 Feb 16;291(5507):1304-51.

28. Holden AL. The SNP consortium: summary of a private consortium effort to develop an applied map of the human genome. BioTechniques. 2002 Jun;Suppl:22-4, 6.

29. McVean G, Spencer CC, Chaix R. Perspectives on human genetic variation from the HapMap Project. PLoS genetics. 2005 Oct;1(4):e54.

30. Hawke RL. Developing Perspectives on Pharmacogenomics. In: Bertino JS, Kashuba A, Ma JD, Fuhr U, DeVane CL, eds. Pharmacogenomics: An Introduction and Clinical Perspective. New York: McGraw-Hill 2013.

31. Hindorff LA, Sethupathy P, Junkins HA, Ramos EM, Mehta JP, Collins FS, et al. Potential etiologic and functional implications of genome-wide association loci for human diseases and traits. Proceedings of the National Academy of Sciences of the USA. 2009 Jun 9;106(23):9362-7.

32. Daly AK. Genome-wide association studies in pharmacogenomics. Nature reviews. 2010 Apr;11(4):241-6.

33. Zhou K, Pearson ER. Insights from genome-wide association studies of drug response. Annual Review of Pharmacology and Toxicology. 2013;53:299-310.

34. Harper AR, Topol EJ. Pharmacogenomics in clinical practice and drug development. Nature Biotechnology. 2013 Nov;30(11):1117-24.

35. Abecasis GR, Auton A, Brooks LD, DePristo MA, Durbin RM, Handsaker RE, et al. An integrated map of genetic variation from 1,092 human genomes. Nature. 2012 Nov 1;491(7422):56-65.

36. Madian AG, Wheeler HE, Jones RB, Dolan ME. Relating human genetic variation to variation in drug responses. Trends Genet. 2012 Oct;28(10):487-95.

37. Burt T, Dhillon S. Pharmacogenomics in early-phase clinical development. Pharmacogenomics. 2013 Jul;14(9):1085-97.

38. Haraksingh RR, Snyder MP. Impacts of variation in the human genome on gene regulation. Journal of Molecular Biology. 2013 Nov 1;425(21):3970-7.

39. Gaedigk A. Genetic Concepts of Pharmacogenomics: Basic Review of DNA, Genes, Polymorphisms, Haplotypes and Nomenclature. In: Bertino JS, Kashuba A, Ma JD, Fuhr U, DeVane CL, eds. Pharmacogenomics: An Introduction and Clinical Perspective. New York: McGraw-Hill 2013.

40. The Human Cytochrome P450 (CYP) Allele Nomenclature Committee. [Internet] [Cited Nov 13 2013]. Available from: http://www.cypalleles.ki.se/.

41. Gaedigk A. Complexities of CYP2D6 gene analysis and interpretation. International Review of Psychiatry. 2013 Oct;25(5):534-53.

42. Suarez-Kurtz G, Pena SD, Struchiner CJ, Hutz MH. Pharmacogenomic Diversity among Brazilians: Influence of Ancestry, Self-Reported Color, and Geographical Origin. Frontiers in Pharmacology. 2012;3:191.

43. Eichelbaum M, Ingelman-Sundberg M, Evans WE. Pharmacogenomics and individualized drug therapy. Annual Review of Medicine. 2006;57:119-37.

44. Daly AK. Genetic polymorphisms affecting drug metabolism: recent advances and clinical aspects. Advances in Pharmacology. 2012;63:137-67.

45. Hicks JK, Swen JJ, Thorn CF, Sangkuhl K, Kharasch ED, Ellingrod VL, et al. Clinical Pharmacogenetics Implementation Consortium guideline for CYP2D6 and CYP2C19 genotypes and dosing of tricyclic antidepressants. Clinical Pharmacology and Therapeutics. 2013 May;93(5):402-8.

46. Rang HP, Dale MM, Ritter JM, Flower RJ. Farmacologia. Rio de Janeiro: Elsevier; 2007.

47. Johnson JA, Gong L, Whirl-Carrillo M, Gage BF, Scott SA, Stein CM, et al. Clinical Pharmacogenetics Implementation Consortium Guidelines for CYP2C9 and VKORC1 genotypes and warfarin dosing. Clinical Pharmacology and Therapeutics. 2011 Oct;90(4):625-9.

48. Lee MT, Klein TE. Pharmacogenetics of warfarin: challenges and opportunities. Journal of Human Genetics. 2013 Jun;58(6):334-8.

49. Limdi NA. Warfarin pharmacogenetics: challenges and opportunities for clinical translation. Frontiers in Pharmacology. 2012;3:183.

50. Martin MA, Kroetz DL. Abacavir pharmacogenetics--from initial reports to standard of care. Pharmacotherapy. 2013 Jul;33(7):765-75.

51. Mesko B, Zahuczky G, Nagy L. The triad of success in personalised medicine: pharmacogenomics, biotechnology and regulatory issues from a Central European perspective. New Biotechnology. 2012 Sep 15;29(6):741-50.

52. Altman RB. Pharmacogenomics: "noninferiority" is sufficient for initial implementation. Clinical Pharmacology and Therapeutics. 2011 Mar;89(3):348-50.

53. Roberts JD, Wells GA, Le May MR, Labinaz M, Glover C, Froeschl M, et al. Point-of--care genetic testing for personalisation of antiplatelet treatment (RAPID GENE): a prospective, randomised, proof-of-concept trial. Lancet. 2012 May 5;379(9827):1705-11.

54. Zhang W, Roederer MW, Chen WQ, Fan L, Zhou HH. Pharmacogenetics of drugs withdrawn from the market. Pharmacogenomics. 2012 Jan;13(2):223-31.

55. Juni P, Nartey L, Reichenbach S, Sterchi R, Dieppe PA, Egger M. Risk of cardiovascular events and rofecoxib: cumulative meta-analysis. Lancet. 2004 Dec 4-10;364(9450):2021-9.

56. St Germaine CG, Bogaty P, Boyer L, Hanley J, Engert JC, Brophy JM. Genetic polymorphisms and the cardiovascular risk of non-steroidal anti-inflammatory drugs. Am J Cardiol. 2010 Jun 15;105(12):1740-5.

57. Cook J, Hunter G, Vernon JA. The future costs, risks and rewards of drug development: the economics of pharmacogenomics. Pharmacoeconomics. 2009;27(5):355-63.

58. Gamazon ER, Zhang W, Konkashbaev A, Duan S, Kistner EO, Nicolae DL, et al. SCAN: SNP and copy number annotation. Bioinformatics. 2010 Jan 15;26(2):259-62.

59. van Baarsen LG, Vosslamber S, Tijssen M, Baggen JM, van der Voort LF, Killestein J, et al. Pharmacogenomics of interferon-beta therapy in multiple sclerosis: baseline IFN signature determines pharmacological differences between patients. PLoS One. 2008;3(4):e1927.

60. Wertz IE, Kusam S, Lam C, Okamoto T, Sandoval W, Anderson DJ, et al. Sensitivity to antitubulin chemotherapeutics is regulated by MCL1 and FBW7. Nature. 2011 Mar 3;471(7336):110-4.

61. Zhou SF, Liu JP, Chowbay B. Polymorphism of human cytochrome P450 enzymes and its clinical impact. Drug Metabolism Reviews. 2009;41(2):89-295.

62. Glubb DM, Paugh SW, van Schaik RH, Innocenti F. A guide to the current Web-based resources in pharmacogenomics. Methods in Molecular Biology. 2013;1015:293-310.

63. Thorn CF, Klein TE, Altman RB. PharmGKB: the Pharmacogenomics Knowledge Base. Methods in Molecular Biology. 2013;1015:311-20.

64. Whirl-Carrillo M, McDonagh EM, Hebert JM, Gong L, Sangkuhl K, Thorn CF, et al. Pharmacogenomics knowledge for personalized medicine. Clinical Pharmacology and Therapeutics. 2012 Oct;92(4):414-7.

65. Ross S, Anand SS, Joseph P, Pare G. Promises and challenges of pharmacogenetics: an overview of study design, methodological and statistical issues. JRSM Cardiovascular Disease. 2012;1(1).

66. Peters BJ, Rodin AS, de Boer A, Maitland-van der Zee AH. Methodological and statistical issues in pharmacogenomics. The Journal of Pharmacy and Pharmacology. 2010 Feb;62(2):161-6.

67. Sandrim VC, Palei AC, Luizon MR, Izidoro-Toledo TC, Cavalli RC, Tanus-Santos JE. eNOS haplotypes affect the responsiveness to antihypertensive therapy in preeclampsia but not in gestational hypertension. The Pharmacogenomics Journal. 2010 Feb;10(1):40-5.

68. Metzger IF, Luizon MR, Lacchini R, Ishizawa MH, Tanus-Santos JE. Effects of endothelial nitric oxide synthase tagSNPs haplotypes on nitrite levels in black subjects. Nitric Oxide. 2013 Jan 15;28:33-8.

69. Silva PS, Fontana V, Luizon MR, Lacchini R, Silva WA, Jr., Biagi C, et al. eNOS and BDKRB2 genotypes affect the antihypertensive responses to enalapril. European Journal of Clinical Pharmacology. 2013 Feb;69(2):167-77.

70. Hamburg MA, Collins FS. The path to personalized medicine. The New England Journal of Medicine. 2010 Jul 22;363(4):301-4.

71. Cressman AM, Piquette-Miller M. Epigenetics: a new link toward understanding human disease and drug response. Clinical Pharmacology and Therapeutics. 2012 Dec;92(6):669-73.

72. Ingelman-Sundberg M, Zhong XB, Hankinson O, Beedanagari S, Yu AM, Peng L, et al. Potential role of epigenetic mechanisms in the regulation of drug metabolism and transport. Drug Metabolism and Disposition: the Biological Fate of Chemicals. 2013 Oct;41(10):1725-31.

73. Cascorbi I, Bruhn O, Werk AN. Challenges in pharmacogenetics. European Journal of Clinical Pharmacology. 2013 May;69 Suppl 1:17-23.

74. Kaddurah-Daouk R, Weinshilboum RM. Pharmacometabolomics: Implications for Clinical Pharmacology and Systems Pharmacology. Clinical Pharmacology and Therapeutics. 2014 Feb;95(2):154-67.

APLICAÇÕES FORENSES DO DNA: FUNDAMENTOS, MÉTODOS E LIMITAÇÕES

Isabela Brunelli Ambrosio
Danilo Faustino Braganholi
Regina Maria Barretto Cicarelli

20.1 INTRODUÇÃO

A identificação humana envolve um processo científico por meio do qual se determina a identidade de uma pessoa pelo conjunto de caracteres que a individualize, fazendo-a igual apenas a si mesma[1]. Esta identificação pode ser feita por meio do DNA, constituindo uma das ferramentas mais revolucionárias da genética moderna.

A genética forense, também conhecida como DNA Forense, é a área que utiliza os conhecimentos e técnicas de genética e de biologia molecular no auxílio à justiça, sendo aceita rotineiramente em processos judiciais em todo o mundo.

Apesar de ser a identificação humana pelo DNA o ramo mais desenvolvido da genética forense, bem como sua aplicação mais popular ser o teste de paternidade, ela não se limita a isso, e pode ser aplicada na identificação ou individualização de animais, plantas e micro-organismos.

A genética forense iniciou-se quando foram utilizadas pela primeira vez características genéticas para a definição de paternidade, ajudando a justiça na solução de um caso criminal[2,3]. Sua fase moderna teve início na década de 1980, quando pesquisadores descobriram regiões altamente variáveis do DNA, capazes de individualizar uma pessoa[2,3,4]. Em 1985, sir Alec Jeffreys[3] apelidou as características únicas do DNA de uma pessoa de "impressões digitais do DNA". O perfil genético de um indivíduo, comumente utilizado na identificação humana, é baseado na combinação de diversos marcadores que são herdados de seus progenitores. Esses marcadores referem-se geralmente a diferenças nas sequências de DNA entre os indivíduos (polimorfismos).

Os marcadores genéticos utilizados em identificação humana podem ser biparentais (metade dos cromossomos herdados da mãe e a outra metade herdada do pai) ou uniparentais (cromossomo Y herdado apenas do pai em indivíduos do sexo masculino e DNA mitocondrial herdado apenas da mãe em todos os indivíduos). Os marcadores biparentais autossômicos permitem uma identificação individual porque um determinado perfil genético é específico de um só indivíduo, sendo apenas partilhado por gêmeos monozigóticos. Os marcadores uniparentais não permitem a identificação individual, pois todos os indivíduos aparentados por via masculina partilharão a mesma linhagem de cromossomo Y, enquanto todos os indivíduos aparentados por via feminina partilharão a mesma linhagem de DNA mitocondrial, salvo nos casos de ocorrência de mutações durante a transmissão.

20.2 POLIMORFISMOS STRS (AUTOSSÔMICOS E DOS CROMOSSOMOS SEXUAIS, X E Y)

Desde que se desenvolveu a tecnologia do DNA recombinante, em 1973, dividindo em pedaços o DNA genômico para estudar os genes, houve um avanço na biologia molecular, e diversos genes foram descritos e isolados, muitos deles relacionados com a identificação humana[5]. Com o uso de enzimas de restrição e sondas de DNA, foram exploradas as variabilidades ou polimorfismos do DNA que variavam de indivíduo para indivíduo. Descobriram-se, também, regiões constituídas por vários pares de bases, repetidas inúmeras vezes, com alelos variando quanto ao número de sequências, denominados minissatélites (variable number tandem repeats – VNTR). Inicialmente, os VNTRs foram utilizados como marcadores genéticos informativos, pois estes são compostos por cem ou mais alelos com diferentes comprimentos na população humana.

Outros marcadores altamente polimórficos foram encontrados no genoma humano: os microssatélites (*short tandem repeats*, STR) (Figura 20.1). Os STRs são repetições curtas de 1 a 5 pares de bases encontrados em eucariotos. Tais repetições são encontradas tanto em regiões codificantes quanto não codificantes do DNA, cuja função ainda é desconhecida[5].

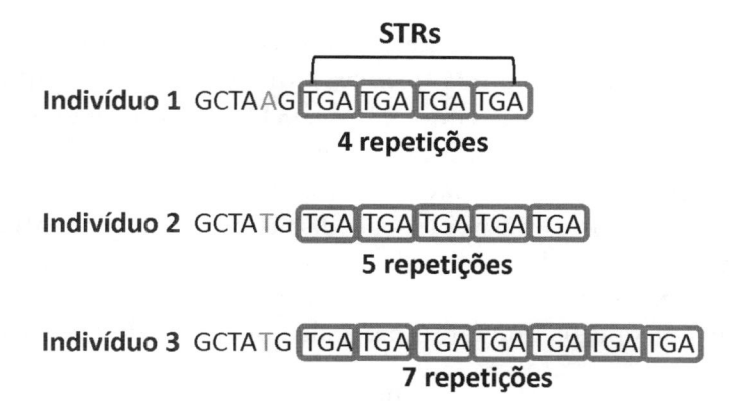

Figura 20.1 Esquema representando variações dos polimorfismos *short tandem repeats* (STRs). O número de repetições das pequenas sequências configuram um alelo que pode variar entre indivíduos.

Inovação tecnológica revolucionária na biologia molecular surgida em 1985, a reação da polimerase em cadeia ou *polymerase chain reaction* (PCR), tornou-se de uso universal. Por meio dessa reação, quantidades muito pequenas de DNA podem ser amplificadas para obtenção de praticamente qualquer quantidade desejada[6,7,8]. A técnica utiliza o mesmo princípio pelo qual o DNA é normalmente copiado na célula, exceto pelo fato de que somente um pequeno segmento do DNA no cromossomo será amplificado. Isso possibilitou processar quantidades muito pequenas de DNA frequentemente deixadas como evidência de um crime e aumentou enormemente a sensibilidade dos sistemas disponíveis usados nas análises forenses, auxiliando o sistema judiciário no julgamento de crimes. Graças à PCR, diminutas quantidades de DNA podem ser extraídas de fios de cabelo, selos postais, pontas de cigarro, xícaras de café e outras fontes de DNA.

Os STRs substituíram os polimorfismos de comprimento dos fragmentos de restrição (do inglês *restriction fragment length polymorphisms* – RFLPs) como principal método de identificação genômica e tornaram-se popular na tipagem de DNA para análises forenses. São sequências curtas que variam de duas a quatro bases, podendo repetir-se até dezessete vezes (de sete a quinze alelos por lócus), comumente amplificadas por PCR. Os métodos para tipagem de STRs estão atualmente automatizados, com detecção envolvendo fluoróforos[9].

Com o desenvolvimento de reações da PCR em multiplex (Figura 20.2), ou seja, amplificação de várias regiões do DNA em um único tubo, empresas internacionais iniciaram a comercialização de kits contendo um *mix* ou mistura com diversos iniciadores (*primers*), que permitem amplificar até 24 regiões do DNA genômico, sendo 23 *loci* STR mais a amelogenina para determinação do sexo. Entretanto, para aplicação e uso nos diferentes laboratórios forenses, há a necessidade de se conhecer as frequências dos respectivos alelos presentes na população daquela região geográfica em que os testes estão sendo realizados. Tais frequências devem ser publicadas em revistas indexadas para que possam ser utilizadas nas análises estatísticas dos resultados dos perfis que farão parte da conclusão do laudo pericial.

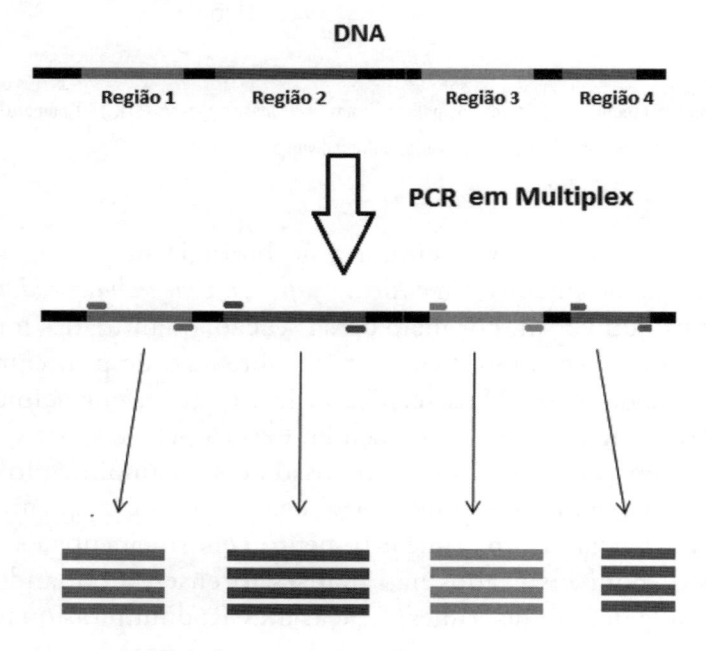

Figura 20.2 Esquema representando uma reação de PCR multiplex na qual são amplificadas diferentes regiões do DNA em uma única reação.

Tratando-se de amostras obtidas em cenas de crimes, casos de violação sexual (estupro), desastres em massa ou de restos mortais de exumação de cadáver, uma questão fundamental, concernente ao uso do DNA como evidência, está na validação científica dos métodos de análise dos STRs. Em outras palavras, é preciso ter garantias científicas de que os testes podem, inequivocamente, identificar coincidências ou não coincidências para cada marcador genético utilizado, na comparação das amostras questionada e de referência. Inicialmente, a credibilidade dos testes deve partir da natureza das amostras biológicas utilizadas[2]. Muito frequentemente as amostras são encontradas em superfícies não esterilizadas, podendo sofrer danos após contato com a luz solar, micro-organismos e solventes. Existem procedimentos que podem minimizar a ação desses fatores de degradação do DNA. Entretanto, muitos cuidados devem ser tomados para evitar equívocos na interpretação dos resultados dos perfis alélicos. Ressalte-se que a cadeia de custódia das amostras deve ser mantida até o momento de serem processadas no laboratório.

A amplificação por PCR pode produzir falhas e artefatos devido à baixa qualidade do material biológico. Amostras de DNA parcialmente degradadas podem proporcionar, por exemplo, a amplificação preferencial de alguns alelos e/ou o surgimento das bandas fantasmas (*stutter bands*) (Figura 20.3)[2]. No primeiro caso, pode-se ter a amplificação de um alelo em detrimento do outro, o que pode gerar a falsa impressão de se tratar de um indivíduo homozigoto em vez de heterozigoto para o lócus em estudo. As bandas fantasmas ocorrem em virtude de falhas no processo de amplificação, gerando bandas com uma unidade de repetição a menos que a do alelo original. Desse modo, pode-se equivocadamente interpretar o resultado como um falso heterozigoto ou identificar um alelo erroneamente.

Apesar dessas dificuldades, a genética é a área da ciência forense que mais tem avançado na atualidade. Há alguns anos, a Secretaria Nacional de Segurança Pública do Brasil está implementando o Banco de Dados Nacional Criminal de Perfis Genéticos, similarmente ao americano CODIS (Combined DNA Index System), que armazena dados de criminosos condenados, e o europeu Fenix, que contém o perfil genético de milhares de pessoas desaparecidas. Tais ferramentas tornam mais ágil a troca de informações entre as instituições espalhadas pelo vasto território no país, como no caso do CODIS nos Estados Unidos da América[10], facilitando a resolução de diversos casos.

Mais recentemente, o decreto nº 7.950, de 12 de março de 2013, da Presidência da República, instituiu o Banco Nacional de Perfis Genéticos e a Rede Integrada de Bancos de Perfis Genéticos (RIBPG) para armazenar

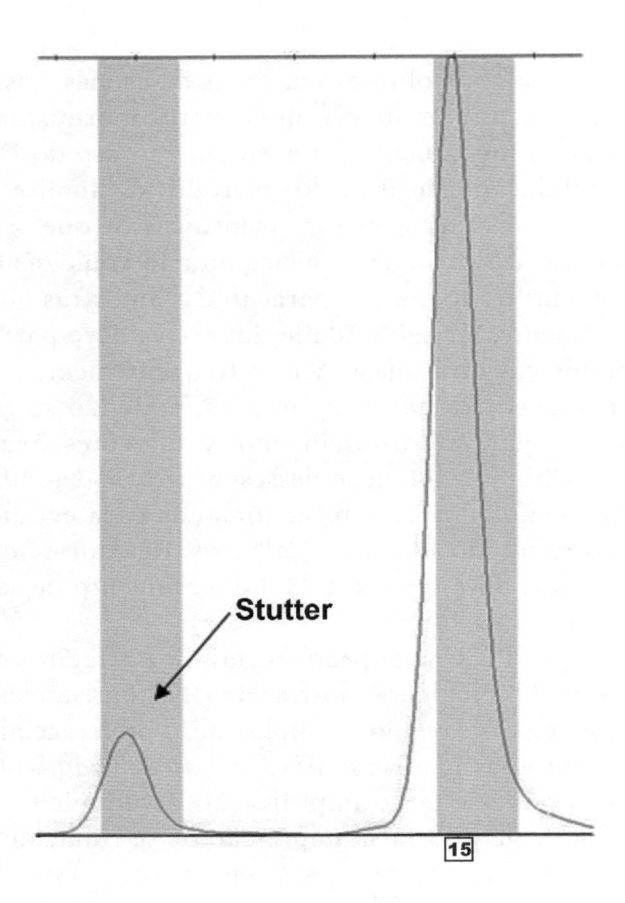

Figura 20.3 Esquema representando um alelo e um *stutter*. A seta indica o *stuter*. Nota-se a grande diferença entre as intensidades de sinais entre *stutter* e alelo verdadeiro.

dados de perfis genéticos coletados para subsidiar ações destinadas à apuração de crimes.

No Brasil, a implementação desse banco de dados trouxe o aumento da demanda nos laboratórios de perícia, uma vez que ele permite, por exemplo, identificar o criminoso pela análise de uma única gota de sangue encontrada no local do crime.

Em 2006, alguns peritos judiciais publicaram artigos[11,12] revelando as possibilidades de erros em exames de DNA, o que acarretou um convite da revista *Scientific American Brasil* para escrever um artigo sobre o estado da arte da genética forense no Brasil[13]. Em decorrência dessas publicações, vários laboratórios brasileiros começaram a ser condenados por erros em exames de DNA.

Na falta de um órgão nacional credenciado para promover a acreditação de laboratórios de DNA forense no Brasil, como é o caso, por exemplo, da American Association of Blood Banks (AABB) nos Estados Unidos, o Ministério da Justiça solicitou que o Instituto Nacional de Metrologia, Qualidade e Tecnologia (INMETRO) viesse a padronizar os exames de DNA realizados por laboratórios da polícia científica[14]. Mais recentemente, a Agência Nacional de Vigilância Sanitária (ANVISA) publicou a Resolução RDC n. 11, de 16 de fevereiro de 2012, estabelecendo normas para o funcionamento de laboratórios que realizam testes e análises técnicas, o que abrange também os laboratórios que realizam investigação de paternidade.

Em associação aos STRs autossômicos, que muito contribuem para a identificação do indivíduo tanto quanto para a investigação de paternidade, os Y-STRs relacionados com o cromossomo Y, bem como os X-STRs do cromossomo X, são também ferramentas importantes na elucidação das análises de DNA forense ou casos de relação biológica. Os primeiros são importantes na determinação de linhagem patrilinear, uma vez que o cromossomo Y é transmitido de pai para filho e deste para seu filho de maneira haplotípica, à semelhança da transmissão do DNA mitocondrial (herança materna), levando a que toda a descendência do sexo masculino, daquele primeiro indivíduo compartilhe os mesmos haplotipos Y-STRs; ou seja, todos os descendentes do sexo masculino apresentarão o mesmo padrão haplotípico do seu ancestral. Por essa razão, em um laudo de paternidade, não se deve multiplicar a frequencia haplotípica do cromossomo Y pelo valor de LR (*Likelihood ratio*) gerado pela análise dos STRs autossômicos. Assim, a análise do perfil Y-STR é muito útil principalmente para excluir um indivíduo da possibilidade de ser pai biológico de uma criança do sexo masculino ou de ser doador de uma amostra biológica de sangue ou sêmen.

Em relação ao cromossomo X (X-STRs), este é transmitido pelo pai para todas as filhas do sexo feminino, que recebem o outro cromossomo X da mãe biológica. Como neste caso o padrão de transmissão é muito semelhante aos STRs autossômicos, em geral os índices obtidos por meio de cálculos estatísticos utilizando as respectivas frequências dos alelos de ambos, STRs e X-STRs, podem ser multiplicados, aumentando, assim, as chances de favorecimento de paternidade, quando se trata de filha questionada na ausência do suposto pai, por exemplo (Figura 20.4).

A equipe da autora deste capítulo elaborou um banco de dados muito interessante e bastante completo para estudo de vários parâmetros de análise

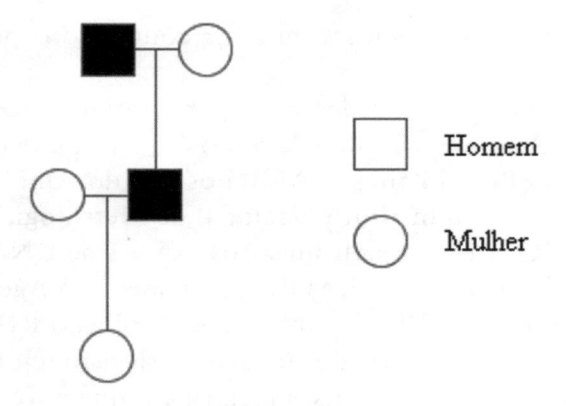

STRs autossômicos
Probabilidade de Relação Biológica: 71,79757%

X

X-STRs
Probabilidade de Relação Biológica: 99,9813421%

STRs autossômicos e X-STRs
Probabilidade de Relação Biológica: 99,9926702 %

Figura 20.4 Heredograma de um caso de investigação de paternidade em que foi utilizada a análise de X-STRs. Os indivíduos em preto não foram analisados. Foi utilizada neste caso a análise da mãe biológica do suposto pai, uma vez que este estava ausente. O esquema mostra a probabilidade de relação biológica com os STRs autossômicos e X-STRs; a multiplicação dos índices aumenta a probabilidade de relação biológica entre os indivíduos analisados.

do cromossomo X[*], os quais foram obtidos a partir das publicações nacionais sobre esse tema e de dados do próprio laboratório. Esforços estão sendo investidos no sentido de disponibilizar também as fórmulas para realizar os cálculos estatísticos mais importantes a serem incluídos nos laudos periciais em que há a necessidade da associação dos STRs autossômicos e X-STRs,

---

*   Ver: <http://bgbx.com.br>. Número de registro de programa de *software*: 12166-1.

garantindo, desse modo, um índice de paternidade ou de verossimilhança mais robusto.

A utilização das análises dos marcadores de Y e X-STRs é importante em casos de confirmação de exclusão de paternidade e, especialmente, em casos de reconstrução, quando o suposto pai está ausente. Em casos criminais, estas também são ferramentas importantes para elucidar a origem de manchas de sangue e/ou sêmen.

A técnica de amplificação de STRs (autossômicos, Y e X) baseia-se na realização de uma reação da PCR multiplex, isto é, na qual vários *primers* são adicionados a um mesmo tubo de 0,2 mL contendo um mix da PCR (tampão, cloreto de magnésio, dNTPs e enzima Taq polimerase) e acrescentando-se à mistura o DNA em estudo.

Duas reações para controle das condições de amplificação são necessárias e imprescindíveis: um controle positivo, contendo DNA humano conhecido e convenientemente diluído (concentração de uso 0,5 ng/uL), e outro negativo, geralmente realizado com água milli-q esterilizada. Os tubos são levados ao termociclador para a amplificação em ciclagem adequada e compatível com a reação multiplex.

Atualmente, o uso de kits comerciais são os mais recomendáveis para as análises forenses e de paternidade por serem validados nacional e internacionalmente. A seguir, a Figura 20.5 apresenta um esquema dos procedimentos básicos para a reação.

O sucesso da análise dos STRs está diretamente relacionado com a qualidade do DNA obtido. O DNA está presente em todas as células nucleadas e, portanto, pode ser extraído de diferentes materiais biológicos deixados na cena de um crime. Em geral, as amostras testadas nos laboratórios forenses são tipicamente sangue e manchas de sêmen, mas podem existir muitas outras fontes de DNA.

Para a comparação dos perfis de DNA, sempre há a necessidade de amostras de referência (sangue ou *swab* oral). Todas as amostras devem ser cuidadosamente manuseadas para a extração de DNA, de modo a evitar qualquer tipo de contaminação. Por essa razão, muitos laboratórios processam as amostras de evidência (aquelas obtidas na cena do crime) em momentos diferentes ou mesmo em locais diferentes das amostras de referência. Existem diversos métodos de extração de DNA; entretanto, os mais utilizados atualmente são orgânico, Chelex e papel FTA. Todos eles permitem a obtenção de DNA de boa qualidade para análise de STRs. A Figura 20.6 ilustra um perfil alélico amplificado a partir de uma amostra de DNA humano.

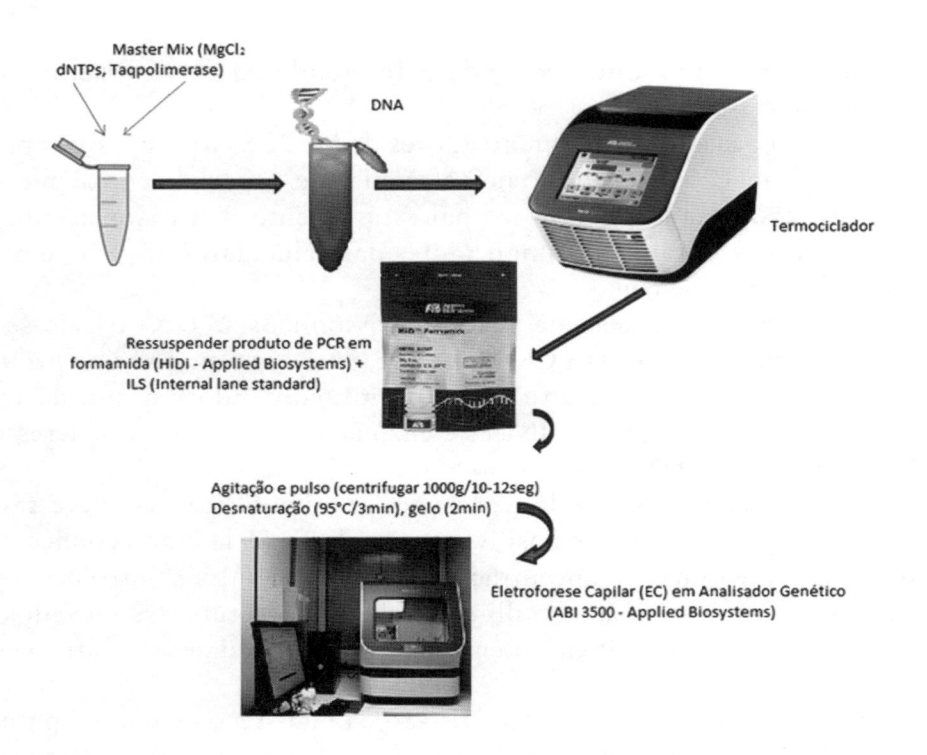

Figura 20.5 Esquema ilustrativo da reação de PCR multiplex para amplificação de STRs (autossômicos, Y ou X-STRs).

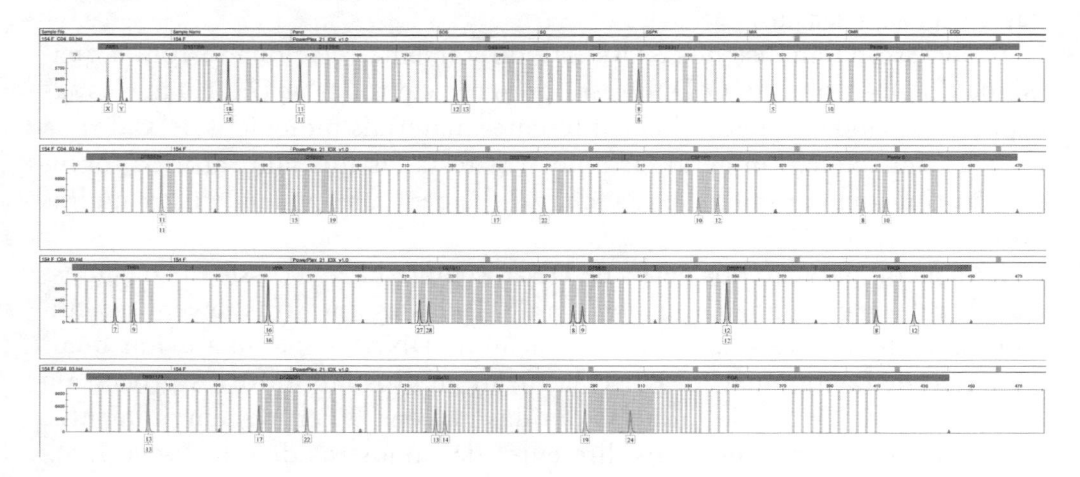

Figura 20.6 Eletroferograma obtido no analisador genético (ABI 3500 – Applied Biosystems) e analisado no GeneMapper ID-X apresentando os alelos amplificados na reação multiplex de 21 regiões do DNA humano (STRs autossômicos). A amostra pertence a um indivíduo do sexo masculino (X/Y). Os picos representam os alelos obtidos em cada marcador, que são repetições de pequenas sequências de bases, como mostrado na Figura 20.1.

20.3 POLIMORFISMOS DE INSERÇÃO/ DELEÇÃO (INDELS) E SUAS APLICAÇÕES

O estudo das variações genéticas, utilizando os polimorfismos do DNA, permite uma melhor compreensão da história e da diversidade das populações humanas, além de proporcionar um sistema para a identificação genética de indivíduos. A aplicação do DNA decorre do seu alto poder de discriminação gerado por seus polimorfismos, e além dos STRs já estudados anteriormente, destacam-se outros dois: *single nucleotide polymorphisms* (SNPs) e *insertion-deletion polymorphisms* (INDELs)[15].

Weber e colaboradores (2002)[16] foram pioneiros, pois identificaram e caracterizaram aproximadamente 2 mil INDELs no genoma humano, com diferentes tamanhos e frequências alélicas em europeus, africanos, japoneses e nativo-americanos, e devido à abundância e facilidade de análise, destacaram a sua utilidade para estudos genéticos. INDELs chegam a representar cerca de 16% de todos os polimorfismos do DNA humano e se apresentam muito distribuídos pelo genoma, em média, um INDEL a cada 7,2 Kb[17].

INDELs são polimorfismos de comprimento, caracterizados pela inserção ou deleção de um ou mais nucleotídeos em uma determinada região do genoma; por exemplo, o polimorfismo rs16363 é identificado pela deleção da sequência "TGTTT" na localização cromossômica 22q13.1. O polimorfismo ao ser inserido no National Center for Biotechnology Information (NCBI) recebe um código único descrito com as letras rs (*reference sequence*), seguido da numeração específica para sua identificação correspondente à sua posição no genoma. Na localização cromossômica, o primeiro número refere-se ao cromossomo; no exemplo citado acima, o polimorfismo está localizado no cromossomo 22; a letra refere-se aos braços do cromossomo; a letra *p* indica o braço curto e *q* o braço longo; o número seguinte representa a posição no braço do cromossomo, no exemplo, banda 13, sub-banda 1.

A Figura 20.7 a seguir ilustra a identificação do INDEL "ATCG" no eletroferograma.

20.4 UTILIZAÇÃO DOS INDELS NA ANÁLISE DE DNA DEGRADADO

O DNA pode ser danificado ou destruído devido a condições ambientais adversas. A exposição ao ambiente degrada as moléculas de DNA, dividindo-o aleatoriamente em pequenos pedaços. Água, oxigênio, radiação

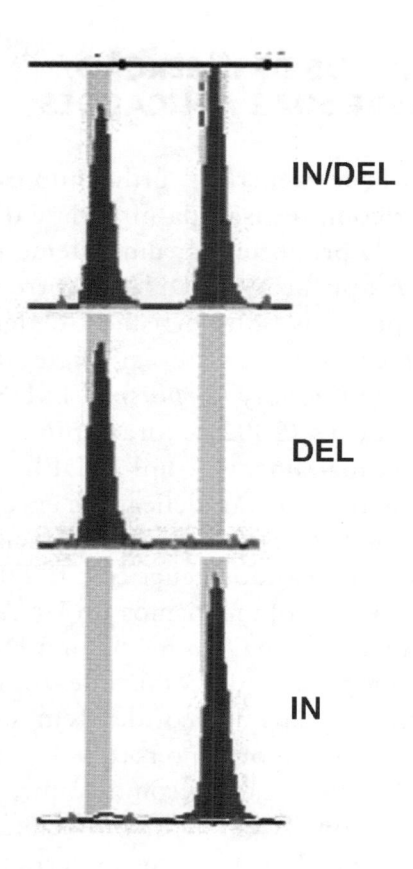

Deleção: TTAGATG_____GTCGAA

Inserção: TTAGATGATCGGTCGAA

Figura 20.7 Eletroferograma identificando o INDEL (In/Del) com o alelo curto (deleção-Del) e o alelo longo (inserção-In-ATCG).

ultravioleta e enzimas nucleases são alguns dos agentes naturais que atuam nessa degradação[18].

A habilidade de recuperar e analisar sequências de DNA de amostras como ossos e dentes, expostos ao longo do tempo a uma variedade de condições ambientais, tornou-se uma ferramenta valiosa para a identificação de indivíduos ou amostras desconhecidas[19].

Pouco DNA endógeno, ação do meio ambiente, micro-organismos e presença de inibidores são os principais fatores que fazem com que a recuperação e análise do DNA deste tipo de amostra sejam um desafio na área de identificação humana[20].

Ainda que a análise de STR (*short tandem repeats*) seja o principal polimorfismo utilizado como marcador genético em identificação humana[18], conforme já foi mencionado anteriormente, apresenta dificuldades quando as amostras possuem DNA degradado e/ou em pouca quantidade, devido ao tamanho relativamente grande dos fragmentos a serem amplificados (150 pb a 500 pb)[21].

Por essa razão, aumentou de modo considerável o interesse na utilização de INDELs como marcadores genéticos nas áreas de identificação humana e genética forense, devido à facilidade de análise, ampla distribuição no genoma, por apresentarem fragmento de pequeno tamanho, cerca de 100 pb e poderem ser detectados por diferentes técnicas. As frequências alélicas apresentam diferenças significativas entre populações geograficamente distintas, sendo potenciais marcadores para estudo de ancestralidade. Apresentam menor taxa de mutação em comparação com os STRs (Figura 20.8)[22].

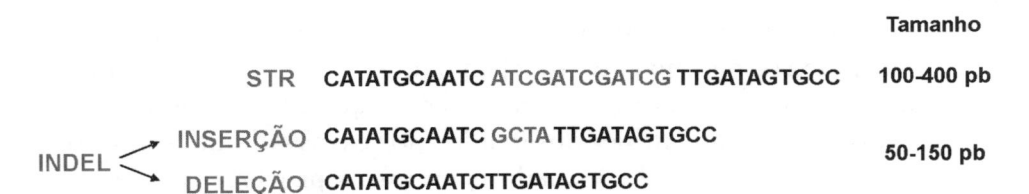

Figura 20.8 Esquema comparando STRs com INDELs e mostrando os respectivos tamanhos em pares de bases (pb) obtidos na amplificação.

O fato de o fragmento de DNA amplificado ser pequeno é muito interessante, facilitando a análise em amostras biológicas não mantidas em boas condições de preservação, por exemplo, ossos e dentes coletados em casos de exumação de cadáveres ou de acidentes em massa. Nessas situações, a alternativa é a combinação de marcadores STRs e INDELs para a obtenção de uma análise mais conclusiva e robusta.

Em testes de paternidade ou outra relação biológica, a maioria dos laboratórios utiliza um conjunto de dezesseis marcadores STRs que oferecem um poder discriminatório alto e geram um resultado de exclusão de paternidade (entre 0,9999983 e 0,9999998) ou fortemente indicativo de probabilidade de inclusão (índices de paternidade entre 522.000 e 4.110.000). No entanto, alguns casos apresentam resultados ambíguos ou inconclusivos, em que a relação reivindicada não pode ser confirmada por uma probabilidade suficientemente alta, ou uma exclusão é sugerida por incompatibilidade alélica em apenas um ou dois destes marcadores, sendo que para uma análise resultar em exclusão de paternidade há a necessidade de não coincidência entre o alelo paterno obrigatório (filho/a) e o alelo presente no suposto pai em, no mínimo, três marcadores autossômicos[23]. Na Figura 20.9, estão representados os eletroferogramas parciais de três regiões de STRs autossômicos, mostrando duas exclusões. É importante notar que incompatibilidades podem também ser identificadas por ação de mutações, uma vez que os STRs apresentam elevada taxa de mutação (cerca de 2×10^{-3}).

Resultados ambíguos surgem frequentemente, quando, por exemplo, o irmão biológico do pai biológico é indicado como suposto pai de uma criança, de modo que a taxa de exclusão torna-se muito reduzida (poucas não coincidências nos alelos) e o índice de paternidade, usando uma razão de probabilidade de um homem aleatório na população, não se aplica; estes resultados são difíceis de serem interpretados. Um recurso encontrado é a análise de STRs adicionais para melhorar a probabilidade ou fornecer claras e inequívocas exclusões; no entanto, além daqueles que já são utilizados nos kits comerciais, poucos STRs são validados para que possam ser aplicáveis[24].

Estes resultados também são observados nos casos em que o suposto pai é falecido e há a necessidade de analisar amostras provenientes de exumação, como ossos e dentes, uma vez que esse tipo de amostra pode apresentar baixa quantidade de DNA e alto nível de degradação e contaminação, o que na grande maioria das vezes dificulta a análise de um número adequado de STRs. Nesses casos, analisando-se um número relativamente grande de INDELs (de 30 a 40), que apresentam menor taxa de mutação em comparação aos STRs, pode-se encontrar novas incompatibilidades, o que favorece a hipótese de exclusão, ou, ao contrário, caso não sejam encontradas incompatibilidades, aumentar o índice de paternidade a valores que suportem a confirmação de uma relação biológica.

20.5 TÉCNICAS PARA ANÁLISE DE INDELS AUTOSSÔMICOS

A técnica para análise de INDELs também é uma reação da PCR em multiplex, conforme mencionado anteriormente para amplificação de STRs.

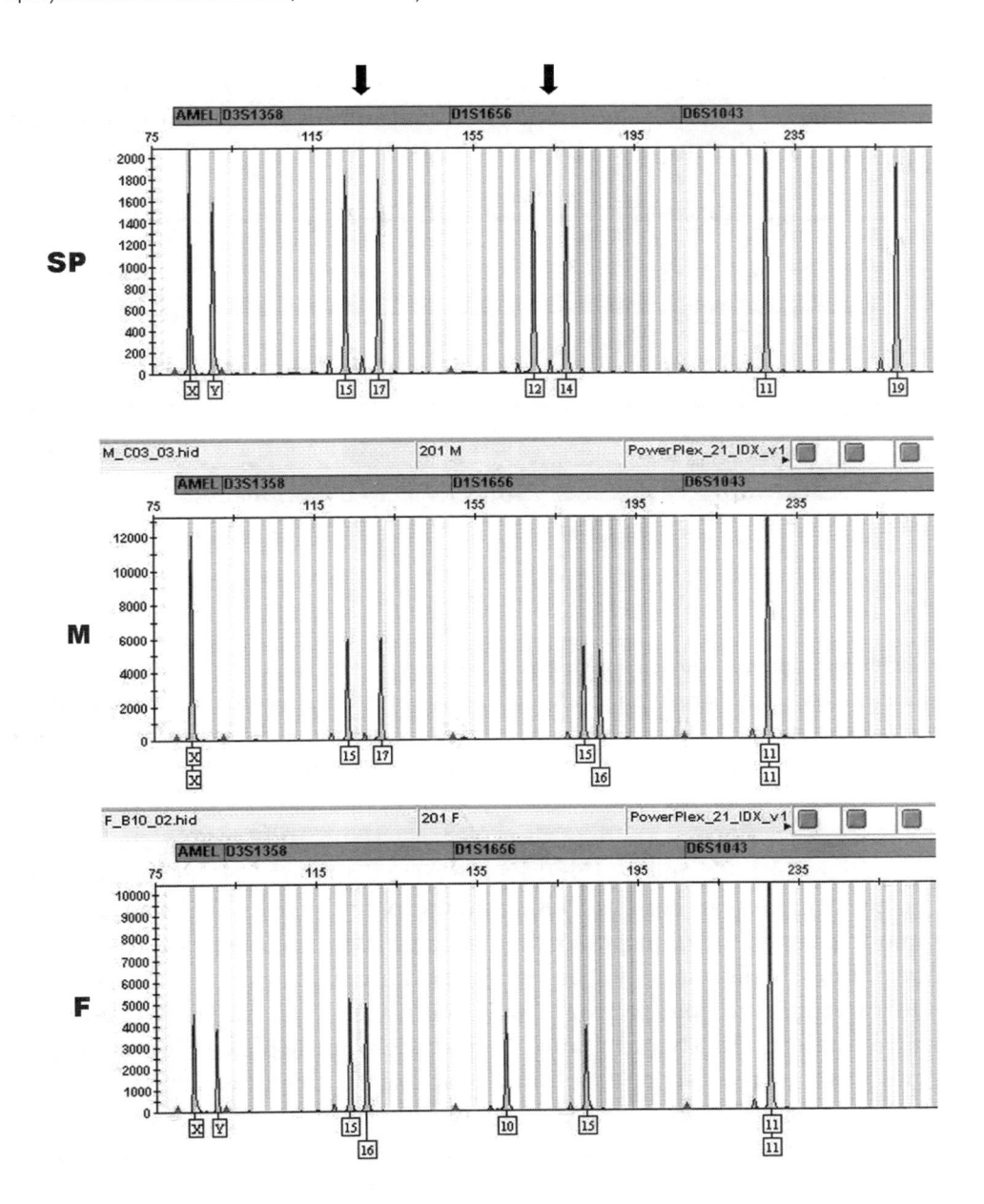

Figura 20.9 Comparação de três eletroferogramas parciais no *software* GenneMapper ID-X para verificar compatibilidade de alelos em um caso de investigação de paternidade. SP, suposto pai; M, mãe; F, filho. As setas indicam dois marcadores onde não houve compatibilidade, ou seja, o F não herdou o alelo obrigatório do SP.

Podem ser analisados trinta marcadores utilizando-se o kit *InvestigatorDIPplex* (Qiagen), que também amplifica a amelogenina em uma única reação multiplex[25] (Figura 20.10).

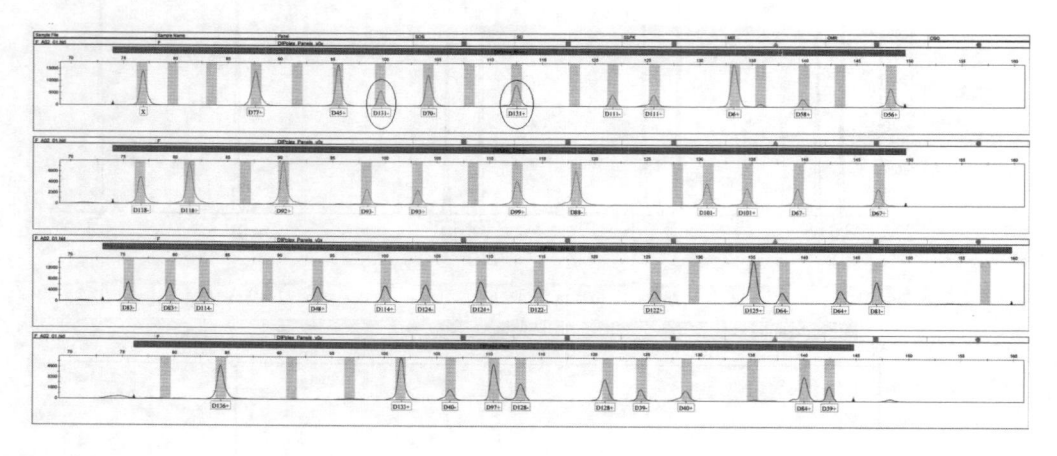

Figura 20.10 Eletroferograma da reação com o kit *InvestigatorDIPplex* (Qiagen). (Trata-se de uma amostra feminina.) Os picos representam os alelos obtidos para cada marcador, sendo o alelo curto o que apresenta a deleção e o alelo longo o que apresenta a inserção, conforme exemplificado na Figura 20.3. Neste eletroferograma, os alelos são encontrados em regiões separadas, sendo divididos entre as quatro cores de fluoróforos. Estão identificados dois alelos de um mesmo marcador, separados no eletroferograma.

Devido ao fato de que os INDELs apresentam menor poder de discriminação em comparação com os STRs, o número de INDELs analisados deverá ser maior para atingir um poder de discriminação aceitável; neste caso, os trinta polimorfismos são suficientes segundo o fabricante.

Outra reação foi padronizada por Pereira e colaboradores (2009)[15] e permite analisar 38 INDELs autossômicos em multiplex (Figura 20.11). Segundo os autores, esses 38 polimorfismos são suficientes para atingir um poder de descriminação aceitável.

Comparando-se as duas reações, verifica-se que a reação de Pereira e colaboradores (2009)[15] apresenta oito polimorfismos a mais do que aquela do kit *InvestigatorDIPplex* (Qiagen), não havendo nenhum polimorfismo em comum. Em contrapartida, a reação de Pereira e colaboradores (2009)[15] não amplifica a amelogenina.

Outra avaliação interessante nos eletroferogramas demonstra que, nos 38-INDELs, os marcadores podem apresentar os alelos na mesma região, enquanto no *InvestigatorDIPplex* (Qiagen), os alelos dos marcadores se

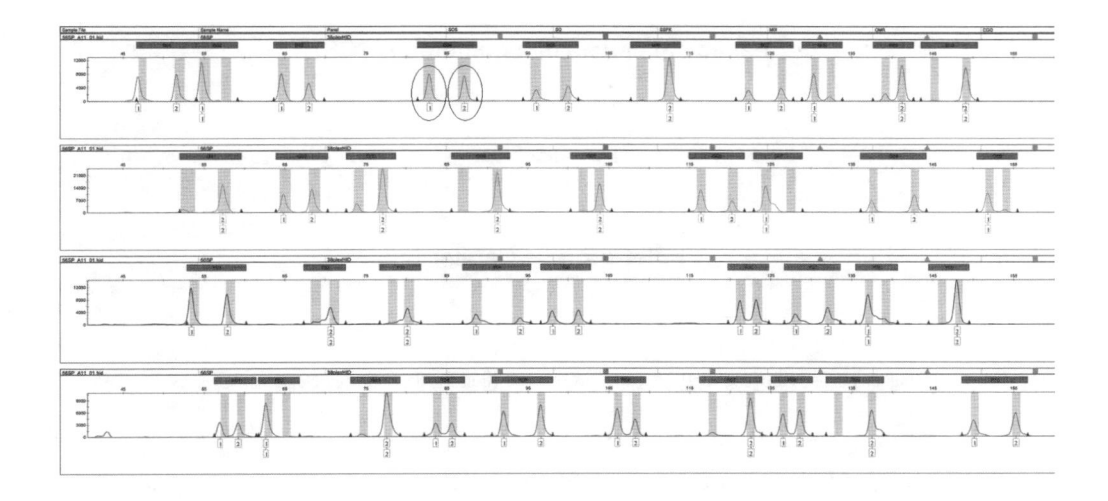

Figura 20.11 Eletroferograma da reação padronizada por Pereira e colaboradores (2009)[15]. (Amostra diferente da apresentada na Figura 20.10) Os picos representam os alelos obtidos para cada marcador, sendo o alelo curto o que apresenta a deleção e o alelo longo o que apresenta a inserção, conforme exemplificado na Figura 20.3. Ao contrário da Figura 20.10, neste eletroferograma os alelos podem ser identificados na mesma região.

intercalam na mesma cor de fluoróforo. Isto dificulta a análise e a comparação entre os alelos de um mesmo marcador. A análise de amostras é realizada pelo *software* GeneMapper.

Como apresentado na Figura 20.12, os mesmos passos são realizados para análise de INDELs por ambas as reações multiplex, sendo que o passo de purificação pode ser opcional conforme a necessidade (quando o eletroferograma não discrimina adequadamente os alelos). De maneira geral, a metodologia para análise de INDELs é prática e rápida e muito similar àquela para análise de STRs, o que agrega praticidade ao trabalho em laboratórios de identificação humana.

20.6 APLICAÇÕES DO DNA MITOCONDRIAL

As mitocôndrias são organelas citoplasmáticas que apresentam em sua composição um genoma extracromossômico separado e distinto do genoma nuclear, o DNA mitocondrial (DNAmt), composto por 16.569 nucleotídeos e apresentando-se como uma dupla fita circular. Sua composição química

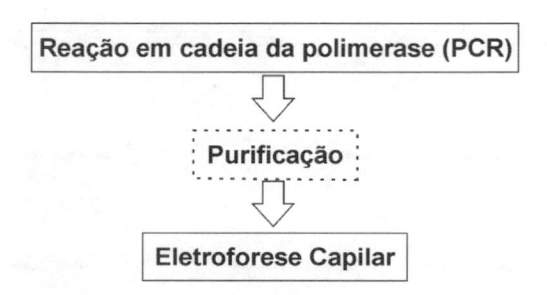

Figura 20.12 Fluxograma para análise de INDELs por ambas as reações. (O passo de purificação é opcional.)

em nada difere da composição do DNA nuclear; entretanto, ele possui um código genético próprio.

O DNAmt evoluiu pelo acúmulo de mutações nas linhagens maternas e acredita-se fixar novas mutações dez vezes mais rápido do que o DNA nuclear[26]. Este fato ocorre devido à baixa fidelidade da DNA polimerase mitocondrial, juntamente com a falta de mecanismos de reparo durante sua replicação, o que acaba sendo de grande interesse no campo forense.

Em alguns casos pode não ser possível a análise do DNA nuclear de algumas amostras (casos em que o DNA apresente degradações ou quando o material biológico não apresentar DNA nuclear), e então a análise do DNAmt torna-se uma alternativa importante. Assim, o DNAmt é utilizado na rotina forense para analisar ossos, dentes, fios de cabelos e outros tipos de amostras biológicas, sempre que se necessite identificar o indivíduo.

A principal vantagem do DNAmt é que ele está presente em uma média de quinhentas a 2 mil cópias por célula. Esta abundância aumenta significativamente as chances de que algumas cópias de DNAmt permanecerão estáveis em ambientes que apresentam condições não favoráveis à sua conservação, além do que a natureza circular do DNAmt o torna menos suscetível à degradação por exonucleases[27].

O genoma mitocondrial possui herança estritamente materna, permitindo investigar relações de parentesco nesta linhagem, sendo, portanto, haploide e, por isso, não é submetido a processos de recombinação. Por essas duas razões, o DNAmt não pode ser utilizado na investigação de paternidade. Vale ressaltar que tanto os filhos como as filhas compartilham o DNAmt da mãe biológica.

Este genoma possui natureza monoclonal, ou seja, todo o DNAmt de um indivíduo apresenta a mesma sequência, o que simplifica a interpretação dos resultados durante o sequenciamento do DNAmt. Porém, em alguns casos pode haver indivíduos que apresentam uma condição denominada de heteroplasmia, na qual uma mesma pessoa apresenta mais de um tipo de DNAmt, podendo ser heteroplasmia de sequência, quando há diferença em apenas um nucleotídeo, ou heteroplasmia de comprimento, quando há deleção ou inserção de uma citosina em regiões com repetições mononucleotídicas (conhecidas como poli-C). Nos dois casos, as análises devem ser muito cuidadosas para a interpretação da heteroplasmia. Portanto, há necessidade de treinamento do perito para análise do DNAmt em casos forenses.

20.7 UTILIZAÇÃO DO DNA MITOCONDRIAL EM ANÁLISES FORENSES

O genoma mitocondrial é composto de duas regiões (Figura 20.13): a região codificadora e a região controle, esta também conhecida como região não codificadora, região hipervariável ou *D-loop*, que controla a replicação e transcrição do DNAmt, a qual, devido ao acúmulo de mutações pontuais, apresenta uma maior taxa de mutação quando comparada à região codificadora.

A região controle é formada por aproximadamente 1.200 pares de base e, por ser altamente polimórfica, é muito utilizada para o propósito da genética forense. Esta região do DNAmt inclui três sub-regiões denominadas HV1 (formada por 342 pb), HV2 (268 pb) e HV3 (137 pb), sendo esta última região um segmento que pode apresentar um tamanho variável de pares de base, pelo fato de conter repetições dinucleotídicas "CA", cujo número pode variar de um indivíduo para outro[28]. Entre essas regiões existem outras duas denominadas inter-regiões, a primeira entre HV1 e HV2 e a segunda entre HV2 e HV3. A maior parte da variação de sequência entre indivíduos é encontrada nos segmentos HV1 e HV2. Por isso, estes são os mais utilizados na rotina forense para análise do DNAmt. Entretanto, a região HV3 também pode auxiliar as análises[29].

Essa identificação baseia-se na análise dos polimorfismos presentes nesses segmentos (SNPs, inserções e deleções/*indels*), que são comparados a uma sequência de referência (*revised Cambridge Reference Sequence – rCRS*), sequenciada em 1981 por Anderson e colaboradores[30], reanalisada e revisada por Andrews e colaboradores em 1999[31]. No entanto, tais regiões oferecem um limitado poder de discriminação em um contexto forense[32]. Assim, a região HV3, junto com as inter-regiões, vem sendo explorada nos últimos

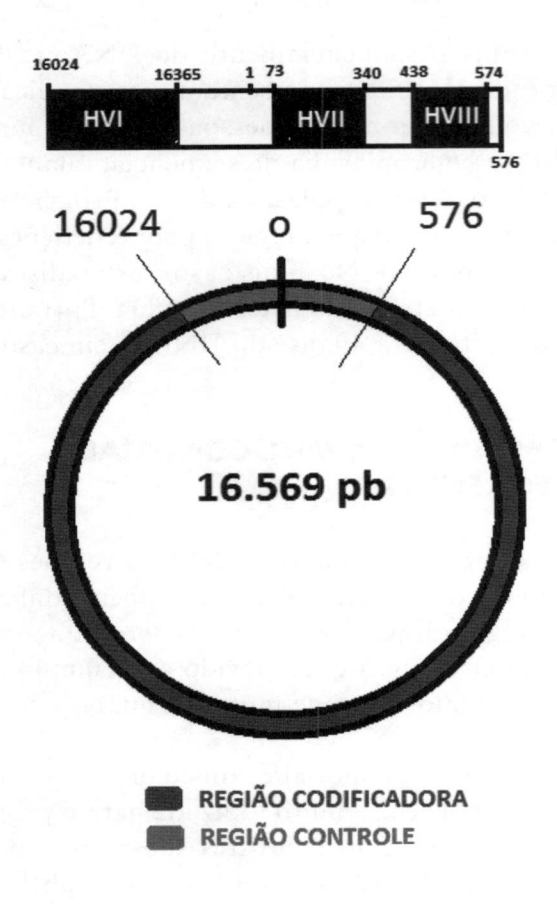

Figura 20.13 Esquema do DNA mitocondrial: região controle, com três sub-regiões (HV1, HV2 e HV3) e região codificadora.

anos, pois apesar de apresentarem baixos números de polimorfismos, informações complementares são obtidas quando adicionadas às regiões HV1 e HV2, aumentando o poder discriminativo, o que é importante na solução de casos forenses e, principalmente, em estudos de frequência populacional[33,34,35]. Essas características fazem com que o sequenciamento completo da região não codificadora do DNAmt seja mais adequado tanto para testes de identidade forense como para estudos antropológicos.

O sequenciamento da região controle do DNAmt pode ser feito a partir de DNA obtido de diversos materiais biológicos, como ossos, dentes, tecidos, sangue, sêmen e fios de cabelo. A partir do DNA extraído, realiza-se uma PCR utilizando os *primers* (*forward* e *reverse*) que flanqueiam as regiões de interesse, podendo ser toda a região não codificadora ou cada uma das suas sub-regiões.

Os produtos da PCR são, então, purificados para retirada do excesso de *primers* e nucleotídeos que não foram incorporados durante a PCR, e submetidos à reação de sequenciamento. Os produtos obtidos a partir do sequenciamento também deverão ser purificados previamente à eletroforese capilar realizada em analisador genético (ABI3500 – Applied Biosystems). A análise dos resultados é realizada com a ajuda de *softwares* de bioinformática, e as sequências obtidas são comparadas com a rCRS.

Outra técnica de análise do DNAmt é a técnica de SNaPshot. Essa reação baseia-se na análise de polimorfimos de base única (SNPs), que representam a maior classe de polimorfismos humanos. Essa técnica está em uso crescente devido à detecção rápida de vários polimorfismos em um único ensaio. A capacidade multiplex é particularmente importante, especialmente no que diz respeito à análise de DNA forense, uma vez que pode reduzir o consumo de amostras, enquanto aumenta o rendimento do processamento das amostras e análise de dados. Esta técnica é realizada a partir da utilização de um kit comercial (ABI PRISM SNaPshot multiplex kit – Applied Biosystems) produzido pela empresa Thermo Fischer Scientific. A análise de SNPs do DNAmt, tanto da região não codificadora como da região codificadora, permite a classificação de amostras em haplogrupos.

20.8 APLICAÇÕES DO SEQUENCIAMENTO DO DNAMT

Alguns fatos importantes comprovam como a análise do DNAmt é de grande importância no contexto forense: auxiliou na identificação de ossadas de soldados americanos que lutaram na Guerra do Vietnã[36] e na identificação das vítimas da tragédia de 11 de setembro de 2001 no World Trade Center (EUA).

Outro exemplo interessante da utilização do DNA mitocondrial foi realizado na década de 1990 em um estudo de parentesco, no qual cientistas americanos foram convidados a examinar ossos e dentes de oito esqueletos de uma vala na Sibéria, onde se acreditava estar enterrada a família real russa Romanov, que fora executada pelos bolcheviques. Neste caso, os resultados do sequenciamento do DNAmt elucidou que havia vínculo genético entre as ossadas[37].

A utilização do DNAmt estendeu-se para estudos da evolução humana, migrações e formação da história de diversas populações, não permanecendo apenas na rotina forense. O emprego do DNAmt como ferramenta para investigações desta natureza surgiu com os estudos pioneiros do grupo liderado por Allan Wilson nos anos 1980[38].

20.9 BANCO DE DADOS DO DNAmt

A análise do DNAmt é rotineiramente utilizada em diversos laboratórios como ferramenta em análises forenses e estudos genéticos evolutivos. No entanto, é preciso um conhecimento aprofundado das várias características do DNAmt a fim de analisar e interpretar corretamente os resultados. A forma correta de interpretar um resultado de DNAmt ainda não foi padronizada, existindo apenas recomendações, como, por exemplo, aquelas adotadas pelo Federal Bureau of Investigation (FBI)[39] ou publicadas pelo Grupo de Habla Española y Portuguesa – International Society for Forensic Genetics (GHEP-ISFG)*.

A maioria dos laboratórios que utilizam tipagem do DNAmt baseiam-se nos polimorfismos (SNPs, deleções e inserções) presentes na sequência de nucleotídeos nas regiões HV1 e HV2, comparando a amostra questionada com a sequência referência (rCRS) para a anotação das diferenças (polimorfismos)[29].

De acordo com o FBI, se essas sequências diferirem em dois ou mais polimorfismos, uma exclusão inequívoca pode ser feita. Se as sequências corresponderem uma à outra, existe a possibilidade da amostra questionada pertencer ao indivíduo analisado ou demonstrar vínculo materno, podendo, no entanto, pertencer a outro indivíduo não aparentado; por isso, torna-se necessário verificar a frequência com que um conjunto de polimorfismo ocorre em uma população (frequência do haplótipo), gerando a necessidade da criação de um banco de dados populacional de DNAmt.

O termo "haplogrupo" refere-se ao conjunto de haplótipos (conjunto de alelos), que são designados por letras do alfabeto e derivados por descendência de uma mesma molécula ancestral, as quais apresentam um padrão basal de mutações. Os haplogrupos são definidos por um conjunto de haplótipos que são constituídos de nucleotídeos particulares presentes nas regiões controle e codificadora do DNAmt. A relação entre haplótipos e haplogrupos do DNAmt humano nos fornece informações mais detalhadas sobre a estrutura da variação genética. No site PhyloTree** encontra-se a árvore

---

* Ver: <http://www.gep-isfg.org>.
** Ver: <www.phylotree.org>.

filogenética mitocondrial humana que está representada de modo simplificado na Figura 20.14.

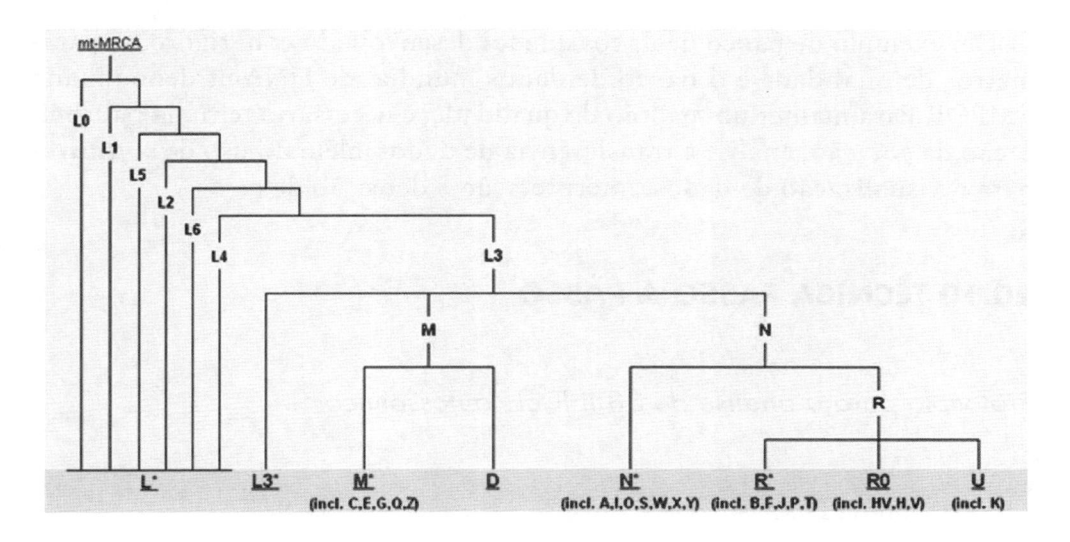

Figura 20.14 Árvore filogenética humana simplificada do DNA mitocondrial, mostrando os principais haplogrupos.

A criação de banco de dados de DNAmt para estimar a frequência dos haplótipos em determinada população é indispensável para permitir sua utilização. Entretanto, pode estar sujeito a vários tipos de erros, principalmente humanos (na leitura e digitação de dados, por exemplo), havendo a necessidade de se estabelecerem regras de controle de qualidade tanto na geração quanto na compilação de resultados[29]. Atualmente, existem ferramentas que podem ser utilizadas para que esses erros humanos sejam evitados como, por exemplo, MITOMAP (*mtDNA control region sequence polimorphisms*)* e IAN LOGAN**, as quais permitem comparar se todos os polimorfismos encontrados já foram descritos na literatura.

Diversos pesquisadores geram milhares de dados de genomas mitocondriais completos de seres humanos em todos os continentes, bem como uma nomenclatura detalhada dos tipos de DNAmt ou haplogrupos em todo o mundo e uma enorme árvore filogenética dos haplogrupos observados, sub-haplogrupos e macro-haplogrupos[40]. No campo da identificação humana,

---

* Ver: <http://www.ianlogan.co.uk/mtDNA.htm>.
** Ver: <http://www.ianlogan.co.uk/mtDNA.htm>.

as revistas científicas de maior impacto já exigem que os dados de trabalhos envolvendo análises de DNAmt ou outros tipos de análises gerado por pesquisadores sejam adicionadas aos bancos de dados para serem publicados.

Um exemplo de banco de dados que foi desenvolvido com rigorosos parâmetros de qualidade é o banco de dados mundial de DNAmt denominado EMPOP. Para manter um padrão de qualidade, é necessário ter uma padronização da geração, análise e transferência de dados, além do uso de *softwares* para a visualização de dados, interpretação e detecção de erros.

20.10 TÉCNICA PASSO A PASSO

Protocolo para a análise de 38 INDELs autossômicos

Extração de DNA

A extração do DNA do interior das células é o primeiro passo para sua análise. Descreveremos a seguir um protocolo[41] para a extração de DNA de sangue armazenado em papel de filtro FTA (Whatman), utilizando a resina Chelex 100 (Biorad) a 5%:

μ

1) Colocar em um tubo de 1,5 mL 2 discos (3 mm cada) de papel de filtro com sangue.
2) Adicionar 50 µL de H_2O, vortexar rapidamente e descartar a H_2O.
3) Adicionar 50 µL de H_2O e incubar a temperatura ambiente por 30 minutos.
4) Descartar a H_2O e adicionar 100 µL da solução homogeneizada da resina chelex 100 (Biorad) a 5%.
5) Incubar por 1 hora a 56 °C.
6) Vortexar rapidamente e incubar por 8 minutos a 100 °C.
7) Centrifugar a 14.000 RPM por 3 minutos.
8) Armazenar o sobrenadante.

Reação em cadeia da polimerase (PCR)

Segue a descrição do preparo da PCR para amplificação dos 38 INDELs padronizado por Pereira et al. (2009)[15], utilizando o *Multiplex PCR kit* (Qiagen):

H_2O	3 µL
Qiagen *Multiplex PCR master mix* (2×)	5 µL
Primer mix (10×)	1 µL
DNA 0,3 a 5 ng/µ L	1 µL
Volume total	10 µL

Em seguida, é utilizada a ciclagem em termociclador:

95 °C – 15 min.	
94 °C – 30 seg.	
60 °C – 90 seg.	10 ciclos
72 °C – 60 seg.	
94 °C – 30 seg.	
58 °C – 90 seg.	20 ciclos
72 °C – 60 seg.	
72 °C – 60 min.	
4 °C – até a retirada do termociclador.	

Observação: um passo adicional de purificação do produto da reação de PCR pode ser utilizado se necessário.

Análise do produto da reação de PCR

O produto da PCR deve ser preparado para eletroforese capilar pela adição de 1 µL do produto amplificado em 9,7 µL de formamida HI-DI (Applied Biosystems) e 0,3 µL de GeneScan 600 LIZ (Applied Biosystems). A separação e detecção são realizadas por eletroforese capilar.

20.11 CONCLUSÕES

As ferramentas para identificação humana utilizando o DNA são, atual-mente, bastante eficazes na discriminação entre indivíduos e/ou vestígios e na investigação de paternidade, gerando índices de verossimilhança bas-tante elevados. Entretanto, cabe ressaltar que o exame de DNA na genética forense constitui-se em uma evidência a mais na elucidação dos casos do Poder Judiciário, favorecendo ou não a hipótese de acusação ou de defesa. O perito deve analisar os resultados obtidos de maneira cuidadosa, isenta e ética, relatando as evidências científicas encontradas nas análises dos perfis genéticos de maneira clara e objetiva, valorando os dados com os cálculos estatísticos adequados, mas deixando ao juiz a tarefa de avaliação final da importância de tais evidências no julgamento do referido caso.

REFERÊNCIAS

1. França GV. Medicina Legal. 6. ed. Rio de Janeiro: Guanabara-Koogan; 2001. 579 p.

2. Jeffreys AJ, Wilson V, Thein SL. Hypervariable minisatellite regions in human DNA. Nature. 1985;314:67-72.

3. Jeffreys AJ, Wilson V, Thein SL. Individual specific "fingerprints" of human DNA. Nature. 1985;316:75-79.

4. Wyman AR, White R. A highly polymorphic locus in human DNA. Proc Natl Acad. Sci USA. 1980;77:6754-8.

5. Jeffreys AJ. Genetic fingerprinting. Nature Medicine. 2005;11(10):XIV-XVIII.

6. Saiki RK, Scharf S, Faloona F, Mullis K, Horn G, Erlich HA, et al. Enzymatic amplification of β-globin genomic sequences and restriction site analysis for diagnosis of sickle cell anemia. Science. 1985;230:1350-4.

7. Saiki RK, Gelfand DH, Stoffel S, Scharf S, Higuchi RH, Horn GT, et al. Primer-directed enzymatic amplification of DNA with a thermostable DNA polymerase. Science. 1988;239:487-91.

8. Mullis K, Faloona F. Specific synthesis of DNA in vitro via a polymerase catalyzed chain reaction. Method Enzymol. 1987;155: 335-50.

9. Watson JD. DNA: o segredo da vida. São Paulo: Companhia das Letras; 2005. 470 p.

10. The FBI Federal Bureau of Investigation. Combined DNA Index System (Codis) [Internet]. Available from: http://www.fbi.gov/about-us/lab/biometric-analysis/codis.

11. Consultor Jurídico. Técnica usada na tipagem genética não está livre de erros [Internet]. 2006 Jun 13. Available from: http://www.conjur.com.br/2006-jun-13/tecnica_usada_tipagem_genetica_nao_livre_erros.

12. Paradela ER, Figueiredo AL dos S; Smarra ALS. A identificação humana por DNA: aplicações e limites [Internet] [Cited Nov 2013]. In: Âmbito Jurídico, Rio Grande, IX, n. 30, jun 2006. Available from: http://www.ambito-juridico.com.br/site/index.php?artigo_id=1175&n_link=revista_artigos_leitura.

13. Houck MM. A realidade do CSI. Scientific American Brasil. Available from: http://www.uol.com.br/sciam/reportagens/a_realidade_do_csi.html.

14. Bassette F. País padroniza técnicas para perícia. Folha de S. Paulo. 27 set 2010:Cotidiano.

15. Pereira R, Phillips C, Alves C, Amorim A, Carracedo A, Gusmao L. A new multiplex for human identification using insertion/deletion polymorphisms. Electrophoresis. 2009;30:3682-90.

16. Weber JL, David D, Heil J, Fan Y, Zhao C, Marth G. Human diallelic insertion/deletion polymorphisms. Am J Hum Genet. 2002;71(4):854-862.

17. Mills RE, Luttig CT, Larkins CE, Beauchamp A, Tsui C, Pittard WS, Devine SE. An initial map of insertion and deletion (INDEL) variation in the human genome. Genome Res. 2006;16(9):1182-90.

18. Butler J. Advanced Topics in Forensic DNA Typing: Methodology. 1st ed. Waltham/San Diego/London:Academic Press; 2011. 704 p.

19. Hochmeister MN, Budowle B, Borer UV, Eggmann U, Comey CT, Dirnhofer R. Typing of deoxyribonucleic acid (DNA) extracted from compact bone from human remains. J Forensic Sci. 1991;36:1649-61.

20. Loreille OM, Diegoli TM, Irwin JA, Coble MD, Parsons TJ. High efficiency DNA extraction from bone by total demineralization. Forensic Sc International. 2007;1:191-5.

21. Zidkova A, Horinek A, Kebrdlova V, Korabecna M. Application of the new insertion–deletion polymorphism kit for forensic identification and parentage testing on the Czech population. Int J Legal Méd. 2011;127(1):7-10.

22. Phillips C, Fondevila M, Garcia-Margarinos M, Rodriguez A, Salas A, Carracedo A, Lareu MV. Resolving relationship tests that show ambiguous STR results using autosomal SNPs as supplementary markers. Forensic Science International Genetics. 2008;2:198-204.

23. Mullaney JM, Mills RE, Pittard WS, Devine SE. Small insertions and deletions (INDELs) in human genomes. Hum Mol Genet. 2010;19(2):131-6.

24. Yang N, Li H, Criswell LA, Gregersen PK, Alarcon-Riquelme ME, Kittles R, et al. Examination of ancestry and ethnic affiliation using highly informative diallelic DNA markers: application to diverse and admixed populations and implications for clinical epidemiology and forensic medicine. Hum Genet. 2005;118(3-4):382-92.

25. Larue BL, Ge J, King JL, Budowle B. A validation study of the Qiagen Investigator DIPplex® kit; an INDEL-based assay for human identification. Int J Legal Med. 2012;126(4):533-40.

26. Wallace DC, Ye J, Neckelmann SN, et al. Sequence Analysis of cDNAs for the Human and Bovine ATP Synthase Beta Subunit: Mitochondrial Genes Sustain Seventeen Times more Mutations. Current Genetics. 1987;12:81-90.

27. Kashyap VK, SitalaximiI T, Chattopadhyay P, Trivedi R. DNA Profiling Technologies in Forensic Analysis. International Journal of Human Genetics. 2004;3: 11-30.

28. Lutz S, Wittig H, Weisser HJ, Heizmann J, Jungle A, Simonin ND, et al. Is it possible to differentiate mtDNA by means of HVIII in samples that cannot be distinguished by sequencing the HVI and HVII regions? Forensic Science International. 2000;113:97-101.

29. Paneto GG, et al. Heteroplasmy in Hair: Study of Mitochondrial DNA Third Hypervariable Region in Hair and Blood Samples. J Forensic Sci. 2010;55:715-7.

30. Anderson S, Bankier AT, Barrel BG, et al. Sequence and organization of the human mitochondrial genome. Nature. 1981;290:457-65.

31. Andrews R, et al. Reanalysis and revision of Cambridge reference sequence for human mitochondrial DNA. Nat Genet. 1999;23:147.

32. Huang D, Gi C, Yi S, et al. Typing of 24 mtDNA SNPs in Chinese Population Using SNaPshot Minisequencing. Med Sci. 2010;30:291-98.

33. Bini C, et al. Different informativeness of the three hypervariable mitochondrial DNA regions in the population of Bologna (Italy). Forensic Sci Int. 2003;135:48-52.

34. Vanecek T, Vorel F, Sip M. Mitochondrial DNA D-loop hypervariable regions: Czech population data. Int J Legal Med. 2004;118:14-8.

35. Zhang YJ, et al. Haplotype diversity in mitochondrial DNA hypervariable region I, II and III in northeast China Han. Forensic Sci Int. 2005;149:267-9.

36. Holland MM, Fisher DL, Mitchell LG. Mitochondrial DNA sequence analysis of human skeletal remains: identification of remains from the Vietnam war. J Forensic Sci. 1993;38:542-53.

37. Farah SB. DNA segredos e mistérios. 2 ed. São Paulo: Sarvier; 2007.

38. Wilson AC, et al. Mitochondrial DNA and two perspectives on evolutionary genetics. Biol J Linn. 1985;6:375-400.

39. Scientific Working Group on DNA Analysis Methods (Swgdam). Guidelines for Mitochondrial DNA (mtDNA) Nucleotide Sequence Interpretation. Forensic Science Communications. 2003. 5 p.

40. Bandelt HJ, Macaulay V, Richards M. Human mitochondrial DNA and the evolution of Homo sapiens. 1st ed. Heidelberg: Springer; 2006. p.153.

41. Singer-Sam J, Tanguay R, Riggs AD. Use of chelex to improve the PCR signal from a small number of cells. Amplifications: A Forum for PCR Users. 1989;3:11.

21

ELETROFORESE CAPILAR COMO FERRAMENTA ANALÍTICA PARA TOXICOLOGIA FORENSE

José Luiz da Costa
Rafael Lanaro

21.1 INTRODUÇÃO GERAL

21.1.1 Toxicologia forense

Mathieu J. B. Orfila (1787-1853), médico espanhol que trabalhava para a corte francesa no século XIX, foi o primeiro toxicologista a utilizar materiais coletados durante sessões de necropsia, bem como a aplicar a química analítica sistematicamente para comprovar cientificamente envenenamentos. Por sua enorme contribuição ao desenvolvimento da ciência, Orfila é conhecido como o "pai da toxicologia forense"[1].

Ainda que atualmente as demais áreas da toxicologia tenham ganhado destaque e importância inquestionáveis, a toxicologia forense ainda é uma área desta ciência em franco desenvolvimento, uma vez que está sempre incorporando as novas tecnologias disponíveis na área analítica. Além dessa modernização atrelada a avanços instrumentais, a toxicologia forense também se moderniza constantemente, pois novos "venenos" são descobertos diariamente, muitas vezes oriundos do modo de vida do homem moderno.

É impossível discutir a toxicologia forense sem antes discutir em detalhes a toxicologia analítica. A toxicologia analítica pode ser considerada a aplicação de técnicas inerentes à química analítica para identificação e/ou quantificação de substâncias que possam estar envolvidas em intoxicações de organismos vivos. Geralmente, a substância química que deve ser analisada (xenobiótico) é um analito presente em baixas concentrações em matrizes biológicas complexas, o que configura um grande desafio prático para o toxicologista analítico[2].

A toxicologia forense é uma manifestação clara de como a ciência e a legislação podem se sobrepor. Segundo o American Board of Forensic Toxicology, a toxicologia forense é definida como "o estudo e a aplicação prática da toxicologia com propósitos legais"[3]. O termo forense remete imediatamente ao sistema judicial, às forças policiais e a tribunais, fornecendo uma visão e aplicação novas e diferentes para a ciência *toxicologia*. Assim, pode ser definida como a aplicação da ciência toxicologia com propósitos legais. Ainda que essa definição envolva uma ampla faixa de aplicações, como a dopagem no esporte e os assuntos regulatórios, a principal característica da toxicologia forense é a identificação de substâncias químicas que possam estar relacionadas a um óbito ou dano à propriedade. Segundo Chasin, a toxicologia forense trabalha com evidências em fluidos biológicos, diagnosticando intoxicações exógenas que podem estar relacionadas às práticas criminosas[4].

Os materiais disponíveis para análise forense são os mais diversos possíveis, o que aumenta muito o grau de dificuldade desse tipo de análise. Mesmo quando a matriz é conhecida (como por exemplo, sangue, urina, alimentos, resíduos de incêndio ou roupas), a quantidade de possíveis interferentes presentes no material encaminhado para exame é de grandeza ímpar. Por essa razão, as evidências examinadas em laboratórios forenses devem ser minuciosamente caracterizadas.

Assim como o químico analítico, o toxicologista forense tem sempre que escolher, entre as várias técnicas analíticas disponíveis, aquela que é mais conveniente (e factível) numa determinada análise toxicológica. Essa escolha deve ser embasada em critérios técnicos como a aplicabilidade, sensibilidade, seletividade, precisão e exatidão da técnica, além da disponibilidade e do custo da análise.

De um modo geral, para determinar a natureza e extensão do envolvimento de uma substância química (toxicante) em uma suposta intoxicação, deve-se seguir criteriosamente os passos abaixo (adaptados de Cravey e Baselt[3]):

1) garantir que os procedimentos de coleta, transporte e armazenamento da amostra sejam adequados e rastreáveis;
2) isolar e identificar a substância no material (biológico) apropriado encaminhado para exame, utilizando técnicas analíticas adequadas;
3) atestar a ausência de outros possíveis toxicantes nas amostras analisadas;
4) quantificar a substância encontrada;
5) utilizar ensaios complementares para confirmação dos achados preliminares (quando necessário);
6) elaborar laudo que contenha, além dos resultados qualitativos e quantitativos, informações referentes aos métodos de análise utilizados, no que diz respeito à sensibilidade, especificidade e reprodutibilidade do ensaio;
7) interpretar os achados laboratoriais, levando em consideração o tipo de substância envolvida na intoxicação, sua concentração no material analisado e qual seria a relação dessa concentração com alterações de comportamento ou do estado de saúde do indivíduo;
8) quando possível, fornecer informações com relação à possível dose administrada, a via de introdução utilizada, a frequência de uso ou outros fatores relacionados à exposição. Estas informações devem ser embasadas principalmente na toxicocinética e toxicodinâmica da substância encontrada;
9) apresentar uma conclusão final sobre a análise realizada, atrelando os resultados laboratoriais e as inferências toxicológicas ao histórico do caso periciado.

A comprovação de uma intoxicação, acidental ou intencional requer do toxicologista forense, além de um conhecimento profundo de química analítica, bom domínio em fisiologia, farmacologia e, principalmente, toxicologia básica, para que os achados laboratoriais sejam interpretados de modo adequado e o laudo pericial seja conclusivo, pois apenas dessa maneira todo o procedimento analítico-pericial será útil para a execução da justiça.

21.1.2 A eletroforese capilar como ferramenta para a toxicologia forense

21.1.2.1 A eletroforese capilar

A eletroforese capilar (do inglês *capillary electrophoresis* – CE) é uma técnica de separação em fase líquida que se baseia na migração diferencial de espécies iônicas ou ionizáveis quando submetidas a um campo elétrico[5].

Nos últimos anos, a eletroforese capilar tem sido reconhecida como uma das maiores inovações na área de separações, com aplicação em diversos campos da química analítica. As publicações de Everaerts[7] e de Jorgenson[8] são comumente citadas como ponto inicial da eletroforese capilar moderna[7,8]. Desde então, os instrumentos comerciais de CE se desenvolveram e o número de aplicações e publicações que utilizam a técnica tem aumentado progressivamente.

O potencial desta técnica para análises forenses foi demonstrado pela primeira vez em 1991 por Weinberger e Lurie, que aplicaram a CE para a separação de uma ampla faixa de drogas de abuso ilícitas[9,10].

A CE apresenta-se como técnica analítica complementar à cromatografia líquida de alta eficiência (*high pressure liquid chromatography* – HPLC) e à cromatografia gasosa (*gas chromatography* – GC). A Tabela 21.1 apresenta uma comparação racional entre essas três técnicas de separação. Deve-se ressaltar que a CE pode oferecer vantagens significativas sobre as técnicas cromatográficas: requer pequeno volume de amostra (apenas alguns microlitros), pode utilizar detecção por absorção da luz ultravioleta em comprimentos menores do que 200 nm sem que haja aumento de ruído ou *drift* de linha de base (problema comum em HPLC), além de permitir a análise de uma vasta gama de compostos, desde íons até macromoléculas, utilizando a mesma coluna capilar. Os instrumentos de CE e HPLC convencionais (utilizando detectores ópticos) possuem custo equivalente, mas o custo operacional é significativamente menor na CE, principalmente devido ao baixo consumo de solventes e ao baixo custo das colunas capilares[10,11,12].

Tabela 21.1 Comparação entre as principais técnicas de separação utilizadas na toxicologia forense (adaptado de PICO et al., 2003)

TÉCNICA	VANTAGENS	DESVANTAGENS	SOLUÇÕES
GC	- Alta capacidade de separação dos picos. - Alta sensibilidade e seletividade.	- Inadequada para análise de compostos polares, termolábeis e de baixa volatilidade. - Consumo de gases de alta pureza.	- Uso de reações de derivatização.
HPLC	- Permite a análise de compostos orgânicos, mesmo os termoinstáveis. - Maior flexibilidade para otimização das separações, por permitir a variação tanto da fase móvel quanto da fase estacionária. - Facilidade de automação e acoplamento a sistemas de preparo de amostras *online*.	- Menor capacidade de separação. - Grande consumo de solventes orgânicos. - Elevado custo operacional (exige o uso de colunas e solventes caros de alta pureza).	- Desenvolvimento de colunas analíticas mais eficientes e de menor tamanho, permitindo melhores separações e menor consumo de solventes.
CE	- Alta capacidade de separação. - Baixo consumo de solventes. - Menor necessidade de preparo de amostras.	- Baixa sensibilidade.	- Preparo de amostras com etapa de pré-concentração. - Uso de procedimentos eletroforéticos de pré-concentração *online*. - Utilização de detectores altamente seletivos (como os detectores de fluorescência induzida a *laser* ou espectrômetros de massas).

Um aspecto bastante importante da eletroforese capilar é a simplicidade da instrumentação. A fonte de alta tensão é usada para estabelecer um campo elétrico ao longo do capilar. As fontes, em geral, podem ser operadas à tensão constante ou corrente constante, com valores que variam de 0 KV a 30 KV e de 0 mA a 300 mA, respectivamente. O capilar é mantido durante a separação a uma temperatura constante por meio da circulação de um líquido refrigerante ou por passagem de ar forçado. A injeção da amostra no capilar pode ser feita hidrodinamicamente, criando um gradiente de pressão entre os reservatórios da amostra e do eletrólito de corrida, enquanto as extremidades do capilar estão mergulhadas nesses reservatórios. Utilizando a injeção eletrocinética, um determinado valor de potencial é aplicado entre os reservatórios da amostra e do eletrólito durante um intervalo de tempo definido, enquanto a extremidade apropriada do capilar é inserida no reservatório da amostra, ao passo que a outra extremidade é colocada no reservatório do eletrólito de corrida[13]. A aquisição dos dados é feita por meio de um sistema interfaceado a um computador, responsável pela conversão do sinal analógico em digital.

As separações em eletroforese capilar são conduzidas em tubos de dimensões capilares, preenchidos com eletrólito condutor, e submetidos à ação de um campo elétrico. A utilização de capilares de sílica fundida proporciona algumas vantagens frente a outros meios utilizados na eletroforese (placas de gel, papel). Devido à relação entre a área superficial interna e volume apreciavelmente grande, o capilar possibilita a dissipação mais eficiente do calor gerado pela passagem da corrente elétrica (efeito Joule). A alta resistência elétrica do capilar possibilita o estabelecimento de campos elétricos elevados (de 100 V/cm a 500 V/cm), o que resulta em separações de alta eficiência, muitas vezes excedendo 10^5 pratos[11]. Outras vantagens que podem ser citadas são o volume de amostra necessário para análises relativamente pequeno (de 1 nL a 10 nL, volume injetado) e a possibilidade de injeção e detecção em fluxo[5,11].

A utilização de capilares de sílica fundida na execução da técnica introduziu uma importante pecularidade: a geração do chamado fluxo eletrosmótico. Esse fluxo é consequência de uma interação entre a solução e as paredes do capilar. Quimicamente, a sílica fundida caracteriza-se pela presença de vários tipos de grupo silanol (SiOH), os quais apresentam caráter ácido. Em contato com uma solução aquosa, alguns desses grupos são dissociados, e por isso a superfície do capilar torna-se negativamente carregada, gerando um saldo positivo de espécies carregadas positivamente no seio da solução. Quando um campo elétrico é imposto tangencialmente à superfície, forças elétricas causam um movimento unilateral de íons em direção ao eletrodo de carga oposta. Durante a migração, os íons transportam moléculas de água, induzindo o fluxo da solução como um todo na direção do cátodo, o que é conhecido como fluxo eletrosmótico normal[5,13].

A existência do fluxo eletrosmótico tem importantes implicações na eletroforese capilar. Quando a velocidade eletrosmótica é de grande magnitude, o fluxo é responsável pela condução dos solutos, sem distinção de carga, em direção ao detector. Assim, a análise simultânea de amostras contendo tanto analitos catiônicos e neutros como aniônicos é possível, muito embora não haja discriminação temporal entre diferentes analitos neutros[5]. Os analitos neutros requerem interações adicionais com espécies carregadas que os transportam até o detector.

Além disso, as características de alta eficiência da técnica estão, em parte, vinculadas ao perfil radial da velocidade eletrosmótica, pois sendo linear o mesmo componente de velocidade é adicionado a todos os analitos, independentemente de sua posição radial no interior do capilar. Essa peculiaridade distingue a eletroforese capilar dos demais métodos cromatográficos em fase líquida em coluna, que apresentam um perfil de velocidade parabólico, característico do fluxo induzido por pressão.

Idealmente, efeitos de dispersão da zona durante a separação deveriam ocorrer apenas devido à difusão longitudinal. Entretanto, a eletrodispersão (causada pelas diferenças de condutividade entre as zonas do eletrólito e da amostra), bem como os gradientes de temperatura no interior do capilar podem causar efeitos adicionais de alargamento das bandas. O tipo de técnica de introdução de amostra, volume injetado em excesso, tipo de matriz e fenômeno de adsorção na parede do capilar podem vir a ser fontes adicionais de alargamento das bandas. O controle da temperatura do capilar de separação, a escolha apropriada do tampão de corrida, as técnicas de tratamento da superfície do capilar, o tipo de amostra e o modo como é injetada podem ser cruciais para o sucesso de uma separação particular[13]. Considerações sobre o fenômeno da eletrodispersão serão feitas com mais detalhes na próxima parte deste capítulo.

21.1.2.2 Modos de separação em eletroforese capilar

Nas últimas décadas, a eletroforese capilar e suas muitas variantes têm demonstrado serem técnicas de grande poder de separação.

Eletroforese capilar de zona (capillary zone electrophoresis – CZE)

É a técnica de separação efetuada em capilares e baseada somente nas diferenças entre as mobilidades de espécies carregadas (analitos), em eletrólitos que podem ser aquosos ou orgânicos. Estes podem conter aditivos, como ciclodextrinas, complexantes ou ligantes, que interagem com os analitos e alteram suas mobilidades eletroforéticas[13].

A CZE (do inglês *capillary zone electrophoresis*) é um dos modos de separação eletroforética mais usados na prática, provavelmente em razão da facilidade de sua implementação e otimização das condições experimentais. Na CZE, o tubo capilar é simplesmente preenchido com um eletrólito, geralmente com características tamponantes. A separação ocorre como resultado de duas estratégias: maximizar as diferenças entre as mobilidades efetivas dos solutos e minimizar as causas de alargamento das zonas.

As equações discutidas a seguir são aplicáveis à eletroforese capilar de zona praticada em capilares de sílica fundida.

Quando uma espécie carregada eletricamente é exposta a um campo elétrico, esta migra com velocidade (v_i) característica que é proporcional ao campo elétrico aplicado (E) e à soma das mobilidades eletroforéticas do analito (μ_{ep}) e do fluxo eletrosmótico (μ_{eof}), como mostra a Equação 21.1.

$$v_i = (\mu_{ep} + \mu_{eof})\, E \qquad [21.1]$$

Para soluções de eletrólitos compostos de um ácido ou base fracos, existem pelo menos duas espécies em equilíbrio: a molécula não ionizada (com mobilidade zero) e a base ou ácido conjugado, cada qual com um valor particular de mobilidade. Assim, da mesma forma que os íons simples são caracterizados por um valor de mobilidade iônica, o conceito de mobilidade efetiva é utilizado para descrever a migração de eletrólitos fracos. A mobilidade eletroforética efetiva (μ_{ef}) de um analito é dada pela somatória das mobilidades eletroforéticas (μ_j) de todas as n espécies relacionadas entre si por equilíbrios químicos, multiplicadas pela distribuição dessas espécies (μ_j):

$$\mu_{ef} = \sum_{j=1}^{n} \alpha_j \cdot \mu_j \qquad [21.2]$$

A Equação 21.2 mostra que a mobilidade efetiva depende diretamente do grau de dissociação do composto que se apresente em equilíbrio ácido-base num dado pH. Por exemplo, a cocaína apresenta pKa igual a 8,6 – em uma solução aquosa de pH igual a este valor, metade das moléculas presentes na solução estarão dissociadas e por isso terão mobilidade, e as moléculas que estiverem não dissociadas não migrarão. Assim, a mobilidade efetiva dessa substância será 50% do valor de sua mobilidade iônica (se todas as espécies estiverem dissociadas).

A equação tradicional que descreve o tempo de migração em CZE pode ser escrita como:

$$t_i = \frac{L_{ef}.L_{tot}}{(\mu_{ep} + \mu_{eof}).V} \qquad [21.3]$$

Onde V é a diferença de potencial aplicada, L_{tot} é o comprimento do capilar, e L_{ef} é a distância do ponto de injeção à posição do detector.

Cromatografia eletrocinética micelar (MEKC)

A cromatografia eletrocinética micelar (do inglês *micellar electrokinetic chromatography* – MEKC) foi introduzida por Terabe e colaboradores em

1984, voltada à separação de misturas contendo solutos neutros. Na MEKC, agentes tensoativos iônicos (dodecilsulfato de sódio – SDS), em condições favoráveis à formação de micelas, são adicionados ao eletrólito de corrida, proporcionando um sistema cromatográfico de duas fases. Desse modo, o eletrólito representa a fase primária, a qual é transportada elestrosmoticamente pela ação do campo elétrico, enquanto as micelas, que representam a fase secundária, são transportadas pela combinação de eletroforese e eletrosmose. A partição diferenciada de solutos neutros entre as duas fases é responsável pela seletividade da separação[13].

Eletroforese capilar em gel (capillary gel electrophoresis – CGE)

Esta técnica é muito utilizada na separação de proteínas e DNA e se dá por diferenças de tamanho relativo. A separação ocorre preenchendo-se o capilar com uma matriz polimérica. A grande vantagem sobre a eletroforese clássica em placas é a obtenção de resultados quantitativos mais exatos, o tempo de análise reduzido e a possibilidade de automação do processo[13].

Eletrocromatografia capilar (capillary electrokinetic chromatography – CEC)

A eletrocromatografia capilar é uma técnica recente de separação que combina as vantagens da cromatografia líquida de alta eficiência (HPLC) com a eletroforese capilar. Nesta técnica, o transporte do solvente (fase móvel) é feito através do fluxo eletrosmótico ao longo da coluna. Os capilares utilizados para esse tipo de separação são recheados com uma fase estacionária, como C18 (octadecilsílica), monólitos etc.[13]

Isotacoforese capilar (capillary isotachophoresis – CITP)

A isotacoforese é uma técnica em que são empregados dois tipos de eletrólito. Os solutos ficam confinados entre duas regiões compostas por esses eletrólitos. O primeiro eletrólito, que apresenta mobilidade eletroforética maior que todos os componentes da amostra, é chamado de eletrólito líder. O segundo eletrólito, que apresenta mobilidade eletroforética menor que todos os componentes da amostra, é conhecido como eletrólito terminador.

Quando o potencial é aplicado, cria-se um estado estacionário no qual as zonas dos analitos migram em ordem decrescente de mobilidade, mas com velocidade constante e única. Outro aspecto importante é que todas as zonas adotam a concentração do eletrólito líder. Desse modo, esse fenômeno pode ser utilizado para concentração de amostras no capilar[13].

Focalização isoelétrica (capillary isoelectric focusing – CIEF)

Trata-se de uma técnica eletroforética para separação de analitos anfóteros de acordo com seu ponto isoelétrico, por meio da aplicação de um campo elétrico ao longo de um gradiente de pH gerado no capilar[13].

21.1.2.3 Identificação de compostos por eletroforese capilar

A identificação de xenobióticos por CE pode ser realizada de modo análogo ao que ocorre para as técnicas cromatográficas, ou seja, por comparação entre o tempo de migração do analito presente na amostra contra o fornecido por padrões analíticos injetados previamente. Pode ser utilizada também a migração relativa do analito frente a um padrão interno (tempo de migração relativo), opção mais reprodutível. Alternativamente, pode-se utilizar ainda a mobilidade eletroforética.

O uso de detectores espectrométricos, como o detector por arranjo de diodos ou espectrômetros de massas, contribuiu muito para a confiabilidade do dado qualitativo, por agregar ao tempo de migração outros importantes parâmetros de identificação de compostos orgânicos, como os espectros de absorção UV/visível e de massas, respectivamente. O uso desses sistemas de detecção e suas características principais serão discutidos com maiores detalhes nas partes seguintes. Além do uso de detectores espectrométricos, pode-se ainda lançar mão de reações de derivatização para magnificar alguma característica estrutural importante do analito investigado, procedimento também muito utilizado em cromatografia de fase gasosa e líquida[11].

Atualmente, a literatura científica internacional tem dado grande destaque ao acoplamento da eletroforese capilar à espectrometria de massas, que, após longo período de desenvolvimento tecnológico, vem sendo aplicada a várias situações de diagnóstico clínico e forense[10,14,15,16]. A hifenização entre eletroforese capilar e a espectrometria de massas será discutida com maior detalhe na parte 2 deste capítulo.

21.1.3 Uso da eletroforese capilar
para screening toxicológico

Métodos de *screening* em análises toxicológicas, ou seja, procedimentos analíticos de triagem com capacidade para identificar grande número de substâncias (ou seus produtos de biotransformação), possivelmente envolvidas em uma intoxicação, são ferramentas de inquestionável valia em laboratórios forenses[17].

A cromatografia líquida com detecção por arranjo de diodos é uma das técnicas mais comumente utilizadas para essa finalidade, por permitir a análise de compostos polares e apolares, termolábeis, e por fornecer informação espectral dos xenobióticos presentes no material (importante para identificação da substância, como será discutido nas próximas partes deste capítulo)[18]. O uso da cromatografia líquida acoplada à espectrometria de massas em métodos de *screening* toxicológico tem-se difundido muito nos últimos anos, por aliar a versatilidade da cromatografia líquida à seletividade e sensibilidade da espectrometria de massas, por vezes sendo consideravelmente mais útil em laboratórios forenses do que a cromatografia gasosa acoplada à espectrometria de massas[19,20].

Devido a alta velocidade da análise, alta eficiência de separação, baixo consumo de solventes e amostras, a eletroforese capilar vem se tornando uma ferramenta popular em laboratórios forenses. Hudson e colaboradores desenvolveram um procedimento racional para *screening* de mais de 400 substâncias de caráter básico (fármacos, drogas de abuso e produtos de biotransformação) em amostras de sangue total[21]. Posteriormente, os autores ampliaram essa lista para 550 substâncias básicas e mais 100 de características ácidas[22]. Tagliaro e colaboradores publicaram um importante trabalho de revisão da literatura a respeito do uso da CE para análise de drogas lícitas e ilícitas de interesse forense em fluidos biológicos[23]. A Tabela 21.2 mostra algumas aplicações da eletroforese capilar na análise de drogas de abuso e outros xenobióticos de interesse forense.

Já a Tabela 21.3 apresenta cinco configurações de métodos para eletroforese capilar que, quando utilizados em conjunto, podem possibilitar a análise de uma vasta gama de xenobióticos de diferentes classes químicas e/ou farmacológicas. Nos sistemas propostos nessa tabela, considerou-se que a substância que será analisada absorve a luz ultravioleta (detecção direta). Para substâncias desprovidas de grupamentos cromóforos é necessário o uso de detecção indireta[5].

Tabela 21.2 Aplicações da eletroforese capilar na análise de drogas de abuso e outros xenobióticos de interesse forense

COMPOSTOS	MATRIZ ANALISADA	MODO DE CE	ELETRÓLITO UTILIZADO	LIMITE DE DETECÇÃO	REFERÊNCIA
MDMA e MDA	Urina e comprimidos	CZE-LIF (quiral)	T. fosfato 50 mmol/L (pH 3,0), 50 mmol/L b-CD, 3 mol/L ureia	ND	Huang et al., 2003[24]
Anfetamina, metanfetamina, MDA, MDMA, MDEA, MBDB	Comprimidos	CZE-DAD	T. fosfato 100 mmol/L (pH 3,0) ajustado com trietanolamina	ND	Piette e Parmentier, 2002[25]
MDMA, MDA, HMMA	Plasma e urina	CZE-DAD (quiral)	T. fosfato 50 mmol/L (pH 3,0), 10 mmol/L (2-hidroxi)propil-b-CD	11-33 ng/mL	Pizarro, Nieves et al., 2002
MDMA	Urina	NACE-LIF	Colato de sódio 100 mmol/L, acetato de amônio 20 mmol/L em formamida:metanol (30:70, v/v)	50 ng/mL	Fang et al., 2002[26]
Anfetamina e morfina	Urina	CE-MS	Acetato de amônio 20 mmol/L	10 ng/mL	Tsai et al., 2000[27]
Anfetamina, metanfetamina, MDA, MDMA, metadona, 2-etilideno-1,5-dimetil-3,3-difenilpirrolidina (EDDP)	Urina	CZE-UV e CE-MS	Acetato de amônio 20 mmol/L, ácido acético 20 mmol/L (pH 4,6)	50-200 ng/mL	Ramseier et al., 2000[28]
Codeína, dihidrocodeína, dihidromorfina, morfina, norcodeína, normorfina, nordihidrocodeína, nordihidromorfina	Urina	CE-MS	Acetato de amônio 20 mmol/L (pH 9,0)	100-200 ng/mL	Wey e Thormann, 2001[29]
Imipramina, desipramina, amitriptilina, nortriptilina	Plasma e comprimidos	NACE-DAD	Acetato de amônio 50 mmol/L, ácido acético 1 mol/L em acetonitrila	20-30 ng/mL	Cantú et al., 2004[30]
GHB	Urina	CZE-detecção indireta	Ácido nicotínico 4 mmol/L, espermina 3 mmol/L, pH ajustado para 6,2 com histidina	2-24 mg/mL	Baldacci et al., 2003[31]
GHB	Urina e plasma	CZE-detecção indireta	Na_2HPO_4 5,0 mmol/L, barbital sódico 15 mmol/L, pH ajustado para 12 com NaOH	3 mg/mL	Bortolotti et al., 2004[32]
GHB	Urina	CE-MS	Formiato de amônio 12,5 mmol/L, pH ajustado para 8,35 com dietilamina	5-20 mg/mL	Gottardo et al., 2004[33]
Codeína, norcodeína, heroína, morfina, normorfina, 6-monoacetilmorfina	Urina	CZE-UV CZE-LIF	T. borato 20 mmol/L, 10% isopropanol, 10% acetonitrila, 20 mmol/L b-CD	200 ng/mL (CZE-UV) 50-100 pg/mL (CZE-LIF)	Alnajjar et al., 2004[34]
(-)-cocaína HCl, (+)-cocaína base, (-)-pseudococaína, (+)-pseudococaína	Folhas de coca	CZE-DAD	T. fosfato 10 mmol/L (pH 3,0), 1% CD-sulfatada, 10% metanol	ND	35. Cabovska et al., 2003[35]
Feniletilamina, anfetamina, metanfetamina, MDA, MDMA, efedrina, MBDB, MDEA, cocaína, heroína	Drogas apreendidas	CZE-DAD	Tris/fosfato 30 mmol/L (pH 2,8)	ND	Dahle'n e Eckardstein, 2006[36]
Canabinol, canabidiol, D^9-tetraidrocanabinol, ácido carboxílico 11-nor-D^9-tetraidrocanabinol	Cabelo	NACE-ED	NaOH 5 mmol/L em acetonitrila:metanol (1:1)	37 ng/mL	Backofen et al., 2002[37]
Cocaína, prilocaína, cinchocaína, bupivacaína, mepivacaína, lidocaína, cetamina	Soluções-padrão	MEEKC-DAD	T. borato 10 mmol/L (pH 9,0), 50 mmol/L octano, 80 mmol/L SDS, 800 mmol/L 1-butanol	ND	Cherkaoui e Veuthey, 2002[38]
Nitrazepam, oxazepam, alprazolam, flunitrazepam, temazepam, diazepam, 7-aminoflunitrazepam, 7-aminonitrazepam 7-aminoclonazepam	Bebidas	CZE-DAD	Fosfato de amônio 25 mmol/L (pH 2,5)	2,7-41,5 mg/mL	Webb et al., 2007[39]
15 benzodiazepínicos	Soluções-padrão	CE-MS	Ácido cítrico 20 mmol/L (pH 2,5) com 15% metanol	5×10^{-7} a 4×10^{-6} mol/L	McClean et al., 2000[40]

Legenda: LIF, fluorescência induzida a *laser*; ED, detecção eletroquímica; NACE, eletroforese capilar em meio não aquoso; MEEKC, cromatografia eletrocinética micelar por microemulsão; HMMA, 4-hidroxi-3-metoximetanfetamina; GHB, ácido gama-hidroxibutírico. As demais siglas são explicadas ao longo do texto.

Tabela 21.3 Sistemas recomendados para *screening* de fármacos, drogas de abuso e produtos de biotransfomação por eletroferese capilar+. Adaptada de Perrett (2003)[11]

COMPOSIÇÃO	PH	CONDIÇÕES ELETROFORÉTICAS			ANALITOS DETECTÁVEIS
		MODO	TENSÃO APLICADA (KV)	TEMPERATURA (OC)	
Fosfato de sódio 25 mmol/L	20,5	CZE	25-30	25	Compostos hidrossolúveis de caráter básico
Tetraborato de sódio 20 mmol/L	90,2	CZE	20-25	25	Compostos hidrossolúveis de caráter ácido
Tetraborato de sódio 20 mmol/L + SDS 50 mmol/L	90,2	MEKC	15-25	20	Compostos ácidos, básicos e neutros hidrossolúveis e pouco solúveis
Tetraborato de sódio 20 mmol/L + SDS 50 mmol/L + 5 mmol/L β-ciclodextrina	90,2	CD-MEKC	18-22	25	Compostos ácidos, básicos e neutros hidrossolúveis e pouco solúveis
Metanol e acetonitrila em diferentes proporções	**	NACE	20-30	25	Compostos apolares

* Outras condições: capilar de sílica fundida 50 μm × 48 cm (40 cm efetivo), injeção hidrodinâmica 50 mbar/3s, detecção em 195 nm.
** Ajuste de pH de acordo com o analito.
Legenda: CZE, eletroforese capilar de zona; MEKC/CD-MEKC, cromatografia eletrocinética micelar; NACE, eletroforese capilar em meio não aquoso; SDS, dodecil sulfato de sódio.

Tagliaro et al.[41] compararam dois sistemas de eletroforese capilar de zona (tampão borato 25 mmol/L ph = 9,24 e tampão fosfato 50 mmol/L pH 2,35) e a cromatografia eletrocinética micelar (tampão borato 25 mmol/L pH 9,24 contendo SDS 100 mmol/L, metanol, 80:20) para análise de vinte fármacos e drogas de abuso de interesse forense. Os autores argumentam que, considerando que a CZE é baseada exclusivamente em separação eletroforética e a MEKC alia este princípio a interações com fases pseudoestacionárias, em processos por vezes semelhantes à cromatografia líquida de fase reversa, esses modos eletroforéticos seriam ortogonais o suficiente para serem utilizados como modos complementares de análise. Os autores observaram grande falta de correlação entre os perfis de separação/migração dos analitos no sistema CZE-fosfato e MEKC (entre os tempos de migração dos analitos, usando teste de Spearman e análise de componentes principais), sugerindo que esta independência pode ser usada para confirmação de resultados, se os sistemas forem utilizados em conjunto. Já os sistemas CZE-borato e MEKC apresentaram perfis de separação migração pouco diferentes, tendo ortogonalidade menor e por isso menor aplicação na identificação em um *screening* toxicológico[41].

Lurie, Hays e Parker[42] apresentaram método para *screening* de diversas substâncias de diferentes classes de drogas de abuso e grupos químicos (derivados anfetamínicos, cocaína, opiáceos, opioides, LSD, GHB, GBL) mudando apenas o eletrólito de corrida. As amostras de drogas de abuso apreendidas eram preparadas por diluição e agitação em banho ultrassônico, transferidas para *vials* de polipropileno e injetadas de modo sequencial e automático em oito condições eletroforéticas diferentes. Com esse procedimento padronizado, os autores afirmam ser possível identificar várias substâncias ativas em drogas apreendidas utilizando o mesmo tubo capilar[42].

21.2 DETERMINAÇÃO DE DROGAS DE ABUSO EM HUMOR VÍTREO POR ELETROFORESE CAPILAR COM DETECÇÃO POR ARRANJO DE DIODOS (CE-DAD)

21.2.1 Fluidos biológicos utilizados para caracterização da exposição humana a drogas de abuso

Nos últimos anos, amostras biológicas não convencionais (também chamadas de alternativas) em relação às tradicionais urina e sangue vêm sendo utilizadas com sucesso para verificação da exposição a xenobióticos. Materiais queratinizados como cabelo e unhas configuraram-se como ferramentas extremamente úteis em toxicologia clínica e forense, devido a sua capacidade de expressar exposições pregressas, podendo evidenciar exposições que ocorreram meses antes do exame laboratorial. O controle permanente de presos condenados ou de usuários de drogas em tratamento de reabilitação pode ser realizado continuamente coletando-se o suor através de dispositivos que podem ser colados de modo discreto e indolor no paciente, coletando material de modo passivo e sem constrangimento para o paciente.

Cada matriz biológica possui peculiaridades, vantagens e desvantagens. Conhecimentos sobre a estabilidade dos analitos no material biológico são de fundamental importância nas análises toxicológicas, uma vez que várias situações acabam por inserir intervalos de tempo variáveis entre a coleta do material, seu transporte até o laboratório e o momento da análise[43].

A urina constitui importante material biológico para a análise forense, pois neste material as concentrações dos fármacos e dos seus respectivos produtos de biotransformação são relativamente altas[44]. Além disso, a urina é (após o humor vítreo, que apresenta aproximadamente 98% de água em sua constituição), a matriz biológica com menor número de interferentes endógenos. Contudo, os resultados de análises realizadas em amostras de urina oferecem poucas vantagens com relação à inferência sobre os efeitos fisiológicos provocados por determinado fármaco identificado, pois os resultados obtidos em análises realizadas em urina estabelecem apenas que o fármaco/droga de abuso foi administrado, uma vez que a correlação com os efeitos é baixa devido à grande variedade de fatores que afetam a taxa de excreção de determinado composto e o volume urinário[2,43,45].

Amostras de sangue ou seus derivados (soro ou plasma) são de especial importância nas análises toxicológicas, pois pelos níveis sanguíneos de determinado xenobiótico quase sempre é possível realizar correlações com os efeitos de tal substância sobre o organismo[46]. Esses achados, aliados aos conhecimentos sobre a toxicocinética do xenobiótico, ajudam na inferência sobre o momento de uso, quantidade de substância administrada e possíveis alterações fisiológicas e/ou psíquicas causadas pela substância.

Dentre os derivados do sangue, o soro possui como vantagem o fato de que nenhum aditivo foi adicionado à amostra, mantendo sua composição completamente inalterada.

Em indivíduos vivos, os efeitos fisiológicos da maioria dos fármacos possuem correlação direta com suas concentrações no sangue e seus derivados, fato que serve de base para a monitorização terapêutica de fármacos com estreita margem terapêutica. Entretanto, quando as amostras de sangue são coletadas *post-mortem* são necessárias ressalvas quanto à interpretação dos resultados, uma vez que fatores como o local de coleta (região anatômica), além de outros fatores relacionados à redistribuição (cinética *post-mortem*) que eventualmente ocorreram quando cessados os fenômenos vitais podem modificar os valores encontrados[2,43]. Para evitar essas interferências, preconiza-se que as amostras de sangue cadavérico sejam obtidas por punção das veias subclávia e/ou femoral, uma vez que nestes sítios anatômicos a probabilidade de contaminação por difusão de outras regiões é significativamente menor. Deve-se tomar ainda cuidado com relação à homogeneidade do material, pois o sangue coletado *post-mortem* apresenta maior viscosidade, com presença de pequenos coágulos, demandando maiores cuidados para a tomada de uma alíquota que seja representativa do material.

Dependo da finalidade da análise, cuidados especiais devem ser tomados durante o procedimento de coleta de amostras de sangue para análises toxicológicas. Quando o objetivo da análise é verificar os níveis sanguíneos de etanol (alcoolemia), a descontaminação da região não deve ser realizada utilizando produtos à base de álcoois (etanol, propanol) ou iodo, para que não haja contaminação da amostra, propiciando resultados superestimados. Com o objetivo de evitar a hemólise do material, o recipiente de coleta deve ser manuseado com cuidado, sem agitação vigorosa, pois caso haja rompimento de hemácias as concentrações séricas de ferro ou potássio serão superestimadas.

O humor vítreo, fluido que se encontra na cavidade posterior do olho preenchendo o espaço entre o cristalino e a retina em quantidade de 2,0 mL a 2,5 mL, tem uma matriz sumamente simples e estável. Trata-se de um fluido gelatinoso, transparente e incolor, mantido coeso por uma delicada rede de fibrilas e cuja viscosidade se deve à presença de ácido hialurônico[50]. Por conter alta porcentagem de água (de 90% a 98%), propicia a troca de determinadas substâncias com o sangue, circunstância esta que permite uma boa correlação entre os níveis que se pode encontrar simultaneamente nos dois fluidos de um certo xenobiótico, em um dado momento. Devido a essa propriedade, e por sua posição anatomicamente isolada e de pouco contato com material passível de autólise, o humor vítreo é o fluido biológico menos sujeito às alterações químicas dentre os comumente obtidos para análise *post-mortem*[48,50].

O humor vítreo constitui matriz relativamente simples em termos analíticos, quando comparado à urina, sangue ou seus derivados (soro e plasma), e seu uso vem sendo indicado na análise de vários xenobióticos de interesse forense, principalmente nos casos de análise de corpos politraumatizados ou em estado de decomposição[43,47]. Isto porque o humor vítreo encontra-se isolado em um compartimento relativamente protegido de contaminação externa e invasão de micro-organismos, constituindo amostra privilegiada em relação aos fenômenos de putrefação. A passagem de xenobióticos para o humor vítreo dá-se por simples difusão através da barreira lipídica entre este fluido e o sangue. As correlações das concentrações de drogas de abuso entre humor vítreo e sangue não estão ainda estabelecidas[48]. De modo geral, fármacos com pequena taxa de ligação a proteínas plasmáticas e com lipossolubilidade adequada para atravessar barreiras biológicas, mas que ainda se apresentem hidrossolúveis, podem se difundir prontamente da corrente sanguínea para o humor vítreo[49].

Em análises toxicológicas *post-mortem*, este fluido biológico oferece uma série de vantagens, como facilidade de obtenção, a condição do globo ocular estar em local anatomicamente isolado e protegido tem como consequência a preservação desse espécime a despeito de traumas cranianos, estando muito menos sujeito à contaminação ou putrefação quando comparado com o sangue. Apresenta boa estabilidade química, facilidade no manuseio, ou seja, adere-se pouco ao vidro ou a material plástico, é uma matriz bem menos complexa que o sangue total[48,50,51].

Embora o humor vítreo contenha glicose e outros substratos em níveis que se aproximam daqueles do sangue, a infiltração bacteriana para a cavidade que o contém não ocorre de maneira apreciável até mesmo quando o processo putrefativo está avançado, o que faz deste fluido uma amostra biológica privilegiada em relação a outras, sendo de inquestionável utilidade nas investigações *post-mortem*, mormente nos casos onde os processos putrefativos são significantes[51].

21.2.2 Métodos de extração e identificação de fármacos em material biológico

Os métodos utilizados na análise de drogas de abuso em materiais biológicos podem ser compostos a partir de diferentes procedimentos de extração, separação, identificação e quantificação dos analitos presentes na amostra. A seleção da técnica de extração a ser utilizada, bem como o tipo de equipamento empregado na identificação e quantificação, deve levar em consideração, além da finalidade a que se destina a análise, e portanto da sensibilidade requerida, o tipo de equipamento disponível para a execução dos trabalhos. Em análises forenses, deve-se buscar sempre a elaboração de métodos sensíveis, seletivos e específicos, permitindo ao analista a emissão de resultados inquestionáveis e irrefutáveis, uma vez que tais resultados com frequência são utilizados como parte de processos judiciais, que poderão culminar com a condenação ou absolvição de um réu. Assim, o procedimento analítico empregado em determinações de xenobióticos deve garantir com qualidade e confiança adequada o valor do dado gerado durante as análises[4,52,53,54].

A determinação de substâncias presentes em fluidos biológicos geralmente requer etapas de pré-tratamento da amostra, que visam separar os analitos de interesse dos demais compostos presentes na amostra, que podem ser incompatíveis com o equipamento usado para identificação e quantificação, além de servir como etapa de concentração das substâncias a serem analisadas, frequentemente presentes em nível de traços[55]. Com relação aos procedimentos de extração de fármacos, drogas de abuso e/ou seus produtos de biotransformação, destacam-se três processos: extração líquido-líquido (*liquid–liquid extraction* – LLE), microextração em fase líquida (*liquid phase microextraction* – LPME), extração em fase sólida (*solid phase extraction* – SPE) e microextração em fase sólida (*solid phase microextraction* – SPME).

Os métodos cromatográficos, como a cromatografia em fase gasosa (GC) e a cromatografia líquida de alta eficiência (HPLC), são os mais utilizados para a determinação de fármacos e drogas de abuso em fluidos biológicos. Nos últimos anos, a eletroforese capilar (CE) vem ganhando espaço e se consagrando, à semelhança dos métodos cromatográficos, como técnica de separação de grande utilidade para análises de preparações farmacêuticas e de xenobióticos presentes em materiais biológicos[56,57]. Dentre as principais vantagens desta técnica estão a alta eficiência, o mínimo consumo de solventes orgânicos e a grande versatilidade de modos de separação, o que permite a separação de grande variedade de solutos, incluindo compostos de alta polaridade, termolábeis e/ou não voláteis em um mesmo capilar[58,59,60].

21.2.3 Fármacos e drogas de abuso de interesse forense

Anfetamina, metanfetamina e as metilenodioxianfetaminas

O uso de anfetamina e metanfetamina como drogas de abuso é antigo e muito popular em países no Hemisfério Norte com alguma diferença regional, sendo a anfetamina mais consumida na Europa e a metanfetamina mais prevalente nos Estados Unidos da América, Japão e Sudeste Asiático[61]. Essas substâncias são geralmente sintetizadas em laboratórios clandestinos, podendo muitas vezes estar contaminadas com reagentes ou produtos intermediários utilizados na síntese, o que eleva o risco de intoxicações.

Essas drogas são administradas principalmente por via intranasal ou oral, como sais de sulfato ou fosfato, em doses que variam de 5 mg a 15 mg; usuários crônicos podem chegar a consumir de 100 mg a 2000 mg da droga por dia. O cloridrato de metanfetamina, conhecido popularmente como *ice* ou "cristal", dada sua similaridade física com cristais de gelo, é usado comumente pela via endovenosa ou pulmonar (fumada), mas pode ser ainda encontrado na forma de comprimidos para administração oral.

Após administração oral de 2,5 mg a 5 mg de anfetamina, o pico de concentração plasmático é atingido em até duas horas, com concentrações variando de 30 mg/mL a 170 mg/mL. Em situações de *overdose* a concentração sanguínea geralmente fica acima de 500 mg/mL. A meia-vida plasmática é relativamente alta, variando de oito a doze horas[61].

As chamadas *designer drugs* estão entre as drogas de abuso mais consumidas no Ocidente. Seus efeitos psicotrópicos específicos, dos quais emanam sua utilização como drogas de abuso, são descritos como capacidade aumentada de comunicabilidade, empatia e autoconhecimento, o que distingue esta classe de compostos das substâncias estimulantes e alucinógenas típicas. Nesta categoria de classificação encontram-se a 3,4-metilenodioximetanfetamina (MDMA, *ecstasy*), a 3,4-metilenodioxietilanfetamina (MDEA, *eve*) e a 3,4-metilenodioxianfetamina (MDA).

Estima-se que cerca de 0,2% da população global com idade acima de 15 anos consuma *ecstasy*. Aproximadamente 40% do consumo mundial desse tipo de droga de abuso ocorre na Europa, seguido pela América do Norte, onde seu consumo vem crescendo, o mesmo ocorrendo no Leste Europeu e países em desenvolvimento das Américas, África do Sul e Sudeste Asiático[63]. Na Itália, o *ecstasy* já ocupa o terceiro lugar na lista das substâncias ilícitas mais utilizadas[64].

No Brasil, é crescente sua divulgação pela mídia e o uso recreacional tem sido identificado em vários pacientes que buscam tratamento para farmaco-dependência nas clínicas de São Paulo[65]. A Organização das Nações Unidas preconiza que o aumento no número de apreensões de determinada classe de drogas de abuso é indicativo do aumento no consumo de tal substância. Mesmo com o aumento no número de apreensões e a notada presença das metilenodioxianfetaminas como fármacos de abuso no Brasil, até o momento não existem informações precisas sobre o consumo dessas substâncias, bem como seu envolvimento em situações criminais.

Cocaína

A cocaína, metilbenzilecgonina, é um alcaloide presente em duas espécies do gênero *Erytroxylum*: a *novogranatense* e a *coca*, de uso milenar entre os indígenas latino-americanos, que mastigavam as folhas da planta. É um poderoso agente simpatomimético com efeitos estimulantes no sistema nervoso central (SNC), razão pela qual é usado como fármaco de abuso em todo o mundo[46]. Adquiriu importância cada vez maior devido aos graves problemas sociais e da dependência após a difusão do pó para inalação (cloridrato de cocaína) e como *crack* (base livre); esta última forma é causadora de sérias preocupações tanto para médicos quanto para autoridades policiais por ser uma forma que leva mais rapidamente à dependência, tornando o usuário comprador assíduo. O *crack* contém impurezas encontradas no material original que são oriundas da adulteração de cocaína ou ainda bicarbonato em excesso, devido ao processo de obtenção[66].

Segundo informações do Centro Brasileiro de Informações sobre Drogas (CEBRID) a respeito do uso de drogas entre crianças e adolescentes em São

Paulo no ano de 1997, o *crack* representa 24,6%, enquanto o cloridrato aspirado, 2,6% (N = 114).

Opiáceos

Os opiáceos representam uma classe de drogas de abuso de baixa prevalência no Brasil, mas muito comum no Hemisfério Norte, sendo agente de morbidade nos Estados Unidos, Europa e Ásia. O baixo uso desta classe de droga de abuso no Brasil deve estar relacionado à baixa disponibilidade "comercial" na América do Sul, que eleva muito o custo para o usuário. Diferentemente de outras plantas que produzem substâncias psicoativas, como a *Erytroxylum coca* e a *Cannabis sativa*, a *Papaver somniferum* (de onde são extraídos os opiáceos), quando cultivada no americano, produz quantidades ínfimas de princípios psicoativos, o que inviabiliza seu cultivo com finalidade ilegal na região.

Dentre os opiáceos, a principal substância utilizada como droga de abuso é a heroína (diacetilmorfina). A heroína pode ser administrada por diversas vias de introdução, sendo as mais comuns a via endovenosa (dissolvida em água sob aquecimento), a via pulmonar (fumada) ou intranasal. Após a administração, a heroína é rapidamente desacetilada, originando a 6-monoacetilmorfina (6-MAM), que é lentamente hidrolisada para originar a morfina. Vinte e quatro horas após a administração endovenosa, os principais produtos de biotransformação da heroína encontrados na urina são a 6-MAM (1,3% da dose administrada), a morfina livre (4,2%) e a morfina conjugada com ácido glicurônico (38,2%). Apenas 0,1% da heroína administrada é excretada de forma inalterada na urina[61].

Dado seu rápido metabolismo (meia-vida de aproximadamente três minutos), praticamente não se encontra heroína em fluidos biológicos. A caracterização do uso dessa droga é geralmente feita por meio da presença de morfina no material. A 6-MAM é outro importante marcador do uso de heroína, mas infelizmente só pode ser detectada de duas a oito horas após o uso, por também ser rapidamente biotransformada em morfina.

Como o uso de heroína leva ao aparecimento de morfina no organismo, substância utilizada com finalidade terapêutica no tratamento de dor aguda, é necessário diferenciar sua presença na urina em situações terapêuticas e em situações de uso da droga ilícita. Isso pode ser feito com base na concentração encontrada no fluido, pois no uso terapêutico a concentração urinária fica em torno de 10 mg/mL; já em situações de *overdose* por heroína essa concentração é frequentemente maior do que 80 mg/mL. Outro modo de diferenciar o uso terapêutico de morfina do abusivo de heroína é identificar a presença de 6-MAM no material, tarefa relativamente difícil dado ao rápido metabolismo desta.

21.2.4 Técnica passo a passo

O presente capítulo tem por objetivo a elaboração de uma sistemática analítica para a determinação de drogas de abuso e seus produtos de biotransformação em humor vítreo, empregando a técnica da eletroforese capilar para a identificação e quantificação dos analitos. A cromatografia líquida acoplada à espectrometria de massas foi utilizada como técnica de referência para a confirmação dos resultados positivos.

21.2.5 Materiais e métodos

21.2.5.1 Reagentes

Soluções-padrão na concentração de 1 mg/mL de anfetamina (ANF), metanfetamina (MET), 3,4-metilenodioxianfetamina (MDA), 3,4-metilenodioximetanfetamina (MDMA), 3,4-metilenodioxietilanfetamina (MDEA), cetamina (KET), cocaína (COC), cocaetileno (CET), lidocaína (LIDO), morfina (MORF), 6-monoacetil-morfina (6-MAM), heroína (HER) e N-metil-1-(3,4-metilenodioxifenil)-2-butamina (utilizada como padrão interno – PI) foram adquiridas da Cerilliant (Austin, EUA). Essas soluções foram utilizadas para preparar soluções de trabalho em diferentes concentrações. As estruturas químicas das substâncias analisadas são mostradas na Figura 21.1.

Ácido fosfórico e tris-hidroximetilaminometano (Tris) grau analítico, trietilamina, metanol e acetonitila grau-HPLC foram obtidos da empresa Merck (Darmstadt, Alemanha). Água ultrapura foi obtida por meio de Milli-Q RG, da empresa Millipore (Bedford, EUA).

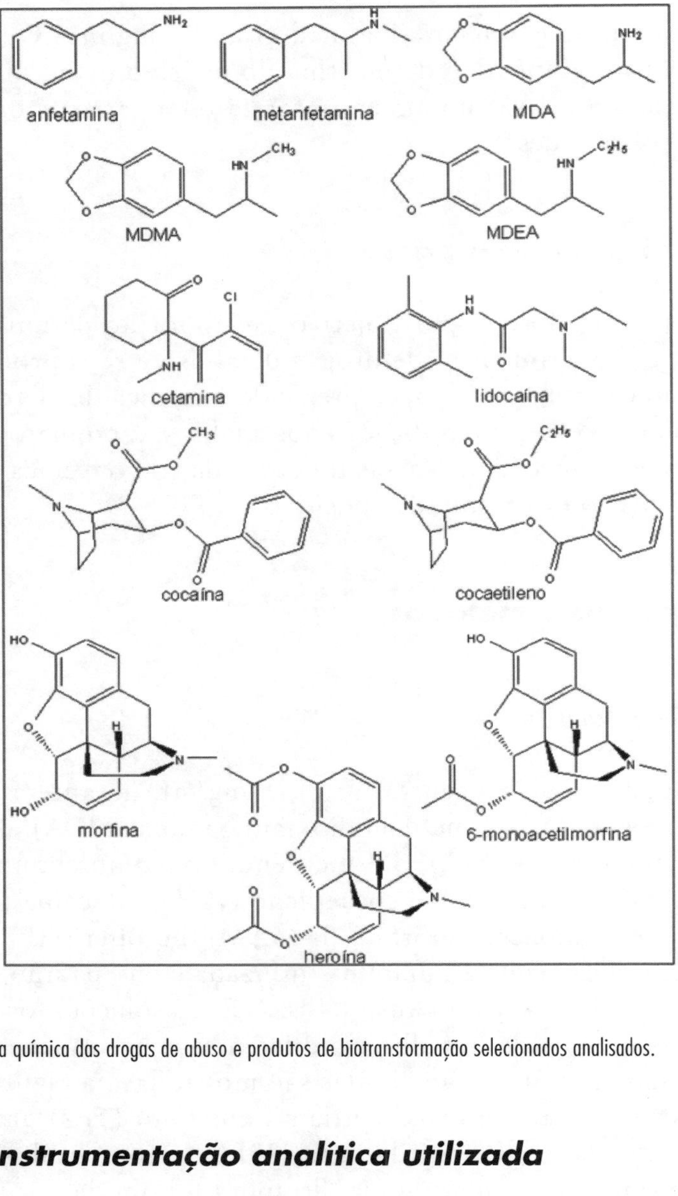

Figura 21.1 Estrutura química das drogas de abuso e produtos de biotransformação selecionados analisados.

21.2.5.2 Instrumentação analítica utilizada

Eletroforese capilar com detecção por arranjo de diodos (CE/DAD)

Equipamento de eletroforese capilar Hewlett Packard[a] modelo HP³ᴰCE (Agilent Technologies, Palo Alto, EUA), dotado de sistema de termostatização do capilar por ar forçado e detector de arranjo de diodos (DAD), controlado pelo *software* HP ChemStation versão 08.03 (Agilent Technologies). As separações foram realizadas utilizando capilar de sílica fundida de 75 mm de diâmetro interno e 48,5 cm de comprimento total (40 cm de comprimento efetivo até o detector), termostatizado a 25 °C. A tensão aplicada para separação foi de 25 KV (corrente resultante de aproximadamente 90 mA).

Tubos capilares de sílica fundida (Polymicro Technologies, Phoenix, EUA), revestidos externamente com poliamida, são utilizados para essa metodologia. Antes do primeiro uso, o capilar deve ser condicionado pela passagem de solução aquosa de hidróxido de sódio 1 mol/L por 30 minutos. No início de cada dia de trabalho, o capilar deve ser lavado com a mesma solução alcalina (5 minutos), água ultrapura (5 minutos) e finalmente condicionado com o eletrólito de corrida (a ser descrito adiante) por 20 minutos.

As amostras e padrões devem ser introduzidos no sistema por injeção eletrocinética, injetando-se inicialmente um pequeno *plug* de água ultrapura (50 mbar/2s). Em seguida a extremidade do capilar é mergulhada no *vial* contendo amostra/padrão e aplica-se determinada tensão (15 KV/10 s) para introdução dos compostos ionizados para o interior do capilar. Finalmente, as duas extremidades do capilar são acomodadas em *vials* contendo o eletrólito de corrida, para assim dar início à separação eletroforética.

O detector por arranjo de diodos deve ser programado para adquirir espectros de absorção UV/visível na faixa de 190 nm a 400 nm, fornecendo importante informação qualitativa para as análises. As análises quantitativas devem ser feitas a partir de eletroferogramas obtidos em 195 nm, exceto para MORF, 6-MAM e HER, que são quantificados em 208 nm.

21.2.5.3 Preparo de amostras

Amostras de humor vítreo podem ser coletadas por médico-legista do Instituto Médico Legal do seu estado, conforme o Comitê de Ética de sua instituição.

As amostras de humor vítreo podem ser coletadas sem distinção entre olho direito ou esquerdo, por punção utilizando seringa estéril e descartável. As amostras de humor vítreo são então transferidas para tubo de vidro fechado por tampa de borracha, sem a adição de preservantes. Para preservar a integridade do cadáver, após a coleta, o formato do globo ocular deve ser reconstituído por preenchimento com água. Todas as amostras devem ser armazenadas a -20 °C até o momento da análise.

O preparo das amostras é feito por partição com solventes orgânicos (extração líquido-líquido – LLE). Para tubos cônicos de polipropileno com tampa de mesmo material (capacidade do tubo = 2 mL), são pipetados 200 µL de amostra de humor vítreo e 50 µL de solução metanólica de 3,4-metile-nodioxi-alfa-etil-N-metilfeniletilamina (MBDB) com concentração igual a 1 µg/mL (padrão interno – PI). A esses tubos são adicionados 100 µL de tetra-borato de sódio 100 mmol/L, 1 mL de acetato de etila, seguido por agitação em vórtex (60 s) e centrifugação a 12500 rpm por 5 minutos. Após a centri-fugação, 900 µL do sobrenadante são transferidos para *vial* de polipropileno (próprio para o injetor automático do sistema CE). O extrato é evaporado à secura sob fluxo de nitrogênio (temperatura ambiente) e reconstituído com 100 µL de solução de ressuspensão (eletrólito de corrida diluído 1:100 em água ultrapura).

21.2.5.4 Validação dos métodos

Os métodos desenvolvidos são validados de acordo com procedimentos e parâmetros de confiança analítica comumente utilizados em toxicologia forense[53,54]. Para construção das curvas analíticas, amostras de humor vítreo brancos são enriquecidas com padrão interno e com os analitos na faixa de concentração de 5 ng/mL a 500 ng/mL, sendo então submetidas aos proce-dimentos preparos descritos anteriormente. Os limites de detecção (LD) e quantificação (LQ) dos métodos são avaliados através de diluições seriadas da amostra enriquecida com padrões, até a obtenção de sinal analítico três vezes (LD) e dez vezes (LQ) maior que o ruído. A recuperação é avaliada na concentração de 100 ng/mL (em triplicata), comparando-se os valores de área absoluta obtidos por amostras branco enriquecidas e submetidas a procedimento descrito acima, com amostras branco que são submetidas ao preparo de amostra, sendo que os padrões só são adicionados instantes antes da injeção no CE-DAD.

Para determinação da precisão são analisadas três replicatas de amostras branco de humor vítreo enriquecidas nas concentrações 50 ng/mL, 100 ng/mL e 500 ng/mL, e adicionadas de padrão interno. A precisão é calculada com base no coeficiente de variação (CV) das áreas relativas.

A exatidão é determinada pela análise de três replicatas de amostras bran-cas de humor vítreo enriquecidas nas concentrações 50 ng/mL, 100 ng/mL e 500 ng/mL, e adicionadas de padrão interno. Os valores de área relativa obtidos são então convertidos em concentração por meio das respectivas equações de regressão linear obtidas das curvas analíticas. A concentração obtida é comparada com a concentração "real" da substância presente no humor vítreo enriquecido.

21.2.6 Resultados e considerações

21.2.6.1 Otimização da separação dos analitos por CE-DAD: a influência de aditivos na separação eletroforética

O desenvolvimento de método analítico por eletroforese capilar deve levar em consideração características físico-químicas do analito. Deve-se considerar a mobilidade eletroforética dos analitos, parâmetro diretamente relacionado com a estrutura química da molécula investigada, principalmente com sua constante de dissociação. Como já foi citado, todos os compostos estudados possuem características básicas, o que pode ser observado a partir de seus valores de dissociação (pKa) (Tabela 21.4). Assim, todos se encontram ionizados com cargas positivas em meios ácidos, o que permite sua análise por eletroforese capilar de zona, processo no qual os analitos são separados de acordo com as respectivas mobilidades eletroforéticas, dispensando o uso de adjuvantes ionizados como micelas ou ciclodextrinas, ou mesmo de fases estacionárias.

Em CE, o controle do pH do eletrólito é aconselhável e a escolha da solução tampão adequada tem implicações diretas na otimização da separação, uma vez que o pH do eletrólito determina a mobilidade efetiva dos analitos por influenciar decisivamente o grau de dissociação[68]. Próximo à região do pKa a flutuação da mobilidade é muito pronunciada. Por isso, na escolha do eletrólito de corrida deve-se evitar o uso de soluções cujo pH seja próximo ao pKa dos analitos, pois nessa situação a flutuação da mobilidade eletroforética tenderá a ser grande, resultando em grande variação nos tempos de migração dos analitos, a menos que o eletrólito seja tamponado. Pelos valores de pKa apresentados na Tabela 21.4, pode-se concluir que o eletrólito de corrida deve ter pH menor do que 5,5 para que esteja ao menos duas unidades abaixo do pKa de todos os analitos, garantindo assim que todas as moléculas estudadas estejam completamente dissociadas durante a análise eletroforética.

Tabela 21.4 Constantes de dissociação (pKa) dos analitos estudados

ANALITO	CONSTANTE DE DISSOCIAÇÃO (PKA)
Anfetamina	10,1
Metanfetamina	10,1
MDA	9,67
MDMA	9,0
MDEA	8,9*
Cetamina	7,5
Cocaína	8,6
Cocaetileno	8,3*
Lidocaína	7,9
Morfina	8,0 / 9,9
6-MAM	8,0*
Heroína	7,6

* Não disponíveis na literatura consultada. Valores calculados a partir de simulação computacional no *software* Pallas®.

Adicionalmente, a suscetibilidade do fluxo eletrosmótico a variações de pH requer que o eletrólito apresente constância no valor de pH. Outras propriedades desejáveis para um eletrólito incluem: baixo valor de absorbância no comprimento de onda selecionado para análise e baixa mobilidade para minimizar a geração de efeito Joule[6]. O ácido fosfórico, em concentrações entre 20 mmol/L e 100 mmol/L, é o reagente de primeira escolha para analisar substâncias de características básicas por eletroforese capilar de zona, pois possui ação tamponante na faixa de 2 a 3 unidades de pH e baixa absortividade na região do ultravioleta.

Para compostos básicos é recomendável que o pH do eletrólito de corrida seja de cerca de 2,5, pois nesse valor boa parte dos compostos pertencentes a esse grupo encontram-se completamente ionizados, de modo que suas mobilidades não seriam alteradas por pequenas variações no pH do eletrólito, fornecendo robustez ao método de separação. Outra vantagem importante é a seletividade que a escolha desse valor de pH oferece à análise, uma vez que nessa região possíveis interferentes de características ácidas ou neutros apresentariam mobilidade negativa ou simplesmente não apresentariam mobilidade eletroforética, respectivamente, dificilmente sendo detectados[42]. Por estas razões e pelas características físico-químicas dos analitos estudados (Figura 21.4 e Tabela 21.4), o eletrólito de corrida desenvolvido inicialmente é o composto por solução aquosa de ácido fosfórico 20 mmol/L, com valor de pH ajustado para 2,50 em peagâmetro digital por titulação com solução aquosa de hidróxido de sódio 1 mol/L.

Na eletroforese capilar em zona é bastante comum o uso de eletrólitos aditivados. O uso de aditivos é indicado em quatro situações: reduzir a interação de certos analitos com a parede do capilar (minimizar a adsorção), para alterar a mobilidade dos analitos, modificar o fluxo eletrosmótico ou solubilizar os analitos[6]. Para o desenvolvimento do método aqui apresentado, três substâncias foram utilizadas como aditivos: trietilamina, Tris e metanol.

A adsorção de analitos de características básicas (como os aqui estudados) a grupamentos silanóis do capilar ionizados em pH baixo (carga negativa) leva à formação de picos assimétricos e com cauda, o que acaba por interferir nas análises quantitativas por dificultar a integração adequada do pico eletroforético. Essa adsorção dificulta ainda as análises qualitativas por causar alargamento dos picos, diminuindo a resolução e, por isso, dificultando a identificação. Esse inconveniente pode ser contornado adicionando ao eletrólito de corrida compostos como poliaminas ou sais de alquilamônio, pois o grupamento amina dessas substâncias liga-se aos grupamentos silanóis da parede do capilar bloqueando os mesmos, dificultando a interação indesejada com os analitos. O uso desse tipo de aditivo é recomendado por diversos autores que discutem a análise de substâncias catiônicas por CZE[6,25,36,42]. Neste trabalho, optou-se pela adição de 0,4% (v/v) de trietilamina ao eletrólito de corrida. Bloqueando os grupamentos silanóis, a trietilamina contribui ainda para a reprodutibilidade do tempo de migração, pois praticamente elimina a presença do fluxo eletrosmótico na separação.

O desenvolvimento do melhor eletrólito de corrida para separação eletroforética está vinculado ainda à forma da banda (pico), pois via de regra, tampões contendo íons com mobilidade semelhante à do soluto previnem os fenômenos de eletrodispersão, fornecendo picos simétricos e delgados e minimizando seu alargamento[6].

A eletrodispersão acontece, principalmente, devido a diferenças entre a condutividade do analito e dos íons do eletrólito de corrida. Quando um analito é injetado no interior do capilar, a banda desse analito tende a se dispersar devido a uma difusão longitudinal. Os íons do analito, que estão mais distantes do centro da zona da amostra, encontram-se numa região onde a condutividade predominante é a do eletrólito de corrida, enquanto os íons que se encontram mais ao centro da banda estão numa região onde a condutividade predominante é a do próprio analito. Então, quando o campo elétrico é aplicado, três situações podem ser observadas, como mostrado na Figura 21.2.

Na situação apresentada mais à esquerda na Figura 21.2, a condutividade da zona da amostra é menor que a condutividade do eletrólito. Os íons mais distantes do centro da banda da amostra são submetidos a um campo elétrico menor que os íons que se encontram no centro da banda, e por isso possuem mobilidade eletroforética menor do que os íons do mesmo analito presentes na banda da amostra. Visualmente, esta dispersão é percebida como uma cauda no pico eletroforético[69].

Já na situação mostrada à direita na Figura 21.2, a condutividade da zona da amostra é maior do que a condutividade do eletrólito de corrida. Sendo assim, os analitos que se encontram mais distantes do centro da banda (no sentido longitudinal) são submetidos a um campo elétrico maior que o campo elétrico do centro, portanto os íons que estão à frente, em relação ao detector, serão acelerados, se distanciando mais rapidamente da zona da amostra, que o restante dos íons. Os íons que estão atrás são acelerados e alcançam o centro da zona, enquanto os íons mais ao centro migram sob um campo elétrico menor. Tem-se então um caso de cauda frontal[69].

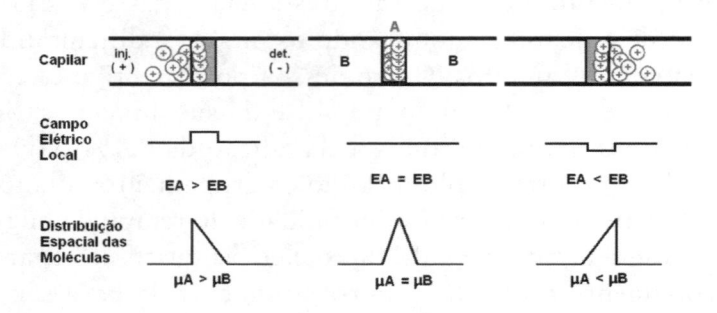

Figura 21.2 Representação esquemática da simetria de pico em função da similaridade das mobilidades do analito e do eletrólito. Adaptado de Tavares (1997)[6].

A situação ideal é a apresentada no centro da Figura 21.2, em que a condutividade da região da amostra e do eletrólito de corrida são equivalentes, atingindo, portanto, um campo elétrico constante em todo o capilar, resultando na geração de picos simétricos[69].

Como foi demonstrado, para evitar o fenômeno eletrodispersivo o eletrólito de corrida deve ter condutividade e, portanto, mobilidade eletroforética semelhante à mobilidade do analito. O modo mais utilizado para evitar a eletrodispersão é adicionar ao eletrólito de corrida um coíon de mobilidade eletroforética próxima à dos analitos estudados.

Com base em todos os fundamentos apresentados até aqui, o eletrólito de corrida mais adequado para análise das drogas de abuso de interesse deve apresentar como contraíon o fosfato (proveniente do ácido fosfórico), por este ter ação tamponante a um pH de 2,5 (o que favorece muito a reprodutibilidade do método). Deve também ser enriquecido com 0,4% de trietilamina para que ocorra revestimento dinâmico da parede do capilar, bloqueando grupos silanóis que causam deformações nos picos de bases fracas analisadas em pH baixo. Deve-se adicionar ainda 20 mM de Tris como coíon para que os fenômenos eletrodispersivos sejam evitados ou minimizados.

A Figura 21.3 apresenta um eletroferograma obtido pela injeção de solução padrão contendo as onze drogas de abuso e/ou produtos de biotransformação estudados. Como esperado, as adições de trietilamina e de Tris contribuíram significativamente para o formato dos picos obtidos.

De acordo com a Figura 21.3, é possível observar uma completa comigração entre cocaetileno e morfina. Para solucionar esse tipo de problema é necessário o uso de aditivos com capacidade de alterar diferencialmente

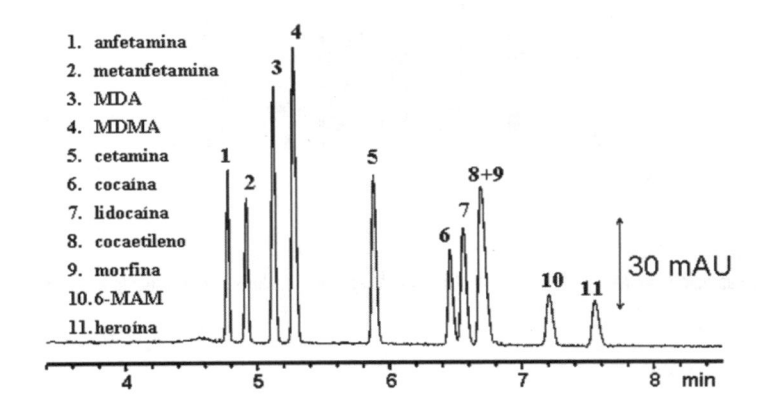

Figura 21.3 Eletroferograma obtido pela injeção de solução padrão dos analitos (200 ng/mL). Condições eletroforéticas: capilar de sílica fundida 75 mm i.d., 48,5 x 40 cm (efetivo); eletrólito: 0,4% trietilamina, Tris 20 mM, pH 2,5 (ajustado com ácido fosfórico concentrado); 25 KV, 20 °C, 195 nm; injeção eletrocinética: água ultrapura 20 mbar/2s, seguido por 15 KV/10s.

a mobilidade dos compostos, resultando na separação dos mesmos. Tavares cita o uso de solventes orgânicos como aditivos para a CZE[6] e menciona que esse tipo de aditivo é capaz de aumentar a solubilidade de compostos orgânicos no eletrólito, reduzir a interação soluto-capilar, além de atuarem como modificadores do fluxo eletrosmótico. Landers afirma que o uso desse tipo de modificador pode levar a ganhos significativos na resolução dos analitos, pela combinação de diminuição do fluxo eletrosmótico, diminuição da difusão térmica e alteração por vezes seletiva da solubilidade dos analitos investigados[74].

Neste trabalho, quando metanol foi adicionado ao eletrólito de corrida pôde-se observar mudança na mobilidade dos analitos, muito mais pronunciada para os compostos da classe dos opiáceos do que para os demais analitos. A Figura 21.4 mostra o efeito da adição de metanol à mobilidade eletroforética dos analitos e a consequente separação obtida, respectivamente.

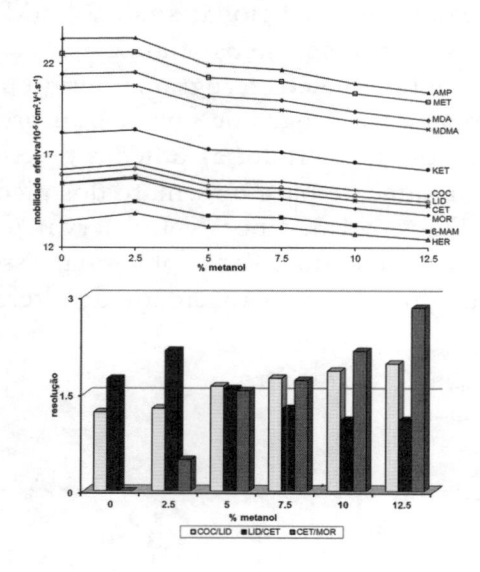

Figura 21.4 Efeito da adição de metanol sobre a separação eletroforética dos analitos. Composição do eletrólito e condições eletroforéticas idênticas às da Figura 21.3.

Pode-se observar que as mobilidades do cocaetileno e da morfina são iguais no eletrólito sem o modificador orgânico. Quanto maior a quantidade de metanol adicionado ao eletrólito, maior é a diferença entre a mobilidade dessas substâncias. Deve-se observar ainda que, como era esperado, o comportamento da mobilidade do cocaetileno é praticamente igual ao desempenhado pela cocaína, sendo a diferença de mobilidade da droga e de seu produto de biotransformação praticamente constante. Já a mobilidade da lidocaína, que apresenta estrutura química apreciavelmente diferente da da cocaína e do cocaetileno, não segue o mesmo perfil.

Com o aumento da porcentagem de solvente orgânico no eletrólito, o pico de lidocaína começa a se sobrepor ao do cocaetileno, diminuindo de modo proibitivo a resolução entre eles.

Os resultados obtidos mostram que a porcentagem de metanol no eletrólito deve ser de até 5% para que se tenha completa resolução entre os pares cocaetileno/morfina e lidocaína/cocaetileno, sendo obtida, assim, a completa separação das onze substâncias selecionadas para estudo em menos de nove minutos de análise.

Após as considerações e ensaios descritos, concluiu-se que o eletrólito de corrida deveria ser composto por solução aquosa de Tris 20 mmol/L + 0,4 % de trietilamina, com pH ajustado para 2,5 com ácido fosfórico concentrado (em peagâmetro):metanol (95:5, v/v).

21.2.6.2 Detecção dos analitos (detecção por arranjo de diodos)

Para se trabalhar com detectores ópticos, como o detector por arranjo de diodos, todos os analitos investigados devem apresentar grupamentos cromóforos em sua estrutura química (que permitam a absorção de radiação eletromagnética na faixa de 190 nm a 650 nm) para detecção direta, ou devem ser derivatizados para posterior detecção do produto de derivação. Todos os analitos aqui estudados possuem grupamentos cromóforos em sua estrutura química, com significativa absorção da radiação eletromagnética na região do ultravioleta (190 nm a 350 nm) e regiões de máxima absortividade (entre 195 nm e 210 nm). Assim, para se obter máxima sensibilidade, as análises quantitativas devem ser realizadas com eletroferogramas extraídos no comprimento de onda 195 nm (exceto para MOR, 6-MAM e HER, para os quais a quantificação deve ser feita em 208 nm).

O detector por arranjo de diodos é o sistema óptico de escolha tanto para cromatografia líquida quanto para eletroforese capilar, quando a análise exige informações qualitativas mais refinadas do que as fornecidas apenas pelo tempo de retenção e/ou migração. A resposta gerada por esse tipo de detector é um gráfico tridimensional que mostra concomitantemente o tempo de retenção, o espectro de absorção da luz ultravioleta/visível e a intensidade de luz absorvida pelo analito em um dado comprimento de onda. A Figura 21.5 apresenta eletroferograma extraído em 195 nm, com os espectros de absorção da luz ultravioleta das drogas de abuso e seus produtos de biotransformação estudados.

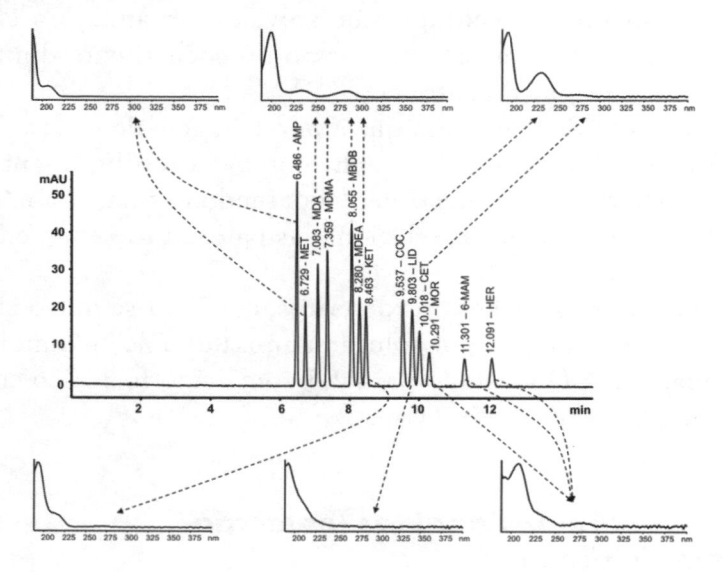

Figura 21.5 Eletroferograma obtido com eletrólito otimizado, com os espectros de absorção UV dos analitos. Condições eletroforéticas: capilar de sílica fundida 75 mm i.d., 48,5 x 40 cm (efetivo); eletrólito: 0,4% trietilamina, Tris 20 mmol/L pH 2,5 (ajustado com ácido fosfórico concentrado) contendo 5% de metanol; 25 kV, 20°C, 195 nm; injeção eletrocinética: água ultra-pura 20 mbar/2s, seguido por 15 kV/10s.

21.2.6.3 Preparo de amostras

Como já foi citado anteriormente, nas análises toxicológicas *post mortem* o humor vítreo oferece uma série de vantagens, como facilidade de obtenção. O fato de o globo ocular estar em local anatomicamente isolado e protegido tem como consequência a preservação desse espécime a despeito de traumas cranianos, estando muito menos sujeito à contaminação ou putrefação quando comparado com o sangue (uma vez que xenobióticos ficam protegidos dos fenômenos de putrefação), boa estabilidade química e facilidade no manuseio. Como esse material é isento de enzimas ou micro-organismos que poderiam degradar os analitos investigados, não é necessária a adição de preservantes.

O pequeno volume disponível do fluido biológico para realização das análises (menos de 2 mL em todas as amostras coletadas) foi determinante para o planejamento do procedimento adotado para extração. O volume aqui utilizado (200 mL) permitiu que outras alíquotas de uma mesma amostra fossem retiradas para análises em replicatas utilizando o mesmo método, ou ainda para execução de método de confirmação.

Por ser uma amostra biológica limpa, inicialmente podem ser testados procedimentos de preparo baseados em simples diluição da amostra e injeção no sistema eletroforético. Esse tratamento foi rejeitado por não produzir resultados quantitativos satisfatórios, principalmente no que diz respeito aos limites de detecção obtidos. Esses resultados inadequados podem estar relacionados à composição da matriz biológica, pois ainda que sua composição seja predominantemente aquosa, o humor vítreo possui também grande quantidade de íons dissolvidos, principalmente Na^+, K^+ e Cl^-, que diminuíram a eficiência da injeção eletrocinética (baseada na diferença de condutividade entre a amostra e o eletrólito de corrida).

A extração líquido-líquido é um procedimento simples e barato, por vezes preterida devido ao maior consumo de solventes orgânicos (quando comparada a técnicas como a SPE, por exemplo). No método desenvolvido, utilizou-se no máximo 2 mL de solvente orgânico por amostra analisada. Uma vez que todo processo extrativo foi realizado em tubos de polipropileno (tipo *eppendorf*) descartáveis e foram utilizadas pipetas automáticas com ponteiras igualmente descartáveis, a possibilidade de contaminação acidental durante o processamento da amostra foi minimizada drasticamente, contribuindo assim para a confiabilidade exigida para um método com finalidade forense.

O rendimento (recuperação) da extração de fármacos de características básicas presentes em fluidos biológicos por extração líquido-líquido é aumentado pela alcalinização do fluido por interferir no equilíbrio de dissociação dos fármacos, aumentando sua solubilidade no solvente orgânico (mais apolar do que a matriz biológica). Inicialmente testou-se a alcalinização da amostra pela adição de 100 mL de hidróxido de sódio 1 mol/L, e seguindo com o procedimento de extração como descrito anteriormente. Foi observado excelente rendimento para os fármacos pertencentes à classe dos derivados anfetamínicos (ANF, MET, MDA, MDMA, MDEA, KET) e para a lidocaína ($\geq 90\%$). Contudo, o rendimento para a cocaína, cocaetileno e para os opiáceos (MOR, 6-MAM e HER) ficou muito aquém desse valor, sendo que a 6-MAM e a HER nem mesmo foram detectadas pelo método. Isso pode ser explicado pela instabilidade química dessas substâncias, todas dotadas de grupamentos éster, que sofre hidrólise com relativa facilidade se o meio for muito alcalino. A solução encontrada foi utilizar como alcalinizante para o processo extrativo a solução aquosa de tetraborato de sódio 100 mmol/L, suficiente para tamponar o pH do meio aquoso em torno de 9,1, e também suficiente para extrair todos os analitos com bom rendimento, sem que houvesse hidrólise dos compostos lábeis.

São inúmeros os solventes orgânicos que podem ser utilizados na LLE de drogas de abuso. Tradicionalmente, é requerido que o solvente seja imiscível com a água para facilitar a separação de fases quando em contato com o fluido biológico. Nos últimos tempos vem crescendo a utilização de solventes orgânicos de maior polaridade, como a acetonitrila, em procedimentos de extração líquido-líquido a frio, na qual a separação de fases passa a ser promovida pelo resfriamento da mistura (e por vezes centrifugação)[75,76]. Esse tipo de procedimento parece ser muito interessante quando o procedimento analítico subsequente é realizado em fase líquida, como na cromatografia líquida ou na eletroforese capilar. Contudo, deve-se ressaltar que na extração líquido-líquido a frio geralmente o solvente extrator não é evaporado; sendo assim, não haverá pré-concentração dos analitos, o que pode ser fator excludente para a escolha da eletroforese capilar para leitura dos extratos.

O solvente extrator, acetato de etila, foi escolhido com base nos procedimentos recomendados pelo Programa Internacional de Controle de Drogas da Organização das Nações Unidas[61]. Considerando que o acetato de etila é mencionado como possível solvente extrator para todos os analitos aqui investigados, e possui relativa volatilidade (o que torna a etapa de evaporação mais rápida), optou-se por seu uso nas extrações de humor vítreo. Nesta escolha foi considerado ainda o fato de que o solvente empregado não é clorado (não forma resíduos persistentes no meio ambiente) e tem toxicidade menor do que outros possíveis candidatos, como o n-hexano e o tolueno.

Como citado anteriormente, em situações de *overdose* a concentração de xenobióticos no sangue, e provavelmente no humor vítreo, é significativamente alta (acima de 500 mg/mL). O método aqui apresentado é capaz de detectar a presença dessas drogas em concentrações muito inferiores a esse valor, e quantificar a partir desse valor até níveis cem vezes menores. Optou-se por trabalhar em uma faixa de concentração menor do que a esperada em situações de *overdose* porque dessa forma é possível identificar e quantificar não apenas as intoxicações agudas, mas também os usos recreacionais. As amostras positivas que apresentaram concentração maior do que limite superior da curva analítica foram diluídas com humor vítreo branco e repro-cessada para quantificação confiável.

A Figura 21.6 apresenta eletroferogramas de duas amostras reais de humor vítreo submetidas ao método analítico proposto, que apresentaram resultado positivo para cocaína (A) e para cocaína, lidocaína e cocaetileno (B). A Tabela 21.5 apresenta resultados de amostras reais analisadas utilizando o método descrito.

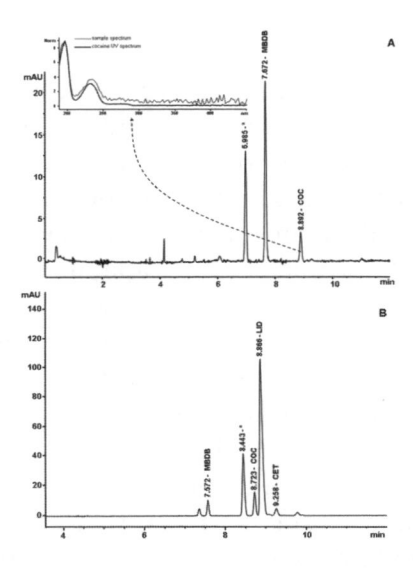

Figura 21.6 Eletroferogramas de duas amostras reais de humor vítreo analisadas usando o método descrito, com resultados positivos para cocaína (A, amostra #1) e cocaína, lidocaína e cocaetileno (B, amostra #5). Condições eletroforéticas, vide Figura 21.5. (*pico não identificado)

Tabela 21.5 Resultados obtidos nas análises de drogas de abuso e produtos de biotransformação em humor vítreo por CE-DAD.

N. DA AMOSTRA	OCORRÊNCIA CRIMINAL	RESULTADO CE/DAD
1	N/D	coc (28 ng/ml)
2	Acidente de trânsito	cetamina (630 ng/ml)
3	Atropelamento	coc (52 ng/ml), cet (23 ng/ml)
4	Homicídio	coc (6 ng/ml), cet (15 ng/ml)

N. DA AMOSTRA	OCORRÊNCIA CRIMINAL	RESULTADO CE/DAD
5	Homicídio	coc (119 ng/ml), lido (1420 ng/ml), cet (21 ng/ml)
6	Homicídio	coc (15 ng/ml)
7	Resistência à prisão	coc (68 ng/ml)
8	Queda	lido (985 ng/ml)

Legenda: coc, cocaína; lido, lidocaína; cet, cocaetileno.

Pelos resultados apresentados na Tabela 21.5, observa-se que o método desenvolvido por CE-DAD detectou a presença de pelo menos um dos analitos investigados em 9,5% das amostras analisadas, sendo a cocaína detectada em 7,1%, o cocaetileno em 3,6%, a lidocaína em 2,4% e a cetamina em 1,2% do número total de amostras analisadas. A maior incidência de resultados positivos para cocaína era esperada, uma vez que essa substância é reconhecidamente relacionada a ocorrências criminais, por aumentar a vigília, a agressividade e causar dependência rapidamente do usuário, ou por desavenças ou disputas relacionadas ao narcotráfico.

De modo análogo, a ausência de resultados positivos para os derivados anfetamínicos (MDMA, MDA e MDEA) pode ser explicada pelos efeitos causados e pelas circunstâncias relacionadas ao uso, pois essas substâncias elevam o humor e a empatia dos usuários, sem aumentar a agressividade. São drogas de abuso ainda relacionadas à classe média, e tanto os usuários quanto os traficantes são frequentemente jovens de bom poder aquisitivo, geralmente com menor envolvimento com outros tipos de delitos criminais.

A anfetamina, metanfetamina e heroína (consequentemente a 6-monoacetilmorfina e morfina) não foram detectadas, provavelmente devido ao padrão de uso dessas substâncias, que representam um grave problema de saúde pública nos Estados Unidos da América e na União Europeia, mas ainda são pouco utilizadas no Brasil.

21.3 CONCLUSÕES

Observando os resultados obtidos, pode-se concluir que:

- A eletroforese capilar com detecção por arranjo de diodos pode ser utilizada para detecção e quantificação de drogas de abuso no humor vítreo, pois fornece limites de detecção, quantificação, precisão e exatidão adequados para essa finalidade.

- O humor vítreo é um dos mais importantes fluidos biológicos disponíveis para as análises toxicológicas com finalidade forense, por ser matriz limpa, estável e que preserva os analitos ali presentes, devendo ser explorada como matriz de eleição para triagens em análises *post mortem*.

REFERÊNCIAS

1. Gallo MA. History and scope of toxicology. In: Klaassen CD, editor. Casarett and Doull's Toxicology: the basic science of poisons. New York: McGraw-Hill; 2001. p. 2-10.

2. Poklis A. Analytic/Forensic toxicology. In: Klaassen CD, editor. Casarett and Doull's Toxicology: the basic science of poisons. New York: McGraw-Hill; 2001. p.1089-1108.

3. Cravey RH, Baselt RC. An introduction to forensic toxicology - the science of forensic toxicology [Internet]. [Cited 2008 Abr 17] Available from: http://www.soft-tox.org/default.aspx?pn=Introduction.

4. Chasin AAM. Parâmetros de confiança analítica e irrefutabilidade do laudo pericial em toxicologia forense. Rev Bras Toxicol. 2001;14(1):40-6.

5. Tavares MFM. Eletroforese capilar: conceitos básicos. Quim Nova. 1996;19(2):173-81.

6. Tavares MFM. Mecanismos de separação em eletroforese capilar. Quim Nova. 1997;20, (5):493-511.

7. Mikkers FEP, Everaerts FM, Verheggen PEM. High-performance zone electrophoresis. J Chromatogr. 1979;169:11-20.

8. Jorgenson JW, Lukacs KD. Zone electrophoresis in open-tubular glass capillaries. Anal Chem. 1981;53:1034-43.

9. Weinberger R, Lurie IS. Micellar electrokinetic capillary chromatography of illicit drug substances. Anal Chem. 1991;63:823-7.

10. Anastos N, Barnett NW, Lewis SW. Capillary electrophoresis for forensic drug analysis: A review. Talanta. 2005;67:269-79.

11. Perrett D. Capillary electrophoresis for drug analysis. In: Moffat AC, Osselton MD, Widdop B, editors. Clarke's analysis of drugs and poisons: Pharmaceutical Press. 2003;1(30):535-549.

12. Picó Y, Rodríguez R, Mañes J. Capillary electrophoresis for determination of pesticide residues. Trends Anal Chem. 2003;22(3):133-51.

13. Silva JAFD, Coltro WKT, Carrilho E, Tavares MFM. Terminologia para as técnicas analíticas de eletromigração em capilares. Quim Nova. 2007;30(3):740-4.

14. Gottardo R, Bortolotti F, De Paoli G; Pascali JP, Miksik I, Tagliaro F. Hair analysis for illicit drugs by using capillary zone electrophoresis-electrospray ionization-ion trap mass spectrometry. J Chromatogr A. 2007;1159(1-2):185-9.

15. Gottardo R, Fanigliulo A, Bortolotti F, De Paoli G, Pascali JP, Tagliaro F. Broad-spectrum toxicological analysis of hair based on capillary zone electrophoresis-time-of-flight mass spectrometry. J Chromatogr A. 2007;1159(1-2)190-7.

16. Tagliaro F, Bortolotti F. Recent advances in the applications of CE to forensic sciences (2005-2007). Electrophoresis. 2008;29(1):260-8.

17. Vanhoenacker G, De L'Escaille F, De Keukeleire D, Sandra P. Dynamic coating for fast and reproducible determination of basic drugs by capillary electrophoresis with diode-array detection and mass spectrometry. J Chromatogr B. 2004;799(2):323-30.

18. Kupiec K, Slawson M, Pragst F, Herzler M. High performance liquid chromatography. In: Moffat AC, Osselton MD, Widdop B, editors. Clarke's analysis of drugs and poisons. London: Pharmaceutical Press, v.1; 2003. p. 500-34.

19. Weinmann W, Wiedemann B Eppinger M, Renz M, Svoboda M. Screening for drugs in serum by electrospray ionization/collision-induced dissociation and library searching. J Am Soc Mass Spec. 1999;10(10):1028-37.

20. Maralikova B, Weinmann W. Confirmatory analysis for drugs of abuse in plasma and urine by high-performance liquid chromatography-tandem mass spectrometry with respect to criteria for compound identification. J Chromatogr. 2004;811(1):21-30. 2004.

21. Hudson JC, Golin M, Malcolm M. Capillary zone electrophoresis in a comprehensive screen for basic drugs in whole blood. Can Soc Forens Sci J. 1995;28(2):137-52.

22. Hudson JC, Golin M, Malcolm M, Whiting CF. Capillary zone electrophoresis in a comprehensive screen for drugs of forensic interest in whole blood: an update. Can Soc Forens Sci J. 1998;31(1).

23. Tagliaro F, Turrina S, Pisi P, Smith FP, Marigo M. Determination of illicit and/or abused drugs and compunds of forensic interest in biosamples by capillary electrophoretic/electrokinetic methods. J Chromatogr B. 1998;713:27-49.

24. Huang Y-S, Liu J-T, Lin L-C, Lin C-H. Chiral separation of 3,4-methylenedioxymethamphetamine and related compounds inclandestine tablets and urine samples by capillary electrophoresis/fluorescence spectroscopy. Electrophoresis. 2003;24:1097-1104.

25. Piette V, Parmentier F. Analysis of illicit amphetamine seizures by capillary zoneelectrophoresis. J Chromatogr A. 2002;979:345-52.

26. Fang C, Chung Y-L, Liu J-T, Lin C-H. Rapid analysis of 3,4-methylenedioxymethamphetamine: a comparison of nonaqueous capillary electrophoresis/fluorescence detection with GC/MS. Forensic Sci Int. 2002;125:142-8.

27. Tsai JL, Wu WS, Lee HH. Qualitative determination of urinary morphine by capillary zone electrophoresis and ion trap mass spectrometry. Electrophoresis. 2000;21(8):1580-6.

28. Ramseier A, Siethoff C, Caslavska J, Thormann W. Confirmation testing of amphetamines and designer drugs in human urine by capillary electrophoresis-ion trap mass spectrometry. Electrophoresis. 2000;21:380-7.

29. Wey AB, Thormann W. Capillary electrophoresis-electrospray ionization ion trap mass spectrometry for analysis and confirmation testing of morphine and related compounds in urine. J Chromatogr A. 2001;916(1-2):225-38.

30. Cantú MD, Hillebrand S, Queiroz MEC, Lanças FM, Carrilho E. Validation of non-aqueous capillary electrophoresis for simultaneous determination of four tricyclic

antidepressants in pharmaceutical formulations and plasma samples. J Chromatogr B. 2004;799:127-32.

32. Bortolotti F, De Paoli G, Gottardo R, Trattene M, Tagliaro F. Determination of gamma-hydroxybutyric acid in biological fluids by using capillary electrophoresis with indirect detection. Journal of Chromatography B-Analytical Technologies in the Biomedical and Life Sciences. 2004;800(1-2)239-44.

33. Gottardo R, Bortolotti F, Trettene M, De Paoli G, Tagliaro F. Rapid and direct analysis of gamma-hydroxybutyric acid in urine by capillary electrophoresis-electrospray ionization ion-trap mass spectrometry. J Chromatogr A. 2004;1051(1-2):207-11.

34. Alnajjar A, Butcher JA, Mccord B. Determination of multiple drugs of abuse in human urine using capillary electrophoresis with fluorescence detection. Electrophoresis. 2004; 25(10-11):1592-600.

35. Cabovska B, Norman AB, Stalcup AM. Separation of cocaine stereoisomers by capillary electrophoresis using sulfated cyclodextrins. Anal Bioanal Chem. 2003;376(1):134-7.

36. Dahle'n NJ, Eckardstein SV. Development of a capillary zone electrophoresis method including a factorial design and simplex optimisation for analysis of amphetamine, amphetamine analogues, cocaine, and heroin. Forensic Sci Int. 2006;157:93-105.

37. Backofen U, Matysik FM, Lunte CE. Determination of cannabinoids in hair using high-pH* non-aqueous electrolytes and electrochemical detection - Some aspects of sensitivity and selectivity. J Chromatogr A. 2002;942(1-2)259-69.

38. Cherkaoui S, Veuthey J-L. Micellar and microemulsion electrokinetic chromatography of selected anesthetic drugs. J Sep Sci. 2002;25:1073-78.

39. Webb R, Doble R, Dawson M. A rapid CZE method for the analysis of benzodiazepines in spiked beverages. Electrophoresis. 2007;28(19):3553-65.

40. McClean S, O'Kane EJ, Smyth WF. The identification and determination of selected 1,4-benzodiazepines by an optimised capillary electrophoresis - electrospray mass spectrometric method. Electrophoresis. 2000;21(7):1381-9.

41. Tagliaro F, Smith FP; Turrina S; Equisetto V, Marigo M. Complementary use of capillary zone electrophoresis and micellar electrokinetic capillary chromatography for mutual confirmation of results in forensic drug analysis. J Chromatogr A. 1996;735(1-2):227-35.

42. Lurie IS, Hays PA, Parker K. Capillary electrophoresis analysis of a wide variety of seized drugs using the same capillary with dynamic coatings. Electrophoresis. 2004;25:1580-91.

43. Jones G. Postmortem toxicology. In: Moffat AC, Osselton MD, Widdop B, editors. Clarke's analysis of drugs and poisons. Pharmaceutical Press. 2003;1:94-108.

44. Raikos, N, Christopoulou K, Theodoridis G, Tsoukali H, Psaroulis D. Determination of amphetamines in human urine by headspace solid-phase microextraction and gas chromatography. J Chromatogr B. 2003;789:59-63.

45. Spinelli E. Identificação de usuários de Cannabis por cromatografia em camada delgada de alta eficiência [Dissertação de Mestrado em Toxicologia]. São Paulo: Universidade de São Paulo, Faculdade de Ciências Farmacêuticas; 1994.

46. Chasin AAM. Diagnóstico laboratorial da intoxicação aguda por cocaína: aspecto forense [Dissertação de Mestrado em Toxicologia]. São Paulo: Universidade de São Paulo, Faculdade de Ciências Farmacêuticas; 1990.

47. Scott KS, Oliver JS. The use of vitreous humor as an alternative to whole blood for the analysis of benzodiazepines. J Forensic Sci. 2001;694-697.

48. Chasin AAM. Cocaína e cocaetileno: influência do etanol nas concentrações de cocaína em sangue humano post mortem [Tese de Doutorado em Toxicologia]. São Paulo: Universidade de São Paulo, Faculdade de Ciências Farmacêuticas; 1996.

49. Ziminski KR, Wemyss CT, Bidanset JH, Maning TJ, Lukash L. Comparative study of postmortem barbiturates, methadone and morphine in vitreous humor, blood and tissue. J Forensic Sci. 1984;29(3):903-9.

50. Coe JI. Postmortem chemistry: practical considerations and a review of the literature. J Forensic Sci. 1974;19(1):13-32.

51. Lima IV. Humor vítreo em toxicologia forense - determinação de álcool etílico em cadáveres de morte traumática e em estado de putrefação. [Tese de Doutorado em Toxicologia]. São Paulo: Universidade de São Paulo, Faculdade de Ciências Farmacêuticas; 1996.

52. Causon R. Validation of chromatographic methods in biomedical analysis - Viewpoint and discussion. J Chromatogr B. 1997;689(1):175-80.

53. Peters FT, Maurer HH. Bioanalytical method validation and its implications for forensic and clinical toxicology – a review. Accred Qual Assur. 2002;7:441-9.

54. SOFT/AAFS. Society of Forensic Toxicologists, American Academy of Forensic Sciences, Toxicology Section. Forensic toxicology laboratory guidelines. 2006.

55. Queiroz SCN, Collins CH, Jardim ICSF. Métodos de extração e/ou concentração de compostos encontrados em fluídos biológicos para posterior determinação cromatográfica. Quim Nova. 2001;24(1):68-76.

56. ThormannW, Aebi Y, Lanz M, Caslavska J. Capillary electrophoresis in clinical toxicology. Forensic Sci Int. 1998;92:157-83.

57. Pizarro N, Ortuno J, Farre M, Hernandez-Lopez C Pujadas M, Llebaria A, et al. Determination of MDMA and its metabolites in blood and urine by gas chromatography-mass spectrometry and analysis of enantiomers by capillary electrophoresis. J Anal Toxicol. 2002;26(3):157-65.

58. Lurie IS. Capillary electrophoresis of illicit drugs seizures. Forensic Sci Int. 1998;92:125-36.

59. Tagliaro F, Turrina S, Pisi P, Smith FP, Marigo M. Determination of illicit and/ou abused drugs and compounds of forensic interest in biosamples by capillary electrophoresis/electrokinetic methods. J Chromatogr B. 1998;713:27-49.

60. Santoro MIRM, Prado MSA, Steppe M, Hackmann ERMK. Eletroforese capilar: teoria e aplicações na análise de medicamentos. Rev Bras Ciências Farmacêuticas. 2000;36(1):97-110.

61. ONU. Recommended methods for the detection and assay of heroin, cannabinoids, cocaine, amphetamine, methamphetamine and ring-substituted amphetamine derivatives in biological specimens [Internet]. [Cited 2008 Apr 17] Available from: http://www.unodc.org/unodc/en/scientists/recommended-methods-for-the-detection-and-assay-.html.

62. Manetto G, Tagliaro T, Crivellente F, Pascali VL, Marigo M. Field-amplified sample stacking capillary zone electrophoresis applied to the analysis of opiate drugs in hair. Electrophoresis. 2000;21:2891-8.

63. UNODC. Global Illicit Drug Trends 2003 [Internet]. [Cited 2004 Mar 13] Available from: http://www.unodc.org/pdf/trends2003_www_E.pdf.

64. Tagliaro F, Valentini R, Manetto G, Crivellente F, Carli G, Marigo M. Hair analysis by using radioimmunoassay, high-performance liquid chromatography and capillary electrophoresis to investigate chronic exposure to heroin, cocaine and/ or ecstasy in applicants for driving licences. Forensic Sci Int. 2000;107:121-8.

65. Silva OA, Yonamine M, Reinhardt VED. Identificação de 3,4-metilenodioximetanfetamina (MDMA) e compostos relacionados por cromatografia em fase gasosa e espectrometria de massas em comprimidos de ecstasy apreendidos em São Paulo. Rev Farm Bioquim Univ São Paulo. 1998;34(1):33-7.

66. Zang JY, Foltz RL. Cocaine metabolism in man: identification of four previously unreported cocaine metabolites in human urine. J Anal Toxicol. 1990;14:201-5.

67. Mueller CA, Weinmann W, Dresen S, Schreiber A, Gergov M. Development of a multi-target screening analysis for 301 drugs using a QTrap liquid chromatography/tandem mass spectrometry system and automated library searching. Rapid Commun Mass Spectrom. 2005;19:1332-8.

68. Galeano-Díaz T, Acedo-Valenzuela M-I, Mora-Díez N, Silva-Rodríguez A. Response surface methodology in the development of a stacking-sensitive capillary electrophoresis method for the analysis of tricyclic antidepressants in human serum. Electrophoresis. 2005;26:3518-27.

69. Micke GA. Otimização e simulação em eletroforese capilar [Tese de Doutorado em Química Analítica]. São Paulo: Universidade de São Paulo, Instituto de Química; 2004.

70. Gas B, Coufal P, Jaros M, Muzikar J, Jelinek I. Optimization of background electrolytes for capillary electrophoresis I. Mathematical and computational model. J Chromatogr A. 2001;905(1-2)269-79.

71. Stedry M, Jaros M, Gas B. Eigenmobilities in background electrolytes for capillary zone electrophoresis - I. System eigenpeaks and resonance in systems with strong electrolytes. J Chromatogr A. 2002;960(1-2):187-98.

72. Stedry M, Jaros M, Vcelakova K, Gas B. Eigenmobilities in background electrolytes for capillary zone electrophoresis: II. Eigenpeaks in univalent weak electrolytes. Electrophoresis. 2003;24(3):536-47.

73. Beckers JL, Bocek P. Sample stacking in capillary zone electrophoresis: principles, advantages and limitations. Electrophoresis. 2000;21:2747-67.

74. Landers JP. Introduction to capillary electrophoresis. In: Landers JP, editor. Capillary and microchip electrophoresis and associated microtechniques. Boca Raton: CRCPress; 2007. p. 3-74.

75. Yoshida M, Akane A, Nishikawa M, Watabiki M, Tsuchihashi H. Extraction of thiamylal in serum using hydrophilic acetonitrile with subzero-temperature and salting--out methods. Anal Chem. 2004;76:4672-5.

76. Pavlovic DM, Babic S, Horvat AJM, Kastelan-Macan M. Sample preparation in analysis of pharmaceuticals. Trends Anal Chem. 2007;26(11):1062-75.

77. Sherlock K, Wolff K, Hay AW, Conner M. Analysis of illicit ecstasy tablets: implications for clinical management in the accident and emergency department. J Accid Emerg Med. 1999;16(3):194-7.

78. Baggott M, Heifets B, Jones RT, Mendelson J, Sferios E, Zehnder J. Chemical analysis of ecstasy pills. J Am Med Assoc. 2000;284(17):2190.

79. Baggott M, Jerome L. 3,4-Methylenedioxymethamphetamine (MDMA): a review of the english-language scientific and medical literature [Internet]. [Cited 2008 Apr 21] Available from: http://www.maps.org/mdma/protocol/litreview.html.

MÉTODO SIMPLES E RÁPIDO PARA DETERMINAÇÃO DE COCAÍNA E SEUS PRINCIPAIS PRODUTOS DE BIOTRANSFORMAÇÃO POR ELETROFORESE CAPILAR ACOPLADA À ESPECTROMETRIA DE MASSAS

José Luiz da Costa
Rodrigo R. Resende
Rafael Lanaro

22.1 INTRODUÇÃO

22.1.1 A cocaína, seus produtos de biotransformação e pirólise

Em análises toxicológicas com finalidade forense, principalmente em análises que utilizam matrizes biológicas, é imprescindível que o laboratório tenha à disposição métodos de análise rápidos, confiáveis e que possibilitem a triagem do maior número de toxicantes possíveis[1].

A cocaína (COC) é uma das drogas de abuso mais consumidas no mundo, estando muito relacionada com situações criminais, quer por sua baixa dose letal (que pode levar a situação de *overdose* com relativa facilidade), quer pelos efeitos desencadeados no usuário, que se torna mais agressivo e violento.

A COC pode ser administrada por diferentes vias no organismo. Qualquer que seja a via de introdução, a COC é rapidamente inativada pela ação de colinesterases plasmáticas, com hidrólise de seus grupamentos éster, originando seus produtos de biotransformação benzoilecgonina (BEC), éster metil ecgonina (EME) e ecgonina (EGC)[2]. A BEC e a EME podem ser produzidas *in vitro* após a coleta da amostra biológica, se não houver cuidados especiais durante esse procedimento ou em seu armazenamento. O complexo enzimático das colinesterases pode ainda biotransformar a COC por n-desmetilação, originando a norcocaína, um produto dotado de atividade biológica semelhante à do composto original.

Quando a COC é utilizada na forma de base livre (*crack*) por via pulmonar (fumada), outros produtos de biotransformação podem ser produzidos. O aquecimento da COC no cachimbo do usuário leva à formação do éster metil anidroecgonina (*anhydroecgonine methyl ester* – AEME), um produto de pirólise que é rapidamente absorvido (juntamente com a COC remanescente) nos pulmões. Esse produto de pirólise pode então ser hidrolisado no organismo, originando a anidroecgonina (AE)[1].

Quando o usuário faz uso concomitante de COC e etanol, uma parcela substancial da cocaína presente em seu plasma será convertida em cocaetileno (CET) por meio de reações de transesterificação mediada por carboxiesterases microssomais hepáticas. Esse produto de biotransformação é de suma importância na toxicidade da COC, uma vez que apresenta cardiotoxicidade muito superior ao composto original, aumentando de modo significativo o risco de infarto do miocárdio[2-4]. A Figura 22.1 apresenta a estrutura química da cocaína e seus principais produtos de biotransformação e pirólise.

Pela presença de produtos de biotransformação específicos é possível então inferir a via de introdução utilizada e os hábitos do usuário: se a AEME for detectada no fluido biológico, pode-se afirmar que a COC foi administrada por via pulmonar (fumada); se o CET for detectado no material biológico, há evidência de que além de utilizar COC, o usuário fez ainda uso de etanol[1,3].

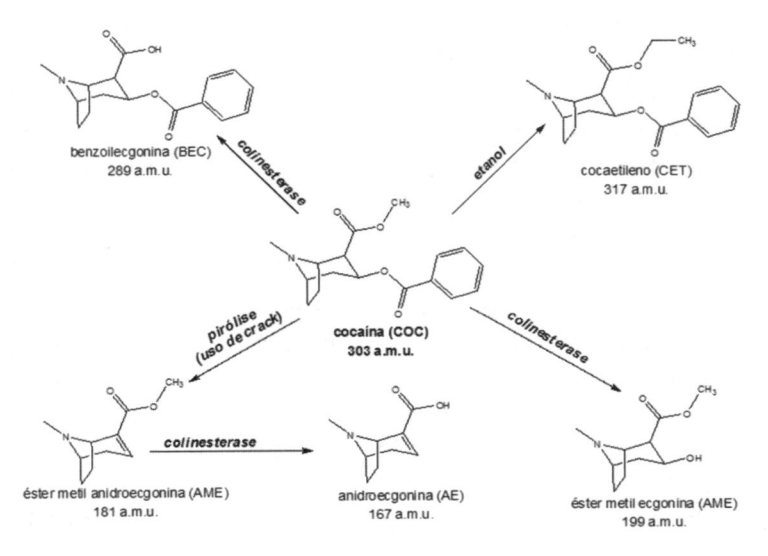

Figura 22.1 Estrutura química da cocaína e seus principais produtos de biotransformação e pirólise.

22.1.2 Eletroforese capilar acoplada à espectrometria de massas (CE-MS)

Várias técnicas analíticas para detecção de COC e seus produtos de bio-tranformação são citadas na literatura científica internacional, destacando--se a cromatografia em camada delgada de alta eficiência (*high pressure thin layer chromatography* – HPTLC)[3], cromatografia líquida de alta eficiência com detecção por ultravioleta[3,5] ou fluorescência[6,7] e cromatografia em fase gasosa com detecção por ionização em chama[8] ou acoplada à espectrometria de massas[9-12]. Contudo, a análise desses compostos por meio das técnicas supracitadas requer sempre etapas de pré-tratamento da amostra biológica e/ou reações de derivatização, para que seja possível a extração e a detecção desses produtos de biotransformação, que são compostos orgânicos polares e termolábeis. Mesmo sendo a técnica analítica mais citada para análises de COC e seus produtos de biotransformação, a cromatografia gasosa deve ser utilizada com ressalvas quando se pretende analisar os produtos de pirólise (comprovar o uso de *crack*), pois já foi demonstrado que a COC sofre degradação térmica quando submetida à alta temperatura do bloco de injeção do cromatógrafo gasoso[11,13,14].

Por proporcionar análises rápidas, com alta eficiência de separação, baixo consumo de solventes e de amostra, a eletroforese capilar (*capillary electrophoresis* – CE) vem se tornando ferramenta analítica de grande importância em laboratórios forenses, trabalhando com ferramenta alternativa ou complementar às cromatografias líquida e gasosa. Por fornecer informação estrutural inequívoca, por elucidar o íon molecular e o do perfil de fragmentação de um fármaco ou droga, a espectrometria de massas (*mass spectrometry* – MS) é ferramenta indispensável em laboratórios forenses[1], sendo considerada técnica "ouro" e a única técnica aceita para confirmação de resultados por tribunais norte-americanos e europeus.

Assim, o acoplamento da CE com a espectrometria de massas (MS) mostra-se como uma combinação das mais promissoras da química analítica (principalmente com aplicações forenses), pois alia a alta eficiência e velocidade de análise da CE com a sensibilidade, seletividade e universalidade inerentes à MS[15].

Watson (2003) afirma que a interface para acoplamento da CE com a MS é um dos mais recentes avanços em espectrometria de massas[16]. Esse autor sugere ainda que a CE-MS poderá ter grande utilidade em exames como a obtenção do perfil de impurezas presentes em drogas de abuso sintéticas.

O acoplamento entre a eletroforese capilar e a espectrometria de massas difere dos existentes entre cromatografia líquida-espectrometria de massas (*liquid chromatography mass spectrometry* – LC-MS) por exigir uma complementação do fluxo que chega até a interface de acoplamento dos equipamentos. O modo de ionização mais utilizado para o acoplamento eletroforese capilar-espectrometria de massas (CE-MS) é do tipo *electrospray* (ESI). Para uma ionização eficiente, a fonte de ionização para esse acoplamento deve ser capaz de misturar ao baixíssimo fluxo eluente do capilar da CE (na ordem de nanolitros por minuto) um líquido auxiliar (*sheath liquid*), de modo que se possa obter um *electrospray* estável e reprodutível[16].

Para que as separações por CE ocorram, uma alta tensão é aplicada entre as extremidades do capilar. Portanto, em qualquer equipamento de CE-MS, o circuito elétrico do CE precisa ser fechado para que a separação ocorra corretamente. Em separações por eletroforese capilar que não envolvam espectrometria de massas, o contato é fechado, mantendo solução condutora em *vials* nas duas extremidades do capilar (geralmente preenchido pela mesma solução) durante a separação. Já em CE-MS, uma das extremidades do capilar estará ligada à fonte ESI, em que deverá existir a combinação entre o efluente do capilar, um líquido auxiliar e um gás nebulizador: o líquido auxiliar é necessário por manter o contato eletroforético fechado (exigência para que ocorra a separação), e o gás nebulizador (normalmente nitrogênio) é responsável pela formação do *spray* durante o processo de dessolvatação e ionização da amostra[16].

Esse tipo de interface é conhecida como *nano-electrospray* (nESI) (Figura 22.2), e emprega um sistema formado por três capilares, no qual o mais ao centro é o capilar de sílica fundida de separação do CE, o segundo capilar reveste o primeiro e é responsável por fechar o contato do CE, conduzindo uma solução condutora que leva o nome de líquido auxiliar, bombeado em uma vazão que pode varia de 2 a 10 μL/min. O terceiro capilar reveste os dois primeiros, e por ele passa o gás nebulizador responsável pela dessolvatação da fase líquida que sai do capilar.

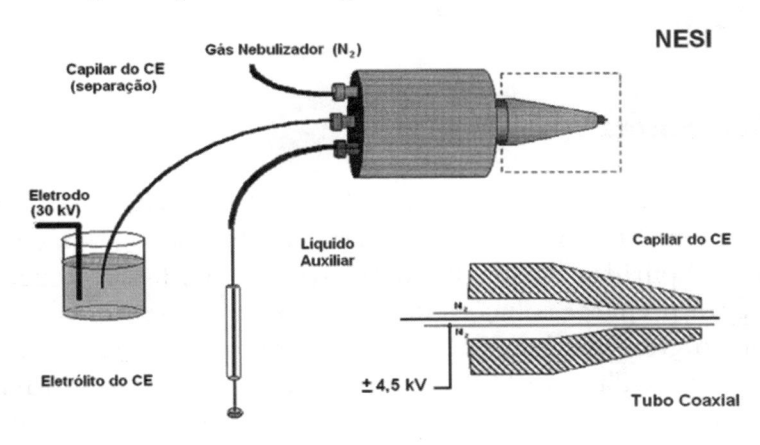

Figura 22.2 Representação esquemática da fonte de ionização no CE-nESI-MS. Adaptada de McClean, O'Kane e Smith (2000).

Em um sistema CE-nESI-MS (*capillary electrophoresis nanoelectrospray ionization mass spectrometry*) o analito, ao sair do capilar, sofre ionização a pressão atmosférica, passando por um capilar aquecido, sendo transferido para regiões de pressões reduzidas até uma zona de alto vácuo, passando por analisadores de massas que promovem a separação dos íons, chegando finalmente ao detector.

Na literatura científica internacional, a utilização de CE-MS para identificação e quantificação de drogas de abuso em fluidos biológicos é citada por diversos autores. Contudo, esses trabalhos são baseadas na análise de derivados anfetamínicos[4,17-19], opiáceos[20,21], e alcaloides[22]. Nenhuma referência sobre a utilização de CE-MS para análise de COC e seus produtos de biotransformação foi encontrada na literatura consultada.

22.2 TÉCNICA PASSO A PASSO

Face ao exposto, este capítulo tem por objetivo apresentar um método simples e rápido para a determinação de cocaína e cinco de seus produtos de biotransformação (EME, BEC, CET, AEME, AE) em urina, por eletroforese capilar acoplada à espectrometria de massas-ionização por *nano-electrospray* (CE-nESI-MS), com minimização da etapa de preparo da amostra.

22.3 MATERIAIS E MÉTODOS

22.3.1 Reagentes

Soluções-padrão na concentração de 1 mg/mL de COC, EME, BEC, CET, AEME, AE e benzoilecgonina isopropil éster (utilizada como padrão interno – PI) foram adquiridas da Cerilliant (Austin, EUA). Essas soluções foram utilizadas para preparar soluções de trabalho em diferentes concentrações. Ácido fórmico grau analítico foi obtido da empresa Flurka (Buchs, Suíça). Metanol e acetonitila grau-HPLC foram obtidos da empresa Merck (Darmstadt, Alemanha). Água ultrapura foi obtida por meio de Milli-Q da Millipore (Bedford, EUA).

22.3.2 Eletroforese capilar acoplada à espectrometria de massas (CE-MS)

O sistema de eletroforese capilar utilizado neste trabalho foi um Beckman P/ACE MDQ (Beckman Coulter, Fullerton, EUA), controlado pelo *software* 32 Karat versão 7.0 (Beckman Coulter). As separações foram realizadas utilizando capilar de sílica fundida de 50 mm de diâmetro interno e 80 cm de comprimento total, termostatizado a 25 °C pela circulação de líquido refrigerante. Solução aquosa de ácido fórmico 1 mol/L foi utilizada como eletrólito de corrida (BGE). Antes de cada corrida eletroforética o capilar era lavado com BGE pela aplicação de 25 psi durante 3 minutos. A amostra e padrões foram introduzidos no sistema por injeção hidrodinâmica (4 psi/10 s). A tensão aplicada para separação foi de 30 KV (corrente resultante de aproximadamente 40 mA).

O espectrômetro de massas utilizado neste trabalho foi um *iontrap* LCQ Deca XP MAX da empresa Finnigan (Finnigan MAT, San Jose, EUA) equipado com fonte de ionização do tipo *nano-electrospray* (nESI), que operava em modo positivo de ionização (5 KV), funcionando ainda como o cátodo do sistema de CE. O gás auxiliar utilizado foi nitrogênio (N_2) com pressão ajustada para 35 unidades arbitrárias (o gás auxiliar era acionado 0,25 minuto após o início da corrida eletroforética), e uma mistura de metanol--água (50:50, v/v) contendo 0,25% de ácido fórmico com fluxo de 5 mL/min foi utilizada como líquido auxiliar coaxial da fonte de ionização nESI. A temperatura do capilar do espectrômetro de massas foi mantida a 200 °C. Antes das análises, o equipamento foi ajustado para fornecer o melhor resultado para o íon molecular da cocaína através do ajuste da voltagem das lentes, primeiro e segundo octapolos e das lentes interoctapolos. O íon molecular (íon pai) da cocaína e seus produtos de biotransformação foram detectados e quantificados por *full scan* (140 m/z a 400 m/z) e sua presença na amostra foi então confirmada por experimentos de fragmentação seriada (MS-MS), utilizando energia de colisão relativa de 34%. O espectrômetro de massas era controlado pelo *software* Xcalibur (Finnigan).

22.3.3 Preparo de amostras

Amostras de urina "branca" foram coletadas de voluntários do próprio laboratório, e foram então enriquecidas com alíquotas das soluções de trabalho para serem utilizadas durante a validação. Todas as amostras de urina foram armazenadas a -20 °C até o momento da análise. O método validado foi aplicado a amostras de urina coletadas por médico-legista do Instituto Médico Legal do estado de São Paulo e encaminhadas para exame toxicológico (n = 15), de acordo com os preceitos éticos.

O preparo das amostras foi baseado na precipitação de proteínas-peptídeos presentes na urina, seguido por diluição antes da injeção no sistema CE-MS. Resumidamente, 500 µL de amostra de urina e 50 µL do padrão interno (solução metanólica do benzoilecgonina isopropil éster, concentração 10 µg/mL) foram transferidos para tubo cônico de polipropileno, dotado de tampa de mesmo material, com capacidade para 2 mL. A este tubo foram adicionados 500 µL de acetonitrila, seguido por agitação em vórtex (30 segundos) e centrifugação a 10.000 rpm por 5 minutos. Após a centrifugação, 1 mL do sobrenadante foi transferido para *vial* de vidro que continha 500 µL de BGE, sendo então acondicionado no injetor automático do sistema CE-MS mantido à temperatura ambiente.

22.3.4 Validação do método

O método desenvolvido foi validado de acordo com procedimentos e parâmetros de confiança analítica comumente utilizados na toxicologia forense[23,24] (ver Capítulo 21, "Eletroforese capilar como ferramenta analítica para toxicologia forense", Seção 21.1.3). Para construção das curvas analíticas, amostras de urina branco foram enriquecidas com COC e seus produtos de biotransformação na faixa de concentração de 250 ng/mL a 5.000 ng/mL e submetidas ao procedimento de preparação descrito anteriormente. Os limites de detecção (LD) e quantificação (LQ) do método foram avaliados através de diluições seriadas de amostra enriquecida com padrões, até a obtenção de sinal analítico três vezes (LD) e dez vezes (LQ) maior que o ruído. A recuperação foi avaliada em três níveis de concentração (500 ng/mL, 1.500 ng/mL, 4.000 ng/mL), comparando-se os valores de área absoluta obtidos por amostras branco enriquecidas e submetidas ao procedimento descrito anteriormente com amostras branco que foram submetidas ao preparo de amostra, mas os padrões só foram adicionados instantes antes da injeção no CE-MS. A precisão do método foi avaliada nos mesmos níveis de concentração estudados na recuperação (triplicatas de cada concentração).

22.4 RESULTADOS E DISCUSSÕES

A análise de drogas de abuso em urina com injeção direta do fluido biológico em sistemas cromatográficos e eletroforéticos vem sendo estudada por diversos grupos de pesquisa. A vantagem mais notória desse procedimento é a economia de tempo, uma vez que o procedimento de extração é eliminado do processo[25].

No presente trabalho, o preparo da amostra biológica mostrou-se muito simples. A adição de acetonitrila à amostra de urina foi utilizada para precipitação de peptídeos e proteínas, que poderiam aderir à parede interna do capilar, encurtando sua vida útil. A segunda diluição da amostra, com BGE, foi importante para o controle da força iônica da amostra e para permitir que todos os analitos estivessem em seu estado catiônico, além de contribuir para que a corrente elétrica permanecesse constante durante a corrida eletroforética.

Normalmente, os eletrólitos utilizados em CE-MS devem ser compostos por sais voláteis para prevenir que se precipitem na fonte nESI. Por essa razão, neste trabalho, o eletrólito de corrida escolhido foi solução aquosa de ácido fórmico 1 mol/L (pH = 1,86). Esse eletrólito foi escolhido ainda baseado na característica eletroforética dos analitos. Alguns produtos de biotransformação da COC, como a BEC e a AE, são compostos *zwitteriônicos*, dotados de cargas elétricas unitárias de sinais opostos em uma ampla faixa de pH. Para analisar esses compostos por CE, o pH do eletrólito de corrida deve ser ajustado a valores abaixo da constante de ionização do grupamento amina (pKa = 9,0) ou acima da constante de ionização do grupamento carboxílico (pKa = 2,1), para que a substância possa ser analisada como cátion ou como ânion, respectivamente.

Em CE-MS, o líquido auxiliar é composto geralmente por mistura de água e modificadores orgânicos. Para ionização positiva, deve-se dar preferência a modificadores orgânicos como metanol, pois os álcoois contribuem para o processo de formação de analitos protonados na ionização por *electrospray*[20]. Por essa razão, neste capítulo foi utilizada uma mistura de metanol-água (50:50, v/v) contendo 0,25% de ácido fórmico.

Além da composição e vazão do líquido auxiliar, a vazão do gás de nebulização e a tensão aplicada para formação do *electrospray* também podem influenciar o sinal obtido, por afetarem diretamente a formação dos íons moleculares. A fim de otimizar a ionização dos analitos na fonte do espectrômetro de massas, realizou-se um planejamento fatorial 2^3, escolhendo-se como fator de resposta a intensidade do sinal dos analitos. Foi realizada infusão de solução-padrão de cocaína 5 µg/mL preparada em uma mistura metanol-água (50:50, v/v) contendo 0,25% de ácido fórmico. A Tabela 22.1 apresenta as variáveis e os níveis estudados no planejamento fatorial, e a Tabela 22.2 mostra os resultados obtidos para cada nível estudado.

Tabela 22.1 Variáveis e níveis estudados no planejamento fatorial 2^3 para otimização da fonte nESI

	FATORES	(-1)	(+1)
A	Tensão do *spray* (KV)	3	5
B	Gás de nebulização (arb)	35	55
C	Líquido auxiliar (µL/min)	2	5

Tabela 22.2 Valores da intensidade de sinal do íon molecular da cocaína (m/z = 304) para os experimentos do planejamento fatorial 2^3

ENSAIO	A	B	C	SINAL OBTIDO PARA O ÍON MOLECULAR DA COCAÍNA ($\times 10^4$ CPS)
1	-1	-1	-1	2,2
2	1	-1	-1	15,6
3	-1	1	-1	28,1
4	1	1	-1	21,5
5	-1	-1	1	18,1
6	1	-1	1	137,0
7	-1	1	1	95,1
8	1	1	1	49,1

Os resultados mostrados na Tabela 22.2 mostram que na fonte nESI a intensidade do sinal da cocaína é maior se aplicada maior tensão no *spray*, menor vazão do gás de nebulização utilizado e uma maior vazão do líquido auxiliar. Mesmo tendo sido observado que o aumento da vazão do líquido auxiliar contribuía de certa forma para uma melhor ionização dos analitos no *electrospray*, sua vazão não foi extrapolada para valores maiores do que 5 µL/min, pois durante a corrida eletroforética a maior quantidade de líquido auxiliar acabaria por diluir os analitos na ponta do capilar.

O tempo de corrida no método apresentado é menor do que 8 minutos, com tempo de migração dos analitos em torno de 7 minutos (Figura 22.3). Observou-se considerável variação do tempo de migração absoluta dos analitos, possivelmente causada por fatores intrínsecos da interface nESI (discutidos mais adiante neste capítulo). O uso do padrão interno para obtenção de tempos de migração relativos foi suficiente para correção desse problema (variação nunca maior do que 6%).

Embora não ocorra resolução em linha de base dos analitos, condição essencial para correta identificação e/ou quantificação por eletroforese capilar com detecção por absorção da luz ultravioleta (CE-UV), a espectrometria de massas permite que os íons moleculares e fragmentos gerados sejam detectados separadamente. A Tabela 22.3 apresenta o íon molecular e o fragmento mais abundante (gerado a partir de energia de colisão igual a 34%) de cada substância estudada. A análise utilizando transições íon molecular-fragmento conferiram boa seletividade ao método proposto, como pode ser observado nas figuras 22.4 e 22.5.

Método simples e rápido para determinação de cocaína e seus principais produtos de biotransformação...

931

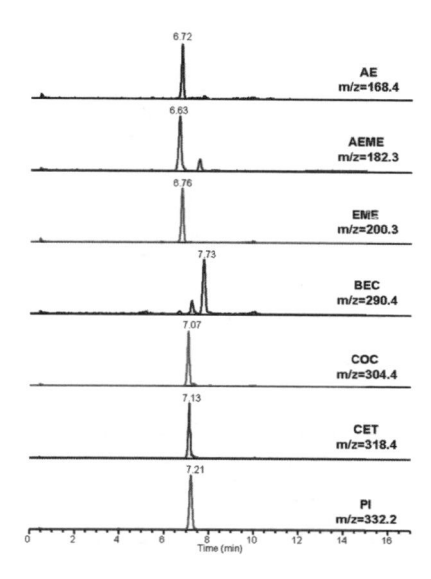

Figura 22.3 Eletroferograma íon-extraído de amostra de urina branco enriquecida com cocaína e seus produtos de biotransformação e pirólise (5 mg/mL). Condições experimentais: capilar de sílica fundida de 50 mm ID × 80 cm; eletrólito: ácido fórmico 1 mol/L; 30 KV, 25 °C, injeção hidrodinâmica 4 psi/10 s. Líquido auxiliar: metanol-água (50:50, v/v) contendo 0,25% de ácido fórmico, fluxo de 5 mL/min. Espectrômetro de massas trabalhando em modo *full scan* (140 m/z a 400 m/z).

Tabela 22.3 Íon molecular e fragmentos gerados no experimento MS/MS

ANALITO	ÍON MOLECULAR (M/Z)	FRAGMENTO MS-MS* (M/Z)
Anidroecgonina	168	137
Éster metil anidroecgonina	182	150
Éster metil ecgonina	200	182
Benzoilecgonina	289	168
Cocaína	304	182
Cocaetileno	318	196
Benzoilecgonina isopropil éster (PI)	332	210

* Fragmento majoritário de cada analito, obtido utilizando 34% de energia de colisão.

A diminuição na resolução quando é utilizada interface com líquido auxiliar coaxial em CE-MS pode ser explicada pela difusão que ocorre na ponta do capilar, em que o líquido auxiliar é misturado ao eletrólito de corrida, causando alargamento dos picos.

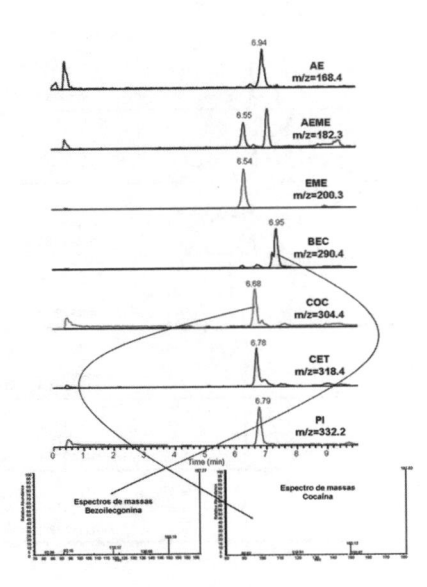

Figura 22.4 Eletroferograma íon-extraído de amostra de urina positiva para todos os analitos investigados, mostrando também os espectros de massas da COC e BEC gerados a partir de energia de colisão relativa de 34%, utilizados como critério de identificação do método desenvolvido. Condições experimentais idênticas às da Figura 22.3.

Consideram que em CE-MS são utilizados capilares longos, de 80 cm a 100 cm de comprimento, seria de se esperar que o tempo de migração dos analitos fosse significativamente mais longo do que os que fossem obtidos por CE-UV, que frequentemente emprega capilares de até 60 cm de comprimento. Durante os experimentos práticos com CE-MS, os tempos de migração foram relativamente pequenos para o tamanho do capilar utilizado, indicando que outro fator contribui para a mobilidade eletroforética dos analitos, fato também observado por outros autores[20]. Esse outro fator deve ser o fluxo de gás nebulizador (N_2) utilizado no nESI. Tal fluxo de gás cria uma força de sucção na ponta na extremidade de saída do capilar, criando um fluxo laminar em seu interior, aumentando, assim, a mobilidade aparente dos analitos. Ainda que esse fato colabore por diminuir o tempo de análise, este contribui para a diminuição da resolução entre os picos. Foi observado ainda que a sucção causada pelo gás nebulizador pode ainda mover o eletrólito de corrida presente no interior do capilar, permitindo a entrada de bolhas de ar durante a troca de *vials* no instante da injeção da amostra, o que levava a quedas da corrente elétrica e à interrupção das análises. Esse problema foi solucionado desligando-se o fluxo do gás nebulizador durante a sequência de injeção e religando-o 0,25 minuto após o início da corrida.

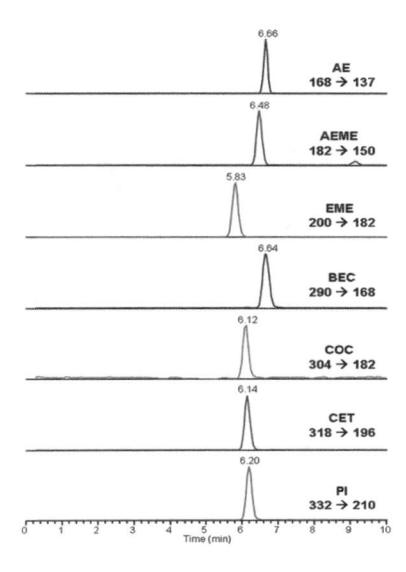

Figura 22.5 Eletroferograma ion-extraído confirmatório (transições geradas a partir de energia de colisão relativa de 34%) da mesma amostra de urina mostrada na Figura 22.4. Condições experimentais idênticas às da Figura 22.3.

As Tabelas 22.4 e 22.5 apresentam os resultados obtidos durante a validação do método proposto. Obteve-se linearidade adequada para os analitos estudados ($r \geq 0,98$) utilizando-se a concentração do analito na urina (em ng/mL) como variável independente e a razão entre a área do analito e a área do padrão interno como variável dependente.

Tabela 22.4 Coeficientes angular (a), linear (b) e de correlação (r) das equações de regressão linear obtidas para COC e seus produtos de biotransformação em urina, por CE-MS

ANALITO	A	B	R
Anidroecgonina	0,0129	0,0008	0,978
Éster metil anidroecgonina	0,0787	-0,0272	0,999
Éster metil ecgonina	0,1688	-0,0159	0,980
Benzoilecgonina	0,0864	0,0001	0,991
Cocaína	0,2137	0,0667	0,991
Cocaetileno	0,2262	-0,0006	0,998

Tabela 22.5 Parâmetros de confiança analítica do método validado para determinação de COC e seus produtos de biotransformação em urina por CE-MS

	AE	AEME	EME	BEC	COC	CET
RECUPERAÇÃO (%)						
500 ng/mL	94,8	88,4	77,9	86,4	83,0	93,3
1.500 ng/mL	84,3	102,8	76,5	99,0	104,0	91,2
5.000 ng/mL	83,3	87,6	79,9	98,5	108,9	96,8
PRECISÃO (%CV)*						
500 ng/mL	18,0	6,2	6,3	9,5	9,7	7,5
1.500 ng/mL	10,2	1,6	7,3	5,2	4,2	3,4
5.000 ng/mL	3,5	8,7	6,9	5,9	6,3	5,2
LD (ng/mL)	250	250	250	250	100	100
LQ (ng/mL)	500	500	500	500	250	250

* Coeficiente de variação (%).

Cone et al. (1998) realizaram estudo no qual foi administrado cloridrato de cocaína em concentrações terapêuticas a seis homens com histórico de uso da droga, pelas vias intravenosa (25 mg), intranasal (25 mg) e pulmonar (42 mg de cocaína na forma básica)[26]. As concentrações urinárias da cocaína e de seus produtos de biotransformação são mostrados na Tabela 22.6.

Tabela 22.6 Concentração de cocaína e de seus produtos de biotransformação em urina após administração a voluntários usuários da droga por diferentes vias de introdução no organismo. Adaptada de Cone et al. (1998)[26]

	INTRAVENOSA (*N* = 6)⁺		INTRANASAL (*N* = 6)⁺		PULMONAR (*N* = 5)⁺	
	CONCENTRAÇÃO (NG/L)	TEMPO (H)*	CONCENTRAÇÃO (NG/L)	TEMPO (H)*	CONCENTRAÇÃO (NG/L)	TEMPO (H)*
COC	775	3,9	412	5,1	707	2,6
BEC	15.611	5,6	13.681	7,8	9.395	4,1
EME	4.968	5,0	5.831	5,0	3.193	4,1
AEME	0	n/d	0	n/d	23	2,3

n = número de voluntários testados pela via de introdução.

* Tempo decorrido entre a administração e a coleta da amostra.

Pelos resultados obtidos durante a validação do método e frente aos dados presentes na Tabela 22.6, pode-se afirmar que o método desenvolvido é, além de simples e rápido, capaz de detectar a presença de cocaína e seus produtos de biotransformação em urina, mesmo após o uso de concentrações terapêuticas. A AEME é uma substância lábil, que pode sofrer hidrólise no organismo e mesmo no fluido biológico após a coleta, originando a AE que será encontrada no material em concentração superior ao precursor. Assim, para melhor avaliação do uso de *crack* através de seus produtos de pirólise, o método analítico deve ser capaz de detectar as duas substâncias. Assim, ainda que a sensibilidade do método proposto seja insuficiente para detectar a quantidade encontrada por Cone et al. (1998) para AEME, ele se presta para comprovar o uso do *crack* por monitorar ainda o produto de biotransformação mais estável dessa via (AE).

Como a meia-vida da cocaína é significativamente menor que a de seus produtos BEC e EME, quando a amostra de urina é coletada dias após o uso da droga, é esperado que tal amostra contenha apenas os produtos de biotransformação, informação suficiente para comprovar o uso da droga. Considerando-se um valor de *cutoff* de 300 ng/mL, é possível detectar BEC na urina de usuários por até 60 horas (2,5 dias) após um único uso recreacional[27]. O eletroferograma apresentado na Figura 22.6. é um exemplo de resultado esperado quando a amostra é coletada dias após o uso (ausência de COC e presença de BEC e EME).

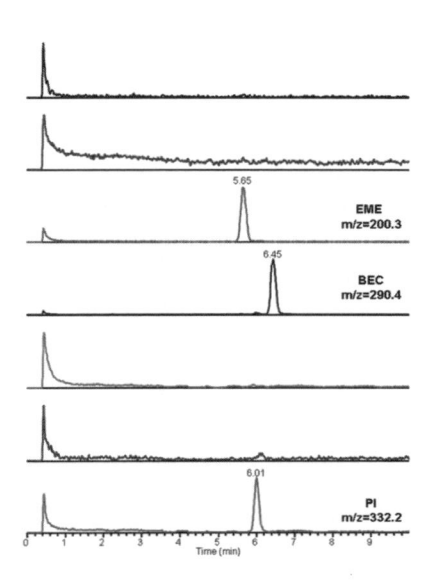

Figura 22.6 Eletroferograma íon-extraído de amostras de urina positiva para presença dos produtos de biotransformação EME e BEC. Condições experimentais idênticas às da Figura 22.3.

22.5 CONCLUSÕES

O método apresentado permite a confirmação do uso de cocaína por diferentes vias de introdução no organismo, empregando procedimento de preparo da amostra muito simples e análise utilizando CE-MS, sem a necessidade das etapas prévias de extração e derivatização, procedimentos essenciais quando se pretende analisar cocaína e seus produtos de biotransformação por meio de técnicas cromatográficas tradicionais.

REFERÊNCIAS

1. Cardona PS, Chaturvedi AK, Soper JW, Canfield DV. Simultaneous analyses of cocaine, cocaethylene, and their possible metabolic and pyrolytic products. Forensic Sci Int. 2006 Feb 10;157(1):46-56.

2. Fandiño AS, Karas M, Toennes SW, Kauert G. Identification of anhydroecgonine methyl ester N-oxide, a new metabolite of anhydroecgonine methyl ester, using electrospray mass spectrometry. J Mass Spectrom. 2002 May;37(5):525-32.

3. Antonilli L, Suriano C, Grassi MC, Nencini P. Analysis of cocaethylene, benzoylecgonine and cocaine in human urine by high-performance thin-layer chromatography with ultraviolet detection: a comparison with high-performance liquid chromatography. J Chromatogr B. 2001;751:19-27.

4. Boatto G, Nieddu M, Carta A, Pau A, Palomba M, Asproni B, et al. Determination of amphetamine-derived designer drugs in human urine by SPE extraction and capillary electrophoresis with mass spectrometry detection. J Chromatogr B. 2005 Jan 5;814(1):93-8.

5. Brunetto MR, Cayama YD, Garcia LG, Gallignani M, Obando MA. Determination of cocaine and benzoylecgonine by direct injection of human urine into a column-switching liquid chromatography system with diode-array detection. J Pharmaceut Biomed. 2005 Feb 7;37(1):115-20.

6. Clauwaert KM, Bocxlaer JFV, Lambert WE, Leenheer AP. Segmental analysis for cocaine and metabolites by HPLC in hair of suspected drug overdose cases. Forensic Sci Int. 2000;110:157–66.

7. Sun L, Hall G, Lau CE. High-performance liquid chromatographic determination of cocaine and its metabolites in serum microsamples with fluorimetric detection and its application to pharmacokinetics in rats. J Chromatogr B. 2000 Aug 18;745(2):315-23.

8. Fernandez P, Aldonza M, Bouzas A, Lema M, Bermejo AM, Tabernero MJ. GC-FID determination of cocaine and its metabolites in human bile and vitreous humor. J Appl Toxicol. 2006 May-Jun;26(3):253-7.

9. Yonamine M, Saviano AM. Determination of cocaine and cocaethylene in urine by solid-phase microextraction and gas chromatography-mass spectrometry. Biomed Chromatogr. 2006 Oct;20(10):1071-5.

10. Yonamine M, Silva OA. Confirmation of cocaine exposure by gas chromatography-mass spectrometry of urine extracts after methylation of benzoylecgonine. J Chromatogr B. 2002 Jun 15;773(1):83-7.

11. Gayton-Ely M, Shakleya DM, Bell SC. Application of a pyroprobe to simulate smoking and metabolic degradation of abused drugs through analytical pyrolysis. J Forensic Sci. 2007 Mar;52(2):473-8.

12. Chasin AAD, Midio AF. Validation of an ion-trap gas chromatographic-mass spectrometric method for the determination of cocaine and metabolites and cocaethylene in post mortem whole blood. Forensic Sci Int. 2000 Mar 13;109(1):1-13.

13. González ML, Carnicero M, de la Torre R, Ortuño J, Segura J. Influence of the injection technique on the thermal degradation of cocaine and its metabolites in gas chromatography. J Chromatogr B. 1995;664: 317-27.

14. Toennes SW, Fandiño AS, Hesse F, Kauert GF. Artifact production in the assay of anhydroecgonine methyl ester in serum using gas chromatography–mass spectrometry. J Chromatogr B. 2003;792:345-51.

15. Tagliaro F, Bortolotti F. Recent advances in the applications of CE to forensic sciences (2005-2007). Electrophoresis. 2008 Jan;29(1):260-8.

16. Watson D. Mass spectrometry. In: Moffat AC, Osselton MD, Widdop B, editors. Clarke's analysis of drugs and poisons. 1. 3 ed. London/Chicago: Pharmaceutical Press; 2003.

17. Rudaz S, Geiser L, Souverain S, Prat J, Veuthey JL. Rapid stereoselective separations of amphetamine derivatives with highly sulfated gamma-cyclodextrin. Electrophoresis. 2005 Oct;26(20):3910-20.

18. Geiser L, Cherkaoui S, Veuthey JL. Simultaneous analysis of some amphetamine derivatives in urine by nonaqueous capillary electrophoresis coupled to electrospray ionization mass spectrometry. J Chromatogr A. 2000 Oct 20;895(1-2):111-21.

19. Vanhoenacker G, de l'Escaille F, De Keukeleire D, Sandra P. Dynamic coating for fast and reproducible determination of basic drugs by capillary electrophoresis with diode--array detection and mass spectrometry. J Chromatogr B. 2004 Jan 25;799(2):323-30.

20. Tsai JL, Wu WS, Lee HH. Qualitative determination of urinary morphine by capillary zone electrophoresis and ion trap mass spectrometry. Electrophoresis. 2000 May;21(8):1580-6.

21. Wey AB, Thormann W. Capillary electrophoresis-electrospray ionization ion trap mass spectrometry for analysis and confirmation testing of morphine and related compounds in urine. J Chromatogr A. 2001 May 4;916(1-2):225-38.

22. Cherkaoui S, Bekkouche K, Christen P, Veuthey JL. Non-aqueous capillary electrophoresis with diode array and electrospray mass spectrometric detection for the analysis of selected steroidal alkaloids in plant extracts. J Chromatogr A. 2001 Jul 13;922(1-2):321-8.

23. SOFT/AAFS. Society of Forensic Toxicologists, American Academy of Forensic Sciences, Toxicology Section. Forensic toxicology laboratory guidelines. 2006.

24. Peters FT, Maurer HH. Bioanalytical method validation and its implications for forensic and clinical toxicology – a review. Accred Qual Assur. 2002;7:441-9.

25. Lloyd DK. Capillary electrophoretic analyses of drugs in body fluids: sample pretreatment and methods for direct injection of biofluids. J Chromatogr A. 1996;735:29-42.

26. Cone EJ, Tsadik A, Oyler J, Darwin WD. Cocaine metabolism and urinary excretion after different routes of administration. Ther Drug Monit. 1998;20(5):556–60

27. Jones RT. Pharmacokinetics of cocaine: considerations when assessing cocaine use by urinalysis 1998 [Internet]. [Cited 18 mar 2008]. Available from: http://www.nida.nih.gov/pdf/monographs/monograph175/221-234_Jones.pdf.

23

DESENVOLVIMENTO DE METODOLOGIA ANALÍTICA PARA DETERMINAÇÃO DE 3,4-METILENODIOXI-METANFETAMINA (MDMA) EM COMPRIMIDOS DE *ECSTASY* POR ELETROFORESE CAPILAR COM DETECÇÃO POR ARRANJO DE DIODOS (CE-DAD)

José Luiz da Costa
Rodrigo R. Resende
Rafael Lanaro

23.1 INTRODUÇÃO

A química analítica aplicada às ciências forenses é geralmente dividida em duas áreas: a área que constitui a parte analítica da toxicologia, exemplificada no Capítulo 22, e a química forense propriamente dita. Embora essa divisão seja muito tênue e muitas vezes confluente, pode-se tentar delinear essas áreas. A toxicologia forense trabalha com evidências em fluidos biológicos, diagnosticando intoxicações exógenas que podem estar relacionadas a práticas criminosas[1]. A química forense trabalha com evidências físicas (não biológicas), geralmente coletadas em cenas de crimes ou em locais onde se suspeita que um delito esteja sendo cometido. Entre os objetos de exame, podem estar os mais diversos tipos, como drogas, tintas, resíduos de incêndio, combustíveis, resíduos de disparo de armas de fogo, explosivos, polímeros, vidro etc.[2]

A química analítica pode ser definida como a área da química responsável por caracterizar a composição da matéria, nos aspectos qualitativos (o que está presente no material) e quantitativos (a quantidade presente no material)[3]. Já a química forense pode ser definida como uma ciência aplicada à busca de evidências para materialização de um crime, com o objetivo de ajudar a elucidar situações criminais, muitas vezes fornecendo subsídios indispensáveis para a condução de um processo judicial. É um dos aspectos da aplicação da ciência química no qual a natureza da amostra e os conhecimentos de química analítica são de fundamental importância para que o analista possa escolher ou excluir os ensaios apropriados para condução de sua perícia[2].

As drogas sintéticas estão entre as substâncias controladas mais consumidas no ocidente, sendo os principais representantes desta classe a 3,4-metilenodioximetanfetamina (MDMA, *ecstasy*), a 3,4-metilenodioxietilanfetamina (MDEA, *eve*) e a 3,4-metilenodioxianfetamina (MDA). Essas substâncias são estruturalmente semelhantes à anfetamina e a algumas fenilaquilaminas de atividade alucinógena. Contudo, a atividade farmacológica dessas substâncias não se restringe apenas à simples atividade estimulante ou alucinógena, sendo classificada por alguns autores como entactógenos, nome que designaria substâncias cujos efeitos estariam relacionados com a indução de um estado emocional agradável, com aumento da empatia, comunicabilidade e sociabilidade[4].

O consumo e o tráfico internacional de *ecstasy* aumentou geometricamente durante a década de 1990. Essa droga de abuso ocupa o segundo lugar no *ranking* de consumo de drogas na maioria dos países europeus, sendo superada somente pela maconha[5]. Durante o ano 2000, a European

Police Office (Europol) apreendeu 17,4 milhões de comprimidos de *ecstasy* nos países membros da União Europeia, o que corresponde a um aumento de 50% quando comparado com o número de apreensões que aconteceram durante o ano de 1999[6]. No Brasil, é crescente sua divulgação pela mídia e o uso recreacional tem sido identificado em vários pacientes que buscam tratamento para farmacodependência nas clínicas de São Paulo[7-9].

Esse crescente aumento no consumo pode ainda estar associado ao fato de que o tráfico de *ecstasy* oferece vantagens quando comparado com o de drogas tradicionais, como maconha, cocaína e heroína, relacionadas principalmente ao fato de se tratar de uma droga sintética, que não demanda grande espaço para o cultivo de plantas utilizadas como matéria-prima. Outra vantagem está no fato de que vias de síntese da MDMA são relativamente simples, amplamente difundidas na internet e não requerem conhecimentos avançados em síntese orgânica.

O *ecstasy* é comercializado comumente na forma de comprimidos de bom aspecto, de grande variedade de cores, formas e tamanhos, estampados com vários tipos de figuras e logotipos. À semelhança de outras drogas vendidas no mercado ilícito, não existe controle sobre a composição desses comprimidos, podendo existir grande variação no que diz respeito à quantidade de princípio ativo (MDMA) e à presença de adulterantes, substâncias adicionadas ao comprimido para mimetizar e/ou potencializar os efeitos induzidos pelo MDMA[10,11].

23.2 OBJETIVO

O presente capítulo tem por objetivos:

1) Apresentar metodologia analítica rápida e precisa para determinação da concentração de MDMA presente em comprimidos de *ecstasy* apreendidos pela polícia. A metodologia desenvolvida foi aplicada na análise de sete diferentes grupos de comprimidos de *ecstasy*, encaminhados para exame pericial no Núcleo de Análise Instrumental do Instituto de Criminalística – Superintendência da Polícia Técnico-Científica do Estado de São Paulo.

2) Comparar o método desenvolvido por eletroforese capilar com a metodologia desenvolvida, validada e utilizada rotineiramente no órgão de segurança pública (baseada em cromatografia líquida de alta eficiência com detecção por fluorescência).

3) Avaliar a concentração de MDMA nos comprimidos de *ecstasy*, bem como a variação desta em comprimidos provenientes de uma mesma apreensão e de apreensões diferentes.

23.3 MATERIAIS E MÉTODOS

23.3.1 Reagentes

Soluções-padrão na concentração de 1 mg/mL de 3,4-metilenodioximetan-fetamina (MDMA) (analito de interesse), procaína (padrão interno, PI), anfetamina (ANF), metanfetamina (MET), 3,4-metilenodioxianfetamina (MDA), 3,4-metilenodioxietilanfetamina (MDEA), N-metil-1-(3,4-metilenodioxifenil)-2-butamina (MBDB) e cetamina (KET) (testados como possíveis interferentes) foram adquiridas da Cerilliant (Austin, EUA). Essas soluções foram utilizadas para preparar soluções de trabalho em diferentes concentrações.

Ácido fosfórico e tris-hidroximetilaminometano (Tris) grau analítico, trietilamina, metanol e acetonitila grau-HPLC foram obtidos da empresa Merck (Darmstadt, Alemanha). Água ultrapura foi obtida por meio de Milli-Q RG da Millipore (Bedford, EUA).

23.3.2 Instrumentação analítica

23.3.2.1 Eletroforese capilar com detecção por arranjo de diodos (CE/DAD)

Para este capítulo foi utilizado um equipamento de eletroforese capilar Hewlett Packard[a] modelo HP^{3D}CE (Agilent Technologies, Palo Alto, EUA), dotado de sistema de termostatização do capilar por ar forçado e detector de arranjo de diodos (DAD), controlado pelo *software* HP ChemStation versão 08.03 (Agilent Technologies). As separações foram realizadas utilizando capilar de sílica fundida (Polymicro Technologies, Phoenix, EUA), revestidos externamente com poliimida, de 50 mm de diâmetro interno e 38,5 cm de comprimento total (30 cm de comprimento efetivo até o detector), termostatizado a 30 °C. Antes do primeiro uso, o capilar era condicionado pela passagem de solução aquosa de hidróxido de sódio 1 mol/L por 30 minutos.

No início de cada dia de trabalho, o capilar era lavado com a mesma solução alcalina (5 minutos), água ultrapura (5 minutos) e finalmente condicionado com o eletrólito de corrida por 20 minutos. O eletrólito de corrida era composto por solução aquosa de Tris 20 mmol/L com pH ajustado em 7,50 com ácido fosfórico concentrado. As amostras e padrões foram introduzidos no sistema por injeção hidrodinâmica (50 mbar/3 s). A tensão aplicada para separação foi de 30 KV (corrente resultante de aproximadamente 20 mA).

O detector por arranjo de diodos foi programado para adquirir espectros de absorção UV/visível na faixa de 190 nm a 400 nm, fornecendo importante informação qualitativa para as análises. As análises quantitativas foram feitas a partir de eletroferogramas obtidos em 195 nm.

23.3.2.2 Cromatografia líquida de alta eficiência com detecção por fluorescência (HPLC/FD)

Foi utilizado equipamento de cromatografia líquida de alta eficiência modelo LaChrom (Merck, Darmstadt, Alemanha) composto por bomba quaternária, injetor automático, forno de coluna e detector por fluorescência. O controle do equipamento e aquisição dos dados foi feito por meio do *software* HSM® (Merck, Darmstadt, Alemanha). As análises foram realizadas utilizando-se uma coluna cromatográfica LiChrospher® 100 (RP-18, 250 × 4,6 mm, com partículas de 5 µm, Merck, Darmstadt, Alemanha), mantida a 30 °C. A fase móvel utilizada era constituída por mistura isocrática de tampão fosfato 25 mM pH 3,0 e acetonitrila (95:5 v/v), com vazão de 1,0 mL/min. A detecção do analito valeu-se da capacidade intrínseca dessa substância de emitir fluorescência. Por essa razão foi utilizado detector de fluorescência, com comprimento de onda de excitação (l_{ex}) e de emissão (l_{em}) ajustados em 288 nm e 324 nm, respectivamente.

O método baseado em HPLC/FD foi desenvolvido, validado e é utilizado rotineiramente no Núcleo de Análise Instrumental do Instituto de Criminalística do estado de São Paulo para quantificação de MDMA em comprimidos de *ecstasy*. Por essa razão foi escolhido como método de referência para este capítulo.

23.3.3 Amostras de comprimidos de *ecstasy* utilizadas

Foram selecionados para análise 94 comprimidos que apresentaram resultado positivo para MDMA em ensaios de triagem (reações colorimétricas e/ou cromatografia em camada delgada) encaminhados para exame pericial ao Núcleo de Análise Instrumental do Instituto de Criminalística – Superintendência da Polícia Técnico Científica do estado de São Paulo para confirmação e quantificação do princípio ativo MDMA nos mesmos. Esses comprimidos foram divididos em cinco diferentes grupos, de acordo com suas características físicas (cor, tamanho e formato):

Grupo 1: dez comprimidos de cor branca, forma arredondada, 8 mm de diâmetro, com uma das faces lisas e a outra apresentando o desenho com as inscrições "TOP".

Grupo 2: doze comprimidos de cor laranja, forma arredondada, 7 mm de diâmetro, com uma das faces lisa e a outra apresentando uma figura semelhante a um morcego.

Grupo 3: cinco comprimidos de cor branca, forma arredondada, 7 mm de diâmetro, com uma das faces contendo uma fissura mediana e a outra apresentando as inscrições "D & G".

Grupo 4: oito comprimidos de cor bege, forma arredondada, 9 mm de diâmetro, com uma das faces lisa e a outra apresentando as inscrições "LV".

Grupo 5: doze comprimidos de cor branca, forma arredondada, 9 mm de diâmetro, com uma das faces contendo uma fissura mediana e a outra apresentando uma figura semelhante a um pombo.

Grupo 6: 22 comprimidos de cor verde, forma arredondada, 8 mm de diâmetro, com uma das faces contendo uma fissura mediana e a outra apresentando uma figura semelhante a uma coroa.

Grupo 7: 25 comprimidos de cor branca, forma arredondada, 7 mm de diâmetro, com uma das faces contendo uma fissura mediana e a outra face lisa.

23.3.3.1 Preparo das amostras

Inicialmente, os comprimidos foram pesados em balança analítica para determinação do peso médio de cada grupo. Após a pesagem, os comprimidos foram pulverizados utilizando-se almofariz de porcelana. A partir do pó obtido, uma alíquota de 10 mg foi pesada e transferida para balão volumétrico com capacidade de 10 mL, ao qual foram adicionados 9 mL de metanol.

O balão foi então submetido à agitação mecânica em banho ultrassônico (10 minutos), sendo seu volume posteriormente completado com o mesmo solvente. Dessa solução, uma alíquota de 1 mL foi então transferida para o balão volumétrico com capacidade para 10 mL e o volume completado com água ultrapura (para análise por HPLC/FD a diluição realizada nesta etapa foi 1:100, dada a maior sensibilidade do detector por fluorescência). Essa solução foi homogeneizada por inversão do balão volumétrico e uma alíquota de 450 mL foi transferida para *vial* de polipropileno adequado para o sistema de eletroforese capilar, e a esta solução foi adicionada uma alíquota de 50 mL de procaína 250 mg/mL em água (padrão interno cujo preparo deve ser diário).

23.3.4 Validação do método

O método desenvolvido foi validado de acordo com procedimentos e parâmetros de confiança analítica comumente utilizados em toxicologia forense[12,13]. Como o tipo de amostra deste estudo difere consideravelmente das amostras utilizadas nos capítulos anteriores (fluidos biológicos), alguns parâmetros de confiança analítica foram embasados nas proposições da ICH. Durante a validação foram considerados os seguintes parâmetros analíticos: seletividade, linearidade, precisão (repetibilidade e precisão intermediária), recuperação (exatidão).

23.3.4.1 Seletividade

A seletividade avalia o grau de interferência de espécies como outro ingrediente ativo, excipientes, impurezas e produtos de degradação, bem como outros compostos de propriedades similares que possam estar, porventura, presentes (14). A seletividade garante que o pico de resposta seja exclusivamente do composto de interesse. Para avaliar a seletividade do método, soluções-padrão de MDA, MDEA, cafeína, cetamina, cocaína, dextrometorfano, dietilpropiona, efedrina e femproporex (25 μg/mL) foram injetadas no sistema eletroforético descrito nos capítulos 21 e 22 ("Eletroforese capilar como ferramenta analítica para toxicologia forense" e "Método simples e rápido para determinação de cocaína e seus principais produtos de biotransformação por eletroforese capilar acoplada à espectrometria de massas"). Considerou-se o método como seletivo se não houvesse a presença de picos no mesmo tempo de migração da MDMA.

23.3.4.2 Linearidade

O estudo de linearidade foi conduzido pela injeção em triplicata de 6 concentrações da solução-padrão de MDMA, de 1 µg/mL a 100 µg/mL, correspondente à faixa de 1% a 100% (m/m) de MDMA nas amostras analisadas. A linearidade foi estimada pela análise de regressão linear pelo método dos mínimos quadrados.

23.3.4.3 Precisão

Para a determinação da repetibilidade foram analisadas, em triplicata e no mesmo dia, amostras de comprimidos de mesmo grupo. Na determinação da precisão intermediária foram analisadas, em triplicata e em três dias diferentes, amostras de comprimidos pertencentes a um mesmo grupo. Nas duas situações considerou-se como uma "amostra" uma alíquota retirada do pó obtido pela pulverização de um dado lote de comprimidos. Cada amostra aqui mencionada foi preparada do mesmo modo descrito na Seção 23.3.3.1.

23.3.4.4 Recuperação (exatidão)

A exatidão foi avaliada pelo teste de recuperação, analisando-se, em triplicata, amostras de comprimidos do mesmo grupo. Quantidades conhecidas de MDMA (em três níveis de concentração) foram adicionadas às amostras pulverizadas, que foram então submetidas ao método analítico proposto. O percentual de recuperação (exatidão) foi calculado adotando a quantidade adicionada mais a quantidade já presente no material (quantificada previamente) como 100% e a quantidade encontrada nesse teste correspondendo ao porcentual de recuperação do método.

23.4 RESULTADOS E DISCUSSÕES

O presente capítulo teve por objetivo desenvolver um métodos simples e rápido, capaz de determinar a concentração de MDMA presente nos comprimidos de *ecstasy*, que possibilite, por exemplo, observar a variação na composição dos comprimidos de um mesmo grupo e grupos diferentes, por eletroforese capilar com detecção por arranjo de diodos.

Empregando a eletroforese capilar em solução livre o analista pode trabalhar no desenvolvimento do método de separação de acordo com sua necessidade. O método desenvolvido no Capítulo 21 ("Eletroforese capilar como ferramenta analítica para toxicologia forense") buscava a completa resolução de uma série de doze analitos de características estruturais significativamente diferentes, o que exigiu o uso de aditivos para que os picos obtidos tivessem bom formato, fossem delgados e estivessem completamente separados entre si. Naquela oportunidade, optou-se por trabalhar em pH igual a 2,5, valor no qual o fluxo eletrosmótico já estava praticamente extinto, pois quase todos os grupos silanóis da parede do capilar de sílica encontravam-se não dissociados. Naquela situação, o tempo de migração dos analitos (tempo entre o instante da injeção e o ápice do pico eletroforético) era determinado apenas pelo comprimento do capilar, pela tensão aplicada e pela mobilidade do próprio analito, como descrito pela Equação 21.3 do Capítulo 21 ("Eletroforese capilar como ferramenta analítica para toxicologia forense").

Já no desenvolvimento deste método para determinação de MDMA em comprimidos de *ecstasy* o objetivo principal era obter análises rápidas, reprodutíveis e seletivas. Um modo simples de encurtar o tempo de análise em eletroforese capilar é trabalhar de modo que o tempo de migração do analito seja resultado da soma da mobilidade intrínseca do analito com a mobilidade do fluxo eletrosmótico, que nessa situação irá "empurrar" os analitos na direção do detector.

Em um pH igual a 7,5 o valor do fluxo eletrosmótico é significante e adiciona um novo vetor à velocidade de migração do MDMA. Novamente o Tris foi escolhido como coíon para a separação eletroforética, pois possui mobilidade próxima à do analito investigado e seu padrão interno. Além disso, sua constante de ionização (pKa) é igual a 8,08, o que confere ação tamponante ao eletrólito de corrida. Uma vez que o coíon possui mobilidade adequada e já produz efeito tampão, a escolha do contraíon ficou condicionada apenas à comodidade e disponibilidade do analista e do laboratório. Assim, o eletrólito de corrida utilizado foi composto por solução aquosa de Tris 20 mmol/L, e o pH da solução foi ajustado para 7,5 com ácido fosfórico concentrado (ajuste realizado em peagâmetro digital).

A Figura 23.1 apresenta eletroferograma obtido pela injeção de solução-padrão de MDMA adicionada de padrão interno procaína (25 mg/mL).

Vários autores[6,7,15-17] relatam que dentre os principais adulterantes presentes nos comprimidos comercializados no mercado ilícito como sendo *ecstasy* estão MDEA, MDA, PMA (para-metoxianfetamina), efedrina, pseudoefedrina,

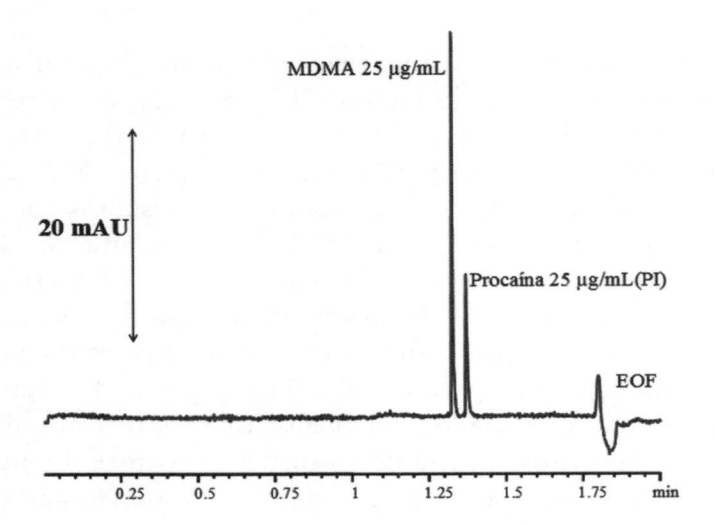

Figura 23.1 Eletroferograma obtido pela injeção de solução-padrão de MDMA e procaína (25 mg/mL). Condições eletroforéticas: capilar 38,5 cm × 30 cm (efetivo), 50 mm; eletrólito: Tris 20 mmol/L pH 7,50; 30 KV, 25 °C, 195 nm, injeção hidrodinâmica: 50 mbar/3 s. EOF, fluxo eletrosmótico.

ácido acetilsalicílico, cafeína, dextrometorfano, cetamina, cocaína dentre outras substâncias. Alguns desses adulterantes podem ser até mais tóxicos que a própria MDMA. Essa variabilidade de composição dos comprimidos e o fato de que usuários de *ecstasy* também podem ser consumidores de outras drogas, como maconha, cocaína, alucinógenos e álcool, eleva o risco de intoxicações. Este capítulo não objetivou a identificação de possíveis adulterantes presentes nos comprimidos, apenas a verificação de substâncias que poderiam ser consideradas interferentes do método analítico desenvolvido.

O uso de cromatografia líquida de alta eficiência com detecção por fluorescência para determinação de metilenodioximetanfetaminas é considerada a técnica analítica de escolha, uma vez que essas substâncias são termolábeis e requerem etapa prévia de derivatização para análise por cromatografia em fase gasosa, implicando o uso de reagentes alto custo, significativa toxicidade, além de aumentar significativamente o tempo necessário para realização da análise. Deve-se considerar ainda que esse detector confere ao método alta seletividade e sensibilidade, pois esses analitos são compostos naturalmente fluorescentes.

Se por um lado a detecção por fluorescência confere grande sensibilidade e seletividade ao método analítico, como no método utilizado por HPLC, a detecção por arranjo de diodos, utilizada no método por eletroforese capilar, fornece informação espectral (espectro de absorção da luz ultravioleta) fundamental para caracterização do analito, e que permite diferenciá-lo de alguns possíveis interferentes.

A Figura 23.2 apresenta cromatogramas obtidos pela injeção de mistura de padrões de MDMA e possíveis adulterantes (MDA, MDEA, anfetamina, metanfetamina e cetamina) no sistema HPLC/FD. Apenas as metilenodioxianfetaminas apresentaram picos, pois somente estes compostos, dentre os estudados, são naturalmente fluorescentes. Nesta situação, a seletividade do método é uma função direta do sistema de detecção utilizado.

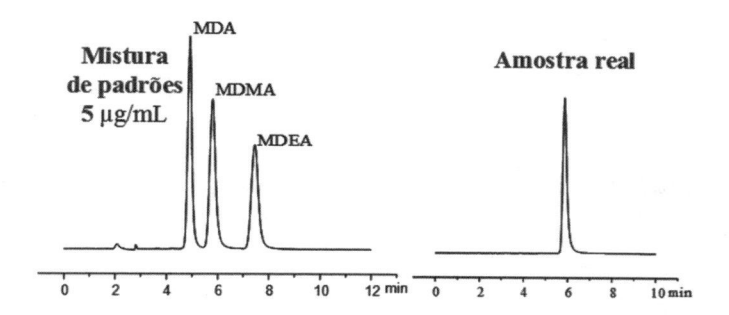

Figura 23.2 Cromatogramas obtidos pela injeção de mistura de padrões de MDMA, possíveis adulterantes (MDA, MDEA, anfetamina, metanfetamina e cetamina) e de amostra de comprimido de *ecstasy* analisado no sistema HPLC/FD. Condições cromatográficas: coluna C-18 (125 × 4 mm, 5 μm); fase móvel: tampão fosfato-trietilamina 20 mM pH 3,0:acetonitrila (90:10, v/v); lexc. = 285 nm, lemis. = 324 nm.

Já a boa seletividade obtida no método por eletroferese capilar está vinculada à alta eficiência de separação da técnica. Pelas curvas de mobilidade apresentadas na Figura 23.3 é possível constatar que a separação eletroforética do MDMA e de seus interferentes mais prováveis (anfetamina, metanfetamina, MDA, MDEA e cetamina) pode se dar em uma vasta faixa de pH, como na região escolhida (pH = 7,5) (observar região ampliada do gráfico).

A Figura 23.4 apresenta eletroferograma obtido pela injeção de mistura de padrões de MDMA e os interferentes mais relevantes a serem investigados. É possível observar completa separação entre as substâncias testadas.

Como pode ser observado, tanto o método cromatográfico quanto eletroforético possuem seletividade adequada para identificar o analito de interesse (MDMA).

A Figura 23.5 permite comparar o tempo de análise necessário para determinação da 3,4-metilenodioximetanfetamina por HPLC e CE. Fica evidente

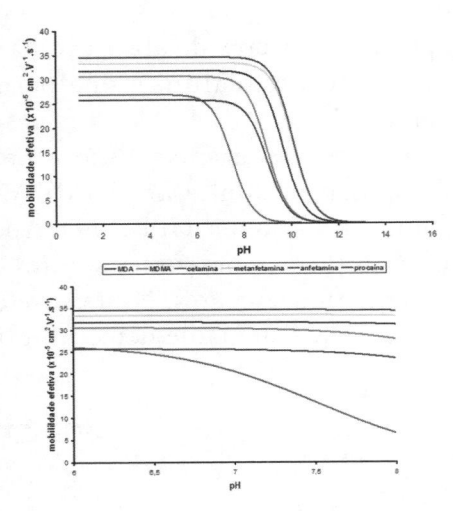

Figura 23.3 Curvas de mobilidade efetiva em função do pH para a MDMA e possíveis interferentes presentes em comprimidos de *ecstasy*.

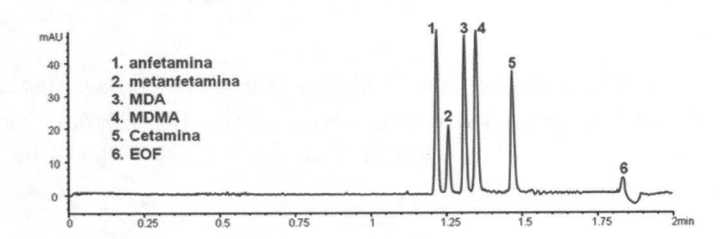

Figura 23.4 Eletroferograma obtido pela injeção de mistura de padrões de MDMA, anfetamina, metanfetamina, MDA e cetamina (25 mg/mL), mostrando a seletividade do método proposto para análise de MDMA em comprimidos de *ecstasy*. Condições eletroforéticas idênticas às da Figura 23.1.

que a análise eletroforética é significativamente mais rápida do que a cromatográfica (cinco vezes mais rápida).

Quando comparado a outros métodos cromatográficos e/ou eletroforéticos descritos na literatura, o método elaborado neste capítulo também mostra-se vantajoso no que diz respeito ao tempo de análise. Metodologias baseadas em cromatografia gasosa[9,18-20] e cromatografia líquida[21] utilizavam pelo menos 7,5 minutos de corrida cromatográfica. Piette e Parmentier (2002) propuseram método para análise de derivados anfetamínicos baseado em CZE em pH baixo (3,0) utilizando trietanolamina para praticamente extinguir o fluxo

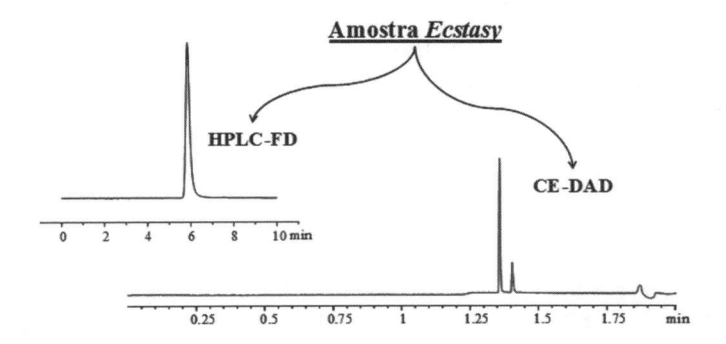

Figura 23.5 Cromatograma e eletroferograma mostrando a diferença do tempo de corrida entre os métodos cromatográfico e eletroforético para análise de MDMA em comprimidos de *ecstasy*.

eletrosmótico, com tempo de corrida de aproximadamente 8,0 minutos[22]. Ressalta-se que não está em questão aqui o tempo requerido para o preparo das amostras, uma vez que o tempo dispensado a essa etapa deve ser praticamente o mesmo para qualquer técnica de separação seguinte ao preparo (considerando os comprimidos de *ecstasy* como amostra a ser analisada).

O modo de preparo de amostra, que se consistiu basicamente de dissolução de uma alíquota do comprimido macerado em metanol, com posterior diluição em água, foi escolhido por ser um processo simples, de baixo custo, que requer baixo consumo de solvente orgânico.

O analito foi identificado observando-se o tempo de migração relativo ao padrão interno (procaína), e a quantificação também foi realizada por padronização interna.

A partir da injeção de soluções-padrão de concentrações conhecidas de MDMA (de 1 mg/mL a 100 mg/mL), e consequente obtenção das respectivas áreas relativas ao padrão interno procaína, foi construída uma curva analítica que apresentou linearidade satisfatória na faixa de trabalho escolhida, com coeficiente de determinação (r^2) igual a 0,999. Os coeficientes angular, linear e de determinação do método são mostrados na Tabela 23.1.

A avaliação da precisão foi realizada por meio do coeficiente de variação (%CV), que apresentou valores abaixo de 5%, estando perfeitamente de acordo para análises forenses. A exatidão do método, avaliada pela recuperação, apresentou valores entre 94% e 102% (ver Tabela 23.2).

A exatidão do método, avaliada pelo teste de recuperação, mostrou que o preparo de amostra proposto é capaz de extrair praticamente todo o MDMA presente no pó obtido pela maceração dos comprimidos, obtendo-se recuperação maior do que 97% nos três níveis de concentração estudados. Os resultados referentes à precisão e exatidão do método validado são mostrados na Tabela 23.2.

Tabela 23.1 Coeficientes angular, linear e de determinação do método proposto para análise de MDMA em comprimidos de *ecstasy* por CE-DAD

ANALITO	COEFICIENTES		
	ANGULAR (A)	LINEAR (B)	DETERMINAÇÃO (R²)
MDMA	0,0841	0,059	0,999

Tabela 23.2 Resultados de precisão e exatidão (recuperação) do método proposto para análise de MDMA em comprimidos de *ecstasy* por CE-DAD

MDMA	NÍVEIS DE CONCENTRAÇÃO ESTUDADOS		
	5 MG/ML	50 MG/ML	100 MG/ML
PRECISÃO (%CV)	2,1	1,0	1,2
EXATIDÃO (%)	97,2	98,9	99,0

A dosagem típica para uso recreacional de MDMA presente em um comprimido pode variar de 50 mg a 150 mg, com variações de concentração que podem chegar a 70% ou mais[23,24]. Cole e colegas (2002) analisaram 136 amostras de comprimidos apreendidos no Reino Unido durante o ano de 2001 e observaram que a quantidade de MDMA presente nesses comprimidos possui grande variação (entre 20 mg e 109 mg de MDMA por comprimido).

Nas amostras analisadas, a concentração de MDMA presente nos comprimidos de *ecstasy* apresentou acentuada variabilidade, levando-se em consideração que a massa dos comprimidos não apresenta tal variabilidade. As concentrações encontradas foram variadas: o comprimido com menor concentração continha 2,63 mg, e o com maior concentração, 137,59. em miligramas de MDMA por comprimido, variou de 2,63 a 137,59 Comprimidos de um mesmo grupo apresentaram concentrações de 2,63 a 137,59 (em miligramas de MDMA por comprimido). Comparando-se a concentração de MDMA em comprimidos de lotes diferentes, essa variação também é muito acentuada: a média das concentrações encontrada nos diferentes lotes variou de 8,45 a 124,36 miligramas por comprimido, conforme resultados apresentados nas Tabelas 23.3 a 23.9.

Tabela 23.3 Concentração de MDMA encontrada nos comprimidos do Grupo 1

GRUPO 1	CONCENTRAÇÃO % (M/M)	CONCENTRAÇÃO (MG/CP)
A	3,27	8,10
B	3,23	8,26
C	3,63	9,23
D	3,49	8,56
E	3,43	8,48
F	3,48	8,71
G	3,45	8,42
H	3,51	8,94
I	3,20	7,89
J	3,27	7,89
MÉDIA	3,40	8,45
DESVIO-PADRÃO	0,14	0,44
CV (%)	4,2	5,2

Tabela 23.4 Concentração de MDMA encontrada nos comprimidos do Grupo 2

GRUPO 2	CONCENTRAÇÃO % (M/M)	CONCENTRAÇÃO (MG/CP)
A	5,21	10,46
B	9,77	19,60
C	7,95	15,81
D	8,12	15,77
E	6,41	12,87
F	2,53	4,83
G	25,55	50,18
H	22,01	41,44
I	28,35	60,42
J	16,34	32,75

GRUPO 2	CONCENTRAÇÃO % (M/M)	CONCENTRAÇÃO (MG/CP)
K	25,99	51,69
L	20,00	38,52
MÉDIA	14,85	29,53
DESVIO-PADRÃO	9,20	18,70
CV (%)	62,1	63,2

Tabela 23.5 Concentração de MDMA encontrada nos comprimidos do Grupo 3

GRUPO 3	CONCENTRAÇÃO % (M/M)	CONCENTRAÇÃO (MG/CP)
A	14,62	29,02
B	14,87	30,28
C	16,49	31,51
D	14,99	29,41
E	14,78	28,20
MÉDIA	15,15	29,68
DESVIO-PADRÃO	0,76	1,20
CV (%)	5,0	4,3

Tabela 23.6 Concentração de MDMA encontrada nos comprimidos do Grupo 4

GRUPO 4	CONCENTRAÇÃO % (M/M)	CONCENTRAÇÃO (MG/CP)
A	3,13	7,74
B	1,06	2,63
C	1,05	2,69
D	2,36	5,95
E	12,24	30,43
F	12,11	30,46
G	8,02	20,26
H	4,92	12,66
MÉDIA	5,61	14,10
DESVIO-PADRÃO	4,63	11,61
CV (%)	82,7	82,3

Tabela 23.7 Concentração de MDMA encontrada nos comprimidos do Grupo 5

GRUPO 5	CONCENTRAÇÃO % (M/M)	CONCENTRAÇÃO (MG/CP)
A	20,39	62,48
B	21,44	66,17
C	19,97	58,71
D	22,23	65,19
E	21,13	64,38
F	21,50	65,40
G	12,38	35,45
H	13,01	39,71
I	20,72	63,07
J	21,29	67,18
K	20,90	62,25
L	20,29	63,70
MÉDIA	19,60	59,47
DESVIO-PADRÃO	3,29	10,50
CV (%)	16,8	17,7

Tabela 23.8 Concentração de MDMA encontrada nos comprimidos do Grupo 6

GRUPO 6	CONCENTRAÇÃO % (M/M)	CONCENTRAÇÃO (MG/CP)
1	35,24	107,38
2	39,30	120,27
3	37,88	121,38
4	37,90	115,33
5	40,21	123,90
6	40,19	114,87
7	38,94	120,35
8	40,13	122,92
9	39,69	125,07

GRUPO 6	CONCENTRAÇÃO % (M/M)	CONCENTRAÇÃO (MG/CP)
10	35,58	110,84
11	36,48	111,24
12	39,63	123,08
13	39,57	122,86
14	40,39	123,96
15	38,31	119,94
16	35,34	102,88
17	37,94	119,08
18	39,49	121,46
19	37,79	110,28
20	38,47	120,27
21	39,62	120,93
22	47,62	81,52
MÉDIA	38,90	116,36
DESVIO-PADRÃO	2,52	9,84
CV (%)	6,5	8,5

Tabela 23.9 Concentração de MDMA encontrada nos comprimidos do Grupo 7

GRUPO 7	CONCENTRAÇÃO % (M/M)	CONCENTRAÇÃO (MG/CP)
1	36,73	113,17
2	40,63	125,86
3	36,09	108,35
4	39,80	121,58
5	38,77	119,88
6	38,94	120,41
7	40,00	124,25
8	35,08	108,83
9	39,10	120,00

GRUPO 7	CONCENTRAÇÃO % (M/M)	CONCENTRAÇÃO (MG/CP)
10	41,04	129,37
11	41,58	127,71
12	39,41	120,33
13	41,57	121,97
14	40,32	123,42
15	42,64	129,88
16	43,64	130,87
17	41,12	127,89
18	44,72	137,59
19	40,93	123,05
20	44,10	133,76
21	44,01	137,18
22	40,41	123,10
23	42,01	131,17
24	42,61	131,82
25	41,39	88,00
MÉDIA	40,67	123,18
DESVIO-PADRÃO	2,41	10,51
CV (%)	5,9	8,5

Comprimidos do mesmo lote podem apresentar variação da concentração de princípio ativo de até 82,3%. Deve-se notar que essa variação intra-lote não se reproduziu em todas as amostras analisadas, havendo lotes com variação relativamente baixa (5,2%).

Como era esperado, a concentração de MDMA em comprimidos de lotes diferentes apresentou variações, e a variação na dosagem da droga torna-se ainda mais pronunciada, o que pode estar relacionado aos modos de preparo dos comprimidos por diferentes laboratórios clandestinos.

As variações nas concentrações provavelmente estão relacionadas ao fato de não existir controle na produção dos comprimidos, já que processos farmacotécnicos simples, como a homogeneização do ingrediente ativo com os excipientes, foram pouco eficientes. Deve-se considerar que tal variação na quantidade de MDMA presente nos comprimidos pode estar ligada, aliada a fatores como farmacodependência e tolerância, com o aumento do consumo de comprimidos de *ecstasy* pelos usuários, que chegam a ingerir vários comprimidos numa festa, inconscientemente suprimindo a baixa dosagem dos comprimidos. Se houver mudança no fornecedor, para comprimidos mais concentrados em MDMA e for mantido o mesmo padrão de uso, pode ocorrer uma superdosagem, aumentando o risco de intoxicações[9].

23.5 CONCLUSÕES

Em razão dos argumentos apresentados neste capítulo, é possível concluir que a eletroforese capilar pode substituir com vantagem a cromatografia líquida na análise de MDMA em comprimidos de *ecstasy*, uma vez que o método desenvolvido apresentou boa linearidade, precisão e exatidão, além de permitir análises cinco vezes mais rápidas em comparação com o método utilizado rotineiramente pelo laboratório responsável pelos exames.

A concentração de MDMA presente nos comprimidos de *ecstasy* mostrou acentuada variabilidade, principalmente se levarmos em conta que a massa dos comprimidos não apresenta a mesma variabilidade.

23.6 CONSIDERAÇÕES FINAIS E PERSPECTIVAS FUTURAS

A toxicologia forense, ainda que secular, continua sendo a área mais fascinante e cativante da toxicologia. Por estar relacionada a situações criminais, essa área sempre despertou interesse de cientistas e pensadores ao longo da história, e nos dias atuais vem cativando também a população em geral, que passou a ter contato com seu aspecto investigativo graças à mídia.

As análises toxicológicas com finalidade forense são empregadas na identificação e quantificação de agentes tóxicos para fins médico-legais, em fluidos biológicos ou em outros materiais diversos, como água, alimentos, medicamentos, drogas etc., envolvidos em ocorrências policiais/legais. Dentre o enorme número de substâncias químicas conhecidas atualmente, deve-se sempre considerar que uma boa parte pode estar envolvida em situações de intoxicação acidentais ou intencionais. Neste contexto, a toxicologia forense constantemente lança desafios à química analítica, na tentativa de elucidar a exposição humana a diversas substâncias químicas, que podem ter sido utilizadas como adjuvantes na prática de delitos.

Mesmo sendo utilizada em diversos laboratórios forenses no mundo, no Brasil a eletroforese capilar ainda é pouco difundida nos Institutos Médico Legais e de Criminalística do Brasil, o que pode ser confirmado pelo fato de que apenas um Instituto de Criminalística do território nacional possui instrumento desse tipo instalado até o presente momento. Assim, este trabalho teve por objetivo mostrar a relevância do uso da eletroforese capilar como ferramenta analítica para investigações em toxicologia forense, demonstrando como a técnica pode colaborar de modo significativo para o diagnóstico laboratorial de intoxicações.

Pelos resultados apresentados neste capítulo e nos capítulos 21 e 22 ("Eletroforese capilar como ferramenta analítica para toxicologia forense" e "Método simples e rápido para determinação de cocaína e seus principais produtos de biotransformação por eletroforese capilar acoplada à espectrometria de massas"), ficou demonstrado o grande valor dessa técnica para as análises forenses, pois ela constitui uma ferramenta extremante versátil e confiável por fornecer diversos critérios de identificação relativos à separação, como tempo de migração e/ou mobilidade eletroforética em diferentes eletrólitos, e espectrais quando se utiliza a detecção por arranjo de diodos ou o acoplamento com a espectrometria de massas.

Pode-se afirmar também que a eletroforese capilar permite a realização de análises rápidas e reprodutíveis, fatores muito relevantes dado que o número de exames solicitados aos laboratórios de toxicologia forense de todo o Brasil aumenta em escala geométrica a cada ano.

Por último, deve-se considerar que a janela de detecção quando se utiliza detectores ópticos é estreita, o que constitui uma clara limitação física à técnica analítica em estudo. Limites de detecção adequados para finalidade forense podem ser atingidos trabalhando-se com características intrínsecas da eletroforese, que permitem a pré-concentração em linha dos xenobióticos.

REFERÊNCIAS

1. Chasin AAM. Parâmetros de confiança analítica e irrefutabilidade do laudo pericial em toxicologia forense. Rev Bras Toxicol. 2001;14(1):40-6.

2. Alward MR. Trends in forensic chemistry. Trends Anal Chem. 1996;15(5):VI-VII.

3. Harvey D. Modern Analytical Chemistry. New York: McGraw-Hill; 2000. 798 p.

4. Nichols DE. Differences between the mechanism of action of MDMA, MBDB and classics hallucinogens. Identification of a new therapeutic class: entactogens. J Psychoact Drugs. 1986;18:305-13.

5. Landry M. MDMA: a review of epidemiologic data. J Psychoactive Drugs. 2002;34(2):163-9.

6. Gimeno P, Besacier F, Chaudron-Thozet H. Optimization of extraction parameters for the chemical profiling of 3,4-methylenedioxymethamphetamine (MDMA) tablets. Forensic Sci Int. 2003;132:182-94.

7. Silva OA, Yonamine M, Reinhardt VE. Identificação de 3,4-metilenodioximetanfetamina (MDMA) e compostos relacionados por cromatografia em fase gasosa e espectrometria de massa em comprimidos de ecstasy apreendidos em São Paulo. Rev Farm Bioquím Univ São Paulo. 1998;34(1):33-7.

8. Baptista MC, Noto AR, Nappo S, Carlini EA. O uso de êxtase (MDMA) na cidade de São Paulo e imediações: um estudo etnográfico. J Bras Psiquiatria. 2002;51(2):81-9.

9. Lapachinske SF, Yonamine M, Moreau RLdM. Validação de método para determinação de 3,4-metilenodioximetanfetamina (MDMA) em comprimidos de ecstasy por cromatografia em fase gasosa. Rev Bras Ciências Farm. 2004;40(1). 10. Green R, Mechan AO, Elliot JM, O'Shea E, Colado I. The pharmacology and clinical pharmacology of 3,4-methylenedioxymethamphetamine (MDMA, "Ecstasy"). Pharmacol Rev. 2003 Set;55(3):463-508.

11. Ferigolo M, Medeiros FB, Barros HMT. "Êxtase": revisão farmacológica. Rev Saúde Pública. 1998;32(5).

12. SOFT/AAFS. Society of Forensic Toxicologists, American Academy of Forensic Sciences, Toxicology Section. Forensic toxicology laboratory guidelines. 2006.

13. Peters FT, Maurer HH. Bioanalytical method validation and its implications for forensic and clinical toxicology – a review. Accred Qual Assur. 2002;7:441-9.

14. Ribani M, Bottoli CBG, Collins CH, Jardim ICSF, Melo LFC. Validação de métodos cromatográficos e eletroforéticos. Quim Nova. 2004;27(5):771-80.

15. Sherlock K, Wolff K, Hay AW, Conner M. Analysis of illicit ecstasy tablets: implications for clinical management in the accident and emergency department. J Accid Emerg Med. 1999;16(3):194-7.

16. Baggott M, Heifets B, Jones RT, Mendelson J, Sferios E, Zehnder J. Chemical analysis of ecstasy pills. J Am Med Assoc. 2000;284(17):2190.

17. Cole JC, Bailey M, Sumnall HR, Wagstaff GF, King LA. The content of ecstasy tablets: implications for the study of their long-term effects. Addiction. 2002;97(12):1531-6.

18. Han E, Yang W, Lee J, Park Y, Kim E, Lim M, et al. The prevalence of MDMA/MDA in both hair and urine in drug users. Forensic Sci Int. 2005;152:73–7.

19. Villamor JL, Bermejo AM, Fernández P, Tabernero MJ. A new GC–MS method for the determination of five amphetamines in human hair. J Anal Toxicol. 2005;29:135-9.

20. Lasmar MC, Leite EMA. Desenvolvimento e validação de um método cromatográfico em fase gasosa para análise da 3,4-metilenodioximetanfetamina (ecstasy) e outros derivados anfetamínicos em comprimidos. Rev Bras Ciências Farm. 2007;43(2):223-30.

21. Concheiro M, Castro Ad, Quintela O, Lopez-Rivadulla M, Cruz A. Determination of MDMA, MDA, MDEA and MBDB in oral fluid using high performance liquid chromatography with native fluorescence detection. Forensic Sci Int. 2005;150:221-6.

22. Piette V, Parmentier F. Analysis of illicit amphetamine seizures by capillary zoneelectrophoresis. J Chromatogr A. 2002;979:345-52.

23. Laranjeira R, Dunn J, Rassi R, Fernandes M. "Êxtase (3,4-metilenodioximetanfetamina, MDMA): uma droga velha e um problema novo. Rev ABP-APAL. 1996;18(3):77-81.

24. Kalant H. The pharmacology and toxicology of "ecstasy" (MDMA) and related drugs. Can Med Assoc J. 2001;165(7):917-28.

O QUE AS EMPRESAS DIZEM

24

UMA INTRODUÇÃO AO SEQUENCIAMENTO DE DNA

Ricardo Dalla-Costa
Leonardo Varuzza
Fernando Amaral
Daphine de Paula
Eduardo Castan
Camila Camanzano Ornelas
Weslley Tsutsumida

24.1 SURGIMENTO DO SEQUENCIAMENTO DO DNA

Apesar de a molécula de DNA ter sido isolada pela primeira vez em 1869 por Friedrich Miescher, apenas mais de um século depois seriam publicadas as primeiras sequências da molécula. Em 1968, Wu e Kaiser[1] mediram a incorporação de nucleotídeos radioativamente marcados catalisada pela enzima DNA polimerase e definiram uma sequência parcial de DNA lambda de bacteriófago. A sequência completa de 12 bases seria publicada apenas em 1971[2]. Métodos que resultassem em sequências mais longas apareceriam somente em meados da década de 1970, com os trabalhos de Sanger[3] e Maxam e Gilbert[4], que se tornaram marcos na história do sequenciamento do DNA.

Uma das chaves desse avanço foi o uso de géis de poliacrilamida para separar por tamanhos produtos sintetizados pela DNA polimerase, publicado em 1975 por Sanger e Coulson[5]. Maxam e Gilbert também desenvolveram um método de sequenciamento que utilizava poliacrilamida, mas o princípio de geração dos produtos era totalmente diverso do de Sanger e Coulson, e se baseava em um processo químico para clivar fragmentos de DNA. A técnica se revelou muito laboriosa e complexa, sobretudo quando comparada à metodologia de Sanger e colaboradores, publicada em 1977, e acabou sendo pouco empregada em anos posteriores.

O sequenciamento de Sanger, também denominado de método de terminação de cadeia ou dideóxido, utiliza a enzima DNA polimerase para sintetizar cadeias de DNA de comprimentos variados. O elemento essencial dessa técnica é a inclusão na mistura de reação de dideoxinucleotídeos trifosfatados, os ddNTPs. Nesses dideoxinucleotídeos não há na região 3' um grupo hidroxila (OH) necessário para formar a ponte fosfodiéster entre um nucleotídeo e o próximo durante a elongação da molécula de DNA (Figura 24.1). Dessa forma, quando um dideoxinucleotídeo é incorporado à cadeia de DNA crescente, há uma parada na extensão da fita. O resultado de múltiplas reações é uma profusão de fragmentos de DNA de comprimentos diversos, que são, então, separados por tamanho em gel ou por um sistema de eletroforese capilar, métodos que utilizam um campo elétrico para que as moléculas de DNA carregadas negativamente se desloquem para o polo positivo de um eletrodo (Figura 24.2). A velocidade à qual um fragmento de DNA se move é inversamente proporcional à sua massa molecular, o que resulta na separação por tamanho dos produtos de extensão. O procedimento é sensível o suficiente para distinguir fragmentos de DNA que diferem por apenas uma base[6].

A reação de sequenciamento de Sanger inclui: o molde de DNA a ser sequenciado, um oligo de DNA com uma sequência específica para iniciar a reação (*primer*), os quatro deoxinucleotídeos usuais (dATP, dGTP, dCTP e dTTP), os dideoxinucleotídeos (ddNTPs), a enzima DNA polimerase e um tampão de reação. Na década de 1970, quando a técnica começou a ser utilizada, era preciso realizar quatro reações distintas para sequenciar uma mesma amostra. Cada reação continha um dos quatro dideoxinucleotídeos (ddA, ddC, ddG ou ddT) marcados radioativamente. Durante a elongação da fita, a enzima DNA polimerase adiciona as bases à fita de DNA crescente que é complementar ao molde. Se um deoxinucleotídeo (dNTP) ou um dideoxinucleotídeo (ddNTP) será adicionado depende da concentração dessas moléculas na mistura de reação. Quando um dNTP é adicionado à extremidade 3', a extensão da cadeia prossegue. Entretanto, quando um ddNTP é adicionado, há parada da elongação da molécula. Como resultado, obtêm-se fragmentos de DNA de tamanhos diferentes. Cada uma das quatro

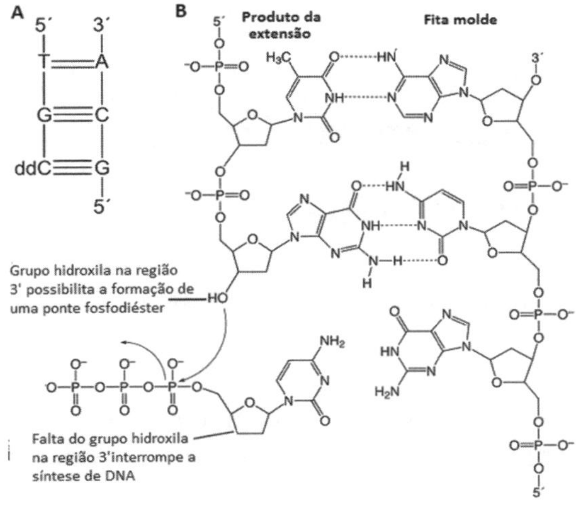

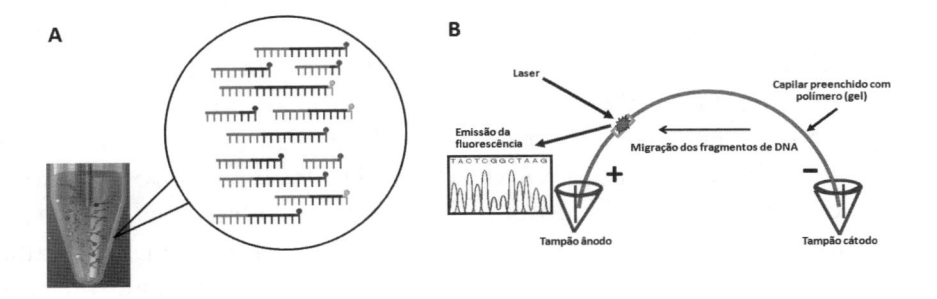

Figura 24.1 (A) Esquema simplificado representando o produto de extensão da dupla fita de DNA, cuja estrutura molecular está definida em (B), em que a entrada de um dCTP interrompe a síntese de DNA, pois não há um grupo hidroxila na região 3' que possibite a ligação com o nucletídeo seguinte. Fonte: Applied Biosystems, 20096.

Figura 24.2 (A) O resultado de diversos ciclos de amplificação em uma reação de sequenciamento pelo método de Sanger é a produção de múltiplos fragmentos de DNA de comprimentos diversos. (B) Esses fragmentos são, então, separados por tamanho em um sistema de gel ou eletrofose capilar (como está esquematizado na figura). A criação de um campo elétrico faz com que as moléculas de DNA carregadas negativamente se desloquem para o polo positivo.

reações correspondentes ao sequenciamento de uma mesma amostra eram, então, adicionadas a colunas diferentes de um gel e, após a separação por tamanho dos fragmentos amplificados, podia-se saber qual base estava presente na extremidade 3' de cada um desses fragmentos[3,6] (Figura 24.3).

Aprimoramentos subsequentes ao método de Sanger aumentaram a eficiência e acurácia do sequenciamento, assim como tornaram a técnica menos

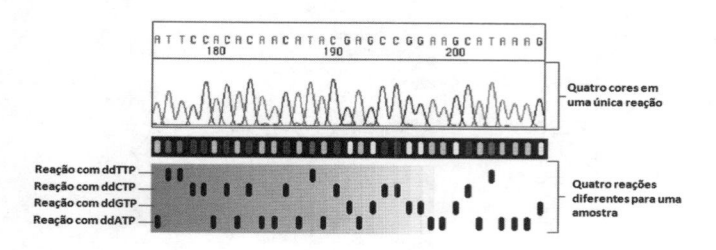

Figura 24.3 Comparação entre sequências utilizando ddNTPs fluorescentes e marcados radioativamente. Fonte: Applied Biosystems, 20096.

laboriosa, permitindo inclusive sua automatização. Em 1986, uma companhia denominada Applied Biosystems começou a produzir equipamentos de sequenciamento de DNA baseados no método de Sanger. As reações utilizavam moléculas fluorecentes para marcar e distinguir cada um dos quatro ddNTPs, possilitando assim a realização de uma única reação por amostra e a leitura da base pela cor. Ainda que essas máquinas tivessem um valor mais alto que as placas de vidro e gel utilizados tradicionalmente, uma vez realizado o investimento, esses instrumentos resultavam em um maior volume de dados de sequenciamento a um custo menor que na metodologia usual[1,7]. Em 1996, a Applied Biosystems lançou o primeiro sequenciador que não utilizava um sistema de placas de gel para separação dos fragmentos, cuja migração ocorria, então, no interior de um fino tubo preenchido com uma matriz polimérica de separação. O *ABI Prism 310* foi o primeiro instrumento de sequencimento automatizado por eletroforese capilar. Dois anos depois foi lançado o *ABI Prism 3700*, que possuía 96 capilares, ou seja, capacidade de sequenciamento de 96 amostras simultâneas, e sistema automatizado de preenchimento dos capilares com matriz polimérica. Esse equipamento foi utilizado com sucesso no sequenciamento do primeiro genoma humano, publicado em 2003, resultado de um consórcio entre diversos laboratórios[2,8].

Atualmente há equipamentos que possuem capacidades diversas de processamento de amostras e todos utilizam o mesmo princípio básico da metodologia de Sanger, com algumas alterações que aprimoraram a técnica, como o uso dos ddNTPs fluorescentes já inclusos em misturas prontas de reação[3,6]. Todas essas modificações possibilitaram não apenas o processamento simultâneo de um número maior de amostras, mas também o aumento da acurácia e da extensão de leitura. O sequenciamento por separação em gel gerava apenas de 250 a 500 pares de bases de leitura por reação; já os instrumentos e a química atual resultam em uma leitura de até mil pares de bases por amostra[4,6], chegando a totalizar a leitura de mais 2 milhões de pares de bases por dia[5,9].

A metodologia de Sanger dominou a área de sequenciamento de genomas por quase trinta anos e sua aplicabilidade abrange áreas tão diversas quanto a biologia comparativa e a medicina diagnóstica. Ainda hoje é considerada padrão-ouro para validação de metodologias mais recentes, como sequenciamento de nova geração.

24.2 O SEQUENCIAMENTO DE NOVA GERAÇÃO

Com a conclusão do projeto Genoma Humano, em 2003, iniciou-se a corrida das grandes empresas pelo genoma de 1.000 dólares. Surgiram então os sequenciadores de nova geração, que revolucionaram os estudos genéticos por sequenciamento de DNA[6,8,10].

O termo *next generation sequencing* (NGS) surgiu para designar as novas metodologias de sequenciamento de DNA, que utilizam químicas diferentes da química tradicional de sequenciamento pelo método de Sanger[3,6]. Embora o objetivo do sequenciamento de Sanger e NGS sejam os mesmos, ou seja, caracterizar uma sequência de DNA, as metodologias para se chegar aos resultados são bastante distintas[8]. No sequenciamento de nova geração, são usadas plataformas capazes de gerar informações sobre milhões, e até bilhões, de bases em uma única reação, diferentemente do sequenciamento de Sanger, no qual apenas um fragmento é sequenciado em cada reação. O sequenciamento massivo em paralelo é o que caracteriza o NGS[8,10].

Dentre as novas plataformas de sequenciamento, o 454 foi o primeiro sequenciador de nova geração, lançado em 2004 (Roche Applied Sciences). A plataforma 454 utiliza o pirosequenciamento como metodologia de identificação das bases incorporadas durante a síntese da cadeia de DNA[11]. O pirofosfato é um grupamento liberado pela DNA polimerase durante a incorporação dos nucleotídeos. Em uma série de reações químicas o pirofosfato é convertido em ATP, que serve como catalizador para a luciferase oxidar a luciferina e gerar um sinal luminoso que identifica a base que foi incorporada. Esse foi apenas o princípio de uma série de outros sequenciadores de nova geração que viriam para revolucionar os estudos genéticos por sequenciamento de DNA (Figura 24.4).

Essas novas plataformas possuem como característica comum um poder de gerar informação em uma escala de grandeza maior quando comparadas ao sequenciamento de Sanger, com uma grande economia de tempo e custo por base para o sequenciamento[8]. Essa maior eficiência advém do uso da clonagem molecular dos fragmentos de DNA, não precisando mais do intensivo

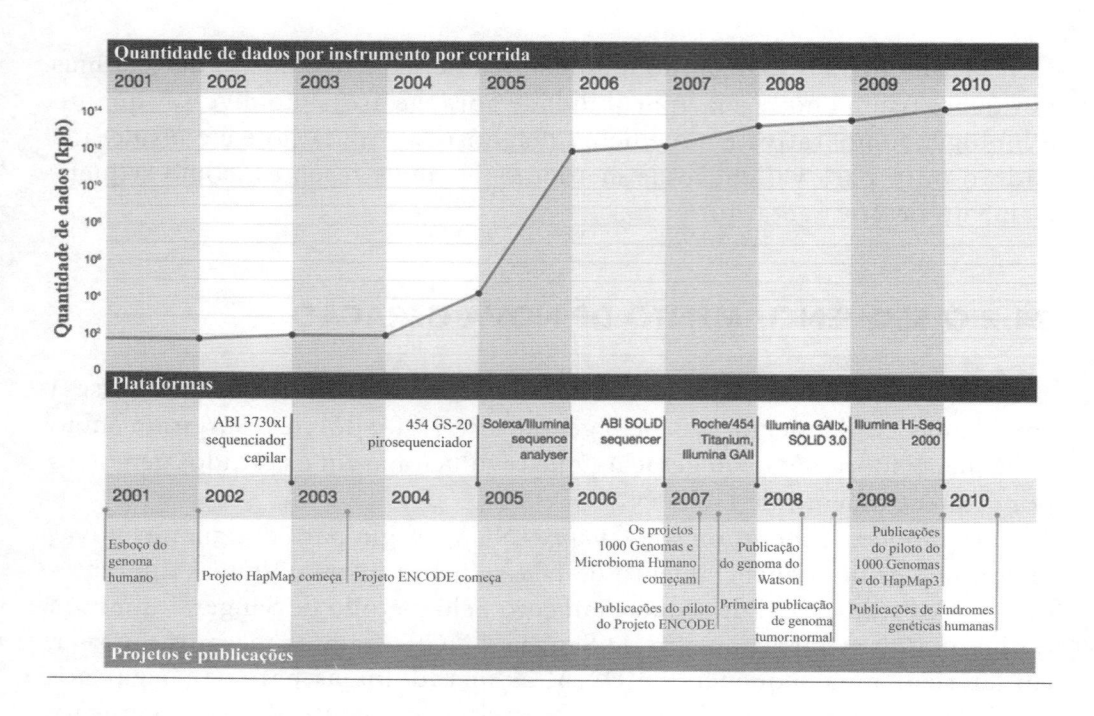

Figura 24.4 Avanços do sequenciamento de nova geração ao longo dos anos até 2010. Fonte: Mardis, 201110.

trabalho laboratorial de produção de clones bacterianos, da montagem das placas de sequenciamento e da separação dos fragmentos em géis[12].

Em conjunto, essas novas metodologias de sequenciamento de DNA possibilitaram obter em um dia o que pela metodologia de Sanger levariam-se anos para conseguir[8]. E, mais do que isso, com um investimento infinitamente menor. Para exemplificar de forma bem clara, o projeto Genoma Humano, realizado com a tecnologia de Sanger, levou cerca de treze anos para ser concluído e consumiu o equivalente a 2,7 bilhões de dólares, além de envolver dezenas de laboratórios em diversos países. Atualmente, com os sequenciadores mais modernos, é possível realizar o mesmo projeto em poucos dias, com um custo aproximado de 1.000 dólares. No início da década de 2000, por meio dos sequenciadores de Sanger, sequenciar 1 milhão de bases custava em torno de 5.300 dólares. Hoje, sequenciar o mesmo milhão de bases custa menos do que 10 centavos de dólares (Figura 24.5).

Independentemente da tecnologia de nova geração utilizada, o fluxo de trabalho é dividido basicamente em três etapas principais[15]:

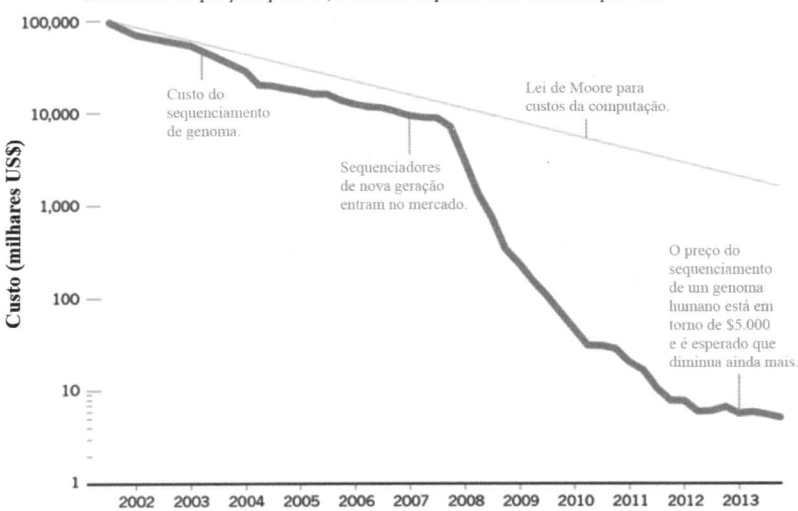

Queda rápida

Nos primeiros anos após a conclusão do Projeto Genoma Humano, o custo do
sequenciamento de genoma seguiu a lei de Moore, que prediz declínio exponencial
nos custos da computação. Após 2007, os custos do sequenciamento caíram abruptamente.

Figura 24.5 Custo por milhão de bases sequenciadas. Observa-se no gráfico qual seria a redução de custo se a tecnologia de sequenciamento tivesse evoluído segundo a lei de Moore13. Vê-se que a evolução do sequenciamento de DNA foi muito mais acelerada do que dos processadores de computadores (Moore's Law). Fonte: Hayden et al.[14]

1) Preparo da biblioteca
2) Preparo do *template*
3) Sequenciamento

24.2.1 Preparo da biblioteca

No preparo da biblioteca o DNA/RNA a ser sequenciado é fragmentado e ligado a adaptadores de sequência conhecida, que permitirão as etapas seguintes do protocolo[15]. O DNA pode ser fragmentado enzimática ou mecanicamente em fragmentos menores, de aproximadamente 100 pb a 400 pb para as bibliotecas de *tags* (ou marcações) únicas, de acordo com a química usada, ou 1 Kb a 10 Kb para as bibliotecas de *tags* duplas ou *mate-paired* (MP)[16]. Mais detalhes podem ser encontrados na Figura 24.6.

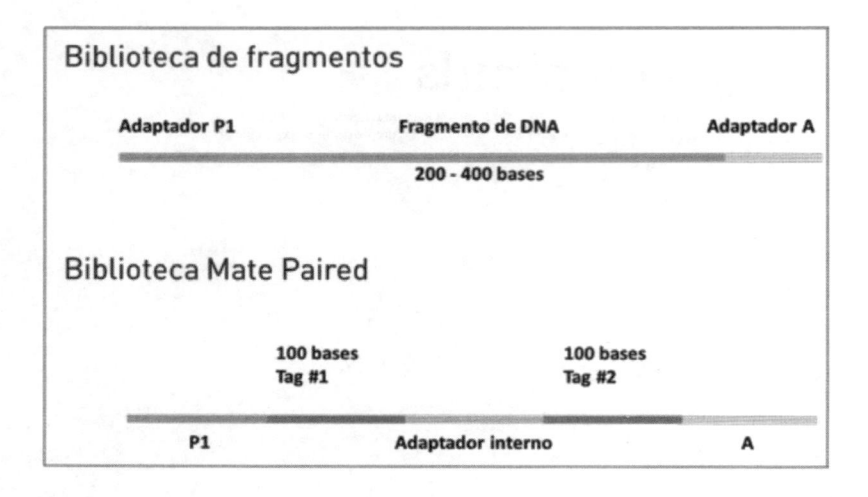

Figura 24.6 Ilustração esquemática das bibliotecas de fragmentos de bibliotecas *mate-paired*. As duas *tags* das bibliotecas MP são unidas por um adaptador interno.

As bibliotecas de fragmentos são as mais corriqueiramente utilizadas devido à sua simplicidade de montagem. Estas servem para muitas aplicações, principalmente quando o genoma em estudo possui referência (conhecido como ressequenciamento). Já as bibliotecas *mate-paired*, embora sejam mais trabalhosas, são praticamente indispensáveis quando se trabalha com o sequenciamento *de novo* de um genoma, ou seja, o genoma em estudo ainda não tem referência publicada (ver mais na Seção "Vantagens do sequenciamento *mate-paired*"[17]).

24.2.2 Preparo do *template*

Durante o preparo do *template*, cada fragmento da biblioteca é amplificado clonalmente, para que durante o sequenciamento cada região a ser sequenciada possa produzir um sinal suficientemente intenso para ser detectado pelo equipamento[15]. Existem diferentes metodologias para se amplificar clonalmente a biblioteca, como uma PCR em emulsão, PCR em ponte etc. Na PCR em emulsão a fase aquosa da reação de PCR é misturada a uma emulsão de óleo, gerando "microrreatores" nos quais cada fragmento da biblioteca é amplificado clonalmente em uma microesfera[18] (Figura 24.7).

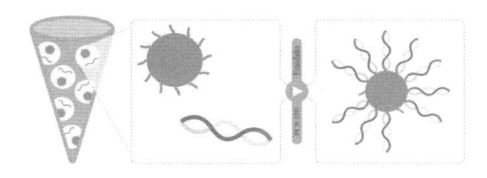

Figura 24.7 Ilustração do funcionamento de uma PCR emulsão. As microesferas estão associadas a sequências que se ligam à biblioteca. Estas são amplificadas clonalmente dentro dos "microrreatores". Disponível em: <http://www.appliedbiosystems.com>.

24.2.3 Sequenciamento

Cada fragmento clonado é então novamente amplificado durante a reação de sequenciamento para identificação de cada uma das suas bases[15]. Essa identificação pode ser feita com o uso de diferentes marcações fluorescentes para cada uma das bases, através de um fluxo ordenado de cada um dos nucleotídeos durante a reação (Figura 24.8) e por meio da hibridização de sondas com sequências conhecidas, entre outras maneiras.

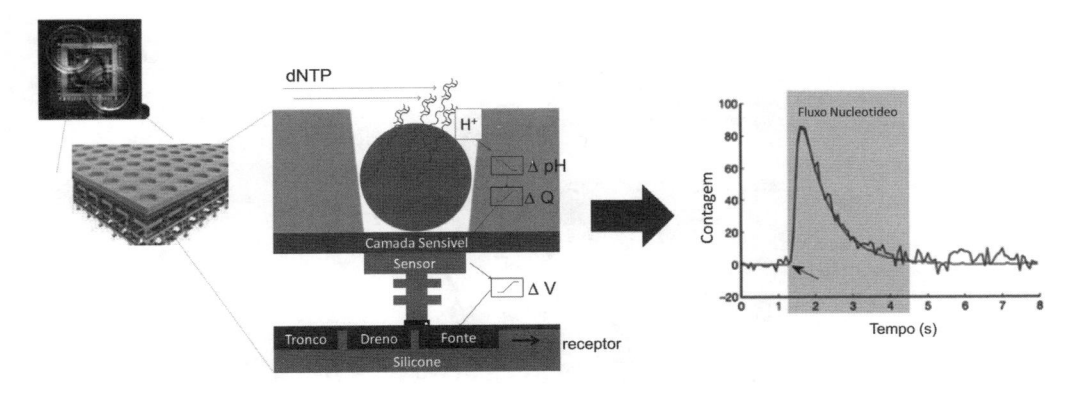

Figura 24.8 Processo da reação de sequenciamento na tecnologia Ion Torrent. Cada nucleotídeo é fornecido de forma sucessiva ao sistema e, quando incorporado, um sinal é produzido identificando a base da sequência. Fonte: Rothberg et al.[19]

A etapa da reação de sequenciamento pode levar de poucas horas, como na plataforma Ion Torrent PGM, ou até vários dias nas plataformas de maior escala, como a plataforma SOLiD System.

No sequenciamento de nova geração existem muitos termos que são corriqueiramente utilizados para descrever as diferentes etapas da metodologia além de biblioteca e *template*, como, por exemplo, cobertura, acurácia, leitura (*read*), *contig* etc. Os principais termos podem ser encontrados no Glossário NGS.

24.3 AS PLATAFORMAS NGS *LIFE TECHNOLOGIES*

24.3.1 Ion Torrent PGM

O barateamento do sequenciamento de nova geração está diretamente relacionado ao desenvolvimento de metodologias mais simples e mais velozes de sequenciamento. A tecnologia Ion Torrent, lançada em 2010[19], é uma das mais simples e velozes, e utiliza os *chips* semicondutores para detectar pequenas alterações do pH na solução na qual a síntese de DNA está acontecendo. Essa mudança no pH é resultado da liberação de íons H^+ durante a incorporação dos nucleotídeos pela DNA polimerase. O sistema Ion Torrent funciona então como um mini pHmetro, o menor já desenvolvido (Figura 24.9).

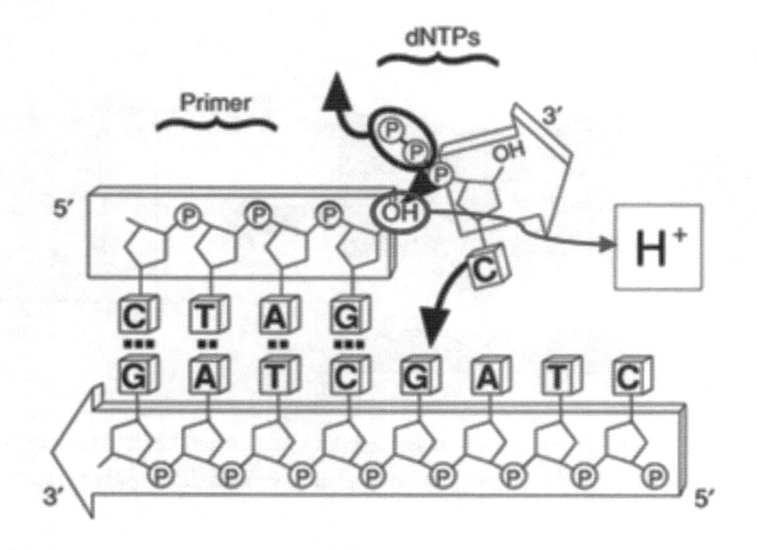

Figura 24.9 Origem do íon H^+ detectado durante a reação de sequenciamento da tecnolgia Ion Torrent. Fonte: Rothberg et al.[19]

A plataforma Personal Genome Machine (PGM) (Figura 24.10) foi a primeira a utilizar a tecnologia Ion Torrent e uma das suas principais características é a velocidade e escalabilidade. É possivel obter os resultados em um único dia de trabalho, incluindo todas as etapas do protocolo. Além disso, é possivel escolher o tamanho do *chip* a ser utilizado no experimento, de acordo com a necessidade de dados a serem gerados. Os três diferentes *chips* disponíveis, de 314™, 316™ e 318™, geram de 30 Mb até 2 Gb de dados por corrida, dependendo da aplicação e da química utilizada.

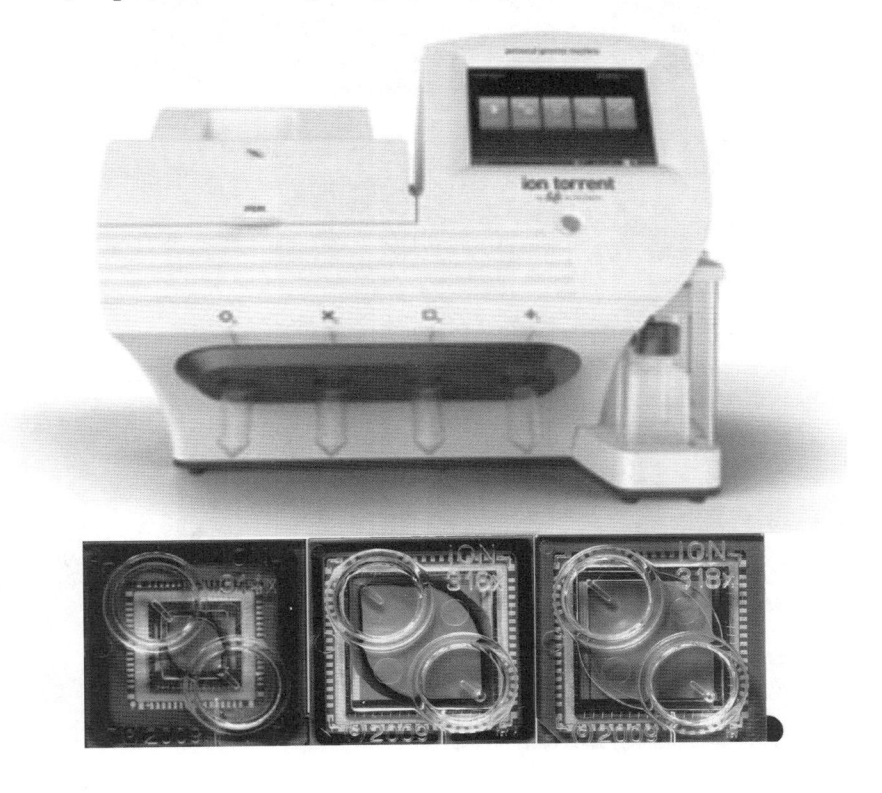

Figura 24.10 Plataforma Ion Torrent PGM com seus respectivos *chips*, 314, 316 e 318.

24.3.2 Ion Proton

A plataforma Ion Proton foi lançada em 2012 e utiliza a mesma tecnologia que o Ion PGM. A diferença está na quantidade de dados gerada, que é muito maior no Ion Proton, possibilitando outras aplicações até então limitadas no Ion PGM, como o sequenciamento de genomas de eucariotos, exomas e transcriptomas. Utilizando seus dois *chips* disponíveis, PI e PII, é possivel gerar de 10 Gb a 60 Gb de dados por corrida, com a mesma rapidez e simplicidade oferecidas pelo Ion PGM (Figura 24.11).

Figura 24.11   Plataforma Ion Proton com seus respectivos *chips* PI e PII.

24.3.3 As aplicações NGS

Não há duvidas de que o sequenciamento de nova geração revolucionou os estudos genéticos. Hoje, suas aplicações são as mais diversas possíveis, desde o sequenciamento de genomas completos, análise do perfil global de metilação de um genoma, análises do transcriptoma total, miRNA e muitas outras, até aplicações clínicas que auxiliam no prognóstico, diagnóstico e tratamento de doenças.

24.3.4 Sequenciamento de genomas

24.3.4.1 Sequenciamento de genomas (Abordagens de novo, sequenciamento de alvos e ressequenciamento)

Desde a introdução das plataformas NGS e substancial redução do custo, associada ao aumento do *throughput* e acurácia dos dados, essas tecnologias se tornaram úteis para uma diversidade de aplicações, como: investigações do genoma humano, sequenciamento de genomas *de novo*, ressequenciamento de genomas, metagenomas, transcriptomas, identificação de mutações e variações genéticas, estudos epigenéticos (ChIP–seq) e medicina personalizada[8,20-23]. Esses estudos podem ajudar a elucidar questões relativas à pesquisa básica e também a desenvolver melhorias genéticas nas áreas da agropecuária, aprimoramento de novas ferramentas diagnósticas, prognósticos e terapias para o câncer e outras doenças complexas[24-27].

O ressequenciamento de genomas completos é uma abordagem que inclui o sequenciamento do genoma de um organismo, o qual possui um genoma de referência disponível para o alinhamento das sequências. O ressequenciamento é uma abordagem amplamente utilizada em NGS, eficaz para identificar polimorfismos em nucleotídeo único (do inglês *single nucleotide polymorphism* – SNPs), pequenas inserções e deleções (*indels*), variações no número de cópias de segmentos de DNA (do inglês *copy number variation* – CNVs) e outras variações estruturais, ajudando na melhor compreensão da base genética e diferenças fenotípicas[28]. Uma alternativa ao ressequenciamento completo é o sequenciamento de alvos (do inglês *target sequencing*), uma vez que o alto custo e o grande volume de dados gerados pelo ressequenciamento de um genoma inteiro podem ser limitações para muitos estudos. Existem duas principais capturas para o *target sequencing*: por hibridização e por amplificação, por exemplo, por meio das metodologias TargetSeq e o AmpliSeq respectivamente, ambos desenvolvidos pela Life Technologies.

A estratégia de sequenciamento *de novo* diz respeito a abordagens de sequenciamento de organismos nas quais não há um genoma de referência, sendo necessário realizar a montagem *de novo*. O sequenciamento pode ser realizado a partir de bibliotecas de fragmentos curtos, menores que 800 pb[22]. Entretanto, esses fragmentos pequenos podem dificultar a montagem do genoma, especialmente em organismos eucariotos, pois são genomas complexos e ricos em regiões repetitivas. Contudo, uma combinação com bibliotecas *mate-pair* torna possível a montagem *de novo* de organismos complexos com as leituras obtidas pelo sequenciamento de nova geração[28,29].

24.3.4.2 As vantagens do sequenciamento mate-paired

O sequenciamento *mate-paired* ou bidirecional corresponde à identificação de dois fragmentos distintos que foram obtidos através de uma fragmentação por agentes mecânicos, nos quais posteriormente se utilizará enzimas com poder de corte e reparação da fita de DNA para a obtenção do fragmento de interesse. Essa estratégia de sequenciamento tem sido utilizada comumente para sequenciamento *de novo*, detecção de variantes estruturais e fechamento de genomas complexos[30]. O conhecimento da distância entre os fragmentos a serem sequenciados é de grande utilidade para formação dos *contigs* de análise. A identificação de grandes rearranjos estruturais, como inserções, deleções e inersões, são objetivos do mapeamento dos fragmentos em função de uma sequência de referência[31]. Além disso, as sequências obtidas (*reads*) facilitam a resolução de regiões repetitivas no genoma durante o processo de montagem *de novo*, pois representam duas sequências relacionadas, as quais possuem distâncias conhecidas, sendo que a primeira sequência pode representar a região repetitiva e a segunda sequência pode estar fora dessa região, o que possibilita a correta identificação de tal região[32-34].

Durante o preparo da biblioteca *mate-paired*, primeiramete ocorre a fragmentação do DNA em fragmentos longos, que podem variar desde 600 Kb até 10 Mb, dependendo do grau de complexidade do genoma e da estratégia de análise de dados. Após a fragmentação, as extremidades dos fragmentos são reparadas com enzimas chamadas *end polishing*, as quais adicionam nucleotídeos com a finalidade de deixar as extremidades cegas (ou *blunt end*). Com a utilização de uma ligase, adaptadores são ligados em ambas as extremidades, com a característica de terem perdido o grupamento fosfato na porção 5', o que permite a posterior circularização dos fragmentos juntamente a um adaptador interno marcado com uma molécula de biotina. Ao DNA circularizado adicionam-se duas enzimas, em passos distintos, para digestão do fragmento de interesse a partir do adaptador interno, gerando um fragmento composto por duas sequências distintas nas extremidades com um adaptador interno ao centro. Finalmente, os dois adaptadores de sequenciamento são adicionados nas extremidades do fragmento, finalizando o preparo da amostra (Figura 24.12).

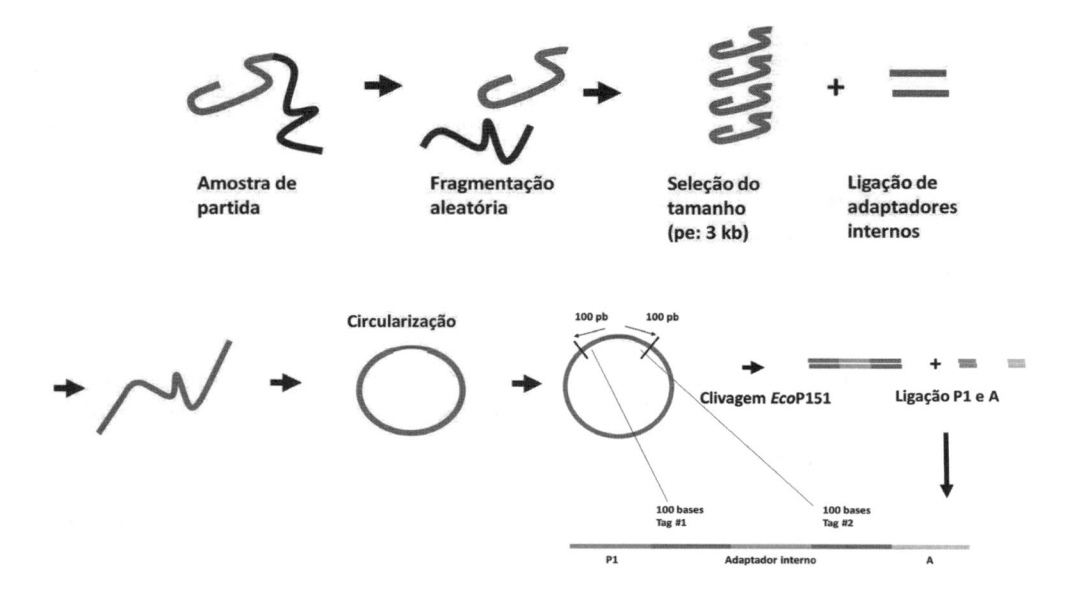

Figura 24.12 Proceso de preparo de bibliotecas do tipo *mate-paired*. Fonte: Life Technologies.

O protocolo de construção de bibliotecas *mate-paired* foi idealizado para utilização de uma quantidade inicial de DNA entre 1 µg e 5 µg. Entretanto, a quantidade inicial dependerá do tamanho do genoma a ser sequenciado e da cobertura de sequenciamento desejada. Para o sequenciamento de genomas eucariotos como o genoma humano, em que se deseja uma alta cobertura, como por exemplo trinta vezes, recomenda-se iniciar com uma quantidade de DNA entre 5 µg a 10 µg. Porém, para o sequenciamento de genomas menores que 500 Mb, recomenda-se uma quantidade inicial entre 1 µg e 2 µg de DNA.

Como requisito inicial, não apenas para a construção de bibliotecas *mate-paired*, mas para qualquer tipo de construção, a qualidade do DNA e a sua quantidade devem ser mensuradas. A utilização de fluorímetros torna a quantificação mais precisa, enquanto a eletroforese ainda pode ser uma grande aliada na verificação da qualidade do DNA. A observação de arraste na parte superior do gel pode indicar contaminação por RNA, devendo ser removido antes da continuação da construção. Além disso, um longo arraste por todo o gel pode significar uma degradação severa do material, ocasionando perda no rendimento da construção, baixa cobertura de sequenciamento ou até mesmo a perda da biblioteca antes mesmo da etapa do sequenciamento.

24.4 METAGENOMA

A metagenômica é o estudo do material genético de uma microbiota total encontrada em um determinado habitat[35,36]. Essa abordagem é capaz de fornecer uma visão geral da biodiversidade dentro de uma amostra, incluindo a detecção de patógenos desconhecidos ou inesperados e bactérias não cultiváveis[27].

Existem dois tipos de estudo de metagenomas:

1) Estudo de diversidade utilizando o gene ribossomal 16S: neste tipo de estudo amplifica-se pela PCR as sequências hipervariáveis do gene 16S. A leituras obtidas pelo sequenciamento são comparadas contra dois bancos de dados de micro-organismos, conhecidos como MicroSEQ® e Greengenes. Desse modo, é possível avaliar e comparar a diversidade de gêneros/espécies presentes na amostra. Existem inúmeras metodologias, dentre as quais o Ion 16S™ Metagenomics Kit (Life Technologies), que inclui a amplificação por *multiplex* PCR das regiões V2, V4, V8 e V3, V6, V7, V9 do gene 16S rDNA de bactérias. Os fragmentos podem ser sequenciados pela plataforma PGM e analisados no *software* Ion Reporter™ 4.0 (Life Technologies).

2) *Shotgun metagenomics*: neste segundo caso não se faz nenhuma seleção de alvos. Todo o DNA extraído da amostra é fragmentado e sequenciado. O objetivo da técnica é identificar a diversidade de genomas e novos genes.

Uma interessante iniciativa é o projeto Microbioma Humano, que objetiva caracterizar o microbioma de 250 voluntários e identificar associações com doenças. Os dados obtidos dados poderão fornecer uma visão abrangente do microbioma do corpo humano saudável e seu metaboloma.

24.5 ANÁLISE DE TRANSCRIPTOMA POR SEQUENCIAMENTO DE NOVA GERAÇÃO (RNA-SEQ)

Rápidos progressos têm acontecido na área da genética nas últimas décadas. A integração entre a pesquisa operacional ou aplicada e a pesquisa básica possibilitaram grande avanço biotecnológico, cujos resultados foram implementados rapidamente em diversas áreas da indústria e da saúde. Uma abordagem que contribui muito para o desenvolvimento do conhecimento e suas aplicações nas áreas biológicas é o estudo do transcriptoma.

O transcriptoma pode ser definido como o conjunto e a quantidade de transcritos de uma célula em um estágio de desenvolvimento específico ou condição fisiológica. A população de transcritos especifica a identidade da célula e participa da modulação de suas atividades em diferentes momentos de sua vida. A análise do transcriptoma engloba a organização de todas as espécies de transcritos, incluindo os RNAs mensageiros (mRNAs), os RNAs não codificantes e os microRNAs (miRNAs); a determinação da estrutura transcricional dos genes, isto é, sítios de início, terminações 5' e 3', padrões de *splicing* e outras modificações pós-transcricionais; e a quantificação na mudança do nível de expressão de cada transcrito durante o desenvolvimento e sob diferentes condições.

Apesar das extensivas análises com o intuito de esclarecer o transcriptoma dos mamíferos, as tentativas de colocar a complexidade dos mRNAs dentro do contexto biológico não vinham tendo sucesso, principalmente devido às limitações das tecnologias utilizadas até o momento. Metodologias baseadas em arranjos (*arrays)* eram as mais populares, mas problemas como densidade das sondas (quantidade de sondas em uma lâmina), tamanho do éxon, conteúdo adequado das sequências das sondas, hibridização cruzada, baixa sensitividade para transcritos raros e dificuldade da identificação da combinação de éxons tornam essa abordagem fisicamente limitada. Metodologias baseadas em *tags,* como *massively parallel signature sequencing* (MPSS), *serial analysis of gene expression* (SAGE), *cap analysis of gene expression* (CAGE) e *polony multiplex analysis of gene expression* (PMAGE), são melhores quanto à sensibilidade e discriminação de alguns sinais em relação ao *microarray,* mas podem ser ambíguas no mapeamento devido ao pequeno tamanho (de 17 a 20 nucleotídeos) das *tags.*

Muito do progresso nos estudos com transcriptomas foi obtido, até agora, por estudos de genes únicos, proteínas ou vias metabólicas, o que significa que tal progresso provém de vários estudos individuais nessa área, sem uma abordagem ampla e sem um resultado global em cada estudo. No entanto, o surgimento das tecnologias dos sequenciadores de nova geração proporciona oportunidades de gerar perfis globais de transcriptomas completos. Por meio da análise do transcriptoma, milhares de variantes e isoformas transcricionais expressas em tecidos e órgãos de mamíferos têm sido detectadas. Esse fato pode permitir e acelerar o entendimento sobre a complexidade da expressão e regulação gênica, e as relações celulares, bem como ajudar na elucidação de descobertas mais recentes, como a possibilidade de determinados *loci* expressarem transcritos não codificantes e que a existência de genes *sense e antisense* é comum.

Tecnologias de sequenciamento de RNA em larga escala (RNA-seq) permitem a exploração do processo global de transcrição de uma célula ou tecido com detalhes requintados. RNA-seq é uma abordagem atrativa, pois com ela o perfil de um transcriptoma pode ser caracterizado diretamente por meio de sequenciamento, sem a necessidade de conhecimento prévio do transcriptoma. Essas tecnologias têm sido foco de vários estudos recentes que demonstraram alta resolução e acurácia na quantificação e descoberta de transcritos, bem como na análise de modulação pós-transcricional da expressão gênica e variações moleculares. Devido ao seu grande potencial, o RNA-seq é considerado padrão-ouro para estudos de transcriptomas e vem substituindo tecnologias baseadas em *arrays*. De modo geral, as etapas de um experimento com RNA-seq envolvem o isolamento de todos os RNAs de uma célula, sua conversão em cDNA, o sequenciamento dos fragmentos de cDNA em um sequenciador de nova geração, o mapeamento dos fragmentos no genoma de referência, a identificação de variações de *splice*, a descoberta de novos transcritos e a quantificação da expressão de transcritos.

O primeiro passo no processo de análise de RNA-seq é mapear os fragmentos sequenciados de RNA ao genoma de referência, o qual fornece a localização genômica de onde os fragmentos foram originados. Diferentemente do alinhamento de fragmentos provenientes de sequenciamento de DNA, o algoritmo para mapeamento de RNA-seq apresenta desafios adicionais. Por exemplo, devido aos genes de genomas eucariotos conterem íntrons e devido aos fragmentos sequenciados a partir de transcritos maduros de mRNAs não incluírem esses íntrons, quaisquer programas de alinhamento de RNA-seq devem ser capazes de lidar com alinhamento espaçado (produtos de *splice*) e espaçamentos grandes. No genoma de mamíferos, íntrons abrangem uma gama muito grande de comprimentos, tipicamente de 50 a 100 mil bases, os quais o algoritmo de alinhamento deve acomodar. Fragmentos alinhados dizem muito sobre a amostra sequenciada. Fragmentos que não foram alinhados completamente e inserções e deleções no alinhamento podem identificar polimorfismos entre a amostra sequenciada e o genoma de referência, ou mesmo eventos de fusão gênica. Fragmentos que foram alinhados fora de anotações gênicas são, geralmente, fortes evidências de novos genes codificadores de proteínas e RNAs não codificantes. O alinhamento de fragmentos de RNA-seq pode revelar novos eventos de *splicing* alternativos e isoformas, assim como ser utilizado para quantificação acurada da expressão de genes e de transcritos, já que o número de fragmentos produzidos por um transcrito é proporcional à sua abundância.

O número de fragmentos de RNA-seq gerados a partir de um transcrito é diretamente proporcional à quantidade relativa daquele transcrito na amostra. No entanto, devido aos fragmentos de cDNA serem geralmente selecionados por tamanho durante o processo de construção de biblioteca, transcritos longos produzem mais fragmentos passíveis de serem sequenciados do que transcritos curtos. Por exemplo, suponhamos que uma amostra tenha dois transcritos, A e B, os quais estão presentes na mesma quantidade. Se B é duas vezes mais longo que A, uma biblioteca de RNA-seq terá (em média) duas vezes mais fragmentos B em relação a A. Para calcular o nível correto de expressão de cada transcrito, alguns *softwares* para quantificação de expressão gênica para RNA-seq fazem uma normalização que considera a quantidade de fragmentos e o tamanho dos transcritos.

Para quantificação acurada do nível de expressão de um transcrito é necessário identificar com precisão qual isoforma de um dado gene foi produzida de cada fragmento. Isso somente é possível quando todas as variações de *splice* (isoformas) de um gene são conhecidas. Tentar quantificar expressão de genes e/ou de transcritos utilizando uma anotação incompleta ou incorreta de transcriptoma pode levar a valores imprecisos de expressão. Isso ocorre porque, quando um gene sofre *splicing* alternativo e produz várias isoformas na mesma amostra, muitos fragmentos que se alinham a esse gene podem ser referentes a éxons que compõem apenas uma única isoforma ou éxons que compõem mais de uma isoforma, o que complica o processo de contagem de cada transcrito. Para computar precisamente o nível de expressão de cada transcrito, uma simples contagem não é suficiente e uma inferência estatística mais sofisticada é necessária.

Mesmo para organismos bem estudados, a maioria de experimentos de RNA-seq pode revelar novos genes e novos transcritos. Uma análise recente e profunda de amostras de RNA-seq de 24 tecidos humanos e linhagens celulares revelou mais de 8 mil novos longos RNAs não codificantes, juntamente com vários possíveis genes codificadores de proteínas. Um dos objetivos principais da análise do transcriptoma por RNA-seq é a descoberta de novos genes e transcritos, assim como a verificação da expressão diferencial de tais genes e transcritos em diferentes condições. No entanto, pode ser difícil distinguir sequências completas de novos transcritos de sequências parciais utilizando apenas o RNA-seq.

Outro tipo de abordagem que também pode ser feita por meio de RNA--seq é a análise diferencial de expressão gênica entre duas ou mais condições biológicas por meio da contagem de fragmentos. Vários programas computacionais foram desenvolvidos nos últimos anos com modelos estatísticos capazes de verificar, para um dado gene, se a diferença observada na contagem de fragmentos era significativa, ou seja, se a diferença era maior do que seria esperado somente devido às variações aleatórias naturais. Entre eles estão os que utilizam métodos paramétricos (os mais utilizados), com variantes de distribuição binomial negativa como o edgeR[37], HTseq[38], bayseq[39] e NBPseq[40]; e os que utilizam métodos não paramétricos, como NOI-Seq[41] e Samseq[42]. No entanto, mesmo os algoritmos mais comumente empregados possuem falhas que podem comprometer a análise correta dos dados, como aqueles que utilizam o modelo de Poisson.

Outra técnica simples, mas extremamente utilizada, para destacar processos biológicos é a análise de super-representação de categoria gênica. Para realizar esse tipo de análise, genes são agrupados em categorias por alguma característica biológica comum, e em seguida são testados com o objetivo de se encontrar categorias super-representadas entre genes diferencialmente expressos. Categorias de ontologia gênica (OG) são comumente utilizadas nessa técnica, e existem várias ferramentas disponíveis para a realização de análise de OG. São alguns exemplos EasyGO[43], GOminer[44], GOstat[45] e GOseq[46]. Embora tais ferramentas apresentem algumas diferenças metodológicas, todas funcionam com base em suposições semelhantes a respeito da distribuição de genes diferencialmente expressos.

A profundidade do RNA-seq, que está diretamente relacionada com a quantidade e qualidade de dados gerados durante o processo de sequenciamento, é a média de cobertura de todos os *loci* referentes às sequências-alvos, e é fundamental para análises precisas e acuradas do transcriptoma. Espaçamentos na cobertura do sequenciamento causarão quebras na reconstrução dos transcritos, da mesma maneira que acontece durante a montagem de um genoma. A reconstrução de transcriptoma de eucariotos com dados de alta qualidade conterá milhares de sequências completas de transcritos. Por outro lado, a reconstrução com dados de baixa qualidade, principalmente aquelas com poucos dados (menos que 10 milhões de fragmentos), pode conter dezenas ou mesmo centenas de milhares de sequências parciais de transcritos. Quantidades insuficientes de dados podem acarretar o aumento de detecção de falsos novos transcritos, a quantificação imprecisa de expressão gênica, a identificação errônea de eventos de *splice* e a perda de detecção e quantificação de transcritos raros. Apesar de o RNA-seq ser padrão-ouro para a análise de transcriptoma, alguns aspectos importantes devem ser levados em consideração durante as análises, como vieses, artefatos do processo de sequenciamento, falsos positivos, quantificação imprecisa de genes pouco expressos, entre outros.

Protocolos de RNAseq são extremamente sensíveis, e é necessário controle de qualidade em cada passo no laboratório. Por exemplo, a contaminação dos reagentes com RNase e mesmo a degradação parcial do RNA tem que ser evitada em todos os procedimentos técnicos. A qualidade do RNA total isolado é o primeiro ponto, e provavelmente o mais crucial, de um experimento com RNA-seq. Baixo rendimento da purificação do mRNA também é um passo crítico para uma biblioteca de qualidade. Além disso, com o objetivo de determinar corretamente a direcionalidade da transcrição dos genes e facilitar a detecção de transcritos opostos e/ou sobrepostos em regiões genômicas com alta densidade de genes, cuidados especiais devem ser tomados para preservação da informação da fita durante a construção da biblioteca. Para obter uma cobertura uniforme ao longo de todo o transcrito, deve-se utilizar *primers* randômicos na síntese do cDNA em vez de *primers* oligo(dT) (que possuem o viés da baixa cobertura da extremidade 5' do transcrito). Finalmente, deve-se levar em consideração quais são os tipos de vieses relacionados com o método do sequenciamento.

Em relação à análise dos dados, sobre os tópicos mencionados acima, é importante considerar que a maioria dos *softwares* disponíveis para alinhamento de fragmentos foi desenhado inicialmente para fazer mapeamentos genômicos e, portanto, não são completamente capazes de descobrir todas as junções de éxons de uma amostra. Além disso, é necessário maior desenvolvimento para analisar "novas regiões de transcrição", a "construção" de novos genes e a quantificação precisa de cada uma das novas isoformas, atividades para as quais ainda faltam metodologias estatísticas. Para detecção de genes diferencialmente expressos, as metodologias atuais não foram ainda completamente validadas em dados biológicos e também não foram comparadas entre si, em termos de especificidade e sensibilidade. Por último, e potencialmente de grande impacto, é a falta de replicatas biológicas, que pode impedir a medição dos efeitos individuais em relação aos efeitos técnicos. Replicatas biológicas são fundamentais em experimentos de RNA-seq para se calcular diferenças "reais" observadas entre grupos biológicos.

24.6 CHIP-SEQ

O mapeamento completo das interações DNA-proteínas e marcadores epigenéticos são fatores essenciais para um melhor entendimento da regulação da expressão gênica. A identificação precisa das regiões de ligação de fatores de transcrição, da maquinaria de transcrição e proteínas ligantes é fundamental para decifrar a rede da regulação gênica e interferência nos vários processos biológicos[47]. A configuração da cromatina pode influenciar diretamente a transcrição devido ao empacotamento do DNA, permitindo ou não o acesso das proteínas ligantes, também podendo modificar a superfície do nucleossomo aumentando ou impedindo o recrutamento do complexo de proteínas efetoras. Recentemente, estudos sugerem que essa interação entre a cromatina e a transcrição é dinâmica, e muito mais do que se imaginava, havendo um crescente reconhecimento do processo sistemático do perfil epigenético em múltiplos tipos de células e estágios, podendo ser necessário para o entendimento do processo de desenvolvimento celular e doenças relacionadas[48].

A principal ferramenta para a investigação desses mecanismos é a imunoprecipitação de cromatina (ChIP), técnica fundamentada em ensaios de ligação DNA-proteína *in vivo*[49]. Na ChIP, anticorpos são utilizados para selecionar proteínas específicas ou nucleossomos, sendo que existe o enriquecimento dos fragmentos de DNA que estão ligados a essas proteínas, os nucleossomos. A introdução da técnica de microarranjos permitiu que os fragmentos de DNA obtidos a partir da ChIP fossem identificados por hibridação em *chips* (ChIP-chip), proporcionando um resultado de interação DNA-proteínas em escala genômica[50,51]. Nos ensaios de microarranjos de alta densidade, sondas de oligonucleotídeos podem hibridar através de todo o genoma ou em regiões específicas de alguns genes – região promotora, cromossomo específico ou família de genes – com resolução diferenciada.

Devido à rápida evolução tecnológica no sequenciamento de nova geração (NGS), o arsenal de ensaios genômicos disponíveis para os cientistas tem sido constantemente inovado[15,52,53]. A possibilidade de se sequenciar dezenas ou centenas de milhões de pequenos fragmentos de DNA em uma única corrida está viabilizando o aumento da frequência de experimentos que não seriam possíveis pouco tempo atrás.

ChIP seguida pelo sequenciamento (ChIP-seq) foi uma das primeiras aplicações em NGS, com os primeiros estudos tendo sido publicados em 2007[54-57]. No ChIP-seq, o DNA fragmentado de interesse é sequenciado diretamente em vez de ser hibridado, como nos ensaios de microarranjos. ChIP-seq possui alta resolução, menos artefatos, maior cobertura e com maior limite de detecção, provendo substancialmente mais dados. Embora com pequenos fragmentos sequenciados no início (35 bp) por diferentes plataformas de NGS, o que seria inviável para algumas aplicações, como, por exemplo, montagem de sequenciamento *de novo*, esse tipo de sequenciamento é aceitável para ChIP-seq. O mapeamento mais preciso das interações DNA-proteína gerado por ChIP-seq permite a obtenção mais precisa de uma lista de alvos de fatores de transcrição ou potencializadores (*enhancers*), além de melhorar a identificação de motivos específicos[58].

Nos experimentos que envolvem ChIP-seq para identificação de proteínas ligantes ao DNA, fragmentos de DNA associados a uma determinada proteína são enriquecidos (Figura 24.13). Proteínas ligantes de DNA são ligadas cruzadamente com DNA *in vivo*, tratando as células com formaldeído, e a cromatina é fragmentada posteriormente em pequenos fragmentos por sonicação, geralmente em torno de 200 bp a 600 bp. Anticorpos específicos às proteínas de interesse são utilizados para imunoprecipitar o complexo DNA-proteínas. Finalmente, a ligação cruzada é revertida, e o DNA liberado será detectado. Durante a construção da biblioteca de fragmentos para sequenciamento, o DNA imunoprecipitado será submetido a uma seleção de fragmentos, tipicamente entre 150 bp a 300 bp, posteriormente ligando-se adaptadores de sequenciamento, seguindo o protocolo de preparo (Figura 24.14).

ChIP-seq oferece muitas vantagens sobre ChIP-chip[59] (Tabela 24.1). De início, o fato de ser uma metodologia com resolução nucleotídica já é uma grande vantagem sobre a metodologia ChIP-chip. Embora os microarranjos possam ter grande densidade, esta requer um grande número de sondas, o que encarece o processo para genomas de mamíferos[60]. Além disso, ChIP-chip apresenta limitações na resolução devido a variações no processo de hibridação. Também cumpre lembrar que ChIP-seq não possui interferência do ruído gerado pelo passo de hibridação utilizado na técnica de ChIP-chip. O processo de hibridação de ácidos nucleicos é complexo e depende de muitos fatores, incluindo conteúdo de GC, tamanho do fragmento, concentração e estruturas secundárias dos alvos e sequência das sondas. Além disso, hibridação cruzada entre sequências com ligações imperfeitas frequentemente ocorre, contribuindo para a geração de ruído. Dessa forma, a medida da intensidade do sinal originado pelos microarranjos não é linear ao longo de toda a detecção, sendo que esse limite é regulado acima e abaixo do ponto de saturação. Em um estudo de 2008, picos distintos e biologicamente significativos identificados por ChIP-seq não foram identificados quando o mesmo experimento foi conduzido utilizando ChIP-chip[61].

Apesar dessas vantagens, todas as técnicas envolvidas na busca de perfis específicos de alterações apresentam artefatos indesejáveis, e ChIP-seq não é exceção. Embora o número de erros de sequenciamento tenha diminuído significativamente, eles ainda se fazem presentes, especialmente direcionados no final de cada sequência obtida. Esse problema pode ser amenizado pelo constante melhoramento dos algoritmos de alinhamento e análises computacionais. Existe também o viés proporcionado em regiões de GC ricas em fragmentos específicos, que podem interferir no preparo da biblioteca e na amplificação prévia das amostras ou até mesmo durante o sequenciamento[62], embora melhorias tenham sido feitas recentemente. Adicionalmente, quando se obtém um número insuficiente de sequências, existe uma perda de sensibilidade ou especificidade na detecção das regiões enriquecidas. Existem também questões técnicas de performance dos experimentos, tais como o carregamento da quantidade de amostra: pouca amostra resultará em poucas sequências; muita amostra pode resultar em sobreposições que não permitem identificar a fluorescência específica de um fragmento, gerando dados com baixa qualidade. Outra vantagem do ChIP-seq sobre ChIP-chip é a menor quantidade de amostra necessária. Experimentos típicos de ChIP requerem aproximadamente 10^7 células e uma quantidade de 10 ng a 100 ng de DNA, sendo que vários protocolos têm sido desenvolvidos com a utilização de um pequeno número de células, como por exemplo de 10^4 a 10^5 células para detecção de perfil genômico[63] ou até mesmo de 10^2 a 10^3 células para quantificação lócus-específica por qPCR[2,64,65], porém requerem uma abundância de fatores de transcrição ou modificação de histonas (tais como RNA polimerase II, histona H3 tri-metilada na lisina 27 – H3K27me3) e um anticorpo de alta qualidade. Em ChIP-chip as amostras precisam ser amplificadas para aumentar a quantidade até aproximadamente 2 µg de DNA por microarranjo.

Atualmente, a principal desvantagem da utilização da técnica de ChIP--seq pode ser considerada como sendo o custo. Vários grupos têm desenvolvido e padronizado protocolos para a construção de bibliotecas de maneira satisfatória, com reduções substanciais de custos, incluindo a depreciação da máquina e preço de reagentes, em comparação com os custos associados à técnica de ChIP-chip. Para uma maior resolução envolvendo todo o genoma a ser estudado, os custos relativos à técnica de ChIP-seq ainda são baixos que em ChIP-chip. Porém, dependendo do tamanho do genoma e da cobertura necessária, experimentos com ChIP-chip envolvendo regiões selecionadas e utilizando customização específica podem alcançar melhor resultado na identificação do papel biológico da região em questão. A recente diminuição do custo por base sequenciada não afetou significativamente ChIP-seq da mesma forma como afetou as demais aplicações, uma vez que o tamanho do fragmento a ser sequenciado não precisa necessariamente aumentar para possibilitar um ganho de identificação[66]. Entretanto, devido à contínua queda do custo do sequenciamento e do apoio institucional para o crescimento das plataformas de sequenciamento, ChIP-seq tem se tornado o método de escolha para os experimentos que atualmente envolvem ChIP.

É importante salientar alguns pontos críticos envolvidos nos experimentos de ChIP, tais como a qualidade do anticorpo utilizado, pois é necessária uma grande especificidade na captura de proteínas específicas no começo do experimento; a fragmentação da cromatina, podendo haver uma etapa adicional de digestão por exonucleases para filtrar complexos DNA-proteínas pós imunoprecipitação; a escolha de padrões de comparação, sendo que progressos têm sido feitos para esse desenvolvimento, como por exemplo o projeto ENCODE ou modeNCODe (*model organism eNCyclopedia Of DNA elements*); a cobertura desejada nos experimentos de ChIP-chip é fixada a partir da proteína ou modificação de interesse, enquanto no ChIP-seq o número de fragmentos sequenciados é determinado pelo investigador durante o desenho experimental; replicatas técnicas são extremamente recomendadas para a verificação das variações entre amostras e a fidelidade dos resultados, assumindo que a profundidade de sequenciamento dispensa a utilização de uma terceira replicata, não adicionando significância[67].

Desafios experimentais para o futuro incluem uma validação criteriosa dos anticorpos, o desenvolvimento de protocolos padronizados com um pequeno número de células e a caracterização ao nível de célula única. Esses pontos parecem ser de fácil resolução e gerenciamento para muitos laboratórios, além de trabalharem com uma imensa quantidade de dados gerados pelo sequenciamento. Para isto, será necessário o desenvolvimento de *softwares* amigáveis e ferramentas robustas de análise, além da interação entre cientistas das áreas biológicas e bioinformatas[68].

Tabela 24.1 Comparação entre as metodologias de ChIP-chip e ChIP-seq. Adaptada de Park[68]

	CHIP–CHIP	CHIP–SEQ
Resolução	Microarranjo-específico (30–100 bp)	Nucleotídeo unicamente sequenciado
Coverage	Limitada às sequências do microarranjo; regiões repetitivas são geralmente mascaradas	Limitada apenas ao alinhamento das sequências ao genoma de referência; cobertura de regiões repetitivas
Ruído gerado	Ligação cruzada entre as sondas e alvos não específicos	Viés em algumas regiões ricas em GC
Estratégia experimental	Detecção de regiões selecionadas; frações do genoma são enriquecidas para modificação ou proteína de interesset (broad binding)	Genoma total; pequenas frações podem ser enriquecidas para modificação ou proteínas de interesse (sharp binding)
Quantidade de DNA	Alta (microgramas)	Baixa (10–50 ng)
Limite de detecção	Baixo limite de detecção; saturação com sinal elevado	Alto limite de detecção

	CHIP–CHIP	CHIP–SEQ
Amplificação	Requerida	Opciona;l com fragmentos sequenciados sem a necessidade de amplificação
Multiplex	Não permitido	Permitido

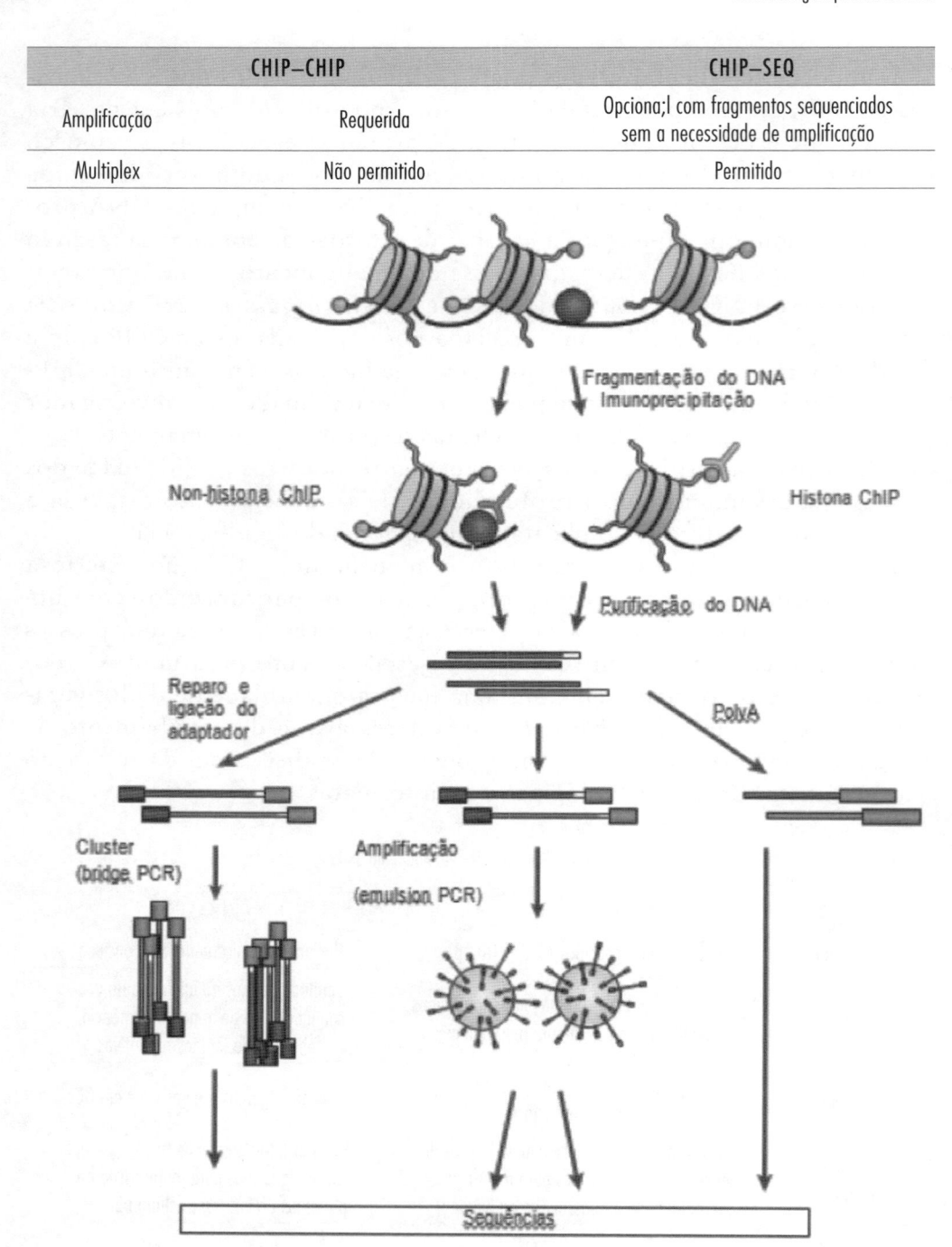

Figura 24.13 Protocolo resumido do experimento de ChIP-seq. Adaptada de Park[68].

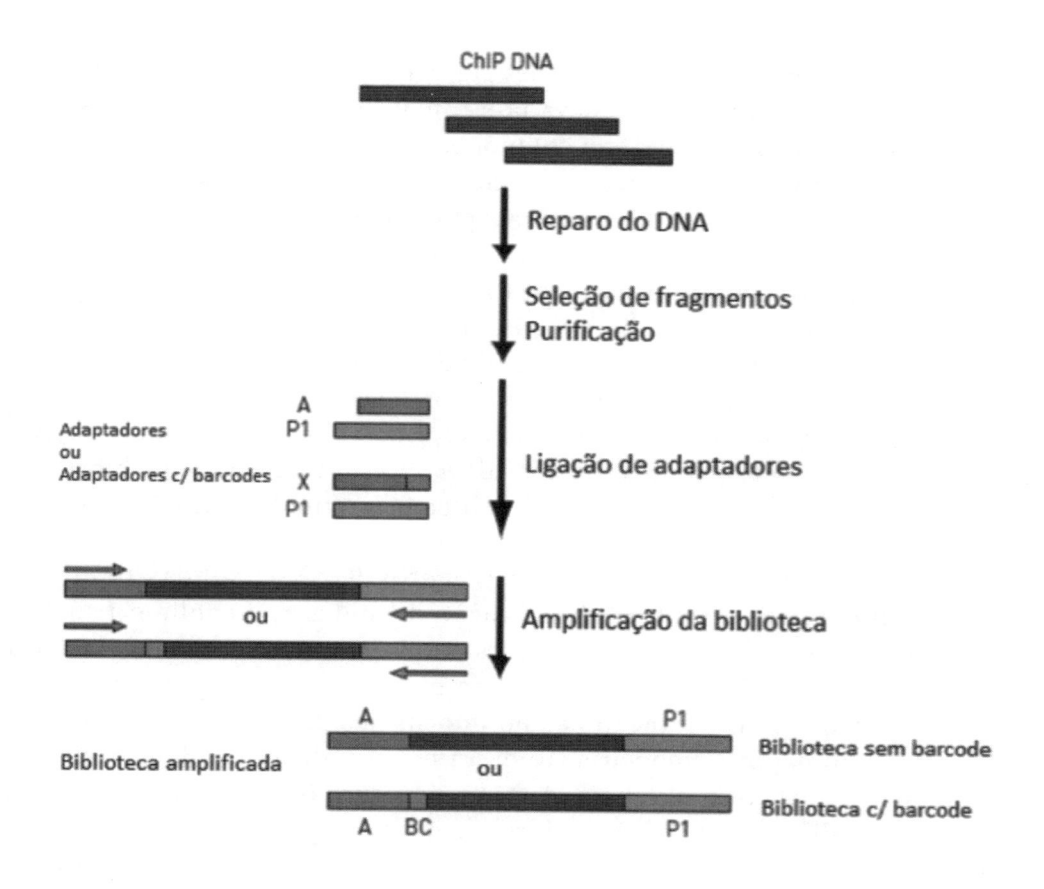

Figura 24.14 Protocolo simplificado da construção de biblioteca de DNA para ChIP-seq.

24.7 GENOTIPAGEM POR SEQUENCIAMENTO (*GENOTYPING BY SEQUENCE* – GBS)

A variabilidade genética é a principal característica que permite avanços no melhoramento de plantas e animais. Nos primórdios da seleção assistida por marcadores, muitos estudos eram baseados apenas no cruzamento entre parentais altamente divergentes, e frequentemente entre parentais de diferentes espécies taxonômicas. Dessa maneira, foram gerados muitos polimorfismos necessários para realizar o mapeamento de lócus de característica quantitativa com a cobertura completa de genomas derivados de cruzamentos interespecíficos[69]. O principal objetivo dos estudos com esses cruzamentos era identificar variações qualitativas e quantitativas que contribuiriam com o melhor desempenho de variedades cultivadas. De fato, as diversidades de cruzamentos no arroz, trigo, cevada e tomate se provaram valiosas na identificação de genes associados a componentes bioquímicos e de desenvolvimento envolvidos na domesticação e rendimento das culturas[70,71].

Avanços nas tecnologias de genotipagem contribuíram com abordagens de associações amplas de genoma para maior conhecimento de polimorfismos de DNA associados a variações fenotípicas de interesse comercial (marcadores moleculares) em populações naturais de animais e plantas[72,73]. Sistemas de marcadores moleculares geralmente utilizam enzimas de restrição para identificação de novos polimorfismos[74]. Um dos primeiros sistemas de identificação de novos de polimorfismos (principalmente SNPs) em larga escala foi desenvolvido para plataformas de *microarray* e consiste na hibridização de pequenos fragmentos de DNA contendo o sítio de restrição de uma determinada enzima (*restriction site associated DNA* – RAD) a uma lâmina de *microarray*[75]. A hibridização de fragmentos RAD às sondas de uma lâmina de *microarray* permite a identificação de milhares de polimorfismos possivelmente úteis para mapear variações naturais e mutações induzidas de diversos organismos. Embora poderosa e amplamente aplicável, essa técnica pode detectar apenas uma fração dos polimorfismos de um indivíduo.

Pouco tempo depois, uma variação dessa técnica, denominada genotipagem por sequenciamento ou *genotyping by sequence* (GBS)[76], foi desenvolvida para ser utilizada em sequenciadores de nova geração. A técnica de GBS consiste no sequenciamento de bibliotecas de fragmentos de DNA geradas por meio da digestão com uma ou mais enzimas de restrição. A técnica de GBS permite de forma rápida a descoberta e/ou genotipagem de milhares de SNPs de uma grande população e tem várias características interessantes para se fazer mapeamento genético. Primeiro, o processo de construção dos fragmentos RAD gera uma representação reduzida do genoma, permitindo o aumento da cobertura de sequenciamento dos nucleotídeos próximos aos sítios de restrição, o que consequentemente aumenta a acurácia na detecção dos SNPs. Segundo, um número considerável de marcadores pode ser selecionado por meio da escolha da enzima de restrição, e tal número pode aumentar de acordo com a quantidade de diferentes enzimas utilizadas. Terceiro, é possível fazer genotipagem *multiplex* de vários indivíduos, o que favorece um mapeamento genético mais refinado. A redução dos custos do sequenciamento, em conjunto com o desenvolvimento de algoritmos mais robustos[77], permite a construção de mapas de haplótipos com altíssima definição (HapMap) para a maioria das culturas[78,79]. A combinação de HapMaps com o entendimento amplo de fenótipos permite a identificação dos principais marcadores associados a características de interesse, de modo que tais marcadores poderiam ser introduzidos em programas de seleção[80]. Pesquisadores interessados na genética de características de interesse comercial de plantas e animais há muito tempo limitam-se ao estudo de um pequeno número de organismos. Existem muitas espécies de importância econômica sobre as quais se sabe muito pouco, devido à falta de ferramentas para análises genéticas, sendo que uma das mais importantes é a falta de uma plataforma eficiente de genotipagem. Técnicas como o GBS não são específicas para *Zebrafish* ou *Drosophila*, e podem ser utilizadas para análises genéticas da maioria dos organismos modelos ou não modelos.

24.8 APLICAÇÕES CLÍNICAS DA NGS

O uso da biologia molecular na medicina é cada vez mais frequente. Os dados genéticos podem ajudar no prognóstico, diagnóstico e tratamento, além de irem ao encontro da medicina moderna, que atua muito mais na prevenção de doenças do que no tratamento.

O sequenciamento de nova geração introduziu grandes avanços na medicina genética[81], pois permitiu obter resultados de sequenciamento de forma muito mais rápida e barata em comparação com o sequenciamento de Sanger. Esses avanços são ainda mais importantes se levarmos em consideração que as principais doenças da modernidade são quadros complexos, que envolvem muitos fatores genéticos e requerem abordagens em larga escala, como o sequenciamento de um conjunto de genes de interesse, ou mesmo o exoma ou genoma completo[82]. Quanto mais precoce o diagnóstico, ou a identificação do potencial de risco, mais precocemente poderemos intervir.

Uma grande vantagem do uso do NGS está na sua sensibilidade em detectar mutações somáticas raras. Podemos identificar com confiabilidade mutações com até 5% de frequência[83]. Algumas das áreas em que o sequenciamento em larga escala vem sendo empregado são o tratamento de doenças complexas como o câncer, o rastreamento genético de doenças hereditárias e aneuploidias em embriões nos tratamentos de reprodução humana e a tipificação de patógenos causadores de infecções e surtos.

24.8.1 Painéis de genes de interesse

Muitas doenças complexas, como o câncer, são resultado de mutações genéticas em muitos genes. Essas mutações podem ser hereditárias ou podem ter sido adquiridas ao longo dos anos. Com o sequenciamento de nova geração é possível investigar a presença de mutações potenciais em muito genes ao mesmo tempo, uma abordagem que, por outra metodologia, seria extremamente demorada e laboriosa, pois requereria a análise separada de cada um dos genes (ou regiões). Ferramentas como o Ion Ampliseq permitem a multiplexação de até 6.144 regiões em uma única reação da PCR para posterior sequenciamento, usando apenas 10 ng de DNA total[84]. Com a ferramenta Ion Ampliseq e a plataforma Ion Torrent PGM é possível ir do DNA ao resultado analisado em apenas dois dias de trabalho [85,86].

24.8.2 Exoma e genoma

Em quadros clínicos muito complexos, ou sem um diagnótico clínico conclusivo, torna-se um pouco mais dificil eleger um conjunto de genes candidatos para estudo. Para essas situações, é possível usar uma abordagem de sequenciamento do exoma completo, ou até mesmo do genoma completo, para fazer um rastreamento global de mutações que possam ajudar a entender o quadro clínico do indivíduo[87].

O exoma representa o conjunto total de exons de um genoma, e é nele que se localiza a maior parte das variações genéticas clinicamente relevantes (Tadashi et al., 2014). O sequenciamento do exoma tem sido um dos mercados que mais crescem na pesquisa clínica atual e já é rotina em muitos grandes hospitais.

Um dos principais desafios para o sequenciamento do exoma é a metodologia de isolamento dos éxons do restante do genoma. Enquanto as metologias tradicionais utilizam a captura por hibridização de oligonucleotídeos com sequências complementares aos éxons, que pode levar até 72 horas, protocolos mais recentes, como o Ion Ampliseq Exome, utilizam a abordagem da PCR *ultrahigh-multiplex* para amplificação de todos éxons no genoma, cujo fluxo de trabalho completo para preparo da biblioteca não leva não mais que seis horas. A ferramenta Ion Ampliseq Exome aliada à plataforma Ion Proton é uma das soluções mais simples e velozes para o sequenciamento do exoma humano, permitindo analisar em uma única corrida como o trio pai-mãe-filho.

24.8.3 Aneuploidias

A reprodução humana é sempre uma área de grande interesse da medicina em clínicas de reprodução, pois a partir de testes genéticos podemos selecionar embriões livres de mutações genéticas causadoras de doenças, ou mesmo que conferem ao indivíduo uma grande suscetibilidade de desenvolver determinado quadro clínico. As aneuploidias são uma das grandes causas na falha da implantação embrionária. Identificar monossomias e trissomias, por exemplo, ajuda a selecionar os embriões a serem transferidos, aumentando as chances de sucesso implantacional[88].

O uso de NGS para assistência ao tratamento de reprodução já é uma realidade no Brasil e no mundo, principalmente por sua velocidade e facilidade para análise dos dados. Quanto mais rápida a avaliação do embrião, mais cedo é possível transferi-lo, aumentando as chances de sucesso na implantação[82].

24.8.4 Doenças infecciosas

Muitos vírus e bactérias são causadores de grandes problemas de saúde global. Em infecções hopitalares ou mesmo surtos epidêmicos é extremamente importante identificar, além da espécie, a cepa do micro-organismo infectante, para que se possa fazer uso dos medicamentos ou medidas profiláticas mais eficazes[89]. Foi o que aconteceu com a cepa letal de *E. coli* causadora de um surto que afetou mais de trinta pessoas na Alemanha em 2011. O sequenciamento de nova geração com a plataforma Ion Torrent PGM foi a solução usada no sequenciamento e elucidação do genoma de tal nova cepa letal de *E. coli*[90]. A velocidade e escalabilidade da plataforma Ion PGM fazem dela uma das melhores escolhas para o sequenciamento de genomas de micro-organismos. Pode-se escolher entre os três diferentes tamanhos de *chips*, de acordo com a necessidade de dados, pagando-se apenas por aqueles dados necessários e tendo os resultados em um único dia de trabalho[91]. Além disso, a versatilidade da metodologia NGS permite seu uso independentemente da espécie em estudo. O protocolo é único e universal[92].

24.9 GENÉTICA FORENSE E IDENTIFICAÇÃO HUMANA

Os microssatélites são os polimorfismos mais utilizados em razão de sua natureza altamente polimórfica e fácil genotipagem[93]. Além dos marcadores genéticos encontrados nos cromossomos autossômicos, também são utilizados os marcadores encontrados no cromossomo Y e no DNA mitocondrial, sendo esses informativos para determinar a linhagem da amostra, não sendo possível uma individualização. O cromossomo Y tem sido utilizado em caso de misturas nas quais há uma porção masculina e outra feminina; já o DNA mitocondrial é utilizado em casos nos quais o DNA genômico está muito degradado, de modo que a chance de sucesso na identificação aumenta devido à estrutura do DNA mitocondrial e à quantidade de cópias por célula. Atualmente, a tecnologia mais utilizada para a genotipagem de amostras é a eletroforese capilar. Tanto os marcadores genéticos dos cromossomos autossômicos quanto do cromossomo Y utilizam a PCR a fim de amplificar as regiões polimórficas para a detecção, e tal amplificação utiliza *primers* marcados. Para determinar o haplótipo do DNA mitocondrial é sequenciada a região controle (aproximadamente 1.122 pares de base)[94].

Outras tecnologias estão sendo utilizadas na identificação humana, inclusive NGS. Com essa tecnologia é possível analisar uma quantidade maior de polimorfismos em uma única corrida, tanto STR, SNP, DNA mitocondrial e polimorfismos de inserção-deleção *indel*. Como a leitura dos amplificados é menor, a informação de material biológico degradado é maior, aumentando, assim, o poder de identificação. Um bom exemplo dessa ferramenta é o painel Ion AmpliSeq Human Identity Panel*.

24.10 BIOINFORMÁTICA

A bioinformática é uma área interdisciplinar que desenvolve métodos para armazenar, recuperar e organizar dados biológicos. Para o sequenciamento de DNA, a bioinformática é quase sempre mandatória devido à dificuldade de se extrair informação biológica sem o auxílio de computadores. Para o sequenciador o resultado do sequenciamento é uma cadeia longa de símbolos que representam a ordem da adenida, guanina, citosina e timina no DNA; usualmente, e por motivos óbvios, se usa A, G, C e T. Mas para o biólogo essa sequência é só o começo, porque dela partem diversas perguntas.

---

* Ver www.ampliseq.com.

Qual é o organismo que gerou a sequência? Qual o gene associado? Qual é a diferença entre o sequenciamento de uma amostra saudável e o de uma amostra doente? A resposta para essas perguntas passa necessariamente por uma análise de bioinformática.

A evolução da tecnologia de sequenciamento tornou a bioinformática ainda mais curcial. Se antes já era difícil analisar manualmente 96 quilobases por corrida, com um volume de dados de gigabases por corrida é impossível. Se uma pessoa pudesse analisar uma base por segundo, demoraria quase 32 anos para analisar uma corrida de 1 Gbp. Por conta dessa dependência podemos considerar que atualmente os sequenciadores são sistemas químico-computacionais nos quais a parte computacional é tão importante quanto a química de sequenciamento.

24.10.1 Ressequenciamento

Inicialmente, devido à limitação do tamanho das leituras dos sequenciadores de nova geração, a principal aplicação era o ressequenciamento. Por isso, os algoritmos mais desenvolvidos são os que mapeiam as leituras em um genoma de referência. Os mapeadores mais importantes são Bowtie[95], BWA[96], SSAHA[97] e TMAP para o Ion Torrent, que, embora desenvolvido internamente pela Life Technologies, utiliza algoritmos similares aos outros.

O formato SAM (*sequence alignment/mapping*) é um formato texto criado para representar o resultado do alinhamento dos *reads* de NGS contra um genoma. A versão binária no SAM é chamado de BAM, de *binary SAM*, e contém exatamente as mesmas informações, mas em formato binário. Além de o formato binário ser mais eficiente, o arquivo BAM também é compactado em blocos, o que permite ao mesmo tempo a redução do uso de armazemento e o carregamento parcial do arquivo, o que é muito importante para programas de visualização, como o IGV[*].

Dependendo do experimento, o usuário pode escolher que caminho seguir. Se estiver ressequenciando um genoma conhecido, ele pode usar um chamador de variantes para encontrar as diferenças entre a amostra e o genoma de referência. Se for um experimento de RNA-seq, ele pode contar o número de leituras alinhadas em cada gene para estimar o nível de expressão. Em um experimento de CHIP-seq buscam-se regiões que tenham uma cobertura

---

[*] Disponível em http://www.broadinstitute.org/software/igv/download.

significativamente mais elevada do que o resto. Muitas outras possibilidades já existem ou certamente serão inventadas.

24.10.2 Sequenciamento *de novo*

Caso não haja um genoma de referência previamente sequenciado, é necessário fazer o sequenciamento *de novo*, ou seja, pela primeira vez. Como dito antes, as leituras da nova geração eram muito curtas, de 25 a 35 pares de bases; porém, hoje elas já chegam a valores como 400 bp no PGM. Por causa dessa melhoria e também devido ao menor custo, o NGS se tornou dominante também para o sequenciamento *de novo*. Em grandes centros de genômica, as frotas de sequenciadores de Sanger foram aposentadas e substituídas por um conjunto bem menor de máquinas de nova geração.

Do ponto de vista do sequenciamento, não há diferença entre um ressequenciamento ou um sequenciamento *de novo*. O que muda é a forma de análise, pois em vez de usar um mapeador é preciso usar um montador para reconstruir o genoma original a patir das leituras. Existem duas abordagens para a montagem do genoma: a primeira, chamada de *overlap-layout-concensus* (OLC), é a mais antiga e já era usada para o sequenciamento de Sanger. O limite do OLC é que a complexidade aumenta com o número de leituras, de modo que para a montagem de grandes genomas ela se torna impraticável. Por isso surgiram os montadores baseados em grafos de De Bruijn. Porém, para pequenos genomas ainda se utilizam montadores OLC, pois eles requerem menos memória, em especial o Mira[98], um montador OLC otimizado para NGS bastante popular. Outro que utiliza grafos De Bruijn é o Velvet[99], e recentemente foi lançada uma versão otimizada para o Ion Torrent do SPAdes[100].

24.11 GLOSSÁRIO NGS

Sequenciamento de DNA (DNA *sequencing*): é o processo de identificação das bases/nucleotídeos (adenina, guanina, citosina e timina) que compõem uma molécula de DNA

RNAseq/transcriptoma: sequenciamento do conjunto total de transcritos presentes em um determinado tecido/condição fisiológica (sem hipótese *a priori*). RNAseq também pode se referir ao sequenciamento de um conjunto de transcritos de interesse predeterminados (caso em que não se usa o termo transcriptoma).

Biblioteca (*library*): conjunto de moléculas de DNA que serão sequenciadas. Geralmente a biblioteca é gerada por meio da fragmentação do DNA, seguida pela ligação de adaptadores de sequência conhecida às extremidades dos fragmentos para posterior preparo do *template* e sequenciamento. O preparo das bibliotecas é específico para cada aplicação.

Preparo do *template* (*template prep*): processo de amplificação clonal da biblioteca a ser sequenciada. Em NGS, a clonagem é feita por amplificação a partir do isolamento de um fragmento único da biblioteca. Isso pode ser feito por uma PCR em emulsão ou uma PCR em ponte.

Leitura (*read*): é a unidade básica gerada na reação de sequenciamento, o fragmento obtido em cada reação individual. Por exemplo, na eletroforese capilar, cada capilar gera uma leitura, uma sequência. Na tecnologia Ion Torrent, cada "pocinho" do *chip* gera uma leitura de 200 pb ou 400 pb.

Alinhamento (*alignment*): processamento computacional no qual as leituras obtidas em um sequenciamento são comparadas a uma referência e alinhadas ou não com essa referência.

Consenso (*consensus*): identificação de uma determinada base a partir da sobreposição de várias leituras da mesma posição.

Run yield (*output*): número total de bases obtidas no sequenciamento (milhões, bilhões etc.). É determinada pela soma das bases de todas as leituras e pode ser estimada pelo produto entre o número de leituras e o tamanho médio dessas leituras.

Throughput: capacidade de geração de dados pelo sequenciador de nova geração em uma corrida.

Q(uality) scores: é a qualidade das bases obtidas no sequenciamento. Similar ao "*Phred score*" no sequenciamento de Sanger. Representa a probabilidade de erro na identificação de uma base. Por exemplo, um Q20 representa a chance de um erro a cada 100 pb. Um Q30 representa um erro a cada 1.000 pb e assim por diante.

Raw read accuracy: é a acurácia de uma base, medida a partir de uma leitura única.

Consensus accuracy: é a acurácia de uma base após o alinhamento de todas as leituras daquela região. É a acurácia que realmente importa no sequenciamento de nova geração.

Termos usados na montagem de genomas

Contig: segmento genômico montado a partir da sobreposição das leituras únicas obtidas no sequenciamento.

N50: tamanho de *contig* que representa 50% ou mais do genoma total que está sendo montado. Quanto maior, melhor.

Montagem (*assembly*): Alinhamento e sobreposição das leituras em *contigs*, com o objetivo de reconstruir a sequência original. Uma montagem pode usar uma referência ou não.

De novo assemblies: montagens que são feitas sem uso de uma referência.

Ressequencing: montagens que são feitas usando uma referência já publicada.

Termos usados no trabalho com exomas

Target region: região genômica de interesse; isto é, a região que se deseja sequenciar.

On-target bases: porcentagem das bases obtidas no sequenciamento que estão representadas na região de interesse (por exemplo, 95% *on-target*). Uma taxa alta de bases no alvo representa um sequenciamento de alta eficiência e um menor custo.

Coverage uniformity: uniformidade no sequenciamento da região de interesse, sem picos ou *gaps*. Uma uniformidade alta representa um sequenciamento de alta eficiência, melhor identificaçao de variantes e menor custo.

SNP genotype concordance: correlação entre os dados de genotipagem de SNPs por microarranjos e dados obtidos no sequenciamento. Quanto maior, melhor.

REFERÊNCIAS

1. Wu R, Kaiser AD. Structure and base sequence in the cohesive ends of bacteriophage lambda DNA. Journal of Molecular Biology. 1968;35:523-37.

2. Wu AR, et al. Automated microfluidic chromatin immunoprecipitation from 2,000 cells. Lab Chip. 2009;9:1365-70.

3. Sanger F, Nicklen S, Coulson AR. DNA sequencing with chain-terminating inhibitors. Proceedings of the National Academy of Sciences of the United States of America. 1977;74:5463.

4. Maxam AM, Gilbert W. A new method for sequencing DNA. Proceedings of the National Academy of Sciences of the United States of America. 1977;74:560.

5. Sanger F, Coulson AR. A rapid method for determining sequences in DNA by primed synthesis with DNA polymerase. Journal of Molecular Biology. 1975 May 25;94(3):441-8.

6. Applied Biosystems. DNA Sequencing by Capillary Electrophoresis [Internet]. Available from: www3.appliedbiosystems.com. 2009.

7. Adams J. DNA Sequencing Technologies. Nature Education. 2008;1(1):193.

8. Pareek CS, Smoczynski R, Tretyn A. Sequencing technologies and genome sequencing. J Appl Genetics. 2011;52:413-35.

9. Applied Biosystems. Capillary Electrophoresis Products [Internet]. Available from: www3.appliedbiosystems.com. 2012.

10. Mardis ER. A decade's perspective on DNA sequencing technology. Nature. 2011;470:198-203.

11. Ronaghi M, Uhlén M, Nyrén P. A sequencing method based on real-time pyrophosphate. Science 1998;281:363-5.

12. Carvalho MCDCG, Da Silva DCG. Sequenciamento de DNA de nova geração e suas aplicações na genômica de plantas. Ciência Rural. 2010;40.

13. Moore GE. Cramming more components onto integrated circuits. *Electronics*. 1965 April 19:114-7.

14. Hayden EC. Technology: The $1,000 genome. Nature. 2014;507:294-5.

15. Shendure J, Ji H. Next-generation DNA sequencing. Nat Biotechnol. 2008;26:1135-45.

16. Fullwood MJ, Wei C-L, Liu ET, Ruan Y. Next-generation DNA sequencing of paired-end tags (PET) for transcriptome and genome analyses. Genome Res. 2009;9:521-32.

17. Ramos RTJ, et al. Journal of Microbiological Methods. Journal of Microbiological Methods. 2013;95:441-7.

18. Williams R, et al. Amplification of complex gene libraries by emulsion PCR. Nat Meth. 2006;3:545-50.

19. Rothberg JM, et al. An integrated semiconductor device enabling non-optical genome sequencing. Nature. 2011;475:348-352.

20. Brockhurst MA, Colegrave N, Rozen DE. Next-generation sequencing as a tool to study microbial evolution. Mol Ecol. 2010;20:972-80.

21. Liu GE. Recent applications of DNA sequencing technologies in food, nutrition and agriculture. Recent Pat Food Nutr Agric. 2011;3:187-95.

22. Liu L, et al. Comparison of Next-Generation Sequencing Systems. Journal of Biomedicine and Biotechnology. 2012;1-11.

23. Liu X et al. De novo transcriptome of Brassica juncea seed coat and identification of genes for the biosynthesis of flavonoids. PLoS ONE 2013;8:e71110.

24. Diaz-Sanchez S, Hanning I, Pendleton S, D'Souza D. Next-generation sequencing: the future of molecular genetics in poultry production and food safety. Poult Sci. 2013;92:562-72.

25. Ang D, et al. Novel Mutations in Neuroendocrine Carcinoma of the Breast: Possible Therapeutic Targets. Diagn Mol Pathol. 2014 Fev 14.

26. Bailey AM, et al. Implementation of biomarker-driven cancer therapy: existing tools and remaining gaps. Discov Med. 2014;17:101-14.

27. Bertelli C, Greub G. Rapid bacterial genome sequencing: methods and applications in clinical microbiology. Clinical Microbiology and Infection. 2013;19:803-13.

28. Nowrousian M. Next-generation sequencing techniques for eukaryotic microorganisms: sequencing-based solutions to biological problems. Eukaryotic Cell. 2010;9:1300-10.

29. Chaisson MJ, Brinza D, Pevzner PA. De novo fragment assembly with short mate-paired reads: Does the read length matter? Genome Research. 2009;19:336-46.

30. Weber JL, Myers EW. Human Whole-Genome Shotgun Sequencing. Genome Research. 1997 May;7(5):401-9.

31. Yalcin B, et al. The fine-scale architecture of structural variants in 17 mouse genomes. Genome Biol. 2012;13:R18.

32. Cerdeira LT, et al. Whole-genome sequence of Corynebacterium pseudotuberculosis PAT10 strain isolated from sheep in Patagonia, Argentina. Journal of Bacteriology. 2011;193:6420-1.

33. Pethick FE, et al. Complete genome sequence of Corynebacterium pseudotuberculosis strain 1/06-A, isolated from a horse in North America. Journal of Bacteriology. 2012;194:4476.

34. Pinto AC, et al. The core stimulon of Corynebacterium pseudotuberculosis strain 1002 identified using ab initio methodologies. Integr Biol (Camb). 2012;4:789-94.

35. Albertsen M, Saunders AM, Nielsen KL, Nielsen PH. Metagenomes obtained by 'deep sequencing' - what do they tell about the enhanced biological phosphorus removal communities? Water Sci Technol. 2013;68:1959-68.

36. Bragg L, Tyson GW. Metagenomics using next-generation sequencing. Methods Mol Biol. 2014;1096:183-201.

37. Robinson MD, McCarthy DJ, Smyth GK. edgeR: a Bioconductor package for differential expression analysis of digital gene expression data. Bioinformatics. 2009;26:139-40.

38. Anders S, Pyl PT, Huber W. HTSeq–A Python framework to work with high--throughput sequencing data. Bioinformatics. 2015 Jan 15;31(2):166-9.

39. Hardcastle TJ, Kelly KA. baySeq: Empirical Bayesian methods for identifying differential expression in sequence count data. BMC Bioinformatics. 2010;11:422.

40. Di Y, Schafer DW, Cumbie JS. The NBP Negative Binomial Model for Assessing Differential Gene Expression from RNA-Seq. 2011;10:1-28.

41. Tarazona S, García-Alcalde F, Dopazo J, Ferrer A, Conesa A. Differential expression in RNA-seq: A matter of depth. Genome Research. 2011;21:2213-23.

42. Li J, Tibshirani R. Finding consistent patterns: a nonparametric approach for identifying differential expression in RNA-Seq data. Stat Methods Med Res. 2013;22:519-36.

43. Zhou X, Su Z. EasyGO: Gene Ontology-based annotation and functional enrichment analysis tool for agronomical species. BMC Genomics. 2007;8:246.

44. Zeeberg BR, Feng W, Wang G, Wang MD, Fojo AT. GoMiner: a resource for biological interpretation of genomic and proteomic data. Genome Biol. 2003;4(4):R28.

45. Beißbarth T, Speed TP. GOstat: find statistically overrepresented Gene Ontologies within a group of genes. Bioinformatics. 2004;20:1464-5.

46. Young MD, Wakefield MJ, Smyth GK. Method Gene ontology analysis for RNA-seq: accounting for selection bias. Genome Biology. 2010;11:R14.

47. Farnham PJ. Insights from genomic profiling of transcription factors. Nat Rev Genet. 2009;10:605-16.

48. Bernstein BE, Meissner A, Lander ES. The mammalian epigenome. Cell. 2007;128:669-81.

49. Solomon MJ, Larsen PL, Varshavsky A. Mapping protein-DNA interactions in vivo with formaldehyde: evidence that histone H4 is retained on a highly transcribed gene. Cell. 1988;53:937-47.

50. Blat Y, Kleckner N. Cohesins bind to preferential sites along yeast chromosome III, with differential regulation along arms versus the centric region. Cell. 1999;98:249-59.

51. Ren B, et al. Genome-wide location and function of DNA binding proteins. Science. 2000;290:2306-9.

52. Bentley, DR. Whole-genome re-sequencing. Curr Opin Genet Dev. 2006;16:545-52.

53. Mardis ER. Next-generation DNA sequencing methods. Annu Rev Genom Human Genet. 2008;9387-402.

54. Johnson DS, Mortazavi A, Myers RM, Wold B. Genome-wide mapping of in vivo protein-DNA interactions. Science. 2007;316:1497-502.

55. Barski A, Cuddapah S, Cui K, Roh TY, Schones DE. High-Resolution Profiling of Histone Methylations in the Human Genome. Cell. 2007 May 18;129(4):823-37.

56. Robertson G, et al. Genome-wide profiles of STAT1 DNA association using chromatin immunoprecipitation and massively parallel sequencing. Nat Meth. 2007;4:651-7.

57. Mikkelsen TS, Ku M, Jaffe DB, Issac B, Lieberman E. Genome-wide maps of chromatin state in pluripotent and lineage-committed cells. Nature. 2007 Aug 2;448(7153)553-60.

58. Visel A, et al. ChIP-seq accurately predicts tissue-specific activity of enhancers. Nature. 2009;457:854-8.

59. Schones DE, Zhao K. Genome-wide approaches to studying chromatin modifications. Nat Rev Genet. 2008;9:179-91.

60. Kim TH, et al. A high-resolution map of active promoters in the human genome. Nature. 2005;436:876-80.

61. Alekseyenko AA, et al. A Sequence Motif within Chromatin Entry Sites Directs MSL Establishment on the Drosophila X Chromosome. Cell. 2008;134:599-609.

62. Hillier LW, et al. Whole-genome sequencing and variant discovery in C. elegans. Nat Meth. 2008:5:183-8.

63. Acevedo LG, et al. Genome-scale ChIP-chip analysis using 10,000 human cells. BioTechniques. 2007;43:791.

64. Dahl JA, Collas P. MicroChIP – a rapid micro chromatin immunoprecipitation assay for small cell samples and biopsies. Nucleic Acids Research. 2008:36;e15.

65. O'Neill LP, VerMilyea MD, Turner BM. Epigenetic characterization of the early embryo with a chromatin immunoprecipitation protocol applicable to small cell populations. Nat Genet. 2006;38:835-41.

66. Whiteford N. An analysis of the feasibility of short read sequencing. Nucleic Acids Research. 2005;33:e171.

67. Rozowsky J, et al. PeakSeq enables systematic scoring of ChIP-seq experiments relative to controls. Nat Biotechnol. 2009;27:66-75.

68. Park PJ. ChIP–seq: advantages and challenges of a maturing technology. Nat Rev Genet. 2009;10:669-80.

69. Paterson AH, et al. Resolution of quantitative traits into Mendelian factors by using a complete linkage map of restriction fragment length polymorphisms. Nature. 1988;335:721-6.

70. Sang T. Genes and Mutations Underlying Domestication Transitions in Grasses. Plant Physiology. 2009:149;63-70.

71. Doebley JF, Gaut BS, Smith BD. The Molecular Genetics of Crop Domestication. Cell. 2006 Dec 29;127(7):1309:21.

72. Atwell S, et al. Genome-wide association study of 107 phenotypes in Arabidopsis thaliana inbred lines. Nature. 2010;465;627-31.

73. Zhao K, et al. Genomic Diversity and Introgression in O. sativa Reveal the Impact of Domestication and Breeding on the Rice Genome. PLoS ONE. 2010;5:e10780.

74. Botstein D, White RL, Skolnick M. Construction of a genetic linkage map in man using restriction fragment length polymorphisms. Am J Hum Genet. 1980;32:314.

75. Miller MR, Dunham JP, Amores A, Cresko WA, Johnson EA. Rapid and cost-effective polymorphism identification and genotyping using restriction site associated DNA (RAD) markers. Genome Research. 2007;17:240-8.

76. Baird NA, et al. Rapid SNP discovery and genetic mapping using sequenced RAD markers. PLoS ONE. 2008;3:e3376.

77. Klein JD, Ossowski S, Schneeberger K, Weigel D, Huson DH. LOCAS – A Low Coverage Assembly Tool for Resequencing Projects. PLoS ONE. 2011;6:e23455.

78. Clark RM. Genome-wide association studies coming of age in rice. Nat Genet. 2010;42:926-7.

79. Gore MA, et al. A First-Generation Haplotype Map of Maize. Science. 2009;326:1115-7.

80. Huang X, et al. Genome-wide association study of flowering time and grain yield traits in a worldwide collection of rice germplasm. Nat Genet. 2011;44:32-9.

81. Biesecker LG. Opportunities and challenges for the integration of massively parallel genomic sequencing into clinical practice: lessons from the ClinSeq project. Genet Med. 2012;14:393-8.

82. Chen S, et al. Performance Comparison between Rapid Sequencing Platforms for Ultra-Low Coverage Sequencing Strategy. PLoS ONE 2014;9:e92192.

83. Tsongalis GJ, et al. Routine use of the Ion Torrent AmpliSeq™ Cancer Hotspot Panel for identification of clinically actionable somatic mutations. Clin Chem Lab Med. 2014;52:707-14.

84. Kunze K, et al. Differentiation of primary and metastatic tumours in synchronous multifocal colonic and bronchopulmonary adenocarcinoma by targeted next generation sequencing. Histopathology. 2014 Jun;64(7):1041-3.

85. Beck J, et al. Validation of next-generation sequencing technologies in genetic diagnosis of dementia. Neurobiol Aging. 2014;35:26-5.

86. Tarabeux J, et al. Streamlined ion torrent PGM-based diagnostics: BRCA1 and BRCA2 genes as a model. Eur. J. Hum. Genet. 2014;22:535-41.

87. Majewski J, Schwartzentruber J, Lalonde E, Montpetit A, Jabado N. What can exome sequencing do for you? Journal of Medical Genetics. 2011;48:580-9.

88. Chen S, et al. A method for noninvasive detection of fetal large deletions/duplications by low coverage massively parallel sequencing. Prenat Diagn. 2013;33:584-90.

89. Salipante SJ, et al. Co-infection of Fusobacterium nucleatum and Actinomyces israelii in mastoiditis diagnosed by next-generation DNA sequencing. Journal of Clinical Microbiology. 2014 May;52(5):1789-92.

90. Mellmann A, et al. Prospective genomic characterization of the German enterohemorrhagic Escherichia coli O104:H4 outbreak by rapid next generation sequencing technology. PLoS ONE. 2011;6:e22751.

91. Bzhalava D, et al. Unbiased approach for virus detection in skin lesions. PLoS ONE. 2013;8:e65953.

92. Hasman H, et al. Rapid whole-genome sequencing for detection and characterization of microorganisms directly from clinical samples. Journal of Clinical Microbiology. 2014;52:139-46.

93. Edwards A, Civitello A, Hammond HA, Caskey CT. DNA typing and genetic mapping with trimeric and tetrameric tandem repeats. Am J Hum Genet. 1991;49:746-56.

94. Butler JM. Forensic DNA Typing: Biology, Technology, and Genetics of STR Markers. Burlington: Academic Press; 2005.

95. Langmead B, Trapnell C, Pop M, Salzberg SL. Fast gapped-read alignment with Bowtie 2: Nature Methods: Nature Publishing Group. Nat Meth. 2012;10:357-59.

96. Li H, Durbin R. Fast and accurate short read alignment with Burrows-Wheeler transform. Bioinformatics. 2009;25:1754-1760.

97. Ning Z. SSAHA: A Fast Search Method for Large DNA Databases. Genome Research 2001;11:1725-1729.

98. Chevreux B. MIRA: An Automated Genome and EST Assembler [PhD Thesis]. Duisburg; 2005.

99. Zerbino DR, McEwen GK, Margulies EH, Birney E. Pebble and rock band: heuristic resolution of repeats and scaffolding in the velvet short-read de novo assembler. PLoS ONE. 2009;4:e8407.

100. Bankevich A. et al. SPAdes: A New Genome Assembly Algorithm and Its Applications to Single-Cell Sequencing. Journal of Computational Biology. 2012;19:455-477.

101. Tadashi K., Kumiko Y. and Kenji N. A commentary on the promise of whole-exome sequencing in medical genetics. Journal of Human Genetics 59, 117-118, March 2014.

25

FUNDAMENTOS DA REAÇÃO EM CADEIA DA POLIMERASE QUANTITATIVA (qPCR)

Fábio Borges Mury
Flávia Borges Mury
Joana Silveira Peixoto Cruz

25.1 O INÍCIO DA PCR

"A surprisingly simple method for making unlimited copies of DNA fragments was conceived under unlikely circumstances – during a moonlit drive through the mountains of California". Kary B. Mullis

O advento da biologia molecular foi certamente um dos maiores passos das ciências biológicas durante o século XX. Um dos grandes desafios que emerge após a caracterização da estrutura em dupla hélice do ácido desoxirribonucleico (DNA) por Francis Crick, James Watson e Maurice Wilkins em 1953[1] é como fazer a manipulação desse material. É de notório interesse verificar se uma mudança na estrutura do DNA é capaz de produzir alterações nas proteínas e, portanto, ter uma repercussão funcional para o indivíduo.

Em 1970, Michael Smith desenvolveu um método capaz de produzir mutações em posições específicas na sequência de nucleotídeos de um dado gene. Este método de mutações sítio dirigidas criou grandes oportunidades para estudo das propriedades de proteínas. Posteriormente, as bases teóricas da reação em cadeia da polimerase (PCR) foram apresentadas por Kleppe e colaboradores[2]. Somente quatorze anos depois, na primavera de 1983, Kary Mullis, então funcionário da Cetus Corporation, uma empresa de biotecnologia localizada perto de Berkeley, Califórnia, estabeleceu experimentalmente a metodologia. Mullis, seu assistente Fred Faloona e um grupo do laboratório de Hery Erlich descreveram em um conciso artigo publicado na revista *Science* os resultados da identificação de mutações causadoras da anemia falciforme utilizando a técnica da PCR[3].

Os detalhes do método da PCR e suas aplicações foram abordados mais plenamente em artigos publicados nos anos seguintes[4-7] e, em 1993, Kary Mullis recebeu o **prêmio Nobel. A** arte de amplificar de forma exponencial uma pequena quantidade de ácidos nucleicos tornava desafiador o emprego da PCR em análises quantitativas.

Muitos trabalhos na década de 1990 ressaltaram a capacidade de quantificação da PCR, se comparada com métodos como *Northen blot*[8], *slot blot*[9] e hibridização *in situ*[10], os quais eram, até então, utilizados como os métodos de escolha para a quantificação de ácidos nucleicos. No entanto, a PCR convencional ou de primeira geração deve ser caracterizada como um ensaio qualitativo, capaz de fornecer respostas sim/não. Isso porque pequenas alterações dos componentes das reações, das condições de termociclagem e dos eventos de hibridações secundárias dos iniciadores durante os estágios iniciais da PCR irão afetar de forma significativa o rendimento do produto amplificado[11]. Dessa forma, não faz tanto tempo assim que as palavras, "quantitativa" e "PCR" foram consideradas oxímoros, uma vez que a PCR quantitativa era antes uma aspiração do que realidade[12].

Conceitualmente a PCR é extremamente fácil de ser realizada e, aliada ao baixo custo, alta sensibilidade e especificidade do método, tem conduzido uma verdadeira revolução da ciência, com enorme impacto na genética. A introdução dessa metodologia provocou uma grande transformação prática do potencial da biologia molecular, por meio da significativa ampliação da capacidade de identificar e manipular o material genético. A partir desse momento foi possível manipular de forma precisa segmentos na estrutura do DNA e reproduzi-lo em milhões de cópias, em um curto intervalo de tempo[6].

Para fundamentar e promover essa inerente capacidade quantitativa da PCR, estratégias terórico-práticas foram delineadas[13-15]. Essa evolução da PCR convencional é marcada pela clara demanda da necessidade por dados quantitativos, como por exemplo quantificação da carga viral em pacientes portadores de HIV[16], quantificação da expressão gênica[17] e avaliação de perfis genéticos frente a protocolos terapêuticos[18].

O atributo básico da PCR de promover a replicação de uma sequência-alvo por meio de uma reação enzimática resulta em uma extraordinária especificidade; porém, ao ser utilizada com o propósito de quantificação, apresenta substanciais problemas. Isso porque muitas variáveis experimentais são superestimadas pela amplificação exponencial. Resultados quantitativos são afetados pela formação de estruturas secundárias (por exemplo, **dímeros entre iniciadores), diferenças na cinética de amplificação, variação na pu**reza e composição dos reagentes e, talvez a interferência mais significativa, pelo protocolo e variabilidade do operador[19]. Além desses fatores, é importante salientar que, experimentalmente, a PCR convencional demanda intenso processo de validação e muitos controles. Outro fator importante é a obtenção dos dados, os quais são gerados por meio da análise de densitometria de bandas em géis, os quais são muito subjetivos.

Por isso, um dos grandes desafios é obter uma direta e consistente relação entre a quantidade de molde inicial utilizado e a quantidade absoluta do produto amplificado.

25.2 A REAÇÃO DA PCR

Como relatado nos parágrafos anteriores, conceitualmente a PCR é uma técnica extremamente simples e flexível, e talvez por isso dezenas de modificações do protocolo-padrão têm sido realizadas com sucesso. Basicamente a reação é composta por água, tampão, cloreto de magnésio, dNTPs, iniciadores *forward* e *reverse*, amostra e enzima. A seguir será detalhado o papel de cada um desses componentes na reação de amplificação.

- **Água:** apesar de parecer um componente trivial, a água representa o ambiente em que os demais componentes interagem, e é de fato o local onde a reação acontece. Água estéril, deionizada é a opção de escolha de grande parte dos laboratórios. Deve-se ter muita atenção com o processo de purificação da água, pois falhas podem causar a contaminação da reação, comprometendo os resultados.
- **Tampão da enzima:** em geral é fornecido com as enzimas (polimerases) comerciais e normalmente está 10X concentrado. O objetivo inicial desse componente é fornecer um ambiente com um pH ótimo e sais monovalentes para a reação. Alguns kits comerciais incorporam

nos tampões da enzima cloreto de magnésio ($MgCl_2$), o qual libera cátions divalentes Mg^{2+}, requeridos como cofatores de enzimas tipo II, que incluem endonucleases de restrição e as polimerases utilizadas na PCR. É recomendado para as polimerases usadas que a concentração final desse componente seja de 1,5 mM. Em alguns casos é necessário realizar otimizações dessa concentração, e por isso a opção de tampões sem $MgCl_2$ pode ser considerada.

- **Cloreto de magnésio ($MgCl_2$):** libera cátions divalentes Mg^{2+}, os quais são cofatores das enzimas polimerases utilizadas na PCR.
- **dNTPs:** os deoxinucleotídeos trifosfato são as bases individuais fornecidas para a construção das fitas complementares por meio da enzima polimerase. Um ponto interessante é que a PCR precisa de energia, fornecida por dois grupos fosfatos (β e γ) presentes nos dNTPs individuais.
- **Enzima:** no início a PCR era realizada em banho-maria, utilizando enzimas DNA polimerases Klenow ou T4. Estas eram destruídas a cada passo da desnaturação, sendo necessária constante adição de enzima ao longo de uma reação. Com o isolamento da enzima DNA polimerase de *Thermus aquaticus*, uma espécie de bactéria que suporta altas temperaturas, foi possível automatizar o processo da PCR. A sua estabilidade a 95 °C fez dessa enzima um reagente-padrão de uma reação de PCR. Seu gene foi clonado e usado para produzir a enzima em bactérias não termofílicas. Tanto a *Taq* proveniente da *Thermus aquaticus* quanto aquelas produzidas por sistemas de expressão em outras bactérias estão comercialmente disponíveis. Atualmente, DNA polimerases termoestáveis isoladas a partir de outras espécies termofílicas estão disponíveis. Entre elas estão a *Pyrococcus furiosus* (Pfu polimerase), *Thermus thermophilus* (Tth polimerase), *Thermus flavus* (Tfl polimerase), *Thermococcus litoralis* (Tli polimerase ou *Vent* polimerase) e *Pyrococcus species* GB-D (*Deep Vent* polimerase). Cada polimerase possui um conjunto de atributos que pode ser selecionado de acordo com a aplicação. No entanto, três aspectos de uma DNA polimerase devem ser considerados: (i) processividade: refere-se à taxa com que a enzima faz a cópia complementar a partir do molde. A *Taq polimerase* possui uma processividade de 50 a 60 nucleotídeos por segundo a 72 °C; (ii) fidelidade: refere-se à precisão com que as cópias complementares estão sendo feitas. A *Taq polimerase* tem uma das mais altas taxas de erro entre as polimerases termofílicas (285 × 10⁶ erros por molde de nucleotídeo); e (iii) persistência: refere-se à

estabilidade da enzima a altas temperaturas. A estabilidade pode ser medida em termos de, por quanto tempo a enzima retém, pelo menos, metade da sua atividade durante a exposição prolongada a altas temperaturas. A *Taq polimerase* tem uma meia-vida de uma hora e meia a 95 °C. Outras polimerases possuem meias-vidas mais longas. Nesse contexto, a escolha da polimerase vai depender da aplicação. Como a grande maioria dos protocolos trabalha com uma média de produto da PCR menor que 500 pb, a taxa de erro da *Taq polimerase* pode ser desconsiderada e a processividade é adequada. No entanto, um grande avanço é a utilização de enzimas *Hot Start*, que são quimicamente modificadas e fornecidas em um estado inativo. Com o aumento da temperatura o agente modificador é liberado e a enzima torna-se ativa. Dessa maneira, os atributos dessas enzimas são maior especificidade e maior rendimento.

- **Amostras:** um dos componentes essenciais da PCR é o molde utilizado para a amplificação. A qualidade e a quantidade do ácido nucleico alvo é fundamental. É importante que estes estejam puros e livres de contaminantes exógenos, como ácidos nucleicos de outras fontes. Métodos adequados de estabilização do ácido nucleico durante a coleta e posterior extração/purificação devem ser adequados para fornecer um material puro e íntegro. A qualidade e quantidade do molde terão um impacto no rendimento da reação da PCR.

- **Iniciadores:** a finalidade de um iniciador na PCR é especificar a região de interesse em meio à sequência total. Por isso o tamanho de cada iniciador e a proximidade entre eles irá definir o local a ser amplificado. Previamente ao desenho dos oligos uma criteriosa avaliação da sequência-alvo deve ser realizada, levando em consideração os seguintes parâmetros: (i) significado biológico; (ii) sequência única; (iii) qualidade da sequência-alvo; e (iv) evitar regiões não desejadas no desenho dos iniciadores. A relevância biológica irá fornecer dados da sequência que será avaliada, mRNA/cDNA ou gDNA (DNA genômico).

Os parâmetros acima enumerados podem ser avaliados por análises de bioinformática, utilizando as seguintes ferramentas: (i) BLAST[*]: busca em bancos públicos de base de dados para detectar regiões similares e sequências já publicadas; (ii) *RepeatMasker*[**]: "varre" as sequências de ácidos nucleicos

[*] Ver: <http://blast.ncbi.nlm.nih.gov/Blast.cgi>.
[**] Ver: <http://www.repeatmasker.org/>.

em busca das regiões repetitivas intercaladas no genoma e de sequências de baixa complexidade (repetições em tandem, como as sequências de polipurinas, regiões ricas em AT etc., convertendo esses blocos repetitivos em N). Essas regiões serão excluídas para desenho de iniciadores pelos *softwares*; (iii) dbSNP[*]: base de dados de SNPs, que permite identificar polimorfismos na sequência de interesse; e (iv) anotações estruturais (junções **éxon-éxon**, **íntrons** etc.) de uma região gênica podem ser analisadas usando o *Entrez Gene database*[**] ou o *Vertebrate Genome Annotation database*[***].

As análises acima irão permitir submeter sequências mais específicas aos *softwares* de desenho de iniciadores. A busca de iniciadores mais específicos e estáveis é o grande objetivo. Estruturas secundárias intramoleculares (*hairpins*) e intermoleculares (*self-dimers* e *cross-dimers*) podem promover um desvio da cinética de reação da PCR e com isso comprometer a formação do produto desejado. Por este motivo, a busca pela estabilidade entre os oligos é um dos principais objetivos. Atualmente o método de *Nearest-Neighbor*[20] é considerado o mais acurado para calcular a estabilidade termodinâmica de oligos. Este método leva em consideração a energia livre (DG°) e o comportamento da temperatura de *melting*, ou fusão (DH°), de qualquer estrutura dúplex do DNA. A energia livre está relacionada com a entalpia (DH°) e a entropia (TDS°) do sistema, sendo esta última influenciada pela concentração de sal. O método de *Nearest-Neighbor* leva em consideração a correção pela concentração de sal, pois esta afeta a entropia (DS°).

Aliado a bons iniciadores, o sucesso de uma PCR está diretamente relacionado às condições de termociclagem. A seguir estão representados os passos de uma reação genérica da PCR, a qual é dividida em três etapas: desnaturação, hibridação dos iniciadores e extensão pela enzima polimerase (Figura 25.1).

Durante o passo de desnaturação há dois eventos ocorrendo: (i) todas as sequências de DNA-alvo estão se tornando simples fita; e (ii) com o aquecimento são criadas correntes de convenção no *mix* da reação que conduzirão as moléculas ao movimento (por exemplo, movimento browniano). Esse movimento não irá cessar nas próximas mudanças de temperatura, de modo que os componentes da reação estarão em um constante estado de homogeneização. Quando o passo de desnaturação termina, a temperatura do tubo é reduzida para que ocorra a hibridação dos iniciadores. Durante esse

---

[*]   Ver: <http://www.ncbi.nlm.nih.gov/SNP/>.
[**] Ver: <http://www.ncbi.nih.gov/entrez/query.fcgi?db=gene>.
[***] Ver: <http://vega.sanger.ac.uk>.

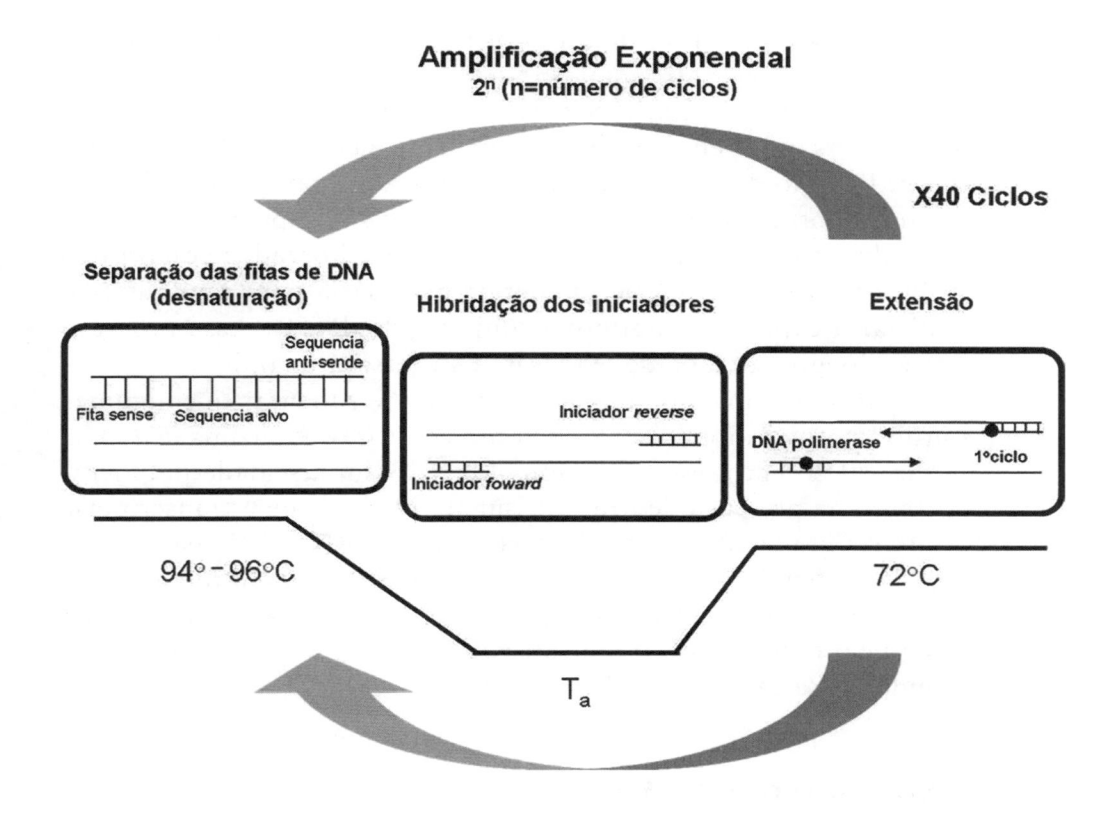

Figura 25.1 Ilustração dos passos de uma reação em cadeia da polimerase. "Ta" = temperatura de anelamento, que é o alinhamento espontâneo de duas fitas simples de DNA para formar uma dupla fita.

período os iniciadores irão passar por diferentes faixas de temperatura, nas quais dúplex transitórios e instáveis termodinamicamente serão formados e descartados – temperatura de *melting* ou fusão (Tm) – até que a temperatura de anelamento (Ta) seja alcançada. A temperatura de *melting* representa a temperatura em que metade das fitas de DNA está na forma de fitas simples (desnaturadas) e a outra metade na forma de dupla hélice (hibridada). Por outro lado, a (Ta) representa o alinhamento espontâneo de duas fitas simples de DNA para formar uma dupla fita e, portanto, é a temperatura na qual os iniciadores se pareiam ao DNA molde. Essa temperatura pode ser calculada com base na Tm. Geralmente ela é estabelecida 2 °C abaixo da menor Tm dos iniciadores, e pode ser alterada dependendo dos resultados obtidos.

Normalmente o tempo para hibridação dos iniciadores é de cerca de trinta segundos.

Paralelamente a DNA polimerase terá sido ativada por íons de Mg^{2+}, os quais são cofatores indispensáveis para a atividade da enzima. A polimerase ativada irá se ligar ao dúplex iniciador/alvo e iniciar a extensão na direção $5' \rightarrow 3'$ do iniciador. Como dNTPs complementares são capturados e incorporados à cadeia em formação, β e γ fosfatos serão liberados como pirofosfatos (PPi). Essa reação fornece a energia necessária para a polimerase mover e iniciar a captura de um novo conjunto de dNTPs. Esse processo continuará ao longo da etapa de extensão e só cessará quando a temperatura no tubo atingir o nível de desnaturação. Cabe salientar que algumas enzimas utilizam outros íons metálicos como cofatores. A enzima *Thermus thermophillus* (Tth) em presença de íons Mg^{2+} possui atividade polimerásica; no entanto na presença de Mn^{2+} possui atividade de uma transcriptase reversa, sintetizando DNA a partir de uma cadeia de RNA. Esse passo final da reação, o de extensão pela polimerase, normalmente é realizado a 72 °C, temperatura ótima para a enzima *Taq polimerase*. A duração dessa etapa é determinada pelo tamanho do fragmento amplificado. O padrão-ouro é de trinta segundos para cada 500 pb de produto.

25.3 CARACTERÍSTICAS DA PCR

Convencionalmente a reação de amplificação pela PCR é caracterizada por quatro fases: estocástica ("fase *lag*" ou de ruído), exponencial (fase exponencial), linear e por último estagnada ("fase de platô"). Com a PCR convencional não é possível fazer essa discriminação, uma vez que o resultado obtido é geralmente coletado na fase de platô (Figura 25.2). Essa é uma das limitações de utilizar a PCR convencional para estudos quantitativos, tais como expressão gênica, quantificação de alvos microbianos, quantificação de organismos geneticamente modificados etc.

A fase *lag* ou de ruído é caracterizada nos ciclos iniciais de amplificação. Em seguida, na fase exponencial o acúmulo do produto pode ser predito pela fórmula:

$$y = N (1 + E)^n, \text{ (Equação 25.1)}$$

onde y é o fator de amplificação, N é a quantidade de moléculas-alvos utilizada na reação, E é a eficiência de amplificação e n é o número de ciclos de amplificação. Na vida real sabe-se que a fase exponencial está limitada a um determinado **número de ciclos dentre os típicos** quarenta ciclos de amplificação e, portanto, a fórmula acima deve ser extrapolada somente para esse pequeno intervalo da reação.

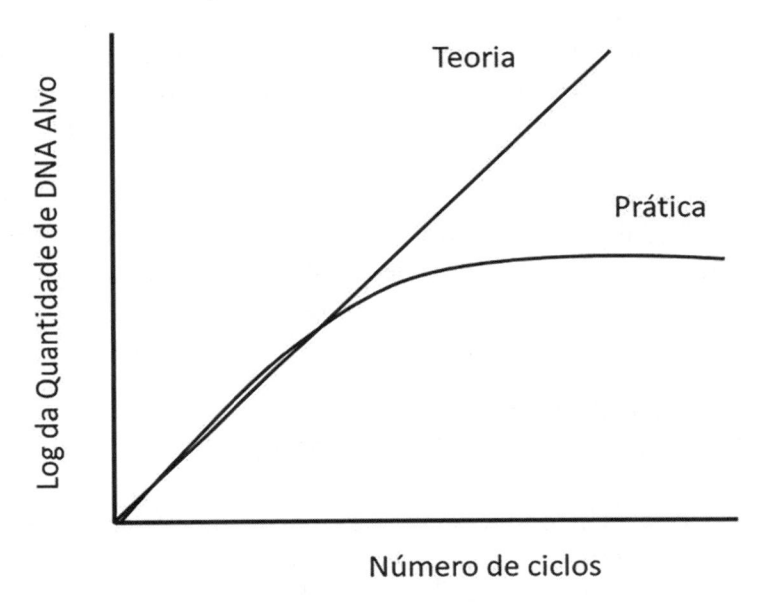

Figura 25.2 Cinética de amplificação da PCR. Teoricamente a quantidade do produto de amplificação dobra a cada ciclo da reação da PCR. Na prática, a fração de ácido nucleico molde replicado durante cada ciclo de reação é menor que 100%.

Com o decorrer da reação há uma constante queda na taxa de amplificação, e geralmente se alcança o platô. As causas desse platô, o qual remete a um desvio do ideal teórico e almejado, são basicamente as seguintes: (i) perda da atividade da enzima; (ii) consumo de reagentes, tanto os iniciadores quanto os deoxinucleotídeos; (iii) acúmulo de pirofosfato decorrente das ligações fosfodiésteres; e (iv) pareamento entre si dos produtos amplificados, em detrimento do pareamento entre a sequência-alvo e os iniciadores, os quais foram utilizados durante a reação.

Na fase de platô, devido à possibilidade de um aumento significativo da amplificação de produtos inespecíficos, é muito difícil prever e padronizar os efeitos sobre essa fase da amplificação, o(s) qual(is) pode(m) ainda ser(em) afetado(s) pela limitação do substrato e pelos inibidores da enzima.

Nos casos das análises da expressão gênica também se deve levar em consideração a presença de inibidores tanto no processo de transcrição reversa quanto de amplificação pela PCR, os quais somados podem comprometer ainda mais a eficiência da amplificação.

Além dessas considerações, vale lembrar que a coleta de dados na fase de platô possui outros fatores limitantes, dentre os quais se destacam: (i) discriminação baseada apenas no tamanho do amplicon; (ii) baixa discriminação entre o tamanho dos amplicons; (iii) colorações não quantitativas; (iv) baixa sensibilidade; (v) baixa resolução (≤ 1 log); (vi) necessidade de pós-processamento do produto da PCR, como, por exemplo, a utilização de enzimas de restrição; (vii) resultados não expressos em números; e (vii) baixo intervalo dinâmico. Dessa forma, é nítido que a PCR convencional não é o método mais adequado para experimentos quantitativos.

25.4 O DESENVOLVIMENTO DA PCR QUANTITATIVA EM TEMPO REAL (qPCR)

A transição da PCR convencional ou de primeira geração para a PCR quantitativa em tempo real ou de segunda geração ocorreu no início da década de 1990, frente à grande necessidade de experimentos quantitativos mais precisos. Todos os requerimentos de uma PCR convencional são aplicados à PCR quantitativa e, basicamente, o que as difere é a incorporação de um fluoróforo na qPCR. Na primeira demonstração de um sistema de PCR em tempo real foi incorporado na reação o brometo de etídio (EtBr) que, na presença de DNA dupla fita, aumenta significativamente o nível de fluorescência[21]. Nesse experimento a reação foi monitorada com luz ultravioleta, a qual permitiu visualizar e registrar, por meio de uma **vídeo câmera, o acúmulo de DNA ao longo da amplificação**[22,23].

No entanto, o uso do EtBr como fluoróforo na PCR não era a melhor opção, por este ser um potente mutagênico e pelo fato de ter sido demonstrada sua capacidade de inibir a reação[24,25]. Dessa forma, um dos grandes desafios até tal momento eram os fluoróforos. Em 1991 Holland e colaboradores[26] estabeleceram *in vitro* um ensaio baseado na atividade endógena $5' \rightarrow 3'$ exonuclease da *T. aquaticus (Taq)* DNA polimerase. Para isso foi construído um oligonucleotídeo (sonda) com um fosfato na extremidade 3' [g^{32}P] ATP, para bloquear a extensão durante a amplificação e incorporação na extremidade 5' de um fosfato marcado [^{32}P] e um polinucleotídeo quinase T4. Durante a amplificação pela PCR, a atividade $5' \rightarrow 3'$ exonuclease da

Taq é **capaz de** degradar a sonda em pequenos fragmentos, os quais podem ser diferenciados da sonda intacta. O ensaio mostrou-se sensível e específico, frente a outros métodos mais complexos (Figura 25.3).

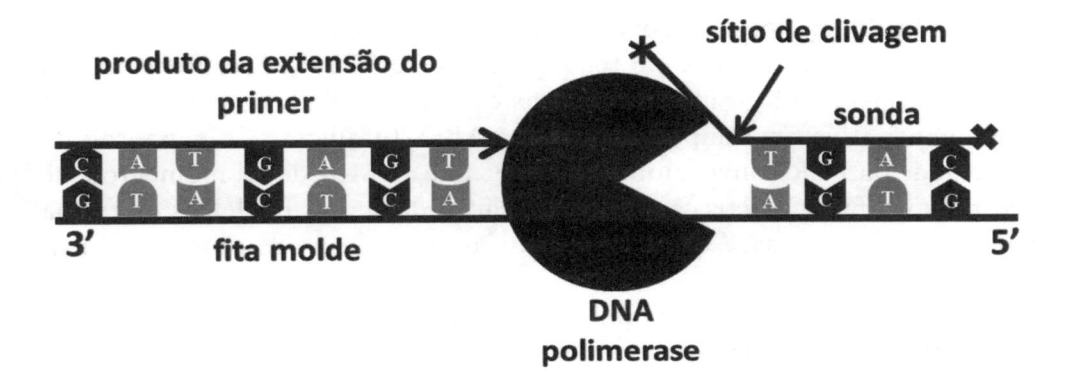

Figura 25.3 Esquema do processo de clivagem exonuclease 5′ ➜ ✱ 3′ de uma sonda com a posição 5′ marcada. Fragmentos serão produzidos durante a amplificação. (✱) Marcação na posição 5′ sonda; (✖) um grupo fosfato incorporado na posição 3′. Figura modificada de Holland et al. (1991)[26].

Em 1995, Livak e colaboradores[27] estabeleceram um ensaio capaz de detectar a fluorescência acumulada proveniente de um produto específico da PCR, baseado nos experimentos prévios de 5' nuclease. As sondas consistem de um oligonucleotídeo que apresentam um fluoróforo, chamado repórter (*reporter*), na extremidade 5', bem como um "supressor" (*quencher*) localizado na extremidade 3', o qual é capaz de absorver a fluorescência do repórter enquanto o sistema estiver intacto. Como exemplo, o *reporter* pode ser uma fluoresceína (FAM) e o *quencher* pode ser uma rodamina (TAMRA).

Durante a PCR, caso ocorra a hibridação da sonda com o DNA molde, esta será clivada pela *Taq* DNA polimerase, devido à sua atividade exonucleásica inerente, acarretando um deslocamento da sonda na posição 5'. Com a ruptura da sonda há um aumento da intensidade de fluorescência da fluoresceína, por não estar mais sendo absorvida pela rodamina (*quencher*). A *Taq polimerase* permite que a sonda, parcialmente deslocada, libere o fluoróforo *reporter* do *quencher*, proporcionando o processo de transferência da energia de ressonância por fluorescência (do inglês *fluorescence energy transfer* – FRET). Esse processo de absorção de fluorescência é totalmente dependente da proximidade física entre os dois fluoróforos (*reporter* e *quencher*)[28]. Um aumento do sinal de fluoresceína indica que um produto específico foi gerado.

Paralelamente ao estabelecimento dos oligoncleotídeos marcados com fluoróforos nas suas extremidades, em 1996 foi lançado e comercializado pela Perkin-Elmer-Applied Biosystems, atual Thermo Fisher Scientific, o primeiro instrumento de PCR em tempo real, o ABI7700[29]. Esse instrumento pode ser considerado o marco da transição entre a PCR convencional e a PCR quantitativa em tempo real. Com o ABI7700 inicia-se a expansão da capacidade da PCR convencional, uma vez que a partir de tal momento é de fato possível fazer a detecção e quantificação de ácidos nucleicos de forma mais sensível e precisa. A partir daí houve uma explosão de protocolos, instrumentos e químicas.

Atualmente, as principais químicas utilizadas na PCR quantitativa podem ser divididas em dois grupos:

1) Químicas não específicas: normalmente representadas pelos fluoróforos intercalantes (como SYBR® Green). O SYBR® Green se liga ao sulco menor da dupla fita, emitindo mil vezes mais fluorescência quando livre em solução[30]. Portanto, quanto maior for a quantidade de DNA dupla fita (dsDNA) presente no tubo de reação, maior a quantidade de sinal fluorescente. No entanto, qualquer dsDNA presente no tubo será medido, incluindo estruturas secundárias e contaminantes, caso estejam presentes. Por isso, como critério para controle de qualidade é obrigatória a realização de uma curva de dissociação ou *melting* para cada experimento, após a reação de amplificação. Com a curva de *melting* é possível verificar a especificidade do produto da PCR obtido. Para isso é estabelecida uma relação entre o valor de fluorescência obtido em função da temperatura para produzir a curva de *melting* do amplicon[31]. Pelo fato de essa temperatura de *melting* (Tm) depender do tamanho do amplicon e da sua composição de nucleotídeos é possível, por meio do sinal obtido, verificar se este corresponde ao produto correto. O pico de *melting* (Tm) do amplicon irá distingui-lo de artefatos, uma vez que estes se apresentam mais largos (mal definidos) e, geralmente, aparecem em temperaturas mais baixas (Figura 25.4A).

2) Químicas específicas: fazem uso de uma sonda-alvo específica para cada alvo presente em uma PCR. Essas sondas podem ser estruturais (como Scorpions, Molecular Beacons) ou lineares (como sondas de hidrólise ou TaqMan®, Sondas Light-Cycler). As sondas podem conter o repórter e a molécula que absorve a fluorescência quando o sistema estiver intacto. O

sinal fluorescente é somente gerado quando a sequência sonda-específica hibridar com o seu alvo complementar (Figura 25.4B).

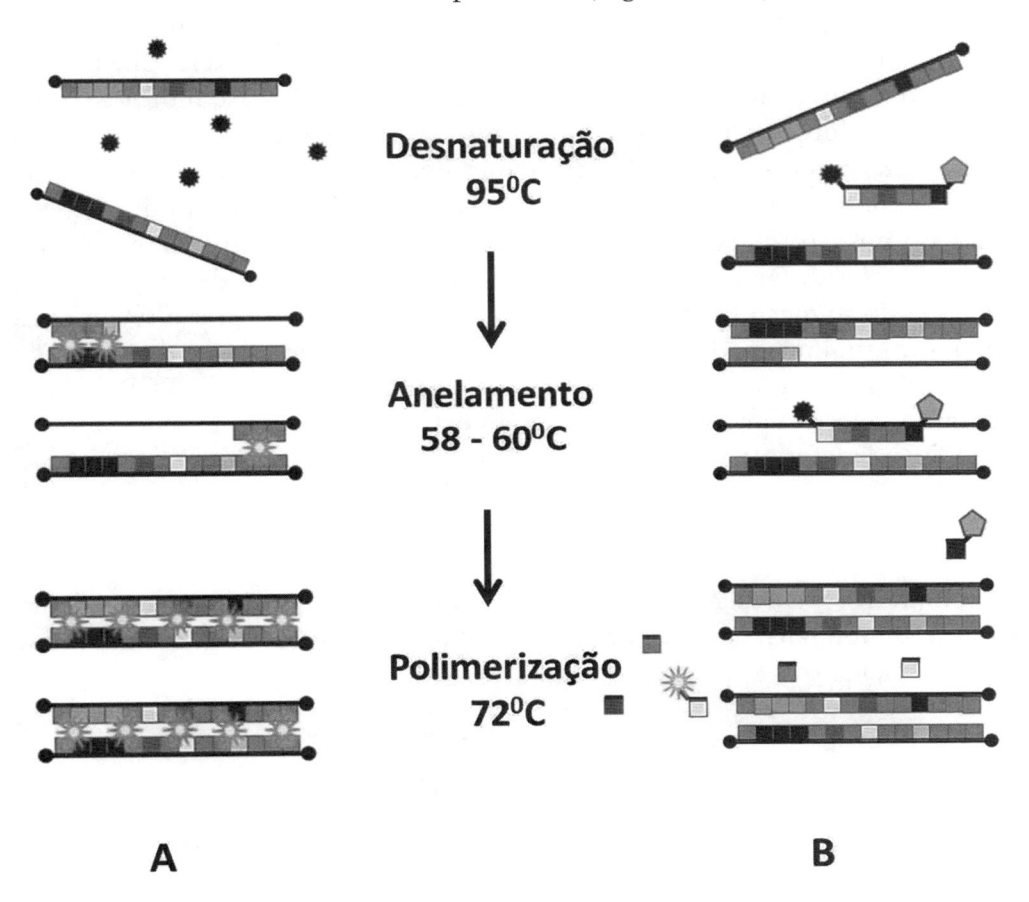

Figura 25.4 Químicas para detecção e quantificação de ácidos nucleicos pela qPCR. (A) Química não específica (como SYBR® Green). Em solução, o corante exibe pouca fluorescência; durante a reação de amplificação da PCR, ao se intercalar nas duplas fitas de DNA produzidas, o sinal fluorescente aumenta. (B) Ensaio específico (por exemplo, 5′ nuclease, TaqMan®). Embora o fluoróforo (✱) e o *quencher* (⬥) estejam aderidos ao mesmo oligo (sonda), não há emissão de fluorescência enquanto o sistema estiver intacto. Somente quando a polimerase desloca e cliva a sonda é possível detectar as emissões de fluorescência, uma vez que a partir desse momento o fluoróforo estará fisicamente separado do quencher. Adaptado de Bustin (2005)[32].

Uma reação de PCR quantitativa é apresentada na Figura 25.5. O gráfico de amplificação é dado por uma relação entre o sinal fluorescente DRn (eixo Y) e o número de ciclos Ct (eixo X). Inicialmente uma baixa variação de fluorescência define a linha de base ou *background*, o qual representa uma fase na qual a intensidade do sinal de produto ainda não ultrapassou a quantidade de fluorescência encontrada no meio. Posteriormente, um aumento no nível de fluorescência acima dessa linha de base indica a detecção dos produtos de amplificação gerados. Com isso, uma linha arbitrária (*threshold*) pode ser estabelecida acima dessa linha de base e dentro da região exponencial. O parâmetro Ct (*threshold cycle*) é definido como o valor do número de ciclos da PCR de que cada amostra precisa para atingir o *threshold*. Dessa maneira, a posição de cada curva de amplificação depende do número inicial de cópias de ácidos nucleicos presente em cada amostra. Atualmente, de acordo com o MIQE o parâmetro Ct é denominado *cycle quantification* (Cq), o qual refere-se a fração do ciclo da PCR em que um dado alvo é quantificado em uma amostra.

O DRn é determinado a partir da equação:

$$DRn = (Rn^+) - (Rn^-); \text{(Equação 25.2)}$$

em que Rn^+ representa o sinal de fluorescência do produto em um determinado tempo e Rn^- corresponde ao sinal de fluorescência da linha de base entre os ciclos três a quinze.

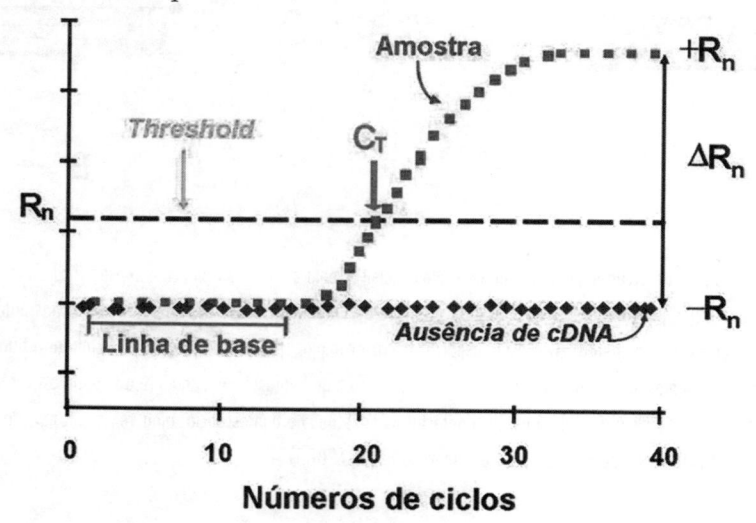

Figura 25.5 Representação esquemática da curva de amplificação obtida por qPCR. Adaptada do manual SYBR® Green PCR e RT-PCR reagentes (Applied Biosystems, Foster City, EUA).

Certamente a correta configuração dos parâmetros anteriores fornecerá dados corretos e precisos. No entanto, a obtenção de uma curva de amplificação sigmoidal, com perfil característico de uma qPCR, é reflexo de uma adequada eficiência, que é dependente de alguns fatores, dentre eles: pipetagem (pipetas bem calibradas); qualidade e concentração dos reagentes; tamanho do amplicon; qualidade do molde utilizado (integridade do ácido nucleico); estabilização do ácido nucleico; qualidade da extração (presença de inibidores), desenho dos iniciadores e condições da termociclagem. Além disso, é fundamental uma correta padronização do fluxo de execução dos experimentos, com áreas distintas para pipetagem dos regentes, das amostras e de um espaço destinado para a amplificação.

25.5 CONSIDERAÇÕES SOBRE A PCR QUANTITATIVA EM TEMPO REAL

Atualmente a qPCR é o método de escolha para se obter uma detecção com alta sensibilidade e uma quantificação precisa a partir de uma pequena quantidade de DNA. Além disso, quando combinado com a reação de transcrição reversa, é também o método preferido para fazer a detecção e quantificação de RNA. Este pode ser considerado um robusto método de validação.

Devido à sua versatilidade, a qPCR é uma metodologia amplamente utilizada em diferentes protocolos. Se por um lado tal comportamento remete à popularização da metodologia, o que é positivo, por outro sinaliza a necessidade de um maior conhecimento dos problemas associados com o uso não padronizado dos experimentos. A partir desse momento faz-se necessária a parametrização dos protocolos, para que sejam realizados experimentos reprodutíveis e com alta qualidade. Nesse contexto, em 2009 foi publicado o MIQE[33], que tem por objetivo fornecer diretrizes mínimas para a condução e interpretação dos experimentos de PCR quantitativo, uma vez que há uma falta de consenso sobre os protocolos dessa metodologia. Isso porque há uma grande e recorrente falta de informações experimentais na maior parte dos estudos publicados.

Inicialmente os autores fazem recomendações sobre a parametrização da nomenclatura de PCR quantitativa atualmente utilizada. Essa normatização tem por objetivo tornar mais homogênea a terminologia utilizada. De acordo com o guia, alguns parâmetros chaves devem ser levados em consideração, entre eles: a) **sensibilidade analítica**, a qual representa o número mínimo de cópias em uma amostra e que pode ser quantificada por um ensaio. Esta é expressa como limite de detecção, representada pela concentração que pode ser detectada com razoável certeza em um dado procedimento analítico (comumente se usa 95% de probabilidade); **b) especificidade analítica,** representa o ensaio de qPCR capaz de detectar a sequência-alvo apropriada, em vez de outros alvos inespecíficos, presentes na mesma amostra; **c) acurácia,** refere-se às diferenças entre as medidas experimentais e reais, apresentadas como *fold changes* ou variação de cópias; **d) repetibilidade,** é a variação intraensaio, que é representada pela precisão de análises repetidas de um ensaio com as mesmas amostras. Tal medida pode ser expressa por meio do desvio-padrão das variações do Ct ou Cq. Alternativamente pode-se usar o desvio-padrão ou coeficiente de variação da concentração ou do número de cópias; e **e) reprodutibilidade,** é a variação interensaio, que representa a variação de resultados entre corridas ou obtidas de diferentes laboratórios e é normalmente expressa pelo desvio-padrão ou coeficiente de variação da concentração ou do número de cópias. Os valores de Cq gerados não são apropriados para expressarem a reprodutibilidade, uma vez que estão sujeitos às inerentes variações intercorridas[34].

Não obstante, é reportada a necessidade de determinar as características de desempenho dos ensaios, dentre elas: **a) eficiência:** ensaios de qPCR robustos e precisos normalmente estão correlacionados com elevada eficiência. A eficiência é particularmente importante quando se reportam as concentrações de mRNA dos genes-alvos em relação aos de referência, e pode ser estabelecida pela equação:

$E = 10^{-1/slope} - 1$. (Equação 25.3)

O valor máximo teórico de 1,00 (ou 100%) indica que a quantidade de produto dobra a cada ciclo; **b) intervalo dinâmico linear:** representa a faixa dinâmica em que a reação é linear (intervalo do maior para o menor número de cópias quantificadas, estabelecido por uma curva-padrão). Dependendo do molde utilizado na curva-padrão, o intervalo dinâmico deve cobrir pelo menos três ordens de magnitude e, idealmente, deve estender-se a $5 \log^{10}$ ou $6 \log^{10}$ de concentração; **c) limite de detecção:** é definido pela menor concentração em que são detectadas 95% das amostras positivas. Portanto, em um grupo de replicatas que contém o alvo no limite de detecção, não mais que 5% das reações podem falhar. PCRs com baixo número de cópias são estocasticamente limitadas, e limites de detecção menores que três cópias por PCR não são possíveis; **d) precisão:** existem muitas explicações para variações dos resultados da qPCR, incluindo diferenças de temperatura que afetam o anelamento e/ou desnaturação ou diferenças de concentração acarretadas por erros de pipetagem e variação estocástica. A precisão normalmente varia com a concentração, diminuindo com o número de cópias. A variação intraensaio (repetibilidade) deve ser fornecida em função do desvio-padrão ou intervalo de confiança da curva de calibração, utilizando amostras idênticas. O coeficiente de variação não deve ser utilizado[35] com Ct ou Cq, mas pode ser utilizado para expressar a variação do número de cópias ou concentração.

Em conjunto com os parâmetros descritos, o guia, que também é considerado um *checklist* para autores e revisores, enumera os principais pontos que devem ser levados em consideração durante a realização de um experimento de PCR quantitativa, dentre eles: desenho experimental, amostras, ensaios, protocolos, validações, transcrição reversa, informações sobre os alvos e análise de dados, os quais devem ser detalhadamente descritos nos trabalhos, facilitando a replicação dos experimentos publicados.

Como consequência, os trabalhos que utilizam essa tecnologia, que possui ampla aplicação, irão produzir dados que serão mais uniformes, mais comparáveis e, finalmente, mais confiáveis.

25.5.1 Protocolo para a padronização de iniciadores e determinação da eficiência da reação de PCR em tempo real

1. O primeiro passo deve ser sempre reconstituir oligonucleotídeos e aliquotar iniciadores e sondas nas concentrações de uso apropriadas. É importante considerar os volumes habituais que serão pipetados para calcular concentrações de uso que permitam trabalhar com volumes mais altos (como maiores ou iguais a 3 µL). Tipicamente os oligonucleotídeos **são** reconstituídos a concentrações de 100 µM em água livre de DNase/RNase e as concentrações de uso são de 5 **µM** a 10 µM.

Sugestão: a síntese de oligonucleotídeos é um passo do fluxo de trabalho da PCR em tempo real relativamente barato. É uma boa prática desenhar e pedir a síntese de pelo menos dois pares de iniciadores para novos ensaios. Dessa forma, é possível maximizar a probabilidade de sucesso, em termos de especificidade, eficiência e reprodutibilidade.

2. Teste do novo ensaio: par de iniciadores para química intercalante ou *primers* e sonda para sonda de hidrólise – com um controle positivo que contenha quantidades de DNA ou cDNA-alvo suficientes para ver uma boa amplificação – e com controle negativo (do inglês *no template control*

– NTC). Utilizar concentrações de oligonucleotídeos e sonda não limitantes, como 600 nM para oligonucleotídeos e 250 nM para sonda. Observar se os resultados são os esperados, como a curva de amplificação para o controle positivo e ausência de amplificação para o controle negativo.

3. Realizar uma matriz de diluição de oligonucleotídeos para determinar qual a concentração que atinge os objetivos de especificidade e sensibilidade. A especificidade da reação deve ser inferida pela análise da curva de dissociação no caso de uma reação com agente intercalante como SYBR® Green ou por eletroforese em gel no caso de uma reação com sonda de hidrólise, por exemplo TaqMan®. A sensibilidade pode ser analisada por meio do valor de Cq – *cycle quantification* – e pelo nível máximo de fluorescência observada em cada reação (ΔRn). A concentração de oligonucleotídeos ideal apresenta todas as seguintes condições: ausência de estruturas secundárias (dímeros de *primers*), produção de um único amplicon específico, menor valor de Cq possível e o mais alto valor de fluorescência final (ΔRn).

Tipicamente a amplitude de concentrações testadas variam entre 50 nM e 300 nM, levando em consideração que o iniciador *forward* e o *reverse* podem estar presentes na reação com concentrações diferentes (Tabela 25.1).

Tabela 25.1 Matriz de diluição de iniciadores. As concentrações apresentadas são as finais na reação de PCR em tempo real

		INICIADOR *FORWARD*			
		50 nM	100 nM	200 nM	300 nM
INICIADOR *REVERSE*	50 nM	50/50	100/50	200/50	300/50
	100 nM	50/100	100/100	200/100	300/100
	200 nM	50/200	100/200	200/200	300/200
	300 nM	50/300	100/300	200/300	300/300

4. Para ensaios com sonda TaqMan®, realizar uma matriz de diluição de sonda mantendo a quantidade de *primers* constante, de acordo com a determinação do passo 3 deste protocolo. Testar concentrações entre 50 nM e 250 nM e considerar as mesmas características de sensibilidade e especificidade enumeradas no passo 3.

Após a padronização de concentrações de iniciadores e/ou sondas é fundamental calcular a eficiência de amplificação da reação.

5. Realizar diluições seriadas de um controle, DNA plasmidial lineari-zado, amplicon artificial, produto de PCR ou cDNA que apresente o alvo. Para expressão gênica é comum utilizar um *pool* de cDNA do experimento. Dilua o estoque utilizando no mínimo cinco pontos de diluição e triplicata em cada ponto.

5.1. Prepare o mix de acordo com as instruções do fabricante. A Tabela 25.2 oferece um exemplo para SYBR® Green:

Tabela 25.2 Exemplo de um protocolo genérico para reação da qPCR utilizando SYBR® Green

	CONCENTRAÇÃO INICIAL	CONCENTRAÇÃO EM 25 ML	VOLUME FINAL EM 25 ML
MASTER MIX SYBR® GREEN	2 x	1x	12,5 µl
OLIGONUCLEOTÍDEO *FORWARD*	2 µM	250 nM	3,125 µl
OLIGONUCLEOTÍDEO *FORWARD*	2 µM	250 nM	3,125 µl
ÁGUA LIVRE DE NUCLEASE	-	-	1,25 µl

5.2. Adicionar 20 **µl** do *master mix* a cada poço da placa de qPCR.

5.3. Adicionar 5 **µl** de cada ponto da diluição. Após breve centrifugação para remover bolhas do fundo dos poços, sele a placa para evitar evapora-ção durante a termociclagem. Atenção: antes de adicionar a amostra ao *mix*, lembre-se de incluir dois controles negativos.

6. Siga o protocolo de termociclagem indicado pelo fabricante do *master mix* utilizado. A Figura 25.6 mostra um método de termociclagem genérico para qPCR.

Aplicando uma equação linear que relaciona o valor de Cq com o loga-ritmo da quantidade inical do alvo é possível determinar o *slope* da reta ou inclinação, que é a medida de cálculo da eficiência da reação. Como já foi referido neste capítulo, uma eficiência de 100% corresponde a um *slope* de -3,32, determinado pela Equação 25.3.

Fatores experimentais, como o tamanho do amplicon, estrutura secun-dária, conteúdo GC e qualidade da amostra, podem influenciar a eficiência.

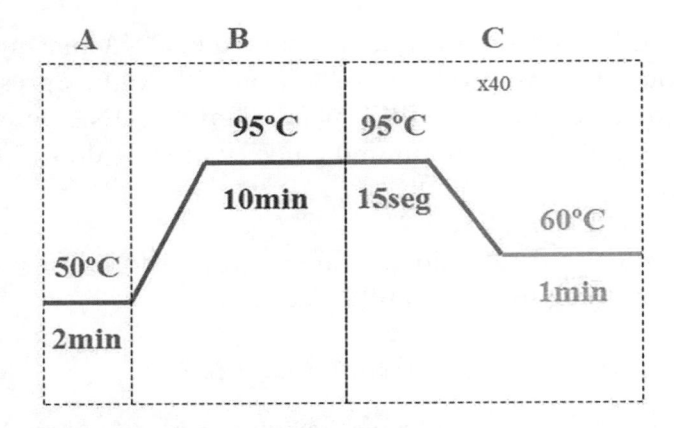

Figura 25.6 Exemplo de um protocolo genérico para termociclagem de uma reação de qPCR. A primeira etapa (A) é opcional, existindo em *master mixes* que contêm a enzima UNG (Uracil-DNA glycosylase) como etapa de prevenção de contaminação por produto de PCR. A etapa B é fundamental para a ativação termal da enzima *Hot Start*. A etapa C consiste na ciclagem, começando com a desnaturação a 95 °C e terminando com o anelamento e extensão a 60 °C por quarenta ciclos.

25.6 APLICAÇÕES DA qPCR

A PCR em tempo real (qPCR) tem emergido como uma metodologia robusta e amplamente utilizada para a investigação biológica. Atualmente é amplamente utilizada na pesquisa, para avaliar alterações estruturais nas sequências de DNA, como polimorfismos (SNPs, variações do número de cópias, inserções/deleções etc.), assim como mudanças conformacionais no DNA, como, por exemplo, metilação. Outra aplicação dessa metodologia é a avaliação rápida e precisa de mudanças na expressão gênica, bem como de pequenos RNAs não codificadores, como miRNAs, possibilitando relacionar os aspectos fisiológicos com eventos moleculares para obter uma melhor compreensão dos processos biológicos. Além disso, é viável estabelecer possíveis correlatos funcionais com os experimentos de quantificação de proteínas em tempo real.

No diagnóstico clínico molecular, a qPCR pode ser utilizada para medir cargas virais ou bacterianas, acompanhar a evolução de um câncer, bem como fornecer dados de variação genética, os quais podem afetar a resposta a determinados fármacos.

Na agricultura a técnica pode ser empregada para a quantificação de transgênicos e, na pecuária, por meio da genotipagem de marcadores, atestar o grau de qualidade da carne e do leite.

Na segurança alimentar a qPCR é amplamente utilizada para investigar possíveis contaminantes, como por exemplo bactérias, vírus e parasitas, os quais podem estar presentes tanto nos alimentos fornecidos aos animais (por exemplo, suínos, aves etc.) quanto nos próprios animais.

Na identificação humana, a PCR em tempo real constitui uma robusta ferramenta, que permite obter os resultados de forma ágil, fácil, sensível e altamente específica[29].

A seguir, iremos discutir as aplicações básicas da técnica de PCR em tempo real, bem como as perspectivas futuras dessa tecnologia.

25.6.1 Qualitativas: genotipagem de SNPs e presença/ausência

25.6.1.1 Genotipagem de SNPs

Os *single nucleotide polymorphisms* (SNPs) são sítios nos genomas caracterizados pela alteração de uma base. Os SNPs são variações que ocorrem no genoma com frequência acima de 1% na população, sendo as mais comuns as substituições de uma purina por outra purina (A/G) ou de uma pirimidina por outra pirimidina (C/T). Menos frequentes são as que envolvem substituições de uma purina por uma pirimidina, ou vice-versa (A/T ou C/G). Normalmente, os marcadores SNP são bialélicos, ou seja, são encontrados apenas duas variantes em uma espécie (por exemplo, um alelo corresponde a um par de bases A/T e o outro a um G/C). Os SNPs ocorrem normalmente ao longo de todo o DNA de um indivíduo, sendo encontrados, em média, uma vez a cada trezentos nucleotídeos, o que significa que existem cerca de 10 milhões de SNPs no genoma humano. Geralmente essas variações são encontradas nas regiões intergênicas (regiões não codificadoras), podendo atuar como marcadores biológicos associados a algumas doenças[36]. Quando SNPs ocorrem em regiões reguladoras ou codificadoras de um gene, podem desempenhar um papel direto na sua função, além da possibilidade de estarem implicados com determinados quadros patológicos.

Vários estudos mostraram a importância dos SNPs na ocorrência de doenças infecciosas[37], autoimunes[38], no curso do transplante[39] e no estudo de frequências alélicas populacionais[40]. A associação de SNPs com doenças humanas tem um grande potencial para a direta aplicação clínica, por prover novos e mais acurados marcadores genéticos para o diagnóstico e prognóstico e, possivelmente, para o desenvolvimento de novos alvos terapêuticos.

Os SNPs também são excelentes marcadores moleculares em estudos de ancestralidade, de associação e mapeamento genéticos, na farmacogenômica, assim como em ensaios de paternidade e identificação humana (rastreabilidade).

A identificação e validação de SNPs pode ser realizada de acordo com as seguintes etapas: (i) escolha dos genes/SNPs candidatos por meio de ferramentas de bioinformática (por exemplo, banco de dados como o dbSNP); (ii) estabelecer a validação dos SNPs *in vitro*, por meio da eletroforese capilar ou espectrometria de massa; (iii) realizar a genotipagem de SNPs em um grupo populacional maior; (iv) proceder às análises estatísticas; e (v) fazer análises em grupos amostrais independentes.

Por muito tempo, devido às restrições tecnológicas, a análise dos SNPs esteve limitada. O método utilizado para genotipagem de SNPs em regiões específicas do genoma ainda estava baseado na técnica de PCR-RFLP[41]. Foram vários os avanços envolvendo os métodos para genotipagem de SNPs de alto rendimento. Estes incluem o ensaio TaqMan®[27], ensaios de ligação de oligonucleotídeo ou OLA[42], minissequenciamento de SNPs[43], *molecular beacons*[44], ligação de oligonucleotídeos marcados com corante[45], *chips*[46,47] espectrometria de massas[48] e o *invader assay*[49]. Todos os métodos citados dependem de uma reação da PCR para aumentar a concentração do fragmento de DNA que contém o SNP. Inicialmente as metodologias citadas foram utilizadas no desenvolvimento de ensaios diagnósticos para doenças genéticas[50].

Atualmente, o padrão-ouro para genotipagem de SNPs estão baseados nos ensaios TaqMan®. Por meio desse sistema é possível realizar a análise de dezenas ou centenas de SNPs em poucas horas, com alta sensibilidade e especificidade.

Conforme dito anteriormente, o sistema TaqMan® é baseado na atividade 5' exonuclease da Taq polimerase e permite a combinação da reação da PCR com hibridização competitiva. Utilizando esse método, pode-se utilizar duas sondas específicas, cada uma marcada com um fluoróforo diferente, permitindo detectar ambos os alelos, com grande especificidade em um único tubo. Além disso, como as sondas estão incluídas na reação da PCR, os genótipos são determinados sem qualquer processamento pós-PCR, um recurso que não está disponível para a maioria dos outros métodos de genotipagem mencionados anteriormente. A metodologia TaqMan® para análise de genotipagem de SNPs inclui três passos: uma leitura inicial, pré-corrida, que estabelece a fluorescência basal da reação; o ensaio de amplificação, que quantifica a intensidade de fluorescência durante a amplificação da amostra de interesse a ser analisada; e uma leitura final, pós-corrida. Nessa última fase é realizada uma subtração da fluorescência obtida inicialmente (pré--corrida) da obtida pós-corrida. A nomenclatura dos SNPs é estabelecida por meio de um gráfico cartesiano, em relação ao controle negativo. Para os homozigotos haverá um acúmulo de fluorescência final em relação à inicial apenas para um dos alelos. Para os heterozigotos, esse acúmulo será para os dois alelos, conforme demonstrado na Figura 25.7.

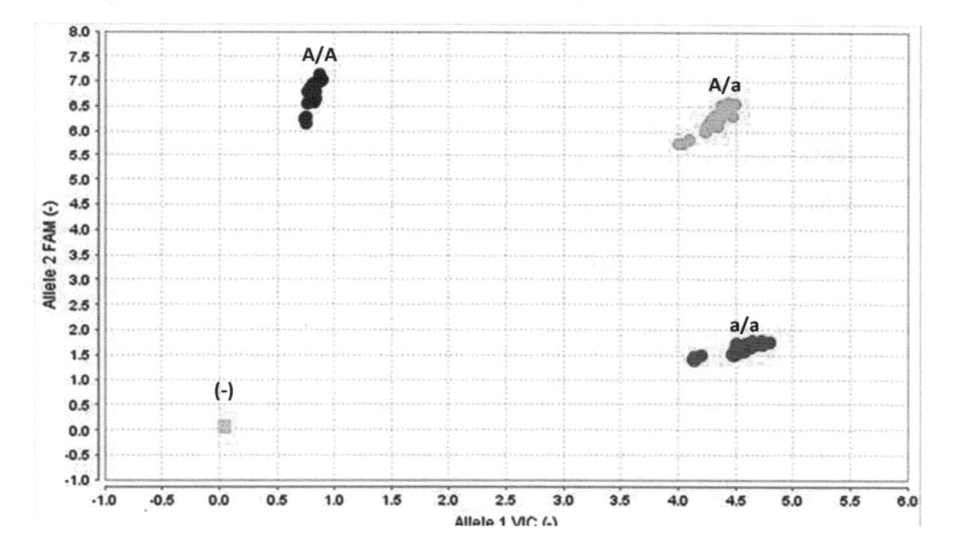

Figura 25.7 Exemplo de um gráfico de genotipagem de SNPs. (●) Controle negativo; (●) homozigoto para alelo A; (●) heterozigoto) e (●) homozigoto para o alelo G. No eixo Y, a composição de fluorescência da sonda marcada com o fluoróforo FAM (alelo G) e no eixo X a composição de fluorescência da sonda marcada com o fluoróforo VIC (alelo A). FAM = 6-carboxifluoresceína e VIC = 4,7,2′-tricloro-7′-fenil-6-c carboxifluoresceína.

A seguir estão enumerados os passos de um protocolo genérico para análise de genotipagem de SNPs utilizando o sistema TaqMan®.

a) A quantidade de DNA genômico por reação deve ser de 1ng a 20 ng. A pureza e homogeneidade da concentração das amostras permitirá obter uma melhor clusterização dos genótipos. Por isso é fundamental realizar a qualificação e quantificação das amostras. Os métodos mais utilizados para essas medidas são espectrometria e fluorimetria.

b) A concentração inicial dos ensaios TaqMan® depende da escala adquirida: 20x, 40x ou 80x. A concentração final na reação recomendada é 1x.

c) A concentração final sugerida de TaqMan® *master mix* na reação deve ser 1x.

Tabela 25.3 Exemplo de um protocolo genérico de uma reação para genotipagem de SNPs assumindo uma massa final de DNA igual a 20 ng por reação

	CONCENTRAÇÃO INICIAL	CONCENTRAÇÃO EM 20 ML	VOLUME FINAL DE 20 (ML)
TAQMAN® *MASTER MIX*	2x	1x	10
ENSAIO TaqMan®	20x	1x	1
ÁGUA NUCLEASE *FREE*	-	-	7
AMOSTRA	10 ng/µL	1 ng/µL	2

a) Atenção: SEMPRE incluir pelo menos dois poços de controle negativo por ensaio de genotipagem de SNPs. Estes irão permitir checar possíveis contaminações, além de forncecer a denominação automática dos genótipos de forma mais fácil.

b) Seguir o protocolo de termociclagem indicado pelo fabricante do *master mix* utilizado. A Figura 25.8 apresenta um exemplo de termociclagem para genotipagem de SNPs por TaqMan®.

25.6.1.2 Presença/ausência

De forma similar às análises de genotipagem de SNPs, presença/ausência é uma aplicação qualitativa, sendo uma análise de produto final coletado. É amplamente utilizada na identificação de patógenos, tanto relativos à saúde humana e animal quanto aqueles presentes no solo e em plantas. Para isso é fundamental, além dos ensaios (iniciadores + sonda) para o alvo, a utilização de um controle positivo, o qual pode ser um DNA exógeno ou um gene de referência. Também é possível estabelecer um controle negativo em relação ao controle positivo adotado, usando para isso um agente bloqueador do alvo, que pode ser um anticorpo por exemplo. Dessa maneira, haverá dois controles experimentais: (i) um controle negativo, que incluirá todos os componentes da reação da PCR, exceto o molde-alvo e o agente bloqueador; e (ii) um controle negativo de não amplificação, que incluirá os regentes

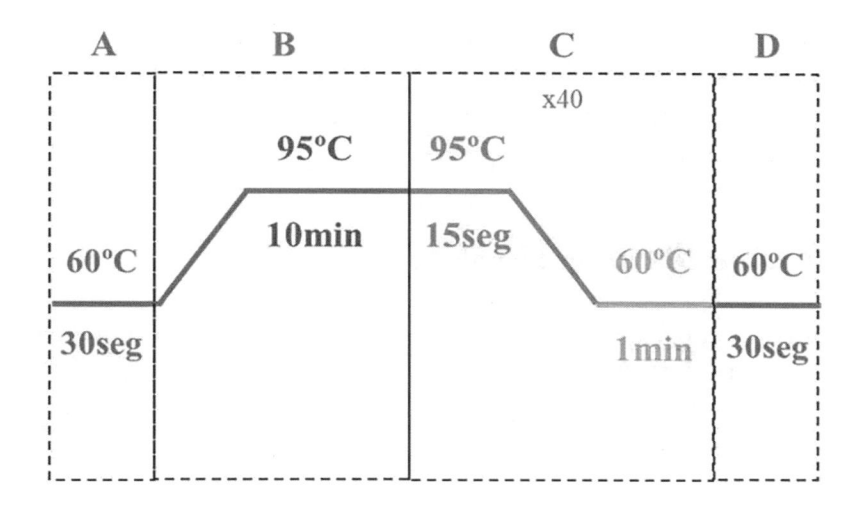

Figura 25.8 Exemplo de um método de termociclagem para reação de genotipagem de SNPs utilizando o sistema TaqMan®. A primeira etapa (A) consiste em uma leitura inicial, pré-corrida, que estabelece a fluorescência basal da reação. A etapa (B) é fundamental para ativação termal da enzima Hot Start. A etapa (C) consiste na termociclagem, começando com a desnaturação a 95°C e terminando com o anelamento e extensão a 60 °C por quarenta ciclos. Durante essa fase de amplificação é feita a quantificação da intensidade de fluorescência da amostra de interesse a ser analisada. Por último, na etapa D é realizada uma leitura final, pós-corrida. Nessa última fase é feita a subtração da fluorescência obtida inicialmente (pré-corrida) da obtida pós-corrida.

da PCR com o controle interno e o agente bloqueador, porém sem amostra desconhecida.

A metodologia TaqMan® para análise de presença/ausência também é dividida em três passos, assim como a genotipagem de SNPs: uma leitura inicial, pré-corrida, (estabelece a fluorescência basal da reação); o ensaio de amplificação que quantifica a intensidade de fluorescência durante a reação; e uma leitura final, pós-corrida. A fluorescência final é subtraída da inicial, e as amostras que exibem fluorescência acumulada superior à relação entre controle interno positivo e controle de não amplificação são classificadas como positivas para o referido ensaio. A intensidade da fluorescência estará diretamente relacionada com a quantidade de DNA-alvo inicial.

25.6.2 Quantitativas: quantificação absoluta e relativa

As análises quantitativas por meio da qPCR podem ser divididas em quantificação absoluta e quantificação relativa. Uma quantificação absoluta é caracterizada pelo estabelecimento de uma curva-padrão, que fornece medidas precisas do alvo quantificado. A quantificação relativa descreve as mudanças na expressão de genes de interesse, sendo necessários no mínimo dois grupos experimentais.

25.6.2.1 Quantificação absoluta

A quantificação absoluta trabalha com unidades palpáveis e, dessa maneira, permite determinar de forma precisa o número de cópias, quantidade em nanogramas, número de genomas etc. Para isso, requer a construção de uma curva-padrão, gerada a partir de um molde precisamente conhecido. Em geral esse padrão pode ser obtido por três métodos: (i) aquisição de painéis comerciais (RNA e DNA); (ii) oligos sintéticos/produtos de PCR; ou (iii) clonagem de controles para ensaios RNA ou DNA em vetores de expressão.

Para montagem da curva são utilizados entre cinco e dez pontos, os quais determinarão a faixa de sensibilidade analítica do método. Valores de Cq resultantes de cada concentração dos moldes-alvos e controle interno (podendo ser este um gene de referência ou um DNA exógeno) são disponibilizados em um gráfico *versus* Log da quantidade, sendo gerada uma linha de tendência linear. A inclinação resultante dessa linha é utilizada para determinar a eficiência da PCR, de acordo com a Equação 25.3, em que *slope* é o ângulo de inclinação da reta. Uma inclinação ideal deve ser -3,32 para 100% de eficiência da PCR. A função que define essa inclinação também é usada para calcular o número de cópias das amostras desconhecidas (teste), que serão interpoladas na curva-padrão. Atualmente os *softwares* presentes nos instrumentos de qPCR são capazes de calcular automaticamente as quantidades desconhecidas a partir da curva-padrão estabelecida. No entanto, isso pode ser feito manualmente, inserindo os valores de Cq observado para uma amostra desconhecida na fórmula:

(Cq observado – interceptação no eixo Y) / inclinação. (Equação 25.4)

Erros nas determinações da eficiência podem ocorrer durante a obtenção da curva-padrão, os quais podem ser atribuídos a erros de pipetagem, tanto na diluição do padrão quanto na realização das replicatas ou pela presença de inibidores da reação da PCR. Caso esse problema não seja percebido, talvez por não ter sido realizado o cálculo da eficiência da PCR, pode haver uma super ou subestimação da quantidade de molde nas amostras testes, pois estas não possuem o mesmo erro da curva-padrão estabelecida[51]. Além disso, a concentração das diluições em série, obtidas pela curva-padrão, devem englobar os níveis de concentração das amostras experimentais, permanecendo em um intervalo quantificável e compatível tanto para a sensibilidade do instrumento de qPCR utilizado quanto do ensaio[52].

Nos últimos anos, a utilização do método de quantificação absoluta da qPCR tem apresentado notável destaque. Por meio desse método é possível detectar e quantificar patógenos, tais como vírus, bactérias e parasitas que podem estar presentes em alimentos e/ou na água e por isso apresentam um grande impacto na saúde pública e na economia. Não obstante, muitos agentes infecciosos são caracterizados pela alta razão de mutação, que pode influenciar a estimativa de carga viral. Esse problema pode ser sanado utilizando regiões altamente conservadas desses micro-organismos para desenho de iniciadores específicos e/ou desenho de sondas.

Novas aplicações por meio dessa metodologia incluem o monitoramento de diferentes ingredientes presentes em alimentos (glúten, por exemplo). Dessa maneira, é possível fazer análises de genes que codificam toxinas, na detecção de organismos geneticamente modificados (OGMs), alérgenos e certos micro-organismos não patogênicos. A maior vantagem deste método molecular é o baixo tempo requerido para obtenção dos resultados, além da sua sensibilidade e especificidade. Por exemplo, um estudo para detecção de *Salmonella* em um fragmento de carne foi realizado em 26 horas utilizando a PCR em tempo real; o mesmo resultado foi obtido em cinco dias utilizando o método-padrão[53]. Portanto, a qPCR absoluta pode ser utilizada como um método de validação tanto para o monitoramento e quantificação de micro-organismos relacionados com a saúde humana e animal quanto para a determinação de OGMs em plantas e alimentos.

Algumas etapas devem ser realizadas para a construção de curvas-padrão levando em consideração o molde que será avaliado: DNA ou RNA. De acordo com o documento *Creating Standard Curves with Genomic DNA or Plasmid DNA Templates for Use in Quantitative PCR**, os seguintes passos devem ser seguidos:

Curva-padrão de DNA:

1) Amplificar o segmento de DNA-alvo do teste, utilizando preferencialmente *primers* externos, por meio de PCR convencional.

---

* Disponível em http://www.appliedbiosystems.com/support/tutorials/pdf/quant_pcr.pdf.

2) Clonar o produto da PCR acima por meio de ligação a vetor do tipo plas-mídeo e replicação em bactérias competentes.

3) Selecionar cerca de 5 a 10 colônias que apresentem o plasmídeo recombi-nante e isolar o DNA por meio de *miniprep*.

4) Confirmar a presença do inserto (segmento-alvo) nas colônias selecio-nadas por meio de PCR e/ou sequenciamento.

5) Linearizar o clone contendo o inserto de interesse por meio de digestão com enzima de restrição com sítio único na região "polylinker" do plas-mídeo (esta informação consta do mapa do plasmídeo, no manual que acompanha o kit de clonagem). Certificar-se de que o produto de PCR que foi clonado não possui sítio de restrição para a enzima selecionada.

6) Purificar o produto da reação acima utilizando acetato de sódio e etanol e verificar a presença de uma única banda do tamanho esperado (plasmídeo + inserto) por eletroforese em gel de agarose.

7) Quantificar de forma precisa o DNA acima.

8) Utilizar os seguintes parâmetros para converter a concentração obtida em ng/uL para n° moléculas/uL: PM médio de 1 pb de DNA = 649 g/mol; 1 mol = $6,02 \times 10^{23}$ moléculas.

Curva-padrão de RNA:

1) Amplificar o segmento-alvo do teste por meio de transcrição reversa e PCR convencional (protocolo *one* ou *two-step*), utilizando preferencial-mente *primers* externos.

2) Clonar o produto da PCR acima por meio de ligação a um plasmídeo contendo promotor T7, SP6 ou T3 e replicação em bactérias competentes.

3) Selecionar cerca de 5 a 10 colônias que apresentem o plasmídeo recombi-nante e isolar o DNA por meio de miniprep.

4) Identificar, por sequenciamento, as colônias que apresentam o inserto (seg-mento-alvo) na orientação correta para transcrição por sequenciamento.

5) Linearizar o clone contendo o inserto de interesse por meio de digestão com enzima de restrição com sítio único na região *polylinker* do plasmí-deo correspondente à extremidade 3' do transcrito esperado (informação presente no mapa do plasmídeo). Certifique-se de que o produto de PCR que foi clonado não possui sítio de restrição para a enzima selecionada.

6) Transcrever com a RNA polimerase apropriada. Tratar o produto da transcrição com DNase antes de prosseguir para a próxima etapa.

7) Purificar e em seguida concentrar o transcrito utilizando acetato de amônia.

8) Quantificar de forma precisa o trasncrito obtido.
9) Utilizar os seguintes parâmetros para converter a concentração obtida em ng/uL para n° moléculas/uL: PM médio de 1 b de ssRNA = 320 g/mol; 1 mol = $6,02 \times 10^{23}$ moléculas.

De posse dos padrões de DNA ou RNA precisamente determinados, é possível realizar as diluições seriadas utilizando algum tipo de carreador como diluente (como tRNA de levedura) durante os experimentos de quantificação pelo método da curva-padrão absoluta. As curvas-padrão devem conter entre 5 e 10 pontos, sendo avaliadas conjuntamente com as amostras testes e controles negativos.

Em seguida é feito o preparo da reação de qPCR. Escolher a química de detecção, agente intercalante como SYBR® Green ou sonda de hidrólise como TaqMan®. Preparar o *master mix* adicionando os reagentes, como no exemplo descrito anteriormente: "Protocolo para a padronização de iniciadores e determinação da eficiência da reação de PCR em tempo real" (Seção 25.5.1).

Homogeneizar pipetando gentilmente, para cima e para baixo, utilizando uma pipeta de maior volume.

1) Para uma reação de volume final de 25 μl, adicionar 20 μl do *mix* (água, iniciadores *master mix* para SYBR® Green ou ensaios contendo iniciadores e sondas TaqMan® e o *master mix* correspondente), a cada poço da placa de qPCR.
2) Adicionar 5 μl de DNA ou transcrito, no caso da curva de RNA, proveniente do padrão obtido (para os pontos da curva), além dos poços de amostras desconhecidas.
    Atenção: considerar realizar triplicatas para cada ponto da curva e para as amostras desconhecidas, além de incluir pelo menos dois poços com controles negativos por ensaio.
3) Siga o protocolo de termociclagem indicado pelo fabricante do *master mix* utilizado.

25.6.2.2 Quantificação relativa: expressão gênica

A transcrição reversa combinada com a reação em cadeia da polimerase quantitativa (qRT-PCR) tem sido uma poderosa ferramenta para quantificação da expressão gênica. Diferentemente da quantificação absoluta, a quantificação relativa estabelece ordem de grandeza frente a uma determinada condição. Para isso é necessário ter no mínimo dois grupos experimentais. Se com a quantificação absoluta é possível afirmar que um dado gene (Z) tinha 1.000 cópias/célula na condição inicial e passou para 2.500 cópias/célula na final, com a relativa será afirmado que houve um aumento de 2,5 vezes no número de cópias/célula.

Existem alguns algoritmos para fazer as análises de quantificação relativa. Os mais comuns são: (i) método do Ct comparativo; e (ii) método da curva-padrão relativa.

Para utilizar o método do Ct comparativo é necessário que as eficiências entre o gene-alvo e o(s) de referência(s) sejam similares. Para verificar a similaridade entre essas eficiências é necessário fazer a amplificação do alvo e da referência por meio de uma diluição seriada utilizando a mesma amostra ou conjunto de amostras para estabelecer o DCt (Ct alvo – Ct referência). É importante assegurar que tanto o gene-alvo quanto o de referência sejam expressos nessa amostra. Os valores dos *slopes* (ângulo de inclinação da reta) resultantes dessas regressões lineares logarítmicas podem ser utilizados como um critério geral de validação das eficiências. Um experimento para ser validado por esse critério deve apresentar um valor absoluto de *slope* de DCt × log da quantidade inicial menor que 0,1. O cálculo da eficiência, para cada sequência avaliada, pode ser obtido pela Equação 25.3, quando o logaritmo da concentração do molde inicial (variável independente) é plotado no eixo X e Ct ou Cq (variável dependente) é plotado no eixo Y. O valor máximo teórico de 1,00 (ou 100%) indica que a quantidade do produto dobra a cada ciclo. Idealmente, o intervalo de confiança ou erro padrão das médias estimadas a partir das eficiências das PCRs deve ser reportado a partir de curvas-padrão.

Na literatura há muitos trabalhos sobre quantificação da expressão gênica que assumem uma eficiência de amplificação ideal, com valor igual a 1. Isso significa que durante toda a PCR a concentração do produto dobra a cada ciclo (2^n, onde n é o número de ciclos). De acordo com Livak e Schmittgen[35], uma reação terá 100% de eficiência, quando todos os pontos da curva estiverem condizentes com o Ct esperado, gerando uma curva-padrão com inclinação de -3,3 e um coeficiente de correlação (R^2) = 1. O valor de R^2 fornece o fator de correlação entre os pontos de diluição e o Ct ou Cq obtido.

Na prática a grande maioria das reações da PCR não possui eficiências de 100%. Por isso modelos alternativos mais generalistas têm sido desenvolvidos com o objetivo de corrigir as diferenças pela eficiência de amplificação[54] e permitir o uso de múltiplos genes de referência[34].

Uma reação terá sua eficiência máxima na fase exponencial, na qual as condições termodinâmicas estão mais adequadas. Esse perfil altera-se nas fases seguintes, basicamente devido à saturação dos componentes da PCR, uma vez que ocorre declínio da atividade da polimerase e competição entre os produtos da PCR. Somado a esse fator, há a produção de pirofosfato (PPi), os quais em conjunto acarretam uma redução gradativa da eficiência. Por isso os resultados da qPCR por meio da curva-padrão relativa devem ser obtidos na fase exponencial da reação, uma vez que neste intervalo as diferenças de eficiência de amplificação promovem pequenas alterações nos valores obtidos.

Caso as reações entre os genes-alvos e de referência não possuam eficiências equivalentes ($100\% \pm 10\%$), não será possível utilizar o método do Ct comparativo. Nesse caso, há duas opções: proceder com otimizações dos ensaios até que as eficiências estejam nesse intervalo ou prosseguir com o método da curva-padrão para todo o estudo.

A seguir está detalhado um protocolo genérico para análise de quantificação relativa da expressão gênica realizado em duas etapas: transcrição reversa (RT) seguida da reação de amplificação pela qPCR.

1) Realizar o passo de transcrição reversa partindo do RNA total das amostras.

1.1) Escolha entre iniciadores randômicos, oligo d(T) ou iniciadores específicos para a sequência de interesse. A seleção dos iniciadores para a reação de RT pode ser feita experimentalmente, avaliando as estratégias possíveis, buscando obter o menor valor de Cq e uma consistência independente da localização do ensaio de amplificação da qPCR. Os oligonucleotídeos randômicos irão transcrever todo o RNA (rRNA, mRNA, e tRNA); os oligos d(T) irão transcrever os mRNAs eucariotos e outros RNAs com cauda *poly-A*.

1.2) Preparar a reação de RT adicionando cada um dos componentes necessários. A Tabela 25.4 mostra um exemplo de protocolo para preparação de uma reação de RT.

Tabela 25.4 Protocolo para realização de uma reação de RT

COMPONENTES DA REAÇÃO	CONCENTRAÇÃO INICIAL	CONCENTRAÇÃO FINAL
Água *Rnase-free*	-	-
Buffer RT	10x	1x
$MgCl_2$	25 mM	5,5 mM
DeoxyNTPs	2,5 mM	500 µM por dNTP
Iniciadores	50 µM	2,5 µM
Transcriptase reversa	(50 U/µL)	1,25 U/µL

Centrifugar brevemente o *mix* da reação e distribuir pelos tubos. Adicionar a amostra de RNA. Dependendo da enzima utilizada é possível converter em cDNA (DNA complementar) até 2 µg de RNA total.

Atenção: mantenha as amostras de RNA e reagentes em gelo durante a preparação da reação.

1.3) Coloque as reações no termociclador. A Tabela 25.5 apresenta um exemplo de protocolo de termociclagem.

Tabela 25.5 Exemplo de um método de termocilcagem de uma reação de RT

	INCUBAÇÃO	RT	INATIVAÇÃO DA ENZIMA RT
Tempo	10 min.	30 min.	5 min.
Temperatura	25 °C	48 °C	95 °C

Depois de realizar a RT, o cDNA sintetizado pode ser armazado a -20 °C.

1.4) Preparar a reação de qPCR. Escolher a química de detecção e o agente intercalante, como SYBR® Green ou sonda de hidrólise como TaqMan®. Preparar o *mix* adicionando os reagentes, exemplo descrito anteriomente na Seção 25.5.1, "Protocolo para a padronização de iniciadores e determinação da eficiência da reação de PCR em tempo real". Homogeneizar pipetando gentilmente, para cima e para baixo, utilizando uma pipeta de maior volume.

1.5) Para uma reação de volume final de 25 **µl**, adicionar 20 **µl** do *mix* (água, iniciadores *master mix* para SYBR® Green ou ensaios contendo iniciadores e sondas TaqMan® e o *master mix* correspondente), a cada poço da placa de qPCR.

1.6) Adicionar 5 μl de cDNA aos poços apropriados. Atenção: considerar a realização de triplicatas para cada amostra de cDNA e incluir pelo menos dois poços com controles negativos por ensaio.

1.7) Seguir o protocolo de termociclagem indicado pelo fabricante para o *Master Mix* utilizado.

25.6.2.3 Variação do número de cópias no DNA

O genoma humano compreende 6 bilhões de bases nucleotídicas de DNA organizadas em 23 cromossomos. O DNA codifica, aproximadamente, 27 mil genes. Em geral os genes estão presentes em duas cópias dentro do genoma. No entanto, descobertas recentes revelaram que deleções ou duplicações envolvendo mais de 1 Kb de DNA são caracterizadas como variações do número de cópias (do inglês *copy number variants* – CNVs), ou variações no número de polimorfismos (do inglês *copy number polymorphisms* – CNPs)[55]. Esse número de cópias variantes pode levar a um desequilíbrio do genoma. Por exemplo, acreditava-se que certos genes ocorriam sempre em duas cópias por genoma, mas descobriu-se que muitas vezes estão presentes em uma, três ou mais do que três cópias. Essas mudanças podem estar associadas a doenças ou desordens genômicas, como câncer, doenças imunes e desordens neurológicas. Além disso, tais alterações podem estar diretamente associadas com o metabolismo de drogas ou suscetibilidade a determinados agentes infecciosos. Há vários métodos disponíveis para identificar as alterações no número de cópias, tais como: amplificação em *multiplex* dependente da ligação de sondas (*multiplex ligation-dependent probe amplification* – MLPA)[56], hibridização *in situ* por fluorescência (*fluorescence in situ hybridization* – FISH)[57]; *CGH Microarray* (*microarray-based comparative genomic hybridization*)[58] etc.

Uma metodologia que emerge nesse cenário para a avaliação do número de cópias é a qPCR[59]. Usando o sistema TaqMan® é possível identificar quantitativamente alterações distintas no número de cópias com alta especificidade e reprodutibilidade. A metodologia consiste em realizar a quantificação de um ensaio-alvo e de uma referência, que em humanos normalmente é usado o gene codificador da RNAse P ou o gene codificador da transcriptase reversa da telomerase (*telomerase reverse transcriptase* – TERT). Os dois ensaios são geralmente realizados em multiplex, tanto na amostra controle quanto na amostra teste. A quantificação[35] é determinada de acordo com a metodologia $2^{-\Delta\Delta CT}$. Dessa forma, é possível utilizar segmentos do DNA com diferentes números de cópias, em geral deleções ou duplicações, e compará--lo com o genoma de referência.

25.6.3 Curva de dissociação em alta resolução

A técnica de curva de dissociação em alta resolução (*high resolution melting* – HRM) consiste no uso de fluoróforos intercalantes do DNA para a detecção de variações na sequência de ácidos nucleicos[60]. O termo HRM foi primeiramente descrito por Carl Wittwer e é definido como a análise precisa da relação entre temperatura e a desnaturação de produtos de PCR[61,62].

A análise de HRM começou com grande foco em genotipagem, na detecção de variantes de sequências heterozigotas e homozigotas assim como na detecção de novas mutações[63-65]. Recentemente essa técnica tem se estendido para o ambiente clínico e para outras aplicações, incluindo análise de metilação, como ferramenta de pré-sequenciamento, quantificação (variação em número de cópias e mosaicismo), entre outros[66,67].

O aumento do número de publicações, em torno de cem publicações no ano de 2013, reflete o crescente interesse na técnica, principalmente devido às vantagens que a técnica apresenta e à facilidade de acesso à plataforma. Os avanços tecnológicos que aumentaram a sensibilidade e especificidade da técnica permitiram expandir o potencial da análise de HRM, entre eles, o surgimento de novos fluoróforos intercalantes de dupla fita de DNA e os equipamentos da PCR em tempo real com alta capacidade de coleta de fluorescência[60,63]. Os novos fluoróforos saturantes do DNA permitiram maior resolução das diferenças do perfil de *melting* para a grande maioria das aplicações[68]. Esses fluoróforos saturam a dupla fita de produto da PCR sem inibir a amplificação e durante a dissociação não se redistribuem em outras regiões do DNA. Ao contrário, durante a dissociação com fluoróforos não saturantes ocorre um fenômeno de redistribuição por regiões da sequência ainda em dupla fita[64]. Os instrumentos da PCR de ótica aperfeiçoada vieram facilitar o estudo do comportamento de *melting*, uma vez que capturam um elevado número de pontos de coleta de fluorescência por variação de temperatura e o controle da temperatura do bloco é feito com alta precisão[69].

O fluxo de trabalho para HRM é realizado, tipicamente, em um único tubo, sendo um sistema fechado, o que possibilita a redução do risco de contaminação e dos custos[70,71]. De forma geral, o fluxograma para HRM consiste nos seguintes pontos:

a) Realizar uma reação de amplificação em cadeia da polimerase da região de interesse com oligonucleotídeos não marcados na presença de um agente intercalante específico de DNA em uma plataforma de PCR em tempo real. Os fluoróforos saturantes utilizados em experimentos de HRM apresentam um aumento do nível de fluorescência quando intercalados em DNA dupla fita frente ao baixo nível de fluorescência que exibem quando livres em solução, de forma idêntica ao SYBR® Green.

b) Seguir diretamente com a análise pós-PCR de dissociação de alta resolução. Quando o produto da PCR em dupla fita dissocia para uma estrutura em simples fita (provocado pelo aumento gradual de temperatura), o fluoróforo é liberado para a solução diminuindo o nível de fluorescência detectado em tempo real pelo equipamento. Assim, é gerado um perfil de *melting* ou dissociação característico para cada amplicon (determinado pelo conteúdo GC e o tamanho do amplicon)[62].

A técnica de HRM utiliza um equipamento de PCR em tempo real disponível em muitos laboratórios e possuiu uma abordagem simples com uma metodologia de único passo (amplificação seguida de dissociação) e sem etapas de manipulação manual de produtos da PCR, como passos de purificação ou separação (*closed-tube*)[72]. Adicionalmente, a metodologia utilizada para realizar a dissociação não é destrutiva e, por isso, possibilita análises posteriores ao produto da PCR gerado, como eletroforese em gel ou sequenciamento[71].

A análise de alta resolução da curva de *melting* permite a identificação de variantes com uma única base de diferença na sequência, como SNPs (*single nucleotide polymorphisms*). No entanto, essa técnica é também utilizada para analisar inserções, deleções e inversões. A análise tradicional da curva de dissociação é feita por meio do cálculo da temperatura de *melting* (Tm) – temperatura à qual 50% do DNA encontra-se em dupla fita e 50% em simples fita – mas com a análise por HRM os dados de fluorescência são analisados também com base no perfil da curva de *melting*[69]. Os diferentes formatos permitem identificar diferentes heterozigotos. A identificação de heterozigotos pelo formato das curvas de *melting* é definida pela estabilidade e/ou cinética da velocidade de dissociação dos dois heterodúplex – produto da PCR em dupla fita com uma localização de nucleotídeos não complementares – e dois homodúplex presentes – produto da PCR em dupla fita em que todos os nucleotídeos são complementares[63].

Os resultados são analisados graficamente, representando o decréscimo do sinal de fluorescência com o aumento de temperatura. A Tm é calculada por meio da primeira derivada da fluorescência (fluorescência derivada/temperatura) (Figura 25.9)[62]. Além do método comum de visualização de curvas de dissociação – primeira derivada da fluorescência –, foi estabelecido um novo gráfico, o da diferença, o qual adota uma amostra como referência e permite uma melhor visualização dos genótipos[61]. O gráfico da diferença consiste na subtração do perfil de *melting* de cada curva pela referência adotada (Figura 25.10) frente à diferença de temperatura. A amostra de referência torna-se uma linha horizontal, facilitando a discriminação visual dos diferentes genótipos.

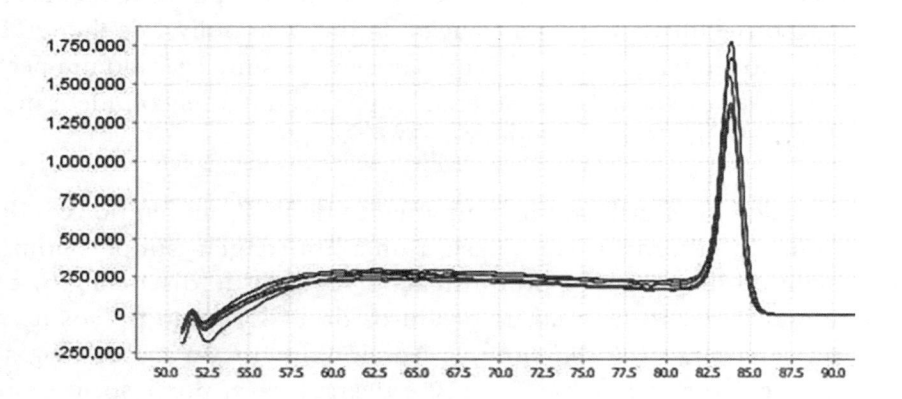

Figura 25.9 Curva de dissociação em alta resolução mostrando um único pico agudo, o qual sugere a formação de um produto específico com o conjunto de iniciadores utilizados. Dados da primeira derivada de fluorescência. No eixo Y está a fluorescência derivada e no eixo X a temperatura.

A técnica de HRM é encarada como uma técnica rápida, de alta demanda em aplicações de microbiologia (revisado em Tong e Giffard[72]. Para a detecção de patógenos, a combinação da PCR em tempo real com análise de *melting* de alta resolução apresenta vantagens frente a técnicas já estabelecidas como PFGE (*pulsed field gel electrophoresis*), PCR-RFLP (*restriction fragment length polymorphism*) e sequenciamento por eletroforese capilar. Uma das vantagens da técnica de HRM, quando comparada com os métodos convencionais, é a redução de tempo na obtenção de resultados e o custo reduzido. No trabalho de Cai e colaboradores[69] mesmo com um protocolo de pré-enriquecimento, a detecção de *Cronobacter* spp. e obtenção do resultado foram reduzidos de sete dias para 24 horas com o desenvolvimento de uma metodologia baseada em HRM. Existe também um grande potencial de

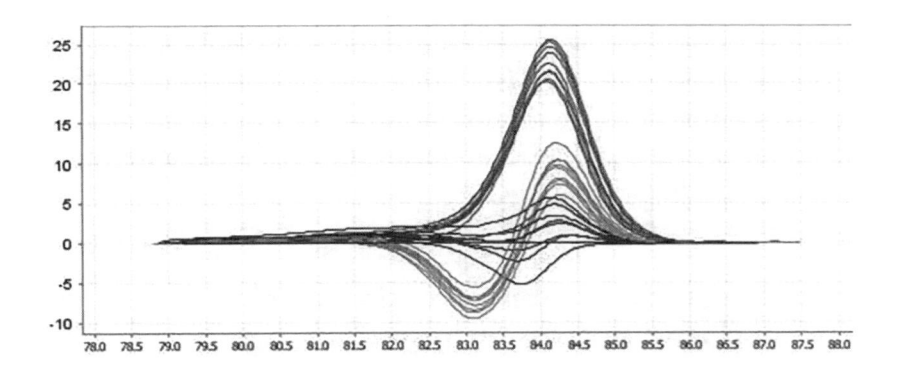

Figura 25.10 Gráfico da diferença. Uma amostra referência assume o perfil horizontal, no nível zero. As curvas são facilmente diferenciadas estabelecendo os diferentes genótipos (vermelho: homozigoto para alelo G; azul: homozigoto para alelo A; verde: heterozigoto). No eixo Y, a diferença da fluorescência, no eixo X a diferença de temperatura.

aplicação clínica, já que HRM é uma técnica sensível para acomodar misturas de tipos de células diferentes.

Em um trabalho publicado por Krypuy e colaboradores[68] HRM apresenta algumas vantagens frente ao sequenciamento por eletroforese capilar para detecção de mutações no gene KRAS. Isso ocorre porque, apesar de ser considerado padrão-ouro, o sequenciamento é uma técnica relativamente mais cara e com sensibilidade limitada. Nesse trabalho foram identificadas mutações por HRM em amostras com 5% a 6% de células tumorais em *background* de DNA normal para o amplicon de 92 pares de bases. Apesar de todas as características positivas para HRM, é importante ressaltar que esta técnica depende de uma excelente reação de amplificação (PCR específica) – levando em consideração que amostras com amplificação tardia têm que ser analisadas com cuidado – no instrumento utilizado e no fluoróforo[67,68].

Além das aplicações **descritas acima, a versatilidade dos instrumentos da PCR em tempo real permitem** também fazer análises de proteínas, tais como: investigar a estabilidade de proteínas por meio da curva de dissociação e fazer a quantificação relativa de proteínas por meio da metodologia de *proximity ligation assays*, utilizando o sistema TaqMan®. Por isso, com um instrumento de qPCR é possível fazer análises que permitam elucidar pontos do dogma central da biologia molecular, o qual estabelece que a informação genética flui no sentido DNA → RNA → proteína e que, na formulação moderna do dogma, estabelece que a informação flui no sentido genoma → transcriptoma → proteoma. O DNA é estritamente informativo, e as proteínas são responsáveis pela função, representando o mecanismo efetor da informação genética. Por isso, análises que elucidam desde os mecanismos que regulam o fluxo da informação até o transcriptoma e proteoma constituem a primeira etapa da genômica funcional, sendo de fundamental interesse para a medicina genômica.

25.6.4 Avaliação da estabilidade de proteínas por meio da desnaturação térmica

A dificuldade no isolamento ou na obtenção de uma proteína de interesse, bem como os elevados custos frequentemente envolvidos exigem cuidados com a manipulação ou o subsequente armazenamento, a fim de maximizar a utilidade e longevidade das proteínas e assegurar que os dados não sejam afetados por degradação ou eventos de agregação. Condições que favorecem a estabilidade em longo prazo constituem um requisito comum para quase todas as técnicas aplicadas ou de pesquisa de proteínas. Existem muitos fatores que podem afetar a estabilidade das proteínas, incluindo a concentração de sal, o pH ou a utilização de ligantes específicos que podem interagir com proteínas de diferentes maneiras. Dado o grande número de combinações possíveis, podem-se testar as condições ambientais que favorecem o máximo de estabilidade. Por isso, é altamente desejável uma técnica que possa simplificar e agilizar esse processo de investigação[73].

Ensaios de estabilidade ou *thermal shift* utilizando instrumentos de qPCR constituem uma rápida e sensível ferramenta para o monitoramento da termoestabilidade das proteínas, auxiliando na identificação de condições ótimas ou conformações/sequências que favoreçam a estabilidade das proteínas, além de proporcionar a investigação de interações proteínas-ligantes. Ensaios *thermal shift* usam um princípio termodinâmico bem estabelecido[74]. A estabilidade térmica de uma proteína-alvo é frequentemente fornecida a partir do ponto médio de desnaturação térmica ou ponto de *melting* (T_m; temperatura em que os estados nativos e desnaturados estão equimolares), o qual pode ser alterado por um ligante dependente de concentração. Comparações podem ser estabelecidas por meio dos valores de T_m obtidos, usando um intervalo com diferentes condições tampões ou adição de ligantes. Os ensaios *thermal shift* baseiam-se na desnaturação das proteínas induzidas por temperatura, que é monitorada por fluoróforos sensíveis ao meio ambiente em que estão.

Os benefícios de realizar os ensaios *thermal shift* nos instrumentos de qPCR incluem a flexibilidade dos programas para realização dos experimentos de *melting*, possibilitando ajustar um intervalo de requerimentos para uma melhor resolução dos dados, além de permitir o uso de pequenos volumes de reação, proporcionando resultados rápidos e acurados com apenas poucos microgramas de proteínas.

25.6.5 Quantificação relativa de proteínas utilizando o sistema TaqMan®

Atualmente os métodos para estudos de concentração, localização e colocalização, bem como de modificações secundárias de grandes conjuntos de proteínas, preditas com os dados gerados pelo sequenciamento do genoma humano, não são específicos e sensíveis. Por outro lado, métodos *in vitro*, tais como a PCR, têm possibilitado uma rápida aquisição da informação genômica, com excelente sensibilidade e especificidade, conforme vimos anteriormente. De posse dessa consideração, uma metodologia análoga à PCR foi estabelecida para detecção e quantificação de proteínas. Tal metodologia, denominada ensaio de ligação por proximidade (do inglês *proximity ligation assay* – PLA), tem como estratégia a ligação por proximidade da proteína a dois oligos, que estão ligados, respectivamente, a um aptâmero de DNA[75].

A metodologia descrita combinada com a qPCR fornece de forma rápida, sensível e específica resultados de quantificação de proteínas, além de possibilitar análises de interações proteína-proteína e mudanças pós-traducionais.

O princípio da metodologia consiste na conversão de eventos de ligação anticorpos-específicos por meio da utilização de moléculas de ácidos nucleicos como *reporter* (marcados com fluoróforos). O par de sondas são anticorpos alvo-específicos, os quais são conjugados a oligonucleotídeos através de uma ligação biotina-estreptavidina e com as extremidades 5' ou 3' livres. Essas extremidades se aproximam quando componentes dos anticorpos do par de sondas ligam-se a dois diferentes epítopos de uma proteína-alvo. As extremidades de cada oligossonda (5' livre ou 3' livre) são aderidas por uma ligase utilizando um terceiro oligo, formando uma ponte. Em seguida é realizado um tratamento com protease para inativar a ligase e promover a digestão do sistema proteína-anticorpo. O substrato restante (oligosssondas) será utilizado como molde para a amplificação pela PCR em tempo real e subsequente quantificação relativa da proteína-alvo.

25.7 DESAFIOS DOS MÉTODOS DE ANÁLISE

A técnica da PCR em tempo real tem sido amplamente utilizada nas áreas de pesquisa e clínica e possui inegáveis vantagens como a sensibilidade e a amplitude de aplicações descritas neste capítulo. Apesar desses fatores, frequentemente é gerado um enorme volume de dados, cuja análise representa um dos maiores obstáculos dos experimentos de qPCR. A análise dos dados é encarada como intrincada, especialmente em relação aos aspectos estatísticos. No entanto, o sucesso dessa análise não inclui unicamente um teste estatístico adequado. De acordo com Goni e colaboradores[76], para o sucesso de experimentos da PCR quantitativa, antes mesmo de gerar os dados, é necessário implementar controles de qualidade de resultados, elaborar uma hipótese e planejar o desenho experimental de forma a testar essa hipótese, realizar uma seleção correta de genes de referência para a normalização e, ao final, realizar a escolha do método estatístico a ser aplicado.

Segundo o guia MIQE[33], a análise de dados inclui a avaliação do dado bruto considerando a sua qualidade e a confiabilidade. Para medir esses parâmetros é calculada a precisão dos dados, o que inclui a informação da repetibilidade e reprodutibilidade. A repetibilidade, também conhecida como variância intraensaio, refere-se à robustez do ensaio realizado repetidamente com as mesmas amostras e pode ser expressa como o desvio-padrão dos valores de Cq (*quantification cycle*). A reprodutibilidade ou variância interensaio denomina a variação dos resultados comparando diferentes corridas experimentais ou entre diferentes laboratórios e, habitualmente, é expressa como desvio-padrão do número de cópias calculado ou concentrações. Os motivos da falta de precisão nos resultados de qPCR são discutidos no guia MIQE; entre as causas mais comuns estão os erros de pipetagem e variação estocástica: a precisão da qPCR depende da concentração inicial de amostra, decrescendo com o menor número de cópias inicial. Dentro dessa análise, o guia refere-se também à inclusão dos métodos utilizados para alcançar a exatidão. A exatidão dos resultados descreve a diferença entre um resultado obtido experimentalmente e a concentração verdadeira, ou seja, a proximidade entre a medida experimental e a real.

O desenho experimental possui extrema relevância para o pesquisador testar a sua hipótese – frequentemente para expressão gênica não existe diferença na expressão de um gene-alvo entre duas ou mais subpopulações. Isso implica delinear os grupos, fatores do teste (exemplo, um tratamento) e amostras (número e réplicas). Após o planejamento, existem três elementos que estão na base de resultados com significância estatística:

1) O efeito do teste, ou seja, o nível de expressão diferencial entre os grupos testados.
2) A variabilidade biológica inerente às amostras retiradas aleatoriamente de uma população, e que irá gerar um nível de diferença na expressão de um gene.
3) O ruído experimental introduzido nos dados por meio do erro associado a uma medição, neste caso, a um valor de Cq.

Quanto maior for a diferença dos níveis de expressão do gene-alvo entre os grupos teste – primeiro ponto – mais facilmente esse resultado é diferenciado dos demais pontos. É possível minimizar a variabilidade biológica aumentando o número de réplicas biológicas, ou, olhando por outra perspectiva, apesar da esperada diferença de expressão entre amostras do mesmo grupo biológico, o aumento desse número pode discriminar diferenças entre os grupos experimentais de menor magnitude. A minimização do ruído experimental passa por boas práticas laboratoriais, replicatas técnicas e a utilização de genes de referência ideais[77].

Além do controle de qualidade dos dados e do correto planejamento experimental, os métodos de normalização têm sérias implicações na confiabilidade e reprodutibilidade dos resultados em PCR em tempo real. Existem vários métodos de normalização, no entanto, o método preferencial para a remoção de variação não específica (ruído induzido experimentalmente) utiliza um gene de referência (ou múltiplos). A incorreta normalização implica dados biologicamente irrelevantes e, apesar de conhecidos os perigos associados a uma normalização insatisfatória, um considerável número de autores desconsideram a validação sistemática deste ponto. É essencial seguir o padrão-ouro atual que inclui a validação experimental de um painel de genes candidatos e análise dos níveis de expressão mais estáveis para todas as condições experimentais por meio de robustos algoritmos[78-80].

Os dois modelos matemáticos mais frequentemente utilizados para realizar a análise dos dados são o método conhecido como $\Delta\Delta Ct$[35] e o método calibrado pela eficiência[54]. Para ambos os modelos são consideradas amostras calibradoras e amostras teste. Para cada amostra são corridos, pelo menos, um gene de referência e um gene-alvo.

Apesar dos esforços realizados com a publicação do guia MIQE, atualmente ainda não existe uma padronização dos métodos de processamento de dados. No trabalho de Yuan et al. (2006)[81] são discutidos e comparados métodos de cálculo, entre eles, modelo de regressão linear múltipla, ANCOVA (análise de covariância), *t-test* e o correspondente não paramétrico teste de Wilcoxon. Os dados apresentados evidenciaram resultados similares entre todos os testes estatísticos. Como base nessas evidências, discute-se que a escolha do teste estatístico irá depender do desenho experimental, da qualidade dos dados – aqui descrito anteriormente – e, finalmente, do rigor da análise.

Sabe-se que nem sempre as publicações explicitam a abordagem aplicada na análise de dados, dificultando uma avaliação crítica por parte do leitor. Os motivos para essa falta de descrição podem estar relacionados com a limitação de espaço na publicação, mas também com a falta de padronização existente na área. No entanto, a técnica da PCR em tempo real irá beneficiar significativamente uma metodologia mais descritiva para a análise de dados, o que certamente promoverá um maior nível de transparência dos dados gerados.

25.8 PCR DIGITAL: A EXPANSÃO DA qPCR

O primeiro trabalho sobre PCR digital (dPCR) foi publicado em 1992, por Sykes e colaboradores[82], com o objetivo de quantificar alvos pela PCR e não o produto amplificado, na tentativa de realizar uma quantificação do menor número de células leucêmicas provenientes de um paciente portador de leucemia. Portanto, o objetivo era monitorar a doença residual nesses pacientes e, assim, tratá-los previamente à recorrência do quadro patológico.

A dPCR representa o curso evolutivo da PCR, que alcança a sua terceira geração e tem como característica principal expandir a capacidade da qPCR, por permitir uma maior precisão e sensibilidade. Isso é **obtido pela conversão do princípio da** exponencialidade, porém de forma análoga à PCR em um sinal linear ou digital, apropriado a esse propósito. Para isso, moléculas individuais são isoladas por diluições e individualmente amplificadas pela PCR. Cada produto é analisado separadamente e, devido ao particionamento das amostras em centenas ou até milhões de poços, é possível estimar o número de moléculas. Assumindo que a população de moléculas segue uma distribuição de Poisson, é possível fazer a contagem do número de reações negativas e positivas[83]. A dPCR utiliza os mesmos princípios da PCR quantitativa e, portanto, utiliza fluorescência para avaliar o acúmulo de ácido nucleico amplificado após quarenta ciclos de uma reação. Com essa abordagem é possível fazer a quantificação absoluta de uma única molécula molde, sem a necessidade de uma curva-padrão.

Não obstante, a dPCR é ideal para experimentos que utilizam uma única célula, transcritos raros/detecção de alelos raros, de agentes patogênicos de baixo nível, avaliação da porcentagem de transgenia, validação de *knockdown*, geração de padrões de referência, quantificação de bibliotecas provenientes de sequenciamento de segunda geração, bem como a validação de dados provenientes por esta metodologia, variação do número de cópias e expressão gênica.

A dPCR é uma metodologia complementar à qPCR. Isto porque para aqueles experimentos em que há uma ou muitas moléculas, capazes de produzir resultados altamente reprodutíveis após técnicas de amplificações, a qPCR deve ser o método de escolha. Por outro lado, para aqueles experimentos em que há amostras que precisam ser submetidas a diluições limitantes em muitas partições, ou seja, para alvos raros, a dPCR dever ser o método de escolha.

Atualmente existem duas estratégias comerciais disponíveis:

1) Sistema rígido (*chip* de silício): as reações são particionadas em milhares de poços de forma totalmente automatizada. Em seguida, as amostras e os reagentes são carregados em um *chip* e colocados em um termociclador convencional para realizar a amplificação. Por último, é feita a leitura para a coleta dos dados absolutos.

2) PCR em emulsão (PCR realizada em microvesículas): inicialmente são geradas milhares de microvesículas em uma emulsão entre água e óleo, utilizadas para particionar as reações da PCR. Os fragmentos utilizados devem ser de tamanhos similares e, portanto, pode ser necessária a utilização de processos de digestão. Em seguida são produzidos fragmentos de ácidos nucleicos de tamanhos similares por meio de digestão, faz-se a reação de amplificação das microvesículas e, posteriormente, a contagem (quantificação absoluta).

Os atributos da dPCR **são caracterizados por elevada sensibilidade**, especificidade e precisão, os quais são fornecidos pelo volume total de reação da PCR utilizado e pelo número de replicatas de cada ensaio.

25.9 PERSPECTIVAS FUTURAS

Desde a sua introdução no mercado comercial, pouco mais de dez anos atrás, a PCR quantitativa em tempo real (qPCR) tornou-se a principal plataforma técnica para detecção e quantificação de ácidos nucleicos, tanto em pesquisa e desenvolvimento quanto em diagnósticos de rotina. Por ser altamente flexível, sensível e reprodutível, a qPCR é amplamente adotada como uma metodologia de validação na biologia molecular.

O aumento do uso da PCR em tempo real tem se traduzido a cada ano em um número exponencial de publicações científicas. O impacto dessa tecnologia nas suas diferentes aplicações permite classificá-la como uma metodologia que revolucionou as ciências moleculares.

Paralelamente, o advento da dPCR promete uma mudança de paradigma nos métodos de quantificação e do diagnóstico clínico molecular. Com essa metodologia é possível fazer a quantificação absoluta de alvos raros, como, por exemplo, de um agente patogênico, e realizar o manejo terapêutico de forma mais eficiente e preciso, contribuindo, assim, com a identificação das causas reais de uma doença, em oposição à mera detecção de seus sintomas. Além disso, com a dPCR é possível avaliar alterações sutis no perfil da expressão de mRNA e de miRNAs, os quais podem estar associados, por exemplo, com a reação de um tecido para estados patológicos ou tratamentos com medicamentos, e são suscetíveis de serem úteis para o acompanhamento pós-operatório mais preciso de pacientes com câncer.

Sua simplicidade, especificidade e sensibilidade tornam essa técnica ideal para essa tarefa, tornando-se um ensaio de custo eficaz e eficiente em termos de tempo e, portanto, sendo uma excelente opção para integrar a um protocolo de rotina clínico.

Dessa forma, tanto a qPCR quanto a dPCR ampliam a influência das inovações baseadas em PCR e apresentam direções intrigantes para o futuro das pesquisas biomédicas e dos diagnósticos moleculares.

REFERÊNCIAS

1. Watson JD, Crick FH. Molecular structure of nucleic acids; a structure for deoxyribose nucleic acid. Nature. 1953 Apr 25;171(4356):737-8.

2. Kleppe K, Ohtsuka E, Kleppe R, Molineux I, Khorana HG. Studies on polynucleotides. XCVI. Repair replications of short synthetic DNA's as catalyzed by DNA polymerases. J Mol Biol. 1971 Mar 14;56(2):341-61.

3. Saiki RK, Scharf S, Faloona F, Mullis KB, Horn GT, Erlich HA, et al. Enzymatic amplification of beta-globin genomic sequences and restriction site analysis for diagnosis of sickle cell anemia. Science. 1985 Dec 20;230(4732):1350-4.

4. Mullis K, Faloona F, Scharf S, Saiki R, Horn G, Erlich H. Specific enzymatic amplification of DNA in vitro: the polymerase chain reaction. Cold Spring Harb Symp Quant Biol. 1986;51 Pt 1:263-73.

5. Mullis KB, Faloona FA. Specific synthesis of DNA in vitro via a polymerase-catalyzed chain reaction. Methods Enzymol. 1987;155:335-50.

6. Erlich HA, Gelfand D, Sninsky JJ. Recent advances in the polymerase chain reaction. Science. 1991 Jun 21;252(5013):1643-51.

7. Erlich HA, R. Gibbs, H.H. Kazazian J. Polymerase chain reaction. Current communications in molecular biology. New York: Cold Spring Harbor Laboratory/Cold Spring Harbor; 1989.

8. Noonan KE, Beck C, Holzmayer TA, Chin JE, Wunder JS, Andrulis IL, et al. Quantitative analysis of MDR1 (multidrug resistance) gene expression in human tumors by polymerase chain reaction. Proc Natl Acad Sci USA. 1990 Sep;87(18):7160-4.

9. Murphy LD, Herzog CE, Rudick JB, Fojo AT, Bates SE. Use of the polymerase chain reaction in the quantitation of mdr-1 gene expression. Biochemistry. 1990 Nov 13;29(45):10351-6.

10. Park OK, Mayo KE. Transient expression of progesterone receptor messenger RNA in ovarian granulosa cells after the preovulatory luteinizing hormone surge. Mol Endocrinol. 1991 Jul;5(7):967-78.

11. Wu DY, Ugozzoli L, Pal BK, Qian J, Wallace RB. The effect of temperature and oligonucleotide primer length on the specificity and efficiency of amplification by the polymerase chain reaction. DNA Cell Biol. 1991 Apr;10(3):233-8.

12. Ferre F. Quantitative or semi-quantitative PCR: reality versus myth. PCR methods and applications. 1992 Aug;2(1):1-9.

13. Nedelman J, Heagerty P, Lawrence C. Quantitative PCR with internal controls. Comput Appl Biosci. 1992 Feb;8(1):65-70.

14. Siebert PD, Larrick JW. Competitive PCR. Nature. 1992 Oct 8;359(6395):557-8.

15. Raeymaekers L. Quantitative PCR: theoretical considerations with practical implications. Anal Biochem. 1993 Nov 1;214(2):582-5.

16. Kappes JC, Saag MS, Shaw GM, Hahn BH, Chopra P, Chen S, et al. Assessment of antiretroviral therapy by plasma viral load testing: standard and ICD HIV-1 p24 antigen and viral RNA (QC-PCR) assays compared. J Acquir Immune Defic Syndr Hum Retrovirol. 1995 Oct 1;10(2):139-49.

17. Zaheer A, Zhong W, Lim R. Expression of mRNAs of multiple growth factors and receptors by neuronal cell lines: detection with RT-PCR. Neurochem Res. 1995 Dec;20(12):1457-63.

18. Jung R, Soondrum K, Neumaier M. Quantitative PCR. Clin Chem Lab Med. 2000 Sep;38(9):833-6.

19. Bustin SA. Quantification of mRNA using real-time reverse transcription PCR (RT-PCR): trends and problems. J Mol Endocrinol. 2002 Aug;29(1):23-39.

20. Breslauer KJ, Frank R, Blocker H, Marky LA. Predicting DNA duplex stability from the base sequence. Proc Natl Acad Sci USA. 1986 Jun;83(11):3746-50.

21. Le Pecq JB, Paoletti C. A new fluorometric method for RNA and DNA determination. Anal Biochem. 1966 Oct;17(1):100-7.

22. Higuchi R, Dollinger G, Walsh PS, Griffith R. Simultaneous amplification and detection of specific DNA sequences. Biotechnology. 1992 Apr;10(4):413-7.

23. Higuchi R, Fockler C, Dollinger G, Watson R. Kinetic PCR analysis: real-time monitoring of DNA amplification reactions. Biotechnology. 1993 Sep;11(9):1026-30.

24. Waring MJ. Complex Formation with DNA and Inhibition of Escherichia Coli Rna Polymerase by Ethidium Bromide. Biochimica et biophysica acta. 1964 Jun 22;87:358-61.

25. Nath K, Sarosy JW, Hahn J, Di Como CJ. Effects of ethidium bromide and SYBR Green I on different polymerase chain reaction systems. J Biochem Biophys Methods. 2000 Jan 3;42(1-2):15-29.

26. Holland PM, Abramson RD, Watson R, Gelfand DH. Detection of specific polymerase chain reaction product by utilizing the 5'----3' exonuclease activity of Thermus aquaticus DNA polymerase. Proc Natl Acad Sci USA. 1991 Aug 15;88(16):7276-80.

27. Livak KJ, Flood SJ, Marmaro J, Giusti W, Deetz K. Oligonucleotides with fluorescent dyes at opposite ends provide a quenched probe system useful for detecting PCR product and nucleic acid hybridization. PCR methods and applications. 1995 Jun;4(6):357-62.

28. Stryer L, Haugland RP. Energy transfer: a spectroscopic ruler. Proc Natl Acad Sci U S A. 1967 Aug;58(2):719-26.

29. Valasek MA, Repa JJ. The power of real-time PCR. Adv Physiol Educ. 2005 Sep;29(3):151-9.

30. Wittwer CT, Herrmann MG, Moss AA, Rasmussen RP. Continuous fluorescence monitoring of rapid cycle DNA amplification. Biotechniques. 1997 Jan;22(1):130-1, 4-8.

31. Ririe KM, Rasmussen RP, Wittwer CT. Product differentiation by analysis of DNA melting curves during the polymerase chain reaction. Anal Biochem. 1997 Feb 15;245(2):154-60.

32. Bustin SA. Real-Time Reverse Transcription PCR. New York: Marcel Dekker, Inc.; 2005. 5 p.

33. Bustin SA, Benes V, Garson JA, Hellemans J, Huggett J, Kubista M, et al. The MIQE guidelines: minimum information for publication of quantitative real-time PCR experiments. Clin Chem. 2009 Apr;55(4):611-22.

34. Hellemans J, Mortier G, De Paepe A, Speleman F, Vandesompele J. qBase relative quantification framework and software for management and automated analysis of real-time quantitative PCR data. Genome Biol. 2007;8(2):R19.

35. Livak KJ, Schmittgen TD. Analysis of relative gene expression data using real-time quantitative PCR and the 2(-Delta Delta C(T)) Method. Methods. 2001 Dec;25(4):402-8.

36. Mooney S. Bioinformatics approaches and resources for single nucleotide polymorphism functional analysis. Briefings in bioinformatics. 2005 Mar;6(1):44-56.

37. Wilson AG, di Giovine FS, Blakemore AI, Duff GW. Single base polymorphism in the human tumour necrosis factor alpha (TNF alpha) gene detectable by NcoI restriction of PCR product. Hum Mol Genet. 1992 Aug;1(5):353.

38. Franceschi DS, Mazini PS, Rudnick CC, Sell AM, Tsuneto LT, Ribas ML, et al. Influence of TNF and IL10 gene polymorphisms in the immunopathogenesis of leprosy in the south of Brazil. Int J Infect Dis. 2009 Jul;13(4):493-8.

39. Maxwell JR, Potter C, Hyrich KL, Barton A, Worthington J, Isaacs JD, et al. Association of the tumour necrosis factor-308 variant with differential response to anti--TNF agents in the treatment of rheumatoid arthritis. Hum Mol Genet. 2008 Nov 15;17(22):3532-8.

40. Visentainer JE, Sell AM, da Silva GC, Cavichioli AD, Franceschi DS, Lieber SR, et al. TNF, IFNG, IL6, IL10 and TGFB1 gene polymorphisms in South and Southeast Brazil. Int J Immunogenet. 2008 Aug;35(4-5):287-93.

41. Maeda M, Murayama N, Ishii H, Uryu N, Ota M, Tsuji K, et al. A simple and rapid method for HLA-DQA1 genotyping by digestion of PCR-amplified DNA with allele specific restriction endonucleases. Tissue Antigens. 1989 Nov;34(5):290-8.

42. Tobe VO, Taylor SL, Nickerson DA. Single-well genotyping of diallelic sequence variations by a two-color ELISA-based oligonucleotide ligation assay. Nucleic Acids Res. 1996 Oct 1;24(19):3728-32.

43. Chen X, Kwok PY. Template-directed dye-terminator incorporation (TDI) assay: a homogeneous DNA diagnostic method based on fluorescence resonance energy transfer. Nucleic Acids Res. 1997 Jan 15;25(2):347-53.

44. Tyagi S, Bratu DP, Kramer FR. Multicolor molecular beacons for allele discrimination. Nat Biotechnol. 1998 Jan;16(1):49-53.

45. Chen X, Livak KJ, Kwok PY. A homogeneous, ligase-mediated DNA diagnostic test. Genome Res. 1998 May;8(5):549-56.

46. Hacia JG, Brody LC, Collins FS. Applications of DNA chips for genomic analysis. Mol Psychiatry. 1998 Nov;3(6):483-92.

47. Wang DG, Fan JB, Siao CJ, Berno A, Young P, Sapolsky R, et al. Large-scale identification, mapping, and genotyping of single-nucleotide polymorphisms in the human genome. Science. 1998 May 15;280(5366):1077-82.

48. Ross P, Hall L, Smirnov I, Haff L. High level multiplex genotyping by MALDI-TOF mass spectrometry. Nat Biotechnol. 1998 Dec;16(13):1347-51.

49. Mein CA, Barratt BJ, Dunn MG, Siegmund T, Smith AN, Esposito L, et al. Evaluation of single nucleotide polymorphism typing with invader on PCR amplicons and its automation. Genome Res. 2000 Mar;10(3):330-43.

50. Holloway JW, Beghe B, Turner S, Hinks LJ, Day IN, Howell WM. Comparison of three methods for single nucleotide polymorphism typing for DNA bank studies: sequence-specific oligonucleotide probe hybridisation, TaqMan liquid phase hybridisation, and microplate array diagonal gel electrophoresis (MADGE). Hum Mutat. 1999;14(4):340-7.

51. Ginzinger DG. Gene quantification using real-time quantitative PCR: an emerging technology hits the mainstream. Exp Hematol. 2002 Jun;30(6):503-12.

52. Wong ML, Medrano JF. Real-time PCR for mRNA quantitation. Biotechniques. 2005 Jul;39(1):75-85.

53. Levin R. The Application of Real-Time PCR to Food and Agricultural Systems. A Review. Food Biotechnol. 2005;18(1):97-133.

54. Pfaffl MW. A new mathematical model for relative quantification in real-time RT-PCR. Nucleic Acids Res. 2001 May 1;29(9):e45.

55. Redon R, Ishikawa S, Fitch KR, Feuk L, Perry GH, Andrews TD, et al. Global variation in copy number in the human genome. Nature. 2006 Nov 23;444(7118):444-54.

56. Benito-Sanz S, del Blanco DG, Aza-Carmona M, Magano LF, Lapunzina P, Argente J, et al. PAR1 deletions downstream of SHOX are the most frequent defect in a Spanish cohort of Leri-Weill dyschondrosteosis (LWD) probands. Hum Mutat. 2006 Oct;27(10):1062.

57. Ware PL, Snow AN, Gvalani M, Pettenati MJ, Qasem SA. MDM2 copy numbers in well-differentiated and dedifferentiated liposarcoma: characterizing progression to high-grade tumors. Am J Clin Pathol. Mar;141(3):334-41.

58. Burton R. SNP genotyping with the next generation of CGH microarray. MLO Med Lab Obs. 2013 Jul;45(7):8, 10, 2 passim.

59. Dymond JS. Explanatory chapter: quantitative PCR. Methods Enzymol. 2013;529:279-89.

60. Reed GH, Kent JO, Wittwer CT. High-resolution DNA melting analysis for simple and efficient molecular diagnostics. Pharmacogenomics. 2007 Jun;8(6):597-608.

61. Wittwer CT, Reed GH, Gundry CN, Vandersteen JG, Pryor RJ. High-resolution genotyping by amplicon melting analysis using LCGreen. Clin Chem. 2003 Jun;49(6 Pt 1):853-60.

62. Erali M, Voelkerding KV, Wittwer CT. High resolution melting applications for clinical laboratory medicine. Exp Mol Pathol. 2008 Aug;85(1):50-8.

63. Gundry CN, Vandersteen JG, Reed GH, Pryor RJ, Chen J, Wittwer CT. Amplicon melting analysis with labeled primers: a closed-tube method for differentiating homozygotes and heterozygotes. Clin Chem. 2003 Mar;49(3):396-406.

64. Liew M, Pryor R, Palais R, Meadows C, Erali M, Lyon E, et al. Genotyping of single--nucleotide polymorphisms by high-resolution melting of small amplicons. Clin Chem. 2004 Jul;50(7):1156-64.

65. Reed GH, Wittwer CT. Sensitivity and specificity of single-nucleotide polymorphism scanning by high-resolution melting analysis. Clin Chem. 2004 Oct;50(10):1748-54.

66. Kristensen LS, Mikeska T, Krypuy M, Dobrovic A. Sensitive Melting Analysis after Real Time- Methylation Specific PCR (SMART-MSP): high-throughput and probe-free quantitative DNA methylation detection. Nucleic Acids Res. 2008 Apr;36(7):e42.

67. Montgomery JL, Sanford LN, Wittwer CT. High-resolution DNA melting analysis in clinical research and diagnostics. Expert review of molecular diagnostics. 2010 Mar;10(2):219-40.

68. Krypuy M, Newnham GM, Thomas DM, Conron M, Dobrovic A. High resolution melting analysis for the rapid and sensitive detection of mutations in clinical samples: KRAS codon 12 and 13 mutations in non-small cell lung cancer. BMC Cancer. 2006;6:295.

69. Cai XQ, Yu HQ, Ruan ZX, Yang LL, Bai JS, Qiu DY, et al. Rapid detection and simultaneous genotyping of Cronobacter spp. (formerly Enterobacter sakazakii) in powdered infant formula using real-time PCR and high resolution melting (HRM) analysis. PLoS One. 2013;8(6):e67082.

70. Pornprasert S, Phusua A, Suanta S, Saetung R, Sanguansermsri T. Detection of alpha--thalassemia-1 Southeast Asian type using real-time gap-PCR with SYBR Green1 and high resolution melting analysis. Eur J Haematol. 2008 Jun;80(6):510-4.

71. Vossen RH, Aten E, Roos A, den Dunnen JT. High-resolution melting analysis (HRMA): more than just sequence variant screening. Hum Mutat. 2009 Jun;30(6):860-6.

72. Tong SY, Giffard PM. Microbiological applications of high-resolution melting analysis. J Clin Microbiol. 2012 Nov;50(11):3418-21.

73. Niesen FH, Berglund H, Vedadi M. The use of differential scanning fluorimetry to detect ligand interactions that promote protein stability. Nature protocols. 2007;2(9):2212-21.

74. Zhang R, Monsma F. Fluorescence-based thermal shift assays. Curr Opin Drug Discov Devel. 2010 Jul;13(4):389-402.

75. Fredriksson S, Gullberg M, Jarvius J, Olsson C, Pietras K, Gustafsdottir SM, et al. Protein detection using proximity-dependent DNA ligation assays. Nat Biotechnol. 2002 May;20(5):473-7.

76. Goni R, García P, Foissac S. The qPCR data statistical analysis. Integromics White Paper. 2009.

77. Kitchen RR, Kubista M, Tichopad A. Statistical aspects of quantitative real-time PCR experiment design. Methods. 2010 Apr;50(4):231-6.

78. Pfaffl MW, Tichopad A, Prgomet C, Neuvians TP. Determination of stable house-keeping genes, differentially regulated target genes and sample integrity: BestKeeper--Excel-based tool using pair-wise correlations. Biotechnol Lett. 2004 Mar;26(6):509-15.

79. Vandesompele J, De Preter K, Pattyn F, Poppe B, Van Roy N, De Paepe A, et al. Accurate normalization of real-time quantitative RT-PCR data by geometric averaging of multiple internal control genes. Genome Biol. 2002 Jun 18;3(7):Research0034.

80. Nolan T, Hands RE, Bustin SA. Quantification of mRNA using real-time RT-PCR. Nature protocols. 2006;1(3):1559-82.

81. Yuan JS, Reed A, Chen F, Stewart CN, Jr. Statistical analysis of real-time PCR data. BMC Bioinformatics. 2006;7:85.

82. Sykes PJ, Neoh SH, Brisco MJ, Hughes E, Condon J, Morley AA. Quantitation of targets for PCR by use of limiting dilution. Biotechniques. 1992 Sep;13(3):444-9.

83. Vogelstein B, Kinzler KW. Digital PCR. Proc Natl Acad Sci USA. 1999 Aug 3;96(16):9236-41.

26

CITOMETRIA DE FLUXO: FUNDAMENTOS E PRINCÍPIOS

Rodrigo Pestana Lopes

26.1 INTRODUÇÃO E EVOLUÇÃO HISTÓRICA

Como o próprio nome sugere, a citometria de fluxo é uma metodologia baseada na mensuração de células por meio de um sistema líquido em movimento. O que a torna uma metodologia única é a sua capacidade de avaliar, individualmente, cada uma das células que constituem a amostra analisada. Por ser uma metodologia de análise citológica em movimento, e não estática, como a microscopia, por exemplo, a citometria de fluxo permite a avaliação contínua de uma quantidade grande e variada de células que se encontrem suspensas em um meio líquido. A amostragem não fica restrita a fatores que podem ser considerados limitantes, como o número de campos de visão avaliados na microscopia, por exemplo. A dimensão da amostragem é definida pelo operador do equipamento e pode estar baseada na análise de um número específico de células, em um volume específico de amostra ou em uma quantidade de tempo fixa. Essas características do método lhe conferem grande potencial analítico e permitem, portanto, que as conclusões tomadas a partir da interpretação dos resultados produzidos sejam estatisticamente relevantes.

Muito embora não se tenha registro oficial do surgimento do termo citometria de fluxo, que passou a ser usado na década de 1970, é consenso que a motivação para seu desenvolvimento deu-se, especialmente, pela busca de sistemas mais rápidos e precisos para a contagem e identificação de tipos celulares que aqueles disponíveis à época pelas técnicas usuais de microscopia. Um estudo em particular, conduzido por Moldavan em 1934[1], é considerado por muitos como o precursor da citometria de fluxo. No entanto, segundo Howard Shapiro[2], um renomado estudioso e entusiasta da metodologia, pode-se considerar que o primeiro aparelho utilizando os princípios que deram base aos sistemas utilizados hoje em dia foi construído no Departamento de Química da Northwestern University (na cidade de Evanston), em um projeto financiado pelo exército dos Estados Unidos da América e desenvolvido por Gucker e colaboradores, com os primeiros resultados de sua utilização na avaliação de bactérias sendo publicados em 1947[3].

A partir dos princípios do sistema criado por Gucker, que avaliava aspectos morfológicos das células (desvios de luz), diversos avanços foram feitos por grupos igualmente dedicados ao aperfeiçoamento das técnicas de identificação, caracterização e contagem de células em amostras complexas. Os estudos desses grupos produziram conhecimentos valiosos e foram de contribuição ímpar não somente para o desenvolvimento da citometria de fluxo, mas também para a evolução de outros métodos e sistemas de análises citológicas como a microscopia, a espectrofotometria e os contadores celulares automatizados[4-14]. Dentre esses estudos, alguns representam importantes marcos para a citometria de fluxo.

O aumento das capacidades qualitativas e quantitativas dessa metodologia se deu a partir do emprego de marcadores fluorescentes para auxiliar na identificação e diferenciação de células. Estudos conduzidos por Van Dilla[10], nos EUA, e por Dittrich[11], na Alemanha, ambos publicados em 1969, são considerados os primeiros a efetivamente utilizarem fluorescência em suas análises e, com eles, surge o princípio das capacidades multiparamétricas da citometria de fluxo. A partir desses estudos, e também dos princípios publicados em 1965[7-9], que mostravam ser possível utilizar os instrumentos disponíveis à época para separar células de interesse por meio da eletrostática (princípio de *cell sorting*), o grupo liderado por Leonard Harzenberg, na Universidade de Stanford, passa a perseguir o desenvolvimento de um equipamento que combinasse essas possibilidades. Em 1969, o grupo desenvolve então o protótipo desse instrumento, utilizando um sistema cuja excitação das células ocorria a partir de uma lâmpada de arco voltaico[12]. Contudo, foi em 1972 que o grupo efetivamente produziu seu tão almejado sistema, o FACS (do inglês *fluorescence-activated cell sorter*)[13]. Esse aparelho, que deixou de utilizar uma lâmpada de arco voltaico e passou a fazer uso de um *laser* de argônio resfriado a água, além de possibilitar análises celulares multiparamétricas (morfologia e fluorescências), permitia também o isolamento daquelas células que apresentavam as características de interesse do pesquisador, separando-as da amostra analisada e coletando-as em recipiente apropriado para estudos posteriores. A patente desse equipamento foi então adquirida, em 1974, pela empresa Becton-Dickinson (B-D), atualmente Becton, Dickinson and Company (BD), que registrou a marca FACS™ e, em 1976, lançou o primeiro *cell sorter* comercializável, chamado FACS™-II. Em reconhecimento à sua contribuição para a ciência pelo desenvolvimento do FACS, Leonard Herzenberg recebeu, em 2006, o prêmio de Kioto em tecnologia avançada, prestigiosa cerimônia japonesa equivalente ao prêmio Nobel norueguês-sueco.

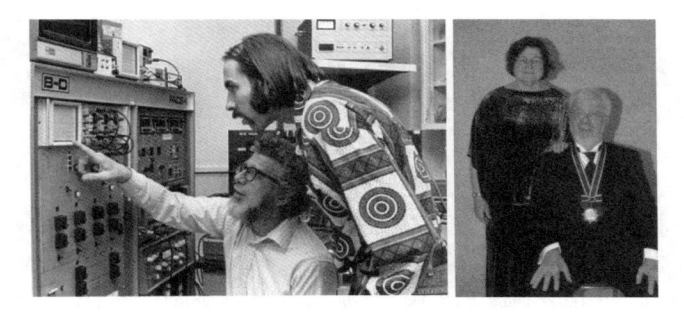

Figuras 26.1 e 26.2 Leonard Herzenberg com um aluno, trabalhando em um FACS™-II; e com sua esposa e colaboradora, Leonore Herzenberg, durante cerimônia do prêmio de Kioto, em 2006. Fotos do acervo de notícias da Stanford University.

A citometria de fluxo atual, graças à valiosa contribuição de todos os cientistas dedicados ao aprimoramento dos princípios físicos e químicos relacionados ao método e ao desenvolvimento acelerado dos sistemas eletrônicos e computacionais, é considerada a metodologia de escolha para análises celulares, aliando potencial e possibilidades à velocidade. Graças à sua capacidade de análise, a metodologia é hoje empregada nas mais variadas áreas das ciências da vida e da saúde, em segmentos que vão desde a pesquisa básica em análises vegetais, microbiologia ambiental e outros estudos com células procarióticas e eucarióticas, até sua aplicação em processos de controle de qualidade industrial e no diagnóstico de patologias como as leucemias e os linfomas.

26.2 FUNDAMENTOS DO MÉTODO E O CITÔMETRO DE FLUXO

A citometria de fluxo é uma metodologia cujo princípio consiste em analisar individualmente as células suspensas em um meio líquido, utilizando fontes de luz de excitação. A partir de sua incidência nas células, esses feixes de luz promoverão a emissão de novos sinais luminosos, que estarão associados a características específicas de cada uma das células avaliadas. O instrumento que permite que isso seja realizado é chamado citômetro de fluxo, e sua composição e princípio de funcionamento estão relacionados a três sistemas que funcionam em sincronismo: fluídico, óptico e eletrônico. Embora todo e qualquer equipamento os possua, esses sistemas podem apresentar diferenças entre fabricantes e instrumentos.

Accuri™ C6   FACS™ Canto II   FACS™ Aria III

Figura 26.3 Exemplos de três citômetros de fluxo com diferentes configurações e capacidades. Da esquerda para a direita: Accuri™ C6, equipamento para pesquisa, voltado para usuários menos experientes e que desejem movimentar o instrumento ou até mesmo levá-lo para estudos em campo (portátil); FACS™ Canto II, equipamento voltado para o diagnóstico clínico, possui sistemas adaptados para as principais necessidades de um setor de testes diagnósticos; FACS™ Aria III, principal *cell sorter* da atualidade, permite o isolamento de células de interesse para fins de pesquisas básicas e aplicadas.

A seguir, cada um dos sistemas será abordado individualmente, levando em consideração a maneira como operam na porção mais representativa dos equipamentos disponíveis no mercado atualmente. Cabe ressaltar, ainda, que a abordagem descritiva dos sistemas será feita de maneira superficial, com objetivo didático, sem abordar conceitos técnicos a respeito dos componentes e das leis da física e química relacionadas aos seus princípios de funcionamento. Detalhamentos e discussões a respeito desses tópicos poderão ser encontradas em diversas fontes complementares de leitura, incluindo a célebre publicação de Howard M. Shapiro[15].

26.2.1 Sistema fluídico

Para que as células presentes na amostra avaliada sejam analisadas individualmente, é necessário que elas sejam ordenadas e alinhadas, para que cheguem de maneira otimizada na cuveta da célula de fluxo (ou câmara de fluxo), local onde serão avaliadas. Essa tarefa é realizada pelo sistema fluídico. Composto por uma série de bombas, válvulas e linhas fluídicas, o princípio de funcionamento desse sistema está associado com a relação entre pressão (ar comprimido) e fluidos (solução do equipamento e amostra).

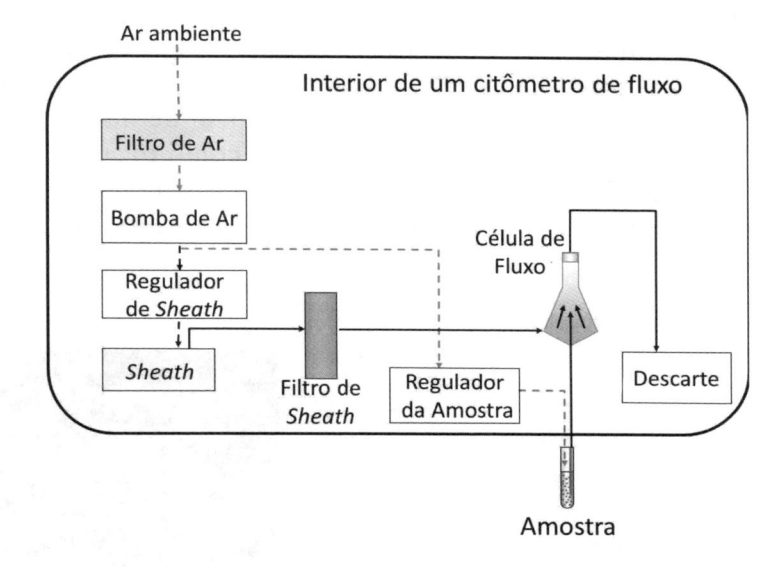

Figura 26.4 Diagrama de um sistema fluídico representado de maneira didática. O equipamento pressurizará o ar do próprio ambiente e o distribuirá de maneira controlada para garantir a circulação estabilizada do líquido de revestimento (*sheath*) e da amostra pelo equipamento. Cortesia de BD Biosciences do Brasil.

De uma maneira geral, o equipamento se faz valer do ar ambiente para alimentar um compressor que possui reguladores de pressão diferentes. Um deles é responsável por injetar ar em pressão controlada e fixa (exceto nos citômetros de fluxo *cell sorters*, nos quais essa pressão pode ser controlada pelo operador) em um reservatório abastecido com fluido isotônico, que exercerá função de fluido de revestimento da amostra, ou *sheath*, como é conhecido em inglês. O outro regulador de pressão injetará ar em pressão controlada, porém regulável pelo operador, no tubo contendo a amostra a ser analisada. Esses dois fluidos independentes, o de revestimento (*sheath*) e a amostra, passarão a ter, portanto, velocidades diferentes entre si. Os dois líquidos, seguindo um mesmo sentido de fluxo, entrarão em contato um com o outro no interior de um componente do instrumento denominado **célula ou câmara de fluxo**. Nesse local, a **amostra**, que estará envolta e no centro do **fluido de revestimento**, terá velocidade superior à deste, o que garantirá fluxo contínuo e ininterrupto de ambos, sem que eles se misturem (princípio de fluxo laminaridade).

A célula de fluxo, de acordo com o mesmo princípio publicado em 1953 por Crosland-Taylor[4], possui formato de funil, promovendo a redução gradual da vazão dos líquidos nela injetados (fluido de revestimento e amostra). Com isso, os efeitos produzidos sobre toda e qualquer partícula da amostra, incluindo as células, fazem com que elas se alinhem de maneira ordenada bem ao centro desse sistema, processo conhecido como **focalização hidrodinâmica**. Uma vez alinhadas, as células fluirão pela cuveta da célula de fluxo (geralmente constituída em quartzo), local onde estará(ão) incidindo o(s) *laser(s)* e onde ocorrerão as avaliações celulares.

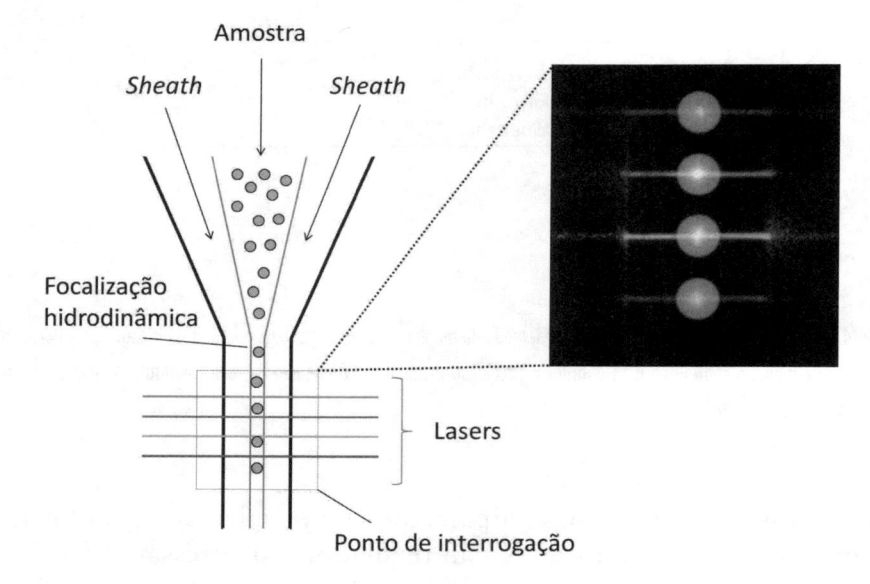

Figura 26.5 Representação esquemática da célula de fluxo de um instrumento com quatro *lasers*. O princípio de focalização hidrodinâmica garante o alinhamento das células e demais partículas da amostra, possibilitando que cada uma delas intercepte um *laser* de cada vez durante sua passagem pelo equipamento (local chamado de ponto de interrogação). Cortesia de BD Biosciences do Brasil.

26.2.2 Sistema óptico

Um citômetro de fluxo é um equipamento que se baseia na geração e coleta de sinais luminosos. Os componenetes envolvidos nesse processo constituem o sistema óptico. Muito embora todos os componentes sejam cruciais para o bom funcionamento de um sistema óptico, os *lasers*, os filtros e os fotodetectores merecem destaque especial. Por meio desses componentes, pode-se ter uma ideia das possibilidades analíticas que o equipameno oferecerá. Em resumo: *lasers* permitirão identificar quais as moléculas fluorescentes excitáveis pelo equipamento; detectores indicarão a quantidade de informações (parâmetros) que se pode avaliar de cada célula analisada (um detector para cada parâmetro); filtros ópticos indicarão quais moléculas fluorescentes poderão ser captadas pelos fotodetectores do instrumento.

Figura 26.6 Foto do sistema óptico de excitação de um FACS™ Aria III com seis *lasers* diferentes: near-UV (375 nm), violeta (405 nm), azul-violeta (445 nm), azul (488 nm), amarelo-verde (561 nm) e vermelho (633 nm). A imagem representa cabos de fibra óptica conduzindo os *lasers* e a incidência deles nos prismas para ajustes de direção, alinhamento e foco. Cortesia de BD Biosciences do Brasil.

Por possuirem potência e comprimento de onda fixos, os *lasers* são as fontes de excitação de escolha na citometria de fluxo. Eles incidem em pontos específicos da célula de fluxo, onde interceptarão as células e demais partículas da amostra analisada enquanto elas fluem pelo sistema. O ponto exato em que as células interceptam os *lasers* costuma ser chamado de ponto de interrogação e está relacionado ao momento em que a célula responderá àquela excitação, emitindo sinais luminosos que serão então avaliados.

Cada *laser*, com seu comprimento de onda (cor) particular, tem a propriedade de excitar moléculas específicas, fazendo com que elas emitam luz em comprimentos de onda sempre superiores ao seu. Por exemplo, um *laser* azul, de 488 nm, sempre excitará moléculas que emitirão luz em comprimentos

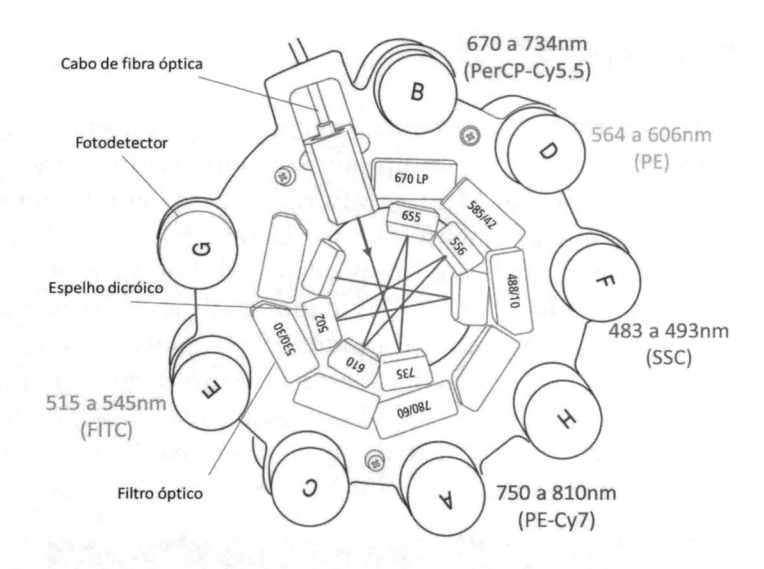

Figura 26.7 Representação do bloco de detecção de parâmetros produzidos pelo *laser* azul de 488 nm de um FACS™ Canto II (exceto FSC). O sistema é composto por um conjunto de detectores distribuídos e pareados ordenadamente com espelhos dicroicos e filtros ópticos, garantindo especificidade aos comprimentos de onda (fluorescências ou cores) que serão produzidos mediante excitação pelo *laser* azul. Cortesia de BD Biosciences do Brasil.

de onda superiores a esse, como a ficoeritrina (PE), com pico de emissão próximo de 560 nm, e o isotiocianato de fluoresceína (FITC), com emissão máxima próxima de 520 nm. Sendo assim, quanto mais *lasers* um instrumento possuir, maior será o número e a diversidade de moléculas fluorescentes com as quais se poderá trabalhar. Atualmente, o mercado dispõe de equipamentos pré-configurados com um ou mais *lasers* (podendo chegar a até sete *lasers* diferentes) e capacidade analítica que permite avaliar, simultaneamente, de 3 a 18 parâmetros fluorescentes diferentes.

Os fotodetectores são componentes cuja função é a de captar os fótons dos sinais luminosos e promover sua conversão em elétrons. Eles não diferenciam, contudo, a natureza ou tipo dos sinais luminosos que neles chegam. Essa é a responsabilidade dos filtros e espelhos dicroicos. Os espelhos, como o nome indica, têm a finalidade de direcionar os sinais luminosos por meio de suas propriedades reflexivas. Mas não é a totalidade da luz que chega neles que sofrerá reflexão. Esses espelhos possuem também propriedades filtrantes. A diferença entre um espelho dicroico e um filtro óptico é que o filtro bloqueará os sinais luminosos com comprimentos de onda em faixas

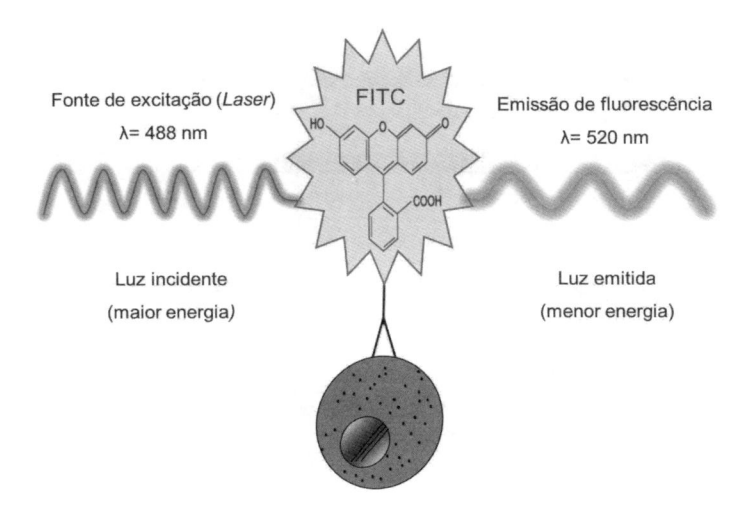

Figura 26.8 Imagem representando uma célula com ligação de um anticorpo monoclonal conjugado a uma molécula fluorescente (FITC). Quando excitada pelo *laser* azul de 488 nm, a molécula de FITC acumula energia transferida a ela pelo *laser* (excitação) e imediatamente libera essa energia sob a forma de luz com maior comprimento de onda que o do *laser* (no caso de FITC, aproximadamente 520 nm). Como as grandezas comprimento de onda e nível de energia são inversamente proporcionais, o espectro de amissão de uma molécula fluorescente terá sempre menor energia que o de excitação. Cortesia de BD Biosciences do Brasil.

diferentes das especificadas para que tais sinais passem por ele. Os espelhos dicroicos e filtros ópticos podem ser de três tipos: *shortpass*, *bandpass* ou *longpass*. Um componente do tipo *shortpass* (SP) permitirá a passagem de comprimentos de onda menores ou iguais àquele especificado. Um *bandpass* (BP) permitirá a passagem de luz com comprimentos de onda em um intervalo definido. Já um componente do tipo *longpass* (LP) permite a passagem de comprimentos de onda maiores ou iguais ao especificado.

26.2.3 Sistema eletrônico

O sistema eletrônico é o responsável pelo processamento e armazenamento dos sinais luminosos detectados. Uma vez captados pelos fotodetectores, os sinais luminosos (fótons) precisarão ser convertidos em pulsos elétricos (elétrons). Essa conversão se dará de maneira proporcional. Ou seja, quanto maior for a quantidade de luz captada por um detector, maior será o pulso elétrico produzido. Esse pulso será então mensurado e digitalizado, sendo convertido em um valor numérico. Um pulso elétrico pode ser

Marcadores	Filtro	Espelho
405 nm		
BD Horizon™ V450, BD Horizon Brilliant™ Violet 421	450/50	NA
BD Horizon™ V500-C, AmCyan, BD Horizon Brilliant™ Violet 510	525/50	505 LP
BD Horizon Brilliant™ Violet 605	605/40	570 LP
488 nm		
SSC[1]	488/10	NA
FITC,[1] Alexa Fluor® 488	530/30	502 LP
PE[1]	575/25	550 LP
PerCP,[1] PerCP-Cy™5.5[1]	695/40	655 LP
PE-Cy™7[1]	780/60	735 LP
633 nm		
APC,[1] Alexa Fluor® 647	670/30	NA
Alexa Fluor® 700	712/21	685 LP
APC-Cy7,[1] APC-H7	780/60	735 LP
LP = Longpass Filter		

Tabela 26.1 Relação entre algumas das principais substâncias fluorescentes utilizadas na citometria de fluxo (marcadores) agrupadas pelos seus respectivos *lasers* de excitação (405 nm, 488 nm e 633 nm) e com uma combinação de filtros ópticos e espelhos dicróicos frequentemente utilizada em equipamentos compatíveis com essas moléculas. Adaptada do guia de filtros do equipamento FACS™ Canto II

mensurado de três maneiras diferentes: a altura, que representará o valor máximo digitalizado; a largura, associada ao tempo total em que a célula emitiu luz; e a área, uma correlação entre altura e largura. A escolha de qual utilizar dependerá do tipo de avaliação requerido pela aplicação sendo desenvolvida.

Esses valores serão então armazenados em um arquivo que compilará as informações referentes a todas as células avaliadas durante a análise de uma amostra, perfazendo uma base de dados com as informações individuais de cada célula. Esse arquivo, cuja extensão dependerá do equipamento utilizado para produzir os dados, será utilizado para a representação gráfica dos dados adquiridos em *softwares* específicos para sua análise.

26.3 PARÂMETROS ANALISÁVEIS E POSSIBILIDADES DE APLICAÇÕES

Os sinais luminosos gerados por toda e qualquer partícula avaliada na citometria de fluxo, incluindo as células, estará relacionada a dois fenômenos físico-químicos: dispersão/desvios de feixes luminosos (fenômenos de refração, reflexão, difração e polarização) e emissão de sinais fluorescentes em resposta à excitação energética gerada pelos *lasers* (absorção e liberação de

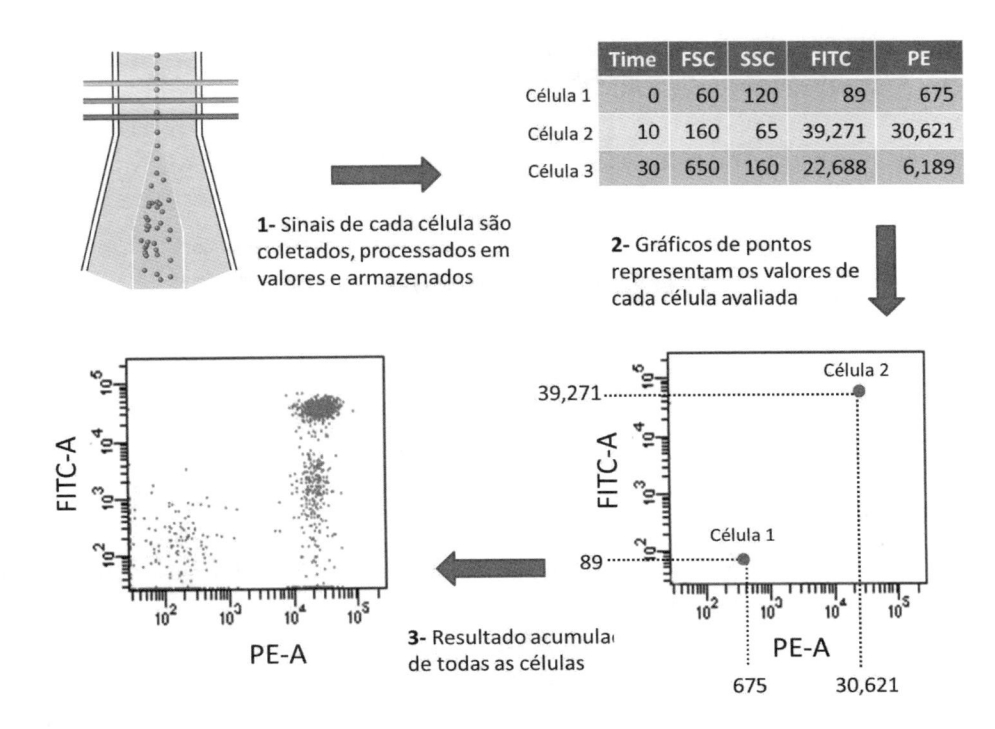

Figura 26.9 Imagem representando uma célula com ligação de um anticorpo monoclonal conjugado a uma molécula fluorescente (FITC). Quando excitada pelo *laser* azul de 488 nm, a molécula de FITC acumula energia transferida a ela pelo *laser* (excitação) e imediatamente libera essa energia sob a forma de luz com maior comprimento de onda que o do *laser* (no caso de FITC, aproximadamente 520 nm). Como as grandezas comprimento de onda e nível de energia são inversamente proporcionais, o espectro de emissão de uma molécula fluorescente terá sempre menor energia que o de excitação. Cortesia de BD Biosciences do Brasil.

energia sob a forma de luz) . Mais objetivamente, o citômetro de fluxo irá captar (i) as quantidades de luz de um dos *lasers* (normalmente um *laser* azul de 488 nm) que, quando incidir nas células, será desviado frontal (do inglês *forward scatter* – FSC) e lateralmente (*side scatter* – SSC); e (ii) as fluorescências emitidas por moléculas que foram excitadas pelos *lasers* do instrumento.

O **desvio de luz frontal (FSC)** corresponderá à quantidade de luz do *laser*, que, ao incidir na célula, sofre pequenas variações em relação ao seu ângulo de incidência inicial, sendo também conhecido como desvio de luz em ângulos baixos ou pequenos. Ele indicará o tamanho da célula que está sendo avaliada. Quanto mais luz for desviada em ângulos pequenos, maior será a célula. O **desvio de luz lateral (SSC)**, também denominado por alguns autores como desvio de luz em ângulo reto, corresponderá à quantidade de luz

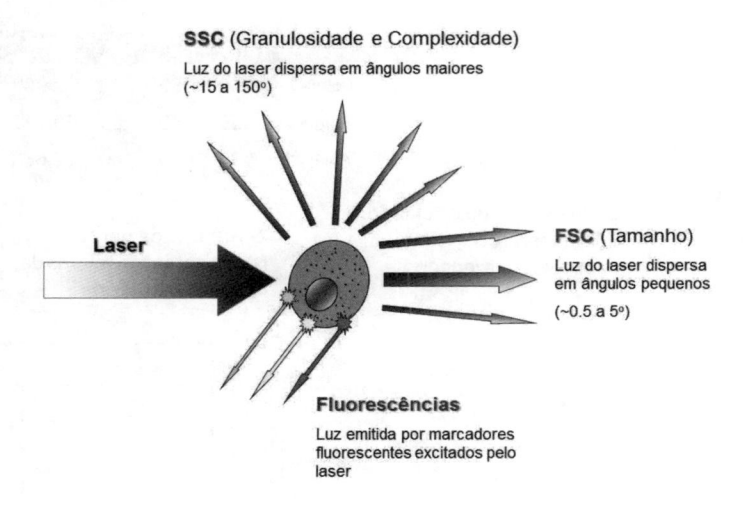

Figura 26.10 Representação do momento em que a célula intercepta um *laser* incidindo na célula de fluxo de um equipamento (ponto de interrogação). Em resposta à excitação pelo *laser*, a célula promoverá desvios na trajetória de incidência do feixe do *laser*, produzindo resultados associados ao seu tamanho (FSC) e granulosidade (SSC). O contato com o *laser* pode produzir a excitação de moléculas fluorescentes presentes na célula (naturais da celula ou nela inseridas pelo operador), que responderão a isso emitindo sinais luminosos de diferentes comprimentos de onda (fluorescências ou cores), que poderão ser analisados. Cortesia de BD Biosciences do Brasil e adaptada de Howard M. Shapiro[15].

do *laser* que, ao incidir na célula, sofre grandes desvios em relação à sua trajetória inicial. Ele indicará quão complexo (quantidade de organelas e outras estruturas) ou granular é o conteúdo interno da célula avaliada. Já as **fluorescências** detectadas serão condizentes com a aplicação sendo realizada, podendo estar relacionadas a anticorpos conjugados a fluorocromos, a algum marcador de DNA ou qualquer outro produto empregado pelo operador para responder às perguntas científicas que norteiam o estudo.

A partir dessas detecções, a citometria de fluxo permite a realização de uma infinidade de aplicações. As mais frequentes são os ensaios de caracterização do fenótipo de populações celulares (imunofenotipagem); a enumeração de células; ensaios de viabilidade celular; análises de ciclo celular e proliferação; quantificação de múltiplas proteínas solúveis (técnica de *imunobeads*); estudos de apoptose e o isolamento celular (*cell sorting*), realizado por um grupo específico de citômetros de fluxo (*sell sorters*).

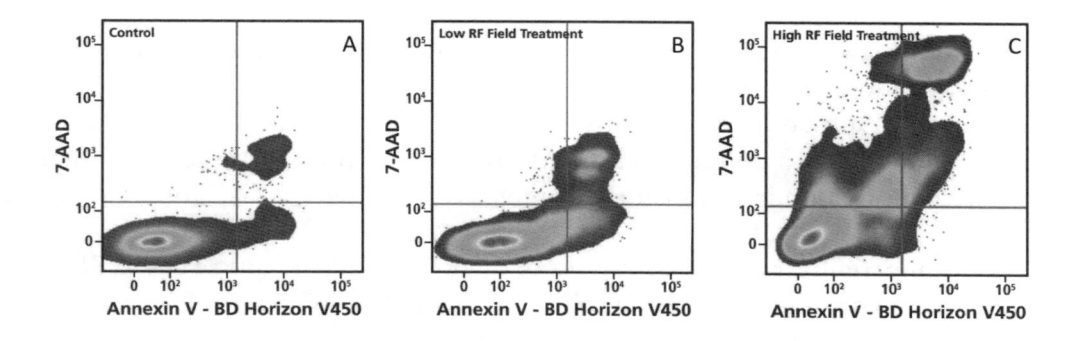

Figura 26.11 Exemplo de um ensaio de apoptose realizado por citometria e com foco na identificação de moléculas de fosfatidilserina e de permeabilidade da membrana celular. A substância Anexina V (expressa no eixo X) está conjugada ao marcador fluorescente HorizonTM V450 e se liga de maneira específica às moléculas de fosfatidilserina. Sua positividade está associada à cascata de respostas à morte por apoptose. A substância fluorescente 7-AAD (expressa em Y) é um marcador de DNA ao qual a célula não é naturalmente permeável. Sua positividade indica rupturas na membrana e morte celular. As linhas representam os pontos de corte entre negativo e positivo para cada gráfico. O quadrante inferior esquerdo representa células viáveis e saudáveis; o inferior direito representa células viáveis mas em início de apoptose; o superior direito, células já mortas por apoptose; o superior esquerdo, células mortas por apoptose há bastante tempo ou células mortas rapidamente por necrose. A sequência de gráficos (A, B e C) demonstra a cinética de morte em um experimento de indução de apoptose em células de linhagem de carcinoma pancreático. Extraídas de <http://www.bdbiosciences.com/research/apoptosis/analysis/cell_death.jsp>.

26.4 FLUORESCÊNCIAS E A SOBREPOSIÇÃO DE ESPECTROS

Desde o início do uso de marcadores fluorescentes na citometria, em 1969, os usuários da metodologia precisam estar atentos a uma etapa muito importante para a garantia de bons resultados: a combinação das moléculas emissoras de fluorescência (fluorocromos, corantes etc.). Esse cuidado se faz necessário devido a um fenômeno físico que se deseja minimizar, denominado **sobreposição de espectros.**

A sobreposição de espectros nada mais é que o fenômeno no qual duas ou mais moléculas emissoras de fluorescências tem uma parcela de seus espectros de emissão que se sobrepõe. Ou seja, emitem sinais com comprimentos de onda muito próximos um do outro, ou até mesmo na mesma faixa. Quando isso ocorre, uma calibração específica do equipamento é necessária para corrigir esse fenômeno de modo a não ter sua interferência comprometendo os resultados. Essa etapa de otimização é chamada **compensação.**

Muitas vezes, o excesso de sobreposição de espectros entre moléculas fluorescentes presentes em um mesmo experimento torna difícil, ou muitas vezes, impossível, diferenciar o sinal proveniente de uma ou outra molécula, inviabilizando a análise dos resultados. Sendo assim, existem técnicas e boas práticas para a escolha das melhores combinações de moléculas fluorescentes no planejamento de um ensaio que envolverá a montagem de um painel de anticorpos conjugados a fluorocromos. As principais dicas são:

1) Compatibilizar o nível de expressão ou positividade do que se deseja identificar com a intensidade de brilho da molécula fluorescente. Essa relação deve ser inversamente proporcional, de modo que se utilizem marcadores fluorescentes de brilho pouco intenso para a identificação de moléculas que estarão muito expressas nas células e os marcadores mais brilhantes para as moléculas menos expressas.

2) Distribuir as moléculas fluorescentes do painel utilizando a excitação dos diferentes *lasers* disponíveis no instrumento. A sobreposição de espectros é mais frequente e intensa entre moléculas que são excitadas pelos mesmos *lasers*. Por exemplo, um ensaio utilizando dois fluorocromos, como FITC e PE, ambos excitados pelo *laser* azul (488 nm), produzirá maior sobreposição de espectros entre esses fluorocromos do que o mesmo ensaio utilizando FITC e APC (aloficocianina), por exemplo. O fato de a molécula de APC não ser excitada pelo *laser* azul, e sim pelo vermelho (635 nm), faz com que não exista sobreposição de espectros entre essas moléculas.

3) Quando utilizando moléculas excitadas pelo mesmo *laser*, deve-se priorizar a escolha daquelas com picos de emissão mais distantes uma da outra, especialmente quando se espera positividade simultânea da mesma célula para essas moléculas. Por exemplo, FITC (pico de emissão em 520 nm) possui maior sobreposição de espectros com PE (pico de emissão em 562 nm) do que com PerCP-Cy™5.5 (proteína clorofila peridinina-cianina 5.5, com emissão em 695 nm).

Esses cuidados facilitarão o processo de calibração e otimização do equipamento para as experimentos que serão realizados utilizando marcações múltiplas com substâncias fluorescentes.

26.5 TÉCNICA PASSO A PASSO

Nesta seção, abordaremos um protocolo para uma das aplicações mais usuais feitas por citometria de fluxo: a análise de células apoptóticas a partir da detecção de moléculas de fosfatidilserina. Para um enriquecimento ainda maior desse ensaio, o protocolo levará também em consideração um marcador de viabilidade (PI, iodeto de propídio; ou 7-AAD, 7-aminoactinomicina D) para diferenciar células vivas e saudáveis das em início de apoptose, porém ainda viáveis, e das células mortas por apoptose.

26.5.1 Detecção de apoptose por Anexina V em células em suspensão

Material e métodos

Microplacas de fundo em U ou tubos de polipropileno (12 mm × 75 mm, fundo redondo)

1X PBS (8 g NaCl, 0.2 g KCl, 1.44 g Na2HPO4.7H20, 0.24 g KH2PO4, H20 até 1 litro. Ajustar o pH para 7.2, autoclavar e conservar à temperatura ambiente (cat. BD #554781)

Stain Buffer (cat. BD #554656 ou 554657)

Buffer para ligação de Anexina V (cat. BD #556454)

Solução com iodeto de propídio – PI (cat. BD #556463)

Solução com 7-AAD (cat. BD #555816)

Anexina V conjugada ao fluorocromo mais indicado para o equipamento[*]

Observações para o procedimento

- Confirmar se existe interferência entre o procedimento usado na marcação das moléculas de superfície e os níveis de Anexina V por meio da inclusão de tubos controle com e sem os anticorpos para esses marcadores.
- Se optar pela utilização de PI como marcador de viabilidade, utilize Anexina V conjugada a marcadores como FITC, APC, ou BD Horizon™ V450. Optando por usar o 7-AAD, deve-se escolher Anexina V conjugada a PE, Cy™ 5, Cy™ 5.5 ou BD Horizon™ V500 (utilizar a melhor seleção de acordo com a configuração do instrumento disponível para o experimento).
- Os seguintes controles são usados para otimizar, compensar e definir pontos de corte entre células negativas e positivas (*cut-off*):
1) Células sem qualquer marcação.

---

[*] Selecionar em www.bdbiosciences.com/br.

2) Células marcadas somente com Anexina V (7-AAD).

3) Células marcadas somente com o marcador de viabilidade PI ou 7-AAD (sem Anexina V conjugada a fluorocromo).

Procedimento

1) Lavar e centrifugar as células com Stain Buffer.

2) Opcional: as células podem ser marcadas com anticorpos contra marcadores de superfície antes de serem marcadas com Anexina V. Se não estiver usando marcadores de superfície, seguir para o passo 3.

2.1) Ressuspender as células em 100 µL de Stain Buffer em tubos de 12 mm × 75 mm ou microplaca de 96 poços.

2.2) Adicionar os anticorpos contra os antígenos de superfície e incubar por 20 a 45 minutos no escuro (refrigerado ou à temperatura ambiente).

2.3) Lavar as células 2 vezes com Stain Buffer (1 mL a 2 mL para tubos ou 100 µL a 200 µL para placas de 96 poços, centrifugar a 300 g) e seguir para o passo 3.

3) Lavar as células 2 vezes com PBS gelado e ressuspendê-las em Buffer para ligação de Anexina V na concentração aproximada de 1×10^6 células/mL.

4) Transferir 100 µL da suspensão (~1×10^5 células) para outro tubo ou poço da placa em uso.

5) Adicionar Anexina V e PI ou 7-AAD de acordo com a bula do fabricante.

6) Gentilmente homogeneizar as células e incubar por 15 minutos à temperatura ambiente, no escuro.

7) Adicionar 400 µL de Buffer para ligação de Anexina V em cada tubo (em placas de 96 poços, adicionar 100 µL de Buffer para ligação de Anexina V em cada poço). Analisar por citometria de fluxo assim que possível (em até 1 hora).

REFERÊNCIAS

1. Moldavan A. Photo-electric technique for the counting of microscopical cells. Science. 1934:188-189.

2. Shapiro HM. The evolution of cytometers. Cytometry Part A 2004, 58A:13-20.

3. Gucker FT, O'Konski CT, Pickard HB, Pitts JN. A photoelectronic counter for colloidal particles. J Am Chem Soc. 1947, 69:2422-2431.

4. Crosland-Taylor PJ. A device for counting small particles suspended in fluid through a tube. Nature. 1953;171:37-38.

5. Coulter WH. High speed automatic blood cell counter and cell size analyzer. Proc Natl Electronics Conf. 1956;12:1034-1042.

6. Kamentsky LA, Melamed MR, Derman H. Spectrophotometer: new instrument for ultrarapid cell analysis. Science. 1965;150:630–631.

7. Fulwyler MJ. Electronic separation of biological cells by volume. Science. 1965;150:910-911.

8. Kamentsky LA, Melamed MR. Spectrophotometric cell sorter. Science. 1967;156:1364-1365.

9. Sweet RG. High frequency recording with electrostatically deflected ink jets. Rev Sci Instrum. 1965;36:131-136.

10. Van Dilla MA, Trujillo TT, Mullaney PF, Coulter JR. Cell microfluorometry: a method for rapid fluorescence measurement. Science. 1969;163:1213-1214.

11. Dittrich W, Go¨hde W. Impulsfluorometrie bei Einzelzellen in Suspensionen. Z Naturforsch. 1969;24b:360-361.

12. Hulett HR, Bonner WA, Barrett J, Herzenberg LA. Automated separation of mammalian cells as a function of intracellular fluorescence. Science. 1969;166:747-749.

13. Bonner WA, Hulett HR, Sweet RG, Herzenberg LA. Fluorescence activated cell sorting. Rev Sci Instrum. 1972;43:404-409.

14. Herzenberg LA, Sweet RG, Herzenberg LA. Fluorescence activated cell sorting. Sci Am. 1976;234:108-117.

15. Shapiro HM. Practical Flow Cytometry. 4th ed. New Jersey: John Wiley & Sons, Inc.; 2003.

16. Sales MM, Vasconcelos DM. Citometria de Fluxo Aplicações no Laboratório Clínico e de Pesquisa. 1st ed. São Paulo: Atheneu; 2013.

AUTORES

Adonney Allan de Oliveira Vera

Mestrando, Programa de Biotecnologia, Laboratório de Polimorfismo de DNA, Universidade Federal do Pará (UFPA).

Adriana Ribeiro Carneiro

Professora assistente I, Laboratório de Polimorfismo de DNA, Universidade Federal do Pará (UFPA).

Alesandra Corte Reis

Doutoranda, Laboratório de Resolução da Resposta Inflamatória. Departamento de Morfologia, Instituto de Ciências Biológicas, UFMG.

Alesandra Corte Reis

Doutoranda, Laboratório de Resolução da Resposta Inflamatória, Departamento de Morfologia, Instituto de Ciências Biológicas, UFMG.

Alexandre Hilário Berenguer de Matos

Doutorando do curso de Fisiopatologia Médica da Faculdade de Ciências Médicas (FCM), Universidade Estadual de Campinas (Unicamp).

Alexandre Hiroaki Kihara

Professor adjunto e coordenador do Laboratório de Neurociência, Centro de Matemática, Computação e Cognição, Universidade Federal do ABC.

Aline R. F. Teixeira

Doutoranda, Centro de Biotecnologia, Instituto Butantan e Programa Interunidades em Biotecnologia, Instituto de Ciências Biomédicas, Universidade de São Paulo (USP).

Ana Carolina Ayupe

Pós-doutora, Laboratório de Genômica e Expressão Gênica em Câncer, Departamento de Bioquímica, Instituto de Química, Universidade de São Paulo (USP).

Ana L. T. O. Nascimento

Professora doutora, Centro de Biotecnologia, Instituto Butantan e Programa Interunidades em Biotecnologia, Instituto de Ciências Biomédicas, Universidade de São Paulo (USP).

André Azevedo Reis Teixeira

Doutorando do Laboratório de Biologia Vascular, Instituto de Química, Departamento de Bioquímica, Universidade de São Paulo (USP).

Arquimedes Cheffer

Pós-doutorando do Laboratório de Neurociências, Departamento de Bioquímica, Instituto de Química, Universidade de São Paulo (USP).

Artur Luiz da Costa da Silva

Professor associado III, Laboratório de Polimorfismo de DNA, Universidade Federal do Pará (UFPA).

Camila Camanzano Ornelas

Mestre em Genética Humana pela Universidade de São Paulo (USP). Cientista de Aplicações de Eletroforese Capilar na empresa Thermo Fisher Scientific.

Carolina Fernandes Reis

Doutora em Ciências Médicas, Laboratório de Nanobiotecnologia, Instituto de Genética e Bioquímica, Universidade Federal de Uberlândia.

Charley Christian Staats

Professor adjunto, Laboratório de Biologia de Fungos de Importância Médica e Biotencológica, Centro de Biotecnologia, Universidade Federal do Rio Grande do Sul.

Danilo Faustino Braganholi

Doutorando, Programa de Biotecnologia, Instituto de Química, Universidade Estadual Paulista (Unesp).

Daphine de Paula

Doutora em Ciências da Saúde pela Universidade Federal do Mato Grosso (UFMT). Cientista de Aplicações para Sequenciamento de Nova Geração na empresa Thermo Fisher Scientific.

Denise Alves Perez

Doutoranda, Laboratório de Resolução da Resposta Inflamatória, Departamento de Morfologia, Instituto de Ciências Biológicas, Universidade Federal de Minas Gerais (UFMG).

Diana Noronha Nunes

Pesquisadora do Laboratório de Genômica Médica, Centro Internacional de Pesquisa, AC Camargo Cancer Center.

Diego Assis das Graças

Doutorando do Programa de Genética e Biologia Molecular, Laboratório de Polimorfismo de DNA, Universidade Federal do Pará (UFPA).

Diogo Marinho Almeida

Doutorando do Programa de Biotecnologia, Laboratório de Polimorfismo de DNA, Universidade Federal do Pará (UFPA).

Durvanei Augusto Maria

Doutor professor/pesquisador científico, Laboratório de Bioquímica e Biofísica, Instituto Butantan.

Eduardo Castan

Doutor em Genética e Melhoramento Animal pela Universidade Estadual Paulista (Unesp). Cientista de Aplicações para Sequenciamento de Nova Geração na empresa Thermo Fisher Scientific.

Eduardo Moraes Rego Reis

Professor associado, Laboratório de Genômica e Expressão Gênica em Câncer, Departamento de Bioquímica, Instituto de Química, Universidade de São Paulo (USP).

Elizabete de Souza Cândido

Pós-doutoranda, Centro de Análises Proteômicas e Bioquímicas, Programa de Pós-Graduação em Ciências Genômicas e Biotecnologia, Universidade Católica de Brasília.

Emmanuel Dias-Neto

Pesquisador, Laboratório de Genômica Médica, Centro Internacional de Pesquisa, AC Camargo Cancer Center e Laboratório de Neurociências (LIM-27), Instituto de Psiquiatria, Faculdade de Medicina da Universidade de São Paulo (USP).

Enéas de Carvalho

Pesquisador científico IV do Centro de Biotecnologia, Instituto Butantan.

Érica de Sousa

Mestranda do Laboratório de Neurociência, Centro de Matemática, Computação e Cognição, Universidade Federal do ABC.

Fábio Borges Mury

Biólogo pela Universidade Federal de Ouro Preto. Especialista em Jornalismo Científico pelo Laboratório de Estudos Avançados em Jornalismo da Universidade Estadual de Campinas (Unicamp). Doutor em Ciências Biológicas/Neurociências Molecular pela Universidade de São Paulo (USP). Senior Field Applications Scientist na empresa Thermo Fisher Scientfic/Life Technologies.

Fernando Amaral

Mestre e doutor em Clínica Médica pela Faculdade de Medicina de Ribeirão Preto, Universidade de São Paulo (USP). Cientista de Aplicações para Sequenciamento de Nova Geração na empresa Thermo Fisher Scientific.

Flávia Borges Mury

Bióloga pela Universidade Estadual do Norte Fluminense – Darcy Ribeiro. Doutora em Biociências e Biotecnologia pela Universidade Estadual do Norte Fluminense – Darcy Ribeiro. Pós-doutora em Química Biológica pela Universidade Federal do Rio de Janeiro (UFRJ). Docente do Núcleo em Ecologia e Desenvolvimento Socioambiental de Macaé (Nupem), Universidade Federal do Rio de Janeiro.

Gabriela H. Siqueira

Doutoranda, Centro de Biotecnologia, Instituto Butantan e Programa Interunidades em Biotecnologia, Instituto de Ciências Biomédicas, Universidade de São Paulo (USP).

Henning Ulrich

Professor associado, chefe do Laboratório de Neurociências, Departamento de Bioquímica, Instituto de Química, Universidade de São Paulo (USP).

Henrique Bunselmeyer Ferreira

Professor associado, Laboratório de Biologia de Fungos de Importância Médica e Biotencológica, Centro de Biotecnologia, Universidade Federal do Rio Grande do Sul.

Inácio de L. M. Junqueira de Azevedo

Pesquisador científico V do Centro de Toxinas, Resposta Imune e Sinalização Celular (CeTICS), Instituto Butantan.

Isabela Brunelli Ambrosio

Mestranda, Programa de Biotecnologia, Instituto de Química, Universidade Estadual Paulista (Unesp).

Iscia Lopes-Cendes

Professora Titular, Coordenadora do Laboratório de Genética Molecular do Departamento de Genética Médica, Faculdade de Ciências Médicas (FCM), Universidade Estadual de Campinas (Unicamp).

Jeanne Oticica

Professora, Departamento de Otolaringologia, Universidade de São Paulo, São Paulo, Brasil

Joana Silveira Peixoto Cruz

Bióloga pela Faculdade de Ciências da Universidade de Lisboa (Portugal). Mestre em Biotecnologia pela Universidad Autónoma de Madrid (Espanha). Curso pós-graduado em Sistemas de Bioengenharia pelo MIT-Portugal. Field Applications Scientist na empresa Thermo Fisher Scientific/Life Technologies.

Jonathan E. Gale

Professor doutor, Ear Institute College London (Londres, Reino Unido).

José Luiz da Costa

Farmacêutico-Bioquímico, Mestre em Toxicologia e Análises Toxicológicas e Doutor em Química Analítica pela Universidade de São Paulo USP). Perito criminal da Superintendência da Polícia Técnico-Científica de São Paulo. Professor de Análises Toxicológicas e Análise Instrumental do Curso de Farmácia das Faculdades Oswaldo Cruz. Professor dos Programas de Pós-Graduação em Análises Clínicas e Toxicológicas, Ciências Toxicológicas e Ciências Forenses das Faculdades Oswaldo Cruz.

José Roberto Aparecido dos Santos-Pinto

Pós-doutorando, Laboratório de Biologia Estrutural e Zooquímica do Centro de Estudos de Insetos Sociais do Instituto de Biociências de Rio Claro, Universidade Estadual Paulista (Unesp).

Juliana Laino do Val Carneiro

Pesquisadora do Laboratório de Genômica Médica, Centro Internacional de Pesquisa, AC Camargo Cancer Center.

Juliana Priscila Vago

Doutoranda, Laboratório de Sinalização na Inflamação, Departamento de Análises Clínicas e Patológicas, Faculdade de Farmácia, Universidade Federal de Minas Gerais (UFMG).

Katia C. Oliveira

Jovem pesquisadora, Instituto Adolfo Lutz, Centro de Parasitologia e Micologia, Núcleo de Enteroparasitas.

Katia das Neves Gomes

Pós-doutoranda do Laboratório de Sinalização Celular e Nanobiotecnologia, Departamento de Bioquímica e Imunologia, Instituto de Ciências Biológicas (UFMG).

Leila da Silva Magalhães

Doutoranda do Laboratório de Biologia Vascular, Instituto de Química, Departamento de Bioquímica, Universidade de São Paulo (USP).

Leonardo Varuzza

Doutor em Bioinformática pela Universidade de São Paulo (USP). Cientista de Aplicações para Bioinformática na empresa Thermo Fisher Scientific.

Lirlândia Pires de Sousa

Professora, Laboratório de Sinalização na Inflamação, Departamento de Análises Clínicas e Patológicas, Faculdade de Farmácia, UFMG.

Lucas P. Silva

Mestrando, Centro de Biotecnologia, Instituto Butantan.

Luciano Chaves Franco Filho

Mestrando do Programa de Genética e Biologia Molecular, Laboratório de Polimorfismo de DNA, Universidade Federal do Pará (UFPA).

Luis G. Fernandes

Doutorando, Centro de Biotecnologia, Instituto Butantan e Programa Interunidades em Biotecnologia, Instituto de Ciências Biomédicas, Universidade de São Paulo (USP).

Luiz Ricardo Goulart

Professor titular Laboratório de Nanobiotecnologia, Instituto de Genética e Bioquímica, Universidade Federal de Uberlândia.

Marcelo Rizzatti Luizon

Departamento de Bioengenharia e Ciências Terapêuticas, Faculdade de Farmácia e Faculdade de Medicina, Universidade da Califórnia, São Francisco (UCSF), Estados Unidos.

Maria R. Cosate

Pós-doc, Centro de Biotecnologia, Instituto Butantan, São Paulo.

Mario Sérgio Palma

Professor adjunto III, Instituto de Biociências de Rio Claro, Universidade Estadual Paulista (Unesp), e líder do Grupo de Biologia Estrutural e Zooquímica do Centro de Estudos de Insetos Sociais.

Mateus Pinto Rodrigues

Aluno de iniciação científica do curso de Ciência da Computação, Laboratório de Polimorfismo de DNA, Universidade Federal do Pará (UFPA).

Mauro Martins Teixeira

Professor titular, Laboratório de Imunofarmacologia, Departamento de Bioquímica e Imunologia, Instituto de Ciências Biológicas, UFMG.

Mayara Ingrid Sousa Lima

Doutoranda em Genética e Bioquímica, Laboratório de Nanobiotecnologia, Instituto de Genética e Bioquímica, Universidade Federal de Uberlândia.

Milena Apetito Akamatsu

Chefe da Seção de Vacinas Aeróbicas do Instituto Butantan.

Monica L. Vieira

Pós-doc, Centro de Biotecnologia, Instituto Butantan, São Paulo.

Nelson Gomes de Oliveira Júnior

Centro de Análises Proteômicas e Bioquímicas, Programa de Pós-Graduação em Ciências Genômicas e Biotecnologia, Universidade Católica de Brasília e Programa de Pós-Graduação em Biologia Animal, Universidade de Brasília.

Octávio Luiz Franco

Professor doutor, Centro de Análises Proteômicas e Bioquímicas, Programa de Pós-Graduação em Ciências Genômicas e Biotecnologia, Universidade Católica de Brasília.

Pablo Henrique Caracciolo Gomes de Sá

Doutorando do Programa de Genética e Biologia Molecular, Laboratório de Polimorfismo de DNA, Universidade Federal do Pará (UFPA).

Paromita Majumder

Doutora, Ear Institute College London (Londres, Reino Unido).

Patrícia Terra Alves

Doutoranda em Genética e Bioquímica, Laboratório de Nanobiotecnologia, Instituto de Genética e Bioquímica, Universidade Federal de Uberlândia.

Patrícia Tiemi Fujimura

Doutorando em Genética e Bioquímica, Laboratório de Nanobiotecnologia, Instituto de Genética e Bioquímica, Universidade Federal de Uberlândia.

Paulo Lee Ho

Pesquisador Científico VI do Centro de Biotecnologia e Diretor da Divisão de Desenvolvimento Tecnológico e Produção, Instituto Butantan.

Rafael Azevedo Baraúna

Doutorando do Programa de Genética e Biologia Molecular, Laboratório de Polimorfismo de DNA, Universidade Federal do Pará (UFPA).

Rafael Lanaro

Farmacêutico-bioquímico, mestre em Toxicologia e Análises Toxicológicas. Responsável pelas análises toxicológicas de urgência do Centro de

Controle de Intoxicações da Universidade Estadual de Campinas (Unicamp). Professor da disciplina Toxicologia e Interações Medicamentosas do Curso de Farmácia da Unicamp; professor dos Programas de Pós-Graduação em Toxicologia das Faculdades Oswaldo Cruz.

Rayssa Maciel Athayde

Graduanda, Laboratório de Resolução da Resposta Inflamatória, Departamento de Morfologia, Instituto de Ciências Biológicas, UFMG.

Rebecca Vasconcellos

Mestranda, Laboratório de Sinalização Celular e Nanobiotecnologia, Departamento de Fisiologia e Farmacologia, Instituto de Ciências Biológicas, Universidade Federal de Minas Gerais (UFMG).

Regina Maria Barretto Cicarelli

Professora titular, Departamento de Ciências Biológicas da Faculdade de Ciências Farmacêuticas, Universidade Estadual Paulista (Unesp). Responsável técnica do Laboratório de Investigação de Paternidade, Núcleo de Atendimento à Comunidade/Faculdade de Ciências Farmacêuticas (NAC/FCF).

Renan F. Domingos

Doutorando, Centro de Biotecnologia, Instituto Butantan e Programa Interunidades em Biotecnologia, Instituto de Ciências Biomédicas, Universidade de São Paulo (USP).

Ricardo Cambraia Parreira

Doutorando, Laboratório de Sinalização Celular e Nanobiotecnologia, Departamento de Bioquímica e Imunologia, Instituto de Ciências Biológicas, Universidade Federal de Minas Gerais (UFMG) e Instituto Nanocell.

Ricardo Dalla-Costa

Mestre em Genética pela Universidade Federal do Paraná (UFPR). Cientista de Aplicações para Sequenciamento de Nova Geração na empresa Thermo Fisher Scientific.

Ricardo José Giordano

Professor, Laboratório de Biologia Vascular, Instituto de Química, Departamento de Bioquímica, Universidade de São Paulo (USP).

Rodrigo Pestana Lopes

Technical Application Supervisor na BD Biosciences e mestre e doutor em Biologia Celular e Molecular, Faculdade de Biociências, Pontifícia Universidade Católica do Rio Grande do Sul (PUCRS).

Rodrigo R. Resende

Professor adjunto, chefe do Laboratório de Sinalização Celular e Nanobiotecnologia, Departamento de Bioquímica e Imunologia, Instituto de Ciências Biológicas, Universidade Federal de Minas Gerais (UFMG). Presidente do Instituto Nanocell.

Rommel Thiago Jucá Ramos

Professor Adjunto I, Laboratório de Polimorfismo de DNA, Universidade Federal do Pará (UFPA).

Salvatore Giovanni De Simone

Professor doutor, Centro de Desenvolvimento Tecnológico em Saúde (CDTS), Instituto Nacional de Ciência e Tecnologia e Inovação em Doenças

Negligenciadas (INCT-IDN), Laboratório de Bioquímica de Proteínas e Peptídeos, Instituto Oswaldo Cruz, Fundação Oswaldo Cruz (Fiocruz).

Sergio Verjovski-Almeida

Professor titular, Laboratório de Expressão Gênica em Eucariotos, Departamento de Bioquímica, Instituto de Química, Universidade de São Paulo (USP).

Simoni Campos Dias

Professora doutora, Centro de Análises Proteômicas e Bioquímicas, Programa de Pós-Graduação em Ciências Genômicas e Biotecnologia, Universidade Católica de Brasília.

Sonia Elisabete Alves Will

Doutora, Departamento de Cirurgia da Faculdade de Medicina Veterinária e Zootecnia da Universidade de São Paulo (USP).

Thaise Gonçalves Araújo

Professora adjunto do Laboratório de Nanobiotecnologia, Instituto de Genética e Bioquímica, Universidade Federal de Uberlândia.

Tiago Ferreira Leão

Aluno de iniciação científica do curso de Biotecnologia, Laboratório de Polimorfismo de DNA, Universidade Federal do Pará (UFPA).

Valeria Cristina Sandrim

Departamento de Farmacologia, Instituto de Biociências, Universidade Estadual Paulista (Unesp).

Vanessa Pinho

Professora, Laboratório de Resolução da Resposta Inflamatória, Departamento de Morfologia, Instituto de Ciências Biológicas, UFMG.

Vânia Goulart

Doutoranda, Laboratório de Sinalização Celular e Nanobiotecnologia, Departamento de Morfologia, Instituto de Ciências Biológicas, Universidade Federal de Minas Gerais (UFMG) e Instituto Nanocell.

Vinícius D'Ávila Bitencourt Pascoal

Professor doutor, coordenador do Laboratório Multiusuário de Pesquisa Biomédica da Faculdade de Ciências Básicas, Universidade Federal Fluminense.

Weslley Tsutsumida

Mestre em Biotecnologia pela Universidade de São Paulo (USP). Cientista de Aplicações de Identificação Humana na empresa Thermo Fisher Scientific.

Yara Cristina de Paiva Maia

Professora adjunta, Laboratório de Nanobiotecnologia, Instituto de Genética e Bioquímica, Universidade Federal de Uberlândia.

SOBRE A COLEÇÃO

BIOTECNOLOGIA APLICADA À SAÚDE E AGRO&INDÚSTRIA: FUNDAMENTOS E APLICAÇÕES

Certa vez perguntaram-me "Por que fazer um livro de tamanha envergadura e alcance?", e mal sabia o colega cientista que seriam quatro livros...

Nesta coleção, a intenção foi reunir, em uma obra didática, sucinta e objetiva, os fatos mais novos na literatura com os conhecimentos clássicos dos temas disponíveis em obras separadas. Para se ter todo o escopo de Biotecnologia Aplicada à Saúde e Biotecnologia Aplicada à Agroindústria, dividimos o primeiro tema em três volumes e dedicamos ao segundo um volume exclusivo, totalizando quatro volumes cujos tópicos são todos abordados nos cursos de pós-graduação em Biociências e Biotecnologia, dentre outros.

Ao todo, foram 75 autores no primeiro livro, 97 no segundo, 90 no terceiro e 114 no quarto, totalizando 376 autores, entre professores e cientistas de referência nacional e internacional, de 78 laboratórios de pesquisa diferentes, que atuam em mais de 150 programas de pós-graduação no país, em 49 departamentos de 39 universidades, e mais 27 institutos de pesquisa distintos. Praticamente todos os programas de pós-graduação em biotecnologia estão presentes nesta obra. O objetivo do livro, que é único no mercado, é justamente atender ao maior público possível, entre alunos de pós-graduação e graduação. Um tópico em cada capítulo abordará os aspectos históricos e básicos que conduziram às técnicas e modelos apresentados, de extrema utilidade e didático para cursos de graduação. Por isso, envolvemos 69 instituições de ensino e pesquisa, de todos os estados do Brasil.

Seguindo nessa direção e no sentido de produzir um livro dirigido tanto a alunos de graduação quanto de pós-graduação, assim como àqueles profissionais que queiram se introduzir na área de biotecnologia utilizando técnicas modernas e o uso de qualquer tipo de modelo celular, disponibilizamos, em um tópico de cada capítulo, as metodologias e procedimentos para a realização de experimentos. Trata-se de um guia prático e simples para a bancada de experimentos complexos.

Prof. Rodrigo R. Resende (PhD)
Laboratório de Sinalização Celular e Nanobiotecnologia
Presidente da Sociedade Brasileira de Sinalização Celular
Presidente do Instituto Nanocell
Departamento de Bioquímica e Imunologia,
Instituto de Ciências Biológicas, Universidade Federal de Minas Gerais